“十三五”国家重点出版物出版规划项目

中 国 生 物 物 种 名 录

第二卷 动 物

昆虫(Ⅶ)

双翅目（3）Diptera (3)

短角亚目 蝇类（下册） Cyclorrhaphous Brachycera（ii）

杨 定 王孟卿 李文亮 等 编著

科 学 出 版 社
北 京

内 容 简 介

本书收录了中国双翅目短角亚目蝇类昆虫 15 总科 65 科 1309 属 9313 种。每一种的内容包括中文名、拉丁学名、异名、模式产地、国内分布和国外分布等主要信息，所有属均列出了模式种信息及异名。

本书可作为昆虫分类学、动物地理学和生物多样性研究的基础资料，也可作为植物保护、生物防治及相关专业高等院校师生的参考书。

图书在版编目（CIP）数据

中国生物物种名录. 第二卷, 动物. 昆虫. Ⅶ, 双翅目. 3, 短角亚目. 蝇类/杨定等编著. —北京：科学出版社，2020.12

“十三五”国家重点出版物出版规划项目　国家出版基金项目

ISBN 978-7-03-066942-1

Ⅰ. ①中…　Ⅱ. ①杨…　Ⅲ. ①生物–物种–中国–名录 ②蝇科–物种–中国–名录　Ⅳ. ①Q152.2-62 ②Q969.453.8-62

中国版本图书馆 CIP 数据核字（2020）第 228574 号

责任编辑：王　静　马　俊　付　聪　侯彩霞 / 责任校对：郑金红

责任印制：徐晓晨 / 封面设计：刘新新

科 学 出 版 社 出版

北京东黄城根北街 16 号

邮政编码：100717

http://www.sciencep.com

北京虎彩文化传播有限公司 印刷

科学出版社发行　各地新华书店经销

*

2020 年 12 月第 一 版　开本：889 × 1194 1/16

2020 年 12 月第一次印刷　印张：86 3/4

字数：3 061 000

定价：680.00 元（全两册）

（如有印装质量问题，我社负责调换）

Species Catalogue of China

Volume 2 Animals

INSECTA (VII)

Diptera (3): Cyclorrhaphous Brachycera (ii)

Authors: Ding Yang Mengqing Wang Wenliang Li *et al.*

Science Press

Beijing

《中国生物物种名录》编委会

本书编著委员会

主　任　杨　定　王孟卿　李文亮

副主任　薛万琦　陈宏伟　张春田　刘广纯　张文霞　霍科科　史　丽

编著者（以姓氏拼音为序）

曹祎可　陈宏伟　陈小琳　丁双玫　董　慧　董奇彪　董艳杰　杜　晶
韩少林　郝　博　侯　鹏　霍　姗　霍科科　李　新　李　竹　李文亮
李晓丽　李心钰　李轩昆　刘广纯　刘立群　刘晓艳　裴文娅　琪勒莫格
史　丽　苏立新　唐楚飞　王　亮　王　勇　王俊潮　王丽华　王孟卿
王明福　王心丽　吴　鸿　席玉强　肖文敏　谢　明　薛万琦　杨　定
杨金英　张　东　张春田　张俊华　张婷婷　张文霞　赵晨静　周嘉乐
周青霞　嵩　洪　James E. O'Hara　Stephen D. Gaimari

编著者分工

尖翅蝇科　董奇彪[1] 杨定[2]（1 内蒙古自治区植保植检站 呼和浩特 010010；2 中国农业大学植物保护学院 北京 100193）

蚤蝇科　刘广纯（沈阳大学生命科学与工程学院 沈阳 110044）

扁足蝇科　韩少林 杨定（中国农业大学植物保护学院 北京 100193）

头蝇科　霍姗[1] 杨定[2]（1 北京市通州区林业保护站 北京 101100；2 中国农业大学植物保护学院 北京 100193）

蚜蝇科　霍科科（陕西理工大学生物科学与工程学院 汉中 723001）

眼蝇科　丁双玫 杨定（中国农业大学植物保护学院 北京 100193）

滨蝇科　席玉强[1] 杨定[2]（1 河南农业大学植物保护学院 郑州 450003；2 中国农业大学植物保护学院 北京 100193）

鸟蝇科　李晓丽 杨定（中国农业大学植物保护学院 北京 100193）

秆蝇科　刘晓艳[1] 杨定[2]（1 华中农业大学植物科学技术学院 武汉 430070；2 中国农业大学植物保护学院 北京 100193）

叶蝇科　席玉强[1] 杨定[2]（1 河南农业大学植物保护学院 郑州 450003；2 中国农业大学植物保护学院 北京 100193）

岸蝇科　席玉强[1] 杨定[2]（1 河南农业大学植物保护学院 郑州 450003；2 中国农

业大学植物保护学院 北京 100193）

突眼蝇科　刘立群[1] 李新[2] 吴鸿[3] 周嘉乐[2] 杨定[2]（1 浙江省金华市林业局 金华 321000；2 中国农业大学植物保护学院 北京 100193；3 浙江农林大学林业与生物技术学院 杭州 311300）

棘股蝇科　琪勒莫格[1] 杨定[2]（1 包头师范学院生物科学与技术学院 包头 014030；2 中国农业大学植物保护学院 北京 100193）

幻蝇科　琪勒莫格[1] 杨定[2]（1 包头师范学院生物科学与技术学院 包头 014030；2 中国农业大学植物保护学院 北京 100193）

茎蝇科　唐楚飞[1,2] 王心丽[2] 周嘉乐[2] 杨定[2]（1 江苏省农业科学院休闲农业研究所 南京 210014；2 中国农业大学植物保护学院 北京 100193）

圆目蝇科　琪勒莫格[1] 王心丽[2] 周嘉乐[2] 杨定[2]（1 包头师范学院生物科学与技术学院 包头 014030；2 中国农业大学植物保护学院 北京 100193）

水蝇科　张俊华[1] 王亮[2] 杨定[2]（1 中国检验检疫科学研究院 北京 100176；2 中国农业大学植物保护学院 北京 100193）

细果蝇科　周青霞 杨定（中国农业大学植物保护学院 北京 100193）

果蝇科　张文霞[1] 陈宏伟[2]（1 北京大学生命科学学院 北京 100871；2 华南农业大学农学院 广州 510642）

蜂蝇科　赵晨静[1] 杨定[2]（1 太原师范学院 晋中 030619；2 中国农业大学植物保护学院 北京 100193）

隐芒蝇科　席玉强[1] 杨定[2]（1 河南农业大学植物保护学院 郑州 450003；2 中国农业大学植物保护学院 北京 100193）

卡密蝇科　周青霞 杨定（中国农业大学植物保护学院 北京 100193）

拟果蝇科　曹祎可 杨定（中国农业大学植物保护学院 北京 100193）

甲蝇科　杨金英[1] 李新[2] 杨定[2]（1 中华人民共和国贵阳海关 贵阳 550002；2 中国农业大学植物保护学院 北京 100193）

斑腹蝇科　王孟卿[1,2] Stephen D. Gaimari[2] 谢明[1]（1 中国农业科学院植物保护研究所 北京 100193；2 Plant Pest Diagnostics Center, California Department of Food and Agriculture, California, 95832, USA）

缟蝇科　李文亮[1] 史丽[2] 王俊潮[3] 杨定[3]（1 河南科技大学园艺与植物保护学院 洛阳 471023；2 内蒙古农业大学农学院 呼和浩特 010019；3 中国农业大学植物保护学院 北京 100193）

燕蝇科　琪勒莫格[1] 杨定[2]（1 包头师范学院生物科学与技术学院 包头 014030；2 中国农业大学植物保护学院 北京 100193）

瘦足蝇科　李轩昆[1,2] 杨定[3][1 Australian National Insect Collection (CSIRO), Canberra 2601；2 Research School of Biology, Australian National University, Canberra

2601; 3 中国农业大学植物保护学院 北京 100193]

指角蝇科　李轩昆[1,2] 杨定[3] [1 Australian National Insect Collection (CSIRO), Canberra 2601; 2 Research School of Biology, Australian National University, Canberra 2601; 3 中国农业大学植物保护学院 北京 100193]

潜蝇科　陈小琳 王勇（中国科学院动物研究所 北京 100101）

小花蝇科　肖文敏 杨定（中国农业大学植物保护学院 北京 100193）

寡脉蝇科　王亮 杨定（中国农业大学植物保护学院 北京 100193）

腐木蝇科　席玉强[1] 杨定[2]（1 河南农业大学植物保护学院 郑州 450003; 2 中国农业大学植物保护学院 北京 100193）

刺股蝇科　琪勒莫格[1] 杨定[2]（1 包头师范学院生物科学与技术学院 包头 014030; 2 中国农业大学植物保护学院 北京 100193）

树创蝇科　李晓丽 杨定（中国农业大学植物保护学院 北京 100193）

禾蝇科　王亮 杨定（中国农业大学植物保护学院 北京 100193）

树洞蝇科　肖文敏 杨定（中国农业大学植物保护学院 北京 100193）

奇蝇科　王亮 杨定（中国农业大学植物保护学院 北京 100193）

萤蝇科　肖文敏 杨定（中国农业大学植物保护学院 北京 100193）

鼈蝇科　肖文敏 杨定（中国农业大学植物保护学院 北京 100193）

沼蝇科　李竹[1] 杨定[2]（1 北京自然博物馆 北京 100050; 2 中国农业大学植物保护学院 北京 100193）

鼓翅蝇科　李轩昆[1,2] 杨定[3] [1 Australian National Insect Collection (CSIRO), Canberra 2601; 2 Research School of Biology, Australian National University, Canberra 2601; 3 中国农业大学植物保护学院 北京 100193]

液蝇科　曹祎可 肖文敏 杨定（中国农业大学植物保护学院 北京 100193）

日蝇科　赵晨静[1] 杨定[2]（1 太原师范学院 晋中 030619; 2 中国农业大学植物保护学院 北京 100193）

小粪蝇科　董慧[1] 苏立新[2] 杨定[3]（1 深圳市中国科学院仙湖植物园 深圳 518004; 2 沈阳师范大学生命科学学院 沈阳 110034; 3 中国农业大学植物保护学院 北京 100193）

芒蝇科　丁双玫 杨定（中国农业大学植物保护学院 北京 100193）

尖尾蝇科　张婷婷[1] 杨定[2]（1 山东农业大学植物保护学院 泰安 271018; 2 中国农业大学植物保护学院 北京 100193）

草蝇科　赵晨静[1] 杨定[2]（1 太原师范学院 晋中 030619; 2 中国农业大学植物保护学院 北京 100193）

酪蝇科　周青霞 杨定（中国农业大学植物保护学院 北京 100193）

广口蝇科　陈小琳 王勇（中国科学院动物研究所 北京 100101）

蜣蝇科	丁双玫 王丽华 杨定（中国农业大学植物保护学院 北京 100193）
实蝇科	陈小琳 王勇（中国科学院动物研究所 北京 100101）
斑蝇科	陈小琳 王勇（中国科学院动物研究所 北京 100101）
虱蝇科	张东 李心钰 裴文娅（北京林业大学生态与自然保护学院 北京 100083）
蛛蝇科	张东 李心钰 裴文娅（北京林业大学生态与自然保护学院 北京 100083）
蝠蝇科	张东 李心钰 裴文娅（北京林业大学生态与自然保护学院 北京 100083）
花蝇科	薛万琦 杜晶（沈阳师范大学生命科学学院 沈阳 110034）
厕蝇科	王明福（沈阳师范大学生命科学学院 沈阳 110034）
蝇科	薛万琦[1] 李文亮[2] 刘晓艳[3]（1 沈阳师范大学生命科学学院 沈阳 110034; 2 河南科技大学园艺与植物保护学院 洛阳 471023; 3 华中农业大学植物科学技术学院 武汉 430070）
粪蝇科	李轩昆[1,2] 杨定[3]［1 Australian National Insect Collection (CSIRO), Canberra 2601; 2 Research School of Biology, Australian National University, Canberra 2601; 3 中国农业大学植物保护学院 北京 100193］
丽蝇科	薛万琦 董艳杰（沈阳师范大学生命科学学院 沈阳 110034）
狂蝇科	张东 李心钰（北京林业大学生态与自然保护学院 北京 100083）
麻蝇科	薛万琦 郝博（沈阳师范大学生命科学学院 沈阳 110034）
短角寄蝇科	侯鹏[1,2] 杨定[2]（1 沈阳大学生命科学与工程学院 沈阳 110044; 2 中国农业大学植物保护学院 北京 100193）
寄蝇科	James E. O'Hara[1] 张春田[2] 嶌洪[3]（1 Canadian National Collection of Insects, Agriculture and Agri-Food Canada, Ottawa, Ontario, K1A 0C6; 2 沈阳师范大学生命科学学院 沈阳 110034; 3 日本九州大学博物馆 福冈 812-8581）

Editorial Committee of This Book

Chairmen Ding Yang Mengqing Wang Wenliang Li

Vice Chairmen Wanqi Xue Hongwei Chen Chuntian Zhang Guangchun Liu Wenxia Zhang Keke Huo Li Shi

Authors (in the order of Chinese pinyin)

Yike Cao Hongwei Chen Xiaolin Chen Shuangmei Ding Hui Dong Qibiao Dong Yanjie Dong Jing Du Shaolin Han Bo Hao Peng Hou Shan Huo Keke Huo Xin Li Zhu Li Wenliang Li Xiaoli Li Xinyu Li Xuankun Li Guangchun Liu Liqun Liu Xiaoyan Liu Wenya Pei Qilemoge Li Shi Lixin Su Chufei Tang Liang Wang Yong Wang Junchao Wang Lihua Wang Mengqing Wang Mingfu Wang Xinli Wang Hong Wu Yuqiang Xi Wenmin Xiao Ming Xie Wanqi Xue Ding Yang Jinying Yang Dong Zhang Chuntian Zhang Junhua Zhang Tingting Zhang Wenxia Zhang Chenjing Zhao Jiale Zhou Qingxia Zhou Hiroshi Shima James E. O'Hara Stephen D. Gaimari

Authors and Their Work

Lonchopteridae Qibiao Dong[1], Ding Yang[2] (1 Inner Mongolia Plant Protection and Quarantine Station, Hohhot 010010; 2 College of Plant Protection, China Agricultural University, Beijing 100193)

Phoridae Guangchun Liu (College of Life Science and Bioengineering, Shenyang University, Shenyang 110044)

Platypezidae Shaolin Han, Ding Yang (College of Plant Protection, China Agricultural University, Beijing 100193)

Pipunculidae Shan Huo[1], Ding Yang[2] (1 Forest Protection Station of Tongzhou District, Beijing 101100; 2 College of Plant Protection, China Agricultural University, Beijing 100193)

Syrphidae Keke Huo (School of Biological Science and Engineering, Shaanxi University of Technology, Hanzhong 723001)

Conopidae Shuangmei Ding, Ding Yang (College of Plant Protection, China Agricultural University, Beijing 100193)

Canacidae Yuqiang Xi[1], Ding Yang[2] (1 College of Plant Protection, Henan

Agricultural University, Zhengzhou 450003; 2 College of Plant Protection, China Agricultural University, Beijing 100193)

Carnidae Xiaoli Li, Ding Yang (College of Plant Protection, China Agricultural University, Beijing 100193)

Chloropidae Xiaoyan Liu[1], Ding Yang[2] (1 College of Plant Science & Technology of Huazhong Agricultural University, Wuhan 430070; 2 College of Plant Protection, China Agricultural University, Beijing 100193)

Milichiidae Yuqiang Xi[1], Ding Yang[2] (1 College of Plant Protection, Henan Agricultural University, Zhengzhou 450003; 2 College of Plant Protection, China Agricultural University, Beijing 100193)

Tethinidae Yuqiang Xi[1], Ding Yang[2] (1 College of Plant Protection, Henan Agricultural University, Zhengzhou 450003; 2 College of Plant Protection, China Agricultural University, Beijing 100193)

Diopsidae Liqun Liu[1], Xin Li[2], Hong Wu[3], Jiale Zhou[2], Ding Yang[2] (1 Bureau of Jinhua Foresty, Jinhua 321000; 2 College of Plant Protection, China Agricultural University, Beijing 100193; 3 College of Forestry and Biotechnology, Zhejiang A&F University, Hangzhou 311300)

Gobryidae Qilemoge[1], Ding Yang[2] (1 School of Biological Science and Technology, Baotou Teachers' College, Baotou 014030; 2 College of Plant Protection, China Agricultural University, Beijing 100193)

Nothybidae Qilemoge[1], Ding Yang[2] (1 School of Biological Science and Technology of Baotou Teachers' College, Baotou 014030; 2 College of Plant Protection, China Agricultural University, Beijing 100193)

Psilidae Chufei Tang[1, 2], Xinli Wang[2], Jiale Zhou[2], Ding Yang[2] (1 Institute of Leisure Agriculture, Jiangsu Academy of Agricultural Sciences, Nanjing 210014; 2 College of Plant Protection, China Agricultural University, Beijing 100193)

Strongylophthalmyiidae Qilemoge[1], Xinli Wang[2], Jiale Zhou[2], Ding Yang[2] (1 School of Biological Science and Technology of Baotou Teachers' College, Baotou 014030; 2 College of Plant Protection, China Agricultural University, Beijing 100193)

Ephydridae Junhua Zhang[1], Liang Wang[2], Ding Yang[2] (1 Chinese Academy of Inspection and Quarantine, Beijing 100176; 2 College of Plant Protection, China Agricultural University, Beijing 100193)

Diastatidae Qingxia Zhou, Ding Yang (College of Plant Protection, China Agricultural University, Beijing 100193)

Drosophilidae Wenxia Zhang[1], Hongwei Chen[2] (1 School of Life Sciences, Peking University, Beijing 100871; 2 College of Agriculture, South China Agricultural University, Guangzhou 510642)

Braulidae Chenjing Zhao[1], Ding Yang[2] (1 Taiyuan Normal University, Jinzhong,

030619; 2 College of Plant Protection, China Agricultural University, Beijing 100193)

Cryptochetidae Yuqiang Xi[1], Ding Yang[2] (1 College of Plant Protection, Henan Agricultural University, Zhengzhou 450003; 2 College of Plant Protection, China Agricultural University, Beijing 100193)

Camillidae Qingxia Zhou, Ding Yang (College of Plant Protection, China Agricultural University, Beijing 100193)

Curtonotidae Yike Cao, Ding Yang (College of Plant Protection, China Agricultural University, Beijing 100193)

Celyphidae Jinying Yang[1], Xin Li[2], Ding Yang[2] (1 Guiyang Customs District P.R. China, Guiyang 550081; 2 College of Plant Protection, China Agricultural University, Beijing 100193)

Chamaemyiidae Mengqing Wang[1, 2], Stephen D. Gaimari[2], Ming Xie[1] (1 Institute of Plant Protection, Chinese Academy of Agricultural Sciences, Beijing, 100193; 2 Plant Pest Diagnostics Center, California Department of Food and Agriculture, California, 95832, USA)

Lauxaniidae Wenliang Li[1], Li Shi[2], Junchao Wang[3], Ding Yang[3] (1 College of Horticulture and Plant Protection, Henan University of Science & Technology, Luoyang 471023; 2 Agricultural College, Inner Mongolia Agricultural University, Hohhot 010019; 3 College of Plant Protection, China Agricultural University, Beijing 100193)

Cypselosomatidae Qilemoge[1], Ding Yang[2] (1 School of Biological Science and Technology of Baotou Teachers' College, Baotou 014030; 2 College of Plant Protection, China Agricultural University, Beijing 100193)

Micropezidae Xuankun Li[1, 2], Ding Yang[3] [1 Australian National Insect Collection (CSIRO), Canberra 2601; 2 Research School of Biology, Australian National University, Canberra 2601; 3 College of Plant Protection, China Agricultural University, Beijing 100193]

Neriidae Xuankun Li[1, 2], Ding Yang[3] [1 Australian National Insect Collection (CSIRO), Canberra 2601; 2 Research School of Biology, Australian National University, Canberra 2601; 3 College of Plant Protection, China Agricultural University, Beijing 100193]

Agromyzidae Xiaolin Chen, Yong Wang (Institute of Zoology, Chinese Academy of Sciences, Beijing 100101)

Anthomyzidae Wenmin Xiao, Ding Yang (College of Plant Protection, China Agricultural University, Beijing 100193)

Asteiidae Liang Wang, Ding Yang (College of Plant Protection, China Agricultural University, Beijing 100193)

Clusiidae Yuqiang Xi[1], Ding Yang[2] (1 College of Plant Protection, Henan Agricultural University, Zhengzhou 450003; 2 College of Plant Protection,

China Agricultural University, Beijing 100193)

Megamerinidae Qilemoge[1], Ding Yang[2] (1 School of Biological Science and Technology of Baotou Teachers' College, Baotou 014030; 2 College of Plant Protection, China Agricultural University, Beijing 100193)

Odiniidae Xiaoli Li, Ding Yang (College of Plant Protection, China Agricultural University, Beijing 100193)

Opomyzidae Liang Wang, Ding Yang (College of Plant Protection, China Agricultural University, Beijing 100193)

Periscelididae Wenmin Xiao, Ding Yang (College of Plant Protection, China Agricultural University, Beijing 100193)

Teratomyzidae Liang Wang, Ding Yang (College of Plant Protection, China Agricultural University, Beijing 100193)

Xenasteiidae Wenmin Xiao, Ding Yang (College of Plant Protection, China Agricultural University, Beijing 100193)

Dryomyzidae Wenmin Xiao, Ding Yang (College of Plant Protection, China Agricultural University, Beijing 100193)

Sciomyzidae Zhu Li[1], Ding Yang[2] (1 Beijing Museum of Natural History, Beijing 100050; 2 College of Plant Protection, China Agricultural University, Beijing 100193)

Sepsidae Xuankun Li[1, 2], Ding Yang[3] [1 Australian National Insect Collection (CSIRO), Canberra 2601; 2 Research School of Biology, Australian National University, Canberra 2601; 3 College of Plant Protection, China Agricultural University, Beijing 100193]

Chyromyidae Yike Cao, Wenmin Xiao, Ding Yang (College of Plant Protection, China Agricultural University, Beijing 100193)

Heleomyzidae Chenjing Zhao[1], Ding Yang[2] (1 Taiyuan Normal University, Jinzhong, 030619; 2 College of Plant Protection, China Agricultural University, Beijing 100193)

Sphaeroceridae Hui Dong[1], Lixin Su[2], Ding Yang[3] (1 Fairy Lake Botanical Garden, Shenzhen and Chinese Academy of Sciences, Shenzhen 518004; 2 College of Life Science, Shenyang Normal University, Shenyang 110034; 3 College of Plant Protection, China Agricultural University, Beijing 100193)

Ctenostylidae Shuangmei Ding, Ding Yang (College of Plant Protection, China Agricultural University, Beijing 100193)

Lonchaeidae Tingting Zhang[1], Ding Yang[2] (1 College of Plant Protection, Shandong Agricultural University, Tai'an 271018; 2 College of Plant Protection, China Agricultural University, Beijing 100193)

Pallopteridae Chenjing Zhao[1], Ding Yang[2] (1 Taiyuan Normal University, Jinzhong, 030619; 2 College of Plant Protection, China Agricultural University,

Beijing 100193)

Piophilidae Qingxia Zhou, Ding Yang (College of Plant Protection, China Agricultural University, Beijing 100193)

Platystomatindae Xiaolin Chen, Yong Wang (Institute of Zoology, Chinese Academy of Sciences, Beijing 100101)

Pyrgotidae Shuangmei Ding, Lihua Wang, Ding Yang (College of Plant Protection, China Agricultural University, Beijing 100193)

Tephritidae Xiaolin Chen, Yong Wang (Institute of Zoology, Chinese Academy of Sciences, Beijing 100101)

Ulidiidae Xiaolin Chen, Yong Wang (Institute of Zoology, Chinese Academy of Sciences, Beijing 100101)

Hippoboscidae Dong Zhang, Xinyu Li, Wenya Pei (School of Ecology and Nature Conservation, Beijing Forestry University, Beijing 100083)

Nycteribiidae Dong Zhang, Xinyu Li, Wenya Pei (School of Ecology and Nature Conservation, Beijing Forestry University, Beijing 100083)

Streblidae Dong Zhang, Xinyu Li, Wenya Pei (School of Ecology and Nature Conservation, Beijing Forestry University, Beijing 100083)

Anthomyiidae Wanqi Xue, Jing Du (College of Life Science, Shenyang Normal University, Shenyang 110034)

Fanniidae Mingfu Wang (College of Life Science, Shenyang Normal University, Shenyang 110034)

Muscidae Wanqi Xue[1], Wenliang Li[2], Xiaoyan Liu[3] (1 College of Life Science, Shenyang Normal University, Shenyang 110034; 2 College of Horticulture and Plant Protection, Henan University of Science & Technology, Luoyang 471023; 3 College of Plant Science & Technology of Huazhong Agricultural University, Wuhan 430070)

Scathophagidae Xuankun Li[1, 2] Ding Yang[3] [1 Australian National Insect Collection (CSIRO), Canberra 2601; 2 Research School of Biology, Australian National University, Canberra 2601; 3 College of Plant Protection, China Agricultural University, Beijing 100193]

Calliphoridae Wanqi Xue, Yanjie Dong (College of Life Science, Shenyang Normal University, Shenyang 110034)

Oestridae Dong Zhang, Xinyu Li (School of Ecology and Nature Conservation, Beijing Forestry University, Beijing 100083)

Sarcophagidae Wanqi Xue, Bo Hao (College of Life Science, Shenyang Normal University, Shenyang 110034)

Rhinophoridae Peng Hou[1, 2], Ding Yang[2] (1 College of Life Science and Bioengineering, Shenyang University, Shenyang 110044; 2 College of Plant Protection, China Agricultural University, Beijing 100193)

Tachinidae James E. O'Hara[1], Chuntian Zhang[2], Hiroshi Shima[3] (1 Canadian National

Collection of Insects, Agriculture and Agri-Food Canada, Ottawa, Ontario, K1A 0C6; 2 College of Life Science, Shenyang Normal University, Shenyang 110034; 3 Kyushu University Museum, Fukuoka 812-8581)

总　　序

生物多样性保护研究、管理和监测等许多工作都需要翔实的物种名录作为基础。建立可靠的生物物种名录也是生物多样性信息学建设的首要工作。通过物种唯一的有效学名可查询关联到国内外相关数据库中该物种的所有资料，这一点在网络时代尤为重要，也是整合生物多样性信息最容易实现的一种方式。此外，"物种数目"也是一个国家生物多样性丰富程度的重要统计指标。然而，像中国这样生物种类非常丰富的国家，各生物类群研究基础不同，物种信息散见于不同的志书或不同时期的刊物中，加之分类系统及物种学名也在不断被修订。因此建立实时更新、资料翔实，且经过专家审订的全国性生物物种名录，对我国生物多样性保护具有重要的意义。

生物多样性信息学的发展推动了生物物种名录编研工作。比较有代表性的项目，如全球鱼类数据库（FishBase）、国际豆科数据库（ILDIS）、全球生物物种名录（CoL）、全球植物名录（TPL）和全球生物名称（GNA）等项目；最有影响的全球生物多样性信息网络（GBIF）也专门设立子项目处理生物物种名称（ECAT）。生物物种名录的核心是明确某个区域或某个类群的物种数量，处理分类学名称，厘清生物分类学上有效发表的拉丁学名的性质，即接受名还是异名及其演变过程；好的生物物种名录是生物分类学研究进展的重要标志，是各种志书编研必需的基础性工作。

自 2007 年以来，中国科学院生物多样性委员会组织国内外 100 多位分类学专家编辑中国生物物种名录；并于 2008 年 4 月正式发布《中国生物物种名录》光盘版和网络版（http://www.sp2000.org.cn/），此后，每年更新一次；2012 年版名录已于同年 9 月面世，包括 70 596 个物种（含种下等级）。该名录自发布受到广泛使用和好评，成为环境保护部物种普查和农业部作物野生近缘种普查的核心名录库，并为环境保护部中国年度环境公报物种数量的数据源，我国还是全球首个按年度连续发布全国生物物种名录的国家。

电子版名录发布以后，有大量的读者来信索取光盘或从网站上下载名录数据，取得了良好的社会效果。有很多读者和编者建议出版《中国生物物种名录》印刷版，以方便读者、扩大名录的影响。为此，在 2011 年 3 月 31 日中国科学院生物多样性委员会换届大会上正式征求委员的意见，与会者建议尽快编辑出版《中国生物物种名录》印刷版。该项工作得到原中国科学院生命科学与生物技术局的大力支持，设立专门项目，支持《中国生物物种名录》的编研，项目于 2013 年正式启动。

组织编研出版《中国生物物种名录》（印刷版）主要基于以下几点考虑。①及时反映和推动中国生物分类学工作。"三志"是本项工作的重要基础。从目前情况看，植物方面的基础相对较好，2004 年 10 月《中国植物志》80 卷 126 册全部正式出版，*Flora of China* 的编研也已完成；动物方面的基础相对薄弱，《中国动物志》虽已出版 130 余卷，但仍有很多类群没有出版；《中国孢子植物志》已出版 80 余卷，很多类群仍有待编研，且微生物名录数字化基础比较薄弱，在 2012 年版中国生物物种名录光盘版中仅收录 900 多种，而植物有 35 000 多种，动物有 24 000 多种。需要及时总结分类学研究成果，把新种和新的修订，包括分类系统修订的信息及时整合到生物物种名录中，以克服志书编写出版周期长的不足，让各个方面的读者和用户及时了解和使用新的分类学成果。②生物物种名称的审订和处理是志书编写的基础性工作，名录的编研出版可以推动生物志书的编研；相关学科如生物地理学、保护生物学、生态学等的研究工作需要及时更新的生物物种名录。③政府部门和社会团体等在生物多样性保护和可持续利用的实践中，希望及时得到中国物种多样性的统计信息。④全球生物物种名录等国际项目需要中国生物物种名录等区域性名录信息不断更新完善，因此，我们的工作也可以在一定程度上推动全球生物多样性编目与保护工作的进展。

编研出版《中国生物物种名录》（印刷版）是一项艰巨的任务，尽管不追求短期内涉及所有类群，也是难度很大的。衷心感谢各位参编人员的严谨奉献，感谢几位副主编和工作组的把关和协调，特别感谢不幸过世的副主编刘瑞玉院士的积极支持。感谢国家出版基金和科学出版社的资助和支持，保证了本系列丛书的顺利出版。在此，对所有为《中国生物物种名录》编研出版付出艰辛努力的同仁表示诚挚的谢意。

虽然我们在《中国生物物种名录》网络版和光盘版的基础上，组织有关专家重新审订和编写名录的印刷版。但限于资料和编研队伍等多方面因素，肯定会有诸多不尽如人意之处，恳请各位同行和专家批评指正，以便不断更新完善。

陈宜瑜

2013 年 1 月 30 日于北京

动物卷前言

《中国生物物种名录》（印刷版）动物卷是在该名录电子版的基础上，经编委会讨论协商，选择出部分关注度高、分类数据较完整、近年名录内容更新较多的动物类群，组织分类学专家再次进行审核修订，形成的中国动物名录的系列专著。它涵盖了在中国分布的脊椎动物全部类群、无脊椎动物的部分类群。目前计划出版 14 册，包括兽类（1 册）、鸟类（1 册）、爬行类（1 册）、两栖类（1 册）、鱼类（1 册）、无脊椎动物蜘蛛纲蜘蛛目（1 册）和部分昆虫（7 册）名录，以及脊椎动物总名录（1 册）。

动物卷各类群均列出了中文名、学名、异名、原始文献和国内分布，部分类群列出了国外分布和模式信息，还有部分类群将重要参考文献以其他文献的方式列出。在国内分布中，省级行政区按以下顺序排序：黑龙江、吉林、辽宁、内蒙古、河北、天津、北京、山西、山东、河南、陕西、宁夏、甘肃、青海、新疆、安徽、江苏、上海、浙江、江西、湖南、湖北、四川、重庆、贵州、云南、西藏、福建、台湾、广东、广西、海南、香港、澳门。为了便于国外读者阅读，将省级行政区英文缩写括注在中文名之后，缩写说明见前言后附表格。为规范和统一出版物中对系列书各分册的引用，我们还给出了引用方式的建议，见缩写词表格后的图书引用建议。

为了帮助各分册作者编辑名录内容，动物卷工作组建立了一个网络化的物种信息采集系统，先期将电子版的各分册内容导入，并为各作者开设了工作账号和工作空间。作者可以随时在网络平台上补充、修改和审定名录数据。在完成一个分册的名录内容后，按照名录印刷版的格式要求导出名录，形成完整规范的书稿。此平台极大地方便了作者的编撰工作，提高了印刷版名录的编辑效率。

据初步统计，共有 62 名动物分类学家参与了动物卷各分册的编写工作。编写分类学名录是一项繁琐、细致的工作，需要对研究的类群有充分了解，掌握本学科国内外的研究历史和最新动态。核对一个名称，查找一篇文献，都可能花费很多的时间精力。正是他们一丝不苟、精益求精的工作态度，不求名利的奉献精神，才使这套基础性、公益性的高质量成果得以面世。我们借此机会感谢各位专家学者默默无闻的贡献，向他们表示诚挚的敬意。

我们还要感谢丛书主编陈宜瑜，副主编洪德元、刘瑞玉、马克平、魏江春、郑光美给予动物卷编写工作的指导和支持，特别感谢马克平副主编大量具体细致的指导和帮助；感谢科学出版社编辑认真细致的编辑和联络工作。

随着分类学研究的进展，物种名录的内容也在不断更新。电子版名录在每年更新，印刷版名录也将在未来适当的时候再版。最新版的名录内容可以从物种 2000 中国节点的网站（http://www.sp2000.org.cn/）上获得。

《中国生物物种名录》动物卷工作组

2016 年 6 月

中国各省（自治区、直辖市和特区）名称和英文缩写

Abbreviations of provinces, autonomous regions and special administrative regions in China

Abb.	Regions	Abb.	Regions	Abb.	Regions	Abb.	Regions	Abb.	Regions	Abb.	Regions
AH	Anhui	GX	Guangxi	HK	Hong Kong	LN	Liaoning	SD	Shandong	XJ	Xinjiang
BJ	Beijing	GZ	Guizhou	HL	Heilongjiang	MC	Macau	SH	Shanghai	XZ	Xizang
CQ	Chongqing	HB	Hubei	HN	Hunan	NM	Inner Mongolia	SN	Shaanxi	YN	Yunnan
FJ	Fujian	HEB	Hebei	JL	Jilin	NX	Ningxia	SX	Shanxi	ZJ	Zhejiang
GD	Guangdong	HEN	Henan	JS	Jiangsu	QH	Qinghai	TJ	Tianjin		
GS	Gansu	HI	Hainan	JX	Jiangxi	SC	Sichuan	TW	Taiwan		

图书引用建议（以本书为例）

中文出版物引用：杨定，王孟卿，李文亮，等. 2020. 中国生物物种名录·第二卷动物·昆虫（VII）/双翅目（3）：短角亚目 蝇类. 北京：科学出版社：引用内容所在页码

Suggested Citation: Yang D, Wang M Q, Li W L, *et al*. 2020. Species Catalogue of China. Vol. 2. Animals, Insecta (VII), Diptera (3): Cyclorrhaphous Brachycera. Beijing: Science Press: Page number for cited contents

前　言

双翅目 Diptera 是昆虫纲中第四大类群，包括蚊、蠓、蚋、虻、蝇等。该类群目前采用 2 个亚目的分类系统，即长角亚目 Nematocera 和短角亚目 Brachycera，本名录中收录的类群属于短角亚目的蝇类。蝇类是短角亚目中比较高等的类群，体小至大型，有发达的鬃；触角较短，三节，第 3 节较粗大且背面具触角芒；雄蝇生殖背板马鞍形，下生殖板“U”形。幼虫水生或陆生，无头型，蛆状，3 龄；围蛹，羽化时环裂。蝇类昆虫多为腐食性，在降解有机质和维护生态平衡方面发挥着重要作用；有些类群为重要的农业害虫，如实蝇、潜蝇、花蝇的一些种类；有些类群为寄生性，如寄蝇、头蝇等为有益的天敌昆虫；有些类群有访花习性，如食蚜蝇、花蝇等为有益的传粉昆虫；有些类群吸血传播疾病，可使家畜得寄生虫病，为卫生和畜牧害虫。

中国蝇类昆虫区系极为丰富。本书收录中国蝇类昆虫 15 总科 65 科 1309 属 9313 种，包括蚤蝇总科 3 科 39 属 260 种（尖翅蝇科 3 属 26 种；蚤蝇科 34 属 226 种；扁足蝇科 2 属 8 种）；蚜蝇总科 2 科 131 属 1042 种（头蝇科 12 属 85 种；蚜蝇科 119 属 957 种）；眼蝇总科 1 科 17 属 91 种（眼蝇科 17 属 91 种）；鸟蝇总科 5 科 90 属 376 种（滨蝇科 5 属 10 种；鸟蝇科 1 属 1 种；秆蝇科 70 属 315 种；叶蝇科 10 属 39 种；岸蝇科 4 属 11 种）；突眼蝇总科 5 科 15 属 111 种（突眼蝇科 6 属 31 种；棘股蝇科 1 属 1 种；幻蝇科 1 属 1 种；茎蝇科 6 属 67 种；圆目蝇科 1 属 11 种）；水蝇总科 7 科 102 属 1165 种（水蝇科 58 属 191 种；细果蝇科 1 属 1 种；果蝇科 38 属 953 种；蜂蝇科 1 属 1 种；隐芒蝇科 1 属 16 种；卡密蝇科 1 属 1 种；拟果蝇科 2 属 2 种）；缟蝇总科 3 科 38 属 364 种（甲蝇科 3 属 45 种；斑腹蝇科 5 属 20 种；缟蝇科 30 属 299 种）；指角蝇总科 3 科 13 属 36 种（燕蝇科 2 属 2 种；瘦足蝇科 7 属 29 种；指角蝇科 4 属 5 种）；禾蝇总科 10 科 38 属 214 种（潜蝇科 21 属 169 种；小花蝇科 1 属 3 种；寡脉蝇科 1 属 16 种；腐木蝇科 6 属 6 种；刺股蝇科 2 属 7 种；树创蝇科 1 属 1 种；禾蝇科 2 属 4 种；树洞蝇科 2 属 3 种；奇蝇科 1 属 4 种；萤蝇科 1 属 1 种）；沼蝇总科 3 科 35 属 118 种（鼈蝇科 3 属 3 种；沼蝇科 19 属 56 种；鼓翅蝇科 13 属 59 种）；小粪蝇总科 3 科 46 属 180 种（液蝇科 2 属 2 种；日蝇科 9 属 18 种；小粪蝇科 35 属 160 种）；实蝇总科 8 科 175 属 821 种（芒蝇科 3 属 5 种；尖尾蝇科 5 属 25 种；草蝇科 2 属 3 种；酪蝇科 3 属 3 种；广口蝇科 17 属 70 种；蜣蝇科 7 属 43 种；实蝇科 126 属 623 种；斑蝇科 12 属 49 种）；虱蝇总科 3 科 21 属 60 种（虱蝇科 11 属 34 种；蛛蝇科 6 属 19 种；蝠蝇科 4 属 7 种）；蝇总科 4 科 111 属 2550 种（花蝇科 36 属 670 种；厕蝇科 3 属 135 种；蝇科 61 属 1705 种；粪蝇科 11 属 40 种）；狂蝇总科 5 科 438 属 1925 种（丽蝇科 51 属 313 种；狂蝇科 11 属 32 种；麻蝇科 100 属 331 种；短角寄蝇科 1 属 1 种；寄蝇科 275 属 1248 种）。

本名录收录了各属的中文名、拉丁学名、异名、模式种信息，以及各种的中文名、拉丁学名、异名、模式产地、分布等信息，同时提供了相关的分类研究参考文献。

文稿承蒙中国科学院动物研究所武春生研究员审阅；中国科学院动物研究所纪力强研究员、李枢强研究员、朱朝东研究员和牛泽清博士，中国科学院植物研究所马克平研究员，首都师范大学任东教授提出宝贵意见，作者在此表示衷心感谢。

本名录的编研得到国家自然科学基金（31772497、31672326、31272279、31093430、31401990）的资助。特在此表示衷心感谢！

本名录涉及面广，而编著者知识有限，不足之处敬请读者批评指正。

编著者

2020 年 8 月 30 日

Preface

Including mosquitoes, midges, blackflies, horseflies, and other flies, Diptera is the fourth largest order in insects. It falls into two suborders currently: Nematocera and Brachycera. This catalogue deals with Cyclorrhaphous Brachycera. Cyclorrhaphous Brachycera is a relatively advanced group in Diptera. They are small to large sized with well developed bristles. Antennae are rather short and 3-segmented, but segment 3 is rather large with the arista dorsally. The epandrium is saddle-shaped, and the hypandrium is U-shaped. Larvae are aquatic or terrestrial, acephalous and maggot-like with 3 instars. Pupae are coarctated and seamed circularly during emergence. They are mostly saprophagous and play an important role in degrading organic matter and maintaining ecological balance. Some groups such as fruit flies, agromyzid flies, and anthomyiid flies are important agricultural pests. Some groups are parasitic, such as tachinid flies and big-headed flies, which are beneficial natural enemy insects. Some groups have the habit of visiting flowers, such as hoverflies, anthomyiid flies, etc., which are beneficial pollinators. Some groups can suck blood and even transfer disease in human and domestic animals, which are health and livestock pests.

The fauna of Cyclorrhaphous Brachycera in China is very rich. In the present catalogue, 1309 genera and 9313 species belonging to 65 families in 15 superfamilies of Cyclorrhaphous Brachycera are recorded in China. Among them there are 3 families, 39 genera and 260 species in Phoroidea (Lonchopteridae: 3 genera and 26 species; Phoridae: 34 genera and 226 species; Platypezidae: 2 genera and 8 species); 2 families, 131 genera and 1042 species in Syrphoidea (Pipunculidae: 12 genera and 85 species; Syrphidae: 119 genera and 957 species); 1 family, 17 genera and 91 species in Conopoidea (Conopidae: 17 genera 91 species); 5 families, 90 genera and 376 species in Carnoidea (Canacidae: 5 genera and 10 species; Carnidae: 1 genus and 1 species; Chloropidae: 70 genera and 315 species; Milichiidae: 10 genera and 39 species; Tethinidae: 4 genera and 11 species); 5 families, 15 genera and 111 species in Diopsoidea (Diopsidae: 6 genera and 31 species; Gobryidae: 1 genus and 1 species; Nothybidae: 1 genus and 1 species; Psilidae: 6 genera and 67 species; Strongylophthalmyiidae: 1 genus and 11 species); 7 families, 102 genera and 1165 species in Ephydroidea (Ephydridae: 58 genera and 191 species; Diastatidae: 1 genus and 1 species; Drosophilidae: 38 genera and 953 species; Braulidae: 1 genus and 1 species; Cryptochetidae: 1 genus and 16 species; Camillidae: 1 genus and 1 species; Curtonotidae: 2 genera and 2 species); 3 families, 38 genera and 364 species in Lauxanioidea (Celyphidae: 3 genera and 45 species; Chamaemyiidae: 5 genera and 20 species; Lauxaniidae: 30 genera and 299 species); 3 families, 13 genera and 36 species in Nerioidea (Cypselosomatidae: 2 genera and 2 species; Micropezidae: 7 genera and 29 species; Neriidae: 4 genera and 5 species); 10 families, 38 genera and 214 species in Opomyzoidea (Agromyzidae: 21 genera and 169 species; Anthomyzidae: 1 genus and 3 species; Asteiidae: 1 genus and 16 species; Clusiidae: 6 genera and 6 species; Megamerinidae: 2 genera and 7 species; Odiniidae: 1 genus and 1 species; Opomyzidae: 2 genera and 4 species; Periscelididae: 2 genera and 3 species; Teratomyzidae: 1 genus and 4 species; Xenasteiidae: 1 genus and 1 species); 3 families, 35 genera and 118 species in Sciomyzoidea (Dryomyzidae: 3 genera and 3 species; Sciomyzidae: 19 genera and 56 species; Sepsidae: 13 genera and 59 species); 3 families, 46 genera and 180 species in Sphaeroceroidea (Chyromyidae: 2 genera and 2 species; Heleomyzidae: 9 genera and 18 species; Sphaeroceridae: 35 genera and 160 species), 8 families, 175 genera and 821 species in Tephritoidea (Ctenostylidae: 3 genera and 5 species; Lonchaeidae: 5

genera and 25 species; Pallopteridae: 2 genera and 3 species; Piophilidae: 3 genera and 3 species; Platystomatindae: 17 genera and 70 species; Pyrgotidae: 7 genera and 43 species; Tephritidae: 126 genera and 623 species; Ulidiidae: 12 genera and 49 species); 3 families, 21 genera and 60 species in Hippoboscoidea (Hippoboscidae: 11 genera and 34 species; Nycteribiidae: 6 genera and 19 species; Streblidae: 4 genera and 7 species); 4 families, 111 genera and 2550 species in Muscoidea (Anthomyiidae: 36 genera and 670 species; Fanniidae: 3 genera and 135 species; Muscidae: 61 genera and 1705 species; Scathophagidae: 11 genera and 40 species); 5 families, 438 genera and 1925 species in Oestroidea (Calliphoridae: 51 genera and 313 species; Oestridae: 11 genera and 32 species; Sarcophagidae: 100 genera and 331 species; Rhinophoridae: 1 genus and 1 species; Tachinidae: 275 genera and 1248 species).

The present catalogue includes the Chinese name, the scientific name, the synonym, and the type locality and distribution of genus and species from China.

We are grateful to Prof. Chunsheng Wu from the Institute of Zoology, Chinese Academy of Sciences to review the catalogue. We are also much indebted to Prof. Liqiang Ji, Prof. Shuqiang Li, Prof. Chaodong Zhu and Dr. Zeqing Niu from the Institute of Zoology, Chinese Academy of Sciences, Prof. Keping Ma from Institute of Botany, the Chinese Academy of Sciences, and Prof. Dong Ren from the Capital Normal University to give some suggestions about the catalogue.

This present work was supported by the National Natural Science Foundation of China (31772497, 31672326, 31272279, 31093430, 31401990).

It would be much appreciated if any mistakes and omissions are brought to our attention.

Authors
30 August, 2020

目　录

狂蝇总科 Oestroidea

丽蝇科 Calliphoridae

迷蝇亚科 Ameniinae

迷蝇族 Ameniini

1. 闪迷蝇属 *Silbomyia* Macquart, 1843

Silbomyia Macquart, 1843a. Dipt. Exot. 2 (3): 117. **Type species:** *Musca fuscipennis* Fabricius, 1805 (by designation of Engel, 1925).
Spinthemyia Bigot, 1859. Revue Mag. Zool. (2) 11: 309. **Type species:** *Spinthemyia fulgida* Bigot, 1859.
Megalopteres Bigot, 1859. Revue Mag. Zool. (2) 11: 309. **Type species:** *Megalopteres albonotatus* Bigot, 1859.
Biomyioides Matsumura, 1916. Thousand Ins. Japan Add. 2: 388. **Type species:** *Biomyioides cyaneus* Matsumura, 1916.
Silbomyia: Crosskey, 1965. Bull. Br. Mus. (Nat. Hist.) B Ent. 16 (2): 50; Verves, 2005. Int. J. Dipt. Res. 16 (4): 236; Evenhuis, Pape *et* Pont, 2016. Zootaxa 4172 (1): 115.

（1）宽颊闪迷蝇 *Silbomyia cyanea* (Matsumura, 1916)

Biomyoides cyanea Matsumura, 1916. Thousand Ins. Japan Add. 2: 386. **Type locality:** China: Taiwan, Tai-chung, Pu-li.
Silbomyia latigena Enderlein, 1936. Ver. Dtsch. Kolon. Über.-Mus. Bremen 1: 438. **Type locality:** China: Taiwan, Tainan.
分布（Distribution）：台湾（TW）。

（2）华南闪迷蝇 *Silbomyia hoeneana* Enderlein, 1936

Silbomyia hoeneana Enderlein, 1936. Ver. Dtsch. Kolon. Über.-Mus. Bremen 1: 439. **Type locality:** China: Guangdong, “Canton” [= Guangzhou].
分布（Distribution）：江苏（JS）、浙江（ZJ）、江西（JX）、湖北（HB）、四川（SC）、云南（YN）、广东（GD）、海南（HI）。

（3）台湾闪迷蝇 *Silbomyia sauteri* Enderlein, 1936

Silbomyia sauteri Enderlein, 1936. Ver. Dtsch. Kolon. Über.-Mus. Bremen 1: 439. **Type locality:** China: Taiwan, Gaoxiong, “Kosempo” [= Jiaxianpu].
Silbomyia sauteri: Crosskey, 1965. Bull. Br. Mus. (Nat. Hist.) B Ent. 16 (2): 76.
分布（Distribution）：台湾（TW）。

扁头蝇族 Parameniini

2. 扁头蝇属 *Catapicephala* Macquart, 1851

Catapicephala Macquart, 1851. Mém. Soc. R. Sci. Agric. Arts Lille 1850 [1851]: 210. **Type species:** *Catapicephala splendens* Macquart, 1851 (monotypy).
Trongia Townsend, 1916. Proc. U. S. Natl. Mus. 51 (2152): 299. **Type species:** *Trongia viridis* Townsend, 1916 [= *Musca micans* Fabricius, 1805].
Catapicephala: Crosskey, 1965. Bull. Br. Mus. (Nat. Hist.) B Ent. 16 (2): 44; Verves, 2005. Int. J. Dipt. Res. 16 (4): 237; Evenhuis, Pape *et* Pont, 2016. Zootaxa 4172 (1): 40.

（4）毛眼扁头蝇 *Catapicephala dasyophthalma* Villeneuve, 1927

Catapicephala dasyophthalma Villeneuve, 1927e. Revue Zool. Bot. Afr. 15 (3): 222. **Type locality:** China: Taiwan, Amping, Kosempo [Jiaxianpu], Fuhosho.
Catapicephala dasyphthalma [incorrect subsequent spelling of *dasyophthalma*]: Fan *et al*., 1997. Fauna Sinica, Insecta, Vol. 6: 615, 669.
分布（Distribution）：台湾（TW）；印度尼西亚。

（5）绯角扁头蝇 *Catapicephala ruficornis* Villeneuve, 1927

Catapicephala ruficornis Villeneuve, 1927e. Revue Zool. Bot. Afr. 15 (3): 222. **Type locality:** China: Taiwan.
分布（Distribution）：台湾（TW）。

（6）中华扁头蝇 *Catapicephala sinica* Fan, 1965

Catapicephala sinica Fan, 1965. Key to the Common Flies of China: 195. **Type locality:** China: Hainan, Xinglong.
Catapicephala sinica: Verves, 2005. Int. J. Dipt. Res. 16 (4): 236.
分布（Distribution）：海南（HI）；泰国、马来西亚、新加坡。

（7）亮绿扁头蝇 *Catapicephala splendens* Macquart, 1851

Catapicephala splendens Macquart, 1851. Mém. Soc. R. Sci. Agric. Arts Lille 1850 [1851]: 210. **Type locality:** Indonesia: Java.

Catapicephala splendens: Verves, 2005. Int. J. Dipt. Res. 16 (4): 238.
分布（**Distribution**）：台湾（TW）；缅甸、马来西亚、新加坡、印度尼西亚。

孟蝇亚科 Bengaliinae

3. 孟蝇属 *Bengalia* Robineau-Desvoidy, 1830

Bengalia Robineau-Desvoidy, 1830. Mém. Prés. Div. Sav. Acad. R. Sci. Inst. Fr. 2 (2): 425. **Type species:** *Bengalia testacea* Robineau-Desvoidy, 1830 [= *Musca torosa* Wiedemann, 1819] (by designation of Desmarest, 1842).
Ochromyia Macquart, 1835. Hist. Nat. Ins., Dipt. 2: 248. **Type species:** *Musca jejuna* Fabricius, 1787.
Anisomyia Walker, 1860b. J. Proc. Linn. Soc. London Zool. 4: 135 (as a subgenus of *Musca* Linnaeus, 1758). **Type species:** *Musca favillacea* Walker, 1860 [= *Musca jejuna* Fabricius, 1787].
Plinthomyia Rondani, 1875b. Ann. Mus. Civ. St. Nat. Genova 7: 427. **Type species:** *Plinthomyia emimelania* Rondani, 1875.
Homodexia Bigot, 1885. Bull. Bimens. Soc. Entomol. Fr. (3): 26. **Type species:** *Homodexia obscuripennis* Bigot, 1885 [= *Musca jejuna* Fabricius, 1787].
Parabengalia Roubaud, 1913. Bull. Sci. Fr. Belg. (7) 47: 114. **Type species:** *Musca jejuna* Fabricius, 1787.
Eubengalia Townsend, 1926. Philipp. J. Sci. 29 (4): 529. **Type species:** *Bengalia depressa* Walker, 1858.
Pollenoides Matsumura, 1916. Thousand Ins. Japan Add. 2: 407. **Type species:** *Pollenoides kuyanianus* Matsumura, 1916 [= *Bengalia fuscipennis* Bezzi, 1913].
Afridigalia Lehrer, 2005. Pensoft Ser. Faun. 50: 22. **Type species:** *Afridigalia adrianponti* Lehrer, 2005.
Ashokiana Lehrer, 2005. Pensoft Ser. Faun. 50: 78. **Type species:** *Ashokiana ramsdalei* Lehrer, 2005.
Bezzigalia Lehrer, 2005. Pensoft Ser. Faun. 50: 109. **Type species:** *Bezzigalia rivanella* Lehrer, 2005.
Gangelomyia Lehrer, 2005. Pensoft Ser. Faun. 50: 111. **Type species:** *Gangelomyia indipyga* Lehrer, 2005.
Kenypyga Lehrer, 2005. Pensoft Ser. Faun. 50: 79. **Type species:** *Kenypyga bantuphalla* Lehrer, 2005.
Laoziana Lehrer, 2005. Pensoft Ser. Faun. 50: 136. **Type species:** *Laoziana mandarina* Lehrer, 2005.
Maraviola Lehrer, 2005. Pensoft Ser. Faun. 50: 154. **Type species:** *Bengalia spinifemorata* Villeneuve, 1913.
Ochromyia Lehrer, 2005. Pensoft Ser. Faun. 50: 142. **Type species:** *Ochromyia jejutora* Lehrer, 2005.
Shakaniella Lehrer, 2005. Pensoft Ser. Faun. 50: 82. **Type species:** *Shakaniella wyatti* Lehrer, 2005.
Temaseka Lehrer, 2005. Pensoft Ser. Faun. 50: 146. **Type species:** *Bengalia concava* Malloch, 1927.
Tsunamia Lehrer, 2005. Pensoft Ser. Faun. 50: 84. **Type species:** *Tsunamia yorubana* Lehrer, 2005.
Sindhigalia Lehrer, 2006. Fragm. Dipt. 3: 13. **Type species:** *Ochromyia jejutora* Lehrer, 2005 [= *Musca torosa* Wiedemann, 1819].
Anshuniana Lehrer *et* Wei, 2010. Bull. Soc. Ent. Fr. 66: 23. **Type species:** *Bengalia fani* Feng *et* Wei, 1998.
Bengalia: Fan, 1992. Key to the Common Flies of China, 2nd Ed.: 444; Verves, 2005. Int. J. Dipt. Res. 16 (4): 238.

（8）菲律宾孟蝇 *Bengalia calilungae* Rueda, 1985

Bengalia calilungae Rueda, 1985. Phil. Ent. 6 (3): 341. **Type locality:** Philippines: Luzon, Laguna, Los Baños, Mt. Makiling.
Bengalia calilungae: Yang, Kurahashi *et* Shiao, 2014. ZooKeys 434: 65, 87.
分布（**Distribution**）：台湾（TW）；菲律宾。

（9）浙江孟蝇 *Bengalia chekiangensis* Fan, 1965

Bengalia chekiangensis Fan, 1965. Key to the Common Flies of China: 194. **Type locality:** China: Zhejiang, Tianmu Mt.
Bengalia chekiangensis: Verves, 2005. Int. J. Dipt. Res. 16 (4): 238.
分布（**Distribution**）：安徽（AH）、浙江（ZJ）、江西（JX）。

（10）凹圆孟蝇 *Bengalia emarginata* Malloch, 1927

Bengalia emarginata Malloch, 1927. Ann. Mag. Nat. Hist. (9) 20: 412. **Type locality:** Singapore.
Afridigalia bezziella Lehrer, 2005. Pensoft Ser. Faun. 50: 29. **Type locality:** China: Taiwan, Oyenm.
Bengalia emarginata: Verves, 2005. Int. J. Dipt. Res. 16 (4): 238.
Afridigalia emarginata: Lehrer, 2005. Pensoft Ser. Faun. 50: 36.
分布（**Distribution**）：福建（FJ）、台湾（TW）、广东（GD）、海南（HI）；泰国、新加坡。

（11）福建孟蝇 *Bengalia emdeniella* Lehrer, 2005

Afrigalia emdeniella Lehrer, 2005. Pensoft Ser. Faun. 50: 29. **Type locality:** China: Fukian [= Fujian], Yenpingen.
分布（**Distribution**）：福建（FJ）。

（12）环斑孟蝇 *Bengalia escheri* Bezzi, 1913

Bengalia escheri Bezzi, 1913. Ent. Mitt. 2 (3): 76. **Type locality:** China: Taiwan, Tainan.
Bengalia escheri: Lin *et* Chen, 1999. The Name List of Taiwan Diptera (1): 114.
Gangelomyia escheri: Lehrer, 2005. Pensoft Ser. Faun. 50: 112.
分布（**Distribution**）：安徽（AH）、浙江（ZJ）、四川（SC）、云南（YN）、福建（FJ）、台湾（TW）、海南（HI）；印度。

（13）范氏孟蝇 *Bengalia fani* Feng *et* Wei, 1998

Bengalia fani Feng *et* Wei, 1998. *In*: Feng *et al*., 1998. *In*: Xue *et* Chao, 1998. Flies of China, Vol. 2: 1378. **Type locality:** China: Guizhou, Anshun, Ganpu Tree Farm.

Anshuniana fani: Lehrer *et* Wei, 2010. Bull. Soc. Ent. Fr. 66: 23.
分布（Distribution）：贵州（GZ）。

（14）棕翅孟蝇 *Bengalia fuscipennis* Bezzi, 1913

Bengalia fuscipennis Bezzi, 1913. Ent. Mitt. 2 (3): 75. **Type locality:** China: Taiwan, Thainan [= Tainan].
Pollenoides kuyanianus Matsumura, 1916. Thousand Ins. Japan Add. 2: 405. **Type locality:** China: Taiwan.
Bengalia taiwanensis Fan, 1965. Key to the Common Flies of China: 194. **Type locality:** China: Taiwan, Taipei Region, Wenshan District, "Rimogan" [= Limokang] village.
分布（Distribution）：台湾（TW）。

（15）台湾孟蝇 *Bengalia kosungana* (Lehrer, 2006), comb. nov.

Gangelomyia kosungana Lehrer, 2006. Ent. Croat. 10 (1-2): 16. **Type locality:** China: Taiwan.
分布（Distribution）：台湾（TW）。

（16）突唇孟蝇 *Bengalia labiata* Robineau-Desvoidy, 1830

Bengalia labiata Robineau-Desvoidy, 1830. Mém. Prés. Div. Sav. Acad. R. Sci. Inst. Fr. 2 (2): 426. **Type locality:** "Bengal" [probably Bangladesh].
分布（Distribution）：云南（YN）、海南（HI）；马来西亚、印度尼西亚、孟加拉国。

（17）劳孟蝇 *Bengalia laoziella* (Lehrer, 2006), comb. nov.

Gangelomyia laoziella Lehrer, 2006. Ent. Croat. 10 (1-2): 18. **Type locality:** China: Taiwan, Taihorinsho.
分布（Distribution）：台湾（TW）。

（18）广东孟蝇 *Bengalia mandarina* (Lehrer, 2005), comb. nov.

Laoziana mandarina Lehrer, 2005. Pensoft Ser. Faun. 50: 138. **Type locality:** China: Guangdong, Guangzhou, Canton.
分布（Distribution）：广东（GD）。

（19）侧线孟蝇 *Bengalia torosa* (Wiedemann, 1819)

Musca torosa Wiedemann, 1819. Zool. Mag. 1 (3): 21. **Type locality:** "Bengal" [Bangladesh or India].
Bengalia torosa: Verves, 2005. Int. J. Dipt. Res. 16 (4): 240.
分布（Distribution）：云南（YN）、台湾（TW）、广东（GD）、海南（HI）；日本、菲律宾、老挝、泰国、马来西亚、印度尼西亚、印度、斯里兰卡、孟加拉国、澳大利亚。

（20）变色孟蝇 *Bengalia varicolor* (Fabricius, 1805)

Musca varicolor Fabricius, 1805. Syst. Antliat.: 296. **Type locality:** India: Madras [= Tamil Nādu], Tranquebar.
Bengalia bezzii Senior-White, 1923b. Spolia Zeyl. 12: 306. **Type locality:** Sri Lanka: Matale District, Suduganga.
Afridigalia fanzideliana Lehrer, 2005. Pensoft Ser. Faun. 50: 42 (replacement name for *Bengalia varicolor* sensu Fan, 1965).
Bengalia latro de Meijere: Malloch, 1927. Ann. Mag. Nat. Hist. (9) 20: 410.
Bengalia latro [misidentification: not *Bengalia latro* de Meijere, 1910]: Fan, 1965. Key to the Common Flies of China: 191; Fan, 1992. Key to the Common Flies of China, 2nd Ed.: 532; Feng *et al.*, 1998. *In*: Xue *et* Chao, 1998. Flies of China, Vol. 2: 1380.
分布（Distribution）：浙江（ZJ）、四川（SC）、福建（FJ）、台湾（TW）、广东（GD）、海南（HI）；日本、越南、老挝、泰国、菲律宾、马来西亚、新加坡、印度尼西亚、印度、斯里兰卡。

（21）魏氏孟蝇 *Bengalia weii* Rognes, 2009

Bengalia weii Rognes, 2009. Zootaxa 2251: 15, 61. **Type locality:** China: Yunnan, Xishuangbanna, Menglun.
分布（Distribution）：云南（YN）。

（22）张氏孟蝇 *Bengalia zhangi* (Lehrer, 2010), comb. nov.

Gangelomyia zhangi Lehrer, 2010f. Fragm. Dipt. 25: 1. **Type locality:** China: Guizhou, Ziyun.
分布（Distribution）：贵州（GZ）。

4. 螺孟蝇属 *Verticia* Malloch, 1927

Verticia Malloch, 1927. Ann. Mag. Nat. Hist. (9) 20: 388. **Type species:** *Verticia orientalis* Malloch, 1927 (monotypy).

（23）斑腹螺孟蝇 *Verticia fasciventris* Malloch, 1927

Verticia fasciventris Malloch, 1927. Ann. Mag. Nat. Hist. (9) 20: 391. **Type locality:** Malaysia: Malaya, [Kedah] Lubok Kedongong, NW of Mount Ophir.
Verticia fasciventris: Sze *et al.*, 2008. Syst. Biodiv. 6 (1): 25.
分布（Distribution）：香港（HK）；马来西亚。

丽蝇亚科 Calliphorinae

丽蝇族 Calliphoirini

5. 阿丽蝇属 *Aldrichina* Townsend, 1934

Aldrichina Townsend, 1934a. Rev. Ent. 4: 111 (replacement name for *Aldrichiella* Rohdendorf, 1931). **Type species:** *Calliphora grahami* Aldrich, 1930 (monotypy).
Aldrichiella Rohdendorf, 1931. Zool. Anz. 95 (5-8): 177 (a junior homonym of *Aldrichiella* Vaughan, 1903 *et Aldrichiella* Hendel, 1911). **Type species:** *Calliphora grahami* Aldrich, 1930.
Aldrichina: Verves, 2005. Int. J. Dipt. Res. 16 (4): 241.

（24）巨尾阿丽蝇 *Aldrichina grahami* (Aldrich, 1930)

Calliphora grahami Aldrich, 1930. Proc. U. S. Natl. Mus. 78 (1): 1. **Type locality:** China: "Sichuen Prov., Suifu" [= Sichuan, Yibin].

Aldrichina grahami: Verves, 2005. Int. J. Dipt. Res. 16 (4): 241.

分布（Distribution）：黑龙江（HL）、吉林（JL）、辽宁（LN）、内蒙古（NM）、河北（HEB）、天津（TJ）、北京（BJ）、山西（SX）、山东（SD）、河南（HEN）、陕西（SN）、宁夏（NX）、甘肃（GS）、青海（QH）、安徽（AH）、江苏（JS）、上海（SH）、浙江（ZJ）、江西（JX）、湖南（HN）、湖北（HB）、四川（SC）、贵州（GZ）、云南（YN）、西藏（XZ）、福建（FJ）、台湾（TW）、广东（GD）、广西（GX）、海南（HI）；朝鲜半岛、日本、俄罗斯、印度、巴基斯坦、美国。

6. 陪丽蝇属 *Bellardia* Robineau-Desvoidy, 1863

Bellardia Robineau-Desvoidy, 1863. Hist. Nat. Dipt. Envir. Paris 2: 548. **Type species:** *Bellardia vernalis* Robineau-Desvoidy, 1863 [= *Tachina obsoleta* Meigen, 1824] (monotypy).

Maravigna Lioy, 1864. Atti R. Ist. Véneto Sci. Lett. Arti (3) 9: 891. **Type species:** *Onesia clausa* Macquart, 1835 [= *Tachina obsoleta* Meigen, 1824].

Pseudonesia Villeneuve, 1920d. Bull. Soc. Ent. Fr. 1920: 296. **Type species:** *Musca puberula* Zetterstedt, 1838 [= *Tachina pubicornis* Zetterstedt, 1838].

Ambodicria Enderlein, 1933a. Mitt. Dtsch. Ent. Ges. 4: 125. **Type species:** *Onesia polita* Mik, 1884.

Miaspia Enderlein, 1933a. Mitt. Dtsch. Ent. Ges. 4: 124. **Type species:** *Miaspia latigena* Enderlein, 1933 [= *Onesia brevistylata* Villeneuve, 1926].

Melindopsis Kurahashi, 1964b. Kontyû 32: 484 (as a subgenus of *Polleniopsis*). **Type species:** *Polleniopsis menechma* Séguy, 1934.

Feideria Lehrer, 1970. Ann. Zool.-Bot. 61: 15. **Type species:** *Polleniopsis menechma* Séguy, 1934.

Bellardia: Chen *et al*., 1993. *In*: The Comprehensive Scientific Expedition to the Qinghai-Xizang Plateau, Chinese Academy of Sciences, 1993. Insects of the Hengduan Mountains Region, Vol. 2: 1184; Verves, 2005. Int. J. Dipt. Res. 16 (4): 242.

（25）拜耳陪丽蝇 *Bellardia bayeri* (Jacentkovský, 1937)

Onesia bayeri Jacentkovský, 1937. Sb. Vys. Šk. Zem. (Les.) Brně Řada D 24 (8): 20, 49. **Type locality:** Bulgaria: Prešlav, Bačkovo.

Bellardia bayeri: Chen *et* Zhu, 2014. J. Beijing Univ. Agric. 29 (4): 23.

分布（Distribution）：北京（BJ）；保加利亚。

（26）本溪陪丽蝇 *Bellardia benshiensis* Hsue, 1979

Bellardia benshiensis Hsue, 1979. Acta Ent. Sin. 22 (2): 193. **Type locality:** China: Liaoning, Benshi.

Bellardia benshiensis: Schumann, 1986. *In*: Soós *et* Papp, 1986. Cat. Palaearct. Dipt. 12: 13.

分布（Distribution）：辽宁（LN）、河北（HEB）、北京（BJ）。

（27）朝鲜陪丽蝇 *Bellardia chosenensis* Chen, 1979

Bellardia chosenensis Chen, 1979. Acta Zootaxon. Sin. 4 (4): 388, 391. **Type locality:** Korea: Chiyi.

Bellardia chosenensis: Schumann, 1986. *In*: Soós *et* Papp, 1986. Cat. Palaearct. Dipt. 12: 13; Feng *et al*., 2012. Chin. J. Hyg. Insect. & Equip. 18 (2): 143.

分布（Distribution）：重庆（CQ）；朝鲜半岛。

（28）长裂陪丽蝇 *Bellardia dolichodicra* Chen, Fan *et* Cui, 1983

Bellardia dolichodicra Chen, Fan *et* Cui, 1983. *In*: Chen, Fan *et* Cui, 1982-1983. *In*: Shanghai Institute of Entomology, Academia Sinica, 1982-1983. Contributions from Shanghai Institute of Entomology, Vol. 3: 231, 233. **Type locality:** China: Heilongjiang, Bizhou.

Bellardia dolichodicra: Verves, 2004. Far East. Ent. 135: 5; Verves *et* Khrokalo, 2006c. Key Ins. Rus. Far East 6 (4): 26.

分布（Distribution）：黑龙江（HL）。

（29）黑龙江陪丽蝇 *Bellardia heilongjiangensis* Chen, Cui *et* Zhang, 1997

Bellardia heilongjiangensis Chen, Cui *et* Zhang, 1997. *In*: Fan *et al*., 1997. Fauna Sinica, Instcta, Vol. 6: 309, 320, 639. **Type locality:** China: Heilongjiang, Harbin.

Bellardia heilongjiangensis: Verves, 2004. Far East. Ent. 135: 6; Verves *et* Khrokalo, 2006c. Key Ins. Rus. Far East 6 (4): 28.

分布（Distribution）：黑龙江（HL）。

（30）辽宁陪丽蝇 *Bellardia liaoningensis* Hsue, 1979

Bellardia bayeri liaoningensis Hsue [= Xue], 1979. Acta Ent. Sin. 22 (2): 193. **Type locality:** China: Liaoning, Benxi.

Bellardia bayeri liaoningensis: Fan, 1992. Key to the Common Flies of China, 2nd Ed.: 493.

Bellardia liaoningensis: Schumann, 1986. *In*: Soós *et* Papp, 1986. Cat. Palaearct. Dipt. 12: 13; Verves, 2004. Far East. Ent. 135: 7.

分布（Distribution）：辽宁（LN）、河北（HEB）、北京（BJ）、青海（QH）。

（31）毛腮陪丽蝇 *Bellardia longistricta* Fan *et* Qian, 1997

Bellardia longistricta Fan *et* Qian, 1997. *In*: Fan, 1997 *et al*., Fauna Sinica, Instcta, Vol. 6: 309, 315, 639. **Type locality:** China: Xinjiang, Baihaba, Habahe.

Bellardia longistricta: Verves, 2004. Far East. Ent. 135: 7.

分布（Distribution）：新疆（XJ）。

（32）新月陪丽蝇 *Bellardia menechma* (Séguy, 1934)

Polleniopsis menechma Séguy, 1934. Encycl. Ent. (B) II Dipt. 7: 10. **Type locality:** China: [Shanghai], Zi-ka-wei [now: "Xujiahui"].

Polleniopsis (*Melindopsis*) *menechma*: Schumann, 1986. *In*: Soós *et* Papp, 1986. Cat. Palaearct. Dipt. 12: 36.

分布（Distribution）：北京（BJ）、河南（HEN）、甘肃（GS）、江苏（JS）、上海（SH）、湖南（HN）、湖北（HB）、四川（SC）。

（33）拟新月陪丽蝇 *Bellardia menechmoides* Chen, 1979

Bellardia menechmoides Chen, 1979. Acta Zootaxon. Sin. 4 (4): 389, 391. **Type locality:** China: Shanghai, Songjiang, Sheshan Hill.

Bellardia menechmoides: Verves, 2005. Int. J. Dipt. Res. 16 (4): 242; Xue, 2006. *In*: Xue *et* Wang, 2006. Flies of the Qinghai-Xizang Plateau: 200.

分布（Distribution）：辽宁（LN）、河北（HEB）、山东（SD）、陕西（SN）、甘肃（GS）、江苏（JS）、上海（SH）、浙江（ZJ）、湖北（HB）、四川（SC）、贵州（GZ）、云南（YN）；朝鲜半岛、日本。

（34）小新月陪丽蝇 *Bellardia micromenechma* Liang *et* Gan, 1986

Bellardia micromenechma Liang *et* Gan, 1986. Zool. Res. 7 (4): 370, 374. **Type locality:** China: Yunnan, Ninglang County, Lugu Lake.

Bellardia micromenechma: Verves, 2005. Int. J. Dipt. Res. 16 (4): 242.

分布（Distribution）：云南（YN）。

（35）直钩陪丽蝇 *Bellardia nartshukae* (Grunin, 1970)

Melinda nartshukae Grunin, 1970. Ent. Obozr. 49 (2): 476. **Type locality:** Russia: Primorie, Kedrovaia Pad Reserve.

Melinda pusilla [misidentification: not *Musca pusilla* Meigen, 1826]: Feng *et al*., 1998. *In*: Xue *et* Chao, 1998. Flies of China, Vol. 2: 1388.

Berllardia nartshukae: Verves, 2004. Far East. Ent. 135: 8.

分布（Distribution）：吉林（JL）、辽宁（LN）、山东（SD）；俄罗斯、日本。

（36）南新月陪丽蝇 *Bellardia notomenechma* Liang *et* Gan, 1986

Bellardia notomenechma Liang *et* Gan, 1986. Zool. Res. 7 (4): 367, 374. **Type locality:** China: Yunnan, Kunming.

Bellardia notomenechma: Verves, 2005. Int. J. Dipt. Res. 16 (4): 242; Xue, 2006. *In*: Xue *et* Wang, 2006. Flies of the Qinghai-Xizang Plateau: 200.

分布（Distribution）：四川（SC）、云南（YN）。

（37）少鬃陪丽蝇 *Bellardia oligochaeta* Chen *et* Fan, 1988

Bellardia oligochaeta Chen *et* Fan, 1988. *In*: Chen, Fan *et* Fang, 1988. *In*: The Mountaineering and Scientific Expedition, Academia Sinica, 1988. Insects of Mt. Namjagbarwa Region of Xizang: 510. **Type locality:** China: Xizang, Milinpaiqu.

Bellardia oligochaeta: Verves, 2004. Far East. Ent. 135: 9; Xue, 2006. *In*: Xue *et* Wang, 2006. Flies of the Qinghai-Xizang Plateau: 201.

分布（Distribution）：西藏（XZ）。

（38）短阳陪丽蝇 *Bellardia peopedana* Feng, 2003

Bellardia peopedana Feng, 2003d. Acta Parasitol. Med. Entomol. Sin. 10 (3): 165, 168. **Type locality:** China: Sichuan, Ya'an, Weiganding.

Bellardia peopedana: Verves, 2005. Int. J. Dipt. Res. 16 (4): 242.

分布（Distribution）：四川（SC）。

（39）红头陪丽蝇 *Bellardia ruficeps* Feng *et* Xue, 2000

Bellardia ruficeps Feng *et* Xue, 2000. J. Shenyang Norm. Univ. (Nat. Sci.) 18 (1): 51, 55. **Type locality:** China: Sichuan, Baoxing (Yongfu).

分布（Distribution）：四川（SC）。

（40）皱叶陪丽蝇 *Bellardia rugiforceps* Fan *et* Feng, 1993

Bellardia rugiforceps Fan *et* Feng, 1993. *In*: Fan, Feng *et* Deng, 1993. Zool. Res. 14 (3): 199. **Type locality:** China: Sichuan, Yingjing County.

Bellardia rugiforceps: Verves, 2005. Int. J. Dipt. Res. 16 (4): 242.

分布（Distribution）：四川（SC）。

（41）壮叶陪丽蝇 *Bellardia sastylata* Qian *et* Fan, 1981

Bellardia sastylata Qian *et* Fan, 1981. Acta Ent. Sin. 24 (4): 444, 448. **Type locality:** China: Xinjiang.

Bellardia sastylata: Fan, 1992. Key to the Common Flies of China, 2nd Ed.: 498; Fan *et al*., 1997. Fauna Sinica, Insecta, Vol. 6: 310, 326, 640.

分布（Distribution）：新疆（XJ）。

（42）直陪丽蝇 *Bellardia stricta* (Villeneuve, 1926)

Onesia stricta Villeneuve, 1926. Konowia 5 (2): 132. **Type locality:** Finland. Sweden. N Germany. N European part of Russia (Ural).

Bellardia xinganensis Chen, Fan *et* Cui, 1983. *In*: Chen, Fan *et*

Cui, 1982-1983. *In*: Shanghai Institute of Entomology, Academia Sinica, 1982-1983. Contributions from Shanghai Institute of Entomology, Vol. 3: 231, 233. **Type locality:** China: Heilongjiang, Tahe.

分布（Distribution）：黑龙江（HL）；芬兰、瑞典、德国、俄罗斯（欧洲部分，乌拉尔）。

（43）西安陪丽蝇 *Bellardia xianensis* Wu, Chen *et* Fan, 1991

Bellardia xianensis Wu, Chen *et* Fan, 1991. Entomotaxon. 13 (4): 307. **Type locality:** China: Shaanxi, Xi'an.

Bellardia xianensis: Verves, 2004. Far East. Ent. 135: 16; Xue, 2005. *In*: Yang, 2005. Insect Fauna of Middle-West Qinling Range and South Mountains of Gansu Province: 821.

分布（Distribution）：陕西（SN）。

7. 丽蝇属 *Calliphora* Robineau-Desvoidy, 1830

Calliphora Robineau-Desvoidy, 1830. Mém. Prés. Div. Sav. Acad. R. Sci. Inst. Fr. 2 (2): 433. **Type species:** *Musca vomitoria* Linnaeus, 1758 (by original designation).

Steringomyia Pokorny, 1889. Verh. K. K. Zool.-Bot. Ges. Wien 39: 568. **Type species:** *Steringomyia stylifera* Pokorny, 1889.

Acrophaga Brauer *et* Bergenstamm, 1891. Denkschr. Akad. Wiss. Wien. Math.-Naturw. Kl. 58: 367. **Type species:** *Sarcophaga alpina* sensu Brauer *et* Bergenstamm, 1891, not Zetterstedt, 1838 [= *Acrophaga subalpina* Ringdahl, 1931].

Neocalliphora Brauer *et* Bergenstamm, 1891. Denkschr. Akad. Wiss. Wien. Math.-Naturw. Kl. 58: 87. **Type species:** *Calliphora dasyphthalma* Macquart, 1843 [= *Musca quadrimaculata* Swederus, 1787].

Neopollenia Brauer, 1899. Sitz. Denkschr. Akad. Wiss. Wien. Math.-Naturw. Kl. (Abth. 1) 107: 496. **Type species:** *Musca stygia* Fabricius, 1782.

Trichocalliphora Townsend, 1915c. Proc. Biol. Soc. Wash. 28: 20. **Type species:** *Calliphora villosa* Robineau-Desvoidy, 1830 [= *Musca stygia* Fabricius, 1782].

Adichosia Surcouf, 1920. Nouv. Arch. Mus. Hist. Nat. Paris 6 (5): 85. **Type species:** *Ochromyia hyalipennis* Macquart, 1851 [= *Calliphora nigrithorax* Malloch, 1927].

Amphibolosia Surcouf, 1920. Nouv. Arch. Mus. Hist. Nat. Paris 5 (6): 109. **Type species:** *Ochromyia flavipennis* Macquart, 1851.

Abonesia Villeneuve, 1927. Bull. Ann. Soc. R. Ent. Belg. 66 [1926]: 357. **Type species:** *Musca genarum* Zetterstedt, 1838, by monotypy.

Adichosiops Townsend, 1932. J. N. Y. Ent. Soc. 40: 441. **Type species:** *Musca quadrimaculata* Swederus, 1787.

Stobbeola Enderlein, 1933a. Mitt. Dtsch. Ent. Ges. 4: 126. **Type species:** *Stobbeola norvegica* Enderlein, 1933 [= *Acrophaga stelviana* Brauer *et* Bergenstamm, 1891].

Acronesia Hall, 1948. Blowflies N Amer. 4: 272. **Type species:** *Steringomyia aldrichia* Shannon, 1923.

Abago Grunin, 1966. Ent. Obozr. 45 (4): 897. **Type species:** *Abago rohdendorfi* Grunin, 1966.

Oceanocalliphora Kurahashi, 1972. Pac. Insects 14 (2): 435. **Type species:** *Calliphora bryani* Kurahashi, 1972.

Calliphora: Kurahashi, 1971. Pac. Insects 13 (1): 141; Kurahashi, 1987. Sieboldia (Suppl.): 50; Verves, 2005. Int. J. Dipt. Res. 16 (4): 242.

（44）青海丽蝇 *Calliphora chinghaiensis* Van *et* Ma, 1978

Calliphora chinghaiensis Van *et* Ma, 1978. Acta Ent. Sin. 21 (2): 194, 196. **Type locality:** China: Qinghai, Qingshuihe.

Acrophaga chinghaiensis Peris *et* González-Mora, 1989. Eos 65 (2): 178.

分布（Distribution）：青海（QH）、四川（SC）、云南（YN）、西藏（XZ）。

（45）棘叶丽蝇 *Calliphora echinosa* Grunin, 1970

Calliphora alaskensis echinosa Grunin, 1970. Ent. Obozr. 49 (2): 475. **Type locality:** Kazakhstan: Semipalatinsk Oblast', Tarbagatay Ridge, upper of river Urdzhar.

Acronesia echinosa: Peris *et* González-Mora, 1989. Eos 65 (2): 181; Schumann, 1986. *In*: Soós *et* Papp, 1986. Cat. Palaearct. Dipt. 12: 12.

Calliphora (*Acronesia*) *alaskensis echinata* [erroneous subsequent spelling of *echinosa*]: Fan, 1992. Key to the Common Flies of China, 2nd Ed.: 487; Fan *et al.*, 1997. Fauna Sinica, Insecta, Vol. 6: 275, 283, 636; Wang *et al.*, 2012. Chin. J. Hyg. Insect. & Equip. 18 (3): 232.

Calliphora alascensis [misidentification: not *Calliphora alaskensis* Shannon, 1923): Xue, 2005. *In*: Yang, 2005. Insect Fauna of Middle-West Qinling Range and South Mountains of Gansu Province: 822.

分布（Distribution）：青海（QH）；哈萨克斯坦、俄罗斯、蒙古国。

（46）立毛丽蝇 *Calliphora genarum* (Zetterstedt, 1838)

Musca genarum Zetterstedt, 1838. Insecta Lapp.: 658. **Type locality:** Sweden: Torne Lappmark, Torne-träsk.

Calliphora erectiseta Fan, 1957. Acta Ent. Sin. 7 (3): 339, 337. **Type locality:** China: East Inner Mongolia, Shing-an.

分布（Distribution）：内蒙古（NM）；俄罗斯、吉尔吉斯斯坦、瑞典、芬兰、德国、奥地利、美国（阿拉斯加）、加拿大。

（47）格鲁宁丽蝇 *Calliphora grunini* Schumann *et* Ozerov, 1992

Calliphora grunini Schumann *et* Ozerov, 1992. Dtsch. Ent. Z. (N. F.) 39: 407 (replacement name for *Calliphora rohdendorfi*

Grunin, 1970). **Type locality:** (authomatic of *rohdendorfi*): Tajikistan: Peter I Range, Garm district, Kalaylabiob [= Tajikabad].

Calliphora rohdendorfi Grunin, 1970. Ent. Obozr. 49 (2): 472-473 (preoccupied by Grunin, 1966).

分布（Distribution）：甘肃（GS）、青海（QH）、西藏（XZ）；哈萨克斯坦、塔吉克斯坦。

（48）斑颧丽蝇 *Calliphora loewi* Enderlein, 1903

Calliphora vomitoria var. *loewi* Enderlein, 1903. Wiss. Ergebn. Dtsch. Tiefs.-Exp. "Valdivia". Zool. 3: 254. **Type locality:** Germany: "Schneeberg" [= Bavaria, Schneeberg Mt.].

Calliphora loewi: Enderlein, 1934. Sber. Ges. Naturf. Freunde Berl. 1934 (4-7): 189; Verves, 2005. Int. J. Dipt. Res. 16 (4): 243.

分布（Distribution）：新疆（XJ）、云南（YN）、西藏（XZ）；俄罗斯、蒙古国、日本、美国（阿拉斯加）、加拿大；欧洲（北部和中部）。

（49）宽丽蝇 *Calliphora nigribarbis* Vollenhoven, 1863

Calliphora nigribarbis Vollenhoven, 1863. Versl. Meded. K. Akad. Wet. Amst. Afdel. Natuurk. 15: 17. **Type locality:** Japan.

Calliphora lata Coquillett, 1898. Proc. U. S. Natl. Mus. 21: 334. **Type locality:** Japan.

Calliphora vomitoria [misidentification: not *Musca vomitoria* Linnaeus, 1758]: Fan, 1957. Acta Ent. Sin. 7 (3): 341.

分布（Distribution）：黑龙江（HL）、吉林（JL）、辽宁（LN）、内蒙古（NM）、河北（HEB）、陕西（SN）、四川（SC）、西藏（XZ）、台湾（TW）；日本、朝鲜、韩国、俄罗斯。

（50）黑丽蝇 *Calliphora pattoni* Aubertin, 1931

Calliphora pattoni Aubertin, 1931a. Ann. Mag. Nat. Hist. (10) 8: 615. **Type locality:** India: Darjeeling (West Bengal).

Calliphora pattoni: Verves, 2005. Int. J. Dipt. Res. 16 (4): 243; Xue, 2006. *In*: Xue *et* Wang, 2006. Flies of the Qinghai-Xizang Plateau: 201.

分布（Distribution）：西藏（XZ）、台湾（TW）；泰国、尼泊尔、缅甸、印度、克什米尔地区。

（51）中华丽蝇 *Calliphora sinensis* Ho, 1936

Calliphora sinensis Ho, 1936. Chin. J. Zool. 2: 139. **Type locality:** China: Peiping [= Beijing].

Calliphora sinensis: Peris *et* González-Mora, 1989. Eos 65 (2): 186; Schumann, 1986. *In*: Soós *et* Papp, 1986. Cat. Palaearct. Dipt. 12: 17.

分布（Distribution）：北京（BJ）。

（52）斯氏丽蝇 *Calliphora stelviana* (Brauer *et* Bergenstamm, 1891)

Acrophaga stelviana Brauer *et* Bergenstamm, 1891. Denkschr. Akad. Wiss. Wien. Math.-Naturw. Kl. 58: 367. **Type locality:** Austria: Tirol, Stilfser Joch.

Calliphora (*Acrophaga*) *hohxiliensis* Xue *et* Zhang, 1996. *In*: Wu *et* Feng, 1996. The Biology and Human Physiology in the Hoh-Xil Region: 207, 213. **Type locality:** China: Qinghai, Hoh Xil.

Calliphora (*Acrophaga*) *alpina* [misidentification: not *Sarcophaga alpina* Zetterstedt, 1838]: Schumann, 1986. *In*: Soós *et* Papp, 1986. Cat. Palaearct. Dipt. 12: 16; Zumpt, 1956. Flieg. Palaearkt. Reg. 11 (Lf. 190, 191, 193): 16.

分布（Distribution）：青海（QH）；奥地利。

（53）天山丽蝇 *Calliphora tianshanica* Rohdendorf, 1962

Calliphora tianshanica Rohdendorf, 1962. Ent. Obozr. 41 (4): 934. **Type locality:** Kyrgyzstan: Central Tian-Shan, Dzhety-Oguz.

Calliphora tianshanica: Xue, 2006. *In*: Xue *et* Wang, 2006. Flies of the Qinghai-Xizang Plateau: 201.

分布（Distribution）：新疆（XJ）；吉尔吉斯斯坦。

（54）乌拉尔丽蝇 *Calliphora uralensis* Villeneuve, 1922

Calliphora uralensis Villeneuve, 1922c. Bull. Mus. Natl Hist. Nat. 28: 515. **Type locality:** Russia: Zlatoust. Sweden: Abisco.

Calliphora uralensis: Verves, 2005. Int. J. Dipt. Res. 16 (4): 243; Xue, 2006. *In*: Xue *et* Wang, 2006. Flies of the Qinghai-Xizang Plateau: 202.

分布（Distribution）：内蒙古（NM）、河北（HEB）、甘肃（GS）、青海（QH）、新疆（XJ）、四川（SC）、西藏（XZ）；蒙古国、俄罗斯、格陵兰（丹）；欧洲。

（55）红头丽蝇 *Calliphora vicina* Robineau- Desvoidy, 1830

Calliphora vicina Robineau-Desvoidy, 1830. Mém. Prés. Div. Sav. Acad. R. Sci. Inst. Fr. 2 (2): 435. **Type locality:** USA: "Philadelphie".

Musca erythrocephala Meigen, 1826. Syst. Beschr. Europ. Zweifl. Insekt. 5: 62 (junior primary homonym of *Musca erythrocephala* De Geer, 1776 and *Musca erythrocephala* Fabricius, 1787).

Calliphora vicina: Verves, 2005. Int. J. Dipt. Res. 16 (4): 243.

分布（Distribution）：黑龙江（HL）、吉林（JL）、内蒙古（NM）、河北（HEB）、天津（TJ）、北京（BJ）、山西（SX）、山东（SD）、河南（HEN）、陕西（SN）、宁夏（NX）、甘肃（GS）、青海（QH）、新疆（XJ）、江苏（JS）、江西（JX）、湖南（HN）、湖北（HB）、四川（SC）、贵州（GZ）、云南（YN）、西藏（XZ）；日本、韩国、蒙古国、俄罗斯、印度、巴基斯坦、埃及、尼泊尔、沙特阿拉伯、地中海地区（东部）、伊朗、澳大利亚、新西兰；欧洲、北美洲。

（56）反吐丽蝇 *Calliphora vomitoria* (Linnaeus, 1758)

Muisca vomitoria Linnaeus, 1758. Syst. Nat. Ed. 10 (1): 595.

Type locality: Sweden.
Calliphora vomitoria: Verves, 2005. Int. J. Dipt. Res. 16 (4): 243; Wang *et al*., 2012. Chin. J. Hyg. Insect. & Equip. 18 (3): 232.
分布（Distribution）：黑龙江（HL）、吉林（JL）、辽宁（LN）、内蒙古（NM）、河北（HEB）、天津（TJ）、山西（SX）、山东（SD）、河南（HEN）、陕西（SN）、宁夏（NX）、甘肃（GS）、青海（QH）、新疆（XJ）、安徽（AH）、江苏（JS）、上海（SH）、浙江（ZJ）、江西（JX）、湖南（HN）、湖北（HB）、四川（SC）、贵州（GZ）、云南（YN）、西藏（XZ）、福建（FJ）、台湾（TW）、广东（GD）；朝鲜、日本、蒙古国、俄罗斯、阿富汗、菲律宾、夏威夷群岛、摩洛哥、尼泊尔、印度；欧洲、北美洲。

(57) 柴达木丽蝇 *Calliphora zaidamensis* Fan, 1965

Calliphora zaidamensis Fan, 1965. Key to the Common Flies of China: 163. **Type locality:** China: Qinghai, Dachaidan.
Calliphora zaidamensis: Verves *et* Khrokalo, 2006c. Key Ins. Rus. Far East 6 (4): 34; Xue, 2006. *In*: Xue *et* Wang, 2006. Flies of the Qinghai-Xizang Plateau: 203.
分布（Distribution）：青海（QH）、新疆（XJ）；蒙古国、俄罗斯。

8. 蓝蝇属 *Cynomya* Robineau-Desvoidy, 1830

Cynomya Robineau-Desvoidy, 1830. Mém. Prés. Div. Sav. Acad. R. Sci. Inst. Fr. 2 (2): 363. **Type species:** *Musca mortuorum* Linnaeus, 1761 (by designation of Macquart, 1834).
Cynophaga Lioy, 1864. Atti R. Ist. Véneto Sci. Lett. Arti (3) 9: 890. **Type species:** *Musca mortuorum* Linnaeus, 1758.
Carcinomyia Townsend, 1915c. Proc. Biol. Soc. Wash. 28: 21. **Type species:** *Cynomyia hirta* Hough, 1898 [= *Musca mortuorum* Linnaeus, 1761].
Cynomyopsis Townsend, 1915d. Insecutor Inscit. Menstr. 3: 118. **Type species:** *Cynomya cadaverina* Robineau-Desvoidy, 1830.
Cynomya: Verves, 2005. Int. J. Dipt. Res. 16 (4): 244.

(58) 尸蓝蝇 *Cynomya mortuorum* (Linnaeus, 1761)

Musca mortuorum Linnaeus, 1761. Fauna Svecica Sistens Animalia Sveciae Regni, Ed. 2: 452. **Type locality:** Sweden.
Cynomya mortuorum: Verves *et* Khrokalo, 2006c. Key Ins. Rus. Far East 6 (4): 35; Xue, 2005. *In*: Yang, 2005. Insect Fauna of Middle-West Qinling Range and South Mountains of Gansu Province: 822.
分布（Distribution）：黑龙江（HL）、吉林（JL）、辽宁（LN）、内蒙古（NM）、河北（HEB）、山西（SX）、宁夏（NX）、甘肃（GS）、青海（QH）、新疆（XJ）、四川（SC）、云南（YN）、西藏（XZ）；蒙古国、俄罗斯、哈萨克斯坦、土库曼斯坦；欧洲（北部）、北美洲。

9. 拟蓝蝇属 *Cynomyiomima* Rohdendorf, 1924

Cynomyiomima Rohdendorf, 1924. Ent. Mitt. 13 (6): 284. **Type species:** *Cynomyiomima stackelbergi* Rohdendorf, 1924 (by original designation; monotypy).
Chaetocynomyia Enderlein, 1933a. Mitt. Dtsch. Ent. Ges. 4: 127. **Type species:** *Chaetocynomyia latifrons* Enderlein, 1933 [= *Cynomyiomima stackelbergi* Rohdendorf, 1924].
Cynomyiomima: Schumann, 1986. *In*: Soós *et* Papp, 1986. Cat. Palaearct. Dipt. 12: 20; Verves, 2005. Int. J. Dipt. Res. 16 (4): 244.

(59) 蒙古拟蓝蝇 *Cynomyiomima stackelbergi* Rohdendorf, 1924

Cynomyiomima stackelbergi Rohdendorf, 1924. Ent. Mitt. 13 (6): 284. **Type locality:** Mongolia: Ulan-Bulak.
Chaetocynomyia latifrons Enderlein, 1933a. Mitt. Dtsch. Ent. Ges. 4: 127. **Type locality:** Russia: E Siberia, "Kultuk am Bajkalsee".
Cynomyiomima stackelbergi: Verves, 2005. Int. J. Dipt. Res. 16 (4): 244; Xue, 2006. *In*: Xue *et* Wang, 2006. Flies of the Qinghai-Xizang Plateau: 203.
分布（Distribution）：黑龙江（HL）、吉林（JL）、辽宁（LN）、内蒙古（NM）、山西（SX）、甘肃（GS）、青海（QH）、新疆（XJ）、四川（SC）；蒙古国、俄罗斯。

10. 东丽蝇属 *Mufetiella* Villeneuve, 1933

Mufetiella Villeneuve, 1933. Bull. Ann. Soc. R. Ent. Belg. 73: 196 (as a subgenus of *Calliphora*). **Type species:** *Calliphora* (*Mufetiella*) *grisescens* Villeneuve, 1933 (monotypy).
Mufetiella: Feng *et al*., 1998. *In*: Xue *et* Chao, 1998. Flies of China, Vol. 2: 1409; Schumann, 1986. *In*: Soós *et* Papp, 1986. Cat. Palaearct. Dipt. 12: 32; Verves, 2005. Int. J. Dipt. Res. 16 (4): 244.

(60) 灰色东丽蝇 *Mufetiella grisescens* (Villeneuve, 1933)

Calliphora (*Mufetiella*) *grisescens* Villeneuve, 1933. Bull. Ann. Soc. R. Ent. Belg. 73: 195. **Type locality:** "Japan: Tonkin. China: Province de Szechuen, savoir Suifu: Washan, Muping, Mount Omei; Yao-Gi".
Mufetiella grisescens: Verves, 2005. Int. J. Dipt. Res. 16 (4): 244; Xue, 2006. *In*: Xue *et* Wang, 2006. Flies of the Qinghai-Xizang Plateau: 204.
分布（Distribution）：四川（SC）；日本。

11. 蚓蝇属 *Onesia* Robineau-Desvoidy, 1830

Onesia Robineau-Desvoidy, 1830. Mém. Prés. Div. Sav. Acad. R. Sci. Inst. Fr. 2 (2): 365. **Type species:** *Musca floralis*

Robineau-Desvoidy, 1830 (by designation of Townsend, 1916).
Macrophallus Müller, 1922. Arch. Naturgesch. 88A (2): 62. **Type species:** *Onesia austriaca* Villeneuve, 1920.
Macronesia Villeneuve, 1926. Konowia 5 (2): 130 (as a subgenus of *Onesia*). **Type species:** *Onesia hendeli* Villeneuve, 1926 [= *Onesia kowarzi* Villeneuve, 1920].
Onesioides Schumann, 1974a. Mitt. Zool. Mus. Berl. 49 [1973]: 338 (as a subgenus of *Onesia*). **Type species:** *Melinda hokkaidensis* Baranov, 1939.
Pellonesia Lu *et* Fan, 1982. *In*: Wang *et al*., 1982. *In*: Shanghai Institute of Entomology, Academia Sinica, 1982. Contributions from Shanghai Institute of Entomology, Vol. 2: 255, 258 (as a subgenus of *Onesia*). **Type species:** *Onesia pterygoides* Lu *et* Fan, 1981.
Onesia: Verves, 2005. Int. J. Dipt. Res. 16 (4): 244; Xue *et al*., 2009. Florida Ent. 92 (2): 321.

（61）阿坝蚓蝇 *Onesia abaensis* Chen *et* Fan, 1993

Onesia abaensis Chen *et* Fan, 1993. *In*: Chen *et al*., 1993. *In*: The Comprehensive Scientific Expedition to the Qinghai-Xizang Plateau, Chinese Academy of Sciences, 1993. Insects of the Hengduan Mountains Region, Vol. 2: 1189, 1213. **Type locality:** China: Sichuan, Ruoerge.
Onesia abaensis: Verves, 2005. Int. J. Dipt. Res. 16 (4): 244; Xue *et al*., 2009. Florida Ent. 92 (2): 323.
分布（Distribution）：四川（SC）。

（62）巴塘蚓蝇 *Onesia batangensis* Chen *et* Fan, 1993

Onesia batangensis Chen *et* Fan, 1993. *In*: Chen *et al*., 1993. *In*: The Comprehensive Scientific Expedition to the Qinghai-Xizang Plateau, Chinese Academy of Sciences, 1993. Insects of the Hengduan Mountains Region, Vol. 2: 1190, 1213. **Type locality:** China: Sichuan, Batang.
Onesia batangensis: Verves, 2005. Int. J. Dipt. Res. 16 (4): 244; Xue *et al*., 2009. Florida Ent. 92 (2): 323.
分布（Distribution）：四川（SC）、云南（YN）。

（63）川西蚓蝇 *Onesia chuanxiensis* Chen *et* Fan, 1993

Onesia chuanxiensis Chen *et* Fan, 1993. *In*: Chen *et al*., 1993. *In*: The Comprehensive Scientific Expedition to the Qinghai-Xizang Plateau, Chinese Academy of Sciences, 1993. Insects of the Hengduan Mountains Region, Vol. 2: 1191, 1213. **Type locality:** China: Sichuan, Kangding (Mt. Gonggashan).
Onesia chuanxiensis: Verves, 2005. Int. J. Dipt. Res. 16 (4): 245; Xue *et al*., 2009. Florida Ent. 92 (2): 324.
分布（Distribution）：四川（SC）。

（64）弯叶蚓蝇 *Onesia curviloba* (Liang *et* Gan, 1986)

Bellardia curviloba Liang *et* Gan, 1986. Zool. Res. 7 (4): 369-370, 374. **Type locality:** China: Yunnan, Zhongdian.
Onesia curviloba: Xue *et al*., 2009. Florida Ent. 92 (2): 324.
分布（Distribution）：云南（YN）。

（65）壮阳蚓蝇 *Onesia dynatophallus* Xue *et* Bai, 2009

Onesia dynatophallus Xue *et* Bai, 2009. *In*: Xue *et al*., 2009. Florida Ent. 92 (2): 324. **Type locality:** China: Sichuan, Kangding, Mt. Zheduo.
分布（Distribution）：四川（SC）。

（66）二郎山蚓蝇 *Onesia erlangshanensis* Feng, 1998

Onesia erlangshanensis Feng, 1998. Acta Zootaxon. Sin. 23 (3): 328, 332. **Type locality:** China: Sichuan, Ya'an (Erlangshan, Forest Farm).
Onesia erlangshanensis: Verves, 2005. Int. J. Dipt. Res. 16 (4): 245; Xue *et al*., 2009. Florida Ent. 92 (2): 323.
分布（Distribution）：四川（SC）。

（67）梵净山蚓蝇 *Onesia fanjingshanensis* Wei, 2006

Onesia fanjingshanensis Wei, 2006b. *In*: Li *et* Jin, 2006. Insects from Fanjingshan Landscape: 543, 545. **Type locality:** China: Guizhou, Fanjingshan.
分布（Distribution）：贵州（GZ）。

（68）凤城蚓蝇 *Onesia fengchengensis* (Chen, 1979)

Bellardia fengchengensis Chen, 1979. Acta Zootaxon. Sin. 4 (4): 387, 391. **Type locality:** China: Liaoning, Fengcheng.
Onesia fengchengensis: Verves, 2004. Far East. Ent. 138: 6.
分布（Distribution）：辽宁（LN）。

（69）花蚓蝇 *Onesia flora* Feng, 1998

Onesia flora Feng, 1998. Acta Zootaxon. Sin. 23 (3): 329, 332. **Type locality:** China: Sichuan, Hanyuan (Mt. Jiaodingshan).
Onesia flora: Verves, 2005. Int. J. Dipt. Res. 16 (4): 245; Xue *et al*., 2009. Florida Ent. 92 (2): 323, 324.
分布（Distribution）：四川（SC）。

（70）缨板蚓蝇 *Onesia franzaosternita* Xue *et* Dong, 2009

Onesia franzaosternita Xue *et* Dong, 2009. *In*: Xue, Dong *et* Bai, 2009. Florida Ent. 92 (2): 323, 325. **Type locality:** China: Ningxia, Jingyuan, Lvyuan Forestry Centre.
分布（Distribution）：宁夏（NX）。

（71）甘孜蚓蝇 *Onesia garzeensis* Chen *et* Fan, 1993

Onesia garzeensis Chen *et* Fan, 1993. *In*: Chen *et al*., 1993. *In*: The Comprehensive Scientific Expedition to the Qinghai-Xizang Plateau, Chinese Academy of Sciences, 1993. Insects of the Hengduan Mountains Region, Vol. 2: 1193, 1214. **Type locality:** China: Sichuan, Garzê.

Onesia garzeensis: Verves, 2005. Int. J. Dipt. Res. 16 (4): 245; Xue *et al*., 2009. Florida Ent. 92 (2): 324.
分布（Distribution）：四川（SC）。

（72）北海道蚓蝇 *Onesia hokkaidensis* (Baranov, 1939)

Melinda hokkaidensis Baranov, 1939. Ent. Nachr. 12: 112. **Type locality:** Japan: Hokkaidō, Sapporo.
Melinda hokkaidensis: Sabrosky *et* Crosskey, 1970. Proc. Ent. Soc. Wash. 72 (4): 427.
Onesia hokkaidensis: Xue *et al*., 2009. Florida Ent. 92 (2): 323.
分布（Distribution）：黑龙江（HL）；日本。

（73）红原蚓蝇 *Onesia hongyuanensis* Chen *et* Fan, 1993

Onesia hongyuanensis Chen *et* Fan, 1993. *In*: Chen *et al*., 1993. *In*: The Comprehensive Scientific Expedition to the Qinghai-Xizang Plateau, Chinese Academy of Sciences, 1993. Insects of the Hengduan Mountains Region, Vol. 2: 1212. **Type locality:** China: Sichuan, Hongyuan (Longriba).
Onesia hongyuanensis: Verves, 2005. Int. J. Dipt. Res. 16 (4): 245; Xue *et al*., 2009. Florida Ent. 92 (2): 324.
分布（Distribution）：四川（SC）。

（74）华夏蚓蝇 *Onesia huaxiae* Feng *et* Xue, 2000

Onesia huaxiae Feng *et* Xue, 2000. J. Shenyang Norm. Univ. (Nat. Sci.) 18 (1): 53, 55. **Type locality:** China: Sichuan, Ya'an (Mt. Erlang, Tree Farm).
Onesia huaxiae: Xue *et al*., 2009. Florida Ent. 92 (2): 324; Feng, 2011. Sichuan J. Zool. 30 (4): 548.
分布（Distribution）：四川（SC）。

（75）九寨沟蚓蝇 *Onesia jiuzhaigouenensis* Chen *et* Fan, 1993

Onesia jiuzhaigouenensis Chen *et* Fan, 1993. *In*: Chen *et al*., 1993. *In*: The Comprehensive Scientific Expedition to the Qinghai-Xizang Plateau, Chinese Academy of Sciences, 1993. Insects of the Hengduan Mountains Region, Vol. 2: 1194, 1213. **Type locality:** China: Sichuan, Jiuzhaigou (Nanping).
Onesia jiuzhaigouenensis: Verves, 2005. Int. J. Dipt. Res. 16 (4): 245; Xue *et al*., 2009. Florida Ent. 92 (2): 324.
分布（Distribution）：四川（SC）。

（76）大韩蚓蝇 *Onesia koreana* Kurahashi *et* Park, 1972

Onesia koreana Kurahashi *et* Park, 1972. Kontyû 40 (1): 22. **Type locality:** R. O. Korea: Mt. Jiri.
Bellardia variola Chen, 1979. Acta Zootaxon. Sin. 4 (4): 385, 390. **Type locality:** China: Heilongjiang.
Onesia variola: Verves *et* Khrokalo, 2006c. Key Ins. Rus. Far East 6 (4): 22, 36.
Bellardia variola: Schumann, 1986. *In*: Soós *et* Papp, 1986. Cat. Palaearct. Dipt. 12: 34.
分布（Distribution）：黑龙江（HL）；韩国。

（77）大叶蚓蝇 *Onesia megaloba* (Feng, 1998)

Bellardia megaloba Feng, 1998. Acta Zootaxon. Sin. 23 (3): 330, 332. **Type locality:** China: Sichuan, Ya'an (Erlangshan, Forest Farm).
Onesia megaloba: Verves, 2005. Int. J. Dipt. Res. 16 (4): 242; Xue *et al*., 2009. Florida Ent. 92 (2): 323; Zumpt, 1956. Flieg. Palaearkt. Reg. 11 (Lf. 190, 191, 193): 28.
分布（Distribution）：四川（SC）。

（78）西部蚓蝇 *Onesia occidentalis* Feng, 2003

Onesia occidentalis Feng, 2003d. Acta Parasitol. Med. Entomol. Sin. 10 (3): 166, 169. **Type locality:** China: Sichuan, Ya'an (Mt. Erlang, Forest Farm).
Onesia occidentalis: Verves, 2005. Int. J. Dipt. Res. 16 (4): 245; Xue *et al*., 2009. Florida Ent. 92 (2): 323, 324.
分布（Distribution）：四川（SC）。

（79）翼尾蚓蝇 *Onesia pterygoides* Lu *et* Fan, 1982

Onesia pterygoides Lu *et* Fan, 1982. *In*: Wang *et al*., 1982. *In*: Shanghai Institute of Entomology, Academia Sinica, 1982. Contributions from Shanghai Institute of Entomology, Vol. 2: 255, 258. **Type locality:** China: Shanxi, Kelan.
Onesia pterygoides: Feng, 1998. Acta Zootaxon. Sin. 23 (3): 330, 332; Xue *et al*., 2009. Florida Ent. 92 (2): 323.
分布（Distribution）：山西（SX）。

（80）青海蚓蝇 *Onesia qinghaiensis* (Chen, 1979)

Bellardia qinghaiensis Chen, 1979. Acta Zootaxon. Sin. 4 (4): 385, 391. **Type locality:** China: Qinghai, Xining.
分布（Distribution）：青海（QH）。

（81）半月蚓蝇 *Onesia semilunaris* (Fan *et* Feng, 1993)

Bellardia semilunaris Fan *et* Feng, 1993. *In*: Fan, Feng *et* Deng, 1993. Zool. Res. 14 (3): 200. **Type locality:** China: Sichuan, Rongling County.
Bellardia semilunaris: Fan *et al*., 1997. Fauna Sinica, Insecta, Vol. 6: 308, 310, 638.
Onesia semilunaris: Verves, 2005. Int. J. Dipt. Res. 16 (4): 245.
分布（Distribution）：四川（SC）。

（82）中华蚓蝇 *Onesia sinensis* Villeneuve, 1936

Onesia sinensis Villeneuve, 1936. Ark. Zool. 27A (34): 10. **Type locality:** China: South Gansu.
Onesia sinensis: Verves, 2005. Int. J. Dipt. Res. 16 (4): 245; Xue *et al*., 2009. Florida Ent. 92 (2): 324.
分布（Distribution）：甘肃（GS）、四川（SC）。

（83）松潘蚓蝇 *Onesia songpanensis* Chen *et* Fan, 1993

Onesia songpanensis Chen *et* Fan, 1993. *In*: Chen *et al*., 1993.

In: The Comprehensive Scientific Expedition to the Qinghai-Xizang Plateau, Chinese Academy of Sciences, 1993. Insects of the Hengduan Mountains Region, Vol. 2: 1196, 1213. **Type locality:** China: Sichuan, Songpan, Gaogaling.
Onesia songpanensis: Verves, 2005. Int. J. Dipt. Res. 16 (4): 245; Xue *et al*., 2009. Florida Ent. 92 (2): 324.
分布（Distribution）：四川（SC）。

（84）卧龙蚓蝇 *Onesia wolongensis* Chen *et* Fan, 1993

Onesia wolongensis Chen *et* Fan, 1993. *In*: Chen *et al*., 1993. *In*: The Comprehensive Scientific Expedition to the Qinghai-Xizang Plateau, Chinese Academy of Sciences, 1993. Insects of the Hengduan Mountains Region, Vol. 2: 1196, 1213. **Type locality:** China: Sichuan, Wolong, Mt. Balangshan.
Onesia wolongensis: Verves, 2005. Int. J. Dipt. Res. 16 (4): 245; Xue *et al*., 2009. Florida Ent. 92 (2): 323.
分布（Distribution）：四川（SC）、云南（YN）。

12. 拟蚓蝇属 *Onesiomima* Rohdendorf, 1962

Onesiomima Rohdendorf, 1962. Ent. Obozr. 41 (4): 931. **Type species:** *Onesiomima pamirica* Rohdendorf, 1962 (by original designation; monotypy).
Onesiomima: Schumann, 1986. *In*: Soós *et* Papp, 1986. Cat. Palaearct. Dipt. 12: 34; Verves, 2005. Int. J. Dipt. Res. 16 (4): 246.

（85）帕米尔拟蚓蝇 *Onesiomima pamirica* Rohdendorf, 1962

Onesiomima pamirica Rohdendorf, 1962. Ent. Obozr. 41 (4): 932. **Type locality:** Tajikistan: East Pamir, Murgab.
Onesiomima pamirica: Verves, 2005. Int. J. Dipt. Res. 16 (4): 246.
分布（Distribution）：青海（QH）、新疆（XJ）；吉尔吉斯斯坦。

13. 拟粉蝇属 *Polleniopsis* Townsend, 1917

Polleniopsis Townsend, 1917. Rec. India Mus. 13 (4): 201. **Type species:** *Polleniopsis pilosa* Townsend, 1917 (by original designation. monotypy).
Mongoliopsis Lehrer, 1970. Ann. Zool.-Bot. 61: 15. **Type species:** *Polleniopsis mongolica* Séguy, 1928.
Polleniopsis: James, 1977. *In*: Delfinado *et* Hardy, 1977. Cat. Dipt. Orient. Reg. 3: 540; Verves, 2005. Int. J. Dipt. Res. 16 (4): 246.

（86）净翅拟粉蝇 *Polleniopsis allapsa* Villeneuve, 1942

Polleniopsis allapsa Villeneuve, 1942. Bull. Soc. Ent. Fr. 47: 51. **Type locality:** China: Shanghai.
Polleniopsis allapsa: Verves, 2005. Int. J. Dipt. Res. 16 (4): 246.
分布（Distribution）：上海（SH）；日本。

（87）朝鲜拟粉蝇 *Polleniopsis chosenensis* Fan, 1965

Polleniopsis chosenensis Fan, 1965. Key to the Common Flies of China: 169. **Type locality:** R. O. Korea: Busan.
Polleniopsis chosenensis: Verves *et* Khrokalo, 2006c. Key Ins. Rus. Far East 6 (4): 37; Xue, 2006. *In*: Xue *et* Wang, 2006. Flies of the Qinghai-Xizang Plateau: 206.
分布（Distribution）：辽宁（LN）；朝鲜、韩国、日本。

（88）周氏拟粉蝇 *Polleniopsis choui* Fan *et* Chen, 1991

Polleniopsis choui Fan *et* Chen, 1991. Entomotaxon. 13 (1): 72. **Type locality:** China: Yunnan, Yongshan.
Polleniopsis choui: Verves, 2005. Int. J. Dipt. Res. 16 (4): 246.
分布（Distribution）：云南（YN）。

（89）错那拟粉蝇 *Polleniopsis cuonaensis* Chen *et* Fan, 1991

Polleniopsis cuonaensis Chen *et* Fan, 1991. *In*: Fan *et* Chen, 1991. Entomotaxon. 13 (1): 71. **Type locality:** China: Xizang, Cuona.
Polleniopsis cuonaensis: Verves, 2004. Far East. Ent. 134: 3; Xue, 2006. *In*: Xue *et* Wang, 2006. Flies of the Qinghai-Xizang Plateau: 206.
分布（Distribution）：西藏（XZ）。

（90）越南拟粉蝇 *Polleniopsis dalatensis* Kurahashi, 1972

Polleniopsis dalatensis Kurahashi, 1972. Pac. Insects 14 (4): 720. **Type locality:** Vietnam: 6 km S of Dalat.
Polleniopsis dalatensis: Verves, 2005. Int. J. Dipt. Res. 16 (4): 246.
分布（Distribution）：浙江（ZJ）、海南（HI）；越南。

（91）德钦拟粉蝇 *Polleniopsis deqingensis* Chen *et* Fan, 1993

Polleniopsis deqenensis Chen *et* Fan, 1993. *In*: Chen *et al*., 1993. *In*: The Comprehensive Scientific Expedition to the Qinghai-Xizang Plateau, Chinese Academy of Sciences, 1993. Insects of the Hengduan Mountains Region, Vol. 2: 1201, 1217. **Type locality:** China: Yunnan, Deqen, Mt. Meilixueshan.
Polleniopsis deqingensis Fan, 1992. Key to the Common Flies of China, 2nd Ed.: 512.
Polleniopsis deqenensis: Verves, 2005. Int. J. Dipt. Res. 16 (4): 246.
分布（Distribution）：云南（YN）。

（92）圆腹拟粉蝇 *Polleniopsis discosternita* Feng *et* Ma, 1999

Polleniopsis discosternita Feng *et* Ma, 1999. Acta Zootaxon. Sin. 24 (2): 214, 216. **Type locality:** China: Sichuan, Ya'an

(Mt. Erlangshan, Ganhaizi).
Polleniopsis discosternita: Verves, 2005. Int. J. Dipt. Res. 16 (4): 246.
分布（**Distribution**）：四川（SC）。

（93）范氏拟粉蝇 ***Polleniopsis fani*** **Feng *et* Ma, 1999**

Polleniopsis fani Feng *et* Ma, 1999. Acta Zootaxon. Sin. 24 (2): 213, 216. **Type locality:** China: Sichuan, Ya'an (Mt. Erlangshan, Tuanniuping).
Polleniopsis fani: Verves, 2005. Int. J. Dipt. Res. 16 (4): 246; Feng, 2011. Sichuan J. Zool. 30 (4): 548.
分布（**Distribution**）：四川（SC）。

（94）福建拟粉蝇 ***Polleniopsis fukiensis*** **Kurahashi, 1972**

Polleniopsis fukiensis Kurahashi, 1972. Pac. Insects 14 (4): 722. **Type locality:** China: Fujian, Bohea Hills, Chung-An.
Polleniopsis fukiensis: Kurahashi, 1972. Pac. Insects 14 (4): 709; Verves, 2005. Int. J. Dipt. Res. 16 (4): 247.
分布（**Distribution**）：上海（SH）、浙江（ZJ）、福建（FJ）。

（95）宽阳拟粉蝇 ***Polleniopsis lata*** **Zhong, Wu *et* Fan, 1982**

Polleniopsis lata Zhong, Wu *et* Fan, 1982. *In*: Shanghai Institute of Entomology, Academia Sinica, 1982. Contributions from Shanghai Institute of Entomology, Vol. 2: 247, 251. **Type locality:** China: Xizang, Mêdog.
Polleniopsis lata: Verves, 2004. Far East. Ent. 134: 5; Xue, 2006. *In*: Xue *et* Wang, 2006. Flies of the Qinghai-Xizang Plateau: 206.
分布（**Distribution**）：西藏（XZ）。

（96）宽颜拟粉蝇 ***Polleniopsis latifacialis*** **Feng *et* Xue, 2000**

Polleniopsis latifacialis Feng *et* Xue, 2000. J. Shenyang Norm. Univ. (Nat. Sci.) 18 (1): 50, 54. **Type locality:** China: Sichuan, Ya'an (Mt. Erlang, Tree Farm).
Polleniopsis latifacialis: Feng, 2011. Sichuan J. Zool. 30 (4): 548; Bharti *et* Verves, 2016. Halteres 7: 3.
分布（**Distribution**）：四川（SC）。

（97）芦山拟粉蝇 ***Polleniopsis lushana*** **Feng *et* Ma, 1999**

Polleniopsis lushana Feng *et* Ma, 1999. Acta Zootaxon. Sin. 24 (2): 211, 213. **Type locality:** China: Sichuan, Lushan (Dachuan).
Polleniopsis lushana: Verves, 2005. Int. J. Dipt. Res. 16 (4): 247; Bharti *et* Verves, 2016. Halteres 7: 3.
分布（**Distribution**）：四川（SC）。

（98）闪斑拟粉蝇 ***Polleniopsis micans*** **Villeneuve, 1942**

Polleniopsis micans Villeneuve, 1942. Bull. Soc. Ent. Fr. 47: 50. **Type locality:** China: Shanghai.
Polleniopsis micans: Verves, 2005. Int. J. Dipt. Res. 16 (4): 247.
分布（**Distribution**）：上海（SH）。

（99）米林拟粉蝇 ***Polleniopsis milina*** **Fan *et* Chen, 1987**

Polleniopsis milina Fan *et* Chen, 1987. *In*: Fan, Chen *et* Fang, 1987. *In*: Zhang, 1987. Agricultural Insects, Spiders, Plant Diseases and Weeds of Tibet I: 302, 306. **Type locality:** China: Xizang, Milin.
Polleniopsis milina: Verves, 2004. Far East. Ent. 134: 5; Xue, 2006. *In*: Xue *et* Wang, 2006. Flies of the Qinghai-Xizang Plateau: 206.
分布（**Distribution**）：西藏（XZ）。

（100）蒙古拟粉蝇 ***Polleniopsis mongolica*** **Séguy, 1928**

Polleniopsis mongolica Séguy, 1928a. Encycl. Ent. (A) Dipt. 9: 119. **Type locality:** Mongolia: "route d'Ouliassoutai à Kobdo.
Pollenia mongolica: Senior-White *et al.*, 1940. Fauna Brit. India Dipt. 6: 120.
Polleniopsis mongolica: Verves, 2005. Int. J. Dipt. Res. 16 (4): 247.
分布（**Distribution**）：吉林（JL）、辽宁（LN）、内蒙古（NM）、河北（HEB）、北京（BJ）、山西（SX）、山东（SD）、河南（HEN）、陕西（SN）、宁夏（NX）、江苏（JS）、上海（SH）、湖北（HB）；蒙古国。

（101）伪亮拟粉蝇 ***Polleniopsis pseudophalla*** **Feng *et* Ma, 1999**

Polleniopsis pseudophalla Feng *et* Ma, 1999. Acta Zootaxon. Sin. 24 (2): 212, 216. **Type locality:** China: Sichuan, Ya'an (Mt. Zhougongshan).
Polleniopsis pseudophalla: Verves, 2005. Int. J. Dipt. Res. 16 (4): 247.
分布（**Distribution**）：四川（SC）。

（102）上海拟粉蝇 ***Polleniopsis shanghaiensis*** **Fan *et* Chen, 1997**

Polleniopsis shanghaiensis Fan *et* Chen, 1997. *In*: Fan *et al.*, 1997. Fauna Sinica, Insecta, Vol. 6: 356, 359, 643. **Type locality:** China: Shanghai, Caohejing.
Polleniopsis shanghaiensis: Verves, 2005. Int. J. Dipt. Res. 16 (4): 247.
分布（**Distribution**）：上海（SH）。

（103）长端拟粉蝇 ***Polleniopsis stenacra*** **Chen *et* Fan, 1988**

Polleniopsis stenacra Chen *et* Fan, 1988. *In*: Chen, Fan *et* Fang, 1988. *In*: The Mountaineering and Scientific Expedition, Academia Sinica, 1988. Insects of Mt. Namjagbarwa Region of Xizang: 511. **Type locality:** China: Xizang, Mêdog,

Namula.
Polleniopsis stenacra: Verves, 2004. Far East. Ent. 134: 6.
分布（Distribution）：西藏（XZ）。

（104）印度尼西亚拟粉蝇 *Polleniopsis toxopei* (Senior-White, 1926)

Paratricyclea toxopei Senior-White, 1926. Rec. India Mus. 28: 135. **Type locality:** Indonesia: Buru Is.
Pollenia toxopei: Senior-White *et al*., 1940. Fauna Brit. India Dipt. 6: 122.
Polleniopsis toxopei: Verves, 2005. Int. J. Dipt. Res. 16 (4): 247; Yang, Kurahashi *et* Shiao, 2014. ZooKeys 434: 61, 86.
分布（Distribution）：台湾（TW）；韩国、日本、印度尼西亚、新几内亚岛、所罗门群岛。

（105）异宽阳拟粉蝇 *Polleniopsis varilata* Chen *et* Fan, 1993

Polleniopsis varilata Chen *et* Fan, 1993. *In*: Chen *et al*., 1993. *In*: The Comprehensive Scientific Expedition to the Qinghai-Xizang Plateau, Chinese Academy of Sciences, 1993. Insects of the Hengduan Mountains Region, Vol. 2: 1201, 1216. **Type locality:** China: Sichuan, Wenchuan (Wolong).
Polleniopsis varilata: Verves, 2005. Int. J. Dipt. Res. 16 (4): 248; Xue, 2006. *In*: Xue *et* Wang, 2006. Flies of the Qinghai-Xizang Plateau: 206.
分布（Distribution）：四川（SC）。

（106）绿腹拟粉蝇 *Polleniopsis viridiventris* Chen *et* Fan, 1988

Polleniopsis viridiventris Chen *et* Fan, 1988. *In*: Chen, Fan *et* Fang, 1988. *In*: The Mountaineering and Scientific Expedition, Academia Sinica, 1988. Insects of Mt. Namjagbarwa Region of Xizang: 510. **Type locality:** China: Xizang, Mêdog, Gedang.
Polleniopsis viridiventris: Verves, 2004. Far East. Ent. 134: 7; Xue, 2006. *In*: Xue *et* Wang, 2006. Flies of the Qinghai-Xizang Plateau: 206.
分布（Distribution）：西藏（XZ）。

（107）薛氏拟粉蝇 *Polleniopsis xuei* Feng *et* Wei, 1998

Polleniopsis xuei Feng *et* Wei, 1998. *In*: Feng *et al*., 1998. *In*: Xue *et* Chao, 1998. Flies of China, Vol. 2: 1428, 1429. **Type locality:** China: Guizhou, Longli.
分布（Distribution）：贵州（GZ）。

（108）云南拟粉蝇 *Polleniopsis yunnanensis* Chen, Li *et* Zhang, 1988

Polleniopsis yunnanensis Chen, Li *et* Zhang, 1988. Zool. Res. 9 (3): 318. **Type locality:** China: Yunnan, Qiao-jia.
Polleniopsis yunnanensis: Verves, 2005. Int. J. Dipt. Res. 16 (4): 248; Xue, 2006. *In*: Xue *et* Wang, 2006. Flies of the Qinghai-Xizang Plateau: 206.
分布（Distribution）：云南（YN）。

14. 台南蝇属 *Tainanina* Villeneuve, 1926

Tainanina Villeneuve, 1926. *In*: Villeneuve, 1927. Bull. Ann. Soc. R. Ent. Belg. 66: 271. **Type species:** *Tainanina grisella* Villeneuve, 1926 [= *Pollenia pilisquama* Senior-White, 1925] (by original designation).
Tainanina: Senior-White *et al*., 1940. Fauna Brit. India Dipt. 6: 108; Verves, 2005. Int. J. Dipt. Res. 16 (4): 248.

（109）毛瓣台南蝇 *Tainanina pilisquama* (Senior-White, 1925)

Pollenia pilisquama Senior-White, 1925. Rec. India Mus. 27: 84. **Type locality:** Sri Lanka: Matale District, Suduganga.
Tainanina grisella Villeneuve, 1926. Bull. Ann. Soc. R. Ent. Belg. 66: 272. **Type locality:** China: Taiwan, Tainan.
Tainanina pilisquama: Lin *et* Chen, 1999. The Name List of Taiwan Diptera (1): 115; Verves, 2005. Int. J. Dipt. Res. 16 (4): 248.
分布（Distribution）：台湾（TW）、广东（GD）；日本、菲律宾、马来西亚、印度尼西亚、印度、斯里兰卡。

（110）麻类台南蝇 *Tainanina sarcophagoides* (Malloch, 1931)

Calliphora sarcophagoides Malloch, 1931b. Ann. Mag. Nat. Hist. (10) 7: 192. **Type locality:** Malaysia: Pahang.
Tainanina sarcophagoides: Verves, 2005. Int. J. Dipt. Res. 16 (4): 248.
分布（Distribution）：台湾（TW）；日本、菲律宾、越南、泰国、马来西亚、印度尼西亚、新几内亚岛、巴布亚新几内亚（俾斯麦群岛）、所罗门群岛。

（111）阳春台南蝇 *Tainanina yangchunensis* Fan *et* Yao, 1984

Tainanina yangchunensis Fan *et* Yao, 1984. Acta Zootaxon. Sin. 9 (2): 176. **Type locality:** China: Guangdong, Yangchun County.
Tainanina yangchunensis: Ye *et al*., 1985. Acta Zootaxon. Sin. 10 (4): 447; Verves, 2005. Int. J. Dipt. Res. 16 (4): 248.
分布（Distribution）：四川（SC）、广东（GD）。

15. 叉丽蝇属 *Triceratopyga* Rohdendorf, 1931

Triceratopyga Rohdendorf, 1931. Zool. Anz. 95 (5-8): 175. **Type species:** *Triceratopyga calliphoroides* Rohdendorf, 1931 (by original designation; monotypy).
Triceratopyga: Kurahashi, 1964a. Kontyû 32 (2): 232; Verves, 2005. Int. J. Dipt. Res. 16 (4): 248.

（112）叉丽蝇 *Triceratopyga calliphoroides* Rohdendorf, 1931

Triceratopyga calliphoroides Rohdendorf, 1931. Zool. Anz. 95 (5-8): 175. **Type locality:** Russia: Amur Oblast, enmvirons of Blagoveshchensk.

Calliphora axata Séguy, 1946a. Encycl. Ent. (B) II Dipt. 10: 81. **Type locality:** “Chine orientale: Tchang-Ting Fou”.
Triceratopyga calliphoroides: Kurahashi, 1964a. Kontyû 32 (2): 232; Verves, 2005. Int. J. Dipt. Res. 16 (4): 248.
Calliphora calliphoroides: Fan, 1957. Acta Ent. Sin. 7 (3): 324.
分布（Distribution）：黑龙江（HL）、吉林（JL）、辽宁（LN）、内蒙古（NM）、河北（HEB）、天津（TJ）、北京（BJ）、山西（SX）、山东（SD）、河南（HEN）、陕西（SN）、宁夏（NX）、甘肃（GS）、青海（QH）、安徽（AH）、江苏（JS）、上海（SH）、浙江（ZJ）、江西（JX）、湖南（HN）、湖北（HB）、四川（SC）、重庆（CQ）、贵州（GZ）、云南（YN）、福建（FJ）；蒙古国、朝鲜半岛、日本、俄罗斯。

绿蝇族 Luciliini

16. 带绿蝇属 *Hemipyrellia* Townsend, 1918

Hemipyrellia Townsend, 1918. Insecutor Inscit. Menstr. 6: 154. **Type species:** *Hemipyrellia curriei* Townsend, 1918 [= *Lucilia fernandica* Macquart, 1855] (by original designation).
Hemipyrellia: Senior-White *et al*., 1940. Fauna Brit. India Dipt. 6: 41; Verves, 2005. Int. J. Dipt. Res. 16 (4): 249.

（113）瘦叶带绿蝇 *Hemipyrellia ligurriens* (Wiedemann, 1830)

Musca ligurriens Wiedemann, 1830. Aussereurop. Zweifl. Insekt. 2: 406. **Type locality:** Not given.
Hemipyrellia ligurriens: Thomas, 1951. Proc. R. Zool. Soc. Lond. 121 (1): 179; Verves, 2005. Int. J. Dipt. Res. 16 (4): 249.
分布（Distribution）：河南（HEN）、陕西（SN）、江苏（JS）、上海（SH）、浙江（ZJ）、江西（JX）、湖南（HN）、湖北（HB）、四川（SC）、重庆（CQ）、贵州（GZ）、云南（YN）、西藏（XZ）、福建（FJ）、台湾（TW）、广东（GD）、广西（GX）、海南（HI）；朝鲜半岛、日本、菲律宾、泰国、马来西亚、印度尼西亚、新加坡、印度、斯里兰卡、孟加拉国、巴布亚新几内亚；澳洲区。

（114）胖叶带绿蝇 *Hemipyrellia pulchra* (Wiedemann, 1830)

Musca pulchra Wiedemann, 1830. Aussereurop. Zweifl. Insekt. 2: 655. **Type locality:** Not given.
Hemipyrellia pulchra: Verves, 2005. Int. J. Dipt. Res. 16 (4): 249; Zhang *et al*., 2014. Chin. J. Vector Biol. & Control 25 (4): 342.
分布（Distribution）：广东（GD）；泰国、印度。

17. 巨尾蝇属 *Hypopygiopsis* Townsend, 1916

Hypopygiopsis Townsend, 1916. Proc. U. S. Natl. Mus. 51 (2152): 300. **Type species:** *Hypopygiopsis splendens* Townsend, 1916 [= *Musca fumipennis* Walker, 1856] (by original designation).
Hypopygiopsis: Senior-White *et al*., 1940. Fauna Brit. India Dipt. 6: 28; Verves, 2005. Int. J. Dipt. Res. 16 (4): 250; Wei, 2010. Acta Zootaxon. Sin. 35 (4): 760-769.

（115）指突巨尾蝇 *Hypopygiopsis dactylis* Wei, 2010

Hypopygiopsis dactylis Wei, 2010. Acta Zootaxon. Sin. 35 (4): 761, 763. **Type locality:** China: Yunnan, Xishuangbanna, Menglun.
分布（Distribution）：云南（YN）。

（116）离叶巨尾蝇 *Hypopygiopsis diversis* Wei, 2010

Hypopygiopsis diversis Wei, 2010. Acta Zootaxon. Sin. 35 (4): 760, 765. **Type locality:** China: Yunnan, Xishuangbanna, Menglun.
分布（Distribution）：云南（YN）。

（117）瘦突巨尾蝇 *Hypopygiopsis infumata* (Bigot, 1877)

Hypopygiopsis infumata Bigot, 1877. Ann. Soc. Entomol. Fr. 7 (5): 42. **Type locality:** Burma [= Myanmar].
Hypopygiopsis shihuagdiana Lehrer, 2009g. Fragm. Dipt. 19: 27. **Type locality:** Not given.
Hypopygiopsis violacea: Fan, 1965. Key to the Common Flies of China: 188. [misidentification: not *Cynomyia violacea* Macquart, 1835].
Hypopygiopsis infumata: Verves, 2005. Int. J. Dipt. Res. 16 (4): 250; Wei, 2010. Acta Zootaxon. Sin. 35 (4): 761.
Thelychaeta infumata: Peris, 1952. An. Est. Exp. Aula Dei 3 (1): 138.
Isomyia infumata: James, 1977. *In*: Delfinado *et* Hardy, 1977. Cat. Dipt. Orient. Reg. 3: 549.
分布（Distribution）：云南（YN）、广西（GX）、海南（HI）；越南、老挝、柬埔寨、缅甸、泰国、印度、孟加拉国。

（118）拟斑翅巨尾蝇 *Hypopygiopsis tumrasvini* Kurahashi, 1977

Hypopygiopsis tumrasvini Kurahashi, 1977. Kontyû 45 (4): 556. **Type locality:** Thailand: Kanchana Buri, nr. Sai Yok.
Hypopygiopsis fortis: Fan, 1965. Key to the Common Flies of China: 187 [misidentification: not *Cynomyia fortis* Walker, 1857].
Hypopygiopsis tumrasvini: Verves, 2005. Int. J. Dipt. Res. 16 (4): 250; Wei, 2010. Acta Zootaxon. Sin. 35 (4): 761.
分布（Distribution）：云南（YN）、海南（HI）；泰国、柬埔寨、印度、孟加拉国。

（119）云南巨尾蝇 *Hypopygiopsis yunnanensis* Wei, 2010

Hypopygiopsis yunnanensis Wei, 2010. Acta Zootaxon. Sin. 35 (4): 761. **Type locality:** China: Yunnan, Xishuangbanna,

Menglun.
分布（Distribution）：云南（YN）。

18. 绿蝇属 *Lucilia* Robineau-Desvoidy, 1830

Lucilia Robineau-Desvoidy, 1830. Mém. Prés. Div. Sav. Acad. R. Sci. Inst. Fr. 2 (2): 452. **Type species:** *Musca caesar* Linnaeus, 1758 (by designation of Townsend, 1916).
Phaenicia Robineau-Desvoidy, 1863. Hist. Nat. Dipt. Envir. Paris 2: 750. **Type species:** *Phaenicia concinna* Robineau-Desvoidy, 1863 [= *Musca sericata* Meigen, 1826] (by designation of Townsend, 1916).
Phumonesia Villeneuve, 1914. Bull. Soc. Ent. Fr. 1914: 307. **Type species:** *Phumonesia infernalis* Villeneuve, 1914.
Bufolucilia Townsend, 1919. Proc. U. S. Natl. Mus. 56 (2301): 542. **Type species:** *Lucilia bufonivora* Moniez, 1876 (by original designation).
Francilia Shannon, 1924. Insecutor Inscit. Menstr. 12: 74. **Type species:** *Francilia alaskensis* Shannon, 1924 [= *Sarcophaga magnicornis* Siebke, 1863] (monotypy).
Roubaudiella Séguy, 1925a. Bull. Soc. Path. Éxot. 18: 735. **Type species:** *Roubaudiella caerulea* Séguy, 1925 [= *Phumonesia infernalis* Villeneuve, 1914].
Caesariceps Rohdendorf, 1926. Zool. Žhur. 6 (1): 93. **Type species:** *Lucilia flavipennis* Kramer, 1917 [= *Lucilia ampullacea* Villeneuve, 1922] (monotypy).
Dasylucilia Rohdendorf, 1926. Zool. Žhur. 6 (1): 92. **Type species:** *Lucilia pilosiventris* Kramer, 1910 (monotypy).
Luciliella Malloch, 1926. Ann. Mag. Nat. Hist. (9) 17: 507. **Type species:** *Lucilia fumicosta* Malloch, 1926 (by original designation).
Chaetophaenicia Enderlein, 1936. Tierwelt Mitteleur. 6 (2), Ins. 3: 211. **Type species:** *Musca silvarum* Meigen, 1826 (by original designation).
Sinolucilia Fan, 1965. Key to the Common Flies of China: 173. **Type species:** *Lucilia appendicifera* Fan, 1965 (monotypy).
Lucilia: Schumann, 1986. *In*: Soós *et* Papp, 1986. Cat. Palaearct. Dipt. 12: 38; Senior-White *et al*., 1940. Fauna Brit. India Dipt. 6: 46; Verves, 2005. Int. J. Dipt. Res. 16 (4): 250.
Phaenicia: James, 1977. Cat. Dipt. Orient. Reg. 3: 536; Malloch, 1926. Ann. Mag. Nat. Hist. (9) 17: 504.

（120）壶绿蝇 *Lucilia ampullacea* Villeneuve, 1922

Lucilia ampullacea Villeneuve, 1922c. Bull. Mus. Natl. Hist. Nat. 28: 515. **Type locality:** France: Rambouillet.
Lucilia ampullacea laoshanensis Quo, 1952. Acta Ent. Sin. 2 (2): 116, 118. **Type locality:** China: Shantung, Laoshan.
Lucilia (*Caesariceps*) *ampullacea*: Chen *et al*., 2013. Port Health Contr. 18 (3): 51; Xue, 2005. *In*: Yang, 2005. Insect Fauna of Middle-West Qinling Range and South Mountains of Gansu Province: 826.
Lucilia (*Lucilia*) *ampullacea*: Senior-White *et al*., 1940. Fauna Brit. India Dipt. 6: 50; Verves, 2002. Far East. Ent. 116: 6.
Lucilia (*Caesariceps*) *ampullacea ampullacea*: Fan, 1965. Key to the Common Flies of China: 178.
Lucilia (*Caesariceps*) *ampullacea laoshanensis*: Xue, 2005. *In*: Yang, 2005. Insect Fauna of Middle-West Qinling Range and South Mountains of Gansu Province: 826.
分布（Distribution）：黑龙江（HL）、吉林（JL）、辽宁（LN）、内蒙古（NM）、河北（HEB）、山东（SD）、陕西（SN）、甘肃（GS）、新疆（XJ）；朝鲜半岛、日本、印度；欧洲、非洲（北部）。

（121）狭额绿蝇 *Lucilia angustifrontata* Ye, 1992

Lucilia (*Phaenicia*) *angustifrontata* Ye, 1992. Acta Zootaxon. Sin. 17 (4): 406 (replacement name for *Lucilia angustifrons* Ye, 1983).
Lucilia (*Phaenicia*) *angustifrons* Ye, 1983. Acta Zootaxon. Sin. 8 (2): 181 (a junior primary homonym of *Lucilia angustifrons* Townsend, 1908). **Type locality:** China: Sichuan, Kangding.
分布（Distribution）：青海（QH）、四川（SC）、西藏（XZ）。

（122）瓣腹绿蝇 *Lucilia appendicifera* Fan, 1965

Lucilia (*Sinolucilia*) *appendicifera* Fan, 1965. Key to the Common Flies of China: 174. **Type locality:** China: Shanghai, Songjiang, Sheshan.
Lucilia (*Sinolucilia*) *appendicifera*: Verves, 2005. Int. J. Dipt. Res. 16 (4): 253; Zhang *et al*., 2014. Chin. J. Vector Biol. & Control 25 (4): 342.
分布（Distribution）：辽宁（LN）、山西（SX）、山东（SD）、江苏（JS）、上海（SH）、浙江（ZJ）、湖南（HN）、贵州（GZ）、福建（FJ）。

（123）南岭绿蝇 *Lucilia bazini* Séguy, 1934

Lucilia bazini Séguy, 1934. Encycl. Ent. (B) II Dipt. 7: 15. **Type locality:** China: Shanghai; Jiangxi, Kouling.
Lucilia (*Luciliella*) *bazini*: Wu *et al*., 2014. Hubei Agric. Sci. 53 (7): 1563; Xue, 2006. *In*: Xue *et* Wang, 2006. Flies of the Qinghai-Xizang Plateau: 207.
Lucilia (*Lucilia*) *bazini*: Verves, 2005. Int. J. Dipt. Res. 16 (4): 251.
分布（Distribution）：河南（HEN）、陕西（SN）、甘肃（GS）、江苏（JS）、上海（SH）、浙江（ZJ）、江西（JX）、湖南（HN）、湖北（HB）、四川（SC）、贵州（GZ）、云南（YN）、福建（FJ）、台湾（TW）、广东（GD）、海南（HI）；俄罗斯、韩国、日本。

（124）蟾蜍绿蝇 *Lucilia bufonivora* Moniez, 1876

Lucilia bufonivora Moniez, 1876. Bull. Dept. Nord. Lille 8 (2): 25. **Type locality:** France: Raismes.
Lucilia (*Bufolucilia*) *bufonivora*: Verves, 2005. Int. J. Dipt. Res. 16 (4): 250.
分布（Distribution）：黑龙江（HL）、吉林（JL）、辽宁（LN）、内蒙古（NM）、河北（HEB）、北京（BJ）、山西（SX）、山东（SD）、陕西（SN）、甘肃（GS）、新疆（XJ）、江苏（JS）、湖北（HB）、四川（SC）、贵州（GZ）、云南（YN）；

日本；亚洲（中部和北部）、欧洲、非洲（北部）。

（125）叉叶绿蝇 *Lucilia caesar* (Linnaeus, 1758)

Musca caesar Linnaeus, 1758. Syst. Nat. Ed. 10 (1): 595. **Type locality:** Not given.

Lucilia (*Lucilia*) *caesar*: Wang *et al*., 2012. Chin. J. Hyg. Insect. & Equip. 18 (3): 232.

分布（Distribution）：黑龙江（HL）、吉林（JL）、辽宁（LN）、内蒙古（NM）、河北（HEB）、天津（TJ）、山西（SX）、山东（SD）、陕西（SN）、宁夏（NX）、甘肃（GS）、青海（QH）、新疆（XJ）、江苏（JS）、四川（SC）、海南（HI）；朝鲜半岛、日本、蒙古国、俄罗斯；欧洲、非洲（北部）。

（126）裸头绿蝇 *Lucilia calviceps* Bezzi, 1927

Lucilia calviceps Bezzi, 1927. Bull. Entomol. Res. [1926] 17: 238. **Type locality:** Vanuatu: Epi *et* Espiritu Santo.

Lucilia (*Lucilia*) *calviceps*: Verves, 2005. Int. J. Dipt. Res. 16 (4): 251.

Lucilia claviceps [incorrect subsequent spelling of *calviceps*]: Lin *et* Chen, 1999. The Name List of Taiwan Diptera (1): 114.

分布（Distribution）：台湾（TW）；瓦努阿图。

（127）秦氏绿蝇 *Lucilia chini* Fan, 1965

Lucilia chini Fan, 1965. Key to the Common Flies of China: 175. **Type locality:** China: Liaoning, Shenyang.

Lucilia (*Bufolucilia*) *chini*: Verves *et* Khrokalo, 2006c. Key Ins. Rus. Far East 6 (4): 40; Xue, 2006. *In*: Xue *et* Wang, 2006. Flies of the Qinghai-Xizang Plateau: 207.

分布（Distribution）：黑龙江（HL）、吉林（JL）、辽宁（LN）、山西（SX）、甘肃（GS）、青海（QH）、湖南（HN）；朝鲜、日本。

（128）铜绿蝇 *Lucilia cuprina* (Wiedemann, 1830)

Musca cuprina Wiedemann, 1830. Aussereurop. Zweifl. Insekt. 2: 654. **Type locality:** China.

Lucilia leucodes Frauenfeld, 1867. Verh. K. K. Zool.-Bot. Ges. Wien 17: 453. **Type locality:** China.

Lucilia (*Phaenicia*) *cuprina*: Verves, 2005. Int. J. Dipt. Res. 16 (4): 252; Xue, 2006. *In*: Xue *et* Wang, 2006. Flies of the Qinghai-Xizang Plateau: 207.

分布（Distribution）：辽宁（LN）、内蒙古（NM）、山西（SX）、山东（SD）、河南（HEN）、宁夏（NX）、甘肃（GS）、安徽（AH）、江苏（JS）、上海（SH）、浙江（ZJ）、江西（JX）、湖南（HN）、湖北（HB）、四川（SC）、贵州（GZ）、云南（YN）、西藏（XZ）、福建（FJ）、台湾（TW）、广东（GD）、广西（GX）、海南（HI）；韩国、日本、泰国、马来西亚、新加坡、越南、老挝、印度、菲律宾、巴基斯坦、印度尼西亚、夏威夷群岛、关岛（美）、阿富汗、沙特阿拉伯、近东地区、新喀里多尼亚（法）、瓦努阿图、巴布亚新几内亚（俾斯麦群岛、布干维尔岛）、澳大利亚、斐济、基里巴斯（吉尔伯特群岛）、马绍尔群岛、帕劳群岛；非洲（北部）、北美洲、南美洲。

（129）海南绿蝇 *Lucilia hainanensis* Fan, 1965

Lucilia bazini hainanensis Fan, 1965. Key to the Common Flies of China: 176. **Type locality:** China: Hainan.

Lucilia (*Luciliella*) *hainanensis*: Chen *et al*., 2004. J. Med. Ent. 41 (1): 47; Feng *et al*., 2012. Chin. J. Hyg. Insect. & Equip. 18 (2): 143.

Lucilia (*Lucilia*) *hainanensis*: Verves, 2005. Int. J. Dipt. Res. 16 (4): 251.

分布（Distribution）：湖南（HN）、四川（SC）、台湾（TW）、广东（GD）、广西（GX）、海南（HI）。

（130）亮绿蝇 *Lucilia illustris* (Meigen, 1826)

Musca illustris Meigen, 1826. Syst. Beschr. Europ. Zweifl. Insekt. 5: 54. **Type locality:** Not given.

Lucilia (s. str.) *illustris*: Verves, 2005. Int. J. Dipt. Res. 16 (4): 251; Xue, 2005. *In*: Yang, 2005. Insect Fauna of Middle-West Qinling Range and South Mountains of Gansu Province: 826.

分布（Distribution）：黑龙江（HL）、吉林（JL）、辽宁（LN）、内蒙古（NM）、河北（HEB）、天津（TJ）、北京（BJ）、山西（SX）、山东（SD）、河南（HEN）、陕西（SN）、宁夏（NX）、甘肃（GS）、青海（QH）、新疆（XJ）、江苏（JS）、上海（SH）、浙江（ZJ）、江西（JX）、湖南（HN）、湖北（HB）、四川（SC）、贵州（GZ）；朝鲜半岛、日本、蒙古国、俄罗斯、缅甸、印度、新西兰、澳大利亚；欧洲、北美洲。

（131）巴浦绿蝇 *Lucilia papuensis* Macquart, 1842

Lucilia papuensis Macquart, 1842. Mém. Soc. Sci. Agric. Arts Lille [1841]: 141. **Type locality:** Papua New Guinea: D'Offak.

Musca tifata Walker, 1849. List of the specimens of dipterous insets in the collection of the British Museum Part IV: 871. **Type locality:** China.

Lucilia (*Luciliella*) *papuensis*: Xue, 2006. *In*: Xue *et* Wang, 2006. Flies of the Qinghai-Xizang Plateau: 208.

Lucilia (*Lucilia*) *papuensis*: Verves, 2005. Int. J. Dipt. Res. 16 (4): 251.

分布（Distribution）：河北（HEB）、河南（HEN）、陕西（SN）、宁夏（NX）、甘肃（GS）、安徽（AH）、江苏（JS）、上海（SH）、浙江（ZJ）、江西（JX）、湖北（HB）、四川（SC）、贵州（GZ）、云南（YN）、西藏（XZ）、福建（FJ）、台湾（TW）、广东（GD）、广西（GX）；朝鲜半岛、日本、老挝、泰国、菲律宾、马来西亚、印度尼西亚、印度、尼泊尔、斯里兰卡、密克罗尼西亚、巴布亚新几内亚、新赫布里底群岛；澳洲区。

（132）毛腹绿蝇 *Lucilia pilosiventris* Kramer, 1910

Lucilia pilosiventris Kramer, 1910. Ent. Ver. Ent. Rund. 27: 35. **Type locality:** Germany: Niederoderwitz.

Lucilia (*Phaenicia*) *pilosiventris*: Verves, 2005. Int. J. Dipt. Res. 16 (4): 253.

分布（Distribution）：内蒙古（NM）、甘肃（GS）、新疆（XJ）、

四川（SC）；俄罗斯、哈萨克斯坦、德国、奥地利、法国、罗马尼亚、匈牙利、捷克。

（133）紫绿蝇 *Lucilia porphyrina* (Walker, 1856)

Musca porphyrina Walker, 1856a. J. Proc. Linn. Soc. London Zool. 1: 24. **Type locality:** Malaysia: Malaya, Mount Ophir.
Lucilia abdominalis Séguy, 1934. Encycl. Ent. (B) II Dipt. 7: 14. **Type locality:** China: Jiangxi, Kouling.
Lucilia porphyria [incorrect subsequent spelling of *porphyrina*]: Lin *et* Chen, 1999. The Name List of Taiwan Diptera (1): 114.
Lucilia (*Lucilia*) *porphyrina*: Verves, 2005. Int. J. Dipt. Res. 16 (4): 252.
分布（Distribution）：山西（SX）、山东（SD）、河南（HEN）、陕西（SN）、宁夏（NX）、甘肃（GS）、江苏（JS）、上海（SH）、浙江（ZJ）、江西（JX）、湖南（HN）、湖北（HB）、四川（SC）、重庆（CQ）、贵州（GZ）、云南（YN）、西藏（XZ）、福建（FJ）、台湾（TW）、广东（GD）、广西（GX）、海南（HI）；韩国、日本、菲律宾、泰国、马来西亚、印度尼西亚、印度、斯里兰卡、巴布亚新几内亚；澳洲区。

（134）长叶绿蝇 *Lucilia regalis* (Meigen, 1826)

Musca regalis Meigen, 1826. Syst. Beschr. Europ. Zweifl. Insekt. 5: 54. **Type locality:** Germany: Hamburg.
Lucilia (*Phaenicia*) *regalis*: Verves, 2005. Int. J. Dipt. Res. 16 (4): 253; Xue, 2006. *In*: Xue *et* Wang, 2006. Flies of the Qinghai-Xizang Plateau: 208; Zumpt, 1956. Flieg. Palaearkt. Reg. 11 (Lf. 190, 191, 193): 52.
分布（Distribution）：内蒙古（NM）、甘肃（GS）、青海（QH）、四川（SC）、西藏（XZ）；蒙古国、俄罗斯、法国、瑞典、挪威、丹麦、芬兰、英国；欧洲（东部和中部）。

（135）丝光绿蝇 *Lucilia sericata* (Meigen, 1826)

Musca sericata Meigen, 1826. Syst. Beschr. Europ. Zweifl. Insekt. 5: 53. **Type locality:** Austria.
Lucilia (*Phaenicia*) *sericata*: Verves, 2005. Int. J. Dipt. Res. 16 (4): 253.
分布（Distribution）：中国广布；世界广布。

（136）山西绿蝇 *Lucilia shansiensis* Fan, 1965

Lucilia shansiensis Fan, 1965. Key to the Common Flies of China: 176. **Type locality:** China: Shanxi, Guoxian County.
Lucilia pilosiventris: Quo, 1952. Acta Ent. Sin. 2 (2): 114 [misidentification: not *Lucilia pilosiventris* Kramer, 1910].
Lucilia (*Phaenicia*) *shansiensis*: Fan, 1992. Key to the Common Flies of China, 2nd Ed.: 469; Schumann, 1986. *In*: Soós *et* Papp, 1986. Cat. Palaearct. Dipt. 12: 25.
分布（Distribution）：黑龙江（HL）、吉林（JL）、辽宁（LN）、山西（SX）、甘肃（GS）。

（137）沈阳绿蝇 *Lucilia shenyangensis* Fan, 1965

Lucilia bazini shenyangensis Fan, 1965. Key to the Common Flies of China: 176. **Type locality:** China: Liaoning, Shenyang.
Lucilia bazini: Grunin, 1970. Ent. Obozr. 49 (2): 479 [misidentification: not *Lucilia bazini* Séguy, 1934].
Lucilia (*Luciliella*) *shenyangensis*: Xue, 2006. *In*: Xue *et* Wang, 2006. Flies of the Qinghai-Xizang Plateau: 209; Feng *et al.*, 2012. Chin. J. Hyg. Insect. & Equip. 18 (2): 143.
Lucilia (*Lucilia*) *shenyangensis*: Verves, 2005. Int. J. Dipt. Res. 16 (4): 252.
分布（Distribution）：黑龙江（HL）、吉林（JL）、辽宁（LN）、内蒙古（NM）、河北（HEB）、北京（BJ）、山西（SX）、山东（SD）、河南（HEN）、陕西（SN）、宁夏（NX）、甘肃（GS）、四川（SC）、贵州（GZ）、云南（YN）、西藏（XZ）；朝鲜半岛、俄罗斯。

（138）林绿蝇 *Lucilia silvarum* (Meigen, 1826)

Musca silvarum Meigen, 1826. Syst. Beschr. Europ. Zweifl. Insekt. 5: 53. **Type locality:** Austria.
Lucilia (*Bufolucilia*) *silvarum*: Verves *et* Khrokalo, 2006c. Key Ins. Rus. Far East 6 (4): 39.
分布（Distribution）：黑龙江（HL）、内蒙古（NM）、宁夏（NX）、甘肃（GS）、新疆（XJ）、湖南（HN）；日本、蒙古国、俄罗斯、乌兹别克斯坦；欧洲、非洲（北部）、北美洲。

（139）中华绿蝇 *Lucilia sinensis* Aubertin, 1933

Lucilia sinensis Aubertin, 1933. J. Linn. Soc. Lond. Zool. 38: 407. **Type locality:** China: Sichuan, Chin-Fu-Shan.
Lucilia (*Luciliella*) *sinensis*: Feng *et al.*, 2012. Chin. J. Hyg. Insect. & Equip. 18 (2): 143; Xue, 2005. *In*: Yang, 2005. Insect Fauna of Middle-West Qinling Range and South Mountains of Gansu Province: 826.
Lucilia (*Lucilia*) *sinensis*: Verves, 2005. Int. J. Dipt. Res. 16 (4): 252.
分布（Distribution）：陕西（SN）、甘肃（GS）、浙江（ZJ）、江西（JX）、湖北（HB）、四川（SC）、贵州（GZ）、云南（YN）、台湾（TW）；泰国、马来西亚、尼泊尔、巴布亚新几内亚。

（140）台湾绿蝇 *Lucilia taiwanica* Kurahashi *et* Kano, 1995

Lucilia (*Lucilia*) *taiwanica* Kurahashi *et* Kano, 1995. Spec. Bul. Jap. Soc. Coleopt. Tokyo (4): 488. **Type locality:** China: Taiwan, Tsuifeng.
Lucilia (*Lucilia*) *taiwanica*: Verves, 2005. Int. J. Dipt. Res. 16 (4): 251.
分布（Distribution）：台湾（TW）。

（141）太原绿蝇 *Lucilia taiyuanensis* Chu, 1975

Lucilia taiyuanensis Chu, 1975. Acta Ent. Sin. 18 (1): 119. **Type locality:** China: Shanxi, Taiyuan.
Lucilia (*Phaenicia*) *taiyuanensis*: Schumann, 1986. *In*: Soós *et* Papp, 1986. Cat. Palaearct. Dipt. 12: 25; Feng *et al.*, 2012. Chin. J. Hyg. Insect. & Equip. 18 (2): 143.

分布（Distribution）：吉林（JL）、辽宁（LN）、河北（HEB）、山西（SX）、山东（SD）、湖南（HN）。

乌丽蝇族 Melanomyini

19. 弯基丽蝇属 *Angioneura* Brauer *et* Bergenstamm, 1893

Angioneura Brauer *et* Bergenstamm, 1893. Denkschr. Akad. Wiss. Wien. Math.-Naturw. Kl. 60 (3): 161, 187. **Type species:** *Calobataemyia vetusta* Brauer *et* Bergenstamm, 1891 [= *Medoria acerba* Meigen, 1838] (monotypy).
Opelousia Townsend, 1919. Proc. U. S. Natl. Mus. 56 (2301): 547. **Type species:** *Opelousia obscura* Townsend, 1919.
Angioneurilla Villeneuve, 1924. Ann. Sci. Nat. Zool. 10 (7): 31. **Type species:** *Tachina cyrtoneurina* Zetterstedt, 1859 (monotypy).
Opsodexiopsis Townsend, 1935. Man. Myiol. II: 69. **Type species:** *Opsodexia abdominalis* Reinhard, 1929 (by original designation).
Angioneura: Fan *et al.*, 1997. Fauna Sinica, Insecta, Vol. 6: 372, 404, 648.

（142）新疆弯基丽蝇 *Angioneura xinjiangensis* Fan, Chen *et* Yao, 1997

Angioneura xinjiangensis Fan, Chen *et* Yao, 1997. *In*: Fan *et al.*, 1997. Fauna Sinica, Insecta, Vol. 6: 372, 405, 671. **Type locality:** China: Xinjiang, Urumuqi County.
分布（Distribution）：新疆（XJ）。

20. 裸变丽蝇属 *Gymnadichosia* Villeneuve, 1927

Gymnadichosia Villeneuve, 1927c. Revue Zool. Bot. Afr. 15 (3): 388. **Type species:** *Gymnadichosia pusilla* Villeneuve, 1927 (by original designation).
Gymnadichosia: Verves, 2005. Int. J. Dipt. Res. 16 (4): 253; Verves *et* Khrokalo, 2006c. Key Ins. Rus. Far East 6 (4): 23, 44.

（143）黑股裸变丽蝇 *Gymnadichosia aterifemora* Feng, 2003

Gymnadichosia aterifemora Feng, 2003d. Acta Parasitol. Med. Entomol. Sin. 10 (3): 164, 168. **Type locality:** China: Sichuan, Kangding (Mt. Paoma).
Gymnadichosia aterifemora: Verves, 2005. Int. J. Dipt. Res. 16 (4): 253.
分布（Distribution）：四川（SC）。

（144）彩端裸变丽蝇 *Gymnadichosia nitidapex* Villeneuve, 1933

Gymnadichosia nitidapex Villeneuve, 1933. Bull. Ann. Soc. R. Ent. Belg. 73: 197. **Type locality:** China: Sichuan, Mt. Omei.
Gymnadichosia nitidapex: Verves, 2005. Int. J. Dipt. Res. 16 (4): 253.
Melinda nitidapex: Schumann, 1986. *In*: Soós *et* Papp, 1986. Cat. Palaearct. Dipt. 12: 32.
分布（Distribution）：四川（SC）。

（145）黄足裸变丽蝇 *Gymnadichosia pusilla* Villeneuve, 1927

Gymnadichosia pusilla Villeneuve, 1927c. Revue Zool. Bot. Afr. 15 (3): 388. **Type locality:** China: Taiwan, Tainan.
Gymnadichosia pusilla: Verves, 2005. Int. J. Dipt. Res. 16 (4): 253.
Melinda pusilla: James, 1977. *In*: Delfinado *et* Hardy, 1977. Cat. Dipt. Orient. Reg. 3: 536; Kurahashi, 1987. Sieboldia (Suppl.): 54.
Paradichosia pusilla: Schumann, 1986. *In*: Soós *et* Papp, 1986. Cat. Palaearct. Dipt. 12: 35; Verves, 2002. Far East. Ent. 116: 6.
分布（Distribution）：辽宁（LN）、陕西（SN）、江苏（JS）、湖南（HN）、湖北（HB）、四川（SC）、云南（YN）、西藏（XZ）、福建（FJ）、台湾（TW）；日本、俄罗斯、缅甸。

（146）三尖裸变丽蝇 *Gymnadichosia tribulis* Villeneuve, 1933

Gymnadichosia pusilla tribulis Villeneuve, 1933. Bull. Ann. Soc. R. Ent. Belg. 73: 196. **Type locality:** China: Sichuan, Mt. Omei.
Gymnadichosia tribulis: Verves, 2005. Int. J. Dipt. Res. 16 (4): 254.
Paradichosia tribulus: Schumann, 1986. *In*: Soós *et* Papp, 1986. Cat. Palaearct. Dipt. 12: 35.
分布（Distribution）：四川（SC）。

21. 蜗蝇属 *Melinda* Robineau-Desvoidy, 1830

Melinda Robineau-Desvoidy, 1830. Mém. Prés. Div. Sav. Acad. R. Sci. Inst. Fr. 2 (2): 439. **Type species:** *Melinda caerulea* Robineau-Desvoidy, 1830 (by original designation).
Neomelinda Malloch, 1927. Suppl. Ent. 16 (1): 53. **Type species:** *Neomelinda sumatrana* Malloch, 1927.
Paurothrix Bezzi, 1927. Bull. Entomol. Res. [1926] 17: 239. **Type species:** *Paurothrix xiphophora* Bezzi, 1927.
Xerophilophaga Enderlein, 1933a. Mitt. Dtsch. Ent. Ges. 4: 120. **Type species:** *Melinda gentilis* Robineau-Desvoidy, 1830.
Melinda: Schumann, 1986. *In*: Soós *et* Papp, 1986. Cat. Palaearct. Dipt. 12: 31; Senior-White *et al.*, 1940. Fauna Brit. India Dipt. 6: 111; Verves, 2005. Int. J. Dipt. Res. 16 (4): 254.

（147）端钩蜗蝇 *Melinda apicihamata* Feng *et* Xue, 1998

Melinda apicihamata Feng *et* Xue, 1998. Zool. Res. 19 (1): 77, 81. **Type locality:** China: Sichuan, Ya'an (Mount Erlang, Tree

Farm) (*Pinus armandii*).
Melinda apicihamata: Verves, 2005. Int. J. Dipt. Res. 16 (4): 254.
分布（Distribution）：四川（SC）。

（148）钝叶蜗蝇 *Melinda io* (Kurahashi, 1965)

Paradichosia io Kurahashi, 1965. Kontyû 33 (1): 49. **Type locality:** Japan: Honshu, Ishikawa Prefecture, Mt. Iozen.
Melinda io: Verves *et* Khrokalo, 2006c. Key Ins. Rus. Far East 6 (4): 47.
分布（Distribution）：黑龙江（HL）、吉林（JL）、辽宁（LN）、陕西（SN）；日本、俄罗斯。

（149）闽北蜗蝇 *Melinda maai* Kurahashi, 1970

Melinda maai Kurahashi, 1970. Pac. Insects 12 (3): 536. **Type locality:** China: Fujian, Shaowu.
Melinda maai: Verves, 2005. Int. J. Dipt. Res. 16 (4): 254.
分布（Distribution）：福建（FJ）。

（150）北方蜗蝇 *Melinda septentrionis* Xue, 1983

Melinda septentrionis Xue, 1983. Entomotaxon. 5 (2): 109. **Type locality:** China: Liaoning, Benxi.
Melinda septentrionalis: Fan, 1992. Key to the Common Flies of China, 2nd Ed.: 523 [incorrect subsequent spelling of *septentrionis*].
分布（Distribution）：辽宁（LN）。

（151）四川蜗蝇 *Melinda sichuanica* Qian *et* Feng, 2016

Melinda sichuanica Qian *et* Feng, 2016. Chin. J. Vector Biol. & Control 27 (3): 290. **Type locality:** China: Sichuan, Cangxi, Mt. Jiulong.
分布（Distribution）：四川（SC）。

（152）蓝绿蜗蝇 *Melinda viridicyanea* (Robineau-Desvoidy, 1830)

Onesia viridicyanea Robineau-Desvoidy, 1830. Mém. Prés. Div. Sav. Acad. R. Sci. Inst. Fr. 2 (2): 368. **Type locality:** France: Rambouillet.
Melinda cognata [misidentification: not *Musca cognata* Meigen, 1830]: Schumann, 1973. Dtsch. Ent. Z. (N. F.) 20 (4-5): 298; Schumann, 1986. *In*: Soós *et* Papp, 1986. Cat. Palaearct. Dipt. 12: 32; Fan, 1992. Key to the Common Flies of China, 2nd Ed.: 520; Feng *et al.*, 1998. *In*: Xue *et* Chao, 1998. Flies of China, Vol. 2: 1406, 1408.
Onesia viridicyanea: Séguy, 1928a. Encycl. Ent. (A) Dipt. 9: 126.
分布（Distribution）：新疆（XJ）；俄罗斯、摩洛哥；欧洲。

（153）云南蜗蝇 *Melinda yunnanensis* Fan, Chen *et* Li, 1997

Melinda yunnanensis Fan, Chen *et* Li, 1997. *In*: Fan *et al.*, 1997. Fauna Sinica, Insecta, Vol. 6: 387, 393, 647, 671. **Type locality:** China: Yunnan, Binchuan, Mt. Jizushan.
Melinda yunnanensis: Verves, 2005. Int. J. Dipt. Res. 16 (4): 255.
分布（Distribution）：云南（YN）。

22. 尼蚓蝇属 *Nepalonesia* Kurahashi *et* Thapa, 1994

Nepalonesia Kurahashi *et* Thapa, 1994. Jpn. J. Sanit. Zool. 45 (Suppl.): 189. **Type species:** *Nepalonesia pulchokii* Kurahashi *et* Thapa, 1994 (by original designation).
Nepalonesia: Verves, 2005. Int. J. Dipt. Res. 16 (4): 255; Feng, 2008. *In*: Feng *et* Fan, 2008. Acta Zootaxon. Sin. 33 (1): 191.

（154）毛腹尼蚓蝇 *Nepalonesia dasysternita* (Chen, Deng *et* Fan, 1992)

Melinda dasysternita Chen, Deng *et* Fan, 1992. *In*: Fan, 1992. Key to the Common Flies of China, 2nd Ed.: 521. **Type locality:** China: Sichuan, Mt. Emei.
分布（Distribution）：四川（SC）。

（155）范氏尼蚓蝇 *Nepalonesia fanzidei* Feng, 2002

Nepalonesia fanzidei Feng, 2002. Entomotaxon. 24 (3): 196. **Type locality:** China: Sichuan, Ya'an (Yuanyangyan, Mt. Erlang).
分布（Distribution）：四川（SC）。

（156）驼叶尼蚓蝇 *Nepalonesia gibbosa* (Chen, Deng *et* Fan, 1992)

Melinda gibbosa Chen, Deng *et* Fan, 1992. *In*: Fan, 1992. Key to the Common Flies of China, 2nd Ed.: 522. **Type locality:** China: Sichuan, Mt. Emei.
分布（Distribution）：四川（SC）。

（157）贡嘎山尼蚓蝇 *Nepalonesia gonggashanensis* (Chen *et* Fan, 1993)

Melinda gonggashanensis Chen *et* Fan, 1993. *In*: Chen *et al.*, 1993. *In*: The Comprehensive Scientific Expedition to the Qinghai-Xizang Plateau, Chinese Academy of Sciences, 1993. Insects of the Hengduan Mountains Region, Vol. 2: 1189, 1218. **Type locality:** China: Sichuan, Kangding (Mt. Gonggashan).
分布（Distribution）：四川（SC）。

（158）小黑尼蚓蝇 *Nepalonesia nigrella* (Chen, Li *et* Zhang, 1988)

Melinda nigrella Chen, Li *et* Zhang, 1988. Zool. Res. 9 (3): 317. **Type locality:** China: Yunnan, Qiao-jia.
分布（Distribution）：云南（YN）。

（159）鳞尾尼蚓蝇 *Nepalonesia pygialis* Villeneuve, 1937

Paradichosia pygialis Villeneuve, 1937. Bull. Mus. R. Hist.

Nat. Belg. 13 (34): 15. **Type locality:** China: Sichuan, Washan.
分布（**Distribution**）：四川（SC）。

（160）突腹尼蚓蝇 *Nepalonesia ventrexcerta* Feng *et* Fan, 2008

Nepalonesia ventrexcerta Feng *et* Fan, 2008. Acta Zootaxon. Sin. 33 (1): 192, 194. **Type locality:** China: Sichuan, Ya'an (Mt. Erlang, Ganhaizi).
分布（**Distribution**）：四川（SC）。

23. 变丽蝇属 *Paradichosia* Senior-White, 1923

Paradichosia Senior-White, 1923b. Spolia Zeyl. 12: 311. **Type species:** *Paradichosia scutellata* Senior-White, 1923 (by original designation).
Paradichosia: Schumann, 1986. *In*: Soós *et* Papp, 1986. Cat. Palaearct. Dipt. 12: 35; Verves, 2005. Int. J. Dipt. Res. 16 (4): 255.

（161）凹铗变丽蝇 *Paradichosia blaesostyla* Feng, Chen *et* Fan, 1992

Paradichosia blaesostyla Feng, Chen *et* Fan, 1992. *In*: Fan, 1992. Key to the Common Flies of China, 2nd Ed.: 514. **Type locality:** China: Sichuan, Ya'an.
Paradichosia blaesostyla: Verves, 2005. Int. J. Dipt. Res. 16 (4): 255.
分布（**Distribution**）：四川（SC）。

（162）短阳变丽蝇 *Paradichosia brachyphalla* Feng, Chen *et* Fan, 1992

Paradichosia brachyphalla Feng, Chen *et* Fan, 1992. *In*: Fan, 1992. Key to the Common Flies of China, 2nd Ed.: 514. **Type locality:** China: Sichuan, Ya'an.
Paradichosia brachyphalla: Verves, 2005. Int. J. Dipt. Res. 16 (4): 255.
分布（**Distribution**）：四川（SC）。

（163）川北变丽蝇 *Paradichosia chuanbeiensis* Chen *et* Fan, 1993

Paradichosia chuanbeiensis Chen *et* Fan, 1993. *In*: Chen *et al.*, 1993. *In*: The Comprehensive Scientific Expedition to the Qinghai-Xizang Plateau, Chinese Academy of Sciences, 1993. Insects of the Hengduan Mountains Region, Vol. 2: 1199, 1215. **Type locality:** China: Sichuan, Wolong.
Paradichosia chuanbeiensis: Verves, 2005. Int. J. Dipt. Res. 16 (4): 255.
分布（**Distribution**）：四川（SC）。

（164）缨跗变丽蝇 *Paradichosia crinitarsis* Villeneuve, 1927

Paradichosia crinitarsis Villeneuve, 1927e. Revue Zool. Bot. Afr. 15 (3): 219. **Type locality:** China: Taiwan, Koshun [= Hengchun].
Paradichosia crinitarsis: Verves, 2005. Int. J. Dipt. Res. 16 (4): 253.
Melinda crinitarsis: James, 1977. *In*: Delfinado *et* Hardy, 1977. Cat. Dipt. Orient. Reg. 3: 535; Kurahashi, 1987. Sieboldia (Suppl.): 55; Lin *et* Chen, 1999. The Name List of Taiwan Diptera (1): 114.
分布（**Distribution**）：台湾（TW）。

（165）峨眉变丽蝇 *Paradichosia emeishanensis* Fan *et* Chen, 1997

Paradichosia emeishanensis Fan *et* Chen, 1997. *In*: Fan *et al.*, 1997. Fauna Sinica, Insecta, Vol. 6: 373, 375, 644, 671. **Type locality:** China: Sichuan, Mt. Emei.
Paradichosia emeishanensis: Verves, 2005. Int. J. Dipt. Res. 16 (4): 253.
分布（**Distribution**）：四川（SC）。

（166）湖南变丽蝇 *Paradichosia hunanensis* Feng, Chen *et* Fan, 1992

Paradichosia hunanensis Feng, Chen *et* Fan, 1992. *In*: Fan, 1992. Key to the Common Flies of China, 2nd Ed.: 515. **Type locality:** China: Hunan, Ningyuan.
Paradichosia hunanensis: Verves, 2005. Int. J. Dipt. Res. 16 (4): 255.
分布（**Distribution**）：湖南（HN）。

（167）康定变丽蝇 *Paradichosia kangdingensis* Chen *et* Fan, 1993

Paradichosia kangdingensis Chen *et* Fan, 1993. *In*: Chen *et al.*, 1993. *In*: The Comprehensive Scientific Expedition to the Qinghai-Xizang Plateau, Chinese Academy of Sciences, 1993. Insects of the Hengduan Mountains Region, Vol. 2: 1199, 1215. **Type locality:** China: Sichuan, Kangding, Liuba.
Paradichosia kangdingensis: Verves, 2005. Int. J. Dipt. Res. 16 (4): 256.
分布（**Distribution**）：四川（SC）、云南（YN）。

（168）卢氏变丽蝇 *Paradichosia lui* Yang, Kurahashi *et* Shiao, 2014

Paradichosia lui Yang, Kurahashi *et* Shiao, 2014. ZooKeys 434: 76, 87. **Type locality:** China: Taiwan, Yilan, Datong Township, Jiuliao River.
分布（**Distribution**）：台湾（TW）。

（169）马氏变丽蝇 *Paradichosia mai* Zhang *et* Feng, 1993

Paradichosia mai Zhang *et* Feng, 1993. Chin. J. Vector Biol. & Control 4 (6): 417. **Type locality:** China: Sichuan, Ya'an (Mt. Laoban).
分布（**Distribution**）：辽宁（LN）、四川（SC）。

（170）名山变丽蝇 *Paradichosia mingshanna* Feng, 2003

Paradichosia mingshanna Feng, 2003d. Acta Parasitol. Med. Entomol. Sin. 10 (3): 163, 168. **Type locality:** China: Sichuan, Mingshan County (Mt. Meng).

Paradichosia mingshanna: Verves, 2005. Int. J. Dipt. Res. 16 (4): 256.

分布（Distribution）：四川（SC）。

（171）亮黑变丽蝇 *Paradichosia nigricans* Villeneuve, 1927

Paradichosia nigricans Villeneuve, 1927e. Revue Zool. Bot. Afr. 15 (3): 219. **Type locality:** China: Taiwan, Chip Chip.

Paradichosia nigricans: Verves, 2005. Int. J. Dipt. Res. 16 (4): 256.

Melinda nigricans: James, 1977. *In*: Delfinado *et* Hardy, 1977. Cat. Dipt. Orient. Reg. 3: 536; Kurahashi, 1987. Sieboldia (Suppl.): 54.

分布（Distribution）：台湾（TW）。

（172）长鬃变丽蝇 *Paradichosia scutellata* Senior-White, 1923

Paradichosia scutellata Senior-White, 1923b. Spolia Zeyl. 12: 312. **Type locality:** India: West Bengal, Darjeeling, Mungpoo.

Paradichosia scutellata: Verves, 2005. Int. J. Dipt. Res. 16 (4): 256.

Melinda scutellata: James, 1977. *In*: Delfinado *et* Hardy, 1977. Cat. Dipt. Orient. Reg. 3: 536.

分布（Distribution）：四川（SC）、云南（YN）、西藏（XZ）；日本、印度、缅甸、尼泊尔、马来西亚。

（173）疣腹变丽蝇 *Paradichosia tsukamotoi* (Kano, 1962)

Melinda tsukamotoi Kano, 1962. Jpn. J. Sanit. Zool. 13 (1): 4. **Type locality:** Japan: Kyushu, Oita Pref., Mt. Suichi.

Paradichosia scutellata [misidentification, not *Paradichosia scutellata* Senior-White, 1923]: Kurahashi, 1965. Kontyû 33 (1): 47.

Paradichosia tsukamotoi: Verves, 2005. Int. J. Dipt. Res. 16 (4): 256.

分布（Distribution）：辽宁（LN）、北京（BJ）；日本。

（174）长簇变丽蝇 *Paradichosia vanemdeni* (Kurahashi, 1970)

Melinda vanemdeni Kurahashi, 1970. Pac. Insects 12 (3): 539. **Type locality:** Myanmar: Kambaiti.

Paradichosia vanemdeni: Verves, 2005. Int. J. Dipt. Res. 16 (4): 256.

Melinda vanemdeni: James, 1977. *In*: Delfinado *et* Hardy, 1977. Cat. Dipt. Orient. Reg. 3: 536.

分布（Distribution）：云南（YN）；缅甸。

（175）西部变丽蝇 *Paradichosia xibuica* Feng, 2003

Paradichosia xibuica Feng, 2003a. Entomol. J. East China 12 (2): 4. **Type locality:** China: Sichuan, Ya'an (Mt. Erlang, Forest Farm).

Paradichosia xibuica: Verves, 2005. Int. J. Dipt. Res. 16 (4): 256.

分布（Distribution）：四川（SC）、广西（GX）。

（176）赵氏变丽蝇 *Paradichosia zhaoi* Feng, 1998

Paradichosia zhaoi Feng, 1998. *In*: Feng *et al*., 1998. *In*: Xue *et* Chao, 1998. Flies of China, Vol. 2: 1421, 1516. **Type locality:** China: Sichuan, Ya'an (Mt. Laoban).

分布（Distribution）：四川（SC）。

24. 粉腹丽蝇属 *Pollenomyia* Séguy, 1935

Pollenomyia Séguy, 1935b. Encycl. Ent. (B) II Dipt. 8: 149. **Type species:** *Pollenomyia sinensis* Séguy, 1935 (by original designation).

Pollenomyia: Fan, 1965. Key to the Common Flies of China: 170; Verves, 2005. Int. J. Dipt. Res. 16 (4): 256.

（177）镰叶粉腹丽蝇 *Pollenomyia falciloba* (Hsue, 1979)

Paradichosia falciloba Hsue, 1979. Acta Ent. Sin. 22 (2): 193. **Type locality:** China: Liaoning, Benxi.

分布（Distribution）：辽宁（LN）。

（178）斑股粉腹丽蝇 *Pollenomyia okazakii* (Kano, 1962)

Melinda okazakii Kano, 1962. Jpn. J. Sanit. Zool. 13 (1): 2. **Type locality:** Japan: Kyushu, Oita Prefecture, Mt. Suichi.

Pollenomyia okazakii: Verves, 2005. Int. J. Dipt. Res. 16 (4): 256.

Paradichosia okazakii: Schumann, 1986. *In*: Soós *et* Papp, 1986. Cat. Palaearct. Dipt. 12: 35; Verves, 2002. Far East. Ent. 116: 5.

分布（Distribution）：黑龙江（HL）、辽宁（LN）、四川（SC）、云南（YN）；日本、俄罗斯。

（179）中华粉腹丽蝇 *Pollenomyia sinensis* Séguy, 1935

Pollenomyia sinensis Séguy, 1935b. Encycl. Ent. (B) II Dipt. 8: 149. **Type locality:** China: mountains to the north of Beijing [as "montagnes au nord de Pekin"].

Melinda itoi Kano, 1962. Jpn. J. Sanit. Zool. 13 (1): 1. **Type locality:** Japan: Shikoku, Ehime Prefecture, Seto-cho.

Pollenomyia sinensis: Verves, 2005. Int. J. Dipt. Res. 16 (4): 256.

Pollenia sinensis: Schumann, 1986. *In*: Soós *et* Papp, 1986. Cat. Palaearct. Dipt. 12: 47.

Melinda itoi: Kurahashi, 1987. Sieboldia (Suppl.): 54.

Paradichosia itoi: Lin *et* Chen, 1999. The Name List of Taiwan Diptera (1): 114; Verves, 2002. Far East. Ent. 116: 5.

分布（Distribution）：黑龙江（HL）、辽宁（LN）、北京（BJ）、陕西（SN）、宁夏（NX）、甘肃（GS）、青海（QH）、江苏（JS）、浙江（ZJ）、四川（SC）、云南（YN）；日本、俄罗斯。

25. 鬃腹丽蝇属 *Tricycleopsis* Villeneuve, 1927

Tricycleopsis Villeneuve, 1927c. Revue Zool. Bot. Afr. 15 (3): 388. **Type species:** *Tricycleopsis paradoxa* Villeneuve, 1927 (by original designation).

Pseudocalliphora Malloch, 1927. Suppl. Ent. 16 (1): 51 (as a subgenus of *Calliphora* R.-D.). **Type species:** *Calliphora semifulva* Malloch, 1927 [= *Tricycleopsis paradoxa* Villeneuve, 1927].

Tricycleopsis: Schumann, 1986. *In*: Soós *et* Papp, 1986. Cat. Palaearct. Dipt. 12: 37; Verves, 2005. Int. J. Dipt. Res. 16 (4): 248.

（180）投撞鬃腹丽蝇 *Tricycleopsis paradoxa* Villeneuve, 1927

Tricycleopsis paradoxa Villeneuve, 1927c. Revue Zool. Bot. Afr. 15 (3): 389. **Type locality:** China: Taiwan, Koshun (Hengchun).

Tricycleopsis paradoxa: Verves, 2005. Int. J. Dipt. Res. 16 (4): 249.

分布（Distribution）：台湾（TW）；印度尼西亚、马来西亚、泰国。

（181）毛角鬃腹丽蝇 *Tricycleopsis pilantenna* Feng, 2002

Tricycleopsis pilantenna Feng, 2002. Entomotaxon. 24 (3): 194, 198. **Type locality:** China: Sichuan, Mt. Meng.

Tricycleopsis pilantenna: Verves, 2005. Int. J. Dipt. Res. 16 (4): 249.

分布（Distribution）：四川（SC）。

26. 拟裸变丽蝇属 *Ypogymnadichosia* Xue, 2011

Ypogymnadichosia Xue, 2011. *In*: Xue *et* Fei, 2011. J. Shenyang Norm. Univ. (Nat. Sci.) 29 (1): 3, 5. **Type species:** *Ypogymnadichosia yunnanesis* Xue *et* Fei, 2011 (monotypy).

（182）云南拟裸变丽蝇 *Ypogymnadichosia yunnanesis* Xue *et* Fei, 2011

Ypogymnadichosia yunnanesis Xue *et* Fei, 2011. J. Shenyang Norm. Univ. (Nat. Sci.) 29 (1): 3, 5. **Type locality:** China: Yunnan.

分布（Distribution）：云南（YN）。

金蝇亚科 Chrysomyinae

27. 金蝇属 *Chrysomya* Robineau-Desvoidy, 1830

Chrysomya Robineau-Desvoidy, 1830. Mém. Prés. Div. Sav. Acad. R. Sci. Inst. Fr. 2 (2): 444. **Type species:** *Chrysomya regalis* Robineau-Desvoidy, 1830 [= *Musca marginalis* Wiedemann, 1830] (by designation of Townsend, 1916).

Achoetandrus Bezzi, 1927. Bull. Entomol. Res. [1926] 17: 235 (as a subgenus of *Chrysomya*). **Type species:** *Musca albiceps* Wiedemann, 1819.

Ceylonomyia Fan, 1965. Key to the Common Flies of China: 196. **Type species:** *Chrysomya nigripes* Aubertin, 1932.

Chrysomya: Schumann, 1986. *In*: Soós *et* Papp, 1986. Cat. Palaearct. Dipt. 12: 38; Verves, 2005. Int. J. Dipt. Res. 16 (4): 256.

Achoetandrus: Fan, 1992. Key to the Common Flies of China, 2nd Ed.: 536.

Ceylonomyia: Fan, 1992. Key to the Common Flies of China, 2nd Ed.: 535.

（183）蛆症金蝇 *Chrysomya bezziana* Villeneuve, 1914

Chrysomya bezziana Villeneuve, 1914. Revue Zool. Bot. Afr. 3: 430. **Type locality:** Africa.

Chrysomya bezziana: Xue, 2006. *In*: Xue *et* Wang, 2006. Flies of the Qinghai-Xizang Plateau: 211; Yan *et* Weng, 1983. Wuyi Sci. J. 3: 157.

分布（Distribution）：湖南（HN）、云南（YN）、西藏（XZ）、福建（FJ）、台湾（TW）、广东（GD）、广西（GX）、海南（HI）；越南、泰国、马来西亚、缅甸、菲律宾、印度尼西亚、印度、斯里兰卡、巴布亚新几内亚（俾斯麦群岛）；非洲。

（184）星岛金蝇 *Chrysomya chani* Kurahashi, 1979

Chrysomya chani Kurahashi, 1979. J. Med. Ent. 16 (4): 288. **Type locality:** Singapore: Bukit Timah Nature Reserve.

Chrysomya chani: Verves, 2005. Int. J. Dipt. Res. 16 (4): 257.

Chrysomya (*Compsomyia*) *defixa*: Fan, 1965. Key to the Common Flies of China: 201 [misidentification: not *Musca defixa* Walker, 1857].

Chrysomya defixa: Gan, 1980. Zool. Res. 1 (2): 184.

分布（Distribution）：云南（YN）、广东（GD）、海南（HI）；菲律宾、泰国、马来西亚、新加坡、孟加拉国。

（185）宽额金蝇 *Chrysomya latifrons* (Malloch, 1927)

Eucompsomyia latifrons Malloch, 1927. Proc. Linn. Soc. N. S. W. 52 (3): 326. **Type locality:** Australia: New South Wales.

Chrysomya latifrons: Lin *et al*., 2010. For. Sci. Int. 9 (1): 25.

分布（Distribution）：台湾（TW）；澳大利亚。

(186) 大头金蝇 *Chrysomya megacephala* (Fabricius, 1794)

Musca megacephala Fabricius, 1794. Ent. Syst. 4: 317. **Type locality:** "ex Ind. Or." (from East Indies).

Musca remuria Walker, 1849. List of the specimens of dipterous insets in the collection of the British Museum Part IV: 871. **Type locality:** "China".

Chrysomya megacephala: Verves, 2005. Int. J. Dipt. Res. 16 (4): 258; Xue, 2006. *In*: Xue *et* Wang, 2006. Flies of the Qinghai-Xizang Plateau: 211.

分布（Distribution）：青海（QH）、新疆（XJ）；日本、越南、泰国、马来西亚、斐济、孟加拉国、印度尼西亚、菲律宾、阿富汗、伊朗、毛里求斯、西班牙、俄罗斯、巴布亚新几内亚、太平洋南岸诸岛；东洋区、澳洲区、非洲热带区和新热带区。

(187) 乌足金蝇 *Chrysomya nigripes* Aubertin, 1932

Chrysomya nigripes Aubertin, 1932. Ann. Mag. Nat. Hist. (10) 9: 26. **Type locality:** Sri Lanka: Trincomalee.

Chrysomya nigripes: James, 1977. *In*: Delfinado *et* Hardy, 1977. Cat. Dipt. Orient. Reg. 3: 542; Verves, 2005. Int. J. Dipt. Res. 16 (4): 258.

Ceylonomyia nigripes: Fan, 1965. Key to the Common Flies of China: 196; Yang, Kurahashi *et* Shiao *et al*., 2014. ZooKeys 434: 70, 99.

分布（Distribution）：云南（YN）、海南（HI）；印度、马来西亚、越南、斯里兰卡、新几内亚岛、巴布亚新几内亚（俾斯麦群岛）。

(188) 广额金蝇 *Chrysomya phaonis* Séguy, 1928

Chrysomyia phaonis Séguy, 1928. Bull. Soc. Ent. Fr. 97: 154. **Type locality:** China: Yunnan, "Yunnan Fu" [= Kunming and its vicinity].

Chrysomya phaonis: Verves, 2005. Int. J. Dipt. Res. 16 (4): 258.

分布（Distribution）：辽宁（LN）、内蒙古（NM）、河北（HEB）、天津（TJ）、北京（BJ）、山西（SX）、河南（HEN）、陕西（SN）、宁夏（NX）、甘肃（GS）、青海（QH）、江苏（JS）、江西（JX）、湖北（HB）、四川（SC）、贵州（GZ）、云南（YN）、西藏（XZ）；印度、阿富汗。

(189) 肥躯金蝇 *Chrysomya pinguis* (Walker, 1858)

Lucilia pinguis Walker, 1858. Trans. R. Ent. Soc. London (N. S.) [2] 4: 213. **Type locality:** India.

Chrysomya pinguis: Verves, 2005. Int. J. Dipt. Res. 16 (4): 259; Xue, 2006. *In*: Xue *et* Wang, 2006. Flies of the Qinghai-Xizang Plateau: 211.

分布（Distribution）：辽宁（LN）、内蒙古（NM）、河北（HEB）、北京（BJ）、山西（SX）、山东（SD）、河南（HEN）、陕西（SN）、宁夏（NX）、甘肃（GS）、安徽（AH）、江苏（JS）、上海（SH）、浙江（ZJ）、江西（JX）、湖南（HN）、湖北（HB）、四川（SC）、贵州（GZ）、云南（YN）、西藏（XZ）、福建（FJ）、台湾（TW）、广东（GD）、广西（GX）、海南（HI）；日本、韩国、越南、泰国、菲律宾、马来西亚、印度尼西亚、印度、斯里兰卡、孟加拉国。

(190) 绯颜金蝇 *Chrysomya rufifacies* (Macquart, 1843)

Lucilia rufifacies Macquart, 1843b. Mém. Soc. Sci. Agric. Arts Lille [1842]: 303. **Type locality:** "Nouvelle-Hollande" [= Australia].

Chrysomyia pingi Hsieh, 1958. Acta Ent. Sin. 8 (1): 77. **Type locality:** China: Fujian, Amoy.

Chrysomya rufifacies: Verves, 2005. Int. J. Dipt. Res. 16 (4): 259.

Achoetandrus rufifacies: Fan, 1992. Key to the Common Flies of China, 2nd Ed. 538; Yang, Kurahashi *et* Shiao, 2014. ZooKeys 434: 71, 97.

分布（Distribution）：河南（HEN）、安徽（AH）、江苏（JS）、上海（SH）、浙江（ZJ）、江西（JX）、四川（SC）、云南（YN）、福建（FJ）、台湾（TW）、广东（GD）、广西（GX）、海南（HI）；日本、越南、澳大利亚；东洋区、澳洲区、古北区（南部）。

(191) 泰金蝇 *Chrysomya thanomthini* Kurahashi *et* Tumrasvin, 1977

Chrysomya thanomthini Kurahashi *et* Tumrasvin, 1977. Kontyû 45 (2): 242. **Type locality:** Thailand: Doi Inthanon, Top.

Chrysomya thanomthini: Liang, 1987. Zool. Res. 8 (3): 238; Verves, 2005. Int. J. Dipt. Res. 16 (4): 259.

分布（Distribution）：云南（YN）；泰国、缅甸。

(192) 粗足金蝇 *Chrysomya villeneuvi* Patton, 1922

Chrysomya villeneuvi Patton, 1922. Indian J. Med. Res. 9 (3): 567. **Type locality:** India: Tamil Nādu, Coonoor.

Chrysomya villeneuve: Lin *et* Chen, 1999. The Name List of Taiwan Diptera (1): 115 [incorrect subsequent spellinng of *villeneuvi*].

Achoetandrus villeneuvii: Fan, 1992. Key to the Common Flies of China, 2nd Ed. 539; Feng *et al*., 1998. *In*: Xue *et* Chao, 1998. Flies of China, Vol. 2: 1464 [incorrect subsequent spellinng of *villeneuvi*].

分布（Distribution）：云南（YN）、台湾（TW）、广东（GD）、海南（HI）；泰国、印度尼西亚、印度、马来西亚、斯里兰卡。

28. 伏蝇属 *Phormia* Robineau-Desvoidy, 1830

Phormia Robineau-Desvoidy, 1830. Mém. Prés. Div. Sav. Acad. R. Sci. Inst. Fr. 2 (2): 465. **Type species:** *Musca regina*

Meigen, 1824 (by designation of Robineau-Desvoidy, 1849).
Euphormia Townsend, 1919. Proc. U. S. Natl. Mus. 56 (2301): 542. **Type species:** *Musca regina* Meigen, 1824.
Phormia: Schumann, 1986. *In*: Soós *et* Papp, 1986. Cat. Palaearct. Dipt. 12: 41; Verves, 2005. Int. J. Dipt. Res. 16 (4): 260.

（193）伏蝇 *Phormia regina* (Meigen, 1826)

Musca regina Meigen, 1826. Syst. Beschr. Europ. Zweifl. Insekt. 5: 58. **Type locality:** Not given.
分布（Distribution）：黑龙江（HL）、吉林（JL）、辽宁（LN）、内蒙古（NM）、河北（HEB）、天津（TJ）、北京（BJ）、山西（SX）、山东（SD）、河南（HEN）、陕西（SN）、宁夏（NX）、甘肃（GS）、青海（QH）、新疆（XJ）、江苏（JS）、上海（SH）；朝鲜半岛、日本、蒙古国、俄罗斯、冰岛、美国（阿拉斯加）、夏威夷群岛、墨西哥、格陵兰（丹）；古北区、新北区（东部）、澳洲区。

29. 山伏蝇属 *Phormiata* Grunin, 1971

Phormiata Grunin, 1971. Ent. Obozr. 50 (2): 444. **Type species:** *Phormiata phormiata* Grunin, 1971 (by original designation).
Phormiata: Fan, 1992. Key to the Common Flies of China, 2nd Ed.: 551; Schumann, 1986. *In*: Soós *et* Papp, 1986. Cat. Palaearct. Dipt. 12: 41.

（194）山伏蝇 *Phormiata phormiata* Grunin, 1971

Phormiata phormiata Grunin, 1971. Ent. Obozr. 50 (2): 444. **Type locality:** Tajikistan: East Pamir, Murgab.
Phormiata phormiata: Xue, 2006. *In*: Xue *et* Wang, 2006. Flies of the Qinghai-Xizang Plateau: 212.
分布（Distribution）：青海（QH）、新疆（XJ）；塔吉克斯坦。

30. 原丽蝇属 *Protocalliphora* Hough, 1899

Protocalliphora Hough, 1899. Entomol. News 10: 66. **Type species:** *Musca azurea* Fallén, 1817 (by original designation).
Avihospita Hendel, 1901a. Wien. Ent. Zt. 20: 29-30. **Type species:** *Musca azurea* Fallén, 1817.
Orneocalliphora Peus, 1960. Dtsch. Ent. Z. (N. F.) 7: 198. **Type species:** *Musca chrysorrhoea* Meigen, 1826 [= *Protocalliphora rognesi* Thompson *et* Pont, 1993].
Protocalliphora: Schumann, 1986. *In*: Soós *et* Papp, 1986. Cat. Palaearct. Dipt. 12: 41; Verves, 2005. Int. J. Dipt. Res. 16 (4): 260.

（195）青原丽蝇 *Protocalliphora azurea* (Fallén, 1817)

Musca azurea Fallén, 1817. K. Svenska Vetensk. Akad. Handl. (3) [1816]: 245. **Type locality:** Not given.
Phormia caerulea Robineau-Desvoidy, 1830. Mém. Prés. Div. Sav. Acad. R. Sci. Inst. Fr. 2 (2): 466. **Type locality:** France: Saint-Sauveur.
Protocalliphora caerulea: Séguy, 1928. Encycl. Ent. (A) Dipt. 9: 163; Séguy, 1941. Encycl. Ent. (A) 21: 14.
分布（Distribution）：黑龙江（HL）、吉林（JL）、辽宁（LN）、内蒙古（NM）、河北（HEB）、北京（BJ）、山西（SX）、山东（SD）、河南（HEN）、陕西（SN）、宁夏（NX）、甘肃（GS）、青海（QH）、新疆（XJ）、安徽（AH）、江苏（JS）、浙江（ZJ）、四川（SC）、贵州（GZ）、云南（YN）；韩国、日本、蒙古国、俄罗斯、土耳其；欧洲、非洲（北部）。

（196）李氏原丽蝇 *Protocalliphora lii* Fan, 1965

Protocalliphora lii Fan, 1965. Key to the Common Flies of China: 210. **Type locality:** China: Neimenggu, Haronaroshan, Daxinganling.
分布（Distribution）：吉林（JL）、内蒙古（NM）、青海（QH）；蒙古国、俄罗斯。

（197）钝叶原丽蝇 *Protocalliphora maruyamensis* Kano *et* Shinonaga, 1966

Protocalliphora maruyamensis Kano *et* Shinonaga, 1966. Jpn. J. Sanit. Zool. 17 (3): 166. **Type locality:** Japan: Hokkaidō, Yamada-onsen.
分布（Distribution）：黑龙江（HL）、吉林（JL）、辽宁（LN）；日本、俄罗斯。

（198）细叶原丽蝇 *Protocalliphora proxima* Grunin, 1966

Protocalliphora proxima Grunin, 1966. Ent. Obozr. 45 (4): 899. **Type locality:** Russia: Far East, Primorskiy Kray, Ussuriysk.
Protocalliphora proxima: Verves *et* Khrokalo, 2006c. Key Ins. Rus. Far East 6 (4): 57.
分布（Distribution）：新疆（XJ）；俄罗斯、芬兰。

（199）罗氏原丽蝇 *Protocalliphora rognesi* Thompson *et* Pont, 1993

Protocalliphora rognesi Thompson *et* Pont, 1993. Theses Zoologicae 20: 60 (replacement name for *Musca chrysorrhoea* Meigen, 1826).
Musca chrysorrhoea Meigen, 1826. Syst. Beschr. Europ. Zweifl. Insekt. 5: 60 (preoccupied by Scopoli, 1763). **Type locality:** Germany: Aachen.
分布（Distribution）：吉林（JL）、辽宁（LN）、河北（HEB）、甘肃（GS）、青海（QH）、西藏（XZ）；俄罗斯；欧洲。

31. 原伏蝇属 *Protophormia* Townsend, 1908

Protophormia Townsend, 1908. Smithson. Misc. Collect. 51 (2): 123. **Type species:** *Phormia terraenovae* Robineau-Desvoidy, 1830 (monotypy).
Protophormia: Fan, 1992. Key to the Common Flies of China, 2nd Ed.: 546; Schumann, 1986. *In*: Soós *et* Papp, 1986. Cat. Palaearct. Dipt. 12: 43.

(200) 新陆原伏蝇 *Protophormia terraenovae* (Robineau-Desvoidy, 1830)

Phormia terraenovae Robineau-Desvoidy, 1830. Mém. Prés. Div. Sav. Acad. R. Sci. Inst. Fr. 2 (2): 267. **Type locality:** "Terre-Neuve" [= Canada: Newfoundland].

Protophormia terraenovae: Verves, 2005. Int. J. Dipt. Res. 16 (4): 260; Xue, 2006. *In*: Xue *et* Wang, 2006. Flies of the Qinghai-Xizang Plateau: 212.

分布(Distribution): 黑龙江(HL)、吉林(JL)、辽宁(LN)、内蒙古(NM)、河北(HEB)、天津(TJ)、北京(BJ)、山西(SX)、山东(SD)、河南(HEN)、陕西(SN)、宁夏(NX)、甘肃(GS)、青海(QH)、新疆(XJ)、江苏(JS)、上海(SH)、四川(SC)、西藏(XZ);日本、蒙古国、俄罗斯、格陵兰(丹);欧洲、北美洲。

阜蝇亚科 Phumosiinae

32. 绛蝇属 *Caiusa* Surcouf, 1914

Caiusa Surcouf, 1914b. Arch. Mus. Nat. Hist. Nat. Paris 6 (5): 52. **Type species:** *Caiusa indica* Surcouf, 1914 (monotypy).

Pseudocaiusa Villeneuve, 1927c. Revue Zool. Bot. Afr. 15 (3): 393 (as a subgenus of *Phumosia*). **Type species:** *Caiusa dubiosa* Villeneuve, 1927 [= *Caiusa testacea* Senior-White, 1923].

Caiusa: Verves, 2005. Int. J. Dipt. Res. 16 (4): 261.

(201) 越北绛蝇 *Caiusa coomani* Séguy, 1948

Caiusa coomani Séguy, 1948. Notes Ent. Chin. 12: 146. **Type locality:** Vietnam [as Tonkin]: Hoa Binh Province.

Caiusa coomani: Verves, 2005. Int. J. Dipt. Res. 16 (4): 261.

分布(Distribution): 浙江(ZJ)、湖南(HN)、四川(SC)、贵州(GZ)、云南(YN)、福建(FJ)、广西(GX)、海南(HI);越南、日本。

(202) 印度绛蝇 *Caiusa indica* Surcouf, 1914

Caiusa indica Surcouf, 1914b. Arch. Mus. Nat. Hist. Nat. Paris 6 (5): 53. **Type locality:** India: Madras [= Tamil Nādu], Trichinopoly.

Caiusa indica: Verves, 2005. Int. J. Dipt. Res. 16 (4): 261.

Phumosia indica: James, 1977. *In*: Delfinado *et* Hardy, 1977. Cat. Dipt. Orient. Reg. 3: 537; Lin *et* Chen, 1999. The Name List of Taiwan Diptera (1): 115.

分布(Distribution): 台湾(TW);泰国、马来西亚、印度尼西亚、印度、斯里兰卡。

(203) 黄褐绛蝇 *Caiusa testacea* Senior-White, 1923

Caiusa testacea Senior-White, 1923b. Spolia Zeyl. 12: 310. **Type locality:** Sri Lanka: Emelina Estate, Maskeliya.

Caiusa testacea: Verves, 2005. Int. J. Dipt. Res. 16 (4): 261.

分布(Distribution): 台湾(TW);印度、菲律宾、马来西亚、泰国、斯里兰卡、新加坡。

(204) 堇色绛蝇 *Caiusa violacea* Séguy, 1925

Caiusa violacea Séguy, 1925b. Bull. Mus. Natl. Hist. Nat. 31: 441. **Type locality:** Cambodia.

Caiusa dubiosa Villeneuve, 1927c. Revue Zool. Bot. Afr. 15 (3): 392. **Type locality:** China: Taiwan, Koshun [= Hengchun].

Caiusa coomani [misidentification: not *Caiusa coomani* Séguy, 1948]: Fan, 1965. Key to the Common Flies of China: 171; Fan, 1992. Key to the Common Flies of China, 2nd Ed.: 531; Feng *et al*., 1998. *In*: Xue *et* Chao, 1998. Flies of China, Vol. 2: 1454; Lin *et al*., 2000. Chin. J. Ent. 20 (4): 281; Lue *et* Lin, 2000. Chin. J. Ent. 20 (4): 267-280.

Caiusa indica [misidentification: not *Caiusa indica* Surcouf, 1914]: Lin *et* Chen, 1999. The Name List of Taiwan Diptera (1): 115; Yang, Kurahashi *et* Shiao, 2014. ZooKeys 434: 96.

Phumosia indica: James, 1977. *In*: Delfinado *et* Hardy, 1977. Cat. Dipt. Orient. Reg. 3: 537.

Caiusa testacea [misidentification: not *Caiusa testacea* Senior-White, 1923]: Fan, 1992. Key to the Common Flies of China, 2nd Ed. 531; Fan *et al*., 1997. Fauna Sinica, Insecta, Vol. 6: 442, 652; Lehrer, 2011. Fragm. Dipt. 28: 29; Feng *et al*., 1998. *In*: Xue *et* Chao, 1998. Flies of China, Vol. 2: 1454.

Phumosia testacea: James, 1977. *In*: Delfinado *et* Hardy, 1977. Cat. Dipt. Orient. Reg. 3: 538.

分布(Distribution): 台湾(TW);柬埔寨。

33. 阜蝇属 *Phumosia* Robineau-Desvoidy, 1830

Phumosia Robineau-Desvoidy, 1830. Mém. Prés. Div. Sav. Acad. R. Sci. Inst. Fr. 2 (2): 427. **Type species:** *Phumosia abdominalis* Robineau-Desvoidy, 1830 (by designation of Townsend, 1916).

Phumosia: Townsend, 1937. Man. Myiol. V: 83; Senior-White *et al*., 1940. Fauna Brit. India Dipt. 6: 65; Kurahashi *et* Chowanadisai, 2001. Spec. Div. 6 (3): 192; Verves, 2005. Int. J. Dipt. Res. 16 (4): 261.

(205) 彩腹阜蝇 *Phumosia abdominalis* Robineau-Desvoidy, 1830

Phumosia abdominalis Robineau-Desvoidy, 1830. Mém. Prés. Div. Sav. Acad. R. Sci. Inst. Fr. 2 (2): 427. **Type locality:** Indonesia: Timor.

Phumosia abdominalis: Verves, 2005. Int. J. Dipt. Res. 16 (4): 261.

分布(Distribution): 台湾(TW);菲律宾、印度尼西亚、巴布亚新几内亚、东帝汶。

(206) 湖南阜蝇 *Phumosia hunanensis* Fan, Chen *et* Zhang, 1997

Phumosia hunanensis Fan, Chen *et* Zhang, 1997. *In*: Fan *et al*., 1997. Fauna Sinica, Insecta, Vol. 6: 440, 652. **Type locality:**

China: Hunan, Jiangping.
Phumosia hunanensis: Verves, 2005. Int. J. Dipt. Res. 16 (4): 262.
分布（**Distribution**）：湖南（HN）。

粉蝇亚科 Polleniinae

34. 瘦粉蝇属 *Dexopollenia* Townsend, 1917

Dexopollenia Townsend, 1917. Rec. India Mus. 13 (4): 201. **Type species:** *Dexopollenia testacea* Townsend, 1917 (by original designation).
Lispoparea Aldrich, 1930. Proc. U. S. Natl. Mus. 78 (1): 4. **Type species:** *Lispoparea flava* Aldrich, 1930.
Dexopollenia: Schumann, 1986. *In*: Soós *et* Papp, 1986. Cat. Palaearct. Dipt. 12: 44; Verves, 2005. Int. J. Dipt. Res. 16 (4): 262.

（207）橙黄瘦粉蝇 *Dexopollenia aurantifulva* Feng, 2004

Dexopollenia aurantifulva Feng, 2004. Acta Zootaxon. Sin. 29 (4): 806, 808. **Type locality:** China: Sichuan, Ya'an (Mt. Zhougong).
分布（**Distribution**）：四川（SC）。

（208）离叶瘦粉蝇 *Dexopollenia disemura* Fan *et* Deng, 1993

Dexopollenia disemura Fan *et* Deng, 1993. *In*: Fan, Feng *et* Deng, 1993. Zool. Res. 14 (3): 201. **Type locality:** China: Sichuan, Mt. Emei.
Dexopollenia disemura: Verves, 2005. Int. J. Dipt. Res. 16 (4): 262.
分布（**Distribution**）：四川（SC）。

（209）黄腹瘦粉蝇 *Dexopollenia flava* (Aldrich, 1930)

Lispoparea flava Aldrich, 1930. Proc. U. S. Natl. Mus. 78 (1): 5. **Type locality:** China: Sichuan, Mt. Emei [= Emei Shan].
Dexopollenia flava: Kurahashi, 1995. Jpn. J. Sanit. Zool. 46 (2): 139; Verves, 2005. Int. J. Dipt. Res. 16 (4): 263.
Pollenia flava: Senior-White *et al*., 1940. Fauna Brit. India Dipt. 6: 130.
分布（**Distribution**）：四川（SC）；日本。

（210）黑膝瘦粉蝇 *Dexopollenia geniculata* Malloch, 1935

Dexopollenia geniculata Malloch, 1935. J. Fed. Malay St. Mus. 17 (4): 671. **Type locality:** China: Sichuan, Mt. Omei [= Mt. Emei].
Dexopollenia geniculata: Verves, 2005. Int. J. Dipt. Res. 16 (4): 263; Xue, 2006. *In*: Xue *et* Wang, 2006. Flies of the Qinghai-Xizang Plateau: 209.
分布（**Distribution**）：四川（SC）、云南（YN）。

（211）脊颜瘦粉蝇 *Dexopollenia luteola* (Villeneuve, 1927)

Pollenia luteola Villeneuve, 1927c. Revue Zool. Bot. Afr. 15 (3): 393. **Type locality:** China: Taiwan, Kosempo *et* Taihorinsho.
Dexopollenia luteola: Verves, 2005. Int. J. Dipt. Res. 16 (4): 263; Yang, Kurahashi *et* Shiao, 2014. ZooKeys 434: 70, 97.
Pollenia luteola: James, 1977. *In*: Delfinado *et* Hardy, 1977. Cat. Dipt. Orient. Reg. 3: 539; Lin *et* Chen, 1999. The Name List of Taiwan Diptera (1): 115.
分布（**Distribution**）：台湾（TW）。

（212）中斑瘦粉蝇 *Dexopollenia maculata* (Villeneuve, 1933)

Lispoparea maculata Villeneuve, 1933. Bull. Ann. Soc. R. Ent. Belg. 73: 196. **Type locality:** China: Sichuan, Mt. Emei.
Dexopollenia maculata: Verves, 2005. Int. J. Dipt. Res. 16 (4): 263; Xue, 2006. *In*: Xue *et* Wang, 2006. Flies of the Qinghai-Xizang Plateau: 209.
分布（**Distribution**）：四川（SC）。

（213）黑腹瘦粉蝇 *Dexopollenia nigriscens* Fan, 1992

Dexopollenia nigriscens Fan, 1992. Key to the Common Flies of China, 2nd Ed.: 529. **Type locality:** China: Xizang, Yadong, Bomi.
Dexopollenia nigriscens: Xue, 2006. *In*: Xue *et* Wang, 2006. Flies of the Qinghai-Xizang Plateau: 209.
分布（**Distribution**）：西藏（XZ）。

（214）小口瘦粉蝇 *Dexopollenia parviostia* Feng, 1999

Dexopollenia parviostia Feng, 1999. Entomotaxon. 21 (2): 138, 141. **Type locality:** China: Sichuan, Hanyuan (Mt. Jaoding).
Dexopollenia parviostia: Verves, 2005. Int. J. Dipt. Res. 16 (4): 263.
分布（**Distribution**）：四川（SC）。

（215）天目山瘦粉蝇 *Dexopollenia tianmushanensis* Fan, 1997

Dexopollenia tianmushanensis Fan, 1997. *In*: Fan *et al*., 1997. Fauna Sinica, Insecta, Vol. 6: 430, 651. **Type locality:** China: Zhejiang, Mt. Tianmushan.
Dexopollenia tianmushanensis: Verves, 2005. Int. J. Dipt. Res. 16 (4): 263.
分布（**Distribution**）：浙江（ZJ）。

（216）单鬃瘦粉蝇 *Dexopollenia uniseta* Fan, 1992

Dexopollenia uniseta Fan, 1992. Key to the Common Flies of China, 2nd Ed.: 528. **Type locality:** China: Xizang, Cuona.
Dexopollenia uniseta: Xue, 2006. *In*: Xue *et* Wang, 2006. Flies of the Qinghai-Xizang Plateau: 210.

分布（Distribution）：西藏（XZ）。

35. 墨粉蝇属 *Morinia* Robineau-Desvoidy, 1830

Morinia Robineau-Desvoidy, 1830. Mém. Prés. Div. Sav. Acad. R. Sci. Inst. Fr. 2 (2): 264. **Type species:** *Morinia velox* Robineau-Desvoidy, 1830 (by designation of Rondani, 1862).
Calobataemyia Macquart, 1855. Mém. Soc. Sci. Agric. Arts Lille (2) 1: 33. **Type species:** *Calobataemyia nigra* Macquart, 1855 [= *Musca doronici* Scopoli, 1763].
Anthracomya Rondani, 1856. Dipt. Ital. Prodromus, Vol. I: 87. **Type species:** *Anthracomya geneji* Rondani, 1856 [= *Musca doronici* Scopoli, 1763].
Disticheria Enderlein, 1934. Sber. Ges. Naturf. Freunde Berl. 1934 (4-7): 188. **Type species:** *Musca melanoptera* Fallén, 1810 [= *Musca doronici* Scopoli, 1763].
Morinia: Fan, 1997. *In*: Fan *et al.*, 1997. Fauna Sinica, Insecta, Vol. 6: 438, 651; Herting, 1974. Stuttg. Beitr. Naturkd. A 264: 31; Verves, 2005. Int. J. Dipt. Res. 16 (4): 263.

（217）毛颧墨粉蝇 *Morinia piliparafacia* Fan, 1997

Morinia piliparafacia Fan, 1997. *In*: Fan *et al.*, 1997. Fauna Sinica, Insecta, Vol. 6: 438, 651. **Type locality:** China: Sichuan, Mt. Gongga.
Morinia piliparafacia: Verves, 2005. Int. J. Dipt. Res. 16 (4): 263.
分布（Distribution）：四川（SC）。

（218）长阳墨粉蝇 *Morinia proceripenisa* Feng, 2004

Morinia proceripenisa Feng, 2004. Acta Zootaxon. Sin. 29 (4): 806, 808. **Type locality:** China: Sichuan, Ya'an (Mt. Erlang).
Morinia proceripenisa: Feng, 2011. Sichuan J. Zool. 30 (4): 548.
分布（Distribution）：四川（SC）。

36. 粉蝇属 *Pollenia* Robineau-Desvoidy, 1830

Pollenia Robineau-Desvoidy, 1830. Mém. Prés. Div. Sav. Acad. R. Sci. Inst. Fr. 2 (2): 412. **Type species:** *Musca rudis* Fabricius, 1794. by original designation.
Pollenia: Senior-White *et al.*, 1940. Fauna Brit. India Dipt. 6: 115; Verves, 2005. Int. J. Dipt. Res. 16 (4): 264.

（219）阿尔泰粉蝇 *Pollenia alajensis* Rohdendorf, 1926

Pollenia alajensis Rohdendorf, 1926. Zool. Žhur. 6 (1): 101. **Type locality:** Kyrgyzstan: Alay Range, Kichik Alayriver (as "Kchi Alai").
Pollenia sytshevskajae Grunin, 1970. Ent. Obozr. 49 (2): 480. **Type locality:** Kyrgyzstan: Terskey-Alatau Range, Chon-Kyzylsu River.
分布（Distribution）：新疆（XJ）；吉尔吉斯斯坦、哈萨克斯坦。

（220）二郎山粉蝇 *Pollenia ernangshanna* Feng, 2004

Pollenia ernangshanna Feng, 2004. Acta Zootaxon. Sin. 29 (4): 803, 808. **Type locality:** China: Sichuan, Ya'an (Mt. Erlang).
Pollenia ernangshanna: Feng, 2011. Sichuan J. Zool. 30 (4): 548.
分布（Distribution）：四川（SC）。

（221）黄山粉蝇 *Pollenia huangshanensis* Fan *et* Chen, 1997

Pollenia huangshanensis Fan *et* Chen, 1997. *In*: Fan *et al.*, 1997. Fauna Sinica, Insecta, Vol. 6: 409, 415, 650, 672. **Type locality:** China: Anhui, Huangshan.
Pollenia huangshanensis: Verves, 2005. Int. J. Dipt. Res. 16 (4): 264.
分布（Distribution）：北京（BJ）、陕西（SN）、安徽（AH）、浙江（ZJ）、福建（FJ）。

（222）栉跗粉蝇 *Pollenia pectinata* Grunin, 1966

Pollenia pectinata Grunin, 1966. Ent. Obozr. 45 (4): 899. **Type locality:** Russia: Primorskiy Krai, East slope of Sikhote-Alin, valley of Sanchobe River.
Pollenia pectinata: Verves *et* Khrokalo, 2006c. Key Ins. Rus. Far East 6 (4): 49.
分布（Distribution）：黑龙江（HL）、辽宁（LN）、内蒙古（NM）、河北（HEB）、北京（BJ）；蒙古国、波兰、俄罗斯；欧洲。

（223）伪粗野粉蝇 *Pollenia pediculata* Macquart, 1834

Pollenia pediculata Macquart, 1834. Mém. Soc. Sci. Agric. Arts Lille [1833]: 155. **Type locality:** France: environs of Lille.
Pollenia obscura Bigot, 1888. Bull. Soc. Zool. Fr. [1887] 12 (5-6): 597 [a junior secondary homonym of *Musca obscura* Fabricius, 1794 (= *Pollenia rudis* Fabricius)]. **Type locality:** "North America".
Pollenia pseudorudis Rognes, 1985. Fauna Norv. (Ser. B) 32: 90, 91 (replacement name for *Pollenia obscura* Bigot, 1888).
Pollenia rudis: Fan, 1965. Key to the Common Flies of China: 154 [misidentification: not *Musca rudis* Fabricius, 1794].
分布（Distribution）：吉林（JL）、内蒙古（NM）、河北（HEB）、宁夏（NX）、新疆（XJ）、西藏（XZ）；俄罗斯、哈萨克斯坦、土库曼斯坦、巴基斯坦、也门、约旦、土耳其、伊朗、查谟和克什米尔地区、塞浦路斯、希腊、以色列、尼泊尔、印度、新西兰；欧洲、非洲（北部）、北美洲。

（224）粗野粉蝇 *Pollenia rudis* (Fabricius, 1794)

Musca rudis Fabricius, 1794. Ent. Syst. 4: 314. **Type locality:** Germany: Schlezwig-Holstein, Grömitz.

Pollenia rudis: Verves, 2005. Int. J. Dipt. Res. 16 (4): 264; Xue, 2006. *In*: Xue *et* Wang, 2006. Flies of the Qinghai-Xizang Plateau: 210.

分布（**Distribution**）：黑龙江（HL）、吉林（JL）、辽宁（LN）、河北（HEB）、山西（SX）、新疆（XJ）、西藏（XZ）；日本、俄罗斯；全北区、东洋区；欧洲。

（225）陕西粉蝇 *Pollenia shaanxiensis* Fan *et* Wu, 1997

Pollenia shaanxiensis Fan *et* Wu, 1997. *In*: Fan *et al*., 1997. Fauna Sinica, Insecta, Vol. 6: 410, 418, 650. **Type locality:** China: Shaanxi, Huanglong.

Pollenia shaanxiensis: Xue, 2005. *In*: Yang, 2005. Insect Fauna of Middle-West Qinling Range and South Mountains of Gansu Province: 827.

分布（**Distribution**）：陕西（SN）。

（226）四川粉蝇 *Pollenia sichuanensis* Feng, 2004

Pollenia sichuanensis Feng, 2004. Acta Zootaxon. Sin. 29 (4): 804, 808. **Type locality:** China: Sichuan, Maoxian, 32°15′N, 104°08′E.

分布（**Distribution**）：四川（SC）。

37. 华藏粉蝇属 *Sinotibetomyia* Xue, 2011

Sinotibetomyia Xue, 2011. *In*: Xue *et* Fei, 2011. J. Shenyang Norm. Univ. (Nat. Sci.) 29 (1): 1, 5. **Type species:** *Sinotibetomyia curvifemura* Xue *et* Fei, 2011 (by original designation).

（227）弯股华藏粉蝇 *Sinotibetomyia curvifemura* Xue *et* Fei, 2011

Sinotibetomyia curvifemura Xue *et* Fei, 2011. J. Shenyang Norm. Univ. (Nat. Sci.) 29 (1): 1, 5. **Type locality:** China: Xizang.

分布（**Distribution**）：西藏（XZ）。

38. 金粉蝇属 *Xanthotryxus* Aldrich, 1930

Xanthotryxus Aldrich, 1930. Proc. U. S. Natl. Mus. 78 (1): 3. **Type species:** *Xanthotryxus mongol* Aldrich, 1930 (by original designation).

Xanthotryxus: Schumann, 1986. *In*: Soós *et* Papp, 1986. Cat. Palaearct. Dipt. 12: 48; Verves, 2005. Int. J. Dipt. Res. 16 (4): 264.

（228）金斑金粉蝇 *Xanthotryxus aurata* (Séguy, 1934)

Pollenia aurata Séguy, 1934. Encycl. Ent. (B) II Dipt. 7: 22. **Type locality:** China: "Thibet, Mou-Pin" [= Sichuan, Moupin].

Xanthotryxus aurata: Rognes, 2016. Zootaxa 4067 (5): 569.

Pollenia aurata: Schumann, 1986. *In*: Soós *et* Papp, 1986. Cat. Palaearct. Dipt. 12: 45; Verves, 2005. Int. J. Dipt. Res. 16 (4): 264; Xue, 2006. *In*: Xue *et* Wang, 2006. Flies of the Qinghai-Xizang Plateau: 210.

分布（**Distribution**）：四川（SC）、西藏（XZ）。

（229）巴氏金粉蝇 *Xanthotryxus bazini* (Séguy, 1934)

Pollenia bazini Séguy, 1934. Encycl. Ent. (B) II Dipt. 7: 23. **Type locality:** China: Jiangxi, Kouling.

Xanthotryxus bazini: Rognes, 2016. Zootaxa 4067 (5): 570.

Pollenia bazini: Schumann, 1986. *In*: Soós *et* Papp, 1986. Cat. Palaearct. Dipt. 12: 45.

分布（**Distribution**）：江西（JX）。

（230）宽叶金粉蝇 *Xanthotryxus draco* Aldrich, 1930

Xanthotryxus draco Aldrich, 1930. Proc. U. S. Natl. Mus. 78 (1): 4. **Type locality:** China: Sichuan, Yellow Dragon Gorge.

Xanthotryxus draco: Verves, 2005. Int. J. Dipt. Res. 16 (4): 264; Xue, 2006. *In*: Xue *et* Wang, 2006. Flies of the Qinghai-Xizang Plateau: 210.

分布（**Distribution**）：四川（SC）。

（231）泸定金粉蝇 *Xanthotryxus ludingensis* Fan, 1993

Xanthotryxus ludingensis Fan, 1993. *In*: The Comprehensive Scientific Expedition to the Qinghai-Xizang Plateau, Chinese Academy of Sciences, 1993. Insects of the Hengduan Mountains Region, Vol. 2: 1204, 1218. **Type locality:** China: Sichuan, Mt. Gonggashan (Yanzigou).

Xanthotryxus ludingensis: Verves, 2005. Int. J. Dipt. Res. 16 (4): 264; Xue, 2006. *In*: Xue *et* Wang, 2006. Flies of the Qinghai-Xizang Plateau: 210.

分布（**Distribution**）：四川（SC）。

（232）黑尾金粉蝇 *Xanthotryxus melanurus* Fan, 1993

Xanthotryxus melanurus Fan, 1993. *In*: The Comprehensive Scientific Expedition to the Qinghai-Xizang Plateau, Chinese Academy of Sciences, 1993. Insects of the Hengduan Mountains Region, Vol. 2: 1205, 1218. **Type locality:** China: Sichuan, Mt. Gonggashan (Yanzigou).

Xanthotryxus melanurus: Verves, 2005. Int. J. Dipt. Res. 16 (4): 265; Xue, 2006. *In*: Xue *et* Wang, 2006. Flies of the Qinghai-Xizang Plateau: 210.

分布（**Distribution**）：四川（SC）。

（233）反曲金粉蝇 *Xanthotryxus mongol* Aldrich, 1930

Xanthotryxus mongol Aldrich, 1930. Proc. U. S. Natl. Mus. 78 (1): 3. **Type locality:** China: Sichuan, Chuan Chien *et* Mt. Omei [= Emei Shan].

Xanthotryxus mongol: Verves, 2005. Int. J. Dipt. Res. 16 (4):

265; Xue, 2006. *In*: Xue *et* Wang, 2006. Flies of the Qinghai-Xizang Plateau: 210.
分布（**Distribution**）：四川（SC）；朝鲜半岛、日本。

（234）伪黑尾金粉蝇 *Xanthotryxus pseudomelanurus* Feng, 2004

Xanthotryxus pseudomelanurus Feng, 2004. Acta Zootaxon. Sin. 29 (4): 805, 808. **Type locality:** China: Sichuan, Ya'an (Mt. Erlang, 29°52′N, 102°10′E).
Xanthotryxus pseudomelanurus: Feng, 2011. Sichuan J. Zool. 30 (4): 548.
分布（**Distribution**）：四川（SC）。

（235）单尾金粉蝇 *Xanthotryxus uniapicalis* Fan, 1993

Xanthotryxus uniapicalis Fan, 1993. *In*: The Comprehensive Scientific Expedition to the Qinghai-Xizang Plateau, Chinese Academy of Sciences, 1993. Insects of the Hengduan Mountains Region, Vol. 2: 1206, 1218. **Type locality:** China: Yunnan, Weixi.
Xanthotryxus uniapicalis: Verves, 2005. Int. J. Dipt. Res. 16 (4): 265; Xue, 2006. *In*: Xue *et* Wang, 2006. Flies of the Qinghai-Xizang Plateau: 211.
分布（**Distribution**）：云南（YN）。

鼻蝇亚科 Rhiniinae

39. 阿里彩蝇属 *Alikangiella* Villeneuve, 1927

Alikangiella Villeneuve, 1927c. Revue Zool. Bot. Afr. 15 (3): 389. **Type species:** *Alikangiella flava* Villeneuve, 1927 (monotypy).
Alikangiella: Senior-White *et al*., 1940. Fauna Brit. India Dipt. 6: 176; Verves, 2005. Int. J. Dipt. Res. 16 (4): 265.

（236）黄阿里彩蝇 *Alikangiella flava* Villeneuve, 1927

Alikangiella flava Villeneuve, 1927c. Revue Zool. Bot. Afr. 15 (3): 391. **Type locality:** China: Taiwan, Chip Chip.
Alikangiella flava: Verves, 2005. Int. J. Dipt. Res. 16 (4): 265.
分布（**Distribution**）：台湾（TW）。

（237）三条阿里彩蝇 *Alikangiella vittata* (Peris, 1952)

Sumatria vittata Peris, 1952. An. Est. Exp. Aula Dei 3 (2): 227. **Type locality:** Myanmar: Kambaiti.
Alikangiella vittata: Verves, 2005. Int. J. Dipt. Res. 16 (4): 265; Xue, 2006. *In*: Xue *et* Wang, 2006. Flies of the Qinghai-Xizang Plateau: 213.
分布（**Distribution**）：河南（HEN）、浙江（ZJ）、云南（YN）、西藏（XZ）、福建（FJ）、广西（GX）；缅甸。

40. 迷鼻彩蝇属 *Arrhinidia* Brauer *et* Bergenstamm, 1891

Arrhinidia Brauer *et* Bergenstamm, 1891. Denkschr. Akad. Wiss. Wien. Math.-Naturw. Kl. 58: 390. **Type species:** *Rhynchomyia aberrans* Schiner, 1868 (monotypy).
Arrhinidia: Hennig, 1941a. Ent. Beih. Berl. 8: 181; Schumann, 1986. *In*: Soós *et* Papp, 1986. Cat. Palaearct. Dipt. 12: 51; Verves, 2005. Int. J. Dipt. Res. 16 (4): 275.

（238）迷鼻彩蝇 *Arrhinidia aberrans* (Schiner, 1868)

Rhynchomyia aberrans Schiner, 1868. Reise der Österreichischen Fregatte Novara, Diptera 2 (1B): 316. **Type locality:** China: Shanghai.
Arrhinidia aberrans: Verves, 2005. Int. J. Dipt. Res. 16 (4): 275.
分布（**Distribution**）：上海（SH）、江西（JX）。

41. 污彩蝇属 *Borbororhinia* Townsend, 1917

Borbororhinia Townsend, 1917. Rec. India Mus. 13 (4): 188. **Type species:** *Borbororhinia pubescens* Townsend, 1917 [= *Idia bivittata* Walker, 1856] (by original designation).
Alikangia Villeneuve, 1927c. Revue Zool. Bot. Afr. 15 (3): 389. **Type species:** *Alikangia pulchella* Villeneuve, 1927 [= *Idia bivittata* Walker, 1856] (monotypy).
Borbororhinia: Verves, 2005. Int. J. Dipt. Res. 16 (4): 265.

（239）双条污彩蝇 *Borbororhinia bivittata* (Walker, 1856)

Idia bivittata Walker, 1856b. J. Proc. Linn. Soc. London Zool. 1: 128. **Type locality:** Malaysia: Borneo, Sarawak.
Alikangia pulchella Villeneuve, 1927c. Revue Zool. Bot. Afr. 15 (3): 390. **Type locality:** China: Taiwan, Alikang *et* Toyenmongai.
Borbororhinia bivittata: Verves, 2005. Int. J. Dipt. Res. 16 (4): 265.
Borbororhinia pulchella: Senior-White *et al*., 1940. Fauna Brit. India Dipt. 6: 189.
分布（**Distribution**）：云南（YN）、台湾（TW）；老挝、菲律宾、马来西亚、印度尼西亚、印度、斯里兰卡、孟加拉国。

42. 绿鼻蝇属 *Chlororhinia* Townsend, 1917

Chlororhinia Townsend, 1917. Rec. India Mus. 13 (4): 191. **Type species:** *Chlororhinia viridis* Townsend, 1917 [= *Musca exempta* Walker, 1856] (monotypy).
Chlororhinia: Peris, 1952. An. Est. Exp. Aula Dei 3 (1): 16; Verves, 2005. Int. J. Dipt. Res. 16 (4): 275.

（240）铜绿鼻蝇 *Chlororhinia exempta* (Walker, 1856)

Musca exempta Walker, 1856b. J. Proc. Linn. Soc. London

Zool. 1: 128. **Type locality:** Malaysia: Borneo, Sarawak.
Chlororhinia exempta: Peris, 1952. An. Est. Exp. Aula Dei 3 (1): 16; Verves, 2005. Int. J. Dipt. Res. 16 (4): 275.
分布（Distribution）：云南（YN）、西藏（XZ）；老挝、尼泊尔、菲律宾、印度尼西亚、印度、马来西亚、澳大利亚。

43. 彩蝇属 *Cosmina* Robineau-Desvoidy, 1830

Cosmina Robineau-Desvoidy, 1830. Mém. Prés. Div. Sav. Acad. R. Sci. Inst. Fr. 2 (2): 423. **Type species:** *Cosmina fuscipennis* Robineau-Desvoidy, 1830 (by designation of Brauer *et* Bergenstamm, 1889).
Seseromya Rondani, 1863. Arch. Zool. Anat. Fisiol. 3: 32. **Type species:** *Musca punctulata* Wiedemann, 1819 (junior primary homonym of *Musca punctulata* Scopoli, 1763 = *Cosmina fuscipennis* Robineau-Desvoidy, 1830).
Synamphoneura Bigot, 1886. Bull. Soc. Ent. Fr. 6 (6): 14. **Type species:** *Synamphoneura cuprina* Bigot, 1886 [= *Idia limpidipennis* Macquart, 1848].
Idiopsis Brauer *et* Bergenstamm, 1889. Denkschr. Akad. Wiss. Wien. Math.-Naturw. Kl. 56 (1): 153. **Type species:** *Idiopsis prasina* Brauer *et* Bergenstamm, 1889.
Eusynamphoneura Townsend, 1917. Rec. India Mus. 13 (4): 189. **Type species:** *Idia seriepunctata* Loew, 1852 [= *Dictya aenea* Fabricius, 1805].
Synamphoneuropsis Townsend, 1917. Rec. India Mus. 13 (4): 199. **Type species:** *Synamphoneuropsis viridis* Townsend, 1917.
Cosmina: Peris, 1952. An. Est. Exp. Aula Dei 3 (1): 126; Senior-White *et al.*, 1940. Fauna Brit. India Dipt. 6: 171; Townsend, 1937. Man. Myiol. V: 97; Verves, 2005. Int. J. Dipt. Res. 16 (4): 266.

（241）双羽彩蝇 *Cosmina biplumosa* (Senior-White, 1924)

Stomorhina biplumosa Senior-White, 1924. Spolia Zeyl. 13 (1): 110. **Type locality:** Thailand: Doi Chum Chang nr. Chengmai [= Chiangmai].
Cosmina biplumosa: Verves, 2005. Int. J. Dipt. Res. 16 (4): 266.
分布（Distribution）：海南（HI）；马来西亚、印度尼西亚。

（242）海南彩蝇 *Cosmina hainanensis* Fang *et* Fan, 1988

Cosmina hainanensis Fang *et* Fan, 1988. Entomotaxon. 10 (3-4): 187, 189. **Type locality:** China: Hainan I.
Cosmina hainanensis: Verves, 2005. Int. J. Dipt. Res. 16 (4): 266.
分布（Distribution）：海南（HI）。

（243）缘翅彩蝇 *Cosmina limbipennis* (Macquart, 1848)

Idia limbipennis Macquart, 1848. Mém. Soc. R. Sci. Agric. Arts Lille 1847 (2): 214. **Type locality:** Indonesia: Java.
Cosmina confusa Malloch, 1929. Ann. Mag. Nat. Hist. (10) 4: 339. **Type locality:** Malaysia: Malaya, Langkawi Is.
Cosmina limbipennis: Verves, 2005. Int. J. Dipt. Res. 16 (4): 266.
分布（Distribution）：云南（YN）；越南、泰国、马来西亚、印度尼西亚、印度。

（244）双色彩蝇 *Cosmina pinangiana* Bigot, 1874

Cosmina pinangiana Bigot, 1874. Ann. Soc. Entomol. Fr. 4 (5): 241. **Type locality:** Indonesia: Kalimantan, Paolo Pinang.
Idia bicolor Walker, 1856a. J. Proc. Linn. Soc. London Zool. 1: 23 (a junior primary homonym for *Idia bicolor* Macquart, 1843). **Type locality:** Malaysia: Malaya (Malacca).
Cosmina bicolor: Peris, 1952. An. Est. Exp. Aula Dei 3 (1): 132.
分布（Distribution）：云南（YN）；越南、泰国、马来西亚、印度尼西亚、印度、缅甸。

44. 依蝇属 *Idiella* Brauer *et* Bergenstamm, 1889

Idiella Brauer *et* Bergenstamm, 1889. Denkschr. Akad. Wiss. Wien. Math.-Naturw. Kl. 56 (1): 154. **Type species:** *Idia mandarina* Wiedemann, 1830 (by original designation).
Bharatomyia Lehrer, 2009e. Fragm. Dipt. 22: 13. **Type species:** *Idiella bilukoppana* Lehrer, 2008. **Syn. nov.**
Idiella: Senior-White *et al.*, 1940. Fauna Brit. India Dipt. 6: 173; Verves, 2005. Int. J. Dipt. Res. 16 (4): 276.

（245）黑边依蝇 *Idiella divisa* (Walker, 1861)

Idia divisa Walker, 1861a. J. Proc. Linn. Soc. London Zool. 5: 267. **Type locality:** Indonesia: Sulawesi.
Idiella divisa: Peris, 1956. Eos 32: 238; Verves, 2005. Int. J. Dipt. Res. 16 (4): 276.
Metallea divisa: Senior-White *et al.*, 1940. Fauna Brit. India Dipt. 6: 180.
分布（Distribution）：贵州（GZ）、云南（YN）、台湾（TW）、海南（HI）；泰国、越南、马来西亚、印度尼西亚、印度、菲律宾、孟加拉国、斯里兰卡。

（246）拟黑边依蝇 *Idiella euidielloides* Senior-White, 1923

Idiella euidielloides Senior-White, 1923a. Mem. Dept. Agr. Ind. (Ser. Ent.) 7: 166. **Type locality:** India: Assam, Shillong.
Idiella pleurofoveolata Villeneuve, 1927c. Revue Zool. Bot. Afr. 15 (3): 395. **Type locality:** China: Taiwan, Chip-chip, Kanshizei, Koshun, Tainan.
Stomorhina pleurofoveolata: Senior-White *et al.*, 1940. Fauna Brit. India Dipt. 6: 200 [as a synomym of *Stomorhina sternalis* (Malloch, 1926)].
Idiella divisa [misidentification: not *Idia divisa* Walker, 1861]: Fan, 1965. Key to the Common Flies of China: 213; Peris,

1952. An. Est. Exp. Aula Dei 3 (1): 51.
分布（Distribution）：云南（YN）、西藏（XZ）、福建（FJ）、台湾（TW）；泰国、菲律宾、马来西亚、印度尼西亚、印度、孟加拉国、斯里兰卡。

（247）华依蝇 *Idiella mandarina* (Wiedemann, 1830)

Idiella mandarina Wiedemann, 1830. Aussereurop. Zweifl. Insekt. 2: 350. **Type locality:** China.
Idiella floccosa Villeneuve, 1927c. Revue Zool. Bot. Afr. 15 (3): 395. **Type locality:** China: Taiwan, Suihenkyaku, Tainan, Kanshizei, Takao, Polisha, Kosempo, Chip-chip.
分布（Distribution）：河北（HEB）、天津（TJ）、山东（SD）、江苏（JS）、上海（SH）、四川（SC）、云南（YN）、福建（FJ）、台湾（TW）、广东（GD）、广西（GX）、海南（HI）；越南、泰国、缅甸、马来西亚、印度尼西亚、东帝汶、孟加拉国、印度、斯里兰卡、巴布亚新几内亚。

（248）玫瑰依蝇 *Idiella rosepizem* Lehrer, 2009

Idiella rosepizem Lehrer, 2009d. Fragm. Dipt. 20: 19. **Type locality:** China: Badaling Great Wall, 70 km N of Beijing.
分布（Distribution）：北京（BJ）。

（249）船形依蝇 *Idiella sternalis* Malloch, 1926

Idiella sternalis Malloch, 1926. Ann. Mag. Nat. Hist. (9) 18: 500. **Type locality:** Philippines: Luzon, Baguio, Benguet.
Idiella sternalis: Verves, 2005. Int. J. Dipt. Res. 16 (4): 276.
Stomorhina sternalis: Senior-White *et al.*, 1940. Fauna Brit. India Dipt. 6: 200; Kurahashi, 1967. Sci. Rep. Kanazawa Univ. 12 (2): 281.
分布（Distribution）：台湾（TW）；日本、菲律宾、柬埔寨、泰国、尼泊尔。

（250）三色依蝇 *Idiella tripartita* (Bigot, 1874)

Idia tripartita Bigot, 1874. Ann. Soc. Entomol. Fr. 4 (5): 236. **Type locality:** "Indes Orientalis" (Eastern India).
Idiella orientalis Malloch, 1926. Ann. Mag. Nat. Hist. (9) 18: 506. **Type locality:** China: Sichuan, "Tatsienlu" (Kongding).
Idiella bigotiana Lehrer, 2009d. Fragm. Dipt. 20: 20. **Type locality:** Not given. **Syn. nov.**
分布（Distribution）：辽宁（LN）、内蒙古（NM）、河北（HEB）、天津（TJ）、北京（BJ）、山西（SX）、山东（SD）、陕西（SN）、宁夏（NX）、甘肃（GS）、青海（QH）、安徽（AH）、江苏（JS）、上海（SH）、浙江（ZJ）、江西（JX）、湖南（HN）、湖北（HB）、四川（SC）、贵州（GZ）、云南（YN）、西藏（XZ）、福建（FJ）、广东（GD）、海南（HI）；缅甸、菲律宾、尼泊尔、印度、斯里兰卡。

45. 等彩蝇属 *Isomyia* Walker, 1860

Isomyia Walker, 1860b. J. Proc. Linn. Soc. London Zool. 4: 134 (as a subgenus of *Musca* Linnaeus, 1758). **Type species:** *Musca* (*Isomyia*) *delectans* Walker, 1859 (by designation of Brauer *et* Bergenstamm, 1889).
Thelychaeta Brauer *et* Bergenstamm, 1891. Denkschr. Akad. Wiss. Wien. Math.-Naturw. Kl. 58: 390. **Type species:** *Thelychaeta chalybea* Brauer *et* Bergenstamm, 1891 [= *Musca viridaurea* Wiedemann, 1819].
Pachycosmina Séguy, 1934. Encycl. Ent. (B) II Dipt. 7: 18. **Type species:** *Pachycosmina oestracea* Séguy, 1934.
Thelychaetopsis Séguy, 1949. Rev. Bras. Biol. 9 (2): 115 (as a subgenus of *Isomyia*). **Type species:** *Strongyloneura pseudolucilia* Malloch, 1928.
Noviculicauda Fan, 1997. *In*: Fan *et al.*, 1997. Fauna Sinica, Insecta, Vol. 6: 552, 664 (as a subgenus of *Isomyia*). **Type species:** *Isomyia pseudoviridana* Peris, 1952.
Isomyia: Peris, 1952. An. Est. Exp. Aula Dei 3 (1): 138; Schumann, 1986. *In*: Soós *et* Papp, 1986. Cat. Palaearct. Dipt. 12: 52; Verves, 2005. Int. J. Dipt. Res. 16 (4): 268.

（251）毛突等彩蝇 *Isomyia capilligonites* Liang, 1991

Isomyia capilligonites Liang, 1991. Entomotaxon. 13 (2): 134. **Type locality:** China: Yunnan, Mengla, Xiao-Kuchong.
Isomyia capilligonites: Verves, 2005. Int. J. Dipt. Res. 16 (4): 268.
分布（Distribution）：云南（YN）。

（252）翼尾等彩蝇 *Isomyia caudialata* Fang *et* Fan, 1985

Isomyia caudialata Fang *et* Fan, 1985. Wuyi Sci. J. 5: 73. **Type locality:** China: Fujian, Heqi of Najing Xian.
Isomyia caudalata: Fan, 1992. Key to the Common Flies of China, 2nd Ed.: 577 [incorrect subsequent spelling of *caudialata* Fang *et* Fan, 1985].
Isomyia caudialata: Verves, 2005. Int. J. Dipt. Res. 16 (4): 268.
分布（Distribution）：福建（FJ）、海南（HI）。

（253）叉尾等彩蝇 *Isomyia caudidiversa* Deng *et* Fan, 2006

Isomyia caudidiversa Deng *et* Fan, 2006. Entomotaxon. 28 (2): 123. **Type locality:** China: Guangxi.
分布（Distribution）：广西（GX）。

（254）扁角等彩蝇 *Isomyia complantenna* Liang, 1991

Isomyia complantenna Liang, 1991. Entomotaxon. 13 (2): 138. **Type locality:** China: Yunnan, Xishuangbanna, Menglun.
分布（Distribution）：云南（YN）。

（255）铜绿等彩蝇 *Isomyia cupreoviridis* (Malloch, 1928)

Strongyloneura cupreoviridis Malloch, 1928. Ann. Mag. Nat. Hist. (10) 1: 480. **Type locality:** Malaysia: Malaya (Kuala

Lumpur, Gombak Valley).
Isomyia cuperoviridis: Fan, 1997. *In*: Fan *et al*., 1997. Fauna Sinica, Insecta, Vol. 6: 688 [incorrect subsequent spelling of *Isomyia cupreoviridis* Malloch, 1928].
Thelychaeta cupreoviridis: Peris, 1952. An. Est. Exp. Aula Dei 3 (1): 144.
分布（**Distribution**）：云南（YN）、海南（HI）；泰国、马来西亚。

（256）西布莉等彩蝇 *Isomyia cybele* (Séguy, 1949)

Apollenia cybele Séguy, 1949. Rev. Bras. Biol. 9 (2): 120. **Type locality:** China: Jiangxi, Kouling. Laos: Muang-om.
Isomyia cybele: Verves, 2005. Int. J. Dipt. Res. 16 (4): 269.
分布（**Distribution**）：江西（JX）。

（257）诱等彩蝇 *Isomyia delectans* (Walker, 1859)

Musca delectans Walker, 1859. J. Proc. Linn. Soc. London Zool. 4: 134. **Type locality:** Indonesia: Celebes [= Sulawesi] (Makassar [= Ujung Pandang]).
Musca conflagrans Walker, 1861a. J. Proc. Linn. Soc. London Zool. 5: 261. **Type locality:** male: Indonesia: Celebes [= Sulawesi], Menado.
Strongyloneura delectans: Senior-White, Aubertin *et* Smart, 1940. Fauna Brit. India Dipt. 6: 159.
Isomyia delectans: Yang, Kurahashi *et* Shiao, 2014. ZooKeys 434: 75, 105.
分布（**Distribution**）：台湾（TW）；印度尼西亚。

（258）台湾等彩蝇 *Isomyia electa* (Villeneuve, 1927)

Thelychaeta electa Villeneuve, 1927e. Revue Zool. Bot. Afr. 15 (3): 217. **Type locality:** China: Taiwan, Kosempo, Taihorinsho, Tappani.
Thelychaetopsis pellita Séguy, 1949. Rev. Bras. Biol. 9 (2): 140. **Type locality:** India: Madras, Trichinopoly.
Isomyia electa: Peris, 1952. An. Est. Exp. Aula Dei 3 (1): 168; Verves, 2005. Int. J. Dipt. Res. 16 (4): 269.
分布（**Distribution**）：浙江（ZJ）、四川（SC）、云南（YN）、福建（FJ）、台湾（TW）、海南（HI）；日本、缅甸、马来西亚、柬埔寨、尼泊尔、印度。

（259）黄角等彩蝇 *Isomyia fulvicornis* (Bigot, 1887)

Isomyia fulvicornis Bigot, 1887. Bull. Soc. Zool. Fr. 12 (5-6): 611. **Type locality:** Indonesia: Java.
Isomyia fulvicornis: Verves, 2005. Int. J. Dipt. Res. 16 (4): 269.
Thelychaeta fulvicornis: Peris, 1952. An. Est. Exp. Aula Dei 3 (1): 182.
分布（**Distribution**）：云南（YN）；马来西亚、印度尼西亚、印度、斯里兰卡。

（260）小叉等彩蝇 *Isomyia furcicula* Fang *et* Fan, 1985

Isomyia furcicula Fang *et* Fan, 1985. *In*: Shanghai Institute of Entomology, Academia Sinica, 1985. Contributions from Shanghai Institute of Entomology, Vol. 5: 299. **Type locality:** China: Zhejiang, Qingyuan.
Isomyia furcicula: Verves, 2005. Int. J. Dipt. Res. 16 (4): 269.
分布（**Distribution**）：浙江（ZJ）、江西（JX）、福建（FJ）。

（261）老挝等彩蝇 *Isomyia isomyia* (Séguy, 1946)

Strongyloneura isomyia Séguy, 1946a. Encycl. Ent. (B) II Dipt. 10: 86. **Type locality:** Laos: Dang He.
Isomyia isomyia: Verves, 2005. Int. J. Dipt. Res. 16 (4): 270.
Thelychaeta isomyia: Peris, 1952. An. Est. Exp. Aula Dei 3 (1): 185.
分布（**Distribution**）：云南（YN）、广东（GD）、海南（HI）；老挝、柬埔寨。

（262）宽边等彩蝇 *Isomyia latimarginata* Fang *et* Fan, 1985

Isomyia latimarginata Fang *et* Fan, 1985. *In*: Shanghai Institute of Entomology, Academia Sinica, 1985. Contributions from Shanghai Institute of Entomology, Vol. 5: 301, 310. **Type locality:** China: Yunnan, Cheli, Shihuiyao.
Isomyia latimarginata: Verves, 2005. Int. J. Dipt. Res. 16 (4): 270.
分布（**Distribution**）：云南（YN）。

（263）舌尾等彩蝇 *Isomyia lingulata* Fang *et* Fan, 1984

Isomyia lingulata Fang *et* Fan, 1984. *In*: Shanghai Institute of Entomology, Academia Sinica, 1984. Contributions from Shanghai Institute of Entomology, Vol. 4: 263, 266. **Type locality:** China: Yunnan, Ruili.
Isomyia lingulata: Verves, 2005. Int. J. Dipt. Res. 16 (4): 270.
分布（**Distribution**）：云南（YN）。

（264）斑翅等彩蝇 *Isomyia nebulosa* (Townsend, 1917)

Strongyloneura nebulosa Townsend, 1917. Rec. India Mus. 13 (4): 197. **Type locality:** India: Assam, Mārgherita. Myanmar.
Isomyia nebulosa: Senior-White *et al*., 1940. Fauna Brit. India Dipt. 6: 70; Verves, 2005. Int. J. Dipt. Res. 16 (4): 270.
Thelychaeta nebulosa: Peris, 1952. An. Est. Exp. Aula Dei 3 (1): 143.
分布（**Distribution**）：云南（YN）；老挝、柬埔寨、缅甸、印度。

（265）牯岭等彩蝇 *Isomyia oestracea* (Séguy, 1934)

Pachycosmina oestracea Séguy, 1934. Encycl. Ent. (B) II Dipt. 7: 18. **Type locality:** China: Jiangxi, Kouling.
Isomyia oestracea: Peris, 1952. An. Est. Exp. Aula Dei 3 (1): 186; Xue, 2006. *In*: Xue *et* Wang, 2006. Flies of the Qinghai-Xizang Plateau: 213.
Strongyloneura oestracea: Senior-White *et al*., 1940. Fauna

Brit. India Dipt. 6: 161; Verves, 2005. Int. J. Dipt. Res. 16 (4): 270.
分布（Distribution）：安徽（AH）、浙江（ZJ）、江西（JX）、四川（SC）、云南（YN）、西藏（XZ）、福建（FJ）；老挝、柬埔寨、印度尼西亚、印度、孟加拉国、马来西亚。

（266）厚叶等彩蝇 *Isomyia pachys* Liang, 1991

Isomyia pachys Liang, 1991. Entomotaxon. 13 (2): 137. **Type locality:** China: Yunnan, Jinghong, Damenglong.
Isomyia pachys: Verves, 2005. Int. J. Dipt. Res. 16 (4): 271.
Isomyia (*Noviculicauda*) *pachys*: Fan, 1997. *In*: Fan *et al*., 1997. Fauna Sinica, Insecta, Vol. 6: 552, 561, 664.
分布（Distribution）：云南（YN）。

（267）小突等彩蝇 *Isomyia paurogonita* Fang *et* Fan, 1985

Isomyia paurogonita Fang *et* Fan, 1985. *In*: Shanghai Institute of Entomology, Academia Sinica, 1985. Contributions from Shanghai Institute of Entomology, Vol. 5: 304, 310. **Type locality:** China: Yunnan, Xishuangbanna, Damenglong.
Isomyia paurogonita: Verves, 2005. Int. J. Dipt. Res. 16 (4): 271.
分布（Distribution）：云南（YN）。

（268）五鬃等彩蝇 *Isomyia pentochaeta* Fang *et* Fan, 1985

Isomyia pentochaeta Fang *et* Fan, 1985. *In*: Shanghai Institute of Entomology, Academia Sinica, 1985. Contributions from Shanghai Institute of Entomology, Vol. 5: 302, 310. **Type locality:** China: Yunnan, Cheli.
Isomyia pentochaeta: Verves, 2005. Int. J. Dipt. Res. 16 (4): 271.
分布（Distribution）：云南（YN）。

（269）杭州等彩蝇 *Isomyia pichoni* (Séguy, 1934)

Pachycosmina pichoni Séguy, 1934. Encycl. Ent. (B) II Dipt. 7: 20. **Type locality:** China: Zhejiang, Hangzhou.
Isomyia pichoni: Verves, 2005. Int. J. Dipt. Res. 16 (4): 271.
Thelychaeta pichoni: Peris, 1952. An. Est. Exp. Aula Dei 3 (1): 186.
分布（Distribution）：浙江（ZJ）、福建（FJ）。

（270）伪绿等彩蝇 *Isomyia pseudolucilia* (Malloch, 1928)

Strongyloneura pseudolucilia Malloch, 1928. Ann. Mag. Nat. Hist. (10) 1: 483. **Type locality:** China: Sichuan, Mt. Omei [= Mt. Emei].
Isomyia pseudolucilia: Verves, 2005. Int. J. Dipt. Res. 16 (4): 271.
Thelychaeta pseudolucilia: Peris, 1952. An. Est. Exp. Aula Dei 3 (1): 138.
分布（Distribution）：安徽（AH）、浙江（ZJ）、湖南（HN）、四川（SC）、云南（YN）、福建（FJ）；越南、老挝；东洋区。

（271）伪尼等彩蝇 *Isomyia pseudonepalana* (Senior-White, Aubertin *et* Smart, 1940)

Strongyloneura pseudonepalana Senior-White, Aubertin *et* Smart, 1940. Fauna Brit. India Dipt. 6: 162 (replacement name for *Strongyloneura nepalana* sebsu Senior-White, 1923].
Strongyloneura nepalana: Senior-White, 1922. Mem. Dept. Agric. India (Ent.) 7: 100 [misidentification: not *Strongyloneura nepalana* Townsend, 1917].
Isomyia pseudonepalana: Verves, 2005. Int. J. Dipt. Res. 16 (4): 271.
分布（Distribution）：海南（HI）；柬埔寨、缅甸、印度、斯里兰卡、尼泊尔、孟加拉国。

（272）拟黄胫等彩蝇 *Isomyia pseudoviridana* (Peris, 1952)

Isomyia pseudoviridana Peris, 1952. An. Est. Exp. Aula Dei 3 (1): 183. **Type locality:** India: Assam, Shillong.
Strongyloneura tibialis: Senior-White, Aubertin *et* Smart, 1940. Fauna Brit. India Dipt. 6: 167 [misidentification: not *Thelychaeta tibialis* Villeneuve, 1927].
Isomyia pseudoviridana: Verves, 2005. Int. J. Dipt. Res. 16 (4): 271; Xue, 2006. *In*: Xue *et* Wang, 2006. Flies of the Qinghai-Xizang Plateau: 213.
Isomyia (*Noviculicauda*) *pseudoviridana*: Fan, 1997. *In*: Fan *et al*., 1997. Fauna Sinica, Insecta, Vol. 6: 552, 564, 664.
分布（Distribution）：安徽（AH）、浙江（ZJ）、四川（SC）、福建（FJ）、广东（GD）、海南（HI）；缅甸、印度、尼泊尔、斯里兰卡。

（273）类方等彩蝇 *Isomyia quadrina* Fang *et* Fan, 1985

Isomyia quadrina Fang *et* Fan, 1985. *In*: Shanghai Institute of Entomology, Academia Sinica, 1985. Contributions from Shanghai Institute of Entomology, Vol. 5: 306, 311. **Type locality:** China: Yunnan, Jingdong, Dongjiafeng.
Isomyia quadrina: Verves, 2005. Int. J. Dipt. Res. 16 (4): 271.
分布（Distribution）：云南（YN）。

（274）反曲等彩蝇 *Isomyia recurvata* Fang *et* Fan, 1985

Isomyia recurvata Fang *et* Fan, 1985. *In*: Shanghai Institute of Entomology, Academia Sinica, 1985. Contributions from Shanghai Institute of Entomology, Vol. 5: 308, 311. **Type locality:** China: Yunnan, Xishuangbanna.
Isomyia recurvata: Verves, 2005. Int. J. Dipt. Res. 16 (4): 271.
分布（Distribution）：云南（YN）。

（275）琉球等彩蝇 *Isomyia ryukyuensis* Kurahashi, 1967

Isomyia ryukyuensis Kurahashi, 1967. Sci. Rep. Kanazawa Univ. 12 (2): 287. **Type locality:** Japan: Ryukyu Is., Okinawa I., Mt. Yonaha.

Isomyia ryukyuensis: Verves, 2005. Int. J. Dipt. Res. 16 (4): 271.
分布（Distribution）：湖南（HN）；日本。

（276）箭尾等彩蝇 *Isomyia sagittalis* Fang *et* Fan, 1985

Isomyia sagittalis Fang *et* Fan, 1985. *In*: Shanghai Institute of Entomology, Academia Sinica, 1985. Contributions from Shanghai Institute of Entomology, Vol. 5: 305, 311. **Type locality:** China: Yunnan, Xiaomengyan.
Isomyia sagittalis: Verves, 2005. Int. J. Dipt. Res. 16 (4): 272.
分布（Distribution）：云南（YN）。

（277）勺尾等彩蝇 *Isomyia spatulicerca* Fang *et* Fan, 1985

Isomyia spatulicerca Fang *et* Fan, 1985. *In*: Shanghai Institute of Entomology, Academia Sinica, 1985. Contributions from Shanghai Institute of Entomology, Vol. 5: 305, 311. **Type locality:** China: Yunnan, Liuku.
Isomyia spatulicera: Feng *et al*., 1998. *In*: Xue *et* Chao, 1998. Flies of China, Vol. 2: 1493 [incorrect subsequent spelling of *spatulicerca*].
Isomyia spatulicerca: Verves, 2005. Int. J. Dipt. Res. 16 (4): 272; Xue, 2006. *In*: Xue *et* Wang, 2006. Flies of the Qinghai-Xizang Plateau: 213.
分布（Distribution）：云南（YN）。

（278）细叶等彩蝇 *Isomyia tenuloba* Liang, 1991

Isomyia tenuloba Liang, 1991. Entomotaxon. 13 (2): 135. **Type locality:** China: Yunnan, Shimao.
Isomyia tenuloba: Verves, 2005. Int. J. Dipt. Res. 16 (4): 272.
分布（Distribution）：云南（YN）。

（279）黄胫等彩蝇 *Isomyia tibialis* (Villeneuve, 1927)

Isomyia tibialis Villeneuve, 1927e. Revue Zool. Bot. Afr. 15 (3): 218. **Type locality:** China: Taiwan, Tappani.
Strongyloneura tibialis: Senior-White *et al*., 1940. Fauna Brit. India Dipt. 6: 167.
Thelychaeta tibialis: Hennig, 1941a. Ent. Beih. Berl. 8: 179; Peris, 1952. An. Est. Exp. Aula Dei 3 (1): 182.
Isomyia (*Noviculicauda*) *tibialis*: Fan, 1997. *In*: Fan *et al*., 1997. Fauna Sinica, Insecta, Vol. 6: 552, 562, 664.
分布（Distribution）：台湾（TW）。

（280）三尖等彩蝇 *Isomyia trimuricata* Fang *et* Fan, 1985

Isomyia trimuricata Fang *et* Fan, 1985. *In*: Shanghai Institute of Entomology, Academia Sinica, 1985. Contributions from Shanghai Institute of Entomology, Vol. 5: 306, 311. **Type locality:** China: Hainan I., Mt. Wuzhishan.
Isomyia trimuricata: Verves, 2005. Int. J. Dipt. Res. 16 (4): 272.
分布（Distribution）：海南（HI）。

（281）真直等彩蝇 *Isomyia verirecta* Fang *et* Fan, 1985.

Isomyia verirecta Fang *et* Fan, 1985. *In*: Shanghai Institute of Entomology, Academia Sinica, 1985. Contributions from Shanghai Institute of Entomology, Vol. 5: 308, 311. **Type locality:** China: Xizang, Mêdog.
Isomyia verirecata: Feng *et al*., 1998. *In*: Xue *et* Chao, 1998. Flies of China, Vol. 2: 1484, 1492, 1494 [subsequent incorrect spelling of *verirecta*].
Isomyia verirecta: Verves, 2005. Int. J. Dipt. Res. 16 (4): 272; Xue, 2006. *In*: Xue *et* Wang, 2006. Flies of the Qinghai-Xizang Plateau: 213.
分布（Distribution）：西藏（XZ）。

（282）变色等彩蝇 *Isomyia versicolor* (Bigot, 1877)

Somomytia versicolor Bigot, 1877. Ann. Soc. Entomol. Fr. 7 (5): 42. **Type locality:** Sri Lanka: Suduganga.
Strongyloneura coerulana Senior-White, 1923. Mem. Ind. Dept. Agric. (Ser. Ent.) 8: 47 (a junior primary homonym of *Strongyloneura coerulana* Townsend, 1917). **Type locality:** Sri Lanka: Matale District.
Strongyloneura pseudocoerulana Senior-White, Aubertin *et* Smart, 1940. Fauna Brit. India Dipt. 6: 165 (replacement name for *coerulana*).
Thelychaeta versicolor: Peris, 1952. An. Est. Exp. Aula Dei 3 (1): 179.
分布（Distribution）：云南（YN）；斯里兰卡。

（283）金绿等彩蝇 *Isomyia viridaurea* (Wiedemann, 1819)

Tachina viridaurea Wiedemann, 1819. Zool. Mag. 1 (3): 22. **Type locality:** Indonesia: Java.
Musca munda Wiedemann, 1830. Aussereurop. Zweifl. Insekt. 2: 398. **Type locality:** Indonesia: Java.
Strongyloneura viridaurea: Senior-White *et al*., 1940. Fauna Brit. India Dipt. 6: 157.
Thelychaeta viridaurea: Hennig, 1941a. Ent. Beih. Berl. 8: 179; Peris, 1952. An. Est. Exp. Aula Dei 3 (1): 158.
Thelychaeta munda: Hennig, 1941a. Ent. Beih. Berl. 8: 179.
分布（Distribution）：云南（YN）、台湾（TW）、海南（HI）；越南、老挝、缅甸、菲律宾、马来西亚、新加坡、印度尼西亚、印度。

（284）绿小盾等彩蝇 *Isomyia viridiscutellata* Fang *et* Fan, 1985

Isomyia viridiscutellata Fang *et* Fan, 1985. *In*: Shanghai Institute of Entomology, Academia Sinica, 1985. Contributions from Shanghai Institute of Entomology, Vol. 5: 308, 312. **Type locality:** China: Yunnan, Jingdong.
Isomyia viridiscutellata: Verves, 2005. Int. J. Dipt. Res. 16 (4): 273.

分布（Distribution）：云南（YN）。

（285）绿盾等彩蝇 *Isomyia viridiscutum* Liang, 1991

Isomyia viridiscutum Liang, 1991. Entomotaxon. 13 (2): 133. **Type locality:** China: Yunnan, Dengchong.
Isomyia viridiscutum: Verves, 2005. Int. J. Dipt. Res. 16 (4): 273.
分布（Distribution）：云南（YN）。

（286）西双等彩蝇 *Isomyia xishuangensis* Fang *et* Fan, 1985

Isomyia xishuangensis Fang *et* Fan, 1985. *In*: Shanghai Institute of Entomology, Academia Sinica, 1985. Contributions from Shanghai Institute of Entomology, Vol. 5: 302, 310. **Type locality:** China: Yunnan, Menghai.
Isomyia xishuangensis: Verves, 2005. Int. J. Dipt. Res. 16 (4): 273.
分布（Distribution）：云南（YN）。

（287）依拉等彩蝇 *Isomyia zeylanica* (Senior-White, Aubertin *et* Smart, 1940)

Strongyloneura zeylanica Senior-White, Aubertin *et* Smart, 1940. Fauna Brit. India Dipt. 6: 164. **Type locality:** Sri Lanka: Trincomalee, Malay Cave.
Isomyia zeylanica: James, 1977. *In*: Delfinado *et* Hardy, 1977. Cat. Dipt. Orient. Reg. 3: 551; Verves, 2005. Int. J. Dipt. Res. 16 (4): 273.
分布（Distribution）：云南（YN）；印度尼西亚、印度、斯里兰卡。

46. 拟金彩蝇属 *Metalliopsis* Townsend, 1917

Metalliopsis Townsend, 1917. Rec. India Mus. 13 (4): 198. **Type species:** *Metalliopsis setosa* Townsend, 1917 (by original designation).
Chlorrhynchomyia Townsend, 1932. J. N. Y. Ent. Soc. 40: 440. **Type species:** *Chlorrhynchomyia clausa* Townsend, 1932.
Metalliopsis: Senior-White *et al.*, 1940. Fauna Brit. India Dipt. 6: 150, 179; Verves, 2005. Int. J. Dipt. Res. 16 (4): 273.
Metallea: Kurahashi *et* Chowanadisai, 2001. Spec. Div. 6 (3): 239; Schumann, 1986. *In*: Soós *et* Papp, 1986. Cat. Palaearct. Dipt. 12: 53.

（288）毛眉拟金彩蝇 *Metalliopsis ciliilunula* (Fang *et* Fan, 1984)

Metallea ciliilunula Fang *et* Fan, 1984. *In*: Shanghai Institute of Entomology, Academia Sinica, 1984. Contributions from Shanghai Institute of Entomology, Vol. 4: 262, 266. **Type locality:** China: Guangdong, Chaoan.
Metallea ciliilunula: Kurahashi *et* Chowanadisai, 2001. Spec. Div. 6 (3): 239.
Metalliopsis ciliilunula: Verves, 2005. Int. J. Dipt. Res. 16 (4): 273.
分布（Distribution）：浙江（ZJ）、云南（YN）、广东（GD）。

（289）猬叶拟金彩蝇 *Metalliopsis erinacea* (Fang *et* Fan, 1984)

Metallea erinacea Fang *et* Fan, 1984. *In*: Shanghai Institute of Entomology, Academia Sinica, 1984. Contributions from Shanghai Institute of Entomology, Vol. 4: 262, 266. **Type locality:** China: Zhejiang, Qingyuan.
Metalliopsis erinacea: Fang *et* Fan, 1986. Wuyi Sci. J. 6: 89; Verves, 2005. Int. J. Dipt. Res. 16 (4): 273.
Metallea erinacea: Fang *et* Fan, 1985. Wuyi Sci. J. 5: 72; Kurahashi *et* Chowanadisai, 2001. Spec. Div. 6 (3): 239.
分布（Distribution）：浙江（ZJ）。

（290）胖角拟金彩蝇 *Metalliopsis inflata* Fang *et* Fan, 1986

Metalliopsis inflata Fang *et* Fan, 1986. Wuyi Sci. J. 6: 90. **Type locality:** China: Yunnan, Mengyang.
Metalliopsis inflata: Verves, 2005. Int. J. Dipt. Res. 16 (4): 273.
分布（Distribution）：云南（YN）、福建（FJ）。

（291）长尾拟金彩蝇 *Metalliopsis producta* (Fang *et* Fan, 1984)

Metallea producta Fang *et* Fan, 1984. *In*: Shanghai Institute of Entomology, Academia Sinica, 1984. Contributions from Shanghai Institute of Entomology, Vol. 4: 262, 266. **Type locality:** China: Hainan I., Mt. Jianfengling.
Metalliopsis producta: Verves, 2005. Int. J. Dipt. Res. 16 (4): 273.
Metallea producta: Fang *et* Fan, 1985. Wuyi Sci. J. 5: 72.
分布（Distribution）：云南（YN）、福建（FJ）、海南（HI）。

（292）喜马拟金彩蝇 *Metalliopsis setosa* Townsend, 1917

Metalliopsis setosa Townsend, 1917. Rec. India Mus. 13 (4): 198. **Type locality:** India: West Bengal, Darjeeling, Kurseong.
Metalliopsis setosa: Verves, 2005. Int. J. Dipt. Res. 16 (4): 273; Xue, 2006. *In*: Xue *et* Wang, 2006. Flies of the Qinghai-Xizang Plateau: 214.
Metallea setosa: Peris, 1952. An. Est. Exp. Aula Dei 3 (1): 76; Kurahashi *et* Chowanadisai, 2001. Spec. Div. 6 (3): 241.
分布（Distribution）：云南（YN）、西藏（XZ）、福建（FJ）、台湾（TW）、广东（GD）；缅甸、马来西亚、新加坡、印度、尼泊尔。

47. 鼻蝇属 *Rhinia* Robineau-Desvoidy, 1830

Rhinia Robineau-Desvoidy, 1830. Mém. Prés. Div. Sav. Acad. R. Sci. Inst. Fr. 2 (2): 422. **Type species:** *Rhinia testacea* Robineau-Desvoidy, 1830 [= *Idia apicalis* Wiedemann, 1830] (monotypy).
Beccarimyia Rondani, 1873. Annali Mus. Civ. Stor. Nat.

Giacomo Doria 4: 287. **Type species:** *Beccarimyia glossina* Rondani, 1873 [= *Idia apicalis* Wiedemann, 1830].
Rhinia: Senior-White *et al.*, 1940. Fauna Brit. India Dipt. 6: 204; Verves, 2005. Int. J. Dipt. Res. 16 (4): 277.

（293）黄褐鼻蝇 *Rhinia apicalis* (Wiedemann, 1830)

Rhinia apicalis Wiedemann, 1830. Aussereurop. Zweifl. Insekt. 2: 354. **Type locality:** Canary Is.: Tenerife.
Rhinia testacea Robineau-Desvoidy, 1830. Mém. Prés. Div. Sav. Acad. R. Sci. Inst. Fr. 2 (2): 423. **Type locality:** Île de France" [= Mauritius].
Rhinia apicalis: Séguy, 1928. Encycl. Ent. (A) Dipt. 9: 191; Verves, 2005. Int. J. Dipt. Res. 16 (4): 277.
分布（Distribution）：江西（JX）、云南（YN）、福建（FJ）、台湾（TW）、广东（GD）、海南（HI）；泰国、马来西亚、菲律宾、印度尼西亚、印度、斯里兰卡、巴勒斯坦、伊朗、斐济、夏威夷群岛、澳大利亚；非洲。

48. 鼻彩蝇属 *Rhyncomya* Robineau-Desvoidy, 1830

Rhyncomya Robineau-Desvoidy, 1830. Mém. Prés. Div. Sav. Acad. R. Sci. Inst. Fr. 2 (2): 424. **Type species:** *Musca felina* Robineau-Desvoidy, 1830 [= *Musca ruficeps* Fabricius, 1805] (monotypy).
Metallea Wulp, 1880. Tijdschr. Ent. 23: 174. **Type species:** *Metallea notata* Wulp, 1880.
Rhyncomya: Senior-White *et al.*, 1940. Fauna Brit. India Dipt. 6: 183; Verves, 2005. Int. J. Dipt. Res. 16 (4): 273.

（294）黄基鼻彩蝇 *Rhyncomya flavibasis* (Senior-White, 1922)

Metallea flavibasis Senior-White, 1922. Mem. Dept. Agric. India (Ent.) 7: 168. **Type locality:** Sri Lanka: Matale, Suduganga.
Rhyncomya flavissima Verves, 2005. Int. J. Dipt. Res. 16 (4): 274 (unnecessary replacement name for *Rhyncomya flavibasis* sensu Fan, 1992). **Syn. nov.**
Metallea flavibasis: James, 1977. *In*: Delfinado *et* Hardy, 1977. Cat. Dipt. Orient. Reg. 3: 552; Senior-White *et al.*, 1940. Fauna Brit. India Dipt. 6: 182.
分布（Distribution）：四川（SC）、云南（YN）、广东（GD）、海南（HI）；印度、斯里兰卡。

（295）显斑鼻彩蝇 *Rhyncomya notata* (Wulp, 1880)

Metallea notata Wulp, 1880. Tijdschr. Ent. 23: 174. **Type locality:** Indonesia: Java.
Rhyncomya notata: Verves, 2005. Int. J. Dipt. Res. 16 (4): 274.
分布（Distribution）：福建（FJ）、台湾（TW）；马来西亚、印度尼西亚、印度、斯里兰卡。

（296）粉被鼻彩蝇 *Rhyncomya pollinosa* (Townsend, 1917)

Trichometallea pollinosa Townsend, 1917. Rec. India Mus. 13 (4): 194. **Type locality:** India: Punjab, Umballa.
Rhyncomya pollinosa: Verves, 2005. Int. J. Dipt. Res. 16 (4): 274.
Metallea pollinosa: Senior-White *et al.*, 1940. Fauna Brit. India Dipt. 6: 183.
分布（Distribution）：福建（FJ）；印度、斯里兰卡。

（297）鬃尾鼻彩蝇 *Rhyncomya setipyga* Villeneuve, 1929

Rhyncomyia setipyga Villeneuve, 1929c. Bull. Ann. Soc. R. Ent. Belg. 69: 62. **Type locality:** China: Taiwan, Koshun [= Hengchun].
Rhyncomya setipyga: Verves, 2005. Int. J. Dipt. Res. 16 (4): 275.
分布（Distribution）：浙江（ZJ）、福建（FJ）、台湾（TW）、广东（GD）；日本、尼泊尔、菲律宾。

49. 口鼻蝇属 *Stomorhina* Rondani, 1861

Stomorhina Rondani, 1861. Dipt. Ital. Prodromus, Vol. IV: 9 (replacement name for *Idia* Wiedemann, 1820). **Type species:** *Musca lunata Fabricius*, 1805 (by designation of Brauer *et* Bergenstamm, 1889).
Stomorhina: Senior-White *et al.*, 1940. Fauna Brit. India Dipt. 6: 150, 190; Townsend, 1937. Man. Myiol. Ⅴ: 108; Verves, 2005. Int. J. Dipt. Res. 16 (4): 277.
Idia Wiedemann, 1820. Nova Dipt. Gen.: 21 (a junior homonym of *Idia* Hübner, 1813 and *Idia* Lemouroux, 1816). **Type species:** *Musca lunata* Fabricius, 1805.
Idielliopsis Townsend, 1917. Rec. India Mus. 13 (4): 190. **Type species:** *Idielliopsis similis* Townsend, 1917 [= *Idia xanthogaster* Wiedemann, 1820].
Eudiella Townsend, 1917. Rec. India Mus. 13 (4): 192. **Type species:** *Musca discolor* Fabricius, 1794.
Bushrhina Lehrer, 2007. Fragm. Dipt. 12: 11. **Type species:** *Rhinia rugosa* Bigot, 1888. **Syn. nov.**
Lomwerhina Lehrer, 2007. Fragm. Dipt. 12: 11. **Type species:** *Lomwerhina malobana* Lehrer, 2007. **Syn. nov.**
Thairhina Lehrer, 2007. Fragm. Dipt. 12: 14. **Type species:** *Thairhina theodorinella* Lehrer, 2007. **Syn. nov.**

（298）异色口鼻蝇 *Stomorhina discolor* (Fabricius, 1794)

Musca discolor Fabricius, 1794. Ent. Syst. 4: 320. **Type locality:** "India Orient.".
Stomorhina discolor: Verves, 2005. Int. J. Dipt. Res. 16 (4): 277; Xue, 2006. *In*: Xue *et* Wang, 2006. Flies of the Qinghai-Xizang Plateau: 215.
Rhinia discolor: Zumpt, 1956. Flieg. Palaearkt. Reg. 11 (Lf. 190, 191, 193): 120.
分布（Distribution）：浙江（ZJ）、云南（YN）、西藏（XZ）、福建（FJ）、台湾（TW）、海南（HI）；日本、越南、泰国、巴基斯坦、印度尼西亚、印度、斯里兰卡、菲律宾、巴布

亚新几内亚、澳大利亚、所罗门群岛、斐济、法属波利尼西亚（马克萨斯群岛）。

（299）月纹口鼻蝇 *Stomorhina lunata* (Fabricius, 1805)

Stomorhina lunata Fabricius, 1805. Syst. Antliat.: 292. **Type locality:** "Madera" [= Madeira].

Stomorhina lunata: Séguy, 1928. Encycl. Ent. (A) Dipt. 9: 189; Verves, 2005. Int. J. Dipt. Res. 16 (4): 278.

分布（Distribution）：四川（SC）、云南（YN）、西藏（XZ）、台湾（TW）；马来西亚、老挝、巴基斯坦、印度、伊朗、乌克兰、尼泊尔、阿联酋、土耳其、叙利亚、俄罗斯、埃及、摩洛哥、阿尔及利亚、肯尼亚、刚果（金）、马达加斯加、南非、墨西哥、巴西；欧洲（中部和南部）。

（300）黑咀口鼻蝇 *Stomorhina melastoma* (Wiedemann, 1830)

Idia melastoma Wiedemann, 1830. Aussereurop. Zweifl. Insekt. 2: 353. **Type locality:** Indonesia: Java, Buitonzong.

Stomorhina melanostoma [incorrect subsequenced spelling of *melastoma*]: Senior-White *et al*., 1940. Fauna Brit. India Dipt. 6: 191, 202.

Rhinia melanostoma melanostoma: Peris, 1952. An. Est. Exp. Aula Dei 3 (1): 42.

Rhinia melastoma: James, 1977. *In*: Delfinado *et* Hardy, 1977. Cat. Dipt. Orient. Reg. 3: 553.

分布（Distribution）：云南（YN）；印度尼西亚、尼泊尔、印度、斯里兰卡、澳大利亚、巴布亚新几内亚。

（301）不显口鼻蝇 *Stomorhina obsoleta* (Wiedemann, 1830)

Stomorhina obsoleta Wiedemann, 1830. Aussereurop. Zweifl. Insekt. 2: 355. **Type locality:** China.

Stomorhina obsoleta: Verves, 2005. Int. J. Dipt. Res. 16 (4): 278; Xue, 2006. *In*: Xue *et* Wang, 2006. Flies of the Qinghai-Xizang Plateau: 215.

Rhinia obsoleta: Peris, 1952. An. Est. Exp. Aula Dei 3 (1): 46.

分布（Distribution）：黑龙江（HL）、吉林（JL）、辽宁（LN）、内蒙古（NM）、河北（HEB）、天津（TJ）、北京（BJ）、山西（SX）、山东（SD）、河南（HEN）、陕西（SN）、宁夏（NX）、甘肃（GS）、安徽（AH）、江苏（JS）、上海（SH）、浙江（ZJ）、江西（JX）、湖南（HN）、湖北（HB）、四川（SC）、贵州（GZ）、云南（YN）、西藏（XZ）、福建（FJ）、台湾（TW）、广东（GD）、广西（GX）；韩国、日本、密克罗尼西亚、俄罗斯。

（302）四斑口鼻蝇 *Stomorhina procula* (Walker, 1849)

Stomorhina procula Walker, 1849. List of the specimens of dipterous insets in the collection of the British Museum Part IV: 808. **Type locality:** Not given.

Stomorhina procula: Verves, 2005. Int. J. Dipt. Res. 16 (4): 278.

分布（Distribution）：天津（TJ）；东洋区。

（303）台湾口鼻蝇 *Stomorhina sauteri* (Peris, 1951)

Rhinia sauteri Peris, 1951. Eos 27: 238. **Type locality:** China: Taiwan, Chip-chip.

Stomorhina sauteri: Verves, 2005. Int. J. Dipt. Res. 16 (4): 278.

Rhinia sauteri: Peris, 1952. An. Est. Exp. Aula Dei 3 (1): 36.

分布（Distribution）：台湾（TW）。

（304）单色口鼻蝇 *Stomorhina unicolor* (Macquart, 1851)

Idia unicolor Macquart, 1851. Mém. Soc. R. Sci. Agric. Arts Lille 1850 [1851]: 213. **Type locality:** Indonesia: Java.

Stomorhina unicolor: Senior-White *et al*., 1940. Fauna Brit. India Dipt. 6: 191, 201; Verves, 2005. Int. J. Dipt. Res. 16 (4): 279.

分布（Distribution）：台湾（TW）；印度尼西亚、马来西亚、印度。

（305）古色口鼻蝇 *Stomorhina veterana* Villeneuve, 1927

Stomorhina veterana Villeneuve, 1927c. Revue Zool. Bot. Afr. 15 (3): 395. **Type locality:** China: Taiwan, Chip-chip.

Stomorhina veterana: Senior-White *et al*., 1940. Fauna Brit. India Dipt. 6: 191, 201; Verves, 2005. Int. J. Dipt. Res. 16 (4): 279.

分布（Distribution）：台湾（TW）；印度尼西亚、马来西亚。

（306）黄腹口鼻蝇 *Stomorhina xanthogaster* (Wiedemann, 1820)

Idia xanthogaster Wiedemann, 1820. Nova Dipt. Gen.: 21. **Type locality:** Indonesia: Java.

Rhinia majuscula Villeneuve, 1932. Bull. Ann. Soc. R. Ent. Belg. [1931] 71: 245. **Type locality:** China: Taiwan, Kosempo [= Jiaxianpu].

Rhinia xanthogaster: Peris, 1952. An. Est. Exp. Aula Dei 3 (1): 38.

Idiellopsis xanthogaster: James, 1977. *In*: Delfinado *et* Hardy, 1977. Cat. Dipt. Orient. Reg. 3: 546; Lin *et* Chen, 1999. The Name List of Taiwan Diptera (1): 115; Schumann, 1986. *In*: Soós *et* Papp, 1986. Cat. Palaearct. Dipt. 12: 52.

分布（Distribution）：西藏（XZ）、台湾（TW）；日本、印度尼西亚、马来西亚、新加坡、印度、斯里兰卡、澳大利亚、所罗门群岛。

50. 弧彩蝇属 *Strongyloneura* Bigot, 1886

Strongyloneura Bigot, 1886. Bull. Soc. Ent. Fr. 6 (6): 14. **Type species:** *Strongyloneura prasina* Bigot, 1886 (monotypy).

Chloroidia Townsend, 1917. Rec. India Mus. 13 (4): 196. **Type species:** *Chloroidia flavifrons* Townsend, 1917 [= *Idia prolata* Walker, 1860] (monotypy).
Strongyloneura: Séguy, 1928. Encycl. Ent. (A) Dipt. 9: 189; Senior-White *et al.*, 1940. Fauna Brit. India Dipt. 6: 150, 151.
Chloroidia: Peris, 1952. An. Est. Exp. Aula Dei 3 (1): 188; Senior-White *et al.*, 1940. Fauna Brit. India Dipt. 6: 169; Townsend, 1937. Man. Myiol. V: 94.
Chloroidea [erroneous subsequent spelling of *Chloroidia*]: Senior-White *et al.*, 1940. Fauna Brit. India Dipt. 6: 150.

（307）双尾弧彩蝇 *Strongyloneura diploura* Fang *et* Fan, 1984

Strongyloneura diploura Fang *et* Fan, 1984. *In*: Shanghai Institute of Entomology, Academia Sinica, 1984. Contributions from Shanghai Institute of Entomology, Vol. 4: 263, 266. **Type locality:** China: Hainan I., Mt. Wuzhishan.
Strongyloneura diploura: Verves, 2005. Int. J. Dipt. Res. 16 (4): 267.
分布（Distribution）：海南（HI）。

（308）黄毛弧彩蝇 *Strongyloneura flavipilicoxa* Fang *et* Fan, 1988

Strongyloneura flavipilicoxa Fang *et* Fan, 1988. Entomotaxon. 10 (3-4): 187. **Type locality:** China: Yunnan, Xishuangbanna, Menglun.
Strongyloneura flavipilicoxa: Verves, 2005. Int. J. Dipt. Res. 16 (4): 267.
分布（Distribution）：云南（YN）。

（309）宽板弧彩蝇 *Strongyloneura prasina* Bigot, 1886

Strongyloneura prasina Bigot, 1886. Bull. Soc. Ent. Fr. 6 (6): 14. **Type locality:** Japan.
Strongyloneura prasina: Verves, 2005. Int. J. Dipt. Res. 16 (4): 267; Xue, 2006. *In*: Xue *et* Wang, 2006. Flies of the Qinghai-Xizang Plateau: 214.
Isomyia prasina: Zumpt, 1956. Flieg. Palaearkt. Reg. 11 (Lf. 190, 191, 193): 110.
分布（Distribution）：西藏（XZ）、台湾（TW）、海南（HI）；日本、菲律宾。

（310）瘦尾弧彩蝇 *Strongyloneura prolata* (Walker, 1860)

Idia (*Rhyncomyia*) *prolata* Walker, 1860b. J. Proc. Linn. Soc. London Zool. 4: 133. **Type locality:** Indonesia: Sulawesi (Makassar [= Ujung Pandang]).
Chloroidia flavifrons Townsend, 1917. Rec. India Mus. 13 (4): 196. **Type locality:** India: Kerala [as "Cochin State"], Kizhake Chalakudi [as "Chalakudi"].
Strongyloneura formosae Villeneuve, 1927c. Revue Zool. Bot. Afr. 15 (3): 391. **Type locality:** China: Taiwan, Kuanzhiling.
Chloroidia prolata: Senior-White *et al.*, 1940. Fauna Brit. India Dipt. 6: 171.
Strongyloneura prasina [misidentification; not *Strongyloneura prasina* Bigot, 1886]: James, 1977. *In*: Delfinado *et* Hardy, 1977. Cat. Dipt. Orient. Reg. 3: 555; Xue, 2006. *In*: Xue *et* Wang, 2006. Flies of the Qinghai-Xizang Plateau: 214.
分布（Distribution）：台湾（TW）；缅甸、马来西亚、印度尼西亚、印度、尼泊尔、斯里兰卡。

（311）拟前尾弧彩蝇 *Strongyloneura pseudosenomera* Fang *et* Fan, 1993

Strongyloneura pseudosenomera Fang *et* Fan, 1993. *In*: The Comprehensive Scientific Expedition to the Qinghai-Xizang Plateau, Chinese Academy of Sciences, 1993. Insects of the Hengduan Mountains Region, Vol. 2: 1203. **Type locality:** China: Sichuan, Luding (Moxi).
Strongyloneura pseudosenomera: Verves, 2005. Int. J. Dipt. Res. 16 (4): 267; Xue, 2006. *In*: Xue *et* Wang, 2006. Flies of the Qinghai-Xizang Plateau: 214.
分布（Distribution）：四川（SC）。

（312）钳尾弧彩蝇 *Strongyloneura senomera* (Séguy, 1949)

Apollenia senomera Séguy, 1949. Rev. Bras. Biol. 9 (2): 124. **Type locality:** Japan: vicinity of Tokyo.
Thelychaeta senomera: Peris, 1952. An. Est. Exp. Aula Dei 3 (1): 187.
Isomyia senomera: Zumpt, 1956. Flieg. Palaearkt. Reg. 11 (Lf. 190, 191, 193): 111.
分布（Distribution）：陕西（SN）；朝鲜半岛、日本。

51. 苏彩蝇属 *Sumatria* Malloch, 1926

Sumatria Malloch, 1926. Ann. Mag. Nat. Hist. (9) 18: 512. **Type species:** *Sumatria latifrons* Malloch, 1926 (by original designation).
Sumatria: Senior-White *et al.*, 1940. Fauna Brit. India Dipt. 6: 150, 186; Verves, 2005. Int. J. Dipt. Res. 16 (4): 265.

（313）因他苏彩蝇 *Sumatria chiekoae* Kurahashi *et* Tumrasvin, 1992

Sumatria chiekoae Kurahashi *et* Tumrasvin, 1992. Jpn. J. Sanit. Zool. 43 (1): 42. **Type locality:** Thailand: Doi Inthanon.
Sumatria chiekoae: Verves, 2005. Int. J. Dipt. Res. 16 (4): 265; Yang, Kurahashi *et* Shiao, 2014. ZooKeys 434: 75, 107.
分布（Distribution）：台湾（TW）；泰国。

狂蝇科 Oestridae

胃蝇亚科 Gasterophilinae

1. 胃蝇属 *Gasterophilus* Leach, 1817

Gasterophilus Leach, 1817. Mem. Wernerian Nat. Hist. Soc. 2:

568. **Type species:** *Oestrus equi* Clark, 1797 (by designation of Curtis, 1826) [= *Oestrus intestinalis* De Geer, 1776].
Gastrus Meigen, 1824. Syst. Beschr. Europ. Zweifl. Insekt. 4: 174. **Type species:** *Oestrus intestinalis* De Geer, 1776 (by designation of Coquillett, 1910).
Enteromyza Rondani, 1857. Dipt. Ital. Prodromus, Vol. II: 20. **Type species:** *Oestrus equi* Clark, 1797. (automatic) [= *Oestrus intestinalis* De Geer, 1776].
Rhinogastrophilus Towsend, 1918. Insecutor Inscit. Menstr. 6 (7-9): 152. **Type species:** *Oestrus nasalis* Linnaeus, 1758 (by original designation).
Stomachobia Enderlein, 1934. Sber. Ges. Naturf. Freunde Berl. 1933 (3): 425. **Type species:** *Oestrus pecorum* Fabricius, 1794 (by original designation).
Enteromyia Enderlein, 1934. Sber. Ges. Naturf. Freunde Berl. 1933 (3): 425. **Type species:** *Oestrus haemorrhoidalis* Linnaeus, 1758 (by original designation).
Gasterophilus: Zumpt, 1965. Myiasis in Man and Animals of the Old World: 111; Grunin, 1969. Flieg. Palaearkt. Reg. 8 (64a): 21.

（1）红尾胃蝇 *Gasterophilus haemorrhoidalis* (Linnaeus, 1758)

Oestrus haemorrhoidalis Linnaeus, 1758. Syst. Nat. Ed. 10 (1): 584. **Type locality:** Not given (? Sweden).
Oestrus flavipes Olivier, 1811. Encycl. Méthod. Hist. Nat. 8: 467. **Type locality:** France: Dans les Pyrénées.
Gastrophilus pallens Bigot, 1884d. Ann. Soc. Entomol. Fr. 4 (2): 57-59. **Type locality:** Sudan: (? Suakim).
Gasterophilus haemorrhoidalis: Zumpt, 1965. Myiasis in Man and Animals of the Old World: 122; Grunin, 1969. Flieg. Palaearkt. Reg. 8 (64a): 40.
分布（Distribution）：黑龙江（HL）、内蒙古（NM）、陕西（SN）、青海（QH）、新疆（XJ）、西藏（XZ）；古北区、新北区。

（2）裸节胃蝇 *Gasterophilus inermis* (Brauer, 1858)

Gastrus inermis Brauer, 1858a. Verh. K. K. Zool.-Bot. Ges. Wien 8: 464. **Type locality:** Austria: auf der Rossweide bei Gyois am Neusiedlersee.
Gasterophilus inermis: Zumpt, 1965. Myiasis in Man and Animals of the Old World: 124; Grunin, 1969. Flieg. Palaearkt. Reg. 8 (64a): 44.
分布（Distribution）：内蒙古（NM）；俄罗斯、乌克兰、哈萨克斯坦、奥地利；非洲（北部）、北美洲。

（3）肠胃蝇 *Gasterophilus intestinalis* (De Geer, 1776)

Oestrus intestinalis De Geer, 1776. Mém. Pour Serv. Hist. Insect. 6: 292. **Type locality:** Not given (? Sweden).
Oestrus equi Clark, 1797. Trans. Linn. Soc. Lond. 3: 298. **Type locality:** Not given (? England) (a junior primary homonym of *Oestrus equi* Fabricius, 1787).
Oestrus gastrophilus Gistel, 1848. Naturgesch. Thierr. 16: 153. **Type locality:** Not given (Germany: ? Bavaria), given with "equi Linne" as synonymy.
Gasterophilus equi var. *asininus* Brauer, 1863. Monogr. Oestriden. Wien: 71. **Type locality:** Egypt: Nubien.
Gasterophilus intestinalis: Zumpt, 1965. Myiasis in Man and Animals of the Old World: 125; Grunin, 1969. Flieg. Palaearkt. Reg. 8 (64a): 48.
分布（Distribution）：黑龙江（HL）、内蒙古（NM）、山西（SX）、陕西（SN）、甘肃（GS）、青海（QH）、四川（SC）、云南（YN）、西藏（XZ）；世界广布。

（4）鼻胃蝇 *Gasterophilus nasalis* (Linnaeus, 1758)

Oestrus nasalis Linnaeus, 1758. Syst. Nat. Ed. 10 (1): 584. **Type locality:** Not given (? Sweden).
Oestrus veterinus Clark, 1797. Trans. Linn. Soc. Lond. 3: 312. **Type locality:** Not given (? England).
Gasterophilus clarkii Leach, 1817. Mem. Wernerian Nat. Hist. Soc. 2: 567. **Type locality:** England: Devon, Kingsbridge.
Gastrus jumentarum Meigen, 1824. Syst. Beschr. Europ. Zweifl. Insekt. 4: 179. **Type locality:** Not given.
Oestrus stomachinus Gistel, 1848. Naturgesch. Thierr. 16: 153. **Type locality:** Not given (? Germany: Bavaria).
Gastrophilus albescens Pleske, 1926. Annu. Mus. Zool. Acad. Sci. Russ. (1925) 26 (3-4): 228. **Type locality:** Egypt: Il provient de l'Egypte des environs du Caire.
Gastrophilus nasalis var. *nudicollis* Dinulescu, 1932. Ann Sci. Nat. Zool. Biol. Anim. 15: 28. **Type locality:** Not given.
Gastrophilus veterinus var. *aureus* Dinulescu, 1938. Arch Roum. Path. Exper. Microbiol. Paris 11: 315. **Type locality:** Not given.
Gasterophilus nasalis: Zumpt, 1965. Myiasis in Man and Animals of the Old World: 117; Grunin, 1969. Flieg. Palaearkt. Reg. 8 (64a): 32.
分布（Distribution）：黑龙江（HL）、内蒙古（NM）、陕西（SN）、青海（QH）、新疆（XJ）、西藏（XZ）；世界广布。

（5）黑角胃蝇 *Gasterophilus nigricornis* (Loew, 1863)

Gastrus nigricornis Loew, 1863e. Wien. Ent. Monatschr. 7 (2): 38. **Type locality:** Bessarabien.
Oestrus (*Gastrophilus*) *meridionalis* Pillers *et* Evans, 1926. Ann. Trop. Med. Paras. 20: 264. **Type locality:** Not given (? Spain).
Gastrophilus viridis Sultanov, 1951. Dokl. Akad. Nauk Arm. SSR 1951 (5): 41. **Type locality:** Kazakhstan: Teren-Uzyakskiy rayon, Kzyl-Ordinskaja oblast.
Gasterophilus nigricornis: Zumpt, 1965. Myiasis in Man and Animals of the Old World: 119; Grunin, 1969. Flieg. Palaearkt. Reg. 8 (64a): 36.
分布（Distribution）：内蒙古（NM）；蒙古国；欧洲（南部）。

（6）黑腹胃蝇 *Gasterophilus pecorum* (Fabricius, 1794)

Oestrus pecorum Fabricius, 1794. Ent. Syst. 4: 230. **Type**

locality: Not given.

Oestrus viluli Fabricius, 1794. Ent. Syst. 4: 231. **Type locality:** Not given.

Gastrus jubarum Meigen, 1824. Syst. Beschr. Europ. Zweifl. Insekt. 4: 179. **Type locality:** Austria.

Oestrus ferruginatus Zetterstedt, 1844. Dipt. Scand. 3: 978. **Type locality:** "in Suecia meridionali ad Esperöd in paroecia Tranas Scaniae" (Sweden).

Gastrophilus vulpecula Pleske, 1926. Annu. Mus. Zool. Acad. Sci. Russ. (1925) 26 (3-4): 227. **Type locality:** "la province chinoise Alaschan, entre Dyn-jouan-in *et* l'endzi gol".

Gastrophilus gammeli Szilády, 1935. Állat. Közlem. 32 (3-4): 140. **Type locality:** Hungary: Bäbolna, Kisber, Sütveny, Mezöhegyes.

Gasterophilus pecorum: Zumpt, 1965. Myiasis in Man and Animals of the Old World: 114; Grunin, 1969. Flieg. Palaearkt. Reg. 8 (64a): 25.

分布（Distribution）：黑龙江（HL）、内蒙古（NM）、陕西（SN）、新疆（XJ）；印度；古北区、非洲区。

皮蝇亚科 Hypodermatinae

2. 皮蝇属 *Hypoderma* Latreille, 1818

Hypoderma Latreille, 1818. Nouv. Dict. Hist. Nat. 23: 272. **Type species:** *Oestrus bovis* Linnaeus, 1758 (monotypy).

Atelocephala Townsend, 1916. Proc. U. S. Natl. Mus. 49: 617. **Type species:** *Hypoderma diana* Brauer, 1858 (monotypy).

Hypoderma: Grunin, 1965. Flieg. Palaearkt. Reg. 8 (64b): 103; Zumpt, 1965. Myiasis in Man and Animals of the Old World: 217.

（7）牛皮蝇 *Hypoderma bovis* (Linnaeus, 1758)

Oestrus bovis Linnaeus, 1758. Syst. Nat. Ed. 10 (1): 584. **Type locality:** Not given (? Sweden).

Oestrus bovis De Geer, 1776. Mém. Pour Serv. Hist. Insect. 6: 297. **Type locality:** Not given (a junior primary homonym of *Oestrus bovis* Linnaeus, 1758).

Oestrus subcutancus Greve, 1818. Krankh. Hausthiere: 2. **Type locality:** Not given.

Oestrus bovinus Schwab, 1840. Oestraciden: 43. **Type locality:** Not given (? Germany).

Hypoderma heteroptera Macquart, 1843b. Mém. Soc. Sci. Agric. Arts Lille [1842]: 181; Macquart, 1843a. Dipt. Exot. 2 (3): 24. **Type locality:** Algeria: Oran.

Hypoderma bellieri Bigot, 1862. Ann Soc. Entomol. Fr. (4) 2: 113. **Type locality:** France: Corsica, Montagnes de la Corse.

Hypoderma bovis: Grunin, 1965. Flieg. Palaearkt. Reg. 8 (64b): 105; Zumpt, 1965. Myiasis in Man and Animals of the Old World: 218.

分布（Distribution）：内蒙古（NM）、山西（SX）、青海（QH）、新疆（XJ）、西藏（XZ）；亚洲、欧洲、非洲、北美洲、大洋洲。

（8）鹿皮蝇 *Hypoderma diana* Brauer, 1858

Hypoderma diana Brauer, 1858b. Verh. K. K. Zool.-Bot. Ges. Wien 8: 397. **Type locality:** Austria: Wildprater.

Hypoderma albicoma Brauer, 1897. Sber. Akad. Wiss. Wien, Kl. Math.-Naturw. 106: 379. **Type locality:** Not given (? Südeuropa).

Hypoderma damae Bezzi, 1907. *In*: Bezzi *et* Stein, 1907. Kat. Pal. Dipt. 3: 589 (nomen nudum).

Hypoderma alcis Ulrich, 1936. Dtsch. Tierärztl. Wschr. 34: 577. **Type locality:** Not given.

Hypoderma diana: Grunin, 1965. Flieg. Palaearkt. Reg. 8 (64b): 124; Zumpt, 1965. Myiasis in Man and Animals of the Old World: 225.

分布（Distribution）：黑龙江（HL）、内蒙古（NM）、山西（SX）、新疆（XJ）；乌克兰、奥地利；亚洲（中部）。

（9）纹皮蝇 *Hypoderma lineatum* (Villers, 1789)

Oestrus lineatum Villers, 1789. Caroli Linnaei Ent. 3: 349. **Type locality:** Not given.

Oestrus bovis var. *vernalis* Clark, 1815. Essay on the bots: 72. **Type locality:** England and USA.

Hypoderma lineatum: Grunin, 1965. Flieg. Palaearkt. Reg. 8 (64b): 116; Zumpt, 1965. Myiasis in Man and Animals of the Old World: 221.

分布（Distribution）：辽宁（LN）、内蒙古（NM）、河北（HEB）、山西（SX）、西藏（XZ）；世界广布。

（10）青海皮蝇 *Hypoderma qinghaiensis* Fan, 1980

Hypoderma qinghaiensis Fan, 1980. *In*: Shanghai Institute of Entomology, Academia Sinica, 1980. Contributions from Shanghai Institute of Entomology, Vol. 1: 197. **Type locality:** China: Qinghai, Zeku (Maixiu Mountain).

Hypoderma qinghaiensis: Wang *et* Xue, 1998. *In*: Xue *et* Chao, 1998. Flies of China, Vol. 2: 2248.

分布（Distribution）：青海（QH）。

（11）中华皮蝇 *Hypoderma sinense* Pleske, 1926

Hypoderma sinense Pleske, 1926. Annu. Mus. Zool. Acad. Sci. Russ. (1925) 26 (3-4): 220. **Type locality:** China: Qinghai.

Hypoderma sinense: Grunin, 1965. Flieg. Palaearkt. Reg. 8 (64b): 122.

分布（Distribution）：甘肃（GS）、青海（QH）、新疆（XJ）、四川（SC）；塔吉克斯坦。

（12）驯鹿皮蝇 *Hypoderma tarandi* (Linnaeus, 1758)

Oestrus tarandi Linnaeus, 1758. Syst. Nat. Ed. Ed. 10 (1): 584. **Type locality:** Not given.

Oedemagena tarandi Latreille, 1818. Nouv. Dict. Hist. Nat. 23: 272. **Type locality:** Not given.

Hypoderma tarandi: Wang *et* Xue, 1998. *In*: Xue *et* Chao, 1998. Flies of China, Vol. 2: 2245.

分布（Distribution）：内蒙古（NM）。

3. 狂皮蝇属 *Oestroderma* Portschinsky, 1887

Oestroderma Portschinsky, 1887a. Horae Soc. Ent. Ross. 21: 190. **Type species:** *Oestroderma potanini* Portschinsky, 1887 (monotypy).
Oestroderma: Grunin, 1965. Flieg. Palaearkt. Reg. 8 (64b): 58; Zumpt, 1965. Myiasis in Man and Animals of the Old World: 193.

（13）窄颜狂皮蝇 *Oestroderma potanini* Portschinsky, 1887

Oestroderma potanini Portschinsky, 1887a. Horae Soc. Ent. Ross. 21: 191. **Type locality:** China: Qinghai, Tongren.
Oestroderma potanini: Grunin, 1965. Flieg. Palaearkt. Reg. 8 (64b): 59; Zumpt, 1965. Myiasis in Man and Animals of the Old World: 193.
分布（Distribution）：青海（QH）；俄罗斯。

（14）青海狂皮蝇 *Oestroderma qinghaiense* Fan, 1984

Oestroderma qinghaiense Fan, 1984. *In*: Fan *et* Feng, 1984. *In*: Shanghai Institute of Entomology, Academia Sinica, 1984. Contributions from Shanghai Institute of Entomology, Vol. 4: 235. **Type locality:** China: Qinghai, Nangqian.
Oestroderma qinghaiense: Wang *et* Xue, 1998. *In*: Xue *et* Chao, 1998. Flies of China, Vol. 2: 2238.
分布（Distribution）：青海（QH）。

（15）平颜狂皮蝇 *Oestroderma schubini* (Grunin, 1965)

Teba schubini Grunin, 1965. Zool. Žhur. 44 (9): 1414. **Type locality:** Kemerovskaya oblast: railway station Kalary, river Bazantsha; railway Station Teba. Kuznetsky Alatau ridge; Krasnoyarskiy Kray: stream Filin, basin of Malyy Kebezh, Kulumys Ridge; river Nizhnyaya Buyba, basin of Us, Azadansky ridge; Lake Buybinskoe, Azadansky ridge Gorno [Altayskayu aut. Oblast]; river Dzhumale and Kalguta, basin of Katun; Saylugem ridge; Abay, Ust-Koksinskiy rayon.
Oestroderma schubini: Wang *et* Xue, 1998. *In*: Xue *et* Chao, 1998. Flies of China, Vol. 2: 2238.
分布（Distribution）：新疆（XJ）；俄罗斯。

（16）四川狂皮蝇 *Oestroderma sichuanense* Fan *et* Feng, 1984

Oestroderma sichuanense Fan *et* Feng, 1984. *In*: Shanghai Institute of Entomology, Academia Sinica, 1984. Contributions from Shanghai Institute of Entomology, Vol. 4: 236. **Type locality:** China: Sichuan, Ya'an (Erlang Mountain).
Oestroderma sichuanense: Wang *et* Xue, 1998. *In*: Xue *et* Chao, 1998. Flies of China, Vol. 2: 2238.
分布（Distribution）：四川（SC）。

（17）西藏狂皮蝇 *Oestroderma xizangense* Fan, 1980

Oestroderma xizangensis Fan, 1980. *In*: Shanghai Institute of Entomology, Academia Sinica, 1980. Contributions from Shanghai Institute of Entomology, Vol. 1: 197. **Type locality:** China: Xizang, Yadong.
Oestroderma xizangensis: Wang *et* Xue, 1998. *In*: Xue *et* Chao, 1998. Flies of China, Vol. 2: 2240.
分布（Distribution）：西藏（XZ）。

4. 裸皮蝇属 *Oestromyia* Brauer, 1861

Oestromyia Brauer, 1861. Verh. K. K. Zool.-Bot. Ges. Wien 10: 647. **Type species:** *Hypoderma satyrus* Brauer, 1858 (by original designation) [= *Oestrus teporinus* Pallas, 1778].
Oestromyia: Grunin, 1965. Flieg. Palaearkt. Reg. 8 (64b): 63; Zumpt, 1965. Myiasis in Man and Animals of the Old World: 194.

（18）轲裸皮蝇 *Oestromyia koslovi* Portschinsky, 1902

Oestromyia koslovi Portschinsky, 1902. Annu. Mus. Zool. Acad. Sei. St.-Pétersb. 7: 211. **Type locality:** China: Qinghai.
Oestromyia koslovi: Grunin, 1965. Flieg. Palaearkt. Reg. 8 (64b): 72; Zumpt, 1965. Myiasis in Man and Animals of the old world: 197.
分布（Distribution）：青海（QH）。

（19）兔裸皮蝇 *Oestromyia leporina* (Pallas, 1778)

Oestrus leporina Pallas, 1778. Novae species quadripedum e glirium ordine, Erlangen 1: 50. **Type locality:** Not given (Russia: ? Siberia).
Hypoderma satyrus Brauer, 1858. Verh. K. K. Zool.-Bot. Ges. Wien 8: 462. **Type locality:** Austria: Steiner Alpen unter der Spitze des Kervauz … unter der Spitze des Alpl's am Schneeberg.
Oestromyia pallasi Portschinsky, 1902. Annu. Mus. Zool. Acad. Sci. USSR St.-Pétersb. 7: 209. **Type locality:** Russia: Abakan Mts. [W. Siberia, Krasnoyarskiy Kray].
Oestromyia ivanovi Grunin, 1949b. Dokl. Akad. Nauk SSSR 66 (5): 1013. **Type locality:** USSR: Gissar Mts., Lake Iskander-kul, Tadjikistan.
Oestromyia dubinini Grunin, 1949b. Dokl. Akad. Nauk SSSR 66 (5): 1015. **Type locality:** USSR: railway station Sharasun (Tshitinskaya Oblast), Transbaicalia.
Oestromyia braueri Grunin, 1949b. Dokl. Akad. Nauk SSSR 66 (5): 1016. **Type locality:** USSR: Adun-Tsholon mountain massif SW from Ermanridge (Tshitinskaya Oblast), Transbaicalia.
Oestromyia orba Grunin, 1949b. Dokl. Akad. Nauk SSSR 66 (5): 1015. **Type locality:** USSR: Adun-Tsholon mountain massif SW from Ermanridge (Tshitinskaya Oblast), Transbaicalia.
Oestromyia fallax Grunin, 1949b. Dokl. Akad. Nauk SSSR 66 (5): 1015. **Type locality:** USSR: river Barguzin (Buryatskaya), Transbaicalia.
Oestromyia subfallax Grunin, 1950a. Dokl. Akad. Nauk SSSR

73 (3): 622. **Type locality:** USSR: Eniseyskaya gubernia, Kanzkiy uezd [= Krasnoyarskiy Kray, nr. Kansk], Altau, Abakan Ridge, river Kyga, Transbaicalia.
Oestromyia leporina: Grunin, 1965. Flieg. Palaearkt. Reg. 8 (64b): 64; Zumpt, 1965. Myiasis in Man and Animals of the Old World: 195.
分布（Distribution）：黑龙江（HL）、内蒙古（NM）、山西（SX）、青海（QH）；前苏联、奥地利。

（20）异裸皮蝇 *Oestromyia prodigiosa* Grunin, 1949

Oestromyia prodigiosa Grunin, 1949b. Dokl. Akad. Nauk SSSR 65 (5): 1013. **Type locality:** railway station Sharasun (Tshitinskaya Oblast). Mongolia.
Oestromyia prodigiosa: Grunin, 1965. Flieg. Palaearkt. Reg. 8 (64b): 77; Zumpt, 1965. Myiasis in Man and Animals of the Old World: 198.
分布（Distribution）：内蒙古（NM）；蒙古国、俄罗斯。

5. 小头皮蝇属 *Portschinskia* Semenov, 1902

Portschinskia Semenov, 1902b. Russk. Ent. Obozr. 2 (1): 52. **Type species:** *Microcephalus loewii* Schnabl, 1877 (automatic).
Microcephalus Schnabl, 1877. Dtsch. Ent. Z. 21 (1): 49. **Type species:** *Microcephalus loewii* Schnabl, 1877 (monotypy).
Microcephalopsis Towsend, 1918. Insecutor Inscit. Menstr. 6 (7-9): 153. **Type species:** *Microcephalus neugebaueri* Portschinsky, 1881 (by original designation).
Portschinskia: Grunin, 1965. Flieg. Palaearkt. Reg. 8 (64b): 47; Zumpt, 1965. Myiasis in Man and Animals of the Old World: 189.

（21）蜂小头皮蝇 *Portschinskia bombiformis* (Portschinsky, 1901)

Microcephalus bombiformis Portschinsky, 1901. Annu. Mus. Zool. Acad. Sci. Russ. St.-Pétersb. 6: 420. **Type locality:** China: Sichuan, Songpan.
Portschinskia bombiformis: Grunin, 1965. Flieg. Palaearkt. Reg. 8 (64b): 53; Zumpt, 1965. Myiasis in Man and Animals of the Old World: 192.
分布（Distribution）：四川（SC）。

（22）壮小头皮蝇 *Portschinskia magnifica* Pleske, 1926

Portschinskia magnifica Pleske, 1926. Annu. Mus. Zool. Acad. Sci. Russ. (1925) 26 (3-4): 223. **Type locality:** Russia: Sedanka, non loin de Wladiwostok, Prov. Littorale, Siberia Orient.
Portschinskia magnifica: Grunin, 1965. Flieg. Palaearkt. Reg. 8 (64b): 55; Zumpt, 1965. Myiasis in Man and Animals of the Old World: 190; Liu, Wan, Entmakh, Li, Sui, Wu *et* Zhang, 2011. Chin. J. Vector Biol. & Control 22 (4): 361.
分布（Distribution）：河北（HEB）、北京（BJ）、山西（SX）；俄罗斯。

（23）青小头皮蝇 *Portschinskia przewalskyi* (Portschinsky, 1887)

Microcephalus przewalskyi Portschinsky, 1887b. Horae Soc. Ent. Ross. 21: 9. **Type locality:** China: Qinghai, Burchan-Budda.
Portschinskia przewalskyi: Grunin, 1965. Flieg. Palaearkt. Reg. 8 (64b): 54; Zumpt, 1965. Myiasis in Man and Animals of the Old World: 192.
分布（Distribution）：青海（QH）。

6. 缢皮蝇属 *Przhevalskiana* Grunin, 1948

Przhevalskiana Grunin, 1949a. Dokl. Akad. Nauk SSSR 64 (4): 604. **Type species:** *Hypoderma orongonis* Grunin, 1948 (by original designation).
Przhevalskiana: Grunin, 1965. Flieg. Palaearkt. Reg. 8 (64b): 86; Zumpt, 1965. Myiasis in Man and Animals of the Old World: 205.

（24）黄羊缢皮蝇 *Przhevalskiana aenigmatica* Grunin, 1950

Przhevalskiana aenigmatica Grunin, 1950b. Dokl. Akad. Nauk SSSR 73 (4): 863. **Type locality:** Mongolia: Central Aimak.
Przhevalskiana aenigmatica: Grunin, 1965. Flieg. Palaearkt. Reg. 8 (64b): 88; Zumpt, 1965. Myiasis in Man and Animals of the Old World: 206.
分布（Distribution）：内蒙古（NM）；蒙古国、俄罗斯。

（25）羚缢皮蝇 *Przhevalskiana orongonis* (Grunin, 1948)

Hypoderma orongonis Grunin, 1948. Dokl. Akad. Nauk SSSR 63 (4): 469. **Type locality:** China: Tibet.
Przhevalskiana orongonis: Grunin, 1965. Flieg. Palaearkt. Reg. 8 (64b): 86; Zumpt, 1965. Myiasis in Man and Animals of the Old World: 207.
分布（Distribution）：西藏（XZ）。

狂蝇亚科 Oestrinae

7. 蜂鹿蝇属 *Cephenemyia* Latreille, 1818

Cephenemyia Latreille, 1818. Nouv. Dict. Hist. Nat. 23: 271. **Type species:** *Oestrus trompe* Modeer, 1786 (monotypy).
Endocephala Lioy, 1864. Atti R. Ist. Véneto Sci. Lett. Arti 10 (3): 81 (unjustified replacement name for *Cephenemyia* Latreille, 1818).
Acromyia Papavero, 1977. The world Oestridae: 54. **Type species:** *Oestrus auribarhis* Meigen, 1824 (by original designation).
Procephenemyia Papavero, 1977. The world Oestridae: 62. **Type species:** *Oestrus stimulator* Clark, 1815 (by original

designation).

Cephenemyia: Zumpt, 1965. Myiasis in Man and Animals of the Old World: 146; Grunin, 1966. Flieg. Palaearkt. Reg. 8 (64a): 41.

（26）驯蜂鹿蝇 *Cephenemyia trompe* (Modeer, 1786)

Oestrus trompe Modeer, 1786. K. Svenska Vetensk. Akad. Handl. 7: 134. **Type locality:** Not given.

Cephenemyia trompe: Zumpt, 1965. Myiasis in Man and Animals of the Old World: 147; Grunin, 1966. Flieg. Palaearkt. Reg. 8 (64a): 44.

分布（Distribution）：内蒙古（NM）；俄罗斯、美国、加拿大；斯堪的纳维亚半岛（北部）。

8. 头狂蝇属 *Cephalopina* Strand, 1928

Cephalopina Strand, 1928. Arch. Naturgesch. (1926) 92A (8): 48. **Type species:** *Oestrus maculatus* Wiedemenn, 1830 (automatic) [= *Oestrus titillator* Clark, 1816].

Cephalopsis Townsend, 1912. Proc. Ent. Soc. Wash. 14: 53. **Type species:** *Oestrus maculatus* Wiedemann, 1830 (by original designation) [= *Oestrus titillator* Clark, 1816].

Cephalopina: Zumpt, 1965. Myiasis in Man and Animals of the Old World: 187; Grunin, 1966. Flieg. Palaearkt. Reg. 8 (64a): 82.

（27）驼头狂蝇 *Cephalopina titillator* (Clark, 1816)

Oestrus titillator Clark, 1816. Essay Suppl. Sheet: 4. **Type locality:** Syria.

Oestrus maculatus Wiedemann, 1830. Aussereurop. Zweifl. Insekt. 2: 256. **Type locality:** Egypt.

Oestrus libycus Clark, 1841. J. Proc. Linn. Soc. London Zool. 1: 100 (nomen nudum).

Oestrus libycus Clark, 1843. Trans. Linn. Soc. Lond. 19: 93. **Type locality:** Egypt.

Oestrus cameli Steel, 1887. J. Bombay Nat. Hist. Soc. 2 (1): 27. **Type locality:** Sudan. ? Afghanistan.

Cephalopina titillator: Zumpt, 1965. Myiasis in Man and Animals of the Old World: 187; Grunin, 1966. Flieg. Palaearkt. Reg. 8 (64a): 84.

分布（Distribution）：内蒙古（NM）；蒙古国、哈萨克斯坦、乌克兰、印度、巴基斯坦、伊朗、伊拉克、叙利亚、埃及、苏丹；亚洲（中部）。

9. 狂蝇属 *Oestrus* Linnaeus, 1758

Oestrus Linnaeus, 1758. Syst. Nat. Ed. 10 (1): 584. **Type species:** *Oestrus ovis* Linnaeus, 1758 (by designation of Curtis, 1826).

Oestrus: Zumpt, 1965. Myiasis in Man and Animals of the Old World: 174; Grunin, 1966. Flieg. Palaearkt. Reg. 8 (64a): 63.

（28）羊狂蝇 *Oestrus ovis* Linnaeus, 1758

Oestrus ovis Linnaeus, 1758. Syst. Nat. Ed. 10 (1): 585. **Type locality:** Not given (? Sweden).

Oestrus argalis Pallas, 1776. Spicilegia Zoologica, Berolina 2 (11): 29. **Type locality:** Not given.

Oestrus ovis: Zumpt, 1965. Myiasis in Man and Animals of the Old World: 175; Grunin, 1966. Flieg. Palaearkt. Reg. 8 (64a): 66.

分布(Distribution)：辽宁(LN)、内蒙古(NM)、河北(HEB)、山西（SX）、陕西（SN）、甘肃（GS）、青海（QH）、新疆（XJ）、广东（GD）；世界广布。

10. 咽狂蝇属 *Pharyngomyia* Schiner, 1861

Pharyngomyia Schiner, 1861. Wien. Ent. Monatschr. 5 (5): 140. **Type species:** *Oestrus pictus* Meigen, 1824 (monotypy).

Pharyngomyia: Zumpt, 1965. Myiasis in Man and Animals of the Old World: 143; Grunin, 1966. Flieg. Palaearkt. Reg. 8 (64a): 56.

（29）黄羊咽狂蝇 *Pharyngomyia dzerenae* Grunin, 1950

Pharyngomyia dzerenae Grunin, 1950b. Dokl. Akad. Nauk SSSR 73 (4): 861. **Type locality:** Mongolia.

Pharyngomyia dzerenae: Zumpt, 1965. Myiasis in Man and Animals of the Old World: 146; Grunin, 1966. Flieg. Palaearkt. Reg. 8 (64a): 61.

分布（Distribution）：内蒙古（NM）；蒙古国、俄罗斯。

11. 鼻狂蝇属 *Rhinoestrus* Brauer, 1886

Rhinoestrus Brauer, 1886. Wien. Ent. Ztg. 5: 300. **Type species:** *Cepholomyia purpurea* Brauer, 1858 (monotypy).

Gruninia Papavero, 1977. The world Oestridae: 80. **Type species:** *Rhinoestrus tshernyshevi* Grunin, 1951 (by original designation).

Rhinoestrus: Zumpt, 1965. Myiasis in Man and Animals of the Old World: 159; Grunin, 1966. Flieg. Palaearkt. Reg. 8 (64a): 70.

（30）宽额鼻狂蝇 *Rhinoestrus latifrons* Gan, 1947

Rhinoestrus latifrons Gan, 1947. Bull. Akad. Nauk Uzbek SSR 1947 (7): 25. **Type locality:** Uzbekistan: Samarkand Region, Khavastskiy and Zaaminskiy Rayon.

Rhinoestrus latifrons: Zumpt, 1965. Myiasis in Man and Animals of the Old World: 164; Grunin, 1966. Flieg. Palaearkt. Reg. 8 (64a): 78.

分布（Distribution）：内蒙古（NM）、新疆（XJ）；乌兹别克斯坦、哈萨克斯坦。

（31）紫鼻狂蝇 *Rhinoestrus purpureus* (Brauer, 1858)

Cephalomyia purpureus Brauer, 1858. Verh. K. K. Zool.-Bot. Ges. Wien 8: 457. **Type locality:** Austria: Bisamberg.

Rhinoestrus purpureus: Zumpt, 1965. Myiasis in Man and Animals of the Old World: 161; Grunin, 1966. Flieg. Palaearkt.

Reg. 8 (64a): 74.
分布（Distribution）：内蒙古（NM）、新疆（XJ）；蒙古国、前苏联（南部）、印度；欧洲（中部和南部）。

（32）亚非鼻狂蝇 *Rhinoestrus usbekistanicus* Gan, 1947

Rhinoestrus usbekistanicus Gan, 1947. Bull. Akad. Nauk Uzbek SSR 1947 (7): 24. **Type locality:** Russia: Sovkhoz Kzul-Czawodar [= Kzyl-Tsharvodar]. Uzbekistan: Samarkand, Zaamin.
Rhinoestrus usbekistanicus: Zumpt, 1965. Myiasis in Man and Animals of the Old World: 163; Grunin, 1966. Flieg. Palaearkt. Reg. 8 (64a): 72.
分布（Distribution）：内蒙古（NM）；乌兹别克斯坦、塔吉克斯坦、俄罗斯。

麻蝇科 Sarcophagidae

巨爪麻蝇亚科 Macronychiinae

1. 巨爪麻蝇属 *Macronychia* Rondani, 1859

Macronychia Rondani, 1859. Dipt. Ital. Prodromus, Vol. III: 229. **Type species:** *Macronychia agrestis*: Rondani, 1859 [misidentification: not *Tachina agrestis* Fallén, 1810; = *Xysta striginervis* Zetterstedt, 1844] (monotypy).
Theone Robineau-Desvoidy, 1863. Hist. Nat. Dipt. Envir. Paris 2: 401 (a junior homonym of *Theone* Gistel, 1857, Coleoptera: Chrysomelidae). **Type species:** *Theone trifaria* Robineau-Desvoidy, 1863 [= *Tachina polyodon* Meigen, 1824] (by designation of Townsend, 1916).
Theoniodes: Fan, 1992. Key to the Common Flies of China, 2nd Ed.: 583; Strand, 1917. Arch. Naturgesch. 82A (5): 92 (replacement name for *Theone* Robineau-Desvoidy, 1863).
Macronychia: Pape, 1996. Mem. Ent. Int. 8: 94; Townsend, 1931. Ann. Mag. Nat. Hist. (10) 8: 379; Verves, 1982a. Flieg. Palaearkt. Reg. 11 (327): 236.

1）巨爪麻蝇亚属 *Macronychia* Rondani, 1859

Macronychia Rondani, 1859. Dipt. Ital. Prodromus, Vol. III: 229. **Type species:** *Macronychia agrestis*: Rondani, 1859 [misidentification: not *Tachina agrestis* Fallén, 1810; = *Xysta striginervis* Zetterstedt, 1844] (monotypy).

（1）利氏巨爪麻蝇 *Macronychia* (*Macronychia*) *lemariei* Jacentkovský, 1941

Macronychia (*Macronychia*) *lemariei* Jacentkovský, 1941. Acta Soc. Sci. Nat. Morav. 13 (4): 4, 9. **Type locality:** Czech Republic: Moravia, Lednice [as "Eisgrub Niederdonau"].
Senotainia (*Sphixapata*) *sinerea* Chao *et* Zhang, 1988b. Sinozool. 6: 280. **Type locality:** China: Neimenggu, Xilin Hot.
Macronychia (*Macronychia*) *lemariei*: Verves, 1982a. Flieg. Palaearkt. Reg. 11 (327): 237; Verves *et* Khrokalo, 2006. Vestn. Zool. 40 (3): 221, 228.
Macronychia lemariei: Fan *et* Pape, 1996. Stud. Dipt. 3 (2): 239; Pape, 1996. Mem. Ent. Int. 8: 95.
Senotainia (*Sphixapata*) *sinerea*: Fan, 1992. Key to the Common Flies of China, 2nd Ed.: 587.
Macronychia sinerea: Zhang *et al.*, 2015. Zootaxa 3946 (4): 471.
分布（Distribution）：内蒙古（NM）；乌兹别克斯坦、以色列、捷克、匈牙利、希腊。

（2）蕹巨爪麻蝇 *Macronychia* (*Macronychia*) *striginervis* (Zetterstedt, 1838)

Xysta striginervis Zetterstedt, 1838. Insecta Lapp. 3: 633. **Type locality:** Sweden: Lycksele, Lappmark, Vojmsjön.
Macronychia (*Macronychia*) *striginervis*: Verves, 1982a. Flieg. Palaearkt. Reg. 11 (327): 238; Verves *et* Khrokalo, 2006. Vestn. Zool. 40 (3): 221, 228.
Macronychia striginervis: Chao *et* Zhang, 1988b. Sinozool. 6: 273; Fan *et* Pape, 1996. Stud. Dipt. 3 (2): 239.
分布（Distribution）：西藏（XZ）；日本、俄罗斯、瑞典、英国、法国、意大利。

2）麝巨爪麻蝇亚属 *Moschusa* Robineau-Desvoidy, 1863

Moschusa Robineau-Desvoidy, 1863. Hist. Nat. Dipt. Envir. Paris 2: 139. **Type species:** *Tachina polyodon* Meigen, 1824 (by original designation).
Theone Robineau-Desvoidy, 1863. Hist. Nat. Dipt. Envir. Paris 2: 401 (a junior homonym of *Theone* Gistel, 1857. Coleoptera: Chrysomelidae]. **Type species:** *Theone trifaria* Robineau-Desvoidy, 1863 [= *Tachina polyodon* Meigen, 1824] (by designation of Townsend, 1916).
Theonioides Strand, 1917. Arch. Naturgesch. 82A (5): 92 (replacement name for *Theone* Robineau-Desvoidy, 1863).

（3）棘丛巨爪麻蝇 *Macronychia* (*Moschusa*) *alpestris* Rondani, 1865

Macronichia alpestris Rondani, 1865. Atti Soc. Ital. Sci. Nat. Milano 8: 218. **Type locality:** Italy.
Miltogramma dumosum Pandellé, 1895. Rev. Ent. 14: 301. **Type locality:** France: Hautes-Pyrénées.
Macronychia alpestris: Fan *et* Pape, 1996. Stud. Dipt. 3 (2): 239; Pape, 1996. Mem. Ent. Int. 8: 94.
Macronychia (*Moschusa*) *dumosa*: Verves, 1982a. Flieg. Palaearkt. Reg. 11 (327): 242; Verves *et* Khrokalo, 2006b. Key Ins. Rus. Far East 6 (4): 79.
Macronychia dumosa: Xue *et* Chao, 1998. *In*: Xue *et* Chao, 1998. Flies of China, Vol. 2: 1529.
分布（Distribution）：甘肃（GS）；蒙古国、俄罗斯、哈萨克斯坦、塔吉克斯坦、乌克兰、奥地利、捷克、芬兰、法国、德国、匈牙利、意大利、立陶宛、列支敦士登、瑞士。

（4）灰巨爪麻蝇 *Macronychia* (*Moschusa*) *griseola* (Fallén, 1820)

Tachina griseola Fallén, 1820. Monogr. Musc. Sveciae I: 10. **Type locality:** Sweden: Skåne.
Macronychia (*Moschusa*) *griseola*: Verves, 1982a. Flieg. Palaearkt. Reg. 11 (327): 244; Verves *et* Khrokalo, 2006. Vestn. Zool. 40 (3): 221, 232.
Macronychia griseola: Fan *et* Pape, 1996. Stud. Dipt. 3 (2): 239; Pape, 1996. Mem. Ent. Int. 8: 95.
分布（Distribution）：内蒙古（NM）、台湾（TW）；俄罗斯、哈萨克斯坦、塔吉克斯坦、乌克兰、奥地利、捷克、丹麦、法国、德国、匈牙利、爱尔兰、波兰、瑞典、瑞士、英国。

（5）坡巨爪麻蝇 *Macronychia* (*Moschusa*) *polyodon* (Meigen, 1824)

Tachina polyodon Meigen, 1824. Syst. Beschr. Europ. Zweifl. Insekt. 4: 302. **Type locality:** Germany.
Macronychia (*Moschusa*) *polyodon*: Verves, 1986. *In*: Soós *et* Papp, 1986. Cat. Palaearct. Dipt. 12: 60; Verves *et* Khrokalo, 2006. Vestn. Zool. 40 (3): 221, 233.
Macronychia polyodon: Pape, 1996. Mem. Ent. Int. 8: 96; Xue *et* Chao, 1998. *In*: Xue *et* Chao, 1998. Flies of China, Vol. 2: 1530.
分布（Distribution）：内蒙古（NM）、北京（BJ）；俄罗斯、蒙古国、日本、塔吉克斯坦、奥地利、比利时、保加利亚、捷克、斯洛伐克、爱沙尼亚、芬兰、法国、德国、匈牙利、伊朗、以色列、意大利、马耳他、摩洛哥、摩尔多瓦、挪威、波兰、罗马尼亚、瑞典、瑞士、乌克兰、英国、前南斯拉夫。

蜂麻蝇亚科 Miltogramminae

蜂麻蝇族 Miltogrammatini

赛蜂麻蝇亚族 Senotainiina

2. 赛蜂麻蝇属 *Senotainia* Macquart, 1846

Senotainia Macquart, 1846. Mém. Soc. R. Sci. Agric. Arts Lille 1844: 295. **Type species:** *Senotainia rubriventris* Macquart, 1846 (by original designation).
Sphixapata Rondani, 1859. Dipt. Ital. Prodromus, Vol. III: 225. **Type species:** *Tachina conica* Fallén, 1810 (by designation of Brauer, 1893).
Senotainia: Fan, 1965. Key to the Common Flies of China: 302; Rohdendorf, 1935. Flieg. Palaearkt. Reg. 11 (88): 79; Xue, Verves *et* Wang, 2015. J. Shenyang Norm. Univ. (Nat. Sci. Ed.) 33 (4): 447.

1）饰足赛蜂麻蝇亚属 *Arrenopus* Brauer *et* Bergenstamm, 1891

Arrenopus Brauer *et* Bergenstamm, 1891. Denkschr. Akad. Wiss. Wien. Math.-Naturw. Kl. 58: 360. **Type species:** *Sphixapata piligena* Rondani, 1865 [= *Sphixapata albifrons* Rondani, 1859] (by designation of Brauer, 1893).

（6）白额赛蜂麻蝇 *Senotainia* (*Arrenopus*) *albifrons* (Rondani, 1859)

Sphixapata albifrons Rondani, 1859. Dipt. Ital. Prodromus, Vol. III: 225. **Type locality:** Italy: Parma.
Senotainia (*Arrenopus*) *albifrons*: Verves *et* Khrokalo, 2006b. Key Ins. Rus. Far East 6 (4): 81.
Senotainia albifrons: Fan, 1992. Key to the Common Flies of China, 2nd Ed.: 587. Pape, 1996. Mem. Ent. Int. 8: 134.
Senotainia (*Sphixapata*) *albifrons*: Rohdendorf, 1935. Flieg. Palaearkt. Reg. 11 (88): 80; Verves, 1986. *In*: Soós *et* Papp, 1986. Cat. Palaearct. Dipt. 12: 65.
分布（Distribution）：内蒙古（NM）、山西（SX）、台湾（TW）；俄罗斯、蒙古国、朝鲜、日本、印度、斯里兰卡、哈萨克斯坦、吉尔吉斯斯坦、塔吉克斯坦、阿富汗、阿塞拜疆、阿尔及利亚、亚美尼亚、奥地利、保加利亚、捷克、斯洛伐克、埃及、芬兰、法国、德国、匈牙利、意大利、立陶宛、摩尔多瓦、波兰、罗马尼亚、沙特阿拉伯、西班牙、瑞典、土库曼斯坦、乌兹别克斯坦、乌克兰、前南斯拉夫、博茨瓦纳、肯尼亚、莱索托、尼日利亚、南非、坦桑尼亚、刚果（金）、津巴布韦。

（7）海南赛蜂麻蝇 *Senotainia* (*Arrenopus*) *hainanensis* Xue *et* Verves, 2015

Senotainia (*Arrenopus*) *hainanensis* Xue *et* Verves, 2015. *In*: Xue, Verves *et* Wang, 2015. J. Shenyang Norm. Univ. (Nat. Sci. Ed.) 33 (4): 452. **Type locality:** China: Hainan, Jianfeng Mountain.
分布（Distribution）：海南（HI）。

（8）刺角赛蜂麻蝇 *Senotainia* (*Arrenopus*) *puncticornis* Zetterstedt, 1859

Miltogramma puncticornis Zetterstedt, 1859. Dipt. Scand. 13: 6149. **Type locality:** Sweden: Skåne, Illstorp.
Tachina imberbis Zetterstedt, 1838. Insecta Lapp.: 636 [a junior primary homonym of *Tachina imberbis* Wiedemann, 1830 (Tachinidae)]. **Type locality:** Sweden: Torne Lappmark.
Senotainia (*Arrenopus*) *puncticornis*: Xue, Verves *et* Wang, 2015. J. Shenyang Norm. Univ. (Nat. Sci. Ed.) 33 (4): 448; Verves *et* Khrokalo, 2006b. Key Ins. Rus. Far East 6 (4): 81.
Senotainia puncticornis: Fan *et* Pape, 1996. Stud. Dipt. 3 (2): 243; Pape, 1996. Mem. Ent. Int. 8: 139.
Senotainia (*Sphixapata*) *imberbis*: Fan, 1992. Key to the Common Flies of China, 2nd Ed.: 586; Li, Ji *et* Wang, 2014. Chin. J. Vector Biol. & Control 25 (6): 549.
分布（Distribution）：陕西（SN）、四川（SC）；俄罗斯、乌克兰、奥地利、捷克、斯洛伐克、丹麦、芬兰、法国、德国、匈牙利、挪威、波兰、瑞典。

（9）西伯利亚赛蜂麻蝇 *Senotainia* (*Arrenopus*) *sibirica* Rohdendorf, 1935

Senotainia (*Sphixapata*) *albifrons sibirica* Rohdendorf, 1935. Flieg. Palaearkt. Reg. 11 (88): 80. **Type locality:** Kazakhstan: Kokchetau Region, Borovoe.

Senotainia (*Arrenopus*) *sibirica*: Xue, Verves *et* Wang, 2015. J. Shenyang Norm. Univ. (Nat. Sci. Ed.) 33 (4): 449.

Senotainia (*Sphixapata*) *sibirica*: Fan, 1992. Key to the Common Flies of China, 2nd Ed.: 587; Verves, 1986. *In*: Soós *et* Papp, 1986. Cat. Palaearct. Dipt. 12: 66.

Senotainia sibirica: Fan *et* Pape, 1996. Stud. Dipt. 3 (2): 243; Pape, 1996. Mem. Ent. Int. 8: 140.

分布（Distribution）：黑龙江（HL）、内蒙古（NM）、陕西（SN）、湖南（HN）、四川（SC）、云南（YN）；哈萨克斯坦。

2）赛蜂麻蝇亚属 *Senotainia* Macquart, 1846

Senotainia Macquart, 1846. Mém. Soc. R. Sci. Agric. Arts Lille 1844: 295. **Type species:** *Senotainia rubriventris* Macquart, 1846 (by original designation).

（10）埃及赛蜂麻蝇 *Senotainia* (*Senotainia*) *aegyptiaca* Rohdendorf, 1935

Senotainia (*Senotainia*) *deserta aegyptiaca* Rohdendorf, 1935. Flieg. Palaearkt. Reg. 11 (88): 86. **Type locality:** Egypt: Sinai, Kerdasa.

Senotainia (*Senotainia*) *aegyptiaca*: Xue, Verves *et* Wang, 2015. J. Shenyang Norm. Univ. (Nat. Sci. Ed.) 33 (4): 449.

Senotainia aegyptiaca: Fan *et* Pape, 1996. Stud. Dipt. 3 (2): 242; Pape, 1996. Mem. Ent. Int. 8: 134.

分布（Distribution）：内蒙古（NM）；埃及。

（11）喀喇赛蜂麻蝇 *Senotainia* (*Senotainia*) *barchanica* Rohdendorf, 1935

Senotainia (*Senotainia*) *barchanica* Rohdendorf, 1935. Flieg. Palaearkt. Reg. 11 (88): 83. **Type locality:** Kazakhstan: Kyzyl Kum, Karak.

Senotainia (*Senotainia*) *barchanica*: Verves, 1986. *In*: Soós *et* Papp, 1986. Cat. Palaearct. Dipt. 12: 63.

Senotainia barchanica: Fan *et* Pape, 1996. Stud. Dipt. 3 (2): 242; Pape, 1996. Mem. Ent. Int. 8: 135.

分布（Distribution）：河北（HEB）、陕西（SN）；蒙古国、哈萨克斯坦。

（12）里海赛蜂麻蝇 *Senotainia* (*Senotainia*) *caspica* Rohdendorf, 1935

Senotainia (*Senotainia*) *caspica* Rohdendorf, 1935. Flieg. Palaearkt. Reg. 11 (88): 83. **Type locality:** Kazakhstan: Syr Daria, Dzhulek.

Senotainia (*Senotainia*) *gobica* Rohdendorf, 1935. Flieg. Palaearkt. Reg. 11 (88): 86. **Type locality:** China: Xinjiang, Gashun Gobi, Shigusa, Bugas River S of Khami.

Senotainia (*Senotainia*) *turkmenica* Rohdendorf, 1935. Flieg. Palaearkt. Reg. 11 (88): 89. **Type locality:** Turkmenistan: Kopet Dagh, between Arman Saad and Kyzyl Arvat.

Senotainia caspica: Fan *et* Pape, 1996. Stud. Dipt. 3 (2): 242; Pape, 1996. Mem. Ent. Int. 8: 135.

Senotainia (*Senotainia*) *gobica*: Verves, 1986. *In*: Soós *et* Papp, 1986. Cat. Palaearct. Dipt. 12: 64; Verves *et* Khrokalo, 2006b. Key Ins. Rus. Far East 6 (4): 81.

Senotainia (*Senotainia*) *turkmenica*: Fan, 1992. Key to the Common Flies of China, 2nd Ed.: 587; Verves, 1986. *In*: Soós *et* Papp, 1986. Cat. Palaearct. Dipt. 12: 65.

Senotainia turkmenica: Fan *et* Pape, 1996. Stud. Dipt. 3 (2): 243; Pape, 1996. Mem. Ent. Int. 8: 141.

分布（Distribution）：内蒙古（NM）、新疆（XJ）；俄罗斯、蒙古国、哈萨克斯坦、土库曼斯坦。

（13）锥赛蜂麻蝇 *Senotainia* (*Senotainia*) *conica* (Fallén, 1810)

Musca conica Fallén, 1810a. K. Svenska Vetensk. Akad. Handl. 31 (2): 270. **Type locality:** Sweden: Skåne.

Senotainia (*Senotainia*) *conica*: Verves, 1986. *In*: Soós *et* Papp, 1986. Cat. Palaearct. Dipt. 12: 64; Verves *et* Khrokalo, 2006b. Key Ins. Rus. Far East 6 (4): 80.

Senotainia conica: Fan *et* Pape, 1996. Stud. Dipt. 3 (2): 242; Pape, 1996. Mem. Ent. Int. 8: 136.

分布（Distribution）：内蒙古（NM）、河北（HEB）；俄罗斯、蒙古国、哈萨克斯坦、土库曼斯坦、亚美尼亚、奥地利、阿塞拜疆、比利时、保加利亚、白俄罗斯、捷克、斯洛伐克、丹麦、爱沙尼亚、芬兰、法国、德国、格鲁吉亚、匈牙利、伊朗、意大利、摩尔多瓦、挪威、波兰、罗马尼亚、瑞典、瑞士、乌克兰、英国、前南斯拉夫。

（14）沙漠赛蜂麻蝇 *Senotainia* (*Senotainia*) *deserta* Rohdendorf, 1935

Senotainia (*Senotainia*) *deserta* Rohdendorf, 1935. Flieg. Palaearkt. Reg. 11 (88): 85. **Type locality:** Russia: Dagestan, delta of Kuma River.

Senotainia (*Senotainia*) *mongolica* Rohdendorf *et* Verves, 1980. Insects Mongolia 7: 453. **Type locality:** Mongolia: Gobi Altay Aimak, Shargyn Gobi, 10 km NE Bayan.

Senotainia deserta: Fan *et* Pape, 1996. Stud. Dipt. 3 (2): 242; Pape, 1996. Mem. Ent. Int. 8: 136.

分布（Distribution）：内蒙古（NM）、甘肃（GS）；蒙古国、俄罗斯、哈萨克斯坦、塔吉克斯坦、土库曼斯坦、乌兹别克斯坦、埃及。

（15）范氏赛蜂麻蝇 *Senotainia* (*Senotainia*) *fani* Verves, 1994

Senotainia (*Senotainia*) *fani* Verves, 1994. Int. J. Dipt. Res. 5 (1): 85 (replacement name for *Senotainia mongolica* Chao *et* Zhang, 1988).

Senotainia (*Senotainia*) *mongolica* Chao *et* Zhang, 1988b. Sinozool. 6: 279 [a junior primary homonym of *Senotainia*

(*Senotainia*) *mongolica* Rohdendorf *et* Verves, 1980]. **Type locality:** China: Neimenggu, Tomortei.
Senotainia neimengguensis Chao *et* Zhang, 1998. *In*: Xue *et* Chao, 1998. *In*: Xue *et* Chao, 1998. Flies of China, Vol. 2: 1557, 1559, 1660 (unnecessary replacement name for *Senotainia mongolica* Chao *et* Zhang, 1988).
Senotainia fani: Fan *et* Pape, 1996. Stud. Dipt. 3 (2): 242; Pape, 1996. Mem. Ent. Int. 8: 137.
分布（Distribution）：内蒙古（NM）。

（16）三斑赛蜂麻蝇 *Senotainia* (*Senotainia*) *tricuspis* (Meigen, 1838)

Miltogramma tricuspis Meigen, 1838. Syst. Beschr. Europ. Zweifl. Insekt. 7: 234. **Type locality:** Spain: Andalusia.
Senotainia (*Senotainia*) *tricuspis*: Fan, 1992. Key to the Common Flies of China, 2nd Ed.: 588.
Senotainia tricuspis: Pape, 1996. Mem. Ent. Int. 8: 141; Xue, Verves *et* Wang, 2015. J. Shenyang Norm. Univ. (Nat. Sci. Ed.) 33 (4): 451.
分布（Distribution）：内蒙古（NM）；蒙古国、哈萨克斯坦、阿尔巴尼亚、阿尔及利亚、亚美尼亚、奥地利、阿塞拜疆、保加利亚、爱沙尼亚、法国、德国、匈牙利、意大利、摩尔多瓦、波兰、葡萄牙、斯洛伐克、西班牙、瑞典、瑞士、乌克兰、突尼斯、前南斯拉夫。

（17）西藏赛蜂麻蝇 *Senotainia* (*Senotainia*) *xizangensis* Zhong, Wu *et* Fan, 1982

Senotainia deserta xizangensis Zhong, Wu *et* Fan, 1982. *In*: Shanghai Institute of Entomology, Academia Sinica, 1982. Contributions from Shanghai Institute of Entomology, Vol. 2: 248. **Type locality:** China: Xizang, Mêdog.
Senotainia xizangensis: Fan *et* Pape, 1996. Stud. Dipt. 3 (2): 243; Pape, 1996. Mem. Ent. Int. 8: 142.
分布（Distribution）：西藏（XZ）。

小翅峰麻蝇亚族 Pterellina

3. 缓蜂麻蝇属 *Eremasiomyia* Rohdendorf, 1927

Eremasiomyia Rohdendorf, 1927. Zool. Anz. 71 (5-8): 158. **Type species:** *Eremasiomyia erythrogastra* Rohdendorf, 1927 (monotypy).
Eremasiomyia: Townsend, 1938. Man. Myiol. VI: 108; Pape, 1996. Mem. Ent. Int. 8: 85; Verves, 1986. *In*: Soós *et* Papp, 1986. Cat. Palaearct. Dipt. 12: 72.

（18）扁鼻缓蜂麻蝇 *Eremasiomyia similis* Rohdendorf, 1935

Eremasiomyia similis Rohdendorf, 1935. Flieg. Palaearkt. Reg. 11 (88): 74. **Type locality:** Uzbekistan: Khiva District.
Eremasiomyia similis: Pape, 1996. Mem. Ent. Int. 8: 85; Verves, 1986. *In*: Soós *et* Papp, 1986. Cat. Palaearct. Dipt. 12: 72.
分布（Distribution）：陕西（SN）、新疆（XJ）；乌兹别克斯坦。

4. 盾斑蜂麻蝇属 *Protomiltogramma* Townsend, 1916

Protomiltogramma Townsend, 1916. Can. Entomol. 48: 154. **Type species:** *Protomiltogramma cincta* Townsend, 1916 (by original designation).
Thereomyia Rohdendorf, 1927. Zool. Anz. 71 (5-8): 163. **Type species:** *Miltogramma fasciata* Meigen, 1824 (by designation of Rohdendorf, 1935).
Protomiltogramma: Pape, 1996. Mem. Ent. Int. 8: 128; Verves, 1986. *In*: Soós *et* Papp, 1986. Cat. Palaearct. Dipt. 12: 81.
Thereomyia: Rohdendorf, 1935. Flieg. Palaearkt. Reg. 11 (88): 75; Townsend, 1938. Man. Myiol. VI: 151.

（19）带盾斑蜂麻蝇 *Protomiltogramma fasciata* (Meigen, 1824)

Miltogramma fasciata Meigen, 1824. Syst. Beschr. Europ. Zweifl. Insekt. 4: 227. **Type locality:** France: Beaucaire.
Protomiltogramma fasciata: Fan *et* Pape, 1996. Stud. Dipt. 3 (2): 242; Pape, 1996. Mem. Ent. Int. 8: 128; Verves, 1986. *In*: Soós *et* Papp, 1986. Cat. Palaearct. Dipt. 12: 82.
分布（Distribution）：内蒙古（NM）；蒙古国、哈萨克斯坦、塔吉克斯坦、土库曼斯坦、乌兹别克斯坦、阿富汗、阿尔及利亚、亚美尼亚、奥地利、阿塞拜疆、加那利群岛、埃及、法国、德国、匈牙利、伊朗、以色列、意大利、摩洛哥、波兰、沙特阿拉伯、西班牙、乌克兰、前南斯拉夫。

（20）拟带盾斑蜂麻蝇 *Protomiltogramma jaxartiana* (Rohdendorf, 1927)

Thereomyia fasciata jaxartiana Rohdendorf, 1927. Zool. Anz. 71 (5-8): 163. **Type locality:** Kazakhstan: Syr-Darya Region, Karak.
Protomiltogramma jaxartiana: Pape, 1996. Mem. Ent. Int. 8: 129; Rohdendorf, 1935. Flieg. Palaearkt. Reg. 11 (88): 77; Verves *et* Khrokalo, 2006b. Key Ins. Rus. Far East 6 (4): 83.
分布（Distribution）：内蒙古（NM）；蒙古国、俄罗斯、哈萨克斯坦、塔吉克斯坦、土库曼斯坦、亚美尼亚。

（21）斯氏盾斑蜂麻蝇 *Protomiltogramma stackelbergi* (Rohdendorf, 1935)

Thereomyia stackelbergi Rohdendorf, 1935. Flieg. Palaearkt. Reg. 11 (88): 78. **Type locality:** Russia: Primorskaya, Khabarovsk, Amur.
Protomiltogramma stackelbergi: Fan *et* Pape, 1996. Stud. Dipt. 3 (2): 242; Pape, 1996. Mem. Ent. Int. 8: 130; Verves *et* Khrokalo, 2006b. Key Ins. Rus. Far East 6 (4): 82.
Pterella fasaciata [misidentification: not *Miltogramma fasciata* Meigen, 1824]: Lin *et* Chen, 1999. The Name List of Taiwan Diptera (1): 116.

分布（Distribution）：台湾（TW）；俄罗斯、日本。

（22）滇南盾斑蜂麻蝇 *Protomiltogramma yunnanense* (Fan, 1981)

Pterella yunnanense Fan, 1981. Acta Ent. Sin. 24 (3): 314. **Type locality:** China: Yunnan, Jinping.
Protomiltogramma yunnanense: Fan *et* Pape, 1996. Stud. Dipt. 3 (2): 242; Pape, 1996. Mem. Ent. Int. 8: 130.
分布（Distribution）：云南（YN）。

（23）云南盾斑蜂麻蝇 *Protomiltogramma yunnanicum* (Chao *et* Zhang, 1988)

Thereomyia yunnanicum Chao *et* Zhang, 1988b. Sinozool. 6: 279. **Type locality:** China: Yunnan, Lijiang, Shigu.
Protomiltogramma yunnanicum: Fan, 1992. Key to the Common Flies of China, 2nd Ed.: 595; Pape, 1996. Mem. Ent. Int. 8: 131.
分布（Distribution）：云南（YN）。

5. 小翅蜂麻蝇属 *Pterella* Robineau-Desvoidy, 1863

Pterella Robineau-Desvoidy, 1863. Hist. Nat. Dipt. Envir. Paris 2: 121. **Type species:** *Miltogramma grisea* Meigen, 1824 (by original designation).
Setulia Robineau-Desvoidy, 1863. Hist. Nat. Dipt. Envir. Paris 2: 124. **Type species:** *Setulia cerceridis* Robineau-Desvoidy, 1863 [= *Miltogramma grisea* Meigen, 1824] (by original designation).
Pterella: Pape, 1996. Mem. Ent. Int. 8: 131; Townsend, 1938. Man. Myiol. VI: 138.
Setulia: Séguy, 1941. Encycl. Ent. (A) 21: 260; Rohdendorf, 1935. Flieg. Palaearkt. Reg. 11 (88): 65; Townsend, 1938. Man. Myiol. VI: 139.

（24）亚洲小翅蜂麻蝇 *Pterella asiatica* Rohdendorf *et* Verves, 1980

Pterella asiatica Rohdendorf *et* Verves, 1980. Insects Mongolia 7: 463 (replacement name for *Setulia angustifrons* Rohdendorf, 1935).
Setulia (*Setulia*) *angustifrons* Rohdendorf, 1935. Flieg. Palaearkt. Reg. 11 (88): 68. **Type locality:** Uzbekistan: Khiva District, Khatyrchi, Sarai Liailyk (a junior primary homonym of *Setulia fasaciata angustifrons* Villeneuve, 1916).
Pterella asiatica: Verves, 1986. *In*: Soós *et* Papp, 1986. Cat. Palaearct. Dipt. 12: 83; Pape, 1996. Mem. Ent. Int. 8: 131.
分布（Distribution）：内蒙古（NM）；蒙古国、土库曼斯坦、乌兹别克斯坦。

（25）灰小翅蜂麻蝇 *Pterella grisea* (Meigen, 1824)

Miltogramma grisea Meigen, 1824. Syst. Beschr. Europ. Zweifl. Insekt. 4: 230. **Type locality:** France: South part.
Pterella grisea: Fan *et* Pape, 1996. Stud. Dipt. 3 (2): 242; Pape, 1996. Mem. Ent. Int. 8: 132; Verves *et* Khrokalo, 2006b. Key Ins. Rus. Far East 6 (4): 83.
Setulia grisea: Séguy, 1941. Encycl. Ent. (A) 21: 262.
分布（Distribution）：内蒙古（NM）；蒙古国、俄罗斯、哈萨克斯坦、伊拉克、亚美尼亚、奥地利、保加利亚、捷克、斯洛伐克、丹麦、爱沙尼亚、芬兰、英国、法国、德国、匈牙利、拉脱维亚、立陶宛、波兰、塞尔维亚、乌克兰。

蜂麻蝇亚族 Miltogrammina

6. 护蜂麻蝇属 *Aleximyia* Rohdendorf, 1930

Aleximyia Rohdendorf, 1930. Flieg. Palaearkt. Reg. 11 (39): 25. **Type species:** *Aleximyia kizylkumi* Rohdendorf, 1930 (monotypy).
Aleximyia: Fan, 1992. Key to the Common Flies of China, 2nd Ed.: 589, 590.

（26）白额护蜂麻蝇 *Aleximyia albifrons* Chao *et* Zhang, 1988

Aleximyia albifrons Chao *et* Zhang, 1988b. Sinozool. 6: 276. **Type locality:** China: Xinjiang, Baicheng.
Aleximyia albifrons: Fan, 1992. Key to the Common Flies of China, 2nd Ed.: 590.
Miltogramma albifrons: Pape, 1996. Mem. Ent. Int. 8: 107; Zhang *et al*., 2015. Zootaxa 3946 (4): 453.
分布（Distribution）：新疆（XJ）。

7. 筒蜂麻蝇属 *Cylindrothecum* Rohdendorf, 1930

Cylindrothecum Rohdendorf, 1930. Flieg. Palaearkt. Reg. 11 (39): 31 (as a subgenus of *Miltogramma* Meigen, 1803). **Type species:** *Miltorgamma necopinatum* Rohdendorf, 1930 [= *Miltogramma ibericum* Villeneuve, 1912] (monotypy).
Eumiltogramma Townsend, 1933. J. N. Y. Ent. Soc. 40: 443. **Type species:** *Eumiltogramma angustifrons* Townsend, 1933 (by original designation).
Cylindrothecum: Fan, 1965. Key to the Common Flies of China: 302; Verves, 1986. *In*: Soós *et* Papp, 1986. Cat. Palaearct. Dipt. 12: 71; Verves *et* Khrokalo, 2006b. Key Ins. Rus. Far East 6 (4): 73, 84.

（27）狭额筒蜂麻蝇 *Cylindrothecum angustifrons* (Townsend, 1932)

Eumiltogramma angustifrons Townsend, 1932. J. N. Y. Ent. Soc. 40: 444. **Type locality:** China: Taiwan.
Senotainia sinensis Séguy, 1935a. Notes Ent. Chin. 2 (9): 181. **Type locality:** China: Jiangsu, Hiukeou.
Cylindrothecum angustifrons: Lin *et* Chen, 1999. The Name List of Taiwan Diptera (1): 116; Verves, 1986. *In*: Soós *et* Papp, 1986. Cat. Palaearct. Dipt. 12: 71.

Miltogramma (*Cylindrothecum*) *angustifrons*: Fan, 1992. Key to the Common Flies of China, 2nd Ed.: 593.
Miltogramma angustifrons: Fan *et* Pape, 1996. Stud. Dipt. 3 (2): 240; Pape, 1996. Mem. Ent. Int. 8: 107.
分布（Distribution）：辽宁（LN）、北京（BJ）、江苏（JS）、台湾（TW）、海南（HI）；日本、印度、老挝、菲律宾、泰国、越南、巴布亚新几内亚、所罗门群岛。

（28）突短筒蜂麻蝇 *Cylindrothecum brachygonitum* Fan *et* Ge, 1992

Miltogramma (*Cylindrothecum*) *brachygonitum* Fan *et* Ge, 1992. *In*: Fan, 1992. Key to the Common Flies of China, 2nd Ed.: 593, 957. **Type locality:** China: Henan, Xisha.
Miltogramma brachygonitum: Fan *et* Pape, 1996. Stud. Dipt. 3 (2): 240.
分布（Distribution）：河南（HEN）。

（29）短爪筒蜂麻蝇 *Cylindrothecum curticlaws* Zhang *et* Liu, 1998

Miltogramma (*Cylindrothecum*) *curticlaws* Zhang *et* Liu, 1998. Chin. J. Vector Biol. & Control 9 (1): 30. **Type locality:** China: Liaoning, Mount Daheishan, Jianchang.
分布（Distribution）：辽宁（LN）。

（30）西班牙筒蜂麻蝇 *Cylindrothecum ibericum* (Villeneuve, 1912)

Miltogramma ibericum Villeneuve, 1912. Ann. Hist.-Nat. Mus. Natl. Hung. 10: 508. **Type locality:** Algeria: Birmandreis. Spain: Barcelona.
Miltogramma (*Cylindrothecum*) *necopinatum* Rohdendorf, 1930. Flieg. Palaearkt. Reg. 11 (39): 31. **Type locality:** Russia: Leningrad Region, Luga.
Cylindrothecum ibericum: Verves, 1986. *In*: Soós *et* Papp, 1986. Cat. Palaearct. Dipt. 12: 71; Verves *et* Khrokalo, 2006b. Key Ins. Rus. Far East 6 (4): 85.
Miltogramma (*Cylindrothecum*) *ibericum*: Fan, 1992. Key to the Common Flies of China, 2nd Ed.: 593.
Miltogramma ibericum: Pape, 1996. Mem. Ent. Int. 8: 110; Séguy, 1941. Encycl. Ent. (A) 21: 275.
分布（Distribution）：吉林（JL）、辽宁（LN）、河北（HEB）、山东（SD）、河南（HEN）、陕西（SN）、江苏（JS）、浙江（ZJ）、四川（SC）、云南（YN）、西藏（XZ）、福建（FJ）、广东（GD）、广西（GX）、海南（HI）；俄罗斯、韩国、日本、印度、阿尔及利亚、奥地利、芬兰、匈牙利、意大利、西班牙、马来西亚、越南、巴布亚新几内亚。

8. 蜂麻蝇属 *Miltogramma* Meigen, 1803

Miltogramma Meigen, 1803. Mag. Insektenkd. 2: 280. **Type species:** *Miltogramma punctata* Meigen, 1824 (by designation of Curtis, 1834).
Anacanthothecum Rohdendorf, 1930. Flieg. Palaearkt. Reg. 11 (39): 33 (as a subgenus of *Miltogramma* Meigen, 1803). **Type species:** *Tachina testaceifrons* Roser, 1840 (monotypy).
Dichiracantha Enderlein, 1936. Tierwelt Mitteleur. 6 (2), Ins. 3: 221. **Type species:** *Tachina oestracea* Fallén, 1820 (by original designation).
Miltogrammoides Rohdendorf, 1930. Flieg. Palaearkt. Reg. 11 (39): 22. **Type species:** *Pediasiomyia major* Rohdendorf, 1925 (by designation of Rohdendorf *et* Verves, 1980).
Pseudomiltogramma Rohdendorf, 1930. Flieg. Palaearkt. Reg. 11 (39): 33 (as a subgenus of *Miltogrammidium* Meigen, 1803). **Type species:** *Miltogramma brevipila* Villeneuve, 1911 (by designation of Zumpt, 1961).
Stephanodactylum Rohdendorf, 1930. Flieg. Palaearkt. Reg. 11 (39): 36 (as a subgenus of *Miltogramma* Meigen, 1803). **Type species:** *Miltogramma punctata* Meigen, 1824 (by designation of Zumpt, 1961).
Miltogramma: Pape, 1996. Mem. Ent. Int. 8: 104; Rohdendorf, 1930. Flieg. Palaearkt. Reg. 11 (39): 32.
Anacanthothecum: Verves, 1986. *In*: Soós *et* Papp, 1986. Cat. Palaearct. Dipt. 12: 67; Verves *et* Khrokalo, 2006b. Key Ins. Rus. Far East 6 (4): 83.
Miltogrammoides: Fan, 1992. Key to the Common Flies of China, 2nd Ed.: 589, 590.

（31）阿拉山蜂麻蝇 *Miltogramma alashanica* Rohdendorf, 1930

Miltogrammoides alashanicus Rohdendorf, 1930. Flieg. Palaearkt. Reg. 11 (39): 23. **Type locality:** China: Neimenggu, Ala Shan, Tshzhargalante-Etszingol.
Miltogramma alashanica: Fan *et* Pape, 1996. Stud. Dipt. 3 (2): 240; Pape, 1996. Mem. Ent. Int. 8: 106.
Miltogrammoides alashanicus: Verves, 1982b. Insects Mongolia 8: 491; Verves, 1990. Insects Mongolia 11: 532.
分布（Distribution）：内蒙古（NM）；蒙古国。

（32）亚洲蜂麻蝇 *Miltogramma asiatica* Rohdendorf, 1930

Miltogramma (*Stephanodactylum*) *asiatica* Rohdendorf, 1930. Flieg. Palaearkt. Reg. 11 (39): 35. **Type locality:** Uzbekistan: Khiva District, Ravat.
Miltogramma (*Stephanodactylum*) *asiaticum*: Fan, 1992. Key to the Common Flies of China, 2nd Ed.: 591.
Miltogramma (*Miltogramma*) *asiaticum*: Rohdendorf *et* Verves, 1980. Insects Mongolia 7: 475; Verves, 1986. *In*: Soós *et* Papp, 1986. Cat. Palaearct. Dipt. 12: 82.
Miltogramma asiatica: Fan *et* Pape, 1996. Stud. Dipt. 3 (2): 240; Pape, 1996. Mem. Ent. Int. 8: 107.
分布（Distribution）：内蒙古（NM）、甘肃（GS）、新疆（XJ）；蒙古国、俄罗斯、塔吉克斯坦、乌兹别克斯坦。

（33）双斑蜂麻蝇 *Miltogramma bimaculata* Chao *et* Zhang, 1988

Miltogramma (*Stephanodactylum*) *bimaculatum* Chao *et* Zhang, 1988b. Sinozool. 6: 277. **Type locality:** China: Yunnan, Deqin,

East slope of Baimang Snow Mountain.
Miltogramma (*Stephanodactylum*) *bimaculatum*: Fan, 1992. Key to the Common Flies of China, 2nd Ed.: 591.
Miltogramma bimaculata: Pape, 1996. Mem. Ent. Int. 8: 108; Zhang *et al*., 2015. Zootaxa 3946 (4): 464.
分布（Distribution）：云南（YN）。

(34)短毛蜂麻蝇 *Miltogramma brevipila* Villeneuve, 1911

Miltogramma brevipila Villeneuve, 1911. Dtsch. Ent. Z. (2): 118. **Type locality:** France: Corsica; Provence, Dauphiné.
Miltogramma brevipila: Pape, 1996. Mem. Ent. Int. 8: 108.
Miltogramma (*Pseudomiltogramma*) *brevipilum*: Fan, 1992. Key to the Common Flies of China, 2nd Ed.: 593; Rohdendorf, 1930. Flieg. Palaearkt. Reg. 11 (39): 47.
Miltogrammidium (*Pseudomiltogramma*) *brevipilum*: Verves, 1982b. Insects Mongolia 8: 502; Verves, 1986. *In*: Soós *et* Papp, 1986. Cat. Palaearct. Dipt. 12: 78.
分布（Distribution）：新疆（XJ）；俄罗斯、塔吉克斯坦、土库曼斯坦、乌兹别克斯坦、阿塞拜疆、奥地利、法国、挪威、意大利、罗马尼亚、瑞典、瑞士、突尼斯。

(35) 首蜂麻蝇 *Miltogramma major* (Rohdendorf, 1925)

Pediasiomyia (*Pediasiomyia*) *major* Rohdendorf, 1925b. Encycl. Ent. (B II) Dipt. (2): 62. **Type locality:** China: Xinjiang, Gashun Gobi, Shigusa, Bugas River S of Khami.
Miltogrammoides major: Rohdendorf, 1930. Flieg. Palaearkt. Reg. 11 (39): 23, 24; Verves, 1986. *In*: Soós *et* Papp, 1986. Cat. Palaearct. Dipt. 12: 80.
Miltogramma major: Fan *et* Pape, 1996. Stud. Dipt. 3 (2): 241; Pape, 1996. Mem. Ent. Int. 8: 112.
分布（Distribution）：新疆（XJ）。

(36)巨蜂麻蝇 *Miltogramma maxima* (Rohdendorf, 1925)

Pediasiomyia (*Pediasiomyia*) *maxima* Rohdendorf, 1925b. Encycl. Ent. (B II) Dipt. (2): 62. **Type locality:** China: Xinjiang, Gashun Gobi, Shigusa, Bugas River S of Khami.
Miltogrammoides zimini Rohdendorf, 1930. Flieg. Palaearkt. Reg. 11 (39): 24. **Type locality:** Uzbekistan: Khiva, Ravat.
Miltogramma maxima: Pape, 1996. Mem. Ent. Int. 8: 112.
Miltogrammoides maximum: Rohdendorf, 1930. Flieg. Palaearkt. Reg. 11 (39): 24; Verves, 1982b. Insects Mongolia 8: 504.
Miltogrammoides zimini: Fan, 1992. Key to the Common Flies of China, 2nd Ed.: 590.
分布（Distribution）：新疆（XJ）；蒙古国、土库曼斯坦、乌兹别克斯坦。

(37) 烈蜂麻蝇 *Miltogramma oestracea* Fallén, 1820

Miltogramma oestracea Fallén, 1820. Monogr. Musc. Sveciae I: 10. **Type locality:** Sweden: Skåne.
Miltogramma oestracea: Pape, 1996. Mem. Ent. Int. 8: 114.
Miltogramma (*Miltogramma*) *oestraceum*: Rohdendorf, 1930. Flieg. Palaearkt. Reg. 11 (39): 39, 42; Rohdendorf *et* Verves, 1980. Insects Mongolia 7: 476.
Miltogramma (*Dichiracantha*) *oestraceum*: Verves, 1986. *In*: Soós *et* Papp, 1986. Cat. Palaearct. Dipt. 12: 74; Verves, 1990. Insects Mongolia 11: 535.
分布（Distribution）：内蒙古（NM）；俄罗斯、蒙古国、哈萨克斯坦、土库曼斯坦、阿尔巴尼亚、阿尔及利亚、亚美尼亚、奥地利、阿塞拜疆、比利时、白俄罗斯、捷克、斯洛伐克、丹麦、爱沙尼亚、芬兰、法国、德国、匈牙利、以色列、意大利、拉脱维亚、黎巴嫩、摩尔多瓦、波兰、罗马尼亚、塞尔维亚、瑞典、西班牙、叙利亚、乌克兰。

(38) 刺蜂麻蝇 *Miltogramma punctata* Meigen, 1824

Miltogramma punctata Meigen, 1824. Syst. Beschr. Europ. Zweifl. Insekt. 4: 228. **Type locality:** Germany: Aachen.
Miltogramma punctata: Pape, 1996. Mem. Ent. Int. 8: 115.
Miltogramma (*Stephanodactylum*) *punctatum*: Rohdendorf, 1930. Flieg. Palaearkt. Reg. 11 (39): 35, 37.
Miltogramma (*Miltogramma*) *punctatum*: Rohdendorf *et* Verves, 1980. Insects Mongolia 7: 475; Verves, 1990. Insects Mongolia 11: 534.
分布（Distribution）：内蒙古（NM）、陕西（SN）；俄罗斯、蒙古国、日本、哈萨克斯坦、吉尔吉斯斯坦、塔吉克斯坦、土库曼斯坦、阿富汗、阿尔及利亚、亚美尼亚、奥地利、阿塞拜疆、比利时、保加利亚、加那利群岛、捷克、斯洛伐克、塞浦路斯、丹麦、埃及、爱沙尼亚、芬兰、法国、德国、希腊、格鲁吉亚、匈牙利、伊朗、以色列、爱尔兰、意大利、黎巴嫩、摩尔多瓦、挪威、波兰、罗马尼亚、西班牙、瑞典、瑞士、叙利亚、突尼斯、乌克兰、英国、前南斯拉夫。

(39)纹蜂麻蝇 *Miltogramma taeniatorufa* Rohdendorf, 1930

Miltogramma taeniatorufum Rohdendorf, 1930. Flieg. Palaearkt. Reg. 11 (39): 38, 43. **Type locality:** Iran: Zurabad.
Miltogramma taeniatorufa: Pape, 1996. Mem. Ent. Int. 8: 117.
Miltogramma (*Dichiracantha*) *taeniatorufum*: Verves, 1986. *In*: Soós *et* Papp, 1986. Cat. Palaearct. Dipt. 12: 74.
分布（Distribution）：陕西（SN）；伊朗。

(40)壳额蜂麻蝇 *Miltogramma testaceifrons* (Roser, 1840)

Tachiona testaceifrons Roser, 1840. Correspondenzbl. K. Württemb. Landw. Ver., Stuttgart 37 [= N. S. 17] (1): 58. **Type locality:** Germany: Württemberg.
Miltogramma testaceifrons: Fan *et* Pape, 1996. Stud. Dipt. 3 (2): 241; Pape, 1996. Mem. Ent. Int. 8: 117.
Miltogramma (*Anacanthothecum*) *testaceifrons*: Fan, 1992.

Key to the Common Flies of China, 2nd Ed.: 591.
Anacanthothecum testaceifrons: Rohdendorf, 1930. Flieg. Palaearkt. Reg. 11 (39): 33; Verves, 1990. Insects Mongolia 11: 531.
分布（Distribution）：内蒙古（NM）、新疆（XJ）、西藏（XZ）；俄罗斯、亚美尼亚、奥地利、阿塞拜疆、白俄罗斯、捷克、斯洛伐克、法国、德国、匈牙利、意大利、哈萨克斯坦、吉尔吉斯斯坦、立陶宛、摩尔多瓦、摩洛哥、波兰、塞尔维亚、西班牙、瑞典。

（41）柴达木蜂麻蝇 *Miltogramma tsajdamica* (Rohdendorf, 1930)

Miltogrammoides tsajdamicum Rohdendorf, 1930a. Flieg. Palaearkt. Reg. 11 (39): 23, 25. **Type locality:** China: Qinghai, N Tzaidam [= Qaidam], Bonyn [= Itshegyn] River.
Miltogrammoides tsajdamicus: Verves, 1982b. Insects Mongolia 8: 511; Verves, 1986. *In*: Soós *et* Papp, 1986. Cat. Palaearct. Dipt. 12: 80.
Miltogramma tsajdamica: Fan *et* Pape, 1996. Stud. Dipt. 3 (2): 241; Pape, 1996. Mem. Ent. Int. 8: 117.
分布（Distribution）：青海（QH）。

9. 狄蜂麻蝇属 *Miltogrammidium* Rohdendorf, 1930

Miltogrammidium Rohdendorf, 1930. Flieg. Palaearkt. Reg. 11 (39): 24 (as a subgenus of *Miltogramma* Meigen, 1803). **Type species:** *Miltogramma taeniata* Meigen, 1824 (by designation of Zumpt, 1961).
Miltogrammidium: Verves, 1986. *In*: Soós *et* Papp, 1986. Cat. Palaearct. Dipt. 12: 76.

（42）实狄蜂麻蝇 *Miltogrammidium fidusum* (Wei *et* Yang, 2007)

Miltogramma fidusa Wei *et* Yang, 2007. *In*: Li, Yang *et* Jin, 2007. Insects from Leigongshan Landscape: 536, 540. **Type locality:** China: Guizhou, Leigong Mountain National Reserve of Guizhou.
分布（Distribution）：贵州（GZ）。

（43）本地狄蜂麻蝇 *Miltogrammidium indigenum* (Wei *et* Yang, 2007)

Miltogramma indigena Wei *et* Yang, 2007. *In*: Li, Yang *et* Jin, 2007. Insects from Leigongshan Landscape: 536, 540. **Type locality:** China: Guizhou, Leigong Mountain National Reserve of Guizhou.
分布（Distribution）：贵州（GZ）。

（44）雷公山狄蜂麻蝇 *Miltogrammidium leigongshanum* (Wei *et* Yang, 2007)

Miltogramma leigongshana Wei *et* Yang, 2007. *In*: Li, Yang *et* Jin, 2007. Insects from Leigongshan Landscape: 537, 540. **Type locality:** China: Guizhou, Leigong Mountain National Reserve of Guizhou.
分布（Distribution）：贵州（GZ）。

（45）红角狄蜂麻蝇 *Miltogrammidium rutilans* (Meigen, 1824)

Miltogramma rutilans Meigen, 1824. Syst. Beschr. Europ. Zweifl. Insekt. 4: 231. **Type locality:** Germany: "Mühlheim am Rheine".
Miltogrammidium (*Miltogrammidium*) *rutilans*: Verves, 1986. *In*: Soós *et* Papp, 1986. Cat. Palaearct. Dipt. 12: 77.
Miltogramma (*Miltogrammidium*) *rutilans*: Fan, 1992. Key to the Common Flies of China, 2nd Ed.: 591; Rohdendorf, 1935. Flieg. Palaearkt. Reg. 11 (88): 53.
Miltogramma rutilans: Fan *et* Pape, 1996. Stud. Dipt. 3 (2): 241; Pape, 1996. Mem. Ent. Int. 8: 116.
分布（Distribution）：内蒙古（NM）；德国。

（46）纹狄蜂麻蝇 *Miltogrammidium taeniatum* (Meigen, 1824)

Miltogramma taeniata Meigen, 1824. Syst. Beschr. Europ. Zweifl. Insekt. 4: 228. **Type locality:** France.
Miltogramma (*Pseudomiltogramma*) *tibitum* Chao *et* Zhang, 1988b. Sinozool. 6: 278. **Type locality:** China: Xizang, Markam, Zhubalong.
Miltogrammidium (*Miltogrammidium*) *taeniatum*: Rohdendorf *et* Verves, 1980. Insects Mongolia 7: 478; Verves, 1986. *In*: Soós *et* Papp, 1986. Cat. Palaearct. Dipt. 12: 78.
Miltogramma (*Miltogrammidium*) *taeniatum*: Rohdendorf, 1930. Flieg. Palaearkt. Reg. 11 (39): 48; Rohdendorf, 1935. Flieg. Palaearkt. Reg. 11 (88): 54.
Miltogramma (*Pseudomiltogramma*) *tibitum*: Fan, 1992. Key to the Common Flies of China, 2nd Ed.: 592.
Miltogramma taeniata: Pape, 1996. Mem. Ent. Int. 8: 117; Zhang *et al*., 2015. Zootaxa 3946 (4): 466.
分布（Distribution）：西藏（XZ）；蒙古国、印度、哈萨克斯坦、塔吉克斯坦、土库曼斯坦、乌兹别克斯坦、伊朗、阿尔巴尼亚、亚美尼亚、保加利亚、法国、德国、匈牙利、意大利、波兰、塞尔维亚、斯洛伐克、西班牙、乌克兰、斯里兰卡。

（47）鸣狄蜂麻蝇 *Miltogrammidium turanicum* (Rohdendorf, 1935)

Miltogramma (*Miltogrammidium*) *turanicum* Rohdendorf, 1935. Flieg. Palaearkt. Reg. 11 (88): 55. **Type locality:** Uzbekistan: Yargak.
Miltogramma turanicum: Fan *et* Pape, 1996. Stud. Dipt. 3 (2): 241; Pape, 1996. Mem. Ent. Int. 8: 118.
Miltogrammidium (*Miltogrammidium*) *turanicum*: Rohdendorf *et* Verves, 1980. Insects Mongolia 7: 478; Verves, 1986. *In*: Soós *et* Papp, 1986. Cat. Palaearct. Dipt. 12: 78.
分布（Distribution）：青海（QH）、新疆（XJ）；蒙古国、哈萨克斯坦、吉尔吉斯斯坦、乌兹别克斯坦、土库曼斯坦、塔吉克斯坦。

10. 亚平蜂麻蝇属 *Pediasiomyia* Rohdendorf, 1925

Pediasiomyia Rohdendorf, 1925b. Encycl. Ent. (B II) Dipt. (2): 61. **Type species:** *Pediasiomyia przhevakskyi* Rohdendorf, 1925 (by designation of Townsend, 1925).
Pediasiomyia: Rohdendorf, 1930. Flieg. Palaearkt. Reg. 11 (39): 26; Verves, 1982b. Insects Mongolia 8: 514; Verves, 1990. Insects Mongolia 11: 536.
Miltogramma (*Pediasiomyia*): Szpila *et* Pape, 2008. Zool. Anz. 247: 259.

（48）普氏亚平蜂麻蝇 *Pediasiomyia przhevalskyi* Rohdendorf, 1925

Pediasiomyia (*Pediasiomyia*) *przhevalskyi* Rohdendorf, 1925b. Encycl. Ent. (B II) Dipt. (2): 61. **Type locality:** China: Qinghai, source of Chuan-che ["sources du Chuan-che"].
Pediasiomyia przhevalskyi: Rohdendorf, 1930. Flieg. Palaearkt. Reg. 11 (39): 30.
Miltogramma przhevalskyi: Fan *et* Pape, 1996. Stud. Dipt. 3 (2): 241; Pape, 1996. Mem. Ent. Int. 8: 115.
分布（Distribution）：青海（QH）；塔吉克斯坦、土库曼斯坦、乌兹别克斯坦。

柄蜂麻蝇亚族 Apodacrina

11. 柄蜂麻蝇属 *Apodacra* Macquart, 1854

Apodacra Macquart, 1854. Ann. Soc. Entomol. Fr. 3 (2): 425. **Type species:** *Apodacra seriemaculata* Macquart, 1854 (monotypy).
Parapodacra Rohdendorf, 1925b. Encycl. Ent. (B II) Dipt. (2): 68 (as a subgenus of *Apodacra* Macquart, 1854). **Type species:** *Apodacra chrysocephala* Rohdendorf, 1925 (by designation of Townsend, 1935).
Apodacra: Pape, 1996. Mem. Ent. Int. 8: 75; Rohdendorf *et* Verves, 1980. Insects Mongolia 7: 462; Townsend, 1938. Man. Myiol. VI: 99.
Apodacra (*Parapodacra*): Rohdendorf, 1930. Flieg. Palaearkt. Reg. 11 (39): 19.
Parapodacra: Townsend, 1935. Man. Myiol. II: 203; Townsend, 1938. Man. Myiol. VI: 134.

（49）银头柄蜂麻蝇 *Apodacra argyrocephala* Rohdendorf, 1925

Apodacra argyrocephala Rohdendorf, 1925b. Encycl. Ent. (B II) Dipt. (2): 69. **Type locality:** China: Gansu, Gashun Gobi, Danché River S Dunhuang [as "au sud de Sadshzhou"].
Apodacra (*Parapodacra*) *argyrocephala*: Rohdendorf, 1930. Flieg. Palaearkt. Reg. 11 (39): 19; Verves, 1986. *In*: Soós *et* Papp, 1986. Cat. Palaearct. Dipt. 12: 68.
Apodacra argyrocephala: Pape, 1996. Mem. Ent. Int. 8: 75; Verves *et al*., 2015. Turk. J. Zool. 39 (2): 265.
分布（Distribution）：甘肃（GS）。

（50）金头柄蜂麻蝇 *Apodacra chrysocephala* Rohdendorf, 1925

Apodacra chrysocephala Rohdendorf, 1925b. Encycl. Ent. (B II) Dipt. (2): 70. **Type locality:** China: Gansu, Gashun Gobi, Danché River S Dunhuang [as "au sud de Sadshzhou"].
Apodacra fallax Rohdendorf, 1925b. Encycl. Ent. (B II) Dipt. (2): 70. **Type locality:** China: Gansu, Gashun Gobi, Danché River S Dunhuang [as "au sud de Sadshzhou"].
Apodacra xanthocera Rohdendorf, 1925b. Encycl. Ent. (B II) Dipt. (2): 69. **Type locality:** China: Gansu, Gashun Gobi, Shibengu-Shigusa N Dunhuang [as "au nord de Satshzhou"].
Apodacra (*Parapodacra*) *poeciloptera* Rohdendorf, 1927. Zool. Anz. 71 (5-8): 167. **Type locality:** China: Neimenggu [as "Mongolei"].
Apodacra chrysocephala: Pape, 1996. Mem. Ent. Int. 8: 75; Verves *et al*., 2015. Turk. J. Zool. 39 (2): 267.
Apodacra (*Parapodacra*) *chrysocephala*: Rohdendorf, 1930. Flieg. Palaearkt. Reg. 11 (39): 19; Verves, 1986. *In*: Soós *et* Papp, 1986. Cat. Palaearct. Dipt. 12: 68.
Apodacra fallax: Pape, 1996. Mem. Ent. Int. 8: 77; Verves, Radchenko *et* Khrokalo, 2015. Turk. J. Zool. 39 (2): 267.
Apodacra (*Parapodacra*) *fallax*: Rohdendorf, 1930. Flieg. Palaearkt. Reg. 11 (39): 20; Verves, 1986. *In*: Soós *et* Papp, 1986. Cat. Palaearct. Dipt. 12: 69.
分布（Distribution）：内蒙古（NM）、甘肃（GS）；蒙古国。

（51）暗喜柄蜂麻蝇 *Apodacra melanarista* Rohdendorf, 1925

Apodacra melanarista Rohdendorf, 1925b. Encycl. Ent. (B II) Dipt. (2): 69. **Type locality:** China: Xinjiang, Gashun Gobi, Uyguria, Bugas River S of Khami.
Apodacra melanarista: Pape, 1996. Mem. Ent. Int. 8: 78; Verves, Radchenko *et* Khrokalo, 2015. Turk. J. Zool. 39 (2): 268.
Apodacra (*Parapodacra*) *melanarista*: Rohdendorf, 1930. Flieg. Palaearkt. Reg. 11 (39): 20; Verves, 1986. *In*: Soós *et* Papp, 1986. Cat. Palaearct. Dipt. 12: 69.
分布（Distribution）：新疆（XJ）。

（52）欣柄蜂麻蝇 *Apodacra pulchra* Egger, 1861

Apodacra pulchra Egger, 1861. Verh. K. K. Zool.-Bot. Ges. Wien 11: 216. **Type locality:** "South France".
Apodacra pulchra: Pape, 1996. Mem. Ent. Int. 8: 79; Rohdendorf, 1925b. Encycl. Ent. (B II) Dipt. (2): 64.
分布（Distribution）：内蒙古（NM）；奥地利、捷克、斯洛伐克、法国、德国、匈牙利、意大利、波兰、乌克兰。

12. 眷旱蜂麻蝇属 *Xerophilomyia* Rohdendorf, 1925

Xerophilomyia Rohdendorf, 1925b. Encycl. Ent. (B II) Dipt.

(2): 64 (as a subgenus of *Apodacra* Macquart, 1854). **Type species:** *Apodacra leucocera* Rohdendorf, 1925 (by designation of Townsend, 1938).
Apodacra (*Xerophilomyia*): Rohdendorf, 1930. Flieg. Palaearkt. Reg. 11 (39): 12.
Xerophilomyia: Rohdendorf *et* Verves, 1980. Insects Mongolia 7: 461, 491; Verves, 1986. *In*: Soós *et* Papp, 1986. Cat. Palaearct. Dipt. 12: 86; Verves, Radchenko *et* Khrokalo, 2015. Turk. J. Zool. 39 (2): 273.

（53）分眷旱蜂麻蝇 *Xerophilomyia dichaeta* (Rohdendorf, 1925)

Apodacra (*Xerophilomyia*) *dichaeta* Rohdendorf, 1925b. Encycl. Ent. (B II) Dipt. (2): 65. **Type locality:** China: Gansu, Gashun Gobi, Shibendu-Shigusa N Dunhuang [as "au nord de Satshzhou"].
Apodacra (*Xerophilomyia*) *dichaeta*: Rohdendorf, 1930. Flieg. Palaearkt. Reg. 11 (39): 14.
Apodacra dichaeta: Fan *et* Pape, 1996. Stud. Dipt. 3 (2): 239; Pape, 1996. Mem. Ent. Int. 8: 76.
Xerophilomyia dichaeta: Rohdendorf *et* Verves, 1980. Insects Mongolia 7: 492.
分布（Distribution）：甘肃（GS）。

（54）黑胸眷旱蜂麻蝇 *Xerophilomyia melanothorax* (Rohdendorf, 1930)

Apodacra (*Xerophilomyia*) *melanothorax* Rohdendorf, 1930. Flieg. Palaearkt. Reg. 11 (39): 15. **Type locality:** China: Neimenggu, Ala Shan, Tszosto.
Xerophilomyia melanothorax: Rohdendorf *et* Verves, 1980. Insects Mongolia 7: 491; Verves, 1986. *In*: Soós *et* Papp, 1986. Cat. Palaearct. Dipt. 12: 87.
Apodacra melanothorax: Fan *et* Pape, 1996. Stud. Dipt. 3 (2): 239; Pape, 1996. Mem. Ent. Int. 8: 78.
分布（Distribution）：内蒙古（NM）。

（55）厚眉眷旱蜂麻蝇 *Xerophilomyia pachymetopa* (Rohdendorf, 1925)

Apodacra (*Xerophilomyia*) *pachymetopa* Rohdendorf, 1925b. Encycl. Ent. (B II) Dipt. (2): 66. **Type locality:** China: Xinjiang, Gashun Gobi, Uiguria, Bugas River S of Khami.
Xerophilomyia pachymetopa: Verves, 1990. Insects Mongolia 11: 540; Verves, Radchenko *et* Khrokalo, 2015. Turk. J. Zool. 39 (2): 274.
Apodacra (*Xerophilomyia*) *pachymetopa* Rohdendorf, 1930. Flieg. Palaearkt. Reg. 11 (39): 15.
Apodacra pachymetopa: Fan *et* Pape, 1996. Stud. Dipt. 3 (2): 239; Pape, 1996. Mem. Ent. Int. 8: 79.
分布（Distribution）：新疆（XJ）。

（56）狭眉眷旱蜂麻蝇 *Xerophilomyia stenometopa* (Rohdendorf, 1925)

Apodacra (*Xerophilomyia*) *stenometopa* Rohdendorf, 1925b. Encycl. Ent. (B II) Dipt. (2): 65. **Type locality:** China: Xinjiang, Uiguria, Khami.
Xerophilomyia stenometopa: Rohdendorf *et* Verves, 1980. Insects Mongolia 7: 492; Verves, Radchenko *et* Khrokalo, 2015. Turk. J. Zool. 39 (2): 274.
Apodacra (*Xerophilomyia*) *stenometopa* Rohdendorf, 1930. Flieg. Palaearkt. Reg. 11 (39): 13, 15.
Apodacra stenometopa: Fan *et* Pape, 1996. Stud. Dipt. 3 (2): 239; Pape, 1996. Mem. Ent. Int. 8: 79.
分布（Distribution）：新疆（XJ）。

摩蜂麻蝇族 Amobiini

13. 摩蜂麻蝇属 *Amobia* Robineau-Desvoidy, 1830

Amobia Robineau-Desvoidy, 1830. Mém. Prés. Div. Sav. Acad. R. Sci. Inst. Fr. 2 (2): 96. **Type species:** *Amobia conica* Robineau-Desvoidy, 1830 [= *Tachina signata* Meigen, 1824] (monotypy).
Pachyophthalmus Brauer *et* Bergenstamm, 1889. Denkschr. Akad. Wiss. Wien. Math.-Naturw. Kl. 56 (1): 117. **Type species:** *Tachina signata* Meigen, 1824 (monotypy).
Amobia: Pape, 1996. Mem. Ent. Int. 8: 71; Townsend, 1938. Man. Myiol. VI: 98; Verves, 1986. *In*: Soós *et* Papp, 1986. Cat. Palaearct. Dipt. 12: 61.
Pachyophthalmus: Rohdendorf, 1935. Flieg. Palaearkt. Reg. 11 (88): 92; Séguy, 1941. Encycl. Ent. (A) 21: 285.

（57）耳摩蜂麻蝇 *Amobia auriceps* (Baranov, 1935)

Pachyophthalmus auriceps Baranov, 1935. Vet. Arhiv 5: 558. **Type locality:** Sri Lanka: Colombo.
Amobia auriceps: Fan *et* Pape, 1996. Stud. Dipt. 3 (2): 238; Nandi, 2002. Fauna of India and the Adjacent Countries 10: 19; Pape, 1996. Mem. Ent. Int. 8: 72.
Pachyophthalmus auriceps: Hennig, 1941a. Ent. Beih. Berl. 8: 183.
分布（Distribution）：台湾（TW）、海南（HI）；印度、老挝、马来西亚、菲律宾、斯里兰卡、澳大利亚、夏威夷群岛、巴布亚新几内亚。

（58）奎特摩蜂麻蝇 *Amobia quatei* Kurahashi, 1974

Amobia quatei Kurahashi, 1974. Pac. Insects 16 (1): 58. **Type locality:** Vietnam: Dalat.
Amobia quatei: Pape, 1996. Mem. Ent. Int. 8: 74.
Amobia distorta [misidentification: not *Pachyophthalmus distortus* Allen, 1926]: Xue *et* Chao, 1998. *In*: Xue *et* Chao, 1998. Flies of China, Vol. 2: 1528, 1530; Fan, 1992. Key to the Common Flies of China, 2nd Ed.: 586; Feng *et al*., 2012. Chin. J. Hyg. Insect. & Equip. 18 (2): 143.
Amobia oculata [misidentification: not *Miltogramma oculata* Zetterstedt, 1844]: Fan *et* Pape, 1996. Stud. Dipt. 3 (2): 239.

分布（Distribution）：山西（SX）、上海（SH）、江西（JX）、四川（SC）、重庆（CQ）、香港（HK）；菲律宾、越南。

（59）斑摩蜂麻蝇 *Amobia signata* Meigen, 1824

Tachina signata Meigen, 1824. Syst. Beschr. Europ. Zweifl. Insekt. 4: 303. **Type locality:** Germany.
Amobia signata: Rohdendorf *et* Verves, 1980. Insects Mongolia 7: 447; Verves *et* Khrokalo, 2006b. Key Ins. Rus. Far East 6 (4): 91; Zhang, Jia *et* Pape, 2011. Acta Zootaxon. Sin. 36 (3): 617.
Pachyophthalmus signatus: Rohdendorf, 1935. Flieg. Palaearkt. Reg. 11 (88): 94.
分布（Distribution）：黑龙江（HL）、北京（BJ）、山西（SX）、新疆（XJ）、四川（SC）；俄罗斯、蒙古国、印度、哈萨克斯坦、吉尔吉斯斯坦、土库曼斯坦、乌兹别克斯坦、阿尔巴尼亚、阿尔及利亚、奥地利、阿塞拜疆、比利时、保加利亚、加那利群岛、塞浦路斯、捷克、斯洛伐克、丹麦、法国、德国、匈牙利、爱尔兰、意大利、利比亚、立陶宛、马耳他、摩尔多瓦、摩洛哥、波兰、罗马尼亚、塞尔维亚、西班牙、瑞典、瑞士、塔吉克斯坦、突尼斯、乌克兰、英国。

折蜂麻蝇族 Oebaliini

14. 折蜂麻蝇属 *Oebalia* Robineau-Desvoidy, 1863

Oebalia Robineau-Desvoidy, 1863. Hist. Nat. Dipt. Envir. Paris 2: 414. **Type species:** *Oebalia anacantha* Robineau-Desvoidy, 1863 [= *Tachina cylindrica* Fallén, 1810] (monotypy).
Oebalia: Fan, 1992. Key to the Common Flies of China, 2nd Ed.: 596, 502; Pape, 1996. Mem. Ent. Int. 8: 119; Verves *et* Khrokalo, 2006b. Key Ins. Rus. Far East 6 (4): 75, 93.

（60）钩镰折蜂麻蝇 *Oebalia harpax* Fan, 1987

Oebalia harpax Fan, 1987. *In*: Fan, Chen *et* Fang, 1987. *In*: Zhang, 1987. Agricultural Insects, Spiders, Plant Diseases and Weeds of Tibet 1: 304, 306. **Type locality:** China: Xizang, Yadong, Xiashima.
Oebalia harpax: Fan, 1992. Key to the Common Flies of China, 2nd Ed.: 604; Pape, 1996. Mem. Ent. Int. 8: 120.
分布（Distribution）：西藏（XZ）。

（61）细柄折蜂麻蝇 *Oebalia pedicella* Fan *et* Ma, 1988

Oebalia pedicella Fan *et* Ma, 1988. Entomotaxon. 10 (3-4): 191. **Type locality:** China: Qinghai, Banma.
Oebalia pedicella: Fan *et* Pape, 1996. Stud. Dipt. 3 (2): 241; Pape, 1996. Mem. Ent. Int. 8: 120.
分布（Distribution）：青海（QH）。

叶蜂麻蝇族 Phyllotelini

芥蜂麻蝇亚族 Arabiscina

15. 泥蜂麻蝇属 *Sphecapatodes* Villeneuve, 1912

Sphecapatodes Villeneuve, 1912. Bull. Mus. Natl. Hist. Nat. Paris: 507. **Type species:** *Sphecapatodes ornatus* Villeneuve, 1912 (monotypy).
Turkmenisca Rohdendorf, 1975. Flieg. Palaearkt. Reg. 11 (311): 220. **Type species:** *Turkmenisca inornata* Rohdendorf, 1975 (by original designation).
Arabisca Rohdendorf, 1937. Fauna USSR Dipt. 19 (1): 46 (nomen nudum). **Type species:** *Arabisca dimorpha* Rohdendorf, 1937.
Sphecapatodes: Pape, 1996. Mem. Ent. Int. 8: 142; Rohdendorf, 1935. Flieg. Palaearkt. Reg. 11 (88): 92; Séguy, 1941. Encycl. Ent. (A) 21: 246.
Turkmenisca: Rohdendorf, 1975. Flieg. Palaearkt. Reg. 11 (311): 220; Verves, 1986. *In*: Soós *et* Papp, 1986. Cat. Palaearct. Dipt. 12: 108.

（62）卡氏泥蜂麻蝇 *Sphecapatodes kaszabi* Rohdendorf *et* Verves, 1980

Sphecapatodes kaszabi Rohdendorf *et* Verves, 1980. Insects Mongolia 7: 512. **Type locality:** Mongolia: Bayan Khongor Aimak, Ekhin Gol Oasis 90 km N from Caganbulag.
Arabisca dimorpha Rohdendorf, 1937. Fauna USSR Dipt. 19 (1): 46 (nomen nudum).
Sphecapatodes ornatus: Rohdendorf, 1975. Flieg. Palaearkt. Reg. 11 (311): 217 [misidentification: not *Sphecapatodes ornatus* Villeneuve, 1912].
Sphecapatodes kaszabi: Pape, 1996. Mem. Ent. Int. 8: 144.
分布（Distribution）：新疆（XJ）；蒙古国。

（63）薛氏泥蜂麻蝇 *Sphecapatodes xuei* Zhang, Chu, Pape *et* Zhang, 2014

Sphecapatodes xuei Zhang, Chu, Pape *et* Zhang, 2014. Zool. Stud. 53 (1): 57. **Type locality:** China: Xinjiang.
分布（Distribution）：新疆（XJ）。

针头蜂麻蝇亚族 Hoplacephalina

16. 合眶蜂麻蝇属 *Synorbitomyia* Townsend, 1933

Synorbitomyia Townsend, 1933. J. N. Y. Ent. Soc. 40: 442. **Type species:** *Hoplacephala linearis* Villeneuve, 1929 (by original designation).
Synorbitomyia: Kurahashi, 1973. New Ent. 22 (1-2): 17; Rohdendorf, 1975. Flieg. Palaearkt. Reg. 11 (311): 227; Verves, 1980. Ann. Ent. Fenn. 46 (3): 81.

（64）台湾合眶蜂麻蝇 *Synorbitomyia linearis* (Villeneuve, 1929)

Hoplacephala linearis Villeneuve, 1929c. Bull. Ann. Soc. R. Ent. Belg. 69: 61. **Type locality:** China: Taiwan, Tainan.
Hoplacephala linearis: Pape, 1996. Mem. Ent. Int. 8: 91.
Synorbitomyia linearis: Kurahashi, 1973. New Ent. 22 (1-2): 17.
分布（Distribution）：江苏（JS）、浙江（ZJ）、台湾（TW）；日本、老挝。

黑条蝇亚族 Mesomelenina

17. 黑条蝇属 *Mesomelena* Rondani, 1959

Mesomelena Rondani, 1959. Dipt. Ital. Prodromus, Vol. III: 206. **Type species:** *Mesomelena loewi* Rondani, 1959 [= *Metopia mesomelaena* Löw, 1848] (monotypy).
Mesomelena: Pape, 1996. Mem. Ent. Int. 8: 96.
Mesomelaena [incorrect subsequent spelling of *Mesomelena* Rondani, 1959]: Fan, 1992. Key to the Common Flies of China, 2nd Ed.: 597, 608; Rohdendorf, 1975. Flieg. Palaearkt. Reg. 11 (311): 185; Verves, 1986. *In*: Soós *et* Papp, 1986. Cat. Palaearct. Dipt. 12: 95.

（65）黑条蝇 *Mesomelena mesomelaena* (Loew, 1848)

Metopia mesomelaena Loew, 1848b. Stettin. Ent. Ztg. 9: 377. **Type locality:** Hungary.
Mesomelena mesomelaena: Pape, 1996. Mem. Ent. Int. 8: 97.
Mesomelaena mesomelaena: Xue *et* Chao, 1998. *In*: Xue *et* Chao, 1998. Flies of China, Vol. 2: 1537.
分布（Distribution）：黑龙江（HL）、内蒙古（NM）；俄罗斯、蒙古国、哈萨克斯坦、塔吉克斯坦、土库曼斯坦、乌兹别克斯坦、奥地利、保加利亚、法国、匈牙利、斯洛伐克、乌克兰、前南斯拉夫。

麦蜂麻蝇亚族 Metopodiina

18. 麦蜂麻蝇属 *Metopodia* Brauer *et* Bergenstamm, 1891

Metopodia Brauer *et* Bergenstamm, 1891. Denkschr. Akad. Wiss. Wien. Math.-Naturw. Kl. 58: 359. **Type species:** *Miltogramma grisea*: Brauer *et* Bergenstamm, 1891 [= *Metopia pilicornis* Pandellé, 1895, nec *Miltogramma grisea* Meigen, 1824] (by designation of Brauer, 1893).
Metopodia: Fan, 1992. Key to the Common Flies of China, 2nd Ed.: 505, 597; Rohdendorf, 1935. Flieg. Palaearkt. Reg. 11 (88): 111; Verves, 1986. *In*: Soós *et* Papp, 1986. Cat. Palaearct. Dipt. 12: 98.

（66）灰麦蜂麻蝇 *Metopodia pilicornis* (Pandellé, 1895)

Metopia pilicornis Pandellé, 1895. Rev. Ent. 14: 304. **Type locality:** France: Apt.
Metopodia grisea: Brauer *et* Bergenstamm, 1891. Denkschr. Akad. Wiss. Wien. Math.-Naturw. Kl. 58: 430; misidentification: not *Metopia grisea* Meigen, 1824.
Metopodia pilicornis: Verves *et* Khrokalo, 2006b. Key Ins. Rus. Far East 6 (4): 91.
Metopodia grisea: Rohdendorf, 1930. Flieg. Palaearkt. Reg. 11 (88): 112; Verves, 1986. *In*: Soós *et* Papp, 1986. Cat. Palaearct. Dipt. 12: 98.
Hilarella grisea: Séguy, 1941. Encycl. Ent. (A) 21: 302.
分布（Distribution）：河北（HEB）、陕西（SN）；蒙古国、俄罗斯、哈萨克斯坦、塔吉克斯坦、土库曼斯坦、乌兹别克斯坦、伊拉克、伊朗、阿尔及利亚、克罗地亚、塞浦路斯、捷克、法国、土耳其。

帕蜂麻蝇亚族 Parthomyiina

19. 拟泥蜂麻蝇属 *Sphecapatoclea* Villeneuve, 1909

Sphecapatoclea Villeneuve, 1909. *In*: Hermann *et* Villeneuve, 1909. Verh. Naturw. Ver. Karlsruhe 21: 155. **Type species:** *Sphecapatoclea excisa* Villeneuve, 1909 (monotypy).
Parthomyia Rohdendorf, 1925a. Zool. Anz. 62 (3-4): 82. **Type species:** *Parthomyia iranica* Rohdendorf, 1925 (by original designation).
Sphecapatoclea: Pape, 1996. Mem. Ent. Int. 8: 142; Rohdendorf, 1975. Flieg. Palaearkt. Reg. 11 (311): 211; Séguy, 1941. Encycl. Ent. (A) 21: 244.
Parthomyia: Rohdendorf, 1975. Flieg. Palaearkt. Reg. 11 (311): 202; Verves, 1986. *In*: Soós *et* Papp, 1986. Cat. Palaearct. Dipt. 12: 105; Verves, 1990. Insects Mongolia 11: 520, 544.

（67）阿拉山拟泥蜂麻蝇 *Sphecapatoclea alashanica* (Rohdendorf, 1975)

Parthomyia alashanica Rohdendorf, 1975. Flieg. Palaearkt. Reg. 11 (311): 203. **Type locality:** China: Neimenggu; Ningxia ["Gansu, Alashan Gebirgskette, Tshalon-Ongotso"].
Sphecapatoclea alashanica: Pape, 1996. Mem. Ent. Int. 8: 142.
Parthomyia alashanica: Verves, 1986. *In*: Soós *et* Papp, 1986. Cat. Palaearct. Dipt. 12: 95; Verves, 1990. Insects Mongolia 11: 544.
分布（Distribution）：内蒙古（NM）、宁夏（NX）、甘肃（GS）。

叶蜂麻蝇亚族 Phyllotelina

20. 叶蜂麻蝇属 *Phylloteles* Loew, 1844

Phylloteles Loew, 1844a. Stettin. Ent. Ztg. 5: 168. **Type species:** *Phylloteles pictipennis* Löw, 1844 (monotypy).
Thelodiscoprosopa Townsend, 1933. J. N. Y. Ent. Soc. 40: 444. **Type species:** *Thelodiscoprosopa formosana* Townsend, 1933

(by original designation).
Phylloteles: Pape, 1989. Steenstrupia 15 (8): 193; Rohdendorf, 1975. Flieg. Palaearkt. Reg. 11 (311): 230; Verves *et* Khrokalo, 2006b. Key Ins. Rus. Far East 6 (4): 73, 91.

（68）台湾叶蜂麻蝇 *Phylloteles formosana* (Townsend, 1932)

Thelodiscoprosopa formosana Townsend, 1932. J. N. Y. Ent. Soc. 40: 445. **Type locality:** China: Taiwan, Hengchun, Gangkou [as "Koshun (Kankau)"].
Phylloteles stackelbergi Rohdendorf, 1975. Flieg. Palaearkt. Reg. 11 (311): 233. **Type locality:** Russia: Khabarovskiy Kray, Island on Amur River near Khabarovsk.
Phylloteles pictipennis [misidentification: not *Phylloteles pictipennis* Löw, 1844]: Lin *et* Chen, 1999. The Name List of Taiwan Diptera (1): 116.
Phylloteles formosana: Fan *et* Pape, 1996. Stud. Dipt. 3 (2): 242.
Phylloteles stackelbergi: Verves, 1986. *In*: Soós *et* Papp, 1986. Cat. Palaearct. Dipt. 12: 106; Verves, 1990. Insects Mongolia 11: 544.
分布（Distribution）：河北（HEB）、北京（BJ）、台湾（TW）；日本、蒙古国、俄罗斯。

（69）花翅叶蜂麻蝇 *Phylloteles pictipennis* Loew, 1844

Phylloteles pictipennis Loew, 1844b. Stettin. Ent. Ztg. 5: 168. **Type locality:** Turkey: Mermeriza.
Phylloteles pictipennis: Pape, 1996. Mem. Ent. Int. 8: 127; Séguy, 1941. Encycl. Ent. (A) 21: 321.
分布（Distribution）：四川（SC）；俄罗斯、哈萨克斯坦、土库曼斯坦、泰国、巴基斯坦、阿尔巴尼亚、亚美尼亚、奥地利、阿塞拜疆、保加利亚、塞浦路斯、捷克、斯洛伐克、法国、德国、希腊、匈牙利、意大利、马其顿、波兰、塞尔维亚、西班牙、土耳其、乌克兰。

突额蜂麻蝇族 Metopiaini

突额蜂麻蝇亚族 Metopiaina

21. 突额蜂麻蝇属 *Metopia* Meigen, 1803

Metopia Meigen, 1803. Mag. Insektenkd. 2: 280. **Type species:** *Musca leucocephala* Rossi, 1790 [= *Tachina argyrocephala* Meigen, 1824] (monotypy).
Ophelia Robineau-Desvoidy, 1830. Mém. Prés. Div. Sav. Acad. R. Sci. Inst. Fr. 2 (2): 120 [junior synonym of *Ophelia* Savigny, 1822 (Polychaeta)]. **Type species:** *Ophelia gracilis* Robineau-Desvoidy, 1830 [= *Tachina campestris* Fallén, 1810] (by designation of Townsend, 1916).
Anicia Robineau-Desvoidy, 1863. Hist. Nat. Dipt. Envir. Paris 2: 99. **Type species:** *Anicia sabulosa* Robineau-Desvoidy, 1863 [= *Tachina campestris* Fallén, 1810] (by designation of Coquillett, 1910).
Chaetoanicia Townsend, 1932. J. N. Y. Ent. Soc. 40: 445. **Type species:** *Chaetoanicia sauteri* Townsend, 1932 (by original designation).
Fanestria Venturi, 1960. Frust. Ent. 2 (7): 86 (as a subgenus of *Metopia* Meigen, 1803). **Type species:** *Metopia grandii* Venturi, 1953 (monotypy).
Opheliella Rohdendorf, 1955. Ent. Obozr. 34 (2): 363 (as a subgenus of *Metopia* Meigen, 1803). **Type species:** *Tachina campestris* Fallén, 1810 (by original designation).
Nepalometopia Rohdendorf, 1966. Bull. Br. Mus. (Nat. Hist.) B Ent. 17 (10): 462. **Type species:** *Nepalometopia brunneipennis* Rohdendorf, 1966 [= *Chaetoanicia sauteri* Townsend, 1932] (by original designation).
Australoanicia Verves, 1979. Ent. Obozr. 58 (4): 890 (as a subgenus of *Metopia* Meigen, 1803). **Type species:** *Opsidiopsis nudibasis* Malloch, 1930 (by original designation).
Metopia: Pape, 1986. Stuttg. Beitr. Naturkd. A 395: 1; Rohdendorf, 1955. Ent. Obozr. 34 (2): 360; Venturi, 1952. Bol. Ist. Ent. Univ. Bologna 19: 147.
Chaetoanicia: Rohdendorf, 1975. Flieg. Palaearkt. Reg. 11 (311): 196; Verves, 1986. *In*: Soós *et* Papp, 1986. Cat. Palaearct. Dipt. 12: 89.

（70）双缨突额蜂麻蝇 *Metopia argentata* Macquart, 1850

Metopia argentata Macquart, 1850a. Ann. Soc. Entomol. Fr. 8 (2): 442. **Type locality:** Switzerland: Malans, near Coire.
Metopia roseri Rondani, 1859. Dipt. Ital. Prodromus, Vol. III: 210. **Type locality:** Germany.
Metopia instruens Walker, 1860b. J. Proc. Linn. Soc. London Zool. 4: 129. **Type locality:** Indonesia: Sulawesi, Ujung Padang.
Metopia (*Metopia*) *stackelbergi* Rohdendorf, 1955. Ent. Obozr. 34 (2): 369; Rohdendorf, 1971. Flieg. Palaearkt. Reg. 11 (285): 140. **Type locality:** Ukraine: Chernigiv Region, Sosnytza village.
Metopia argentata: Xue *et* Chao, 1998. *In*: Xue *et* Chao, 1998. Flies of China, Vol. 2: 1540, 1543.
Metopia stackelbergi: Rohdendorf, 1971. Flieg. Palaearkt. Reg. 11 (285): 147.
Metopia roseri: Pape, 1986. Stuttg. Beitr. Naturkd. A 395: 3.
分布（Distribution）：吉林（JL）、河北（HEB）、四川（SC）、云南（YN）、西藏（XZ）、台湾（TW）；俄罗斯、蒙古国、朝鲜、印度尼西亚、澳大利亚、芬兰、德国、匈牙利、摩尔多瓦、波兰、罗马尼亚、斯洛伐克、瑞士、乌克兰、前南斯拉夫。

（71）白头突额蜂麻蝇 *Metopia argyrocephala* (Meigen, 1824)

Tachina argyrocephala Meigen, 1824. Syst. Beschr. Europ. Zweifl. Insekt. 4: 372. **Type locality:** Germany.
Musca leucocephala Rossi, 1790. Fauna Etrusca 2: 306. **Type**

locality: Italy: Tuscany, Florece, Pisa [nomen preoccupatum by Villers, 1789].
Metopia argyrocephala: Rohdendorf, 1955. Ent. Obozr. 34 (2): 366; Fan *et* Pape, 1996. Stud. Dipt. 3 (2): 240; Pape, 1996. Mem. Ent. Int. 8: 98.
Metopia leucocephala: Fan, 1965. Key to the Common Flies of China: 301.
分布（Distribution）：黑龙江（HL）、内蒙古（NM）、河北（HEB）、北京（BJ）、河南（HEN）、青海（QH）、新疆（XJ）、江苏（JS）、上海（SH）、浙江（ZJ）、四川（SC）、贵州（GZ）、云南（YN）、西藏（XZ）、福建（FJ）、台湾（TW）、海南（HI）；俄罗斯、蒙古国、日本、朝鲜、孟加拉国、老挝、马来西亚、尼泊尔、斯里兰卡、哈萨克斯坦、吉尔吉斯斯坦、塔吉克斯坦、土库曼斯坦、乌兹别克斯坦、伊朗、伊拉克、阿富汗、奥地利、阿塞拜疆、比利时、保加利亚、白俄罗斯、亚美尼亚、捷克、斯洛伐克、塞浦路斯、丹麦、爱沙尼亚、芬兰、法国、德国、希腊、格鲁吉亚、匈牙利、以色列、爱尔兰、意大利、拉脱维亚、立陶宛、摩尔多瓦、挪威、波兰、罗马尼亚、塞尔维亚、西班牙、瑞典、瑞士、土耳其、乌克兰、英国、美国、加拿大、墨西哥、伯利兹、古巴、多米尼加共和国、厄瓜多尔、萨尔瓦多、危地马拉、牙买加、秘鲁。

（72）金粉突额蜂麻蝇 *Metopia auripulvera* Chao *et* Zhang, 1988

Metopia auripulvera Chao *et* Zhang, 1988b. Sinozool. 6: 284. **Type locality:** China: Yunnan, Lushui, Yaojiaping.
Metopia auripulvera: Fan *et* Pape, 1996. Stud. Dipt. 3 (2): 240; Pape, 1996. Mem. Ent. Int. 8: 99.
分布（Distribution）：四川（SC）、云南（YN）。

（73）平原突额蜂麻蝇 *Metopia campestris* (Fallén, 1810)

Tachina campestris Fallén, 1810a. K. Svenska Vetensk. Akad. Handl. 31 (2): 266. **Type locality:** Sweden: probably Skåne.
Metopia campestris: Fan, 1992. Key to the Common Flies of China, 2nd Ed.: 606; Pape, 1996. Mem. Ent. Int. 8: 100; Verves *et* Khrokalo, 2006b. Key Ins. Rus. Far East 6 (4): 96.
Metopia (*Opheliella*) *campestris*: Rohdendorf, 1955. Ent. Obozr. 34 (2): 364.
Metopia (*Anicia*) *campestris*: Rohdendorf *et* Verves, 1980. Insects Mongolia 7: 502; Verves, 1986. *In*: Soós *et* Papp, 1986. Cat. Palaearct. Dipt. 12: 96; Verves, 1990. Insects Mongolia 11: 551.
分布（Distribution）：黑龙江（HL）、内蒙古（NM）、河北（HEB）、青海（QH）、新疆（XJ）、江苏（JS）、浙江（ZJ）、四川（SC）、云南（YN）、西藏（XZ）、福建（FJ）、台湾（TW）、海南（HI）；俄罗斯、蒙古国、朝鲜、韩国、日本、印度、哈萨克斯坦、塔吉克斯坦、乌兹别克斯坦、阿尔巴尼亚、亚美尼亚、奥地利、阿塞拜疆、比利时、保加利亚、白俄罗斯、捷克、斯洛伐克、丹麦、爱沙尼亚、芬兰、法国、德国、格鲁吉亚、匈牙利、爱尔兰、意大利、拉脱维亚、摩尔多瓦、荷兰、挪威、波兰、罗马尼亚、塞尔维亚、瑞典、瑞士、乌克兰、英国、加拿大、美国。

（74）意大利突额蜂麻蝇 *Metopia italiana* Pape, 1985

Metopia italiana Pape, 1985. Ent. Scand. 16: 214. **Type locality:** Italy: Pisa, Tirrentia.
Metopia italiana: Pape, 1996. Mem. Ent. Int. 8: 101.
Metopia argentata [misidentification, not *Metopia argentata* Macquart, 1950]: Verves, 1986. *In*: Soós *et* Papp, 1986. Cat. Palaearct. Dipt. 12: 97.
Metopia staegeri [misidentification, not *Metopia staegeri* Rondani, 1859]: Rohdendorf, 1955. Ent. Obozr. 34 (2): 372.
分布（Distribution）：西藏（XZ）；俄罗斯、奥地利、捷克、斯洛伐克、法国、意大利、波兰、乌克兰。

（75）裸基突额蜂麻蝇 *Metopia nudibasis* (Malloch, 1930)

Opsidiopsis nudibasis Malloch, 1930. Proc. Linn. Soc. N. S. W. 55 (4): 439. **Type locality:** Australia: Queensland, Eidsvold.
Metopia nudibasis: Fan *et* Pape, 1996. Stud. Dipt. 3 (2): 239; Pape, 1996. Mem. Ent. Int. 8: 102; Kurahashi, 1970. Kontyû 38 (2): 106.
Metopia (*Australoanicia*) *nudibasis*: Verves, 1979. Ent. Obozr. 58 (4): 890; Verves, 1986. *In*: Soós *et* Papp, 1986. Cat. Palaearct. Dipt. 12: 97.
分布（Distribution）：浙江（ZJ）、广东（GD）、香港（HK）；日本、印度、老挝、马来西亚、菲律宾、斯里兰卡、越南、澳大利亚、巴布亚新几内亚、所罗门群岛、肯尼亚、南非、坦桑尼亚。

（76）粉突额蜂麻蝇 *Metopia pollenia* Chao *et* Zhang, 1988

Metopia pollenia Chao *et* Zhang, 1988b. Sinozool. 6: 284. **Type locality:** China: Sichuan, Xiangcheng, Chaike.
Metopia pollenia: Fan *et* Pape, 1996. Stud. Dipt. 3 (2): 240; Pape, 1996. Mem. Ent. Int. 8: 102.
分布（Distribution）：四川（SC）。

（77）台湾突额蜂麻蝇 *Metopia sauteri* (Townsend, 1932)

Chaetoanicia sauteri Townsend, 1932. J. N. Y. Ent. Soc. 40: 446. **Type locality:** China: Taiwan, Hengchun (Gangkou) [as "Koshun (Kankau)"].
Metopia zosea Séguy, 1935a. Notes Ent. Chin. 2 (9): 182. **Type locality:** China: Shanghai, Sheshan [as "Zo-sé"].
Metopia (*Opheliella*) *amamiensis* Fan, 1965. Key to the Common Flies of China: 302. **Type locality:** Japan: Ryukyu Is., Amami-Oshima I.
Metopia sauteri: Pape, 1996. Mem. Ent. Int. 8: 103.

Metopia amamiensis: Kurahashi, 1970. Kontyû 38 (2): 108.
Metopia zosea: Verves, 1986. *In*: Soós *et* Papp, 1986. Cat. Palaearct. Dipt. 12: 98; Xue *et* Chao, 1998. *In*: Xue *et* Chao, 1998. Flies of China, Vol. 2: 1543.
Chaetoanicia sauteri: Rohdendorf, 1975. Flieg. Palaearkt. Reg. 11 (311): 197; Verves, 1986. *In*: Soós *et* Papp, 1986. Cat. Palaearct. Dipt. 12: 89.
分布（Distribution）：上海（SH）、湖南（HN）、贵州（GZ）、云南（YN）、台湾（TW）；日本、印度、老挝、尼泊尔。

（78）杭州突额蜂麻蝇 *Metopia sinensis* Pape, 1986

Metopia sinensis Pape, 1986. Stuttg. Beitr. Naturkd. A 395: 5. **Type locality:** China: Zhejiang, Hangzhou.
Metopia sinensis: Pape, 1996. Mem. Ent. Int. 8: 103.
分布（Distribution）：浙江（ZJ）。

（79）绥芬河突额蜂麻蝇 *Metopia suifenhoensis* Fan, 1965

Metopia suifenhoensis Fan, 1965. Key to the Common Flies of China: 300. **Type locality:** China: Heilongjiang, Suifenhe.
Metopia suifenhoensis: Kurahashi, 1970. Kontyû 38 (2): 109; Pape, 1996. Mem. Ent. Int. 8: 103.
分布（Distribution）：黑龙江（HL）、内蒙古（NM）、四川（SC）、云南（YN）；俄罗斯、朝鲜、日本、马来西亚、泰国。

（80）柴突额蜂麻蝇 *Metopia tshernovae* Rohdendorf, 1955

Metopia tshernovae Rohdendorf, 1955. Ent. Obozr. 34 (2): 368. **Type locality:** Kazakhstan: Kustanay [now: Kostanay] Region, Borovoe.
Metopia tshernovae: Pape, 1996. Mem. Ent. Int. 8: 104; Rohdendorf, 1971. Flieg. Palaearkt. Reg. 11 (285): 149; Verves, 1986. *In*: Soós *et* Papp, 1986. Cat. Palaearct. Dipt. 12: 98.
分布（Distribution）：内蒙古（NM）、云南（YN）；俄罗斯、蒙古国、印度、老挝、泰国、越南、哈萨克斯坦、丹麦、芬兰、立陶宛、挪威、波兰、瑞士。

（81）云南突额蜂麻蝇 *Metopia yunnanica* Chao *et* Zhang, 1988

Metopia yunnanica Chao *et* Zhang, 1988b. Sinozool. 6: 284. **Type locality:** China: Yunnan, Lushui, Nima.
Metopia yunnanica: Fan, 1992. Key to the Common Flies of China, 2nd Ed.: 605; Fan *et* Pape, 1996. Stud. Dipt. 3 (2): 240; Pape, 1996. Mem. Ent. Int. 8: 104.
分布（Distribution）：云南（YN）；泰国。

（82）本州突额蜂麻蝇 *Metopia zenigoi* Kurahashi, 1970

Metopia zenigoi Kurahashi, 1970. Kontyû 38 (2): 111. **Type locality:** Japan: Honshu, Kanazawa Prefecture, Kanaiwa.
Metopia zenigoi: Pape, 1996. Mem. Ent. Int. 8: 104; Zhang *et* Zhang, 2010. Chin. J. Hyg. Insect. & Equip. 16 (4): 293.
分布（Distribution）：吉林（JL）；日本。

法蜂麻蝇亚族 Phrosinellina

22. 法蜂麻蝇属 *Phrosinella* Robineau-Desvoidy, 1863

Phrosinella Robineau-Desvoidy, 1863. Hist. Nat. Dipt. Envir. Paris 2: 82. **Type species:** *Phrosinella argyrina* Robineau-Desvoidy, 1863 [= *Tachina nasuta* Meigen, 1824] (monotypy).
Pedimyia Rohdendorf, 1925a. Zool. Anz. 62 (3-4): 81. **Type species:** *Pedimyia fedtshenkoi* Rohdendorf, 1925 (by original designation).
Phrosinella: Pape, 1996. Mem. Ent. Int. 8: 29, 122; Rohdendorf, 1935. Flieg. Palaearkt. Reg. 11 (88): 110; Verves, 1990. Insects Mongolia 11: 523, 552.

1）亚法蜂麻蝇亚属 *Asiometopia* Rohdendorf, 1935

Asiometopia Rohdendorf, 1935. Flieg. Palaearkt. Reg. 11 (88): 126. **Type species:** *Pedimyia kozlovi* Rohdendorf, 1925 (by original designation).
Asiometopia: Rohdendorf, 1971. Flieg. Palaearkt. Reg. 11 (285): 129; Verves, 1986. *In*: Soós *et* Papp, 1986. Cat. Palaearct. Dipt. 12: 88; Xue *et* Chao, 1998. *In*: Xue *et* Chao, 1998. Flies of China, Vol. 2: 1528, 1532.
Phrosinella (*Asiometopia*): Verves, 1990. Insects Mongolia 11: 553; Verves *et* Khrokalo, 2006b. Key Ins. Rus. Far East 6 (4): 102.

（83）布法蜂麻蝇 *Phrosinella* (*Asiometopia*) *kozlovi* (Rohdendorf, 1925)

Pedimyia kozlovi Rohdendorf, 1925a. Zool. Anz. 62 (3-4): 83. **Type locality:** China: Gansu, Gashun Gobi, Shibendu-Shigusa N Dunhuang [as "nördlich von Sadshzhou"].
Asiometopia burjata Rohdendorf, 1935. Flieg. Palaearkt. Reg. 11 (88): 128. **Type locality:** Russia: Buryatia, Chikoy River, Dureny.
Phrosinella (*Asiometopia*) *kozlovi*: Verves *et* Khrokalo, 2006b. Key Ins. Rus. Far East 6 (4): 102; Verves *et* Khrokalo, 2017. Turk. J. Zool. 41: 102.
Phrosinella kozlovi: Fan *et* Pape, 1996. Stud. Dipt. 3 (2): 241; Pape, 1996. Mem. Ent. Int. 8: 124.
Asiometopia (*Asiometopia*) *kozlovi*: Rohdendorf *et* Verves, 1980. Insects Mongolia 7: 498; Verves, 1990. Insects Mongolia 11: 553.
Asiometopia kozlovi: Fan, 1992. Key to the Common Flies of China, 2nd Ed.: 598; Rohdendorf, 1971. Flieg. Palaearkt. Reg. 11 (285): 129.
分布（Distribution）：内蒙古（NM）、甘肃（GS）；蒙古国、俄罗斯。

（84）塔吉克法蜂麻蝇 *Phrosinella* (*Asiometopia*) *tadzhika* (Rohdendorf, 1935)

Asiometopia tadzhika Rohdendorf, 1935. Flieg. Palaearkt. Reg. 11 (88): 127. **Type locality:** Uzbekistan: Bukhara Region, between Jargak and Sarai Lialyk.
Phrosinella (*Asiometopia*) *tadzhika*: Verves *et* Khrokalo, 2017. Turk. J. Zool. 41: 50.
Phrosinella tadzhika: Fan *et* Pape, 1996. Stud. Dipt. 3 (2): 241; Pape, 1996. Mem. Ent. Int. 8: 125.
Asiometopia (*Asiometopia*) *tadzhika*: Verves, 1986. *In*: Soós *et* Papp, 1986. Cat. Palaearct. Dipt. 12: 88.
分布（Distribution）：内蒙古（NM）、新疆（XJ）；塔吉克斯坦、土库曼斯坦、乌兹别克斯坦。

（85）乌兹别克法蜂麻蝇 *Phrosinella* (*Asiometopia*) *ujugura* (Rohdendorf, 1935)

Asdiometopia ujugura Rohdendorf, 1935. Flieg. Palaearkt. Reg. 11 (88): 127. **Type locality:** Uzbekistan: nr. Khiva.
Phrosinella (*Asiometopia*) *ujugura*: Verves *et* Khrokalo, 2017. Turk. J. Zool. 41: 50.
Phrosinella ujugura: Fan *et* Pape, 1996. Stud. Dipt. 3 (2): 241; Pape, 1996. Mem. Ent. Int. 8: 125.
Asiometopia (*Asiometopia*) *ujugura*: Verves, 1986. *In*: Soós *et* Papp, 1986. Cat. Palaearct. Dipt. 12: 88.
Asiometopia ujugura: Rohdendorf, 1971. Flieg. Palaearkt. Reg. 11 (285): 130.
分布（Distribution）：新疆（XJ）；塔吉克斯坦、土库曼斯坦、乌兹别克斯坦。

2）伊法蜂麻蝇亚属 *Caspiomyia* Rohdendorf, 1935

Caspiomyia Rohdendorf, 1935. Flieg. Palaearkt. Reg. 11 (88): 127 (as a subgenus of *Asiometopia asiometopia* Rohdendorf, 1935). **Type species:** *Asiometopia* (*Caspiomyia*) *persa* Rohdendorf, 1935 (by original designation).
Phrosinella (*Caspiomyia*): Verves *et* Khrokalo, 2017. Turk. J. Zool. 41: 46, 50.
Asiometopia (*Caspiomyia*): Fan, 1992. Key to the Common Flies of China, 2nd Ed.: 598; Verves, 1986. *In*: Soós *et* Papp, 1986. Cat. Palaearct. Dipt. 12: 89; Xue *et* Chao, 1998. *In*: Xue *et* Chao, 1998. Flies of China, Vol. 2: 1532.

（86）波斯法蜂麻蝇 *Phrosinella* (*Caspiomyia*) *persa* (Rohdendorf, 1935)

Asiometopia (*Caspiomyia*) *persa* Rohdendorf, 1935. Flieg. Palaearkt. Reg. 11 (88): 127. **Type locality:** Iran: Aşyr Ada I.
Phrosinella (*Caspiomyia*) *persa*: Verves *et* Khrokalo, 2017. Turk. J. Zool. 41: 50.
Asiometopia (*Caspiomyia*) *persa*: Rohdendorf *et* Verves, 1980. Insects Mongolia 7: 498; Verves, 1986. *In*: Soós *et* Papp, 1986. Cat. Palaearct. Dipt. 12: 89; Verves, 1990. Insects Mongolia 11: 553.
Phrosinella persa: Fan *et* Pape, 1996. Stud. Dipt. 3 (2): 242; Pape, 1996. Mem. Ent. Int. 8: 124.
分布（Distribution）：内蒙古（NM）；俄罗斯、蒙古国、伊朗。

3）法蜂麻蝇亚属 *Phrosinella* Robineau-Desvoidy, 1863

Phrosinella Robineau-Desvoidy, 1863. Hist. Nat. Dipt. Envir. Paris 2: 82. **Type species:** *Phrosinella argyrina* Robineau-Desvoidy, 1863 [= *Tachina nasuta* Meigen, 1824] (monotypy).

（87）象法蜂麻蝇 *Phrosinella* (*Phrosinella*) *nasuta* (Meigen, 1824)

Tachina nasuta Meigen, 1824. Syst. Beschr. Europ. Zweifl. Insekt. 4: 374. **Type locality:** Europe: probably Germany.
Phrosinella (*Phrosinella*) *nasuta*: Verves *et* Khrokalo, 2006b. Key Ins. Rus. Far East 6 (4): 101.
Phrosinella nasuta: Pape, 1996. Mem. Ent. Int. 8: 29, 124; Rohdendorf, 1971. Ent. Obozr. 50 (2): 447, 449.
分布（Distribution）：内蒙古（NM）；俄罗斯、蒙古国、哈萨克斯坦、阿尔巴尼亚、奥地利、阿塞拜疆、捷克、斯洛伐克、法国、德国、匈牙利、意大利、利比亚、摩尔多瓦、波兰、瑞典、乌克兰。

楔蜂麻蝇亚族 Sphenometopiina

23. 楔蜂麻蝇属 *Sphenometopa* Townsend, 1908

Sphenometopa Townsend, 1908. Smithson. Misc. Collect. 51 (2): 64. **Type species:** *Araba nebulosa* Coquillett, 1902 (monotypy).
Araba: Coquillett, 1897b. U. S. Dept. Agric., Div. Ent., Tech. Ser. 7: 127 [misidentification: not *Araba* Robineau-Desvoidy, 1830 (= *Metopia* Meigen, 1803)].
Styloneuria: Verves, 1982b. Insects Mongolia 8: 551 [misidentification: not *Styloneuria* Brauer *et* Bergenstamm, 1891].
Eumetopiella: Verves, 1984. Insects Mongolia 9: 539 [misidentification: not *Eumetopiella* Hendel, 1907].
Sphenometopa: Pape, 1990. Nouv. Rev. Ent. 7 (4): 435; Pape, 1996. Mem. Ent. Int. 8: 144; Verves *et* Khrokalo, 2006b. Key Ins. Rus. Far East 6 (4): 75, 101.
Araba: Fan, 1965. Key to the Common Flies of China: 296, 297.
Eumetopiella: Verves, 1986. *In*: Soós *et* Papp, 1986. Cat. Palaearct. Dipt. 12: 89; Fan, 1992. Key to the Common Flies of China, 2nd Ed.: 599.

1）阿楔蜂麻蝇亚属 *Arabiopsis* Townsend, 1915

Arabiopsis Townsend, 1915b. Can. Entomol. 47: 285. **Type species:** *Arabiopsis cocklei* Townsend, 1915 [= *Eumetopia*

stelviana Brauer *et* Bergenstamm, 1891] (by original designation).
Sphenometopa (*Arabiopsis*): Rohdendorf, 1967. Ent. Obozr. 46 (2): 457; Rohdendorf, 1971. Flieg. Palaearkt. Reg. 11 (285): 157.

（88）黑条楣蜂麻蝇 *Sphenometopa* (*Arabiopsis*) *mesomelenae* Chao *et* Zhang, 1988

Sphenometopa mesomelenae Chao *et* Zhang, 1988b. Sinozool. 6: 281. **Type locality:** China: Sichuan, Litang, Kangka.
Sphenometopa mesomelenae: Pape, 1996. Mem. Ent. Int. 8: 148.
Eumetopiella mesomelenae: Xue *et* Chao, 1998. *In*: Xue *et* Chao, 1998. Flies of China, Vol. 2: 1534, 1536.
Eumetopiella (*Arabiopsis*) *mesomelenae*: Fan, 1992. Key to the Common Flies of China, 2nd Ed.: 600, 609.
Sphenometopa (*Tarsaraba*) *stelviana* [misidentification: not *Eumetopia stelviana* Brauer *et* Bergenstamm, 1891]: Zhang *et al*., 2015. Zootaxa 3946 (4): 471.
分布（Distribution）：四川（SC）。

2）亚洲楣蜂麻蝇亚属 *Asiaraba* Rohdendorf, 1967

Asiaraba Rohdendorf, 1967. Ent. Obozr. 46 (2): 451 (as a subgenus). **Type species:** *Sphenometopa* (*Asiaraba*) *stackelbergi* Rohdendorf, 1967 (by original designation).
Sphenometopa (*Asiaraba*): Rohdendorf, 1971. Flieg. Palaearkt. Reg. 11 (285): 159.
Eumetopiella (*Asiaraba*): Verves, 1984. Insects Mongolia 9: 542; Verves, 1986. *In*: Soós *et* Papp, 1986. Cat. Palaearct. Dipt. 12: 91.

（89）雅氏楣蜂麻蝇 *Sphenometopa* (*Asiaraba*) *jacobsoni* Rohdendorf, 1967

Sphenometopa (*Asiaraba*) *jacobsoni* Rohdendorf, 1967. Ent. Obozr. 46 (2): 457. **Type locality:** Tajikistan: Khorog at River Gunt.
Sphenometopa (*Asiaraba*) *jacobsoni*: Rohdendorf, 1971. Flieg. Palaearkt. Reg. 11 (285): 160.
Sphenometopa jacobsoni: Fan *et* Pape, 1996. Stud. Dipt. 3 (2): 243; Pape, 1996. Mem. Ent. Int. 8: 147.
Eumetopiella (*Asiaraba*) *jacobsoni*: Fan, 1992. Key to the Common Flies of China, 2nd Ed.: 602; Verves, 1986. *In*: Soós *et* Papp, 1986. Cat. Palaearct. Dipt. 12: 91.
分布（Distribution）：新疆（XJ）；印度、吉尔吉斯斯坦、塔吉克斯坦。

（90）牯岭楣蜂麻蝇 *Sphenometopa* (*Asiaraba*) *koulingiana* (Séguy, 1941)

Araba koulingiana Séguy, 1941. Encycl. Ent. (A) 21: 318. **Type locality:** China: Jiangxi, Mt. Lushan, Kouling.
Sphenometopa (*Asiaraba*) *koulingiana*: Rohdendorf, 1975. Flieg. Palaearkt. Reg. 11 (311): 185; Chao *et* Zhang, 1982. *In*: The Comprehensive Scientific Expedition to the Qinghai-Xizang Plateau, Chinese Academy of Sciences, 1982. Insects of Xizang 2: 227.
Sphenometopa koulingiana: Kurahashi, 1970. Kontyû 38 (2): 106; Pape, 1996. Mem. Ent. Int. 8: 147.
Eumetopiella (*Asiaraba*) *koulingiana*: Verves, 1986. *In*: Soós *et* Papp, 1986. Cat. Palaearct. Dipt. 12: 91; Xue *et* Chao, 1998. *In*: Xue *et* Chao, 1998. Flies of China, Vol. 2: 1534.
Eumetopiella koulingiana: Chen *et* Zhu, 2014. J. Beijing Univ. Agric. 29 (4): 24; Feng, 2011. Sichuan J. Zool. 30 (4): 548.
Araba koulingiana: Fan, 1965. Key to the Common Flies of China: 297.
分布（Distribution）：吉林（JL）、辽宁（LN）、北京（BJ）、山东（SD）、河南（HEN）、上海（SH）、江西（JX）、四川（SC）、云南（YN）、西藏（XZ）。

（91）柯氏楣蜂麻蝇 *Sphenometopa* (*Asiaraba*) *kozlovi* Rohdendorf, 1967

Sphenometopa (*Asiaraba*) *kozlovi* Rohdendorf, 1967. Ent. Obozr. 46 (2): 458. **Type locality:** China: Neimenggu, Ala Shan, Jamata Suburgan-Gol.
Sphenometopa kozlovi: Fan *et* Pape, 1996. Stud. Dipt. 3 (2): 243; Pape, 1996. Mem. Ent. Int. 8: 147.
Eumetopiella (*Asiaraba*) *kozlovi*: Verves, 1984. Insects Mongolia 9: 540; Verves, 1986. *In*: Soós *et* Papp, 1986. Cat. Palaearct. Dipt. 12: 91.
Eumetopiella kozlovi: Chen *et* Zhu, 2014. J. Beijing Univ. Agric. 29 (4): 24; Li, Ji *et* Wang, 2014. Chin. J. Vector Biol. & Control 25 (6): 549.
分布（Distribution）：内蒙古（NM）、北京（BJ）、陕西（SN）、新疆（XJ）；蒙古国。

（92）马氏楣蜂麻蝇 *Sphenometopa* (*Asiaraba*) *matsumurai* Rohdendorf, 1967

Sphenometopa (*Asiaraba*) *matsumurai* Rohdendorf, 1967. Ent. Obozr. 46 (2): 457. **Type locality:** Japan: Hokkaidō, Obihiro.
Sphenometopa matsumurai: Kurahashi, 1970. Kontyû 38 (2): 102; Pape, 1996. Mem. Ent. Int. 8: 148.
Eumetopiella (*Asiaraba*) *matsumurai*: Verves, 1986. *In*: Soós *et* Papp, 1986. Cat. Palaearct. Dipt. 12: 91; Xue *et* Chao, 1998. *In*: Xue *et* Chao, 1998. Flies of China, Vol. 2: 1534, 1536.
分布（Distribution）：台湾（TW）。

3）埃蜂麻蝇亚属 *Euaraba* Townsend, 1915

Euaraba Townsend, 1915c. Proc. Biol. Soc. Wash. 28: 20. **Type species:** *Araba tergata* Coquillett, 1915 (by original designation).
Eumetopia Brauer *et* Bergenstamm, 1889. Denkschr. Akad. Wiss. Wien. Math.-Naturw. Kl. 56 (1): 114 [a junior homonym of *Eumetopia* Westwood, 1837 (Hemiptera: Thyreocoridae) and *Eumetopia* Macquart, 1848 (Diptera: Otitidae)]. **Type species:** *Tachina fastuosa* Meigen, 1824.

Sphenometopa (*Euaraba*): Rohdendorf, 1967. Ent. Obozr. 46 (2): 452; Rohdendorf, 1971. Flieg. Palaearkt. Reg. 11 (285): 173; Rohdendorf, 1975. Flieg. Palaearkt. Reg. 11 (311): 177.

（93）利氏棢蜂麻蝇 *Sphenometopa* (*Euaraba*) *licenti* (Séguy, 1962)

Araba licenti Séguy, 1962. Bull. Mus. Natl. Hist. Nat. (2) 34 (6): 455. **Type locality:** China: Shanxi, Tsi-li-yu.
Sphenometopa licenti: Fan *et* Pape, 1996. Stud. Dipt. 3 (2): 243; Pape, 1996. Mem. Ent. Int. 8: 147; Rohdendorf, 1975. Flieg. Palaearkt. Reg. 11 (311): 184.
Eumetopiella (*Euaraba*) *licenti*: Verves, 1986. *In*: Soós *et* Papp, 1986. Cat. Palaearct. Dipt. 12: 91.
Eumetopiella licenti: Fan, 1992. Key to the Common Flies of China, 2nd Ed.: 600; Xue *et* Chao, 1998. *In*: Xue *et* Chao, 1998. Flies of China, Vol. 2: 1534, 1536.
分布（Distribution）：陕西（SN）。

（94）蒙古棢蜂麻蝇 *Sphenometopa* (*Euaraba*) *mongolica* (Fan, 1965)

Araba mongolica Fan, 1965. Key to the Common Flies of China: 298. **Type locality:** China: Neimenggu, Hohhot.
Sphenometopa (*Euaraba*) *mongolica*: Verves, 1990. Insects Mongolia 11: 555.
Sphenometopa mongolica: Fan *et* Pape, 1996. Stud. Dipt. 3 (2): 243.
Eumetopiella (*Euaraba*) *mongolica*: Verves, 1986. *In*: Soós *et* Papp, 1986. Cat. Palaearct. Dipt. 12: 92.
Eumetopiella mongolica: Fan, 1992. Key to the Common Flies of China, 2nd Ed.: 601; Chen *et* Zhu, 2014. J. Beijing Univ. Agric. 29 (4): 24.
Eumetopiella (*Euaraba*) *mongolia* [incorrect subsequent spelling of *mongolica* Fan, 1965]: Fan, 1992. Key to the Common Flies of China, 2nd Ed.: 600; Xue *et* Chao, 1998. *In*: Xue *et* Chao, 1998. Flies of China, Vol. 2: 1533, 1536.
分布（Distribution）：内蒙古（NM）、北京（BJ）。

（95）塞氏棢蜂麻蝇 *Sphenometopa* (*Euaraba*) *semenovi* Rohdendorf, 1967

Sphenometopa (*Euaraba*) *semenovi* Rohdendorf, 1967. Ent. Obozr. 46 (2): 466. **Type locality:** China: Neimenggu, Ala Shan, Dzosto.
Sphenometopa semenovi: Fan *et* Pape, 1996. Stud. Dipt. 3 (2): 243; Pape, 1996. Mem. Ent. Int. 8: 147; Rohdendorf, 1975. Flieg. Palaearkt. Reg. 11 (311): 183.
Eumetopiella (*Euaraba*) *semenovi*: Verves, 1984. Insects Mongolia 9: 540; Verves, 1986. *In*: Soós *et* Papp, 1986. Cat. Palaearct. Dipt. 12: 93.
分布（Distribution）：内蒙古（NM）；蒙古国。

4）塔尔蜂麻蝇亚属 *Tarsaraba* Rohdendorf, 1967

Tarsaraba Rohdendorf, 1967. Ent. Obozr. 46 (2): 460 (as a subgenus). **Type species:** *Sphenometopa* (*Tarsaraba*) *przewalskii* Rohdendorf, 1967) (by original designation).
Intermedia Chao, 1992. *In*: Fan, 1992. Key to the Common Flies of China, 2nd Ed.: 601 (as a subgenus of *Eumetopiella sensu* Verves, 1984). **Type species:** *Eumetopiella* (*Intermedia*) *luridimacula* Chao *et* Zhang, 1988.
Eumetopiella (*Tarsaraba*): Verves, 1986. *In*: Soós *et* Papp, 1986. Cat. Palaearct. Dipt. 12: 93.

（96）切氏棢蜂麻蝇 *Sphenometopa* (*Tarsaraba*) *czernyi* (Strobl, 1909)

Araba czernyi Strobl, 1909. *In*: Czerny *et* Strobl, 1909. Verh. K. K. Zool.-Bot. Ges. Wien 59: 231. **Type locality:** Spain: Andalusia, upper valley of Genil River.
Sphenometopa (*Tarsaraba*) *czernyi*: Rohdendorf, 1967. Ent. Obozr. 46 (2): 452; Rohdendorf, 1971. Flieg. Palaearkt. Reg. 11 (285): 168.
Sphenometopa czernyi: Pape, 1996. Mem. Ent. Int. 8: 146.
Eumetopiella (*Tarsaraba*) *czernyi*: Verves, 1986. *In*: Soós *et* Papp, 1986. Cat. Palaearct. Dipt. 12: 91.
分布（Distribution）：新疆（XJ）；西班牙。

（97）普氏棢蜂麻蝇 *Sphenometopa* (*Tarsaraba*) *przewalskii* Rohdendorf, 1967

Sphenometopa (*Tarsaraba*) *przewalskii* Rohdendorf, 1967. Ent. Obozr. 46 (2): 460. **Type locality:** Mongolia: Bayan Khongor Aimak, Lake Orok Nur.
Sphenometopa przewalskii: Fan *et* Pape, 1996. Stud. Dipt. 3 (2): 243; Pape, 1996. Mem. Ent. Int. 8: 149.
Eumetopiella (*Tarsaraba*) *przewalskii*: Verves, 1986. *In*: Soós *et* Papp, 1986. Cat. Palaearct. Dipt. 12: 93.
分布（Distribution）：陕西（SN）；蒙古国。

（98）斯塔克棢蜂麻蝇 *Sphenometopa* (*Tarsaraba*) *stackelbergiana* Rohdendorf, 1967

Sphenometopa (*Tarsaraba*) *stackelbergiana* Rohdendorf, 1967. Ent. Obozr. 46 (2): 460. **Type locality:** Tajikistan: N from Murgab, East Pshart River.
Sphenometopa (*Intermedia*) *luridimacula* Chao *et* Zhang, 1988b. Sinozool. 6: 281. **Type locality:** China: Xinjiang, Baicheng.
Sphenometopa stackelbergiana: Pape, 1996. Mem. Ent. Int. 8: 150.
Eumetopiella (*Tarsaraba*) *stackelbergiana*: Verves, 1986. *In*: Soós *et* Papp, 1986. Cat. Palaearct. Dipt. 12: 93.
Sphenometopa (*Tarsaraba*) *luridimacula*: Zhang *et al*., 2015. Zootaxa 3946 (4): 471.
Sphenometopa luridimacula: Fan *et* Pape, 1996. Stud. Dipt. 3 (2): 243; Pape, 1996. Mem. Ent. Int. 8: 147.
Eumetopiella (*Intermedia*) *luridimacula*: Fan, 1992. Key to the Common Flies of China, 2nd Ed.: 601; Xue *et* Chao, 1998. *In*: Xue *et* Chao, 1998. Flies of China, Vol. 2: 1534, 1536.
分布（Distribution）：新疆（XJ）；蒙古国、塔吉克斯坦。

聚蜂麻蝇亚族 Taxigrammina

24. 喜蜂麻蝇属 *Hilarella* Rondani, 1856

Hilarella Rondani, 1856. Dipt. Ital. Prodromus, Vol. I: 70. **Type species:** *Miltogramma zetterstedti* Rondani, 1856 [= *Miltogramma hilarella* Zetterstedt, 1844] (by original designation).
Hilarella: Fan, 1992. Key to the Common Flies of China, 2nd Ed.: 596, 598; Rohdendorf, 1935. Flieg. Palaearkt. Reg. 11: 110, 113-116; Séguy, 1941. Encycl. Ent. (A) 21: 300.

（99）点斑喜蜂麻蝇 *Hilarella stictica* (Meigen, 1830)

Miltogramma stictica Meigen, 1830. Syst. Beschr. Europ. Zweifl. Insekt. 6: 367. **Type locality:** Germany: environs of Berlin.
Miltogramma siphonina Zetterstedt, 1844. Dipt. Scand. 3: 1213. **Type locality:** Sweden: Skåne, Östra Torp.
Taxigramma stictica: Pape, 1996. Mem. Ent. Int. 8: 154.
Hilarella siphonina: Rohdendorf, 1935. Flieg. Palaearkt. Reg. 11 (88): 116; Rohdendorf *et* Verves, 1980. Insects Mongolia 7: 507; Pape, 1986. Ent. Scand. 17: 309.
分布（Distribution）：内蒙古（NM）、河北（HEB）、陕西（SN）；俄罗斯、阿塞拜疆、阿尔及利亚、亚美尼亚、奥地利、保加利亚、捷克、丹麦、法国、意大利、德国、匈牙利、蒙古国、波兰、塞尔维亚、瑞典、乌克兰。

25. 小蚜蜂麻蝇属 *Paragusia* Schiner, 1861

Paragusia Schiner, 1861. Wien. Ent. Monatschr. 5 (5): 143. **Type species:** *Paragusia frivaldzkii* Schiner, 1861 [= *Tachina elegantula* Zetterstedt, 1844] (by original designation).
Paragusia: Verves, 1984. Insects Mongolia 9: 547; Verves, 1986. *In*: Soós *et* Papp, 1986. Cat. Palaearct. Dipt. 12: 100; Verves, 1990. Insects Mongolia 11: 523, 547.
Taxigramma (*Paragusia*): Rohdendorf, 1935. Flieg. Palaearkt. Reg. 11 (88): 123.
Pamirella Enderlein, 1933b. Dtsch. Ent. Z. 1933: 134. **Type species:** *Pamirella karakulensis* Enderlein, 1933.
Eutaxigramma Rohdendorf, 1935. Flieg. Palaearkt. Reg. 11 (88): 120 (as a subgenus of *Taxigramma* Macquart, 1850). **Type species:** *Heteropterina pluriseta* Pandellé, 1895.

（100）靓丽小蚜蜂麻蝇 *Paragusia elegantula* Zetterstedt, 1844

Tachina elegantula Zetterstedt, 1844. Dipt. Scand. 3: 1024. **Type locality:** Sweden.
Paragusia elegantula: Rohdendorf *et* Verves, 1980. Insects Mongolia 7: 507; Verves, 1986. *In*: Soós *et* Papp, 1986. Cat. Palaearct. Dipt. 12: 101; Verves, 1990. Insects Mongolia 11: 547.
Taxigramma (*Paragusia*): Fan, 1992. Key to the Common Flies of China, 2nd Ed.: 599; Rohdendorf, 1935. Flieg. Palaearkt. Reg. 11 (88): 124.
Taxigramma elegantula: Fan *et* Pape, 1996. Stud. Dipt. 3 (2): 241; Pape, 1996. Mem. Ent. Int. 8: 152.
分布（Distribution）：内蒙古（NM）、新疆（XJ）；蒙古国、哈萨克斯坦、塔吉克斯坦、土库曼斯坦、乌兹别克斯坦、亚美尼亚、奥地利、比利时、丹麦、爱沙尼亚、芬兰、法国、德国、匈牙利、伊朗、意大利、挪威、波兰、俄罗斯、瑞典、土耳其、乌克兰。

（101）卡小蚜蜂麻蝇 *Paragusia karakulensis* (Enderlein, 1933)

Pamirella karakulensis Enderlein, 1933b. Dtsch. Ent. Z. 1933: 134. **Type locality:** Uzbekistan: East of Karakul.
Paragusia karakulensis: Fan *et* Pape, 1996. Stud. Dipt. 3 (2): 241.
Taxigramma karakulensis: Pape, 1996. Mem. Ent. Int. 8: 153.
分布（Distribution）：新疆（XJ）；土库曼斯坦、乌兹别克斯坦。

（102）多斑小蚜蜂麻蝇 *Paragusia multipunctata* Rondani, 1859

Heteropterina multipunctata Rondani, 1859. Dipt. Ital. Prodromus, Vol. III: 211. **Type locality:** Italy: Parma.
Paragusia multipunctata: Fan *et* Pape, 1996. Stud. Dipt. 3 (2): 241; Rohdendorf *et* Verves, 1980. Insects Mongolia 7: 508; Verves, 1984. Insects Mongolia 9: 548.
Taxigramma multipunctata: Pape, 1996. Mem. Ent. Int. 8: 154.
Taxigramma (*Eutaxigramma*) *multipunctata*: Fan, 1992. Key to the Common Flies of China, 2nd Ed.: 599; Rohdendorf, 1935. Flieg. Palaearkt. Reg. 11 (88): 122.
分布（Distribution）：内蒙古（NM）；俄罗斯、蒙古国、土库曼斯坦、乌兹别克斯坦、阿尔巴尼亚、亚美尼亚、奥地利、保加利亚、塞浦路斯、埃及、法国、德国、希腊、匈牙利、伊朗、意大利、马耳他、苏丹、沙特阿拉伯、西班牙、前南斯拉夫、博茨瓦纳、肯尼亚、莱索托、马达加斯加、塞内加尔、南非、坦桑尼亚、津巴布韦。

26. 聚蜂麻蝇属 *Taxigramma* Macquart, 1850

Taxigramma Macquart, 1850c. Cat. Mus. Hist. Nat. Lille 2. Anim. Invert.: 522. **Type species:** *Miltogramma heteroneura* Meigen, 1830 (monotypy).
Taxigramma: Rohdendorf, 1935. Flieg. Palaearkt. Reg. 11 (88): 116; Townsend, 1938. Man. Myiol. VI: 149; Perris, 1852. Ann. Soc. Linn. Lyon [1850-1852]: 209; Verves, 1986. *In*: Soós *et* Papp, 1986. Cat. Palaearct. Dipt. 12: 66.

（103）异聚蜂麻蝇 *Taxigramma heteroneura* (Meigen, 1830)

Miltogramma heteroneura Meigen, 1830. Syst. Beschr. Europ. Zweifl. Insekt. 6: 367. **Type locality:** Germany: environs of Berlin.

Taxigramma heteroneura: Pape, 1996. Mem. Ent. Int. 8: 153; Verves, 1990. Insects Mongolia 11: 523, 549; Verves *et* Khrokalo, 2006b. Key Ins. Rus. Far East 6 (4): 101.
分布（Distribution）： 内蒙古（NM）、新疆（XJ）；俄罗斯、蒙古国、印度、哈萨克斯坦、塔吉克斯坦、吉尔吉斯斯坦、土库曼斯坦、乌兹别克斯坦、阿富汗、阿尔巴尼亚、阿尔及利亚、亚美尼亚、奥地利、阿塞拜疆、保加利亚、加那利群岛、捷克、斯洛伐克、丹麦、埃及、芬兰、法国、德国、希腊、格鲁吉亚、匈牙利、伊朗、意大利、摩尔多瓦、摩洛哥、波兰、罗马尼亚、塞尔维亚、西班牙、瑞典、土耳其、乌克兰、加拿大、美国。

真麻蝇亚科 Eumacronychiinae

沼野蝇族 Goniophytoini

27. 沼野蝇属 *Goniophyto* Townsend, 1927

Goniophyto Townsend, 1927. Ent. Mitt. 16 (4): 281. **Type species:** *Goniophyto formosensis* Townsend, 1927 (by original designation).
Sinagria Fan, 1965. Key to the Common Flies of China: 291 (nomen nudum).
Goniophyto: Pape, 1996. Mem. Ent. Int. 8: 35, 164; Verves, 1982a. Flieg. Palaearkt. Reg. 11 (327): 250; Verves, 1986. *In*: Soós *et* Papp, 1986. Cat. Palaearct. Dipt. 12: 111; Verves *et* Khrokalo, 2006b. Key Ins. Rus. Far East 6 (4): 75, 104.

（104）台湾沼野蝇 *Goniophyto formosensis* Townsend, 1927

Goniophyto formosensis Townsend, 1927. Ent. Mitt. 16 (4): 281. **Type locality:** China: Taiwan, Amping.
Goniophyto formosensis: Pape, 1996. Mem. Ent. Int. 8: 164.
分布（Distribution）： 上海（SH）、福建（FJ）、台湾（TW）、广东（GD）。

（105）本州沼野蝇 *Goniophyto honshuensis* Rohdendorf, 1962

Goniophyto honshuensis Rohdendorf, 1962. Ent. Obozr. 41 (4): 936. **Type locality:** Japan: Honshu, Yokohama.
Goniophyto honshuensis: Pape, 1996. Mem. Ent. Int. 8: 164.
分布（Distribution）： 辽宁（LN）、上海（SH）、浙江（ZJ）、福建（FJ）、台湾（TW）；日本、俄罗斯。

（106）上海沼野蝇 *Goniophyto shanghaiensis* Deng, Chen *et* Fan, 2007

Goniophyto shanghaiensis Deng, Chen *et* Fan, 2007. Entomotaxon. 29 (2): 137. **Type locality:** China: Shanghai City, Nanhui.
Goniophyto shanghaiensis: Zhang *et al*., 2016. Zootaxa 4208 (4): 307.
分布（Distribution）： 上海（SH）。

阿麻蝇族 Sarcotachinini

28. 阿麻蝇属 *Sarcotachina* Portschinsky, 1881

Sarcotachina Portschinsky, 1881b. Horae Soc. Ent. Ross. 16: 277. **Type species:** *Sarcotachina subcylindrica* Portschinsky, 1881 (monotypy).
Sarcotachina: Lopes, 1981b. Rev. Bras. Biol. 41 (1): 206; Pape, 1996. Mem. Ent. Int. 8: 168; Rohdendorf, 1967. Proc. Paleontol. Inst. 116: 71.

（107）近筒阿麻蝇 *Sarcotachina subcylindrica* Portschinsky, 1881

Sarcotachina subcylindrica Portschinsky, 1881b. Horae Soc. Ent. Ross. 16: 277.
Sarcotachina subcylindrica: Rohdendorf, 1967. Proc. Paleontol. Inst. 116: 71; Verves, 1985. Flieg. Palaearkt. Reg. 11 (330): 346.
分布（Distribution）： 内蒙古（NM）、新疆（XJ）；蒙古国、俄罗斯、哈萨克斯坦、土库曼斯坦、乌兹别克斯坦、乌克兰。

野麻蝇亚科 Paramacronychiinae

野麻蝇族 Paramacronychiini

野蝇亚族 Agriina

29. 野蝇属 *Agria* Robineau-Desvoidy, 1830

Agria Robineau-Desvoidy, 1830. Mém. Prés. Div. Sav. Acad. R. Sci. Inst. Fr. 2 (2): 376. **Type species:** *Agria punctata* Robineau-Desvoidy, 1830 [= *Musca affinis* Fallén, 1817] (by designation of Townsend, 1916).
Pseudosarcophaga Kramer, 1908b. Ent. Wochenbl. 25: 200. **Type species:** *Musca affinis* Fallén, 1817 (by designation of Enderlein, 1928).
Agria: Verves, 1982a. Flieg. Palaearkt. Reg. 11 (327): 271; Verves, 1990. Insects Mongolia 11: 557, 566.
Pseudosarcophaga: Fan, 1965. Key to the Common Flies of China: 291.

（108）近野蝇 *Agria affinis* (Fallén, 1817)

Musca affinis Fallén, 1817. K. Svenska Vetensk. Akad. Handl. (3) [1816]: 237. **Type locality:** Sweden: probably Skåne.
Agria punctata Robineau-Desvoidy, 1830. Mém. Prés. Div. Sav. Acad. R. Sci. Inst. Fr. 2 (2): 377. **Type locality:** Europe: probably France.
Agria affinis: Fan *et* Pape, 1996. Stud. Dipt. 3 (2): 244; Verves, 1986. *In*: Soós *et* Papp, 1986. Cat. Palaearct. Dipt. 12: 111.
Agria punctata: Draber-Mońko, 1989. Mem. Inst. Oswaldo

Cruz 84 (Suppl. 4): 176; Verves, 1990. Insects Mongolia 11: 567.

分布（Distribution）：北京（BJ）、陕西（SN）、青海（QH）、新疆（XJ）、西藏（XZ）；俄罗斯、蒙古国、哈萨克斯坦、吉尔吉斯斯坦、奥地利、阿塞拜疆、比利时、保加利亚、白俄罗斯、捷克、斯洛伐克、丹麦、爱沙尼亚、芬兰、法国、德国、匈牙利、爱尔兰、意大利、摩尔多瓦、荷兰、波兰、罗马尼亚、西班牙、瑞典、瑞士、乌克兰、英国、前南斯拉夫。

30. 长肛野蝇属 *Angiometopa* Brauer *et* Bergenstamm, 1889

Angiometopa Brauer *et* Bergenstamm, 1889. Denkschr. Akad. Wiss. Wien. Math.-Naturw. Kl. 56 (1): 123. **Type species:** *Musca ruralis* Fallén, 1817 [= *Angiometopa falleni* Pape, 1986] (by original designation).

Angiometopa: Pape, 1996. Mem. Ent. Int. 8: 158; Rohdendorf *et* Verves, 1978. Ann. Hist.-Nat. Mus. Natl. Hung. 70: 248; Verves, 1990. Insects Mongolia 11: 568.

（109）落长肛野蝇 *Angiometopa falleni* Pape, 1986

Angiometopa falleni Pape, 1986. Ent. Scand. 17: 306 (replacement name for *Musca ruralis* Fallén, 1817).

Musca ruralis Fallén, 1817. K. Svenska Vetensk. Akad. Handl. (3) [1816]: 237 [a junior primary homonym of *Musca ruralis* Gravenhorst, 1807 (Muscidae)]. **Type locality:** Sweden: Skåne.

Angiometopa falleni: Pape, 1996. Mem. Ent. Int. 8: 159.

Angiometopa ruralis: Rohdendorf *et* Verves, 1978. Ann. Hist.-Nat. Mus. Natl. Hung. 70: 248; Séguy, 1941. Encycl. Ent. (A) 21: 235.

分布(Distribution)：辽宁(LN)、内蒙古(NM)、河北(HEB)、北京（BJ）、新疆（XJ）、四川（SC）；俄罗斯、蒙古国、乌兹别克斯坦、哈萨克斯坦、亚美尼亚、奥地利、比利时、保加利亚、前捷克斯洛伐克、丹麦、芬兰、法国、德国、格鲁吉亚、匈牙利、意大利、波兰、罗马尼亚、西班牙、瑞典、瑞士、乌克兰、英国、前南斯拉夫。

（110）米哈长肛野蝇 *Angiometopa mihalyii* Rohdendorf *et* Verves, 1978

Angiometopa mihalyii Rohdendorf *et* Verves, 1978. Ann. Hist.-Nat. Mus. Natl. Hung. 70: 247. **Type locality:** Mongolia: Central Aimak, Songino.

Agria mihalyii: Pape, 1996. Mem. Ent. Int. 8: 159; Zhang *et al.*, 2013. ZooKeys 310: 44.

分布（Distribution）：北京（BJ）、陕西（SN）；俄罗斯、蒙古国、朝鲜、乌克兰。

31. 拟野蝇属 *Mimagria* Verves, 2001

Mimagria Verves, 2001. Int. J. Dipt. Res. 12 (3): 147. **Type species:** *Agria xiangchengensis* Chao *et* Zhang, 1988 (by original designation).

Mimagria: Zhang *et al.*, 2016. Zootaxa 4208 (4): 308.

（111）乡城拟野蝇 *Mimagria xiangchengensis* (Chao *et* Zhang, 1988)

Agria xiangchengensis Chao *et* Zhang, 1988b. Sinozool. 6: 276. **Type locality:** China: Sichuan, Xiangcheng.

Mimnagria xiangchengensis: Pape, 1996. Mem. Ent. Int. 8: 173; Zhang *et al.*, 2016. Zootaxa 4208 (4): 308.

分布（Distribution）：四川（SC）。

圆折野麻蝇亚族 Blaesoxiphellina

32. 圆折野麻蝇属 *Blaesoxiphella* Villeneuve, 1912

Blaesoxiphella Villeneuve, 1912. Ann. Hist.-Nat. Mus. Natl. Hung. 10: 613. **Type species:** *Blaesoxiphella brevicornis* Villeneuve, 1912 (monotypy).

Blaesoxiphella: Pape, 1996. Mem. Ent. Int. 8: 160; Verves, 1990. Insects Mongolia 11: 557, 564; Verves *et* Khrokalo, 2006b. Key Ins. Rus. Far East 6 (4): 75, 112.

（112）短角圆折野麻蝇 *Blaesoxiphella brevicornis* Villeneuve, 1912

Blaesoxiphella brevicornis Villeneuve, 1912. Ann. Hist.-Nat. Mus. Natl. Hung. 10: 614. **Type locality:** Russia: Samara.

Blaesoxiphella brevicornis: Pape, 1996. Mem. Ent. Int. 8: 160; Verves, 1986. *In*: Soós *et* Papp, 1986. Cat. Palaearct. Dipt. 12: 113.

分布（Distribution）：内蒙古（NM）；俄罗斯、蒙古国、哈萨克斯坦、阿尔及利亚、乌克兰。

短野蝇亚族 Brachicomina

33. 短野蝇属 *Brachicoma* Rondani, 1856

Brachicoma Rondani, 1856. Dipt. Ital. Prodromus, Vol. I: 69. **Type species:** *Tachina nitidula* Meigen, 1824 sensu Rondani, 1856 [misidentification; = *Tachina devia* Fallén, 1820] (by original designation).

Brachicoma: Fan, 1992. Key to the Common Flies of China, 2nd Ed.: 612, 614; Pape, 1996. Mem. Ent. Int. 8: 32, 160.

Brachycoma [incorrect subsequent spelling of *Brachicoma* Rondani, 1856]: Séguy, 1941. Encycl. Ent. (A) 21: 323, 328.

（113）东方短野蝇 *Brachicoma asiatica* Rohdendorf *et* Verves, 1979

Brachicoma asiatica Rohdendorf *et* Verves, 1979. Ent. Obozr. 58 (1): 195. **Type locality:** Russia: Chita Region, Nerchinsk Range near Ust-Ozernoe.

Brachicoma asiatica: Pape, 1996. Mem. Ent. Int. 8: 32, 161;

Verves, 1982a. Flieg. Palaearkt. Reg. 11 (327): 287-289.

分布（Distribution）：黑龙江（HL）、新疆（XJ）；俄罗斯、蒙古国、塔吉克斯坦。

（114）寂短野蝇 *Brachicoma devia* Fallén, 1820

Brachicoma devia Fallén, 1820. Monogr. Musc. Sveciae I: 6. **Type locality:** Sweden: probably Skåne.

Brachicoma devia: Kurahashi, 1975. Kontyû 43 (2): 212; Pape, 1996. Mem. Ent. Int. 8: 161.

分布（Distribution）：黑龙江（HL）、吉林（JL）、辽宁（LN）、内蒙古（NM）、河北（HEB）、山西（SX）、陕西（SN）、新疆（XJ）、四川（SC）、云南（YN）、西藏（XZ）、福建（FJ）；俄罗斯、蒙古国、日本、印度、哈萨克斯坦、亚美尼亚、奥地利、阿塞拜疆、比利时、保加利亚、白俄罗斯、捷克、斯洛伐克、丹麦、爱沙尼亚、芬兰、法国、德国、希腊、格鲁吉亚、匈牙利、爱尔兰、意大利、立陶宛、摩尔多瓦、挪威、波兰、罗马尼亚、西班牙、瑞典、瑞士、乌克兰、英国、前南斯拉夫、加拿大、美国。

（115）黑短野蝇 *Brachicoma nigra* Chao *et* Zhang, 1988

Brachicoma nigra Chao *et* Zhang, 1988b. Sinozool. 6: 275. **Type locality:** China: Sichuan, Xiangcheng.

Brachicoma nigra: Fan, 1992. Key to the Common Flies of China, 2nd Ed.: 615; Xue *et* Rong, 2013. J. Med. Pest Control 29 (9): 986.

分布（Distribution）：四川（SC）、云南（YN）。

木野麻蝇亚族 Dexagriina

34. 木野麻蝇属 *Dexagria* Rohdendorf, 1978

Dexagria Rohdendorf, 1978. Ent. Obozr. 57 (2): 416. **Type species:** *Dexagria ushinskyi* Rohdendorf, 1978 (by original designation).

Dexagria: Verves, 1982a. Flieg. Palaearkt. Reg. 11 (327): 249, 256; Verves, 1986. *In*: Soós *et* Papp, 1986. Cat. Palaearct. Dipt. 12: 114; Verves, Xue *et* Wang, 2015. Jpn. J. Syst. Ent. 21 (2): 337.

（116）康定木野麻蝇 *Dexagria kangdingica* Feng *et* Deng, 2010

Dexagria kangdingica Feng *et* Deng, 2010. *In*: Feng, Deng *et* Fan, 2010. Entomotaxon. 32 (1): 55. **Type locality:** China: Sichuan, Kangding City.

Dexagria kangdingica: Verves, Xue *et* Wang, 2015. Jpn. J. Syst. Ent. 21 (2): 339, 341.

分布（Distribution）：四川（SC）。

（117）曲木野麻蝇 *Dexagria sinuata* Xue, Verves *et* Wang, 2015

Dexagria sinuata Xue, Verves *et* Wang, 2015. *In*: Verves, Xue *et* Wang, 2015. Jpn. J. Syst. Ent. 21 (2): 337.

Dexagria sinuata: Zhang *et al*., 2016. Zootaxa 4208 (4): 306.

分布（Distribution）：云南（YN）。

野麻蝇亚族 Paramacronychiina

35. 野麻蝇属 *Paramacronychia* Brauer *et* Bergenstamm, 1889

Paramacronychia Brauer *et* Bergenstamm, 1889. Denkschr. Akad. Wiss. Wien. Math.-Naturw. Kl. 56 (1): 116. **Type species:** *Macronychia flavipalpis* Girschner, 1881 (monotypy).

Paramacronychia: Séguy, 1941. Encycl. Ent. (A) 21: 327; Rohdendorf *et* Verves, 1979. Insects Mongolia 6: 478, 481; Pape, 1996. Mem. Ent. Int. 8: 37, 166.

（118）黄须野麻蝇 *Paramacronychia flavipalpis* (Girschner, 1881)

Macronychia flavipalpis Girschner, 1881. Ent. Nachr. 7: 279. **Type locality:** Germany: Meiningen.

Paramacronychia flavipalpis: Rohdendorf *et* Verves, 1979. Insects Mongolia 6: 481; Fan *et* Pape, 1996. Stud. Dipt. 3 (2): 244.

分布（Distribution）：新疆（XJ）；俄罗斯、蒙古国、吉尔吉斯斯坦、阿尔巴尼亚、亚美尼亚、奥地利、阿塞拜疆、捷克、斯洛伐克、法国、德国、意大利、波兰、瑞典、瑞士。

污麻蝇亚族 Wohlfahrtiina

36. 亚洲污麻蝇属 *Asiosarcophila* Rohdendorf *et* Verves, 1978

Asiosarcophila Rohdendorf *et* Verves, 1978. Ann. Hist.-Nat. Mus. Natl. Hung. 70: 245. **Type species:** *Asiosarcophila kaszabi* Rohdendorf *et* Verves, 1978 (by original designation).

Asiosarcophila: Pape, 1996. Mem. Ent. Int. 8: 160; Rohdendorf *et* Verves, 1979. Insects Mongolia 6: 480; Verves, 1982a. Flieg. Palaearkt. Reg. 11 (327): 284.

（119）卡扎亚洲污麻蝇 *Asiosarcophila kaszabi* Rohdendorf *et* Verves, 1978

Asiosarcophila kaszabi Rohdendorf *et* Verves, 1978. Ann. Hist.-Nat. Mus. Natl. Hung. 70: 245. **Type locality:** Mongolia: Chovd Aimak, Umnuu Chairchan-ul, N of Dzereg.

Wohlfahrtiodes mongolicus Chao *et* Zhang, 1988b. Sinozool. 6: 273. **Type locality:** China: Neimenggu, Qog B., Mt. Langshan.

Asiosarcophila kaszabi: Pape, 1996. Mem. Ent. Int. 8: 160.

Wohlfahrtiodes mongolicus: Fan *et* Pape, 1996. Stud. Dipt. 3 (2): 245; Pape, 1996. Mem. Ent. Int. 8: 173.

分布（Distribution）：内蒙古（NM）；蒙古国。

37. 嗜卵污麻蝇属 *Oophagomyia* Rohdendorf, 1928

Oophagomyia Rohdendorf, 1928. Publ. Uzb. Expl. Sta. Plant

Prot. 14: 16. **Type species:** *Oophagomyia plotnikovi* Rohdendorf, 1928 (monotypy).
Oophagomyia: Rohdendorf *et* Verves, 1978. Ann. Hist.-Nat. Mus. Natl. Hung. 70: 249; Verves, 1986. *In*: Soós *et* Papp, 1986. Cat. Palaearct. Dipt. 12: 117; Pape, 1996. Mem. Ent. Int. 8: 166.

（120）普氏嗜卵污麻蝇 *Oophagomyia plotnikovi* Rohdendorf, 1928

Oophagomyia plotnikovi Rohdendorf, 1928. Publ. Uzb. Expl. Sta. Plant Prot. 14: 16. **Type locality:** Kazakhstan: Kzyl Orda Region, near bank of Syr-Daria.
Oophagomyia plotnikovi: Fan *et* Pape, 1996. Stud. Dipt. 3 (2): 244; Pape, 1996. Mem. Ent. Int. 8: 166.
分布（Distribution）：内蒙古（NM）；俄罗斯、蒙古国、哈萨克斯坦、土库曼斯坦、乌兹别克斯坦。

38. 麻野蝇属 *Sarcophila* Rondani, 1856

Sarcophila Rondani, 1856. Dipt. Ital. Prodromus, Vol. I: 86. **Type species:** *Musca latifrons* Fallén, 1817 (by original designation).
Sarcophila: Verves, 1985. Flieg. Palaearkt. Reg. 11 (330): 297; Fan, 1992. Key to the Common Flies of China, 2nd Ed.: 612; Pape, 1996. Mem. Ent. Int. 8: 166.
Agria [misidentification: not *Agria* Robineau-Desvoidy, 1830]: Fan, 1965. Key to the Common Flies of China: 291; Rohdendorf, 1962. Ent. Obozr. 41 (4): 937.

（121）日本麻野蝇 *Sarcophila japonica* (Rohdendorf, 1962)

Agria japonica Rohdendorf, 1962. Ent. Obozr. 41 (4): 937. **Type locality:** Japan: Honshu, Mt. Kanadzawa.
Sarcophila japonica: Verves, 1982a. Flieg. Palaearkt. Reg. 11 (327): 296; Verves *et* Khrokalo, 2006b. Key Ins. Rus. Far East 6 (4): 117.
Agria japonica: Wang, Zhang *et* Wang, 2001. Chin. J. Vector Biol. & Control 12 (4): 265; Wang *et* He, 2002. Chin. J. Pest Control 18 (1): 13.
分布（Distribution）：内蒙古（NM）、陕西（SN）、宁夏（NX）、新疆（XJ）；俄罗斯、韩国、日本。

（122）蒙古麻野蝇 *Sarcophila mongolica* Chao *et* Zhang, 1988

Sarcophila mongolica Chao *et* Zhang, 1988b. Sinozool. 6: 274. **Type locality:** China: Neimenggu, Qog B., Mt. Langshan.
Sarcophila mongolica: Pape, 1996. Mem. Ent. Int. 8: 167.
Sarcophila latifrons [misidentification: not *Musca latifrons* Fallén, 1817): Fan *et* Pape, 1996. Stud. Dipt. 3 (2): 244; Ma *et al*., 1998. Ent. Dis. Bull. 13 (4): 36; Rohdendorf, 1930. Bull. Entomol. Res. 21 (3): 317.
分布（Distribution）：辽宁（LN）、内蒙古（NM）、山东（SD）、宁夏（NX）、新疆（XJ）。

（123）拉氏麻野蝇 *Sarcophila rasnitzyni* Verves, 1982

Sarcophila rasnitzyni Verves, 1982a. Flieg. Palaearkt. Reg. 11 (327): 296. **Type locality:** Mongolia: Middle Gobi Aimak, 20 km W of Somon Lun.
Sarcophila rasnitzyni: Pape, 1996. Mem. Ent. Int. 8: 167; Verves, 1990. Insects Mongolia 11: 559.
分布（Distribution）：黑龙江（HL）、内蒙古（NM）、北京（BJ）、青海（QH）、新疆（XJ）；蒙古国、俄罗斯。

39. 污蝇属 *Wohlfahrtia* Brauer *et* Bergenstamm, 1889

Wohlfahrtia Brauer *et* Bergenstamm, 1889. Denkschr. Akad. Wiss. Wien. Math.-Naturw. Kl. 56 (1): 123. **Type species:** *Sarcophila magnifica* Schiner, 1862 (by designation of Brauer, 1893).
Sinotibetomyia Xue, 2011. *In*: Xue *et* Fei, 2011. J. Shenyang Norm. Univ. (Nat. Sci.) 29 (1): 1, 5. **Type species:** *Sinotibetomyia curvifemura* Xue *et* Fei, 2011 [= *Wohlfahrtia atra* Aldrich, 1916].
Wohlfahrtia: Portschinsky, 1884a. Horae Soc. Ent. Ross. 18: 247; Patton, 1938. Bull. Soc. Fouad I-r Ent. 22: 67; Portschinsky, 1916. Trav. Bur. Ent. 11 (9): 1; Pape, 1996. Mem. Ent. Int. 8: 169.

（124）黑污蝇 *Wohlfahrtia atra* Aldrich, 1926

Wohlfahrtia atra Aldrich, 1926. Proc. U. S. Natl. Mus. 69 (22): 10. **Type locality:** China: Sichuan, Sing Kiang [as "Yellow Dragon Gorge, near Songpan"].
Sinotibetomyia curvifemura Xue *et* Fei, 2011. J. Shenyang Norm. Univ. (Nat. Sci.) 29 (1): 1, 5. **Type locality:** China: Xizang, Gongbo'gyamda.
Wohlfahrtia atra: Salem, 1938a. Eg. Univ. Fac. Med. 13: 68; Pape, 1996. Mem. Ent. Int. 8: 169.
分布（Distribution）：青海（QH）、四川（SC）、西藏（XZ）。

（125）巴彦污蝇 *Wohlfahrtia balassogloi* (Portschinsky, 1881)

Sarcophila balassogloi Portschinsky, 1881a. Horae Soc. Ent. Ross. 16: 142. **Type locality:** Russia: Orenburg.
Wohlfahrtia balassogloi: Verves, 1986. *In*: Soós *et* Papp, 1986. Cat. Palaearct. Dipt. 12: 119; Fan *et* Pape, 1996. Stud. Dipt. 3 (2): 245; Pape, 1996. Mem. Ent. Int. 8: 169.
分布（Distribution）：内蒙古（NM）、新疆（XJ）；俄罗斯、亚美尼亚、阿塞拜疆、哈萨克斯坦、蒙古国、塔吉克斯坦、土库曼斯坦、乌兹别克斯坦、乌克兰。

（126）毛足污蝇 *Wohlfahrtia bella* (Macquart, 1839)

Agria bella Macquart, 1839. *In*: Webb *et* Berthelot, 1839. Hist.

Nat. Iles Canaries, Entom. 2 (2), 13. Dipt.: 113. **Type locality:** Canary Is.: probably Tenerife.

Wohlfahrtia bella: Chao *et* Zhang, 1982. *In*: The Comprehensive Scientific Expedition to the Qinghai-Xizang Plateau, Chinese Academy of Sciences, 1982. Insects of Xizang 2: 227; Rohdendorf, 1956. Ent. Obozr. 35 (1): 204, 211; Salem, 1938a. Eg. Univ. Fac. Med. 13: 38.

分布（Distribution）：内蒙古（NM）、宁夏（NX）、甘肃（GS）、青海（QH）、新疆（XJ）、西藏（XZ）；俄罗斯、蒙古国、哈萨克斯坦、吉尔吉斯斯坦、塔吉克斯坦、土库曼斯坦、乌兹别克斯坦、阿富汗、阿尔及利亚、阿塞拜疆、加那利群岛、埃及、伊拉克、以色列、伊朗、马德拉群岛、摩洛哥、沙特阿拉伯、叙利亚、土耳其、法国、西班牙、突尼斯、葡萄牙、苏丹、乍得、毛里塔尼亚。

（127）陈氏污蝇 *Wohlfahrtia cheni* Rohdendorf, 1956

Wohlfahrtia cheni Rohdendorf, 1956. Ent. Obozr. 35 (1): 205, 215. **Type locality:** Mongolia: North Gobi, Kholt.

Wohlfahrtia cheni: Pape, 1996. Mem. Ent. Int. 8: 170; Verves, 1990. Insects Mongolia 11: 563, 564.

分布（Distribution）：内蒙古（NM）、宁夏（NX）、甘肃（GS）、青海（QH）、新疆（XJ）；蒙古国、俄罗斯、哈萨克斯坦。

（128）阿拉善污蝇 *Wohlfahrtia fedtschenkoi* Rohdendorf, 1956

Wohlfahrtia fedtschenkoi Rohdendorf, 1956. Ent. Obozr. 35 (1): 205, 222. **Type locality:** Turkmenia: Jebel.

Wohlfahrtia fedtschenkoi: Pape, 1996. Mem. Ent. Int. 8: 170.

分布（Distribution）：内蒙古（NM）、甘肃（GS）、新疆（XJ）；蒙古国、哈萨克斯坦、土库曼斯坦、乌兹别克斯坦。

（129）格鲁宁污蝇 *Wohlfahrtia grunini* Rohdendorf, 1969

Wohlfahrtia grunini Rohdendorf, 1969. Ent. Obozr. 48 (4): 948. **Type locality:** Russia: Altai, Kosh-Agach.

Wohlfahria brevicornis Chao *et* Zhang, 1996. *In*: Wu *et* Feng, 1996. The Biology and Human Physiology in the Hoh-Xil Region: 214. **Type locality:** China: Qinghai Province, Hoh Xil Region, Xijir Ulan Lake.

Wohlfahrtia grunini: Pape, 1996. Mem. Ent. Int. 8: 170.

分布（Distribution）：青海（QH）；俄罗斯、蒙古国。

（130）介污蝇 *Wohlfahrtia intermedia* (Portschinsky, 1887)

Sarcophila intermedia Portschinsky, 1887b. Horae Soc. Ent. Ross. 21: 16. **Type locality:** Russia: Orenburg.

Wohlfahrtia intermedia: Verves, 1986. *In*: Soós *et* Papp, 1986. Cat. Palaearct. Dipt. 12: 120; Pape, 1996. Mem. Ent. Int. 8: 171.

分布（Distribution）：黑龙江（HL）、内蒙古（NM）、新疆（XJ）；蒙古国、俄罗斯、哈萨克斯坦、土库曼斯坦、乌兹别克斯坦、乌克兰、格鲁吉亚。

（131）黑须污蝇 *Wohlfahrtia magnifica* (Schiner, 1862)

Sarcophila magnifica Schiner, 1862b. Fauna Austriaca 1: 567. **Type locality:** Austria: near Graz.

Wohlfahria hirtiparafacialis Chao *et* Zhang, 1996. *In*: Wu *et* Feng, 1996. The Biology and Human Physiology in the Hoh-Xil Region: 215. **Type locality:** China: Qinghai Province, Hoh Xil Region, Gangqiqu.

Wohlfahrtia magnifica: Portschinsky, 1916. Trav. Bur. Ent. 11 (9): 1; Rohdendorf, 1956. Ent. Obozr. 35 (1): 204, 206; Rohdendorf *et* Verves, 1978. Ann. Hist.-Nat. Mus. Natl. Hung. 70: 242.

分布（Distribution）：吉林（JL）、内蒙古（NM）、河北（HEB）、北京（BJ）、山东（SD）、陕西（SN）、宁夏（NX）、甘肃（GS）、青海（QH）、新疆（XJ）、四川（SC）；俄罗斯、蒙古国、哈萨克斯坦、吉尔吉斯斯坦、塔吉克斯坦、乌兹别克斯坦、土库曼斯坦、阿尔巴尼亚、阿尔及利亚、亚美尼亚、阿塞拜疆、保加利亚、白俄罗斯、塞浦路斯、捷克、斯洛伐克、埃及、法国、德国、希腊、格鲁吉亚、匈牙利、意大利、伊朗、以色列、伊拉克、约旦、利比亚、立陶宛、摩尔多瓦、摩洛哥、波兰、葡萄牙、罗马尼亚、沙特阿拉伯、塞尔维亚、西班牙、叙利亚、突尼斯、土耳其、乌克兰、奥地利。

（132）亚西污蝇 *Wohlfahrtia meigeni* (Schiner, 1862)

Sarcophila meigeni Schiner, 1862b. Fauna Austriaca 1: 567. **Type locality:** Austria: near Graz.

Wohlfahrtia vigil: misidentification: not *Sarcophaga vigil* Walker, 1849.

Wohlfahrtia meigeni: Rohdendorf, 1956. Ent. Obozr. 35 (1): 205, 207; Verves, 1990. Insects Mongolia 11: 560.

Wohlfahrtia vigil: Fan *et* Pape, 1996. Stud. Dipt. 3 (2): 245; Pape, 1996. Mem. Ent. Int. 8: 171.

分布（Distribution）：黑龙江（HL）、吉林（JL）、内蒙古（NM）；俄罗斯、蒙古国、哈萨克斯坦、印度、巴基斯坦、奥地利、阿塞拜疆、比利时、保加利亚、白俄罗斯、捷克、斯洛伐克、法国、德国、匈牙利、意大利、立陶宛、拉脱维亚、摩尔多瓦、波兰、罗马尼亚、西班牙、瑞士、乌克兰、前南斯拉夫、加拿大、美国。

（133）钝叶污蝇 *Wohlfahrtia pavlovskyi* Rohdendorf, 1956

Wohlfahrtia pavlovskyi Rohdendorf, 1956. Ent. Obozr. 35 (1): 204, 212. **Type locality:** Kazakhstan: Alma Ata region, Samsu.

Wohlfahrtia pavlovskyi: Pape, 1996. Mem. Ent. Int. 8: 171; Verves *et* Khrokalo, 2006b. Key Ins. Rus. Far East 6 (4): 121.

分布（Distribution）：内蒙古（NM）、青海（QH）、新疆（XJ）；俄罗斯、哈萨克斯坦、蒙古国。

（134）斯氏污蝇 *Wohlfahrtia stackelbergi* Rohdendorf, 1956

Wohlfahrtia stackelbergi Rohdendorf, 1956. Ent. Obozr. 35 (1): 205, 214-215. **Type locality:** Kyrgyzstan: East Pamir, Irkeshtam.

Wohlfahrtia stackelbergi: Rohdendorf *et* Verves, 1978. Ann. Hist.-Nat. Mus. Natl. Hung. 70: 242; Verves, 1985. Flieg. Palaearkt. Reg. 11 (330): 303, 305, 332.

分布（Distribution）：新疆（XJ）；蒙古国、哈萨克斯坦、吉尔吉斯斯坦、塔吉克斯坦。

40. 拟污蝇属 *Wohlfahrtiodes* Villeneuve, 1910

Wohlfahrtiodes Villeneuve, 1910. Dtsch. Ent. Z. (2): 152. **Type species:** *Wohlfahrtiodes nudus* Villeneuve, 1910 (monotypy).

Wohlfahrtiodes: Kurahashi, 1994. Jap. J. Ent. 62 (2): 237; Pape, 1996. Mem. Ent. Int. 8: 38, 173; Rohdendorf, 1962. Ent. Obozr. 41 (4): 939; Verves, 1986. *In*: Soós *et* Papp, 1986. Cat. Palaearct. Dipt. 12: 122.

（135）马氏拟污蝇 *Wohlfahrtiodes marzinowskyi* Rohdendorf, 1962

Wohlfahrtiodes marzinowskyi Rohdendorf, 1962. Ent. Obozr. 41 (4): 938. **Type locality:** Turkmenistan: Repetek.

Wohlfahrtiodes marzinowskyi: Pape, 1996. Mem. Ent. Int. 8: 173; Verves, 1985. Flieg. Palaearkt. Reg. 11 (330): 342.

分布（Distribution）：新疆（XJ）。

麻蝇亚科 Sarcophaginae

刺膜麻蝇族 Johnsoniini

斑麻蝇亚族 Sarcotachinellina

41. 斑麻蝇属 *Sarcotachinella* Townsend, 1892

Sarcotachinella Townsend, 1892. Trans. Am. Ent. Soc. 19: 110. **Type species:** *Sarcotachinella intermedia* Townsend, 1892 [= *Sarcophaga sinuata* Meigen, 1826] (monotypy).

Arhopocnemis Enderlein, 1928. Arch. Klass. Phyl. Ent. 1 (1): 22, 33. **Type species:** *Sarcophaga sinuata* Meigen, 1826 (by original designation).

Sarcotachinella: Fan, 1992. Key to the Common Flies of China, 2nd Ed.: 637, 644; Verves, 1993. Flieg. Palaearkt. Reg. 11 (331): 459; Verves *et* Khrokalo, 2006b. Key Ins. Rus. Far East 6 (4): 76, 141.

Sarcophaga (*Sarcotachinella*): Pape, 1996. Mem. Ent. Int. 8: 406.

Arhopocnemis: Rohdendorf, 1937. Fauna USSR Dipt. 19 (1): 388.

（136）股斑麻蝇 *Sarcotachinella sinuata* (Meigen, 1826)

Sarcophaga sinuata Meigen, 1826. Syst. Beschr. Europ. Zweifl. Insekt. 5: 22. **Type locality:** Europe: probably Germany.

Sarcotachinella sinuata: Fan *et* Pape, 1996. Stud. Dipt. 3 (2): 256.

Arhopocnemis sinuata: Rohdendorf, 1937. Fauna USSR Dipt. 19 (1): 388.

Sarcophaga sinuata: Séguy, 1941. Encycl. Ent. (A) 21: 62, 149.

Sarcophaga (*Sarcotachinella*) *sinuata*: Pape, 1996. Mem. Ent. Int. 8: 406.

分布（Distribution）：辽宁（LN）、陕西（SN）、青海（QH）；俄罗斯、蒙古国、哈萨克斯坦、塔吉克斯坦、乌兹别克斯坦、阿尔巴尼亚、奥地利、阿塞拜疆、比利时、保加利亚、白俄罗斯、捷克、斯洛伐克、丹麦、爱沙尼亚、法国、芬兰、德国、格鲁吉亚、匈牙利、爱尔兰、意大利、拉脱维亚、摩尔多瓦、挪威、波兰、罗马尼亚、塞尔维亚、西班牙、瑞典、瑞士、乌克兰、英国、加拿大、美国。

原折麻蝇族 Protodexiini

42. 野折麻蝇属 *Agriella* Villeneuve, 1911

Agriella Villeneuve, 1911. Dtsch. Ent. Z. (2): 125. **Type species:** *Agriella pandellei* Villeneuve, 1911 (monotypy).

Asioblaesoxipha Rohdendorf, 1937. Fauna USSR Dipt. 19 (1): 114. **Type species:** *Blaesoxipha gobica* Rohdendorf, 1928 (by original designation).

Agriella: Séguy, 1941. Encycl. Ent. (A) 21: 213, 217-218; Verves, 1985. Flieg. Palaearkt. Reg. 11 (330): 351, 352; Verves, 1986. *In*: Soós *et* Papp, 1986. Cat. Palaearct. Dipt. 12: 123.

（137）戈壁野折麻蝇 *Agriella gobica* (Rohdendorf, 1928)

Blaesoxipha gobica Rohdendorf, 1928. Publ. Uzb. Expl. Sta. Plant Prot. 14: 38. **Type locality:** China: Gansu, Dunhuang [as "W Gobi, Satschou Oasis"].

Agriella gobica: Fan *et* Pape, 1996. Stud. Dipt. 3 (2): 256; Verves, 1985. Flieg. Palaearkt. Reg. 11 (330): 353, 355; Verves, 1986. *In*: Soós *et* Papp, 1986. Cat. Palaearct. Dipt. 12: 123.

Asioblaesoxipha gobica: Rohdendorf, 1937. Fauna USSR Dipt. 19 (1): 137.

Blaesoxipha gobica: Pape, 1996. Mem. Ent. Int. 8: 191.

分布（Distribution）：甘肃（GS）；蒙古国、哈萨克斯坦、土库曼斯坦。

43. 折麻蝇属 *Blaesoxipha* Löw, 1861

Blaesoxipha Löw, 1861. Wien. Ent. Monatschr. 5: 384. **Type species:** *Blaesoxipha grylloctona* Löw, 1861 (monotypy).

Blaesoxipha: Townsend, 1938. Man. Myiol. VI: 81; Verves, 1986. *In*: Soós *et* Papp, 1986. Cat. Palaearct. Dipt. 12: 124; Verves, 1990. Insects Mongolia 11: 568, 579.
Blaesoxipha (*Blaesoxipha*): Rohdendorf, 1937. Fauna USSR Dipt. 19 (1): 66, 87; Pape, 1996. Mem. Ent. Int. 8: 186.
Blaesoxypha [incorrect subsequent spelling of *Blaesoxipha* Löw, 1861]: Enderlein, 1928. Arch. Klass. Phyl. Ent. 1 (1): 31.

（138）蜗壳折麻蝇 *Blaesoxipha cochlearis* (Pandellé, 1896)

Sarcophaga cochlearis Pandellé, 1896. Rev. Ent. 15: 205. **Type locality:** France: Hautes-Pyrénées, Tarbes.
Blaesoxipha sinica Rohdendorf, 1928. Publ. Uzb. Expl. Sta. Plant Prot. 14: 49. **Type locality:** China: Gansu, Ghodjavonutang, Loukhu Tagh.
Blaesoxipha cochlearis: Pape, 1996. Mem. Ent. Int. 8: 189; Rohdendorf, 1937. Fauna USSR Dipt. 19 (1): 69, 73, 100; Verves, 1990. Insects Mongolia 11: 576, 579.
Blaesoxipha sinica: Rohdendorf, 1932. Bull. Plant Prot. 1 (3): 185; Rohdendorf, 1937. Fauna USSR Dipt. 19 (1): 69, 102.
分布（Distribution）：辽宁（LN）、甘肃（GS）、新疆（XJ）；俄罗斯、蒙古国、韩国、日本、哈萨克斯坦、阿尔及利亚、保加利亚、捷克、斯洛伐克、意大利、法国、德国、匈牙利、波兰、罗马尼亚、西班牙、瑞士、乌克兰、前南斯拉夫。

（139）东方折麻蝇 *Blaesoxipha dongfangis* Xue, 1978

Blaesoxipha (*Gesneriodes*) *dongfangis* Xue [as "Hsue"], 1978. Acta Ent. Sin. 21 (2): 186. **Type locality:** China: Liaoning, Benxi, Mt. Tieshashan.
Blaesoxipha dongfangis: Pape, 1996. Mem. Ent. Int. 8: 190; Verves, 1985. Flieg. Palaearkt. Reg. 11 (330): 377, 395.
分布（Distribution）：辽宁（LN）。

（140）镰叶折麻蝇 *Blaesoxipha falciloba* Xue, 1978

Blaesoxipha falciloba Xue [as "Hsue"], 1978. Acta Ent. Sin. 21 (2): 190. **Type locality:** China: Liaoning, Benxi (Mt. Laotuding).
Blaesoxipha arenicola: misidentification, not *Blaesoxipha arenicola* Rohdendorf, 1928.
Blaesoxipha falciloba: Fan *et* Pape, 1996. Stud. Dipt. 3 (2): 246.
Blaesoxipha arenicola: Fan, 1992. Key to the Common Flies of China, 2nd Ed.: 630; Verves, 1985. Flieg. Palaearkt. Reg. 11 (330): 383.
分布（Distribution）：辽宁（LN）。

（141）台湾折麻蝇 *Blaesoxipha formosana* Baranov, 1931

Blaesoxipha formosana Baranov, 1931. Konowia 10: 110. **Type locality:** China: Taiwan, Kaoxiong, Qishan, Zuku [as "Sokutsu"].
Blaesoxipha formosana: Sugiyama, Shinonaga *et* Kano, 1987. Sieboldia (Suppl.): 64; Pape, 1996. Mem. Ent. Int. 8: 190.
分布（Distribution）：台湾（TW）。

（142）长白山折麻蝇 *Blaesoxipha grylloctona* Loew, 1861

Blaesoxipha grylloctona Löw, 1861. Wien. Ent. Monatschr. 5: 386. **Type locality:** Austria: Niederösterreich, Scheenberg.
Blaesoxipha laticornis: misidentification, not *Sarcophaga laticornis* Meigen, 1826.
Blaesoxipha grylloctona: Verves, 1985. Flieg. Palaearkt. Reg. 11 (330): 377, 378, 399.
Blaesoxipha laticornis: Fan *et* Pape, 1996. Stud. Dipt. 3 (2): 246; Pape, 1996. Mem. Ent. Int. 8: 192.
分布（Distribution）：辽宁（LN）；奥地利。

（143）海南折麻蝇 *Blaesoxipha hainanensis* Xue, Verves, Wang *et* Khrokalo, 2016

Blaesoxipha hainanensis Xue, Verves, Wang *et* Khrokalo, 2016. *In*: Verves *et al*., 2016. Jpn. J. Syst. Ent. 22 (2): 234. **Type locality:** China: Hainan, Bawang Ridge.
分布（Distribution）：海南（HI）。

（144）毛胸折麻蝇 *Blaesoxipha hirtithorax* Zhang *et* Liu, 1997

Blaesoxipha hirtithorax Zhang *et* Liu, 1997. Chin. J. Vector Biol. & Control 8 (6): 428. **Type locality:** China: Liaoning, Jianchang, Mt. Daheishan.
分布（Distribution）：辽宁（LN）。

（145）日本折麻蝇 *Blaesoxipha japonensis* Hori, 1954

Blaesoxipha japonensis Hori, 1954. Sci. Rep. Kanazawa Univ. 2 (2): 43. **Type locality:** Japan: Honshu, Ishikawa Prefecture, Mt. Hôdatsu.
Blaesoxipha japonensis: Verves, 1986. *In*: Soós *et* Papp, 1986. Cat. Palaearct. Dipt. 12: 126; Pape, 1996. Mem. Ent. Int. 8: 191.
分布（Distribution）：上海（SH）；俄罗斯、日本。

（146）侧角折麻蝇 *Blaesoxipha laticornis* (Meigen, 1826)

Sarcophaga laticornis Meigen, 1826. Syst. Beschr. Europ. Zweifl. Insekt. 5: 27. **Type locality:** Not given.
Miltogramma plumicornis Zetterstedt, 1859. Dipt. Scand. 13: 6153. **Type locality:** Sweden: Gottland.
Sarcophaga gladiatrix Pandellé, 1896. Rev. Ent. 15: 205. **Type locality:** female: France: Hautes-Pyrénées, Tarbes.
Blaesoxipha laticornis: Rohdendorf, 1937. Fauna USSR Dipt. 19 (1): 70, 73, 104; Séguy, 1941. Encycl. Ent. (A) 21: 188, 190, 196.
Blaesoxipha plumicornis: Fan *et* Pape, 1996. Stud. Dipt. 3 (2):

246; Pape, 1996. Mem. Ent. Int. 8: 195; Verves *et* Khrokalo, 2006b. Key Ins. Rus. Far East 6 (4): 130.

Blaesoxipha gladiatrix: Verves, 1985. Flieg. Palaearkt. Reg. 11 (330): 377, 378, 397; Verves, 1986. *In*: Soós *et* Papp, 1986. Cat. Palaearct. Dipt. 12: 126.

分布（Distribution）：吉林（JL）、辽宁（LN）、新疆（XJ）；蒙古国、俄罗斯、哈萨克斯坦、塔吉克斯坦、沙特阿拉伯、日本、韩国、阿富汗、奥地利、保加利亚、丹麦、埃及、法国、德国、伊朗、以色列、意大利、波兰、塞尔维亚、土耳其、乌克兰、瑞典。

（147）本溪折麻蝇 *Blaesoxipha lautaretensis* Villeneuve, 1928

Blaesoxipha lautaretensis Villeneuve, 1928. Bull. Ann. Soc. R. Ent. Belg. 68: 47. **Type locality:** France: Hautes-Alpes, Lautaret.

Blaesoxipha lautaretensis: Pape, 1996. Mem. Ent. Int. 8: 193.

Blaesoxipha benshiensis Xue [as "Hsue"], 1978. Acta Ent. Sin. 21 (2): 187. **Type locality:** China: Liaoning, Benshi.

Blaesoxipha qiana Wei *et* Yang, 2007. *In*: Li, Yang *et* Jin, 2007. Insects from Leigongshan Landscape: 534, 540. **Type locality:** China: Guizhou, Leigong Mountain National Reserve of Guizhou.

分布（Distribution）：辽宁（LN）、贵州（GZ）；蒙古国、俄罗斯、哈萨克斯坦、乌兹别克斯坦、阿塞拜疆、捷克、斯洛伐克、法国、格鲁吉亚、瑞士、土耳其。

（148）阶突折麻蝇 *Blaesoxipha litoralis* (Villeneuve, 1911)

Gesneriodes litoralis Villeneuve, 1911. Dtsch. Ent. Z. (2): 129. **Type locality:** France: Corsica, Furiani near Bastia.

Blaesoxipha litoralis: Fan *et* Pape, 1996. Stud. Dipt. 3 (2): 246; Pape, 1996. Mem. Ent. Int. 8: 193; Rohdendorf, 1937. Fauna USSR Dipt. 19 (1): 69, 99.

分布（Distribution）：辽宁（LN）、内蒙古（NM）、山西（SX）、新疆（XJ）；朝鲜、蒙古国、俄罗斯、哈萨克斯坦、土库曼斯坦、塔吉克斯坦、乌兹别克斯坦、阿尔及利亚、保加利亚、法国、匈牙利、伊朗、意大利、摩洛哥、塞尔维亚、韩国、西班牙、瑞士、土耳其、乌克兰。

（149）斑折麻蝇 *Blaesoxipha macula* Xue, 1978

Blaesoxipha (*Blaesoxipha*) *macula* Xue [as "Hsue"], 1978. Acta Ent. Sin. 21 (2): 189. **Type locality:** China: East Liaoning.

Blaesoxipha macula: Pape, 1996. Mem. Ent. Int. 8: 193; Verves, 1985. Flieg. Palaearkt. Reg. 11 (330): 377, 406.

分布（Distribution）：辽宁（LN）。

（150）流浪折麻蝇 *Blaesoxipha migratoriae* (Rohdendorf, 1928)

Locustaevora migratoriae Rohdendorf, 1928. Publ. Uzb. Expl. Sta. Plant Prot. 14: 58. **Type locality:** Uzbekistan: Petropavlovskiy near Tashkent.

Locustaevora migratoriae: Rohdendorf, 1932. Bull. Plant Prot. 1 (3): 176; Rohdendorf, 1937. Fauna USSR Dipt. 19 (1): 52, 124; Séguy, 1941. Encycl. Ent. (A) 21: 178.

Blaesoxipha (*Locustaevora*) *migratoriae*: Verves, 1985. Flieg. Palaearkt. Reg. 11 (330): 420; Verves, 1986. *In*: Soós *et* Papp, 1986. Cat. Palaearct. Dipt. 12: 129.

Blaesoxipha migratoriae: Pape, 1996. Mem. Ent. Int. 8: 194.

分布（Distribution）：新疆（XJ）；乌兹别克斯坦、马里、苏丹。

（151）老秃顶折麻蝇 *Blaesoxipha occatrix* (Pandellé, 1896)

Sarcophaga occartix Pandellé, 1896. Rev. Ent. 15: 178. **Type locality:** France: Hautes-Pyrénées (Tarbes).

Blaesoxipha zachvatkini Rohdendorf, 1937. Fauna USSR Dipt. 19 (1): 71, 95. **Type locality:** Russia: Irkutsk Region, Balagansk District, Khariuzovka.

Blaesoxipha (*Blaesoxipha*) *laotudingensis* Xue [as "Hsue"], 1978. Acta Ent. Sin. 21 (2): 187. **Type locality:** China: Liaoning, Laotuding.

Blaesoxipha occatrix: Pape, 1996. Mem. Ent. Int. 8: 194; Verves, 1986. *In*: Soós *et* Papp, 1986. Cat. Palaearct. Dipt. 12: 127.

Blaesoxipha zachvatkini: Rohdendorf *et* Verves, 1979. Insects Mongolia 6: 489.

分布（Distribution）：辽宁（LN）；俄罗斯、蒙古国、捷克、斯洛伐克、法国、匈牙利、意大利、哈萨克斯坦、瑞士。

（152）儒折麻蝇 *Blaesoxipha pygmaea* (Zetterstedt, 1844)

Sarcophaga pygmaea Zetterstedt, 1845. Dipt. Scand. 4: 1302. **Type locality:** Sweden: Skåne.

Blaesoxipha berolinensis Villeneuve, 1912. Ann. Hist.-Nat. Mus. Natl. Hung. 10: 612. **Type locality:** Germany: Berlin.

Blaesoxipha monticola Rohdendorf, 1928. Publ. Uzb. Expl. Sta. Plant Prot. 14: 44. **Type locality:** Turkmenistan: environs of Ashgabat [as "Ashkhabad"], Kopet-Dagh Mts, Aýdere [as "Ay-dere"].

Blaesoxipha pygmaea: Verves *et al*., 2016. Jpn. J. Syst. Ent. 22 (2): 235.

Blaesoxipha berolinensis: Rohdendorf, 1937. Fauna USSR Dipt. 19 (1): 73, 105-106; Verves, 1985. Flieg. Palaearkt. Reg. 11 (330): 377, 378, 387.

Blaesoxipha monticola: Rohdendorf *et* Verves, 1979. Insects Mongolia 6: 489.

分布（Distribution）：新疆（XJ）；俄罗斯、蒙古国、印度、哈萨克斯坦、吉尔吉斯斯坦、塔吉克斯坦、乌兹别克斯坦、阿塞拜疆、巴基斯坦、克罗地亚、丹麦、法国、德国、格鲁吉亚、意大利、土耳其、摩洛哥、波兰、瑞士、瑞典。

(153)线纹折麻蝇 *Blaesoxipha redempta* (Pandellé, 1896)

Sarcophaga redempta Pandellé, 1896. Rev. Ent. 15: 177. **Type locality:** France: Alsace, Colmar.
Blaesoxipha lapidosa Pape, 1994. Ent. Scand. Suppl. 45: 37. **Type locality:** Hungary: Kiskunság National Park.
Blaesoxipha agrestis: misidentification: not *Gesneria agrestis* Robineau-Desvoidy, 1863.
Blaesoxipha campestris: misidentification: not *Tephromyia campestris* Robineau-Desvoidy, 1863.
Blaesoxipha lineata [misidentification: not *Musca lineata* Fallén, 1817; primary junior homonym of *Musca lineata* Harris, 1776 and *Musca lineata* Fabricius, 1781].
Blaesoxipha redempta: Pape, 1996. Mem. Ent. Int. 8: 196.
Blaesoxipha agrestis: Bezzi *et* Stein, 1907. Kat. Pal. Dipt. 3: 485.
Blaesoxipha campestris: Verves, 1986. *In*: Soós *et* Papp, 1986. Cat. Palaearct. Dipt. 12: 125.
Blaesoxipha lapidosa: Pape, 1996. Mem. Ent. Int. 8: 192.
Blaesoxipha (*Gesneriodes*) *lineata*: Rohdendorf, 1928. Publ. Uzb. Expl. Sta. Plant Prot. 14: 55; Verves, 1990. Insects Mongolia 11: 576.
Blaesoxipha lineata: Rohdendorf, 1937. Fauna USSR Dipt. 19 (1): 70, 73, 88; Rohdendorf *et* Verves, 1978. Ann. Hist.-Nat. Mus. Natl. Hung. 70: 251.
Gesneriodes lineata: Séguy, 1941. Encycl. Ent. (A) 21: 180, 181.
分布（Distribution）：辽宁（LN）；俄罗斯、蒙古国、日本、韩国、哈萨克斯坦、塔吉克斯坦、阿富汗、奥地利、保加利亚、埃及、法国、意大利、德国、伊朗、以色列、波兰、沙特阿拉伯、塞尔维亚、土耳其、乌克兰。

(154)亚非折麻蝇 *Blaesoxipha rufipes* (Macquart, 1839)

Agria rufipes Macquart, 1839. *In*: Webb *et* Berthelot, 1839. Hist. Nat. Iles Canaries, Entom. 2 (2), 13. Dipt.: 113. **Type locality:** Canary Is.: probably Tenerife.
Blaesoxipha filipjevi Rohdendorf, 1928. Zool. Anz. 77 (1-2): 26. **Type locality:** Russia: Dagestan, Station Alexandro-Newskaia, Monastyrskiy, Chernyi Rynok.
Blaesoxipha fanjingensis Wei, 2006f. *In*: Li *et* Jin, 2006. Insects from Fanjingshan Landscape: 546. **Type locality:** China: Guizhou, Fanjingshan National Nate Reserve.
Blaesoxipha rufipes: Fan *et* Pape, 1996. Stud. Dipt. 3 (2): 246; Verves, 1985. Flieg. Palaearkt. Reg. 11 (330): 377, 378, 412.
Parasarcophila rufipes: Séguy, 1941. Encycl. Ent. (A) 21: 228.
Blaesoxipha filipjevi: Rohdendorf, 1928. Publ. Uzb. Expl. Sta. Plant Prot. 14: 34; Rohdendorf, 1932. Bull. Plant Prot. 1 (3): 180.
Gesneriodes filipjevi: Séguy, 1941. Encycl. Ent. (A) 21: 180.
分布（Distribution）：辽宁（LN）、内蒙古（NM）、四川（SC）、贵州（GZ）、云南（YN）、广东（GD）、海南（HI）；俄罗斯、蒙古国、韩国、日本、哈萨克斯坦、吉尔吉斯斯坦、土库曼斯坦、乌兹别克斯坦、阿富汗、阿尔及利亚、加那利群岛、克罗地亚、塞浦路斯、埃及、法国、伊朗、以色列、意大利、约旦、黎巴嫩、沙特阿拉伯、也门、西班牙、叙利亚、安哥拉、博茨瓦纳、喀麦隆、佛得角、科摩罗、埃塞俄比亚、冈比亚、肯尼亚、马达加斯加、马里、尼日利亚、塞内加尔、塞拉利昂、南非、坦桑尼亚、多哥、乌干达、刚果（金）、赞比亚、印度、印度尼西亚、老挝、马来西亚、巴基斯坦、菲律宾、斯里兰卡、泰国、澳大利亚、斐济、新喀里多尼亚（法）、帕劳、巴布亚岛、新几内亚岛、所罗门群岛、瓦努阿图、美国。

(155) 拟宽角折麻蝇 *Blaesoxipha sublaticornis* Xue, 1978

Blaesoxipha (*Blaesoxipha*) *sublaticornis* Xue [as "Hsue"], 1978. Acta Ent. Sin. 21 (2): 189. **Type locality:** China: East Liaoning.
Blaesoxipha sublaticornis: Pape, 1996. Mem. Ent. Int. 8: 198; Verves, 1985. Flieg. Palaearkt. Reg. 11 (330): 377, 414.
分布（Distribution）：辽宁（LN）；俄罗斯、日本。

(156) 南投折麻蝇 *Blaesoxipha taiwanensis* Pape, 1994

Blaesoxipha taiwanensis Pape, 1994. Ent. Scand. Suppl. 45: 38. **Type locality:** China: Taiwan, Nantou Hsien, Lenai.
Blaesoxipha taiwanensis: Fan *et* Pape, 1996. Stud. Dipt. 3 (2): 246; Pape, 1996. Mem. Ent. Int. 8: 198.
分布（Distribution）：台湾（TW）。

(157) 单色折麻蝇 *Blaesoxipha unicolor* (Villeneuve, 1912)

Gesneriella unicolor Villeneuve, 1912. Ann. Hist.-Nat. Mus. Natl. Hung. 10: 615. **Type locality:** Hungary: Hild.
Blaesoxipha subunicolor Ma, 1981. Acta Zootaxon. Sin. 6 (2): 186. **Type locality:** male: China: Liaoning, Jianchang, Mt. Daheishan.
Blaesoxipha cladorosa Wei *et* Yang, 2007. *In*: Li, Yang *et* Jin, 2007. Insects from Leigongshan Landscape: 534, 539. **Type locality:** China: Guizhou, Leigong Mountain National Reserve of Guizhou.
Blaesoxipha unicolor: Verves *et al*., 2016. Jpn. J. Syst. Ent. 22 (2): 235.
Gesneriodes unicolor: Séguy, 1941. Encycl. Ent. (A) 21: 180, 184.
Blaesoxipha subunicolor: Fan, 1992. Key to the Common Flies of China, 2nd Ed.: 630.
分布（Distribution）：辽宁（LN）、内蒙古（NM）、陕西（SN）、贵州（GZ）；俄罗斯、蒙古国、泰国、哈萨克斯坦、阿塞拜疆、保加利亚、克罗地亚、法国、格鲁吉亚、匈牙利、塞尔维亚、西班牙、乌克兰。

44. 螳折麻蝇属 *Mantidophaga* Townsend, 1919

Mantidophaga Townsend, 1919. Insecutor Inscit. Menstr. 6 [1918]: 160. **Type species:** *Mantidophaga stagmomantis* Townsend, 1919 [= *Sarcophaga flavipes* Aldrich, 1916] (by original designation).
Blaesoxiphomima Verves, 1985. Flieg. Palaearkt. Reg. 11 (330): 352, 426 (as a subgenus of *Servaisia* Robineau-Desvoidy, 1863). **Type species:** *Blaesoxipha mixta* Rohdendorf, 1937.
Mantidophaga: Verves *et al*., 2016. Jpn. J. Syst. Ent. 22 (2): 236.

（158）虎齿螳折麻蝇 *Mantidophaga mixta* (Rohdendorf, 1928)

Blaesoxipha mixta Rohdendorf, 1928. Publ. Uzb. Expl. Sta. Plant Prot. 14: 42. **Type locality:** Russia: Ak-Bulak near Orenburg.
Blaesoxipha mixta: Rohdendorf, 1932. Bull. Plant Prot. 1 (3): 185.
Blaesoxipha (*Servaisia*) *mixta*: Rohdendorf, 1937. Fauna USSR Dipt. 19 (1): 69, 85; Fan *et* Pape, 1996. Stud. Dipt. 3 (2): 247; Pape, 1996. Mem. Ent. Int. 8: 204.
Servaisia (*Blaesoxiphomima*) *mixta*: Verves, 1985. Flieg. Palaearkt. Reg. 11 (330): 426.
Servaisia (*Servaisia*) *mixta*: Fan, 1992. Key to the Common Flies of China, 2nd Ed.: 634; Verves, 1986. *In*: Soós *et* Papp, 1986. Cat. Palaearct. Dipt. 12: 131.
Mantidophaga mixta: Verves *et al*., 2016. Jpn. J. Syst. Ent. 22 (2): 236.
分布（Distribution）：辽宁（LN）；俄罗斯。

45. 锚折麻蝇属 *Servaisia* Robineau-Desvoidy, 1863

Servaisia Robineau-Desvoidy, 1863. Hist. Nat. Dipt. Envir. Paris 2: 429. **Type species:** *Servaisia erythrocera* Robineau-Desvoidy, 1863 [= *Sarcophaga erythrura* Meigen, 1826] (by original designation).
Servaisia: Roback, 1954. Ill. Biol. Monogr. 23 (3-4): 84; Verves, 1985. Flieg. Palaearkt. Reg. 11 (330): 422; Verves, 1993. Flieg. Palaearkt. Reg. 11 (331): 441.
Blaesoxipha (*Servaisia*): Pape, 1996. Mem. Ent. Int. 8: 202; Rohdendorf, 1937. Fauna USSR Dipt. 19 (1): 73.

1）蝗折麻蝇亚属 *Acridiophaga* Townsend, 1917

Acridiophaga Townsend, 1917. Proc. Biol. Soc. Wash. 30: 46. **Type species:** *Sarcophaga aculeata* Aldrich, 1916 (by original designation).
Servaisia (*Acridiophaga*): Roback, 1954. Ill. Biol. Monogr. 23 (3-4): 86; Verves, 1985. Flieg. Palaearkt. Reg. 11 (330): 352, 423; Verves *et al*., 2016. Jpn. J. Syst. Ent. 22 (2): 237.
Blaesoxipha (*Acridiophaga*): Pape, 1996. Mem. Ent. Int. 8: 184.

（159）钩阳锚折麻蝇 *Servaisia* (*Acridiophaga*) *subamericana* (Rohdendorf, 1932)

Blaesoxipha (*Servaisia*) *subamericana* Rohdendorf, 1932. Bull. Plant Prot. 1 (3): 183. **Type locality:** Kazakhstan: Kokchetav [now: Kokshetau] Region, Borovoe.
Servaisia subamericana: Fan, 1992. Key to the Common Flies of China, 2nd Ed.: 635.
Servaisia (*Acridiophaga*) *subamericana*: Verves, 1986. *In*: Soós *et* Papp, 1986. Cat. Palaearct. Dipt. 12: 129; Verves, 1990. Insects Mongolia 11: 581; Verves *et* Khrokalo, 2006b. Key Ins. Rus. Far East 6 (4): 135.
Blaesoxipha (*Acridiophaga*) *subamericana*: Fan *et* Pape, 1996. Stud. Dipt. 3 (2): 245.
分布（Distribution）：山西（SX）、新疆（XJ）；蒙古国、俄罗斯、哈萨克斯坦、塔吉克斯坦、吉尔吉斯斯坦、奥地利、法国、格鲁吉亚、意大利、加拿大、美国。

2）锚折麻蝇亚属 *Servaisia* Robineau-Desvoidy, 1863

Servaisia Robineau-Desvoidy, 1863. Hist. Nat. Dipt. Envir. Paris 2: 429. **Type species:** *Servaisia erythrocera* Robineau-Desvoidy, 1863 [= *Sarcophaga erythrura* Meigen, 1826] (by original designation).

（160）靴锚折麻蝇 *Servaisia* (*Servaisia*) *cothurnata* (Hsue, 1978)

Blaesoxipha (*Servaisia*) *cothurnata* Xue [as "Hsue"], 1978. Acta Ent. Sin. 21 (2): 185. **Type locality:** China: East Liaoning.
Servaisia (*Servaisia*) *cothurnata*: Verves, 1985. Flieg. Palaearkt. Reg. 11 (330): 422; Verves, 1986. *In*: Soós *et* Papp, 1986. Cat. Palaearct. Dipt. 12: 129.
Servaisia cothurnata: Fan, 1992. Key to the Common Flies of China, 2nd Ed.: 634.
Blaesoxipha (*Servaisia*) *cothurnata*: Pape, 1996. Mem. Ent. Int. 8: 203.
分布（Distribution）：辽宁（LN）、河北（HEB）、陕西（SN）。

（161）宽阳锚折麻蝇 *Servaisia* (*Servaisia*) *erythrura* (Meigen, 1826)

Sarcophaga erythrura Meigen, 1826. Syst. Beschr. Europ. Zweifl. Insekt. 5: 30. **Type locality:** Europe: probably Germany.
Blaesoxipha (*Servaisia*) *silantjevi* Rohdendorf, 1937. Fauna USSR Dipt. 19 (1): 68, 72, 80. **Type locality:** Russia: Altai, Onguday.
Servaisia (*Servaisia*) *erythrura*: Verves, 1985. Flieg. Palaearkt. Reg. 11 (330): 430, 432; Verves, 1986. *In*: Soós *et* Papp, 1986. Cat. Palaearct. Dipt. 12: 130; Verves *et* Khrokalo, 2006b. Key

Ins. Rus. Far East 6 (4): 136.
Blaesoxipha (*Servaisia*) *erythrura*: Pape, 1996. Mem. Ent. Int. 8: 203; Rohdendorf, 1937. Fauna USSR Dipt. 19 (1): 69, 72, 74.
Blaesoxipha erythrura: Séguy, 1941. Encycl. Ent. (A) 21: 193.
Blaesoxipha (*Servaisia*) *silantjevi*: Pape, 1996. Mem. Ent. Int. 8: 206.
分布（Distribution）：辽宁（LN）、内蒙古（NM）、山西（SX）、陕西（SN）、甘肃（GS）、青海（QH）、新疆（XJ）；俄罗斯、蒙古国、哈萨克斯坦、吉尔吉斯斯坦、塔吉克斯坦、阿塞拜疆、奥地利、保加利亚、白俄罗斯、捷克、斯洛伐克、丹麦、爱沙尼亚、芬兰、法国、德国、希腊、格鲁吉亚、匈牙利、意大利、立陶宛、波兰、塞尔维亚、瑞典、瑞士、乌克兰、英国。

（162）膨端锚折麻蝇 *Servaisia* (*Servaisia*) *jakovlevi* (Rohdendorf, 1937)

Blaesoxipha (*Servaisia*) *jakovlevi* Rohdendorf, 1937. Fauna USSR Dipt. 19 (1): 71, 72, 79. **Type locality:** China: Neimenggu, Langashi.
Servaisia (*Servaisia*) *jakovlevi*: Verves, 1985. Flieg. Palaearkt. Reg. 11 (330): 429, 435; Verves, 1990. Insects Mongolia 11: 581.
Servaisia jakovlevi: Fan, 1992. Key to the Common Flies of China, 2nd Ed.: 634.
Blaesoxipha (*Servaisia*) *jakovlevi*: Verves, 1984. Insects Mongolia 9: 556; Pape, 1996. Mem. Ent. Int. 8: 204.
分布（Distribution）：内蒙古（NM）；俄罗斯、蒙古国。

（163）科氏锚折麻蝇 *Servaisia* (*Servaisia*) *kozlovi* (Rohdendorf, 1937)

Blaesoxipha (*Servaisia*) *kozlovi* Rohdendorf, 1937. Fauna USSR Dipt. 19 (1): 68, 72, 78. **Type locality:** Russia: East Siberia, Olkhol I. at Baykal Lake.
Blaesoxipha (*Servaisia*) *kozlovi*: Rohdendorf *et* Verves, 1979. Insects Mongolia 6: 484.
Servaisia (*Servaisia*) *kozlovi*: Verves, 1986. *In*: Soós *et* Papp, 1986. Cat. Palaearct. Dipt. 12: 129; Verves, 1990. Insects Mongolia 11: 568, 579.
分布（Distribution）：青海（QH）、西藏（XZ）；俄罗斯、蒙古国、哈萨克斯坦。

（164）黑背锚折麻蝇 *Servaisia* (*Servaisia*) *nigridorsalis* (Chao *et* Zhang, 1988), comb. nov.

Blaesoxipha (*Servaisia*) *nigridorsalis* Chao *et* Zhang, 1988a. Acta Zootaxon. Sin. 13 (1): 76-77, 79. **Type locality:** China: Xinjiang, Zhaosu, Muzhatedaban.
Blaesoxipha (*Servaisia*): Fan *et* Pape, 1996. Stud. Dipt. 3 (2): 247; Pape, 1996. Mem. Ent. Int. 8: 205; Zhang *et al*., 2015. Zootaxa 3946 (4): 494.
分布（Distribution）：新疆（XJ）。

（165）毛股锚折麻蝇 *Servaisia* (*Servaisia*) *rossica* (Villeneuve, 1912)

Blaesoxipha rossica Villeneuve, 1912. Ann. Hist.-Nat. Mus. Natl. Hung. 10: 611. **Type locality:** “Russia”.
Servaisia (*Servaisia*) *rossica*: Verves, 1985. Flieg. Palaearkt. Reg. 11 (330): 430; Verves, 1993. Flieg. Palaearkt. Reg. 11 (331): 444.
Servaisia rossica: Fan, 1992. Key to the Common Flies of China, 2nd Ed.: 635.
Blaesoxipha (*Servaisia*) *rossica*: Fan *et* Pape, 1996. Stud. Dipt. 3 (2): 247; Pape, 1996. Mem. Ent. Int. 8: 205.
Blaesoxipha rossica: Séguy, 1941. Encycl. Ent. (A) 21: 186, 188, 200.
分布（Distribution）：黑龙江（HL）、吉林（JL）、辽宁（LN）、内蒙古（NM）、陕西（SN）、新疆（XJ）、四川（SC）；俄罗斯、蒙古国、哈萨克斯坦、吉尔吉斯斯坦、塔吉克斯坦、阿尔巴尼亚、奥地利、保加利亚、捷克、斯洛伐克、丹麦、爱沙尼亚、法国、德国、意大利、摩洛哥、挪威、波兰、罗马尼亚、塞尔维亚、瑞士、乌克兰、英国。

46. 灰折麻蝇属 *Tephromyia* Brauer *et* Bergenstamm, 1891

Tephromyia Brauer *et* Bergenstamm, 1891. Denkschr. Akad. Wiss. Wien. Math.-Naturw. Kl. 58: 366. **Type species:** *Sarcophaga grisea* Meigen, 1926 (monotypy).
Tephromyia: Verves, 1986. *In*: Soós *et* Papp, 1986. Cat. Palaearct. Dipt. 12: 131; Verves, 1993. Flieg. Palaearkt. Reg. 11 (331): 448.
Blaesoxipha (*Tephromyia*): Pape, 1996. Mem. Ent. Int. 8: 207.

（166）稻灰折麻蝇 *Tephromyia grisea* (Meigen, 1826)

Sarcophaga grisea Meigen, 1826. Syst. Beschr. Europ. Zweifl. Insekt. 5: 18. **Type locality:** France: Allier (Buysson), Apt (Abeille), Macon (Flamary).
Blaesoxipha (*Blaesoxipha*) *magnificornis* Chao *et* Zhang, 1988a. Acta Zootaxon. Sin. 13 (1): 75, 79. **Type locality:** China: Xinjiang, Zhaosu, Alasan.
Tephromyia grisea: Séguy, 1941. Encycl. Ent. (A) 21: 206; Verves, 1990. Insects Mongolia 11: 583.
Blaesoxipha (*Tephromyia*) *grisea*: Fan *et* Pape, 1996. Stud. Dipt. 3 (2): 247; Pape, 1996. Mem. Ent. Int. 8: 209.
Blaesoxipha (*Blaesoxipha*) *magnificornis*: Zhang *et al*., 2015. Zootaxa 3946 (4): 496.
分布（Distribution）：新疆（XJ）；俄罗斯、蒙古国、哈萨克斯坦、阿塞拜疆、阿尔巴尼亚、亚美尼亚、奥地利、比利时、保加利亚、白俄罗斯、捷克、斯洛伐克、法国、德国、格鲁吉亚、匈牙利、意大利、摩尔多瓦、波兰、罗马尼亚、西班牙、瑞士、乌克兰、前南斯拉夫。

拉麻蝇族 Raviniini

拉麻蝇亚族 Raviniina

47. 拉麻蝇属 *Ravinia* Robineau-Desvoidy, 1863

Ravinia Robineau-Desvoidy, 1863. Hist. Nat. Dipt. Envir. Paris 2: 434. **Type species:** *Sarcophaga haematodes* Meigen, 1826 [= *Musca pernix* Harris, 1780] (by original designation).
Ravinia: Fan *et* Pape, 1996. Stud. Dipt. 3 (2): 245; Pape, 1996. Mem. Ent. Int. 8: 284; Rohdendorf, 1965. Ent. Obozr. 44 (3): 695.

（167）股拉麻蝇 *Ravinia pernix* (Harris, 1780)

Musca pernix Harris, 1780. Expos. Engl. Ins.: 84. **Type locality:** United Kingdom: England.
Musca striata Fabricius, 1794. Ent. Syst. 4: 315 [a junior primary homonym of *Musca striata* Gmelin, 1790 (Diptera: Keroplatidae)]. **Type locality:** Denmark: Copenhagen [as "Hafniae"].
Ravinia pernix: Pape, 1996. Mem. Ent. Int. 8: 288; Verves, 1990. Insects Mongolia 11: 583.
Ravinia striata: Chou, 1963. Acta Ent. Sin. 12 (2): 233; Verves, 1993. Flieg. Palaearkt. Reg. 11 (331): 451.
Sarcophaga striata: Séguy, 1941. Encycl. Ent. (A) 21: 58, 153.
分布（Distribution）：黑龙江（HL）、吉林（JL）、辽宁（LN）、内蒙古（NM）、河北（HEB）、天津（TJ）、北京（BJ）、山西（SX）、山东（SD）、河南（HEN）、陕西（SN）、宁夏（NX）、甘肃（GS）、青海（QH）、新疆（XJ）、江苏（JS）、湖南（HN）、四川（SC）、贵州（GZ）、云南（YN）、西藏（XZ）、广东（GD）；朝鲜、韩国、日本、孟加拉国、不丹、印度、尼泊尔、巴基斯坦、阿富汗、阿尔巴尼亚、阿尔及利亚、美国、澳大利亚、阿塞拜疆、亚速尔群岛（葡）、比利时、保加利亚、白俄罗斯、加那利群岛、塞浦路斯、捷克、丹麦、埃及、爱沙尼亚、芬兰、法国、德国、希腊、格鲁吉亚、匈牙利、伊朗、伊拉克、爱尔兰、意大利、哈萨克斯坦、吉尔吉斯斯坦、拉脱维亚、黎巴嫩、利比亚、立陶宛、马耳他、摩尔多瓦、蒙古国、摩洛哥、挪威、波兰、葡萄牙、罗马尼亚、俄罗斯、沙特阿拉伯、塞尔维亚、西班牙、瑞典、瑞士、叙利亚、塔吉克斯坦、突尼斯、土库曼斯坦、乌克兰、英国、乌兹别克斯坦、乍得、也门。

德麻蝇族 Sarcodexiini

螺麻蝇亚族 Helicobiina

48. 海麻蝇属 *Alisarcophaga* Fan *et* Chen, 1982

Alisarcophaga Fan *et* Chen, 1982. *In*: Shanghai Institute of Entomology, Academia Sinica, 1982. Contributions from Shanghai Institute of Entomology, Vol. 2: 241, 244. **Type species:** *Sarcophaga gressitti* Hall *et* Bohart, 1948 (by original designation).
Alisarcophaga: Fan, 1992. Key to the Common Flies of China, 2nd Ed.: 642; Verves, 1993. Flieg. Palaearkt. Reg. 11 (331): 456.
Sarcophaga (*Alisarcophaga*): Pape, 1996. Mem. Ent. Int. 8: 296.

（168）匙形海麻蝇 *Alisarcophaga gressitti* (Hall *et* Bohart, 1948)

Sarcophaga gressitti Hall *et* Bohart, 1948. Proc. Ent. Soc. Wash. 50 (5): 131. **Type locality:** USA: Guam I., Point Ritidan.
Pierretia spatuliformis Ye, 1980. Acta Zootaxon. Sin. 5 (4): 412. **Type locality:** China: Hainan, Ximao Dao.
Alisarcophaga gressitti: Fan *et* Chen, 1982. *In*: Shanghai Institute of Entomology, Academia Sinica, 1982. Contributions from Shanghai Institute of Entomology, Vol. 2: 241, 242, 244; Verves, 1993. Flieg. Palaearkt. Reg. 11 (331): 456.
Sarcophaga (*Alisarcophaga*) *gressitti*: Pape, 1996. Mem. Ent. Int. 8: 296.
分布（Distribution）：海南（HI）；菲律宾、新加坡、关岛（美）、日本（小笠原群岛）、基里巴斯、马绍尔群岛、密克罗尼西亚、北马里亚纳群岛（美）、帕劳、巴布亚新几内亚。

麻蝇族 Sarcophagini

黑麻蝇亚族 Helicophagellina

49. 黑麻蝇属 *Helicophagella* Enderlein, 1928

Helicophagella Enderlein, 1928. Arch. Klass. Phyl. Ent. 1 (1): 38. **Type species:** *Sarcophaga noverca* Rondani, 1860 (by original designation).
Helicophagella: Verves, 1990. Insects Mongolia 11: 569, 591; Verves *et* Khrokalo, 2006b. Key Ins. Rus. Far East 6 (4): 76, 143.
Sarcophaga (*Helicophagella*): Pape, 1996. Mem. Ent. Int. 8: 318; Blackith, Blackith *et* Pape, 1997. Stud. Dipt. 4 (2): 383.
Bellieria [misidentification: not *Bellieria* Robineau-Desvoidy, 1863]: Enderlein, 1928. Arch. Klass. Phyl. Ent. 1 (1): 36; Rohdendorf, 1937. Fauna USSR Dipt. 19 (1): 53, 129; Fan, 1965. Key to the Common Flies of China: 223, 229.

1）黑麻蝇亚属 *Helicophagella* Enderlein, 1928

Villeneuvea Rohdendorf, 1937. Fauna USSR Dipt. 19 (1): 130, 147 (as a subgenus of *Bellieria* Robineau-Desvoidy, 1863). **Type species:** *Sarcophaga agnata* Rondani, 1860 (by original designation).

（169）伪黑麻蝇 *Helicophagella* (*Helicophagella*) *pseudagnata* (Rohdendorf, 1937)

Bellieria (*Villeneuvea*) *pseudagnata* Rohdendorf, 1937. Fauna USSR Dipt. 19 (1): 130, 149. **Type locality:** Russia: Dagestan, Mt. Khyly Khor.

Helicophagella (*Helicophagella*) *pseudagnata*: Verves, 1993. Flieg. Palaearkt. Reg. 11 (331): 465, 472.

Helicophagella pseudagnata: Verves, 1986. *In*: Soós *et* Papp, 1986. Cat. Palaearct. Dipt. 12: 138; Fan *et* Pape, 1996. Stud. Dipt. 3 (2): 249.

分布（Distribution）： 新疆（XJ）；俄罗斯、哈萨克斯坦、吉尔吉斯斯坦、阿尔巴尼亚、奥地利、阿塞拜疆、保加利亚、捷克、斯洛伐克、丹麦、芬兰、法国、德国、希腊、格鲁吉亚、匈牙利、爱尔兰、意大利、摩尔多瓦、立陶宛、挪威、波兰、罗马尼亚、西班牙、瑞典、乌克兰、英国、前南斯拉夫。

2）拟帕黑麻蝇亚属 *Parabellieria* Verves, 1987

Parabellieria Verves, 1987. Ent. Obozr. 66 (3): 664 (as a subgenus of *Helicophagella* Enderlein, 1928). **Type species:** *Sarcophaga melanura* Meigen, 1826 (by original designation).

Ahavanella Lehrer, 1995. Reichenbachia 31 (1): 110. **Type species:** *Bellieria macrura* Rohdendorf, 1937 (by original designation).

Helicophagella (*Parabellieria*): Verves, 1990. Insects Mongolia 11: 591; Verves, 1993. Flieg. Palaearkt. Reg. 11 (331): 464, 475.

（170）德氏黑麻蝇 *Helicophagella* (*Parabellieria*) *dreyfusi* (Lehrer, 1994)

Ahavanella dreyfusi Lehrer, 1994. Rev. Roum. Biol. Sér. Biol. Anim. 39 (2): 85. **Type locality:** Not given.

Helicophagella dreyfusi: Fan *et* Pape, 1996. Stud. Dipt. 3 (2): 248; Verves *et* Khrokalo, 2006b. Key Ins. Rus. Far East 6 (4): 76, 145.

Sarcophaga (*Helicophagella*) *dreyfusi*: Pape, 1996. Mem. Ent. Int. 8: 319; Blackith, Blackith *et* Pape, 1997. Stud. Dipt. 4 (2): 396, 430.

Parabellieria dreyfusi: Lehrer, 2000. Reichenbachia 33 (2): 445.

Helicophagella (*Parabellieria*) *maculata*: Verves, 1990. Insects Mongolia 11: 591.

Helicophagella maculata: Fan, 1992. Key to the Common Flies of China, 2nd Ed.: 648.

Bellieria (*Bellieria*) *maculata*: Rohdendorf, 1937. Fauna USSR Dipt. 19 (1): 130, 132.

Bellieria maculata: Fan, 1965. Key to the Common Flies of China: 231.

分布（Distribution）： 内蒙古（NM）、宁夏（NX）、新疆（XJ）；俄罗斯、蒙古国、阿富汗、伊朗、沙特阿拉伯、伊拉克、土耳其、叙利亚、黎巴嫩、巴基斯坦、埃及、摩洛哥、阿尔及利亚、加那利群岛、亚速尔群岛（葡）、保加利亚、前南斯拉夫、阿尔巴尼亚、意大利、罗马尼亚、波兰、德国、法国、西班牙。

（171）黑尾黑麻蝇 *Helicophagella* (*Parabellieria*) *melanura* (Meigen, 1826)

Sarcophaga melanura Meigen, 1826. Syst. Beschr. Europ. Zweifl. Insekt. 5: 23. **Type locality:** Not given.

Helicophagella (*Parabellieria*) *melanura*: Verves, 1993. Flieg. Palaearkt. Reg. 11 (331): 465, 480; Verves, 1986. *In*: Soós *et* Papp, 1986. Cat. Palaearct. Dipt. 12: 138.

Helicophagella melanura: Fan, 1992. Key to the Common Flies of China, 2nd Ed.: 650; Fan *et* Pape, 1996. Stud. Dipt. 3 (2): 249.

Sarcophaga melanura: Rohdendorf, 1930. Bull. Entomol. Res. 21 (3): 315.

Sarcophaga (*Helicophagella*) *melanura*: Pape, 1996. Mem. Ent. Int. 8: 320.

Bellieria melanura: Fan, 1965. Key to the Common Flies of China: 231; Rohdendorf *et* Verves, 1978. Ann. Hist.-Nat. Mus. Natl. Hung. 70: 255.

Bellieria (*Bellieria*) *melanura*: Rohdendorf, 1937. Fauna USSR Dipt. 19 (1): 130, 135.

分布（Distribution）： 黑龙江（HL）、吉林（JL）、辽宁（LN）、内蒙古（NM）、河北（HEB）、天津（TJ）、北京（BJ）、山西（SX）、山东（SD）、河南（HEN）、陕西（SN）、宁夏（NX）、甘肃（GS）、青海（QH）、新疆（XJ）、安徽（AH）、江苏（JS）、上海（SH）、浙江（ZJ）、江西（JX）、湖南（HN）、四川（SC）、重庆（CQ）、贵州（GZ）、云南（YN）、西藏（XZ）、福建（FJ）、台湾（TW）、广东（GD）、广西（GX）、海南（HI）；俄罗斯、朝鲜、日本、蒙古国、哈萨克斯坦、吉尔吉斯斯坦、塔吉克斯坦、土库曼斯坦、乌兹别克斯坦、巴基斯坦、塞浦路斯、加拿大、美国、阿富汗、阿尔巴尼亚、阿尔及利亚、澳大利亚、阿塞拜疆、比利时、保加利亚、白俄罗斯、加那利群岛、捷克、丹麦、埃及、芬兰、法国、德国、希腊、格鲁吉亚、匈牙利、伊朗、伊拉克、爱尔兰、以色列、意大利、拉脱维亚、立陶宛、卢森堡、马耳他、摩尔多瓦、摩洛哥、荷兰、朝鲜、挪威、波兰、葡萄牙、罗马尼亚、塞尔维亚、斯洛伐克、韩国、西班牙、瑞典、瑞士、叙利亚、突尼斯、土耳其、乌克兰、英国。

（172）瘦叶黑麻蝇 *Helicophagella* (*Parabellieria*) *rohdendorfi* (Grunin, 1964)

Bellieria rohdendorfi Grunin, 1964. Ent. Obozr. 43 (1): 76. **Type locality:** Tajikistan: bank of river Mukor.

Sarcophaga altitudinis Sugiyama, 1988. Jpn. J. Sanit. Zool. 40 (Suppl.): 117 (unnecessary replacement name for *Bellieria rohdendorfi* Grunin, 1964).

Helicophagella rohdendorfi: Verves, 1986. *In*: Soós *et* Papp, 1986. Cat. Palaearct. Dipt. 12: 138; Verves, 1990. Insects Mongolia 11: 588, 593.

Sarcophaga (*Helicophagella*) *altitudinis*: Pape, 1996. Mem. Ent. Int. 8: 318; Blackith, Blackith *et* Pape, 1997. Stud. Dipt. 4 (2): 397, 430.

分布（Distribution）：西藏（XZ）；吉尔吉斯斯坦、塔吉克斯坦、巴基斯坦。

库麻蝇亚族 Kozloveina

50. 库麻蝇属 *Kozlovea* Rohdendorf, 1937

Kozlovea Rohdendorf, 1937. Fauna USSR Dipt. 19 (1): 55, 300. **Type species:** *Kozlovea tshernovi* Rohdendorf, 1937 (by original designation).

Kozlovea: Fan, 1992. Key to the Common Flies of China, 2nd Ed.: 638; Verves, 1993. Flieg. Palaearkt. Reg. 11 (331): 463, 485; Fan *et* Pape, 1996. Stud. Dipt. 3 (2): 251.

Sarcophaga (*Kozlovea*): Pape, 1996. Mem. Ent. Int. 8: 340.

（173）劳氏库麻蝇 *Kozlovea lopesi* Nandi, 1976

Kozlovea lopesi Nandi, 1976. Orient. Insects 10 (3): 369. **Type locality:** India: Himāchal Pradesh, Chatru, Spiti Valley.

Kozlovea yangiana Lehrer, 2010a. Fragm. Dipt. 25: 26. **Type locality:** Not given.

Kozlovea lopesi: Verves, 1986. *In*: Soós *et* Papp, 1986. Cat. Palaearct. Dipt. 12: 158; Fan *et* Pape, 1996. Stud. Dipt. 3 (2): 251.

分布（Distribution）：西藏（XZ）；印度、尼泊尔、巴基斯坦。

（174）复斗库麻蝇 *Kozlovea tshernovi* Rohdendorf, 1937

Kozlovea tshernovi Rohdendorf, 1937. Fauna USSR Dipt. 19 (1): 300-301. **Type locality:** China: Neimenggu, Ala Shan, Subugan Gol.

Kozlovea cetu Chao *et* Zhang, 1978. Acta Ent. Sin. 21 (4): 445. **Type locality:** China: environs of Beijing, Mt. Baihuashan.

Kozlovea nyatria Lehrer, 2010a. Fragm. Dipt. 25: 25. **Type locality:** Not given.

Kozlovea cetu: Chao *et* Zhang, 1982. *In*: The Comprehensive Scientific Expedition to the Qinghai-Xizang Plateau, Chinese Academy of Sciences, 1982. Insects of Xizang 2: 227; Verves, 1993. Flieg. Palaearkt. Reg. 11 (331): 488.

Sarcophaga (*Kozlovea*) *tshernovi*: Pape, 1996. Mem. Ent. Int. 8: 341.

分布（Distribution）：内蒙古（NM）、河北（HEB）、北京（BJ）、山西（SX）、甘肃（GS）、青海（QH）、四川（SC）、云南（YN）、西藏（XZ）。

白麻蝇亚族 Leucomyiina

51. 白麻蝇属 *Leucomyia* Brauer *et* Bergenstamm, 1891

Leucomyia Brauer *et* Bergenstamm, 1891. Denkschr. Akad. Wiss. Wien. Math.-Naturw. Kl. 58: 64. **Type species:** *Sarcophila alba* Schiner, 1868 (monotypy).

Leucomyia: Verves, 1986. *In*: Soós *et* Papp, 1986. Cat. Palaearct. Dipt. 12: 180; Fan, 1992. Key to the Common Flies of China, 2nd Ed.: 637, 643; Fan *et* Pape, 1996. Stud. Dipt. 3 (2): 251.

Sarcophaga (*Leucomyia*): Pape, 1996. Mem. Ent. Int. 8: 342.

（175）白麻蝇 *Leucomyia alba* (Schiner, 1868)

Sarcophila alba Schiner, 1868. Reise der Österreichischen Fregatte Novara, Diptera 2 (1B): 315.

Musca cinerea Fabricius, 1794. Ent. Syst. 4: 331 [junior primary homonym of *Musca cinereus* Harris, 1780 (Diptera: Tephritidae) and *Musca cinerea* Villers, 1789 (unrecognized family)]. **Type locality:** East India: Abildgaard.

Leucomyia dukoicus Zhang *et* Chao, 1988. Sinozool. 6: 289. **Type locality:** China: Sichuan, Panzhihua.

Sarcophaga cineria [incorrect subsequent spelling of *cinerea* Fabricius, 1794]: Lin *et* Chen, 1999. The Name List of Taiwan Diptera (1): 117.

Leucomyia tarima Lehrer, 2008a. Fragm. Dipt. 13: 10. **Type locality:** Not given.

Sarcophaga (*Leucomyia*) *alba*: Pape, 1996. Mem. Ent. Int. 8: 342; Zhang *et al.*, 2015. Zootaxa 3946 (4): 504.

Leucomyia cinerea: Fan, 1992. Key to the Common Flies of China, 2nd Ed.: 643; Fan *et* Pape, 1996. Stud. Dipt. 3 (2): 251.

Sarcophila cinerea: Senior-White, Aubertin *et* Smart, 1940. Fauna Brit. India Dipt. 6: 277.

分布（Distribution）：辽宁（LN）、河北（HEB）、四川（SC）、台湾（TW）、广东（GD）；日本、印度、老挝、菲律宾、斯里兰卡、泰国。

欧麻蝇亚族 Heteronychiina

52. 欧麻蝇属 *Heteronychia* Brauer *et* Bergenstamm, 1889

Heteronychia Brauer *et* Bergenstamm, 1889. Denkschr. Akad. Wiss. Wien. Math.-Naturw. Kl. 56 (1): 124. **Type species:** *Heteronychia chaetoneura* Brauer *et* Bergenstamm, 1889 (monotypy).

Eupierretia Rohdendorf, 1937. Fauna USSR Dipt. 19 (1): 363. **Type species:** *Sarcophaga proxima* Rondani, 1860 (by original designation).

Spatulapica Fan, 1964. Acta Zootaxon. Sin. 1 (2): 306, 316. **Type species:** *Sarcophaga haemorrhoa* Meigen, 1826 (by original designation).

Pierretia: misidentification: not *Pierretia* Robineau-Desvoidy, 1863.

Heteronychia: Séguy, 1941. Encycl. Ent. (A) 21: 59; Rohdendorf, 1965. Ent. Obozr. 44 (3): 684, 693; Fan *et* Pape, 1996. Stud. Dipt. 3 (2): 249.

Sarcophaga (*Heteronychia*): Pape, 1996. Mem. Ent. Int. 8:

321.
Pierretia: Enderlein, 1928. Arch. Klass. Phyl. Ent. 1 (1): 47; Rohdendorf, 1937. Fauna USSR Dipt. 19 (1): 303.
Pierretia (*Heteronychia*): Rohdendorf, 1937. Fauna USSR Dipt. 19 (1): 349.

1）欧麻蝇亚属 *Heteronychia* Brauer *et* Bergenstamm, 1889

Heteronychia Brauer *et* Bergenstamm, 1889. Denkschr. Akad. Wiss. Wien. Math.-Naturw. Kl. 56 (1): 124. **Type species:** *Heteronychia chaetoneura* Brauer *et* Bergenstamm, 1889 (monotypy).

（176）海北欧麻蝇 ***Heteronychia* (*Heteronychia*) *abramovi* (Rohdendorf, 1938)**

Pierretria (*Pierretria*) *abramovi* Rohdendorf, 1938. Trans. Sikhote-Alin St. Res. 2: 108. **Type locality:** Russia: Far East, Primorye, Sikhote-Alin State Reservation.
Spatulapica heilongia Lehrer, 2009g. Fragm. Dipt. 19: 26. **Type locality:** Not given.
Heteronychia (*Spatulapica*) *abramovi*: Fan, 1964. Acta Zootaxon. Sin. 1 (2): 314, 318; Verves, 1986. *In*: Soós *et* Papp, 1986. Cat. Palaearct. Dipt. 12: 155.
Heteronychia abramovi: Fan *et* Pape, 1996. Stud. Dipt. 3 (2): 249; Verves *et* Khrokalo, 2006b. Key Ins. Rus. Far East 6 (4): 146.
Spatulapica abramovi: Lehrer, 2009g. Fragm. Dipt. 19: 25.
Sarcophaga (*Heteronychia*) *abramovi*: Pape, 1996. Mem. Ent. Int. 8: 322.
分布（Distribution）：黑龙江（HL）；日本、俄罗斯。

（177）曲股欧麻蝇 ***Heteronychia* (*Heteronychia*) *curvifemoralis* Li, 1980**

Heteronychia (*Eupierretia*) *curvifemoralis* Li, 1980. Acta Zootaxon. Sin. 5 (3): 276. **Type locality:** China: Sichuan, Ebian.
Heteronychia (*Eupierretia*) *spatulifera* Chen *et* Lu, 1982. *In*: Wang *et al.*, 1982. *In*: Shanghai Institute of Entomology, Academia Sinica, 1982. Contributions from Shanghai Institute of Entomology, Vol. 2: 256, 258. **Type locality:** China: Qinghai, Yushu.
Spatulapica avesania Lehrer, 2013c. Fragm. Dipt. 41: 20. **Type locality:** Not given.
Heteronychia (*Eupierretia*) *curvifemoralis*: Verves, 1986. *In*: Soós *et* Papp, 1986. Cat. Palaearct. Dipt. 12: 149; Wei, Yang *et* Ye, 1988. Acta Zootaxon. Sin. 13 (3): 311.
Heteronychia curvifemoralis: Fan *et* Pape, 1996. Stud. Dipt. 3 (2): 249.
Sarcophaga (*Heteronychia*) *curvifemoralis*: Pape, 1996. Mem. Ent. Int. 8: 325; Whitmore, 2011. Zootaxa 2778: 26.
Heteronychia (*Heteronychia*) *spatulifera*: Fan, 1992. Key to the Common Flies of China, 2nd Ed.: 655.
Spatulapica spatulifera: Lehrer, 2013c. Fragm. Dipt. 41: 20.
Sarcophaga (*Heteronychia*) *spatulifera*: Pape, 1996. Mem. Ent. Int. 8: 334.
分布（Distribution）：陕西（SN）、青海（QH）、四川（SC）、贵州（GZ）、广西（GX）。

（178）郭氏欧麻蝇 ***Heteronychia* (*Heteronychia*) *depressifrons* (Zetterstedt, 1845)**

Sarcophaga depressifrons Zetterstedt, 1845. Dipt. Scand. 4: 1293. **Type locality:** Sweden: Skåne.
Pierretia (*Pierretias*) *obscurata* Rohdendorf, 1937. Fauna USSR Dipt. 19 (1): 308, 346. **Type locality:** Ukraine: Vinnitcia region, Zmerynka district, Dubova village [Whitmore (2011. Zootaxa 2778: 27) erroneously designated type locality as "Dūbova (probably Slovakia)"].
Sarcophaga parva Quo, 1952. Acta Ent. Sin. 2 (1): 67-68 (junior primary homonym of *Sarcophaga parva* Walker, 1853 and *Sarcophaga parva* Robineau-Desvoidy, 1863). **Type locality:** China: near Shanghai.
Heteronychia quoi Fan, 1964. Acta Zootaxon. Sin. 1 (2): 313, 318 (replacement name for *Sarcophaga parva* Quo, 1952).
Heteronychia (*Heteronychia*) *depressifrons*: Verves *et* Khrokalo, 2015. Priamus Suppl. 36: 24.
Sarcophaga (*Heteronychia*) *depressifrons*: Pape, 1996. Mem. Ent. Int. 8: 325; Whitmore, 2011. Zootaxa 2778: 26.
Spatulapica depressifrons: Lehrer, 2009f. Fragm. Dipt. 19: 10.
Heteronychia (*Spatulapica*) *obscurata*: Verves, 1986. *In*: Soós *et* Papp, 1986. Cat. Palaearct. Dipt. 12: 157.
Spatulapica obscurata: Lehrer, 2009f. Fragm. Dipt. 19: 10.
Heteronychia (*Heteronychia*) *quoi*: Fan, 1992. Key to the Common Flies of China, 2nd Ed.: 652.
Heteronychia quoi: Feng, 2011. Sichuan J. Zool. 30 (4): 548.
Heteronychia (*Spatulapica*) *quoi*: Fan, 1965. Key to the Common Flies of China: 241.
Spatulapica quoi: Lehrer, 2009f. Fragm. Dipt. 19: 10.
Heteronychia guoi [incorrect subsequent spelling of *quoi* Fan, 1964]: Ji *et al.*, 2011. Chin. J. Vector Biol. & Control 22 (5): 478.
分布（Distribution）：辽宁（LN）、北京（BJ）、陕西（SN）、江苏（JS）、上海（SH）、四川（SC）、贵州（GZ）、广东（GD）、广西（GX）；朝鲜、日本、阿尔巴尼亚、奥地利、保加利亚、白俄罗斯、捷克、斯洛伐克、丹麦、爱沙尼亚、芬兰、法国、德国、匈牙利、意大利、挪威、波兰、罗马尼亚、瑞典、瑞士、乌克兰、英国、前南斯拉夫。

（179）狭额欧麻蝇 ***Heteronychia* (*Heteronychia*) *heptapotamica* (Rohdendorf, 1937)**

Pierretia (*Heteronychia*) *heptapotamica* Rohdendorf, 1937. Fauna USSR Dipt. 19 (1): 310, 357. **Type locality:** Kazakhstan: environs of Alma-Ata, Child Colony on Bolshaia Almaatinka river.
Heteronychia (*Heteronychia*) *heptapotamica*: Verves, 1986. *In*: Soós *et* Papp, 1986. Cat. Palaearct. Dipt. 12: 153.

Heteronychia heptapotamica: Fan *et* Pape, 1996. Stud. Dipt. 3 (2): 249; Verves, 1990. Insects Mongolia 11: 585, 594.
Sarcophaga (*Heteronychia*) *heptapotamica*: Pape, 1996. Mem. Ent. Int. 8: 329.
分布（Distribution）：新疆（XJ）；哈萨克斯坦、吉尔吉斯斯坦、塔吉克斯坦、乌兹别克斯坦。

（180）贺兰山欧麻蝇 *Heteronychia* (*Heteronychia*) *kozlovi* (Rohdendorf, 1937)

Pierretia (*Eupierretia*) *kozlovi* Rohdendorf, 1937. Fauna USSR Dipt. 19 (1): 310, 382. **Type locality:** China: Neimenggu, Ala Shan mountain range, Suburgan Gol.
Heteronychia (*Eupierretia*) *helanshanensis* Han, Zhao *et* Ye, 1985. Acta Zootaxon. Sin. 10 (1): 76. **Type locality:** China: Ningxia, Helanshan.
Heteronychia (*Heteronychia*) *kozlovi*: Verves *et* Khrokalo, 2015. Priamus Suppl. 36: 31.
Heteronychia (*Eupierretia*) *kozlovi*: Han, Zhao *et* Ye, 1985. Acta Zootaxon. Sin. 10 (1): 77, 78; Verves, 1986. *In*: Soós *et* Papp, 1986. Cat. Palaearct. Dipt. 12: 149.
Heteronychia kozlovi: Fan *et* Pape, 1996. Stud. Dipt. 3 (2): 249; Verves, 1990. Insects Mongolia 11: 596.
Sarcophaga (*Heteronychia*) *kozlovi*: Pape, 1996. Mem. Ent. Int. 8: 330; Whitmore, 2011. Zootaxa 2778: 37.
Heteronychia (*Heteronychia*) *helanshanensis*: Fan, 1992. Key to the Common Flies of China, 2nd Ed.: 655.
Heteronychia helanshanensis: Fan *et* Pape, 1996. Stud. Dipt. 3 (2): 249.
Sarcophaga (*Heteronychia*) *helanshanensis*: Pape, 1996. Mem. Ent. Int. 8: 339.
分布（Distribution）：内蒙古（NM）、宁夏（NX）。

（181）巨膜欧麻蝇 *Heteronychia* (*Heteronychia*) *macromembrana* Ye, 1980

Heteronychia macromembrana Ye, 1980. Entomotaxon. 2 (4): 286. **Type locality:** China: Sichuan, Nanping.
Heteronychia (*Heteronychia*) *macromembrana*: Fan, 1992. Key to the Common Flies of China, 2nd Ed.: 654; Verves *et* Khrokalo, 2015. Priamus Suppl. 36: 33.
Heteronychia (*Eupierretia*) *macromembrana*: Verves, 1986. *In*: Soós *et* Papp, 1986. Cat. Palaearct. Dipt. 12: 149.
Heteronychia macromembrana: Fan *et* Pape, 1996. Stud. Dipt. 3 (2): 249.
Sarcophaga (*Heteronychia*) *macromembrana*: Pape, 1996. Mem. Ent. Int. 8: 331.
分布（Distribution）：四川（SC）。

（182）长端欧麻蝇 *Heteronychia* (*Heteronychia*) *plotnikovi* (Rohdendorf, 1925)

Sarcophaga plotnikovi Rohdendorf, 1925c. Russk. Ent. Obozr. 19: 53. **Type locality:** Uzbekistan: Tashkent region, Ak-Tash.
Heteronychia (*Eupierretia*) *brachystylata* Chao *et* Zhang, 1988a. Acta Zootaxon. Sin. 13 (1): 78, 80. **Type locality:** China: Xinjiang, Baicheng, Tailiekekoutan.
Heteronychia turbophalla Lehrer, 2013b. Fragm. Dipt. 40: 4, 8. **Type locality:** Not given.
Heteronychia (*Heteronychia*) *plotnikovi*: Fan, 1992. Key to the Common Flies of China, 2nd Ed.: 655; Verves *et* Khrokalo, 2015. Priamus Suppl. 36: 36.
Heteronychia (*Eupierretia*) *plotnikovi*: Verves, 1984. Insects Mongolia 9: 557; Verves, 1986. *In*: Soós *et* Papp, 1986. Cat. Palaearct. Dipt. 12: 149.
Heteronychia plotnikovi: Verves, 1990. Insects Mongolia 11: 585, 596.
Pierretia (*Heteronychia*) *plotnikovi*: Rohdendorf, 1937. Fauna USSR Dipt. 19 (1): 311, 377.
Sarcophaga (*Heteronychia*) *plotnikovi*: Pape, 1996. Mem. Ent. Int. 8: 332; Whitmore, 2011. Zootaxa 2778: 44.
Heteronychia (*Eupierretia*) *brachystylata*: Zhang *et al*., 2015. Zootaxa 3946 (4): 497, 499.
Heteronychia brachystylata: Fan *et* Pape, 1996. Stud. Dipt. 3 (2): 249.
Sarcophaga (*Heteronychia*) *brachystylata*: Pape, 1996. Mem. Ent. Int. 8: 324.
分布（Distribution）：新疆（XJ）；乌兹别克斯坦、吉尔吉斯斯坦、塔吉克斯坦。

（183）邻欧麻蝇 *Heteronychia* (*Heteronychia*) *proxima* (Rondani, 1860)

Sarcophaga proxima Rondani, 1860. Atti Soc. Ital. Sci. Nat. Milano 3: 392. **Type locality:** Italy: "In Italia boreali perrara (Messino)".
Heteronychia (*Heteronychia*) *proxima*: Verves *et* Khrokalo, 2015. Priamus Suppl. 36: 36.
Heteronychia (*Eupierretia*) *proxima*: Rohdendorf, 1965. Ent. Obozr. 44 (3): 693; Verves, 1986. *In*: Soós *et* Papp, 1986. Cat. Palaearct. Dipt. 12: 150.
Heteronychia (*Spatulapica*) *proxima*: Fan, 1964. Acta Zootaxon. Sin. 1 (2): 315, 319.
Heteronychia proxima: Fan *et* Pape, 1996. Stud. Dipt. 3 (2): 249; Verves, 1990. Insects Mongolia 11: 597.
Pierretia (*Heteronychia*) *proxima*: Rohdendorf, 1937. Fauna USSR Dipt. 19 (1): 312, 364.
Sarcophaga (*Heteronychia*) *proxima*: Pape, 1996. Mem. Ent. Int. 8: 333; Whitmore, 2011. Zootaxa 2778: 44.
Sarcophaga proxima: Séguy, 1941. Encycl. Ent. (A) 21: 67, 135.
分布（Distribution）：新疆（XJ）、西藏（XZ）；俄罗斯、阿尔巴尼亚、奥地利、保加利亚、白俄罗斯、捷克、斯洛伐克、爱沙尼亚、芬兰、法国、德国、匈牙利、意大利、拉脱维亚、摩尔多瓦、波兰、罗马尼亚、塞尔维亚、瑞典、瑞士、乌克兰。

（184）细纽欧麻蝇 *Heteronychia* (*Heteronychia*) *shnitnikovi* (Rohdendorf, 1937)

Pierretia (*Eupierretia*) *shnitnikovi* Rohdendorf, 1937. Fauna

USSR Dipt. 19 (1): 312, 365. **Type locality:** Kazakhstan: environs of Almaty, near Bolshaia Almatynka river.

Heteronychia shnitnikovi: Fan *et* Pape, 1996. Stud. Dipt. 3 (2): 250; Verves, 1986. *In*: Soós *et* Papp, 1986. Cat. Palaearct. Dipt. 12: 150; Verves, 1990. Insects Mongolia 11: 597.

Sarcophaga (*Heteronychia*) *shnitnikovi*: Pape, 1996. Mem. Ent. Int. 8: 333; Whitmore, 2011. Zootaxa 2778: 48.

Heteronychia (*Eupierretia*) *tenupenialis* Chao *et* Zhang, 1988a. Acta Zootaxon. Sin. 13 (1): 77. **Type locality:** China: Xinjiang, Zhaosu, Alasan.

Heteronychia (*Eupierretia*) *tenupenialis*: Zhang *et al*., 2015. Zootaxa 3946 (4): 500.

Heteronychia tenupenialis: Fan *et* Pape, 1996. Stud. Dipt. 3 (2): 250.

Sarcophaga (*Heteronychia*) *tenupenialis*: Pape, 1996. Mem. Ent. Int. 8: 335.

分布（Distribution）：新疆（XJ）；哈萨克斯坦、乌兹别克斯坦、吉尔吉斯斯坦。

（185）济南欧麻蝇 *Heteronychia* (*Heteronychia*) *tsinanensis* Fan, 1964

Heteronychia (*Eupierretia*) *tsinanensis* Fan, 1964. Acta Zootaxon. Sin. 1 (2): 314, 319. **Type locality:** China: Shandong, Tsinan.

Heteronychia (*Heteronychia*) *tsinanensis*: Fan, 1992. Key to the Common Flies of China, 2nd Ed.: 654.

Heteronychia (*Eupierretia*) *tsinanensis*: Fan, 1965. Key to the Common Flies of China: 240; Verves, 1986. *In*: Soós *et* Papp, 1986. Cat. Palaearct. Dipt. 12: 150.

Heteronychia tsinanensis: Fan *et* Pape, 1996. Stud. Dipt. 3 (2): 250; Ma, Ji *et* Wang, 2014. Chin. J. Vector Biol. & Control 25 (5): 449.

Sarcophaga (*Heteronychia*) *tsinanensis*: Pape, 1996. Mem. Ent. Int. 8: 335.

分布（Distribution）：山西（SX）、山东（SD）。

（186）游荡欧麻蝇 *Heteronychia* (*Heteronychia*) *vagans* (Meigen, 1826)

Sarcophaga vagans Meigen, 1826. Syst. Beschr. Europ. Zweifl. Insekt. 5: 26. **Type locality:** Europe: probably Germany.

Sarcophaga frenata Pandellé, 1896. Rev. Ent. 15: 182. **Type locality:** France: Hautes-Pyrénées (Tarbes).

Sarcophaga bajkalensis Rohdendorf, 1925c. Russk. Ent. Obozr. 19: 56. **Type locality:** Russia: Krasnoiasrski Krai, shore of Baykal Lake.

Heteronychia (*Eupierretia*) *vagans*: Verves, 1986. *In*: Soós *et* Papp, 1986. Cat. Palaearct. Dipt. 12: 150.

Heteronychia vagans: Verves, 1990. Insects Mongolia 11: 585, 596; Verves *et* Khrokalo, 2006b. Key Ins. Rus. Far East 6 (4): 147.

Sarcophaga (*Heteronychia*) *vagans*: Pape, 1996. Mem. Ent. Int. 8: 336; Whitmore, 2011. Zootaxa 2778: 50.

Sarcophaga vagans: Séguy, 1941. Encycl. Ent. (A) 21: 66, 164; Verves, 1986. *In*: Soós *et* Papp, 1986. Cat. Palaearct. Dipt. 12: 150.

Pierretia (*Eupierretia*) *frenata*: Rohdendorf, 1937. Fauna USSR Dipt. 19 (1): 312, 368.

Heteronychia (*Eupierretia*) *bajkalensis*: Verves, 1986. *In*: Soós *et* Papp, 1986. Cat. Palaearct. Dipt. 12: 149; Fan, 1992. Key to the Common Flies of China, 2nd Ed.: 655.

Heteronychia bajkalensis: Zhang *et* Zhang, 2010. Chin. J. Hyg. Insect. & Equip. 16 (4): 293.

Pierretia (*Eupierretia*) *bajkalensis*: Rohdendorf, 1937. Fauna USSR Dipt. 19 (1): 312, 369.

Sarcophaga (*Heteronychia*) *bajkalensis*: Pape, 1996. Mem. Ent. Int. 8: 323.

分布（Distribution）：黑龙江（HL）、吉林（JL）、甘肃（GS）；俄罗斯、日本、奥地利、保加利亚、白俄罗斯、前捷克斯洛伐克、丹麦、爱沙尼亚、芬兰、法国、德国、格鲁吉亚、匈牙利、爱尔兰、意大利、拉脱维亚、摩尔多瓦、挪威、波兰、罗马尼亚、瑞典、瑞士、乌克兰、英国、前南斯拉夫。

钩麻蝇亚族 Harpagophallina

53. 钩麻蝇属 *Harpagophalla* Rohdendorf, 1937

Harpagophalla Rohdendorf, 1937. Fauna USSR Dipt. 19 (1): 57, 276. **Type species:** *Sarcophaga sera* Rohdendorf, 1930 [= *Sarcophaga kempi* Senior-White, 1924] (by original designation).

Harpagophalla: Rohdendorf, 1965. Ent. Obozr. 44 (3): 691, 694; Fan, 1992. Key to the Common Flies of China, 2nd Ed.: 693; Fan *et* Pape, 1996. Stud. Dipt. 3 (2): 249.

Sarcophaga (*Harpagophalla*): Pape, 1996. Mem. Ent. Int. 8: 317.

（187）曲突钩麻蝇 *Harpagophalla kempi* (Senior-White, 1924)

Sarcophaga kempi Senior-White, 1924. Rec. India Mus. 26 (3): 247. **Type locality:** Sri Lanka: Matale.

Sarcophaga sera Rohdendorf, 1930. Bull. Entomol. Res. 21 (3): 316. **Type locality:** China: Fujian, Foochow [= Fuzhou].

Harpagophalla samudera Lehrer, 2008g. Fragm. Dipt. 18: 8. **Type locality:** Not given.

Harpagophalla papuasia Lehrer, 2008g. Fragm. Dipt. 18: 8. **Type locality:** Not given.

Harpagophalla nandiana Lehrer, 2008g. Fragm. Dipt. 18: 8. **Type locality:** Not given.

Sarcophaga (*Harpagophalla*) *kempi*: Pape, 1996. Mem. Ent. Int. 8: 317.

Sarcophaga kempi: Hsieh, 1958. Acta Ent. Sin. 8 (1): 79; Senior-White, Aubertin *et* Smart, 1940. Fauna Brit. India Dipt. 6: 264.

Harpagophalla sera: Rohdendorf, 1937. Fauna USSR Dipt. 19 (1): 276; Rohdendorf, 1965. Ent. Obozr. 44 (3): 691, 694.

Sarcophaga sera: Ho, 1936. Bull. Fan Mem. Inst. Biol. 6 (5): 265; Senior-White, Aubertin *et* Smart, 1940. Fauna Brit. India Dipt. 6: 220.

分布（Distribution）：甘肃（GS）、江西（JX）、四川（SC）、云南（YN）、福建（FJ）、广东（GD）、海南（HI）；印度、老挝、马来西亚、尼泊尔、菲律宾、新加坡、斯里兰卡、泰国、印度尼西亚（爪哇岛）、巴布亚新几内亚。

54. 伊麻蝇属 *Iranihindia* Rohdendorf, 1961

Iranihindia Rohdendorf, 1961. Stuttg. Beitr. Naturkd. 58: 2. **Type species:** *Sarcophaga futilis* Senior-White, 1924 (by original designation).

Iranihindia: Rohdendorf, 1965. Ent. Obozr. 44 (3): 691, 694; Verves, 1986. *In*: Soós *et* Papp, 1986. Cat. Palaearct. Dipt. 12: 178; Fan *et* Pape, 1996. Stud. Dipt. 3 (2): 251.

Sarcophaga (*Iranihindia*): Pape, 1996. Mem. Ent. Int. 8: 338.

（188）密刺伊麻蝇 *Iranihindia spinosa* Li, Ye *et* Liu, 1985

Iranihindia spinosa Li, Ye *et* Liu, 1985. Acta Zootaxon. Sin. 10 (3): 294, 297. **Type locality:** China: Yunnan, Yingjiang.

Iranihindia spinosa: Fan, 1992. Key to the Common Flies of China, 2nd Ed.: 641, 688; Fan *et* Pape, 1996. Stud. Dipt. 3 (2): 251.

Sarcophaga (*Iranihindia*) *spinosa*: Pape, 1996. Mem. Ent. Int. 8: 251.

分布（Distribution）：云南（YN）。

55. 膜麻蝇属 *Membranophalla* Verves, 1997

Membranophalla Verves, 1997. J. Ukr. Ent. Soc. 3 (2): 58. **Type species:** *Sarcophaga membranocorporis* Sugiyama, 1987 (by original designation).

（189）膜麻蝇 *Membranophalla membranocorporis* (Sugiyama, 1987)

Sarcophaga membranocorporis Sugiyama, 1987. *In*: Sugiyama, Shinonaga *et* Kano, 1987. Sieboldia (Suppl.): 73. **Type locality:** China: Taiwan, Chia-i-Hsien, Chuchi.

Membranophalla membranocorporis: Verves, 1997. J. Ukr. Ent. Soc. 3 (2): 58.

Pterosarcophaga membranocorporis: Fan *et* Pape, 1996. Stud. Dipt. 3 (2): 255.

Sarcophaga (*Pterosarcophaga*) *membranocorporis*: Pape, 1996. Mem. Ent. Int. 8: 383.

分布（Distribution）：台湾（TW）。

花麻蝇亚族 Phallanthina

56. 杯麻蝇属 *Asceloctella* Enderlein, 1928

Asceloctella Enderlein, 1928. Arch. Klass. Phyl. Ent. 1 (1): 50. **Type species:** *Asceloctella formosana* Enderlein, 1928 [= *Sarcophaga calicifera* Böttcher, 1912] (monotypy).

Oxyphalla Rohdendorf, 1965. Ent. Obozr. 44 (3): 681, 692 (as a subgenus of *Pierretia* Robineau-Desvoidy, 1863). **Type species:** *Sarcophaga calicifera* Böttcher, 1912 (monotypy).

Ascelotella: subsequent erroneous spelling of *Asceloctella* Enderlein, 1928.

Asceloctella: Fan *et* Pape, 1996. Stud. Dipt. 3 (2): 247; Verves *et* Khrokalo, 2006b. Key Ins. Rus. Far East 6 (4): 76, 149; Xue *et* Verves, 2009. Bol. Asoc. Esp. Ent. 33 (1-2): 48.

Pierretria (*Ascelotella*): Verves, 1986. *In*: Soós *et* Papp, 1986. Cat. Palaearct. Dipt. 12: 140.

Sarcophaga (*Asceloctella*): Pape, 1996. Mem. Ent. Int. 8: 297.

1）杯麻蝇亚属 *Asceloctella* Enderlein, 1928

Asceloctella Enderlein, 1928. Arch. Klass. Phyl. Ent. 1 (1): 50. **Type species:** *Asceloctella formosana* Enderlein, 1928 [= *Sarcophaga calicifera* Böttcher, 1912] (monotypy).

（190）丽杯麻蝇 *Asceloctella* (*Asceloctella*) *calicifera* (Böttcher, 1912)

Sarcophaga calicifera Böttcher, 1912. Ent. Mitt. 1 (6): 169. **Type locality:** China: Taiwan, Tainan.

Asceloctella formosana Enderlein, 1928. Arch. Klass. Phyl. Ent. 1 (1): 50. **Type locality:** China: Taiwan, Gao-xiong (as "Takao").

Asceloctella (*Asceloctella*) *calicifera*: Xue *et* Verves, 2009. Bol. Asoc. Esp. Ent. 33 (1-2): 49.

Asceloctella calicifera: Fan *et* Pape, 1996. Stud. Dipt. 3 (2): 247.

Pierretia (*Ascelotella*) *calicifera*: Fan, 1992. Key to the Common Flies of China, 2nd Ed.: 680; Verves, 1986. *In*: Soós *et* Papp, 1986. Cat. Palaearct. Dipt. 12: 141.

Pierretia (*Oxyphalla*) *calicifera*: Rohdendorf, 1965. Ent. Obozr. 44 (3): 681, 692.

Pierretia calicifera: Fan, 1965. Key to the Common Flies of China: 233.

Sarcophaga (*Asceloctella*) *calicifera*: Pape, 1996. Mem. Ent. Int. 8: 297.

分布（Distribution）：云南（YN）、台湾（TW）、海南（HI）；日本、菲律宾、印度、斯里兰卡、尼日利亚、刚果（金）、乌干达。

2）亚细杯麻蝇亚属 *Asiopierretia* Rohdendorf, 1965

Asiopierretia Rohdendorf, 1965. Ent. Obozr. 44 (3): 683, 692 (as a subgenus of *Thyrsocnema* Enderlein, 1928). **Type species:** *Thyrsocnema ugamskii* Rohdendorf, 1937 (monotypy).

Asceloctella (*Asiopierretia*): Verves *et* Khrokalo, 2006b. Key Ins. Rus. Far East 6 (4): 76, 149; Xue *et* Verves, 2009. Bol. Asoc. Esp. Ent. 33 (1-2): 49.

Asiopierretia: Lehrer, 2009. Bull. Soc. Ent. Mulhouse 65 (1): 1; Lehrer, 2011. Fragm. Dipt. 30: 14.

Pierretia (*Asiopierretia*): Fan, 1992. Key to the Common Flies of China, 2nd Ed.: 687; Verves, 1986. *In*: Soós *et* Papp, 1986. Cat. Palaearct. Dipt. 12: 141.
Sarcophaga (*Asiopierretia*): Pape, 1996. Mem. Ent. Int. 8: 297.

（191）上海杯麻蝇 *Asceloctella* (*Asiopierretia*) *ugamskii* (Rohdendorf, 1937)

Thyrsocnema (*Pseudothyrsocnema*) *ugamskii* Rohdendorf, 1937. Fauna USSR Dipt. 19 (1): 171. **Type locality:** Russia: Primorie, Voroshilov [now: Ussuriysk].
Sarcophaga shanghainensis Quo, 1952. Acta Ent. Sin. 2 (1): 65. **Type locality:** China: Shanghai.
Asiopierretia amuriella Lehrer, 2009. Bull. Soc. Ent. Mulhouse 65 (1): 3. **Type locality:** Not given.
Asiopierretia henania Lehrer, 2011. Fragm. Dipt. 30: 16. **Type locality:** Not given.
Asceloctella (*Asiopierretia*) *ugamskii*: Xue *et* Verves, 2009. Bol. Asoc. Esp. Ent. 33 (1-2): 49.
Asiopierretia ugamskii: Fan *et* Pape, 1996. Stud. Dipt. 3 (2): 247; Verves *et* Khrokalo, 2006b. Key Ins. Rus. Far East 6 (4): 141.
Pierretia (*Asiopierretia*) *ugamskii*: Fan, 1992. Key to the Common Flies of China, 2nd Ed.: 680; Verves, 1986. *In*: Soós *et* Papp, 1986. Cat. Palaearct. Dipt. 12: 141.
Pierretia (*Pseudothyrsocnema*) *ugamskii*: Fan, 1965. Key to the Common Flies of China: 232.
Pierretia ugamskii: Chen *et al*., 2013. Port Health Contr. 18 (3): 51.
Sarcophaga (*Asiopierretia*) *ugamskii*: Pape, 1996. Mem. Ent. Int. 8: 298.
分布（Distribution）：黑龙江（HL）、吉林（JL）、辽宁（LN）、河北（HEB）、山西（SX）、山东（SD）、河南（HEN）、江苏（JS）、上海（SH）、湖北（HB）、四川（SC）、重庆（CQ）；日本、韩国、朝鲜、俄罗斯。

57. 开麻蝇属 *Athyrsomima* Rohdendorf, 1937

Athyrsomima Rohdendorf, 1937. Fauna USSR Dipt. 19 (1): 185. **Type species:** *Athyrsomima stackelbergi* Rohdendorf, 1937 (by original designation).
Athyrsomima: Verves *et* Khrokalo, 2006b. Key Ins. Rus. Far East 6 (4): 76, 149; Xue *et* Verves, 2009. Bol. Asoc. Esp. Ent. 33 (1-2): 49.
Bellieriomima (*Athyrsomima*): Verves, 1986. *In*: Soós *et* Papp, 1986. Cat. Palaearct. Dipt. 12: 135.

1）开麻蝇亚属 *Athyrsomima* Rohdendorf, 1937

Athyrsomima Rohdendorf, 1937. Fauna USSR Dipt. 19 (1): 185. **Type species:** *Athyrsomima stackelbergi* Rohdendorf, 1937 (by original designation).

（192）乌苏里开麻蝇 *Athyrsomima* (*Athyrsomima*) *stackelbergi* Rohdendorf, 1937

Athyrsomima (*Athyrsomima*) *stackelbergi* Rohdendorf, 1937. Fauna USSR Dipt. 19 (1): 187. **Type locality:** Russia: Primorie, environs of Vladivostok, Maikhe near Shkotov.
Athyrsomima (s. str.) *stackelbergi*: Xue *et* Verves, 2009. Bol. Asoc. Esp. Ent. 33 (1-2): 49.
Bellieriomima (*Athyrsomima*) *stackelbergi*: Verves, 1986. *In*: Soós *et* Papp, 1986. Cat. Palaearct. Dipt. 12: 135.
Pierretia (*Bellieriomima*) *stackelbergi*: Fan, 1992. Key to the Common Flies of China, 2nd Ed.: 683; Fan *et* Pape, 1996. Stud. Dipt. 3 (2): 248.
Sarcophaga (*Bellieriomima*) *stackelbergi*: Pape, 1996. Mem. Ent. Int. 8: 301.
分布（Distribution）：黑龙江（HL）、吉林（JL）、辽宁（LN）；俄罗斯。

2）华细开麻蝇亚属 *Sinopierretia* Verves, 1997

Sinopierretia Verves, 1997. J. Ukr. Ent. Soc. 3 (2): 53 (as a subgenus of *Asceloctella* Enderlein, 1928). **Type species:** *Pierretia bihami* Qian *et* Fan, 1981 (by original designation).
Athyrsomima (*Sinopierretia*): Xue *et* Verves, 2009. Bol. Asoc. Esp. Ent. 33 (1-2): 49.

（193）双钩开麻蝇 *Athyrsomima* (*Sinopierretia*) *bihami* (Qian *et* Fan, 1981)

Pierretia bihami Qian *et* Fan, 1981. Acta Ent. Sin. 24 (4): 446. **Type locality:** China: Xinjiang, Xinyuan.
Athyrsomima (*Sinopierretia*) *bihami*: Verves, 1997. J. Ukr. Ent. Soc. 3 (2): 53.
Pierretia bihami: Fan, 1992. Key to the Common Flies of China, 2nd Ed.: 675.
Asceloctella bihami: Fan *et* Pape, 1996. Stud. Dipt. 3 (2): 247.
Sarcophaga (*Asceloctella*) *bihami*: Pape, 1996. Mem. Ent. Int. 8: 297.
分布（Distribution）：新疆（XJ）。

3）多开麻蝇亚属 *Thomasomyia* Verves, 1982

Thomasomyia Verves, 1982d. Ent. Obozr. 61 (1): 188 (as a subgenus of *Bellieriomima* Rohdendorf, 1937). **Type species:** *Sarcophaga graciliforceps* Thomas, 1949 (by original designation).
Athyrsomima (*Thomasomyia*): Verves, 1997. J. Ukr. Ent. Soc. 3 (2): 54; Xue *et* Verves, 2009. Bol. Asoc. Esp. Ent. 33 (1-2): 49.

（194）瘦叶开麻蝇 *Athyrsomima* (*Thomasomyia*) *graciliforceps* (Thomas, 1949)

Sarcophaga graciliforceps Thomas, 1949. Proc. R. Ent. Soc. London (B) 18 (9-10): 163. **Type locality:** China: Sichuan, Chungkung, Koloshan.
Athyrsomima (*Thomasomyia*): Verves, 1997. J. Ukr. Ent. Soc. 3 (2): 54.
Pierretia (*Thomasomyia*) *graciliforceps*: Fan, 1992. Key to the Common Flies of China, 2nd Ed.: 684.

Pierretia graciliforceps: Fan, 1965. Key to the Common Flies of China: 239.
Bellieriomima (*Thomasomyia*) *graciliforceps*: Verves, 1986. *In*: Soós *et* Papp, 1986. Cat. Palaearct. Dipt. 12: 136.
Bellieriomima graciliforceps: Fan *et* Pape, 1996. Stud. Dipt. 3 (2): 248.
Sarcophaga (*Bellieriomima*) *graciliforceps*: Pape, 1996. Mem. Ent. Int. 8: 300.
分布（Distribution）：北京（BJ）、河南（HEN）、江苏（JS）、浙江（ZJ）、湖南（HN）、湖北（HB）、四川（SC）、贵州（GZ）。

58. 奥麻蝇属 *Australopierretia* Verves, 1987

Australopierretia Verves, 1987. Ent. Obozr. 66 (3): 665. **Type species:** *Helicobia australis* Johnston *et* Tiegs, 1921 (by original designation).
Australopierretia: Xue *et* Verves, 2009. Bol. Asoc. Esp. Ent. 33 (1-2): 49.
Sarcophaga (*Australopierretia*): Pape, 1996. Mem. Ent. Int. 8: 298.

（195）奥麻蝇 *Australopierretia australis* (Johnston *et* Tiegs, 1921)

Helicobia australis Johnston *et* Tiegs, 1921. Proc. Roy. Soc. Queensland 33 (4): 50. **Type locality:** Australia: Queensland, Brisbane.
Sarcophaga (*Australopierretia*) *australis*: Pape, 1996. Mem. Ent. Int. 8: 298.
Sarcophaga australis: Liu *et al*., 2015. Chin. J. Vector Biol. & Control 26 (3): 282.
分布（Distribution）：广东（GD）；印度尼西亚、巴布亚新几内亚、美属萨摩亚、萨摩亚、澳大利亚、新喀里多尼亚（法）。

59. 钳麻蝇属 *Bellieriomima* Rohdendorf, 1937

Bellieriomima Rohdendorf, 1937. Fauna USSR Dipt. 19 (1): 164 (as a subgenus of *Thyrsocnema* Enderlein, 1928). **Type species:** *Sarcophaga laciniata* Pandellé, 1896 [= *Sarcophaga subulata* Pandellé, 1896] (by original designation).
Bellieriomima: Verves, 1986. *In*: Soós *et* Papp, 1986. Cat. Palaearct. Dipt. 12: 135; Verves *et* Khrokalo, 2006b. Key Ins. Rus. Far East 6 (4): 76, 150; Xue *et* Verves, 2009. Bol. Asoc. Esp. Ent. 33 (1-2): 49.
Pierretia (*Bellieriomima*): Fan, 1992. Key to the Common Flies of China, 2nd Ed.: 673.
Sarcophaga (*Bellieriomima*): Pape, 1996. Mem. Ent. Int. 8: 299.

（196）微刺钳麻蝇 *Bellieriomima diminuta* (Thomas, 1949)

Sarcophaga diminuta Thomas, 1949. Proc. R. Ent. Soc. London (B) 18 (9-10): 170. **Type locality:** China: Sichuan, Chunking, Peiwench'üan.
Pierretia (*Bellieriomima*) *diminuta*: Fan, 1992. Key to the Common Flies of China, 2nd Ed.: 684; Ma, Ji *et* Wang, 2014. Chin. J. Vector Biol. & Control. 25 (5): 449.
Pierretia diminuta: Fan, 1965. Key to the Common Flies of China: 235; Feng *et al*., 2012. Chin. J. Hyg. Insect. & Equip. 18 (2): 143.
Sarcophaga (*Bellieriomima*) *diminuta*: Pape, 1996. Mem. Ent. Int. 8: 300.
分布（Distribution）：黑龙江（HL）、河北（HEB）、北京（BJ）、山西（SX）、陕西（SN）、四川（SC）、重庆（CQ）。

（197）台南钳麻蝇 *Bellieriomima josephi* (Böttcher, 1912)

Sarcophaga josephi Böttcher, 1912. Ent. Mitt. 1 (6): 168. **Type locality:** China: Taiwan, Tainan.
Bellieriomima josephi: Verves *et* Khrokalo, 2006b. Key Ins. Rus. Far East 6 (4): 153.
Bellieriomima (*Bellieriomima*) *josephi*: Verves, 1986. *In*: Soós *et* Papp, 1986. Cat. Palaearct. Dipt. 12: 135.
Pierretia (*Bellieriomima*) *josephi*: Fan, 1992. Key to the Common Flies of China, 2nd Ed.: 682; Zhang *et al*., 2014. Chin. J. Vector Biol. & Control 25 (4): 342.
Pierretia josephi: Fan, 1965. Key to the Common Flies of China: 239; Chen *et al*., 2013. Port Health Contr. 18 (3): 51.
Sarcophaga (*Bellieriomima*) *josephi*: Pape, 1996. Mem. Ent. Int. 8: 300.
Sarcophaga josephi: Ho, 1936. Bull. Fan Mem. Inst. Biol. 6 (5): 265; Sugiyama, Shinonaga *et* Kano, 1987. Sieboldia (Suppl.): 72.
分布（Distribution）：吉林（JL）、辽宁（LN）、河北（HEB）、北京（BJ）、河南（HEN）、江苏（JS）、上海（SH）、浙江（ZJ）、湖南（HN）、四川（SC）、重庆（CQ）、贵州（GZ）、云南（YN）、福建（FJ）、台湾（TW）、广东（GD）、海南（HI）；俄罗斯、日本、韩国。

（198）翼阳钳麻蝇 *Bellieriomima pterygota* (Thomas, 1949)

Sarcophaga pterygota Thomas, 1949. Proc. R. Ent. Soc. London (B) 18 (9-10): 165. **Type locality:** China: Sichuan, Chungking, Koloshan.
Sarcophaga affinis Quo, 1952. Acta Ent. Sin. 2 (1): 68. **Type locality:** China: environs of Shanghai.
Bellieriomima (*Bellieriomima*) *pterygota*: Verves, 1986. *In*: Soós *et* Papp, 1986. Cat. Palaearct. Dipt. 12: 135.
Pierretia (*Bellieriomima*) *subulata pterygota*: Fan, 1965. Key to the Common Flies of China: 232.
Pierretia (*Bellieriomima*) *pterygota*: Fan, 1992. Key to the Common Flies of China, 2nd Ed.: 681; Zhang *et al*., 2014. Chin. J. Vector Biol. & Control 25 (4): 342.
Pierretia pterygota: Feng *et al*., 2012. Chin. J. Hyg. Insect. & Equip. 18 (2): 143; Feng, 2011. Sichuan J. Zool. 30 (4): 548.

Sarcophaga (*Bellieriomima*) *pterygota*: Pape, 1996. Mem. Ent. Int. 8: 301.
分布（Distribution）：北京（BJ）、江苏（JS）、上海（SH）、浙江（ZJ）、四川（SC）、重庆（CQ）、贵州（GZ）、广西（GX）；俄罗斯、日本。

（199）细角钳麻蝇 *Bellieriomima tenuicornis* (Rohdendorf, 1937)

Thyrsocnema (*Bellieriomima*) *tenuicornis* Rohdendorf, 1937. Fauna USSR Dipt. 19 (1): 167. **Type locality:** China: Neimenggu, Ala Shan, Khotyn Gol.
Bellieriomima tenuicornis: Fan *et* Pape, 1996. Stud. Dipt. 3 (2): 248; Xue *et* Verves, 2009. Bol. Asoc. Esp. Ent. 33 (1-2): 49.
Bellieriomima (s. str.) *tenuicornis*: Verves, 1986. *In*: Soós *et* Papp, 1986. Cat. Palaearct. Dipt. 12: 135.
Pierretia (*Bellieriomima*) *tenuicornis*: Fan, 1992. Key to the Common Flies of China, 2nd Ed.: 680.
Sarcophaga (*Bellieriomima*) *tenuicornis*: Pape, 1996. Mem. Ent. Int. 8: 301.
分布（Distribution）：内蒙古（NM）、山东（SD）、甘肃（GS）。

（200）单毛钳麻蝇 *Bellieriomima uniseta* (Baranov, 1939)

Sarcophaga uniseta Baranov, 1939 Ent. Nachr. 12: 112. **Type locality:** Japan: Honshu, Kanazawa.
Bellieriomima uniseta: Verves *et* Khrokalo, 2006b. Key Ins. Rus. Far East 6 (4): 152.
Bellieriomima (*Bellieriomima*) *uniseta*: Verves, 1986. *In*: Soós *et* Papp, 1986. Cat. Palaearct. Dipt. 12: 136.
Sarcophaga (*Bellieriomima*) *uniseta*: Pape, 1996. Mem. Ent. Int. 8: 301.
分布（Distribution）：辽宁（LN）；俄罗斯、日本。

（201）雅安钳麻蝇 *Bellieriomima yaanensis* Feng, 1986

Bellieriomima yaanensis Feng, 1986. Entomotaxon. 8 (4): 247. **Type locality:** China: Sichuan, Ya'an.
Sarcophaga (*Bellieriomima*) *yaanensis*: Pape, 1996. Mem. Ent. Int. 8: 301.
分布（Distribution）：四川（SC）。

（202）舟曲钳麻蝇 *Bellieriomima zhouquensis* Ye *et* Liu, 1981

Bellieriomima zhouquensis Ye *et* Liu, 1981. *In*: Ye, Ni *et* Liu, 1981. Zool. Res. 2 (3): 231. **Type locality:** China: Gansu, Zhougu, Da-Cao-po.
Sarcophaga (*Bellieriomima*) *zhouquensis*: Pape, 1996. Mem. Ent. Int. 8: 302.
分布（Distribution）：甘肃（GS）。

60. 须麻蝇属 *Dinemomyia* Chen, 1975

Dinemomyia Chen, 1975. Acta Ent. Sin. 18 (1): 114, 118. **Type species:** *Dinemomyia nigribasicosta* Chen, 1975 (by original designation).
Dinemomyia: Fan, 1992. Key to the Common Flies of China, 2nd Ed.: 638, 650; Fan *et* Pape, 1996. Stud. Dipt. 3 (2): 249; Xue *et* Verves, 2009. Bol. Asoc. Esp. Ent. 33 (1-2): 50.
Sarcophaga (*Dinemomyia*): Pape, 1996. Mem. Ent. Int. 8: 314.

（203）黑鳞须麻蝇 *Dinemomyia nigribasicosta* Chen, 1975

Dinemomyia nigribasicosta Chen, 1975. Acta Ent. Sin. 18 (1): 114, 117. **Type locality:** China: Zhejiang, Tienmu-Shan.
Dinemomyia nigribasicosta: Fan *et* Pape, 1996. Stud. Dipt. 3 (2): 249.
Sarcophaga (*Dinemomyia*) *nigribasicosta*: Pape, 1996. Mem. Ent. Int. 8: 314.
Sarcophaga nigribasicosta: Lin *et* Chen, 1999. The Name List of Taiwan Diptera (1): 117; Sugiyama, Shinonaga *et* Kano, 1987. Sieboldia (Suppl.): 75.
分布（Distribution）：浙江（ZJ）、台湾（TW）、广东（GD）、海南（HI）。

61. 范麻蝇属 *Fanimyia* Verves, 1997

Fanimyia Verves, 1997. J. Ukr. Ent. Soc. 3 (2): 56. **Type species:** *Pierretia globovesica* Ye, 1980 (by original designation).
Fanimyia: Xue *et* Verves, 2009. Bol. Asoc. Esp. Ent. 33 (1-2): 50.

（204）球模范麻蝇 *Fanimyia globovesica* (Ye, 1980)

Pierretia (*Bellieriomima*) *globovesica* Ye, 1980. Acta Zootaxon. Sin. 5 (4): 411. **Type locality:** China: Sichuan, Miyi.
Fanimyia globovesica: Verves, 1997. J. Ukr. Ent. Soc. 3 (2): 56.
Pierretia (*Bellieriomima*) *globovesica*: Fan, 1992. Key to the Common Flies of China, 2nd Ed.: 684.
Bellieriomima globovesica: Fan *et* Pape, 1996. Stud. Dipt. 3 (2): 248.
Bellieriomima (s. str.) *globovesica*: Verves, 1986. *In*: Soós *et* Papp, 1986. Cat. Palaearct. Dipt. 12: 135.
Sarcophaga (*Bellieriomima*) *globovesica*: Pape, 1996. Mem. Ent. Int. 8: 300.
分布（Distribution）：四川（SC）；马来西亚、尼泊尔、越南。

62. 何麻蝇属 *Hoa* Rohdendorf, 1937

Hoa Rohdendorf, 1937. Fauna USSR Dipt. 19 (1): 58, 291. **Type species:** *Sarcophaga flexuosa* Ho, 1934 (by original designation).
Hoa: Fan, 1992. Key to the Common Flies of China, 2nd Ed.: 641, 670; Xue *et* Verves, 2009. Bol. Asoc. Esp. Ent. 33 (1-2): 50.

Sarcophaga (*Hoa*): Pape, 1996. Mem. Ent. Int. 8: 337.

（205）底毛何麻蝇 *Hoa basiseta* (Baranov, 1931), comb. nov.

Sarcophaga basiseta Baranov, 1931. Konowia 10: 111. **Type locality:** China: Taiwan, Toa Tsui Kutsu.
Parathyrsocnema basiseta: Xue *et* Verves, 2009. Bol. Asoc. Esp. Ent. 33 (1-2): 54.
Pierretia basiseta: Fan, 1964. Acta Zootaxon. Sin. 1 (2): 307, 317.
Sarcosolomonia basiseta: Fan, 1992. Key to the Common Flies of China, 2nd Ed.: 669.
Lioproctia basiseta: Fan *et* Pape, 1996. Stud. Dipt. 3 (2): 251.
Sarcophaga (*Lioproctia*) *basiseta*: Pape, 1996. Mem. Ent. Int. 8: 344.
Sarcophaga (*Hoa*) *basiseta*: Zhang *et al*., 2013. Zootaxa 3670: 71.
Sarcophaga basiseta: Lin *et* Chen, 1999. The Name List of Taiwan Diptera (1): 116; Sugiyama, Shinonaga *et* Kano, 1987. Sieboldia (Suppl.): 75.
分布（Distribution）：台湾（TW）。

（206）卷阳何麻蝇 *Hoa flexuosa* (Ho, 1934)

Sarcophaga flexuosa Ho, 1934a. Bull. Fan Mem. Inst. Biol. 5 (1): 25. **Type locality:** China: Beijing.
Hoa flexuosa: Rohdendorf, 1937. Fauna USSR Dipt. 19 (1): 292.
Sarcophaga (*Hoa*) *flexuosa*: Pape, 1996. Mem. Ent. Int. 8: 337; Zhang *et al*., 2013. Zootaxa 3670: 71.
分布（Distribution）：吉林（JL）、辽宁（LN）、河北（HEB）、北京（BJ）、山西（SX）、山东（SD）、河南（HEN）、江苏（JS）、上海（SH）、贵州（GZ）。

63. 卡麻蝇属 *Kalshovenella* Baranov, 1941

Kalshovenella Baranov, 1941. Vet. Arhiv 11 (9): 403. **Type species:** *Kalshovenella flavibasis* Baranov, 1941 (by original designation).
Kalshovenella: Xue *et* Verves, 2009. Bol. Asoc. Esp. Ent. 33 (1-2): 51.
Sarcophaga (*Kalshovenella*): Pape, 1996. Mem. Ent. Int. 8: 340.

（207）耳阳卡麻蝇 *Kalshovenella flavibasis* Baranov, 1941

Kalshovenella flavibasis Baranov, 1941. Vet. Arhiv 11 (9): 404. **Type locality:** Indonesia: Java, Gedangen.
Pierretia (*Mehria*) *otiophalla* Fan *et* Chen, 1982. *In*: Shanghai Institute of Entomology, Academia Sinica, 1982. Contributions from Shanghai Institute of Entomology, Vol. 2: 241. **Type locality:** China: Hainan, Mt. Jianfeng.
Kalshovenella flavibasis: Xue *et* Verves, 2009. Bol. Asoc. Esp. Ent. 33 (1-2): 51.
Sarcophaga (*Kalshovenella*) *flavibasis*: Pape, 1996. Mem. Ent. Int. 8: 340.
Pierretia (*Arachnidomyia*) *otiophalla*: Fan, 1992. Key to the Common Flies of China, 2nd Ed.: 680.
Pierretia otiophalla: Zhang *et al*., 2010. Chin. J. Vector Biol. & Control 21 (4): 359.
分布（Distribution）：海南（HI）；印度尼西亚。

64. 锉麻蝇属 *Myorhina* Robineau-Desvoidy, 1830

Myorhina Robineau-Desvoidy, 1830. Mém. Prés. Div. Sav. Acad. R. Sci. Inst. Fr. 2 (2): 383. **Type species:** *Myorhina campestris* Robineau-Desvoidy, 1830 [= *Sarcophaga nigriventris* Meigen, 1826] (monotypy).
Pierretia Robineau-Desvoidy, 1863. Hist. Nat. Dipt. Envir. Paris 2: 442. **Type species:** *Pierretia praecox* Robineau-Desvoidy, 1863 [= *Sarcophaga nigriventris* Meigen, 1826] (by designation of Townsend, 1916).
Villeneuvella Enderlein, 1928. Arch. Klass. Phyl. Ent. 1 (1): 34. **Type species:** *Sarcophaga soror* Rondani, 1860 (by original designation).
Athyrsia Enderlein, 1928. Arch. Klass. Phyl. Ent. 1 (1): 34. **Type species:** *Sarcophaga nigriventris* Meigen, 1826 (by original designation).
Myorhina: Verves, 1997. J. Ukr. Ent. Soc. 3 (2): 45; Verves *et* Khrokalo, 2006b. Key Ins. Rus. Far East 6 (4): 76, 153.
Pierretia: Fan, 1992. Key to the Common Flies of China, 2nd Ed.: 641, 670; Verves, 1986. *In*: Soós *et* Papp, 1986. Cat. Palaearct. Dipt. 12: 140.
Sarcophaga (*Myorhina*): Pape, 1996. Mem. Ent. Int. 8: 364.
Thyrsocnema (in part): Rohdendorf, 1937. Fauna USSR Dipt. 19 (1): 53, 153.

1）梅锉麻蝇亚属 *Mehria* Enderlern, 1928

Mehria Enderlein, 1928. Arch. Klass. Phyl. Ent. 1 (1): 29. **Type species:** *Sarcophaga nemoralis* Kramer, 1908 (by original designation).
Myorhina (*Mehria*): Xue *et* Verves, 2009. Bol. Asoc. Esp. Ent. 33 (1-2): 52.
Thyrsocnema (*Mehria*): Rohdendorf, 1937. Fauna USSR Dipt. 19 (1): 155, 158.
Pierretia (*Mehria*): Rohdendorf, 1965. Ent. Obozr. 44 (3): 683, 692; Verves, 1986. *In*: Soós *et* Papp, 1986. Cat. Palaearct. Dipt. 12: 140.
Sarcophaga (*Mehria*): Pape, 1996. Mem. Ent. Int. 8: 361.

（208）林锉麻蝇 *Myorhina* (*Mehria*) *nemoralis* (Kramer, 1908)

Sarcophaga nemoralis Kramer, 1908a. Ent. Wochenbl. 25: 152. **Type locality:** Germany: Oberlausitz, Niederoderwitz.
Myorhina (*Mehria*) *nemoralis*: Verves, 1997. J. Ukr. Ent. Soc. 3 (2): 45; Xue *et* Verves, 2009. Bol. Asoc. Esp. Ent. 33 (1-2): 52.
Mehria nemoralis: Fan *et* Pape, 1996. Stud. Dipt. 3 (2): 253.
Pierretria (*Mehria*) *nemoralis*: Rohdendorf, 1965. Ent. Obozr.

44 (3): 692.
Pierretria (*Arachindomyia*) *nemoralis*: Fan, 1992. Key to the Common Flies of China, 2nd Ed.: 677, 678.
Thyrsocnema (*Mehria*) *nemoralis*: Rohdendorf, 1937. Fauna USSR Dipt. 19 (1): 155, 163.
Sarcophaga (*Mehria*) *nemoralis*: Pape, 1996. Mem. Ent. Int. 8: 362.
分布（Distribution）：内蒙古（NM）；俄罗斯、奥地利、保加利亚、捷克、斯洛伐克、芬兰、德国、匈牙利、波兰、罗马尼亚、瑞典、乌克兰、前南斯拉夫。

2）锉麻蝇亚属 *Myorhina* Robineau-Desvoidy, 1830

Myorhina Robineau-Desvoidy, 1830. Mém. Prés. Div. Sav. Acad. R. Sci. Inst. Fr. 2 (2): 383. **Type species:** *Myorhina campestris* Robineau-Desvoidy, 1830 [= *Sarcophaga nigriventris* Meigen, 1826] (monotypy).

（209）拟单疣锉麻蝇 *Myorhina* (*Myorhina*) *recurvata* (Chen *et* Yao, 1985)

Pierretia recurvata Chen *et* Yao, 1985. *In*: Shanghai Institute of Entomology, Academia Sinica, 1985. Contributions from Shanghai Institute of Entomology, Vol. 5: 295, 297. **Type locality:** China: Xinjiang, Ürümqi [= Bai Yang Gou].
Pierretia (*Pierretia*) *recurvata*: Fan, 1992. Key to the Common Flies of China, 2nd Ed.: 674.
Myorhina (*Myorhina*) *recurvata*: Xue *et* Verves, 2009. Bol. Asoc. Esp. Ent. 33 (1-2): 52.
Mehria recurvata: Fan *et* Pape, 1996. Stud. Dipt. 3 (2): 253.
Sarcophaga (*Myorhina*) *recurvata*: Pape, 1996. Mem. Ent. Int. 8: 365.
分布（Distribution）：新疆（XJ）。

（210）缘锉麻蝇 *Myorhina* (*Myorhina*) *sororcula* (Rohdendorf, 1937)

Thyrsocnema (*Athyrsia*) *sororcula* Rohdendorf, 1937. Fauna USSR Dipt. 19 (1): 158, 183. **Type locality:** Uzbekistan: Tashkent.
Pierretia (*Pierretia*) *sororcula*: Verves, 1986. *In*: Soós *et* Papp, 1986. Cat. Palaearct. Dipt. 12: 143; Chen *et al*., 2015. Chin. J. Hyg. Insect. & Equip. 21 (3): 324.
Pierretia sororcula: Fan *et* Pape, 1996. Stud. Dipt. 3 (2): 255.
Sarcophaga (*Myorhina*) *sororcula*: Pape, 1996. Mem. Ent. Int. 8: 366.
分布（Distribution）：新疆（XJ）；俄罗斯、哈萨克斯坦、吉尔吉斯斯坦、塔吉克斯坦、乌兹别克斯坦。

（211）单疣锉麻蝇 *Myorhina* (*Myorhina*) *villeneuvei* (Böttcher, 1912)

Sarcophaga villeneuvei Böttcher, 1912. Dtsch. Ent. Z. (3): 347. **Type locality:** France: Var, Hyères. Germany: "Berlin, Schlesien, Westpreußen, Franzensbad", and Oberlausitz.
Myorhina altainula Lehrer, 2009. Bull. Soc. Ent. Mulhouse 65 (4): 63. **Type locality:** Not given.
Pierretia (*Pierretia*) *villeneuvei*: Verves, 1986. *In*: Soós *et* Papp, 1986. Cat. Palaearct. Dipt. 12: 143; Zhang *et* Zhang, 2010. Chin. J. Hyg. Insect. & Equip. 16 (4): 293.
Pierretia villeneuvei: Fan *et* Pape, 1996. Stud. Dipt. 3 (2): 255; Zhang, Gao, Zhang *et* Wang, 2010. J. Med. Pest Control 26 (11): 989.
Sarcophaga (*Myorhina*) *villeneuvei*: Pape, 1996. Mem. Ent. Int. 8: 366.
Sarcophaga villeneuvei: Séguy, 1941. Encycl. Ent. (A) 21: 167.
分布（Distribution）：黑龙江（HL）、吉林（JL）、新疆（XJ）；俄罗斯、奥地利、保加利亚、捷克、丹麦、爱沙尼亚、芬兰、法国、德国、匈牙利。意大利、波兰。

3）厚麻蝇亚属 *Pachystyleta* Fan *et* Chen, 1992

Pachystyleta Fan *et* Chen, 1992. *In*: Fan, 1992. Key to the Common Flies of China, 2nd Ed.: 672 (as a subgenus of *Pierretia* Robineau-Desvoidy, 1863). **Type species:** *Sarcophaga genuforceps* Thomas, 1949 (by original designation).
Myorhina (*Pachystyleta*): Verves, 1997. J. Ukr. Ent. Soc. 3 (2): 45; Xue *et* Verves, 2009. Bol. Asoc. Esp. Ent. 33 (1-2): 52.
Pachystyleta: Lehrer, 2010c. Fragm. Dipt. 26: 14.

（212）宝兴锉麻蝇 *Myorhina* (*Pachystyleta*) *baoxingensis* (Feng *et* Ye, 1987)

Pierretia baoxingensis Feng *et* Ye, 1987. Entomotaxon. 9 (3): 189. **Type locality:** China: Sichuan, Baoxing, 30°35′N, 102°15′E.
Myorhina (*Pachystyleta*) *baoxingensis*: Verves, 1997. J. Ukr. Ent. Soc. 3 (2): 45.
Bellieriomima baoxingensis: Fan *et* Pape, 1996. Stud. Dipt. 3 (2): 248.
Sarcophaga (*Bellieriomima*) *baoxingensis*: Pape, 1996. Mem. Ent. Int. 8: 300.
分布（Distribution）：河南（HEN）、浙江（ZJ）、四川（SC）、云南（YN）。

（213）膝叶锉麻蝇 *Myorhina* (*Pachystyleta*) *genuforceps* (Thomas, 1949)

Sarcophaga genuforceps Thomas, 1949. Proc. R. Ent. Soc. London (B) 18 (9-10): 172. **Type locality:** China: Sichuan, Chungking, Chunyunchan.
Pierretia catharosa Wei *et* Yang, 2007. *In*: Li, Yang *et* Jin, 2007. Insects from Leigongshan Landscape: 530-531, 539. **Type locality:** China: Guizhou, Leigong Mountain National Reserve of Guizhou.
Pachystyleta genuforceps: Lehrer, 2010c. Fragm. Dipt. 26: 17.
Pierretia (*Pachystyleta*) *genuforceps*: Fan, 1992. Key to the Common Flies of China, 2nd Ed.: 684.
Pierretia genuforceps: Fan, 1965. Key to the Common Flies of

China: 239; Feng *et al.*, 2012. Chin. J. Hyg. Insect. & Equip. 18 (2): 143.
Bellieriomioma genuforceps: Fan *et* Pape, 1996. Stud. Dipt. 3 (2): 248; Zhang *et al.*, 2010. Chin. J. Vector Biol. & Control 21 (4): 358.
Bellieriomima (*Bellieriomima*) *genuforceps*: Verves, 1986. *In*: Soós *et* Papp, 1986. Cat. Palaearct. Dipt. 12: 135.
Sarcophaga (*Bellieriomima*) *genuforceps*: Pape, 1996. Mem. Ent. Int. 8: 300.
分布（Distribution）：河南（HEN）、浙江（ZJ）、四川（SC）、重庆（CQ）、贵州（GZ）、云南（YN）、广东（GD）。

（214）林氏锉麻蝇 *Myorhina* (*Pachystyleta*) *lini* (Sugiyama, 1987)

Sarcophaga lini Sugiyama, 1987. *In*: Sugiyama, Shinonaga *et* Kano, 1987. Sieboldia (Suppl.): 72. **Type locality:** China: Taiwan, Fenchihu, Chia-i Hsien.
Sarcophaga lini: Lin *et* Chen, 1999. The Name List of Taiwan Diptera (1): 117.
Myorhina (*Pachystyleta*) *lini*: Xue *et* Verves, 2009. Bol. Asoc. Esp. Ent. 33 (1-2): 53.
Pierretia lini: Kano *et* Shinonaga, 2000. *In*: Kano *et* Kurahashi, 2000. Bull. Nat. Mus. Tokyo A 26 (2): 46.
Sarcophaga (*Sarcorohdendorfia*) *lini*: Pape, 1996. Mem. Ent. Int. 8: 399.
分布（Distribution）：台湾（TW）。

（215）深圳锉麻蝇 *Myorhina* (*Pachystyleta*) *shenzhenensis* (Fan, 2002)

Bezziella shenzhenensis Fan, 2002. *In*: Zhang *et* Jia, 2002. Med. Ins. Contr. Shenzhen: 92. **Type locality:** China: Guangdong, Shenzhen Futian Mangrove Forest.
Myorhina (*Pachystyleta*) *shenzhenensis*: Xue *et* Verves, 2009. Bol. Asoc. Esp. Ent. 33 (1-2): 53.
分布（Distribution）：广东（GD）。

（216）戽斗锉麻蝇 *Myorhina* (*Pachystyleta*) *situliformis* (Zhong, Wu *et* Fan, 1982)

Pierretia situliformis Zhong, Wu *et* Fan, 1982. *In*: Shanghai Institute of Entomology, Academia Sinica, 1982. Contributions from Shanghai Institute of Entomology, Vol. 2: 248, 251. **Type locality:** China: Tibet [= Xizang], Mêdog.
Pierretia (*Bellieriomima*) *situliformis*: Fan, 1992. Key to the Common Flies of China, 2nd Ed.: 682.
Bellieriomioma situliformis: Fan *et* Pape, 1996. Stud. Dipt. 3 (2): 248.
Sarcophaga (*Bellieriomima*) *situliformis*: Pape, 1996. Mem. Ent. Int. 8: 301.
分布（Distribution）：西藏（XZ）；尼泊尔。

65. 潘麻蝇属 *Pandelleana* Rohdendorf, 1937

Pandelleana Rohdendorf, 1937. Fauna USSR Dipt. 19 (1): 189. **Type species:** *Sarcophaga protuberans* Pandellé, 1896 (by original designation).
Pandelleana: Rohdendorf, 1965. Ent. Obozr. 44 (3): 685, 694; Lehrer, 2004. Bull. Soc. Ent. Mulhouse 60 (4): 55; Xue *et* Verves, 2009. Bol. Asoc. Esp. Ent. 33 (1-2): 53.
Sarcophaga (*Pandelleana*): Pape, 1996. Mem. Ent. Int. 8: 371.

（217）肿额潘麻蝇 *Pandelleana protuberans* (Pandellé, 1896)

Sarcophaga protuberans Pandellé, 1896. Rev. Ent. 15: 187. **Type locality:** France: Hautes-Pyrénées (Tarbes).
Pandelleana protuberans: Xue *et* Verves, 2009. Bol. Asoc. Esp. Ent. 33 (1-2): 53.
Pandelleana protuberans protuberans: Fan, 1992. Key to the Common Flies of China, 2nd Ed.: 647.
Sarcophaga (*Pandelleana*) *protuberans*: Pape, 1996. Mem. Ent. Int. 8: 371.
Sarcophaga protuberans: Séguy, 1941. Encycl. Ent. (A) 21: 134.
分布（Distribution）：河北（HEB）、山西（SX）、山东（SD）、新疆（XJ）；俄罗斯、哈萨克斯坦、亚美尼亚、奥地利、阿塞拜疆、保加利亚、捷克、斯洛伐克、法国、德国、格鲁吉亚、匈牙利、意大利、摩尔多瓦、波兰、罗马尼亚、塞尔维亚、西班牙、瑞士、乌克兰。

（218）山东潘麻蝇 *Pandelleana shantungensis* Yeh, 1964

Pandelleana protuberans shantungensis Yeh, 1964. Acta Zootaxon. Sin. 1 (2): 302. **Type locality:** China: Shandong, Ao Shan Wei.
Pandelleana protuberans shantungensis: Fan, 1992. Key to the Common Flies of China, 2nd Ed.: 647.
Pandelleana shantungensis: Xue *et* Verves, 2009. Bol. Asoc. Esp. Ent. 33 (1-2): 53.
分布（Distribution）：河北（HEB）、山西（SX）、山东（SD）。

（219）鸵潘麻蝇 *Pandelleana struthioides* Xue, Feng *et* Liu, 1986

Pandelleana struthioides Xue, Feng *et* Liu, 1986. Zool. Res. 7 (2): 203, 206. **Type locality:** China: Sichuan, Mingshan.
Pandelleana struthioides: Fan *et* Pape, 1996. Stud. Dipt. 3 (2): 253; Xue *et* Verves, 2009. Bol. Asoc. Esp. Ent. 33 (1-2): 53.
Sarcophaga (*Pandelleana*) *struthioides*: Pape, 1996. Mem. Ent. Int. 8: 371.
分布（Distribution）：四川（SC）、广东（GD）。

66. 邻细麻蝇属 *Parathyrsocnema* Fan, 1965

Parathyrsocnema Fan, 1965. Key to the Common Flies of China: 238 (as a subgenus of *Pierretia* Robineau-Desvoidy, 1863). **Type species:** *Sarcophaga prosballiina* Baranov, 1931 (monotypy).
Prosballia: Fan, 1992. Key to the Common Flies of China, 2nd

Ed.: 673 (as a subgenus of *Pierretia* Robineau-Desvoidy, 1863) [misidentification: not *Prosballia* Enderlein, 1928].
Parathyrsocnema: Xue *et* Verves, 2009. Bol. Asoc. Esp. Ent. 33 (1-2): 54.

（220）披阳邻细麻蝇 *Parathyrsocnema prosballiina* (Baranov, 1931)

Sarcophaga prosballiina Baranov, 1931. Konowia 10: 112. **Type locality:** China: Taiwan, Toa Tsui Kutsu.
Sarcophaga (*Lioproctia*) *prosballiina*: Pape, 1996. Mem. Ent. Int. 8: 345.
Sarcophaga prosballiina: Lin *et* Chen, 1999. The Name List of Taiwan Diptera (1): 117; Sugiyama, Shinonaga *et* Kano, 1987. Sieboldia (Suppl.): 76.
Pierretia (*Parathyrsocnema*) *prosbaliina* [incorrect subsequent spelling of *prosballiina* Baranov, 1931]: Fan, 1965. Key to the Common Flies of China: 238.
Pierretia (*Prosballia*) *prosbaliina* [incorrect subsequent spelling of *prosballiina* Baranov, 1931]: Fan, 1992. Key to the Common Flies of China, 2nd Ed.: 641, 686.
分布（Distribution）：台湾（TW）。

67. 彼麻蝇属 *Perisimyia* Xue *et* Verves, 2009

Perisimyia Xue *et* Verves, 2009. Bol. Asoc. Esp. Ent. 33 (1-2): 45. **Type species:** *Perisimyia perisi* Xue *et* Verves, 2009 (by original designation).

（221）彼麻蝇 *Perisimyia perisi* Xue *et* Verves, 2009

Perisimyia perisi Xue *et* Verves, 2009. Bol. Asoc. Esp. Ent. 33 (1-2): 45. **Type locality:** China: Yunnan, Wang Shuai.
分布（Distribution）：云南（YN）。

68. 花麻蝇属 *Phallantha* Rohdendorf, 1938

Phallantha Rohdendorf, 1938. Trans. Sikhote-Alin St. Res. 2: 101. **Type species:** *Phallantha sichotealini* Rohdendorf, 1938 (by original designation).
Phallantha: Verves, 1986. *In*: Soós *et* Papp, 1986. Cat. Palaearct. Dipt. 12: 139; Xue *et* Verves, 2009. Bol. Asoc. Esp. Ent. 33 (1-2): 54.
Pierretia (*Phallantha*): Fan, 1992. Key to the Common Flies of China, 2nd Ed.: 674.
Sarcophaga (*Phallantha*): Pape, 1996. Mem. Ent. Int. 8: 377.

（222）锡霍花麻蝇 *Phallantha sichotealini* Rohdendorf, 1938

Phallantha sichotealini Rohdendorf, 1938. Trans. Sikhote-Alin St. Res. 2: 102. **Type locality:** Russia: Primorie, Sikhote-Alin State Reservation.
Pierretia (*Phallantha*) *sichotealini*: Fan, 1992. Key to the Common Flies of China, 2nd Ed.: 677. Zhang *et* Zhang, 2010. Chin. J. Hyg. Insect. & Equip. 16 (4): 293.
Pierretia sichotealini: Chen *et al*., 2013. Port Health Contr. 18 (3): 51.
Sarcophaga (*Phallantha*) *sichotealini*: Pape, 1996. Mem. Ent. Int. 8: 377.
分布（Distribution）：黑龙江（HL）、吉林（JL）、辽宁（LN）、山西（SX）、河南（HEN）、上海（SH）、湖南（HN）、湖北（HB）、四川（SC）、贵州（GZ）、云南（YN）；俄罗斯、韩国、日本。

69. 波麻蝇属 *Povolnymyia* Verves, 1997

Povolnymyia Verves, 1997. J. Ukr. Ent. Soc. 3 (2): 51. **Type species:** *Bellieriomima lingulata* Ye, 1980 (by original designation).
Povolnymyia: Xue *et* Verves, 2009. Bol. Asoc. Esp. Ent. 33 (1-2): 54.

（223）端舌波麻蝇 *Povolnymyia lingulata* (Ye, 1980)

Bellieriomima lingulata Ye, 1980. Entomotaxon. 2 (4): 285. **Type locality:** China: Sichuan, Nanping.
Povolnymyia lingulata: Verves, 1997. J. Ukr. Ent. Soc. 3 (2): 54; Xue *et* Verves, 2009. Bol. Asoc. Esp. Ent. 33 (1-2): 54.
Bellieriomima lingulata: Fan *et* Pape, 1996. Stud. Dipt. 3 (2): 248.
Bellieriomima (s. str.) *lingulata*: Verves, 1986. *In*: Soós *et* Papp, 1986. Cat. Palaearct. Dipt. 12: 135.
Pierretia (*Bellieriomima*) *lingulata*: Fan, 1992. Key to the Common Flies of China, 2nd Ed.: 684.
Sarcophaga (*Bellieriomima*) *lingulata*: Pape, 1996. Mem. Ent. Int. 8: 300.
分布（Distribution）：甘肃（GS）、四川（SC）。

（224）蜀西波麻蝇 *Povolnymyia shuxia* (Feng *et* Qiao, 2003), comb. nov.

Pierretia shuxia Feng *et* Qiao, 2003. Entomotaxon. 25 (4): 268. **Type locality:** China: Sichuan, Mingchan Mount., Mt. Meng.
Povolnymyia shuxia: Xue *et* Verves, 2009. Bol. Asoc. Esp. Ent. 33 (1-2): 54.
分布（Distribution）：四川（SC）。

70. 伪特麻蝇属 *Pseudothyrsocnema* Rohdendorf, 1937

Pseudothyrsocnema Rohdendorf, 1937. Fauna USSR Dipt. 19 (1): 167 (as a subgenus of *Thyrsocnema* Enderlein, 1928). **Type species:** *Sarcophaga spinosa* Villeneuve, 1912 (by original designation).
Pseudothyrsocnema: Lehrer, 2008c. Fragm. Dipt. 14: 10; Xue *et* Verves, 2009. Bol. Asoc. Esp. Ent. 33 (1-2): 54.
Thyrsocnema (*Pseudothyrsocnema*): Rohdendorf, 1965. Ent. Obozr. 44 (3): 684, 692; Shinonaga *et* Lopes, 1975. Pac. Insects 16 (4): 455.
Pierretia (*Pseudothyrsocnema*): Fan, 1992. Key to the Common Flies of China, 2nd Ed.: 672.
Sarcophaga (*Pseudothyrsocnema*): Pape, 1996. Mem. Ent. Int.

8: 381.

（225）鸡尾伪特麻蝇 *Pseudothyrsocnema caudagalli* (Böttcher, 1912)

Sarcophaga caudagalli Böttcher, 1912. Ent. Mitt. 1 (6): 167. **Type locality:** China: Taiwan, Tainan.

Pseudothyrsocnema fanigalia Lehrer, 2008c. Fragm. Dipt. 14: 12. **Type locality:** Not given.

Pierretia autochtona Wei *et* Yang, 2007. *In*: Li, Yang *et* Jin, 2007. Insects from Leigongshan Landscape: 529, 538. **Type locality:** China: Guizhou, Leigong Mountain National Reserve of Guizhou.

Sarcophaga crinita: Hsieh, 1958. Acta Ent. Sin. 8 (1): 79 [misidentification: not *Sarcophaga crinita* Parker, 1917].

Pseudothyrsocnema caudagalli: Fan *et* Pape, 1996. Stud. Dipt. 3 (2): 255; Xue *et* Verves, 2009. Bol. Asoc. Esp. Ent. 33 (1-2): 54.

Thyrsocnema (*Pseudothyrsocnema*) *caudagalli*: Shinonaga *et* Lopes, 1975. Pac. Insects 16 (4): 456; Verves, 1986. *In*: Soós *et* Papp, 1986. Cat. Palaearct. Dipt. 12: 144.

Pierretia (*Pseudothyrsocnema*) *caudagalli*: Fan, 1992. Key to the Common Flies of China, 2nd Ed.: 686.

Pierretia caudagalli: Chen *et al.*, 2013. Port Health Contr. 18 (3): 51.

Sarcophaga (*Pseudothyrsocnema*) *caudagalli*: Pape, 1996. Mem. Ent. Int. 8: 381; Sugiyama, Shinonaga *et* Kano, 1987. Sieboldia (Suppl.): 67.

Sarcophaga caudagalli: Ho, 1936. Bull. Fan Mem. Inst. Biol. 6 (5): 265; Lin *et* Chen, 1999. The Name List of Taiwan Diptera (1): 117.

分布（Distribution）：辽宁（LN）、河南（HEN）、江苏（JS）、浙江（ZJ）、湖北（HB）、四川（SC）、贵州（GZ）、云南（YN）、福建（FJ）、台湾（TW）、广东（GD）、海南（HI）。

（226）小灰伪特麻蝇 *Pseudothyrsocnema crinitula* (Quo, 1952)

Sarcophaga crinitula Quo, 1952. Acta Ent. Sin. 2 (1): 72. **Type locality:** China: environs of Shanghai.

Pseudothyrsocnema crinitula: Verves *et* Khrokalo, 2006b. Key Ins. Rus. Far East 6 (4): 154; Xue *et* Verves, 2009. Bol. Asoc. Esp. Ent. 33 (1-2): 54.

Thyrsocnema (*Pseudothyrsocnema*) *crinitula*: Shinonaga *et* Lopes, 1975. Pac. Insects 16 (4): 456; Verves, 1986. *In*: Soós *et* Papp, 1986. Cat. Palaearct. Dipt. 12: 145.

Pierretia (*Pseudothyrsocnema*) *crinitula*: Fan, 1992. Key to the Common Flies of China, 2nd Ed.: 686.

Pierretia crinitula: Feng *et al.*, 2012. Chin. J. Hyg. Insect. & Equip. 18 (2): 143.

Sarcophaga (*Pseudothyrsocnema*) *crinitula*: Pape, 1996. Mem. Ent. Int. 8: 381.

分布（Distribution）：江苏（JS）、上海（SH）、浙江（ZJ）、重庆（CQ）；韩国、日本。

（227）拉萨伪特麻蝇 *Pseudothyrsocnema lhasae* (Fan, 1964)

Pierretia (*Pseudothyrsocnema*) *lhasae* Fan, 1964. Acta Zootaxon. Sin. 1 (2): 306, 316. **Type locality:** China: Tibet [= Xizang], Lhasa.

Pseudothyrsocnema lhasae: Fan *et* Pape, 1996. Stud. Dipt. 3 (2): 255; Xue *et* Verves, 2009. Bol. Asoc. Esp. Ent. 33 (1-2): 54.

Thyrsocnema (*Pseudothyrsocnema*) *lhasae*: Shinonaga *et* Lopes, 1975. Pac. Insects 16 (4): 455, 459; Verves, 1986. *In*: Soós *et* Papp, 1986. Cat. Palaearct. Dipt. 12: 145.

Pierretia (*Pseudothyrsocnema*) *lhasae*: Fan, 1992. Key to the Common Flies of China, 2nd Ed.: 686.

Pierretia lhasae: Chao *et* Zhang, 1982. *In*: The Comprehensive Scientific Expedition to the Qinghai-Xizang Plateau, Chinese Academy of Sciences, 1982. Insects of Xizang 2: 227.

Sarcophaga (*Pseudothyrsocnema*) *lhasae*: Pape, 1996. Mem. Ent. Int. 8: 382.

分布（Distribution）：西藏（XZ）。

71. 箒麻蝇属 *Sarina* Enderlein, 1928

Sarina Enderlein, 1928. Arch. Klass. Phyl. Ent. 1 (1): 34. **Type species:** *Sarcophaga nigrans* Pandellé, 1896 [= *Musca sexpunctata* Fabricius, 1805] (by original designation).

Arachnidomyia Townsend, 1934a. Rev. Ent. 4: 111. **Type species:** *Sarcophaga davidsonii* Coquillett, 1892 (by original designation).

Arhopocnemia Enderlein, 1936. Tierwelt Mitteleur. 6 (2), Ins. 3: 216. **Type species:** *Arhopocnemis boettcheri* Enderlein, 1928 [= *Musca sexpunctata* Fabricius, 1805] (monotypy).

Sarina: Verves, 1997. J. Ukr. Ent. Soc. 3 (2): 50; Xue *et* Verves, 2009. Bol. Asoc. Esp. Ent. 33 (1-2): 54.

Arachnidomyia: Lopes, 1981a. Rev. Bras. Ent. 25 (4): 307; Roback, 1954. Ill. Biol. Monogr. 23 (3-4): 65.

Pierretia (*Arachnidomyia*): Fan, 1992. Key to the Common Flies of China, 2nd Ed.: 673.

（228）宽突箒麻蝇 *Sarina olsoufjevi* (Rohdendorf, 1937)

Thyrsocnema (*Mehria*) *olsoufjevi* Rohdendorf, 1937. Fauna USSR Dipt. 19 (1): 156, 161. **Type locality:** Russia: Dagestan, Kizliar District, Borodinskaya.

Pierretia (*Mehria*) *olsoufjevi benshiensis* Hsue, 1979. Acta Ent. Sin. 22 (2): 192. **Type locality:** China: Liaoning, Benshi.

Sarina olsoufjevi: Verves, 1997. J. Ukr. Ent. Soc. 3 (2): 50; Xue *et* Verves, 2009. Bol. Asoc. Esp. Ent. 33 (1-2): 55.

Arachnidomyia olsoufjevi: Fan *et* Pape, 1996. Stud. Dipt. 3 (2): 247.

Pierretia (*Arachnidomyia*) *olsoufjevi*: Fan, 1992. Key to the Common Flies of China, 2nd Ed.: 678.

Pierretia olsoufjevi: Zhang, Gao, Zhang *et* Wang, 2010. J. Med. Pest Control 26 (11): 989.

Sarcophaga (*Mehria*) *olsoufjevi*: Pape, 1996. Mem. Ent. Int. 8:

362.
分布（Distribution）：吉林（JL）、辽宁（LN）；阿塞拜疆、俄罗斯、乌克兰、亚美尼亚。

（229）六斑篦麻蝇 *Sarina sexpunctata* (Fabricius, 1805)

Musca sexpunctata Fabricius, 1805. Syst. Antliat.: 300. **Type locality:** Denmark: Zealand [as "Sjælland"].
Sarcophaga clathrata Meigen, 1826. Syst. Beschr. Europ. Zweifl. Insekt. 5: 25. **Type locality:** Not given.
Sarina sexpunctata: Verves, 1997. J. Ukr. Ent. Soc. 3 (2): 50; Xue *et* Verves, 2009. Bol. Asoc. Esp. Ent. 33 (1-2): 55.
Arachnidomyia sexpunctata: Fan *et* Pape, 1996. Stud. Dipt. 3 (2): 247.
Sarcophaga (*Mehria*) *sexpunctata*: Pape, 1996. Mem. Ent. Int. 8: 362.
Pierretia (*Arachnidomyia*) *clathrata*: Fan, 1992. Key to the Common Flies of China, 2nd Ed.: 678.
Pierretia (*Mehria*) *clathrata*: Verves, 1986. *In*: Soós *et* Papp, 1986. Cat. Palaearct. Dipt. 12: 142.
Pierretia clathrata: Zhang, Gao, Zhang *et* Wang, 2010. J. Med. Pest Control 26 (11): 989.
Thyrsocnema (*Mehria*) *clathrata*: Rohdendorf, 1937. Fauna USSR Dipt. 19 (1): 156, 158.
Sarcophaga clathrata: Séguy, 1941. Encycl. Ent. (A) 21: 62, 85.
分布（Distribution）：黑龙江（HL）、吉林（JL）、辽宁（LN）、天津（TJ）、北京（BJ）、新疆（XJ）、四川（SC）；蒙古国、日本、俄罗斯、哈萨克斯坦、乌克兰、亚美尼亚、奥地利、保加利亚、加那利群岛、捷克、斯洛伐克、丹麦、芬兰、法国、德国、希腊、匈牙利、爱尔兰、意大利、挪威、波兰、罗马尼亚、西班牙、瑞典、英国、前南斯拉夫。

（230）青岛篦麻蝇 *Sarina tsintaoensis* (Yeh, 1964)

Pierretia clathrata tsintaoensis Yeh, 1964. Acta Zootaxon. Sin. 1 (2): 300. **Type locality:** China: Shandong, Tsin-Tao.
Sarina tsintaoensis: Verves, 1997. J. Ukr. Ent. Soc. 3 (2): 50; Xue *et* Verves, 2009. Bol. Asoc. Esp. Ent. 33 (1-2): 55.
Arachnidomyia tsintaoensis: Fan *et* Pape, 1996. Stud. Dipt. 3 (2): 247.
Pierretia (*Arachnidomyia*) *tsintaoensis*: Fan, 1992. Key to the Common Flies of China, 2nd Ed.: 678.
Pierretia (*Mehria*) *tsintaoensis*: Fan, 1965. Key to the Common Flies of China: 235; Verves, 1986. *In*: Soós *et* Papp, 1986. Cat. Palaearct. Dipt. 12: 142.
Pierretia tsintaoensis: Zhang *et* al., 2010. Chin. J. Vector Biol. & Control 21 (4): 359.
Sarcophaga (*Mehria*) *tsintaoensis*: Pape, 1996. Mem. Ent. Int. 8: 363.
分布（Distribution）：吉林（JL）、山东（SD）、广东（GD）。

72. 吸麻蝇属 *Sugiyamamyia* Verves, 1997

Sugiyamamyia Verves, 1997. J. Ukr. Ent. Soc. 3 (2): 54. **Type species:** *Sarcophaga tsengi* Sugiyama, 1987 (by original designation).
Sugiyamamyia: Xue *et* Verves, 2009. Bol. Asoc. Esp. Ent. 33 (1-2): 55.

（231）奋起湖吸麻蝇 *Sugiyamamyia fenchihuensis* (Sugiyama, 1987)

Sarcophaga fenchihuensis Sugiyama, 1987. *In*: Sugiyama, Shinonaga *et* Kano, 1987. Sieboldia (Suppl.): 68. **Type locality:** China: Taiwan, Fenchihu, Chiai Hsien.
Sugiyamamyia fenchihuensis: Verves, 1997. J. Ukr. Ent. Soc. 3 (2): 54; Xue *et* Verves, 2009. Bol. Asoc. Esp. Ent. 33 (1-2): 55.
Sarcophaga fenchihuensis: Pape, 1996. Mem. Ent. Int. 8: 417.
分布（Distribution）：台湾（TW）。

（232）曾氏吸麻蝇 *Sugiyamamyia tsengi* (Sugiyama, 1987)

Sarcophaga tsengi Sugiyama, 1987. *In*: Sugiyama, Shinonaga *et* Kano, 1987. Sieboldia (Suppl.): 78. **Type locality:** China: Taiwan, Tainan Hsien, Kuantsuling.
Sugiyamamyia tsengi: Verves, 1997. J. Ukr. Ent. Soc. 3 (2): 54; Xue *et* Verves, 2009. Bol. Asoc. Esp. Ent. 33 (1-2): 55.
Sarcophaga tsengi: Pape, 1996. Mem. Ent. Int. 8: 419.
分布（Distribution）：台湾（TW）。

73. 特麻蝇属 *Thyrsocnema* Enderlein, 1928

Thyrsocnema Enderlein, 1928. Arch. Klass. Phyl. Ent. 1 (1): 42. **Type species:** *Sarcophaga striata* "Fabricius, 1774" sensu Enderlein, 1928 [= *Sarcophaga incisilobata* Pandellé, 1896], misidentification: not *Musca striata* Fabricius, 1774 (by original designation).
Thyrsocnema: Verves, 1990. Insects Mongolia 11: 570; Xue *et* Verves, 2009. Bol. Asoc. Esp. Ent. 33 (1-2): 55.
Thyrsocnema (*Thyrsocnema*): Rohdendorf, 1937. Fauna USSR Dipt. 19 (1): 153, 172; Rohdendorf, 1965. Ent. Obozr. 44 (3): 681, 692.
Pierretia (*Thyrsocnema*): Fan, 1992. Key to the Common Flies of China, 2nd Ed.: 673.
Sarcophaga (*Thyrsocnema*): Pape, 1996. Mem. Ent. Int. 8: 410.

（233）肯特麻蝇 *Thyrsocnema kentejana* Rohdendorf, 1937

Thyrsocnema (*Thyrsocnema*) *kentejana* Rohdendorf, 1937. Fauna USSR Dipt. 19 (1): 157, 174. **Type locality:** Mongolia: Khentey Aimak, Sudzukte.
Thyrsocnema kentejana: Fan *et* Pape, 1996. Stud. Dipt. 3 (2): 257; Xue *et* Verves, 2009. Bol. Asoc. Esp. Ent. 33 (1-2): 55.
Thyrsocnema (*Thyrsocnema*) *kentejana*: Rohdendorf *et* Verves, 1977. Insects Mongolia 5: 726; Rohdendorf *et* Verves, 1978. Ann. Hist.-Nat. Mus. Natl. Hung. 70: 255.

Pierretia kentejana: Chao *et* Zhang, 1982. *In*: The Comprehensive Scientific Expedition to the Qinghai-Xizang Plateau, Chinese Academy of Sciences, 1982. Insects of Xizang 2: 227; Zhang, Gao, Zhang *et* Wang, 2010. J. Med. Pest Control 26 (11): 989.
Pierretia (*Thyrsocnema*) *kentejana*: Fan, 1992. Key to the Common Flies of China, 2nd Ed.: 682.
Sarcophaga (*Thyrsocnema*) *kentejana*: Pape, 1996. Mem. Ent. Int. 8: 411.
分布（Distribution）：黑龙江（HL）、吉林（JL）、辽宁（LN）、内蒙古（NM）、河北（HEB）、陕西（SN）、青海（QH）、新疆（XJ）、四川（SC）、云南（YN）；俄罗斯、蒙古国、保加利亚、芬兰、法国、挪威、罗马尼亚、瑞士、瑞典、印度、巴基斯坦。

74. 疣麻蝇属 *Tuberomembrana* Fan, 1981

Tuberomembrana Fan, 1981. Acta Ent. Sin. 24 (3): 314, 316. **Type species:** *Tuberomembrana xizangensis* Fan, 1981 (by original designation).
Tuberomembrana: Fan, 1992. Key to the Common Flies of China, 2nd Ed.: 638, 647; Xue *et* Verves, 2009. Bol. Asoc. Esp. Ent. 33 (1-2): 56.
Sarcophaga (*Tuberomembrana*): Pape, 1996. Mem. Ent. Int. 8: 412.

（234）西藏疣麻蝇 *Tuberomembrana xizangensis* Fan, 1981

Tuberomembrana xizangensis Fan, 1981. Acta Ent. Sin. 24 (3): 314, 316. **Type locality:** China: Tibet [= Xizang], Nyinchi.
Tuberomembrana xizangensis: Fan *et* Pape, 1996. Stud. Dipt. 3 (2): 250; Xue *et* Verves, 2009. Bol. Asoc. Esp. Ent. 33 (1-2): 56.
Sarcophaga (*Tuberomembrana*) *xizangensis*: Pape, 1996. Mem. Ent. Int. 8: 412.
分布（Distribution）：西藏（XZ）。

75. 薛麻蝇属 *Xuella* Verves, 1997

Xuella Verves, 1997. J. Ukr. Ent. Soc. 3 (2): 56. **Type species:** *Pierretia lageniharpes* Xue *et* Feng, 1989 (monotypy).
Xuella: Xue *et* Verves, 2009. Bol. Asoc. Esp. Ent. 33 (1-2): 56.

（235）葫突薛麻蝇 *Xuella lageniharpes* (Xue *et* Feng, 1989)

Pierretia lageniharpes Xue *et* Feng, 1989. Acta Ent. Sin. 32 (4): 485. **Type locality:** China: Sichuan, Luding.
Xuella lageniharpes: Verves, 1997. J. Ukr. Ent. Soc. 3 (2): 56; Xue *et* Verves, 2009. Bol. Asoc. Esp. Ent. 33 (1-2): 56.
分布（Distribution）：四川（SC）。

76. 云南麻蝇属 *Yunnanisca* Verves, 1997

Yunnanisca Verves, 1997. J. Ukr. Ent. Soc. 3 (2): 56. **Type species:** *Pierretia fani* Li *et* Ye, 1985 (monotypy).
Yunnanisca: Xue *et* Verves, 2009. Bol. Asoc. Esp. Ent. 33 (1-2): 56.

（236）范氏云南麻蝇 *Yunnanisca fani* (Li *et* Ye, 1985)

Pierretia fani Li *et* Ye, 1985. *In*: Li, Ye *et* Liu, 1985. Acta Zootaxon. Sin. 10 (3): 296, 298. **Type locality:** China: Yunnan, Lijiang, Dayan Town.
Yunnanisca fani: Verves, 1997. J. Ukr. Ent. Soc. 3 (2): 57; Xue *et* Verves, 2009. Bol. Asoc. Esp. Ent. 33 (1-2): 56.
Pierretia fani: Fan, 1992. Key to the Common Flies of China, 2nd Ed.: 682; Fan *et* Pape, 1996. Stud. Dipt. 3 (2): 255.
Sarcophaga (*Myorhina*) *fani*: Pape, 1996. Mem. Ent. Int. 8: 364.
分布（Distribution）：云南（YN）。

亚麻蝇亚族 Parasarcophagina

77. 粪麻蝇属 *Bercaea* Robineau-Desvoidy, 1863

Bercaea Robineau-Desvoidy, 1863. Hist. Nat. Dipt. Envir. Paris 2: 549. **Type species:** *Musca haemorrhoidalis*: sensu Meigen, 1826 [= *Musca africa* Wiedemann, 1824]; misidentification: not *Musca haemorrhoidalis* Fallén, 1817 (by original designation).
Coprosarcophaga Rohdendorf, 1937. Fauna USSR Dipt. 19 (1): 57, 293. **Type species:** *Musca haemorrhoidalis*: sensu Meigen, 1826 [= *Musca africa* Wiedemann, 1824]; misidentification: not *Musca haemorrhoidalis* Fallén, 1817 (by original designation).
Bercaea: Lehrer, 1998. Reichenbachia 32 (2): 337; Rohdendorf, 1965. Ent. Obozr. 44 (3): 685, 694.
Sarcophaga (*Bercaea*): Pape, 1996. Mem. Ent. Int. 8: 302.

（237）非洲粪麻蝇 *Bercaea africa* (Wiedemann, 1824)

Musca africa Wiedemann, 1824. Munus Rectoris in Academia Christiana Albertina Aditurus Analecta Entomológica ex Museo Regio Havniensi Máxime Congesta Profert Iconibusque Illustrat: 49. **Type locality:** South Africa: Western Cape Province, Cape of Good Hope.
Sarcophaga cruentata Meigen, 1826. Syst. Beschr. Europ. Zweifl. Insekt. 5: 28. **Type locality:** Europe: probably Germany.
Musca haemorrhoidalis: sensu Meigen, 1826; misidentification: not Fallén, 1817.
Sarcophaga (*Bercaea*) *africa*: Pape, 1996. Mem. Ent. Int. 8: 302.
Bercaea cruentata: Fan, 1992. Key to the Common Flies of China, 2nd Ed.: 691.
Bercaea haemorrhoidalis: Rohdendorf, 1965. Ent. Obozr.

44 (3): 694; Rohdendorf *et* Verves, 1978. Ann. Hist.-Nat. Mus. Natl. Hung. 70: 256.

Sarcophaga haemorrhoidalis: Chou, 1963. Acta Ent. Sin. 12 (2): 233; Patton *et* Ho, 1938. Ann. Trop. Med. Paras. 32: 151.

分布（Distribution）：吉林（JL）、辽宁（LN）、内蒙古（NM）、河北（HEB）、北京（BJ）、山西（SX）、山东（SD）、河南（HEN）、陕西（SN）、宁夏（NX）、甘肃（GS）、青海（QH）、新疆（XJ）、上海（SH）、浙江（ZJ）、湖南（HN）、四川（SC）、重庆（CQ）、云南（YN）、西藏（XZ）、广东（GD）；俄罗斯、朝鲜、韩国、日本、印度、尼泊尔、巴基斯坦、哈萨克斯坦、吉尔吉斯斯坦、塔吉克斯坦、土库曼斯坦、乌兹别克斯坦、乌克兰、土耳其、阿塞拜疆、阿富汗、加拿大、美国、阿根廷、巴西、古巴、墨西哥、哥斯达黎加、巴拉圭、阿尔巴尼亚、阿尔及利亚、亚美尼亚、奥地利、亚速尔群岛（葡）、比利时、保加利亚、白俄罗斯、加那利群岛、塞浦路斯、捷克、斯洛伐克、丹麦、埃及、法国、德国、希腊、格鲁吉亚、匈牙利、伊朗、伊拉克、以色列、爱尔兰、意大利、拉脱维亚、黎巴嫩、利比亚、立陶宛、卢森堡、马德拉群岛、马耳他、摩尔多瓦、摩洛哥、荷兰、英国、挪威、波兰、葡萄牙、罗马尼亚、沙特阿拉伯、塞尔维亚、西班牙、瑞典、瑞士、叙利亚、突尼斯、安哥拉、贝宁、博茨瓦纳、莱索托、利比里亚、马达加斯加、毛里塔尼亚、毛里求斯、莫桑比克、纳米比亚、尼日利亚、留尼汪（法）、卢旺达、圣赫勒拿（英）、塞舌尔、塞拉利昂、南非、苏丹、坦桑尼亚、澳大利亚。

78. 角麻蝇属 *Cornexcisia* Fan *et* Kano, 2000

Cornexcisia Fan *et* Kano, 2000. *In*: Aoki, Yin *et* Imadaté, 2000. Taxon. Stud. Soil Fauna YN Prov. SW China: 251. **Type species:** *Cornexcisia longicornuta* Fan *et* Kano, 2000 (monotypy).

（238）长角角麻蝇 *Cornexcisia longicornuta* Fan *et* Kano, 2000

Cornexcisia longicornuta Fan *et* Kano, 2000. *In*: Aoki, Yin *et* Imadaté, 2000. Taxon. Stud. Soil Fauna YN Prov. SW China: 251. **Type locality:** China: Yunnan, Menglun, Xishuangbanna.

分布（Distribution）：云南（YN）。

79. 冯麻蝇属 *Fengia* Rohdendorf, 1964

Fengia Rohdendorf, 1964. Ent. Obozr. 43 (1): 83. **Type species:** *Sarcophaga ostindicae* Senior-White, 1924 (by original designation).

Fengia: Fan, 1992. Key to the Common Flies of China, 2nd Ed.: 639, 667; Fan *et* Pape, 1996. Stud. Dipt. 3 (2): 249; Rohdendorf, 1965. Ent. Obozr. 44 (3): 691, 695.

Sarcophaga (*Fengia*): Pape, 1996. Mem. Ent. Int. 8: 316.

（239）印东冯麻蝇 *Fengia ostindicae* (Senior-White, 1924)

Sarcophaga ostindicae Senior-White, 1924. Rec. India Mus. 26 (3): 233. **Type locality:** "East India".

Fengia shanga Lehrer, 2008f. Fragm. Dipt. 17: 12. **Type locality:** Not given.

Fengia ostindicae: Fan, 1965. Key to the Common Flies of China: 247; Ho, 1936. Bull. Fan Mem. Inst. Biol. 6 (5): 266.

Sarcophaga (*Fengia*) *ostindicae*: Pape, 1996. Mem. Ent. Int. 8: 316.

Sarcophaga ostindicae: Lin *et* Chen, 1999. The Name List of Taiwan Diptera (1): 117; Sugiyama, Shinonaga *et* Kano, 1987. Sieboldia (Suppl.): 75.

分布（Distribution）：云南（YN）、台湾（TW）、广东（GD）、海南（HI）；印度。

80. 堀麻蝇属 *Horiisca* Rohdendorf, 1965

Horiisca Rohdendorf, 1965. Ent. Obozr. 44 (3): 691, 694. **Type species:** *Sarcophaga hozawai* Hori, 1954 (monotypy).

Horiisca: Fan *et* Pape, 1996. Stud. Dipt. 3 (2): 250; Verves, 1986. *In*: Soós *et* Papp, 1986. Cat. Palaearct. Dipt. 12: 161; Verves *et* Khrokalo, 2006b. Key Ins. Rus. Far East 6 (4): 77, 158.

Sarcophaga (*Horiisca*): Pape, 1996. Mem. Ent. Int. 8: 337.

（240）鹿角堀麻蝇 *Horiisca hozawai* (Hori, 1954)

Sarcophaga hozawai Hori, 1954. Sci. Rep. Kanazawa Univ. 2 (2): 46. **Type locality:** Japan: Honshu, Ishikawa Prefecture, Mt. Shititaka.

Horiisca hozawai: Fan, 1992. Key to the Common Flies of China, 2nd Ed.: 668; Rohdendorf, 1965. Ent. Obozr. 44 (3): 694.

Sarcophaga (*Horiisca*) *hozawai*: Pape, 1996. Mem. Ent. Int. 8: 337.

分布（Distribution）：云南（YN）、广东（GD）；日本、韩国、尼泊尔。

81. 琦麻蝇属 *Hosarcophaga* Shinonaga *et* Tumrasvin, 1979

Hosarcophaga Shinonaga *et* Tumrasvin, 1979. Jpn. J. Sanit. Zool. 30 (2): 135. **Type species:** *Sarcophaga serrata* Ho, 1938 (by original designation).

Hosarcophaga: Fan, 1992. Key to the Common Flies of China, 2nd Ed.: 642; Fan *et* Pape, 1996. Stud. Dipt. 3 (2): 250.

Sarcophaga (*Hosarcophaga*): Pape, 1996. Mem. Ent. Int. 8: 337.

（241）疑琦麻蝇 *Hosarcophaga problematica* Baranov, 1941, comb. nov.

Sarcophaga (*Parasarcophaga*) *problematica* Baranov, 1941. Vet. Arhiv 11 (9): 389, 396, 401. **Type locality:** China: Taiwan, Gao-xsiong (Kosempo) [as "Kankau"].

Sarcophaga serrata: Lin *et* Chen, 1999. The Name List of Taiwan Diptera (1): 117 [misidentification: not *Sarcophaga*

serrata Ho, 1938].
分布（Distribution）：台湾（TW）。

（242）锯齿琦麻蝇 *Hosarcophaga serrata* (Ho, 1938)

Sarcophaga serrata Ho, 1938. Ann. Trop. Med. Paras. 32 (2): 120. **Type locality:** Indonesia: W Java (Djampong, Tengah, G. Tjisoeroe).
Hosarcophaga serrata: Fan *et* Pape, 1996. Stud. Dipt. 3 (2): 250.
Sarcophaga (*Hosarcophaga*) *serrata*: Pape, 1996. Mem. Ent. Int. 8: 337.
Sarcophaga serrata: Sugiyama, Shinonaga *et* Kano, 1987. Sieboldia (Suppl.): 77.
分布（Distribution）：台湾（TW）；印度尼西亚、泰国。

82. 加麻蝇属 *Kanomyia* Shinonaga *et* Tumrasvin, 1979

Kanomyia Shinonaga *et* Tumrasvin, 1979. Jpn. J. Sanit. Zool. 30 (2): 136. **Type species:** *Kanomyia bangkokensis* Shinonaga *et* Tumrasvin, 1979 (monotypy).
Kanomyia: Fan, 1992. Key to the Common Flies of China, 2nd Ed.: 643, 717; Fan *et* Pape, 1996. Stud. Dipt. 3 (2): 251.
Sarcophaga (*Kanomyia*): Pape, 1996. Mem. Ent. Int. 8: 340.

（243）曼谷加麻蝇 *Kanomyia bangkokensis* Shinonaga *et* Tumrasvin, 1979

Kanomyia bangkokensis Shinonaga *et* Tumrasvin, 1979. Jpn. J. Sanit. Zool. 30 (2): 138. **Type locality:** Thailand: Bangkok, Sam Sane.
Kanomyia bangkokensis: Fan, 1992. Key to the Common Flies of China, 2nd Ed.: 717; Fan *et* Pape, 1996. Stud. Dipt. 3 (2): 251.
Sarcophaga (*Kanomyia*) *bangkokensis*: Pape, 1996. Mem. Ent. Int. 8: 340.
分布（Distribution）：云南（YN）；泰国。

83. 利麻蝇属 *Liopygia* Enderlein, 1928

Liopygia Enderlein, 1828. Arch. Klass. Phyl. Ent. 1 (1): 41. **Type species:** *Musca ruficornis* Fabricius, 1794 (by original designation).
Liopygia: Fan *et* Pape, 1996. Stud. Dipt. 3 (2): 251; Verves, 1990. Insects Mongolia 11: 571, 602; Verves *et* Khrokalo, 2006b. Key Ins. Rus. Far East 6 (4): 77, 160.
Pararcophaga (*Liopygia*): Rohdendorf, 1965. Ent. Obozr. 44 (3): 687, 694; Verves, 1986. *In*: Soós *et* Papp, 1986. Cat. Palaearct. Dipt. 12: 165.
Sarcophaga (*Liopygia*): Pape, 1996. Mem. Ent. Int. 8: 345.

1）简麻蝇亚属 *Jantia* Rohdendorf, 1937

Jantia Rohdendorf, 1937. Fauna USSR Dipt. 19 (1): 197, 251 (as a subgenus of *Parasarcophaga* Johnston *et* Tiegs, 1921). **Type species:** *Sarcophaga securifera* Villeneuve, 1908 [= *Sarcophaga crassipalpis* Macquart, 1839] (by original designation).
Liopygia (*Jantia*): Verves *et* Khrokalo, 2006b. Key Ins. Rus. Far East 6 (4): 161.
Parasarcophaga (*Jantia*): Rohdendorf, 1965. Ent. Obozr. 44 (3): 686, 694; Verves, 1986. *In*: Soós *et* Papp, 1986. Cat. Palaearct. Dipt. 12: 165.

（244）肥须利麻蝇 *Liopygia* (*Jantia*) *crassipalpis* (Macquart, 1839)

Sarcophaga crassipalpis Macquart, 1839. *In*: Webb *et* Berthelot, 1839. Hist. Nat. Iles Canaries, Entom. 2 (2), 13. Dipt.: 112. **Type locality:** Canary Is.
Sarcophaga securifera Villeneuve, 1908. *In*: Becker, 1908. Mitt. Zool. Mus. Berl. 4 (1): 123. **Type locality:** Canary Is.: Tenerife.
Liopygia (*Jantia*) *crassipalpis*: Verves, 1990. Insects Mongolia 11: 603; Verves *et* Khrokalo, 2006b. Key Ins. Rus. Far East 6 (4): 161.
Liopygia crassipalpis: Fan *et* Pape, 1996. Stud. Dipt. 3 (2): 251.
Parasarcophaga (*Jantia*) *crassipalpis*: Rohdendorf *et* Verves, 1978. Ann. Hist.-Nat. Mus. Natl. Hung. 70: 256; Verves, 1986. *In*: Soós *et* Papp, 1986. Cat. Palaearct. Dipt. 12: 165.
Parasarcophaga crassipalpis: Chao *et* Zhang, 1982. *In*: The Comprehensive Scientific Expedition to the Qinghai-Xizang Plateau, Chinese Academy of Sciences, 1982. Insects of Xizang 2: 227.
Sarcophaga (*Liopygia*) *crassipalpis*: Pape, 1996. Mem. Ent. Int. 8: 347.
Sarcophaga crassipalpis: Séguy, 1941. Encycl. Ent. (A) 21: 70, 92; Chou, 1963. Acta Ent. Sin. 12 (2): 233.
Parasarcophaga (*Jantia*) *securifera*: Rohdendorf, 1937. Fauna USSR Dipt. 19 (1): 197, 251.
分布（Distribution）：黑龙江（HL）、吉林（JL）、辽宁（LN）、内蒙古（NM）、河北（HEB）、天津（TJ）、山西（SX）、山东（SD）、河南（HEN）、陕西（SN）、宁夏（NX）、甘肃（GS）、青海（QH）、新疆（XJ）、江苏（JS）、上海（SH）、浙江（ZJ）、湖北（HB）、四川（SC）、重庆（CQ）、西藏（XZ）、广东（GD）；俄罗斯、朝鲜、韩国、日本、哈萨克斯坦、吉尔吉斯斯坦、塔吉克斯坦、土库曼斯坦、乌兹别克斯坦、乌克兰、土耳其、阿塞拜疆、阿富汗、加拿大、美国、阿根廷、智利、乌拉圭、阿尔巴尼亚、阿尔及利亚、亚美尼亚、保加利亚、加那利群岛、克罗地亚、塞浦路斯、捷克、斯洛伐克、埃及、法国、希腊、格鲁吉亚、匈牙利、伊朗、伊拉克、以色列、意大利、黎巴嫩、利比亚、马德拉群岛、马耳他、摩尔多瓦、摩洛哥、葡萄牙、罗马尼亚、沙特阿拉伯、塞尔维亚、西班牙、叙利亚、突尼斯、南非、澳大利亚、法属波利尼西亚、新西兰、巴布亚新几内亚、马绍尔群岛。

2）利麻蝇亚属 *Liopygia* Enderlein, 1928

Liopygia Enderlein, 1928. Arch. Klass. Phyl. Ent. 1 (1): 41. **Type species:** *Musca ruficornis* Fabricius, 1794 (by original designation).

（245）绯角利麻蝇 *Liopygia* (*Liopygia*) *ruficornis* (Fabricius, 1794)

Musca ruficornis Fabricius, 1794. Ent. Syst. 4: 314. **Type locality:** "India Orientali".

Liopygia ruficornis: Fan *et* Pape, 1996. Stud. Dipt. 3 (2): 248; Townsend, 1938. Man. Myiol. VI: 40.

Parasarcophaga (*Liopygia*) *ruficornis*: Rohdendorf, 1965. Ent. Obozr. 44 (3): 687, 694; Verves, 1986. *In*: Soós *et* Papp, 1986. Cat. Palaearct. Dipt. 12: 166.

Sarcophaga (*Liopygia*) *ruficornis*: Pape, 1996. Mem. Ent. Int. 8: 347.

Sarcophaga ruficornis: Senior-White, Aubertin *et* Smart, 1940. Fauna Brit. India Dipt. 6: 269.

分布（Distribution）：台湾（TW）、广东（GD）、海南（HI）；日本、印度、印度尼西亚、马来西亚、缅甸、尼泊尔、巴基斯坦、菲律宾、新加坡、斯里兰卡、泰国、孟加拉国、不丹、加拿大、美国、巴西、巴拿马、沙特阿拉伯、博茨瓦纳、马达加斯加、也门（索科特拉岛）、南非、刚果（金）、澳大利亚、关岛（美）、夏威夷群岛、新喀里多尼亚（法）、北马里亚纳群岛（美）、巴布亚新几内亚、美属萨摩亚、萨摩亚。

3）汤麻蝇亚属 *Thomsonea* Rohdendorf, 1937

Thomsonea Rohdendorf, 1937. Fauna USSR Dipt. 19 (1): 197, 247 (as a subgenus of *Parasarcophaga* Johnston *et* Tiegs, 1921). **Type species:** *Sarcophaga barbata* Thomson, 1869 [= *Myophora argyrostoma* Robineau-Desvoidy, 1830] (by original designation).

Parasarcophaga (*Thomsonea*): Rohdendorf, 1965. Ent. Obozr. 44 (3): 686, 694; Verves, 1986. *In*: Soós *et* Papp, 1986. Cat. Palaearct. Dipt. 12: 172.

（246）黑口利麻蝇 *Liopygia* (*Thomsonea*) *argyrostoma* (Robineau-Desvoidy, 1830)

Myophora argyrostoma Robineau-Desvoidy, 1830. Mém. Prés. Div. Sav. Acad. R. Sci. Inst. Fr. 2 (2): 340. **Type locality:** South Africa: Western Cape Province, Cape of Good Hope.

Sarcophaga barbata Thomson, 1869. K. Svenska Fregatten Eugenies Resa, Zool., Dipt. 2 (1): 533.

Liopygia argyrostoma: Fan *et* Pape, 1996. Stud. Dipt. 3 (2): 251.

Parasarcophaga (*Thomsonea*) *argyrostoma*: Rohdendorf, 1965. Ent. Obozr. 44 (3): 694; Verves, 1986. *In*: Soós *et* Papp, 1986. Cat. Palaearct. Dipt. 12: 173.

Sarcophaga (*Liopygia*) *argyrostoma*: Pape, 1996. Mem. Ent. Int. 8: 346.

Sarcophaga argyrostoma: Séguy, 1941. Encycl. Ent. (A) 21: 70, 77.

Parasarcophaga (*Thomsonea*) *barbata*: Rohdendorf, 1937. Fauna USSR Dipt. 19 (1): 198, 247.

分布（Distribution）：青海（QH）；蒙古国、印度、巴基斯坦、哈萨克斯坦、吉尔吉斯斯坦、塔吉克斯坦、土库曼斯坦、乌兹别克斯坦、乌克兰、阿塞拜疆、百慕大（英）、加拿大、美国、阿根廷、巴西、古巴、阿富汗、阿尔巴尼亚、亚美尼亚、奥地利、亚速尔群岛（葡）、比利时、保加利亚、塞浦路斯、捷克、斯洛伐克、英国、丹麦、埃及、法国、德国、希腊、格鲁吉亚、匈牙利、伊朗、以色列、伊拉克、土耳其、摩尔多瓦、波兰、葡萄牙、罗马尼亚、俄罗斯、沙特阿拉伯、塞尔维亚、西班牙、叙利亚、突尼斯、南非、圣赫勒拿（英）、夏威夷群岛、马绍尔群岛、智利（复活节岛）。

4）异板麻蝇亚属 *Varirosellea* Xue, 1979

Varirosellea Xue [as "Hsue"], 1979. Acta Ent. Sin. 22 (2): 192 (as a subgenus of *Parasarcophaga* Johnston *et* Tiegs, 1921). **Type species:** *Sarcophaga uliginosa* Kramer, 1908 (by original designation).

Liopygia (*Varirosellea*): Verves *et* Khrokalo, 2006b. Key Ins. Rus. Far East 6 (4): 160.

Parasarcophaga (*Varirosellea*): Fan, 1992. Key to the Common Flies of China, 2nd Ed.: 713.

Varirosellea: Lehrer, 1994. Rev. Roum. Biol. Sér. Biol. Anim. 39 (1): 13.

Sarcophaga (*Varirosellea*): Pape, 1996. Mem. Ent. Int. 8: 413.

（247）槽叶利麻蝇 *Liopygia* (*Varirosellea*) *uliginosa* (Kramer, 1908)

Sarcophaga uliginosa Kramer, 1908a. Ent. Wochenbl. 25: 152. **Type locality:** Germany: Oberlausitz, Weisswasser.

Liopygia (*Varirosellea*) *uliginosa*: Verves, 1990. Insects Mongolia 11: 603; Verves *et* Khrokalo, 2006b. Key Ins. Rus. Far East 6 (4): 161.

Parasarcophaga (*Rosellea*) *uliginosa*: Rohdendorf, 1937. Fauna USSR Dipt. 19 (1): 197, 441; Rohdendorf *et* Verves, 1978. Ann. Hist.-Nat. Mus. Natl. Hung. 70: 256.

Varirosellea uliginosa: Fan *et* Pape, 1996. Stud. Dipt. 3 (2): 257.

Sarcophaga (*Varirosellea*) *uliginosa*: Pape, 1996. Mem. Ent. Int. 8: 413.

Sarcophaga uliginosa: Séguy, 1941. Encycl. Ent. (A) 21: 68, 162.

分布（Distribution）：黑龙江（HL）、吉林（JL）、陕西（SN）、宁夏（NX）；俄罗斯、蒙古国、朝鲜、日本、哈萨克斯坦、塔吉克斯坦、乌克兰、阿塞拜疆、加拿大、美国、阿尔巴尼亚、亚美尼亚、奥地利、保加利亚、白俄罗斯、捷克、斯洛伐克、英国、丹麦、法国、德国、格鲁吉亚、匈牙利、意大利、摩尔多瓦、波兰、罗马尼亚、前南斯拉夫。

84. 酱麻蝇属 *Liosarcophaga* Enderlein, 1928

Liosarcophaga Enderlein, 1928. Arch. Klass. Phyl. Ent. 1 (1): 18. **Type species:** *Cynomya madeirensis* Schiner, 1868 (by original designation).
Apicamplexa Fan *et* Qian, 1992. *In*: Fan, 1992. Key to the Common Flies of China, 2nd Ed.: 716 (as a subgenus of *Parasarcophaga* Johnston *et* Tiegs, 1921). **Type species:** *Parasarcophaga emdeni* Rohdendorf, 1969 (by original designation).
Occultophalla Lehrer, 1994. Rev. Roum. Biol. Sér. Biol. Anim. 39 (1): 14. **Type species:** *Parasarcophaga emdeni* Rohdendorf, 1969 (by original designation).
Liosarcophaga: Verves, 1990. Insects Mongolia 11: 571, 603; Verves *et* Khrokalo, 2006b. Key Ins. Rus. Far East 6 (4): 77, 161.
Parasarcophaga (*Liosarcophaga*): Fan *et* Pape, 1996. Stud. Dipt. 3 (2): 251; Rohdendorf, 1965. Ent. Obozr. 44 (3): 689, 693; Verves, 1986. *In*: Soós *et* Papp, 1986. Cat. Palaearct. Dipt. 12: 166.
Sarcophaga (*Liosarcophaga*): Pape, 1996. Mem. Ent. Int. 8: 345.

1）迅麻蝇亚属 *Curranea* Rohdendorf, 1937

Curranea Rohdendorf, 1937. Fauna USSR Dipt. 19 (1): 193, 255 (as a subgenus of *Parasarcophaga* Johnston *et* Tiegs, 1921). **Type species:** *Sarcophaga beckeri* Villeneuve, 1908 [= *Sarcophaga tibialis* Macquart, 1851] (by original designation).
Parasarcophaga (*Curranea*): Fan, 1965. Key to the Common Flies of China: 263; Rohdendorf, 1965. Ent. Obozr. 44 (3): 687, 693.

（248）义乌酱麻蝇 *Liosarcophaga* (*Curranea*) *iwuensis* (Ho, 1934), comb. nov.

Sarcophaga iwuensis Ho, 1934b. Bull. Fan Mem. Inst. Biol. 5 (1): 34. **Type locality:** China: Zhejiang, Iwu Hsian.
Parasarcophaga (*Curranea*) *iwuensis*: Fan, 1992. Key to the Common Flies of China, 2nd Ed.: 709.
Parasarcophaga (*Liosarcophaga*) *iwuensis*: Verves, 1986. *In*: Soós *et* Papp, 1986. Cat. Palaearct. Dipt. 12: 169.
Pandelleisca iwuensis: Fan *et* Pape, 1996. Stud. Dipt. 3 (2): 253.
Sarcophaga (*Pandelleisca*) *iwuensis*: Pape, 1996. Mem. Ent. Int. 8: 372.
Sarcophaga iwuensis: Ho, 1936. Bull. Fan Mem. Inst. Biol. 6 (5): 265; Sugiyama, Shinonaga *et* Kano, 1987. Sieboldia (Suppl.): 72.
Parasarcophaga iwensis [incorrect subsequent spelling of *iwuensis* Ho, 1934]: Wei, 2006f. *In*: Li *et* Jin, 2006. Insects from Fanjingshan Landscape: 546; Wei, 2007. *In*: Li, Yang *et* Jin, 2007. Insects from Leigongshan Landscape: 527.
Pandelleisca iwensis [incorrect subsequent spelling of *iwuensis* Ho, 1934]: Zhang *et al*., 2010. Chin. J. Vector Biol. & Control 21 (4): 359.
分布（Distribution）：江苏（JS）、浙江（ZJ）、湖南（HN）、四川（SC）、贵州（GZ）、云南（YN）、福建（FJ）、台湾（TW）、广东（GD）、广西（GX）、海南（HI）；不丹、尼泊尔、巴基斯坦、泰国。

（249）云南酱麻蝇 *Liosarcophaga* (*Curranea*) *yunnanensis* (Fan, 1964)

Parasarcophaga (*Curranea*) *yunnanensis* Fan, 1964. Acta Zootaxon. Sin. 1 (2): 308, 316. **Type locality:** China: Yunnan, Shishong-Baanna, Men-ah.
Liosarcophaga (*Liosarcophaga*) *yunnanensis*: Xue, Verves *et* Du, 2016. Sichuan J. Zool. 35 (4): 557.
Pandelleisca yunnanensis: Fan *et* Pape, 1996. Stud. Dipt. 3 (2): 252.
Sarcophaga (*Pandelleisca*) *yunnanensis*: Pape, 1996. Mem. Ent. Int. 8: 373.
分布（Distribution）：云南（YN）、广西（GX）；尼泊尔、巴基斯坦、泰国、越南。

2）珍特麻蝇亚属 *Jantiella* Rohdendorf, 1937

Jantiella Rohdendorf, 1937. Fauna USSR Dipt. 19 (1): 196, 233 (as a subgenus of *Parasarcophaga* Johnston *et* Tiegs, 1921). **Type species:** *Parasarcophaga* (*Jantiella*) *djakonovi* Rohdendorf, 1937 (by original designation).
Parasarcophaga (*Jantiella*): Verves, 1986. *In*: Soós *et* Papp, 1986. Cat. Palaearct. Dipt. 12: 175.
Robineauella (*Jantiella*): Rohdendorf, 1965. Ent. Obozr. 44 (3): 689, 694.
Jantiella: Lehrer, 2008d. Fragm. Dipt. 15: 7.

（250）科氏酱麻蝇 *Liosarcophaga* (*Jantiella*) *coei* (Rohdendorf, 1966)

Robineauella (*Jantiella*) *coei* Rohdendorf, 1966. Bull. Br. Mus. (Nat. Hist.) B Ent. 17 (10): 458. **Type locality:** Nepal: Taplejung District, Sangu.
Parasarcophaga (*Robineauella*) *coei*: Verves, 1986. *In*: Soós *et* Papp, 1986. Cat. Palaearct. Dipt. 12: 175.
Robineauella coei: Fan *et* Pape, 1996. Stud. Dipt. 3 (2): 255.
Jantiella coei: Lehrer, 2008d. Fragm. Dipt. 15: 10.
Sarcophaga (*Robineauella*) *coei*: Pape, 1996. Mem. Ent. Int. 8: 384.
Sarcophaga doleshalli: Senior-White, Aubertin *et* Smart, 1940. Fauna Brit. India Dipt. 6: 213, 231 [misidentification: not *Sarcophaga doleshalli* Johnston *et* Tiegs, 1921].
分布（Distribution）：甘肃（GS）、四川（SC）、广西（GX）；印度、马来西亚、尼泊尔、巴基斯坦、泰国、越南。

（251）爪哇酱麻蝇 *Liosarcophaga* (*Jantiella*) *javana* (Macquart, 1851)

Sarcophaga javana Macquart, 1851. Mém. Soc. R. Sci. Agric.

Arts Lille 1850 [1851]: 205. **Type locality:** Indonesia: Java.
Sarcophaga aurifrons Doleschall, 1858. Natuurkd. Tijdschr. Ned.-Indië 17: 109 (a junior primary homonym of *Sarcophaga aurifrons* Macquart, 1846). **Type locality:** Indonesia: Maluku, Ambon Island.
Sarcophaga doleshalli Johnston *et* Tiegs, 1921. Proc. Roy. Soc. Queensland 33 (4): 73 (replacement name for *Sarcophaga aurifrons* Doleschall, 1858).
Jantiella bentenia Lehrer, 2008d. Fragm. Dipt. 15: 11. **Type locality:** Not given.
Robineauella javana: Zhang *et al*., 2010. Chin. J. Vector Biol. & Control 21 (4): 360.
Sarcophaga (*Robineauella*) *javana*: Pape, 1996. Mem. Ent. Int. 8: 385.
Sarcophaga javana: Ho, 1938. Ann. Trop. Med. Paras. 32 (2): 115.
Jantiella doleshalli: Lehrer, 2008d. Fragm. Dipt. 15: 10.
Parasarcophaga (*Jantiella*) *doleshalli*: Fan, 1992. Key to the Common Flies of China, 2nd Ed.: 701.
Parasarcophaga doleshalli: Feng, 2011. Sichuan J. Zool. 30 (4): 548.
Robineauella doleshalli: Fan *et* Pape, 1996. Stud. Dipt. 3 (2): 255.
Sarcophaga doleshalli: Ho, 1938. Ann. Trop. Med. Paras. 32 (2): 115.
分布（Distribution）：四川（SC）、广东（GD）、广西（GX）、海南（HI）；尼泊尔、泰国、越南、印度尼西亚、马来西亚。

3）加纳麻蝇亚属 *Kanoisca* Rohdendorf, 1965

Kanoisca Rohdendorf, 1965. Ent. Obozr. 44 (3): 689, 693 (as a subgenus of *Parasarcophaga* Johnston *et* Tiegs, 1921). **Type species:** *Sarcophaga kanoi* Park, 1962 (monotypy).
Parasarcophaga (*Kanoisca*): Verves, 1986. *In*: Soós *et* Papp, 1986. Cat. Palaearct. Dipt. 12: 165.

（252）六郎酱麻蝇 *Liosarcophaga* (*Kanoisca*) *kanoi* (Park, 1962)

Sarcophaga kanoi Park, 1962. Jpn. J. Sanit. Zool. 13 (1): 6. **Type locality:** R. O. Korea: Taegu, Mt. Pal-gong.
Liosarcophaga (*Kanoisca*) *kanoi*: Verves *et* Khrokalo, 2006b. Key Ins. Rus. Far East 6 (4): 164.
Parasarcophaga (*Kanoisca*) *kanoi*: Rohdendorf, 1965. Ent. Obozr. 44 (3): 693; Verves, 1986. *In*: Soós *et* Papp, 1986. Cat. Palaearct. Dipt. 12: 165.
Kanoisca kanoi: Lehrer *et* Wei, 2011. Fragm. Dipt. 29: 13.
Parasarcophaga (*Liosarcophaga*) *kanoi*: Fan, 1965. Key to the Common Flies of China: 285.
Pandelleisca kanoi: Fan *et* Pape, 1996. Stud. Dipt. 3 (2): 253; Ji *et al*., 2011. Chin. J. Vector Biol. & Control 22 (5): 478.
Sarcophaga (*Liosarcophaga*) *kanoi*: Pape, 1996. Mem. Ent. Int. 8: 353.
Parasarcophaga (*Liosarcophaga*) *tsushimae*: Rohdendorf, 1937. Fauna USSR Dipt. 19 (1): 209 [misidentification: not *Sarcophaga tsushimae* Senior-White, 1924].
分布（Distribution）：黑龙江（HL）、吉林（JL）、辽宁（LN）、内蒙古（NM）、河北（HEB）、山西（SX）、山东（SD）、河南（HEN）、宁夏（NX）、甘肃（GS）、江苏（JS）、上海（SH）、浙江（ZJ）、湖南（HN）、湖北（HB）、四川（SC）、重庆（CQ）、贵州（GZ）；俄罗斯、韩国、日本。

4）酱麻蝇亚属 *Liosarcophaga* Enderlein, 1928

Liosarcophaga Enderlein, 1928. Arch. Klass. Phyl. Ent. 1 (1): 18. **Type species:** *Cynomya madeirensis* Schiner, 1868 (by original designation).

（253）华北酱麻蝇 *Liosarcophaga* (*Liosarcophaga*) *angarosinica* (Rohdendorf, 1937)

Parasarcophaga (*Liosarcophaga*) *angarosinica* Rohdendorf, 1937. Fauna USSR Dipt. 19 (1): 194, 210. **Type locality:** Russia: Irkutsk Region, Khariuzovka near Balagansk.
Liosarcophaga (*Liosarcophaga*) *angarosinica*: Verves *et* Khrokalo, 2006b. Key Ins. Rus. Far East 6 (4): 166.
Liosarcophaga angarosinica: Fan *et* Pape, 1996. Stud. Dipt. 3 (2): 252.
Parasarcophaga (*Liosarcophaga*) *angarosinica*: Fan, 1992. Key to the Common Flies of China, 2nd Ed.: 717; Verves, 1986. *In*: Soós *et* Papp, 1986. Cat. Palaearct. Dipt. 12: 166.
Sarcophaga (*Liosarcophaga*) *angarosinica*: Pape, 1996. Mem. Ent. Int. 8: 349.
分布（Distribution）：黑龙江（HL）、吉林（JL）、辽宁（LN）、内蒙古（NM）、河北（HEB）、北京（BJ）、山西（SX）、山东（SD）、河南（HEN）、宁夏（NX）、青海（QH）、江苏（JS）；俄罗斯。

（254）酱麻蝇 *Liosarcophaga* (*Liosarcophaga*) *dux* (Thomson, 1869)

Sarcophaga dux Thomson, 1869. K. Svenska Fregatten Eugenies Resa, Zool., Dipt. 2 (1): 534. **Type locality:** USA: Hawaii, Oahu I., Honolulu.
Sarcophaga exuberans: auctorum, nec *Sarcophaga exuberans* Pandellé, 1896.
Sarcophaga misera: auctorum, nec *Sarcophaga misera* Walker, 1849.
Liosarcophaga (*Liosarcophaga*) *dux*: Verves, Radchenko *et* Khrokalo, 2017. Zool. Mid. East 63 (1): 79.
Liosarcophaga dux: Fan *et* Pape, 1996. Stud. Dipt. 3 (2): 252.
Parasarcophaga (*Liosarcophaga*) *dux*: Verves, 1986. *In*: Soós *et* Papp, 1986. Cat. Palaearct. Dipt. 12: 166; Fan, 1992. Key to the Common Flies of China, 2nd Ed.: 703.
Sarcophaga (*Liosarcophaga*) *dux*: Pape, 1996. Mem. Ent. Int. 8: 350.
Sarcophaga dux: Senior-White, Aubertin *et* Smart, 1940. Fauna Brit. India Dipt. 6: 215, 266.
Parasarcophaga (*Liosarcophaga*) *exuberans*: Fan, 1965. Key to the Common Flies of China: 270; Rohdendorf, 1937. Fauna

USSR Dipt. 19 (1): 196, 215.

Sarcophaga exuberans: Rohdendorf, 1930. Bull. Entomol. Res. 21 (3): 315.

Parasarcophaga (*Liosarcophaga*) *misera*: Rohdendorf, 1937. Fauna USSR Dipt. 19 (1): 195, 223.

Parasarcophaga misera: Feng *et al*., 2012. Chin. J. Hyg. Insect. & Equip. 18 (2): 143.

Sarcophaga misera: Ho, 1936. Bull. Fan Mem. Inst. Biol. 6 (5): 264; Séguy, 1941. Encycl. Ent. (A) 21: 121.

分布（Distribution）：黑龙江（HL）、吉林（JL）、辽宁（LN）、内蒙古（NM）、河北（HEB）、北京（BJ）、山西（SX）、山东（SD）、河南（HEN）、陕西（SN）、宁夏（NX）、甘肃（GS）、新疆（XJ）、安徽（AH）、江苏（JS）、上海（SH）、浙江（ZJ）、江西（JX）、湖南（HN）、湖北（HB）、四川（SC）、重庆（CQ）、贵州（GZ）、云南（YN）、西藏（XZ）、福建（FJ）、台湾（TW）、广东（GD）、广西（GX）、海南（HI）；韩国、日本、孟加拉国、不丹、印度、印度尼西亚、马来西亚、尼泊尔、巴基斯坦、菲律宾、新加坡、斯里兰卡、泰国、阿塞拜疆、哈萨克斯坦、土库曼斯坦、阿尔巴尼亚、亚速尔群岛（葡）、保加利亚、克罗地亚、塞浦路斯、埃及、法国、希腊、格鲁吉亚、以色列、意大利、马耳他、罗马尼亚、塞尔维亚、西班牙、佛得角、澳大利亚、美国、夏威夷群岛、基里巴斯、马绍尔群岛、密克罗尼西亚、帕劳群岛、萨摩亚。

（255）直叶酱麻蝇 *Liosarcophaga* (*Liosarcophaga*) *emdeni* (Rohdendorf, 1969)

Parasarcophaga (*Liosarcophaga*) *emdeni* Rohdendorf, 1969. Ent. Obozr. 48 (4): 946 [replacement name for *Parasarcophaga* (*Liosarcophaga*) *teretirostris* sensu Rohdendorf, 1937]. **Type locality:** Not given.

Liosarcophaga (*Liosarcophaga*) *emdeni*: Verves, 1990. Insects Mongolia 11: 606; Verves, Radchenko *et* Khrokalo, 2017. Zool. Mid. East 63 (1): 79.

Liosarcophaga emdeni: Fan *et* Pape, 1996. Stud. Dipt. 3 (2): 252.

Parasarcophaga (*Liosarcophaga*) *emdeni*: Verves, 1986. *In*: Soós *et* Papp, 1986. Cat. Palaearct. Dipt. 12: 166.

Parasarcophaga (*Apicamplexa*) *emdeni*: Fan, 1992. Key to the Common Flies of China, 2nd Ed.: 716.

Sarcophaga (*Liosarcophaga*) *emdeni*: Pape, 1996. Mem. Ent. Int. 8: 351.

Parasarcophaga (*Liosarcophaga*) *teretirostris*: Rohdendorf, 1937. Fauna USSR Dipt. 19 (1): 194, 205 [misidentification: not *Sarcophaga teretirostris* Pandellé, 1896].

分布（Distribution）：新疆（XJ）；俄罗斯、哈萨克斯坦、乌克兰、奥地利、阿塞拜疆、保加利亚、捷克、斯洛伐克、丹麦、爱沙尼亚、芬兰、法国、德国、格鲁吉亚、匈牙利、挪威、波兰、罗马尼亚、瑞典、瑞士、英国。

（256）长突酱麻蝇 *Liosarcophaga* (*Liosarcophaga*) *fedtshenkoi* (Rohdendorf, 1969)

Parasarcophaga (*Liosarcophaga*) *fedtshenkoi* Rohdendorf, 1969. Ent. Obozr. 48 (4): 943. **Type locality:** Tajikistan: Kyrchyn near Kalanliabiob.

Sarcophaga (*Liosarcophaga*) *feralis* Pape, 1996. Mem. Ent. Int. 8: 58, 351 [unnecessary replacement name for *Parasarcophaga* (*Liosarcophaga*) *fedtshenkoi* Rohdendorf, 1969].

Liosarcophaga (s. str.) *fedtshenkoi*: Verves, Radchenko *et* Khrokalo, 2017. Zool. Mid. East 63 (1): 79.

Liosarcophaga fedtshenkoi: Fan *et* Pape, 1996. Stud. Dipt. 3 (2): 252.

Parasarcophaga (*Liosarcophaga*) *fedtshenkoi*: Rohdendorf *et* Verves, 1978. Ann. Hist.-Nat. Mus. Natl. Hung. 70: 256; Verves, 1986. *In*: Soós *et* Papp, 1986. Cat. Palaearct. Dipt. 12: 167.

分布（Distribution）：吉林（JL）、辽宁（LN）、内蒙古（NM）；蒙古国、哈萨克斯坦、吉尔吉斯斯坦、塔吉克斯坦。

（257）缨尾酱麻蝇 *Liosarcophaga* (*Liosarcophaga*) *fimbricauda* Xue, Verves *et* Du, 2016

Liosarcophaga (*Liosarcophaga*) *fimbricauda* Xue, Verves *et* Du, 2016. Sichuan J. Zool. 35 (4): 557. **Type locality:** China: Yunnan, Mt. Meili.

分布（Distribution）：云南（YN）。

（258）贪食酱麻蝇 *Liosarcophaga* (*Liosarcophaga*) *harpax* (Pandellé, 1896)

Sarcophaga harpax Pandellé, 1896. Rev. Ent. 15: 189. **Type locality:** Russia: Kaliningrad Region, Sosnovka [as “Prusse Orientale”].

Liosarcophaga (*Liosarcophaga*) *harpax*: Verves, 1990. Insects Mongolia 11: 606; Verves *et* Khrokalo, 2006b. Key Ins. Rus. Far East 6 (4): 164.

Liosarcophaga harpax: Fan *et* Pape, 1996. Stud. Dipt. 3 (2): 252.

Parasarcophaga (*Liosarcophaga*) *harpax*: Rohdendorf, 1937. Fauna USSR Dipt. 19 (1): 195, 227; Rohdendorf *et* Verves, 1978. Ann. Hist.-Nat. Mus. Natl. Hung. 70: 256; Verves, 1986. *In*: Soós *et* Papp, 1986. Cat. Palaearct. Dipt. 12: 167.

Parasarcophaga harpax: Feng, 2011. Sichuan J. Zool. 30 (4): 548.

Sarcophaga (*Liosarcophaga*) *harpax*: Pape, 1996. Mem. Ent. Int. 8: 352.

Sarcophaga dux var. *harpax*: Senior-White, Aubertin *et* Smart, 1940. Fauna Brit. India Dipt. 6: 215, 267.

Sarcophaga misera var. *harpax*: Séguy, 1941. Encycl. Ent. (A) 21: 122.

分布（Distribution）：吉林（JL）、辽宁（LN）、内蒙古（NM）、北京（BJ）、山西（SX）、山东（SD）、陕西（SN）、宁夏（NX）、甘肃（GS）、新疆（XJ）、四川（SC）；俄罗斯、蒙古国、韩国、日本、孟加拉国、印度、斯里兰卡、哈萨克斯坦、塔吉克斯坦、乌克兰、奥地利、阿塞拜疆、保加利亚、白俄罗斯、摩尔多瓦、波兰、罗马尼亚、塞尔维亚、斯洛伐克。

(259) 兴隆酱麻蝇 *Liosarcophaga* (*Liosarcophaga*) *hinglungensis* (Fan, 1964)

Parasarcophaga (*Curranea*) *hinglungensis* Fan, 1964. Acta Zootaxon. Sin. 1 (2): 307, 317. **Type locality:** China: Hainan I., Hinglung.

Liosarcophaga hinglungensis: Fan *et* Pape, 1996. Stud. Dipt. 3 (2): 252.

Parasarcophaga (*Liosarcophaga*) *hinglungensis*: Verves, 1986. *In*: Soós *et* Papp, 1986. Cat. Palaearct. Dipt. 12: 167.

Parasarcophaga (*Curranea*) *hinglungensis*: Fan, 1992. Key to the Common Flies of China, 2nd Ed.: 709.

Sarcophaga (*Liosarcophaga*) *hinglungensis*: Pape, 1996. Mem. Ent. Int. 8: 352.

分布（Distribution）：浙江（ZJ）、湖北（HB）、广东（GD）、海南（HI）。

(260) 巧酱麻蝇 *Liosarcophaga* (*Liosarcophaga*) *idmais* (Séguy, 1934)

Sarcophaga idmais Séguy, 1934. Encycl. Ent. (B) II Dipt. 7: 24. **Type locality:** China: Jiangxi, Mt. Luchan, Kouling.

Liosarcophaga idmais: Fan *et* Pape, 1996. Stud. Dipt. 3 (2): 252; Zhang *et al*., 2010. Chin. J. Vector Biol. & Control 21 (4): 359.

Parasarcophaga (*Liosarcophaga*) *idmais*: Fan, 1992. Key to the Common Flies of China, 2nd Ed.: 715.

Sarcophaga (*Liosarcophaga*) *idmais*: Pape, 1996. Mem. Ent. Int. 8: 352.

Sarcophaga idmais: Lin *et* Chen, 1999. The Name List of Taiwan Diptera (1): 117.

Sarcophaga misera var. *idmais*: Séguy, 1941. Encycl. Ent. (A) 21: 124.

分布（Distribution）：天津（TJ）、山西（SX）、河南（HEN）、宁夏（NX）、江苏（JS）、上海（SH）、浙江（ZJ）、江西（JX）、湖南（HN）、四川（SC）、西藏（XZ）、台湾（TW）、广东（GD）、广西（GX）；泰国、巴基斯坦、尼泊尔。

(261) 蝗尸酱麻蝇 *Liosarcophaga* (*Liosarcophaga*) *jacobsoni* (Rohdendorf, 1937)

Parasarcophaga (*Liosarcophaga*) *jacobsoni* Rohdendorf, 1937. Fauna USSR Dipt. 19 (1): 196, 220. **Type locality:** Ukraine: Kherson Region, Pokrovka [now: Novopokrovka] village.

Liosarcophaga (*Liosarcophaga*) *jacobsoni*: Verves, 1990. Insects Mongolia 11: 605; Verves, Radchenko *et* Khrokalo, 2017. Zool. Mid. East 63 (1): 79.

Liosarcophaga jacobsoni: Fan *et* Pape, 1996. Stud. Dipt. 3 (2): 252.

Parasarcophaga (*Liosarcophaga*) *jacobsoni*: Fan, 1992. Key to the Common Flies of China, 2nd Ed.: 706; Rohdendorf *et* Verves, 1978. Ann. Hist.-Nat. Mus. Natl. Hung. 70: 256.

Sarcophaga (*Liosarcophaga*) *jacobsoni*: Pape, 1996. Mem. Ent. Int. 8: 352.

分布（Distribution）：黑龙江（HL）、吉林（JL）、辽宁（LN）、内蒙古（NM）、河北（HEB）、北京（BJ）、山西（SX）、山东（SD）、陕西（SN）、宁夏（NX）、甘肃（GS）、青海（QH）、新疆（XJ）、四川（SC）、西藏（XZ）；俄罗斯、蒙古国、韩国、阿塞拜疆、伊朗、以色列、哈萨克斯坦、塔吉克斯坦、土库曼斯坦、乌兹别克斯坦、乌克兰、阿尔巴尼亚、阿尔及利亚、亚美尼亚、亚速尔群岛（葡）、保加利亚、克罗地亚、塞浦路斯、丹麦、英国、法国、希腊、格鲁吉亚、匈牙利、爱尔兰、意大利、摩尔多瓦、摩洛哥、罗马尼亚、斯洛伐克、西班牙。

(262) 波突酱麻蝇 *Liosarcophaga* (*Liosarcophaga*) *jaroschevskyi* (Rohdendorf, 1937)

Parasarcophaga (*Liosarcophaga*) *jaroschevskyi* Rohdendorf, 1937. Fauna USSR Dipt. 19 (1): 195, 231. **Type locality:** Russia: Primorie, environs of Spassk, Iakovlevka Village.

Liosarcophaga (*Liosarcophaga*) *jaroschevskyi*: Verves, 1990. Insects Mongolia 11: 607; Verves *et* Khrokalo, 2006b. Key Ins. Rus. Far East 6 (4): 167.

Liosarcophaga jaroschevskyi: Fan *et* Pape, 1996. Stud. Dipt. 3 (2): 252.

Parasarcophaga (*Liosarcophaga*) *jaroschevskyi*: Fan, 1992. Key to the Common Flies of China, 2nd Ed.: 715.

Parasarcophaga jaroschevskyi: Chao *et* Zhang, 1982. *In*: The Comprehensive Scientific Expedition to the Qinghai-Xizang Plateau, Chinese Academy of Sciences, 1982. Insects of Xizang 2: 227.

Sarcophaga (*Liosarcophaga*) *jaroschevskyi*: Pape, 1996. Mem. Ent. Int. 8: 353.

分布（Distribution）：黑龙江（HL）、吉林（JL）、辽宁（LN）、内蒙古（NM）、河北（HEB）、北京（BJ）、山西（SX）、山东（SD）、河南（HEN）、陕西（SN）、宁夏（NX）；蒙古国、俄罗斯。

(263) 三鬃酱麻蝇 *Liosarcophaga* (*Liosarcophaga*) *kirgizica* (Rohdendorf, 1969)

Parasarcophaga (*Liosarcophaga*) *kirgizica* Rohdendorf, 1969. Ent. Obozr. 48 (4): 944. **Type locality:** Kyrgyzstan: environs of Przhevalsk [now: Karakol], Djety-Oguz.

Liosarcophaga (*Liosarcophaga*) *kirgizica*: Verves, 1990. Insects Mongolia 11: 606.

Liosarcophaga kirgizica: Fan *et* Pape, 1996. Stud. Dipt. 3 (2): 252.

Parasarcophaga (*Liosarcophaga*) *kirgizica*: Verves, 1986. *In*: Soós *et* Papp, 1986. Cat. Palaearct. Dipt. 12: 167.

Parasarcophaga (*Apicamplexa*) *kirgizica*: Fan, 1992. Key to the Common Flies of China, 2nd Ed.: 701.

Sarcophaga (*Liosarcophaga*) *kirgizica*: Pape, 1996. Mem. Ent. Int. 8: 353.

分布（Distribution）：新疆（XJ）；俄罗斯、哈萨克斯坦、吉尔吉斯斯坦、乌兹别克斯坦。

（264）裂突酱麻蝇 *Liosarcophaga* (*Liosarcophaga*) *kitaharai* (Miyazaki, 1958)

Sarcophaga kitaharai Miyazaki, 1958. Acta Med. Univ. Kagoshima 1: 143. **Type locality:** Japan: Kyushu, Miyazaki Prefecture, Hyuga.
Parasarcophaga (*Liosarcophaga*) *apiciscissa* Fan, 1964. Acta Zootaxon. Sin. 1 (2): 310, 317. **Type locality:** China: Shanghai.
Liosarcophaga kitaharai: Fan *et* Pape, 1996. Stud. Dipt. 3 (2): 252.
Parasarcophaga (*Liosarcophaga*) *kitaharai*: Verves, 1986. *In*: Soós *et* Papp, 1986. Cat. Palaearct. Dipt. 12: 167.
Sarcophaga (*Liosarcophaga*) *kitaharai*: Pape, 1996. Mem. Ent. Int. 8: 58, 354.
Parasarcophaga (*Liosarcophaga*) *apiciscissa*: Fan, 1965. Key to the Common Flies of China: 286.
分布（Distribution）：吉林（JL）、江苏（JS）、上海（SH）、贵州（GZ）；日本。

（265）垂叉酱麻蝇 *Liosarcophaga* (*Liosarcophaga*) *kobayashii* (Hori, 1954)

Sarcophaga kobayashii Hori, 1954. Jpn. J. Sanit. Zool. 4 (3): 296. **Type locality:** Japan: Honshu, Ishikawa Prefecture, Mt. Shiritaka.
Liosarcophaga (*Liosarcophaga*) *kobayashii*: Verves *et* Khrokalo, 2006b. Key Ins. Rus. Far East 6 (4): 167.
Liosarcophaga kobayashii: Fan *et* Pape, 1996. Stud. Dipt. 3 (2): 252.
Parasarcophaga (*Liosarcophaga*) *kobayashii*: Fan, 1992. Key to the Common Flies of China, 2nd Ed.: 713; Verves, 1986. *In*: Soós *et* Papp, 1986. Cat. Palaearct. Dipt. 12: 168.
Sarcophaga (*Liosarcophaga*) *kobayashii*: Pape, 1996. Mem. Ent. Int. 8: 354.
分布（Distribution）：辽宁（LN）、宁夏（NX）；日本、俄罗斯。

（266）短角酱麻蝇 *Liosarcophaga* (*Liosarcophaga*) *kohla* Johnston *et* Hardy, 1923

Sarcophaga kohla Johnston *et* Hardy, 1923. Proc. Linn. Soc. N. S. W. 48 (2): 113. **Type locality:** Australia: Queensland, Brisbane.
Sarcophaga brevicornis Ho, 1934a. Bull. Fan Mem. Inst. Biol. 5 (1): 23. **Type locality:** China: Beijing.
Sarcophaga (*Liosarcophaga*) *kohla*: Pape, 1996. Mem. Ent. Int. 8: 353.
Liosarcophaga (*Liosarcophaga*) *brevicornis*: Verves *et* Khrokalo, 2006b. Key Ins. Rus. Far East 6 (4): 167.
Liosarcophaga brevicornis: Fan *et* Pape, 1996. Stud. Dipt. 3 (2): 252; Ji *et al*., 2011. Chin. J. Vector Biol. & Control 22 (5): 478.
Parasarcophaga (*Liosarcophaga*) *brevicornis*: Rohdendorf, 1937. Fauna USSR Dipt. 19 (1): 194, 222; Verves, 1986. *In*: Soós *et* Papp, 1986. Cat. Palaearct. Dipt. 12: 166.
Sarcophaga (*Liosarcophaga*) *brevicornis*: Pape, 1996. Mem. Ent. Int. 8: 350.
Sarcophaga brevicornis: Ho, 1936. Bull. Fan Mem. Inst. Biol. 6 (5): 264; Senior-White, Aubertin *et* Smart, 1940. Fauna Brit. India Dipt. 6: 214, 262.
分布（Distribution）：辽宁（LN）、河北（HEB）、北京（BJ）、山东（SD）、河南（HEN）、甘肃（GS）、江苏（JS）、上海（SH）、浙江（ZJ）、湖北（HB）、四川（SC）、重庆（CQ）、贵州（GZ）、云南（YN）、福建（FJ）、台湾（TW）、广东（GD）、广西（GX）、海南（HI）；日本、俄罗斯、韩国、印度、印度尼西亚、马来西亚、缅甸、尼泊尔、巴基斯坦、菲律宾、新加坡、泰国。

（267）柳氏酱麻蝇 *Liosarcophaga* (*Liosarcophaga*) *liui* (Ye *et* Zhang, 1989)

Parasarcophaga liui Ye *et* Zhang, 1989. Acta Zootaxon. Sin. 14 (3): 355. **Type locality:** China: Hunan, Yuanjiang, Lu-Hu, 29°1′N, 112°7′E.
Liosarcophaga liui: Fan *et* Pape, 1996. Stud. Dipt. 3 (2): 252.
Sarcophaga (*Liosarcophaga*) *liui*: Pape, 1996. Mem. Ent. Int. 8: 354.
分布（Distribution）：湖南（HN）。

（268）琉球酱麻蝇 *Liosarcophaga* (*Liosarcophaga*) *liukiuensis* (Fan, 1964)

Parasarcophaga (*Liosarcophaga*) *tuberosa liukiuensis* Fan, 1964. Acta Zootaxon. Sin. 1 (2): 311, 318. **Type locality:** Japan: Ryukyu Is., Naha.
Liosarcophaga liukiuensis: Fan *et* Pape, 1996. Stud. Dipt. 3 (2): 252; Ji *et al*., 2011. Chin. J. Vector Biol. & Control 22 (5): 478.
Parasarcophaga (*Liosarcophaga*) *tuberosa liukiuensis*: Fan, 1965. Key to the Common Flies of China: 287.
Parasarcophaga (*Liosarcophaga*) *liukiuensis*: Verves, 1986. *In*: Soós *et* Papp, 1986. Cat. Palaearct. Dipt. 12: 168.
Sarcophaga (*Liosarcophaga*) *liukiuensis*: Pape, 1996. Mem. Ent. Int. 8: 354.
分布（Distribution）：上海（SH）、贵州（GZ）、云南（YN）；日本。

（269）马祖酱麻蝇 *Liosarcophaga* (*Liosarcophaga*) *mazuella* Lehrer *et* Wei, 2011

Liosarcophaga (*Liosarcophaga*) *mazuella* Lehrer *et* Wei, 2011. Fragm. Dipt. 29: 9. **Type locality:** China: Guizhou, "S005".
分布（Distribution）：贵州（GZ）。

（270）南坪酱麻蝇 *Liosarcophaga* (*Liosarcophaga*) *nanpingensis* (Ye, 1980)

Parasarcophaga nanpingensis Ye, 1980. Entomotaxon. 2 (4): 288. **Type locality:** China: Sichuan, Nanping.
Liosarcophaga brevicornis: Fan *et* Pape, 1996. Stud. Dipt. 3 (2): 252.

Parasarcophaga (*Liosarcophaga*) *nanpingensis* Fan, 1992. Key to the Common Flies of China, 2nd Ed.: 716; Verves, 1986. *In*: Soós *et* Papp, 1986. Cat. Palaearct. Dipt. 12: 168.
Sarcophaga (*Liosarcophaga*) *nanpingensis*: Pape, 1996. Mem. Ent. Int. 8: 355.
分布（Distribution）：四川（SC）。

（271）帕克酱麻蝇 *Liosarcophaga* (*Liosarcophaga*) *parkeri* (Rohdendorf, 1937)

Parasarcophaga (*Liosarcophaga*) *parkeri* Rohdendorf, 1937. Fauna USSR Dipt. 19 (1): 196, 217. **Type locality:** Ukraine: South shore of Crimea.
Sarcophaga (*Liosarcophaga*) *parkeri*: Pape, 1996. Mem. Ent. Int. 8: 349.
Liosarcophaga (s. str.) *aegyptica*: Verves, 1990. Insects Mongolia 11: 605.
Liosarcophaga aegyptica: Fan *et* Pape, 1996. Stud. Dipt. 3 (2): 251.
Parasarcophaga (*Liosarcophaga*) *aegyptica*: Fan, 1992. Key to the Common Flies of China, 2nd Ed.: 705; Verves, 1986. *In*: Soós *et* Papp, 1986. Cat. Palaearct. Dipt. 12: 166.
Parasarcophaga aegyptica: Wang, Li *et* Huo, 2012. Chin. J. Hyg. Insect. & Equip. 18 (3): 233.
Sarcophaga (*Liosarcophaga*) *aegyptica*: Pape, 1996. Mem. Ent. Int. 8: 349.
Sarcophaga misera var. *aegyptiaca*: Séguy, 1941. Encycl. Ent. (A) 21: 121, fig. 149.
分布（Distribution）：内蒙古（NM）、宁夏（NX）、甘肃（GS）、新疆（XJ）；俄罗斯、阿塞拜疆、哈萨克斯坦、塔吉克斯坦、土库曼斯坦、乌兹别克斯坦、巴基斯坦、阿尔巴尼亚、美国、保加利亚、捷克、斯洛伐克、法国、格鲁吉亚、匈牙利、伊朗、以色列、意大利、摩尔多瓦、罗马尼亚。

（272）天山酱麻蝇 *Liosarcophaga* (*Liosarcophaga*) *pleskei* (Rohdendorf, 1937)

Parasarcophaga (*Liosarcophaga*) *pleskei* Rohdendorf, 1937. Fauna USSR Dipt. 19 (1): 195, 230. **Type locality:** Kyrgyzstan: Tien Shan, Aral-Tube.
Liosarcophaga (*Liosarcophaga*) *pleskei*: Verves, 1990. Insects Mongolia 11: 607; Verves *et* Khrokalo, 2006b. Key Ins. Rus. Far East 6 (4): 167.
Liosarcophaga pleskei: Fan *et* Pape, 1996. Stud. Dipt. 3 (2): 252.
Parasarcophaga (*Liosarcophaga*) *pleskei*: Fan, 1992. Key to the Common Flies of China, 2nd Ed.: 716; Verves, 1986. *In*: Soós *et* Papp, 1986. Cat. Palaearct. Dipt. 12: 168.
Sarcophaga (*Liosarcophaga*) *pleskei*: Pape, 1996. Mem. Ent. Int. 8: 356.
分布（Distribution）：辽宁（LN）、新疆（XJ）、云南（YN）；俄罗斯、吉尔吉斯斯坦、塔吉克斯坦、乌克兰、美国、法国、格鲁吉亚、蒙古国、挪威、瑞典、瑞士。

（273）急钩酱麻蝇 *Liosarcophaga* (*Liosarcophaga*) *portschinskyi* (Rohdendorf, 1937)

Parasarcophaga (*Liosarcophaga*) *portschinskyi* Rohdendorf, 1937. Fauna USSR Dipt. 19 (1): 195, 226. **Type locality:** Ukraine: Chernigiv Region, Sosnytsia [as "Sosnytzya"].
Liosarcophaga (*Liosarcophaga*) *portschinskyi*: Verves, 1990. Insects Mongolia 11: 607; Verves *et* Khrokalo, 2006b. Key Ins. Rus. Far East 6 (4): 167.
Liosarcophaga portschinskyi: Fan *et* Pape, 1996. Stud. Dipt. 3 (2): 252.
Parasarcophaga (*Liosarcophaga*) *portschinskyi*: Fan, 1992. Key to the Common Flies of China, 2nd Ed.: 716; Verves, 1986. *In*: Soós *et* Papp, 1986. Cat. Palaearct. Dipt. 12: 168.
Sarcophaga (*Liosarcophaga*) *portschinskyi*: Pape, 1996. Mem. Ent. Int. 8: 356.
分布（Distribution）：黑龙江（HL）、吉林（JL）、辽宁（LN）、内蒙古（NM）、河北（HEB）、北京（BJ）、山西（SX）、山东（SD）、河南（HEN）、陕西（SN）、宁夏（NX）、甘肃（GS）、青海（QH）、新疆（XJ）、江苏（JS）、上海（SH）、浙江（ZJ）、湖北（HB）、四川（SC）、贵州（GZ）、台湾（TW）、广西（GX）；蒙古国、俄罗斯。

（274）叉形酱麻蝇 *Liosarcophaga* (*Liosarcophaga*) *scopariiformis* (Senior-White, 1927)

Sarcophaga dux var. *scopariiformis* Senior-White, 1927. Spolia Zeyl. 14 (1): 82. **Type locality:** Sri Lanka: Matale, Suduganga.
Sarcophaga pingiana Hsieh, 1958. Acta Ent. Sin. 8 (1): 80. **Type locality:** China: Fujian, Xiamen [= Amoy].
Liosarcophaga scopariiformis: Fan *et* Pape, 1996. Stud. Dipt. 3 (2): 252; Zhang *et al*., 2010. Chin. J. Vector Biol. & Control 21 (4): 359.
Parasarcophaga (*Liosarcophaga*) *scopariiformis*: Verves, 1986. *In*: Soós *et* Papp, 1986. Cat. Palaearct. Dipt. 12: 131; Rohdendorf, 1937. Fauna USSR Dipt. 19 (1): 195, 214.
Parasarcophaga (*Curranea*) *scopariiformis*: Ye, 1985. Acta Zootaxon. Sin. 10 (1): 107; Fan, 1992. Key to the Common Flies of China, 2nd Ed.: 711.
Sarcophaga (*Liosarcophaga*) *scopariiformis*: Pape, 1996. Mem. Ent. Int. 8: 358.
Sarcophaga scopariiformis: Ho, 1936. Bull. Fan Mem. Inst. Biol. 6 (5): 212; Sugiyama, Shinonaga *et* Kano, 1987. Sieboldia (Suppl.): 76.
Sarcophaga dux var. *scopariiformis*: Senior-White, Aubertin *et* Smart, 1940. Fauna Brit. India Dipt. 6: 215, 269.
分布（Distribution）：河北（HEB）、浙江（ZJ）、福建（FJ）、台湾（TW）、广东（GD）、广西（GX）、海南（HI）；泰国、越南、老挝、斯里兰卡。

（275）结节酱麻蝇 *Liosarcophaga* (*Liosarcophaga*) *tuberosa* (Pandellé, 1896)

Sarcophaga tuberosa Pandellé, 1896. Rev. Ent. 15: 192. **Type**

locality: France: Hautes-Pyrénées (Tarbes).

Liosarcophaga (*Liosarcophaga*) *tuberosa*: Verves, 1990. Insects Mongolia 11: 606; Verves, Radchenko *et* Khrokalo, 2017. Zool. Mid. East 63 (1): 79.

Liosarcophaga tuberosa: Fan *et* Pape, 1996. Stud. Dipt. 3 (2): 253.

Parasarcophaga (*Liosarcophaga*) *tuberosa*: Fan, 1992. Key to the Common Flies of China, 2nd Ed.: 715; Rohdendorf, 1937. Fauna USSR Dipt. 19 (1): 195, 223; Verves, 1986. *In*: Soós *et* Papp, 1986. Cat. Palaearct. Dipt. 12: 169.

Parasarcophaga tuberosa: Zhang, Gao, Zhang *et* Wang, 2010. J. Med. Pest Control 26 (11): 989.

Sarcophaga (*Liosarcophaga*) *tuberosa*: Pape, 1996. Mem. Ent. Int. 8: 359.

Sarcophaga tuberosa: Böttcher, 1912. Dtsch. Ent. Z. (6): 735; Sugiyama, Shinonaga *et* Kano, 1987. Sieboldia (Suppl.): 80.

Sarcophaga misera var. *tuberosa*: Séguy, 1941. Encycl. Ent. (A) 21: 120, 124.

分布（Distribution）：黑龙江（HL）、吉林（JL）、辽宁（LN）、河北（HEB）、山西（SX）、山东（SD）、河南（HEN）、宁夏（NX）、新疆（XJ）、江苏（JS）、上海（SH）、浙江（ZJ）、湖北（HB）、贵州（GZ）、台湾（TW）、广西（GX）；澳大利亚、阿塞拜疆、保加利亚、捷克、斯洛伐克、法国、德国、希腊、匈牙利、意大利、日本、哈萨克斯坦、吉尔吉斯斯坦、塔吉克斯坦、土库曼斯坦、乌兹别克斯坦、巴基斯坦、蒙古国、乌克兰、波兰、罗马尼亚、俄罗斯、塞尔维亚、瑞典、瑞士、英国。

5）潘德麻蝇亚属 *Pandelleisca* Rohdendorf, 1937

Pandelleisca Rohdendorf, 1937. Fauna USSR Dipt. 19 (1): 196 (in key), 238 (as a subgenus of *Parasarcophaga* Johnston *et* Tiegs, 1921). **Type species:** *Sarcophaga similis* Meade, 1876 (by original designation).

Liosarcophaga (*Pandelleisca*): Verves, 1990. Insects Mongolia 11: 603.

Parasarcophaga (*Pandelleisca*): Rohdendorf, 1965. Ent. Obozr. 44 (3): 687, 693; Verves, 1986. *In*: Soós *et* Papp, 1986. Cat. Palaearct. Dipt. 12: 167.

Pandelleisca: Fan *et* Pape, 1996. Stud. Dipt. 3 (2): 253.

Sarcophaga (*Pandelleisca*): Pape, 1996. Mem. Ent. Int. 8: 371.

（276）胡氏酱麻蝇 *Liosarcophaga* (*Pandelleisca*) *hui* (Ho, 1936)

Sarcophaga hui Ho, 1936. Bull. Fan Mem. Inst. Biol. 6 (5): 259. **Type locality:** China: Hainan, Nam-ting.

Pandelleisca hui: Fan *et* Pape, 1996. Stud. Dipt. 3 (2): 253; Zhang *et* al., 2010. Chin. J. Vector Biol. & Control 21 (4): 359.

Parasarcophaga (*Pandelleisca*) *hui*: Verves, 1986. *In*: Soós *et* Papp, 1986. Cat. Palaearct. Dipt. 12: 169; Ye, 1985. Acta Zootaxon. Sin. 10 (1): 107.

Parasarcophaga (*Liosarcophaga*) *hui*: Fan, 1992. Key to the Common Flies of China, 2nd Ed.: 713.

Sarcophaga (*Pandelleisca*) *hui*: Pape, 1996. Mem. Ent. Int. 8: 372.

Sarcophaga hui: Senior-White, Aubertin *et* Smart, 1940. Fauna Brit. India Dipt. 6: 214, 260.

分布（Distribution）：广西（GX）、海南（HI）；尼泊尔。

（277）拟野酱麻蝇 *Liosarcophaga* (*Pandelleisca*) *kawayuensis* (Kano, 1950)

Sarcophaga kawayuensis: Kano, 1950. Jpn. J. Exp. Med. 20: 825. **Type locality:** Japan: Hokkaidō, Kawayu.

Liosarcophaga (*Pandelleisca*) *kawayuensis*: Verves *et* Khrokalo, 2006b. Key Ins. Rus. Far East 6 (4): 163.

Pandelleisca kawayuensis: Fan *et* Pape, 1996. Stud. Dipt. 3 (2): 253.

Parasarcophaga (*Pandelleisca*) *kawayuensis*: Fan, 1992. Key to the Common Flies of China, 2nd Ed.: 709; Verves, 1986. *In*: Soós *et* Papp, 1986. Cat. Palaearct. Dipt. 12: 163.

Sarcophaga (*Pandelleisca*) *kawayuensis*: Pape, 1996. Mem. Ent. Int. 8: 372.

分布（Distribution）：吉林（JL）、广东（GD）；日本、俄罗斯。

（278）秉氏酱麻蝇 *Liosarcophaga* (*Pandelleisca*) *pingi* (Ho, 1934)

Sarcophaga pingi Ho, 1934a. Bull. Fan Mem. Inst. Biol. 5 (1): 19. **Type locality:** China: Beijing.

Liosarcophaga (*Pandelleisca*) *pingi*: Verves *et* Khrokalo, 2006b. Key Ins. Rus. Far East 6 (4): 163.

Pandelleisca pingi: Fan *et* Pape, 1996. Stud. Dipt. 3 (2): 253.

Parasarcophaga (*Pandelleisca*) *pingi*: Fan, 1992. Key to the Common Flies of China, 2nd Ed.: 708; Rohdendorf, 1937. Fauna USSR Dipt. 19 (1): 196, 241.

Parasarcophaga pingi: Feng *et al*., 2012. Chin. J. Hyg. Insect. & Equip. 18 (2): 143.

Sarcophaga (*Pandelleisca*) *pingi*: Pape, 1996. Mem. Ent. Int. 8: 372.

分布（Distribution）：吉林（JL）、辽宁（LN）、河北（HEB）、北京（BJ）、山西（SX）、河南（HEN）、陕西（SN）、甘肃（GS）、安徽（AH）、江苏（JS）、上海（SH）、浙江（ZJ）、湖南（HN）、湖北（HB）、四川（SC）、重庆（CQ）、贵州（GZ）、云南（YN）、福建（FJ）、广西（GX）；朝鲜、韩国。

（279）多突酱麻蝇 *Liosarcophaga* (*Pandelleisca*) *polystylata* (Ho, 1934)

Sarcophaga polystylata Ho, 1934a. Bull. Fan Mem. Inst. Biol. 5 (1): 21. **Type locality:** China: Beijing.

Liosarcophaga (*Pandelleisca*) *polystylatata*: Verves *et* Khrokalo, 2006b. Key Ins. Rus. Far East 6 (4): 163 [erroneous subsequent spelling of *polystylata*].

Liosarcophaga (*Pandelleisca*) *polystylata*: Verves, 1990. Insects Mongolia 11: 603.

Pandelleisca polystylata: Fan *et* Pape, 1996. Stud. Dipt. 3 (2):

253.
Parasarcophaga (*Pandelleisca*) *polystylata*: Rohdendorf, 1937. Fauna USSR Dipt. 19 (1): 196, 240; Verves, 1986. *In*: Soós *et* Papp, 1986. Cat. Palaearct. Dipt. 12: 170.
Parasarcophaga (*Liosarcophaga*) *polystylata*: Fan, 1965. Key to the Common Flies of China: 286.
Sarcophaga (*Pandelleisca*) *polystylata*: Pape, 1996. Mem. Ent. Int. 8: 373.
分布（Distribution）：黑龙江（HL）、吉林（JL）、辽宁（LN）、河北（HEB）、北京（BJ）、山东（SD）、河南（HEN）、陕西（SN）、江苏（JS）、浙江（ZJ）、广西（GX）；朝鲜、日本、俄罗斯。

（280）野酱麻蝇 *Liosarcophaga* (*Pandelleisca*) *similis* (Meade, 1876)

Sarcophaga similis Meade, 1876. Ent. Mon. Mag. 12: 268. **Type locality:** United Kingdom: England.
Pandelleisca similes: Ji *et* al., 2011. Chin. J. Vector Biol. & Control 22 (5): 478 [erroneous subsequent spelling of *similis*].
Liosarcophaga (*Pandelleisca*) *similis*: Verves, 1990. Insects Mongolia 11: 605; Verves, Radchenko *et* Khrokalo, 2017. Zool. Mid. East 63 (1): 79.
Pandelleisca similis: Fan *et* Pape, 1996. Stud. Dipt. 3 (2): 253.
Parasarcophaga (*Pandelleisca*) *similis*: Rohdendorf, 1937. Fauna USSR Dipt. 19 (1): 196, 239; Verves, 1986. *In*: Soós *et* Papp, 1986. Cat. Palaearct. Dipt. 12: 170.
Parasarcophaga (*Liosarcophaga*) *similis*: Fan, 1965. Key to the Common Flies of China: 286.
Sarcophaga (*Pandelleisca*) *similis*: Pape, 1996. Mem. Ent. Int. 8: 373.
Sarcophaga similis: Chou, 1963. Acta Ent. Sin. 12 (2): 233; Senior-White, Aubertin *et* Smart, 1940. Fauna Brit. India Dipt. 6: 214, 261.
分布（Distribution）：黑龙江（HL）、吉林（JL）、辽宁（LN）、内蒙古（NM）、河北（HEB）、北京（BJ）、山西（SX）、山东（SD）、河南（HEN）、陕西（SN）、宁夏（NX）、甘肃（GS）、江苏（JS）、浙江（ZJ）、江西（JX）、湖南（HN）、湖北（HB）、四川（SC）、重庆（CQ）、贵州（GZ）、福建（FJ）、广东（GD）、广西（GX）；阿尔巴尼亚、阿塞拜疆、澳大利亚、保加利亚、白俄罗斯、捷克、斯洛伐克、丹麦、爱沙尼亚、芬兰、法国、德国、格鲁吉亚、匈牙利、伊朗、爱尔兰、意大利、日本、拉脱维亚、摩尔多瓦、挪威、波兰、罗马尼亚、俄罗斯、韩国、瑞典、瑞士、乌克兰、英国。

（281）三枝酱麻蝇 *Liosarcophaga* (*Pandelleisca*) *tristylata* (Böttcher, 1912)

Sarcophaga tristylata Böttcher, 1912. Ent. Mitt. 1 (6): 167. **Type locality:** China: Taiwan, Dafulin [as "Taihor insho"].
Pandelleisca tristylata: Fan *et* Pape, 1996. Stud. Dipt. 3 (2): 253.
Sarcophaga (*Pandelleisca*) *tristylata*: Pape, 1996. Mem. Ent. Int. 8: 373.
Sarcophaga tristylata: Senior-White, Aubertin *et* Smart, 1940. Fauna Brit. India Dipt. 6: 214, 254; Sugiyama, Shinonaga *et* Kano, 1987. Sieboldia (Suppl.): 79.
分布（Distribution）：台湾（TW）。

85. 魔尾麻蝇属 *Maginicauda* Wei, 2005

Maginicauda Wei, 2005. *In*: Jin *et* Li, 2005. Insect Fauna from National Nature Reserve of Guizhou Province, II. Insects from Xishui Landscape: 405, 408. **Type species:** *Maginicauda linjiangensis* Wei, 2005 (monotypy).

（282）临江魔尾麻蝇 *Maginicauda linjiangensis* Wei, 2005

Maginicauda linjiangensis Wei, 2005. *In*: Jin *et* Li, 2005. Insect Fauna from National Nature Reserve of Guizhou Province, II. Insects from Xishui Landscape: 405, 409. **Type locality:** China: Guizhou, Xishui County, Linjing National Nate Reserve.
分布（Distribution）：贵州（GZ）。

86. 亚麻蝇属 *Parasarcophaga* Johnston *et* Tiegs, 1921

Parasarcophaga Johnston *et* Tiegs, 1921. Proc. Roy. Soc. Queensland 33 (4): 86 (as a subgenus of *Sarcophaga* Meigen, 1826). **Type species:** *Sarcophaga omega* Johnston *et* Tiegs, 1921 [= *Sarcophaga taenionota* Wiedemann, 1819] (by original designation).
Parasarcophaga: Fan *et* Pape, 1996. Stud. Dipt. 3 (2): 254; Rohdendorf, 1937. Fauna USSR Dipt. 19 (1): 191, 198; Verves, 1986. *In*: Soós *et* Papp, 1986. Cat. Palaearct. Dipt. 12: 163.
Sarcophaga (*Parasarcophaga*): Pape, 1996. Mem. Ent. Int. 8: 374.

1）亚麻蝇亚属 *Parasarcophaga* Johnston *et* Tiegs, 1921

Parasarcophaga Johnston *et* Tiegs, 1921. Proc. Roy. Soc. Queensland 33 (4): 86 (as a subgenus of *Sarcophaga* Meigen, 1826). **Type species:** *Sarcophaga omega* Johnston *et* Tiegs, 1921 [= *Sarcophaga taenionota* Wiedemann, 1819] (by original designation).

（283）阿坝亚麻蝇 *Parasarcophaga* (*Parasarcophaga*) *abaensis* Feng *et* Qiao, 2003

Parasarcophaga abaensis Feng *et* Qiao, 2003. Entomotaxon. 25 (4): 267, 270. **Type locality:** China: Sichuan, Maoxian County (Zhongxincun), 31°42′N, 103°52′E.
Sarcophaga (*Parasarcophaga*) *abaensis*: Zhang, Rong *et* Xue, 2013. J. Shenyang Norm. Univ. (Nat. Sci.) 31 (1): 13.
分布（Distribution）：四川（SC）、云南（YN）。

（284）白头亚麻蝇 *Parasarcophaga* (*Parasarcophaga*) *albiceps* (Meigen, 1826)

Sarcophaga albiceps Meigen, 1826. Syst. Beschr. Europ. Zweifl. Insekt. 5: 22. **Type locality:** Europe: probably Germany.

Parasarcophaga (*Parasarcophaga*) *albiceps*: Rohdendorf, 1964. Ent. Obozr. 43 (1): 81; Verves, 1986. *In*: Soós *et* Papp, 1986. Cat. Palaearct. Dipt. 12: 170; Verves, 1990. Insects Mongolia 11: 610.

Sarcophaga (*Parasarcophaga*) *albiceps*: Pape, 1996. Mem. Ent. Int. 8: 374.

Sarcophaga albiceps: Séguy, 1941. Encycl. Ent. (A) 21: 69, 71; Senior-White, Aubertin *et* Smart, 1940. Fauna Brit. India Dipt. 6: 213, 242.

分布（Distribution）：黑龙江（HL）、吉林（JL）、辽宁（LN）、内蒙古（NM）、河北（HEB）、北京（BJ）、山西（SX）、山东（SD）、河南（HEN）、陕西（SN）、宁夏（NX）、甘肃（GS）、江苏（JS）、上海（SH）、浙江（ZJ）、江西（JX）、湖北（HB）、四川（SC）、重庆（CQ）、云南（YN）、西藏（XZ）、福建（FJ）、台湾（TW）、广东（GD）、广西（GX）、海南（HI）；韩国、日本、缅甸、印度、巴基斯坦、斯里兰卡、越南、菲律宾、印度尼西亚、巴布亚新几内亚、所罗门群岛、澳大利亚、俄罗斯、阿尔巴尼亚、美国、阿塞拜疆、比利时、保加利亚、白俄罗斯、捷克、斯洛伐克、芬兰、法国、德国、希腊、格鲁吉亚、匈牙利、以色列、意大利、哈萨克斯坦、拉脱维亚、摩尔多瓦、挪威、波兰、罗马尼亚、塞尔维亚、瑞典、瑞士、土耳其、乌克兰、英国、安达曼群岛、不丹、马来西亚、尼泊尔、新加坡、夏威夷群岛。

（285）毛足亚麻蝇 *Parasarcophaga* (*Parasarcophaga*) *hirtipes* (Wiedemann, 1830)

Sarcophaga hirtipes Wiedemann, 1830. Aussereurop. Zweifl. Insekt. 2: 361. **Type locality:** Egypt.

Parasarcophaga (*Parasarcophaga*) *hirtipes*: Rohdendorf, 1937. Fauna USSR Dipt. 19 (1): 193, 198; Verves, 1986. *In*: Soós *et* Papp, 1986. Cat. Palaearct. Dipt. 12: 170.

Parasarcophaga hirtipes: Fan *et* Pape, 1996. Stud. Dipt. 3 (2): 254.

Sarcophaga (*Parasarcophaga*) *hirtipes*: Pape, 1996. Mem. Ent. Int. 8: 374.

Sarcophaga hirtipes: Séguy, 1941. Encycl. Ent. (A) 21: 69, 109; Senior-White, Aubertin *et* Smart, 1940. Fauna Brit. India Dipt. 6: 214, 243.

分布（Distribution）：新疆（XJ）；孟加拉国、印度、哈萨克斯坦、吉尔吉斯斯坦、阿富汗、阿尔及利亚、阿塞拜疆、保加利亚、伊朗、伊拉克、以色列、约旦、黎巴嫩、摩洛哥、俄罗斯、沙特阿拉伯、叙利亚、博茨瓦纳、布基纳法索、布隆迪、冈比亚、几内亚、肯尼亚、莱索托、利比里亚、马拉维、马里、纳米比亚、塞内加尔、南非、苏丹、坦桑尼亚、乌干达、刚果（金）、赞比亚、津巴布韦。

（286）巨耳亚麻蝇 *Parasarcophaga* (*Parasarcophaga*) *macroauriculata* (Ho, 1932)

Sarcophaga macroauriculata Ho, 1932. Bull. Fan Mem. Inst. Biol. 3 (19): 347. **Type locality:** China: Jehol, Hung Sung Keng.

Parasarcophaga (*Parasarcophaga*) *macroauriculata*: Verves, 1986. *In*: Soós *et* Papp, 1986. Cat. Palaearct. Dipt. 12: 170; Verves *et* Khrokalo, 2006b. Key Ins. Rus. Far East 6 (4): 168.

Parasarcophaga macroauriculata: Fan *et* Pape, 1996. Stud. Dipt. 3 (2): 254.

Sarcophaga (*Parasarcophaga*) *macroauriculata*: Pape, 1996. Mem. Ent. Int. 8: 375.

分布（Distribution）：黑龙江（HL）、吉林（JL）、辽宁（LN）、河北（HEB）、北京（BJ）、河南（HEN）、陕西（SN）、宁夏（NX）、甘肃（GS）、浙江（ZJ）、江西（JX）、湖南（HN）、四川（SC）、云南（YN）、西藏（XZ）、福建（FJ）；日本、朝鲜、韩国、印度、尼泊尔、巴基斯坦。

（287）黄须亚麻蝇 *Parasarcophaga* (*Parasarcophaga*) *misera* (Walker, 1849)

Sarcophaga misera Walker, 1849. List of the specimens of dipterous insets in the collection of the British Museum Part IV: 829. **Type locality:** Australia [as "New Holland"].

Sarcophaga orchidea Böttcher, 1913. Ann. Hist.-Nat. Mus. Natl. Hung. 11: 375. **Type locality:** China: Taiwan, Gao-xiong [now: Kyukokudo, Takao, Yentempo]. India: Calcutta. Sri Lanka: Colombo. Papua New Guinea.

Sarcophaga helea Séguy, 1934. Encycl. Ent. (B) II Dipt. 7: 25. **Type locality:** China: Jiangsu, Tchen-kiang.

Parasarcophaga (*Parasarcophaga*) *misera*: Verves, 1986. *In*: Soós *et* Papp, 1986. Cat. Palaearct. Dipt. 12: 170; Verves *et* Khrokalo, 2006b. Key Ins. Rus. Far East 6 (4): 169.

Sarcophaga (*Parasarcophaga*) *misera*: Pape, 1996. Mem. Ent. Int. 8: 375.

Sarcophaga misera: Lin *et* Chen, 1999. The Name List of Taiwan Diptera (1): 117; Séguy, 1941. Encycl. Ent. (A) 21: 69, 120.

Parasarcophaga (*Parasarcophaga*) *orchidea*: Fan, 1965. Key to the Common Flies of China: 268; Rohdendorf, 1937. Fauna USSR Dipt. 19 (1): 193, 203.

Parasarcophaga orchidea: Feng *et al*., 2012. Chin. J. Hyg. Insect. & Equip. 18 (2): 143; Wei, 2007. *In*: Li, Yang *et* Jin, 2007. Insects from Leigongshan Landscape: 527.

Sarcophaga orchidea: Ho, 1932. Bull. Fan Mem. Inst. Biol. 3 (19): 350; Lin *et* Chen, 1999. The Name List of Taiwan Diptera (1): 117.

Sarcophaga hirtipes var. *orchidea*: Ho, 1936. Bull. Fan Mem. Inst. Biol. 6 (5): 264; Senior-White, Aubertin *et* Smart, 1940. Fauna Brit. India Dipt. 6: 214, 244.

分布（Distribution）：吉林（JL）、辽宁（LN）、河北（HEB）、北京（BJ）、山东（SD）、河南（HEN）、陕西（SN）、甘肃

（GS）、安徽（AH）、江苏（JS）、上海（SH）、浙江（ZJ）、江西（JX）、湖南（HN）、湖北（HB）、四川（SC）、重庆（CQ）、云南（YN）、福建（FJ）、台湾（TW）、广东（GD）、广西（GX）、海南（HI）；韩国、日本、不丹、孟加拉国、印度、印度尼西亚、马来西亚、尼泊尔、巴基斯坦、菲律宾、新加坡、斯里兰卡、泰国、阿富汗、安达曼群岛、澳大利亚、新喀里多尼亚（法）、巴布亚新几内亚。

（288）带小亚麻蝇 *Parasarcophaga* (*Parasarcophaga*) *taenionota* (Wiedemann, 1819)

Musca taenionota Wiedemann, 1819. Zool. Mag. 1 (3): 22. **Type locality:** Indonesia: Java, Jakarta [as "Batavia"].
Sarcophaga sericea: Walker, 1852. Ins. Saund. (I) Dipt. 3-4: 326. **Type locality:** India.
Sarcophaga knabi Parker, 1917. Proc. U. S. Natl. Mus. 54 (2227): 96. **Type locality:** Philippines.
Sarcophaga (*Parasarcophaga*) *taenionota*: Pape, 1996. Mem. Ent. Int. 8: 49, 376.
Sarcophaga taenionota: Ho, 1938. Ann. Trop. Med. Paras. 32 (2): 115.
Parasarcophaga (*Parasarcophaga*) *sericea*: Fan, 1992. Key to the Common Flies of China, 2nd Ed.: 704; Verves, 1986. *In*: Soós *et* Papp, 1986. Cat. Palaearct. Dipt. 12: 171.
Parasarcophaga sericea: Fan *et* Pape, 1996. Stud. Dipt. 3 (2): 254.
Sarcophaga sericea: Sugiyama, Shinonaga *et* Kano, 1987. Sieboldia (Suppl.): 77.
Parasarcophaga (*Parasarcophaga*) *knabi*: Rohdendorf, 1937. Fauna USSR Dipt. 19 (1): 193, 202; Rohdendorf, 1964. Ent. Obozr. 43 (1): 81.
Parasarcophaga knabi: Chao *et* Zhang, 1982. *In*: The Comprehensive Scientific Expedition to the Qinghai-Xizang Plateau, Chinese Academy of Sciences, 1982. Insects of Xizang 2: 227; Feng, 1989. Acta Ent. Sin. 32 (2): 255.
Sarcophaga knabi: Ho, 1932. Bull. Fan Mem. Inst. Biol. 3 (19): 350; Senior-White, Aubertin *et* Smart, 1940. Fauna Brit. India Dipt. 6: 213, 240.
分布（Distribution）：吉林（JL）、辽宁（LN）、内蒙古（NM）、河北（HEB）、北京（BJ）、山东（SD）、河南（HEN）、陕西（SN）、甘肃（GS）、江苏（JS）、浙江（ZJ）、江西（JX）、湖南（HN）、湖北（HB）、四川（SC）、重庆（CQ）、云南（YN）、福建（FJ）、台湾（TW）、广东（GD）、广西（GX）、海南（HI）；朝鲜、印度、斯里兰卡、缅甸、马来西亚、印度尼西亚、菲律宾、巴布亚新几内亚、澳大利亚、俄罗斯。

（289）虎爪亚麻蝇 *Parasarcophaga* (*Parasarcophaga*) *unguitigris* Rohdendorf, 1938

Parasarcophaga (*Parasarcophaga*) *unguitigris* Rohdendorf, 1938. Trans. Sikhote-Alin St. Res. 2: 104. **Type locality:** Russia: Primorie, Sikhote-Alin State Reservation.
Parasarcophaga (*Parasarcophaga*) *unguitigris*: Verves *et* Khrokalo, 2006b. Key Ins. Rus. Far East 6 (4): 168.
Parasarcophaga unguitigris: Fan *et* Pape, 1996. Stud. Dipt. 3 (2): 254.
Sarcophaga (*Parasarcophaga*) *unguitigris*: Pape, 1996. Mem. Ent. Int. 8: 376.
分布（Distribution）：吉林（JL）、辽宁（LN）、山西（SX）；日本、朝鲜、俄罗斯。

2）刺麻蝇亚属 *Sinonipponia* Rohdendorf, 1965

Sinonipponia Rohdendorf, 1965. Ent. Obozr. 44 (3): 690, 694. **Type species:** *Sarcophaga hervebazini* Séguy, 1934 (monotypy).
Parasarcophaga (*Sinonipponia*): Verves *et* Khrokalo, 2006b. Key Ins. Rus. Far East 6 (4): 167, 170.
Sinonipponia: Fan, 1992. Key to the Common Flies of China, 2nd Ed.: 639, 666; Fan *et* Pape, 1996. Stud. Dipt. 3 (2): 257; Verves, 1986. *In*: Soós *et* Papp, 1986. Cat. Palaearct. Dipt. 12: 177.
Sarcophaga (*Sinonipponia*): Pape, 1996. Mem. Ent. Int. 8: 407.

（290）刚亚麻蝇 *Parasarcophaga* (*Sinonipponia*) *concreata* (Séguy, 1934), comb. nov.

Sarcophaga concreata Séguy, 1934. Encycl. Ent. (B) II Dipt. 7: 27. **Type locality:** China: Shanghai, Zi-ka-wei [now: "Xujiahui"].
Sinonipponia concreata: Fan, 1992. Key to the Common Flies of China, 2nd Ed.: 667; Fan *et* Pape, 1996. Stud. Dipt. 3 (2): 257.
Sarcophaga (*Sinonipponia*) *concreata*: Pape, 1996. Mem. Ent. Int. 8: 408.
Sarcophaga concreata: Lin *et* Chen, 1999. The Name List of Taiwan Diptera (1): 117; Séguy, 1941. Encycl. Ent. (A) 21: 69, 87.
分布（Distribution）：上海（SH）、台湾（TW）；尼泊尔。

（291）海南亚麻蝇 *Parasarcophaga* (*Sinonipponia*) *hainanensis* (Ho, 1936), comb. nov.

Sarcophaga hainanensis Ho, 1936. Bull. Fan Mem. Inst. Biol. 6 (5): 210, 262. **Type locality:** China: Hainan, Nam-ting.
Sinonipponia hainanensis: Fan, 1992. Key to the Common Flies of China, 2nd Ed.: 667; Fan *et* Pape, 1996. Stud. Dipt. 3 (2): 257.
Sarcophaga (*Sinonipponia*) *hainanensis*: Pape, 1996. Mem. Ent. Int. 8: 408.
Sarcophaga hainanensis: Senior-White, Aubertin *et* Smart, 1940. Fauna Brit. India Dipt. 6: 213, 262; Sugiyama, Shinonaga *et* Kano, 1987. Sieboldia (Suppl.): 71.
分布（Distribution）：云南（YN）、福建（FJ）、台湾（TW）、广东（GD）、海南（HI）、香港（HK）。

（292）立亚麻蝇 *Parasarcophaga* (*Sinonipponia*) *hervebazini* (Séguy, 1934)

Sarcophaga hervebazini Séguy, 1934. Encycl. Ent. (B) II Dipt. 7: 26. **Type locality:** China: Shanghai: Zi-ka-wei [now:

"Xujiahui"].
Sarcophaga erecta Ho, 1934b. Bull. Fan Mem. Inst. Biol. 5 (1): 35 (a junior primary homonym of *Sarcophaga erecta* Engel, 1924). **Type locality:** China: Zhejiang, Iwu Hsian.
Parasarcophaga (*Sinonipponia*) *hervebazini*: Verves *et* Khrokalo, 2006b. Key Ins. Rus. Far East 6 (4): 170.
Sinonipponia hervebazini: Fan *et* Pape, 1996. Stud. Dipt. 3 (2): 257; Verves, 1986. *In*: Soós *et* Papp, 1986. Cat. Palaearct. Dipt. 12: 177.
Sarcophaga (*Sinonipponia*) *hervebazini*: Pape, 1996. Mem. Ent. Int. 8: 408.
Sarcophaga hervebazini: Lin *et* Chen, 1999. The Name List of Taiwan Diptera (1): 117.
Parasarcophaga erecta: Rohdendorf, 1937. Fauna USSR Dipt. 19 (1): 257.
Sarcophaga erecta: Séguy, 1941. Encycl. Ent. (A) 21: 69, 99.
分布（Distribution）：辽宁（LN）、陕西（SN）、甘肃（GS）、江苏（JS）、上海（SH）、浙江（ZJ）、江西（JX）、湖北（HB）、四川（SC）、重庆（CQ）、贵州（GZ）、云南（YN）、海南（HI）；日本、朝鲜、俄罗斯。

（293）武藏野亚麻蝇 *Parasarcophaga* (*Sinonipponia*) *musashinensis* (Kano *et* Okazaki, 1956)

Sarcophaga musashinensis Kano *et* Okazaki, 1956. Bull. Tokyo Med. Dent. Univ. 3 (1): 77. **Type locality:** Japan: Honshu, Tokyo, Mt. Takamizu.
Parasarcophaga (*Sinonipponia*) *musashinensis*: Verves *et* Khrokalo, 2006b. Key Ins. Rus. Far East 6 (4): 170.
Sinonipponia musashinensis: Fan, 1992. Key to the Common Flies of China, 2nd Ed.: 666; Fan *et* Pape, 1996. Stud. Dipt. 3 (2): 257; Verves, 1986. *In*: Soós *et* Papp, 1986. Cat. Palaearct. Dipt. 12: 177.
Sarcophaga (*Sinonipponia*) *musashinensis*: Pape, 1996. Mem. Ent. Int. 8: 408.
分布（Distribution）：黑龙江（HL）、吉林（JL）、辽宁（LN）；日本、俄罗斯、韩国。

87. 曲麻蝇属 *Phallocheira* Rohdendorf, 1937

Phallocheira Rohdendorf, 1937. Fauna USSR Dipt. 19 (1): 58, 267, 269-270. **Type species:** *Phallocheira minor* Rohdendorf, 1937 (by original designation).
Phallocheira: Fan, 1992. Key to the Common Flies of China, 2nd Ed.: 642, 694; Rohdendorf, 1965. Ent. Obozr. 44 (3): 689, 694; Verves, 1986. *In*: Soós *et* Papp, 1986. Cat. Palaearct. Dipt. 12: 173.
Sarcophaga (*Phallocheira*): Pape, 1996. Mem. Ent. Int. 8: 377.

（294）小曲麻蝇 *Phallocheira minor* Rohdendorf, 1937

Phallocheira Rohdendorf, 1937. Fauna USSR Dipt. 19 (1): 269-270. **Type locality:** Russia: Primorie, Tigrovaia near Suchan.
Phallocheira minor: Verves, 1986. *In*: Soós *et* Papp, 1986. Cat. Palaearct. Dipt. 12: 173; Verves *et* Khrokalo, 2006b. Key Ins. Rus. Far East 6 (4): 170.
Pierretia minor: Ma, Ji *et* Wang, 2014. Chin. J. Vector Biol. & Control 25 (5): 449.
Sarcophaga (*Phallocheira*) *minor*: Pape, 1996. Mem. Ent. Int. 8: 377.
分布（Distribution）：黑龙江（HL）、吉林（JL）、辽宁（LN）、山西（SX）、河南（HEN）、湖北（HB）；俄罗斯。

88. 鹤麻蝇属 *Pterophalla* Rohdendorf, 1965

Pterophalla Rohdendorf, 1965. Ent. Obozr. 44 (3): 687, 693 (as a subgenus of *Parasarcophaga* Johnston *et* Tiegs, 1921). **Type species:** *Sarcophaga oitana* Hori, 1955 (monotypy).
Horia Kano, Field *et* Shinonaga, 1967. *In*: Ikada *et al.*, 1967. Fauna Japonica, Sarcophagidae (Insecta: Diptera): 28 [a junior homonym of *Horia* Fabricius, 1787 (Coleoptera: Meloidae)]. **Type species:** *Sarcophaga oitana* Hori, 1955 (by original designation).
Horisarcophaga Kano *et* Shinonaga, 1967. Jpn. J. Sanit. Zool. 18 (4): 240 (replacement name for *Horia* Kano, Field *et* Shinonaga, 1967).
Pterophalla: Fan *et* Pape, 1996. Stud. Dipt. 3 (2): 254.
Parasarcophaga (*Pterophalla*): Verves, 1986. *In*: Soós *et* Papp, 1986. Cat. Palaearct. Dipt. 12: 172.
Sarcophaga (*Pterophalla*): Pape, 1996. Mem. Ent. Int. 8: 383.
Horia: Fan, 1992. Key to the Common Flies of China, 2nd Ed.: 641, 718.

（295）大分鹤麻蝇 *Pterophalla oitana* (Hori, 1955)

Sarcophaga oitana Hori, 1955. Sci. Rep. Kanazawa Univ. 3 (2): 248. **Type locality:** Japan: Kyushu, Oita Prefecture, Mt. Suishi near Taketa.
Pterophalla oitana: Fan *et* Pape, 1996. Stud. Dipt. 3 (2): 254; Zhang *et al.*, 2010. Chin. J. Vector Biol. & Control 21 (4): 360.
Parasarcophaga (*Pterophalla*) *oitana*: Rohdendorf, 1965. Ent. Obozr. 44 (3): 693.
Sarcophaga (*Pterophalla*): Pape, 1996. Mem. Ent. Int. 8: 383.
分布（Distribution）：四川（SC）、海南（HI）；日本。

89. 翼麻蝇属 *Pterosarcophaga* Ye, 1981

Pterosarcophaga Ye, 1981. *In*: Ye, Ni *et* Liu, 1981. Zool. Res. 2 (3): 229. **Type species:** *Pterosarcophaga emeishanensis* Ye *et* Ni, 1981 (by original designation).
Pterosarcophaga: Fan *et* Pape, 1996. Stud. Dipt. 3 (2): 251.
Sarcophaga (*Pterosarcophaga*): Pape, 1996. Mem. Ent. Int. 8: 383.

（296）峨眉山翼麻蝇 *Pterosarcophaga emeishanensis* Ye *et* Ni, 1981

Pterosarcophaga emeishanensis Ye *et* Ni, 1981. *In*: Ye, Ni *et* Liu, 1981. Zool. Res. 2 (3): 229. **Type locality:** China: Sichuan, Mt. Emeishan.

Pterosarcophaga emeishanensis: Fan *et* Pape, 1996. Stud. Dipt. 3 (2): 251.
Sarcophaga (*Pterosarcophaga*) *emeishanensis*: Pape, 1996. Mem. Ent. Int. 8: 383.
分布（Distribution）：四川（SC）。

90. 叉麻蝇属 *Robineauella* Enderlein, 1928

Robineauella Enderlein, 1928. Arch. Klass. Phyl. Ent. 1 (1): 23 (as a subgenus of *Parasarcophaga* Johnston *et* Tiegs, 1921). **Type species:** *Sarcophaga scoparia* Pandellé, 1896 [= *Sarcophaga caerulescens* Zetterstedt, 1838] (by original designation).
Robineauella: Rohdendorf, 1965. Ent. Obozr. 44 (3): 689, 694; Verves, 1986. *In*: Soós *et* Papp, 1986. Cat. Palaearct. Dipt. 12: 175; Verves, 1990. Insects Mongolia 11: 610.
Parasarcophaga (*Robineauella*): Fan, 1965. Key to the Common Flies of China: 263; Rohdendorf, 1937. Fauna USSR Dipt. 19 (1): 234, 450.
Sarcophaga (*Robineauella*): Pape, 1996. Mem. Ent. Int. 8: 383.

1）腹指麻蝇亚属 *Digitiventra* Fan, 1964

Digitiventra Fan, 1964. Acta Zootaxon. Sin. 1 (2): 306, 316 (as a subgenus of *Parasarcophaga* Johnston *et* Tiegs, 1921). **Type species:** *Sarcophaga pseudoscoparia* Kramer, 1911 (by original designation).
Robineauella (*Digitiventra*): Verves, 1986. *In*: Soós *et* Papp, 1986. Cat. Palaearct. Dipt. 12: 174; Verves, 1990. Insects Mongolia 11: 610; Verves *et* Khrokalo, 2006b. Key Ins. Rus. Far East 6 (4): 171.
Parasarcophaga (*Digitiventra*): Fan, 1965. Key to the Common Flies of China: 264.

（297）锚形叉麻蝇 *Robineauella* (*Digitiventra*) *anchoriformis* (Fan, 1964)

Parasarcophaga (*Digitiventra*) *anchoriformis* Fan, 1964. Acta Zootaxon. Sin. 1 (2): 307, 317. **Type locality:** China: Zhejiang, Mt. Tienmu-Shan.
Robineauella (*Digitiventra*) *anchoriformis*: Chen *et* Zhu, 2014. J. Beijing Univ. Agric. 29 (4): 25; Fan, 1992. Key to the Common Flies of China, 2nd Ed.: 695.
Robineauella anchoriformis: Fan *et* Pape, 1996. Stud. Dipt. 3 (2): 255.
Parasarcophaga (*Digitiventra*) *anchoriformis*: Fan, 1965. Key to the Common Flies of China: 278.
Sarcophaga (*Robineauella*) *anchoriformis*: Pape, 1996. Mem. Ent. Int. 8: 385.
Sarcophaga anchoriformis: Lin *et* Chen, 1999. The Name List of Taiwan Diptera (1): 116; Sugiyama, Shinonaga *et* Kano, 1987. Sieboldia (Suppl.): 65.
分布（Distribution）：辽宁（LN）、北京（BJ）、山西（SX）、新疆（XJ）、安徽（AH）、浙江（ZJ）、湖南（HN）、贵州（GZ）、云南（YN）、台湾（TW）。

（298）伪叉麻蝇 *Robineauella* (*Digitiventra*) *pseudoscoparia* (Kramer, 1911)

Sarcophaga pseudoscoparia Kramer, 1911. Abh. Naturforsch. Ges. Görlitz 27: 142. **Type locality:** Germany: Koblenz.
Robineauella (*Digitiventra*) *pseudoscoparia*: Verves, 1986. *In*: Soós *et* Papp, 1986. Cat. Palaearct. Dipt. 12: 175; Verves, 1990. Insects Mongolia 11: 610.
Robineauella pseudoscoparia: Fan *et* Pape, 1996. Stud. Dipt. 3 (2): 256; Zhang, Gao, Zhang *et* Wang, 2010. J. Med. Pest Control 26 (11): 989.
Parasarcophaga (*Digitiventra*) *pseudoscoparia*: Fan, 1965. Key to the Common Flies of China: 278.
Parasarcophaga (*Robineauella*) *pseudoscoparia*: Rohdendorf, 1937. Fauna USSR Dipt. 19 (1): 197, 237.
Sarcophaga (*Robineauella*) *pseudoscoparia*: Pape, 1996. Mem. Ent. Int. 8: 383.
分布（Distribution）：黑龙江（HL）、吉林（JL）、辽宁（LN）、河北（HEB）、山西（SX）；蒙古国、韩国、日本、俄罗斯、捷克、斯洛伐克、德国、波兰、罗马尼亚、乌克兰。

（299）瓦氏叉麻蝇 *Robineauella* (*Digitiventra*) *walayari* (Senior-White, 1924)

Sarcophaga walayari Senior-White, 1924. Rec. India Mus. 26 (3): 231. **Type locality:** India: Kerala, Western Ghāts, Walayar Forest.
Robineauella walayari: Zhang *et al*., 2010. Chin. J. Vector Biol. & Control 21 (4): 360.
Sarcophaga (*Robineauella*) *walayari*: Pape, 1996. Mem. Ent. Int. 8: 386.
Sarcophaga walayari: Senior-White, Aubertin *et* Smart, 1940. Fauna Brit. India Dipt. 6: 214, 230.
分布（Distribution）：广东（GD）；印度。

2）叉麻蝇亚属 *Robineauella* Enderlein, 1928

Robineauella Enderlein, 1928. Arch. Klass. Phyl. Ent. 1 (1): 23 (as a subgenus of *Parasarcophaga* Johnston *et* Tiegs, 1921). **Type species:** *Sarcophaga scoparia* Pandellé, 1896 [= *Sarcophaga caerulescens* Zetterstedt, 1838] (by original designation).

（300）雪雁叉麻蝇 *Robineauella* (*Robineauella*) *caerulescens* (Zetterstedt, 1838)

Sarcophaga caerulescens Zetterstedt, 1838. Insecta Lapp.: 650. **Type locality:** Sweden: Tresung.
Sarcophaga scoparia Pandellé, 1896. Rev. Ent. 15: 189. **Type locality:** France: Hautes-Pyrénées, Tarbes.
Robineauella (*Robineauella*) *caerulescens*: Verves, 1990. Insects Mongolia 11: 610; Verves *et* Khrokalo, 2006b. Key Ins. Rus. Far East 6 (4): 171.

Robineauella caerulescens: Fan *et* Pape, 1996. Stud. Dipt. 3 (2): 255.
Sarcophaga (*Robineauella*) *caerulescens*: Pape, 1996. Mem. Ent. Int. 8: 383.
Robineauella (*Robineauella*) *scoparia*: Chen *et al*., 2015. Chin. J. Hyg. Insect. & Equip. 21 (3): 323; Verves, 1986. *In*: Soós *et* Papp, 1986. Cat. Palaearct. Dipt. 12: 175.
Robineauella scoparia: Lehrer, 2008b. Fragm. Dipt. 13: 11; Rohdendorf *et* Verves, 1978. Ann. Hist.-Nat. Mus. Natl. Hung. 70: 257.
Parasarcophaga (*Robineauella*) *scoparia*: Fan, 1965. Key to the Common Flies of China: 282; Rohdendorf, 1937. Fauna USSR Dipt. 19 (1): 187, 234.
Parasarcophaga scoparia: Chao *et* Zhang, 1982. *In*: The Comprehensive Scientific Expedition to the Qinghai-Xizang Plateau, Chinese Academy of Sciences, 1982. Insects of Xizang 2: 227.
Sarcophaga scoparia: Séguy, 1941. Encycl. Ent. (A) 21: 68, 144.
分布（Distribution）：吉林（JL）、新疆（XJ）、四川（SC）、云南（YN）、西藏（XZ）；加拿大、澳大利亚、阿塞拜疆、保加利亚、白俄罗斯、捷克、斯洛伐克、丹麦、爱沙尼亚、芬兰、法国、德国、英国、格鲁吉亚、匈牙利、意大利、日本、哈萨克斯坦、吉尔吉斯斯坦、塔吉克斯坦、拉脱维亚、蒙古国、挪威、波兰、罗马尼亚、俄罗斯、瑞典、瑞士、乌克兰。

（301）达乌利叉麻蝇 *Robineauella* (*Robineauella*) *daurica* (Grunin, 1964)

Parasarcophaga (*Robineauella*) *daurica* Grunin, 1964. Ent. Obozr. 43 (1): 77. **Type locality:** Russia: Chita Region, Borzna District, environs of Ust-Oziornoe Village.
Robineauella (*Robineauella*) *daurica*: Rohdendorf *et* Verves, 1979. Insects Mongolia 6: 492; Verves, 1986. *In*: Soós *et* Papp, 1986. Cat. Palaearct. Dipt. 12: 175; Verves, 1990. Insects Mongolia 11: 610.
Robineauella daurica: Fan *et* Pape, 1996. Stud. Dipt. 3 (2): 255.
Sarcophaga (*Robineauella*) *daurica*: Pape, 1996. Mem. Ent. Int. 8: 384.
分布（Distribution）：吉林（JL）、辽宁（LN）、内蒙古（NM）、河北（HEB）、山西（SX）、宁夏（NX）、甘肃（GS）；俄罗斯。

（302）黄山叉麻蝇 *Robineauella* (*Robineauella*) *huangshanensis* (Fan, 1964)

Parasarcophaga (*Robineauella*) *huangshanensis* Fan, 1964. Acta Zootaxon. Sin. 1 (2): 312, 318. **Type locality:** China: Anhui, Huang-Shan.
Robineauella (*Robineauella*) *huangshanensis*: Fan, 1992. Key to the Common Flies of China, 2nd Ed.: 697; Verves, 1986. *In*: Soós *et* Papp, 1986. Cat. Palaearct. Dipt. 12: 175.
Robineauella huangshanensis: Fan *et* Pape, 1996. Stud. Dipt. 3 (2): 255.
Parasarcophaga (*Robineauella*) *huangshanensis*: Fan, 1965. Key to the Common Flies of China: 281.
Sarcophaga (*Robineauella*) *huangshanensis*: Pape, 1996. Mem. Ent. Int. 8: 384.
分布（Distribution）：安徽（AH）、浙江（ZJ）、湖南（HN）、四川（SC）。

（303）暗鳞叉麻蝇 *Robineauella* (*Robineauella*) *nigribasicosta* Ye, 1982

Parasarcophaga (*Robineauella*) *nigribasicosta* Ye, 1982. Zool. Res. 3 (Suppl.): 107. **Type locality:** China: Sichuan, Markang.
Sarcophaga (*Robineauella*) *picibasicosta* Pape, 1996. Mem. Ent. Int. 8: 384 (unnecessary replacement name for *Parasarcophaga nigribasicosta* Ye, 1982).
Robineauella nigribasicosta: Fan *et* Pape, 1996. Stud. Dipt. 3 (2): 255.
分布（Distribution）：四川（SC）。

（304）延叉麻蝇 *Robineauella* (*Robineauella*) *simultaneousa* Wei *et* Yang, 2007

Parasarcophaga (*Robineauella*) *simultaneousa* Wei *et* Yang, 2007. *In*: Li, Yang *et* Jin, 2007. Insects from Leigongshan Landscape: 528, 538. **Type locality:** China: Guizhou, Leigong Mountain National Reserve of Guizhou.
Robineauella simultaneousa: Lehrer, 2013a. Fragm. Dipt. 38: 3.
分布（Distribution）：贵州（GZ）。

91. 鬃麻蝇属 *Sarcorohdendorfia* Baranov, 1938

Sarcorohdendorfia Baranov, 1938. Vet. Arhiv 8: 173. **Type species:** *Sarcorohdendorfia adiscalis* Baranov, 1938 (by original designation).
Tricholioproctia Baranov, 1938. Bull. Entomol. Res. 29 (4): 414. **Type species:** *Sarcophaga antilope* Böttcher, 1913 (by original designation).
Hamimembrana Chen, 1975. Acta Ent. Sin. 18 (1): 115, 117 (as a subgenus of *Tricholioproctia*). **Type species:** *Sarcophaga basalis*: misidentification; not *Sarcophaga basalis* Walker, 1860 [= *Sarcophaga flavinervis* Senior-White, 1924] (by original designation).
Chrysosarcophaga: Rohdendorf, 1937. Fauna USSR Dipt. 19 (1): 52, 277; misidentification; not *Chrysosarcophaga* Townsend, 1932.
Sarcorohdendorfia: Kano *et* Lopes, 1979. Rev. Bras. Biol. 39 (3): 618; Verves, 1986. *In*: Soós *et* Papp, 1986. Cat. Palaearct. Dipt. 12: 176; Verves *et* Khrokalo, 2006b. Key Ins. Rus. Far East 6 (4): 77, 172.
Tricholioproctia: Lopes, 1954. An. Acad. Bras. Ciên. 26 (2): 235; Rohdendorf, 1965. Ent. Obozr. 44 (3): 684, 694.

Sarcophaga (*Sarcorohdendorfia*): Pape, 1996. Mem. Ent. Int. 8: 396.

（305）羚足鬃麻蝇 *Sarcorohdendorfia antilope* (Böttcher, 1913)

Sarcophaga antilope Böttcher, 1913. Ann. Hist.-Nat. Mus. Natl. Hung. 11: 380. **Type locality:** China: Taiwan.
Tricholioproctia wumengia Lehrer *et* Wei, 2011. Fragm. Dipt. 28: 4. **Type locality:** China: Guizhou Province, Wumeng.
Sarcorohdendorfia antilope: Verves, 1986. *In*: Soós *et* Papp, 1986. Cat. Palaearct. Dipt. 12: 176; Verves *et* Khrokalo, 2006b. Key Ins. Rus. Far East 6 (4): 173.
Sarcorohdendorfia inextricata antilope: Kano *et* Lopes, 1979. Rev. Bras. Biol. 39 (3): 618.
Tricholioproctia antilope: Fan, 1965. Key to the Common Flies of China: 244; Lopes, 1954. An. Acad. Bras. Ciên. 26 (2): 236, 237.
Chrysosarcophaga antilope: Rohdendorf, 1937. Fauna USSR Dipt. 19 (1): 279.
Lioproctia antilope: Baranov, 1936. Ann. Mag. Nat. Hist. (10) 17: 102; Baranov, 1938. Bull. Entomol. Res. 29 (4): 414.
Sarcophaga (*Sarcorohdendorfia*): Pape, 1996. Mem. Ent. Int. 8: 396.
Sarcophaga antilope: Senior-White, Aubertin *et* Smart, 1940. Fauna Brit. India Dipt. 6: 213, 235.
分布（Distribution）：黑龙江（HL）、吉林（JL）、辽宁（LN）、河南（HEN）、浙江（ZJ）、湖北（HB）、四川（SC）、重庆（CQ）、贵州（GZ）、云南（YN）、台湾（TW）、广东（GD）、海南（HI）；日本、俄罗斯、韩国、印度、印度尼西亚、马来西亚、尼泊尔、菲律宾、新加坡、澳大利亚、密克罗尼西亚、巴布亚新几内亚、所罗门群岛。

（306）黄脉鬃麻蝇 *Sarcorohdendorfia flavinervis* (Senior-White, 1924)

Sarcophaga flavinervis Senior-White, 1924. Rec. India Mus. 26 (3): 224, 229. **Type locality:** India: Assam, Sadiya.
Sarcophaga basalis: Walker, 1859. J. Proc. Linn. Soc. London Zool. 4: 129 [misidentification; not *Sarcophaga basalis* Walker, 1853].
Sarcophaga aurata Walker, 1861a. J. Proc. Linn. Soc. London Zool. 5: 232 (preoccupied by Macquart, 1851). **Type locality:** Indonesia: Moluccas (Amboina).
Sarcophaga seniorwhitei Ho, 1938. Ann. Trop. Med. Paras. 32 (2): 117 (unnecessary replacement name for *Sarcophaga flavinervis* Senior-White, 1924).
Sarcorohdendorfia flavinervis: Verves *et* Khrokalo, 2006b. Key Ins. Rus. Far East 6 (4): 173.
Tricholioproctia flavinervis: Lopes, 1954. An. Acad. Bras. Ciên. 26 (2): 236, 251.
Sarcophaga flavinervis: Ho, 1938. Ann. Trop. Med. Paras. 32 (2): 115.
Tricholioproctia basalis: Fan, 1965. Key to the Common Flies of China: 244.
Sarcophaga basalis: Senior-White, Aubertin *et* Smart, 1940. Fauna Brit. India Dipt. 6: 213, 223.
Sarcorohdendorfia aurata: Lopes *et* Kano, 1979. Rev. Bras. Biol. 39 (2): 313; Verves, 1986. *In*: Soós *et* Papp, 1986. Cat. Palaearct. Dipt. 12: 176.
Sarcorohdendorfia seniorwhitei: Fan, 1992. Key to the Common Flies of China, 2nd Ed.: 660; Fan *et* Pape, 1996. Stud. Dipt. 3 (2): 256.
Sarcophaga (*Sarcorohdendorfia*) *seniorwhitei*: Pape, 1996. Mem. Ent. Int. 8: 401.
Sarcophaga flavinervis Senior-White, 1924. Rec. India Mus. 26 (3): 224, 229. **Type locality:** India: Assam, Sadiya.
Sarcophaga basalis [misidentification; not *Sarcophaga basalis* Walker, 1853]: Walker, 1859. J. Proc. Linn. Soc. London Zool. 4: 129.
Sarcophaga aurata Walker, 1861a. J. Proc. Linn. Soc. London Zool. 5: 232 (preoccupied by Macquart, 1851). **Type locality:** Indonesia: Moluccas (Amboina).
Sarcophaga seniorwhitei Ho, 1938. Ann. Trop. Med. Paras. 32 (2): 117 (unnecessary replacement name for *Sarcophaga flavinervis* Senior-White, 1924).
分布（Distribution）：云南（YN）、台湾（TW）、广东（GD）；日本、韩国、印度、尼泊尔、泰国、印度尼西亚、巴布亚新几内亚、马来西亚（马六甲）。

（307）细鬃麻蝇 *Sarcorohdendorfia gracilior* (Chen, 1975)

Tricholioproctia (*Hamimembrana*) *gracilior* Chen, 1975. Acta Ent. Sin. 18 (1): 115, 118. **Type locality:** China: Zhejiang, Mt. Tienmu-Shan.
Tricholioproctia wujiangiana Lehrer *et* Wei, 2011. Fragm. Dipt. 28: 5. **Type locality:** China: Guizhou Province, Wujiang.
Tricholioproctia gracilior: Wei, 2007. *In*: Li, Yang *et* Jin, 2007. Insects from Leigongshan Landscape: 532; Feng *et al.*, 2012. Chin. J. Hyg. Insect. & Equip. 18 (2): 143.
Sarcophaga (*Sarcorohdendorfia*) *gracilior*: Pape, 1996. Mem. Ent. Int. 8: 401; Zhang *et al.*, 2014. ZooKeys 396: 43.
Sarcophaga gracilior: Lin *et* Chen, 1999. The Name List of Taiwan Diptera (1): 117; Sugiyama, Shinonaga *et* Kano, 1987. Sieboldia (Suppl.): 70.
分布（Distribution）：浙江（ZJ）、湖南（HN）、湖北（HB）、四川（SC）、重庆（CQ）、贵州（GZ）、西藏（XZ）、台湾（TW）、广东（GD）；尼泊尔。

（308）拟羚足鬃麻蝇 *Sarcorohdendorfia inextricata* (Walker, 1860)

Sarcophaga inextricata Walker, 1860b. J. Proc. Linn. Soc. London Zool. 4: 132. **Type locality:** Indonesia: Celebes [= Sulawesi] (Makassar [= Ujung Pandang]).
Tricholioproctia sulawesiella Lehrer *et* Wei, 2011. Fragm. Dipt. 28: 4. **Type locality:** Indonesia: Sulawesi.
Sarcorohdendorfia inextricata inextricata: Kano *et* Lopes, 1979. Rev. Bras. Biol. 39 (3): 618.

Tricholioproctia inextricata: Lehrer *et* Wei, 2011. Fragm. Dipt. 28: 3.
Sarcophaga (*Sarcorohdendorfia*) *inextricata*: Pape, 1996. Mem. Ent. Int. 8: 398.
分布（Distribution）：云南（YN）、广东（GD）；印度尼西亚。

（309）银翅鬃麻蝇 *Sarcorohdendorfia mimobasalis* (Ma, 1964)

Tricholioproctia mimobasalis Ma, 1964. Acta Zootaxon. Sin. 1 (1): 57, 62. **Type locality:** China: Liaoning, Chianshan.
Sarcorohdendorfia mimobasalis: Fan *et* Pape, 1996. Stud. Dipt. 3 (2): 256; Verves, 1986. *In*: Soós *et* Papp, 1986. Cat. Palaearct. Dipt. 12: 176.
Tricholioproctia (*Hamimembrana*) *mimobasalis*: Chen, 1975. Acta Ent. Sin. 18 (1): 117.
Sarcophaga (*Sarcorohdendorfia*) *mimobasalis*: Pape, 1996. Mem. Ent. Int. 8: 399.
分布（Distribution）：吉林（JL）、辽宁（LN）。

（310）浦东鬃麻蝇 *Sarcorohdendorfia pudongensis* (Fan, Chen *et* Lu, 2003)

Beziella pudongensis Fan, Chen *et* Lu, 2003. Wuyi Sci. J. 19 (1): 80. **Type locality:** China: Shanghai, Pudong, International Airport Pudong.
Beziella pudongensis: Lu *et al.*, 2003. Wuyi Sci. J. 19 (1): 84.
分布（Distribution）：上海（SH）。

（311）深圳鬃麻蝇 *Sarcorohdendorfia shenzhenfensis* (Fan, 2002)

Beziella shenzhenensis Fan, 2002. *In*: Zhang *et* Jia, 2002. Med. Ins. Contr. Shenzhen: 92, 185. **Type locality:** China: Guangdong, Shenzhen Futian Mangrove Forest.
分布（Distribution）：广东（GD）。

92. 所麻蝇属 *Sarcosolomonia* Baranov, 1938

Sarcosolomonia Baranov, 1938. Vet. Arhiv 8: 173. **Type species:** *Sarcosolomonia tulagiensis* Baranov, 1938 (by original designation).
Bezziola Lopes, 1958. Insects Micronesia 13 (2): 24. **Type species:** *Sarcophaga stricklandi* Hall *et* Bohart, 1948 (by original designation).
Sarcosolomonia: Fan, 1992. Key to the Common Flies of China, 2nd Ed.: 641, 669; Verves, 1986. *In*: Soós *et* Papp, 1986. Cat. Palaearct. Dipt. 12: 177.
Sarcophaga (*Sarcosolomonia*) *mimobasalis*: Pape, 1996. Mem. Ent. Int. 8: 402.

1）帕麻蝇亚属 *Parkerimyia* Lopes *et* Kano, 1969

Parkerimyia Lopes *et* Kano, 1969. Pac. Insects 11 (1): 181 (as genus). **Type species:** *Sarcophaga crinita* Parker, 1917) (by original designation).

（312）金缘所麻蝇 *Sarcosolomonia* (*Parkerimyia*) *aureomargiata* Shinonaga *et* Tumrasvin, 1979

Sarcosolomonia aureomargiata Shinonaga *et* Tumrasvin, 1979. Jpn. J. Sanit. Zool. 30 (2): 140. **Type locality:** Thailand: Kanchana Buri, Erawan water fall.
Sarcosolomonia aureomargiata: Xue *et* Chao, 1998. *In*: Xue *et* Chao, 1998. Flies of China, Vol. 2: 1649, 1660.
Sarcophaga (*Sarcosolomonia*) *aureomargiata*: Pape, 1996. Mem. Ent. Int. 8: 402.
分布（Distribution）：云南（YN）；泰国。

（313）恒春所麻蝇 *Sarcosolomonia* (*Parkerimyia*) *crinita* (Parker, 1917)

Sarcophaga crinita Parker, 1917. Proc. U. S. Natl. Mus. 54 (2227): 92. **Type locality:** Philippines.
Sarcophaga kankauensis Baranov, 1931. Konowia 10: 113. **Type locality:** China: "Taiwan, Koshun, Kankau" [now: Taiwan, Hengchun, Gangkou].
Sarcosolomonia crinita: Fan, 1992. Key to the Common Flies of China, 2nd Ed.: 689; Fan *et* Pape, 1996. Stud. Dipt. 3 (2): 256.
Sarcophaga (*Sarcosolomonia*) *crinita*: Pape, 1996. Mem. Ent. Int. 8: 403.
Sarcophaga crinita: Lin *et* Chen, 1999. The Name List of Taiwan Diptera (1): 117; Sugiyama, Shinonaga *et* Kano, 1987. Sieboldia (Suppl.): 68.
分布（Distribution）：台湾（TW）；菲律宾、印度、缅甸。

（314）偻叶所麻蝇 *Sarcosolomonia* (*Parkerimyia*) *harinasutai* Kano *et* Sooksri, 1977

Sarcosolomonia harinasutai Kano *et* Sooksri, 1977. Pac. Insects 17 (2-3): 233. **Type locality:** Thailand: Kanchanaburi.
Sarcosolomonia (*Parkerimyia*) *harinasutai*: Fan, 1992. Key to the Common Flies of China, 2nd Ed.: 669.
Sarcosolomonia harinasutai: Fan *et* Pape, 1996. Stud. Dipt. 3 (2): 256.
Sarcophaga (*Sarcosolomonia*) *harinasutai*: Pape, 1996. Mem. Ent. Int. 8: 403.
分布（Distribution）：云南（YN）、广东（GD）；巴基斯坦、泰国。

（315）红河所麻蝇 *Sarcosolomonia* (*Parkerimyia*) *hongheensis* Li *et* Ye, 1992

Sarcosolomonia (*Parkerimyia*) *hongheensis* Li *et* Ye, 1992. Entomotaxon. 14 (4): 309. **Type locality:** China: Yunnan, Jinping.
Sarcosolomonia hongheensis: Fan, 1992. Key to the Common Flies of China, 2nd Ed.: 669; Fan *et* Pape, 1996. Stud. Dipt. 3 (2): 256.
Sarcophaga (*Sarcosolomonia*) *hongheensis*: Pape, 1996. Mem. Ent. Int. 8: 403.

分布（Distribution）：云南（YN）。

（316）六叉所麻蝇 *Sarcosolomonia* (*Parkerimyia*) *nathani* Lopes *et* Kano, 1969

Sarcosolomonia (*Parkerimyia*) *nathani* Lopes *et* Kano, 1969. Pac. Insects 11 (1): 184. **Type locality:** India: Tamil Nādu, Nīlgiri Hills, Singora.
Sarcophaga (*Sarcosolomonia*) *susainathani* Pape, 1996. Mem. Ent. Int. 8: 405 (unnecessary replacement name for *Sarcosolomonia nathani*).
Sarcosolomonia nathani: Xue *et* Chao, 1998. *In*: Xue *et* Chao, 1998. Flies of China, Vol. 2: 1649, 1650.
分布（Distribution）：云南（YN）；印度。

辛麻蝇亚族 Seniorwhiteina

93. 辛麻蝇属 *Seniorwhitea* Rohdendorf, 1937

Seniorwhitea Rohdendorf, 1937. Fauna USSR Dipt. 19 (1): 57, 297-299. **Type species:** *Sarcophaga orientaloides* Senior-White, 1924 [= *Sarcophaga princeps* Wiedemann, 1830] (by original designation).
Seniorwhitea: Fan, 1965. Key to the Common Flies of China: 226, 258; Rohdendorf, 1965. Ent. Obozr. 44 (3): 691, 694; Verves, 1986. *In*: Soós *et* Papp, 1986. Cat. Palaearct. Dipt. 12: 179.
Sarcophaga (*Seniorwhitea*): Pape, 1996. Mem. Ent. Int. 8: 407.

（317）凤喙辛麻蝇 *Seniorwhitea phoenicoptera* (Böttcher, 1913)

Sarcophaga phoenicoptera Böttcher, 1913. Ann. Hist.-Nat. Mus. Natl. Hung. 11: 376. **Type locality:** China: Taiwan, Hengchun, Gangkou [as "Kankau"].
Harpagophalla phoenicoptera: Lin *et* Chen, 1999. The Name List of Taiwan Diptera (1): 117.
Sarcophaga (*Seniorwhitea*) *phoenicoptera*: Pape, 1996. Mem. Ent. Int. 8: 407; Sugiyama, Shinonaga *et* Kano, 1987. Sieboldia (Suppl.): 64.
Sarcophaga phoenicoptera: Senior-White, 1924. Rec. India Mus. 26: 238; Senior-White, Aubertin *et* Smart, 1940. Fauna Brit. India Dipt. 6: 214, 245.
分布（Distribution）：台湾（TW）；印度。

（318）拟东方辛麻蝇 *Seniorwhitea princeps* (Wiedemann, 1830)

Sarcophaga princeps Wiedemann, 1830. Aussereurop. Zweifl. Insekt. 2: 359. **Type locality:** Indonesia: Sumatra, Trentepohl.
Sarcophaga reciproca Walker, 1856a. J. Proc. Linn. Soc. London Zool. 1: 22. **Type locality:** Singapore.
Sarcophaga krameri Böttcher, 1912. Ent. Mitt. 1 (6): 165. **Type locality:** China: Taiwan, Fuhosho and Kosempo.
Sarcophaga orientaloides Senior-White, 1924. Rec. India Mus. 26 (3): 223, 224, 244. **Type locality:** Sri Lanka: Matale.
Sarcophaga sinica Rohdendorf, 1930. Bull. Entomol. Res. 21 (3): 315. **Type locality:** China: Fujian, Fuzhou [as "Foochow"].
Sarcophaga procax Séguy, 1932a. Bull. Mens. Ass. Nat. Val. Loing 8: 23 (a junior primary homonym of *Sarcophaga procax* Robineau-Desvoidy, 1863). **Type locality:** France: Seine-*et*-Marne, Recloses (probably mislabelled).
Seniorwhitea fuhsia Lehrer, 2008h. Fragm. Dipt. 18: 29. **Type locality:** Not given.
Sarcophaga (*Seniorwhitea*) *princeps*: Pape, 1996. Mem. Ent. Int. 8: 52, 407.
Seniorwhitea krameri: Chao *et* Zhang, 1982. *In*: The Comprehensive Scientific Expedition to the Qinghai-Xizang Plateau, Chinese Academy of Sciences, 1982. Insects of Xizang 2: 227; Lopes, 1964. Mem. Inst. Oswaldo Cruz 62 (2): 162.
Seniorwhitea orientaloides: Rohdendorf, 1937. Fauna USSR Dipt. 19 (1): 297, 299, 407; Rohdendorf, 1964. Ent. Obozr. 43 (1): 81.
Seniorwhitea reciproca: Fan, 1992. Key to the Common Flies of China, 2nd Ed.: 692; Verves, 1986. *In*: Soós *et* Papp, 1986. Cat. Palaearct. Dipt. 12: 179.
Harpagophalla reciproca: Lin *et* Chen, 1999. The Name List of Taiwan Diptera (1): 116; Sugiyama, Shinonaga *et* Kano, 1987. Sieboldia (Suppl.): 65.
Sarcorohdendorfia reciproca: Lopes *et* Kano, 1979. Rev. Bras. Biol. 39 (2): 315.
分布（Distribution）：山西（SX）、山东（SD）、河南（HEN）、江苏（JS）、上海（SH）、浙江（ZJ）、江西（JX）、湖南（HN）、湖北（HB）、四川（SC）、云南（YN）、西藏（XZ）、福建（FJ）、台湾（TW）、广东（GD）、广西（GX）、海南（HI）；不丹、印度、印度尼西亚、老挝、马来西亚、缅甸、尼泊尔、巴基斯坦、斯里兰卡、新加坡、泰国、美国、夏威夷群岛、法国。

麻蝇亚族 Sarcophagina

94. 麻蝇属 *Sarcophaga* Meigen, 1826

Sarcophaga Meigen, 1826. Syst. Beschr. Europ. Zweifl. Insekt. 5: 14. **Type species:** *Musca carnaria* Linnaeus, 1758 (by designation of Partington, 1837).
Myophora Robineau-Desvoidy, 1830. Mém. Prés. Div. Sav. Acad. R. Sci. Inst. Fr. 2 (2): 337. **Type species:** *Myophora fuliginosa* Robineau-Desvoidy, 1830 [= *Musca variegata* Scopoli, 1763] (by designation of Verves, 1986).
Phorella Robineau-Desvoidy, 1830. Mém. Prés. Div. Sav. Acad. R. Sci. Inst. Fr. 2 (2): 363. **Type species:** *Phorella arvensis* Robineau-Desvoidy, 1830 [= *Musca variegata* Scopoli, 1763] (by designation of Robineau-Desvoidy, 1863).
Sarcophaga: Povolný *et* Verves, 1987. Acta Entl. Mus. Nat.

Pragae 42: 89; Rohdendorf, 1937. Fauna USSR Dipt. 19 (1): 58, 280.
Sarcophaga (*Sarcophaga*): Pape, 1996. Mem. Ent. Int. 8: 387.

（319）常麻蝇 *Sarcophaga variegata* (Scopoli, 1763)

Musca variegata Scopoli, 1763. Ent. Carniolica: 326. **Type locality:** Slovenia: Idrija.
Sarcophaga variegata: Fan *et* Pape, 1996. Stud. Dipt. 3 (2): 256; Verves *et* Khrokalo, 2006b. Key Ins. Rus. Far East 6 (4): 173.
Sarcophaga (*Sarcophaga*) *variegata*: Pape, 1996. Mem. Ent. Int. 8: 391.
Sarcophaga carnaria [misidentification, not *Musca carnaria* Linnaeus, 1758]: Fan, 1965. Key to the Common Flies of China: 255; Ma, Ji *et* Wang, 2014. Chin. J. Vector Biol. & Control 25 (5): 450.
Sarcophaga carnaria carnaria: Rohdendorf, 1937. Fauna USSR Dipt. 19 (1): 281, 283.
分布（Distribution）：内蒙古（NM）、山西（SX）、新疆（XJ）；阿尔巴尼亚、阿尔及利亚、奥地利、保加利亚、白俄罗斯、蒙古国、俄罗斯、克罗地亚、捷克、斯洛伐克、丹麦、爱沙尼亚、芬兰、法国、德国、希腊、格鲁吉亚、匈牙利、意大利、拉脱维亚、立陶宛、哈萨克斯坦、吉尔吉斯斯坦、塔吉克斯坦、土耳其、乌克兰、卢森堡、摩尔多瓦、荷兰、挪威、波兰、罗马尼亚、塞尔维亚、瑞典、西班牙、瑞士、英国。

别麻蝇亚族 Boettcheriscina

95. 别麻蝇属 *Boettcherisca* Rohdendorf, 1937

Boettcherisca Rohdendorf, 1937. Fauna USSR Dipt. 19 (1): 51, 270. **Type species:** *Myophora peregrina* Robineau-Desvoidy, 1830 (by original designation).
Notochaetomima Rohdendorf, 1937. Fauna USSR Dipt. 19 (1): 273 (as a subgenus of *Boettcherisca* Rohdendorf, 1937). **Type species:** *Boettcherisca septentrionalis* Rohdendorf, 1937 (by original designation).
Athyrsiola Baranov, 1938. Vet. Arhiv 8: 174. **Type species:** *Athyrsia atypica* Baranov, 1934 [= *Sarcophaga invaria* Walker, 1859] (by original designation).
Boettcherisca: Lopes, 1961. Mem. Inst. Oswaldo Cruz 59 (1): 69; Rohdendorf, 1965. Ent. Obozr. 44 (3): 684, 694; Verves, 1986. *In*: Soós *et* Papp, 1986. Cat. Palaearct. Dipt. 12: 161.
Sarcophaga (*Boettcherisca*): Pape, 1996. Mem. Ent. Int. 8: 309.

（320）台湾别麻蝇 *Boettcherisca formosensis* Kirner *et* Lopes, 1961

Boettcherisca formosensis Kirner *et* Lopes, 1961. Mem. Inst. Oswaldo Cruz 59 (1): 65. **Type locality:** China: Taiwan, 20th km of Taipei-Taokian road.
Boettcherisca formosensis: Verves, 1986. *In*: Soós *et* Papp, 1986. Cat. Palaearct. Dipt. 12: 161; Xue *et* Verves, 2011. *In*: Xue, Verves *et* Du, 2011. Ann. Soc. Entomol. Fr. (N. S.) 47 (3-4): 305.
Sarcophaga (*Boettcherisca*) *formosensis*: Pape, 1996. Mem. Ent. Int. 8: 310.
Sarcophaga formosensis: Lin *et* Chen, 1999. The Name List of Taiwan Diptera (1): 117; Sugiyama, Shinonaga *et* Kano, 1987. Sieboldia (Suppl.): 70.
分布（Distribution）：辽宁（LN）、浙江（ZJ）、四川（SC）、台湾（TW）、广东（GD）。

（321）千山别麻蝇 *Boettcherisca nathani* Lopes, 1961

Boettcherisca nathani Lopes, 1961. Mem. Inst. Oswaldo Cruz 59 (1): 79. **Type locality:** India: Tamil Nādu, Korumbagaram.
Boettcherisca nathani: Fan *et* Pape, 1996. Stud. Dipt. 3 (2): 248; Verves, 1989. Mem. Inst. Oswaldo Cruz 84 (Suppl. 4): 542; Xue *et* Verves, 2011. *In*: Xue, Verves *et* Du, 2011. Ann. Soc. Entomol. Fr. (N. S.) 47 (3-4): 306.
Sarcophaga (*Boettcherisca*) *nathani*: Pape, 1996. Mem. Ent. Int. 8: 310.
分布（Distribution）：辽宁（LN）、云南（YN）；印度、印度尼西亚、马来西亚、尼泊尔、巴基斯坦、菲律宾、泰国。

（322）棕尾别麻蝇 *Boettcherisca peregrina* (Robineau-Desvoidy, 1830)

Myophora peregrina Robineau-Desvoidy, 1830. Mém. Prés. Div. Sav. Acad. R. Sci. Inst. Fr. 2 (2): 356. **Type locality:** Australia: New South Wales, Port Jackson near Sydney.
Sarcophaga fuscicauda Böttcher, 1912. Ent. Mitt. 1 (6): 169. **Type locality:** China: Taiwan, Tainan.
Boettcherisca peregrina: Verves, 1986. *In*: Soós *et* Papp, 1986. Cat. Palaearct. Dipt. 12: 161; Verves *et* Khrokalo, 2006b. Key Ins. Rus. Far East 6 (4): 175.
Sarcophaga (*Boettcherisca*) *peregrina*: Pape, 1996. Mem. Ent. Int. 8: 310.
Sarcophaga peregrina: Lin *et* Chen, 1999. The Name List of Taiwan Diptera (1): 117; Séguy, 1941. Encycl. Ent. (A) 21: 68, 131; Sugiyama, Shinonaga *et* Kano, 1987. Sieboldia (Suppl.): 75.
Boettcherisca fuscicauda: Feng *et al*., 2012. Chin. J. Hyg. Insect. & Equip. 18 (2): 143; Jiang, 2002. Chin. Med. J. 115 (10): 1445.
分布（Distribution）：黑龙江（HL）、吉林（JL）、辽宁（LN）、内蒙古（NM）、河北（HEB）、山西（SX）、山东（SD）、河南（HEN）、陕西（SN）、宁夏（NX）、甘肃（GS）、安徽（AH）、江苏（JS）、上海（SH）、浙江（ZJ）、江西（JX）、湖南（HN）、湖北（HB）、四川（SC）、贵州（GZ）、云南（YN）、西藏（XZ）、福建（FJ）、台湾（TW）、广东（GD）、广西（GX）、海南（HI）；朝鲜、日本、尼泊尔、泰国、菲

律宾、印度、斯里兰卡、马来西亚、印度尼西亚、新几内亚岛、澳大利亚、巴布亚新几内亚（新不列颠岛）、萨摩亚、基里巴斯（吉尔伯特群岛）、斐济、美国、夏威夷群岛、塞舌尔。

（323）北方别麻蝇 *Boettcherisca septentrionalis* Rohdendorf, 1937

Boettcherisca (*Notochaetromima*) *septentrionalis* Rohdendorf, 1937. Fauna USSR Dipt. 19 (1): 271, 273. **Type locality:** Russia: Primorie, environs of Vladivostok, Iman.
Boettcherisca septentrionalis: Verves, 1986. *In*: Soós *et* Papp, 1986. Cat. Palaearct. Dipt. 12: 161; Verves, 1989. Mem. Inst. Oswaldo Cruz 84 (Suppl. 4): 542; Xue *et* Verves, 2011. *In*: Xue, Verves *et* Du, 2011. Ann. Soc. Entomol. Fr. (N. S.) 47 (3-4): 309.
Sarcophaga (*Boettcherisca*) *septentrionalis*: Pape, 1996. Mem. Ent. Int. 8: 311.
分布（Distribution）：辽宁（LN）；俄罗斯、日本。

96. 范氏麻蝇属 *Fanzideia* Xue *et* Verves, 2011

Fanzideia Xue *et* Verves, 2011. *In*: Xue, Verves *et* Du, 2011. Ann. Soc. Entomol. Fr. (N. S.) 47 (3-4): 304, 311. **Type species:** *Fanzideia cygnocerca* Xue *et* Verves, 2011 (monotypy).

（324）鹅叶范氏麻蝇 *Fanzideia cygnocerca* Xue *et* Verves, 2011

Fanzideia cygnocerca Xue *et* Verves, 2011. *In*: Xue, Verves *et* Du, 2011. Ann. Soc. Entomol. Fr. (N. S.) 47 (3-4): 309. **Type locality:** China: Hainan I., Jianfengling.
分布（Distribution）：海南（HI）。

97. 约麻蝇属 *Johnstonimyia* Lopes, 1959

Johnstonimyia Lopes, 1959. Stud. Ent. (n. s.) 2 (1-4): 48. **Type species:** *Sarcophaga kappa* Johnston *et* Tiegs, 1921 (by original designation).
Johnstonimyia: Kano *et* Lopes, 1981. Rev. Bras. Biol. 41 (2): 295; Verves, 1989. Mem. Inst. Oswaldo Cruz 84 (Suppl. 4): 542; Xue *et* Verves, 2011. *In*: Xue, Verves *et* Du, 2011. Ann. Soc. Entomol. Fr. (N. S.) 47 (3-4): 304, 311, 313.
Sarcophaga (*Johnstonimyia*): Pape, 1996. Mem. Ent. Int. 8: 339.

（325）台湾约麻蝇 *Johnstonimyia taiwanensis* (Kano *et* Lopes, 1969)

Burmanomyia taiwanensis Kano *et* Lopes, 1969. Pac. Insects 11 (3-4): 522. **Type locality:** China: Taiwan, Pen-chi-hu [now: Fenchihu], Chia-i-Hsien.
Lioproctia taiwanensis: Fan *et* Pape, 1996. Stud. Dipt. 3 (2): 251.
Johnstonimyia taiwanensis: Verves, 1989. Mem. Inst. Oswaldo Cruz 84 (Suppl. 4): 542; Xue *et* Verves, 2011. *In*: Xue, Verves *et* Du, 2011. Ann. Soc. Entomol. Fr. (N. S.) 47 (3-4): 313.
Sarcophaga (*Lioproctia*) *taiwanensis*: Pape, 1996. Mem. Ent. Int. 8: 345.
Sarcophaga taiwanensis: Lin *et* Chen, 1999. The Name List of Taiwan Diptera (1): 117; Sugiyama, Shinonaga *et* Kano, 1987. Sieboldia (Suppl.): 77.
分布（Distribution）：台湾（TW）。

98. 克麻蝇属 *Kramerea* Rohdendorf, 1937

Kramerea Rohdendorf, 1937. Fauna USSR Dipt. 19 (1): 51, 274. **Type species:** *Sarcophaga schuetzei* Kramer, 1909 (by original designation).
Kramerea: Fan, 1992. Key to the Common Flies of China, 2nd Ed.: 639, 665; Fan *et* Pape, 1996. Stud. Dipt. 3 (2): 251; Rohdendorf, 1965. Ent. Obozr. 44 (3): 685, 694.
Sarcophaga (*Kramerea*): Pape, 1996. Mem. Ent. Int. 8: 341.

（326）舞毒蛾克麻蝇 *Kramerea schuetzei* (Kramer, 1909)

Sarcophaga schuetzei Kramer, 1909. Ent. Rund. 26: 83. **Type locality:** Germany: Oberlausitz, Königsholz.
Kramerea schuetzei: Rohdendorf, 1937. Fauna USSR Dipt. 19 (1): 275; Verves, 1986. *In*: Soós *et* Papp, 1986. Cat. Palaearct. Dipt. 12: 162.
Sarcophaga (*Kramerea*) *schuetzei*: Pape, 1996. Mem. Ent. Int. 8: 341.
Sarcophaga schuetzei: Lin *et* Chen, 1999. The Name List of Taiwan Diptera (1): 117; Séguy, 1941. Encycl. Ent. (A) 21: 68, 143; Sugiyama, Shinonaga *et* Kano, 1987. Sieboldia (Suppl.): 76.
分布（Distribution）：黑龙江（HL）、吉林（JL）、辽宁（LN）、内蒙古（NM）、北京（BJ）、山西（SX）、河南（HEN）、陕西（SN）、甘肃（GS）、四川（SC）；日本、朝鲜、蒙古国、俄罗斯、阿塞拜疆、波兰、德国、捷克、斯洛伐克、匈牙利、保加利亚、前南斯拉夫。

99. 亮麻蝇属 *Lioproctia* Enderlein, 1928

Lioproctia Enderlein, 1928. Arch. Klass. Phyl. Ent. 1 (1): 26. **Type species:** *Lioproctia aurifrons* sensu Enderlein, 1928, not *Sarcophaga aurifrons* Doleschall, 1858 [= *Lioproctia enderleini* Kano *et* Lopes, 1970] (by original designation).
Lioproctia: Fan *et* Pape, 1996. Stud. Dipt. 3 (2): 251; Verves, 1986. *In*: Soós *et* Papp, 1986. Cat. Palaearct. Dipt. 12: 162; Verves, 1989. Mem. Inst. Oswaldo Cruz 84 (Suppl. 4): 541.
Sarcophaga (*Lioproctia*): Pape, 1996. Mem. Ent. Int. 8: 343.
Liopyoctia [erroneous subsequent spelling of *Lioproctia*]: Feng, 2011. Sichuan J. Zool. 30 (4): 548.

1）缅麻蝇亚属 *Burmanomyia* Fan, 1964

Burmanomyia Fan, 1964. Acta Zootaxon. Sin. 1 (2): 305, 316 (as genus). **Type species:** *Sarcophaga beesoni* Senior-White,

1924 (monotypy).
Lioproctia (*Burmanomyia*): Verves, 1989. Mem. Inst. Oswaldo Cruz 84 (Suppl. 4): 541.
Burmanomyia: Fan, 1992. Key to the Common Flies of China, 2nd Ed.: 639, 662; Xue *et* Verves, 2011. *In*: Xue, Verves *et* Du, 2011. Ann. Soc. Entomol. Fr. (N. S.) 47 (3-4): 305, 314.

(327) 比森亮麻蝇 *Lioproctia* (*Burmanomyia*) *beesoni* (Senior-White, 1924)

Sarcophaga beesoni Senior-White, 1924. Rec. India Mus. 26 (3): 243. **Type locality:** Myanmar [as "Burma"]: Mohnyin.
Burmanomyia guanyina Lehrer *et* Wei, 2010. Fragm. Dipt. 26: 1. **Type locality:** China: Guizhou, Longli (Forest Farm).
Lioproctia (*Burmanomyia*) *beesoni*: Verves, 1989. Mem. Inst. Oswaldo Cruz 84 (Suppl. 4): 542; Xue *et* Verves, 2011. *In*: Xue, Verves *et* Du, 2011. Ann. Soc. Entomol. Fr. (N. S.) 47 (3-4): 315.
Liopyoctia beesoni: Feng, 2011. Sichuan J. Zool. 30 (4): 548; Verves, 1986. *In*: Soós *et* Papp, 1986. Cat. Palaearct. Dipt. 12: 162.
Burmanomyia beesoni: Fan, 1964. Acta Zootaxon. Sin. 1 (2): 305; Fan, 1992. Key to the Common Flies of China, 2nd Ed.: 663.
Burmanomyia (*Burmanomyia*) *beesoni*: Fan, 1965. Key to the Common Flies of China: 250.
Boettcherisca beesoni: Feng *et al*., 2012. Chin. J. Hyg. Insect. & Equip. 18 (2): 143.
Lioproctia beesoni: Fan *et* Pape, 1996. Stud. Dipt. 3 (2): 251.
Sarcophaga (*Lioproctia*): Pape, 1996. Mem. Ent. Int. 8: 344.
分布（Distribution）：河南（HEN）、安徽（AH）、江苏（JS）、上海（SH）、浙江（ZJ）、江西（JX）、湖南（HN）、湖北（HB）、四川（SC）、重庆（CQ）、贵州（GZ）、云南（YN）、福建（FJ）、广东（GD）、广西（GX）、海南（HI）；日本、印度、缅甸、尼泊尔、泰国。

2）柯缅麻蝇亚属 *Coonoria* Fan, 1964

Coonoria Fan, 1964. Acta Zootaxon. Sin. 1 (2): 305, 316 (as a subgenus of *Burmanomyia* Fan, 1964). **Type species:** *Sarcophaga pattoni* Senior-White, 1924 (monotypy).
Lioproctia (*Coonortia*): Verves, 1989. Mem. Inst. Oswaldo Cruz 84 (Suppl. 4): 541; Xue *et* Verves, 2011. *In*: Xue, Verves *et* Du, 2011. Ann. Soc. Entomol. Fr. (N. S.) 47 (3-4): 315.
Burmanomyia (*Coonoria*): Fan, 1965. Key to the Common Flies of China: 248.

(328) 巴顿光麻蝇 *Lioproctia* (*Coonoria*) *pattoni* (Senior-White, 1924)

Sarcophaga pattoni Senior-White, 1924. Rec. India Mus. 26 (3): 223, 242. **Type locality:** India: Tamil Nādu, Nīlgiri Hills, Coonoor.
Lioproctia kunlunea Lehrer, 2008f. Fragm. Dipt. 17: 16. **Type locality:** Not given.
Lioproctia (*Coonoria*) *pattoni*: Verves, 1989. Mem. Inst. Oswaldo Cruz 84 (Suppl. 4): 542; Xue *et* Verves, 2011. *In*: Xue, Verves *et* Du, 2011. Ann. Soc. Entomol. Fr. (N. S.) 47 (3-4): 315.
Liopyoctia pattoni: Lehrer, 2008f. Fragm. Dipt. 17: 15; Zhang *et al*., 2010. Chin. J. Vector Biol. & Control 21 (4): 358.
Burmanomyia pattoni: Fan, 1992. Key to the Common Flies of China, 2nd Ed.: 663.
Burmanomyia (*Coonoria*) *pattoni*: Fan, 1964. Acta Zootaxon. Sin. 1 (2): 305; Fan, 1965. Key to the Common Flies of China: 250.
Lioproctia pattoni: Fan *et* Pape, 1996. Stud. Dipt. 3 (2): 251.
Sarcophaga (*Lioproctia*) *pattoni*: Pape, 1996. Mem. Ent. Int. 8: 345.
分布（Distribution）：河南（HEN）、湖北（HB）、四川（SC）、云南（YN）、台湾（TW）、广东（GD）、海南（HI）；印度、印度尼西亚、马来西亚、尼泊尔、菲律宾、新加坡、越南。

100. 球麻蝇属 *Phallosphaera* Rohdendorf, 1938

Phallosphaera Rohdendorf, 1938. Trans. Sikhote-Alin St. Res. 2: 107. **Type species:** *Phallosphaera konakovi* Rohdendorf, 1938 (by original designation).
Yunnanomyia Fan, 1964. Acta Zootaxon. Sin. 1 (2): 305, 316 (as a subgenus of *Phallosphaera* Rohdendorf, 1938). **Type species:** *Sarcophaga gravelyi* Senior-White, 1924.
Phallosphaera: Fan, 1965. Key to the Common Flies of China: 225, 250; Fan *et* Pape, 1996. Stud. Dipt. 3 (2): 254; Verves, 1989. Mem. Inst. Oswaldo Cruz 84 (Suppl. 4): 542.
Sarcophaga (*Phallosphaera*): Pape, 1996. Mem. Ent. Int. 8: 378.

(329) 友谊球麻蝇 *Phallosphaera amica* Ma, 1964

Phallosphaera amica Ma, 1964. Acta Zootaxon. Sin. 1 (1): 56, 62. **Type locality:** China: Liaoning, Ch'ienshan.
Phallosphaera (*Yunnanomyia*) *amica*: Fan, 1965. Key to the Common Flies of China: 253.
Sarcophaga (*Phallosphaera*) *amica*: Pape, 1996. Mem. Ent. Int. 8: 378.
分布（Distribution）：吉林（JL）、辽宁（LN）；朝鲜。

(330) 华南球麻蝇 *Phallosphaera gravelyi* (Senior-White, 1924)

Sarcophaga gravelyi Senior-White, 1924. Rec. India Mus. 26 (3): 222, 224, 229. **Type locality:** India: Tamil Nādu, Nīlgiri Hills, Kallar [as "Kulla"].
Sarcophaga longicornis Böttcher, 1912. Ent. Mitt. 1 (6): 166 (a junior primary homonym of *Sarcophaga longicornis* Macquart, 1843). **Type locality:** China: Taiwan, Dafulin [as "Taihorinsho"].
Sarcophaga formosana Senior-White, 1924. Rec. India Mus. 26 (3): 243 (replacement name for *Sarcophaga longicornis* Böttcher, 1912).
Sarcophaga kinoshitai Hori, 1954. Sci. Rep. Kanazawa Univ. 2 (2): 45. **Type locality:** Japan: Honshu, Ishikawa Prefecture,

Mt. Shiritaka.

Phallosphaera huangdinia Lehrer, 2008f. Fragm. Dipt. 17: 17. **Type locality:** Not given.

Phallosphaera yelangiops Lehrer *et* Wei, 2011. Fragm. Dipt. 29: 6. **Type locality:** China: Guizhou, Yelang.

Phallosphaera (*Yunnanomyia*) *gravelyi*: Fan, 1964. Acta Zootaxon. Sin. 1 (2): 305, 316; Fan, 1992. Key to the Common Flies of China, 2nd Ed.: 664.

Sarcophaga (*Phallosphaera*) *gravelyi*: Pape, 1996. Mem. Ent. Int. 8: 378.

Phallosphaera longicornis: Lehrer, 2008f. Fragm. Dipt. 17: 19; Lehrer *et* Wei, 2011. Fragm. Dipt. 29: 3.

分布（Distribution）：辽宁（LN）、山西（SX）、上海（SH）、浙江（ZJ）、湖南（HN）、湖北（HB）、四川（SC）、贵州（GZ）、云南（YN）、福建（FJ）、台湾（TW）、广东（GD）；韩国、日本、泰国、尼泊尔、印度。

（331）东北球麻蝇 *Phallosphaera konakovi* Rohdendorf, 1938

Phallosphaera konakovi Rohdendorf, 1938. Trans. Sikhote-Alin St. Res. 2: 107. **Type locality:** Russia: Primorie, Sikhote-Alin State Reservation.

Phallosphaera konakovi: Fan *et* Pape, 1996. Stud. Dipt. 3 (2): 254; Verves, 1986. *In*: Soós *et* Papp, 1986. Cat. Palaearct. Dipt. 12: 174.

Phallosphaera (*Phallosphaera*) *konakovi*: Fan, 1992. Key to the Common Flies of China, 2nd Ed.: 663.

Sarcophaga (*Phallosphaera*) *konakovi*: Pape, 1996. Mem. Ent. Int. 8: 378.

分布（Distribution）：黑龙江（HL）、吉林（JL）、辽宁（LN）、内蒙古（NM）、陕西（SN）、四川（SC）、重庆（CQ）、云南（YN）；俄罗斯、日本。

短角寄蝇科 Rhinophoridae

1. 阿科短角寄蝇属 *Acompomintho* Villeneuve, 1927

Acompomintho Villeneuve, 1927e. Revue Zool. Bot. Afr. 15 (3): 223. **Type species:** *Acompomintho lobata* Villeneuve, 1927 (monotypy).

Wagneriopsis Townsend, 1927. Ent. Mitt. 16 (4): 281. **Type species:** *Wagneriopsis formosensis* Townsend [= *Acompomintho lobata* Villeneuve, 1927] (by original designation).

Acompomintho: Crosskey, 1977. *In*: Delfinado *et* Hardy, 1977. Cat. Dipt. Orient. Reg. 3: 584; Lin *et* Chen, 1999. The Name List of Taiwan Diptera (1): 118.

（1）叶阿科短角寄蝇 *Acompomintho lobata* Villeneuve, 1927

Acompomintho lobata Villeneuve, 1927e. Revue Zool. Bot. Afr. 15 (3): 223. **Type locality:** China: Taiwan, Tainan.

Wagneriopsis formosensis Townsend, 1927. Ent. Mitt. 16 (4): 282. **Type locality:** China: Taiwan, Hokuto.

Acompomintho lobata: Crosskey, 1977. *In*: Delfinado *et* Hardy, 1977. Cat. Dipt. Orient. Reg. 3: 584; Lin *et* Chen, 1999. The Name List of Taiwan Diptera (1): 118; Kato *et* Tachi, 2016. Zootaxa 4158 (1): 83.

分布（Distribution）：台湾（TW）；朝鲜、韩国、琉球群岛。

寄蝇科 Tachinidae

长足寄蝇亚科 Dexiinae

长足寄蝇族 Dexiini

1. 篦寄蝇属 *Billaea* Robineau-Desvoidy, 1830

Billaea Robineau-Desvoidy, 1830. Mém. Prés. Div. Sav. Acad. R. Sci. Inst. Fr. 2 (2): 328. **Type species:** *Billaea grisea* Robineau-Desvoidy, 1830 (monotypy) [= *Dexia pectinata* Meigen, 1826].

Omalostoma Rondani, 1862. Dipt. Ital. Prodromus, Vol. V: 56, 58. **Type species:** *Omalostoma fortis* Rondani, 1862 (monotypy).

Sirostoma Rondani, 1862. Dipt. Ital. Prodromus, Vol. V: 53, 55. **Type species:** *Dexia triangulifera* Zetterstedt, 1844 (by original designation).

Gymnodexia Brauer *et* Bergenstamm, 1891. Zweif. Kaiserl. Mus. Wien 5: 60. **Type species:** *Dexia triangulifera* Zetterstedt, 1844 (by designation of Brauer, 1893).

（1）艾金篦寄蝇 *Billaea atkinsoni* (Baranov, 1934)

Gymnodexia atkinsoni Baranov, 1934. Ent. Nachr. 8 (2): 49. **Type locality:** Myanmar: Mandalay District, Maymyo.

分布（Distribution）：山西（SX）、陕西（SN）、四川（SC）、云南（YN）、西藏（XZ）、福建（FJ）、台湾（TW）、广西（GX）；日本、巴基斯坦、印度、缅甸、老挝、泰国、马来西亚。

（2）短尾篦寄蝇 *Billaea brevicauda* Zhang *et* Shima, 2015

Billaea brevicauda Zhang *et* Shima, 2015. *In*: Zhang *et al.*, 2015. Zootaxa 3949 (1): 6. **Type locality:** China: Xizang, Mangkang, Haitong.

分布（Distribution）：四川（SC）、云南（YN）、西藏（XZ）。

（3）脊篦寄蝇 *Billaea carinata* Zhang *et* Shima, 2015

Billaea carinata Zhang *et* Shima, 2015. *In*: Zhang *et al.*, 2015. Zootaxa 3949 (1): 7. **Type locality:** China: Liaoning, Benxi

(Tiecha Mountain).
分布（Distribution）：辽宁（LN）。

（4）中华篦寄蝇 *Billaea chinensis* Zhang *et* Shima, 2015

Billaea chinensis Zhang *et* Shima, 2015. *In*: Zhang *et al*., 2015. Zootaxa 3949 (1): 8. **Type locality:** China: Shaanxi, Qinling, Taibai Mountain.
分布（Distribution）：山西（SX）、陕西（SN）、四川（SC）、云南（YN）、西藏（XZ）；越南。

（5）黄篦寄蝇 *Billaea flava* Zhang *et* Wang, 2015

Billaea flava Zhang *et* Wang, 2015. *In*: Zhang *et al*., 2015. Zootaxa 3949 (1): 11. **Type locality:** China: Guangxi, Shangsi, Shiwandashan Mountain.
分布（Distribution）：广西（GX）、海南（HI）。

（6）壮篦寄蝇 *Billaea fortis* (Rondani, 1862)

Omalostoma fortis Rondani, 1862. Dipt. Ital. Prodromus, Vol. V: 59. **Type locality:** Italy: Lombardian Alps and Piemonte.
Billaea magna Kolomiets, 1966. Novye I Maloizvestnye Vidy Fauny Sibiri 1966: 98. **Type locality:** Russia: Primorskiy Kray, Sitsa River.
分布（Distribution）：黑龙江（HL）、辽宁（LN）、山西（SX）、浙江（ZJ）、云南（YN）、西藏（XZ）；俄罗斯、日本、哈萨克斯坦；欧洲。

（7）勤篦寄蝇 *Billaea impigra* Kolomiets, 1966

Billaea impigra Kolomiets, 1966. Novye I Maloizvestnye Vidy Fauny Sibiri 1966: 96. **Type locality:** Russia: Primorskiy Kray.
分布（Distribution）：内蒙古（NM）、山西（SX）；俄罗斯。

（8）克罗篦寄蝇 *Billaea kolomyetzi* Mesnil, 1970

Billaea kolomyetzi Mesnil, 1970. Mushi 44: 121. **Type locality:** Poland: Bialowieski Park Narodowy.
分布（Distribution）：黑龙江（HL）、吉林（JL）；俄罗斯；欧洲。

（9）小爪篦寄蝇 *Billaea micronychia* Zhang *et* Shima, 2015

Billaea micronychia Zhang *et* Shima, 2015. *In*: Zhang *et al*., 2015. Zootaxa 3949 (1): 17. **Type locality:** China: Liaoning, Kuandian (Baishilazi).
分布（Distribution）：吉林（JL）、辽宁（LN）、河北（HEB）、山西（SX）、青海（QH）；日本。

（10）暗篦寄蝇 *Billaea morosa* Mesnil, 1963

Billaea morosa Mesnil, 1963. Bull. Inst. R. Sci. Nat. Belg. 39 (24): 53. **Type locality:** Russia: Primorskiy Kray, Yakovlevka.
分布（Distribution）：辽宁（LN）、河北（HEB）；俄罗斯、日本。

（11）鬃篦寄蝇 *Billaea setigera* Zhang *et* Shima, 2015

Billaea setigera Zhang *et* Shima, 2015. *In*: Zhang *et al*., 2015. Zootaxa 3949 (1): 22. **Type locality:** China: Xizang, Chaya, Jitang (Qiuxi).
分布（Distribution）：青海（QH）、四川（SC）、云南（YN）、西藏（XZ）。

（12）角斑篦寄蝇 *Billaea triangulifera* (Zetterstedt, 1844)

Dexia triangulifera Zetterstedt, 1844. Dipt. Scand. 3: 1269. **Type locality:** Finland. various localities in Sweden.
分布（Distribution）：黑龙江（HL）、吉林（JL）、辽宁（LN）、内蒙古（NM）、河北（HEB）、青海（QH）、西藏（XZ）；俄罗斯、日本、外高加索地区；欧洲。

（13）顶鬃篦寄蝇 *Billaea verticalis* Shima *et* Zhang, 2015

Billaea verticalis Shima *et* Zhang, 2015. *In*: Zhang *et al*., 2015. Zootaxa 3949 (1): 27. **Type locality:** China: Yunnan, 10 km north of Deqin.
分布（Distribution）：云南（YN）。

2. 长足寄蝇属 *Dexia* Meigen, 1826

Dexia Meigen, 1826. Syst. Beschr. Europ. Zweifl. Insekt. 5: 33. **Type species:** *Musca rustica* Fabricius, 1775 (designation under the Plenary Powers of ICZN, 1988).
Dexilla Westwood, 1840. Synopsis Gen. Brit. Ins. 2: 140. **Type species:** *Musca rustica* Fabricius, 1775 (by original designation).
Phasiodexia Townsend, 1925. Ent. Mitt. 14: 250. **Type species:** *Phasiodexia flavida* Townsend, 1925 (by original designation).
Dexillina Kolomiets, 1970. Novye I Maloizvestnye Vidy Fauny Sibiri 3: 57 (as a subgenus of *Dexia* Meigen, 1826). **Type species:** *Musca vacua* Fallén, 1817 (by original designation).

（14）高长足寄蝇 *Dexia alticola* Zhang *et* Shima, 2010

Dexia alticola Zhang *et* Shima, 2010. *In*: Zhang, Shima *et* Chen, 2010. Zootaxa 2705: 11. **Type locality:** China: Sichuan, Jiuzhaigou, Xueshangou.
分布（Distribution）：甘肃（GS）、青海（QH）、四川（SC）、云南（YN）、西藏（XZ）。

（15）卡德长足寄蝇 *Dexia caldwelli* Curran, 1927

Dexia caldwelli Curran, 1927. Amer. Mus. Novit. 245: 8. **Type locality:** China: Fujian, Nanping.
Sumatrodexia incisuralis Baranov, 1932. Wien. Ent. Ztg. 49: 215. **Type locality:** China: Sichuan, Kangding.
分布（Distribution）：浙江（ZJ）、江西（JX）、四川（SC）、

云南（YN）、西藏（XZ）、福建（FJ）、广东（GD）、广西（GX）、海南（HI）；印度、不丹、尼泊尔、缅甸、泰国。

（16）赵氏长足寄蝇 *Dexia chaoi* Zhang *et* Shima, 2010

Dexia chaoi Zhang *et* Shima, 2010. *In*: Zhang, Shima *et* Chen, 2010. Zootaxa 2705: 21. **Type locality:** China: Yunnan, Weixi, Lidiping.

分布（Distribution）：陕西（SN）、青海（QH）、新疆（XJ）、四川（SC）、云南（YN）、西藏（XZ）。

（17）中华长足寄蝇 *Dexia chinensis* Zhang *et* Chen, 2010

Dexia chinensis Zhang *et* Chen, 2010. *In*: Zhang, Shima *et* Chen, 2010. Zootaxa 2705: 24. **Type locality:** China: Ningxia, Jingyuan (Heshangmao Forestry Center).

分布（Distribution）：河北（HEB）、北京（BJ）、陕西（SN）、宁夏（NX）、贵州（GZ）、西藏（XZ）。

（18）多形长足寄蝇 *Dexia divergens* Walker, 1856

Dexia divergens Walker, 1856a. J. Proc. Linn. Soc. London Zool. 1: 21. **Type locality:** Malaysia: Malaya Peninsula, Johore, Mt. Ophir.

分布（Distribution）：陕西（SN）、浙江（ZJ）、江西（JX）、四川（SC）、云南（YN）、西藏（XZ）、福建（FJ）、台湾（TW）、广东（GD）、广西（GX）、海南（HI）；印度、泰国、马来西亚、印度尼西亚。

（19）巨长足寄蝇 *Dexia extendens* Walker, 1856

Dexia extendens Walker, 1856b. J. Proc. Linn. Soc. London Zool. 1: 126. **Type locality:** Malaysia: Sarawak.

分布（Distribution）：云南（YN）；印度、缅甸、菲律宾、马来西亚、印度尼西亚。

（20）淡色长足寄蝇 *Dexia flavida* (Townsend, 1925)

Phasiodexia flavida Townsend, 1925. Ent. Mitt. 14: 251. **Type locality:** Indonesia: Sumatera (Bukittinggi).

Phasiodexia formosana Townsend, 1927. Ent. Mitt. 16 (4): 284. **Type locality:** China: Taiwan, Nant'ou Hsien, Chitou.

分布（Distribution）：陕西（SN）、安徽（AH）、浙江（ZJ）、江西（JX）、四川（SC）、贵州（GZ）、云南（YN）、西藏（XZ）、福建（FJ）、台湾（TW）、广西（GX）、海南（HI）；缅甸、马来西亚、印度尼西亚。

（21）黄长足寄蝇 *Dexia flavipes* Coquillett, 1898

Dexia flavipes Coquillett, 1898. Proc. U. S. Natl. Mus. 21: 332. **Type locality:** Japan: Honshū, Gifu.

分布（Distribution）：河北（HEB）；韩国、日本。

（22）广长足寄蝇 *Dexia fulvifera* von Röder, 1893

Dexia fulvifera von Röder, 1893. Ent. Nachr. 19: 235. **Type locality:** Sri Lanka.

Calotheresia formosensis Townsend, 1927. Ent. Mitt. 16 (4): 284. **Type locality:** China: Taiwan, various localities.

分布（Distribution）：辽宁（LN）、河北（HEB）、北京（BJ）、山西（SX）、陕西（SN）、甘肃（GS）、安徽（AH）、浙江（ZJ）、四川（SC）、云南（YN）、西藏（XZ）、福建（FJ）、台湾（TW）、广东（GD）、广西（GX）、海南（HI）、香港（HK）；俄罗斯、日本、巴基斯坦、印度、尼泊尔、缅甸、老挝、斯里兰卡、菲律宾、马来西亚、印度尼西亚。

（23）淡黄长足寄蝇 *Dexia gilva* Mesnil, 1980

Dexia (*Eomyocera*) *gilva* Mesnil, 1980. Flieg. Palaearkt. Reg. 9: 44. **Type locality:** Japan: Ryukyu Islands, Amami-Ō-shima, Shinmura.

分布（Distribution）：安徽（AH）、浙江（ZJ）、湖北（HB）、四川（SC）、云南（YN）、西藏（XZ）、广西（GX）、海南（HI）；琉球群岛、越南。

（24）海南长足寄蝇 *Dexia hainanensis* Zhang, 2005

Dexia hainanensis Zhang, 2005. Acta Zootaxon. Sin. 30 (2): 436. **Type locality:** China: Hainan, Mt. Jianfengling.

分布（Distribution）：海南（HI）。

（25）海长足寄蝇 *Dexia maritima* Kolomiets, 1970

Dexia (*Dexillina*) *maritima* Kolomiets, 1970. Novye I Maloizvestnye Vidy Fauny Sibiri 3: 70. **Type locality:** Russia: Primorskiy Kray, Barabash.

分布（Distribution）：内蒙古（NM）、河北（HEB）、北京（BJ）、甘肃（GS）、青海（QH）、四川（SC）、云南（YN）、西藏（XZ）；俄罗斯。

（26）山长足寄蝇 *Dexia monticola* (Malloch, 1935)

Eomyocera monticola Malloch, 1935. Ann. Mag. Nat. Hist. (10) 16: 587. **Type locality:** Malaysia: N. Borneo, Mt. Kinabalu, Lumu.

分布（Distribution）：西藏（XZ）、广东（GD）；马来西亚、印度尼西亚。

（27）弯叶长足寄蝇 *Dexia tenuiforceps* Zhang *et* Shima, 2010

Dexia tenuiforceps Zhang *et* Shima, 2010. *In*: Zhang, Shima *et* Chen, 2010. Zootaxa 2705: 66. **Type locality:** China: Yunnan, Liude, Yongsheng.

分布（Distribution）：浙江（ZJ）、湖北（HB）、四川（SC）、云南（YN）、西藏（XZ）、福建（FJ）、台湾（TW）；尼泊尔。

（28）腹长足寄蝇 *Dexia ventralis* Aldrich, 1925

Dexia ventralis Aldrich, 1925. Proc. U. S. Natl. Mus. 66 (18): 33. **Type locality:** R. O. Korea: Suigen.

分布（Distribution）：黑龙江（HL）、吉林（JL）、辽宁（LN）、

内蒙古（NM）、河北（HEB）、北京（BJ）、山西（SX）、山东（SD）、陕西（SN）、宁夏（NX）、甘肃（GS）、青海（QH）、浙江（ZJ）、四川（SC）、贵州（GZ）、云南（YN）、西藏（XZ）、福建（FJ）、广东（GD）；俄罗斯、蒙古国、朝鲜、韩国、美国（新泽西州人为引入）。

3. 迪内寄蝇属 *Dinera* Robineau-Desvoidy, 1830

Dinera Robineau-Desvoidy, 1830. Mém. Prés. Div. Sav. Acad. R. Sci. Inst. Fr. 2 (2): 307. **Type species:** *Dinera grisea* Robineau-Desvoidy, 1830 (by designation of Townsend, 1916) [= *Musca carinifrons* Fallén, 1817].

（29）高迪内寄蝇 *Dinera alticola* Zhang *et* Shima, 2006

Dinera alticola Zhang *et* Shima, 2006. Zootaxa 1243: 10. **Type locality:** Nepal: Topke Gola.

分布（Distribution）：云南（YN）；尼泊尔。

（30）狭额迪内寄蝇 *Dinera angustifrons* Zhang *et* Shima, 2006

Dinera angustifrons Zhang *et* Shima, 2006. Zootaxa 1243: 13. **Type locality:** China: Sichuan, Kangding, Zheduo Shan.

分布（Distribution）：内蒙古（NM）、河北（HEB）、宁夏（NX）、甘肃（GS）、四川（SC）、云南（YN）、西藏（XZ）。

（31）北方迪内寄蝇 *Dinera borealis* Zhang *et* Fu, 2012

Dinera borealis Zhang *et* Fu, 2012. Zootaxa 3275: 21. **Type locality:** China: Liaoning, Benxi, Tanggou, Heshangmaozi.

分布（Distribution）：辽宁（LN）。

（32）短须迪内寄蝇 *Dinera brevipalpis* Zhang *et* Shima, 2006

Dinera brevipalpis Zhang *et* Shima, 2006. Zootaxa 1243: 16. **Type locality:** Vietnam: Vinh Phu Province, Mt. Tam Đao.

分布（Distribution）：浙江（ZJ）、广东（GD）；越南、泰国、马来西亚。

（33）赵氏迪内寄蝇 *Dinera chaoi* Zhang *et* Shima, 2006

Dinera chaoi Zhang *et* Shima, 2006. Zootaxa 1243: 21. **Type locality:** China: Yunnan, Ailao Shan, Jingdong Ecological Station.

分布（Distribution）：云南（YN）。

（34）野迪内寄蝇 *Dinera ferina* (Fallén, 1817)

Musca ferina Fallén, 1817. K. Svenska Vetensk. Akad. Handl. (3) [1816]: 242. **Type locality:** Sweden: Västergötland.

分布（Distribution）：北京（BJ）、西藏（XZ）；俄罗斯、朝鲜；欧洲。

（35）暗迪内寄蝇 *Dinera fuscata fuscata* Zhang *et* Shima, 2006

Dinera fuscata Zhang *et* Shima, 2006. Zootaxa 1243: 25. **Type locality:** Japan: Honshū, Nagano, Mt. Yatsugatake.

Musca carinifrons of authors, not Fallén, 1817 (misidentification).

分布（Distribution）：吉林（JL）、辽宁（LN）、河北（HEB）、山西（SX）、陕西（SN）、宁夏（NX）、浙江（ZJ）、四川（SC）、云南（YN）；日本。

（36）灰迪内寄蝇 *Dinera grisescens* (Fallén, 1817)

Musca grisescens Fallén, 1817. K. Svenska Vetensk. Akad. Handl. (3) [1816]: 243. **Type locality:** Sweden.

分布（Distribution）：内蒙古（NM）、河北（HEB）、北京（BJ）、山西（SX）、山东（SD）、新疆（XJ）；俄罗斯、蒙古国、外高加索地区、加拿大、美国；中亚、欧洲。

（37）广西迪内寄蝇 *Dinera guanxiensis* Zhang *et* Fu, 2012

Dinera guanxiensis Zhang *et* Fu, 2012. Zootaxa 3275: 23. **Type locality:** China: Guangxi, Jinxiu, Dayaoshan Mountain.

分布（Distribution）：广西（GX）。

（38）长喙迪内寄蝇 *Dinera longirostris* Villeneuve, 1936

Dinera grisescens longirostris Villeneuve, 1936. Ark. Zool. 27A (34): 6. **Type locality:** Mongolia: various localities.

分布（Distribution）：内蒙古（NM）、河北（HEB）、新疆（XJ）；俄罗斯、蒙古国、吉尔吉斯斯坦。

（39）斑迪内寄蝇 *Dinera maculosa* Zhang *et* Shima, 2006

Dinera maculosa Zhang *et* Shima, 2006. Zootaxa 1243: 33. **Type locality:** China: Sichuan, Kangding (Yulin).

分布（Distribution）：四川（SC）、云南（YN）。

（40）米兰迪内寄蝇 *Dinera miranda* (Mesnil, 1963)

Phorostoma miranda Mesnil, 1963. Bull. Inst. R. Sci. Nat. Belg. 39 (24): 54. **Type locality:** Russia: Primorskiy Kray, Tigrovaya.

分布（Distribution）：黑龙江（HL）、辽宁（LN）、西藏（XZ）；俄罗斯、朝鲜。

（41）黑瓣迪内寄蝇 *Dinera nigrisquama* Zhang *et* Fu, 2012

Dinera nigrisquama Zhang *et* Fu, 2012. Zootaxa 3275: 25. **Type locality:** China: Yunnan, Deqin, Baimaxueshan Mountain.

分布（Distribution）：云南（YN）。

（42）东方迪内寄蝇 *Dinera orientalis* Zhang *et* Shima, 2006

Dinera orientalis Zhang *et* Shima, 2006. Zootaxa 1243: 40.

Type locality: Malaysia: Pahang, Cameron Highlands, Gunung Jasar.
分布（**Distribution**）：浙江（ZJ）、四川（SC）、西藏（XZ）；印度、马来西亚。

（43）鬃颜迪内寄蝇 *Dinera setifacies* Zhang *et* Shima, 2006

Dinera setifacies Zhang *et* Shima, 2006. Zootaxa 1243: 43. **Type locality:** Nepal: Solukhumbu, between Jumbesi and Nuntara.
分布（**Distribution**）：宁夏（NX）、青海（QH）、四川（SC）、云南（YN）、西藏（XZ）、台湾（TW）；巴基斯坦、尼泊尔。

（44）四川迪内寄蝇 *Dinera sichuanensis* Zhang *et* Shima, 2006

Dinera sichuanensis Zhang *et* Shima, 2006. Zootaxa 1243: 46. **Type locality:** China: Sichuan, Ganzi Prefecture, Jiajin Shan.
分布（**Distribution**）：四川（SC）。

（45）似迪内寄蝇 *Dinera similis* Zhang *et* Shima, 2006

Dinera similis Zhang *et* Shima, 2006. Zootaxa 1243: 48. **Type locality:** China: Sichuan, Kangding (Paoma Shan).
分布（**Distribution**）：四川（SC）。

（46）高野迪内寄蝇 *Dinera takanoi* (Mesnil, 1957)

Phorostoma takanoi Mesnil, 1957. Mém. Soc. R. Ent. Belg. 28: 67. **Type locality:** Japan: Hokkaidō, Obihiro.
分布（**Distribution**）：黑龙江（HL）、辽宁（LN）、西藏（XZ）；俄罗斯、朝鲜、日本。

（47）薛氏迪内寄蝇 *Dinera xuei* Zhang *et* Shima, 2006

Dinera xuei Zhang *et* Shima, 2006. Zootaxa 1243: 54. **Type locality:** China: Shanxi, Hunyuan, Hunyuan Forestry Station.
分布（**Distribution**）：内蒙古（NM）、河北（HEB）、北京（BJ）、山西（SX）、陕西（SN）、宁夏（NX）、甘肃（GS）、四川（SC）、云南（YN）。

4. 依寄蝇属 *Estheria* Robineau-Desvoidy, 1830

Estheria Robineau-Desvoidy, 1830. Mém. Prés. Div. Sav. Acad. R. Sci. Inst. Fr. 2 (2): 305. **Type species:** *Estheria imperatoriae* Robineau-Desvoidy, 1830 (by designation of Townsend, 1916) [= *Dexia cristata* Meigen, 1826].

（48）克依寄蝇 *Estheria cristata* (Meigen, 1826)

Dexia cristata Meigen, 1826. Syst. Beschr. Europ. Zweifl. Insekt. 5: 41. **Type locality:** Germany: Stolberg.
分布（**Distribution**）：内蒙古（NM）、新疆（XJ）；外高加索地区；欧洲。

（49）黄依寄蝇 *Estheria flavipennis* Herting, 1968

Estheria flavipennis Herting, 1968. Reichenbachia 11: 60. **Type locality:** Mongolia: Hentiy Aimag, south of Kerulen.
分布（**Distribution**）：辽宁（LN）、内蒙古（NM）、山西（SX）、云南（YN）、福建（FJ）；俄罗斯、蒙古国。

（50）斑翅依寄蝇 *Estheria maculipennis* Herting, 1968

Estheria maculipennis Herting, 1968. Reichenbachia 11: 61. **Type locality:** Mongolia: Chentej Aimak, Candagan tal.
Estheria alticola Zhang, 2013. *In*: Zhang *et al*., 2013. J. Shenyang Norm. Univ. (Nat. Sci.) 31 (2): 139; not Mesnil, 1967 (misidentification).
分布（**Distribution**）：内蒙古（NM）；俄罗斯、蒙古国。

（51）大依寄蝇 *Estheria magna* (Baranov, 1935)

Myiostoma magna Baranov, 1935. Vet. Arhiv 5: 557. **Type locality:** Japan: Hokkaidō, Sapporo.
分布（**Distribution**）：吉林（JL）、辽宁（LN）、内蒙古（NM）、山西（SX）、河南（HEN）、陕西（SN）、宁夏（NX）、甘肃（GS）、青海（QH）、安徽（AH）、四川（SC）、贵州（GZ）、云南（YN）、西藏（XZ）、福建（FJ）、台湾（TW）、广东（GD）、广西（GX）；日本、印度、尼泊尔、巴基斯坦、越南、泰国、马来西亚。

（52）黑依寄蝇 *Estheria nigripes* (Villeneuve, 1920)

Dexiomorpha nigripes Villeneuve, 1920a. Ann. Soc. Ent. Belg. 60: 203. **Type locality:** Algeria and Tunisia.
分布（**Distribution**）：北京（BJ）；以色列、土耳其、希腊、阿尔及利亚、突尼斯。

（53）白毛依寄蝇 *Estheria pallicornis* (Loew, 1873)

Dinera pallicornis Loew, 1873. Beschr. Europ. Dipt. 3: 237. **Type locality:** Uzbekistan. or Tajikistan: Zarafshon Valley.
分布（**Distribution**）：内蒙古（NM）、河北（HEB）、北京（BJ）、山西（SX）、宁夏（NX）、新疆（XJ）；俄罗斯、蒙古国、印度、尼泊尔、巴基斯坦、塔吉克斯坦、乌兹别克斯坦、阿富汗、伊朗、土耳其、希腊、外高加索地区。

（54）柄脉依寄蝇 *Estheria petiolata* (Bonsdorff, 1866)

Dexia petiolata Bonsdorff, 1866. Bidr. Känn. Finl. Nat. Folk. 7: 131. **Type locality:** Finland: Maaninka, Polvijärvi and Taipalsaari.
分布（**Distribution**）：内蒙古（NM）、新疆（XJ）；哈萨克斯坦、外高加索地区；欧洲。

（55）色依寄蝇 *Estheria picta* (Meigen, 1826)

Dexia picta Meigen, 1826. Syst. Beschr. Europ. Zweifl. Insekt. 5: 44. **Type locality:** Germany: Niedersachsen, Lüneburg.

分布（Distribution）：内蒙古（NM）、宁夏（NX）；俄罗斯、蒙古国、哈萨克斯坦、外高加索地区；欧洲。

5. 长喙寄蝇属 *Prosena* Le Peletier *et* Serville, 1828

Prosena Le Peletier *et* Serville, 1828. *In*: Latreille *et al*., 1828. Encycl. Méth. Hist. Nat. 10 (2): 500. **Type species:** *Stomoxys siberita* Fabricius, 1775 (by original designation).
Calirrhoe Meigen, 1800. Nouve. Class.: 39 (name suppressed by ICZN, 1963).

(56) 金龟长喙寄蝇 *Prosena siberita* (Fabricius, 1775)

Stomoxys siberita Fabricius, 1775. Syst. Entom.: 798. **Type locality:** Denmark: Copenhagen.
分布（Distribution）：黑龙江（HL）、吉林（JL）、辽宁（LN）、内蒙古（NM）、河北（HEB）、北京（BJ）、山西（SX）、河南（HEN）、陕西（SN）、宁夏（NX）、甘肃（GS）、湖南（HN）、湖北（HB）、四川（SC）、云南（YN）、西藏（XZ）、福建（FJ）、台湾（TW）、广东（GD）、海南（HI）；俄罗斯、蒙古国、朝鲜、韩国、日本、印度、尼泊尔、缅甸、斯里兰卡、菲律宾、马来西亚、印度尼西亚、外高加索地区、美国（新泽西州引入并建立种群）、澳大利亚、莫桑比克；中亚、欧洲。

6. 拟长足寄蝇属 *Pseudodexilla* O'Hara, Shima *et* Zhang, 2009

Pseudodexilla O'Hara, Shima *et* Zhang, 2009. Zootaxa 2190: 31 (replacement name for *Pseudodexia* Chao, 2002).
Pseudodexia Chao, 2002. *In*: Chao, Liang *et* Zhou, 2002. *In*: Huang, 2002. Forest Insects of Hainan: 830 (a junior homonym of *Pseudodexia* Brauer *et* Bergenstamm, 1891). **Type species:** *Pseudodexia gui* Chao, 2002 (by original designation).

(57) 顾氏拟长足寄蝇 *Pseudodexilla gui* (Chao, 2002)

Pseudodexia gui Chao, 2002. *In*: Chao, Liang *et* Zhou, 2002. *In*: Huang, 2002. Forest Insects of Hainan: 831. **Type locality:** China: Hainan, Jianfeng Ling.
分布（Distribution）：青海（QH）、海南（HI）。

7. 特西寄蝇属 *Trixa* Meigen, 1824

Trixa Meigen, 1824. Syst. Beschr. Europ. Zweifl. Insekt. 4: 222. **Type species:** *Trixa dorsalis* Meigen, 1824 (by designation of Westwood, 1840) [= *Musca conspersus* Harris, 1776].
Dexiotrix Villeneuve, 1936. Bull. Soc. Ent. Égypte 20: 330. **Type species:** *Dexiotrix longipennis* Villeneuve, 1930 (monotypy).
Trixella Mesnil, 1980. Flieg. Palaearkt. Reg. 9: 8. **Type species:** *Dexiotrix pubiseta* Mesnil, 1967 (by original designation).

(58) 赵氏特西寄蝇 *Trixa chaoi* Zhang *et* Shima, 2005

Trixa chaoi Zhang *et* Shima, 2005. Ins. Sci. 12 (1): 61. **Type locality:** China: Yunnan, Weixi, Lidiping.
分布（Distribution）：云南（YN）。

(59) 中华特西寄蝇 *Trixa chinensis* Zhang *et* Shima, 2005

Trixa chinensis Zhang *et* Shima, 2005. Ins. Sci. 12 (1): 59. **Type locality:** China: Sichuan, Kangding (Xingduqiao [= Xinduqiao]).
分布（Distribution）：四川（SC）。

(60) 斑特西寄蝇 *Trixa conspersa* (Harris, 1776)

Musca conspersus Harris, 1776. Expos. Engl. Ins.: 38. **Type locality:** United Kingdom: England.
分布（Distribution）：吉林（JL）、陕西（SN）、新疆（XJ）、四川（SC）、云南（YN）、西藏（XZ）；俄罗斯、哈萨克斯坦、外高加索地区；欧洲。

(61) 长翅特西寄蝇 *Trixa longipennis* (Villeneuve, 1936)

Dexiotrix longipennis Villeneuve, 1936. Bull. Soc. Ent. Égypte 20: 330. **Type locality:** China: Sichuan, Emei Shan.
分布（Distribution）：河北（HEB）、山西（SX）、河南（HEN）、陕西（SN）、甘肃（GS）、四川（SC）、台湾（TW）。

(62) 暗特西寄蝇 *Trixa nox* (Shima, 1988)

Trixella nox Shima, 1988. Bull. Kitakyushu Mus. Nat. Hist. 8: 2. **Type locality:** Nepal: Salpa La.
分布（Distribution）：西藏（XZ）；尼泊尔。

(63) 透特西寄蝇 *Trixa pellucens* (Mesnil, 1967)

Dexiotrix pellucens Mesnil, 1967. Mushi 41: 53. **Type locality:** China: Sichuan, Baoxing.
分布（Distribution）：陕西（SN）、四川（SC）、云南（YN）。

(64) 翅鬃特西寄蝇 *Trixa pubiseta* (Mesnil, 1967)

Dexiotrix pubiseta Mesnil, 1967. Mushi 41: 54. **Type locality:** Japan: Hokkaidō.
分布（Distribution）：黑龙江（HL）、吉林（JL）；日本。

(65) 比利特西寄蝇 *Trixa pyrenaica* Villeneuve, 1928

Trixa pyrenaica Villeneuve, 1928. Bull. Ann. Soc. R. Ent. Belg. 68: 50. **Type locality:** France: Hautes-Pyrénées, Lac de Caderolles.
分布（Distribution）：青海（QH）、四川（SC）、云南（YN）；欧洲。

(66)红腹特西寄蝇 *Trixa rufiventris* (Mesnil, 1967)

Dexiotrix rufiventris Mesnil, 1967. Mushi 41: 52. **Type locality:** China: Gansu.
分布(**Distribution**):甘肃(GS)、青海(QH)、四川(SC);俄罗斯。

8. 阻寄蝇属 *Zeuxia* Meigen, 1826

Zeuxia Meigen, 1826. Syst. Beschr. Europ. Zweifl. Insekt. 5: 8. **Type species:** *Zeuxia cinerea* Meigen, 1826 (monotypy).
Eggeria Rondani, 1862. Dipt. Ital. Prodromus, Vol. V: 87 (a junior homonym of *Eggeria* Schiner, 1861). **Type species:** *Dexia erythraea* Egger, 1856 (monotypy).
Kolomietsina Mesnil, 1980. Flieg. Palaearkt. Reg. 9: 17, 18 (as a subgenus of *Zeuxia* Meigen, 1826). **Type species:** *Zeuxia zejana* Kolomiets, 1971 (by original designation).

(67) 赤斑阻寄蝇 *Zeuxia erythraea* (Egger, 1856)

Dexia erythraea Egger, 1856. Verh. K. K. Zool.-Bot. Ges. Wien 6: 389. **Type locality:** Italy: Trieste.
分布(**Distribution**):新疆(XJ);俄罗斯、外高加索地区;欧洲。

(68) 神阻寄蝇 *Zeuxia zejana* Kolomiets, 1971

Zeuxia zejana Kolomiets, 1971. Novye I Maloizvestnye Vidy Fauny Sibiri 4: 57. **Type locality:** Russia: Amurskaya Oblast', weather station on Zeya River.
分布(**Distribution**):黑龙江(HL);俄罗斯;欧洲。

多利寄蝇族 Doleschallini

9. 刺须寄蝇属 *Torocca* Walker, 1859

Torocca Walker, 1859. J. Proc. Linn. Soc. London Zool. 4: 131. **Type species:** *Torocca abdominalis* Walker, 1859 (monotypy).

(69) 亮胸刺须寄蝇 *Torocca munda* (Walker, 1856)

Dexia munda Walker, 1856b. J. Proc. Linn. Soc. London Zool. 1: 126. **Type locality:** Malaysia: Sarawak.
分布(**Distribution**):陕西(SN)、浙江(ZJ)、湖南(HN)、云南(YN)、福建(FJ);日本、印度、越南、泰国、马来西亚、印度尼西亚。

独寄蝇族 Dufouriini

10. 穴寄蝇属 *Chetoptilia* Rondani, 1862

Chetoptilia Rondani, 1862. Dipt. Ital. Prodromus, Vol. V: 166. **Type species:** *Ptilops puella* Rondani, 1862 (monotypy).
Chaetoptiliopsis Baranov, 1938. Bull. Entomol. Res. 29 (4): 411. **Type species:** *Chaetoptiliopsis burmanica* Baranov, 1938 (by original designation).

(70) 缅甸穴寄蝇 *Chetoptilia burmanica* (Baranov, 1938)

Chaetoptiliopsis burmanica Baranov, 1938. Bull. Entomol. Res. 29 (4): 411. **Type locality:** Myanmar.
分布(**Distribution**):云南(YN);缅甸。

11. 罗寄蝇属 *Rondania* Robineau-Desvoidy, 1850

Rondania Robineau-Desvoidy, 1850b. Ann. Soc. Entomol. Fr. 2 (8): 192. **Type species:** *Rondania cucullata* Robineau-Desvoidy, 1850 (monotypy).
Dysthrixa Pandellé, 1894. Rev. Ent. 13: 47. **Type species:** *Dysthrixa notiventris* Pandellé, 1896 (monotypy) [= *Rondania cucullata* Robineau-Desvoidy, 1850].

(71) 勺罗寄蝇 *Rondania cucullata* Robineau-Desvoidy, 1850

Rondania cucullata Robineau-Desvoidy, 1850b. Ann. Soc. Entomol. Fr. 2 (8): 192. **Type locality:** France.
分布(**Distribution**):宁夏(NX);法国、瑞士、奥地利、德国、匈牙利。

优寄蝇族 Eutherini

12. 优寄蝇属 *Euthera* Loew, 1866

Euthera Loew, 1866. Berl. Ent. Z. 10: 46, 47. **Type species:** *Euthera tentatrix* Loew, 1866 (monotypy).
Eutheropsis Townsend, 1916. Entomol. News 27: 178. **Type species:** *Euthera mannii* Mik, 1889 (by original designation) [= *Ocyptera fascipennis* Loew, 1854].

(72)斑翅优寄蝇 *Euthera fascipennis* (Loew, 1854)

Ocyptera fascipennis Loew, 1854. Programm K. Realschule Meseritz 1854: 20. **Type locality:** Greece: Crete, Heraklion.
Euthera mannii Mik, 1889. Wien. Ent. Ztg. 8: 132. **Type locality:** Turkey: Bursa.
分布(**Distribution**):台湾(TW);印度、土耳其、坦桑尼亚;中亚、欧洲。

13. 回寄蝇属 *Redtenbacheria* Schiner, 1861

Redtenbacheria Schiner, 1861. Wien. Ent. Monatschr. 5 (5): 143. **Type species:** *Redtenbacheria spectabilis* Schiner, 1861 (by original designation) [= *Redtenbacheria insignis* Egger, 1861].

(73) 显回寄蝇 *Redtenbacheria insignis* Egger, 1861

Redtenbacheria insignis Egger, 1861. Verh. K. K. Zool.-Bot. Ges. Wien 11: 215 (nomen protectum). **Type locality:** Austria.
Redtenbacheria spectabilis Schiner, 1861. Wien. Ent. Monatschr. 5 (5): 143 (nomen oblitum). **Type locality:** Austria.
分布(**Distribution**):辽宁(LN)、河北(HEB)、北京(BJ)、陕西(SN)、四川(SC);俄罗斯、日本、外高加索地区;中亚、欧洲。

佛雷寄蝇族 Freraeini

14. 美裸寄蝇属 *Eugymnopeza* Townsend, 1933

Eugymnopeza Townsend, 1933. J. N. Y. Ent. Soc. 40: 453. **Type species:** *Eugymnopeza braueri* Townsend, 1933 (by original designation).

（74）伊姆美裸寄蝇 *Eugymnopeza imparilis* Herting, 1973

Eugymnopeza imparilis Herting, 1973. Stuttg. Beitr. Naturkd. 259: 36. **Type locality:** Mongolia: Ömnögovĭ Aimag, Tachilga Mountains.

分布（Distribution）：北京（BJ）；蒙古国。

拟寄蝇族 Imitomyiini

15. 月寄蝇属 *Riedelia* Mesnil, 1942

Riedelia Mesnil, 1942. Arb. Morph. Taxon. Ent. Berl. 9: 290. **Type species:** *Riedelia bicolor* Mesnil, 1942 (by original designation).

（75）双色月寄蝇 *Riedelia bicolor* Mesnil, 1942

Riedelia bicolor Mesnil, 1942. Arb. Morph. Taxon. Ent. Berl. 9: 291. **Type locality:** China: Heilongjiang, Maoerschan.

分布（Distribution）：黑龙江（HL）、河北（HEB）、北京（BJ）、山西（SX）、上海（SH）、浙江（ZJ）、四川（SC）、贵州（GZ）、云南（YN）、西藏（XZ）；俄罗斯、日本。

蜗寄蝇族 Voriini

16. 棘刺寄蝇属 *Actinochaetopteryx* Townsend, 1927

Actinochaetopteryx Townsend, 1927. Ent. Mitt. 16 (4): 277. **Type species:** *Actinochaetopteryx actifera* Townsend, 1927 (by original designation).

（76）活叶棘刺寄蝇 *Actinochaetopteryx actifera* Townsend, 1927

Actinochaetopteryx actifera Townsend, 1927. Ent. Mitt. 16 (4): 278. **Type locality:** China: Taiwan, Kaohsiung Hsien, Chiahsien Hsiang.

分布（Distribution）：云南（YN）、西藏（XZ）、台湾（TW）、海南（HI）。

（77）日本棘刺寄蝇 *Actinochaetopteryx japonica* Mesnil, 1970

Actinochaetopteryx japonica Mesnil, 1970. Mushi 44: 117. **Type locality:** Japan: Hokkaidō, Nukabira.

分布（Distribution）：台湾（TW）；俄罗斯、日本。

17. 短芒寄蝇属 *Athrycia* Robineau-Desvoidy, 1830

Athrycia Robineau-Desvoidy, 1830. Mém. Prés. Div. Sav. Acad. R. Sci. Inst. Fr. 2 (2): 111. **Type species:** *Athrycia erythrocera* Robineau-Desvoidy, 1830 (by designation of Robineau-Desvoidy, 1863) [= *Tachina trepida* Meigen, 1824].

Blepharigena Rondani, 1856. Dipt. Ital. Prodromus, Vol. I: 69. **Type species:** *Tachina trepida* Meigen, 1824 (by original designation).

Paraplagia Brauer *et* Bergenstamm, 1891. Zweif. Kaiserl. Mus. Wien 5: 50. **Type species:** *Tachina trepida* Meigen, 1824 (monotypy).

（78）曲脉短芒寄蝇 *Athrycia curvinervis* (Zetterstedt, 1844)

Tachina curvinervis Zetterstedt, 1844. Dipt. Scand. 3: 1018. **Type locality:** Sweden: Östergötlands.

分布（Distribution）：吉林（JL）、辽宁（LN）、内蒙古（NM）、山西（SX）、宁夏（NX）、甘肃（GS）、新疆（XJ）、四川（SC）、西藏（XZ）；俄罗斯、日本；欧洲。

（79）伊姆短芒寄蝇 *Athrycia impressa* (van der Wulp, 1869)

Plagia impressa van der Wulp, 1869. Tijdschr. Ent. 12: 139. **Type locality:** Netherlands: The Hague, Rotterdam, and Beekhuizen.

分布（Distribution）：黑龙江（HL）、吉林（JL）、辽宁（LN）、内蒙古（NM）、北京（BJ）、甘肃（GS）、青海（QH）、新疆（XJ）、四川（SC）；俄罗斯、蒙古国、外高加索地区；中亚、欧洲。

（80）黑须短芒寄蝇 *Athrycia trepida* (Meigen, 1824)

Tachina trepida Meigen, 1824. Syst. Beschr. Europ. Zweifl. Insekt. 4: 300. **Type locality:** Europe.

分布（Distribution）：黑龙江（HL）、吉林（JL）、辽宁（LN）、内蒙古（NM）、河北（HEB）、山西（SX）、宁夏（NX）、四川（SC）、西藏（XZ）；俄罗斯、蒙古国、日本、外高加索地区；中东地区；中亚、欧洲。

18. 噪寄蝇属 *Campylocheta* Rondani, 1859

Campylocheta Rondani, 1859. Dipt. Ital. Prodromus, Vol. III: 157, 169. **Type species:** *Tachina praecox* Meigen, 1824 (by fixation of O'Hara *et* Wood, 2004, misidentified as *Tachina schistacea* Meigen, 1824 in the by original designation of Rondani, 1859).

（81）腹噪寄蝇 *Campylocheta abdominalis* Shima, 1985

Campylocheta abdominalis Shima, 1985. Syst. Ent. 10: 110.

Type locality: Japan: Hokkaidō, Sapporo.
分布（**Distribution**）：辽宁（LN）；日本。

（82）双鬃噪寄蝇 *Campylocheta bisetosa* Shima, 1985

Campylocheta bisetosa Shima, 1985. Syst. Ent. 10: 115. **Type locality:** Japan: Hokkaidō, Nopporo.
分布（**Distribution**）：辽宁（LN）；俄罗斯、日本。

（83）褐脉噪寄蝇 *Campylocheta fuscinervis* (Stein, 1924)

Goedartia fuscinervis Stein, 1924. Arch. Naturgesch., Abteilung A 90 (6): 105. **Type locality:** Austria: Vienna. Germany: Berlin and Genthin.
分布（**Distribution**）：北京（BJ）；欧洲。

（84）毛颜噪寄蝇 *Campylocheta hirticeps* Shima, 1985

Campylocheta hirticeps Shima, 1985. Syst. Ent. 10: 116. **Type locality:** Japan: Hokkaidō, Nopporo.
分布（**Distribution**）：辽宁（LN）；俄罗斯、日本。

（85）宽额噪寄蝇 *Campylocheta latifrons* Zhang *et* Zhou, 2011

Campylocheta latifrons Zhang *et* Zhou, 2011. Acta Zootaxon. Sin. 36 (2): 286. **Type locality:** China: Ningxia, Liupan Mountains, Jingyuan, Heshangpu.
分布（**Distribution**）：宁夏（NX）。

（86）斑噪寄蝇 *Campylocheta maculosa* Zhang *et* Zhou, 2011

Campylocheta maculosa Zhang *et* Zhou, 2011. Acta Zootaxon. Sin. 36 (2): 288. **Type locality:** China: Liaoning, Benxi.
分布（**Distribution**）：辽宁（LN）。

（87）巨尾噪寄蝇 *Campylocheta magnicauda* Shima, 1988

Campylocheta magnicauda Shima, 1988. Bull. Kitakyushu Mus. Nat. Hist. 8: 21. **Type locality:** China: Taiwan, Nant'ou Hsien, Tsuifeng.
分布（**Distribution**）：台湾（TW）。

（88）马来噪寄蝇 *Campylocheta malaisei* (Mesnil, 1953)

Frivaldzkia malaisei Mesnil, 1953d. Bull. Ann. Soc. R. Ent. Belg. 89: 146. **Type locality:** Myanmar: Kachin, Kambaiti.
分布（**Distribution**）：北京（BJ）、云南（YN）；缅甸。

19. 鬃颜寄蝇属 *Chaetovoria* Villeneuve, 1920

Chaetovoria Villeneuve, 1920b. Ann. Soc. Ent. Belg. 60: 118 (as a subgenus of *Voria* Robineau-Desvoidy, 1830). **Type species:** *Voria* (*Chaetovoria*) *antennata* Villeneuve, 1920 (monotypy).
Pseudovoria Ringdahl, 1942a. Opusc. Ent. 7: 63. **Type species:** *Voria* (*Chaetovoria*) *antennata* Villeneuve, 1920 (by original designation).

（89）宽角鬃颜寄蝇 *Chaetovoria antennata* (Villeneuve, 1920)

Voria (*Chaetovoria*) *antennata* Villeneuve, 1920b. Ann. Soc. Ent. Belg. 60: 118. **Type locality:** France: Hautes-Alpes, Col du Lautaret.
分布（**Distribution**）：新疆（XJ）；俄罗斯；欧洲。

20. 瑟寄蝇属 *Cyrtophleba* Rondani, 1856

Cyrtophleba Rondani, 1856. Dipt. Ital. Prodromus, Vol. I: 68. **Type species:** *Tachina ruricola* Meigen, 1824 (by original designation).

（90）茹芮瑟寄蝇 *Cyrtophleba ruricola* (Meigen, 1824)

Tachina ruricola Meigen, 1824. Syst. Beschr. Europ. Zweifl. Insekt. 4: 299. **Type locality:** Europe.
分布（**Distribution**）：黑龙江（HL）、辽宁（LN）、山西（SX）、宁夏（NX）、新疆（XJ）；俄罗斯、蒙古国、外高加索地区；中东地区；中亚、欧洲。

（91）新瑟寄蝇 *Cyrtophleba vernalis* Kramer, 1917

Plagia vernalis Kramer, 1917. Abh. Naturforsch. Ges. Görlitz 28: 268. **Type locality:** Germany: Oberlausitz, Tränke.
分布（**Distribution**）：辽宁（LN）；俄罗斯、德国、瑞典。

21. 邻寄蝇属 *Dexiomimops* Townsend, 1926

Dexiomimops Townsend, 1926. Suppl. Ent. 14: 21. **Type species:** *Dexiomimops longipes* Townsend, 1926 (by original designation).

（92）短邻寄蝇 *Dexiomimops brevipes* Shima, 1987

Dexiomimops brevipes Shima, 1987. Sieboldia (Suppl.) 1987: 91. **Type locality:** China: Taiwan, Hualien Hsien, between Tzuen and Tayulin.
分布（**Distribution**）：台湾（TW）。

（93）厚邻寄蝇 *Dexiomimops crassipes* Shima, 1987

Dexiomimops crassipes Shima, 1987. Sieboldia (Suppl.) 1987: 92. **Type locality:** China: Taiwan, Nant'ou Hsien, Tsuifeng.
分布（**Distribution**）：台湾（TW）。

（94）残邻寄蝇 *Dexiomimops curtipes* Shima, 1987

Dexiomimops curtipes Shima, 1987. Sieboldia (Suppl.) 1987: 94. **Type locality:** Thailand: Kanchanaburi Province, Sai Yok.
分布（**Distribution**）：浙江（ZJ）、福建（FJ）；泰国。

（95）黄邻寄蝇 *Dexiomimops flavipes* Shima, 1987

Dexiomimops flavipes Shima, 1987. Sieboldia (Suppl.) 1987: 87. **Type locality:** China: Taiwan.

分布（Distribution）：辽宁（LN）、河北（HEB）、山西（SX）、陕西（SN）、台湾（TW）。

（96）暗邻寄蝇 *Dexiomimops fuscata* Shima *et* Chao, 1992

Dexiomimops fuscata Shima *et* Chao, 1992. Jap. J. Ent. 60: 640. **Type locality:** China: Yunnan, Ailao Shan, Shengtaizhan.

分布（Distribution）：云南（YN）。

（97）白邻寄蝇 *Dexiomimops pallipes* Mesnil, 1957

Dexiomimops pallipes Mesnil, 1957. Mém. Soc. R. Ent. Belg. 28: 68. **Type locality:** Myanmar: Kambaiti.

分布（Distribution）：内蒙古（NM）、河北（HEB）、北京（BJ）、浙江（ZJ）、福建（FJ）、广东（GD）；缅甸、马来西亚。

（98）红足邻寄蝇 *Dexiomimops rufipes* Baranov, 1935

Dexiomimops rufipes Baranov, 1935. Vet. Arhiv 5: 557. **Type locality:** Russia: Sakhalin, Cholmsk.

分布（Distribution）：黑龙江（HL）、吉林（JL）、河北（HEB）、浙江（ZJ）、台湾（TW）、广东（GD）、广西（GX）；俄罗斯、日本。

22. 埃尔寄蝇属 *Elfriedella* Mesnil, 1957

Elfriedella Mesnil, 1957. Mém. Soc. R. Ent. Belg. 28: 69. **Type species:** *Elfriedella amoena* Mesnil, 1957 (monotypy).

（99）长尾埃尔寄蝇 *Elfriedella amoena* Mesnil, 1957

Elfriedella amoena Mesnil, 1957. Mém. Soc. R. Ent. Belg. 28: 69. **Type locality:** Japan: Hokkaidō, Obihiro.

分布（Distribution）：云南（YN）；俄罗斯、日本。

23. 缘刺寄蝇属 *Eriothrix* Meigen, 1803

Eriothrix Meigen, 1803. Mag. Insektenkd. 2: 279. **Type species:** *Musca lateralis* Fabricius, 1775 (monotypy) (junior primary homonym of *Musca lateralis* Linnaeus, 1758 [= *Musca rufomaculata* De Geer, 1776]).

（100）亚平缘刺寄蝇 *Eriothrix apennina* (Rondani, 1862)

Rhynchista apennina Rondani, 1862. Dipt. Ital. Prodromus, Vol. V: 164. **Type locality:** Italy: Apennines, near Parma.

分布（Distribution）：内蒙古（NM）、山西（SX）、甘肃（GS）；俄罗斯、哈萨克斯坦、外高加索地区；中东地区；欧洲、非洲（北部）。

（101）银缘刺寄蝇 *Eriothrix argyreatus* (Meigen, 1824)

Tachina argyreatus Meigen, 1824. Syst. Beschr. Europ. Zweifl. Insekt. 4: 316. **Type locality:** probably Austria.

分布（Distribution）：辽宁（LN）、内蒙古（NM）、山西（SX）、陕西（SN）；俄罗斯、蒙古国；欧洲。

（102）暗缘刺寄蝇 *Eriothrix furva* Kolomiets, 1967

Eriothrix furvus Kolomiets, 1967. Ent. Obozr. 46: 253. **Type locality:** Russia: Respublika Sakha, Yakutsk.

分布（Distribution）：辽宁（LN）、新疆（XJ）；俄罗斯。

（103）小缘刺寄蝇 *Eriothrix micronyx* Stein, 1924

Eriothrix micronyx Stein, 1924. Arch. Naturgesch., Abteilung A, 90 (6): 170. **Type locality:** Italy: Passo dello Stelvio. Switzerland: Malojapass.

分布（Distribution）：山西（SX）、新疆（XJ）；俄罗斯；欧洲。

（104）拱鼻缘刺寄蝇 *Eriothrix nasuta* Kolomiets, 1967

Eriothrix nasutus Kolomiets, 1967. Ent. Obozr. 46: 256. **Type locality:** Kazakhstan: Vostochnyy Kazakhstan, Kara-Kanton.

分布（Distribution）：新疆（XJ）；哈萨克斯坦。

（105）亮缘刺寄蝇 *Eriothrix nitida* Kolomiets, 1967

Eriothrix nitidus Kolomiets, 1967. Ent. Obozr. 46: 256. **Type locality:** Russia: Respublika Tyva, Chaa-Khol' River.

分布（Distribution）：辽宁（LN）、河北（HEB）、山西（SX）、陕西（SN）、新疆（XJ）、西藏（XZ）；俄罗斯。

（106）苗条缘刺寄蝇 *Eriothrix prolixa* (Meigen, 1824)

Tachina prolixa Meigen, 1824. Syst. Beschr. Europ. Zweifl. Insekt. 4: 363. **Type locality:** Europe.

分布（Distribution）：新疆（XJ）；俄罗斯、蒙古国、外高加索地区；中亚、欧洲。

（107）罗氏缘刺寄蝇 *Eriothrix rohdendorfi* Kolomiets, 1967

Eriothrix rohdendorfi Kolomiets, 1967. Ent. Obozr. 46: 256. **Type locality:** Kazakhstan: Mugodzhari Mountains, Ber-Chugur.

分布（Distribution）：辽宁（LN）、内蒙古（NM）；俄罗斯、哈萨克斯坦。

（108）红斑缘刺寄蝇 *Eriothrix rufomaculata* (De Geer, 1776)

Musca rufomaculata De Geer, 1776. Mém. Pour Serv. Hist. Insect. 6: 28. **Type locality:** Sweden.

分布（Distribution）：黑龙江（HL）、吉林（JL）、辽宁（LN）、内蒙古（NM）、山西（SX）；俄罗斯、朝鲜、哈萨克斯坦、外高加索地区；中东地区；中亚、欧洲。

（109）暗脉缘刺寄蝇 *Eriothrix umbrinervis* Mesnil, 1957

Eriothrix umbrinervis Mesnil, 1957. Mém. Soc. R. Ent. Belg.

28: 68. **Type locality:** Japan: Hokkaidō, Obihiro.
分布（Distribution）：辽宁（LN）；俄罗斯、蒙古国、朝鲜、日本。

24. 凶寄蝇属 *Feriola* Mesnil, 1957

Feriola Mesnil, 1957. Mém. Soc. R. Ent. Belg. 28: 77. **Type species:** *Feriola longicornis* Mesnil, 1957 (monotypy).

（110）狭额凶寄蝇 *Feriola angustifrons* Shima, 1988

Feriola angustifrons Shima, 1988. Bull. Kitakyushu Mus. Nat. Hist. 8: 19. **Type locality:** China: Taiwan, Chiai Hsien, Alishan, Chunshan.
分布（Distribution）：台湾（TW）。

（111）岛凶寄蝇 *Feriola insularis* Richter, 1986

Feriola insularis Richter, 1986. Trudy Zool. Inst. 146: 102. **Type locality:** Russia: Sakhalin, 12 km south of Kholmsk.
分布（Distribution）：黑龙江（HL）、辽宁（LN）；俄罗斯。

（112）长角凶寄蝇 *Feriola longicornis* Mesnil, 1957

Feriola longicornis Mesnil, 1957. Mém. Soc. R. Ent. Belg. 28: 77. **Type locality:** Myanmar: Kachin, Kambaiti.
分布（Distribution）：四川（SC）；缅甸。

25. 筒寄蝇属 *Halydaia* Egger, 1856

Halydaia Egger, 1856. Verh. K. K. Zool.-Bot. Ges. Wien 6: 383. **Type species:** *Halydaia aurea* Egger, 1856 (by designation of Brauer, 1893).
Halidaya Gerstaecker, 1857. Arch. Naturgesch. 23 (II): 421 (a junior homonym of *Halidaya* Rondani, 1856; unjustified emendation of *Halydaia* Egger, 1856).

（113）金黄筒寄蝇 *Halydaia aurea* Egger, 1856

Halydaia aurea Egger, 1856. Verh. K. K. Zool.-Bot. Ges. Wien 6: 384. **Type locality:** Austria: Wien-Nussdorf and Klosterneuburg.
Halydaia argentea Egger, 1856. Verh. K. K. Zool.-Bot. Ges. Wien 6: 385. **Type locality:** Austria: Wien-Nussdorf and Neusiedl.
分布（Distribution）：吉林（JL）、辽宁（LN）、内蒙古（NM）、河北（HEB）、甘肃（GS）、浙江（ZJ）、四川（SC）、重庆（CQ）、云南（YN）、广东（GD）、广西（GX）；俄罗斯、蒙古国、日本、外高加索地区；欧洲。

（114）银颜筒寄蝇 *Halydaia luteicornis* (Walker, 1861)

Gymnostylia luteicornis Walker, 1861b. J. Proc. Linn. Soc. London Zool. 6 [1862]: 10. **Type locality:** Indonesia: Maluku Islands, Halmahera.
分布（Distribution）：山东（SD）、河南（HEN）、安徽（AH）、江苏（JS）、上海（SH）、浙江（ZJ）、江西（JX）、湖南（HN）、湖北（HB）、四川（SC）、贵州（GZ）、云南（YN）、西藏（XZ）、福建（FJ）、台湾（TW）、广东（GD）、广西（GX）、海南（HI）、香港（HK）；日本、印度、尼泊尔、老挝、泰国、马来西亚、印度尼西亚、斯里兰卡、巴布亚新几内亚（俾斯麦群岛）、美拉尼西亚群岛。

26. 海寄蝇属 *Hyleorus* Aldrich, 1926

Hyleorus Aldrich, 1926. Trans. Am. Ent. Soc. 52: 16. **Type species:** *Hyleorus furcatus* Aldrich, 1926 (monotypy).
Steiniomyia Townsend, 1932. Ann. Mag. Nat. Hist. (10) 9: 54. **Type species:** *Plagia elata* Meigen, 1838 (monotypy).

（115）毒蛾海寄蝇 *Hyleorus arctornis* Chao *et* Zhou, 1992

Hyleorus arctornis Chao *et* Zhou, 1992. *In*: Sun *et al*., 1992. *In*: Peng *et* Leu, 1992. Iconography of Forest Insects in Hunan China: 1201. **Type locality:** China: Hunan, Xiangzhong.
分布（Distribution）：湖南（HN）。

（116）矮海寄蝇 *Hyleorus elatus* (Meigen, 1838)

Plagia elata Meigen, 1838. Syst. Beschr. Europ. Zweifl. Insekt. 7: 201. **Type locality:** Europe.
分布（Distribution）：黑龙江（HL）、吉林（JL）、辽宁（LN）、内蒙古（NM）、河北（HEB）、北京（BJ）、山西（SX）、江苏（JS）、上海（SH）、浙江（ZJ）、四川（SC）、广东（GD）、广西（GX）；俄罗斯、朝鲜、韩国、日本；欧洲。

27. 亚蜗寄蝇属 *Hypovoria* Villeneuve, 1913

Hypovoria Villeneuve, 1913. Bull. Mus. Natl. Hist. Nat. 18 [1912]: 510 (as a subgenus of *Voria* Robineau-Desvoidy, 1830). **Type species:** *Voria* (*Hypovoria*) *hilaris* Villeneuve, 1913 (monotypy).

（117）欢亚蜗寄蝇 *Hypovoria hilaris* (Villeneuve, 1913)

Voria (*Hypovoria*) *hilaris* Villeneuve, 1913. Bull. Mus. Natl. Hist. Nat. 18 [1912]: 510. **Type locality:** Tunisia: Sfax.
分布（Distribution）：吉林（JL）、内蒙古（NM）、河北（HEB）、甘肃（GS）、新疆（XJ）；俄罗斯、蒙古国、外高加索地区；中东地区；中亚、欧洲、非洲（北部）。

28. 豪蜗寄蝇属 *Hystricovoria* Townsend, 1928

Hystricovoria Townsend, 1928. Philipp. J. Sci. 34 [1927]: 395. **Type species:** *Hystricovoria bakeri* Townsend, 1928 (by original designation).

（118）贝克豪蜗寄蝇 *Hystricovoria bakeri* Townsend, 1928

Hystricovoria bakeri Townsend, 1928. Philipp. J. Sci. 34

[1927]: 395. **Type locality:** Philippines: Luzon, Mt. Makiling.
分布（Distribution）：海南（HI）；印度、菲律宾、？澳大利亚、博茨瓦纳、加纳、肯尼亚、南非、也门。

29. 瘦寄蝇属 *Leptothelaira* Mesnil *et* Shima, 1979

Leptothelaira Mesnil *et* Shima, 1979. Kontyû 47: 477. **Type species:** *Leptothelaira longicaudata* Mesnil *et* Shima, 1979 (by original designation).

（119）宽条瘦寄蝇 *Leptothelaira latistriata* Shima, 1988

Leptothelaira latistriata Shima, 1988. Bull. Kitakyushu Mus. Nat. Hist. 8: 17. **Type locality:** Nepal: Chiaksils.
分布（Distribution）：四川（SC）、云南（YN）、西藏（XZ）；尼泊尔。

（120）长茎瘦寄蝇 *Leptothelaira longipennis* Zhang, Wang *et* Liu, 2006

Leptothelaira longipennis Zhang, Wang *et* Liu, 2006. Acta Zootaxon. Sin. 31 (2): 430. **Type locality:** China: Shanxi, Lüliang, Fangshan, Pangquangou, Yanggetai.
分布（Distribution）：北京（BJ）、山西（SX）、陕西（SN）、宁夏（NX）、甘肃（GS）、浙江（ZJ）、四川（SC）、云南（YN）、西藏（XZ）、福建（FJ）。

（121）南方瘦寄蝇 *Leptothelaira meridionalis* Mesnil *et* Shima, 1979

Leptothelaira meridionalis Mesnil *et* Shima, 1979. Kontyû 47: 480. **Type locality:** Japan: Kyūshū, Miyazaki Prefecture, Mt. Wanizuka.
分布（Distribution）：宁夏（NX）、浙江（ZJ）、湖北（HB）、贵州（GZ）、云南（YN）、台湾（TW）；日本。

（122）东方瘦寄蝇 *Leptothelaira orientalis* Mesnil *et* Shima, 1979

Leptothelaira orientalis Mesnil *et* Shima, 1979. Kontyû 47: 481. **Type locality:** Vietnam: Fyan.
分布（Distribution）：浙江（ZJ）、广西（GX）；越南。

30. 小斑寄蝇属 *Nanoplagia* Villeneuve, 1929

Nanoplagia Villeneuve, 1929a. Bull. Soc. R. Ent. Égypte 12 [1928]: 45. **Type species:** *Plagia hilfii* Strobl, 1902 (by original designation).

（123）西奈小斑寄蝇 *Nanoplagia sinaica* (Villeneuve, 1909)

Plagia hilfii sinaica Villeneuve, 1909 *In*: Hermann *et* Villeneuve, 1909. Verh. Naturw. Ver. Karlsruhe 21: 157. **Type locality:** Egypt: Sinai.
分布（Distribution）：内蒙古（NM）；俄罗斯、哈萨克斯坦、外高加索地区；中东地区；欧洲、非洲（北部）。

31. 裸盾寄蝇属 *Periscepsia* Gistel, 1848

1）裸盾寄蝇亚属 *Periscepsia* Gistel, 1848

Periscepsia Gistel, 1848. Naturgeschichte des Thierreichs für höhere Schulen, Stuttgart, 16: x (replacement name for *Scopolia* Robineau-Desvoidy, 1830).
Scopolia Robineau-Desvoidy, 1830. Mém. Prés. Div. Sav. Acad. R. Sci. Inst. Fr. 2 (2): 268 (a junior homonym of *Scopolia* Hübner, 1825). **Type species:** *Musca carbonaria* Panzer, 1798 (by designation of Zetterstedt, 1844).

（124）黑翅裸盾寄蝇 *Periscepsia* (*Periscepsia*) *carbonaria* (Panzer, 1798)

Musca carbonaria Panzer, 1798. Faunae insectorum germanicae initia oder Deutschlands Insecten, Fasc. 54: 15. **Type locality:** Austria.
分布（Distribution）：辽宁（LN）、内蒙古（NM）、宁夏（NX）、甘肃（GS）、青海（QH）、新疆（XJ）、四川（SC）、云南（YN）、西藏（XZ）；俄罗斯、外高加索地区、也门；中东地区；欧洲、非洲。

（125）汉氏裸盾寄蝇 *Periscepsia* (*Periscepsia*) *handlirschi* (Brauer *et* Bergenstamm, 1891)

Phorichaeta handlirschii Brauer *et* Bergenstamm, 1891. Zweif. Kaiserl. Mus. Wien 5: 52. **Type locality:** Italy: Trentino-Alto Adige, Trafoi.
分布（Distribution）：辽宁（LN）、北京（BJ）、山西（SX）、新疆（XJ）、湖南（HN）、四川（SC）、云南（YN）、西藏（XZ）；中东地区；欧洲。

（126）迈耶裸盾寄蝇 *Periscepsia* (*Periscepsia*) *meyeri* (Villeneuve, 1930)

Wagneria meyeri Villeneuve, 1930. Bull. Ann. Soc. R. Ent. Belg. 70: 101. **Type locality:** Algeria: Tipasa.
分布（Distribution）：云南（YN）；非洲（北部）。

（127）小裸盾寄蝇 *Periscepsia* (*Periscepsia*) *misella* (Villeneuve, 1937)

Wagneria misella Villeneuve, 1937. Bull. Mus. R. Hist. Nat. Belg. 13 (34): 13. **Type locality:** China: Sichuan, Emei Shan.
分布（Distribution）：内蒙古（NM）、北京（BJ）、新疆（XJ）、湖南（HN）、四川（SC）、重庆（CQ）、贵州（GZ）、云南（YN）、西藏（XZ）。

（128）晕脉裸盾寄蝇 *Periscepsia* (*Periscepsia*) *umbrinervis* (Villeneuve, 1937)

Wagneria umbrinervis Villeneuve, 1937. Bull. Mus. R. Hist. Nat. Belg. 13 (34): 13. **Type locality:** China: Xizang.

分布（Distribution）：云南（YN）、西藏（XZ）。

2）拉寄蝇亚属 *Ramonda* Robineau-Desvoidy, 1863

Ramonda Robineau-Desvoidy, 1863. Hist. Nat. Dipt. Envir. Paris 1: 790. **Type species:** *Ramonda fasciata* Robineau-Desvoidy, 1863 (by original designation) [= *Tachina spathulata* Fallén, 1820].

（129）德尔裸盾寄蝇 *Periscepsia* (*Ramonda*) *delphinensis* (Villeneuve, 1922)

Wagneria (*Petinops*) *delphinensis* Villeneuve, 1922c. Bull. Mus. Natl. Hist. Nat. 28: 515. **Type locality:** France: Hautes-Alpes, La Grave.

分布（Distribution）：辽宁（LN）、北京（BJ）；俄罗斯、蒙古国；中亚、欧洲。

（130）裸背裸盾寄蝇 *Periscepsia* (*Ramonda*) *prunaria* (Rondani, 1861)

Phoricheta prunaria Rondani, 1861. Dipt. Ital. Prodromus, Vol. IV: 100. **Type locality:** Germany.

分布（Distribution）：辽宁（LN）、内蒙古（NM）、山西（SX）、宁夏（NX）、青海（QH）、新疆（XJ）；俄罗斯、蒙古国、外高加索地区；欧洲。

（131）窄带裸盾寄蝇 *Periscepsia* (*Ramonda*) *spathulata* (Fallén, 1820)

Tachina spathulata Fallén, 1820. Monogr. Musc. Sveciae I: 7. **Type locality:** Sweden: Skåne, Abusa.

Wagneria fressa Villeneuve, 1937. Bull. Mus. R. Hist. Nat. Belg. 13 (34): 14. **Type locality:** China: Xizang, Wa-Hu Pass.

分布（Distribution）：辽宁（LN）、内蒙古（NM）、山西（SX）、宁夏（NX）、青海（QH）、新疆（XJ）、四川（SC）、云南（YN）、西藏（XZ）；俄罗斯、蒙古国、日本、外高加索地区；欧洲。

32. 拍寄蝇属 *Peteina* Meigen, 1838

Peteina Meigen, 1838. Syst. Beschr. Europ. Zweifl. Insekt. 7: 214. **Type species:** *Musca erinaceus* Fabricius, 1796 (monotypy).

（132）刺拍寄蝇 *Peteina erinaceus* (Fabricius, 1794)

Musca erinaceus Fabricius, 1794. Ent. Syst. 4: 328. **Type locality:** Denmark: Copenhagen.

分布（Distribution）：吉林（JL）、内蒙古（NM）、山西（SX）、宁夏（NX）、青海（QH）；俄罗斯、蒙古国、外高加索地区；欧洲。

（133）粗鬃拍寄蝇 *Peteina hyperdiscalis* Aldrich, 1926

Peteina hyperdiscalis Aldrich, 1926. Proc. U. S. Natl. Mus. 69 (22): 19. **Type locality:** China: Sichuan, Kangding, West of Chetu Pass.

分布（Distribution）：内蒙古（NM）、甘肃（GS）、青海（QH）、新疆（XJ）、四川（SC）、云南（YN）、西藏（XZ）；尼泊尔。

33. 驼寄蝇属 *Phyllomya* Robineau-Desvoidy, 1830

Phyllomya Robineau-Desvoidy, 1830. Mém. Prés. Div. Sav. Acad. R. Sci. Inst. Fr. 2 (2): 213. **Type species:** *Musca volvulus* Fabricius, 1794 (monotypy).

Metopomintho Townsend, 1927. Ent. Mitt. 16 (4): 283. **Type species:** *Metopomintho sauteri* Townsend, 1927 (by original designation).

（134）白毛驼寄蝇 *Phyllomya albipila* Shima *et* Chao, 1992

Phyllomya albipila Shima *et* Chao, 1992. Jap. J. Ent. 60: 638. **Type locality:** China: Yunnan, Deqin.

分布（Distribution）：宁夏（NX）、甘肃（GS）、四川（SC）、云南（YN）。

（135）狭颜驼寄蝇 *Phyllomya angusta* Shima *et* Chao, 1992

Phyllomya angusta Shima *et* Chao, 1992. Jap. J. Ent. 60: 637. **Type locality:** China: Yunnan, Deqin, Meilixueshan.

分布（Distribution）：云南（YN）。

（136）环形驼寄蝇 *Phyllomya annularis* (Villeneuve, 1937)

Macquartia annularis Villeneuve, 1937. Bull. Mus. R. Hist. Nat. Belg. 13 (34): 9. **Type locality:** China: Sichuan.

分布（Distribution）：吉林（JL）、内蒙古（NM）、河北（HEB）、山西（SX）、宁夏（NX）、甘肃（GS）、青海（QH）、四川（SC）、云南（YN）、西藏（XZ）。

（137）芒驼寄蝇 *Phyllomya aristalis* (Mesnil *et* Shima, 1978)

Gibsonomyia aristalis Mesnil *et* Shima, 1978. Kontyû 46: 313. **Type locality:** Japan: Honshū, Nagano Prefecture, Shinhodaka, Hida.

Myiostoma elegans Kolomiets, 1973. Novye I Maloizvestnye Vidy Fauny Sibiri 6: 91 (a junior secondary homonym of *Phyllomyia elegans* Villeneuve, 1937). **Type locality:** Russia: Primorskiy Kray, Velikaya Kema.

分布（Distribution）：辽宁（LN）；俄罗斯、日本。

（138）标致驼寄蝇 *Phyllomya elegans* Villeneuve, 1937

Phyllomyia elegans Villeneuve, 1937. Bull. Mus. R. Hist. Nat. Belg. 13 (34): 13. **Type locality:** China: Sichuan, Emei Shan.

分布（Distribution）：甘肃（GS）、青海（QH）、四川（SC）、云南（YN）。

（139）台湾驼寄蝇 *Phyllomya formosana* Shima, 1988

Phyllomya formosana Shima, 1988. Bull. Kitakyushu Mus. Nat. Hist. 8: 11. **Type locality:** China: Taiwan, Chiai Hsien, Alishan.

分布（Distribution）：吉林（JL）、青海（QH）、四川（SC）、台湾（TW）、广东（GD）。

（140）吉姆驼寄蝇 *Phyllomya gymnops* (Villeneuve, 1937)

Macquartia gymnops Villeneuve, 1937. Bull. Mus. R. Hist. Nat. Belg. 13 (34): 7. **Type locality:** China: Sichuan, Kangding.

分布（Distribution）：甘肃（GS）、青海（QH）、四川（SC）、云南（YN）、西藏（XZ）。

（141）红须驼寄蝇 *Phyllomya palpalis* Shima *et* Chao, 1992

Phyllomya palpalis Shima *et* Chao, 1992. Jap. J. Ent. 60: 636. **Type locality:** China: Yunnan, Deqin, Weixi.

分布（Distribution）：北京（BJ）、云南（YN）。

（142）红腹驼寄蝇 *Phyllomya rufiventris* Shima *et* Chao, 1992

Phyllomya rufiventris Shima *et* Chao, 1992. Jap. J. Ent. 60: 634. **Type locality:** China: Yunnan, Xishuangbanna, Meng-ya.

分布（Distribution）：云南（YN）。

（143）索特驼寄蝇 *Phyllomya sauteri* (Townsend, 1927)

Metopomintho sauteri Townsend, 1927. Ent. Mitt. 16 (4): 284. **Type locality:** China: Taiwan, Kaohsiung Hsien, Fengshan.

分布（Distribution）：台湾（TW）。

34. 卷寄蝇属 *Prosheliomyia* Brauer *et* Bergenstamm, 1891

Prosheliomyia Brauer *et* Bergenstamm, 1891. Zweif. Kaiserl. Mus. Wien 5: 71. **Type species:** *Prosheliomyia nietneri* Brauer *et* Bergenstamm, 1891 (monotypy).

Halidayopsis Townsend, 1927. Ent. Mitt. 16 (4): 282. **Type species:** *Halidayopsis formosensis* Townsend, 1927 (by original designation).

（144）台湾卷寄蝇 *Prosheliomyia formosensis* (Townsend, 1927)

Halidayopsis formosensis Townsend, 1927. Ent. Mitt. 16 (4): 282. **Type locality:** China: Taiwan, P'ingtung Hsien, Changkou.

分布（Distribution）：台湾（TW）。

35. 宽颊寄蝇属 *Stomina* Robineau-Desvoidy, 1830

Stomina Robineau-Desvoidy, 1830. Mém. Prés. Div. Sav. Acad. R. Sci. Inst. Fr. 2 (2): 411. **Type species:** *Stomina rubricornis* Robineau-Desvoidy, 1830 (monotypy) [= *Musca tachinoides* Fallén, 1817].

（145）狭额宽颊寄蝇 *Stomina angustifrons* Kugler, 1968

Stomina angustifrons Kugler, 1968. Israel J. Ent. 3: 62. **Type locality:** Israel: Jerusalem.

分布（Distribution）：吉林（JL）、内蒙古（NM）、河北（HEB）、北京（BJ）、宁夏（NX）、新疆（XJ）、福建（FJ）；以色列、土耳其、阿尔及利亚。

（146）丽宽颊寄蝇 *Stomina caliendrata* (Rondani, 1862)

Morphomyia caliendrata Rondani, 1862. Dipt. Ital. Prodromus, Vol. V: 49. **Type locality:** Italy: Parma.

分布（Distribution）：四川（SC）；外高加索地区、以色列、阿尔及利亚；中亚、欧洲。

（147）迅宽颊寄蝇 *Stomina tachinoides* (Fallén, 1817)

Musca tachinoides Fallén, 1817. K. Svenska Vetensk. Akad. Handl. (3) [1816]: 244. **Type locality:** Sweden: Östergötlands and Västergötland.

分布（Distribution）：内蒙古（NM）、山西（SX）、陕西（SN）、甘肃（GS）；俄罗斯、蒙古国；中东地区；欧洲。

36. 柔寄蝇属 *Thelaira* Robineau-Desvoidy, 1830

Thelaira Robineau-Desvoidy, 1830. Mém. Prés. Div. Sav. Acad. R. Sci. Inst. Fr. 2 (2): 214. **Type species:** *Thelaira abdominalis* Robineau-Desvoidy, 1830 (by designation of Townsend, 1916) [= *Musca solivagus* Harris, 1780].

（148）金粉柔寄蝇 *Thelaira chrysopruinosa* Chao *et* Shi, 1985

Thelaira chrysopruinosa Chao *et* Shi, 1985a. Sinozool. 3: 170. **Type locality:** China: Zhejiang.

分布（Distribution）：辽宁（LN）、山西（SX）、山东（SD）、陕西（SN）、甘肃（GS）、青海（QH）、安徽（AH）、江苏（JS）、上海（SH）、浙江（ZJ）、江西（JX）、四川（SC）、贵州（GZ）、云南（YN）、西藏（XZ）、福建（FJ）、台湾（TW）、广东（GD）、广西（GX）、海南（HI）、香港（HK）。

（149）亮三角柔寄蝇 *Thelaira claritriangla* Chao *et* Zhou, 1993

Thelaira claritriangla Chao *et* Zhou, 1993. *In*: The

Comprehensive Scientific Expedition to the Qinghai-Xizang Plateau, Chinese Academy of Sciences, 1993. Insects of the Hengduan Mountains Region, Vol. 2: 1338. **Type locality:** China: Yunnan, Yongsheng.
分布（Distribution）：四川（SC）、云南（YN）。

（150）格氏柔寄蝇 *Thelaira ghanii* Mesnil, 1968

Thelaira ghanii Mesnil, 1968a. Bull. Ann. Soc. R. Ent. Belg. 104: 186. **Type locality:** Pakistan: Murree.
分布（Distribution）：四川（SC）、云南（YN）；巴基斯坦。

（151）可可西里柔寄蝇 *Thelaira hohxilica* Chao *et* Zhou, 1996

Thelaira hohxilica Chao *et* Zhou, 1996. *In*: Wu *et* Feng, 1996. The Biology and Human Physiology in the Hoh-Xil Region: 218. **Type locality:** China: Qinghai, Hoh Xil, Malan Shan.
分布（Distribution）：青海（QH）。

（152）白带柔寄蝇 *Thelaira leucozona* (Panzer, 1806)

Musca leucozona Panzer, 1806. Faunae insectorum germanicae initia oder Deutschlands Insecten 104: 19. **Type locality:** Germany.
分布（Distribution）：黑龙江（HL）、辽宁（LN）、内蒙古（NM）、山西（SX）、宁夏（NX）、新疆（XJ）、西藏（XZ）、福建（FJ）、广东（GD）；俄罗斯、日本、外高加索地区；欧洲。

（153）巨形柔寄蝇 *Thelaira macropus* (Wiedemann, 1830)

Dexia macropus Wiedemann, 1830. Aussereurop. Zweifl. Insekt. 2: 375. **Type locality:** Indonesia: Jawa.
分布（Distribution）：黑龙江（HL）、吉林（JL）、辽宁（LN）、内蒙古（NM）、河北（HEB）、天津（TJ）、北京（BJ）、山西（SX）、山东（SD）、河南（HEN）、陕西（SN）、宁夏（NX）、甘肃（GS）、安徽（AH）、江苏（JS）、上海（SH）、浙江（ZJ）、江西（JX）、湖南（HN）、湖北（HB）、四川（SC）、重庆（CQ）、贵州（GZ）、云南（YN）、西藏（XZ）、福建（FJ）、台湾（TW）、广东（GD）、广西（GX）、海南（HI）、香港（HK）；日本、印度、缅甸、泰国、马来西亚、印度尼西亚、？斯里兰卡、巴布亚新几内亚。

（154）暗黑柔寄蝇 *Thelaira nigripes* (Fabricius, 1794)

Musca nigripes Fabricius, 1794. Ent. Syst. 4: 319. **Type locality:** Germany.
分布（Distribution）：黑龙江（HL）、吉林（JL）、辽宁（LN）、内蒙古（NM）、河北（HEB）、天津（TJ）、北京（BJ）、山西（SX）、山东（SD）、河南（HEN）、陕西（SN）、宁夏（NX）、甘肃（GS）、青海（QH）、安徽（AH）、江苏（JS）、上海（SH）、浙江（ZJ）、江西（JX）、湖南（HN）、四川（SC）、重庆（CQ）、贵州（GZ）、云南（YN）、西藏（XZ）、福建（FJ）、台湾（TW）、广东（GD）、广西（GX）；俄罗斯、朝鲜、韩国、日本、外高加索地区；欧洲。

（155）单眼鬃柔寄蝇 *Thelaira occelaris* Chao *et* Shi, 1985

Thelaira occelaris Chao *et* Shi, 1985a. Sinozool. 3: 172. **Type locality:** China: Guangxi, Longsheng.
分布（Distribution）：河北（HEB）、山东（SD）、安徽（AH）、江苏（JS）、上海（SH）、浙江（ZJ）、江西（JX）、湖南（HN）、四川（SC）、云南（YN）、西藏（XZ）、福建（FJ）、台湾（TW）、广东（GD）、广西（GX）、海南（HI）、香港（HK）。

（156）撒立柔寄蝇 *Thelaira solivaga* (Harris, 1780)

Musca solivagus Harris, 1780. Expos. Engl. Ins.: 85. **Type locality:** United Kingdom: England.
分布（Distribution）：黑龙江（HL）、吉林（JL）、辽宁（LN）、北京（BJ）、山西（SX）、陕西（SN）、宁夏（NX）、甘肃（GS）、青海（QH）、浙江（ZJ）、四川（SC）、贵州（GZ）、云南（YN）、西藏（XZ）、福建（FJ）、广西（GX）；朝鲜、外高加索地区；欧洲。

37. 幽克寄蝇属 *Uclesia* Girschner, 1901

Uclesia Girschner, 1901. Wien. Ent. Ztg. 20: 69. **Type species:** *Uclesia fumipennis* Girschner, 1901 (monotypy).

（157）窝幽克寄蝇 *Uclesia excavata* Herting, 1973

Uclesia excavata Herting, 1973. Stuttg. Beitr. Naturkd. 259: 35. **Type locality:** Mongolia: Ömnögovĭ Aimag, Gurvan Sayan Mountains.
分布（Distribution）：内蒙古（NM）；蒙古国。

38. 蜗寄蝇属 *Voria* Robineau-Desvoidy, 1830

Voria Robineau-Desvoidy, 1830. Mém. Prés. Div. Sav. Acad. R. Sci. Inst. Fr. 2 (2): 195. **Type species:** *Voria latifrons* Robineau-Desvoidy, 1830 (monotypy) [= *Tachina ruralis* Fallén, 1810].

（158）多鬃蜗寄蝇 *Voria ciliata* d'Aguilar, 1957

Voria ruralis ciliata d'Aguilar, 1957. Ann. Épiphyt. 8: 261. **Type locality:** China: Sichuan, Suifu.
分布（Distribution）：北京（BJ）、四川（SC）。

（159）短爪蜗寄蝇 *Voria micronychia* Chao *et* Zhou, 1993

Voria micronychia Chao *et* Zhou, 1993. *In*: The Comprehensive Scientific Expedition to the Qinghai-Xizang Plateau, Chinese Academy of Sciences, 1993. Insects of the Hengduan Mountains Region, Vol. 2: 1335. **Type locality:** China: Yunnan, Zhongdian.
分布（Distribution）：内蒙古（NM）、山西（SX）、云南（YN）、

西藏（XZ）。

（160）茹蜗寄蝇 *Voria ruralis* (Fallén, 1810)

Tachina ruralis Fallén, 1810a. K. Svenska Vetensk. Akad. Handl. 31 (2): 265. **Type locality:** Sweden: Skåne, Äsperöd.

Voria edentata Baranov, 1932. Encycl. Ent. (B) II Dipt. 6: 83. **Type locality:** China: Taiwan, P'ingtung Hsien, Changkou.

分布（Distribution）：黑龙江（HL）、吉林（JL）、辽宁（LN）、内蒙古（NM）、河北（HEB）、北京（BJ）、山西（SX）、陕西（SN）、宁夏（NX）、新疆（XJ）、四川（SC）、云南（YN）、西藏（XZ）、台湾（TW）、广西（GX）；俄罗斯、蒙古国、韩国、日本、外高加索地区；印度、尼泊尔、巴基斯坦、澳大利亚、巴布亚新几内亚；中东地区；中亚、欧洲、非洲、美洲。

39. 瓦根寄蝇属 *Wagneria* Robineau-Desvoidy, 1830

Wagneria Robineau-Desvoidy, 1830. Mém. Prés. Div. Sav. Acad. R. Sci. Inst. Fr. 2 (2): 126. **Type species:** *Wagneria gagatea* Robineau-Desvoidy, 1830 (monotypy).

（161）抱瓦根寄蝇 *Wagneria compressa* (Mesnil, 1974)

Aphelogaster (*Aphelogaster*) *compressa* Mesnil, 1974. Flieg. Palaearkt. Reg. 10: 1291. **Type locality:** China: Heilongjiang, Harbin.

分布（Distribution）：黑龙江（HL）。

（162）迪瓦根寄蝇 *Wagneria depressa* Herting, 1973

Wagneria depressa Herting, 1973. Stuttg. Beitr. Naturkd. 259: 34. **Type locality:** Mongolia: Töv Aimag, Tosgoni ovoo.

分布（Distribution）：内蒙古（NM）、青海（QH）、四川（SC）；俄罗斯、蒙古国。

（163）黑瓦根寄蝇 *Wagneria gagatea* Robineau-Desvoidy, 1830

Wagneria gagatea Robineau-Desvoidy, 1830. Mém. Prés. Div. Sav. Acad. R. Sci. Inst. Fr. 2 (2): 126. **Type locality:** France: Saint-Sauveur-en-Puisaye.

分布（Distribution）：辽宁（LN）、山西（SX）；欧洲。

追寄蝇亚科 Exoristinae

角刺寄蝇族 Acemyini

40. 角刺寄蝇属 *Acemya* Robineau-Desvoidy, 1830

Acemya Robineau-Desvoidy, 1830. Mém. Prés. Div. Sav. Acad. R. Sci. Inst. Fr. 2 (2): 232. **Type species:** *Acemya oblonga* Robineau-Desvoidy, 1830 (by designation of Desmarest, 1849) [= *Tachina acuticornis* Meigen, 1824].

（164）尖角刺寄蝇 *Acemya acuticornis* (Meigen, 1824)

Tachina acuticornis Meigen, 1824. Syst. Beschr. Europ. Zweifl. Insekt. 4: 320. **Type locality:** Europe.

分布（Distribution）：内蒙古（NM）；俄罗斯、蒙古国、外高加索地区；欧洲。

（165）菲角刺寄蝇 *Acemya fishelsoni* Kugler, 1968

Acemyia fishelsoni Kugler, 1968. Israel J. Ent. 3: 65. **Type locality:** Israel: Metula.

分布（Distribution）：内蒙古（NM）；蒙古国；中东地区。

（166）红肛角刺寄蝇 *Acemya pyrrhocera* Villeneuve, 1922

Acomyia pyrrhocera Villeneuve, 1922d. Ann. Sci. Nat. Zool. Biol. Anim. (10) 5: 342. **Type locality:** France: Digne and south of France.

分布（Distribution）：辽宁（LN）；俄罗斯、蒙古国、塔吉克斯坦、外高加索地区、法国。

（167）红胫角刺寄蝇 *Acemya rufitibia* (von Roser, 1840)

Tachina rufitibia von Roser, 1840. Correspondenzbl. K. Württemb. Landw. Ver., Stuttgart 37 [= N. S. 17] (1): 57. **Type locality:** Germany: Württemberg.

分布（Distribution）：辽宁（LN）、山西（SX）、宁夏（NX）、西藏（XZ）；俄罗斯、外高加索地区；欧洲。

41. 腊寄蝇属 *Ceracia* Rondani, 1865

Ceracia Rondani, 1865. Atti Soc. Ital. Sci. Nat. Milano 8: 221. **Type species:** *Ceracia mucronifera* Rondani, 1865 (monotypy).

Ceratia Brauer *et* Bergenstamm, 1889. Denkschr. Akad. Wiss. Wien. Math.-Naturw. Cl. 56 (1): 112 (a junior homonym of *Ceratia* Adams, 1852; unjustified emendation of *Ceracia* Rondani, 1865).

Ceratacia Bezzi, 1906. Z. Syst. Hymenopt. Dipt. 6 (1): 51 (replacement name for *Ceratia* Brauer *et* Bergenstamm, 1889).

（168）弗雷腊寄蝇 *Ceracia freyi* (Herting, 1958)

Myiothyria freyi Herting, 1958. Commentat. Biol. 18 (7): 4. **Type locality:** Cape Verde Islands: São Nicolau Island, Ribeira da Pulga.

分布（Distribution）：浙江（ZJ）、湖南（HN）；佛得角。

（169）尖叶腊寄蝇 *Ceracia mucronifera* Rondani, 1865

Ceracia mucronifera Rondani, 1865. Atti Soc. Ital. Sci. Nat.

Milano 8: 222. **Type locality:** Italy: Apennines, near Parma.
分布（Distribution）：湖南（HN）；外高加索地区、也门；中东地区；中亚、欧洲、非洲（北部）。

42. 尤刺寄蝇属 *Eoacemyia* Townsend, 1926

Eoacemyia Townsend, 1926. Philipp. J. Sci. 29 (4): 529. **Type species:** *Eoacemyia bakeri* Townsend, 1926 (by original designation) [= *Tachina errans* Wiedemann, 1824].

（170）埃尤刺寄蝇 *Eoacemyia errans* (Wiedemann, 1824)

Tachina errans Wiedemann, 1824. Munus Rectoris in Academia Christiana Albertina Aditurus Analecta Entomológica ex Museo Regio Havniensi Máxime Congesta Profert Iconibusque Illustrat: 44. **Type locality:** "East Indies".
分布（Distribution）：青海（QH）、广东（GD）、海南（HI）；新加坡、马来西亚、印度尼西亚、巴布亚新几内亚（俾斯麦群岛）。

43. 健寄蝇属 *Hygiella* Mesnil, 1957

Hygiella Mesnil, 1957. Mém. Soc. R. Ent. Belg. 28: 28. **Type species:** *Hygiella pygidialis* Mesnil, 1957 (monotypy).

（171）狭额健寄蝇 *Hygiella angustifrons* Shima *et* Tachi, 2016

Hygiella angustifrons Shima *et* Tachi, 2016. J. Nat. Hist. 50: 1652. **Type locality:** China: Yunnan, Lushui, Gaoligonshan, Nujiang, Yaojiaping.
分布（Distribution）：云南（YN）。

（172）黄足健寄蝇 *Hygiella luteipes* Shima *et* Tachi, 2016

Hygiella luteipes Shima *et* Tachi, 2016. J. Nat. Hist. 50: 1657. **Type locality:** China: Sichuan, Wenchuan (Wolong).
分布（Distribution）：四川（SC）。

（173）黑健寄蝇 *Hygiella nigripes* Mesnil, 1968

Hygiella nigripes Mesnil, 1968a. Bull. Ann. Soc. R. Ent. Belg. 104: 182. **Type locality:** India: West Bengal, Pashok.
分布（Distribution）：云南（YN）；印度、越南。

卷蛾寄蝇族 Blondeliini

44. 毛颜寄蝇属 *Admontia* Brauer *et* Bergenstamm, 1889

Admontia Brauer *et* Bergenstamm, 1889. Denkschr. Akad. Wiss. Wien. Math.-Naturw. Cl. 56 (1): 104. **Type species:** *Admontia podomyia* Brauer *et* Bergenstamm, 1889 (monotypy).
Gravenhorstia Robineau-Desvoidy, 1863. Hist. Nat. Dipt. Envir. Paris 1: 924 (a junior homonym of *Gravenhorstia* Boie, 1836). **Type species:** *Gravenhorstia longicornis* Robineau-Desvoidy, 1863 (by original designation) [= *Tachina grandicornis* Zetterstedt, 1849].
Trichopareia Brauer *et* Bergenstamm, 1889. Denkschr. Akad. Wiss. Wien. Math.-Naturw. Kl. 56 (1): 103. **Type species:** *Tachina seria* Meigen, 1824 (monotypy).

（174）柔毛颜寄蝇 *Admontia blanda* (Fallén, 1820)

Tachina blanda Fallén, 1820. Monogr. Musc. Sveciae II: 15. **Type locality:** Sweden: Västergötland and Skåne.
分布（Distribution）：黑龙江（HL）、吉林（JL）、内蒙古（NM）、山西（SX）、青海（QH）、新疆（XJ）、四川（SC）、云南（YN）、西藏（XZ）、广东（GD）；俄罗斯、蒙古国、越南、外高加索地区；欧洲。

（175）塞氏毛颜寄蝇 *Admontia cepelaki* (Mesnil, 1961)

Trichoparia (*Admontia*) *cepelaki* Mesnil, 1961. Flieg. Palaearkt. Reg. 10: 674. **Type locality:** Switzerland: Graubünden, Bernina.
分布（Distribution）：内蒙古（NM）、新疆（XJ）、四川（SC）；俄罗斯、蒙古国；中亚、欧洲。

（176）亮黑毛颜寄蝇 *Admontia continuans* Strobl, 1910

Admontia continuans Strobl, 1910. Mitt. Naturwiss. Ver. Steiermark 46 (1909): 137. **Type locality:** Austria: Steiermark, Lichtmessberge.
分布（Distribution）：黑龙江（HL）、吉林（JL）、内蒙古（NM）、广东（GD）；欧洲（西部）。

（177）细足毛颜寄蝇 *Admontia gracilipes* (Mesnil, 1953)

Trichopareia gracilipes Mesnil, 1953c. Bull. Ann. Soc. R. Ent. Belg. 89: 101. **Type locality:** Myanmar: Kachin, Kambaiti.
分布（Distribution）：山西（SX）、青海（QH）、四川（SC）、云南（YN）；缅甸。

（178）巨角毛颜寄蝇 *Admontia grandicornis* (Zetterstedt, 1849)

Tachina grandicornis Zetterstedt, 1849. Dipt. Scand. 8: 3237 (replacement name for *laticornis* Zetterstedt, 1838).
Tachina laticornis Zetterstedt, 1838. Insecta Lapp.: 637 (a junior primary homonym of *Tachina laticornis* Meigen, 1824). **Type locality:** Norway: Finnmark, Bossekop. Sweden: Dalarna.
分布（Distribution）：吉林（JL）、宁夏（NX）、青海（QH）、云南（YN）；俄罗斯；欧洲。

（179）长角毛颜寄蝇 *Admontia longicornalis* O'Hara, Shima *et* Zhang, 2009

Admontia longicornalis O'Hara, Shima *et* Zhang, 2009.

Zootaxa 2190: 45 (replacement name for *longicornis* Yang *et* Chao, 1990).

Admontia longicornis Yang *et* Chao, 1990. Sinozool. 7: 311 (a junior secondary homonym of *Gravenhorstia longicornis* Robineau-Desvoidy, 1863). **Type locality:** China: Guangxi, Maoer Shan.

分布（Distribution）： 广西（GX）。

（180）斑瓣毛颜寄蝇 *Admontia maculisquama* (Zetterstedt, 1859)

Tachina maculisquama Zetterstedt, 1859. Dipt. Scand. 13: 6088. **Type locality:** Sweden: Skåne, near Lund, Räften.

分布（Distribution）： 四川（SC）；外高加索地区；欧洲。

（181）小爪毛颜寄蝇 *Admontia podomyia* Brauer *et* Bergenstamm, 1889

Admontia podomyia Brauer *et* Bergenstamm, 1889. Denkschr. Akad. Wiss. Wien. Math.-Naturw. Cl. 56 (1): 104, 166. **Type locality:** Austria: Niederösterreich; Steiermark, Admont; Kärnten. Germany: Bayern, Josephsthal. Italy: (Passo dello Stelvio), "Schlesien", and "Tirol".

分布（Distribution）： 青海（QH）、新疆（XJ）、四川（SC）、云南（YN）；俄罗斯；欧洲。

45. 尖寄蝇属 *Belida* Robineau-Desvoidy, 1863

Belida Robineau-Desvoidy, 1863. Hist. Nat. Dipt. Envir. Paris 2: 45. **Type species:** *Belida flavipalpis* Robineau-Desvoidy, 1863 (monotypy) [= *Tachina angelicae* Meigen, 1824].

Aporotachina Meade, 1894. Ent. Mon. Mag. 30: 108 (as a subgenus of *Tachina* Meigen, 1803). **Type species:** *Tachina angelicae* Meigen, 1824 (by designation of Coquillett, 1910).

（182）天使尖寄蝇 *Belida angelicae* (Meigen, 1824)

Tachina angelicae Meigen, 1824. Syst. Beschr. Europ. Zweifl. Insekt. 4: 309. **Type locality:** Germany: Stolberg.

分布（Distribution）： 内蒙古（NM）、河北（HEB）、宁夏（NX）；俄罗斯、蒙古国、巴勒斯坦、外高加索地区、德国、英国（英格兰）；欧洲（北部）。

46. 突额寄蝇属 *Biomeigenia* Mesnil, 1961

Biomeigenia Mesnil, 1961. Flieg. Palaearkt. Reg. 10: 697. **Type species:** *Biomeigenia magna* Mesnil, 1961 (by original designation).

Biomeigenia Mesnil, 1960. Flieg. Palaearkt. Reg. 10 (212): 648 (nomen nudum).

（183）黄粉突额寄蝇 *Biomeigenia auripollinosa* Chao *et* Liu, 1986

Biomeigenia auripollinosa Chao *et* Liu, 1986. *In*: Liu, Li *et* Chao, 1986. Entomotaxon. 7 (3): 170. **Type locality:** China: Shanxi, Yicheng.

分布（Distribution）： 山西（SX）。

（184）黄足突额寄蝇 *Biomeigenia flava* Chao, 1964

Biomeigenia flava Chao, 1964c. Acta Zootaxon. Sin. 1 (2): 298. **Type locality:** China: Yunnan.

分布（Distribution）： 辽宁（LN）、山西（SX）、宁夏（NX）、浙江（ZJ）、云南（YN）。

（185）黑足突额寄蝇 *Biomeigenia gynandromima* Mesnil, 1961

Biomeigenia gynandromima Mesnil, 1961. Flieg. Palaearkt. Reg. 10: 697. **Type locality:** Russia: Primorskiy Kray, Yakovlevka.

分布（Distribution）： 黑龙江（HL）、吉林（JL）、辽宁（LN）、河北（HEB）、山西（SX）、宁夏（NX）、广东（GD）；俄罗斯、日本。

47. 卷蛾寄蝇属 *Blondelia* Robineau-Desvoidy, 1830

Blondelia Robineau-Desvoidy, 1830. Mém. Prés. Div. Sav. Acad. R. Sci. Inst. Fr. 2 (2): 122. **Type species:** *Blondelia nitida* Robineau-Desvoidy, 1830 (by designation of Duponchel, 1842) [= *Tachina nigripes* Fallén, 1810].

Schaumia Robineau-Desvoidy, 1863. Hist. Nat. Dipt. Envir. Paris 2: 43. **Type species:** *Tachina inclusa* Hartig, 1838 (by fixation of O'Hara *et al*., 2009, misidentified as *Tachina bimaculata* Hartig, 1838 in the original fixation by monotypy of Robineau-Desvoidy, 1863).

Spinolia Robineau-Desvoidy, 1863. Hist. Nat. Dipt. Envir. Paris 2: 41 (a junior homonym of *Spinolia* Dahlbom, 1854). **Type species:** *Tachina inclusa* Hartig, 1838 (monotypy).

（186）织卷蛾寄蝇 *Blondelia hyphantriae* (Tothill, 1922)

Lydella hyphantriae Tothill, 1922. Bull. Can. Depart. Agric., N. Ser. 3: 43. **Type locality:** Canada: British Columbia, Agassiz.

Nemoraea hyphantriae Townsend, 1893. Psyche 6: 467 (nomen nudum).

分布（Distribution）： 山东（SD）、安徽（AH）、江苏（JS）、上海（SH）、浙江（ZJ）、江西（JX）、西藏（XZ）、福建（FJ）、台湾（TW）；新北区广布。

（187）松小卷蛾寄蝇 *Blondelia inclusa* (Hartig, 1838)

Tachina inclusa Hartig, 1838. Jahresber. Fortschr. Forstw. Forstl. Naturk. 1 [Heft 2]: 285. **Type locality:** Germany.

分布（Distribution）： 黑龙江（HL）、辽宁（LN）、内蒙古（NM）、山西（SX）、青海（QH）、云南（YN）、海南（HI）；欧洲。

（188）黑须卷蛾寄蝇 *Blondelia nigripes* (Fallén, 1810)

Tachina nigripes Fallén, 1810a. K. Svenska Vetensk. Akad. Handl. 31 (2): 270. **Type locality:** Sweden.

分布（Distribution）：黑龙江（HL）、吉林（JL）、辽宁（LN）、内蒙古（NM）、河北（HEB）、北京（BJ）、山西（SX）、陕西（SN）、宁夏（NX）、甘肃（GS）、青海（QH）、新疆（XJ）、浙江（ZJ）、四川（SC）、云南（YN）、西藏（XZ）；俄罗斯、蒙古国、朝鲜、韩国、日本、外高加索地区；中东地区；中亚、欧洲。

（189）短尾卷蛾寄蝇 *Blondelia siamensis* (Baranov, 1938)

Euthelairosoma siamense Baranov, 1938. Bull. Entomol. Res. 29 (4): 411. **Type locality:** Thailand.

Blondelia breviceps Shima, 1984. Kontyû 52: 544. **Type locality:** Japan: Kyūshū, Kumamoto, Naidaijin.

分布（Distribution）：吉林（JL）、辽宁（LN）、内蒙古（NM）、山西（SX）、宁夏（NX）、湖南（HN）、云南（YN）、福建（FJ）；俄罗斯、日本、泰国。

48. 刺腹寄蝇属 *Compsilura* Bouché, 1834

Compsilura Bouché, 1834. Naturgeschichte der Insekten, besonderes in Hinsicht ihrer ersten Zustände als Larven und Puppen: 58. **Type species:** *Tachina concinnata* Meigen, 1824 (by designation of Mik, 1894).

Doria Meigen, 1838. Syst. Beschr. Europ. Zweifl. Insekt. 7: 263. **Type species:** *Tachina concinnata* Meigen, 1824 (by designation of Robineau-Desvoidy, 1863).

（190）康刺腹寄蝇 *Compsilura concinnata* (Meigen, 1824)

Tachina concinnata Meigen, 1824. Syst. Beschr. Europ. Zweifl. Insekt. 4: 412. **Type locality:** Not given (probably Germany: Hamburg).

分布（Distribution）：黑龙江（HL）、吉林（JL）、辽宁（LN）、内蒙古（NM）、河北（HEB）、天津（TJ）、北京（BJ）、山西（SX）、山东（SD）、安徽（AH）、江苏（JS）、上海（SH）、浙江（ZJ）、江西（JX）、湖南（HN）、四川（SC）、重庆（CQ）、贵州（GZ）、云南（YN）、西藏（XZ）、福建（FJ）、台湾（TW）、广东（GD）、广西（GX）、海南（HI）；俄罗斯、朝鲜、韩国、日本、印度、尼泊尔、泰国、菲律宾、马来西亚、印度尼西亚、外高加索地区、加拿大、美国、澳大利亚、巴布亚新几内亚；中东地区；非洲热带区广布；中亚、欧洲、非洲（北部）。

49. 拟腹寄蝇属 *Compsiluroides* Mesnil, 1953

Compsiluroides Mesnil, 1953c. Bull. Ann. Soc. R. Ent. Belg. 89: 105. **Type species:** *Compsiluroides communis* Mesnil, 1953 (monotypy).

（191）普通拟腹寄蝇 *Compsiluroides communis* Mesnil, 1953

Compsiluroides communis Mesnil, 1953c. Bull. Ann. Soc. R. Ent. Belg. 89: 105. **Type locality:** Myanmar: Kachin, Kambaiti.

分布（Distribution）：黑龙江（HL）、湖南（HN）、四川（SC）、贵州（GZ）、云南（YN）、西藏（XZ）、广东（GD）、广西（GX）、海南（HI）、香港（HK）；缅甸。

（192）黄须拟腹寄蝇 *Compsiluroides flavipalpis* Mesnil, 1957

Compsiluroides flavipalpis Mesnil, 1957. Mém. Soc. R. Ent. Belg. 28: 22. **Type locality:** Japan: Hokkaidō, Obihiro.

分布（Distribution）：辽宁（LN）、陕西（SN）、四川（SC）、贵州（GZ）、云南（YN）、台湾（TW）、广东（GD）；俄罗斯、日本。

（193）喙拟腹寄蝇 *Compsiluroides proboscis* Chao *et* Sun, 1992

Compsiluroides proboscis Chao *et* Sun, 1992. *In*: Sun *et al.*, 1992. *In*: Peng *et* Leu, 1992. Iconography of Forest Insects in Hunan China: 1171. **Type locality:** China: Hunan, Sangzhi, Tianpingshan.

Compsiluroides proboscis is now a synonym of *Compsiluroides communis*. See notes on Huang *et* Tachi, 2019.

分布（Distribution）：湖南（HN）。

50. 长腹寄蝇属 *Dolichocoxys* Townsend, 1927

Dolichocoxys Townsend, 1927. Suppl. Ent. 16: 57. **Type species:** *Dolichocoxys femoralis* Townsend, 1927 (by original designation).

（194）短柄长腹寄蝇 *Dolichocoxys brevis* Zhou, Wei *et* Luo, 2012

Dolichocoxys brevis Zhou, Wei *et* Luo, 2012. Entomotaxon. 34 (2): 336. **Type locality:** China: Guizhou, Guanling County (Duanqiao).

分布（Distribution）：贵州（GZ）。

（195）黄基长腹寄蝇 *Dolichocoxys flavibasis* Zhou, Wei *et* Luo, 2012

Dolichocoxys flavibasis Zhou, Wei *et* Luo, 2012. Entomotaxon. 34 (2): 333. **Type locality:** China: Guizhou, Guanling County (Laogaocun).

分布（Distribution）：贵州（GZ）。

（196）黑腹长腹寄蝇 *Dolichocoxys obscurus* Zhou, Wei *et* Luo, 2012

Dolichocoxys obscurus Zhou, Wei *et* Luo, 2012. Entomotaxon.

34 (2): 331. **Type locality:** China: Guizhou, Guanling County (Laogaocun).
分布（Distribution）：贵州（GZ）。

（197）单鬃长腹寄蝇 *Dolichocoxys unisetus* Zhi, Liu *et* Zhang, 2016

Dolichocoxys unisetus Zhi, Liu *et* Zhang, 2016. Entomotaxon. 38 (2): 114. **Type locality:** China: Guizhou, Guiyang (Mt. Qianling).
分布（Distribution）：贵州（GZ）。

（198）王氏长腹寄蝇 *Dolichocoxys wangi* Zhang *et* Liu, 2008

Dolichocoxys wangi Zhang *et* Liu, 2008. *In*: Zhang, Liu *et* Yao, 2008. Acta Zootaxon. Sin. 33 (3): 532. **Type locality:** China: Xizang, Mêdog.
分布（Distribution）：云南（YN）、西藏（XZ）。

51. 赘诺寄蝇属 *Drinomyia* Mesnil, 1962

Drinomyia Mesnil, 1962. Flieg. Palaearkt. Reg. 10 (224): 759. **Type species:** *Oswaldia bicoloripes* Mesnil, 1957 (by original designation) [= *Vibrissina hokkaidensis* Baranov, 1935].
Drinomyia Mesnil, 1960. Flieg. Palaearkt. Reg. 10 (212): 655 (nomen nudum).

（199）北赘诺寄蝇 *Drinomyia hokkaidensis* (Baranov, 1935)

Vibrissina hokkaidensis Baranov, 1935. Vet. Arhiv 5: 554. **Type locality:** Japan: Hokkaidō, Sapporo.
分布（Distribution）：辽宁（LN）、内蒙古（NM）、河北（HEB）、天津（TJ）、北京（BJ）、山西（SX）、陕西（SN）、安徽（AH）、湖北（HB）、贵州（GZ）、西藏（XZ）；俄罗斯、朝鲜、韩国、日本。

52. 鹞寄蝇属 *Eophyllophila* Townsend, 1926

Eophyllophila Townsend, 1926. Suppl. Ent. 14: 19. **Type species:** *Eophyllophila elegans* Townsend, 1926 (by original designation).

（200）华丽鹞寄蝇 *Eophyllophila elegans* Townsend, 1926

Eophyllophila elegans Townsend, 1926. Suppl. Ent. 14: 19. **Type locality:** Indonesia: Sumatera, Sungai Kumbang.
Eophyllophila filipes Townsend, 1927. Ent. Mitt. 16 (4): 283. **Type locality:** China: Taiwan, Kaohsiung Hsien, Chiahsien Hsiang.
分布（Distribution）：山西（SX）、陕西（SN）、浙江（ZJ）、湖南（HN）、湖北（HB）、四川（SC）、贵州（GZ）、云南（YN）、西藏（XZ）、福建（FJ）、台湾（TW）、广东（GD）、广西（GX）；印度、尼泊尔、泰国、马来西亚、印度尼西亚。

（201）围鹞寄蝇 *Eophyllophila includens* (Walker, 1859)

Dexia includens Walker, 1859. J. Proc. Linn. Soc. London Zool. 4: 130. **Type locality:** Indonesia: Sulawesi, Ujung Pandang.
分布（Distribution）：山西（SX）、陕西（SN）、安徽（AH）、台湾（TW）、广东（GD）；巴基斯坦、尼泊尔、泰国、印度尼西亚。

53. 裸背寄蝇属 *Istocheta* Rondani, 1859

Istocheta Rondani, 1859. Dipt. Ital. Prodromus, Vol. III: 157, 171. **Type species:** *Istocheta frontosa* Rondani, 1859 (by original designation) [= *Phorocera cinerea* Macquart, 1851].
Fallenia Meigen, 1838. Syst. Beschr. Europ. Zweifl. Insekt. 7: 265 (a junior homonym of *Fallenia* Meigen, 1820). **Type species:** *Tachina longicornis* Fallén, 1810 (by designation of Coquillett, 1910).
Centeter Aldrich, 1923. Proc. U. S. Natl. Mus. 63 (6): 3. **Type species:** *Centeter cinerea* Aldrich, 1923 (by original designation) [= *Hyperecteina aldrichi* Mesnil, 1953].
Urophyllina Villeneuve, 1937. Bull. Mus. R. Hist. Nat. Belg. 13 (34): 5 (as a subgenus of *Urophylloides* Brauer *et* Bergenstamm, 1893). **Type species:** *Urophylloides* (*Urophyllina*) *rufipes* Villeneuve, 1937 (monotypy).
Anurophyllina Mesnil, 1961. Flieg. Palaearkt. Reg. 10: 693 (as a subgenus of *Urophyllina* Villeneuve, 1937). **Type species:** *Urophylloides bicolor* Villeneuve, 1937 (by designation of Herting, 1984).

（202）奥裸背寄蝇 *Istocheta aldrichi* (Mesnil, 1953)

Hyperecteina aldrichi Mesnil, 1953. Bull. Soc. Ent. Fr. 58: 50 (replacement name for *Centeter cinerea* Aldrich, 1923).
Centeter cinerea Aldrich, 1923. Proc. U. S. Natl. Mus. 63 (6): 4 (junior secondary homonym of *Phorocera cinerea* Macquart, 1851 and *Metopia cinerea* Perris, 1852). **Type locality:** Japan: Honshū, reared at Marioka.
分布（Distribution）：台湾（TW）；俄罗斯、朝鲜、韩国、日本、美国（东北部）和加拿大（东部）引入和建立种群。

（203）阿尔泰裸背寄蝇 *Istocheta altaica* (Borisova-Zinovjeva, 1963)

Hyperecteina altaica Borisova-Zinovjeva, 1963. Ent. Obozr. 42: 686. **Type locality:** Russia: Respublika Altay, Gorno-Altaysk.
分布（Distribution）：四川（SC）；俄罗斯。

（204）双色裸背寄蝇 *Istocheta bicolor* (Villeneuve, 1937)

Urophylloides bicolor Villeneuve, 1937. Bull. Mus. R. Hist. Nat. Belg. 13 (34): 3. **Type locality:** China: Sichuan, Suifu.
分布（Distribution）：山西（SX）、甘肃（GS）、浙江（ZJ）、四川（SC）、贵州（GZ）、云南（YN）、广东（GD）；俄罗

斯、日本、缅甸。

（205）短毛裸背寄蝇 *Istocheta brevichirta* Chao *et* Zhou, 1998

Istochaeta brevichirta Chao *et* Zhou, 1998. *In*: Liu *et* Chao *et al*., 1998. Fauna of Tachinidae from Shanxi Province, China: 56. **Type locality:** China: Shanxi, Yicheng.
分布（**Distribution**）：辽宁（LN）、山西（SX）。

（206）短爪裸背寄蝇 *Istocheta brevinychia* Chao *et* Zhou, 1993

Istochaeta brevinychia Chao *et* Zhou, 1993. *In*: The Comprehensive Scientific Expedition to the Qinghai-Xizang Plateau, Chinese Academy of Sciences, 1993. Insects of the Hengduan Mountains Region, Vol. 2: 1282. **Type locality:** China: Yunnan, Lushui.
分布（**Distribution**）：云南（YN）、西藏（XZ）。

（207）细鬃裸背寄蝇 *Istocheta graciliseta* Chao *et* Zhou, 1993

Istochaeta graciliseta Chao *et* Zhou, 1993. *In*: The Comprehensive Scientific Expedition to the Qinghai-Xizang Plateau, Chinese Academy of Sciences, 1993. Insects of the Hengduan Mountains Region, Vol. 2: 1281. **Type locality:** China: Yunnan, Lushui.
分布（**Distribution**）：云南（YN）、福建（FJ）。

（208）巨裸背寄蝇 *Istocheta grossa* (Chao, 1982)

Urophyllina grossa Chao, 1982. *In*: Chao *et* Shi, 1982. *In*: The Comprehensive Scientific Expedition to the Qinghai-Xizang Plateau, Chinese Academy of Sciences, 1982. Insects of Xizang 2: 262. **Type locality:** China: Xizang, Mêdog.
分布（**Distribution**）：内蒙古（NM）、山西（SX）、新疆（XJ）、浙江（ZJ）、云南（YN）、西藏（XZ）。

（209）雷山裸背寄蝇 *Istocheta leishanica* Chao *et* Sun, 1993

Istochaeta leishanica Chao *et* Sun, 1993. *In*: Sun *et al*., 1993. Insects of Wuling Mountains Area, Southwestern China: 624. **Type locality:** China: Guizhou, Leishan.
分布（**Distribution**）：贵州（GZ）。

（210）长尾裸背寄蝇 *Istocheta longicauda* Liang *et* Chao, 1995

Istochaeta longicauda Liang *et* Chao, 1995. Acta Zootaxon. Sin. 20 (4): 487. **Type locality:** China: Xizang, Nyalam.
分布（**Distribution**）：西藏（XZ）。

（211）泸定裸背寄蝇 *Istocheta ludingensis* Chao *et* Zhou, 1993

Istochaeta ludingensis Chao *et* Zhou, 1993. *In*: The Comprehensive Scientific Expedition to the Qinghai-Xizang Plateau, Chinese Academy of Sciences, 1993. Insects of the Hengduan Mountains Region, Vol. 2: 1281. **Type locality:** China: Sichuan, Luding.
分布（**Distribution**）：四川（SC）。

（212）黄裸背寄蝇 *Istocheta luteipes* (Mesnil, 1953)

Compsiluroides luteipes Mesnil, 1953c. Bull. Ann. Soc. R. Ent. Belg. 89: 107. **Type locality:** Myanmar: Kachin, Kambaiti.
分布（**Distribution**）：云南（YN）；缅甸。

（213）黑足裸背寄蝇 *Istocheta nigripedalis* Yang *et* Chao, 1990

Istochaeta nigripedalis Yang *et* Chao, 1990. Sinozool. 7: 307. **Type locality:** China: Guangxi, Maoer Shan.
分布（**Distribution**）：广西（GX）。

（214）聂拉木裸背寄蝇 *Istocheta nyalamensis* Liang *et* Chao, 1995

Istochaeta nyalamensis Liang *et* Chao, 1995. Acta Zootaxon. Sin. 20 (4): 488. **Type locality:** China: Xizang, Nyalam.
分布（**Distribution**）：西藏（XZ）。

（215）宽尾裸背寄蝇 *Istocheta nyctia* (Borisova-Zinovjeva, 1966)

Hyperecteina nyctia Borisova-Zinovjeva, 1966. Trudy Zool. Inst. 37: 272. **Type locality:** Russia: Primorskiy Kray, Gornotaezhnaya Station.
分布（**Distribution**）：北京（BJ）、山西（SX）、四川（SC）、云南（YN）、福建（FJ）、广西（GX）；俄罗斯。

（216）红足裸背寄蝇 *Istocheta rufipes* (Villeneuve, 1937)

Urophylloides (*Urophyllina*) *rufipes* Villeneuve, 1937. Bull. Mus. R. Hist. Nat. Belg. 13 (34): 5. **Type locality:** China: Sichuan, Emei Shan (Shin Kai Si).
分布（**Distribution**）：山西（SX）、四川（SC）、云南（YN）、福建（FJ）、广西（GX）；俄罗斯、缅甸。

（217）山西裸背寄蝇 *Istocheta shanxiensis* (Chao *et* Liu, 1986)

Urophyllina shanxiensis Chao *et* Liu, 1986. *In*: Liu, Li *et* Chao, 1986. Entomotaxon. 7 (3): 169. **Type locality:** China: Shanxi, Yicheng.
分布（**Distribution**）：山西（SX）。

（218）萨布裸背寄蝇 *Istocheta subrufipes* (Borisova-Zinovjeva, 1964)

Urophyllina subrufipes Borisova-Zinovjeva, 1964. Ent. Obozr. 43: 774. **Type locality:** Russia: Primorskiy Kray, Yakovlevka.
分布（**Distribution**）：四川（SC）、云南（YN）；俄罗斯。

（219）火炬裸背寄蝇 *Istocheta torrida* (Richter, 1976)

Hyperecteina torrida Richter, 1976. Insects Mongolia 4: 534.

Type locality: Mongolia: Dornod Aimag, 33 km southeast of Somon Khalkh-Gol, Khalkhin-Gol River.
分布（**Distribution**）：内蒙古（NM）；蒙古国。

（220）三尾裸背寄蝇 *Istocheta tricaudata* Yang *et* Chao, 1990

Istochaeta tricaudata Yang *et* Chao, 1990. Sinozool. 7: 308. **Type locality:** China: Guangxi, Maoer Shan.
分布（**Distribution**）：山西（SX）、云南（YN）、广西（GX）。

（221）济民裸背寄蝇 *Istocheta zimini* Borisova-Zinovjeva, 1964

Isochaeta zimini Borisova-Zinovjeva, 1964. Ent. Obozr. 43: 777. **Type locality:** Russia: Primorskiy Kray, Yakovlevka.
分布（**Distribution**）：浙江（ZJ）、四川（SC）、西藏（XZ）；俄罗斯。

54. 美寄蝇属 *Kallisomyia* Borisova-Zinovjeva, 1964

Kallisomyia Borisova-Zinovjeva, 1964. Ent. Obozr. 43: 782. **Type species:** *Kallisomyia stackelbergi* Borisova-Zinovjeva, 1964 (by original designation).

（222）斯塔美寄蝇 *Kallisomyia stackelbergi* Borisova-Zinovjeva, 1964

Kallisomyia stackelbergi Borisova-Zinovjeva, 1964. Ent. Obozr. 43: 783. **Type locality:** Russia: Primorskiy Kray, Chapigou River.
分布（**Distribution**）：辽宁（LN）；俄罗斯。

55. 粗芒寄蝇属 *Leiophora* Robineau-Desvoidy, 1863

Leiophora Robineau-Desvoidy, 1863. Hist. Nat. Dipt. Envir. Paris 1: 930. **Type species:** *Leiophora nitida* Robineau-Desvoidy, 1830 (by original designation) [= *Tachina innoxia* Meigen, 1824].
Microptera Robineau-Desvoidy, 1830. Mém. Prés. Div. Sav. Acad. R. Sci. Inst. Fr. 2 (2): 212 (a junior homonym of *Microptera* Fleming, 1822). **Type species:** *Microptera nitida* Robineau-Desvoidy, 1830 (monotypy) [= *Tachina innoxia* Meigen, 1824].
Apatelia Stein, 1924. Arch. Naturgesch., Abteilung A, 90 (6): 144 (a junior homonym of *Apatelia* Wallengren, 1886). **Type species:** *Tachina innoxia* Meigen, 1824 (monotypy).
Apatelina Enderlein, 1936. Tierwelt Mitteleur. 6 (2), Ins. 3: 233 (replacement name for *Apatelia* Stein, 1924).

（223）短颏粗芒寄蝇 *Leiophora innoxia* (Meigen, 1824)

Tachina innoxia Meigen, 1824. Syst. Beschr. Europ. Zweifl. Insekt. 4: 405. **Type locality:** Not given (probably Germany: Stolberg).
分布（**Distribution**）：黑龙江（HL）、吉林（JL）、内蒙古（NM）、宁夏（NX）、甘肃（GS）、新疆（XJ）、四川（SC）、云南（YN）；俄罗斯、蒙古国、外高加索地区；欧洲。

56. 利格寄蝇属 *Ligeriella* Mesnil, 1961

Ligeriella Mesnil, 1961. Flieg. Palaearkt. Reg. 10: 657. **Type species:** *Vibrissina aristata* Villeneuve, 1911 (by original designation).
Ligeriella Mesnil, 1960. Flieg. Palaearkt. Reg. 10 (212): 647 (nomen nudum).

（224）钝芒利格寄蝇 *Ligeriella aristata* (Villeneuve, 1911)

Vibrissina aristata Villeneuve, 1911. Dtsch. Ent. Z. (2): 120. **Type locality:** France: Corse, Campo di l'Oro.
分布（**Distribution**）：山西（SX）、四川（SC）、西藏（XZ）；俄罗斯、蒙古国、外高加索地区；中亚、欧洲。

57. 利索寄蝇属 *Lixophaga* Townsend, 1908

Lixophaga Townsend, 1908. Smithson. Misc. Collect. 51 (2): 86. **Type species:** *Lixophaga parva* Townsend, 1908 (by original designation).

（225）小带利索寄蝇 *Lixophaga cinctella* (Mesnil, 1957)

Lomatacantha cinctella Mesnil, 1957. Mém. Soc. R. Ent. Belg. 28: 24. **Type locality:** Japan: Hokkaidō, Obihiro.
分布（**Distribution**）：四川（SC）；韩国、日本。

（226）灰利索寄蝇 *Lixophaga cinerea* Yang, 1988

Lixophaga cinerea Yang, 1988. Acta Zootaxon. Sin. 13 (1): 82. **Type locality:** China: Liaoning, Fengcheng.
分布（**Distribution**）：辽宁（LN）、广西（GX）。

（227）象虫利索寄蝇 *Lixophaga dyscerae* Shi, 1991

Lixophaga dyscerae Shi, 1991. Entomotaxon. 13 (2): 127. **Type locality:** China: Shaanxi, Luonan.
分布（**Distribution**）：陕西（SN）。

（228）伪利索寄蝇 *Lixophaga fallax* Mesnil, 1963

Lixophaga fallax Mesnil, 1963. Bull. Inst. R. Sci. Nat. Belg. 39 (24): 32. **Type locality:** Japan: Honshū, Toyama.
分布（**Distribution**）：吉林（JL）、辽宁（LN）、内蒙古（NM）、北京（BJ）、山西（SX）、河南（HEN）、湖南（HN）、四川（SC）、广东（GD）、广西（GX）；日本。

（229）宽颊利索寄蝇 *Lixophaga latigena* Shima, 1979

Lixophaga latigena Shima, 1979c. Kontyû 47: 308. **Type locality:** Japan: Ryukyu Islands, Tokuno-shima, Asahigaoka.
分布（**Distribution**）：辽宁（LN）、安徽（AH）、云南（YN）、西藏（XZ）、广西（GX）；韩国、日本。

（230）螟利索寄蝇 *Lixophaga parva* Townsend, 1908

Lixophaga parva Townsend, 1908. Smithson. Misc. Collect. 51 (2): 86. **Type locality:** USA: Texas, Dallas.
Euzenilliopsis diatraeae of authors, not Townsend, 1916 (misidentification).
分布（Distribution）：内蒙古（NM）、广东（GD）；美国。

（231）维氏利索寄蝇 *Lixophaga villeneuvei* (Baranov, 1934)

Hemidegeeria villeneuvei Baranov, 1934. Ent. Nachr. 8 (2): 44. **Type locality:** Myanmar: Shwegu Reserve, Bhamo.
分布（Distribution）：辽宁（LN）、云南（YN）；缅甸。

58. 麦寄蝇属 *Medina* Robineau-Desvoidy, 1830

Medina Robineau-Desvoidy, 1830. Mém. Prés. Div. Sav. Acad. R. Sci. Inst. Fr. 2 (2): 138. **Type species:** *Medina cylindrica* Robineau-Desvoidy, 1830 (by designation of Coquillett, 1910) [= *Tachina collaris* Fallén, 1820].
Degeeria Meigen, 1838. Syst. Beschr. Europ. Zweifl. Insekt. 7: 249. **Type species:** *Tachina collaris* Fallén, 1820 (by designation of Rondani, 1856).
Coxendix Gistel, 1848. Naturgeschichte des Thierreichs für höhere Schulen, Stuttgart, 16: ix (unnecessary replacement name for *Degeeria* Meigen, 1838).
Molliopsis Townsend, 1933. J. N. Y. Ent. Soc. 40: 470. **Type species:** *Mollia malayana* Townsend, 1926 (by original designation).

（232）白瓣麦寄蝇 *Medina collaris* (Fallén, 1820)

Tachina collaris Fallén, 1820. Monogr. Musc. Sveciae II: 15. **Type locality:** Sweden: Öland and Skåne.
分布（Distribution）：辽宁（LN）、河北（HEB）、北京（BJ）、山西（SX）、陕西（SN）、宁夏（NX）、江苏（JS）、浙江（ZJ）、湖南（HN）、四川（SC）、重庆（CQ）、贵州（GZ）、云南（YN）、西藏（XZ）、广东（GD）、广西（GX）、海南（HI）、香港（HK）；俄罗斯、蒙古国、日本、外高加索地区；欧洲。

（233）褐瓣麦寄蝇 *Medina fuscisquama* Mesnil, 1953

Medina fuscisquama Mesnil, 1953c. Bull. Ann. Soc. R. Ent. Belg. 89: 105. **Type locality:** Myanmar: Kachin, Kambaiti.
分布（Distribution）：辽宁（LN）、内蒙古（NM）、河北（HEB）、北京（BJ）、山西（SX）、宁夏（NX）、湖南（HN）、湖北（HB）、四川（SC）、贵州（GZ）、云南（YN）、西藏（XZ）、广东（GD）、广西（GX）；尼泊尔、缅甸。

（234）卢麦寄蝇 *Medina luctuosa* (Meigen, 1824)

Tachina luctuosa Meigen, 1824. Syst. Beschr. Europ. Zweifl. Insekt. 4: 347. **Type locality:** Not given (probably Germany: Stolberg).
分布（Distribution）：辽宁（LN）、北京（BJ）、云南（YN）、西藏（XZ）、广东（GD）；俄罗斯、韩国、日本、外高加索地区；欧洲。

（235）黑瓣麦寄蝇 *Medina malayana* (Townsend, 1926)

Mollia malayana Townsend, 1926. Suppl. Ent. 14: 20. **Type locality:** Indonesia: Sumatera, Gunung Singgalang.
分布（Distribution）：云南（YN）、广西（GX）；印度尼西亚。

（236）暗黑麦寄蝇 *Medina melania* (Meigen, 1824)

Tachina melania Meigen, 1824. Syst. Beschr. Europ. Zweifl. Insekt. 4: 348. Herting, 1975. Stuttg. Beitr. Naturkd. 271: 5. **Type locality:** Europe.
分布（Distribution）：辽宁（LN）、北京（BJ）、山西（SX）、甘肃（GS）、湖南（HN）；俄罗斯；欧洲。

（237）多鬃麦寄蝇 *Medina multispina* (Herting, 1966)

Degeeria multispina Herting, 1966. Stuttg. Beitr. Naturkd. 146: 2. **Type locality:** Germany: Nordrhein-Westfalen, near Soest, Ostinghausen.
分布（Distribution）：辽宁（LN）、山西（SX）；俄罗斯；欧洲。

（238）离麦寄蝇 *Medina separata* (Meigen, 1824)

Tachina separata Meigen, 1824. Syst. Beschr. Europ. Zweifl. Insekt. 4: 406. **Type locality:** Not given (probably Germany: Kiel).
分布（Distribution）：辽宁（LN）、山西（SX）；俄罗斯、日本；欧洲。

59. 美根寄蝇属 *Meigenia* Robineau-Desvoidy, 1830

Meigenia Robineau-Desvoidy, 1830. Mém. Prés. Div. Sav. Acad. R. Sci. Inst. Fr. 2 (2): 198. **Type species:** *Meigenia cylindrica* Robineau-Desvoidy, 1830 (by designation of Desmarest, 1849).

（239）杂色美根寄蝇 *Meigenia dorsalis* (Meigen, 1824)

Tachina dorsalis Meigen, 1824. Syst. Beschr. Europ. Zweifl. Insekt. 4: 325. **Type locality:** Not given (probably Germany: Hamburg).
Tachina discolor Zetterstedt, 1838. Insecta Lapp.: 638. **Type locality:** Sweden: Åsele Lappmark, Tresund.
分布（Distribution）：黑龙江（HL）、吉林（JL）、辽宁（LN）、内蒙古（NM）、河北（HEB）、天津（TJ）、北京（BJ）、山

西（SX）、陕西（SN）、宁夏（NX）、青海（QH）、新疆（XJ）、浙江（ZJ）、四川（SC）、贵州（GZ）、云南（YN）、西藏（XZ）、福建（FJ）、广西（GX）；俄罗斯、日本、外高加索地区；中东地区；中亚、欧洲。

（240）褐瓣美根寄蝇 *Meigenia fuscisquama* Liu *et* Zhang, 2007

Meigenia fuscisquama Liu *et* Zhang, 2007. Acta Zootaxon. Sin. 32 (1): 121. **Type locality:** China: Jilin, Changbai Shan.

分布（Distribution）：黑龙江（HL）、吉林（JL）、辽宁（LN）、内蒙古（NM）、河北（HEB）、天津（TJ）、北京（BJ）、山西（SX）、山东（SD）、陕西（SN）、宁夏（NX）、青海（QH）、新疆（XJ）、浙江（ZJ）、四川（SC）、福建（FJ）。

（241）宽颊美根寄蝇 *Meigenia grandigena* (Pandellé, 1896)

Tachina (*Masicera*) *grandigena* Pandellé, 1896. Rev. Ent. 15: 49. **Type locality:** France: Hautes-Pyrénées.

分布（Distribution）：黑龙江（HL）、吉林（JL）、辽宁（LN）、内蒙古（NM）、河北（HEB）、天津（TJ）、北京（BJ）、山西（SX）、山东（SD）、青海（QH）、新疆（XJ）、安徽（AH）、江苏（JS）、上海（SH）、浙江（ZJ）、江西（JX）、湖南（HN）、四川（SC）、贵州（GZ）、云南（YN）、西藏（XZ）、福建（FJ）、台湾（TW）；俄罗斯；欧洲。

（242）灰白美根寄蝇 *Meigenia incana* (Fallén, 1810)

Tachina incana Fallén, 1810a. K. Svenska Vetensk. Akad. Handl. 31 (2): 269. **Type locality:** Sweden: Skåne.

分布（Distribution）：内蒙古（NM）、云南（YN）；俄罗斯、蒙古国、外高加索地区；中东地区；欧洲。

（243）大型美根寄蝇 *Meigenia majuscula* (Rondani, 1859)

Spylosia majuscula Rondani, 1859. Dipt. Ital. Prodromus, Vol. III: 112. **Type locality:** Malta. Italy: "Etruria" and near Parma.

分布（Distribution）：黑龙江（HL）、吉林（JL）、辽宁（LN）、内蒙古（NM）、河北（HEB）、天津（TJ）、北京（BJ）、山西（SX）、山东（SD）、河南（HEN）、宁夏（NX）、青海（QH）、新疆（XJ）、浙江（ZJ）、湖南（HN）、湖北（HB）、四川（SC）、贵州（GZ）、云南（YN）、福建（FJ）、台湾（TW）、广西（GX）；俄罗斯、蒙古国、越南；欧洲、非洲（北部）。

（244）暮美根寄蝇 *Meigenia mutabilis* (Fallén, 1810)

Tachina mutabilis Fallén, 1810a. K. Svenska Vetensk. Akad. Handl. 31 (2): 273. **Type locality:** Sweden: Skåne.

分布（Distribution）：甘肃（GS）；俄罗斯（西部，东西伯利亚、西西伯利亚）、蒙古国、外高加索地区；中东地区；中亚、欧洲。

（245）黑美根寄蝇 *Meigenia nigra* Chao *et* Sun, 1992

Meigenia nigra Chao *et* Sun, 1992. *In*: Sun *et al*., 1992. *In*: Peng *et* Leu, 1992. Iconography of Forest Insects in Hunan China: 1169. **Type locality:** China: Hunan, Yongshun, Shamuhe Tree Farm.

分布（Distribution）：湖南（HN）、湖北（HB）、西藏（XZ）。

（246）三齿美根寄蝇 *Meigenia tridentata* Mesnil, 1961

Meigenia tridentata Mesnil, 1961. Flieg. Palaearkt. Reg. 10: 703. **Type locality:** China: Heilongjiang, Datudinzsa.

分布（Distribution）：黑龙江（HL）、吉林（JL）、辽宁（LN）、内蒙古（NM）、河北（HEB）、北京（BJ）、山西（SX）、陕西（SN）、宁夏（NX）、浙江（ZJ）、湖南（HN）、湖北（HB）、四川（SC）、贵州（GZ）、云南（YN）、西藏（XZ）、广西（GX）；俄罗斯（远东地区南部）。

（247）丝绒美根寄蝇 *Meigenia velutina* Mesnil, 1952

Meigenia velutina Mesnil, 1952. Bull. Ann. Soc. R. Ent. Belg. 88: 156. **Type locality:** China: Heilongjiang, Harbin.

分布（Distribution）：黑龙江（HL）、吉林（JL）、辽宁（LN）、北京（BJ）、山西（SX）、山东（SD）、安徽（AH）、江苏（JS）、上海（SH）、浙江（ZJ）、江西（JX）、湖南（HN）、四川（SC）、重庆（CQ）、贵州（GZ）、云南（YN）、西藏（XZ）、福建（FJ）、台湾（TW）、广东（GD）、广西（GX）、海南（HI）、香港（HK）；俄罗斯、日本、尼泊尔、缅甸。

60. 单寄蝇属 *Opsomeigenia* Townsend, 1919

Opsomeigenia Townsend, 1919. Proc. U. S. Natl. Mus. 56 (2301): 577. **Type species:** *Hypostena pusilla* Coquillett, 1895 (by original designation).

（248）东方单寄蝇 *Opsomeigenia orientalis* Yang, 1989

Opsomeigenia orientalis Yang, 1989. Acta Zootaxon. Sin. 14 (4): 465. **Type locality:** China: Guangxi, Maoer Shan.

分布（Distribution）：广西（GX）。

61. 奥斯寄蝇属 *Oswaldia* Robineau-Desvoidy, 1863

Oswaldia Robineau-Desvoidy, 1863. Hist. Nat. Dipt. Envir. Paris 1: 840. **Type species:** *Oswaldia muscaria* Robineau-Desvoidy, 1863 (by original designation) [= *Tachina muscaria* Fallén, 1810].

Dexodes Brauer *et* Bergenstamm, 1889. Denkschr. Akad. Wiss. Wien. Math.-Naturw. Cl. 56 (1): 87, 128. **Type species:**

Tachina spectabilis Meigen, 1824 (by designation of Brauer, 1893).
Eudexodes Townsend, 1908. Smithson. Misc. Collect. 51 (2): 103. **Type species:** *Dexodes eggeri* Brauer *et* Bergenstamm, 1889 (by original designation).

（249）筒腹奥斯寄蝇 *Oswaldia eggeri* (Brauer *et* Bergenstamm, 1889)

Dexodes eggeri Brauer *et* Bergenstamm, 1889. Denkschr. Akad. Wiss. Wien. Math.-Naturw. Cl. 56 (1): 128, 169. **Type locality:** Austria: Niederösterreich.
分布（Distribution）：黑龙江（HL）、辽宁（LN）、河北（HEB）、山西（SX）、河南（HEN）、宁夏（NX）、新疆（XJ）、浙江（ZJ）、四川（SC）、云南（YN）、西藏（XZ）；俄罗斯、日本；欧洲。

（250）黄奥斯寄蝇 *Oswaldia gilva* Shima, 1991

Oswaldia gilva Shima, 1991. Jap. J. Ent. 59 (1): 77. **Type locality:** Japan: Kyūshū, Kumamoto, Mt. Hakucho.
分布（Distribution）：辽宁（LN）、宁夏（NX）；俄罗斯、日本。

（251）银奥斯寄蝇 *Oswaldia glauca* Shima, 1991

Oswaldia glauca Shima, 1991. Jap. J. Ent. 59 (1): 80. **Type locality:** Japan: Honshū, southern Japanese Alps, Yamanashi, Okambazawa.
分布（Distribution）：辽宁（LN）、山西（SX）、宁夏（NX）、四川（SC）；日本。

（252）毛奥斯寄蝇 *Oswaldia hirsuta* Mesnil, 1970

Oswaldia hirsuta Mesnil, 1970. Mushi 44: 115. **Type locality:** Japan: Hokkaidō, Nukabira.
分布（Distribution）：黑龙江（HL）、辽宁（LN）、北京（BJ）、宁夏（NX）；韩国、日本。

（253）毛虫奥斯寄蝇 *Oswaldia illiberis* Chao *et* Zhou, 1998

Oswaldia illiberis Chao *et* Zhou, 1998. *In*: Chao *et al*., 1998. *In*: Xue *et* Chao, 1998. Flies of China, Vol. 2: 1744. **Type locality:** China: Liaoning, Fengcheng.
分布（Distribution）：黑龙江（HL）、辽宁（LN）、内蒙古（NM）、甘肃（GS）。

（254）短爪奥斯寄蝇 *Oswaldia issikii* (Baranov, 1935)

Arrhinomyia issikii Baranov, 1935. Vet. Arhiv 5: 557. **Type locality:** Japan: Honshū, Yumoto.
分布（Distribution）：辽宁（LN）、四川（SC）、重庆（CQ）、贵州（GZ）、云南（YN）、西藏（XZ）、台湾（TW）；俄罗斯、日本。

（255）振翅奥斯寄蝇 *Oswaldia muscaria* (Fallén, 1810)

Tachina muscaria Fallén, 1810a. K. Svenska Vetensk. Akad. Handl. 31 (2): 272. **Type locality:** Sweden: Skåne, Äsperöd.
分布（Distribution）：黑龙江（HL）、辽宁（LN）、宁夏（NX）、浙江（ZJ）、云南（YN）、台湾（TW）；俄罗斯、日本；欧洲。

62. 翠寄蝇属 *Paratrixa* Brauer *et* Bergenstamm, 1891

Paratrixa Brauer *et* Bergenstamm, 1891. Zweif. Kaiserl. Mus. Wien 5: 53. **Type species:** *Paratrixa polonica* Brauer *et* Bergenstamm, 1891 (monotypy).
Spiniabdomina Shi, 1991. Entomotaxon. 13 (2): 128. **Type species:** *Spiniabdomina flava* Shi, 1991 (by original designation).

（256）黄足翠寄蝇 *Paratrixa flava* (Shi, 1991)

Spiniabdomina flava Shi, 1991. Entomotaxon. 13 (2): 129. **Type locality:** China: Nei Mongol, Ejin Banner.
分布（Distribution）：内蒙古（NM）。

（257）波兰翠寄蝇 *Paratrixa polonica* Brauer *et* Bergenstamm, 1891

Paratrixa polonica Brauer *et* Bergenstamm, 1891. Zweif. Kaiserl. Mus. Wien 5: 53. **Type locality:** Poland: Zabki near Warszawa.
分布（Distribution）：宁夏（NX）；俄罗斯（西部）、捷克、匈牙利、波兰、法国、德国、瑞士。

63. 植寄蝇属 *Phytorophaga* Bezzi, 1923

Phytorophaga Bezzi, 1923. Treubia 3: 411. **Type species:** *Phytorophaga ventralis* Bezzi, 1923 (by original designation).

（258）黑腹植寄蝇 *Phytorophaga nigriventris* Mesnil, 1942

Phytorophaga nigriventris Mesnil, 1942. Arb. Morph. Taxon. Ent. Berl. 9: 288. **Type locality:** China: Heilongjiang, Erzendjanzsy.
分布（Distribution）：黑龙江（HL）；俄罗斯。

64. 纤芒寄蝇属 *Prodegeeria* Brauer *et* Bergenstamm, 1895

Prodegeeria Brauer *et* Bergenstamm, 1895. *In*: Bergenstamm, 1895. Zweif. Kaiserl. Mus. Wien VII: 81. **Type species:** *Prodegeeria javana* Brauer *et* Bergenstamm, 1895 (monotypy).
Euthelairosoma Townsend, 1926. Suppl. Ent. 14: 32. **Type species:** *Euthelairosoma chaetopygiale* Townsend, 1926 (by original designation).

Hemidegeeria Villeneuve, 1929c. Bull. Ann. Soc. R. Ent. Belg. 69: 66. **Type species:** *Hemidegeeria bicincta* Villeneuve, 1929 (by designation of Townsend, 1932) [= *Euthelairosoma chaetopygiale* Townsend, 1926].
Promedina Mesnil, 1957. Mém. Soc. R. Ent. Belg. 28: 26. **Type species:** *Promedina japonica* Mesnil, 1957 (by original designation).

（259）鬃尾纤芒寄蝇 *Prodegeeria chaetopygialis* (Townsend, 1926)

Euthelairosoma chaetopygiale Townsend, 1926. Suppl. Ent. 14: 33. **Type locality:** Indonesia: Sumatera (Bukittinggi).
Hemidegeeria bicincta Villeneuve, 1929c. Bull. Ann. Soc. R. Ent. Belg. 69: 67. **Type locality:** China: Taiwan, Nant'ou Hsien, Yuchih Hsiang, Wucheng.
分布（Distribution）：北京（BJ）、山东（SD）、安徽（AH）、江苏（JS）、上海（SH）、浙江（ZJ）、江西（JX）、四川（SC）、重庆（CQ）、贵州（GZ）、云南（YN）、西藏（XZ）、福建（FJ）、台湾（TW）、广东（GD）、广西（GX）、海南（HI）；泰国、马来西亚、印度尼西亚、美拉尼西亚群岛。

（260）瘦纤芒寄蝇 *Prodegeeria gracilis* Shima, 1979

Prodegeeria gracilis Shima, 1979b. Kontyû 47: 132. **Type locality:** Japan: Honshū, Nagano Prefecture, Shimashimadani.
分布（Distribution）：四川（SC）；日本。

（261）日本纤芒寄蝇 *Prodegeeria japonica* (Mesnil, 1957)

Promedina japonica Mesnil, 1957. Mém. Soc. R. Ent. Belg. 28: 26. **Type locality:** Japan: Hokkaidō, Obihiro.
分布（Distribution）：吉林（JL）、辽宁（LN）、河北（HEB）、北京（BJ）、陕西（SN）、浙江（ZJ）、湖南（HN）、四川（SC）、云南（YN）、广东（GD）；俄罗斯、韩国、日本。

（262）爪哇纤芒寄蝇 *Prodegeeria javana* Brauer *et* Bergenstamm, 1895

Prodegeeria javana Brauer *et* Bergenstamm, 1895. *In*: Bergenstamm, 1895. Zweif. Kaiserl. Mus. Wien VII: 81. **Type locality:** Indonesia: Jawa.
Hemidegeeria tricincta Villeneuve, 1929c. Bull. Ann. Soc. R. Ent. Belg. 69: 67. **Type locality:** China: Taiwan, Kanshizei.
分布（Distribution）：浙江（ZJ）、台湾（TW）、广西（GX）；泰国、马来西亚、印度尼西亚。

65. 柄脉寄蝇属 *Steleoneura* Stein, 1924

Steleoneura Stein, 1924. Arch. Naturgesch., Abteilung A, 90 (6): 151. **Type species:** *Steleoneura czernyi* Stein, 1924 (monotypy).

（263）小柄脉寄蝇 *Steleoneura minuta* Yang *et* Chao, 1990

Steleoneura minuta Yang *et* Chao, 1990. Sinozool. 7: 310. **Type locality:** China: Guangxi, Maoer Shan.
分布（Distribution）：广西（GX）。

66. 三角寄蝇属 *Trigonospila* Pokorny, 1886

Trigonospila Pokorny, 1886. Wien. Ent. Ztg. 5: 191. **Type species:** *Trigonospila picta* Pokorny, 1886 (monotypy) [= *Tachina ludio* Zetterstedt, 1849].
Succingulum Pandellé, 1894. Rev. Ent. 13: 52. **Type species:** *Succingulum transvittatum* Pandellé, 1896 (by subsequent monotypy of Pandellé, 1896).
Gymnamedoria Townsend, 1927. Ent. Mitt. 16 (4): 283. **Type species:** *Gymnamedoria medinoides* Townsend, 1927 (by original designation) [= *Succingulum transvittatum* Pandellé, 1896].

（264）芦地三角寄蝇 *Trigonospila ludio* (Zetterstedt, 1849)

Tachina ludio Zetterstedt, 1849. Dipt. Scand. 8: 3233. **Type locality:** Denmark.
分布（Distribution）：辽宁（LN）、山西（SX）、陕西（SN）、浙江（ZJ）、湖南（HN）、四川（SC）、贵州（GZ）、云南（YN）、西藏（XZ）、广西（GX）；俄罗斯、韩国、日本、印度、缅甸；欧洲。

（265）横带三角寄蝇 *Trigonospila transvittata* (Pandellé, 1896)

Succingulum transvittatum Pandellé, 1896. Rev. Ent. 15: 148. **Type locality:** France: Var, Hyères.
Gymnamedoria medinoides Townsend, 1927. Ent. Mitt. 16 (4): 283. **Type locality:** China: Taiwan, Kaohsiung Hsien, Chiahsien Hsiang.
分布（Distribution）：辽宁（LN）、浙江（ZJ）、湖南（HN）、四川（SC）、贵州（GZ）、云南（YN）、福建（FJ）、台湾（TW）、广东（GD）、广西（GX）、海南（HI）；韩国、日本、印度、泰国、马来西亚、美拉尼西亚群岛；欧洲。

67. 柄尾寄蝇属 *Urodexia* Osten-Sacken, 1882

Urodexia Osten-Sacken, 1882. Ann. Mus. Civ. St. Nat. Genova 18: 11. **Type species:** *Urodexia penicillum* Osten-Sacken, 1882 (monotypy).
Oxydexiops Townsend, 1927. Philipp. J. Sci. 33: 289. **Type species:** *Oxydexiops uramyoides* Townsend, 1927 (by original designation).

（266）簇毛柄尾寄蝇 *Urodexia penicillum* Osten-Sacken, 1882

Urodexia penicillum Osten-Sacken, 1882. Ann. Mus. Civ. St. Nat. Genova 18: 14. **Type locality:** Indonesia: Sulawesi, Kandari.
分布（Distribution）：浙江（ZJ）、湖南（HN）、四川（SC）、

贵州（GZ）、云南（YN）、福建（FJ）、台湾（TW）、广东（GD）、广西（GX）；日本、印度、泰国、斯里兰卡、马来西亚、印度尼西亚。

（267）尾柄尾寄蝇 *Urodexia uramyoides* (Townsend, 1927)

Oxydexiops uramyoides Townsend, 1927. Philipp. J. Sci. 33: 289. **Type locality:** Philippines: Mindanao, Davao.

分布（Distribution）：海南（HI）；菲律宾、马来西亚、印度尼西亚。

68. 尾寄蝇属 *Uromedina* Townsend, 1926

Uromedina Townsend, 1926. Suppl. Ent. 14: 18. **Type species:** *Uromedina caudata* Townsend, 1926 (by original designation).

Arrhinodexia Townsend, 1927. Ent. Mitt. 16 (4): 282. **Type species:** *Arrhinodexia atrata* Townsend, 1927 (by original designation).

（268）暗尾寄蝇 *Uromedina atrata* (Townsend, 1927)

Arrhinodexia atrata Townsend, 1927. Ent. Mitt. 16 (4): 283. **Type locality:** China: Taiwan, Chiai Hsien, Wufeng, and Kaohsiung Hsien, Chiahsien Hsiang.

分布（Distribution）：台湾（TW）、广东（GD）、海南（HI）；俄罗斯、日本、尼泊尔、缅甸、泰国、马来西亚、巴布亚新几内亚。

（269）后尾寄蝇 *Uromedina caudata* Townsend, 1926

Uromedina caudata Townsend, 1926. Suppl. Ent. 14: 19. **Type locality:** Indonesia: Sumatera, Bukittinggi.

分布（Distribution）：浙江（ZJ）、四川（SC）、云南（YN）、广东（GD）；泰国、印度尼西亚、巴布亚新几内亚。

69. 髭寄蝇属 *Vibrissina* Rondani, 1861

Vibrissina Rondani, 1861. Dipt. Ital. Prodromus, Vol. IV: 35. **Type species:** *Tachina turrita* Meigen, 1824 (by fixation of O'Hara *et* Wood, 2004, misidentified as *Frontina demissa* Meigen, 1838 in the by original designation of Rondani, 1861).

Microvibrissina Villeneuve, 1911a. Wien. Ent. Ztg. 30: 82. **Type species:** *Latreillia debilitata* Pandellé, 1896 (by fixation of O'Hara *et al.*, 2009, misidentified as *Degeeria muscaria* Meigen, 1824 in the original fixation by monotypy of Villeneuve, 1911).

（270）狭额髭寄蝇 *Vibrissina angustifrons* Shima, 1983

Vibrissina angustifrons Shima, 1983. Kontyû 51: 642. **Type locality:** Japan: Ryukyu Islands, Amami-Ô-shima, Mt. Yuwan.

分布（Distribution）：台湾（TW）；日本。

（271）软髭寄蝇 *Vibrissina debilitata* (Pandellé, 1896)

Latreillia debilitata Pandellé, 1896. Rev. Ent. 15: 110. **Type locality:** France: Hautes-Pyrénées, Tarbes.

分布（Distribution）：黑龙江（HL）、吉林（JL）、辽宁（LN）、山西（SX）、河南（HEN）、湖南（HN）、四川（SC）；俄罗斯、朝鲜、韩国、日本；欧洲。

（272）因他髭寄蝇 *Vibrissina inthanon* Shima, 1983

Vibrissina inthanon Shima, 1983. Kontyû 51: 644. **Type locality:** Thailand: summit of Doi Inthanon Mountain.

分布（Distribution）：台湾（TW）；泰国。

（273）长角髭寄蝇 *Vibrissina turrita* (Meigen, 1824)

Tachina turrita Meigen, 1824. Syst. Beschr. Europ. Zweifl. Insekt. 4: 401. **Type locality:** Not given (probably Germany: Kiel *et* Hamburg).

分布（Distribution）：黑龙江（HL）、吉林（JL）、辽宁（LN）、内蒙古（NM）、河北（HEB）、天津（TJ）、北京（BJ）、山西（SX）、山东（SD）、河南（HEN）、陕西（SN）、安徽（AH）、江苏（JS）、上海（SH）、浙江（ZJ）、江西（JX）、湖南（HN）、湖北（HB）、四川（SC）、重庆（CQ）、贵州（GZ）、云南（YN）、西藏（XZ）、福建（FJ）、台湾（TW）、广西（GX）；俄罗斯、朝鲜、韩国、日本、外高加索地区；欧洲。

70. 灾寄蝇属 *Zaira* Robineau-Desvoidy, 1830

Zaira Robineau-Desvoidy, 1830. Mém. Prés. Div. Sav. Acad. R. Sci. Inst. Fr. 2 (2): 150. **Type species:** *Zaira agrestis* Robineau-Desvoidy, 1830 (monotypy) [= *Tachina cinerea* Fallén, 1810].

（274）步甲灾寄蝇 *Zaira cinerea* (Fallén, 1810)

Tachina cinerea Fallén, 1810a. K. Svenska Vetensk. Akad. Handl. 31 (2): 268. **Type locality:** Sweden: Skåne, Äsperöd.

分布（Distribution）：黑龙江（HL）、内蒙古（NM）、北京（BJ）、山西（SX）、青海（QH）；俄罗斯、蒙古国、日本、外高加索地区；中东地区；中亚、欧洲。

埃里寄蝇族 Eryciini

71. 奥索寄蝇属 *Alsomyia* Brauer *et* Bergenstamm, 1891

Alsomyia Brauer *et* Bergenstamm, 1891. Zweif. Kaiserl. Mus. Wien 5: 24. **Type species:** *Alsomyia gymnodiscus* Brauer *et* Bergenstamm, 1891 (monotypy) [= *Exorista capillata* Rondani, 1859].

（275）嗅奥索寄蝇 *Alsomyia olfaciens* (Pandellé, 1896)

Exorista (*Exorista*) *olfaciens* Pandellé, 1896. Rev. Ent. 15: 20.

Type locality: France: Vaucluse, Apt.
分布（**Distribution**）：河北（HEB）、山西（SX）、宁夏（NX）、江苏（JS）、浙江（ZJ）；欧洲。

72. 阿美寄蝇属 *Amelibaea* Mesnil, 1955

Amelibaea Mesnil, 1955. Flieg. Palaearkt. Reg. 10: 454 (as a subgenus of *Phebellia* Robineau-Desvoidy, 1846). **Type species:** *Parexorista tultschensis* Brauer *et* Bergenstamm, 1891 (monotypy).

（276）图兹阿美寄蝇 *Amelibaea tultschensis* (Brauer *et* Bergenstamm, 1891)

Parexorista tultschensis Brauer *et* Bergenstamm, 1891. Zweif. Kaiserl. Mus. Wien 5: 15. **Type locality:** Romania: Tulcea.
分布（**Distribution**）：新疆（XJ）；中东地区；欧洲。

73. 短尾寄蝇属 *Aplomya* Robineau-Desvoidy, 1830

Aplomya Robineau-Desvoidy, 1830. Mém. Prés. Div. Sav. Acad. R. Sci. Inst. Fr. 2 (2): 184. **Type species:** *Aplomya zonata* Robineau-Desvoidy, 1830 (by designation of Robineau-Desvoidy, 1863) [= *Tachina confinis* Fallén, 1820].
Leiosia van der Wulp, 1893. Tijdschr. Ent. 36: 185. **Type species:** *Leiosia flavisquama* van der Wulp, 1893 (monotypy).
Wiedemanniomyia Townsend, 1933. J. N. Y. Ent. Soc. 40: 469. **Type species:** *Tachina metallica* Wiedemann, 1824 (by original designation).

（277）毛短尾寄蝇 *Aplomya confinis* (Fallén, 1820)

Tachina confinis Fallén, 1820. Monogr. Musc. Sveciae III: 32. **Type locality:** Sweden: Gotland.
分布（**Distribution**）：黑龙江（HL）、吉林（JL）、辽宁（LN）、内蒙古（NM）、河北（HEB）、天津（TJ）、北京（BJ）、山西（SX）、陕西（SN）、宁夏（NX）、青海（QH）、新疆（XJ）、四川（SC）、云南（YN）、西藏（XZ）、广东（GD）、海南（HI）；俄罗斯、蒙古国、韩国、日本、外高加索地区、也门；中东地区；中亚、欧洲、非洲（北部）。

（278）显短尾寄蝇 *Aplomya distincta* (Baranov, 1931)

Exorista distincta Baranov, 1931. Wien. Ent. Ztg. 48: 120. **Type locality:** China: Taiwan, P'ingtung Hsien, Hengch'un, Changkou.
分布（**Distribution**）：台湾（TW）；菲律宾。

（279）黄瓣短尾寄蝇 *Aplomya flavisquama* (van der Wulp, 1893)

Leiosia flavisquama van der Wulp, 1893. Tijdschr. Ent. 36: 186. **Type locality:** Indonesia: Jawa.
分布（**Distribution**）：台湾（TW）；印度、老挝、泰国、菲律宾、马来西亚、印度尼西亚、澳大利亚。

（280）宽爪短尾寄蝇 *Aplomya latimana* Villeneuve, 1934

Aplomyia latimana Villeneuve, 1934. Revue Zool. Bot. Afr. 25: 409. **Type locality:** Uganda: Ruwenzori.
分布（**Distribution**）：贵州（GZ）；刚果（金）、肯尼亚、乌干达。

（281）裸短尾寄蝇 *Aplomya metallica* (Wiedemann, 1824)

Tachina metallica Wiedemann, 1824. Munus Rectoris in Academia Christiana Albertina Aditurus Analecta Entomológica ex Museo Regio Havniensi Máxime Congesta Profert Iconibusque Illustrat: 46. **Type locality:** "East Indies".
Parexorista laeviventris van der Wulp, 1893. Tijdschr. Ent. 36: 173. **Type locality:** Indonesia: Jawa.
分布（**Distribution**）：山东（SD）、河南（HEN）、安徽（AH）、江苏（JS）、上海（SH）、浙江（ZJ）、江西（JX）、湖南（HN）、四川（SC）、重庆（CQ）、贵州（GZ）、云南（YN）、西藏（XZ）、福建（FJ）、台湾（TW）、广东（GD）、广西（GX）、海南（HI）、香港（HK）；日本、印度、印度尼西亚、巴布亚新几内亚；中东地区；非洲热带区广布。

74. 小寄蝇属 *Bactromyia* Brauer *et* Bergenstamm, 1891

Bactromyia Brauer *et* Bergenstamm, 1891. Zweif. Kaiserl. Mus. Wien 5: 25. **Type species:** *Tachina scutelligera* Zetterstedt, 1844 (monotypy) [= *Tachina aurulenta* Meigen, 1824].
Parathryptocera Brauer, 1898. Sber. Akad. Wiss. Wien, Kl. Math.-Naturw. 107: 521, 543 (nomen nudum).

（282）金黄小寄蝇 *Bactromyia aurulenta* (Meigen, 1824)

Tachina aurulenta Meigen, 1824. Syst. Beschr. Europ. Zweifl. Insekt. 4: 411. **Type locality:** Not given (probably Germany: Hamburg *et* Kiel).
分布（**Distribution**）：黑龙江（HL）、吉林（JL）、辽宁（LN）、北京（BJ）、西藏（XZ）；俄罗斯、日本、外高加索地区；欧洲。

（283）迷小寄蝇 *Bactromyia delicatula* Mesnil, 1953

Bactromyia delicatula Mesnil, 1953. Flieg. Palaearkt. Reg. 10: 265. **Type locality:** China: Taiwan, P'ingtung Hsien, Changkou.
分布（**Distribution**）：台湾（TW）。

75. 凤蝶寄蝇属 *Buquetia* Robineau-Desvoidy, 1847

Buquetia Robineau-Desvoidy, 1847. Ann. Soc. Entomol. Fr.

2 (5): 286. **Type species:** *Buquetia musca* Robineau-Desvoidy, 1847 (monotypy).

（284）媒凤蝶寄蝇 *Buquetia intermedia* (Baranov, 1939)

Erycia intermedia Baranov, 1939. Ent. Nachr. 12: 111. **Type locality:** Japan: Hokkaidō, Sapporo.
分布（Distribution）：黑龙江（HL）、吉林（JL）、辽宁（LN）；俄罗斯、日本。

（285）毛颜凤蝶寄蝇 *Buquetia musca* Robineau-Desvoidy, 1847

Buquetia musca Robineau-Desvoidy, 1847. Ann. Soc. Entomol. Fr. 2 (5): 287. **Type locality:** France.
分布（Distribution）：辽宁（LN）；俄罗斯、蒙古国、巴基斯坦、外高加索地区；中东地区；欧洲。

76. 狭颊寄蝇属 *Carcelia* Robineau-Desvoidy, 1830

1）卡狭颊寄蝇亚属 *Calocarcelia* Townsend, 1927

Calocarcelia Townsend, 1927. Rev. Mus. Paulista 15: 266. **Type species:** *Calocarcelia fasciata* Townsend, 1927 (by original designation) [= *Musca cingulata* Fabricius, 1805].
Myxocarcelia Baranov, 1934. Trans. R. Ent. Soc. London 82: 398. **Type species:** *Carcelia hirsuta* Baranov, 1931 (by original designation).

（286）异狭颊寄蝇 *Carcelia* (*Calocarcelia*) *aberrans* Baranov, 1931

Carcelia aberrans Baranov, 1931. Arb. Parasit. Abt. Inst. Hyg. Zagreb. 3: 27. **Type locality:** China: Taiwan, P'ingtung Hsien, Changkou.
分布（Distribution）：台湾（TW）。

（287）多毛狭颊寄蝇 *Carcelia* (*Calocarcelia*) *hirsuta* Baranov, 1931

Carcelia hirsuta Baranov, 1931. Arb. Parasit. Abt. Inst. Hyg. Zagreb. 3: 38. **Type locality:** China: Taiwan, P'ingtung Hsien, Changkou.
分布（Distribution）：浙江（ZJ）、湖南（HN）、四川（SC）、贵州（GZ）、云南（YN）、福建（FJ）、台湾（TW）、广东（GD）、广西（GX）、海南（HI）。

（288）疏毛狭颊寄蝇 *Carcelia* (*Calocarcelia*) *pilosella* Baranov, 1931

Carcelia pilosella Baranov, 1931. Arb. Parasit. Abt. Inst. Hyg. Zagreb. 3: 37. **Type locality:** China: Taiwan, P'ingtung Hsien, Changkou.
分布（Distribution）：台湾（TW）。

（289）屋久狭颊寄蝇 *Carcelia* (*Calocarcelia*) *yakushimana* (Shima, 1968)

Calocarcelia yakushimana Shima, 1968. J. Fac. Agric. Kyushu Univ. 14: 516. **Type locality:** Japan: Kyūshū, Kagoshima, Yaku-shima, Kosugidani.
Carcelia brevicaudata Chao *et* Zhou, 1992. *In*: Sun *et al.*, 1992. *In*: Peng *et* Leu, 1992. Iconography of Forest Insects in Hunan China: 1183. **Type locality:** China: Hunan, Yongshun, Shamuhe Tree Farm.
分布（Distribution）：湖南（HN）、贵州（GZ）、云南（YN）、广东（GD）；日本。

2）狭颊寄蝇亚属 *Carcelia* Robineau-Desvoidy, 1830

Carcelia Robineau-Desvoidy, 1830. Mém. Prés. Div. Sav. Acad. R. Sci. Inst. Fr. 2 (2): 176. **Type species:** *Carcelia bombylans* Robineau-Desvoidy, 1830 (by designation of Robineau-Desvoidy, 1863).
Chetoliga Rondani, 1856. Dipt. Ital. Prodromus, Vol. I: 66. **Type species:** *Carcelia bombylans* Robineau-Desvoidy, 1830 (by fixation of O'Hara *et al.*, 2009, misidentified as *Tachina gnava* Meigen, 1824 in the by original designation of Rondani, 1856).
Carceliopsis Townsend, 1927. Suppl. Ent. 16: 66. **Type species:** *Carceliopsis sumatrensis* Townsend, 1927 (by original designation).
Asiocarcelia Baranov, 1934. Trans. R. Ent. Soc. London 82: 407. **Type species:** *Carcelia caudata* Baranov, 1931 (by original designation).

（290）窄须狭颊寄蝇 *Carcelia* (*Carcelia*) *angustipalpis* Chao *et* Liang, 2002

Carcelia (*Carcelia*) *angustipalpis* Chao *et* Liang, 2002. Acta Zootaxon. Sin. 27 (4): 838. **Type locality:** China: Yunnan, Menghai.
分布（Distribution）：云南（YN）。

（291）黑鳞狭颊寄蝇 *Carcelia* (*Carcelia*) *atricosta* Herting, 1961

Carcelia atricosta Herting, 1961. Stuttg. Beitr. Naturkd. 65: 7. **Type locality:** Czech Republic: Bohemia, Chodov.
分布（Distribution）：北京（BJ）、山西（SX）、河南（HEN）、湖南（HN）、四川（SC）、云南（YN）、海南（HI）；日本；欧洲。

（292）金粉狭颊寄蝇 *Carcelia* (*Carcelia*) *auripulvis* Chao *et* Liang, 2002

Carcelia auripulvis Chao *et* Liang, 2002. Acta Zootaxon. Sin. 27 (4): 837. **Type locality:** China: Jilin, Liaoyuan.
分布（Distribution）：吉林（JL）。

（293）八达岭狭颊寄蝇 *Carcelia* (*Carcelia*) *badalingensis* Chao *et* Liang, 2009

Carcelia badalingensis Chao *et* Liang, 2009. *In*: Chao *et al*., 2009. *In*: Yang, 2009. Fauna of Hebei, Diptera: 642. **Type locality:** China: Beijing, Badaling.

分布（Distribution）：吉林（JL）、北京（BJ）。

（294）拟态狭颊寄蝇 *Carcelia* (*Carcelia*) *blepharipoides* Chao *et* Liang, 1986

Carcelia (*Carcelia*) *blepharipoides* Chao *et* Liang, 1986. Sinozool. 4: 136. **Type locality:** China: Yunnan, Zhongdian.

分布（Distribution）：四川（SC）、云南（YN）。

（295）尖音狭颊寄蝇 *Carcelia* (*Carcelia*) *bombylans* Robineau-Desvoidy, 1830

Carcelia bombylans Robineau-Desvoidy, 1830. Mém. Prés. Div. Sav. Acad. R. Sci. Inst. Fr. 2 (2): 177. **Type locality:** France.

分布（Distribution）：黑龙江（HL）、吉林（JL）、辽宁（LN）、内蒙古（NM）、北京（BJ）、山西（SX）、山东（SD）、河南（HEN）、安徽（AH）、江苏（JS）、上海（SH）、浙江（ZJ）、江西（JX）、湖南（HN）、湖北（HB）、四川（SC）、重庆（CQ）、贵州（GZ）、云南（YN）、西藏（XZ）、福建（FJ）、台湾（TW）、广东（GD）、广西（GX）、海南（HI）、香港（HK）；俄罗斯、日本、外高加索地区；欧洲。

（296）短毛狭颊寄蝇 *Carcelia* (*Carcelia*) *brevipilosa* Chao *et* Liang, 1986

Carcelia brevipilosa Chao *et* Liang, 1986. Sinozool. 4: 139. **Type locality:** China: Hainan.

分布（Distribution）：辽宁（LN）、云南（YN）、海南（HI）。

（297）舞毒蛾狭颊寄蝇 *Carcelia* (*Carcelia*) *candidae* Shima, 1981

Carcelia candidae Shima, 1981. *In*: Schaefer *et* Shima, 1981. Kontyû 49: 372. **Type locality:** Japan: Hokkaidō, Makomanai.

Carcelia (*Carcelia*) *beijingensis* Chao *et* Liang, 1986. Sinozool. 4: 134. **Type locality:** China: Beijing, Zhongguancun.

Carcelia (*Carcelia*) *lymantriae* Chao *et* Liang, 1986. Sinozool. 4: 135. **Type locality:** China: Beijing, Sanpu.

分布（Distribution）：黑龙江（HL）、辽宁（LN）、内蒙古（NM）、北京（BJ）、山西（SX）、山东（SD）、四川（SC）、云南（YN）；日本。

（298）灰粉狭颊寄蝇 *Carcelia* (*Carcelia*) *canutipulvera* Chao *et* Liang, 1986

Carcelia (*Carcelia*) *canutipulvera* Chao *et* Liang, 1986. Sinozool. 4: 140. **Type locality:** China: Beijing, Badaling.

分布（Distribution）：北京（BJ）。

（299）黑尾狭颊寄蝇 *Carcelia* (*Carcelia*) *caudata* Baranov, 1931

Carcelia caudata Baranov, 1931. Arb. Parasit. Abt. Inst. Hyg. Zagreb. 3: 41. **Type locality:** China: Taiwan, P'ingtung Hsien, Changkou.

Carcelia frontalis Baranov, 1931. Arb. Parasit. Abt. Inst. Hyg. Zagreb. 3: 43. **Type locality:** China: Taiwan, Nant'ou Hsien, Chitou.

分布（Distribution）：辽宁（LN）、北京（BJ）、山东（SD）、陕西（SN）、安徽（AH）、江苏（JS）、上海（SH）、浙江（ZJ）、江西（JX）、湖南（HN）、贵州（GZ）、云南（YN）、福建（FJ）、台湾（TW）、广东（GD）、广西（GX）、海南（HI）；日本、印度、斯里兰卡、马来西亚、印度尼西亚。

（300）杜比狭颊寄蝇 *Carcelia* (*Carcelia*) *dubia* (Brauer *et* Bergenstamm, 1891)

Parexorista dubia Brauer *et* Bergenstamm, 1891. Zweif. Kaiserl. Mus. Wien 5: 18. **Type locality:** Turkey: Bursa.

分布（Distribution）：吉林（JL）、辽宁（LN）、北京（BJ）、浙江（ZJ）、湖北（HB）、四川（SC）、贵州（GZ）、云南（YN）、福建（FJ）；俄罗斯、外高加索地区、土耳其；欧洲。

（301）镰叶狭颊寄蝇 *Carcelia* (*Carcelia*) *falx* Chao *et* Liang, 1986

Carcelia (*Carcelia*) *falx* Chao *et* Liang, 1986. Sinozool. 4: 143. **Type locality:** China: Hainan.

分布（Distribution）：湖南（HN）、海南（HI）。

（302）黄斑狭颊寄蝇 *Carcelia* (*Carcelia*) *flavimaculata* Sun *et* Chao, 1992

Carcelia flavimaculata Sun *et* Chao, 1992. *In*: Sun *et al*., 1992. *In*: Peng *et* Leu, 1992. Iconography of Forest Insects in Hunan China: 1184. **Type locality:** China: Hunan, Sangzhi, Tianpingshan.

分布（Distribution）：辽宁（LN）、陕西（SN）、浙江（ZJ）、江西（JX）、湖南（HN）、湖北（HB）、四川（SC）、云南（YN）、西藏（XZ）、福建（FJ）、台湾（TW）、广西（GX）、海南（HI）。

（303）格纳狭颊寄蝇 *Carcelia* (*Carcelia*) *gnava* (Meigen, 1824)

Tachina gnava Meigen, 1824. Syst. Beschr. Europ. Zweifl. Insekt. 4: 330. **Type locality:** Europe.

分布（Distribution）：黑龙江（HL）、吉林（JL）、辽宁（LN）、内蒙古（NM）、河北（HEB）、北京（BJ）、山西（SX）、河南（HEN）、浙江（ZJ）、湖南（HN）、四川（SC）、贵州（GZ）、云南（YN）、福建（FJ）、广西（GX）；俄罗斯、韩国、日本、外高加索地区；欧洲。

（304）钩叶狭颊寄蝇 *Carcelia* (*Carcelia*) *hamata* Chao *et* Liang, 1986

Carcelia (*Carcelia*) *hamata* Chao *et* Liang, 1986. Sinozool. 4: 142. **Type locality:** China: Sichuan, Luding.

分布（Distribution）：浙江（ZJ）、湖南（HN）、四川（SC）、云南（YN）。

（305）星毛虫狭颊寄蝇 *Carcelia* (*Carcelia*) *illiberisi* Chao *et* Liang, 2002

Carcelia (*Carcelia*) *illiberisi* Chao *et* Liang, 2002. Acta Zootaxon. Sin. 27 (4): 840. **Type locality:** China: Shanxi, Yicheng.
分布（Distribution）：山西（SX）。

（306）拱瓣狭颊寄蝇 *Carcelia* (*Carcelia*) *iridipennis* (van der Wulp, 1893)

Parexorista iridipennis van der Wulp, 1893. Tijdschr. Ent. 36: 176. **Type locality:** Indonesia: Jawa.
Parexorista modicella van der Wulp, 1893. Tijdschr. Ent. 36: 178. **Type locality:** Indonesia: Jawa.
分布（Distribution）：黑龙江（HL）、吉林（JL）、辽宁（LN）、北京（BJ）、安徽（AH）、浙江（ZJ）、江西（JX）、湖南（HN）、湖北（HB）、四川（SC）、云南（YN）、台湾（TW）、广东（GD）、广西（GX）、海南（HI）；泰国、马来西亚、印度尼西亚。

（307）宽额狭颊寄蝇 *Carcelia* (*Carcelia*) *laxifrons* Villeneuve, 1912

Carcelia laxifrons Villeneuve, 1912. Feuille Jeun. Nat. 42: 90, 91. **Type locality:** Not given (probably Germany: near Hamburg).
分布（Distribution）：黑龙江（HL）、吉林（JL）、辽宁（LN）、内蒙古（NM）、北京（BJ）、山西（SX）、浙江（ZJ）、湖南（HN）、湖北（HB）、四川（SC）；俄罗斯、蒙古国、日本、外高加索地区；欧洲。

（308）长毛狭颊寄蝇 *Carcelia* (*Carcelia*) *longichaeta* Chao *et* Shi, 1982

Carcelia longichaeta Chao *et* Shi, 1982. *In*: The Comprehensive Scientific Expedition to the Qinghai-Xizang Plateau, Chinese Academy of Sciences, 1982. Insects of Xizang 2: 267. **Type locality:** China: Xizang, Zham.
分布（Distribution）：西藏（XZ）。

（309）芦寇狭颊寄蝇 *Carcelia* (*Carcelia*) *lucorum* (Meigen, 1824)

Tachina lucorum Meigen, 1824. Syst. Beschr. Europ. Zweifl. Insekt. 4: 328. **Type locality:** Not given (probably Germany: Stolberg).
分布（Distribution）：黑龙江（HL）、吉林（JL）、辽宁（LN）、内蒙古（NM）、北京（BJ）、宁夏（NX）、四川（SC）、云南（YN）、福建（FJ）、广西（GX）；俄罗斯、蒙古国、日本、外高加索地区；中东地区；中亚、欧洲。

（310）松毛虫狭颊寄蝇 *Carcelia* (*Carcelia*) *matsukarehae* (Shima, 1969)

Carceliopsis matsukarehae Shima, 1969. Kontyû 37: 233. **Type locality:** Japan: Kyūshū, Kumamoto, Ohtsu.
分布（Distribution）：黑龙江（HL）、吉林（JL）、辽宁（LN）、河北（HEB）、北京（BJ）、山东（SD）、河南（HEN）、陕西（SN）、安徽（AH）、江苏（JS）、上海（SH）、浙江（ZJ）、江西（JX）、湖南（HN）、湖北（HB）、四川（SC）、贵州（GZ）、云南（YN）、福建（FJ）、广东（GD）、广西（GX）、海南（HI）；俄罗斯、日本。

（311）黑角狭颊寄蝇 *Carcelia* (*Carcelia*) *nigrantennata* Chao *et* Liang, 1986

Carcelia (*Carcelia*) *nigrantennata* Chao *et* Liang, 1986. Sinozool. 4: 141. **Type locality:** China: Yunnan, Xishuangbanna.
分布（Distribution）：浙江（ZJ）、江西（JX）、四川（SC）、贵州（GZ）、云南（YN）、广东（GD）、广西（GX）。

（312）拟尾狭颊寄蝇 *Carcelia* (*Carcelia*) *pseudocaudata* (Baranov, 1934)

Asiocarcelia pseudocaudata Baranov, 1934. Trans. R. Ent. Soc. London 82: 407. **Type locality:** China: Taiwan, T'ainan.
分布（Distribution）：陕西（SN）、云南（YN）、台湾（TW）；日本、尼泊尔、印度尼西亚。

（313）普狭颊寄蝇 *Carcelia* (*Carcelia*) *puberula* Mesnil, 1941

Carcelia puberula Mesnil, 1941. Bull. Soc. Ent. Fr. 46: 98. **Type locality:** Not known (locality on data label is illegible).
分布（Distribution）：黑龙江（HL）、吉林（JL）、北京（BJ）、山西（SX）、甘肃（GS）、江苏（JS）、湖北（HB）、四川（SC）、广西（GX）；日本；欧洲。

（314）灰腹狭颊寄蝇 *Carcelia* (*Carcelia*) *rasa* (Macquart, 1849)

Exorista rasa Macquart, 1849. Ann. Soc. Entomol. Fr. 2 (7): 368. **Type locality:** France: Pas-de-Calais, Lestrem.
Carcelia amphion Robineau-Desvoidy, 1863. Hist. Nat. Dipt. Envir. Paris 1: 237. **Type locality:** France.
分布（Distribution）：黑龙江（HL）、吉林（JL）、辽宁（LN）、河北（HEB）、北京（BJ）、山西（SX）、陕西（SN）、安徽（AH）、江苏（JS）、上海（SH）、浙江（ZJ）、江西（JX）、湖南（HN）、四川（SC）、贵州（GZ）、云南（YN）、福建（FJ）、广东（GD）、广西（GX）、海南（HI）；俄罗斯、日本、外高加索地区；中东地区；欧洲。

（315）拉赛狭颊寄蝇 *Carcelia* (*Carcelia*) *rasella* Baranov, 1931

Carcelia rasella Baranov, 1931. Arb. Parasit. Abt. Inst. Hyg. Zagreb 3: 44. **Type locality:** Serbia: Golubac.
分布（Distribution）：吉林（JL）、辽宁（LN）、河北（HEB）、北京（BJ）、山西（SX）、山东（SD）、安徽（AH）、江苏（JS）、上海（SH）、浙江（ZJ）、江西（JX）、湖南（HN）、

四川（SC）、重庆（CQ）、云南（YN）、福建（FJ）、广东（GD）、广西（GX）、海南（HI）；日本；欧洲。

(316) 拉狭颊寄蝇 *Carcelia* (*Carcelia*) *rasoides* Baranov, 1931

Carcelia rasoides Baranov, 1931. Arb. Parasit. Abt. Inst. Hyg. Zagreb 3: 42. **Type locality:** China: Taiwan, P'ingtung Hsien, Changkou.

Carcelia (*Carcelia*) *hainanensis* Chao *et* Liang, 1986. Sinozool. 4: 137. **Type locality:** China: Hainan.

分布（Distribution）：台湾（TW）、广东（GD）、海南（HI）；印度、斯里兰卡、马来西亚。

(317) 拟红狭颊寄蝇 *Carcelia* (*Carcelia*) *rutilloides* Baranov, 1931

Carcelia rutilloides Baranov, 1931. Arb. Parasit. Abt. Inst. Hyg. Zagreb 3: 29. **Type locality:** China: Taiwan, T'aipei Hsien, Tinshungchi.

分布（Distribution）：台湾（TW）；缅甸。

(318) 鬃狭颊寄蝇 *Carcelia* (*Carcelia*) *setosella* Baranov, 1931

Carcelia setosella Baranov, 1931. Arb. Parasit. Abt. Inst. Hyg. Zagreb 3: 44. **Type locality:** China: Taiwan, Kaohsiung Hsien, Chiahsien Hsiang.

分布（Distribution）：台湾（TW）；尼泊尔。

(319) 赛克狭颊寄蝇 *Carcelia* (*Carcelia*) *sexta* Baranov, 1931

Carcelia sexta Baranov, 1931. Arb. Parasit. Abt. Inst. Hyg. Zagreb 3: 34. **Type locality:** China: Taiwan, Chiai Hsien, Talin.

分布（Distribution）：内蒙古（NM）、河北（HEB）、天津（TJ）、北京（BJ）、山西（SX）、山东（SD）、安徽（AH）、江苏（JS）、上海（SH）、浙江（ZJ）、江西（JX）、贵州（GZ）、西藏（XZ）、福建（FJ）、台湾（TW）。

(320) 苏门狭颊寄蝇 *Carcelia* (*Carcelia*) *sumatrana* Townsend, 1927

Carcelia sumatrana Townsend, 1927. Suppl. Ent. 16: 65. **Type locality:** Indonesia: Sumatra, Suban Ajam.

分布（Distribution）：吉林（JL）、辽宁（LN）、内蒙古（NM）、河北（HEB）、天津（TJ）、北京（BJ）、山西（SX）、山东（SD）、陕西（SN）、甘肃（GS）、安徽（AH）、江苏（JS）、上海（SH）、浙江（ZJ）、江西（JX）、湖南（HN）、湖北（HB）、四川（SC）、重庆（CQ）、贵州（GZ）、云南（YN）、西藏（XZ）、福建（FJ）、台湾（TW）、广东（GD）、广西（GX）、海南（HI）、香港（HK）；俄罗斯、日本、斯里兰卡、马来西亚半岛、印度尼西亚。

(321) 短爪狭颊寄蝇 *Carcelia* (*Carcelia*) *sumatrensis* (Townsend, 1927)

Carceliopsis sumatrensis Townsend, 1927. Suppl. Ent. 16: 66. **Type locality:** Indonesia: Sumatera (Bukittinggi).

分布（Distribution）：吉林（JL）、辽宁（LN）、内蒙古（NM）、山西（SX）、浙江（ZJ）、湖南（HN）、湖北（HB）、四川（SC）、云南（YN）、福建（FJ）、广东（GD）、广西（GX）、海南（HI）；马来西亚半岛、印度尼西亚。

(322) 鬃堤狭颊寄蝇 *Carcelia* (*Carcelia*) *vibrissata* Chao *et* Zhou, 1992

Carcelia vibrissata Chao *et* Zhou, 1992. *In*: Sun *et al*., 1992. *In*: Peng *et* Leu, 1992. Iconography of Forest Insects in Hunan China: 1188. **Type locality:** China: Hunan, Liu-yiang.

分布（Distribution）：湖南（HN）。

(323) 永顺狭颊寄蝇 *Carcelia* (*Carcelia*) *yongshunensis* Sun *et* Chao, 1992

Carcelia yongshunensis Sun *et* Chao, 1992. *In*: Sun *et al*., 1992. *In*: Peng *et* Leu, 1992. Iconography of Forest Insects in Hunan China: 1188. **Type locality:** China: Hunan, Yongshun, Shamuhe Tree Farm.

分布（Distribution）：浙江（ZJ）、湖南（HN）。

3）嘉狭颊寄蝇亚属 *Cargilla* Richter, 1980

Cargilla Richter, 1980. Insects Mongolia 7: 522 (as a subgenus of *Carcelia* Robineau-Desvoidy, 1830). **Type species:** *Carcelia* (*Cargilla*) *transbaicalica* Richter, 1980 (by original designation).

(324) 外贝狭颊寄蝇 *Carcelia* (*Cargilla*) *transbaicalica* Richter, 1980

Carcelia (*Cargilla*) *transbaicalica* Richter, 1980. Insects Mongolia 7: 522. **Type locality:** Russia: Zabaykalskiy Kray, Zabaykal'sk.

分布（Distribution）：黑龙江（HL）、内蒙古（NM）、河北（HEB）、北京（BJ）、四川（SC）、广西（GX）；俄罗斯。

4）优狭颊寄蝇亚属 *Euryclea* Robineau-Desvoidy, 1863

Euryclea Robineau-Desvoidy, 1863. Hist. Nat. Dipt. Envir. Paris 1: 290. **Type species:** *Euryclea tibialis* Robineau-Desvoidy, 1863 (by original designation).

Isocarceliopsis Baranov, 1934. Trans. R. Ent. Soc. London 82: 406. **Type species:** *Isocarceliopsis hemimacquartioides* Baranov, 1934 (by original designation).

(325) 棒角狭颊寄蝇 *Carcelia* (*Euryclea*) *clava* Chao *et* Liang, 1986

Carcelia (*Euryclea*) *clava* Chao *et* Liang, 1986. Sinozool. 4: 133. **Type locality:** China: Shanxi, Yicheng.

分布（Distribution）：辽宁（LN）、北京（BJ）、山西（SX）、浙江（ZJ）、四川（SC）。

(326) 迷狭颊寄蝇 *Carcelia* (*Euryclea*) *delicatula* Mesnil, 1968

Carcelia (*Parexorista*) *delicatula* Mesnil, 1968a. Bull. Ann. Soc. R. Ent. Belg. 104: 173. **Type locality:** India: Uttarakhand, Dehra Dun.

Carcelia hirtspila Chao *et* Shi, 1982. *In*: The Comprehensive Scientific Expedition to the Qinghai-Xizang Plateau, Chinese Academy of Sciences, 1982. Insects of Xizang 2: 266. **Type locality:** China: Guangxi, Pingxiang.

分布（Distribution）：内蒙古（NM）、河北（HEB）、天津（TJ）、北京（BJ）、山西（SX）、山东（SD）、陕西（SN）、安徽（AH）、江苏（JS）、上海（SH）、浙江（ZJ）、江西（JX）、湖南（HN）、四川（SC）、贵州（GZ）、云南（YN）、西藏（XZ）、福建（FJ）、台湾（TW）、广东（GD）、广西（GX）、海南（HI）、香港（HK）；日本、印度。

(327) 黄腹狭颊寄蝇 *Carcelia* (*Euryclea*) *flava* Chao *et* Liang, 1986

Carcelia (*Euryclea*) *flava* Chao *et* Liang, 1986. Sinozool. 4: 129. **Type locality:** China: Yunnan, Weixi.

分布（Distribution）：云南（YN）。

(328) 颏迷狭颊寄蝇 *Carcelia* (*Euryclea*) *hemimacquartioides* (Baranov, 1934)

Isocarceliopsis hemimacquartioides Baranov, 1934. Trans. R. Ent. Soc. London 82: 406. **Type locality:** China: Taiwan, Nant'ou Hsien, Chitou.

Eufischeria ceylanica of authors, not Brauer *et* Bergenstamm, 1891 (misidentification).

分布（Distribution）：北京（BJ）、上海（SH）、四川（SC）、台湾（TW）；日本。

(329) 宽叶狭颊寄蝇 *Carcelia* (*Euryclea*) *latistylata* (Baranov, 1934)

Parexorista latistylata Baranov, 1934. Trans. R. Ent. Soc. London 82: 405. **Type locality:** China: Taiwan.

分布（Distribution）：辽宁（LN）、浙江（ZJ）、湖南（HN）、四川（SC）、贵州（GZ）、云南（YN）、台湾（TW）、广西（GX）；斯里兰卡、菲律宾。

(330) 苍白狭颊寄蝇 *Carcelia* (*Euryclea*) *pallensa* Chao *et* Liang, 2002

Carcelia (*Carcelia*) *pallensa* Chao *et* Liang, 2002. Acta Zootaxon. Sin. 27 (4): 836. **Type locality:** China: Sichuan, Wenchuan.

分布（Distribution）：北京（BJ）、四川（SC）、云南（YN）。

(331) 鬃胫狭颊寄蝇 *Carcelia* (*Euryclea*) *tibialis* (Robineau-Desvoidy, 1863)

Euryclea tibialis Robineau-Desvoidy, 1863. Hist. Nat. Dipt. Envir. Paris 1: 291. **Type locality:** France.

分布（Distribution）：黑龙江（HL）、吉林（JL）、辽宁（LN）、北京（BJ）、河北（HEB）、山西（SX）、山东（SD）、宁夏（NX）、上海（SH）、浙江（ZJ）、湖南（HN）、四川（SC）、贵州（GZ）、云南（YN）、福建（FJ）、广东（GD）、广西（GX）；俄罗斯、日本；欧洲。

(332) 绒尾狭颊寄蝇 *Carcelia* (*Euryclea*) *villicauda* Chao *et* Liang, 1986

Carcelia (*Euryclea*) *villicauda* Chao *et* Liang, 1986. Sinozool. 4: 131. **Type locality:** China: Guangdong, Zhanjiang.

分布（Distribution）：浙江（ZJ）、云南（YN）、西藏（XZ）、广东（GD）、海南（HI）。

(333) 黄毛狭颊寄蝇 *Carcelia* (*Euryclea*) *xanthohirta* Chao *et* Liang, 1986

Carcelia (*Euryclea*) *xanthohirta* Chao *et* Liang, 1986. Sinozool. 4: 130. **Type locality:** China: Sichuan, Emei Shan.

分布（Distribution）：山西（SX）、四川（SC）。

77. 似颊寄蝇属 *Carcelina* Mesnil, 1944

Carcelina Mesnil, 1944. Flieg. Palaearkt. Reg. 10: 29 (as a subgenus of *Carcelia* Robineau-Desvoidy, 1830). **Type species:** *Carcelia nigrapex* Mesnil, 1944 (monotypy).

(334) 棒须似颊寄蝇 *Carcelina clavipalpis* (Chao *et* Liang, 1986)

Carcelia (*Carcelina*) *clavipalpis* Chao *et* Liang, 1986. Sinozool. 4: 127. **Type locality:** China: Sichuan, Wenchuan.

分布（Distribution）：浙江（ZJ）、四川（SC）、重庆（CQ）、贵州（GZ）、云南（YN）、西藏（XZ）。

(335) 隔似颊寄蝇 *Carcelina excisoides* (Mesnil, 1957)

Calocarcelia excisoides Mesnil, 1957. Mém. Soc. R. Ent. Belg. 28: 3. **Type locality:** Japan: Hokkaido, Obihiro.

分布（Distribution）：中国（省份不明）；日本。

(336) 宽堤似颊寄蝇 *Carcelina latifacialia* (Chao *et* Liang, 1986)

Carcelia (*Carcelina*) *latifacialia* Chao *et* Liang, 1986. Sinozool. 4: 128. **Type locality:** China: Yunnan, Deqin.

分布（Distribution）：云南（YN）。

(337) 巨似颊寄蝇 *Carcelina nigrapex* (Mesnil, 1944)

Carcelia (*Carcelina*) *nigrapex* Mesnil, 1944. Flieg. Palaearkt. Reg. 10: 29. **Type locality:** China: Jiangxi, Guling.

分布（Distribution）：河南（HEN）、陕西（SN）、浙江（ZJ）、江西（JX）、广东（GD）、广西（GX）。

(338) 黄足似颊寄蝇 *Carcelina pallidipes* (Uéda, 1960)

Carcelia pallidipes Uéda, 1960. Insecta Matsum. 23: 112. **Type locality:** Japan: Hokkaidō, Sapporo.

分布（Distribution）：黑龙江（HL）、吉林（JL）、辽宁（LN）、内蒙古（NM）、北京（BJ）、山西（SX）、陕西（SN）、浙江（ZJ）、四川（SC）、福建（FJ）；日本。

(339) 上方山似颊寄蝇 *Carcelina shangfangshanica* (Chao *et* Liang, 2002)

Carcelia (*Carcelia*) *shangfangshanica* Chao *et* Liang, 2002. Acta Zootaxon. Sin. 27 (4): 835. **Type locality:** China: Beijing, Shangfangshan.

分布（Distribution）：辽宁（LN）、内蒙古（NM）、北京（BJ）。

78. 卡他寄蝇属 *Catagonia* Brauer *et* Bergenstamm, 1891

Catagonia Brauer *et* Bergenstamm, 1891. Zweif. Kaiserl. Mus. Wien 5: 44. **Type species:** *Catagonia nemestrina* Brauer *et* Bergenstamm, 1891 (monotypy).

(340) 畸变卡他寄蝇 *Catagonia aberrans* (Rondani, 1859)

Exorista aberrans Rondani, 1859. Dipt. Ital. Prodromus, Vol. III: 147. **Type locality:** Italy: Insubria.

分布（Distribution）：辽宁（LN）、北京（BJ）、云南（YN）；日本；欧洲。

79. 裸堤寄蝇属 *Cestonionerva* Villeneuve, 1929

Cestonionerva Villeneuve, 1929a. Bull. Soc. R. Ent. Égypte 12 [1928]: 43. **Type species:** *Conogaster petiolata* Villeneuve, 1910 (monotypy).

(341) 宽颊裸堤寄蝇 *Cestonionerva latigena* Villeneuve, 1939

Cestonionerva latigena Villeneuve, 1939. Bull. Ann. Soc. R. Ent. Belg. 79: 353. **Type locality:** China: Chongqing, Tchountsin.

分布（Distribution）：内蒙古（NM）、重庆（CQ）；蒙古国；中亚。

(342) 细芒裸堤寄蝇 *Cestonionerva petiolata* (Villeneuve, 1910)

Conogaster petiolata Villeneuve, 1910. *In*: Becker, 1910. Denkschr. Akad. Wiss. Wien. Math.-Naturw. Kl. 71: 144. **Type locality:** Yemen: Suquṭrá.

分布（Distribution）：内蒙古（NM）；蒙古国、也门；中东地区；中亚、非洲（北部）。

80. 赘寄蝇属 *Drino* Robineau-Desvoidy, 1863

1）赘寄蝇亚属 *Drino* Robineau-Desvoidy, 1863

Drino Robineau-Desvoidy, 1863. Hist. Nat. Dipt. Envir. Paris 1: 250. **Type species:** *Drino volucris* Robineau-Desvoidy, 1863 (by original designation) [= *Tachina lota* Meigen, 1824].

Sturmiodoria Townsend, 1928. Philipp. J. Sci. 34 [1927]: 391. **Type species:** *Sturmiodoria facialis* Townsend, 1928 (by original designation).

(343) 裸腰赘寄蝇 *Drino* (*Drino*) *adiscalis* (Chao, 1982)

Lydella adiscalis Chao, 1982. *In*: Chao *et* Shi, 1982. *In*: The Comprehensive Scientific Expedition to the Qinghai-Xizang Plateau, Chinese Academy of Sciences, 1982. Insects of Xizang 2: 272. **Type locality:** China: Xizang, Gyamda.

分布（Distribution）：辽宁（LN）、内蒙古（NM）、新疆（XJ）、四川（SC）、西藏（XZ）。

(344)狭带赘寄蝇 *Drino* (*Drino*) *angustivitta* Liang *et* Chao, 1998

Drino angustivitta Liang *et* Chao, 1998. *In*: Chao *et al*., 1998. *In*: Xue *et* Chao, 1998. Flies of China, Vol. 2: 1830. **Type locality:** China: Hainan, Wuzhi Shan.

分布（Distribution）：福建（FJ）、海南（HI）。

(345) 银颜赘寄蝇 *Drino* (*Drino*) *argenticeps* (Macquart, 1851)

Masicera argenticeps Macquart, 1851. Mém. Soc. R. Sci. Agric. Arts Lille 1850 [1851]: 166. **Type locality:** ? Southeast Asia.

Sturmia (*Sturmia*) *vicinella* Baranov, 1932. Neue Beitr. Syst. Insektenkd. 5: 79. **Type locality:** China: Taiwan, T'ainan.

分布（Distribution）：浙江（ZJ）、四川（SC）、贵州（GZ）、云南（YN）、西藏（XZ）、福建（FJ）、台湾（TW）、广东（GD）、海南（HI）；日本、印度、泰国、马来西亚。

(346) 金粉赘寄蝇 *Drino* (*Drino*) *auripollinis* Chao *et* Liang, 1998

Drino auripollinis Chao *et* Liang, 1998. *In*: Chao *et al*., 1998. *In*: Xue *et* Chao, 1998. Flies of China, Vol. 2: 1835. **Type locality:** China: Yunnan, Lushui.

分布（Distribution）：山西（SX）、甘肃（GS）、湖南（HN）、湖北（HB）、四川（SC）、贵州（GZ）、云南（YN）、福建（FJ）、广西（GX）。

(347) 密毛赘寄蝇 *Drino* (*Drino*) *densichaeta* Chao *et* Liang, 1998

Drino densichaeta Chao *et* Liang, 1998. *In*: Chao *et al*., 1998. *In*: Xue *et* Chao, 1998. Flies of China, Vol. 2: 1838. **Type**

locality: China: Yunnan, Lushui.
分布（**Distribution**）：云南（YN）。

（348）狭颜赘寄蝇 *Drino* (*Drino*) *facialis* (Townsend, 1928)

Sturmiodoria facialis Townsend, 1928. Philipp. J. Sci. 34 [1927]: 392. **Type locality:** Philippines: Basilan.
Sturmia (*Sturmia*) *latistylata* Baranov, 1932. Neue Beitr. Syst. Insektenkd. 5: 79. **Type locality:** China: Taiwan, P'ingtung Hsien, Changkou.
分布（**Distribution**）：辽宁（LN）、内蒙古（NM）、河北（HEB）、天津（TJ）、北京（BJ）、山西（SX）、山东（SD）、河南（HEN）、宁夏（NX）、安徽（AH）、江苏（JS）、上海（SH）、浙江（ZJ）、江西（JX）、湖南（HN）、湖北（HB）、四川（SC）、重庆（CQ）、贵州（GZ）、云南（YN）、西藏（XZ）、福建（FJ）、台湾（TW）、广东（GD）、海南（HI）；印度、泰国、斯里兰卡、菲律宾、马来西亚、印度尼西亚、刚果（金）。

（349）黄腹赘寄蝇 *Drino* (*Drino*) *flava* Chao *et* Liang, 1992

Drino flava Chao *et* Liang, 1992. *In*: Sun *et al*., 1992. *In*: Peng *et* Leu, 1992. Iconography of Forest Insects in Hunan China: 1177. **Type locality:** China: Sichuan, Wenchuan (Wolong).
分布（**Distribution**）：山西（SX）、浙江（ZJ）、湖南（HN）、湖北（HB）、四川（SC）、贵州（GZ）、云南（YN）。

（350）海南赘寄蝇 *Drino* (*Drino*) *hainanica* Liang *et* Chao, 1998

Drino hainanica Liang *et* Chao, 1998. *In*: Chao *et al*., 1998. *In*: Xue *et* Chao, 1998. Flies of China, Vol. 2: 1840. **Type locality:** China: Hainan, Tongshi.
分布（**Distribution**）：陕西（SN）、广东（GD）、海南（HI）。

（351）粉额赘寄蝇 *Drino* (*Drino*) *interfrons* (Sun *et* Chao, 1992)

Thecocarcelia interfrons Sun *et* Chao, 1992. *In*: Sun *et al*., 1992. *In*: Peng *et* Leu, 1992. Iconography of Forest Insects in Hunan China: 1189. **Type locality:** China: Hunan, Dayong, Zhushitou.
分布（**Distribution**）：湖南（HN）、贵州（GZ）、福建（FJ）。

（352）宽角赘寄蝇 *Drino* (*Drino*) *laticornis* Chao *et* Liang, 1998

Drino laticornis Chao *et* Liang, 1998. *In*: Chao *et al*., 1998. *In*: Xue *et* Chao, 1998. Flies of China, Vol. 2: 1845. **Type locality:** China: Beijing, Qinglongqiao.
分布（**Distribution**）：河北（HEB）、北京（BJ）。

（353）长发赘寄蝇 *Drino* (*Drino*) *longicapilla* Chao *et* Liang, 1998

Drino longicapilla Chao *et* Liang, 1998. *In*: Chao *et al*., 1998. *In*: Xue *et* Chao, 1998. Flies of China, Vol. 2: 1847. **Type locality:** China: Yunnan, Yunlong.
分布（**Distribution**）：辽宁（LN）、内蒙古（NM）、云南（YN）。

（354）长毛赘寄蝇 *Drino* (*Drino*) *longihirta* Chao *et* Liang, 1992

Drino longihirta Chao *et* Liang, 1992. *In*: Sun *et al*., 1992. *In*: Peng *et* Leu, 1992. Iconography of Forest Insects in Hunan China: 1180. **Type locality:** China: Hunan, Sangzhi, Tianpingshan.
分布（**Distribution**）：黑龙江（HL）、吉林（JL）、辽宁（LN）、北京（BJ）、山西（SX）、湖南（HN）、四川（SC）、云南（YN）。

（355）莲花赘寄蝇 *Drino* (*Drino*) *lota* (Meigen, 1824)

Tachina lota Meigen, 1824. Syst. Beschr. Europ. Zweifl. Insekt. 4: 326. **Type locality:** Europe.
分布（**Distribution**）：宁夏（NX）、上海（SH）、浙江（ZJ）、云南（YN）、西藏（XZ）；俄罗斯、日本、坦桑尼亚；欧洲。

（356）小型赘寄蝇 *Drino* (*Drino*) *minuta* Liang *et* Chao, 1998

Drino minuta Liang *et* Chao, 1998. *In*: Chao *et al*., 1998. *In*: Xue *et* Chao, 1998. Flies of China, Vol. 2: 1850. **Type locality:** China: Guangdong, Zhanjiang.
分布（**Distribution**）：辽宁（LN）、河北（HEB）、四川（SC）、云南（YN）、广东（GD）。

（357）邻狭颜赘寄蝇 *Drino* (*Drino*) *parafacialis* Chao *et* Liang, 1998

Drino parafacialis Chao *et* Liang, 1998. *In*: Chao *et al*., 1998. *In*: Xue *et* Chao, 1998. Flies of China, Vol. 2: 1852. **Type locality:** China: Zhejiang, Tianmu Shan.
分布（**Distribution**）：辽宁（LN）、浙江（ZJ）、四川（SC）。

2）苍白寄蝇亚属 *Palexorista* Townsend, 1921

Palexorista Townsend, 1921. Insecutor Inscit. Menstr. 9: 134. **Type species:** *Tachina succini* Giebel, 1862 (by original designation).

（358）金头赘寄蝇 *Drino* (*Palexorista*) *auricapita* Chao *et* Liang, 1998

Drino auricapita Chao *et* Liang, 1998. *In*: Chao *et al*., 1998. *In*: Xue *et* Chao, 1998. Flies of China, Vol. 2: 1833. **Type locality:** China: Sichuan, Xichang.
分布（**Distribution**）：山西（SX）、四川（SC）。

（359）班氏赘寄蝇 *Drino* (*Palexorista*) *bancrofti* (Crosskey, 1967)

Palexorista bancrofti Crosskey, 1967. Bull. Br. Mus. (Nat. Hist.) Ent. 21: 85. **Type locality:** Australia: Queensland,

Burpengarry.
分布（Distribution）：海南（HI）；澳大利亚。

（360）双顶鬃赘寄蝇 *Drino* (*Palexorista*) *bisetosa* (Baranov, 1932)

Sturmia (*Sturmia*) *bisetosa* Baranov, 1932. Neue Beitr. Syst. Insektenkd. 5: 75. **Type locality:** China: Taiwan, Kaohsiung Hsien, Chiahsien Hsiang.
分布（Distribution）：台湾（TW）、广东（GD）；马来西亚。

（361）牛赘寄蝇 *Drino* (*Palexorista*) *bohemica* Mesnil, 1949

Drino (*Prosturmia*) *bohemica* Mesnil, 1949. Bull. Inst. R. Sci. Nat. Belg. 25 (42): 23. **Type locality:** Sweden: Torne Lappmark, Vittangi.
分布（Distribution）：云南（YN）；俄罗斯、日本、外高加索地区；欧洲、北美洲（引入和建立种群从加拿大安大略省至纽芬兰省和美国缅因州）。

（362）弯须赘寄蝇 *Drino* (*Palexorista*) *curvipalpis* (van der Wulp, 1893)

Crossocosmia curvipalpis van der Wulp, 1893. Tijdschr. Ent. 36: 162. **Type locality:** Indonesia: Jawa.
Sturmia (*Sturmia*) *unisetosa* Baranov, 1932. Neue Beitr. Syst. Insektenkd. 5: 75. **Type locality:** China: Taiwan, P'ingtung Hsien, Hengch'un, Changkou.
分布（Distribution）：黑龙江（HL）、北京（BJ）、河南（HEN）、浙江（ZJ）、四川（SC）、云南（YN）、福建（FJ）、台湾（TW）、广东（GD）、广西（GX）、海南（HI）；泰国、尼泊尔、斯里兰卡、马来西亚、印度尼西亚、澳大利亚、美拉尼西亚群岛、巴布亚新几内亚。

（363）截尾赘寄蝇 *Drino* (*Palexorista*) *immersa* (Walker, 1859)

Masicera immersa Walker, 1859. J. Proc. Linn. Soc. London Zool. 4: 124. **Type locality:** Indonesia: Sulawesi, Ujung Pandang.
Sturmia (*Sturmia*) *latiforceps* Baranov, 1932. Neue Beitr. Syst. Insektenkd. 5: 78. **Type locality:** China: Taiwan, P'ingtung Hsien, Changkou.
分布（Distribution）：四川（SC）、云南（YN）、台湾（TW）、广东（GD）、广西（GX）、海南（HI）；印度尼西亚、巴布亚新几内亚（俾斯麦群岛）。

（364）平庸赘寄蝇 *Drino* (*Palexorista*) *inconspicua* (Meigen, 1830)

Tachina inconspicua Meigen, 1830. Syst. Beschr. Europ. Zweifl. Insekt. 6: 369. **Type locality:** Germany: Berlin.
分布（Distribution）：黑龙江（HL）、吉林（JL）、辽宁（LN）、内蒙古（NM）、河北（HEB）、天津（TJ）、北京（BJ）、山西（SX）、山东（SD）、河南（HEN）、安徽（AH）、江苏（JS）、上海（SH）、浙江（ZJ）、江西（JX）、湖南（HN）、湖北（HB）、四川（SC）、重庆（CQ）、贵州（GZ）、云南（YN）、西藏（XZ）、福建（FJ）、台湾（TW）、广东（GD）、广西（GX）、海南（HI）；俄罗斯、外高加索地区；中亚、欧洲。

（365）拟庸赘寄蝇 *Drino* (*Palexorista*) *inconspicuoides* (Baranov, 1932)

Sturmia (*Zygobothria*) *inconspicuoides* Baranov, 1932. Neue Beitr. Syst. Insektenkd. 5: 80. **Type locality:** China: Taiwan, P'ingtung Hsien, Changkou.
分布（Distribution）：黑龙江（HL）、辽宁（LN）、浙江（ZJ）、湖南（HN）、云南（YN）、西藏（XZ）、台湾（TW）、广东（GD）、海南（HI）；日本、美拉尼西亚群岛。

（366）钩突赘寄蝇 *Drino* (*Palexorista*) *laetifica* Mesnil, 1950

Drino (*Prosturmia*) *laetifica* Mesnil, 1950. Flieg. Palaearkt. Reg. 10: 158. **Type locality:** Sri Lanka: Kandy.
分布（Distribution）：北京（BJ）、四川（SC）、广东（GD）；斯里兰卡。

（367）长角赘寄蝇 *Drino* (*Palexorista*) *longicornis* Chao *et* Liang, 1992

Drino longicornis Chao *et* Liang, 1992. *In*: Sun *et al*., 1992. *In*: Peng *et* Leu, 1992. Iconography of Forest Insects in Hunan China: 1179. **Type locality:** China: Hunan, Sangzhi, Tianpingshan.
分布（Distribution）：安徽（AH）、湖南（HN）、贵州（GZ）、云南（YN）。

（368）长尾赘寄蝇 *Drino* (*Palexorista*) *longiforceps* Chao *et* Liang, 1998

Drino longiforceps Chao *et* Liang, 1998. *In*: Chao *et al*., 1998. *In*: Xue *et* Chao, 1998. Flies of China, Vol. 2: 1847. **Type locality:** China: Yunnan, Weixi.
分布（Distribution）：吉林（JL）、辽宁（LN）、内蒙古（NM）、云南（YN）、广西（GX）。

（369）大毛斑赘寄蝇 *Drino* (*Palexorista*) *lucagus* (Walker, 1849)

Tachina lucagus Walker, 1849. List of the specimens of dipterous insets in the collection of the British Museum Part IV: 768. **Type locality:** China (probably Fujian, Fuzhou).
分布（Distribution）：云南（YN）、福建（FJ）、广东（GD）、广西（GX）、海南（HI）；巴基斯坦、印度、泰国、斯里兰卡、马来西亚、澳大利亚、巴布亚新几内亚。

（370）中华赘寄蝇 *Drino* (*Palexorista*) *sinensis* Mesnil, 1949

Drino (*Prosturmia*) *inconspicuella sinensis* Mesnil, 1949. Bull. Inst. R. Sci. Nat. Belg. 25 (42): 24. **Type locality:** China: Shanghai.

分布（Distribution）：上海（SH）、四川（SC）。

（371）沟赘寄蝇 *Drino* (*Palexorista*) *solennis* (Walker, 1858)

Masicera solennis Walker, 1858. J. Proc. Linn. Soc. London Zool. 3: 98. **Type locality:** Indonesia: Maluku Islands, Aru Islands.

Sturmia (*Zygobothria*) *inconspicuella* Baranov, 1932. Neue Beitr. Syst. Insektenkd. 5: 79. **Type locality:** China: Taiwan, P'ingtung Hsien, Changkou.

分布（Distribution）：台湾（TW）；印度、缅甸、泰国、斯里兰卡、印度尼西亚、马来西亚、澳大利亚、美拉尼西亚群岛、密克罗尼西亚、巴布亚新几内亚、法属波利尼西亚。

（372）苏巴赘寄蝇 *Drino* (*Palexorista*) *subanajama* (Townsend, 1927)

Prosturmia subanajama Townsend, 1927. Suppl. Ent. 16: 69. **Type locality:** Indonesia: Sumatera, Suban Ajam.

分布（Distribution）：甘肃（GS）、海南（HI）；马来西亚、印度尼西亚、澳大利亚、美拉尼西亚群岛、巴布亚新几内亚。

（373）五指赘寄蝇 *Drino* (*Palexorista*) *wuzhi* Liang *et* Chao, 1998

Drino wuzhi Liang *et* Chao, 1998. *In*: Chao *et al*., 1998. *In*: Xue *et* Chao, 1998. Flies of China, Vol. 2: 1856. **Type locality:** China: Hainan, Wuzhi Shan.

分布（Distribution）：海南（HI）。

3）颧寄蝇亚属 *Zygobothria* Mik, 1891

Zygobothria Mik, 1891a. Wien. Ent. Ztg. 10: 193. **Type species:** *Sturmia atropivora* Robineau-Desvoidy, 1830 (by original designation).

（374）暗黑赘寄蝇 *Drino* (*Zygobothria*) *atra* Liang *et* Chao, 1998

Drino atra Liang *et* Chao, 1998. *In*: Chao *et al*., 1998. *In*: Xue *et* Chao, 1998. Flies of China, Vol. 2: 1832. **Type locality:** China: Hainan.

分布（Distribution）：福建（FJ）、广东（GD）、广西（GX）、海南（HI）。

（375）天蛾赘寄蝇 *Drino* (*Zygobothria*) *atropivora* (Robineau-Desvoidy, 1830)

Sturmia atropivora Robineau-Desvoidy, 1830. Mém. Prés. Div. Sav. Acad. R. Sci. Inst. Fr. 2 (2): 171. **Type locality:** France.

Drino hersei Liang *et* Chao, 1992. *In*: Sun *et al*., 1992. *In*: Peng *et* Leu, 1992. Iconography of Forest Insects in Hunan China: 1178. **Type locality:** China: Hunan, Yongshun, Shamuhe Tree Farm.

分布（Distribution）：辽宁（LN）、北京（BJ）、山西（SX）、浙江（ZJ）、湖南（HN）、四川（SC）、广东（GD）、广西（GX）、海南（HI）；俄罗斯、日本、印度、老挝、斯里兰卡、马来西亚半岛、印度尼西亚、外高加索地区、澳大利亚；中亚、欧洲、非洲（热带地区和北部）。

（376）睫毛赘寄蝇 *Drino* (*Zygobothria*) *ciliata* (van der Wulp, 1881)

Meigenia ciliata van der Wulp, 1881. Midden-Sumatra Exped. Dipt. 4 (9): 38. **Type locality:** Indonesia: Sumatera, Alahanpanjang.

Sturmia (*Sturmia*) *macrophallus* Baranov, 1932. Neue Beitr. Syst. Insektenkd. 5: 76. **Type locality:** China: Taiwan, P'ingtung Hsien, Changkou.

Tachina convergens of authors, not Wiedemann, 1824 (misidentification).

分布（Distribution）：江苏（JS）、浙江（ZJ）、湖南（HN）、云南（YN）、福建（FJ）、台湾（TW）、广东（GD）、广西（GX）、海南（HI）；印度、斯里兰卡、印度尼西亚、澳大利亚、巴布亚新几内亚；非洲热带区广布。

（377）毛斑赘寄蝇 *Drino* (*Zygobothria*) *hirtmacula* (Liang *et* Chao, 1990)

Thecocarcelia hirtmacula Liang *et* Chao, 1990. Acta Zootaxon. Sin. 15 (3): 363. **Type locality:** China: Hainan, Tongshi.

分布（Distribution）：北京（BJ）、浙江（ZJ）、海南（HI）。

（378）长鬃赘寄蝇 *Drino* (*Zygobothria*) *longiseta* Chao *et* Liang, 1998

Drino longiseta Chao *et* Liang, 1998. *In*: Chao *et al*., 1998. *In*: Xue *et* Chao, 1998. Flies of China, Vol. 2: 1849. **Type locality:** China: Yunnan, Jinping.

分布（Distribution）：山西（SX）、云南（YN）。

（379）哀赘寄蝇 *Drino* (*Zygobothria*) *lugens* (Mesnil, 1944)

Zygobothria lugens Mesnil, 1944. Rev. Fr. Ent. 11: 16. **Type locality:** Indonesia: Jawa, Pelabuhanratu.

分布（Distribution）：北京（BJ）、山东（SD）、四川（SC）、福建（FJ）、广东（GD）、广西（GX）、海南（HI）；印度尼西亚。

（380）厚粉赘寄蝇 *Drino* (*Zygobothria*) *pollinosa* Chao *et* Liang, 1998

Drino pollinosa Chao *et* Liang, 1998. *In*: Chao *et al*., 1998. *In*: Xue *et* Chao, 1998. Flies of China, Vol. 2: 1853. **Type locality:** China: Beijing, Sanpu.

分布（Distribution）：黑龙江（HL）、内蒙古（NM）、北京（BJ）、山西（SX）。

81. 毛虫寄蝇属 *Epicampocera* Macquart, 1849

Epicampocera Macquart, 1849. Ann. Soc. Entomol. Fr. 2 (7):

414. **Type species:** *Tachina succincta* Meigen, 1824 (monotypy).

（381）缢蛹毛虫寄蝇 *Epicampocera succincta* (Meigen, 1824)

Tachina succincta Meigen, 1824. Syst. Beschr. Europ. Zweifl. Insekt. 4: 335. **Type locality:** Not given (probably Germany: Stolberg).

分布（Distribution）：黑龙江（HL）、吉林（JL）、辽宁（LN）、河北（HEB）、陕西（SN）、宁夏（NX）、湖南（HN）、四川（SC）；俄罗斯、韩国、日本、外高加索地区；欧洲。

82. 埃里寄蝇属 *Erycia* Robineau-Desvoidy, 1830

Erycia Robineau-Desvoidy, 1830. Mém. Prés. Div. Sav. Acad. R. Sci. Inst. Fr. 2 (2): 146. **Type species:** *Erycia grisea* Robineau-Desvoidy, 1830 (by subsequent designation of Townsend, 1916) [= *Tachina fatua* Meigen, 1824].

（382）斑埃里寄蝇 *Erycia fasciata* Villeneuve, 1924

Erycia fatua fasciata Villeneuve, 1924. Encycl. Ent. (B) II Dipt. 1 (1): 7. **Type locality:** France: Ardèche, St.-Agrève.

分布（Distribution）：辽宁（LN）、内蒙古（NM）、；俄罗斯、以色列、奥地利、法国、匈牙利、瑞士、巴尔干半岛。

（383）简埃里寄蝇 *Erycia fatua* (Meigen, 1824)

Tachina fatua Meigen, 1824. Syst. Beschr. Europ. Zweifl. Insekt. 4: 385. **Type locality:** Not given (probably Germany: Stolberg).

分布（Distribution）：黑龙江（HL）、宁夏（NX）；俄罗斯、蒙古国、匈牙利、意大利、瑞士、法国、德国。

（384）飞埃里寄蝇 *Erycia festinans* (Meigen, 1824)

Tachina festinans Meigen, 1824. Syst. Beschr. Europ. Zweifl. Insekt. 4: 384. **Type locality:** Sweden: Gotland.

分布（Distribution）：吉林（JL）、辽宁（LN）、北京（BJ）、山西（SX）；俄罗斯；欧洲。

83. 康寄蝇属 *Euhygia* Mesnil, 1968

Euhygia Mesnil, 1968a. Bull. Ann. Soc. R. Ent. Belg. 104: 180. **Type species:** *Hygia robusta* Mesnil, 1952 (by original designation).

Euhygia Mesnil, 1960. Flieg. Palaearkt. Reg. 10 (212): 645 (nomen nudum).

（385）强壮康寄蝇 *Euhygia robusta* (Mesnil, 1952)

Hygia (*Hygia*) *robusta* Mesnil, 1952. Flieg. Palaearkt. Reg. 10: 225. **Type locality:** China: Sichuan, Washan.

分布（Distribution）：四川（SC）。

84. 金怯寄蝇属 *Gymnophryxe* Villeneuve, 1922

Gymnophryxe Villeneuve, 1922a. Bull. Mus. Natl. Hist. Nat. 28: 292, 293 (as a subgenus of *Ceratochaeta* Brauer *et* Bergenstamm, 1889). **Type species:** *Ceratochaeta* (*Gymnophryxe*) *nudigena* Villeneuve, 1922 (monotypy).

Archiclops Bischof, 1900. Sber. Akad. Wiss. Wien, Kl. Math.-Naturw. 109: 496 (a junior homonym of *Archiclops* Karsch, 1891). **Type species:** *Archiclops carthaginiensis* Bischof, 1900 (by original designation).

（386）迦太金怯寄蝇 *Gymnophryxe carthaginiensis* (Bischof, 1900)

Archiclops carthaginiensis Bischof, 1900. Sber. Akad. Wiss. Wien, Kl. Math.-Naturw. 109: 131. **Type locality:** Tunisia: Carthage.

分布（Distribution）：青海（QH）、云南（YN）；欧洲、非洲（北部）。

（387）平庸金怯寄蝇 *Gymnophryxe inconspicua* (Villeneuve, 1924)

Histochaeta inconspicua Villeneuve, 1924. Encycl. Ent. (B) II Dipt. 1 (1): 7. **Type locality:** France: Hautes-Pyrénées, Pic du Midi de Bagnères.

分布（Distribution）：青海（QH）、新疆（XJ）；俄罗斯、蒙古国；欧洲。

（388）谦金怯寄蝇 *Gymnophryxe modesta* Herting, 1973

Gymnophryxe modesta Herting, 1973. Stuttg. Beitr. Naturkd. 259: 29. **Type locality:** Mongolia: Töv Aimag, Nucht im Bogdo ul.

分布（Distribution）：宁夏（NX）；蒙古国。

（389）西氏金怯寄蝇 *Gymnophryxe theodori* (Kugler, 1968)

Archiclops theodori Kugler, 1968. Israel J. Ent. 3: 63. **Type locality:** Israel: Be'er Sheva.

分布（Distribution）：山西（SX）；外高加索地区；中东地区；中亚。

85. 胡寄蝇属 *Hubneria* Robineau-Desvoidy, 1848

Hubneria Robineau-Desvoidy, 1848. Ann. Soc. Entomol. Fr. 2 (5) [1847]: 601. **Type species:** *Carcelia nigripes* Robineau-Desvoidy, 1830 (by designation of Robineau- Desvoidy, 1863) [= *Tachina affinis* Fallén, 1810].

Parexoristina Enderlein, 1936. Tierwelt Mitteleur. 6 (2), Ins. 3: 229, 231 (nomen nudum).

Parexoristina Anonymous *in* Imperial Institute of Entomology 1937: 385. **Type species:** *Tachina affinis* Fallén, 1810 (monotypy).

（390）邻胡寄蝇 *Hubneria affinis* (Fallén, 1810)

Tachina affinis Fallén, 1810a. K. Svenska Vetensk. Akad.

Handl. 31 (2): 280. **Type locality:** Sweden.

分布（Distribution）：新疆（XJ）；俄罗斯、蒙古国、外高加索地区；欧洲。

86. 异丛寄蝇属 *Isosturmia* Townsend, 1927

Isosturmia Townsend, 1927. Suppl. Ent. 16: 67. **Type species:** *Isosturmia inversa* Townsend, 1927 (by original designation).

Zygocarcelia Townsend, 1927. Suppl. Ent. 16: 64. **Type species:** *Zygocarcelia cruciata* Townsend, 1927 (by original designation).

（391）金粉异丛寄蝇 *Isosturmia aureipollinosa* (Chao *et* Zhou, 1992)

Thecocarcelia aureipollinosa Chao *et* Zhou, 1992. *In*: Sun *et al*., 1992. *In*: Peng *et* Leu, 1992. Iconography of Forest Insects in Hunan China: 1189. **Type locality:** China: Hunan, Xiangxi, Muyu.

分布（Distribution）：湖南（HN）、贵州（GZ）。

（392）叉异丛寄蝇 *Isosturmia cruciata* (Townsend, 1927)

Zygocarcelia cruciata Townsend, 1927. Suppl. Ent. 16: 64. **Type locality:** Indonesia: Sumatera, Air Njuruk, Dempu.

分布（Distribution）：浙江（ZJ）、湖南（HN）；印度尼西亚、马来西亚。

（393）巨形异丛寄蝇 *Isosturmia grandis* Chao *et* Sun, 1993

Isosturmia grandis Chao *et* Sun, 1993. *In*: Sun *et* Chao *et al*., 1993. Sinozool. 10: 627. **Type locality:** China: Guizhou, Shiqian, Jinxing.

分布（Distribution）：浙江（ZJ）、贵州（GZ）。

（394）中介异丛寄蝇 *Isosturmia intermedia* Townsend, 1927

Isosturmia intermedia Townsend, 1927. Suppl. Ent. 16: 68. **Type locality:** Indonesia: Sumatera (Bukittinggi).

Sturmia (*Sturmia*) *trisetosa* Baranov, 1932. Neue Beitr. Syst. Insektenkd. 5: 78. **Type locality:** China: Taiwan, P'ingtung Hsien, Changkou.

分布（Distribution）：辽宁（LN）、上海（SH）、浙江（ZJ）、湖南（HN）、台湾（TW）、海南（HI）；日本、泰国、印度尼西亚、斯里兰卡。

（395）倒异丛寄蝇 *Isosturmia inversa* Townsend, 1927

Isosturmia inversa Townsend, 1927. Suppl. Ent. 16: 67. **Type locality:** Indonesia: Sumatera, Tandjung Gadang.

Sturmia (*Sturmia*) *trisetosoides* Baranov, 1932. Neue Beitr. Syst. Insektenkd. 5: 78. **Type locality:** China: Taiwan, T'ainan.

分布（Distribution）：台湾（TW）；马来西亚、印度尼西亚。

（396）日本异丛寄蝇 *Isosturmia japonica* (Mesnil, 1957)

Drino (*Isosturmia*) *chatterjeeana japonica* Mesnil, 1957. Mém. Soc. R. Ent. Belg. 28: 13. **Type locality:** Japan: Hokkaidō, Obihiro.

Thecocarcelia tianpingensis Sun *et* Chao, 1992. *In*: Sun *et al*., 1992. *In*: Peng *et* Leu, 1992. Iconography of Forest Insects in Hunan China: 1190. **Type locality:** China: Hunan, Sangzhi, Tianpingshan.

分布（Distribution）：辽宁（LN）、浙江（ZJ）、湖南（HN）、广东（GD）；日本。

（397）多毛异丛寄蝇 *Isosturmia picta* (Baranov, 1932)

Sturmia (*Sturmia*) *picta* Baranov, 1932. Neue Beitr. Syst. Insektenkd. 5: 77. **Type locality:** China: Taiwan, P'ingtung Hsien, Changkou.

分布（Distribution）：辽宁（LN）、北京（BJ）、山西（SX）、安徽（AH）、江苏（JS）、上海（SH）、浙江（ZJ）、江西（JX）、湖南（HN）、湖北（HB）、四川（SC）、贵州（GZ）、云南（YN）、福建（FJ）、台湾（TW）、广东（GD）、广西（GX）、海南（HI）、香港（HK）；韩国、日本、印度、尼泊尔、？越南、泰国、斯里兰卡、菲律宾、马来西亚、印度尼西亚。

（398）黄粉异丛寄蝇 *Isosturmia pruinosa* Chao *et* Sun, 1992

Isosturmia pruinosa Chao *et* Sun, 1992. *In*: Sun *et al*., 1992. *In*: Peng *et* Leu, 1992. Iconography of Forest Insects in Hunan China: 1182. **Type locality:** China: Hunan, Yongshun, Shamuhe Tree Farm.

分布（Distribution）：浙江（ZJ）、湖南（HN）、贵州（GZ）、广东（GD）。

（399）鬃斑异丛寄蝇 *Isosturmia setamacula* (Chao *et* Liang, 2002)

Carcelia (*Senometopia*) *setamacula* Chao *et* Liang, 2002. Acta Zootaxon. Sin. 27 (4): 833. **Type locality:** China: Sichuan, Emei Shan.

分布（Distribution）：甘肃（GS）、四川（SC）、福建（FJ）。

（400）鬃异丛寄蝇 *Isosturmia setula* (Liang *et* Chao, 1990)

Thecocarcelia setula Liang *et* Chao, 1990. Acta Zootaxon. Sin. 15 (3): 367. **Type locality:** China: Hainan.

分布（Distribution）：海南（HI）。

（401）刺尾异丛寄蝇 *Isosturmia spinisurstyla* Chao *et* Liang, 1998

Isosturmia spinisurstyla Chao *et* Liang, 1998. *In*: Chao *et al*., 1998. *In*: Xue *et* Chao, 1998. Flies of China, Vol. 2: 1872.

Type locality: China: Hainan, Wuzhi Shan.
分布（Distribution）：福建（FJ）、广东（GD）、海南（HI）。

87. 厉寄蝇属 *Lydella* Robineau-Desvoidy, 1830

Lydella Robineau-Desvoidy, 1830. Mém. Prés. Div. Sav. Acad. R. Sci. Inst. Fr. 2 (2): 112. **Type species:** *Lydella grisescens* Robineau-Desvoidy, 1830 (by designation of Robineau-Desvoidy, 1863).
Metoposisyrops Townsend, 1916. Proc. U. S. Natl. Mus. 51 (2152): 320. **Type species:** *Metoposisyrops oryzae* Townsend, 1916 (by original designation).

（402）单翎厉寄蝇 *Lydella acellaris* Chao *et* Shi, 1982

Lydella acellaris Chao *et* Shi, 1982. *In*: The Comprehensive Scientific Expedition to the Qinghai-Xizang Plateau, Chinese Academy of Sciences, 1982. Insects of Xizang 2: 274. **Type locality:** China: Xizang, Damxung.
分布（Distribution）：黑龙江（HL）、内蒙古（NM）、北京（BJ）、山东（SD）、新疆（XJ）、四川（SC）、西藏（XZ）。

（403）玉米螟厉寄蝇 *Lydella grisescens* Robineau-Desvoidy, 1830

Lydella grisescens Robineau-Desvoidy, 1830. Mém. Prés. Div. Sav. Acad. R. Sci. Inst. Fr. 2 (2): 112. **Type locality:** France: Paris.
分布（Distribution）：黑龙江（HL）、吉林（JL）、内蒙古（NM）、河北（HEB）、北京（BJ）、山西（SX）、山东（SD）、河南（HEN）、陕西（SN）、宁夏（NX）、甘肃（GS）、青海（QH）、新疆（XJ）、安徽（AH）、江苏（JS）、湖南（HN）、湖北（HB）、四川（SC）、重庆（CQ）、云南（YN）、西藏（XZ）、福建（FJ）、广东（GD）、广西（GX）；俄罗斯、蒙古国、外高加索地区；中东地区；中亚、欧洲。

（404）岸厉寄蝇 *Lydella ripae* (Brischke, 1885)

Tachina ripae Brischke, 1885. Schr. Naturf. Ges. Danzig 6 (2): 18. **Type locality:** Poland: Danzig.
分布（Distribution）：内蒙古（NM）；俄罗斯、蒙古国、波兰、德国、丹麦、瑞典、芬兰。

（405）疣厉寄蝇 *Lydella scirpophagae* (Chao *et* Shi, 1982)

Metoposisyrops scirpophagae Chao *et* Shi, 1982. Sinozool. 2: 71. **Type locality:** China: Hainan.
分布（Distribution）：江西（JX）、云南（YN）、福建（FJ）、广东（GD）、广西（GX）、海南（HI）。

（406）宿厉寄蝇 *Lydella stabulans* (Meigen, 1824)

Tachina stabulans Meigen, 1824. Syst. Beschr. Europ. Zweifl. Insekt. 4: 306. **Type locality:** Germany: Holstein.
分布（Distribution）：辽宁（LN）、四川（SC）；俄罗斯、韩国、外高加索地区；中亚、欧洲。

88. 尼里寄蝇属 *Nilea* Robineau-Desvoidy, 1863

Nilea Robineau-Desvoidy, 1863. Hist. Nat. Dipt. Envir. Paris 1: 275. **Type species:** *Nilea innoxia* Robineau-Desvoidy, 1863 (by original designation).

（407）安尼里寄蝇 *Nilea anatolica* Mesnil, 1954

Nilea (*Lylibaea*) *anatolica* Mesnil, 1954. Flieg. Palaearkt. Reg. 10: 362. **Type locality:** Turkey: Akshehir Valley.
分布（Distribution）：辽宁（LN）、北京（BJ）、山西（SX）、四川（SC）；外高加索地区、土耳其；欧洲（南部）。

（408）短爪尼里寄蝇 *Nilea breviunguis* Chao *et* Li, 1998

Nilea breviunguis Chao *et* Li, 1998. *In*: Liu *et* Chao *et al.*, 1998. Fauna of Tachinidae from Shanxi Province, China: 185. **Type locality:** China: Shanxi, Yicheng.
分布（Distribution）：山西（SX）。

（409）园尼里寄蝇 *Nilea hortulana* (Meigen, 1824)

Tachina hortulana Meigen, 1824. Syst. Beschr. Europ. Zweifl. Insekt. 4: 330. **Type locality:** Not given (probably Germany: Stolberg).
分布(Distribution)：辽宁(LN)、内蒙古(NM)、河北(HEB)、山西（SX）、陕西（SN）、宁夏（NX）、浙江（ZJ）、海南（HI）；俄罗斯、日本、外高加索地区；欧洲。

（410）音尼里寄蝇 *Nilea innoxia* Robineau-Desvoidy, 1863

Nilea innoxia Robineau-Desvoidy, 1863. Hist. Nat. Dipt. Envir. Paris 1: 276. **Type locality:** France.
分布（Distribution）：辽宁（LN）；俄罗斯、日本、匈牙利、法国、比利时、瑞典、挪威。

（411）棕盾尼里寄蝇 *Nilea rufiscutellaris* (Zetterstedt, 1859)

Tachina rufiscutellaris Zetterstedt, 1859. Dipt. Scand. 13: 6115. **Type locality:** Sweden: Småland.
分布（Distribution）：辽宁（LN）；俄罗斯、匈牙利、波兰、西班牙、法国、瑞典、丹麦。

89. 帕赘寄蝇属 *Paradrino* Mesnil, 1949

Paradrino Mesnil, 1949. Flieg. Palaearkt. Reg. 10: 103 (as a subgenus of *Drino* Robineau-Desvoidy, 1863). **Type species:** *Sturmia halli* Curran, 1939 (monotypy).

（412）黑毛帕赘寄蝇 *Paradrino atrisetosa* Shima, 1984

Paradrino atrisetosa Shima, 1984. Int. J. Ent. 26: 150. **Type**

locality: Malaysia: Malay Peninsula (Selangor, Bukit Kutu).
分布（Distribution）：湖南（HN）；马来西亚。

（413）滑帕赘寄蝇 *Paradrino laevicula* (Mesnil, 1951)

Drino (*Paradrino*) *laeviculus* Mesnil, 1951. Flieg. Palaearkt. Reg. 10: 197. **Type locality:** China: Taiwan, P'ingtung Hsien, Hengch'un, Changkou.
分布（Distribution）：湖南（HN）、台湾（TW）、广东（GD）；尼泊尔、菲律宾、马来西亚、印度尼西亚、斯里兰卡、澳大利亚、巴布亚新几内亚（俾斯麦群岛）、美拉尼西亚群岛。

90. 原寄蝇属 *Periarchiclops* Villeneuve, 1924

Periarchiclops Villeneuve, 1924. Ann. Sci. Nat. Zool. 10 (7): 37. **Type species:** *Tachina scutellaris* Fallén, 1820 (monotypy).
Euprosopaea Belanovsky, 1953. Izd. A. N. Ukrainian SSR 2: 121 (as a subgenus of *Prosopea* Rondani, 1861). **Type species:** *Tachina scutellaris* Fallén, 1820 (monotypy).

（414）小盾原寄蝇 *Periarchiclops scutellaris* (Fallén, 1820)

Tachina scutellaris Fallén, 1820. Monogr. Musc. Sveciae II: 19. **Type locality:** Sweden: Stockholm and Skåne.
分布（Distribution）：辽宁（LN）、内蒙古（NM）、山西（SX）；俄罗斯、外高加索地区；欧洲。

91. 菲寄蝇属 *Phebellia* Robineau-Desvoidy, 1846

Phebellia Robineau-Desvoidy, 1846. Ann. Soc. Entomol. Fr. 2 (4): 37. **Type species:** *Phebellia aestivalis* Robineau-Desvoidy, 1846 (monotypy) [= *Tachina villica* Zetterstedt, 1838].

（415）艾格菲寄蝇 *Phebellia agnatella* Mesnil, 1955

Phebellia (*Phebellia*) *agnatella* Mesnil, 1955. Flieg. Palaearkt. Reg. 10: 458. **Type locality:** China: Jiangsu, Suzhou.
分布（Distribution）：黑龙江（HL）、辽宁（LN）、内蒙古（NM）、河北（HEB）、山西（SX）、江苏（JS）、上海（SH）、浙江（ZJ）、云南（YN）；日本。

（416）金额菲寄蝇 *Phebellia aurifrons* Chao *et* Chen, 2007

Phebellia aurifrons Chao *et* Chen, 2007. Acta Ent. Sin. 50 (9): 934. **Type locality:** China: Jilin, Liaoyuan.
分布（Distribution）：吉林（JL）、辽宁（LN）、北京（BJ）。

（417）拟狭颊菲寄蝇 *Phebellia carceliaeformis* (Villeneuve, 1937)

Aplomyia carceliaeformis Villeneuve, 1937. Bull. Mus. R. Hist. Nat. Belg. 13 (34): 3. **Type locality:** China: Sichuan, Emei Shan.
分布（Distribution）：河北（HEB）、四川（SC）。

（418）叶蜂菲寄蝇 *Phebellia clavellariae* (Brauer *et* Bergenstamm, 1891)

Parexorista clavellariae Brauer *et* Bergenstamm, 1891. Zweif. Kaiserl. Mus. Wien 5: 22. **Type locality:** Czech Republic: Bohemia, Chodo.
分布（Distribution）：吉林（JL）、北京（BJ）、山西（SX）、宁夏（NX）、青海（QH）；俄罗斯；欧洲。

（419）黄菲寄蝇 *Phebellia flavescens* Shima, 1981

Phebellia flavescens Shima, 1981. Bull. Kitakyushu Mus. Nat. Hist. 3: 57. **Type locality:** Japan: Hokkaidō, Sapporo, Mt. Moiwa.
分布（Distribution）：辽宁（LN）；日本。

（420）褐粉菲寄蝇 *Phebellia fulvipollinis* Chao *et* Chen, 2007

Phebellia fulvipollinis Chao *et* Chen, 2007. Acta Ent. Sin. 50 (9): 936. **Type locality:** China: Beijing, Sanpu.
分布（Distribution）：黑龙江（HL）、吉林（JL）、辽宁（LN）、内蒙古（NM）、河北（HEB）、北京（BJ）、山西（SX）、宁夏（NX）、西藏（XZ）。

（421）银菲寄蝇 *Phebellia glauca* (Meigen, 1824)

Tachina glauca Meigen, 1824. Syst. Beschr. Europ. Zweifl. Insekt. 4: 325. **Type locality:** Not given (probably Germany: Stolberg).
分布（Distribution）：黑龙江（HL）、吉林（JL）、辽宁（LN）、内蒙古（NM）、宁夏（NX）；俄罗斯、蒙古国、日本、外高加索地区；欧洲。

（422）拟银菲寄蝇 *Phebellia glaucoides* Herting, 1961

Phebellia glaucoides Herting, 1961. Stuttg. Beitr. Naturkd. 65: 1. **Type locality:** Czech Republic: Bohemia, Chodov.
分布（Distribution）：吉林（JL）、辽宁（LN）、内蒙古（NM）、河北（HEB）、浙江（ZJ）、云南（YN）；俄罗斯、日本；欧洲。

（423）宽额菲寄蝇 *Phebellia laxifrons* Shima, 1981

Phebellia laxifrons Shima, 1981. Bull. Kitakyushu Mus. Nat. Hist. 3: 55. **Type locality:** Japan: Honshū, Nagano, Mt. Norikura.
分布（Distribution）：辽宁（LN）、宁夏（NX）、四川（SC）；日本。

（424）毛基节菲寄蝇 *Phebellia setocoxa* Chao *et* Chen, 2007

Phebellia setocoxa Chao *et* Chen, 2007. Acta Ent. Sin. 50 (9):

939. **Type locality:** China: Jilin, Liaoyuan.
分布（**Distribution**）：吉林（JL）、辽宁（LN）、内蒙古（NM）、河北（HEB）。

（425）简菲寄蝇 *Phebellia stulta* (Zetterstedt, 1844)

Tachina stulta Zetterstedt, 1844. Dipt. Scand. 3: 1109. **Type locality:** Sweden: Gotland, Fârôn.
分布（**Distribution**）：吉林（JL）、辽宁（LN）、内蒙古（NM）、宁夏（NX）；俄罗斯、日本；欧洲。

（426）三鬃菲寄蝇 *Phebellia triseta* (Pandellé, 1896)

Exorista triseta Pandellé, 1896. Rev. Ent. 15: 26. **Type locality:** France: Hautes-Pyrénées, Tarbes.
分布（**Distribution**）：辽宁（LN）；俄罗斯；欧洲。

（427）毛菲寄蝇 *Phebellia villica* (Zetterstedt, 1838)

Tachina villica Zetterstedt, 1838. Insecta Lapp.: 644. **Type locality:** Finland: Muonioniska.
分布（**Distribution**）：辽宁（LN）；俄罗斯、日本；欧洲。

92. 声寄蝇属 *Phonomyia* Brauer *et* Bergenstamm, 1893

Phonomyia Brauer *et* Bergenstamm, 1893. Zweif. Kaiserl. Mus. Wien VI: 31. **Type species:** *Phonomyia micronyx* Brauer *et* Bergenstamm, 1893 (monotypy) [= *Phorocera aristata* Rondani, 1861].

（428）芒声寄蝇 *Phonomyia aristata* (Rondani, 1861)

Phorocera aristata Rondani, 1861. Dipt. Ital. Prodromus, Vol. IV: 162. **Type locality:** Italy: hills near Parma.
分布（**Distribution**）：内蒙古（NM）、山西（SX）、宁夏（NX）、青海（QH）；俄罗斯、蒙古国、哈萨克斯坦、外高加索地区；欧洲。

（429）鹊声寄蝇 *Phonomyia atypica* Mesnil, 1963

Phonomyia atypica Mesnil, 1963. Bull. Inst. R. Sci. Nat. Belg. 39 (24): 11. **Type locality:** Russia: Respublika Tyva, Turan.
分布（**Distribution**）：内蒙古（NM）；俄罗斯。

93. 怯寄蝇属 *Phryxe* Robineau-Desvoidy, 1830

Phryxe Robineau-Desvoidy, 1830. Mém. Prés. Div. Sav. Acad. R. Sci. Inst. Fr. 2 (2): 158. **Type species:** *Phryxe athaliae* Robineau-Desvoidy, 1830 (by designation of Robineau-Desvoidy, 1863) [= *Tachina vulgaris* Fallén, 1810].
Blepharidea Rondani, 1856. Dipt. Ital. Prodromus, Vol. I: 67. **Type species:** *Tachina vulgaris* Fallén, 1810 (by original designation).
Eurigastrina Lioy, 1864. Atti R. Ist. Véneto Sci. Lett. Arti (3) 9: 1343. **Type species:** *Tachina vulgaris* Fallén, 1810 (by designation of Coquillett, 1910).
Blepharidopsis Brauer *et* Bergenstamm, 1891. Zweif. Kaiserl. Mus. Wien 5: 25. **Type species:** *Tachina nemea* Meigen, 1824 (monotypy).

（430）赫氏怯寄蝇 *Phryxe heraclei* (Meigen, 1824)

Tachina heraclei Meigen, 1824. Syst. Beschr. Europ. Zweifl. Insekt. 4: 339. **Type locality:** Europe.
分布（**Distribution**）：北京（BJ）、宁夏（NX）、四川（SC）、贵州（GZ）、云南（YN）、西藏（XZ）；俄罗斯、蒙古国、日本、外高加索地区；欧洲。

（431）巨角怯寄蝇 *Phryxe magnicornis* (Zetterstedt, 1838)

Tachina magnicornis Zetterstedt, 1838. Insecta Lapp.: 644. **Type locality:** Norway: Oppland, Dovre.
分布（**Distribution**）：辽宁（LN）、内蒙古（NM）、河北（HEB）；俄罗斯、蒙古国、外高加索地区；欧洲。

（432）狮头怯寄蝇 *Phryxe nemea* (Meigen, 1824)

Tachina nemea Meigen, 1824. Syst. Beschr. Europ. Zweifl. Insekt. 4: 340. **Type locality:** Not given (probably Germany: Kiel).
分布（**Distribution**）：吉林（JL）、辽宁（LN）、内蒙古（NM）、河北（HEB）、宁夏（NX）、青海（QH）、新疆（XJ）、四川（SC）；俄罗斯、日本、外高加索地区；欧洲。

（433）叔怯寄蝇 *Phryxe patruelis* Mesnil, 1953

Phryxe patruelis Mesnil, 1953c. Bull. Ann. Soc. R. Ent. Belg. 89: 98. **Type locality:** India: West Bengal, Kurseong.
分布（**Distribution**）：贵州（GZ）、云南（YN）、西藏（XZ）；印度、缅甸。

（434）尾怯寄蝇 *Phryxe semicaudata* Herting, 1959

Phryxe semicaudata Herting, 1959. Annln Naturh. Mus. Wien 63: 425. **Type locality:** Austria: Hainburg an der Donau.
分布（**Distribution**）：辽宁（LN）；奥地利、法国。

（435）普通怯寄蝇 *Phryxe vulgaris* (Fallén, 1810)

Tachina vulgaris Fallén, 1810a. K. Svenska Vetensk. Akad. Handl. 31 (2): 282. **Type locality:** Sweden.
分布（**Distribution**）：黑龙江（HL）、吉林（JL）、辽宁（LN）、内蒙古（NM）、河北（HEB）、天津（TJ）、北京（BJ）、山西（SX）、河南（HEN）、陕西（SN）、宁夏（NX）、青海（QH）、新疆（XJ）、上海（SH）、湖北（HB）、重庆（CQ）、云南（YN）、西藏（XZ）、广东（GD）；俄罗斯、蒙古国、日本、外高加索地区、加拿大（不列颠哥伦比亚省）、哥伦比亚、美国；中东地区、中亚、欧洲。

94. 熟寄蝇属 *Prooppia* Townsend, 1926

Oppia Robineau-Desvoidy, 1863. Hist. Nat. Dipt. Envir. Paris 1: 309 (a junior homonym of *Oppia* Koch, 1835). **Type species:** *Hubneria nigripalpis* Robineau-Desvoidy, 1848 (by fixation of O'Hara *et* Wood, 2004, misidentified as *Carcelia fuscipennis* Robineau-Desvoidy, 1830 in the by original designation of Robineau-Desvoidy, 1863).
Prooppia Townsend, 1926. Insecutor Inscit. Menstr. 14: 32. **Type species:** *Hubneria nigripalpis* Robineau-Desvoidy, 1848 (by fixation of O'Hara *et al.*, 2009, misidentified as *Carcelia fuscipennis* Robineau-Desvoidy, 1830 in the by original designation of Townsend, 1926).

（436）宽须熟寄蝇 *Prooppia latipalpis* (Shima, 1981)

Phebellia latipalpis Shima, 1981. Bull. Kitakyushu Mus. Nat. Hist. 3: 63. **Type locality:** Japan: Hokkaidō, Sorachi, Mt. Yubari.
Phebellia latisurstyla Chao *et* Chen, 2007. Acta Ent. Sin. 50 (9): 937. **Type locality:** China: Shanghai.
分布（Distribution）：辽宁（LN）、陕西（SN）、上海（SH）；俄罗斯、日本。

95. 赛寄蝇属 *Pseudoperichaeta* Brauer *et* Bergenstamm, 1889

Pseudoperichaeta Brauer *et* Bergenstamm, 1889. Denkschr. Akad. Wiss. Wien. Math.-Naturw. Cl. 56 (1): 92. **Type species:** *Pseudoperichaeta major* Brauer *et* Bergenstamm, 1889 (monotypy) [= *Phryxe palesioidea* Robineau-Desvoidy, 1830].

（437）稻苞虫赛寄蝇 *Pseudoperichaeta nigrolineata* (Walker, 1853)

Tachina nigrolineata Walker, 1853. Ins. Brit., Dipt. 2: 85. **Type locality:** United Kingdom: England.
Tachina nigrolineata Stephens, 1829. Syst. Cat. Brit. Ins. 2: 299 (nomen nudum).
分布（Distribution）：辽宁（LN）、河北（HEB）、北京（BJ）、山西（SX）、山东（SD）、河南（HEN）、陕西（SN）、新疆（XJ）、安徽（AH）、江苏（JS）、上海（SH）、浙江（ZJ）、江西（JX）、湖南（HN）、湖北（HB）、四川（SC）、重庆（CQ）、福建（FJ）、广东（GD）、广西（GX）；俄罗斯、朝鲜、韩国、日本、外高加索地区；欧洲。

（438）帕莱赛寄蝇 *Pseudoperichaeta palesioidea* (Robineau-Desvoidy, 1830)

Phryxe palesioidea Robineau-Desvoidy, 1830. Mém. Prés. Div. Sav. Acad. R. Sci. Inst. Fr. 2 (2): 160. **Type locality:** France.
分布（Distribution）：吉林（JL）、内蒙古（NM）；俄罗斯、蒙古国、外高加索地区；中东地区；中亚、欧洲。

（439）罗斯赛寄蝇 *Pseudoperichaeta roseanella* (Baranov, 1936)

Zenillia roseanella Baranov, 1936. Ann. Mag. Nat. Hist. (10) 17: 104. **Type locality:** China: Taiwan.
分布（Distribution）：台湾（TW）；印度、缅甸、巴布亚新几内亚（俾斯麦群岛）。

96. 瑞纳寄蝇属 *Rhinaplomyia* Mesnil, 1955

Rhinaplomyia Mesnil, 1955. Flieg. Palaearkt. Reg. 10: 441. **Type species:** *Carcelia nasuta* Villeneuve, 1937 (by original designation).
Rhinaplomyia Mesnil, 1953. Flieg. Palaearkt. Reg. 10: 299 (nomen nudum).

（440）鼻瑞纳寄蝇 *Rhinaplomyia nasuta* (Villeneuve, 1937)

Carcelia nasuta Villeneuve, 1937. Bull. Mus. R. Hist. Nat. Belg. 13 (34): 2. **Type locality:** China: Sichuan, Emei Shan.
分布（Distribution）：四川（SC）、云南（YN）；缅甸。

97. 裸基寄蝇属 *Senometopia* Macquart, 1834

Senometopia Macquart, 1834. Mém. Soc. Sci. Agric. Arts Lille [1833]: 296. **Type species:** *Carcelia aurifrons* Robineau-Desvoidy, 1830 (by designation of Townsend, 1916) [= *Tachina excisa* Fallén, 1820] (also subsequently spelled *Stenometopia*, unjustified emendation). **Type species:** *Carcelia aurifrons* Robineau-Desvoidy, 1830 [= *Tachina excisa* Fallén, 1820], by subsequent designation of Townsend, 1916: 8 (earlier type fixations set aside by ICZN, 2012: 242). See Evenhuis *et* Thompson, 1990: 237 and O'Hara *et* Evenhuis, 2011: 61.
Eucarcelia Baranov, 1934. Trans. R. Ent. Soc. London 82: 393. **Type species:** *Tachina excisa* Fallén, 1820 (by original designation).

（441）脊叶裸基寄蝇 *Senometopia cariniforceps* (Chao *et* Liang, 2002)

Carcelia (*Senometopia*) *cariniforceps* Chao *et* Liang, 2002. Acta Zootaxon. Sin. 27 (4): 831. **Type locality:** China: Sichuan, Emei Shan.
分布（Distribution）：浙江（ZJ）、湖南（HN）、四川（SC）、海南（HI）。

（442）亮裸基寄蝇 *Senometopia clara* (Chao *et* Liang, 2002)

Carcelia (*Senometopia*) *clara* Chao *et* Liang, 2002. Acta Zootaxon. Sin. 27 (4): 826. **Type locality:** China: Yunnan, Menglongbanna.
分布（Distribution）：云南（YN）。

（443）紊裸基寄蝇 *Senometopia confundens* (Rondani, 1859)

Exorista confundens Rondani, 1859. Dipt. Ital. Prodromus, Vol. III: 138. **Type locality:** Italy: hills near Parma.

分布（Distribution）：黑龙江（HL）、吉林（JL）、内蒙古（NM）、北京（BJ）、山西（SX）、陕西（SN）、甘肃（GS）、浙江（ZJ）、湖南（HN）、四川（SC）、海南（HI）；蒙古国、日本、外高加索地区；欧洲。

（444）齿肛裸基寄蝇 *Senometopia dentata* (Chao *et* Liang, 2002)

Carcelia (*Senometopia*) *dentata* Chao *et* Liang, 2002. Acta Zootaxon. Sin. 27 (4): 827. **Type locality:** China: Hainan, Jianfeng Ling.

分布（Distribution）：黑龙江（HL）、辽宁（LN）、内蒙古（NM）、河北（HEB）、北京（BJ）、宁夏（NX）、甘肃（GS）、浙江（ZJ）、湖南（HN）、四川（SC）、广东（GD）、海南（HI）。

（445）肿须裸基寄蝇 *Senometopia distincta* (Baranov, 1931)

Carcelia distincta Baranov, 1931. Arb. Parasit. Abt. Inst. Hyg. Zagreb. 3: 32. **Type locality:** China: Taiwan, Kaohsiung Hsien, Chiahsien Hsiang.

Carcelia (*Senometopia*) *palpalis* Chao *et* Liang, 1986. Sinozool. 4: 122. **Type locality:** China: Hainan, Wuzhi Shan.

分布（Distribution）：福建（FJ）、台湾（TW）、广东（GD）、海南（HI）。

（446）隔离裸基寄蝇 *Senometopia excisa* (Fallén, 1820)

Tachina excisa Fallén, 1820. Monogr. Musc. Sveciae III: 32. **Type locality:** Sweden: Östergötlands, Lärketorp.

分布（Distribution）：黑龙江（HL）、吉林（JL）、辽宁（LN）、内蒙古（NM）、河北（HEB）、天津（TJ）、北京（BJ）、山西（SX）、山东（SD）、河南（HEN）、陕西（SN）、甘肃（GS）、安徽（AH）、江苏（JS）、上海（SH）、浙江（ZJ）、江西（JX）、湖南（HN）、湖北（HB）、四川（SC）、重庆（CQ）、贵州（GZ）、云南（YN）、西藏（XZ）、福建（FJ）、台湾（TW）、广东（GD）、广西（GX）、海南（HI）、香港（HK）；俄罗斯、日本、印度、斯里兰卡；欧洲。

（447）福建裸基寄蝇 *Senometopia fujianensis* (Chao *et* Liang, 2002)

Carcelia (*Senometopia*) *fujianensis* Chao *et* Liang, 2002. Acta Zootaxon. Sin. 27 (4): 825. **Type locality:** China: Fujian, Laizhou.

分布（Distribution）：浙江（ZJ）、福建（FJ）。

（448）巨裸基寄蝇 *Senometopia grossa* (Baranov, 1934)

Eucarcelia grossa Baranov, 1934. Trans. R. Ent. Soc. London 82: 393. **Type locality:** China: Taiwan, T'ainan.

分布（Distribution）：台湾（TW）。

（449）污裸基寄蝇 *Senometopia illota* (Curran, 1927)

Zenillia illota Curran, 1927. Bull. Entomol. Res. 17: 328. **Type locality:** Tanzania: Morogoro.

分布（Distribution）：广东（GD）、海南（HI）；印度、老挝、澳大利亚、尼日利亚、坦桑尼亚、南非。

（450）粉额裸基寄蝇 *Senometopia interfrontalia* (Chao *et* Liang, 1986)

Carcelia (*Catacarcelia*) *interfrontalia* Chao *et* Liang, 1986. Sinozool. 4: 125. **Type locality:** China: Guangdong, Zhanjiang.

分布（Distribution）：广东（GD）、广西（GX）。

（451）吉林裸基寄蝇 *Senometopia jilinensis* (Chao *et* Liang, 2002)

Carcelia (*Senometopia*) *jilinensis* Chao *et* Liang, 2002. Acta Zootaxon. Sin. 27 (4): 823. **Type locality:** China: Jilin, Tumenling.

分布（Distribution）：吉林（JL）。

（452）长肛裸基寄蝇 *Senometopia lena* (Richter, 1980)

Eucarcelia lena Richter, 1980. Insects Mongolia 7: 526. **Type locality:** Russia: Zabaykalskiy Kray, Kozlovo.

分布（Distribution）：北京（BJ）、浙江（ZJ）、四川（SC）、云南（YN）、台湾（TW）、广东（GD）、广西（GX）、海南（HI）；俄罗斯、日本；欧洲。

（453）长尾裸基寄蝇 *Senometopia longiepandriuma* (Chao *et* Liang, 2002)

Carcelia (*Senometopia*) *longiepandriuma* Chao *et* Liang, 2002. Acta Zootaxon. Sin. 27 (4): 828. **Type locality:** China: Hunan, Guzhang.

分布（Distribution）：陕西（SN）、浙江（ZJ）、湖南（HN）、云南（YN）、广西（GX）；日本。

（454）拟隔离裸基寄蝇 *Senometopia mimoexcisa* (Chao *et* Liang, 2002)

Carcelia (*Senometopia*) *mimoexcisa* Chao *et* Liang, 2002. Acta Zootaxon. Sin. 27 (4): 832. **Type locality:** China: Beijing, Badaling.

Carcelia mimoexcisa Chao *et* Liang, 2001. *In*: Chao *et* Zhou, 2001. *In*: Wu *et* Pan, 2001. Insects of Tianmushan National Nature Reserve: 487 (nomen nudum).

分布（Distribution）：吉林（JL）、北京（BJ）、浙江（ZJ）；日本。

（455）东方裸基寄蝇 *Senometopia orientalis* (Shima, 1968)

Eucarcelia orientalis Shima, 1968. J. Fac. Agric. Kyushu Univ.

14: 521. **Type locality:** Japan: Ryukyu Islands, Amami-Ō-shima, Yuwandake.

分布（Distribution）：北京（BJ）、山西（SX）、江苏（JS）、浙江（ZJ）、江西（JX）、四川（SC）、贵州（GZ）、云南（YN）、福建（FJ）、广西（GX）；日本。

（456）毛叶裸基寄蝇 *Senometopia pilosa* (Baranov, 1931)

Carcelia pilosa Baranov, 1931. Arb. Parasit. Abt. Inst. Hyg. Zagreb. 3: 29. **Type locality:** Bosnia: Sarajevo.

分布（Distribution）：吉林（JL）、北京（BJ）、浙江（ZJ）、湖南（HN）、四川（SC）、福建（FJ）、广东（GD）、海南（HI）；日本；欧洲。

（457）细腹裸基寄蝇 *Senometopia pollinosa* (Mesnil, 1941)

Carcelia pollinosa Mesnil, 1941. Bull. Soc. Ent. Fr. 46: 98. **Type locality:** Czech Republic: Františkovy Lázně.

分布（Distribution）：吉林（JL）、辽宁（LN）、北京（BJ）、河南（HEN）、陕西（SN）、甘肃（GS）；俄罗斯、日本；欧洲。

（458）壮裸基寄蝇 *Senometopia polyvalens* (Villeneuve, 1929)

Exorista polyvalens Villeneuve, 1929c. Bull. Ann. Soc. R. Ent. Belg. 69: 66. **Type locality:** China: Taiwan, Nant'ou Hsien, ChiChi.

分布（Distribution）：台湾（TW）。

（459）野螟裸基寄蝇 *Senometopia prima* (Baranov, 1931)

Carcelia prima Baranov, 1931. Arb. Parasit. Abt. Inst. Hyg. Zagreb. 3: 31. **Type locality:** China: Taiwan, P'ingtung Hsien, Changkou.

分布（Distribution）：黑龙江（HL）、北京（BJ）、山西（SX）、山东（SD）、江苏（JS）、上海（SH）、浙江（ZJ）、湖南（HN）、四川（SC）、云南（YN）、福建（FJ）、台湾（TW）、广东（GD）、广西（GX）、海南（HI）；日本、印度、印度尼西亚。

（460）四斑裸基寄蝇 *Senometopia quarta* (Baranov, 1931)

Carcelia quarta Baranov, 1931. Arb. Parasit. Abt. Inst. Hyg. Zagreb 3: 33. **Type locality:** China: Taiwan, Gebiet des Shjsha-Stammes.

Carcelia (*Senometopia*) *dominantalis* Chao *et* Liang, 2002. Acta Zootaxon. Sin. 27 (4): 830. **Type locality:** China: Beijing, Qinglongqiao.

分布（Distribution）：北京（BJ）、江苏（JS）、上海（SH）、浙江（ZJ）、湖南（HN）、四川（SC）、贵州（GZ）、云南（YN）、台湾（TW）；日本、马来西亚。

（461）宽颜裸基寄蝇 *Senometopia quinta* (Baranov, 1931)

Carcelia quinta Baranov, 1931. Arb. Parasit. Abt. Inst. Hyg. Zagreb. 3: 33. **Type locality:** China: Taiwan, P'ingtung Hsien, Changkou.

分布（Distribution）：四川（SC）、福建（FJ）、台湾（TW）、广东（GD）、广西（GX）、海南（HI）；印度。

（462）宽尾裸基寄蝇 *Senometopia ridibunda* (Walker, 1859)

Eurygaster ridibunda Walker, 1859. J. Proc. Linn. Soc. London Zool. 4: 125. **Type locality:** Indonesia: Sulawesi, Ujung Pandang.

Carcelia laticauda Liang *et* Chao, 1994. Acta Zootaxon. Sin. 19 (4): 484. **Type locality:** China: Guangdong, Dianbai.

分布（Distribution）：广东（GD）；印度尼西亚、？巴布亚新几内亚。

（463）龙达裸基寄蝇 *Senometopia rondaniella* (Baranov, 1934)

Catacarcelia rondaniella Baranov, 1934. Trans. R. Ent. Soc. London 82: 392. **Type locality:** China: Taiwan, P'ingtung Hsien, Changkou.

分布（Distribution）：辽宁（LN）、四川（SC）、台湾（TW）；日本。

（464）继裸基寄蝇 *Senometopia secunda* (Baranov, 1931)

Carcelia secunda Baranov, 1931. Arb. Parasit. Abt. Inst. Hyg. Zagreb. 3: 31. **Type locality:** China: Taiwan, Kaohsiung Hsien, Chiahsien Hsiang.

分布（Distribution）：台湾（TW）。

（465）离裸基寄蝇 *Senometopia separata* (Rondani, 1859)

Exorista separata Rondani, 1859. Dipt. Ital. Prodromus, Vol. III: 134. **Type locality:** Italy: hills near Parma.

分布（Distribution）：黑龙江（HL）、辽宁（LN）、河北（HEB）、江苏（JS）、浙江（ZJ）、湖南（HN）、湖北（HB）、四川（SC）、云南（YN）、福建（FJ）、广东（GD）、海南（HI）；俄罗斯、日本；欧洲。

（466）嶌洪裸基寄蝇 *Senometopia shimai* (Chao *et* Liang, 2002)

Carcelia shimai Chao *et* Liang, 2002. *In*: Chao, Liang *et* Zhou, 2002. *In*: Huang, 2002. Forest Insects of Hainan: 822. **Type locality:** China: Beijing, Sanpu.

Carcelia shimai Chao *et* Liang, 2001. *In*: Chao *et* Zhou, 2001. *In*: Wu *et* Pan, 2001. Insects of Tianmushan National Nature Reserve: 486 (nomen nudum).

分布（Distribution）：北京（BJ）、浙江（ZJ）、云南（YN）、

福建（FJ）、广东（GD）、广西（GX）、海南（HI）。

（467）亚锈叶裸基寄蝇 *Senometopia subferrifera* (Walker, 1856)

Eurygaster subferrifera Walker, 1856b. J. Proc. Linn. Soc. London Zool. 1: 125. **Type locality:** Malaysia: Sarawak.
Carcelia rufa Baranov, 1931. Arb. Parasit. Abt. Inst. Hyg. Zagreb. 3: 33. **Type locality:** China: Taiwan, Macuyama.
分布（Distribution）：台湾（TW）；斯里兰卡、马来西亚、印度尼西亚。

（468）苏苏裸基寄蝇 *Senometopia susurrans* (Rondani, 1859)

Exorista sussurrans Rondani, 1859. Dipt. Ital. Prodromus, Vol. III: 129. **Type locality:** Italy: hills near Parma.
分布（Distribution）：辽宁（LN）、浙江（ZJ）、云南（YN）；欧洲。

（469）三点裸基寄蝇 *Senometopia tertia* (Baranov, 1931)

Carcelia tertia Baranov, 1931. Arb. Parasit. Abt. Inst. Hyg. Zagreb. 3: 32. **Type locality:** China: Taiwan, Chiai Hsien, Talin.
分布（Distribution）：台湾（TW）。

（470）版纳裸基寄蝇 *Senometopia xishuangbannanica* (Chao *et* Liang, 2002)

Carcelia (*Senometopia*) *xishuangbannanica* Chao *et* Liang, 2002. Acta Zootaxon. Sin. 27 (4): 818. **Type locality:** China: Yunnan, Xishuangbanna.
分布（Distribution）：云南（YN）。

98. 鬃月寄蝇属 *Setalunula* Chao *et* Yang, 1990

Setalunula Chao *et* Yang, 1990. Acta Zootaxon. Sin. 15 (1): 77. **Type species:** *Setalunula blepharipoides* Chao *et* Yang, 1990 (by original designation).

（471）饰腹鬃月寄蝇 *Setalunula blepharipoides* Chao *et* Yang, 1990

Setalunula blepharipoides Chao *et* Yang, 1990. Acta Zootaxon. Sin. 15 (1): 78. **Type locality:** China: Guangxi, Longsheng.
分布（Distribution）：江西（JX）、云南（YN）、福建（FJ）、广东（GD）、广西（GX）、海南（HI）；尼泊尔、泰国。

99. 皮寄蝇属 *Sisyropa* Brauer *et* Bergenstamm, 1889

Sisyropa Brauer *et* Bergenstamm, 1889. Denkschr. Akad. Wiss. Wien. Math.-Naturw. Cl. 56 (1): 163. **Type species:** *Tachina thermophila* Wiedemann, 1830 (monotypy).
Stylurodoria Townsend, 1933. J. N. Y. Ent. Soc. 40: 476. **Type species:** *Stylurodoria stylata* Townsend, 1933 (by original designation).

（472）台湾皮寄蝇 *Sisyropa formosa* Mesnil, 1944

Sisyropa formosa Mesnil, 1944. Rev. Fr. Ent. 11: 14. **Type locality:** China: Jiangxi, Guling.
分布（Distribution）：安徽（AH）、江西（JX）、湖南（HN）、贵州（GZ）、台湾（TW）；印度、斯里兰卡。

（473）异皮寄蝇 *Sisyropa heterusiae* (Coquillett, 1899)

Exorista heterusiae Coquillett, 1899. Indian Mus. Notes 4: 279. **Type locality:** Sri Lanka: Pussellawa.
Erycia palpata Baranov, 1936. Ann. Mag. Nat. Hist. (10) 17: 113. **Type locality:** China: Taiwan, Nant'ou Hsien, Chitou.
Platymyia (*Himera*) *melancholica* Mesnil, 1953c. Bull. Ann. Soc. R. Ent. Belg. 89: 97. **Type locality:** India: Karnātaka, Coorg, Titimati.
分布（Distribution）：江苏（JS）、台湾（TW）；日本、印度、斯里兰卡、马来西亚。

（474）色皮寄蝇 *Sisyropa picta* (Baranov, 1935)

Exorista picta Baranov, 1935. Vet. Arhiv 5: 553. **Type locality:** China: Taiwan, P'ingtung Hsien, near Hengch'un, Changkou.
分布（Distribution）：台湾（TW）；印度、巴布亚新几内亚。

（475）突飞皮寄蝇 *Sisyropa prominens* (Walker, 1859)

Eurygaster prominens Walker, 1859. J. Proc. Linn. Soc. London Zool. 4: 127. **Type locality:** Indonesia: Sulawesi, Ujung Pandang.
分布（Distribution）：河南（HEN）、浙江（ZJ）、湖南（HN）、云南（YN）、福建（FJ）、台湾（TW）、广东（GD）、广西（GX）、海南（HI）；印度、菲律宾、马来西亚、印度尼西亚、澳大利亚、巴布亚新几内亚（俾斯麦群岛）、美拉尼西亚群岛。

（476）尾叶皮寄蝇 *Sisyropa stylata* (Townsend, 1933)

Stylurodoria stylata Townsend, 1933. J. N. Y. Ent. Soc. 40: 476. **Type locality:** China: Taiwan, P'ingtung Hsien, Changkou.
分布（Distribution）：台湾（TW）；印度、斯里兰卡、加纳、马里、尼日利亚、塞拉利昂、苏丹。

100. 拟丛寄蝇属 *Sturmiopsis* Townsend, 1916

Sturmiopsis Townsend, 1916. Proc. U. S. Natl. Mus. 51 (2152): 313. **Type species:** *Sturmiopsis inferens* Townsend, 1916 (by original designation).

(477) 大螟拟丛寄蝇 *Sturmiopsis inferens* Townsend, 1916

Sturmiopsis inferens Townsend, 1916. Proc. U. S. Natl. Mus. 51 (2152): 313. **Type locality:** Indonesia: Jawa (Bogor).

分布（Distribution）：云南（YN）；印度、尼泊尔、孟加拉国、马来西亚、印度尼西亚。

101. 鞘寄蝇属 *Thecocarcelia* Townsend, 1933

Thecocarcelia Townsend, 1933. J. N. Y. Ent. Soc. 40: 471. **Type species:** *Argyrophylax pelmatoprocta* Brauer *et* Bergenstamm, 1891 (by original designation) [= *Masicera acutangulata* Macquart, 1851].

Thelycarcelia Townsend, 1933. J. N. Y. Ent. Soc. 40: 475. **Type species:** *Thelycarcelia thrix* Townsend, 1933 (by original designation) [= *Sturmia sumatrana* Baranov, 1932].

(478) 海南鞘寄蝇 *Thecocarcelia hainanensis* Chao, 1976

Thecocarcelia hainanensis Chao, 1976. Acta Ent. Sin. 19 (3): 337. **Type locality:** China: Guangdong; Hainandao.

分布（Distribution）：云南（YN）、广东（GD）、广西（GX）、海南（HI）。

(479) 狭额鞘寄蝇 *Thecocarcelia linearifrons* (van der Wulp, 1893)

Masicera linearifrons van der Wulp, 1893. Tijdschr. Ent. 36: 166. **Type locality:** Indonesia: Jawa.

分布（Distribution）：广东（GD）、海南（HI）；马来西亚、印度尼西亚。

(480) 暗棒鞘寄蝇 *Thecocarcelia melanohalterata* Chao *et* Jin, 1984

Thecocarcelia melanohalterata Chao *et* Jin, 1984. Acta Zootaxon. Sin. 9 (3): 284. **Type locality:** China: Beijing.

分布（Distribution）：北京（BJ）。

(481) 孔鞘寄蝇 *Thecocarcelia oculata* (Baranov, 1935)

Masicera oculata Baranov, 1935. Vet. Arhiv 5: 554. **Type locality:** China: Taiwan, T'ainan Hsien, Hsinhua.

分布（Distribution）：山东（SD）、河南（HEN）、浙江（ZJ）、江西（JX）、湖北（HB）、四川（SC）、福建（FJ）、台湾（TW）、广西（GX）；日本、印度、尼泊尔、马来西亚、印度尼西亚。

(482) 稻苞虫鞘寄蝇 *Thecocarcelia parnarae* Chao, 1976

Thecocarcelia parnarae Chao, 1976. Acta Ent. Sin. 19 (3): 335. **Type locality:** China: Guangxi, Yangshuo.

分布（Distribution）：山东（SD）、陕西（SN）、安徽（AH）、江苏（JS）、上海（SH）、浙江（ZJ）、江西（JX）、湖南（HN）、湖北（HB）、四川（SC）、重庆（CQ）、云南（YN）、福建（FJ）、台湾（TW）、广东（GD）、广西（GX）、海南（HI）、香港（HK）；印度、越南、泰国、尼泊尔、印度尼西亚。

(483) 苏门鞘寄蝇 *Thecocarcelia sumatrana* (Baranov, 1932)

Sturmia sumatrana Baranov, 1932. Miscel. Zool. Sumatr. 66: 1. **Type locality:** Indonesia: Sumatra (Medan).

Thelycarcelia thrix Townsend, 1933. J. N. Y. Ent. Soc. 40: 475. **Type locality:** China: Taiwan, P'ingtung Hsien, Changkou.

Thecocarcelia laticornis Chao, 1976. Acta Ent. Sin. 19 (3): 337. **Type locality:** China: Guangxi, Longsheng.

分布（Distribution）：黑龙江（HL）、吉林（JL）、浙江（ZJ）、江西（JX）、湖南（HN）、湖北（HB）、云南（YN）、福建（FJ）、台湾（TW）、广东（GD）、广西（GX）、海南（HI）；朝鲜、韩国、日本、印度、越南、泰国、斯里兰卡、菲律宾、马来西亚、印度尼西亚。

(484) 毛眼鞘寄蝇 *Thecocarcelia trichops* Herting, 1967

Thecocarcelia trichops Herting, 1967. Stuttg. Beitr. Naturkd. 173: 4. **Type locality:** France: Vaucluse, Lagnes.

分布（Distribution）：辽宁（LN）；日本；欧洲（西部和南部）。

102. 色寄蝇属 *Thelyconychia* Brauer *et* Bergenstamm, 1889

Thelyconychia Brauer *et* Bergenstamm, 1889. Denkschr. Akad. Wiss. Wien. Math.-Naturw. Cl. 56 (1): 89. **Type species:** *Masicera* (*Ceromasia*) *solivaga* Rondani, 1861 (monotypy).

(485) 阿波罗色寄蝇 *Thelyconychia aplomyiodes* (Villeneuve, 1936)

Exorista aplomyiodes Villeneuve, 1936. Ark. Zool. 27A (34): 4. **Type locality:** China: northeastern Sichuan.

分布（Distribution）：四川（SC）；蒙古国。

(486) 心鬃色寄蝇 *Thelyconychia discalis* Mesnil, 1957

Thelyconychia discalis Mesnil, 1957. Mém. Soc. R. Ent. Belg. 28: 5. **Type locality:** Japan: Hokkaidō, Obihiro.

分布（Distribution）：辽宁（LN）、宁夏（NX）；日本。

(487) 孤色寄蝇 *Thelyconychia solivaga* (Rondani, 1861)

Masicera (*Ceromasia*) *solivaga* Rondani, 1861. Dipt. Ital. Prodromus, Vol. IV: 24. **Type locality:** Italy: near Parma.

分布（Distribution）：黑龙江（HL）、吉林（JL）、辽宁（LN）、内蒙古（NM）、北京（BJ）、宁夏（NX）；俄罗斯、日本、巴基斯坦、外高加索地区、博茨瓦纳、也门；中东地区；

中亚、欧洲、非洲（北部）。

103. 荫寄蝇属 *Thelymyia* Brauer *et* Bergenstamm, 1891

Thelymyia Brauer *et* Bergenstamm, 1891. Zweif. Kaiserl. Mus. Wien 5: 26. **Type species:** *Thelymyia loewii* Brauer *et* Bergenstamm, 1891 (monotypy) [= *Tachina saltuum* Meigen, 1824].

（488）飞舞荫寄蝇 *Thelymyia saltuum* (Meigen, 1824)

Tachina saltuum Meigen, 1824. Syst. Beschr. Europ. Zweifl. Insekt. 4: 329. **Type locality:** Europe.

分布（Distribution）：内蒙古（NM）、甘肃（GS）；俄罗斯、蒙古国；欧洲。

104. 四鬃寄蝇属 *Tlephusa* Robineau-Desvoidy, 1863

Tlephusa Robineau-Desvoidy, 1863. Hist. Nat. Dipt. Envir. Paris 1: 307. **Type species:** *Tlephusa aurifrons* Robineau-Desvoidy, 1863 (by original designation).

（489）双带四鬃寄蝇 *Tlephusa cincinna* (Rondani, 1859)

Exorista cincinna Rondani, 1859. Dipt. Ital. Prodromus, Vol. III: 141. **Type locality:** Italy: Piemonte.

分布（Distribution）：黑龙江（HL）、吉林（JL）、辽宁（LN）、宁夏（NX）、四川（SC）；俄罗斯、外高加索地区；欧洲。

105. 魏寄蝇属 *Weingaertneriella* Baranov, 1932

Weingaertneriella Baranov, 1932. Neue Beitr. Syst. Insektenkd. 5: 74. **Type species:** *Sturmia* (*Weingaertneriella*) *paradoxalis* Baranov, 1932 (by original designation) [= *Masicera longiseta* van der Wulp, 1881].

（490）长鬃魏寄蝇 *Weingaertneriella longiseta* (van der Wulp, 1881)

Masicera longiseta van der Wulp, 1881. Midden-Sumatra Exped. Dipt. 4 (9): 38. **Type locality:** Indonesia: Sumatra, Rawas.

Sturmia (*Weingaertneriella*) *paradoxalis* Baranov, 1932. Neue Beitr. Syst. Insektenkd. 5: 80. **Type locality:** China: Taiwan, Kaohsiung Hsien, Chiahsien Hsiang.

分布（Distribution）：辽宁（LN）、湖南（HN）、台湾（TW）、广西（GX）；日本、印度尼西亚。

106. 蠹蛾寄蝇属 *Xylotachina* Brauer *et* Bergenstamm, 1891

Xylotachina Brauer *et* Bergenstamm, 1891. Zweif. Kaiserl. Mus. Wien 5: 38. **Type species:** *Xylotachina ligniperdae* Brauer *et* Bergenstamm, 1891 (monotypy) [= *Tachina diluta* Meigen, 1824].

（491）带柳蠹蛾寄蝇 *Xylotachina diluta* (Meigen, 1824)

Tachina diluta Meigen, 1824. Syst. Beschr. Europ. Zweifl. Insekt. 4: 387. **Type locality:** Europe.

分布（Distribution）：辽宁（LN）、内蒙古（NM）、宁夏（NX）、浙江（ZJ）；俄罗斯、外高加索地区；欧洲。

（492）害蠹蛾寄蝇 *Xylotachina vulnerans* Mesnil, 1953

Xylotachina vulnerans Mesnil, 1953. Flieg. Palaearkt. Reg. 10: 304. **Type locality:** China: Jiangxi, Guling.

分布（Distribution）：辽宁（LN）、北京（BJ）、内蒙古（NM）、宁夏（NX）、江西（JX）。

本族待定属的种 Unplaced species of Eryciini

（493）多棘寄蝇 *Alsomyia anomala* Villeneuve, 1929

Alsomyia anomala Villeneuve, 1929c. Bull. Ann. Soc. R. Ent. Belg. 69: 65. **Type locality:** China: Taiwan, T'ainan.

分布（Distribution）：台湾（TW）；印度、泰国、斯里兰卡。

（494）邻寄蝇 *Exorista vicinalis* Baranov, 1931

Exorista vicinalis Baranov, 1931. Wien. Ent. Ztg. 48: 123. **Type locality:** China: Taiwan, P'ingtung Hsien, Hengch'un, Changkou.

分布（Distribution）：台湾（TW）。

（495）股寄蝇 *Phoriniophylax femorata* Mesnil, 1957

Phoriniophylax femorata Mesnil, 1957. Mém. Soc. R. Ent. Belg. 28: 14. **Type locality:** China: Taiwan, T'ainan.

Phoriniophylax femorata Baranov, 1941. *In*: Hennig, 1941a. Ent. Beih. Berl. 8: 196 (nomen nudum).

Argyrophylax femorata Baranov, 1944. *In*: Mesnil, 1944. Flieg. Palaearkt. Reg. 10: 27 (nomen nudum).

分布（Distribution）：台湾（TW）。

拱瓣寄蝇族 Ethillini

107. 大角寄蝇属 *Atylomyia* Brauer, 1898

Atylomyia Brauer, 1898. Sber. Akad. Wiss. Wien, Math.-Naturw. 107: 525. **Type species:** *Atylomyia loewii* Brauer, 1898 (monotypy).

（496）白额大角寄蝇 *Atylomyia albifrons* Villeneuve, 1911

Atylomyia albifrons Villeneuve, 1911b. Wien. Ent. Ztg. 30: 86.

Type locality: Egypt: Helouan.
分布（**Distribution**）：内蒙古（NM）；中东地区；欧洲、非洲（北部）。

108. 拱瓣寄蝇属 *Ethilla* Robineau-Desvoidy, 1863

Ethilla Robineau-Desvoidy, 1863. Hist. Nat. Dipt. Envir. Paris 1: 202. **Type species:** *Tachina aemula* Meigen, 1824 (by original designation).

（497）角逐拱瓣寄蝇 *Ethilla aemula* (Meigen, 1824)

Tachina aemula Meigen, 1824. Syst. Beschr. Europ. Zweifl. Insekt. 4: 332. **Type locality:** Europe.
分布（**Distribution**）：河北（HEB）、北京（BJ）、山西（SX）、新疆（XJ）；外高加索地区；中亚、欧洲。

109. 兼寄蝇属 *Gynandromyia* Bezzi, 1923

Gynandromyia Bezzi, 1923. Parasitology 15: 97. **Type species:** *Gynandromyia seychellensis* Bezzi, 1923 (by original designation).

（498）长角兼寄蝇 *Gynandromyia longicornis* (Sun *et* Chao, 1992)

Zenilliana longicornis Sun *et* Chao, 1992. Sinozool. 9: 331. **Type locality:** China: Zhejiang, Tianmu Shan.
分布（**Distribution**）：浙江（ZJ）。

110. 喙寄蝇属 *Mycteromyiella* Mesnil, 1966

Mycteromyiella Mesnil, 1966b. Bull. Soc. Ent. Fr. 70: 232 (replacement name for *Mycteromyia* Mesnil, 1950).
Mycteromyia Mesnil, 1949. Flieg. Palaearkt. Reg. 10: 102 (nomen nudum).
Mycteromyia Mesnil, 1950. Flieg. Palaearkt. Reg. 10: 107 (a junior homonym of *Mycteromyia* Philippi, 1865). **Type species:** *Mycteromyia laetifica* Mesnil, 1950 (monotypy).

（499）祝氏喙寄蝇 *Mycteromyiella zhui* Zhang *et* Zhao, 2011

Mycteromyiella zhui Zhang *et* Zhao, 2011. *In*: Zhang, Zhao *et* Wang, 2011. Acta Zootaxon. Sin. 36 (1): 63. **Type locality:** China: Liaoning, Huanren (Laotudingzi Mountains).
分布（**Distribution**）：辽宁（LN）。

111. 侧盾寄蝇属 *Paratryphera* Brauer *et* Bergenstamm, 1891

Paratryphera Brauer *et* Bergenstamm, 1891. Zweif. Kaiserl. Mus. Wien 5: 24. **Type species:** *Paratryphera handlirschii* Brauer *et* Bergenstamm, 1891 (monotypy) [= *Chetina palpalis* Rondani, 1859].

（500）髯侧盾寄蝇 *Paratryphera barbatula* (Rondani, 1859)

Exorista barbatula Rondani, 1859. Dipt. Ital. Prodromus, Vol. III: 145. **Type locality:** Italy: near Parma.
分布（**Distribution**）：黑龙江（HL）、吉林（JL）、辽宁（LN）、内蒙古（NM）、河北（HEB）、北京（BJ）、山西（SX）、河南（HEN）、宁夏（NX）、云南（YN）、西藏（XZ）、广东（GD）、广西（GX）；俄罗斯、蒙古国、日本、外高加索地区；中东地区；中亚、欧洲。

（501）双鬃侧盾寄蝇 *Paratryphera bisetosa* (Brauer *et* Bergenstamm, 1891)

Parexorista bisetosa Brauer *et* Bergenstamm, 1891. Zweif. Kaiserl. Mus. Wien 5: 17. **Type locality:** Austria: Niederösterreich, near Wien, Bisamberg.
分布（**Distribution**）：黑龙江（HL）、吉林（JL）、辽宁（LN）、内蒙古（NM）、河北（HEB）、天津（TJ）、北京（BJ）、山西（SX）、宁夏（NX）、四川（SC）、重庆（CQ）、贵州（GZ）、云南（YN）、西藏（XZ）、广东（GD）、广西（GX）；俄罗斯、日本；欧洲。

（502）黄须侧盾寄蝇 *Paratryphera palpalis* (Rondani, 1859)

Chetina palpalis Rondani, 1859. Dipt. Ital. Prodromus, Vol. III: 98. **Type locality:** Italy: near Parma.
分布（**Distribution**）：吉林（JL）、辽宁（LN）、山西（SX）、宁夏（NX）、西藏（XZ）；欧洲。

（503）宜城侧盾寄蝇 *Paratryphera yichengensis* Chao *et* Liu, 1998

Paratryphera yichengensis Chao *et* Liu, 1998. *In*: Liu *et* Chao *et al*., 1998. Fauna of Tachinidae from Shanxi Province, China: 118. **Type locality:** China: Shanxi, Yicheng.
分布（**Distribution**）：山西（SX）。

112. 裸板寄蝇属 *Phorocerosoma* Townsend, 1927

Phorocerosoma Townsend, 1927. Suppl. Ent. 16: 61. **Type species:** *Phorocerosoma forte* Townsend, 1927 (by original designation) [= *Masicera vicaria* Walker, 1856].

（504）金黄裸板寄蝇 *Phorocerosoma aurea* Sun *et* Chao, 1994

Phorocerosoma aurea Sun *et* Chao, 1994. Acta Zootaxon. Sin. 19 (1): 120. **Type locality:** China: Guizhou, Jiangkou, Fanjing Shan.
分布（**Distribution**）：贵州（GZ）。

（505）毛裸板寄蝇 *Phorocerosoma pilipes* (Villeneuve, 1916)

Exorista pilipes Villeneuve, 1916. Ann. S. Afr. Mus. 15: 483.

Type locality: Congo. Madagascar. southern Nigeria. Sierra Leone. South Africa. Uganda.
分布（Distribution）：安徽（AH）、浙江（ZJ）、贵州（GZ）、福建（FJ）、台湾（TW）；非洲。

（506）毛斑裸板寄蝇 *Phorocerosoma postulans* (Walker, 1861)

Nemoraea postulans Walker, 1861a. J. Proc. Linn. Soc. London Zool. 5: 240. **Type locality:** Indonesia: Western New Guinea, Manokwari.
Phorocerosoma anomala Baranov, 1936. Ann. Mag. Nat. Hist. (10) 17: 99. **Type locality:** China: Taiwan, P'ingtung Hsien, near Hengch'un, Changkou.
分布（Distribution）：山东（SD）、安徽（AH）、江苏（JS）、上海（SH）、浙江（ZJ）、江西（JX）、湖南（HN）、湖北（HB）、四川（SC）、贵州（GZ）、云南（YN）、福建（FJ）、台湾（TW）、广东（GD）、广西（GX）、海南（HI）、香港（HK）；尼泊尔、马来西亚、印度尼西亚、澳大利亚、美拉尼西亚群岛。

（507）簇缨裸板寄蝇 *Phorocerosoma vicarium* (Walker, 1856)

Masicera vicaria Walker, 1856a. J. Proc. Linn. Soc. London Zool. 1: 20. **Type locality:** Singapore.
分布（Distribution）：黑龙江（HL）、辽宁（LN）、山东（SD）、安徽（AH）、江苏（JS）、上海（SH）、浙江（ZJ）、江西（JX）、湖南（HN）、湖北（HB）、四川（SC）、贵州（GZ）、云南（YN）、福建（FJ）、台湾（TW）、广西（GX）、海南（HI）；俄罗斯、日本、泰国、马来西亚半岛、新加坡、印度尼西亚。

本族待定属的种 Unplaced species of Ethillini

（508）佳美寄蝇 *Zenilliana pulchra* Mesnil, 1949

Zenilliana pulchra Mesnil, 1949. Flieg. Palaearkt. Reg. 10: 68. **Type locality:** China: Taiwan, Kaohsiung Hsien, Chiahsien Hsiang.
分布（Distribution）：台湾（TW）、广东（GD）、广西（GX）。

追寄蝇族 Exoristini

113. 阿洛寄蝇属 *Alloprosopaea* Villeneuve, 1923

Alloprosopaea Villeneuve, 1923. Bull. Soc. R. Ent. Égypte 7 [1922]: 89. **Type species:** *Alloprosopaea efflatouni* Villeneuve, 1923 (monotypy).

（509）阿尔阿洛寄蝇 *Alloprosopaea algerica* Mesnil, 1961

Alloprosopaea efflatouni algerica Mesnil, 1961. Flieg. Palaearkt. Reg. 10: 657. **Type locality:** Algeria: Algerian Sahara, Tilrhemt.
分布（Distribution）：内蒙古（NM）；蒙古国；中亚、非洲（北部）。

114. 奥蜉寄蝇属 *Austrophorocera* Townsend, 1916

Austrophorocera Townsend, 1916. Can. Entomol. 48: 157. **Type species:** *Phorocera biserialis* Macquart, 1847 (by original designation).
Glossosalia Mesnil, 1946. Encycl. Ent. (B) II Dipt. 10: 62 (as a subgenus of *Spoggosia* Rondani, 1859) (nomen nudum).
Glossosalia Mesnil, 1960. Flieg. Palaearkt. Reg. 10 (210): 606 (as a subgenus of *Spoggosia* Rondani, 1859). **Type species:** *Phorocera grandis* Macquart, 1851 (by original designation).

（510）大形奥蜉寄蝇 *Austrophorocera grandis* (Macquart, 1851)

Phorocera grandis Macquart, 1851. Mém. Soc. R. Sci. Agric. Arts Lille 1850 [1851]: 171. **Type locality:** Australia: probably New South Wales or Queensland.
Phorocera magna maxima Baranov, 1936. Ann. Mag. Nat. Hist. (10) 17: 105. **Type locality:** China: Taiwan.
分布（Distribution）：山西（SX）、山东（SD）、浙江（ZJ）、湖南（HN）、四川（SC）、云南（YN）、福建（FJ）、台湾（TW）、广东（GD）、广西（GX）、海南（HI）；印度、越南、老挝、斯里兰卡、菲律宾、马来西亚、印度尼西亚、澳大利亚、巴布亚新几内亚。

（511）毛瓣奥蜉寄蝇 *Austrophorocera hirsuta* (Mesnil, 1946)

Spoggosia (*Glossosalia*) *hirsuta* Mesnil, 1946. Encycl. Ent. (B) II Dipt. 10: 65. **Type locality:** China: Jiangxi, Guling.
分布（Distribution）：黑龙江（HL）、吉林（JL）、辽宁（LN）、内蒙古（NM）、河北（HEB）、天津（TJ）、北京（BJ）、山西（SX）、山东（SD）、宁夏（NX）、安徽（AH）、江苏（JS）、上海（SH）、浙江（ZJ）、江西（JX）、湖南（HN）、四川（SC）、重庆（CQ）、贵州（GZ）、云南（YN）、西藏（XZ）、福建（FJ）、台湾（TW）、广东（GD）、广西（GX）、海南（HI）、香港（HK）；越南、马来西亚半岛。

115. 盆地寄蝇属 *Bessa* Robineau-Desvoidy, 1863

Bessa Robineau-Desvoidy, 1863. Hist. Nat. Dipt. Envir. Paris 2: 164. **Type species:** *Bessa secutrix* Robineau-Desvoidy, 1863 (by original designation) [= *Tachina selecta* Meigen, 1824].

（512）选择盆地寄蝇 *Bessa parallela* (Meigen, 1824)

Tachina parallela Meigen, 1824. Syst. Beschr. Europ. Zweifl.

Insekt. 4: 377. **Type locality:** Not given (probably Germany: Stolberg *et* Hamburg).

Atylomyia chinensis Zhang *et* Ge, 2007. *In*: Zhang, Wang *et* Ge, 2007. Acta Zootaxon. Sin. 32 (3): 587. **Type locality:** China: Shanxi, Zuoquan, Shixia Reservoir.

分布（Distribution）：黑龙江（HL）、吉林（JL）、辽宁（LN）、内蒙古（NM）、河北（HEB）、北京（BJ）、山西（SX）、陕西（SN）、宁夏（NX）、浙江（ZJ）、湖南（HN）、湖北（HB）、四川（SC）、云南（YN）、西藏（XZ）、福建（FJ）、广西（GX）；俄罗斯、蒙古国、日本、外高加索地区；欧洲。

（513）黄须盆地寄蝇 *Bessa remota* (Aldrich, 1925)

Ptychomyia remota Aldrich, 1925. Proc. Ent. Soc. Wash. 27: 13. **Type locality:** Malaysia: Malay Peninsula.

Atylomyia minutiungula Zhang *et* Wang, 2007. *In*: Zhang, Wang *et* Ge, 2007. Acta Zootaxon. Sin. 32 (3): 585. **Type locality:** China: Xizang, Mêdog, Beibeng.

分布（Distribution）：浙江（ZJ）、西藏（XZ）、福建（FJ）、台湾（TW）、广东（GD）；印度、缅甸、斯里兰卡、马来西亚、印度尼西亚、美拉尼西亚群岛。

116. 刺蛾寄蝇属 *Chaetexorista* Brauer *et* Bergenstamm, 1895

Chaetexorista Brauer *et* Bergenstamm, 1895. *In*: Bergenstamm, 1895. Zweif. Kaiserl. Mus. Wien VII: 80. **Type species:** *Chaetexorista javana* Brauer *et* Bergenstamm, 1895 (monotypy).

Megacarcellia Stackelberg, 1943. Dokl. Akad. Nauk Arm. SSR 39: 163 (as a subgenus of *Carcelia* Robineau-Desvoidy, 1830). **Type species:** *Carcellia* (*Megacarcellia*) *pavlovskyi* Stackelberg, 1943 (by original designation).

Hygia Mesnil, 1952. Flieg. Palaearkt. Reg. 10: 222 (a junior homonym of *Hygia* Uhler, 1861). **Type species:** *Blepharipoda eutachinoides* Baranov, 1932 (by original designation).

（514）黑须刺蛾寄蝇 *Chaetexorista ateripalpis* Shima, 1973

Chaetexorista ateripalpis Shima, 1973b. Sieboldia 4: 147. **Type locality:** Japan: Kyūshū, Kumamoto, Gokanosho, Momiki.

分布（Distribution）：吉林（JL）、山西（SX）、山东（SD）、宁夏（NX）、湖南（HN）、云南（YN）、广西（GX）；日本。

（515）健壮刺蛾寄蝇 *Chaetexorista eutachinoides* (Baranov, 1932)

Blepharipoda eutachinoides Baranov, 1932. Encycl. Ent. (B) II Dipt. 6: 92. **Type locality:** China: Taiwan, Kaohsiung Hsien, Chiahsien Hsiang.

分布（Distribution）：黑龙江（HL）、吉林（JL）、辽宁（LN）、内蒙古（NM）、河北（HEB）、天津（TJ）、北京（BJ）、山西（SX）、山东（SD）、安徽（AH）、江苏（JS）、上海（SH）、浙江（ZJ）、江西（JX）、湖南（HN）、湖北（HB）、云南（YN）、西藏（XZ）、福建（FJ）、台湾（TW）；尼泊尔。

（516）爪哇刺蛾寄蝇 *Chaetexorista javana* Brauer *et* Bergenstamm, 1895

Chaetexorista javana Brauer *et* Bergenstamm, 1895. *In*: Bergenstamm, 1895. Zweif. Kaiserl. Mus. Wien VII: 80. **Type locality:** Indonesia: Jawa, Sukabumi.

分布（Distribution）：黑龙江（HL）、吉林（JL）、辽宁（LN）、河北（HEB）、北京（BJ）、山东（SD）、安徽（AH）、江苏（JS）、上海（SH）、浙江（ZJ）、江西（JX）、湖南（HN）、四川（SC）、贵州（GZ）、云南（YN）、福建（FJ）、台湾（TW）、广东（GD）、广西（GX）、海南（HI）、香港（HK）；印度、尼泊尔、菲律宾、马来西亚、印度尼西亚、美国（马萨诸塞州）。

（517）苹绿刺蛾寄蝇 *Chaetexorista klapperichi* Mesnil, 1960

Chaetexorista klapperichi Mesnil, 1960. Flieg. Palaearkt. Reg. 10 (212): 645. **Type locality:** China: Fujian, Kuantun.

分布（Distribution）：黑龙江（HL）、吉林（JL）、辽宁（LN）、内蒙古（NM）、河北（HEB）、北京（BJ）、山西（SX）、山东（SD）、甘肃（GS）、新疆（XJ）、安徽（AH）、江苏（JS）、上海（SH）、浙江（ZJ）、江西（JX）、湖南（HN）、四川（SC）、福建（FJ）、台湾（TW）、广西（GX）、海南（HI）。

（518）簇毛刺蛾寄蝇 *Chaetexorista microchaeta* Chao, 1965

Chaetexorista microchaeta Chao, 1965. Acta Zootaxon. Sin. 2 (2): 103. **Type locality:** China: Beijing.

分布（Distribution）：辽宁（LN）、河北（HEB）、北京（BJ）、山东（SD）、江西（JX）、四川（SC）。

（519）棒须刺蛾寄蝇 *Chaetexorista palpis* Chao, 1965

Chaetexorista palpis Chao, 1965. Acta Zootaxon. Sin. 2 (2): 102. **Type locality:** China: Zhejiang, Tianmu Shan.

分布（Distribution）：黑龙江（HL）、河北（HEB）、北京（BJ）、山东（SD）、浙江（ZJ）、江西（JX）、湖南（HN）、四川（SC）。

（520）帕夫刺蛾寄蝇 *Chaetexorista pavlovskyi* (Stackelberg, 1943)

Carcellia (*Megacarcellia*) *pavlovskyi* Stackelberg, 1943. Dokl. Akad. Nauk Arm. SSR 39: 163. **Type locality:** Russia: Primorskiy Kray, upper Komarovka River.

分布（Distribution）：中国（东北部）；俄罗斯、日本。

（521）长鬃刺蛾寄蝇 *Chaetexorista setosa* Chao, 1965

Chaetexorista setosa Chao, 1965. Acta Zootaxon. Sin. 2 (2): 103. **Type locality:** China: Guangxi, Lingui, Wantian.

分布（Distribution）：山东（SD）、新疆（XJ）、江苏（JS）、浙江（ZJ）、湖南（HN）、四川（SC）、云南（YN）、广西（GX）。

117. 鬃堤寄蝇属 *Chetogena* Rondani, 1856

Chetogena Rondani, 1856. Dipt. Ital. Prodromus, Vol. I: 68. **Type species:** *Salia rondaniana* Villeneuve, 1931 (by fixation of O'Hara *et* Wood, 2004, misidentified as *Tachina gramma* Meigen, 1824 in the by original designation of Rondani, 1856).

Salia Robineau-Desvoidy, 1830. Mém. prés. Div. Sav. Acad. R. Sci. Inst. Fr. 2 (2): 108 (a junior homonym of *Salia* Hübner, 1818). **Type species:** *Salia echinura* Robineau-Desvoidy, 1830 (by designation of Robineau-Desvoidy, 1863) [= *Tachina obliquata* Fallén, 1810].

Eggeria Schiner, 1861. Wien. Ent. Monatschr. 5 (5): 142. **Type species:** *Fallenia fasciata* Egger, 1856 (by original designation).

Stomatomyiopsis Belanovsky, 1953. Izd. A. N. Ukrainian SSR 2: 163 (as a subgenus of *Stomatomyia* Brauer *et* Bergenstamm, 1889). **Type species:** *Chetogena acuminata* Rondani, 1859 (monotypy).

（522）橹肛鬃堤寄蝇 *Chetogena acuminata* Rondani, 1859

Chetogena acuminata Rondani, 1859. Dipt. Ital. Prodromus, Vol. III: 180. **Type locality:** Italy: Apennines and near Parma.

分布（Distribution）：内蒙古（NM）、四川（SC）、广西（GX）；俄罗斯、蒙古国、日本、马来西亚、印度尼西亚、外高加索地区、也门；中东地区；中亚、欧洲、非洲（北部）。

（523）缘刺鬃堤寄蝇 *Chetogena fasciata* (Egger, 1856)

Fallenia fasciata Egger, 1856. Verh. K. K. Zool.-Bot. Ges. Wien 6: 388. **Type locality:** Austria: near Wien, Prater.

分布（Distribution）：黑龙江（HL）；俄罗斯、外高加索地区；欧洲。

（524）草毒蛾鬃堤寄蝇 *Chetogena gynaephorae* Chao *et* Shi, 1987

Chetogena gynaephorae Chao *et* Shi, 1987. Sinozool. 5: 203. **Type locality:** China: Qinghai, Dalamahe.

分布（Distribution）：青海（QH）、四川（SC）。

（525）冤鬃堤寄蝇 *Chetogena innocens* (Wiedemann, 1830)

Tachina innocens Wiedemann, 1830. Aussereurop. Zweifl. Insekt. 2: 336. **Type locality:** China: Macao.

分布（Distribution）：澳门（MC）；斯里兰卡。

（526）中形鬃堤寄蝇 *Chetogena media* Rondani, 1859

Chetogena media Rondani, 1859. Dipt. Ital. Prodromus, Vol. III: 181. **Type locality:** Italy: hills near Parma.

分布（Distribution）：辽宁（LN）、北京（BJ）、山西（SX）、宁夏（NX）、西藏（XZ）；欧洲。

（527）软鬃堤寄蝇 *Chetogena obliquata* (Fallén, 1810)

Tachina obliquata Fallén, 1810a. K. Svenska Vetensk. Akad. Handl. 31 (2): 277. **Type locality:** Sweden: Skåne, Äsperöd.

分布（Distribution）：青海（QH）；俄罗斯、外高加索地区；中东地区；中亚、欧洲。

（528）托峰鬃堤寄蝇 *Chetogena tuomurensis* Chao *et* Shi, 1987

Chetogena tuomurensis Chao, 1985. *In*: Huang *et al.*, 1985. The Insect Fauna of the Mt. Tuomuer Area in Tianshan: 128. **Type locality:** China: Xinjiang, Baicheng.

Chetogena tuomuerensis Chao *et* Shi, 1987. Sinozool. 5: 204. **Type locality:** China: Xinjiang, Baicheng.

分布（Distribution）：新疆（XJ）。

118. 栉蚤寄蝇属 *Ctenophorinia* Mesnil, 1963

Ctenophorinia Mesnil, 1963. Bull. Inst. R. Sci. Nat. Belg. 39 (24): 24. **Type species:** *Ctenophorinia adiscalis* Mesnil, 1963 (by original designation).

（529）克氏栉蚤寄蝇 *Ctenophorinia christianae* Ziegler *et* Shima, 1996

Ctenophorinia christianae Ziegler *et* Shima, 1996. Beitr. Ent. 46: 442. **Type locality:** Russia: Primorskiy Kray, Samarka.

分布（Distribution）：辽宁（LN）、内蒙古（NM）；俄罗斯、日本。

（530）黄额栉蚤寄蝇 *Ctenophorinia frontalis* Ziegler *et* Shima, 1996

Ctenophorinia frontalis Ziegler *et* Shima, 1996. Beitr. Ent. 46: 448. **Type locality:** Russia: Primorskiy Kray, Przhevalski Mountains.

分布（Distribution）：辽宁（LN）、北京（BJ）；俄罗斯、日本。

119. 追寄蝇属 *Exorista* Meigen, 1803

1）阿追寄蝇亚属 *Adenia* Robineau-Desvoidy, 1863

Adenia Robineau-Desvoidy, 1863. Hist. Nat. Dipt. Envir. Paris

1: 1041. **Type species:** *Tachina grisea* Robineau-Desvoidy, 1830 (by original designation) [= *Tachina rustica* Fallén, 1810].
Staegeria Robineau-Desvoidy, 1863. Hist. Nat. Dipt. Envir. Paris 1: 972 (a junior homonym of *Staegeria* Rondani, 1856). **Type species:** *Tachina pratensis* Robineau-Desvoidy, 1830 (by original designation) (junior primary homonym of *Tachina pratensis* Meigen, 1824 = *Tachina mimula* Meigen, 1824).
Chaetotachina Brauer *et* Bergenstamm, 1889. Denkschr. Akad. Wiss. Wien. Math.-Naturw. Cl. 56 (1): 98. **Type species:** *Tachina rustica* Fallén, 1810 (monotypy).

(531) 楔突追寄蝇 *Exorista* (*Adenia*) *cuneata* Herting, 1971

Exorista cuneata Herting, 1971. Stuttg. Beitr. Naturkd. 237: 1. **Type locality:** Switzerland: Ticino, Mendrisio.
分布（Distribution）：河北（HEB）；日本；中东地区；欧洲。

(532) 迷追寄蝇 *Exorista* (*Adenia*) *mimula* (Meigen, 1824)

Tachina mimula Meigen, 1824. Syst. Beschr. Europ. Zweifl. Insekt. 4: 307. **Type locality:** Not given (probably Germany: Hamburg).
Tachina pratensis Robineau-Desvoidy, 1830 (a junior primary homonym of *Tachina pratensis* Meigen, 1824). **Type locality:** France: Yonne (Saint-Sauveur-en-Puisaye).
分布（Distribution）：黑龙江（HL）、吉林（JL）、辽宁（LN）、内蒙古（NM）、河北（HEB）、北京（BJ）、山西（SX）、河南（HEN）、陕西（SN）、宁夏（NX）、甘肃（GS）、青海（QH）、新疆（XJ）、四川（SC）、云南（YN）、西藏（XZ）、福建（FJ）；俄罗斯、蒙古国、朝鲜、日本、外高加索地区、摩洛哥；中东地区；中亚、欧洲。

(533) 拟乡追寄蝇 *Exorista* (*Adenia*) *pseudorustica* Chao, 1964

Exorista pseudorustica Chao, 1964. Acta Ent. Sin. 13 (3): 364. **Type locality:** China: Guangxi, Longlei, Neicukou.
分布（Distribution）：浙江（ZJ）、湖南（HN）、四川（SC）、重庆（CQ）、贵州（GZ）、云南（YN）、西藏（XZ）、广东（GD）、广西（GX）、海南（HI）、香港（HK）。

(534) 乡追寄蝇 *Exorista* (*Adenia*) *rustica* (Fallén, 1810)

Tachina rustica Fallén, 1810a. K. Svenska Vetensk. Akad. Handl. 31 (2): 264. **Type locality:** Sweden: Skåne, Äsperöd.
分布（Distribution）：黑龙江（HL）、吉林（JL）、辽宁（LN）、内蒙古（NM）、河北（HEB）、天津（TJ）、北京（BJ）、山西（SX）、山东（SD）、宁夏（NX）、青海（QH）、新疆（XJ）、安徽（AH）、江苏（JS）、上海（SH）、浙江（ZJ）、江西（JX）、四川（SC）、云南（YN）、西藏（XZ）、福建（FJ）、台湾（TW）；俄罗斯、蒙古国、韩国、外高加索地区；中东地区；中亚、欧洲。

2）追寄蝇亚属 *Exorista* Meigen, 1803

Exorista Meigen, 1803. Mag. Insektenkd. 2: 280. **Type species:** *Musca larvarum* Linnaeus, 1758 (monotypy).
Eutachina Brauer *et* Bergenstamm, 1889. Denkschr. Akad. Wiss. Wien. Math.-Naturw. Cl. 56 (1): 98. **Type species:** *Musca larvarum* Linnaeus, 1758 (monotypy).

(535) 长尾追寄蝇 *Exorista* (*Exorista*) *amoena* Mesnil, 1960

Exorista (*Pokornia*) *amoena* Mesnil, 1960. Flieg. Palaearkt. Reg. 10 (210): 585. **Type locality:** Tajikistan: lower reaches of Vakhsh River, Der'e Kul'.
分布（Distribution）：辽宁（LN）、内蒙古（NM）、河北（HEB）、天津（TJ）、北京（BJ）、山东（SD）、河南（HEN）、宁夏（NX）、安徽（AH）、江苏（JS）、四川（SC）、重庆（CQ）、西藏（XZ）；中亚。

(536) 短毛追寄蝇 *Exorista* (*Exorista*) *brevihirta* Liang *et* Chao, 1992

Exorista brevihirta Liang *et* Chao, 1992a. Acta Zootaxon. Sin. 17 (2): 213. **Type locality:** China: Guangdong, Zhanjiang.
分布（Distribution）：广东（GD）。

(537) 条纹追寄蝇 *Exorista* (*Exorista*) *fasciata* (Fallén, 1820)

Tachina fasciata Fallén, 1820. Monogr. Musc. Sveciae I: 5. **Type locality:** Sweden: Skåne, Äsperöd and Abusa.
分布（Distribution）：黑龙江（HL）、吉林（JL）、辽宁（LN）、内蒙古（NM）、河北（HEB）、天津（TJ）、北京（BJ）、山西（SX）、山东（SD）、青海（QH）、新疆（XJ）、安徽（AH）、江苏（JS）、上海（SH）、浙江（ZJ）、江西（JX）、四川（SC）、云南（YN）、西藏（XZ）、福建（FJ）、台湾（TW）、广东（GD）、广西（GX）、海南（HI）、香港（HK）；俄罗斯、蒙古国、外高加索地区；中东地区；欧洲。

(538) 突额追寄蝇 *Exorista* (*Exorista*) *frons* Chao, 1964

Exorista frons Chao, 1964. Acta Ent. Sin. 13 (3): 370. **Type locality:** China: Liaoning, Fengcheng.
分布（Distribution）：辽宁（LN）、北京（BJ）、浙江（ZJ）。

(539) 额追寄蝇 *Exorista* (*Exorista*) *frontata* Herting, 1973

Exorista frontata Herting, 1973. Stuttg. Beitr. Naturkd. 259: 26. **Type locality:** Mongolia: Ömnögovĭ Aimag, Nojon nuruu Mountains.
分布（Distribution）：内蒙古（NM）；蒙古国。

（540）中介追寄蝇 *Exorista* (*Exorista*) *intermedia* Chao *et* Liang, 1992

Exorista intermedia Chao *et* Liang, 1992. *In*: Liang *et* Chao, 1992a. Acta Zootaxon. Sin. 17 (2): 214. **Type locality:** China: Sichuan, Yanyuan.

分布（Distribution）：四川（SC）、云南（YN）。

（541）日本追寄蝇 *Exorista* (*Exorista*) *japonica* (Townsend, 1909)

Tachina japonica Townsend, 1909. Ann. Ent. Soc. Am. 2: 247. **Type locality:** Japan: Honshū, Tokyo vicinity.

Eutachina tenuiforceps Baranov, 1932. Encycl. Ent. (B) II Dipt. 6: 87. **Type locality:** China: Taiwan, P'ingtung Hsien, Changkou.

分布（Distribution）：黑龙江（HL）、吉林（JL）、辽宁（LN）、内蒙古（NM）、河北（HEB）、天津（TJ）、北京（BJ）、山西（SX）、山东（SD）、河南（HEN）、宁夏（NX）、甘肃（GS）、新疆（XJ）、安徽（AH）、江苏（JS）、上海（SH）、浙江（ZJ）、江西（JX）、湖南（HN）、湖北（HB）、四川（SC）、重庆（CQ）、贵州（GZ）、云南（YN）、西藏（XZ）、福建（FJ）、台湾（TW）、广东（GD）、广西（GX）、海南（HI）、香港（HK）；韩国、日本、印度、尼泊尔、越南、泰国、菲律宾、马来西亚、印度尼西亚。

（542）古毒蛾追寄蝇 *Exorista* (*Exorista*) *larvarum* (Linnaeus, 1758)

Musca larvarum Linnaeus, 1758. Syst. Nat. Ed. 10 (1): 596. **Type locality:** Europe.

分布（Distribution）：黑龙江（HL）、吉林（JL）、辽宁（LN）、内蒙古（NM）、河北（HEB）、天津（TJ）、北京（BJ）、山西（SX）、山东（SD）、河南（HEN）、陕西（SN）、宁夏（NX）、甘肃（GS）、青海（QH）、新疆（XJ）、安徽（AH）、江苏（JS）、上海（SH）、浙江（ZJ）、江西（JX）、四川（SC）、西藏（XZ）、福建（FJ）、台湾（TW）、广东（GD）；俄罗斯、蒙古国、日本、印度、外高加索地区；中东地区；中亚、欧洲、非洲（北部）、北美洲（东部引入）。

（543）双侧追寄蝇 *Exorista* (*Exorista*) *laterosetosa* Chao, 1964

Exorista laterosetosa Chao, 1964. Acta Ent. Sin. 13 (3): 370. **Type locality:** China: Guangxi, Longsheng, Weiqingling.

分布（Distribution）：广西（GX）。

（544）毛虫追寄蝇 *Exorista* (*Exorista*) *rossica* Mesnil, 1960

Exorista (*Pokornia*) *rossica* Mesnil, 1960. Flieg. Palaearkt. Reg. 10 (210): 593. **Type locality:** Tajikistan: Hissar Mountains, near Varzob, Kondara.

分布（Distribution）：黑龙江（HL）、吉林（JL）、辽宁（LN）、内蒙古（NM）、河北（HEB）、天津（TJ）、北京（BJ）、山西（SX）、山东（SD）、宁夏（NX）、甘肃（GS）、新疆（XJ）、安徽（AH）、江苏（JS）、上海（SH）、浙江（ZJ）、江西（JX）、湖南（HN）、湖北（HB）、云南（YN）、西藏（XZ）、福建（FJ）、台湾（TW）；俄罗斯（西部）、印度；中亚、欧洲（东部）。

3）莠追寄蝇亚属 *Podotachina* Brauer *et* Bergenstamm, 1891

Podotachina Brauer *et* Bergenstamm, 1891. Zweif. Kaiserl. Mus. Wien 5: 46. **Type species:** *Tachina sorbillans* Wiedemann, 1830 (by designation of Townsend, 1916).

（545）坎坦追寄蝇 *Exorista* (*Podotachina*) *cantans* Mesnil, 1960

Exorista (*Scotiella*) *cantans* Mesnil, 1960. Flieg. Palaearkt. Reg. 10 (210): 574. **Type locality:** Japan: Honshū, Hanno.

分布（Distribution）：辽宁（LN）、北京（BJ）、福建（FJ）、广东（GD）；日本。

（546）褐毛追寄蝇 *Exorista* (*Podotachina*) *fuscihirta* Chao *et* Liang, 1992

Exorista fuscihirta Chao *et* Liang, 1992. *In*: Liang *et* Chao, 1992a. Acta Zootaxon. Sin. 17 (2): 211. **Type locality:** China: Yunnan, Jingdong.

分布（Distribution）：云南（YN）。

（547）海南追寄蝇 *Exorista* (*Podotachina*) *hainanensis* Chao *et* Liang, 1992

Exorista hainanensis Chao *et* Liang, 1992. *In*: Liang *et* Chao, 1992a. Acta Zootaxon. Sin. 17 (2): 212. **Type locality:** China: Hainan.

分布（Distribution）：海南（HI）。

（548）拉氏追寄蝇 *Exorista* (*Podotachina*) *ladelli* (Baranov, 1936)

Eutachina ladelli Baranov, 1936. Ann. Mag. Nat. Hist. (10) 17: 108. **Type locality:** Thailand: Hua Hin.

Exorista sinica Chao, 1964. Acta Ent. Sin. 13 (3): 369. **Type locality:** China: Sichuan, Emei Shan.

分布（Distribution）：浙江（ZJ）、四川（SC）、福建（FJ）、广西（GX）、海南（HI）；泰国。

（549）家蚕追寄蝇 *Exorista* (*Podotachina*) *sorbillans* (Wiedemann, 1830)

Tachina sorbillans Wiedemann, 1830. Aussereurop. Zweifl. Insekt. 2: 311. **Type locality:** Canary Is.: Tenerife.

分布（Distribution）：黑龙江（HL）、吉林（JL）、辽宁（LN）、河北（HEB）、北京（BJ）、山西（SX）、山东（SD）、河南（HEN）、安徽（AH）、江苏（JS）、上海（SH）、浙江（ZJ）、江西（JX）、湖南（HN）、湖北（HB）、四川（SC）、重庆（CQ）、贵州（GZ）、云南（YN）、福建（FJ）、台湾（TW）、

广东（GD）、广西（GX）、海南（HI）；蒙古国、韩国、日本、印度、尼泊尔、越南、泰国、斯里兰卡、菲律宾、印度尼西亚、澳大利亚、巴布亚新几内亚、喀麦隆、肯尼亚、马拉维、塞拉利昂、乌干达；中亚、欧洲、非洲（北部）。

（550）狭肛追寄蝇 *Exorista* (*Podotachina*) *tenuicerca* Liang *et* Chao, 1992

Exorista tenuicerca Liang *et* Chao, 1992a. Acta Zootaxon. Sin. 17 (2): 211. **Type locality:** China: Hainan, Wuzhi Shan.

分布（Distribution）：海南（HI）。

（551）云南追寄蝇 *Exorista* (*Podotachina*) *yunnanica* Chao, 1964

Exorista yunnanica Chao, 1964. Acta Ent. Sin. 13 (3): 369. **Type locality:** China: Yunnan, Xishuangbanna, Yunjinghong.

分布（Distribution）：青海（QH）、云南（YN）、广东（GD）、广西（GX）、海南（HI）。

4）珀追寄蝇亚属 *Ptilotachina* Brauer *et* Bergenstamm, 1891

Ptilotachina Brauer *et* Bergenstamm, 1891. Zweif. Kaiserl. Mus. Wien 5: 46. **Type species:** *Exorista florentina* Herting, 1975 (by fixation of O'Hara *et al.*, 2009, misidentified as *Tachina civilis* Rondani, 1859 in the original fixation by monotypy of Brauer *et* Bergenstamm, 1891).

（552）比兰追寄蝇 *Exorista* (*Ptilotachina*) *belanovskii* Richter, 1970

Exorista belanovskii Richter, 1970. Vestn. Zool. 1970 (5): 54. **Type locality:** Azerbaijan: Ordubad.

分布（Distribution）：内蒙古（NM）；蒙古国、外高加索地区；中亚。

（553）伞裙追寄蝇 *Exorista* (*Ptilotachina*) *civilis* (Rondani, 1859)

Tachina civilis Rondani, 1859. Dipt. Ital. Prodromus, Vol. III: 199. **Type locality:** Italy: Etruria.

分布（Distribution）：吉林（JL）、内蒙古（NM）、河北（HEB）、北京（BJ）、山西（SX）、山东（SD）、河南（HEN）、新疆（XJ）、安徽（AH）、江苏（JS）、浙江（ZJ）、江西（JX）、湖南（HN）、湖北（HB）、四川（SC）、广东（GD）、广西（GX）；俄罗斯、蒙古国、外高加索地区；中亚、欧洲。

（554）长瓣追寄蝇 *Exorista* (*Ptilotachina*) *longisquama* Liang *et* Chao, 1992

Exorista longisquama Liang *et* Chao, 1992a. Acta Zootaxon. Sin. 17 (2): 212. **Type locality:** China: Guangdong, Zhanjiang.

分布（Distribution）：广东（GD）。

（555）王氏追寄蝇 *Exorista* (*Ptilotachina*) *wangi* Chao *et* Liang, 1992

Exorista wangi Chao *et* Liang, 1992. *In*: Liang *et* Chao, 1992a. Acta Zootaxon. Sin. 17 (2): 213. **Type locality:** China: Sichuan, Yanyuan.

分布（Distribution）：四川（SC）。

（556）红尾追寄蝇 *Exorista* (*Ptilotachina*) *xanthaspis* (Wiedemann, 1830)

Tachina xanthaspis Wiedemann, 1830. Aussereurop. Zweifl. Insekt. 2: 314. **Type locality:** "Nubia" (southern Egypt and northern Sudan).

Tachina fallax pseudofallax Villeneuve, 1920. Rév. Zool. Afri. 8: 151. **Type locality:** South Africa: Eastern Cape, Willowmore.

Eutachina civiloides Baranov, 1932. Encycl. Ent. (B) II Dipt. 6: 84. **Type locality:** China: Taiwan, P'ingtung Hsien, Changkou.

分布（Distribution）：黑龙江（HL）、吉林（JL）、辽宁（LN）、内蒙古（NM）、河北（HEB）、北京（BJ）、山西（SX）、山东（SD）、河南（HEN）、陕西（SN）、宁夏（NX）、新疆（XJ）、安徽（AH）、江苏（JS）、上海（SH）、浙江（ZJ）、江西（JX）、湖南（HN）、湖北（HB）、四川（SC）、云南（YN）、西藏（XZ）、福建（FJ）、台湾（TW）、广东（GD）、广西（GX）、海南（HI）、香港（HK）；俄罗斯、蒙古国、日本、印度尼西亚、外高加索地区、马达加斯加、塞舌尔、也门；中东地区；中亚、欧洲、非洲广布。

5）思追寄蝇亚属 *Spixomyia* Crosskey, 1967

Spixomyia Crosskey, 1967. Bull. Br. Mus. (Nat. Hist.) Ent. 20: 28 (replacement name for *Scotiella* Mesnil, 1940).

Scotiella Mesnil, 1940. Bull. Soc. Ent. Fr. 45: 39 (a junior homonym of *Scotiella* Delo, 1935). **Type species:** *Exorista* (*Scotiella*) *bisetosa* Mesnil, 1940 (by original designation).

（557）短角追寄蝇 *Exorista* (*Spixomyia*) *antennalis* Chao, 1964

Exorista antennalis Chao, 1964. Acta Ent. Sin. 13 (3): 366. **Type locality:** China: Sichuan, Emei Shan.

分布（Distribution）：浙江（ZJ）、四川（SC）。

（558）金额追寄蝇 *Exorista* (*Spixomyia*) *aureifrons* (Baranov, 1936)

Eutachina aureifrons aureifrons Baranov, 1936. Ann. Mag. Nat. Hist. (10) 17: 107. **Type locality:** Indonesia: Jawa.

分布（Distribution）：辽宁（LN）、山西（SX）、山东（SD）、安徽（AH）、江苏（JS）、上海（SH）、浙江（ZJ）、江西（JX）、湖北（HB）、四川（SC）、重庆（CQ）、贵州（GZ）、云南（YN）、西藏（XZ）、福建（FJ）、台湾（TW）、海南（HI）；日本、越南、马来西亚、印度尼西亚、美拉尼西亚群岛。

（559）双鬃追寄蝇 *Exorista* (*Spixomyia*) *bisetosa* Mesnil, 1940

Exorista (*Scotiella*) *bisetosa* Mesnil, 1940. Bull. Soc. Ent. Fr. 45: 39. **Type locality:** China: near Shanghai, Xujiahui.

分布（Distribution）：吉林（JL）、内蒙古（NM）、河北（HEB）、天津（TJ）、北京（BJ）、山西（SX）、山东（SD）、安徽（AH）、江苏（JS）、上海（SH）、浙江（ZJ）、江西（JX）、西藏（XZ）、福建（FJ）、台湾（TW）、广东（GD）、广西（GX）、海南（HI）、香港（HK）；韩国、日本、印度尼西亚、美拉尼西亚群岛。

（560）强壮追寄蝇 *Exorista* (*Spixomyia*) *fortis* Chao, 1964

Exorista fortis Chao, 1964. Acta Ent. Sin. 13 (3): 364. **Type locality:** China: Anhui [not Zhejiang], Huangshan.

分布（Distribution）：辽宁（LN）、安徽（AH）、浙江（ZJ）、广东（GD）。

（561）褐翅追寄蝇 *Exorista* (*Spixomyia*) *fuscipennis* (Baranov, 1932)

Eutachina fuscipennis Baranov, 1932. Encycl. Ent. (B) II Dipt. 6: 90. **Type locality:** China: Taiwan, P'ingtung Hsien, Changkou.

分布（Distribution）：黑龙江（HL）、吉林（JL）、辽宁（LN）、内蒙古（NM）、河北（HEB）、天津（TJ）、北京（BJ）、山西（SX）、山东（SD）、陕西（SN）、安徽（AH）、江苏（JS）、上海（SH）、浙江（ZJ）、江西（JX）、四川（SC）、重庆（CQ）、贵州（GZ）、云南（YN）、西藏（XZ）、福建（FJ）、台湾（TW）、广东（GD）、广西（GX）、海南（HI）、香港（HK）。

（562）宽肛追寄蝇 *Exorista* (*Spixomyia*) *grandiforceps* Chao, 1964

Exorista grandiforceps Chao, 1964. Acta Ent. Sin. 13 (3): 368. **Type locality:** China: Guangxi, Longsheng, Tianpingshan.

分布（Distribution）：云南（YN）、广东（GD）、广西（GX）。

（563）透翅追寄蝇 *Exorista* (*Spixomyia*) *hyalipennis* (Baranov, 1932)

Eutachina hyalipennis Baranov, 1932. Encycl. Ent. (B) II Dipt. 6: 88. **Type locality:** China: Taiwan, Chipun.

分布（Distribution）：黑龙江（HL）、吉林（JL）、辽宁（LN）、内蒙古（NM）、河北（HEB）、天津（TJ）、北京（BJ）、山西（SX）、山东（SD）、陕西（SN）、安徽（AH）、江苏（JS）、上海（SH）、浙江（ZJ）、江西（JX）、湖南（HN）、湖北（HB）、四川（SC）、重庆（CQ）、贵州（GZ）、云南（YN）、西藏（XZ）、福建（FJ）、台湾（TW）、广东（GD）、广西（GX）、海南（HI）；俄罗斯、日本、越南、泰国。

（564）瓦鳞追寄蝇 *Exorista* (*Spixomyia*) *lepis* Chao, 1964

Exorista lepis Chao, 1964. Acta Ent. Sin. 13 (3): 367. **Type locality:** China: Sichuan, Emei Shan.

分布（Distribution）：湖北（HB）、四川（SC）；日本。

（565）刷肛追寄蝇 *Exorista* (*Spixomyia*) *penicilla* Chao *et* Liang, 1992

Exorista penicilla Chao *et* Liang, 1992. *In*: Liang *et* Chao, 1992a. Acta Zootaxon. Sin. 17 (2): 210. **Type locality:** China: Sichuan, Wenchuan.

分布（Distribution）：浙江（ZJ）、湖南（HN）、四川（SC）、西藏（XZ）、广东（GD）、海南（HI）。

（566）四鬃追寄蝇 *Exorista* (*Spixomyia*) *quadriseta* (Baranov, 1932)

Eutachina quadriseta Baranov, 1932. Encycl. Ent. (B) II Dipt. 6: 91. **Type locality:** China: Taiwan, Kaohsiung Hsien, Chiahsien Hsiang.

分布（Distribution）：辽宁（LN）、内蒙古（NM）、陕西（SN）、江苏（JS）、浙江（ZJ）、湖南（HN）、四川（SC）、云南（YN）、西藏（XZ）、台湾（TW）；韩国、澳大利亚、美拉尼西亚群岛、巴布亚新几内亚。

（567）缘刺追寄蝇 *Exorista* (*Spixomyia*) *spina* Chao *et* Liang, 1992

Exorista spina Chao *et* Liang, 1992. *In*: Liang *et* Chao, 1992a. Acta Zootaxon. Sin. 17 (2): 210. **Type locality:** China: Yunnan, Yongsheng.

分布（Distribution）：云南（YN）。

6）本属中亚属待定种 Unplaced species to subgenus

（568）郊追寄蝇 *Exorista rusticella* (Baranov, 1936)

Eutachina rusticella Baranov, 1936. Ann. Mag. Nat. Hist. (10) 17: 108. **Type locality:** China: Taiwan, Kaohsiung Hsien, Kaohsiung.

分布（Distribution）：台湾（TW）；印度尼西亚。

120. 斑腹寄蝇属 *Maculosalia* Mesnil, 1946

Maculosalia Mesnil, 1946. Encycl. Ent. (B) II Dipt. 10: 62 (as a subgenus of *Spoggosia* Rondani, 1859). **Type species:** *Deuterammobia maculosa* Villeneuve, 1909 (monotypy).

（569）黄肛斑腹寄蝇 *Maculosalia flavicercia* Chao *et* Liu, 1986

Maculosalia flavicercia Chao *et* Liu, 1986. *In*: Liu, Li *et* Chao, 1986. Entomotaxon. 7 (3): 165. **Type locality:** China: Shanxi, Yicheng, Dahe.

分布（Distribution）：黑龙江（HL）、内蒙古（NM）、北京（BJ）、山西（SX）、青海（QH）、新疆（XJ）。

（570）灰色斑腹寄蝇 *Maculosalia grisa* Chao *et* Liu, 1986

Maculosalia grisa Chao *et* Liu, 1986. *In*: Liu, Li *et* Chao, 1986.

Entomotaxon. 7 (3): 166. **Type locality:** China: Shanxi, Xiaxian, Qijiahe.
分布（**Distribution**）：山西（SX）、新疆（XJ）。

121. 新怯寄蝇属 *Neophryxe* Townsend, 1916

Neophryxe Townsend, 1916. Proc. U. S. Natl. Mus. 51 (2152): 318. **Type species:** *Neophryxe psychidis* Townsend, 1916 (by original designation).
Prosalia Mesnil, 1946. Encycl. Ent. (B) II Dipt. 10: 51 (as a subgenus of *Exorista* Meigen, 1803) (nomen nudum).
Prosalia Mesnil, 1960. Flieg. Palaearkt. Reg. 10 (210): 563 (as a subgenus of *Exorista* Meigen, 1803) (nomen nudum).
Prosalia Herting, 1984. Stuttg. Beitr. Naturkd. 369: 13. **Type species:** *Exorista humilis* Mesnil, 1946 (by original designation).

（571）隆肛新怯寄蝇 *Neophryxe exserticercus* Liang *et* Chao, 1992

Neophryxe exserticercus Liang *et* Chao, 1992b. Acta Zootaxon. Sin. 17 (2): 225. **Type locality:** China: Hainan, Wuzhi Shan.
分布（**Distribution**）：辽宁（LN）、云南（YN）、海南（HI）。

（572）筒须新怯寄蝇 *Neophryxe psychidis* Townsend, 1916

Neophryxe psychidis Townsend, 1916. Proc. U. S. Natl. Mus. 51 (2152): 318. **Type locality:** Japan.
Exorista humilis Mesnil, 1946. Encycl. Ent. (B) II Dipt. 10: 59. **Type locality:** China: Jiangxi, Guling.
分布（**Distribution**）：河北（HEB）、山东（SD）、河南（HEN）、江苏（JS）、上海（SH）、浙江（ZJ）、江西（JX）、湖南（HN）、四川（SC）、云南（YN）、福建（FJ）、广西（GX）；俄罗斯、日本。

122. 毒蛾寄蝇属 *Parasetigena* Brauer *et* Bergenstamm, 1891

Parasetigena Brauer *et* Bergenstamm, 1891. Zweif. Kaiserl. Mus. Wien 5: 35, 97. **Type species:** *Duponchelia silvestris* Robineau-Desvoidy, 1863 (by fixation of O'Hara *et* Wood, 2004, misidentified as *Chetogena segregata* Rondani, 1859 in the original fixation by monotypy of Brauer *et* Bergenstamm, 1891).
Duponchelia Robineau-Desvoidy, 1863. Hist. Nat. Dipt. Envir. Paris 1: 531 (a junior homonym of *Duponchelia* Zeller, 1847). **Type species:** *Duponchelia silvestris* Robineau-Desvoidy, 1863 (by designation of Townsend, 1916).

（573）黑龙江毒蛾寄蝇 *Parasetigena amurensis* (Chao, 1964)

Phorocera amurensis Chao, 1964b. Acta Zootaxon. Sin. 1 (2): 294. **Type locality:** China: Heilongjiang, Dailing.
分布（**Distribution**）：黑龙江（HL）、四川（SC）。

（574）异色毒蛾寄蝇 *Parasetigena bicolor* (Chao, 1964)

Phorocera bicolor Chao, 1964b. Acta Zootaxon. Sin. 1 (2): 295. **Type locality:** Japan: Kyūshū, Kagoshima.
分布（**Distribution**）：黑龙江（HL）、吉林（JL）、辽宁（LN）、浙江（ZJ）；日本。

（575）银毒蛾寄蝇 *Parasetigena silvestris* (Robineau-Desvoidy, 1863)

Duponchelia silvestris Robineau-Desvoidy, 1863. Hist. Nat. Dipt. Envir. Paris 1: 531. **Type locality:** France.
分布（**Distribution**）：黑龙江（HL）、吉林（JL）、辽宁（LN）；俄罗斯、韩国、日本、外高加索地区；欧洲。

（576）高野毒蛾寄蝇 *Parasetigena takaoi* (Mesnil, 1960)

Phorocera (*Parasetigena*) *agilis takaoi* Mesnil, 1960. Flieg. Palaearkt. Reg. 10 (212): 637. **Type locality:** Japan: Honshū, near Osaka, Mt. Takao.
Parasetigena jilinensis Chao *et* Mao, 1990. *In*: Mao *et* Chao, 1990. Sinozool. 7: 301. **Type locality:** China: Jilin, Jingyue.
分布（**Distribution**）：吉林（JL）、辽宁（LN）；俄罗斯、日本。

123. 灰寄蝇属 *Phorcidella* Mesnil, 1946

Phorcidella Mesnil, 1946. Encycl. Ent. (B) II Dipt. 10: 42. **Type species:** *Eutachina basalis* Baranov, 1932 (by original designation).

（577）基灰寄蝇 *Phorcidella basalis* (Baranov, 1932)

Eutachina basalis Baranov, 1932. Encycl. Ent. (B) II Dipt. 6: 86. **Type locality:** China: Taiwan, P'ingtung Hsien, Changkou.
Exorista cephalopalpis Chao, 1964. Acta Ent. Sin. 13 (3): 365. **Type locality:** China: Guangxi, Lingui, Wantian.
分布（**Distribution**）：云南（YN）、台湾（TW）、广西（GX）、海南（HI）。

124. 蚤寄蝇属 *Phorinia* Robineau-Desvoidy, 1830

Phorinia Robineau-Desvoidy, 1830. Mém. Prés. Div. Sav. Acad. R. Sci. Inst. Fr. 2 (2): 118. **Type species:** *Phorinia aurifrons* Robineau-Desvoidy, 1830 (by designation of Robineau-Desvoidy, 1863).

（578）双叶蚤寄蝇 *Phorinia bifurcata* Tachi *et* Shima, 2006

Phorinia bifurcata Tachi *et* Shima, 2006. Invertebr. Syst. 20: 274. **Type locality:** China: Yunnan, Simao.
分布（**Distribution**）：云南（YN）。

（579）短芒蚤寄蝇 *Phorinia breviata* Tachi *et* Shima, 2006

Phorinia breviata Tachi *et* Shima, 2006. Invertebr. Syst. 20: 260. **Type locality:** Japan: Kyūshū, Fukuoka City, Mt. Aburayama.

分布（Distribution）：辽宁（LN）、云南（YN）；日本、尼泊尔、越南、泰国、马来西亚。

（580）拱叶蚤寄蝇 *Phorinia convexa* Tachi *et* Shima, 2006

Phorinia convexa Tachi *et* Shima, 2006. Invertebr. Syst. 20: 264. **Type locality:** Japan: Kyūshū, Fukuoka City, Mt. Aburayama.

分布（Distribution）：云南（YN）；日本、泰国。

（581）刺基蚤寄蝇 *Phorinia denticulata* Tachi *et* Shima, 2006

Phorinia denticulata Tachi *et* Shima, 2006. Invertebr. Syst. 20: 270. **Type locality:** China: Sichuan, Tianquan Xian (Labahe).

分布（Distribution）：辽宁（LN）、湖南（HN）、四川（SC）；尼泊尔。

（582）黄须蚤寄蝇 *Phorinia flava* Tachi *et* Shima, 2006

Phorinia flava Tachi *et* Shima, 2006. Invertebr. Syst. 20: 265. **Type locality:** Japan: Kyūshū, Fukuoka City, Mt. Aburayama.

分布（Distribution）：辽宁（LN）、云南（YN）；日本、尼泊尔、孟加拉国、越南、老挝、泰国、菲律宾、马来西亚。

（583）小蚤寄蝇 *Phorinia minuta* Tachi *et* Shima, 2006

Phorinia minuta Tachi *et* Shima, 2006. Invertebr. Syst. 20: 262. **Type locality:** China: Yunnan, Deqin, Hutiaoxia.

分布（Distribution）：云南（YN）。

（584）粉额蚤寄蝇 *Phorinia pruinovitta* Chao *et* Liu, 1986

Phorinia pruinovitta Chao *et* Liu, 1986. *In*: Liu, Li *et* Chao, 1986. Entomotaxon. 7 (3): 168. **Type locality:** China: Shanxi, Yicheng.

分布（Distribution）：山西（SX）。

（585）刺叶蚤寄蝇 *Phorinia spinulosa* Tachi *et* Shima, 2006

Phorinia spinulosa Tachi *et* Shima, 2006. Invertebr. Syst. 20: 278. **Type locality:** Japan: Kyūshū, Fukuoka City, Mt. Aburayama.

分布（Distribution）：陕西（SN）、宁夏（NX）、福建（FJ）、台湾（TW）；日本。

125. 蜉寄蝇属 *Phorocera* Robineau-Desvoidy, 1830

Phorocera Robineau-Desvoidy, 1830. Mém. Prés. Div. Sav. Acad. R. Sci. Inst. Fr. 2 (2): 131. **Type species:** *Phorocera agilis* Robineau-Desvoidy, 1830 (by designation of Robineau-Desvoidy, 1863) [= *Tachina assimilis* Fallén, 1810].

Setigena Brauer *et* Bergenstamm, 1889. Denkschr. Akad. Wiss. Wien. Math.-Naturw. Cl. 56 (1): 94. **Type species:** *Tachina assimilis* Fallén, 1810 (by fixation of O'Hara *et al*., 2009, misidentified as *Chetogena grandis* Rondani, 1859 in the original fixation by monotypy of Brauer *et* Bergenstamm, 1889).

（586）匀肛蜉寄蝇 *Phorocera assimilis* (Fallén, 1810)

Tachina assimilis Fallén, 1810a. K. Svenska Vetensk. Akad. Handl. 31 (2): 283. **Type locality:** Sweden.

分布（Distribution）：黑龙江（HL）、辽宁（LN）、山西（SX）；俄罗斯、日本、外高加索地区；中亚、欧洲。

（587）锥肛蜉寄蝇 *Phorocera grandis* (Rondani, 1859)

Chetogena grandis Rondani, 1859. Dipt. Ital. Prodromus, Vol. III: 178. **Type locality:** Italy: Liguria or Piemonte.

分布（Distribution）：辽宁（LN）、山东（SD）、河南（HEN）、浙江（ZJ）、四川（SC）、云南（YN）、广东（GD）、广西（GX）；俄罗斯、日本、外高加索地区；中东地区；欧洲。

（588）辽宁蜉寄蝇 *Phorocera liaoningensis* Yao *et* Zhang, 2009

Phorocera liaoningensis Yao *et* Zhang, 2009. Acta Zootaxon. Sin. 34 (1): 65. **Type locality:** China: Liaoning, Benxi (Tiecha Shan).

分布（Distribution）：辽宁（LN）。

（589）直条蜉寄蝇 *Phorocera normalis* Chao, 1964

Phorocera normalis Chao, 1964b. Acta Zootaxon. Sin. 1 (2): 295. **Type locality:** China: Heilongjiang, Dailing.

分布（Distribution）：黑龙江（HL）、辽宁（LN）。

（590）昏暗蜉寄蝇 *Phorocera obscura* (Fallén, 1810)

Tachina obscura Fallén, 1810a. K. Svenska Vetensk. Akad. Handl. 31 (2): 283. **Type locality:** Sweden.

分布（Distribution）：黑龙江（HL）、吉林（JL）、辽宁（LN）；俄罗斯、日本；欧洲。

膝芒寄蝇族 Goniini

126. 异寄蝇属 *Allophorocera* Hendel, 1901

Allophorocera Hendel, 1901b. Verh. K. K. Zool.-Bot. Ges.

Wien 51: 203. **Type species:** *Dexodes auripilus* Brauer *et* Bergenstamm, 1891 (monotypy) [= *Masicera pachystyla* Macquart, 1851].

Erycina Mesnil, 1953. Flieg. Palaearkt. Reg. 10: 299 (nomen nudum).

Erycina Mesnil, 1955. Flieg. Palaearkt. Reg. 10: 439 (a junior homonym of *Erycina* Lamarck, 1805). **Type species:** *Tachina ferruginea* Meigen, 1824 (by fixation of O'Hara *et al.*, 2009, misidentified as *Tachina rutila* Meigen, 1824 in the by original designation of Mesnil, 1955).

Erycilla Mesnil, 1957. Mém. Soc. R. Ent. Belg. 28: 20 (replacement name for *Erycina* Mesnil, 1955).

（591）灰粉异寄蝇 *Allophorocera cinerea* (Chao *et* Liang, 1982)

Erycilla cinerea Chao *et* Liang, 1982. Zool. Res. 3 (1): 79. **Type locality:** China: Nei Mongol, Xiwuqi.

分布（Distribution）：内蒙古（NM）。

（592）黄粉异寄蝇 *Allophorocera flavipruina* (Chao *et* Liang, 1982)

Erycilla flavipruina Chao *et* Liang, 1982. Zool. Res. 3 (1): 78. **Type locality:** China: Beijing, Sanpu.

分布（Distribution）：辽宁（LN）、河北（HEB）、北京（BJ）、山西（SX）、宁夏（NX）。

（593）肥异寄蝇 *Allophorocera pachystyla* (Macquart, 1850)

Masicera pachystyla Macquart, 1850a. Ann. Soc. Entomol. Fr. 2 (8): 480. **Type locality:** Switzerland.

分布（Distribution）：内蒙古（NM）、宁夏（NX）；瑞士。

（594）金色异寄蝇 *Allophorocera rutila* (Meigen, 1824)

Tachina rutila Meigen, 1824. Syst. Beschr. Europ. Zweifl. Insekt. 4: 382. **Type locality:** Italy: Torino.

分布（Distribution）：辽宁（LN）、河北（HEB）、北京（BJ）；俄罗斯、韩国、日本；欧洲。

（595）健异寄蝇 *Allophorocera sajanica* Mesnil, 1963

Allophorocera sajanica Mesnil, 1963. Bull. Inst. R. Sci. Nat. Belg. 39 (24): 15. **Type locality:** Russia: Respublika Tyva, Turan.

分布（Distribution）：中国（省份不明）；俄罗斯、蒙古国。

127. 阿诺寄蝇属 *Aneogmena* Brauer *et* Bergenstamm, 1891

Aneogmena Brauer *et* Bergenstamm, 1891. Zweif. Kaiserl. Mus. Wien 5: 81. **Type species:** *Aneogmena fischeri* Brauer *et* Bergenstamm, 1891 (monotypy).

Platerycia Baranov, 1936. Ann. Mag. Nat. Hist. (10) 17: 110. **Type species:** *Platerycia compressa* Baranov, 1936 (by original designation).

（596）抱阿诺寄蝇 *Aneogmena compressa* (Baranov, 1936)

Platerycia compressa Baranov, 1936. Ann. Mag. Nat. Hist. (10) 17: 111. **Type locality:** China: Taiwan.

分布（Distribution）：台湾（TW）。

（597）菲阿诺寄蝇 *Aneogmena fischeri* Brauer *et* Bergenstamm, 1891

Aneogmena fischeri Brauer *et* Bergenstamm, 1891. Zweif. Kaiserl. Mus. Wien 5: 82. **Type locality:** India: Uttar Pradesh, Āgra.

分布（Distribution）：广西（GX）；印度、孟加拉国、斯里兰卡。

（598）继阿诺寄蝇 *Aneogmena secunda* (Villeneuve, 1929)

Thelairosoma secundum Villeneuve, 1929c. Bull. Ann. Soc. R. Ent. Belg. 69: 66. **Type locality:** China: Taiwan, Nant'ou Hsien, Yuchih Hsiang, Wucheng.

分布（Distribution）：四川（SC）、台湾（TW）、广西（GX）；日本、斯里兰卡、菲律宾。

128. 阿拉寄蝇属 *Arama* Richter, 1972

Arama Richter, 1972. Insects Mongolia 1: 942. **Type species:** *Arama gobica* Richter, 1972 (by original designation).

（599）戈壁阿拉寄蝇 *Arama gobica* Richter, 1972

Arama gobica Richter, 1972. Insects Mongolia 1: 943. **Type locality:** Mongolia: Ömnögovĭ Aimag, 5 km southwest of Gurvantes, Tost-Ula.

分布（Distribution）：内蒙古（NM）；蒙古国。

129. 银寄蝇属 *Argyrophylax* Brauer *et* Bergenstamm, 1889

Argyrophylax Brauer *et* Bergenstamm, 1889. Denkschr. Akad. Wiss. Wien. Math.-Naturw. Kl. 56 (1): 163. **Type species:** *Tachina albincisa* Wiedemann, 1830 (monotypy).

Phoriniophylax Townsend, 1927. Suppl. Ent. 16: 62. **Type species:** *Phoriniophylax phoeda* Townsend, 1927 (by original designation).

（600）缚银寄蝇 *Argyrophylax aptus* (Walker, 1859)

Eurygaster apta Walker, 1859. J. Proc. Linn. Soc. London Zool. 4: 126. **Type locality:** Indonesia: Sulawesi, Ujung Pandang.

分布（Distribution）：安徽（AH）；日本、菲律宾、印度尼西亚、巴布亚新几内亚（俾斯麦群岛）。

(601)黑胫银寄蝇 *Argyrophylax nigrotibialis* Baranov, 1935

Argyrophylax nigrotibialis Baranov, 1935. Vet. Arhiv 5: 552. **Type locality:** China: Taiwan, P'ingtung Hsien, near Hengch'un, Changkou.

分布(Distribution)：内蒙古(NM)、浙江(ZJ)、台湾(TW)、广东(GD)、广西(GX)；尼泊尔、孟加拉国、马来西亚、澳大利亚、巴布亚新几内亚。

(602)净银寄蝇 *Argyrophylax phoedus* (Townsend, 1927)

Phoriniophylax phoeda Townsend, 1927. Suppl. Ent. 16: 63. **Type locality:** Indonesia: Sumatera (Bukittinggi).

分布(Distribution)：安徽(AH)、浙江(ZJ)、湖南(HN)、福建(FJ)；印度、马来西亚、印度尼西亚。

130. 箭寄蝇属 *Atractocerops* Townsend, 1916

Atractocerops Townsend, 1916. Proc. U. S. Natl. Mus. 51 (2152): 307. **Type species:** *Atractocerops ceylanica* Townsend, 1916 (by original designation).

Sigelotroxis Aldrich, 1928. Proc. U. S. Natl. Mus. 74 (8): 3. **Type species:** *Sigelotroxis parvus* Aldrich, 1928 (by original designation).

(603)小箭寄蝇 *Atractocerops parvus* (Aldrich, 1928)

Sigelotroxis parvus Aldrich, 1928. Proc. U. S. Natl. Mus. 74 (8): 4. **Type locality:** China: Fujian, Fuzhou.

分布(Distribution)：云南(YN)、福建(FJ)。

131. 抱寄蝇属 *Baumhaueria* Meigen, 1838

Baumhaueria Meigen, 1838. Syst. Beschr. Europ. Zweifl. Insekt. 7: 251. **Type species:** *Tachina goniaeformis* Meigen, 1824 (monotypy).

Leichenor Gistel, 1848. Naturgeschichte des Thierreichs für höhere Schulen, Stuttgart, 16: viii (unnecessary replacement name for *Baumhaueria* Meigen, 1838). **Type species:** *Tachina goniaeformis* Meigen, 1824.

Pachycephala Lioy, 1864. Atti R. Ist. Véneto Sci. Lett. Arti (3) 9: 1343 (a junior homonym of *Pachycephala* Vigors, 1825). **Type species:** *Tachina goniaeformis* Meigen, 1824 (monotypy).

(604)毛虫抱寄蝇 *Baumhaueria goniaeformis* (Meigen, 1824)

Tachina goniaeformis Meigen, 1824. Syst. Beschr. Europ. Zweifl. Insekt. 4: 416. **Type locality:** probably Southern France.

分布(Distribution)：辽宁(LN)、内蒙古(NM)、重庆(CQ)；俄罗斯、外高加索地区；中东地区；欧洲。

132. 睫寄蝇属 *Blepharella* Macquart, 1851

Blepharella Macquart, 1851. Mém. Soc. R. Sci. Agric. Arts Lille 1850 [1851]: 176. **Type species:** *Blepharella lateralis* Macquart, 1851 (by original designation).

Pujolina Mesnil, 1968b. Stuttg. Beitr. Naturkd. 187: 2. **Type species:** *Pujolina bicolor* Mesnil, 1968 (by original designation).

(605)拉特睫寄蝇 *Blepharella lateralis* Macquart, 1851

Blepharella lateralis Macquart, 1851. Mém. Soc. R. Sci. Agric. Arts Lille 1850 [1851]: 177. **Type locality:** India: Puducherry.

分布(Distribution)：山东(SD)、宁夏(NX)、安徽(AH)、江苏(JS)、上海(SH)、浙江(ZJ)、江西(JX)、四川(SC)、重庆(CQ)、贵州(GZ)、云南(YN)、西藏(XZ)、福建(FJ)、台湾(TW)、广东(GD)、广西(GX)、海南(HI)、香港(HK)；印度、尼泊尔、越南、泰国、斯里兰卡、菲律宾、马来西亚、印度尼西亚、澳大利亚、美拉尼西亚群岛、密克罗尼西亚、巴布亚新几内亚。

(606)粘虫睫寄蝇 *Blepharella leucaniae* (Chao *et* Jin, 1984)

Pujolina leucaniae Chao *et* Jin, 1984. Acta Zootaxon. Sin. 9 (3): 285. **Type locality:** China: Yunnan, Longchuan.

分布(Distribution)：云南(YN)。

133. 饰腹寄蝇属 *Blepharipa* Rondani, 1856

Blepharipa Rondani, 1856. Dipt. Ital. Prodromus, Vol. I: 71. **Type species:** *Erycia ciliata* Macquart, 1834 (by original designation) [= *Tachina pratensis* Meigen, 1824].

Ugimyia Rondani, 1870. Bull. Soc. Ent. Ital. 2: 137. **Type species:** *Ugimyia sericariae* Rondani, 1870 (monotypy).

Crossocosmia Mik, 1890. Wien. Ent. Ztg. 9: 313. **Type species:** *Ugimyia sericariae* Rondani, 1870 (by original designation).

Sumatrosturmia Townsend, 1927. Suppl. Ent. 16: 70. **Type species:** *Sumatrosturmia orbitalis* Townsend, 1927 (by original designation).

Hertingia Mesnil, 1957. Mém. Soc. R. Ent. Belg. 28: 13 (as a subgenus of *Crossocosmia* Mik, 1890). **Type species:** *Blepharipoda schineri* Mesnil, 1939 (by original designation).

(607)白带饰腹寄蝇 *Blepharipa albocincta* (Mesnil, 1970)

Crossocosmia (*Blepharipa*) *albocincta* Mesnil, 1970. Mushi 44: 94. **Type locality:** China: Jiangxi, Guling.

分布(Distribution)：宁夏(NX)、江西(JX)、云南(YN)；印度。

(608)碳色饰腹寄蝇 *Blepharipa carbonata* (Mesnil, 1970)

Crossocosmia (*Blepharipa*) *carbonata* Mesnil, 1970. Mushi 44:

92. **Type locality:** Japan: Hokkaidō, Sapporo, Mt. Moiwa.
分布（**Distribution**）：西藏（XZ）；日本。

（609）毛鬓饰腹寄蝇 *Blepharipa chaetoparafacialis* Chao, 1982

Blepharipa chaetoparafacialis Chao, 1982. *In*: Chao *et* Shi, 1982. *In*: The Comprehensive Scientific Expedition to the Qinghai-Xizang Plateau, Chinese Academy of Sciences, 1982. Insects of Xizang 2: 270. **Type locality:** China: Xizang, Mêdog.
分布（**Distribution**）：河北（HEB）、陕西（SN）、甘肃（GS）、新疆（XJ）、浙江（ZJ）、湖南（HN）、湖北（HB）、四川（SC）、贵州（GZ）、云南（YN）、西藏（XZ）、福建（FJ）、海南（HI）。

（610）暗黑饰腹寄蝇 *Blepharipa fusiformis* (Walker, 1849)

Tachina fusiformis Walker, 1849. List of the specimens of dipterous insets in the collection of the British Museum Part IV: 1161. **Type locality:** Nepal.
分布（**Distribution**）：黑龙江（HL）、辽宁（LN）、河北（HEB）、北京（BJ）、山西（SX）、上海（SH）、江西（JX）、四川（SC）、云南（YN）、广东（GD）；印度、尼泊尔、缅甸。

（611）巨饰腹寄蝇 *Blepharipa gigas* (Mesnil, 1950)

Blepharipoda jacobsoni gigas Mesnil, 1950. Flieg. Palaearkt. Reg. 10: 144. **Type locality:** China: Sichuan; Shanghai.
分布（**Distribution**）：上海（SH）、四川（SC）；俄罗斯。

（612）杰克饰腹寄蝇 *Blepharipa jacobsoni* (Townsend, 1927)

Ugimyia jacobsoni Townsend, 1927. Suppl. Ent. 16: 70. **Type locality:** Indonesia: Sumatera, Tandjung Gadang.
分布（**Distribution**）：辽宁（LN）、河北（HEB）、江苏（JS）、浙江（ZJ）、四川（SC）、云南（YN）；俄罗斯、印度尼西亚。

（613）宽颊饰腹寄蝇 *Blepharipa latigena* (Mesnil, 1970)

Crossocosmia (*Blepharipa*) *latigena* Mesnil, 1970. Mushi 44: 92. **Type locality:** Japan: Kyūshū, Miyazaki.
分布（**Distribution**）：吉林（JL）、辽宁（LN）、北京（BJ）、浙江（ZJ）、云南（YN）、西藏（XZ）、广西（GX）、海南（HI）；日本。

（614）黑饰腹寄蝇 *Blepharipa nigrina* (Mesnil, 1970)

Crossocosmia (*Blepharipa*) *nigrina* Mesnil, 1970. Mushi 44: 94. **Type locality:** China: Heilongjiang, Harbin.
分布（**Distribution**）：黑龙江（HL）。

（615）眶饰腹寄蝇 *Blepharipa orbitalis* (Townsend, 1927)

Sumatrosturmia orbitalis Townsend, 1927. Suppl. Ent. 16: 70. **Type locality:** Indonesia: Sumatera, Tandjung Gadang.
分布（**Distribution**）：四川（SC）、重庆（CQ）、贵州（GZ）、云南（YN）、西藏（XZ）；印度、缅甸、斯里兰卡、马来西亚、印度尼西亚。

（616）梳胫饰腹寄蝇 *Blepharipa schineri* (Mesnil, 1939)

Blepharipoda schineri Mesnil, 1939. Monogr. Sta. Lab. Rech. Agron. Versailles 7: 32. **Type locality:** France: near Versailles.
分布（**Distribution**）：黑龙江（HL）、吉林（JL）、辽宁（LN）、内蒙古（NM）、陕西（SN）、宁夏（NX）、江苏（JS）、浙江（ZJ）、湖南（HN）、湖北（HB）、四川（SC）、贵州（GZ）；俄罗斯、韩国、日本；欧洲。

（617）丝饰腹寄蝇 *Blepharipa sericariae* (Rondani, 1870)

Ugimyia sericariae Rondani, 1870. Bull. Soc. Ent. Ital. 2: 137. **Type locality:** Japan.
分布（**Distribution**）：山东（SD）、台湾（TW）；日本。

（618）苏金饰腹寄蝇 *Blepharipa sugens* (Wiedemann, 1830)

Tachina sugens Wiedemann, 1830. Aussereurop. Zweifl. Insekt. 2: 306. **Type locality:** Indonesia: Jawa.
Tachina cilipes Macquart, 1844. Dipt. Exot. Nouv. Connus 2 (3): 62. **Type locality:** ? Indonesia.
分布（**Distribution**）：浙江（ZJ）、福建（FJ）、广东（GD）、广西（GX）；菲律宾、马来西亚、印度尼西亚、美拉尼西亚群岛、巴布亚新几内亚。

（619）柞蚕饰腹寄蝇 *Blepharipa tibialis* (Chao, 1963)

Crossocosmia (*Hertingia*) *tibialis* Chao, 1963. Acta Ent. Sin. 12 (1): 38. **Type locality:** China: Liaoning, Fenghuangcheng, Sitaizi.
分布（**Distribution**）：黑龙江（HL）、吉林（JL）、辽宁（LN）、北京（BJ）。

（620）万氏饰腹寄蝇 *Blepharipa wainwrighti* (Baranov, 1932)

Sturmia (*Eoparachaeta*) *wainwrighti* Baranov, 1932f. Ent. Nachr. 6: 100. **Type locality:** India: Assam, Khāsi Hills.
分布（**Distribution**）：云南（YN）、广东（GD）；印度。

（621）蚕饰腹寄蝇 *Blepharipa zebina* (Walker, 1849)

Tachina zebina Walker, 1849. List of the specimens of dipterous insets in the collection of the British Museum Part

IV: 772. **Type locality:** India: North Bengal.

分布（Distribution）：黑龙江（HL）、吉林（JL）、辽宁（LN）、内蒙古（NM）、河北（HEB）、天津（TJ）、北京（BJ）、山西（SX）、山东（SD）、河南（HEN）、陕西（SN）、宁夏（NX）、甘肃（GS）、安徽（AH）、江苏（JS）、上海（SH）、浙江（ZJ）、江西（JX）、湖南（HN）、湖北（HB）、四川（SC）、重庆（CQ）、贵州（GZ）、云南（YN）、福建（FJ）、台湾（TW）、广东（GD）、广西（GX）、海南（HI）；俄罗斯、韩国、印度、尼泊尔、缅甸、泰国、斯里兰卡。

134. 凹面寄蝇属 *Botria* Rondani, 1856

Botria Rondani, 1856. Dipt. Ital. Prodromus, Vol. I: 68. **Type species:** *Botria pascuorum* Rondani, 1859 (by original designation) [= *Tachina frontosa* Meigen, 1824].

（622）亮黑凹面寄蝇 *Botria clarinigra* Chao *et* Liu, 1998

Bothria clarinigra Chao *et* Liu, 1998. *In*: Liu *et* Chao *et al*., 1998. Fauna of Tachinidae from Shanxi Province, China: 228. **Type locality:** China: Shanxi, Yicheng, Dahe.

分布（Distribution）：河北（HEB）、山西（SX）。

（623）宽额凹面寄蝇 *Botria frontosa* (Meigen, 1824)

Tachina frontosa Meigen, 1824. Syst. Beschr. Europ. Zweifl. Insekt. 4: 388. **Type locality:** France: Beaucaire.

分布（Distribution）：辽宁（LN）、河北（HEB）、北京（BJ）、山西（SX）、山东（SD）、江苏（JS）；俄罗斯、蒙古国、日本、外高加索地区；欧洲。

135. 拟彩寄蝇属 *Calozenillia* Townsend, 1927

Calozenillia Townsend, 1927. Suppl. Ent. 16: 67. **Type species:** *Calozenillia auronigra* Townsend, 1927 (by original designation).

Tamaromyia Mesnil, 1949. Flieg. Palaearkt. Reg. 10: 104. **Type species:** *Exorista tamara* Portschinsky, 1884 (monotypy).

（624）塔玛拟彩寄蝇 *Calozenillia tamara* (Portschinsky, 1884)

Exorista tamara Portschinsky, 1884b. Horae Soc. Ent. Ross. 18: 132. **Type locality:** Georgia: Sokhumi.

分布（Distribution）：四川（SC）；俄罗斯、日本、外高加索地区；欧洲。

136. 小颊寄蝇属 *Carceliella* Baranov, 1934

Carceliella Baranov, 1934. Trans. R. Ent. Soc. London 82: 398. **Type species:** *Carcelia octava* Baranov, 1931 (by original designation).

Microcarcelia Baranov, 1934. Trans. R. Ent. Soc. London 82: 400. **Type species:** *Carcelia septima* Baranov, 1931 (by original designation).

（625）八小颊寄蝇 *Carceliella octava* (Baranov, 1931)

Carcelia octava Baranov, 1931. Arb. Parasit. Abt. Inst. Hyg. Zagreb 3: 35. **Type locality:** China: Taiwan, P'ingtung Hsien, Changkou.

Carcelia septima Baranov, 1931. Arb. Parasit. Abt. Inst. Hyg. Zagreb 3: 35. **Type locality:** China: Taiwan, P'ingtung Hsien, Changkou.

Eucarcelia nudicauda Mesnil, 1967. Mushi 41: 37. **Type locality:** Japan: Honshū, Aichi, Mt. Horaiji.

Carcelia (*Senometopia*) *maculata* Chao *et* Liang, 1986. Sinozool. 4: 123. **Type locality:** China: Beijing, Badaling.

Carcelia (*Carceliella*) *pilosa* Chao *et* Liang, 1986. Sinozool. 4: 126 (a junior primary homonym of *Carcelia pilosa* Baranov, 1931). **Type locality:** China: Guangdong, Lechang.

Carcelia villimacula Chao *et* Liang, 1998. *In*: Chao *et al*., 1998. *In*: Xue *et* Chao, 1998. Flies of China, Vol. 2: 1810 (replacement name for *pilosa* Chao *et* Liang, 1986).

分布（Distribution）：吉林（JL）、辽宁（LN）、河北（HEB）、北京（BJ）、安徽（AH）、浙江（ZJ）、湖南（HN）、四川（SC）、福建（FJ）、台湾（TW）、广东（GD）、海南（HI）；日本。

137. 蜡寄蝇属 *Ceromasia* Rondani, 1856

Ceromasia Rondani, 1856. Dipt. Ital. Prodromus, Vol. I: 71 (as a subgenus of *Masicera* Macquart, 1834). **Type species:** *Masicera florum* Macquart, 1951 (by designation of Brauer, 1893) [= *Phorocera rubrifrons* Macquart, 1834].

（626）红额蜡寄蝇 *Ceromasia rubrifrons* (Macquart, 1834)

Phorocera rubrifrons Macquart, 1834. Mém. Soc. Sci. Agric. Arts Lille [1833]: 279. **Type locality:** France: Lille.

分布（Distribution）：黑龙江（HL）、辽宁（LN）、内蒙古（NM）、河北（HEB）、北京（BJ）、山西（SX）、宁夏（NX）；俄罗斯、蒙古国、日本、外高加索地区；中亚、欧洲。

138. 卷须寄蝇属 *Clemelis* Robineau-Desvoidy, 1863

Clemelis Robineau-Desvoidy, 1863. Hist. Nat. Dipt. Envir. Paris 1: 481. **Type species:** *Zenillia ciligera* Robineau-Desvoidy, 1830 (by original designation) [= *Tachina pullata* Meigen, 1824].

（627）黑袍卷须寄蝇 *Clemelis pullata* (Meigen, 1824)

Tachina pullata Meigen, 1824. Syst. Beschr. Europ. Zweifl.

Insekt. 4: 361. **Type locality:** Europe.

分布（Distribution）：黑龙江（HL）、吉林（JL）、辽宁（LN）、内蒙古（NM）、北京（BJ）、宁夏（NX）、新疆（XJ）、浙江（ZJ）、西藏（XZ）；俄罗斯、蒙古国、外高加索地区；中东地区；中亚、欧洲。

139. 柯罗寄蝇属 *Crosskeya* Shima *et* Chao, 1988

Crosskeya Shima *et* Chao, 1988. Syst. Ent. 13: 348. **Type species:** *Crosskeya gigas* Shima *et* Chao, 1988 (by original designation).

（628）金色柯罗寄蝇 *Crosskeya chrysos* Shima *et* Chao, 1988

Crosskeya chrysos Shima *et* Chao, 1988. Syst. Ent. 13; 353. **Type locality:** China: Yunnan, Xiaomongyang.

分布（Distribution）：云南（YN）。

（629）巨柯罗寄蝇 *Crosskeya gigas* Shima *et* Chao, 1988

Crosskeya gigas Shima *et* Chao, 1988. Syst. Ent. 13: 349. **Type locality:** China: Zhejiang, Huangshan.

分布（Distribution）：内蒙古（NM）、浙江（ZJ）、福建（FJ）。

（630）黑胫柯罗寄蝇 *Crosskeya nigrotibialis* Shima *et* Chao, 1988

Crosskeya nigrotibialis Shima *et* Chao, 1988. Syst. Ent. 13: 351. **Type locality:** China: Yunnan, Zhongdian, Gezan.

分布（Distribution）：四川（SC）、云南（YN）。

140. 塞寄蝇属 *Cyzenis* Robineau-Desvoidy, 1863

Cyzenis Robineau-Desvoidy, 1863. Hist. Nat. Dipt. Envir. Paris 1: 544. **Type species:** *Cyzenis hemisphaerica* Robineau-Desvoidy, 1863 (by original designation) [= *Tachina albicans* Fallén, 1810].

（631）灰白塞寄蝇 *Cyzenis albicans* (Fallén, 1810)

Tachina albicans Fallén, 1810a. K. Svenska Vetensk. Akad. Handl. 31 (2): 286. **Type locality:** Sweden: Skåne.

分布（Distribution）：辽宁（LN）；日本；欧洲。

141. 长芒寄蝇属 *Dolichocolon* Brauer *et* Bergenstamm, 1889

Dolichocolon Brauer *et* Bergenstamm, 1889. Denkschr. Akad. Wiss. Wien. Math.-Naturw. Cl. 56 (1): 100. **Type species:** *Dolichocolon paradoxum* Brauer *et* Bergenstamm, 1889 (monotypy).

（632）东方长芒寄蝇 *Dolichocolon orientale* Townsend, 1927

Dolichocolon orientale Townsend, 1927. Suppl. Ent. 16: 73. **Type locality:** Indonesia: Sumatera, Anai Kloof.

Dolichocolon klapperichi Mesnil, 1967. Mushi 41: 43. **Type locality:** China: Fujian, Kwangtseh.

分布（Distribution）：吉林（JL）、辽宁（LN）、北京（BJ）、山西（SX）、陕西（SN）、宁夏（NX）、甘肃（GS）、四川（SC）、云南（YN）、福建（FJ）、广东（GD）、广西（GX）、海南（HI）；日本、泰国、印度尼西亚、巴布亚新几内亚。

（633）奇长芒寄蝇 *Dolichocolon paradoxum* Brauer *et* Bergenstamm, 1889

Dolichocolon paradoxum Brauer *et* Bergenstamm, 1889. Denkschr. Akad. Wiss. Wien. Math.-Naturw. Cl. 56 (1): 100, 165. **Type locality:** Croatia: Dalmacija.

分布（Distribution）：江苏（JS）、四川（SC）、重庆（CQ）、台湾（TW）；俄罗斯、外高加索地区、南非；中东地区；欧洲。

（634）临长芒寄蝇 *Dolichocolon vicinum* Mesnil, 1968

Dolichocolon vicinum Mesnil, 1968a. Bull. Ann. Soc. R. Ent. Belg. 104: 176. **Type locality:** Vietnam: Saigon.

分布（Distribution）：辽宁（LN）；日本、越南。

142. 伊乐寄蝇属 *Elodia* Robineau-Desvoidy, 1863

Elodia Robineau-Desvoidy, 1863. Hist. Nat. Dipt. Envir. Paris 1: 936. **Type species:** *Elodia gagatea* Robineau-Desvoidy, 1863 (by original designation) [= *Tachina morio* Fallén, 1820].

（635）锄伊乐寄蝇 *Elodia adiscalis* Mesnil, 1970

Elodia adiscalis Mesnil, 1970. Mushi 44: 107. **Type locality:** China: near Shanghai, Xujiahui.

分布（Distribution）：上海（SH）。

（636）粉带伊乐寄蝇 *Elodia ambulatoria* (Meigen, 1824)

Tachina ambulatoria Meigen, 1824. Syst. Beschr. Europ. Zweifl. Insekt. 4: 407. **Type locality:** Europe.

Tachina convexifrons Zetterstedt, 1844. Dipt. Scand. 3: 1074. **Type locality:** Sweden: Gotland, Lärbro.

分布（Distribution）：辽宁（LN）、河北（HEB）、天津（TJ）；俄罗斯、蒙古国、外高加索地区；中东地区；欧洲。

（637）黄须伊乐寄蝇 *Elodia flavipalpis* Aldrich, 1933

Elodia flavipalpis Aldrich, 1933. Proc. Ent. Soc. Wash. 35: 21. **Type locality:** Japan: Honshū, Saitama, Obukuro.

分布（Distribution）：北京（BJ）；日本。

（638）亮黑伊乐寄蝇 *Elodia morio* (Fallén, 1820)

Tachina morio Fallén, 1820. Monogr. Musc. Sveciae II: 18.

Type locality: Sweden: Skåne, Äsperöd.
Tachina tragica Meigen, 1824. Syst. Beschr. Europ. Zweifl. Insekt. 4: 408. **Type locality:** Not given (probably Germany: Kiel *et* Hamburg).
分布（Distribution）：辽宁（LN）、天津（TJ）、北京（BJ）、新疆（XJ）；俄罗斯、蒙古国、日本；欧洲。

（639）狭颜伊乐寄蝇 *Elodia parafacialis* (Chao *et* Zhou, 1992)

Hebia parafacialis Chao *et* Zhou, 1992. *In*: Sun *et al*., 1992. *In*: Peng *et* Leu, 1992. Iconography of Forest Insects in Hunan China: 1194. **Type locality:** China: Hunan, Xiangzhong, Zhongping.
分布（Distribution）：湖南（HN）。

143. 拉寄蝇属 *Erynnia* Robineau-Desvoidy, 1830

Erynnia Robineau-Desvoidy, 1830. Mém. Prés. Div. Sav. Acad. R. Sci. Inst. Fr. 2 (2): 125. **Type species:** *Erynnia nitida* Robineau-Desvoidy, 1830 (monotypy) [= *Tachina ocypterata* Fallén, 1810].

（640）迅拉寄蝇 *Erynnia ocypterata* (Fallén, 1810)

Tachina ocypterata Fallén, 1810a. K. Svenska Vetensk. Akad. Handl. 31 (2): 275. **Type locality:** Sweden: Skåne, Äsperöd.
分布（Distribution）：辽宁（LN）；俄罗斯、蒙古国；欧洲。

144. 赤寄蝇属 *Erythrocera* Robineau-Desvoidy, 1849

Erythrocera Robineau-Desvoidy, 1849. Ann. Soc. Entomol. Fr. 2 (6) [1848]: 436. **Type species:** *Phryno nigripes* Robineau-Desvoidy, 1830 (by designation of Robineau-Desvoidy, 1863).

（641）狭颊赤寄蝇 *Erythrocera genalis* (Aldrich, 1928)

Pexomyia genalis Aldrich, 1928. Proc. U. S. Natl. Mus. 74 (8): 5. **Type locality:** Japan.
分布（Distribution）：黑龙江（HL）、北京（BJ）、浙江（ZJ）、江西（JX）、湖南（HN）、四川（SC）、云南（YN）、福建（FJ）、广西（GX）；俄罗斯、日本。

（642）湖南赤寄蝇 *Erythrocera hunanensis* Chao *et* Zhou, 1992

Erythrocera hunanensis Chao *et* Zhou, 1992. *In*: Sun *et al*., 1992. *In*: Peng *et* Leu, 1992. Iconography of Forest Insects in Hunan China: 1192. **Type locality:** China: Hunan, Liu-yiang.
分布（Distribution）：湖南（HN）。

（643）新长角赤寄蝇 *Erythrocera neolongicornis* O'Hara, Shima *et* Zhang, 2009

Erythrocera neolongicornis O'Hara, Shima *et* Zhang, 2009. Zootaxa 2190: 107 (replacement name for *Pexopsis longicornis* Sun *et* Chao, 1993).
Pexopsis longicornis Sun *et* Chao, 1993. Sinozool. 10: 449 (a junior secondary homonym of *Paraneaera longicornis* Brauer *et* Bergenstamm, 1891). **Type locality:** China: Anhui, Huangshan.
分布（Distribution）：安徽（AH）、广东（GD）。

（644）黑足赤寄蝇 *Erythrocera nigripes* (Robineau-Desvoidy, 1830)

Phryno nigripes Robineau-Desvoidy, 1830. Mém. Prés. Div. Sav. Acad. R. Sci. Inst. Fr. 2 (2): 144. **Type locality:** France: Saint-Sauveur-en-Puisaye.
分布（Distribution）：辽宁（LN）、内蒙古（NM）、北京（BJ）；俄罗斯、法国、瑞士、德国、匈牙利。

145. 幽寄蝇属 *Eumea* Robineau-Desvoidy, 1863

Eumea Robineau-Desvoidy, 1863. Hist. Nat. Dipt. Envir. Paris 1: 302. **Type species:** *Eumea locuples* Robineau-Desvoidy, 1863 (by original designation) [= *Tachina linearicornis* Zetterstedt, 1844].
Epimasicera Townsend, 1912. Proc. Ent. Soc. Wash. 14: 51. **Type species:** *Tachina westermanni* Zetterstedt, 1844 (by original designation) [= *Tachina linearicornis* Zetterstedt, 1844].

（645）窄角幽寄蝇 *Eumea linearicornis* (Zetterstedt, 1844)

Tachina linearicornis Zetterstedt, 1844. Dipt. Scand. 3: 1118. **Type locality:** Sweden.
分布（Distribution）：黑龙江（HL）、辽宁（LN）、内蒙古（NM）、河北（HEB）、北京（BJ）、山西（SX）、宁夏（NX）、云南（YN）；俄罗斯、日本、外高加索地区；欧洲。

（646）柔毛幽寄蝇 *Eumea mitis* (Meigen, 1824)

Tachina mitis Meigen, 1824. Syst. Beschr. Europ. Zweifl. Insekt. 4: 335. **Type locality:** Not given (probably Germany: Stolberg).
分布（Distribution）：黑龙江（HL）、辽宁（LN）、内蒙古（NM）、河北（HEB）、北京（BJ）、山西（SX）、河南（HEN）、宁夏（NX）；俄罗斯、日本、外高加索地区；欧洲。

146. 攸迷寄蝇属 *Eumeella* Mesnil, 1939

Eumeella Mesnil, 1939. Monogr. Sta. Lab. Rech. Agron. Versailles 7: 31. **Type species:** *Exorista perdives* Villeneuve, 1926 (by original designation).

（647）宽额攸迷寄蝇 *Eumeella latifrons* Chao *et* Zhou, 1996

Eumeella latifrons Chao *et* Zhou, 1996. *In*: Wu *et* Feng, 1996.

The Biology and Human Physiology in the Hoh-Xil Region: 220. **Type locality:** China: Qinghai, Xijinmalan Lake.
分布（Distribution）：青海（QH）。

147. 宽寄蝇属 *Eurysthaea* Robineau-Desvoidy, 1863

Eurysthaea Robineau-Desvoidy, 1863. Hist. Nat. Dipt. Envir. Paris 1: 603. **Type species:** *Erythrocera scutellaris* Robineau-Desvoidy, 1849 (by original designation).
Discochaeta Brauer *et* Bergenstamm, 1889. Denkschr. Akad. Wiss. Wien. Math.-Naturw. Cl. 56 (1): 104. **Type species:** *Erythrocera scutellaris* Robineau-Desvoidy, 1849 (by fixation of O'Hara *et al.*, 2009, misidentified as *Tachina muscaria* Fallén, 1810 in the original fixation by monotypy of Brauer *et* Bergenstamm, 1889).

（648）小盾宽寄蝇 *Eurysthaea scutellaris* (Robineau-Desvoidy, 1849)

Erythrocera scutellaris Robineau-Desvoidy, 1849. Ann. Soc. Entomol. Fr. 2 (6) [1848]: 438. **Type locality:** France.
分布（Distribution）：黑龙江（HL）、上海（SH）；俄罗斯、蒙古国、日本、外高加索地区；欧洲。

148. 宽额寄蝇属 *Frontina* Meigen, 1838

Frontina Meigen, 1838. Syst. Beschr. Europ. Zweifl. Insekt. 7: 247. **Type species:** *Tachina laeta* Meigen, 1824 (by designation of Robineau-Desvoidy, 1863).

（649）闪斑宽额寄蝇 *Frontina adusta* (Walker, 1853)

Tachina adusta Walker, 1853. Ins. Saund., Dipt. IV: 292. **Type locality:** India.
Frontina varicolor Villeneuve, 1937. Bull. Mus. R. Hist. Nat. Belg. 13 (34): 2. **Type locality:** China: Sichuan, Emei Shan.
分布（Distribution）：山西（SX）、湖北（HB）、四川（SC）、云南（YN）；印度。

（650）黑股宽额寄蝇 *Frontina femorata* Shima, 1988

Frontina femorata Shima, 1988. Bull. Kitakyushu Mus. Nat. Hist. 8: 33. **Type locality:** Japan: Hokkaidō, Mt. Rausu.
分布（Distribution）：吉林（JL）、辽宁（LN）、内蒙古（NM）、河北（HEB）、北京（BJ）；韩国、日本。

（651）彩艳宽额寄蝇 *Frontina laeta* (Meigen, 1824)

Tachina laeta Meigen, 1824. Syst. Beschr. Europ. Zweifl. Insekt. 4: 381. **Type locality:** Europe: various localities.
分布（Distribution）：吉林（JL）、辽宁（LN）、内蒙古（NM）、河北（HEB）、北京（BJ）、山东（SD）、河南（HEN）、江苏（JS）、浙江（ZJ）；俄罗斯、日本、韩国、哈萨克斯坦、外高加索地区；欧洲。

（652）三色宽额寄蝇 *Frontina tricolor* Shima, 1988

Frontina tricolor Shima, 1988. Bull. Kitakyushu Mus. Nat. Hist. 8: 33. **Type locality:** Japan: Honshū, Saitama, Mt. Buko.
分布（Distribution）：辽宁（LN）；韩国、日本。

149. 膝芒寄蝇属 *Gonia* Meigen, 1803

Gonia Meigen, 1803. Mag. Insektenkd. 2: 280. **Type species:** *Gonia bimaculata* Wiedemann, 1819 (by designation of Sabrosky *et* Arnaud, 1965).
Salmacia Meigen, 1800. Nouve. Class.: 38 (name suppressed by ICZN, 1963).
Reaumuria Robineau-Desvoidy, 1830. Mém. Prés. Div. Sav. Acad. R. Sci. Inst. Fr. 2 (2): 79. **Type species:** *Musca capitata* De Geer, 1776 (by designation of Robineau-Desvoidy, 1863).
Pissemya Robineau-Desvoidy, 1851a. Ann. Soc. Entomol. Fr. 2 (9): 318. **Type species:** *Gonia atra* Meigen, 1826 (monotypy).
Turanogonia Rohdendorf, 1924. Zool. Anz. 58: 228. **Type species:** *Turanogonia smirnovi* Rohdendorf, 1924 (monotypy) [= *Gonia chinensis* Wiedemann, 1824].
Asiogonia Rohdendorf, 1928. Zool. Anz. 78: 98. **Type species:** *Asiogonia asiatica* Rohdendorf, 1928 (monotypy).
Chrysocerogonia Rohdendorf, 1928. Zool. Anz. 78: 98 (as a subgenus of *Salmacia* Meigen, 1800). **Type species:** *Salmacia* (*Chrysocerogonia*) *ussuriensis* Rohdendorf, 1928 (monotypy).
Eremogonia Rohdendorf, 1928. Zool. Anz. 78: 98 (as a subgenus of *Salmacia* Meigen, 1800). **Type species:** *Salmacia* (*Eremogonia*) *desertorum* Rohdendorf, 1928 (monotypy).

（653）亚洲膝芒寄蝇 *Gonia asiatica* (Rohdendorf, 1928)

Asiogonia asiatica Rohdendorf, 1928. Zool. Anz. 78: 101. **Type locality:** China: Nei Mongol, Helan Shan, localities of Tszosto, Tilatshido-Sykuza, and Dzjanj-Juanj. Armenia: Yerevan. Kazakhstan: Kostanayskaya Oblast, Mugodzharskaja Railway Station. Turkmenistan: Dzhebel Railway Station.
分布（Distribution）：内蒙古（NM）；哈萨克斯坦、土库曼斯坦、外高加索地区；欧洲。

（654）深黑膝芒寄蝇 *Gonia atra* Meigen, 1826

Gonia atra Meigen, 1826. Syst. Beschr. Europ. Zweifl. Insekt. 5: 7. **Type locality:** Southern France.
分布（Distribution）：内蒙古（NM）、山西（SX）、宁夏（NX）、甘肃（GS）、新疆（XJ）、云南（YN）、西藏（XZ）；俄罗斯、蒙古国、哈萨克斯坦、外高加索地区；欧洲。

（655）双斑膝芒寄蝇 *Gonia bimaculata* Wiedemann, 1819

Gonia bimaculata Wiedemann, 1819. Zool. Mag. 1 (3): 25.

Type locality: South Africa: Western Cape, Cape of Good Hope.

分布（**Distribution**）：辽宁（LN）、内蒙古（NM）、河北（HEB）、北京（BJ）、山西（SX）、山东（SD）、河南（HEN）、宁夏（NX）、甘肃（GS）、青海（QH）、新疆（XJ）、江苏（JS）、上海（SH）、浙江（ZJ）、福建（FJ）、广西（GX）；外高加索地区、也门；中东地区；中亚、欧洲、非洲。

（656）宽额膝芒寄蝇 *Gonia capitata* (De Geer, 1776)

Musca capitata De Geer, 1776. Mém. Pour Serv. Hist. Insect. 6: 23. **Type locality:** Sweden.

分布（**Distribution**）：内蒙古（NM）、北京（BJ）、山西（SX）、四川（SC）；俄罗斯、蒙古国、外高加索地区；欧洲。

（657）中华膝芒寄蝇 *Gonia chinensis* Wiedemann, 1824

Gonia chinensis Wiedemann, 1824. Munus Rectoris in Academia Christiana Albertina Aditurus Analecta Entomológica ex Museo Regio Havniensi Máxime Congesta Profert Iconibusque Illustrat: 47. **Type locality:** China: Tianjin.

分布（**Distribution**）：辽宁（LN）、内蒙古（NM）、河北（HEB）、天津（TJ）、北京（BJ）、山西（SX）、山东（SD）、河南（HEN）、陕西（SN）、甘肃（GS）、安徽（AH）、江苏（JS）、上海（SH）、浙江（ZJ）、江西（JX）、湖南（HN）、湖北（HB）、四川（SC）、重庆（CQ）、贵州（GZ）、云南（YN）、西藏（XZ）、福建（FJ）、台湾（TW）、广东（GD）、广西（GX）、海南（HI）、香港（HK）；朝鲜、韩国、日本、巴基斯坦、印度、尼泊尔、越南、菲律宾；中亚。

（658）荒漠膝芒寄蝇 *Gonia desertorum* (Rohdendorf, 1928)

Salmacia (*Eremogonia*) *desertorum* Rohdendorf, 1928. Zool. Anz. 78: 99. **Type locality:** Turkmenistan: Aşgabat.

分布（**Distribution**）：中国（西部，省份不明）；土库曼斯坦。

（659）迪维膝芒寄蝇 *Gonia divisa* Meigen, 1826

Gonia divisa Meigen, 1826. Syst. Beschr. Europ. Zweifl. Insekt. 5: 4. **Type locality:** Austria.

分布（**Distribution**）：北京（BJ）、江苏（JS）、上海（SH）；俄罗斯、韩国、日本；欧洲。

（660）黄毛膝芒寄蝇 *Gonia klapperichi* (Mesnil, 1956)

Turanogonia klapperichi Mesnil, 1956. Flieg. Palaearkt. Reg. 10 (192): 532. **Type locality:** China: Fujian, Kwangtseh.

分布（**Distribution**）：辽宁（LN）、陕西（SN）、青海（QH）、新疆（XJ）、浙江（ZJ）、四川（SC）、贵州（GZ）、云南（YN）、福建（FJ）、广东（GD）、广西（GX）；韩国、印度、缅甸。

（661）南山膝芒寄蝇 *Gonia nanshanica* (Rohdendorf, 1928)

Salmacia (*Salmacia*) *divisa nanshanica* Rohdendorf, 1928. Zool. Anz. 78: 100. **Type locality:** China: Gansu (not Nei Mongol), Qilian Shan, Tsinj-tshzhou.

分布（**Distribution**）：甘肃（GS）、青海（QH）。

（662）华丽膝芒寄蝇 *Gonia ornata* Meigen, 1826

Gonia ornata Meigen, 1826. Syst. Beschr. Europ. Zweifl. Insekt. 5: 3. **Type locality:** France: Lyon.

分布（**Distribution**）：吉林（JL）、辽宁（LN）、内蒙古（NM）、北京（BJ）、山西（SX）、宁夏（NX）；俄罗斯、蒙古国、外高加索地区；中东地区；中亚、欧洲。

（663）黑腹膝芒寄蝇 *Gonia picea* (Robineau-Desvoidy, 1830)

Spallanzania picea Robineau-Desvoidy, 1830. Mém. Prés. Div. Sav. Acad. R. Sci. Inst. Fr. 2 (2): 78. **Type locality:** France. Spain.

分布（**Distribution**）：黑龙江（HL）、吉林（JL）、辽宁（LN）、内蒙古（NM）、河北（HEB）、天津（TJ）、北京（BJ）、山西（SX）、山东（SD）、河南（HEN）、陕西（SN）、青海（QH）、新疆（XJ）、安徽（AH）、江苏（JS）、上海（SH）、浙江（ZJ）、江西（JX）、四川（SC）、重庆（CQ）、贵州（GZ）、云南（YN）、西藏（XZ）、福建（FJ）、台湾（TW）；俄罗斯、日本、外高加索地区；中东地区；中亚、欧洲。

（664）乌苏膝芒寄蝇 *Gonia ussuriensis* (Rohdendorf, 1928)

Salmacia (*Chrysocerogonia*) *ussuriensis* Rohdendorf, 1928. Zool. Anz. 78: 99. **Type locality:** Russia: Primorskiy Kray, Yakovlevka and Steklyannaya.

分布（**Distribution**）：黑龙江（HL）、辽宁（LN）、上海（SH）；俄罗斯、韩国、日本。

（665）白霜膝芒寄蝇 *Gonia vacua* Meigen, 1826

Gonia vacua Meigen, 1826. Syst. Beschr. Europ. Zweifl. Insekt. 5: 4. **Type locality:** Not given (probably Germany: Stolberg).

分布（**Distribution**）：河北（HEB）、北京（BJ）、山西（SX）、山东（SD）、甘肃（GS）、青海（QH）、新疆（XJ）、西藏（XZ）；俄罗斯、外高加索地区；欧洲。

150. 贡寄蝇属 *Goniophthalmus* Villeneuve, 1910

Goniophthalmus Villeneuve, 1910. *In*: Becker, 1910. Denkschr. Akad. Wiss. Wien. Math.-Naturw. Cl. 71: 145. **Type species:** *Goniophthalmus simonyi* Villeneuve, 1910 (monotypy).

（666）拟宽额贡寄蝇 *Goniophthalmus frontoides* Chao *et* Zhou, 1987

Goniophthalmus frontoides Chao *et* Zhou, 1987. Sinozool. 5:

207. **Type locality:** China: Yunnan, Lushui.
分布（Distribution）：云南（YN）。

151. 娇寄蝇属 *Hebia* Robineau-Desvoidy, 1830

Hebia Robineau-Desvoidy, 1830. Mém. Prés. Div. Sav. Acad. R. Sci. Inst. Fr. 2 (2): 98. **Type species:** *Hebia flavipes* Robineau-Desvoidy, 1830 (monotypy).

（667）黄娇寄蝇 *Hebia flavipes* Robineau-Desvoidy, 1830

Hebia flavipes Robineau-Desvoidy, 1830. Mém. Prés. Div. Sav. Acad. R. Sci. Inst. Fr. 2 (2): 98. **Type locality:** France.
分布（Distribution）：辽宁（LN）、河北（HEB）、北京（BJ）、宁夏（NX）；俄罗斯、日本、匈牙利、奥地利、法国、英国、瑞典。

152. 库寄蝇属 *Kuwanimyia* Townsend, 1916

Kuwanimyia Townsend, 1916. Proc. U. S. Natl. Mus. 51 (2152): 319. **Type species:** *Kuwanimyia conspersa* Townsend, 1916 (by original designation).

（668）斑库寄蝇 *Kuwanimyia conspersa* Townsend, 1916

Kuwanimyia conspersa Townsend, 1916. Proc. U. S. Natl. Mus. 51 (2152): 319. **Type locality:** Japan: Honshū, Tokyo.
Dolichocolon quadrisetosum Baranov, 1935. Vet. Arhiv 5: 555. **Type locality:** China: Taiwan, P'ingtung Hsien, near Hengch'un, Changkou.
分布（Distribution）：福建（FJ）、台湾（TW）；日本。

（669）湛江库寄蝇 *Kuwanimyia zhanjiangensis* Zhao, Zhang *et* Chen, 2012

Kuwanimyia zhanjiangensis Zhao, Zhang *et* Chen, 2012. Zootaxa 3238: 58. **Type locality:** China: Guangdong, Zhanjiang, Huguang.
分布（Distribution）：广东（GD）。

153. 撵寄蝇属 *Myxexoristops* Townsend, 1911

Myxexoristops Townsend, 1911. Proc. Ent. Soc. Wash. 13: 155, 170. **Type species:** *Myxexorista pexops* Brauer *et* Bergenstamm, 1891 (monotypy) [= *Phryxe blondeli* Robineau-Desvoidy, 1830].

（670）北极撵寄蝇 *Myxexoristops arctica* (Zetterstedt, 1838)

Tachina arctica Zetterstedt, 1838. Insecta Lapp.: 645. **Type locality:** Norway: Finnmark, Skáddefjellet near Alta.
分布（Distribution）：河北（HEB）、宁夏（NX）；瑞典、挪威。

（671）双色撵寄蝇 *Myxexoristops bicolor* (Villeneuve, 1908)

Exorista bicolor Villeneuve, 1908. Wien. Ent. Ztg. 27: 283. **Type locality:** Czech Republic: Ještědský hřbet, Kryštofovo Údolí and Germany: Erzgebirge.
分布（Distribution）：北京（BJ）、云南（YN）；俄罗斯；欧洲。

（672）布朗撵寄蝇 *Myxexoristops blondeli* (Robineau-Desvoidy, 1830)

Phryxe blondeli Robineau-Desvoidy, 1830. Mém. Prés. Div. Sav. Acad. R. Sci. Inst. Fr. 2 (2): 161. **Type locality:** France.
分布（Distribution）：黑龙江（HL）、吉林（JL）、辽宁（LN）、内蒙古（NM）、河北（HEB）、北京（BJ）、宁夏（NX）、青海（QH）、新疆（XJ）、四川（SC）、云南（YN）；俄罗斯（西部）；欧洲。

（673）波氏撵寄蝇 *Myxexoristops bonsdorffi* (Zetterstedt, 1859)

Tachina bonsdorffi Zetterstedt, 1859. Dipt. Scand. 13: 6111. **Type locality:** Sweden: Gotland, Fardume.
分布（Distribution）：辽宁（LN）、河北（HEB）；德国、俄罗斯（西西伯利亚）；欧洲（北部）。

（674）何氏撵寄蝇 *Myxexoristops hertingi* Mesnil, 1955

Myxexoristops hertingi Mesnil, 1955. Flieg. Palaearkt. Reg. 10: 450. **Type locality:** Germany: Westfalen, Haltern.
分布（Distribution）：宁夏（NX）；俄罗斯、奥地利、波兰、德国、白俄罗斯。

（675）被撵寄蝇 *Myxexoristops stolida* (Stein, 1924)

Exorista stolida Stein, 1924. Arch. Naturgesch., Abteilung A, 90 (6): 80. **Type locality:** Poland: Trzebiatów and Pomorze.
分布（Distribution）：宁夏（NX）；日本；欧洲。

154. 尼尔寄蝇属 *Nealsomyia* Mesnil, 1939

Nealsomyia Mesnil, 1939. Monogr. Sta. Lab. Rech. Agron. Versailles 7: 31. **Type species:** *Exorista triseriella* Villeneuve, 1929 (by original designation).

（676）四斑尼尔寄蝇 *Nealsomyia rufella* (Bezzi, 1925)

Exorista corvinoides rufella Bezzi, 1925. Bull. Entomol. Res. 16: 119. **Type locality:** Malaysia: Malay Peninsula (Kuala Lumpur).
Exorista quadrimaculata Baranov, 1934. Ent. Nachr. 8 (2): 43. **Type locality:** Malaysia: Malay Peninsula (Selangor, Klang).
分布（Distribution）：辽宁（LN）、山东（SD）、河南（HEN）、安徽（AH）、湖南（HN）、湖北（HB）、福建（FJ）、广东

（GD）、广西（GX）；日本、印度、缅甸、越南、老挝、泰国、斯里兰卡、马来西亚半岛、印度尼西亚；中东地区。

155. 缟寄蝇属 *Onychogonia* Brauer *et* Bergenstamm, 1889

Onychogonia Brauer *et* Bergenstamm, 1889. Denkschr. Akad. Wiss. Wien. Math.-Naturw. Kl. 56 (1): 100. **Type species:** *Gonia interrupta* Rondani, 1859 (monotypy) [= *Gonia flaviceps* Zetterstedt, 1838].

（677）瑟氏缟寄蝇 *Onychogonia cervini* (Bigot, 1881)

Germaria cervini Bigot, 1881. Ann. Soc. Entomol. Fr. 6 (1): 365. **Type locality:** Switzerland: Valais, Gornergrat.

分布（Distribution）：内蒙古（NM）、青海（QH）；欧洲。

156. 帕寄蝇属 *Pachystylum* Macquart, 1848

Pachystylum Macquart, 1848. Ann. Soc. Entomol. Fr. 2 (6): 132. **Type species:** *Pachystylum bremii* Macquart, 1848 (monotypy).

（678）布雷帕寄蝇 *Pachystylum bremii* Macquart, 1848

Pachystylum bremii Macquart, 1848. Ann. Soc. Entomol. Fr. 2 (6): 133. **Type locality:** Switzerland: Uri.

分布（Distribution）：河北（HEB）、宁夏（NX）；俄罗斯、瑞士、法国、德国、奥地利、波兰、意大利、前南斯拉夫、外高加索地区。

157. 栉寄蝇属 *Pales* Robineau-Desvoidy, 1830

Pales Robineau-Desvoidy, 1830. Mém. Prés. Div. Sav. Acad. R. Sci. Inst. Fr. 2 (2): 154. **Type species:** *Pales florea* Robineau-Desvoidy, 1830 (by designation of Coquillett, 1910) [= *Tachina pavida* Meigen, 1824].

（679）秘栉寄蝇 *Pales abdita* Cerretti, 2005

Pales abdita Cerretti, 2005. Zootaxa 885: 11. **Type locality:** Italy: Sicily, Palermo Prov., Bosco della Ficuzza.

分布（Distribution）：辽宁（LN）；西班牙、意大利、瑞士、塞浦路斯。

（680）狭额栉寄蝇 *Pales angustifrons* (Mesnil, 1963)

Ctenophorocera angustifrons Mesnil, 1963. Bull. Inst. R. Sci. Nat. Belg. 39 (24): 6. **Type locality:** Japan: Hokkaidō, Sapporo.

分布（Distribution）：西藏（XZ）；俄罗斯、日本。

（681）炭黑栉寄蝇 *Pales carbonata* Mesnil, 1970

Pales carbonata Mesnil, 1970. Mushi 44: 89. **Type locality:** China: Jiangxi.

分布（Distribution）：辽宁（LN）、北京（BJ）、山东（SD）、陕西（SN）、宁夏（NX）、甘肃（GS）、青海（QH）、新疆（XJ）、安徽（AH）、江苏（JS）、上海（SH）、浙江（ZJ）、江西（JX）、四川（SC）、西藏（XZ）、福建（FJ）、台湾（TW）、广东（GD）、海南（HI）；日本。

（682）长角栉寄蝇 *Pales longicornis* Chao *et* Shi, 1982

Pales longicornis Chao *et* Shi, 1982. *In*: The Comprehensive Scientific Expedition to the Qinghai-Xizang Plateau, Chinese Academy of Sciences, 1982. Insects of Xizang 2: 269. **Type locality:** China: Xizang, Zayü.

分布（Distribution）：河北（HEB）、陕西（SN）、浙江（ZJ）、四川（SC）、云南（YN）、西藏（XZ）、福建（FJ）、广西（GX）。

（683）墨脱栉寄蝇 *Pales medogensis* Chao *et* Shi, 1982

Pales medogensis Chao *et* Shi, 1982. *In*: The Comprehensive Scientific Expedition to the Qinghai-Xizang Plateau, Chinese Academy of Sciences, 1982. Insects of Xizang 2: 268. **Type locality:** China: Xizang, Mêdog.

分布（Distribution）：西藏（XZ）。

（684）小栉寄蝇 *Pales murina* Mesnil, 1970

Pales murina Mesnil, 1970. Mushi 44: 90. **Type locality:** Pakistan: Ghavial.

分布（Distribution）：北京（BJ）、山东（SD）、安徽（AH）、江苏（JS）、上海（SH）、浙江（ZJ）、江西（JX）、四川（SC）、重庆（CQ）、贵州（GZ）、云南（YN）、西藏（XZ）、福建（FJ）、台湾（TW）、广西（GX）；巴基斯坦、印度；中东地区。

（685）蓝黑栉寄蝇 *Pales pavida* (Meigen, 1824)

Tachina pavida Meigen, 1824. Syst. Beschr. Europ. Zweifl. Insekt. 4: 398. **Type locality:** Not given (probably Germany: Stolberg).

分布（Distribution）：黑龙江（HL）、辽宁（LN）、内蒙古（NM）、河北（HEB）、北京（BJ）、山西（SX）、河南（HEN）、陕西（SN）、宁夏（NX）、甘肃（GS）、青海（QH）、浙江（ZJ）、湖南（HN）、湖北（HB）、四川（SC）、重庆（CQ）、贵州（GZ）、云南（YN）、西藏（XZ）、福建（FJ）、广东（GD）、广西（GX）、海南（HI）；俄罗斯、蒙古国、日本、外高加索地区；中东地区；中亚、欧洲。

（686）汤森栉寄蝇 *Pales townsendi* (Baranov, 1935)

Macrozenillia townsendi Baranov, 1935. Vet. Arhiv 5: 553. **Type locality:** China: Taiwan, Kaohsiung Hsien, Chiahsien Hsiang.

分布（Distribution）：云南（YN）、台湾（TW）。

158. 帕丽寄蝇属 *Palesisa* Villeneuve, 1929

Palesisa Villeneuve, 1929b. Bull. Ann. Soc. R. Ent. Belg. 69: 101. **Type species:** *Palesisa nudioculata* Villeneuve, 1929 (monotypy).

（687）金帕丽寄蝇 *Palesisa aureola* Richter, 1974

Palesisa aureola Richter, 1974. Insects Mongolia 2: 406. **Type locality:** Mongolia: Govĭ-Altay Aimag [Gobi-Altai Aimak in Russian] Jargalant, Ushiyn-Bulak.
分布（Distribution）：山西（SX）；俄罗斯、蒙古国。

（688）黑斑帕丽寄蝇 *Palesisa maculosa* (Villeneuve, 1936)

Micropales maculosa Villeneuve, 1936. Konowia 15: 155. **Type locality:** Israel: Rehoboth near Jaffa.
分布（Distribution）：山西（SX）；中东地区。

（689）黑条帕丽寄蝇 *Palesisa nudioculata* Villeneuve, 1929

Palesisa nudioculata Villeneuve, 1929b. Bull. Ann. Soc. R. Ent. Belg. 69: 101. **Type locality:** Turkmenistan: Imambaba.
分布（Distribution）：内蒙古（NM）、新疆（XJ）；蒙古国；中东地区；中亚、欧洲。

159. 亚鬃寄蝇属 *Paravibrissina* Shima, 1979

Paravibrissina Shima, 1979b. Kontyû 47: 142. **Type species:** *Paravibrissina adiscalis* Shima, 1979 (by original designation).

（690）锄亚鬃寄蝇 *Paravibrissina adiscalis* Shima, 1979

Paravibrissina adiscalis Shima, 1979b. Kontyû 47: 143. **Type locality:** Malaysia: Sarawak, Kuching, Balai Ringgin.
分布（Distribution）：云南（YN）；泰国、菲律宾、马来西亚、巴布亚新几内亚。

160. 梳寄蝇属 *Pexopsis* Brauer *et* Bergenstamm, 1889

Pexopsis Brauer *et* Bergenstamm, 1889. Denkschr. Akad. Wiss. Wien. Math.-Naturw. Kl. 56 (1): 88. **Type species:** *Eurigaster tibialis* Robineau-Desvoidy, 1849 (monotypy) [= *Tachina aprica* Meigen, 1824].
Trophops Aldrich, 1932. Proc. U. S. Natl. Mus. 81 (9): 22. **Type species:** *Trophops clauseni* Aldrich, 1932 (by original designation).

（691）日梳寄蝇 *Pexopsis aprica* (Meigen, 1824)

Tachina aprica Meigen, 1824. Syst. Beschr. Europ. Zweifl. Insekt. 4: 384. **Type locality:** Europe.
分布（Distribution）：河北（HEB）、山西（SX）、宁夏（NX）、上海（SH）；俄罗斯；欧洲。

（692）金黄梳寄蝇 *Pexopsis aurea* Sun *et* Chao, 1993

Pexopsis aurea Sun *et* Chao, 1993. Sinozool. 10: 447. **Type locality:** China: Shanxi, Yicheng, Dahe.
分布（Distribution）：辽宁（LN）、山西（SX）、宁夏（NX）。

（693）颊梳寄蝇 *Pexopsis buccalis* Mesnil, 1951

Pexopsis buccalis Mesnil, 1951. Flieg. Palaearkt. Reg. 10: 207. **Type locality:** China: Zhejiang, Hangzhou.
分布（Distribution）：辽宁（LN）、内蒙古（NM）、江苏（JS）、上海（SH）、浙江（ZJ）、四川（SC）、云南（YN）。

（694）凯梳寄蝇 *Pexopsis capitata* Mesnil, 1951

Pexopsis capitata Mesnil, 1951. Flieg. Palaearkt. Reg. 10: 207. **Type locality:** China: Shanghai.
分布（Distribution）：吉林（JL）、辽宁（LN）、北京（BJ）、山西（SX）、宁夏（NX）、江苏（JS）、上海（SH）、浙江（ZJ）、湖南（HN）、四川（SC）、云南（YN）、广东（GD）、海南（HI）；俄罗斯。

（695）柯劳梳寄蝇 *Pexopsis clauseni* (Aldrich, 1932)

Trophops clauseni Aldrich, 1932. Proc. U. S. Natl. Mus. 81 (9): 22. **Type locality:** Japan: Honshū, Toyona.
分布（Distribution）：安徽（AH）、浙江（ZJ）；日本。

（696）东川梳寄蝇 *Pexopsis dongchuanensis* Sun *et* Chao, 1993

Pexopsis dongchuanensis Sun *et* Chao, 1993. Sinozool. 10: 448. **Type locality:** China: Yunnan, Dongchuan.
分布（Distribution）：云南（YN）。

（697）黄足梳寄蝇 *Pexopsis flavipsis* Sun *et* Chao, 1993

Pexopsis flavipsis Sun *et* Chao, 1993. Sinozool. 10: 448. **Type locality:** China: Hebei, Dongling, East Tomb.
分布（Distribution）：河北（HEB）。

（698）九州梳寄蝇 *Pexopsis kyushuensis* Shima, 1968

Pexopsis kyushuensis Shima, 1968. Mushi 42: 12. **Type locality:** Japan: Kyūshū, Kagoshima, Kimotsuki, Inaodake.
分布（Distribution）：安徽（AH）、浙江（ZJ）、四川（SC）、云南（YN）、福建（FJ）、广东（GD）；日本。

（699）东方梳寄蝇 *Pexopsis orientalis* Sun *et* Chao, 1993

Pexopsis orientalis Sun *et* Chao, 1993. Sinozool. 10: 449. **Type locality:** China: Zhejiang, Lin'an.

分布（Distribution）：吉林（JL）、辽宁（LN）、北京（BJ）、山西（SX）、江苏（JS）、上海（SH）、浙江（ZJ）、湖南（HN）、四川（SC）、云南（YN）、福建（FJ）、广东（GD）、海南（HI）。

（700）厚粉梳寄蝇 *Pexopsis pollinis* Sun *et* Chao, 1993

Pexopsis pollinis Sun *et* Chao, 1993. Sinozool. 10: 450. **Type locality:** China: Shanxi, Yicheng, Dahe.
分布（Distribution）：辽宁（LN）、内蒙古（NM）、河北（HEB）、山西（SX）。

（701）雷萨梳寄蝇 *Pexopsis rasa* Mesnil, 1970

Pexopsis rasa Mesnil, 1970. Mushi 44: 107. **Type locality:** Philippines: Luzon, Banahao.
分布（Distribution）：浙江（ZJ）、贵州（GZ）、云南（YN）；菲律宾。

（702）上海梳寄蝇 *Pexopsis shanghaiensis* Sun *et* Chao, 1993

Pexopsis shanghaiensis Sun *et* Chao, 1993. Sinozool. 10: 451. **Type locality:** China: Shanghai.
分布（Distribution）：内蒙古（NM）、上海（SH）。

（703）山西梳寄蝇 *Pexopsis shanxiensis* Sun *et* Chao, 1993

Pexopsis shanxiensis Sun *et* Chao, 1993. Sinozool. 10: 451. **Type locality:** China: Shanxi, Yicheng, Dahe.
分布（Distribution）：山西（SX）。

（704）毛颜梳寄蝇 *Pexopsis trichifacialis* Sun *et* Chao, 1993

Pexopsis trichifacialis Sun *et* Chao, 1993. Sinozool. 10: 452. **Type locality:** China: Zhejiang, Tianmu Shan.
Pexopsis trichifacialis Sun *et* Chao, 1992. *In*: Sun *et* Fan, 1992. J. Zhejiang Forestry College 9 (4): 499 (nomen nudum).
分布（Distribution）：浙江（ZJ）。

（705）屋久梳寄蝇 *Pexopsis yakushimana* Shima, 1968

Pexopsis yakushimana Shima, 1968. Mushi 42: 9. **Type locality:** Japan: Kyūshū, Kagoshima, Yaku-shima, Kosugidani.
分布（Distribution）：浙江（ZJ）、海南（HI）；日本。

（706）张氏梳寄蝇 *Pexopsis zhangi* Sun *et* Chao, 1993

Pexopsis zhangi Sun *et* Chao, 1993. Sinozool. 10: 452. **Type locality:** China: Yunnan, Weixi, Baiqixun.
分布（Distribution）：云南（YN）。

161. 芙寄蝇属 *Phryno* Robineau-Desvoidy, 1830

Phryno Robineau-Desvoidy, 1830. Mém. Prés. Div. Sav. Acad. R. Sci. Inst. Fr. 2 (2): 143. **Type species:** *Phryno agilis* Robineau-Desvoidy, 1830 (by designation of Townsend, 1916) [= *Tachina vetula* Meigen, 1824].
Eurigaster Macquart, 1834. Mém. Soc. Sci. Agric. Arts Lille [1833]: 289. **Type species:** *Tachina vetula* Meigen, 1824 (by fixation of O'Hara *et al.*, 2009, misidentified as *Tachina pallipes* Fallén, 1820 by Macquart, 1834 and in by designation of Westwood, 1840).
Entomobia Lioy, 1864. Atti R. Ist. Véneto Sci. Lett. Arti (3) 9: 1342 (unnecessary replacement name for *Eurigaster* Macquart, 1834).
Paraphryno Townsend, 1933. J. N. Y. Ent. Soc. 40: 469. **Type species:** *Tachina vetula* Meigen, 1824 (by original designation).

（707）宽角芙寄蝇 *Phryno brevicornis* Tachi, 2013

Phryno brevicornis Tachi, 2013. Zootaxa 3609: 365. **Type locality:** Japan: Hokkaidō, Sapporo City, Maruyama Park.
分布（Distribution）：云南（YN）；俄罗斯、日本。

（708）吉林芙寄蝇 *Phryno jilinensis* (Sun, 1993)

Calozenillia jilinensis Sun, 1993. Sinozool. 10: 443. **Type locality:** China: Jilin, Jingyue.
分布（Distribution）：吉林（JL）。

（709）加藤芙寄蝇 *Phryno katoi* Mesnil, 1963

Phryno katoi Mesnil, 1963. Bull. Inst. R. Sci. Nat. Belg. 39 (24): 11. **Type locality:** Japan: Honshū, Tochigi Prefecture, Nikkō.
分布（Distribution）：辽宁（LN）；日本。

（710）弯叶芙寄蝇 *Phryno tenuiforceps* Tachi, 2013

Phryno tenuiforceps Tachi, 2013. Zootaxa 3609: 372. **Type locality:** Japan: Honshū, Nagano Prefecture, Karuizawa.
分布（Distribution）：辽宁（LN）；俄罗斯、韩国、日本。

（711）黄胫芙寄蝇 *Phryno tibialis* (Sun, 1993)

Calozenillia tibialis Sun, 1993. Sinozool. 10: 441. **Type locality:** China: Shanxi, Yicheng, Dahe.
分布（Distribution）：山西（SX）。

（712）拱头芙寄蝇 *Phryno vetula* (Meigen, 1824)

Tachina vetula Meigen, 1824. Syst. Beschr. Europ. Zweifl. Insekt. 4: 399. **Type locality:** Austria and unspecified.
分布（Distribution）：辽宁（LN）、河北（HEB）、宁夏（NX）、浙江（ZJ）；俄罗斯、外高加索地区；欧洲。

（713）宜城芙寄蝇 *Phryno yichengica* Chao *et* Liu, 1998

Phryno yichengica Chao *et* Liu, 1998. *In*: Liu *et* Chao *et al.*, 1998. Fauna of Tachinidae from Shanxi Province, China: 231. **Type locality:** China: Shanxi, Yicheng, Dahe.

分布（Distribution）：山西（SX）。

162. 扁寄蝇属 *Platymya* Robineau-Desvoidy, 1830

Platymya Robineau-Desvoidy, 1830. Mém. Prés. Div. Sav. Acad. R. Sci. Inst. Fr. 2 (2): 116. **Type species:** *Platymya aestivalis* Robineau-Desvoidy, 1830 (by designation of Robineau-Desvoidy, 1863) [= *Tachina fimbriata* Meigen, 1824].

（714）短芒扁寄蝇 *Platymya antennata* (Brauer *et* Bergenstamm, 1891)

Parexorista antennata Brauer *et* Bergenstamm, 1891. Zweif. Kaiserl. Mus. Wien 5: 21. **Type locality:** Italy: Friuli-Venezia Giulia, Gorizia.

分布（Distribution）：宁夏（NX）、新疆（XJ）；俄罗斯、外高加索地区；中东地区；欧洲。

（715）林荫扁寄蝇 *Platymya fimbriata* (Meigen, 1824)

Tachina fimbriata Meigen, 1824. Syst. Beschr. Europ. Zweifl. Insekt. 4: 337. **Type locality:** Not given (probably Germany: Stolberg).

分布（Distribution）：黑龙江（HL）、山西（SX）、宁夏（NX）、四川（SC）、重庆（CQ）、贵州（GZ）、云南（YN）、西藏（XZ）；俄罗斯、蒙古国、韩国、外高加索地区；中东地区；中亚、欧洲。

163. 前寄蝇属 *Prosopea* Rondani, 1861

Prosopea Rondani, 1861. Dipt. Ital. Prodromus, Vol. IV: 36 (as a subgenus of *Frontina* Meigen, 1838). **Type species:** *Frontina* (*Prosopea*) *instabilis* Rondani, 1861 (by original designation) [= *Frontina nigricans* Egger, 1861].

（716）黑前寄蝇 *Prosopea nigricans* (Egger, 1861)

Frontina nigricans Egger, 1861. Verh. K. K. Zool.-Bot. Ges. Wien 11: 214. **Type locality:** Austria.

分布（Distribution）：黑龙江（HL）、辽宁（LN）、河北（HEB）、北京（BJ）、新疆（XJ）；俄罗斯、蒙古国、外高加索地区；中东地区；中亚、欧洲。

164. 爪寄蝇属 *Prosopodopsis* Townsend, 1926

Prosopodopsis Townsend, 1926. Philipp. J. Sci. 29 (4): 542. **Type species:** *Tachina fasciata* Wiedemann, 1830 (by original designation) (junior primary homonym of *Tachina fasciata* Fallén, 1820 [= *Prosopaea appendiculata* de Meijere, 1910]).

（717）赘爪寄蝇 *Prosopodopsis appendiculata* (de Meijere, 1910)

Prosopaea appendiculata de Meijere, 1910. Tijdschr. Ent. 53: 110. **Type locality:** Indonesia: Krakatau Islands, Panjang.

Tachina fasciata Wiedemann, 1830. Aussereurop. Zweifl. Insekt. 2: 337. **Type locality:** China: Macao.

分布（Distribution）：台湾（TW）、澳门（MC）；印度、马来西亚、新加坡、印度尼西亚。

（718）黄角爪寄蝇 *Prosopodopsis ruficornis* (Chao, 2002)

Elodia ruficornis Chao, 2002. *In*: Chao, Liang *et* Zhou, 2002. *In*: Huang, 2002. Forest Insects of Hainan: 826. **Type locality:** China: Hainan.

分布（Distribution）：海南（HI）。

165. 拟芒寄蝇属 *Pseudogonia* Brauer *et* Bergenstamm, 1889

Pseudogonia Brauer *et* Bergenstamm, 1889. Denkschr. Akad. Wiss. Wien. Math.-Naturw. Cl. 56 (1): 100. **Type species:** *Gonia cinerascens* Rondani, 1859 (monotypy) [= *Tachina rufifrons* Wiedemann, 1830].

（719）红额拟芒寄蝇 *Pseudogonia rufifrons* (Wiedemann, 1830)

Tachina rufifrons Wiedemann, 1830. Aussereurop. Zweifl. Insekt. 2: 318. **Type locality:** China.

Latreillia lalandii Robineau-Desvoidy, 1830. Mém. Prés. Div. Sav. Acad. R. Sci. Inst. Fr. 2 (2): 106 (a junior secondary homonym of *Reaumuria lalandii* Robineau-Desvoidy, 1830). **Type locality:** South Africa: Cape of Good Hope.

Gonia cinerascens Rondani, 1859. Dipt. Ital. Prodromus, Vol. III: 34. **Type locality:** Italy: hills near Parma.

分布（Distribution）：吉林（JL）、辽宁（LN）、内蒙古（NM）、河北（HEB）、北京（BJ）、山西（SX）、山东（SD）、河南（HEN）、宁夏（NX）、新疆（XJ）、安徽（AH）、江苏（JS）、上海（SH）、浙江（ZJ）、江西（JX）、湖北（HB）、四川（SC）、云南（YN）、福建（FJ）、台湾（TW）、广东（GD）、广西（GX）、香港（HK）；俄罗斯、蒙古国、韩国、日本、哈萨克斯坦、巴基斯坦、印度、缅甸、泰国、菲律宾、马来西亚、印度尼西亚、伊朗、以色列、巴勒斯坦、埃及、摩洛哥、外高加索地区、澳大利亚、夏威夷群岛、美拉尼西亚群岛、巴布亚新几内亚；中亚、欧洲、非洲广布。

166. 突寄蝇属 *Rhinomyodes* Townsend, 1933

Rhinomyodes Townsend, 1933. J. N. Y. Ent. Soc. 40: 474. **Type species:** *Rhinomyodes emporomyioides* Townsend, 1933 (by original designation).

（720）帝突寄蝇 *Rhinomyodes emporomyioides* Townsend, 1933

Rhinomyodes emporomyioides Townsend, 1933. J. N. Y. Ent.

Soc. 40: 474. **Type locality:** China: Taiwan, P'ingtung Hsien, Changkou.
分布（**Distribution**）：台湾（TW）；日本、印度。

167. 舟寄蝇属 *Scaphimyia* Mesnil, 1955

Scaphimyia Mesnil, 1955. Flieg. Palaearkt. Reg. 7: 422. **Type species:** *Scaphimyia castanea* Mesnil, 1955 (by original designation).
Scaphimyia Mesnil, 1953. Flieg. Palaearkt. Reg. 7: 298 (nomen nudum).

（721）栗色舟寄蝇 *Scaphimyia castanea* Mesnil, 1955

Scaphimyia castanea Mesnil, 1955. Flieg. Palaearkt. Reg. 7: 422. **Type locality:** Vietnam: Tonkin.
分布（**Distribution**）：北京（BJ）、浙江（ZJ）、四川（SC）、西藏（XZ）、广东（GD）、广西（GX）；越南。

（722）黑基舟寄蝇 *Scaphimyia nigrobasicasta* Chao *et* Shi, 1982

Scaphimyia nigrobasicasta Chao *et* Shi, 1982. *In*: The Comprehensive Scientific Expedition to the Qinghai-Xizang Plateau, Chinese Academy of Sciences, 1982. Insects of Xizang 2: 272. **Type locality:** China: Xizang, Mêdog.
分布（**Distribution**）：西藏（XZ）。

（723）高野舟寄蝇 *Scaphimyia takanoi* Mesnil, 1967

Scaphimyia takanoi Mesnil, 1967. Mushi 41: 43. **Type locality:** Japan: Hokkaidō, Obihiro.
分布（**Distribution**）：吉林（JL）、辽宁（LN）、山西（SX）、浙江（ZJ）、云南（YN）、福建（FJ）；日本。

168. 蚕寄蝇属 *Sericozenillia* Mesnil, 1957

Sericozenillia Mesnil, 1957. Mém. Soc. R. Ent. Belg. 28: 18 (as a subgenus of *Zenillia* Robineau-Desvoidy, 1930). **Type species:** *Zenillia* (*Sericozenillia*) *albipila* Mesnil, 1957 (monotypy).

（724）白毛蚕寄蝇 *Sericozenillia albipila* (Mesnil, 1957)

Zenillia (*Sericozenillia*) *albipila* Mesnil, 1957. Mém. Soc. R. Ent. Belg. 28: 18. **Type locality:** Japan: Honshū, Mt. Takao.
分布（**Distribution**）：辽宁（LN）；日本。

169. 西蒙寄蝇属 *Simoma* Aldrich, 1926

Simoma Aldrich, 1926. Proc. U. S. Natl. Mus. 69 (22): 20. **Type species:** *Simoma grahami* Aldrich, 1926 (by original designation).

（725）黑鳞西蒙寄蝇 *Simoma grahami* Aldrich, 1926

Simoma grahami Aldrich, 1926. Proc. U. S. Natl. Mus. 69 (22): 21. **Type locality:** China: Sichuan, Suifu.
分布（**Distribution**）：辽宁（LN）、上海（SH）、浙江（ZJ）、湖南（HN）、四川（SC）、云南（YN）、福建（FJ）、广西（GX）；日本、越南、马来西亚半岛、印度；中东地区。

170. 飞跃寄蝇属 *Spallanzania* Robineau-Desvoidy, 1830

Spallanzania Robineau-Desvoidy, 1830. Mém. Prés. Div. Sav. Acad. R. Sci. Inst. Fr. 2 (2): 78. **Type species:** *Spallanzania gallica* Robineau-Desvoidy, 1830 (by designation of Coquillett, 1910) [= *Tachina hebes* Fallén, 1820].
Cnephalia Rondani, 1856. Dipt. Ital. Prodromus, Vol. I: 62. **Type species:** *Tachina hebes* Fallén, 1820 (by original designation).

（726）梳飞跃寄蝇 *Spallanzania hebes* (Fallén, 1820)

Tachina hebes Fallén, 1820. Monogr. Musc. Sveciae I: 11. **Type locality:** Sweden: Gotland, Gothem.
分布（**Distribution**）：黑龙江（HL）、吉林（JL）、辽宁（LN）、内蒙古（NM）、河北（HEB）、天津（TJ）、北京（BJ）、山西（SX）、陕西（SN）、宁夏（NX）、甘肃（GS）、青海（QH）、新疆（XJ）、江苏（JS）、上海（SH）、浙江（ZJ）、湖南（HN）、西藏（XZ）、广东（GD）、海南（HI）；俄罗斯、蒙古国、印度、加拿大、美国、外高加索地区；中东地区；中亚、欧洲、非洲（北部）。

（727）多鬃飞跃寄蝇 *Spallanzania multisetosa* (Rondani, 1859)

Cnephalia multisetosa Rondani, 1859. Dipt. Ital. Prodromus, Vol. III: 43. **Type locality:** Italy: hills near Parma.
分布（**Distribution**）：辽宁（LN）、北京（BJ）；欧洲。

（728）西利飞跃寄蝇 *Spallanzania sillemi* (Baranov, 1935)

Cnephalia sillemi Baranov, 1935. Wiss. Ergebn. Niederl. Exped. Karakorum. Zool. 1: 407. **Type locality:** China: Xinjiang, Karakoram Range, Karakash Valley, between Kawak Pass and Sanju Pass.
分布（**Distribution**）：新疆（XJ）。

（729）亮黑飞跃寄蝇 *Spallanzania sparipruinatus* Chao *et* Shi, 1982

Spallanzania sparipruinatus Chao *et* Shi, 1982. *In*: The Comprehensive Scientific Expedition to the Qinghai-Xizang Plateau, Chinese Academy of Sciences, 1982. Insects of Xizang 2: 276. **Type locality:** China: Xizang, Gyamda.
分布（**Distribution**）：西藏（XZ）。

171. 丛毛寄蝇属 *Sturmia* Robineau-Desvoidy, 1830

Sturmia Robineau-Desvoidy, 1830. Mém. Prés. Div. Sav. Acad.

R. Sci. Inst. Fr. 2 (2): 171. **Type species:** *Sturmia vanessae* Robineau-Desvoidy, 1830 (by designation of Robineau-Desvoidy, 1863) [= *Tachina bella* Meigen, 1824].

Oodigaster Macquart, 1854. Ann. Soc. Entomol. Fr. 3 (2): 397. **Type species:** *Tachina bella* Meigen, 1824 (by fixation of O'Hara *et al.*, 2009, misidentified as *Tachina doris* Meigen, 1824 in the by original designation of Macquart, 1854).

Ctenocnemis Kowarz, 1873. Verh. K. K. Zool.-Bot. Ges. Wien 23: 460 (a junior homonym of *Ctenocnemis* Fieber, 1861; unnecessary replacement name for *Sturmia* Robineau-Desvoidy, 1830).

（730）丽丛毛寄蝇 *Sturmia bella* (Meigen, 1824)

Tachina bella Meigen, 1824. Syst. Beschr. Europ. Zweifl. Insekt. 4: 317. **Type locality:** Not given (probably Germany: Stolberg *et* Hamburg).

分布（Distribution）：辽宁（LN）、甘肃（GS）、浙江（ZJ）、湖南（HN）、四川（SC）、云南（YN）、福建（FJ）、台湾（TW）、广东（GD）、广西（GX）、海南（HI）；俄罗斯、韩国、日本（冲绳）、泰国、尼泊尔、外高加索地区、美拉尼西亚群岛；中东地区；中亚、欧洲。

（731）海丛毛寄蝇 *Sturmia oceanica* Baranov, 1938

Sturmia bella oceanica Baranov, 1938. Vet. Arhiv 8: 170. **Type locality:** Solomon Is.: San Christobal, Waiai.

分布（Distribution）：云南（YN）、台湾（TW）、广西（GX）；越南、泰国、印度尼西亚、美拉尼西亚群岛、巴布亚新几内亚。

172. 苏寄蝇属 *Suensonomyia* Mesnil, 1953

Suensonomyia Mesnil, 1953c. Bull. Ann. Soc. R. Ent. Belg. 89: 99. **Type species:** *Suensonomyia setinerva* Mesnil, 1953 (monotypy).

（732）鬃脉苏寄蝇 *Suensonomyia setinerva* Mesnil, 1953

Suensonomyia setinerva Mesnil, 1953c. Bull. Ann. Soc. R. Ent. Belg. 89: 99. **Type locality:** China: Fujian, Yenpingfu.

分布（Distribution）：福建（FJ）；印度。

173. 高野寄蝇属 *Takanomyia* Mesnil, 1957

Takanomyia Mesnil, 1957. Mém. Soc. R. Ent. Belg. 28: 10. **Type species:** *Takanomyia scutellata* Mesnil, 1957 (monotypy).

Isopexopsis Sun *et* Chao, 1994. Acta Zootaxon. Sin. 19 (4): 482. **Type species:** *Isopexopsis parafacialis* Sun *et* Chao, 1994 (by original designation).

（733）额高野寄蝇 *Takanomyia frontalis* Shima, 1988

Takanomyia frontalis Shima, 1988. Bull. Kitakyushu Mus. Nat. Hist. 8: 26. **Type locality:** Nepal: Phulchoki.

分布（Distribution）：云南（YN）；尼泊尔。

（734）侧颜高野寄蝇 *Takanomyia parafacialis* (Sun *et* Chao, 1994)

Isopexopsis parafacialis Sun *et* Chao, 1994. Acta Zootaxon. Sin. 19 (4): 482. **Type locality:** China: Yunnan, Weixi, Lidiping.

分布（Distribution）：四川（SC）、云南（YN）。

（735）褐高野寄蝇 *Takanomyia rava* Shima, 1988

Takanomyia rava Shima, 1988. Bull. Kitakyushu Mus. Nat. Hist. 8: 28. **Type locality:** Nepal: Basantapur.

分布（Distribution）：四川（SC）；尼泊尔。

（736）小盾高野寄蝇 *Takanomyia scutellata* Mesnil, 1957

Takanomyia scutellata Mesnil, 1957. Mém. Soc. R. Ent. Belg. 28: 10. **Type locality:** Japan: Honshū, Manazuru.

分布（Distribution）：辽宁（LN）、云南（YN）；日本、印度、尼泊尔。

（737）高木高野寄蝇 *Takanomyia takagii* Shima, 1988

Takanomyia takagii Shima, 1988. Bull. Kitakyushu Mus. Nat. Hist. 8: 31. **Type locality:** Nepal: Bagmati, Sheopani.

分布（Distribution）：河北（HEB）、陕西（SN）；尼泊尔。

174. 雌型寄蝇属 *Thelymorpha* Brauer *et* Bergenstamm, 1889

Thelymorpha Brauer *et* Bergenstamm, 1889. Denkschr. Akad. Wiss. Wien. Math.-Naturw. Kl. 56 (1): 107. **Type species:** *Tachina vertiginosa* Fallén, 1820 (monotypy) [= *Musca marmorata* Fabricius, 1805].

（738）脉纹雌型寄蝇 *Thelymorpha marmorata* (Fabricius, 1805)

Musca marmorata Fabricius, 1805. Syst. Antliat.: 300. **Type locality:** Germany.

分布（Distribution）：新疆（XJ）；俄罗斯、蒙古国、哈萨克斯坦、外高加索地区；欧洲。

175. 三鬃寄蝇属 *Tritaxys* Macquart, 1847

Tritaxys Macquart, 1847. Dipt. Exot. Nouv. Connus 1847 (2): 65. **Type species:** *Tritaxys australis* Macquart, 1847 (monotypy).

（739）长芒三鬃寄蝇 *Tritaxys braueri* (de Meijere, 1924)

Goniophana braueri de Meijere, 1924. Tijdschr. Ent. 67: 222 (replacement name for *javana* Macquart, 1851).

Gonia javana Macquart, 1851. Mém. Soc. R. Sci. Agric. Arts

Lille 1850 [1851]: 151. **Type locality:** Indonesia: Jawa.
分布（Distribution）：云南（YN）、西藏（XZ）、福建（FJ）、广东（GD）、广西（GX）、海南（HI）；印度尼西亚。

176. 三色寄蝇属 *Trixomorpha* Brauer *et* Bergenstamm, 1889

Trixomorpha Brauer *et* Bergenstamm, 1889. Denkschr. Akad. Wiss. Wien. Math.-Naturw. Cl. 56 (1): 163. **Type species:** *Trixomorpha indica* Brauer *et* Bergenstamm, 1889 (monotypy).

（740）印度三色寄蝇 *Trixomorpha indica* Brauer *et* Bergenstamm, 1889

Trixomorpha indica Brauer *et* Bergenstamm, 1889. Denkschr. Akad. Wiss. Wien. Math.-Naturw. Cl. 56 (1): 163. **Type locality:** India: Bengal.
分布（Distribution）：云南（YN）、广东（GD）、广西（GX）、海南（HI）；印度。

177. 彩寄蝇属 *Zenillia* Robineau-Desvoidy, 1830

Zenillia Robineau-Desvoidy, 1830. Mém. Prés. Div. Sav. Acad. R. Sci. Inst. Fr. 2 (2): 152. **Type species:** *Musca libatrix* Panzer, 1798 (by designation of Robineau-Desvoidy, 1863).
Myxexorista Brauer *et* Bergenstamm, 1891. Zweif. Kaiserl. Mus. Wien 5: 27. **Type species:** *Musca libatrix* Panzer, 1798 (by designation of Brauer, 1893).

（741）黄粉彩寄蝇 *Zenillia dolosa* (Meigen, 1824)

Tachina dolosa Meigen, 1824. Syst. Beschr. Europ. Zweifl. Insekt. 4: 394. **Type locality:** Europe.
分布（Distribution）：黑龙江（HL）、吉林（JL）、辽宁（LN）、内蒙古（NM）、河北（HEB）、北京（BJ）、山西（SX）、河南（HEN）、陕西（SN）、宁夏（NX）、湖北（HB）、贵州（GZ）、云南（YN）；俄罗斯、日本、外高加索地区；欧洲。

（742）疣肛彩寄蝇 *Zenillia libatrix* (Panzer, 1798)

Musca libatrix Panzer, 1798. Faunae insectorum germanicae initia oder Deutschlands Insecten, Fasc. 54: 12. **Type locality:** Austria.
分布（Distribution）：辽宁（LN）、内蒙古（NM）、河北（HEB）、山西（SX）、广东（GD）；俄罗斯、日本、外高加索地区；欧洲。

（743）黄足彩寄蝇 *Zenillia phrynoides* (Baranov, 1939)

Exorista phrynoides Baranov, 1939. Ent. Nachr. 12: 110. **Type locality:** Japan: Hokkaidō, Sapporo.
分布（Distribution）：湖南（HN）；日本、朝鲜、韩国。

（744）恐彩寄蝇 *Zenillia terrosa* Mesnil, 1953

Zenillia terrosa Mesnil, 1953c. Bull. Ann. Soc. R. Ent. Belg. 89: 97. **Type locality:** India: Mahārāshtra, north of Thane, Pālghar Range.
Exorista grisellina Gardner, 1940. Indian J. Ent. 2: 177 (nomen nudum).
分布（Distribution）：福建（FJ）；印度。

温寄蝇族 Winthemiini

178. 截尾寄蝇属 *Nemorilla* Rondani, 1856

Nemorilla Rondani, 1856. Dipt. Ital. Prodromus, Vol. I: 66. **Type species:** *Tachina maculosa* Meigen, 1824 (by original designation).

（745）金粉截尾寄蝇 *Nemorilla chrysopollinis* Chao *et* Shi, 1982

Nemorilla chrysopollinis Chao *et* Shi, 1982. *In*: The Comprehensive Scientific Expedition to the Qinghai-Xizang Plateau, Chinese Academy of Sciences, 1982. Insects of Xizang 2: 267. **Type locality:** China: Xizang, Qamdo.
分布（Distribution）：西藏（XZ）。

（746）花截尾寄蝇 *Nemorilla floralis* (Fallén, 1810)

Tachina floralis Fallén, 1810a. K. Svenska Vetensk. Akad. Handl. 31 (2): 287. **Type locality:** Sweden.
分布（Distribution）：辽宁（LN）；俄罗斯、日本、匈牙利、意大利、德国、法国、瑞典、英国；中亚。

（747）双斑截尾寄蝇 *Nemorilla maculosa* (Meigen, 1824)

Tachina maculosa Meigen, 1824. Syst. Beschr. Europ. Zweifl. Insekt. 4: 265. **Type locality:** Southern France. Germany: Hamburg and probably Stolberg.
分布（Distribution）：黑龙江（HL）、吉林（JL）、辽宁（LN）、内蒙古（NM）、河北（HEB）、天津（TJ）、北京（BJ）、山西（SX）、山东（SD）、宁夏（NX）、新疆（XJ）、安徽（AH）、江苏（JS）、上海（SH）、浙江（ZJ）、江西（JX）、湖南（HN）、湖北（HB）、四川（SC）、福建（FJ）、台湾（TW）、广东（GD）、广西（GX）、海南（HI）、香港（HK）；俄罗斯、蒙古国、韩国、日本、印度、缅甸、外高加索地区；中东地区；中亚、欧洲、非洲（北部）。

179. 锥腹寄蝇属 *Smidtia* Robineau-Desvoidy, 1830

Smidtia Robineau-Desvoidy, 1830. Mém. Prés. Div. Sav. Acad. R. Sci. Inst. Fr. 2 (2): 183. **Type species:** *Smidtia vernalis* Robineau-Desvoidy, 1830 (by designation of Desmarest, 1848) [= *Tachina conspersa* Meigen, 1824].
Timavia Robineau-Desvoidy, 1863. Hist. Nat. Dipt. Envir.

Paris 1: 257. **Type species:** *Smidtia flavipalpis* Robineau-Desvoidy, 1848 (by original designation) [= *Tachina amoena* Meigen, 1824].

Omotoma Lioy, 1864. Atti R. Ist. Véneto Sci. Lett. Arti (3) 9: 1338. **Type species:** *Tachina amoena* Meigen, 1824 (by designation of Townsend, 1916).

（748）松毛虫锥腹寄蝇 *Smidtia amoena* (Meigen, 1824)

Tachina amoena Meigen, 1824. Syst. Beschr. Europ. Zweifl. Insekt. 4: 264. **Type locality:** Not given (probably Germany: Stolberg).

分布（Distribution）：黑龙江（HL）、吉林（JL）、辽宁（LN）、河北（HEB）、北京（BJ）、山西（SX）、山东（SD）、陕西（SN）、安徽（AH）、浙江（ZJ）、湖南（HN）、湖北（HB）、广西（GX）；俄罗斯、日本、哈萨克斯坦、外高加索地区；中亚、欧洲。

（749）黑龙江锥腹寄蝇 *Smidtia amurensis* (Borisova-Zinovjeva, 1962)

Nemosturmia amurensis Borisova-Zinovjeva, 1962. Trudy Zool. Inst. 30: 326. **Type locality:** Russia: Amurskaya Oblast', Klimoutsy.

分布（Distribution）：辽宁（LN）；俄罗斯、日本。

（750）触角锥腹寄蝇 *Smidtia antennalis* Shima, 1996

Smidtia antennalis Shima, 1996. Beitr. Ent. 46: 178. **Type locality:** Japan: Honshū, Aomori, Hirosaki City, Zatoishi.

分布（Distribution）：辽宁（LN）；日本。

（751）亮丽锥腹寄蝇 *Smidtia candida* Chao *et* Liang, 2003

Smidtia candida Chao *et* Liang, 2003. Acta Zootaxon. Sin. 28 (1): 154. **Type locality:** China: Heilongjiang, Yichun.

分布（Distribution）：黑龙江（HL）、辽宁（LN）。

（752）长鬃锥腹寄蝇 *Smidtia conspersa* (Meigen, 1824)

Tachina conspersa Meigen, 1824. Syst. Beschr. Europ. Zweifl. Insekt. 4: 263. **Type locality:** Europe.

分布（Distribution）：黑龙江（HL）；外高加索地区；中亚、欧洲。

（753）孪锥腹寄蝇 *Smidtia gemina* (Mesnil, 1949)

Nemosturmia gemina Mesnil, 1949. Flieg. Palaearkt. Reg. 3: 75. **Type locality:** China: Jiangxi, Guling.

分布（Distribution）：江西（JX）；俄罗斯、日本、朝鲜、韩国。

（754）日本锥腹寄蝇 *Smidtia japonica* (Mesnil, 1957)

Nemosturmia japonica Mesnil, 1957. Mém. Soc. R. Ent. Belg. 28: 9. **Type locality:** Japan: Honshū, Tokyo, Mitaka.

分布（Distribution）：辽宁（LN）、浙江（ZJ）；俄罗斯、日本。

（755）喜锥腹寄蝇 *Smidtia laeta* (Mesnil, 1963)

Nemosturmia laeta Mesnil, 1963. Bull. Inst. R. Sci. Nat. Belg. 39 (24): 5. **Type locality:** France: La Celle-Saint-Cloud near Versailles.

分布（Distribution）：辽宁（LN）；日本、法国。

（756）长尾锥腹寄蝇 *Smidtia longicauda* Chao *et* Liang, 2003

Smidtia longicauda Chao *et* Liang, 2003. Acta Zootaxon. Sin. 28 (1): 153. **Type locality:** China: Jilin, Liaoyuan.

分布（Distribution）：吉林（JL）、河北（HEB）。

（757）灰锥腹寄蝇 *Smidtia pauciseta* Shima, 1996

Smidtia pauciseta Shima, 1996. Beitr. Ent. 46: 179. **Type locality:** Japan: Hokkaidō, Nopporo.

分布（Distribution）：辽宁（LN）、内蒙古（NM）；日本。

（758）拟温锥腹寄蝇 *Smidtia winthemioides* (Mesnil, 1949)

Nemosturmia winthemioides Mesnil, 1949. Flieg. Palaearkt. Reg. 10: 76. **Type locality:** China: Taiwan.

分布（Distribution）：台湾（TW）。

（759）伊春锥腹寄蝇 *Smidtia yichunensis* Chao *et* Liang, 2003

Smidtia yichunensis Chao *et* Liang, 2003. Acta Zootaxon. Sin. 28 (1): 155. **Type locality:** China: Heilongjiang, Yichun.

分布（Distribution）：黑龙江（HL）。

180. 温寄蝇属 *Winthemia* Robineau-Desvoidy, 1830

Winthemia Robineau-Desvoidy, 1830. Mém. Prés. Div. Sav. Acad. R. Sci. Inst. Fr. 2 (2): 173. **Type species:** *Musca quadripustulata* Fabricius, 1794 (by designation of Desmarest, 1849).

Crossotocnema Bigot, 1885. Bull. Bimens. Soc. Entomol. Fr. 1855 (22): cci. **Type species:** *Crossotocnema javana* Bigot, 1885 (monotypy).

Crypsina Brauer *et* Bergenstamm, 1889. Denkschr. Akad. Wiss. Wien. Math.-Naturw. Cl. 56 (1): 97. **Type species:** *Crypsina prima* Brauer *et* Bergenstamm, 1889 (monotypy).

Catanemorilla Villeneuve, 1910b. Wien. Ent. Ztg. 29: 87. **Type species:** *Catanemorilla pilosa* Villeneuve, 1910 (monotypy).

Pseudokea Townsend, 1928. Philipp. J. Sci. 34 [1927]: 393. **Type species:** *Pseudokea neowinthemioides* Townsend, 1928 (by original designation).

（760）狭肛温寄蝇 *Winthemia angusta* Shima, Chao *et* Zhang, 1992

Winthemia angusta Shima, Chao *et* Zhang, 1992. Jap. J. Ent.

60: 219. **Type locality:** China: Yunnan, Lushui.
分布（**Distribution**）：辽宁（LN）、河北（HEB）、北京（BJ）、山西（SX）、山东（SD）、云南（YN）；日本。

（761）北方温寄蝇 *Winthemia aquilonalis* Chao, 1998

Winthemia aquilonalis Chao, 1998. *In*: Chao *et al*., 1998. *In*: Xue *et* Chao, 1998. Flies of China, Vol. 2: 1769. **Type locality:** China: Shanxi, Yicheng.
分布（**Distribution**）：辽宁（LN）、山西（SX）。

（762）黄粉温寄蝇 *Winthemia aurea* Shima, Chao *et* Zhang, 1992

Winthemia aurea Shima, Chao *et* Zhang, 1992. Jap. J. Ent. 60: 217. **Type locality:** China: Yunnan, Xishuangbanna, Menghai.
分布（**Distribution**）：辽宁（LN）、云南（YN）。

（763）北京温寄蝇 *Winthemia beijingensis* Chao *et* Liang, 1998

Winthemia beijingensis Chao *et* Liang, 1998. *In*: Chao *et al*., 1998. *In*: Xue *et* Chao, 1998. Flies of China, Vol. 2: 1771. **Type locality:** China: Beijing, Xishan, Wofosi.
分布（**Distribution**）：北京（BJ）、甘肃（GS）。

（764）短角温寄蝇 *Winthemia brevicornis* Shima, Chao *et* Zhang, 1992

Winthemia brevicornis Shima, Chao *et* Zhang, 1992. Jap. J. Ent. 60: 225. **Type locality:** China: Yunnan, Xishuangbanna, Meng-man.
分布（**Distribution**）：辽宁（LN）、宁夏（NX）、浙江（ZJ）、云南（YN）。

（765）凶猛温寄蝇 *Winthemia cruentata* (Rondani, 1859)

Chetolyga cruentata Rondani, 1859. Dipt. Ital. Prodromus, Vol. III: 106. **Type locality:** Italy: hills near Parma.
分布（**Distribution**）：黑龙江（HL）、吉林（JL）、辽宁（LN）、内蒙古（NM）、北京（BJ）、山西（SX）、四川（SC）；俄罗斯、蒙古国、韩国、日本、外高加索地区；欧洲。

（766）多型温寄蝇 *Winthemia diversitica* Chao, 1998

Winthemia diversitica Chao, 1998. *In*: Chao *et al*., 1998. *In*: Xue *et* Chao, 1998. Flies of China, Vol. 2: 1772. **Type locality:** China: Hunan, Yongshun.
分布（**Distribution**）：湖南（HN）、广西（GX）。

（767）巨角温寄蝇 *Winthemia diversoides* Baranov, 1932

Winthemia diversoides Baranov, 1932c. Ent. Nachr. 6: 47. **Type locality:** China: Taiwan, Kaohsiung Hsien, Chiahsien Hsiang.
分布（**Distribution**）：台湾（TW）。

（768）峨眉温寄蝇 *Winthemia emeiensis* Chao *et* Liang, 1998

Winthemia emeiensis Chao *et* Liang, 1998. *In*: Chao *et al*., 1998. *In*: Xue *et* Chao, 1998. Flies of China, Vol. 2: 1774. **Type locality:** China: Sichuan, Emei Shan.
分布（**Distribution**）：四川（SC）。

（769）爪哇温寄蝇 *Winthemia javana* (Bigot, 1885)

Crossotocnema javana Bigot, 1885. Bull. Bimens. Soc. Entomol. Fr. 1855 (22): ccii. **Type locality:** Indonesia: Jawa.
分布（**Distribution**）：广西（GX）；印度尼西亚。

（770）迈洛温寄蝇 *Winthemia mallochi* Baranov, 1932

Winthemia mallochi Baranov, 1932c. Ent. Nachr. 6: 46. **Type locality:** China: Taiwan, P'ingtung Hsien, Changkou.
分布（**Distribution**）：台湾（TW）；日本、印度、斯里兰卡。

（771）缘鬃温寄蝇 *Winthemia marginalis* Shima, Chao *et* Zhang, 1992

Winthemia marginalis Shima, Chao *et* Zhang, 1992. Jap. J. Ent. 60: 223. **Type locality:** China: Yunnan, Xishuangbanna, Meng-gao.
分布（**Distribution**）：吉林（JL）、辽宁（LN）、宁夏（NX）、云南（YN）；日本。

（772）裸颜温寄蝇 *Winthemia parafacialis* Chao *et* Liang, 1998

Winthemia parafacialis Chao *et* Liang, 1998. *In*: Chao *et al*., 1998. *In*: Xue *et* Chao, 1998. Flies of China, Vol. 2: 1775. **Type locality:** China: Hunan, Dayong.
分布（**Distribution**）：湖南（HN）。

（773）平眼温寄蝇 *Winthemia parallela* Chao *et* Liang, 1998

Winthemia parallela Chao *et* Liang, 1998. *In*: Chao *et al*., 1998. *In*: Xue *et* Chao, 1998. Flies of China, Vol. 2: 1776. **Type locality:** China: Hunan, Yongshun.
分布（**Distribution**）：湖南（HN）、广东（GD）。

（774）毛温寄蝇 *Winthemia pilosa* (Villeneuve, 1910)

Catanemorilla pilosa Villeneuve, 1910b. Wien. Ent. Ztg. 29: 87. **Type locality:** France: Var, Cavalière.
分布（**Distribution**）：内蒙古（NM）；欧洲。

（775）首温寄蝇 *Winthemia prima* (Brauer *et* Bergenstamm, 1889)

Crypsina prima Brauer *et* Bergenstamm, 1889. Denkschr.

Akad. Wiss. Wien. Math.-Naturw. Cl. 56 (1): 97. **Type locality:** Australia: Queensland, Rockhampton. Shima's opinion: *Crypsina* is a distinct genus. The molecular analysis also supports this (though not published as yet).
分布（Distribution）：云南（YN）；日本、澳大利亚。

（776）前鬃温寄蝇 *Winthemia proclinata* Shima, Chao *et* Zhang, 1992

Winthemia proclinata Shima, Chao *et* Zhang, 1992. Jap. J. Ent. 60: 212. **Type locality:** China: Yunnan, Xishuangbanna, Meng-ya.
分布（Distribution）：云南（YN）。

（777）四点温寄蝇 *Winthemia quadripustulata* (Fabricius, 1794)

Musca quadripustulata Fabricius, 1794. Ent. Syst. 4: 324. **Type locality:** Germany.
分布（Distribution）：黑龙江（HL）、吉林（JL）、辽宁（LN）、内蒙古（NM）、河北（HEB）、天津（TJ）、北京（BJ）、山西（SX）、山东（SD）、宁夏（NX）、新疆（XJ）、江苏（JS）、四川（SC）、重庆（CQ）、贵州（GZ）、云南（YN）、西藏（XZ）；俄罗斯、蒙古国、外高加索地区；中亚、欧洲。

（778）蕊米温寄蝇 *Winthemia remittens* (Walker, 1859)

Eurygaster remittens Walker, 1859. J. Proc. Linn. Soc. London Zool. 4: 125. **Type locality:** Indonesia: Sulawesi, Ujung Pandang.
分布（Distribution）：云南（YN）、海南（HI）；日本、老挝、泰国、菲律宾、新加坡、印度尼西亚。

（779）嶌洪温寄蝇 *Winthemia shimai* Chao, 1998

Winthemia shimai Chao, 1998. *In*: Chao *et al.*, 1998. *In*: Xue *et* Chao, 1998. Flies of China, Vol. 2: 1778. **Type locality:** China: Zhejiang, Tianmu Shan.
分布（Distribution）：浙江（ZJ）。

（780）华丽温寄蝇 *Winthemia speciosa* (Egger, 1861)

Nemorea speciosa Egger, 1861. Verh. K. K. Zool.-Bot. Ges. Wien 11: 209. **Type locality:** Austria: Niederösterreich, Schneeberg.
分布（Distribution）：黑龙江（HL）、辽宁（LN）、内蒙古（NM）、陕西（SN）、浙江（ZJ）、四川（SC）；俄罗斯、蒙古国、日本、外高加索地区；欧洲。

（781）苏门温寄蝇 *Winthemia sumatrana* (Townsend, 1927)

Pseudokea sumatrana Townsend, 1927. Suppl. Ent. 16: 69. **Type locality:** Indonesia: Sumatra, Gunung Singgalang.
Pseudokea neowinthemioides Townsend, 1928. Philipp. J. Sci. 34 [1927]: 394. **Type locality:** Philippines: Mindanao, Cagayan.
分布（Distribution）：浙江（ZJ）、云南（YN）、西藏（XZ）、台湾（TW）；日本、泰国、菲律宾、马来西亚、印度尼西亚、澳大利亚、美拉尼西亚群岛、巴布亚新几内亚。

（782）灿烂温寄蝇 *Winthemia venusta* (Meigen, 1824)

Tachina venusta Meigen, 1824. Syst. Beschr. Europ. Zweifl. Insekt. 4: 327. **Type locality:** Not given (probably Germany: Stolberg).
分布（Distribution）：黑龙江（HL）、吉林（JL）、辽宁（LN）、内蒙古（NM）、河北（HEB）、北京（BJ）、山西（SX）、山东（SD）、陕西（SN）、甘肃（GS）、新疆（XJ）、安徽（AH）、江苏（JS）、上海（SH）、浙江（ZJ）、湖南（HN）、四川（SC）、贵州（GZ）、云南（YN）、西藏（XZ）、福建（FJ）、台湾（TW）、海南（HI）；俄罗斯、韩国、日本、外高加索地区；欧洲。

（783）掌舟蛾温寄蝇 *Winthemia venustoides* Mesnil, 1967

Winthemia venustoides Mesnil, 1967. Mushi 41: 39. **Type locality:** Japan: Hokkaidō, near Sapporo, Tsukisappu.
分布（Distribution）：辽宁（LN）、北京（BJ）、山西（SX）；日本。

（784）宽顶温寄蝇 *Winthemia verticillata* Shima, Chao *et* Zhang, 1992

Winthemia verticillata Shima, Chao *et* Zhang, 1992. Jap. J. Ent. 60: 214. **Type locality:** China: Yunnan, 15 km south of Simao.
分布（Distribution）：浙江（ZJ）、云南（YN）。

（785）周氏温寄蝇 *Winthemia zhoui* Chao, 1998

Winthemia zhoui Chao, 1998. *In*: Chao *et al.*, 1998. *In*: Xue *et* Chao, 1998. Flies of China, Vol. 2: 1779. **Type locality:** China: Beijing, Sanpu.
分布（Distribution）：吉林（JL）、辽宁（LN）、河北（HEB）、北京（BJ）。

追寄蝇亚科族、属地位待定种
Unplaced species of Exoristinae

（786）丛毛寄蝇 *Ctenophorocera sturmioides* Mesnil, 1950

Ctenophorocera (*Parapales*) *sturmioides* Mesnil, 1950. Flieg. Palaearkt. Reg. 4: 126. **Type locality:** China: Taiwan, Kaohsiung Hsien, Chiahsien Hsiang.
分布（Distribution）：台湾（TW）、广西（GX）、香港（HK）。

（787）闭寄蝇 *Sturmia oculata* Baranov, 1932

Sturmia (*Zygobothria*) *oculata* Baranov, 1932. Neue Beitr. Syst.

Insektenkd. 5: 80. **Type locality:** China: Taiwan, T'ainan.
分布（Distribution）：台湾（TW）。

突颜寄蝇亚科 Phasiinae

净寄蝇族 Catharosiini

181. 净寄蝇属 *Catharosia* Rondani, 1868

Catharosia Rondani, 1868b. Atti Soc. Ital. Sci. Nat. Milano 11: 46. **Type species:** *Thereva pygmaea* Fallén, 1815 (by original designation).

(788)小净寄蝇 *Catharosia pygmaea* (Fallén, 1815)
Thereva pygmaea Fallén, 1815. K. Vetensk. Acad. Nya Handl. 3 (1815): 234. **Type locality:** Sweden: Skåne, Beckaskog.
分布（Distribution）：宁夏（NX）；巴勒斯坦、蒙古国、以色列、俄罗斯、外高加索地区；欧洲。

筒腹寄蝇族 Cylindromyiini

182. 丛寄蝇属 *Besseria* Robineau-Desvoidy, 1830

Besseria Robineau-Desvoidy, 1830. Mém. Prés. Div. Sav. Acad. R. Sci. Inst. Fr. 2 (2): 232. **Type species:** *Besseria reflexa* Robineau-Desvoidy, 1830 (monotypy).
Wahlbergia Zetterstedt, 1842. Dipt. Scand. 1: 51. **Type species:** *Tachina melanura* Meigen, 1824 (by designation of Haliday, 1855).
Anepsia Gistel, 1848. Naturgeschichte des Thierreichs für höhere Schulen, Stuttgart, 16: xi (unnecessary replacement name for *Wahlbergia* Zetterstedt, 1842).

(789)黑丛寄蝇 *Besseria melanura* (Meigen, 1824)
Tachina melanura Meigen, 1824. Syst. Beschr. Europ. Zweifl. Insekt. 4: 286. **Type locality:** Europe.
分布（Distribution）：内蒙古（NM）、宁夏（NX）；俄罗斯、蒙古国、哈萨克斯坦；中亚、欧洲。

183. 卡寄蝇属 *Catapariprosopa* Townsend, 1927

Catapariprosopa Townsend, 1927. Ent. Mitt. 16 (4): 285. **Type species:** *Catapariprosopa curvicauda* Townsend, 1927 (by original designation).
Chaetoweberia Villeneuve, 1932. Bull. Soc. Ent. Fr. 37: 271 (as a subgenus of *Weberia* Robineau-Desvoidy, 1830). **Type species:** *Weberia* (*Chaetoweberia*) *rubiginans* Villeneuve, 1932 (monotypy).

(790)弯尾卡寄蝇 *Catapariprosopa curvicauda* Townsend, 1927
Catapariprosopa curvicauda Townsend, 1927. Ent. Mitt. 16 (4): 285. **Type locality:** China: Taiwan, P'ingtung Hsien, Changkou.
分布（Distribution）：陕西（SN）、台湾（TW）、海南（HI）。

(791)红卡寄蝇 *Catapariprosopa rubiginans* (Villeneuve, 1932)
Weberia (*Chaetoweberia*) *rubiginans* Villeneuve, 1932. Bull. Soc. Ent. Fr. 37: 270. **Type locality:** China: Taiwan, Kaohsiung Hsien, Chiahsien Hsiang.
分布（Distribution）：台湾（TW）。

184. 筒腹寄蝇属 *Cylindromyia* Meigen, 1803

1）卡罗寄蝇亚属 *Calocyptera* Herting, 1983

Calocyptera Herting, 1983. Flieg. Palaearkt. Reg. 9: 39 (as a subgenus of *Cylindromyia* Meigen, 1803). **Type species:** *Ocyptera intermedia* Meigen, 1824 (by original designation).

(792)中介筒腹寄蝇 *Cylindromyia* (*Calocyptera*) *intermedia* (Meigen, 1824)
Ocyptera intermedia Meigen, 1824. Syst. Beschr. Europ. Zweifl. Insekt. 4: 212. **Type locality:** Europe.
分布（Distribution）：黑龙江（HL）、内蒙古（NM）、河北（HEB）、山东（SD）、新疆（XJ）；俄罗斯、蒙古国、朝鲜、韩国、外高加索地区；中东地区；中亚、欧洲。

2）筒腹寄蝇亚属 *Cylindromiya* Meigen, 1803

Cylindromyia Meigen, 1803. Mag. Insektenkd. 2: 279. **Type species:** *Musca brassicaria* Fabricius, 1775 (monotypy).

(793)狭翅筒腹寄蝇 *Cylindromyia* (*Cylindromyia*) *angustipennis* Herting, 1983
Cylindromyia (*Cylindromyia*) *angustipennis* Herting, 1983. Flieg. Palaearkt. Reg. 9: 50. **Type locality:** Russia: Amurskaya Oblast', Tolbuzino.
分布（Distribution）：黑龙江（HL）、吉林（JL）、河北（HEB）、北京（BJ）、陕西（SN）、江苏（JS）、浙江（ZJ）、湖北（HB）；俄罗斯。

(794)棕头筒腹寄蝇 *Cylindromyia* (*Cylindromyia*) *brassicaria* (Fabricius, 1775)
Musca brassicaria Fabricius, 1775. Syst. Entom.: 778. **Type locality:** Not given.
分布（Distribution）：黑龙江（HL）、吉林（JL）、辽宁（LN）、内蒙古（NM）、河北（HEB）、北京（BJ）、山西（SX）、陕西（SN）、宁夏（NX）、甘肃（GS）、新疆（XJ）、江苏（JS）、浙江（ZJ）、湖南（HN）、四川（SC）、云南（YN）、西藏（XZ）；俄罗斯、蒙古国、韩国、日本、外高加索地区；中东地区；中亚、欧洲、非洲（北部）。

3）德寄蝇亚属 *Gerocyptera* Townsend, 1916

Gerocyptera Townsend, 1916. Entomol. News 27: 178. **Type species:** *Trichoprosopa marginalis* Walker, 1860 (by original designation).
Vespocyptera Townsend, 1927. Ent. Mitt. 16 (4): 279. **Type species:** *Vespocyptera petiolata* Townsend, 1927 (by original designation).

（795）柄脉筒腹寄蝇 *Cylindromyia* (*Gerocyptera*) *petiolata* (Townsend, 1927)

Vespocyptera petiolata Townsend, 1927. Ent. Mitt. 16 (4): 279. **Type locality:** China: Taiwan, Kaohsiung Hsien, Chiahsien Hsiang.
分布（Distribution）：台湾（TW）；日本、马来西亚。

4）马莱寄蝇亚属 *Malayocyptera* Townsend, 1926

Malayocyptera Townsend, 1926. Suppl. Ent. 14: 31. **Type species:** *Malayocyptera munita* Townsend, 1926 (by original designation).

（796）阿格筒腹寄蝇 *Cylindromyia* (*Malayocyptera*) *agnieszkae* Kolomiets, 1977

Cylindromyia agnieszkae Kolomiets, 1977. Izv. Sib. Otdel. Akad. Nauk SSSR 3: 53. **Type locality:** Russia: Primorskiy Kray, Ussuriysk.
分布（Distribution）：辽宁（LN）、河北（HEB）、陕西（SN）、四川（SC）；俄罗斯（远东地区）、朝鲜、韩国。

（797）弯筒腹寄蝇 *Cylindromyia* (*Malayocyptera*) *pandulata* (Matsumura, 1916)

Ocypeta pandulata Matsumura, 1916. Thousand Ins. Japan Add. 2: 399. **Type locality:** Japan: Honshū, Tochigi Prefecture, Nikkō.
分布（Distribution）：湖南（HN）、贵州（GZ）；韩国、日本。

（798）暗翅筒腹寄蝇 *Cylindromyia* (*Malayocyptera*) *umbripennis* (van der Wulp, 1881)

Ocyptera umbripennis van der Wulp, 1881. Midden-Sumatra Exped. Dipt. 4 (9): 35. **Type locality:** Indonesia: Sumatra, Surulangun.
Ocyptera ambulatoria Villeneuve, 1944. Bull. Soc. Ent. Fr. 48 [1943]: 144. **Type locality:** China: Taiwan, Kaohsiung Hsien, Kaohsiung.
分布（Distribution）：陕西（SN）、宁夏（NX）、甘肃（GS）、安徽（AH）、江苏（JS）、上海（SH）、浙江（ZJ）、四川（SC）、云南（YN）、西藏（XZ）、福建（FJ）、台湾（TW）、广东（GD）、广西（GX）；俄罗斯、朝鲜、韩国、日本、斯里兰卡、菲律宾、马来西亚、印度尼西亚。

5）匿寄蝇亚属 *Neocyptera* Townsend, 1916

Neocyptera Townsend, 1916b. Insecutor Inscit. Menstr. 4: 32. **Type species:** *Ocyptera dosiades* Walker, 1849 (by original designation) [= *Ocyptera interrupta* Meigen, 1824].

（799）乡筒腹寄蝇 *Cylindromyia* (*Neocyptera*) *arator* Reinhard, 1956

Cylindromyia arator Reinhard, 1956. Entomol. News 67: 121. **Type locality:** R. O. Korea: Chang Hyon.
分布（Distribution）：黑龙江（HL）、内蒙古（NM）、江苏（JS）、浙江（ZJ）、四川（SC）；俄罗斯、蒙古国、朝鲜、韩国。

（800）阻筒腹寄蝇 *Cylindromyia* (*Neocyptera*) *interrupta* (Meigen, 1824)

Ocyptera interrupta Meigen, 1824. Syst. Beschr. Europ. Zweifl. Insekt. 4: 213. **Type locality:** Europe.
分布（Distribution）：黑龙江（HL）、河北（HEB）；俄罗斯、外高加索地区；欧洲。

6）未定亚属的种 Unplaced species to Subgenus

（801）励筒腹寄蝇 *Cylindromyia evibrissata* (Townsend, 1927)

Ecatocyptera evibrissata Townsend, 1927. Ent. Mitt. 16 (4): 286. **Type locality:** China: Taiwan, P'ingtung Hsien, Changkou.
分布（Distribution）：浙江（ZJ）、福建（FJ）、台湾（TW）、海南（HI）；巴基斯坦、印度、印度尼西亚。

（802）黄胫筒腹寄蝇 *Cylindromyia flavitibia* Sun *et* Marshall, 1995

Cylindromyia flavitibia Sun *et* Marshall, 1995. Stud. Dipt. 2: 194. **Type locality:** China: Heilongjiang, "Rimogan-F".
分布（Distribution）：黑龙江（HL）。

（803）褐翅筒腹寄蝇 *Cylindromyia fuscipennis* (Wiedemann, 1819)

Ocyptera fuscipennis Wiedemann, 1819. Zool. Mag. 1 (3): 26. **Type locality:** Indonesia: Jawa.
Ocyptera rufimana Villeneuve, 1944. Bull. Soc. Ent. Fr. 48 [1943]: 144. **Type locality:** China: Taiwan, T'aichung Hsien, Fengyuan.
分布（Distribution）：甘肃（GS）、台湾（TW）；印度、菲律宾、印度尼西亚。

（804）梭筒腹寄蝇 *Cylindromyia luciflua* (Villeneuve, 1944)

Ocyptera luciflua Villeneuve, 1944. Bull. Soc. Ent. Fr. 48 [1943]: 144. **Type locality:** China: Taiwan, Kaohsiung Hsien,

Chiahsien Hsiang.

分布（Distribution）：浙江（ZJ）、四川（SC）、云南（YN）、西藏（XZ）、台湾（TW）。

（805）东方筒腹寄蝇 *Cylindromyia orientalis* (Townsend, 1927)

Eocyptera orientalis Townsend, 1927. Ent. Mitt. 16 (4): 284. **Type locality:** China: Taiwan, Kaohsiung Hsien, Chiahsien Hsiang.

分布（Distribution）：河南（HEN）、浙江（ZJ）、台湾（TW）；印度、马来西亚、印度尼西亚。

（806）西藏筒腹寄蝇 *Cylindromyia tibetensis* Sun *et* Marshall, 1995

Cylindromyia tibetensis Sun *et* Marshall, 1995. Stud. Dipt. 2: 198. **Type locality:** China: Xizang, Markam, Haitong.

分布（Distribution）：西藏（XZ）。

185. 何寄蝇属 *Hemyda* Robineau-Desvoidy, 1830

Hemyda Robineau-Desvoidy, 1830. Mém. Prés. Div. Sav. Acad. R. Sci. Inst. Fr. 2 (2): 226. **Type species:** *Hemyda aurata* Robineau-Desvoidy, 1830 (monotypy).

（807）德钦何寄蝇 *Hemyda deqinensis* Wang, Zhang *et* Wang, 2015

Hemyda deqinensis Wang, Zhang *et* Wang, 2015. Zootaxa 4040 (2): 132. **Type locality:** China: Yunnan, Deqin, Yunling.

分布（Distribution）：云南（YN）。

（808）多米何寄蝇 *Hemyda dominikae* Draber-Mońko, 2009

Hemyda dominikae Draber-Mońko, 2009. Fragm. Faun. 51 [2008]: 127. **Type locality:** D. P. R. Korea: Phjŏngan-pukto Province, Mjohjang-san Mountains, at the foot of Hjangro Peak.

分布（Distribution）：辽宁（LN）、河北（HEB）、山西（SX）、陕西（SN）；朝鲜、韩国。

（809）赫廷何寄蝇 *Hemyda hertingi* Ziegler *et* Shima, 1996

Hemyda hertingi Ziegler *et* Shima, 1996. Beitr. Ent. 46: 462. **Type locality:** Russia: Primorskiy Kray, Ussuriysky Zapovednik, 33 km Southeast of Ussuriysk.

分布（Distribution）：吉林（JL）、辽宁（LN）、山西（SX）、陕西（SN）、安徽（AH）、湖南（HN）、台湾（TW）；俄罗斯、哈萨克斯坦。

（810）暗翅何寄蝇 *Hemyda obscuripennis* (Meigen, 1824)

Phania obscuripennis Meigen, 1824. Syst. Beschr. Europ. Zweifl. Insekt. 4: 219. **Type locality:** France.

分布（Distribution）：黑龙江（HL）、吉林（JL）、辽宁（LN）、内蒙古（NM）、北京（BJ）、山西（SX）、陕西（SN）、湖北（HB）、海南（HI）；奥地利、比利时、保加利亚、捷克、德国、法国、匈牙利、意大利、波兰、罗马尼亚、瑞士、荷兰、乌克兰。

（811）条纹何寄蝇 *Hemyda vittata* (Meigen, 1824)

Phania vittata Meigen, 1824. Syst. Beschr. Europ. Zweifl. Insekt. 4: 219. **Type locality:** France.

分布（Distribution）：黑龙江（HL）、吉林（JL）、辽宁（LN）、内蒙古（NM）、河北（HEB）、北京（BJ）、山西（SX）、四川（SC）；俄罗斯、奥地利、比利时、英国、保加利亚、克罗地亚、捷克、丹麦、法国、德国、匈牙利、意大利、波兰、罗马尼亚、西班牙、瑞典、乌克兰。

186. 罗佛寄蝇属 *Lophosia* Meigen, 1824

Lophosia Meigen, 1824. Syst. Beschr. Europ. Zweifl. Insekt. 4: 216. **Type species:** *Lophosia fasciata* Meigen, 1824 (monotypy).

Duvaucelia Robineau-Desvoidy, 1830. Mém. Prés. Div. Sav. Acad. R. Sci. Inst. Fr. 2 (2): 227 (a junior homonym of *Duvaucelia* Risso, 1826). **Type species:** *Duvaucelia bicincta* Robineau-Desvoidy, 1830 (monotypy).

Curtocera Macquart, 1835. Hist. Nat. Ins., Dipt.: 182 (replacement name for *Duvaucelia* Robineau-Desvoidy, 1830).

Paralophosia Brauer *et* Bergenstamm, 1889. Denkschr. Akad. Wiss. Wien. Math.-Naturw. Cl. 56 (1): 164. **Type species:** *Ocyptera imbuta* Wiedemann, 1819 (monotypy).

Xenolophosia Villeneuve, 1926. Bull. Ann. Soc. R. Ent. Belg. 66: 273. **Type species:** *Xenolophosia hamulata* Villeneuve, 1926 (by designation of Townsend, 1931).

Perilophosia Villeneuve, 1927e. Revue Zool. Bot. Afr. 15 (3): 221. **Type species:** *Perilophosia ocypterina* Villeneuve, 1927 (monotypy).

Formosolophosia Townsend, 1927. Ent. Mitt. 16 (4): 280. **Type species:** *Formosolophosia hemydoides* Townsend, 1927 (by original designation) [= *Xenolophosia hamulata* Villeneuve, 1926].

Stylogynemyia Townsend, 1927. Ent. Mitt. 16 (4): 280. **Type species:** *Stylogynemyia cylindrica* Townsend, 1927 (by original designation) [= *Xenolophosia hamulata* Villeneuve, 1926].

Lophosiodes Townsend, 1927. Ent. Mitt. 16 (4): 285. **Type species:** *Lophosiodes scutellatus* Townsend, 1927 (by original designation) [= *Xenolophosia perpendicularis* Villeneuve, 1927].

Eupalpocyptera Townsend, 1927. Ent. Mitt. 16 (4): 286. **Type species:** *Eupalpocyptera angusticauda* Townsend, 1927 (by original designation).

Palpocyptera Townsend, 1927. Philipp. J. Sci. 33: 283. **Type species:** *Palpocyptera pulchra* Townsend, 1927 (by original

designation).
Lophosiocyptera Townsend, 1927. Suppl. Ent. 16: 59. **Type species:** *Lophosiocyptera lophosioides* Townsend, 1927 (by original designation).

（812）狭尾罗佛寄蝇 *Lophosia angusticauda* (Townsend, 1927)

Eupalpocyptera angusticauda Townsend, 1927. Ent. Mitt. 16 (4): 286. **Type locality:** China: Taiwan, Kaohsiung Hsien, Chiahsien Hsiang.
分布（Distribution）：陕西（SN）、江苏（JS）、浙江（ZJ）、湖南（HN）、四川（SC）、贵州（GZ）、云南（YN）、台湾（TW）；泰国。

（813）双带罗佛寄蝇 *Lophosia bicincta* (Robineau-Desvoidy, 1830)

Duvaucelia bicincta Robineau-Desvoidy, 1830. Mém. Prés. Div. Sav. Acad. R. Sci. Inst. Fr. 2 (2): 228. **Type locality:** Bengal.
分布（Distribution）：江西（JX）、云南（YN）、广西（GX）、海南（HI）；孟加拉国、菲律宾、马来西亚、新加坡、印度尼西亚。

（814）红尾罗佛寄蝇 *Lophosia caudalis* Sun, 1996

Lophosia caudalis Sun, 1996. Acta Zootaxon. Sin. 21 (1): 97. **Type locality:** China: Jiangxi, Kuling.
分布（Distribution）：江西（JX）。

（815）隔罗佛寄蝇 *Lophosia excisa* Tothill, 1918

Lophosia excisa Tothill, 1918. Bull. Entomol. Res. 9: 58. **Type locality:** India: Uttarakhand, Dehra Dun.
Xenolophosia diversipes Villeneuve, 1926. Bull. Ann. Soc. R. Ent. Belg. 66: 275. **Type locality:** China: Taiwan, Daitorinsho.
分布（Distribution）：陕西（SN）、西藏（XZ）、福建（FJ）、台湾（TW）、广西（GX）；印度、菲律宾、马来西亚、印度尼西亚。

（816）条纹罗佛寄蝇 *Lophosia fasciata* Meigen, 1824

Lophosia fasciata Meigen, 1824. Syst. Beschr. Europ. Zweifl. Insekt. 4: 216. **Type locality:** Germany: Neuwied or Stolberg.
分布（Distribution）：山西（SX）、四川（SC）、云南（YN）；俄罗斯、日本、外高加索地区；欧洲。

（817）黄角罗佛寄蝇 *Lophosia flavicornis* Sun, 1996

Lophosia flavicornis Sun, 1996. Acta Zootaxon. Sin. 21 (1): 98. **Type locality:** China: Zhejiang, Tianmu Shan.
分布（Distribution）：浙江（ZJ）。

（818）钩罗佛寄蝇 *Lophosia hamulata* (Villeneuve, 1926)

Xenolophosia hamulata Villeneuve, 1926. Bull. Ann. Soc. R. Ent. Belg. 66: 274. **Type locality:** China: Taiwan, Chiai Hsien, Talin.
Stylogynemyia cylindrica Townsend, 1927. Ent. Mitt. 16 (4): 280. **Type locality:** China: Taiwan, Nant'ou Hsien, Chitou.
Formosolophosia hemydoides Townsend, 1927. Ent. Mitt. 16 (4): 280. **Type locality:** China: Taiwan, Nant'ou Hsien, Chitou.
分布（Distribution）：云南（YN）、台湾（TW）、广西（GX）。

（819）缓罗佛寄蝇 *Lophosia imbecilla* Herting, 1983

Lophosia (*Paralophosia*) *imbecilla* Herting, 1983. Flieg. Palaearkt. Reg. 9: 22. **Type locality:** China: Taiwan, P'ingtung Hsien, Changkou.
Palpocyptera formosensis Townsend, 1941. *In*: Hennig, 1941a. Ent. Beih. Berl. 8: 188 (nomen nudum).
分布（Distribution）：山东（SD）、安徽（AH）、江苏（JS）、浙江（ZJ）、江西（JX）、湖北（HB）、云南（YN）、台湾（TW）、广西（GX）。

（820）湿地罗佛寄蝇 *Lophosia imbuta* (Wiedemann, 1819)

Ocyptera imbuta Wiedemann, 1819. Zool. Mag. 1 (3): 36. **Type locality:** India.
分布（Distribution）：湖南（HN）、四川（SC）、云南（YN）、福建（FJ）、广西（GX）；印度、印度尼西亚。

（821）江西罗佛寄蝇 *Lophosia jiangxiensis* Sun, 1996

Lophosia jiangxiensis Sun, 1996. Acta Zootaxon. Sin. 21 (1): 100. **Type locality:** China: Jiangxi, Dayu.
分布（Distribution）：江西（JX）。

（822）双重罗佛寄蝇 *Lophosia lophosioides* (Townsend, 1927)

Lophosiocyptera lophosioides Townsend, 1927. Suppl. Ent. 16: 59. **Type locality:** Indonesia: Sumatera (Bukittinggi).
分布（Distribution）：浙江（ZJ）、四川（SC）、福建（FJ）、海南（HI）；马来西亚、印度尼西亚。

（823）宽尾罗佛寄蝇 *Lophosia macropyga* Herting, 1983

Lophosia (*Paralophosia*) *macropyga* Herting, 1983. Flieg. Palaearkt. Reg. 9: 25. **Type locality:** China: Taiwan, P'ingtung Hsien, Changkou.
Palpocyptera palpata Townsend, 1941. *In*: Hennig, 1941a. Ent. Beih. Berl. 8: 188 (nomen nudum).
分布（Distribution）：浙江（ZJ）、四川（SC）、台湾（TW）、广西（GX）。

（824）缘鬃罗佛寄蝇 *Lophosia marginata* Sun, 1996

Lophosia marginata Sun, 1996. Acta Zootaxon. Sin. 21 (1):

101. **Type locality:** China: Sichuan, Emei Shan.
分布（**Distribution**）：四川（SC）。

（825）迅罗佛寄蝇 *Lophosia ocypterina* (Villeneuve, 1927)

Perilophosia ocypterina Villeneuve, 1927e. Revue Zool. Bot. Afr. 15 (3): 221. **Type locality:** China: Taiwan, Chiai Hsien, Talin.
分布（**Distribution**）：福建（FJ）、台湾（TW）。

（826）悬罗佛寄蝇 *Lophosia perpendicularis* (Villeneuve, 1927)

Xenolophosia perpendicularis Villeneuve, 1927e. Revue Zool. Bot. Afr. 15 (3): 220. **Type locality:** China: Taiwan, Chiai Hsien, Talin.
Lophosiodes scutellatus Townsend, 1927. Ent. Mitt. 16 (4): 285. **Type locality:** China: Taiwan, Nant'ou Hsien, Chitou.
分布（**Distribution**）：台湾（TW）。

（827）丽罗佛寄蝇 *Lophosia pulchra* (Townsend, 1927)

Palpocyptera pulchra Townsend, 1927. Philipp. J. Sci. 33: 284. **Type locality:** Philippines: Mindanao, Surigao.
分布（**Distribution**）：浙江（ZJ）、江西（JX）、四川（SC）、贵州（GZ）、广东（GD）、广西（GX）、海南（HI）；菲律宾。

（828）小盾罗佛寄蝇 *Lophosia scutellata* Sun, 1996

Lophosia scutellata Sun, 1996. Acta Zootaxon. Sin. 21 (1): 102 (a junior secondary homonym of *Lophosiodes scutellatus* Townsend, 1927). **Type locality:** China: Sichuan, Emei Shan.
分布（**Distribution**）：四川（SC）。

（829）天目罗佛寄蝇 *Lophosia tianmushanica* Sun, 1996

Lophosia tianmushanica Sun, 1996. Acta Zootaxon. Sin. 21 (1): 103. **Type locality:** China: Zhejiang, Tianmu Shan.
分布（**Distribution**）：浙江（ZJ）、四川（SC）、贵州（GZ）、云南（YN）、福建（FJ）。

球腹寄蝇族 Gymnosomatini

187. 球腹寄蝇属 *Gymnosoma* Meigen, 1803

Gymnosoma Meigen, 1803. Mag. Insektenkd. 2: 278. **Type species:** *Musca rotundata* Linnaeus, 1758 (monotypy).
Rhodogyne Meigen, 1800. Nouve. Class.: 39 (name suppressed by ICZN, 1963).

（830）短角球腹寄蝇 *Gymnosoma brevicorne* Villeneuve, 1929

Gymnosoma brevicorne Villeneuve, 1929c. Bull. Ann. Soc. R. Ent. Belg. 69: 67. **Type locality:** China: Taiwan, Nant'ou Hsien, ChiChi.
分布（**Distribution**）：陕西（SN）、甘肃（GS）、台湾（TW）。

（831）哑铃球腹寄蝇 *Gymnosoma clavatum* (Rohdendorf, 1947)

Rhodogyne clavatum Rohdendorf, 1947. Vrednaya Cherepashka 2: 84. **Type locality:** Uzbekistan: Bukhara Railway Station.
分布（**Distribution**）：山西（SX）、西藏（XZ）；俄罗斯、外高加索地区；中东地区；中亚、欧洲。

（832）荒漠球腹寄蝇 *Gymnosoma desertorum* (Rohdendorf, 1947)

Rhodogyne desertorum Rohdendorf, 1947. Vrednaya Cherepashka 2: 84. **Type locality:** Turkmenistan: Atrek River, Ak'yayla.
分布（**Distribution**）：黑龙江（HL）、吉林（JL）、辽宁（LN）、内蒙古（NM）、北京（BJ）、陕西（SN）、宁夏（NX）、新疆（XJ）；俄罗斯、蒙古国、土库曼斯坦、哈萨克斯坦、巴基斯坦、外高加索地区；中东地区；欧洲。

（833）蝽球腹寄蝇 *Gymnosoma dolycoridis* Dupuis, 1960

Gymnosoma dolycoridis Dupuis, 1960. C. R. Hebd. Séanc. Acad. Sci. 250: 1746. **Type locality:** France: Indre-*et*-Loire, Richelieu.
分布（**Distribution**）：黑龙江（HL）、吉林（JL）、辽宁（LN）、内蒙古（NM）、河北（HEB）、北京（BJ）、山西（SX）、陕西（SN）、宁夏（NX）、甘肃（GS）、湖北（HB）、四川（SC）、云南（YN）、西藏（XZ）、广西（GX）；俄罗斯、韩国、哈萨克斯坦、外高加索地区；中亚、欧洲、非洲（北部）。

（834）哈密球腹寄蝇 *Gymnosoma hamiense* Dupuis, 1966

Gymnosoma hamiensis Dupuis, 1966. Cah. Nat. 22: 115. **Type locality:** China: Xinjiang, southeast of Tien Shan, near Khami, Bugas.
分布（**Distribution**）：新疆（XJ）。

（835）狭颊球腹寄蝇 *Gymnosoma inornatum* Zimin, 1966

Gymnosoma inornatum Zimin, 1966. Ent. Obozr. 45: 446. **Type locality:** Azerbaijan: Rayon, Potu.
分布（**Distribution**）：辽宁（LN）、内蒙古（NM）、北京（BJ）、山西（SX）、陕西（SN）、宁夏（NX）、浙江（ZJ）、四川（SC）、贵州（GZ）、云南（YN）、广东（GD）、广西（GX）；俄罗斯、韩国、日本、外高加索地区；欧洲。

（836）黑臂球腹寄蝇 *Gymnosoma nudifrons* Herting, 1966

Gymnosoma nudifrons Herting, 1966. Stuttg. Beitr. Naturkd.

146: 9. **Type locality:** Switzerland: Valais, near Sierre, Pfynwald.
分布（Distribution）：黑龙江（HL）、吉林（JL）、辽宁（LN）、内蒙古（NM）、陕西（SN）；俄罗斯、哈萨克斯坦、外高加索地区；中东地区；欧洲。

（837）菲球腹寄蝇 *Gymnosoma philippinense* (Townsend, 1928)

Rhodogyne philippinensis Townsend, 1928. Philipp. J. Sci. 34 [1927]: 388. **Type locality:** Philippines: Luzon, Mt. Makiling.
分布（Distribution）：台湾（TW）；菲律宾。

（838）普通球腹寄蝇 *Gymnosoma rotundatum* (Linnaeus, 1758)

Musca rotundata Linnaeus, 1758. Syst. Nat. Ed. 10 (1): 596. **Type locality:** Europe.
分布（Distribution）：黑龙江（HL）、吉林（JL）、辽宁（LN）、内蒙古（NM）、河北（HEB）、北京（BJ）、山西（SX）、陕西（SN）、宁夏（NX）、甘肃（GS）、湖北（HB）、四川（SC）、云南（YN）、西藏（XZ）、台湾（TW）、广东（GD）；俄罗斯、朝鲜、韩国、日本、印度、外高加索地区、塞浦路斯、阿尔及利亚、摩洛哥、埃塞俄比亚；欧洲。

（839）宽颊球腹寄蝇 *Gymnosoma sylvaticum* Zimin, 1966

Gymnosoma sylvaticum Zimin, 1966. Ent. Obozr. 45: 454. **Type locality:** Russia: Irkutskaya Oblast', Irkutsk.
分布（Distribution）：辽宁（LN）、内蒙古（NM）、河北（HEB）、宁夏（NX）；俄罗斯。

贺寄蝇族 Hermyini

188. 贺寄蝇属 *Hermya* Robineau-Desvoidy, 1830

Hermya Robineau-Desvoidy, 1830. Mém. Prés. Div. Sav. Acad. R. Sci. Inst. Fr. 2 (2): 226. **Type species:** *Hermya afra* Robineau-Desvoidy, 1830 (by designation of Townsend, 1916) [= *Ocyptera diabolus* Wiedemann, 1819].
Orectocera van der Wulp, 1881. Midden-Sumatra Exped. Dipt. 4 (9): 39. **Type species:** *Tachina beelzebul* Wiedemann, 1830 (by designation of Townsend, 1936).

（840）比贺寄蝇 *Hermya beelzebul* (Wiedemann, 1830)

Tachina beelzebul Wiedemann, 1830. Aussereurop. Zweifl. Insekt. 2: 301. **Type locality:** Indonesia: Jawa.
Tachina imbrasus Walker, 1849. List of the specimens of dipterous insets in the collection of the British Museum Part IV: 781. **Type locality:** China: Hong Kong.
分布（Distribution）：吉林（JL）、辽宁（LN）、内蒙古（NM）、北京（BJ）、山西（SX）、山东（SD）、陕西（SN）、新疆（XJ）、安徽（AH）、江苏（JS）、上海（SH）、浙江（ZJ）、江西（JX）、湖南（HN）、湖北（HB）、四川（SC）、贵州（GZ）、云南（YN）、福建（FJ）、台湾（TW）、广东（GD）、广西（GX）、海南（HI）、香港（HK）；朝鲜、韩国、日本、印度、尼泊尔、缅甸、越南、泰国、斯里兰卡、菲律宾、马来西亚、印度尼西亚。

（841）台湾贺寄蝇 *Hermya formosana* Villeneuve, 1939

Hermya formosana Villeneuve, 1939. Bull. Ann. Soc. R. Ent. Belg. 79: 353. **Type locality:** China: Taiwan, Kaohsiung Hsien, Chiahsien Hsiang.
分布（Distribution）：安徽（AH）、浙江（ZJ）、四川（SC）、贵州（GZ）、云南（YN）、福建（FJ）、台湾（TW）、广东（GD）、海南（HI）。

（842）密贺寄蝇 *Hermya micans* (van der Wulp, 1881)

Orectocera micans van der Wulp, 1881. Midden-Sumatra Exped. Dipt. 4 (9): 40. **Type locality:** Indonesia: Sumatra, Surulangun.
分布（Distribution）：云南（YN）、广西（GX）、海南（HI）；印度、缅甸、泰国、菲律宾、马来西亚、印度尼西亚。

（843）黑贺寄蝇 *Hermya nigra* Sun, 1994

Hermya nigra Sun, 1994. Sinozool. 11: 207. **Type locality:** China: Yunnan, Kun-Luo Highway at 706 km.
分布（Distribution）：云南（YN）、西藏（XZ）、广西（GX）、海南（HI）。

（844）尾贺寄蝇 *Hermya surstylis* Sun, 1994

Hermya surstylis Sun, 1994. Sinozool. 11: 208. **Type locality:** China: Guangxi, Longsheng.
分布（Distribution）：浙江（ZJ）、云南（YN）、广东（GD）、广西（GX）。

（845）雅安贺寄蝇 *Hermya yaanna* Sun, 1994

Hermya yaanna Sun, 1994. Sinozool. 11: 210. **Type locality:** China: Sichuan, Ya'an.
分布（Distribution）：江西（JX）、四川（SC）、福建（FJ）、广东（GD）。

亮寄蝇族 Leucostomatini

189. 巨瓣寄蝇属 *Calyptromyia* Villeneuve, 1915

Calyptromyia Villeneuve, 1915. Ann. Hist.-Nat. Mus. Natl. Hung. 13: 92. **Type species:** *Calyptromyia barbata* Villeneuve, 1915 (by original designation).

（846）须巨瓣寄蝇 *Calyptromyia barbata* Villeneuve, 1915

Calyptromyia barbata Villeneuve, 1915. Ann. Hist.-Nat. Mus.

Natl. Hung. 13: 92. **Type locality:** China: Taiwan, Kaohsiung Hsien, Chiahsien Hsiang.

分布（Distribution）： 黑龙江（HL）、辽宁（LN）、山西（SX）、安徽（AH）、浙江（ZJ）、西藏（XZ）、福建（FJ）、台湾（TW）、广西（GX）、海南（HI）；俄罗斯、朝鲜、韩国、日本、越南。

190. 克莱寄蝇属 *Clairvillia* Robineau-Desvoidy, 1830

Clairvillia Robineau-Desvoidy, 1830. Mém. Prés. Div. Sav. Acad. R. Sci. Inst. Fr. 2 (2): 234. **Type species:** *Tachina biguttata* Meigen, 1824 (by fixation of O'Hara *et* Wood, 2004, misidentified as *Ocyptera pusilla* Meigen, 1824 in the original fixation by monotypy of Robineau-Desvoidy, 1830).

（847）斑克莱寄蝇 *Clairvillia biguttata* (Meigen, 1824)

Tachina biguttata Meigen, 1824. Syst. Beschr. Europ. Zweifl. Insekt. 4: 320. **Type locality:** Not given.

分布（Distribution）： 内蒙古（NM）、陕西（SN）、宁夏（NX）；俄罗斯、蒙古国、朝鲜、韩国、外高加索地区；欧洲。

191. 克拉寄蝇属 *Clairvilliops* Mesnil, 1959

Clairvilliops Mesnil, 1959. Stuttg. Beitr. Naturkd. 23: 29 (as a subgenus of *Dionaea* Robineau-Desvoidy, 1830). **Type species:** *Dionaea* (*Clairvilliops*) *inermis* Mesnil, 1959 (monotypy) [= *Clairvillia breviforceps* van Emden, 1954].

（848）短叶克拉寄蝇 *Clairvilliops breviforceps* (van Emden, 1954)

Clairvillia breviforceps van Emden, 1954. Ann. Mus. R. Congo Belg. 1: 549. **Type locality:** D. R. Congo: Nord-Kivu, Rutshuru.

Dionaea (*Clairvilliops*) *inermis* Mesnil, 1959. Stuttg. Beitr. Naturkd. 23: 29. **Type locality:** Tanzania: Usangi, Mt. Pare.

分布（Distribution）： 台湾（TW）；日本、马来西亚、刚果（金）、坦桑尼亚。

192. 彩虹寄蝇属 *Clelimyia* Herting, 1981

Clelimyia Herting, 1981. Stuttg. Beitr. Naturkd. 346: 15. **Type species:** *Clelimyia paradoxa* Herting, 1981 (by original designation).

（849）奇彩虹寄蝇 *Clelimyia paradoxa* Herting, 1981

Clelimyia paradoxa Herting, 1981. Stuttg. Beitr. Naturkd. 346: 15. **Type locality:** Japan: Honshū, Saitama, Minano.

分布（Distribution）： 辽宁（LN）、山西（SX）、陕西（SN）、浙江（ZJ）、贵州（GZ）；俄罗斯、朝鲜、韩国、日本。

193. 淡喙寄蝇属 *Leucostoma* Meigen, 1803

Leucostoma Meigen, 1803. Mag. Insektenkd. 2: 279. **Type species:** *Ocyptera simplex* Fallén, 1815 (by subsequent monotypy of Meigen, 1824).

Psalida Rondani, 1856. Dipt. Ital. Prodromus, Vol. I: 76. **Type species:** *Ocyptera simplex* Fallén, 1815 (by designation of Brauer, 1893).

（850）南淡喙寄蝇 *Leucostoma meridianum* (Rondani, 1868)

Psalida meridiana Rondani, 1868b. Atti Soc. Ital. Sci. Nat. Milano 11: 43. **Type locality:** Italy: Sicily, Palermo.

分布（Distribution）： 辽宁（LN）、宁夏（NX）；法国、意大利、奥地利。

（851）简淡喙寄蝇 *Leucostoma simplex* (Fallén, 1815)

Ocyptera simplex Fallén, 1815. K. Vetensk. Acad. Nya Handl. 3 (1815): 240. **Type locality:** Sweden: Småland, Kalmar Län.

分布（Distribution）： 内蒙古（NM）、宁夏（NX）、青海（QH）、新疆（XJ）、四川（SC）；俄罗斯、蒙古国、哈萨克斯坦、乌兹别克斯坦、英国（英格兰）、瑞典。

194. 塔克寄蝇属 *Takanoella* Baranov, 1935

Takanoella Baranov, 1935. Vet. Arhiv 5: 558. **Type species:** *Takanoella parvicornis* Baranov, 1935 (by original designation).

（852）黄腹塔克寄蝇 *Takanoella flava* Wang, Zhang *et* Wang, 2015

Takanoella flava Wang, Zhang *et* Wang, 2015. Entomotaxon. 37 (3): 192. **Type locality:** China: Yunnan, Jingdong, Xujiaba.

分布（Distribution）： 云南（YN）。

俏饰寄蝇族 Parerigonini

195. 俏饰寄蝇属 *Parerigone* Brauer, 1898

Parerigone Brauer, 1898. Sber. Akad. Wiss. Wien, Cl. Math.-Naturw 107: 540. **Type species:** *Parerigone aurea* Brauer, 1898 (monotypy).

Parerigonesis Chao *et* Sun, 1990. *In*: Chao, Sun *et* Zhou, 1990. Acta Zootaxon. Sin. 15 (2): 236. **Type species:** *Parerigonesis huangshanensis* Chao *et* Sun, 1990 (by original designation).

（853）芒毛俏饰寄蝇 *Parerigone atrisetosa* Wang, Zhang *et* Wang, 2015

Parerigone atrisetosa Wang, Zhang *et* Wang, 2015. Zootaxa 3919 (3): 461. **Type locality:** China: Guizhou, Libo (Maolan).

分布（Distribution）： 宁夏（NX）、贵州（GZ）。

(854) 金黄俏饰寄蝇 *Parerigone aurea* Brauer, 1898

Parerigone aurea Brauer, 1898. Sber. Akad. Wiss. Wien, Cl. Math.-Naturw 107: 540. **Type locality:** Russia: Primorskiy Kray, Khasan District, Narva.

分布(Distribution): 黑龙江(HL)、辽宁(LN)、河北(HEB)、陕西(SN)、宁夏(NX)、四川(SC)、广东(GD);俄罗斯、韩国。

(855) 短叉俏饰寄蝇 *Parerigone brachyfurca* Chao *et* Zhou, 1990

Parerigone brachyfurca Chao *et* Zhou, 1990. *In*: Chao, Sun *et* Zhou, 1990. Acta Zootaxon. Sin. 15 (2): 234. **Type locality:** China: Sichuan, Luding (Moxi).

分布(Distribution): 辽宁(LN)、陕西(SN)、四川(SC)。

(856) 黄腹俏饰寄蝇 *Parerigone flava* Wang, Zhang *et* Wang, 2015

Parerigone flava Wang, Zhang *et* Wang, 2015. Zootaxa 3919 (3): 463. **Type locality:** China: Yunnan, Deqin, Yunling.

分布(Distribution): 云南(YN)。

(857) 黄毛俏饰寄蝇 *Parerigone flavihirta* (Chao *et* Sun, 1990)

Parerigonesis flavihirta Chao *et* Sun, 1990. *In*: Chao, Sun *et* Zhou, 1990. Acta Zootaxon. Sin. 15 (2): 237. **Type locality:** China: Yunnan, Lushui, Pianma.

分布(Distribution): 云南(YN)。

(858) 黄瓣俏饰寄蝇 *Parerigone flavisquama* Wang, Zhang *et* Wang, 2015

Parerigone flavisquama Wang, Zhang *et* Wang, 2015. Zootaxa 3919 (3): 466. **Type locality:** China: Yunnan, Deqin, Yunling.

分布(Distribution): 河北(HEB)、山西(SX)、宁夏(NX)、云南(YN)。

(859) 黄山俏饰寄蝇 *Parerigone huangshanensis* (Chao *et* Sun, 1990)

Parerigonesis huangshanensis Chao *et* Sun, 1990. *In*: Chao, Sun *et* Zhou, 1990. Acta Zootaxon. Sin. 15 (2): 238. **Type locality:** China: Anhui, Huangshan.

分布(Distribution): 辽宁(LN)、河北(HEB)、北京(BJ)、山西(SX)、宁夏(NX)、安徽(AH)、云南(YN)、福建(FJ);日本。

(860) 宽额俏饰寄蝇 *Parerigone laxifrons* Wang, Zhang *et* Wang, 2015

Parerigone laxifrons Wang, Zhang *et* Wang, 2015. Zootaxa 3919 (3): 468. **Type locality:** China: Ningxia, Jingyuan (Qiuqianjia Forestry Centre).

分布(Distribution): 宁夏(NX)。

(861) 黑尾俏饰寄蝇 *Parerigone nigrocauda* (Chao *et* Sun, 1990)

Parerigonesis nigrocauda Chao *et* Sun, 1990. *In*: Chao, Sun *et* Zhou, 1990. Acta Zootaxon. Sin. 15 (2): 239. **Type locality:** China: Zhejiang, Tianmu Shan.

分布(Distribution): 浙江(ZJ)。

(862) 高野俏饰寄蝇 *Parerigone takanoi* Mesnil, 1957

Parerigone takanoi Mesnil, 1957. Mém. Soc. R. Ent. Belg. 28: 62. **Type locality:** Japan: Hokkaidō, Obihiro.

Parerigonesis flavihirta Chao *et* Sun, 1990. *In*: Chao, Sun *et* Zhou, 1990. Acta Zootaxon. Sin. 15 (2): 237. **Type locality:** China: Yunnan, Lushui, Pianma.

分布(Distribution): 吉林(JL)、陕西(SN)、宁夏(NX)、云南(YN);朝鲜、日本。

(863) 天目山俏饰寄蝇 *Parerigone tianmushana* Chao *et* Sun, 1990

Parerigone tianmushana Chao *et* Sun, 1990. *In*: Chao, Sun *et* Zhou, 1990. Acta Zootaxon. Sin. 15 (2): 231. **Type locality:** China: Zhejiang, Tianmu Shan.

分布(Distribution): 浙江(ZJ);朝鲜、韩国。

(864) 王氏俏饰寄蝇 *Parerigone wangi* Wang, Zhang *et* Wang, 2015

Parerigone wangi Wang, Zhang *et* Wang, 2015. Zootaxa 3919 (3): 470. **Type locality:** China: Shaanxi, Zhouzhi, Mt. Taibai.

分布(Distribution): 陕西(SN)。

196. 等攀寄蝇属 *Paropesia* Mesnil, 1970

Paropesia Mesnil, 1970. Mushi 44: 120. **Type species:** *Paropesia nigra* Mesnil, 1970 (by original designation).

(865) 心鬃等攀寄蝇 *Paropesia discalis* Shima, 2014

Paropesia discalis Shima, 2014. Zootaxa 3827: 580. **Type locality:** China: Shaanxi, Zuoshui Xian, Yingpan-linchang.

分布(Distribution): 山西(SX)、陕西(SN)、宁夏(NX);缅甸。

(866) 黑等攀寄蝇 *Paropesia nigra* Mesnil, 1970

Paropesia nigra Mesnil, 1970. Mushi 44: 121. **Type locality:** Myanmar: Kachin, Kambaiti.

分布(Distribution): 宁夏(NX)、浙江(ZJ);缅甸。

(867) 方斑等攀寄蝇 *Paropesia tessellata* Shima, 2014

Paropesia tessellata Shima, 2014. Zootaxa 3827: 587. **Type locality:** Myanmar: Kambaiti.

分布(Distribution): 云南(YN);缅甸。

197. 赞寄蝇属 *Zambesomima* Mesnil, 1967

Zambesomima Mesnil, 1967. Mushi 41: 44. **Type species:** *Zambesomima hirsuta* Mesnil, 1967 (by original designation).

（868）黄赞寄蝇 *Zambesomima flava* Wang, Zhang *et* Wang, 2014

Zambesomima flava Wang, Zhang *et* Wang, 2014. *In*: Wang, Wang *et* Zhang, 2014. Pan-Pac. Entomol. 90: 141. **Type locality:** China: Sichuan, Ganzi (Dege).

分布（Distribution）：宁夏（NX）、四川（SC）。

（869）毛赞寄蝇 *Zambesomima hirsuta* Mesnil, 1967

Zambesomima hirsuta Mesnil, 1967. Mushi 41: 45. **Type locality:** Japan: Hokkaidō, Maruyama.

分布（Distribution）：辽宁（LN）、河北（HEB）、宁夏（NX）、甘肃（GS）、青海（QH）；俄罗斯、日本。

突颜寄蝇族 Phasiini

198. 克寄蝇属 *Clytiomya* Rondani, 1861

Clytiomya Rondani, 1861. Dipt. Ital. Prodromus, Vol. IV: 9 (replacement name for *Clytia* Robineau-Desvoidy, 1830).

Clytia Robineau-Desvoidy, 1830. Mém. Prés. Div. Sav. Acad. R. Sci. Inst. Fr. 2 (2): 287 (a junior homonym of *Clytia* Lamouroux, 1812). **Type species:** *Musca continua* Panzer, 1798 (by designation of Westwood, 1840).

（870）连克寄蝇 *Clytiomya continua* (Panzer, 1798)

Musca continua Panzer, 1798. Faunae insectorum germanicae initia oder Deutschlands Insecten, Fasc. 60: 19. **Type locality:** Austria.

分布（Distribution）：辽宁（LN）、宁夏（NX）、新疆（XJ）、广东（GD）；俄罗斯、蒙古国、外高加索地区、奥地利、比利时、瑞典；中亚。

199. 华寄蝇属 *Compsoptesis* Villeneuve, 1915

Compsoptesis Villeneuve, 1915. Ann. Hist.-Nat. Mus. Natl. Hung. 13: 90. **Type species:** *Compsoptesis phoenix* Villeneuve, 1915 (by designation of Townsend, 1931).

（871）凤凰华寄蝇 *Compsoptesis phoenix* Villeneuve, 1915

Compsoptesis phoenix Villeneuve, 1915. Ann. Hist.-Nat. Mus. Natl. Hung. 13: 91. **Type locality:** China: Taiwan.

分布（Distribution）：江西（JX）、台湾（TW）。

（872）淡红华寄蝇 *Compsoptesis rufula* Villeneuve, 1915

Compsoptesis rufula Villeneuve, 1915. Ann. Hist.-Nat. Mus. Natl. Hung. 13: 91. **Type locality:** China: Taiwan, T'ainan.

分布（Distribution）：台湾（TW）。

200. 异颜寄蝇属 *Ectophasia* Townsend, 1912

Ectophasia Townsend, 1912. Proc. Ent. Soc. Wash. 14: 46. **Type species:** *Syrphus crassipennis* Fabricius, 1794 (by original designation).

（873）宽翅异颜寄蝇 *Ectophasia crassipennis* (Fabricius, 1794)

Syrphus crassipennis Fabricius, 1794. Ent. Syst. 4: 284. **Type locality:** France: Paris.

分布（Distribution）：黑龙江（HL）、辽宁（LN）、内蒙古（NM）、山西（SX）、陕西（SN）、湖北（HB）、云南（YN）、西藏（XZ）；俄罗斯、朝鲜、韩国、日本、外高加索地区；欧洲。

（874）长异颜寄蝇 *Ectophasia oblonga* (Robineau-Desvoidy, 1830)

Phasia oblonga Robineau-Desvoidy, 1830. Mém. Prés. Div. Sav. Acad. R. Sci. Inst. Fr. 2 (2): 291. **Type locality:** France.

分布（Distribution）：辽宁（LN）；俄罗斯、巴勒斯坦、以色列、土耳其、外高加索地区；欧洲。

（875）扁异颜寄蝇 *Ectophasia platymesa* (Walker, 1858)

Echinomyia platymesa Walker, 1858. Trans. R. Ent. Soc. London (N. S.) [2] 4: 195. **Type locality:** China.

Ectophasia antennata Villeneuve, 1933. Bull. Ann. Soc. R. Ent. Belg. 73: 197. **Type locality:** China: Taiwan, Kaohsiung Hsien, Chiahsien Hsiang.

分布（Distribution）：江苏（JS）、浙江（ZJ）、四川（SC）、云南（YN）、福建（FJ）、台湾（TW）、广西（GX）。

（876）圆腹异颜寄蝇 *Ectophasia rotundiventris* (Loew, 1858)

Phasia rotundiventris Loew, 1858a. Wien. Ent. Monatschr. 2: 109. **Type locality:** Japan.

Ectophasia sinensis Villeneuve, 1933. Bull. Ann. Soc. R. Ent. Belg. 73: 198. **Type locality:** China: Taiwan, Kaohsiung Hsien, Fengshan.

分布（Distribution）：黑龙江（HL）、吉林（JL）、辽宁（LN）、内蒙古（NM）、河北（HEB）、北京（BJ）、山西（SX）、河南（HEN）、陕西（SN）、宁夏（NX）、安徽（AH）、浙江（ZJ）、湖北（HB）、四川（SC）、云南（YN）、台湾（TW）；俄罗斯、朝鲜、韩国、日本。

201. 寻寄蝇属 *Eliozeta* Rondani, 1856

Eliozeta Rondani, 1856. Dipt. Ital. Prodromus, Vol. I: 82. **Type** species: *Tachina pellucens* Fallén, 1820 (by original designation).

(877) 魔寻寄蝇 *Eliozeta helluo* (Fabricius, 1805)

Musca helluo Fabricius, 1805. Syst. Antliat.: 295. **Type locality:** Austria.

分布（Distribution）：辽宁（LN）、河南（HEN）、陕西（SN）、宁夏（NX）；俄罗斯、土耳其、以色列、外高加索地区、匈牙利、意大利、奥地利、德国、法国。

(878) 明寻寄蝇 *Eliozeta pellucens* (Fallén, 1820)

Tachina pellucens Fallén, 1820. Monogr. Musc. Sveciae II: 22. **Type locality:** Sweden: Kalmar Län and Gotland.

分布（Distribution）：黑龙江（HL）、辽宁（LN）；俄罗斯、外高加索地区；欧洲。

202. 短柄寄蝇属 *Elomya* Robineau-Desvoidy, 1830

Elomya Robineau-Desvoidy, 1830. Mém. Prés. Div. Sav. Acad. R. Sci. Inst. Fr. 2 (2): 296. **Type species:** *Elomya claripennis* Robineau-Desvoidy, 1830 (by designation of Townsend, 1916) [= *Phasia lateralis* Meigen, 1824].

(879) 侧短柄寄蝇 *Elomya lateralis* (Meigen, 1824)

Phasia lateralis Meigen, 1824. Syst. Beschr. Europ. Zweifl. Insekt. 4: 201. **Type locality:** Austria. France.

分布（Distribution）：内蒙古（NM）、宁夏（NX）；俄罗斯、蒙古国、巴勒斯坦、伊朗、外高加索地区、匈牙利、乌克兰、奥地利、法国、摩洛哥。

203. 欧佩寄蝇属 *Opesia* Robineau-Desvoidy, 1863

Opesia Robineau-Desvoidy, 1863. Hist. Nat. Dipt. Envir. Paris 2: 276. **Type species:** *Opesia gagatea* Robineau-Desvoidy, 1863 (by designation of Townsend, 1916) [= *Phasia cana* Meigen, 1824].

(880) 灰欧佩寄蝇 *Opesia cana* (Meigen, 1824)

Phasia cana Meigen, 1824. Syst. Beschr. Europ. Zweifl. Insekt. 4: 201. **Type locality:** France. Austria.

分布（Distribution）：辽宁（LN）；蒙古国；欧洲。

(881) 巨形欧佩寄蝇 *Opesia grandis* (Egger, 1860)

Xysta grandis Egger, 1860a. Verh. K. K. Zool.-Bot. Ges. Wien 10: 796. **Type locality:** Austria.

分布（Distribution）：内蒙古（NM）；俄罗斯、蒙古国、日本、外高加索地区；欧洲。

204. 聚寄蝇属 *Pentatomophaga* de Meijere, 1917

Pentatomophaga de Meijere, 1917. Tijdschr. Ent. 60: 246. **Type species:** *Pentatomophaga bicincta* de Meijere, 1917 (monotypy).

(882) 宽条聚寄蝇 *Pentatomophaga latifascia* (Villeneuve, 1932)

Bogosia latifascia Villeneuve, 1932. Bull. Ann. Soc. R. Ent. Belg. [1931] 71: 244. **Type locality:** China: Taiwan, Kaohsiung Hsien, Chiahsien Hsiang.

分布（Distribution）：山西（SX）、台湾（TW）；俄罗斯、韩国、日本、印度、马来西亚。

205. 围寄蝇属 *Perigymnosoma* Villeneuve, 1929

Perigymnosoma Villeneuve, 1929c. Bull. Ann. Soc. R. Ent. Belg. 69: 68. **Type species:** *Perigymnosoma globulum* Villeneuve, 1929 (monotypy).

(883) 球围寄蝇 *Perigymnosoma globulum* Villeneuve, 1929

Perigymnosoma globulum Villeneuve, 1929c. Bull. Ann. Soc. R. Ent. Belg. 69: 68. **Type locality:** China: Taiwan, Nant'ou Hsien, ChiChi.

分布（Distribution）：吉林（JL）、辽宁（LN）、湖北（HB）、台湾（TW）；俄罗斯、日本、印度。

206. 突颜寄蝇属 *Phasia* Latreille, 1804

Phasia Latreille, 1804. Tabl. Méth. Ins. 24: 195. **Type species:** *Conops subcoleoptratus* Linnaeus, 1767 (by subsequent monotypy of Latreille, 1805).

Alophora Robineau-Desvoidy, 1830. Mém. Prés. Div. Sav. Acad. R. Sci. Inst. Fr. 2 (2): 293. **Type species:** *Syrphus hemipterus* Fabricius, 1794 (by designation of Robineau-Desvoidy, 1863).

Alophorella Townsend, 1912. Proc. Ent. Soc. Wash. 14: 45. **Type species:** *Thereva obesa* Fabricius, 1798 (by original designation).

Alophorophasia Townsend, 1927. Ent. Mitt. 16 (4): 287. **Type species:** *Alophorophasia alata* Townsend, 1927 (by original designation).

Akosempomyia Villeneuve, 1932. Bull. Ann. Soc. R. Ent. Belg. [1931] 71: 243. **Type species:** *Akosempomyia caudata* Villeneuve, 1932 (monotypy).

Kosempomyia Villeneuve, 1932. Bull. Ann. Soc. R. Ent. Belg. [1931] 71: 243. **Type species:** *Kosempomyia tibialis* Villeneuve, 1932 (monotypy).

Brumptallophora Dupuis, 1949. Ann. Parasitol. Hum. Comp. 24: 544 (as a subgenus of *Alophora* Robineau-Desvoidy, 1830). **Type species:** *Alophora aurigera* Egger, 1860 (by original designation).

Stackelbergella Draber-Mońko, 1965. Ann. Zool. Warsz. 23: 180 (as a subgenus of *Alophora* Robineau-Desvoidy, 1830). **Type species:** *Alophora* (*Stackelbergella*) *rohdendorfi*

Draber-Mońko, 1965 (by original designation).
Barbella Draber-Mońko, 1965. Ann. Zool. Warsz. 23: 184 (as a subgenus of *Alophora* Robineau-Desvoidy, 1830). **Type species:** *Alophora barbifrons* Girschner, 1887 (by original designation).

(884) 白斑突颜寄蝇 *Phasia albopunctata* (Baranov, 1935)

Alophora albopunctata Baranov, 1935. Vet. Arhiv 5: 559. **Type locality:** Japan: Hokkaidō, Sapporo.
分布（Distribution）：辽宁（LN）、宁夏（NX）、台湾（TW）；俄罗斯、朝鲜、韩国、日本、巴基斯坦。

(885) 金颊突颜寄蝇 *Phasia aurigera* (Egger, 1860)

Alophora aurigera Egger, 1860. Verh. K. K. Zool.-Bot. Ges. Wien 10: 796. **Type locality:** Austria: Wien.
分布（Distribution）：吉林（JL）、辽宁（LN）、北京（BJ）、四川（SC）；俄罗斯、朝鲜、韩国；欧洲。

(886) 毛额突颜寄蝇 *Phasia barbifrons* (Girschner, 1887)

Alophora (*Hyalomyia*) *barbifrons* Girschner, 1887. Z. Ges. Naturw. 60: 410. **Type locality:** Austria: Steiermark.
分布（Distribution）：黑龙江（HL）、河北（HEB）、山西（SX）、陕西（SN）、西藏（XZ）；俄罗斯、越南；欧洲。

(887) 双叶突颜寄蝇 *Phasia bifurca* Sun, 2003

Phasia bifurca Sun, 2003. *In*: Sun *et* Marshall, 2003. Zootaxa 276: 50. **Type locality:** China: Yunnan, Zhongdian, Diaxueshan, Yakou.
分布（Distribution）：四川（SC）、云南（YN）。

(888) 红尾突颜寄蝇 *Phasia caudata* (Villeneuve, 1932)

Akosempomyia caudata Villeneuve, 1932. Bull. Ann. Soc. R. Ent. Belg. [1931] 71: 244. **Type locality:** China: Taiwan, T'ainan, Yungfulu.
分布（Distribution）：台湾（TW）；菲律宾。

(889) 半球突颜寄蝇 *Phasia hemiptera* (Fabricius, 1794)

Syrphus hemipterus Fabricius, 1794. Ent. Syst. 4: 284. **Type locality:** United Kingdom: England.
分布（Distribution）：黑龙江（HL）、吉林（JL）、辽宁（LN）、内蒙古（NM）、河北（HEB）、北京（BJ）；俄罗斯、朝鲜、韩国、日本、外高加索地区；欧洲。

(890) 桓仁突颜寄蝇 *Phasia huanrenensis* Zhang *et* Zhao, 2011

Phasia huanrenensis Zhang *et* Zhao, 2011. *In*: Zhang, Zhao *et* Wang, 2011. Acta Zootaxon. Sin. 36 (1): 67. **Type locality:** China: Liaoning, Huanren (Laotudingzi Mountains).
分布（Distribution）：辽宁（LN）。

(891) 麦氏突颜寄蝇 *Phasia mesnili* (Draber-Mońko, 1965)

Alophora (*Hyalomyia*) *mesnili* Draber-Mońko, 1965. Ann. Zool. Warsz. 23: 109. **Type locality:** Russia: Stalingradskaja Oblast', Tinguta.
分布（Distribution）：辽宁（LN）、新疆（XJ）；俄罗斯、哈萨克斯坦、外高加索地区；中东地区；中亚、欧洲、非洲（北部）。

(892) 肥突颜寄蝇 *Phasia obesa* (Fabricius, 1798)

Thereva obesa Fabricius, 1798. Suppl. Ent. Syst. 4: 561. **Type locality:** Italy.
分布（Distribution）：黑龙江（HL）、吉林（JL）、辽宁（LN）、内蒙古（NM）、北京（BJ）、宁夏（NX）、四川（SC）、西藏（XZ）；俄罗斯、蒙古国、日本、哈萨克斯坦、外高加索地区；中东地区；中亚、欧洲、非洲（北部）。

(893) 小突颜寄蝇 *Phasia pusilla* Meigen, 1824

Phasia pusilla Meigen, 1824. Syst. Beschr. Europ. Zweifl. Insekt. 4: 198. **Type locality:** Not given (possibly Germany: Stolberg).
分布（Distribution）：黑龙江（HL）、辽宁（LN）、内蒙古（NM）、宁夏（NX）；俄罗斯、蒙古国、日本、哈萨克斯坦、外高加索地区；中东地区；中亚、欧洲、非洲（北部）。

(894) 罗氏突颜寄蝇 *Phasia rohdendorfi* (Draber-Mońko, 1965)

Alophora (*Stackelbergella*) *rohdendorfi* Draber-Mońko, 1965. Ann. Zool. Warsz. 23: 181. **Type locality:** Russia: Primorskiy Kray, between Spassk-Dal'niy and Yakovlevka along Ugodinza River.
分布（Distribution）：吉林（JL）、辽宁（LN）、宁夏（NX）、四川（SC）、云南（YN）、西藏（XZ）；俄罗斯、尼泊尔。

(895) 四川突颜寄蝇 *Phasia sichuanensis* Sun, 2003

Phasia sichuanensis Sun, 2003. *In*: Sun *et* Marshall, 2003. Zootaxa 276: 57. **Type locality:** China: Sichuan, Yanyuan.
分布（Distribution）：四川（SC）。

(896) 高野突颜寄蝇 *Phasia takanoi* (Draber-Mońko, 1965)

Alophora (*Brumptallophora*) *takanoi* Draber-Mońko, 1965. Ann. Zool. Warsz. 23: 147. **Type locality:** Russia: Primorskiy Kray, Sudzuch Nature Reserve.
分布（Distribution）：宁夏（NX）；俄罗斯、朝鲜、韩国、日本。

(897) 胫突颜寄蝇 *Phasia tibialis* (Villeneuve, 1932)

Kosempomyia tibialis Villeneuve, 1932. Bull. Ann. Soc. R. Ent.

Belg. [1931] 71: 243. **Type locality:** China: Taiwan, Kaohsiung Hsien, Chiahsien Hsiang.
分布（**Distribution**）：台湾（TW）。

（898）王氏突颜寄蝇 *Phasia wangi* Sun, 2003

Phasia wangi Sun, 2003. *In*: Sun *et* Marshall, 2003. Zootaxa 276: 59. **Type locality:** China: Sichuan, Wolong.
分布（**Distribution**）：陕西（SN）、宁夏（NX）、四川（SC）。

（899）伍德突颜寄蝇 *Phasia woodi* Sun, 2003

Phasia woodi Sun, 2003. *In*: Sun *et* Marshall, 2003. Zootaxa 276: 190. **Type locality:** Malaysia: Sarawak, Ng. Sekuau, Ulu Oya.
分布（**Distribution**）：台湾（TW）；泰国、马来西亚、澳大利亚。

（900）薛氏突颜寄蝇 *Phasia xuei* Wang, Wang *et* Zhang, 2014

Phasia xuei Wang, Wang *et* Zhang, 2014. Entomotaxon. 36 (2): 129. **Type locality:** China: Liaoning, Benxi (Dayugou).
分布（**Distribution**）：辽宁（LN）。

（901）云南突颜寄蝇 *Phasia yunnanica* Sun, 2003

Phasia yunnanica Sun, 2003. *In*: Sun *et* Marshall, 2003. Zootaxa 276: 112. **Type locality:** China: Yunnan, Lanping.
分布（**Distribution**）：辽宁（LN）、云南（YN）。

207. 亚美寄蝇属 *Subclytia* Pandellé, 1894

Subclytia Pandellé, 1894. Rev. Ent. 13: 96. **Type species:** *Tachina rotundiventris* Fallén, 1820 (monotypy).

（902）圆腹亚美寄蝇 *Subclytia rotundiventris* (Fallén, 1820)

Tachina rotundiventris Fallén, 1820. Monogr. Musc. Sveciae II: 23. **Type locality:** Sweden: Småland.
分布（**Distribution**）：黑龙江（HL）、吉林（JL）、山西（SX）；俄罗斯（东西伯利亚、西西伯利亚）、蒙古国、日本、外高加索地区；欧洲。

强寄蝇族 Strongygastrini

208. 弓寄蝇属 *Arcona* Richter, 1988

Arcona Richter, 1988. Syst. Nasekomikh i Kleshchei 70: 210. **Type species:** *Arcona amuricola* Richter, 1988 (by original designation).

（903）黑龙江弓寄蝇 *Arcona amuricola* Richter, 1988

Arcona amuricola Richter, 1988. Syst. Nasekomikh i Kleshchei 70: 210. **Type locality:** Russia: Khabarovsky Krai, Stolbovoe near Amurzet.
分布（**Distribution**）：黑龙江（HL）、河北（HEB）、四川（SC）；俄罗斯。

209. 黑寄蝇属 *Melastrongygaster* Shima, 2015

Melastrongygaster Shima, 2015. Zootaxa 3904: 428. **Type species:** *Melastrongygaster atrata* Shima, 2015 (by original designation).

（904）赵氏黑寄蝇 *Melastrongygaster chaoi* Shima, 2015

Melastrongygaster chaoi Shima, 2015. Zootaxa 3904: 433. **Type locality:** China: Sichuan, Kanding Xiang (Yulin).
分布（**Distribution**）：辽宁（LN）、河北（HEB）、四川（SC）。

（905）褐翅黑寄蝇 *Melastrongygaster fuscipennis* Shima, 2015

Melastrongygaster fuscipennis Shima, 2015. Zootaxa 3904: 436. **Type locality:** China: Yunnan, Honghe, Luchun, Huangliangshan.
分布（**Distribution**）：辽宁（LN）、云南（YN）。

210. 强寄蝇属 *Strongygaster* Macquart, 1834

Strongygaster Macquart, 1834. Mém. Soc. Sci. Agric. Arts Lille [1833]: 211. **Type species:** *Tachina globula* Meigen, 1824 (monotypy).

（906）球强寄蝇 *Strongygaster globula* (Meigen, 1824)

Tachina globula Meigen, 1824. Syst. Beschr. Europ. Zweifl. Insekt. 4: 367. **Type locality:** Not given.
分布（**Distribution**）：河北（HEB）；俄罗斯、蒙古国、外高加索地区；欧洲（北部和西部）。

寄蝇亚科 Tachininae

短毛寄蝇族 Brachymerini

211. 短毛寄蝇属 *Brachymera* Brauer *et* Bergenstamm, 1889

Brachymera Brauer *et* Bergenstamm, 1889. Denkschr. Akad. Wiss. Wien. Math.-Naturw. Cl. 56 (1): 116. **Type species:** *Pachystylum letochai* Mik, 1874 (monotypy).
Parabrachymera Mik, 1891b. Wien. Ent. Ztg. 10: 212. **Type species:** *Pachystylum rugosum* Mik, 1863 (monotypy).

（907）皱短毛寄蝇 *Brachymera rugosa* (Mik, 1863)

Pachystylum rugosum Mik, 1863. Verh. K. K. Zool.-Bot. Ges. Wien 13: 1239. **Type locality:** Italy: Friuli-Venezia Giulia, Gorizia.

分布（Distribution）：中国（东北部）；俄罗斯、蒙古国、外高加索地区；欧洲。

埃内寄蝇族 Ernestiini

212. 金绿寄蝇属 *Chrysosomopsis* Townsend, 1916

Chrysosomopsis Townsend, 1916a. Insecutor Inscit. Menstr. 4: 11. **Type species:** *Tachina aurata* Fallén, 1820 (by original designation).

Eucomus Aldrich, 1926. Proc. U. S. Natl. Mus. 69 (22): 22. **Type species:** *Eucomus strictus* Aldrich, 1926 (by original designation).

（908）欧亚金绿寄蝇 *Chrysosomopsis aurata* (Fallén, 1820)

Tachina aurata Fallén, 1820. Monogr. Musc. Sveciae III: 25. **Type locality:** Sweden: Skåne, Äsperöd.

分布（Distribution）：辽宁（LN）、云南（YN）、台湾（TW）；俄罗斯、蒙古国、日本、外高加索地区；欧洲。

（909）双齿金绿寄蝇 *Chrysosomopsis bidentata* (Chao *et* Zhou, 1989)

Chrysocosmius bidentatus Chao *et* Zhou, 1989. Acta Zootaxon. Sin. 14 (1): 69. **Type locality:** China: Heilongjiang, Mishan.

分布（Distribution）：黑龙江（HL）、辽宁（LN）、河北（HEB）。

（910）亚合眼金绿寄蝇 *Chrysosomopsis euholoptica* (Chao *et* Zhou, 1989)

Chrysocosmius euholopticus Chao *et* Zhou, 1989. Acta Zootaxon. Sin. 14 (1): 70. **Type locality:** China: Sichuan, Batang.

分布（Distribution）：四川（SC）。

（911）依格金绿寄蝇 *Chrysosomopsis ignorabilis* (Zimin, 1958)

Chrysocosmius ignorabilis Zimin, 1958. Sb. Rab. Inst. Prikl. Zool. Fitopathol. 5: 48. **Type locality:** Tajikistan: Peter Irst Mountains, Kara-Shura Valley.

分布（Distribution）：新疆（XJ）；俄罗斯、蒙古国；中亚。

（912）单鬃金绿寄蝇 *Chrysosomopsis monoseta* (Chao *et* Zhou, 1989)

Chrysocosmius monosetus Chao *et* Zhou, 1989. Acta Zootaxon. Sin. 14 (1): 68. **Type locality:** China: Yunnan, Deqin.

分布（Distribution）：云南（YN）。

（913）眼鬃金绿寄蝇 *Chrysosomopsis ocelloseta* (Chao *et* Zhou, 1989)

Chrysocosmius ocellosetus Chao *et* Zhou, 1989. Acta Zootaxon. Sin. 14 (1): 67. **Type locality:** China: Yunnan, Lanping.

分布（Distribution）：青海（QH）、四川（SC）、云南（YN）、西藏（XZ）。

（914）狭额金绿寄蝇 *Chrysosomopsis stricta* (Aldrich, 1926)

Eucomus strictus Aldrich, 1926. Proc. U. S. Natl. Mus. 69 (22): 22. **Type locality:** China: Sichuan, Huanglong Valley, near Songpan.

分布（Distribution）：四川（SC）、云南（YN）、西藏（XZ）。

213. 珠峰寄蝇属 *Everestiomyia* Townsend, 1933

Everestiomyia Townsend, 1933. J. N. Y. Ent. Soc. 40: 466. **Type species:** *Everestiomyia antennalis* Townsend, 1933 (by original designation).

（915）斧角珠峰寄蝇 *Everestiomyia antennalis* Townsend, 1933

Everestiomyia antennalis Townsend, 1933. J. N. Y. Ent. Soc. 40: 466. **Type locality:** China: Xizang, Mt. Everest, Rongbuk Glacier.

分布（Distribution）：青海（QH）、新疆（XJ）、四川（SC）、云南（YN）、西藏（XZ）。

214. 黄角寄蝇属 *Flavicorniculum* Chao *et* Shi, 1981

Flavicorniculum Chao *et* Shi, 1981. Acta Ent. Sin. 24 (2): 203. **Type species:** *Flavicorniculum hamiforceps* Chao *et* Shi, 1981 (by original designation).

（916）叉尾黄角寄蝇 *Flavicorniculum forficalum* Chao *et* Shi, 1981

Flavicorniculum forficalum Chao *et* Shi, 1981. Acta Ent. Sin. 24 (2): 205. **Type locality:** China: Guangxi, Longsheng.

分布（Distribution）：广西（GX）。

（917）鹰钩黄角寄蝇 *Flavicorniculum hamiforceps* Chao *et* Shi, 1981

Flavicorniculum hamiforceps Chao *et* Shi, 1981. Acta Ent. Sin. 24 (2): 207. **Type locality:** China: Zhejiang, Tianmu Shan.

分布（Distribution）：浙江（ZJ）、湖南（HN）、四川（SC）、福建（FJ）。

（918）多鬃黄角寄蝇 *Flavicorniculum multisetosum* Chao *et* Shi, 1981

Flavicorniculum multisetosum Chao *et* Shi, 1981. Acta Ent. Sin. 24 (2): 205. **Type locality:** China: Guangxi, Longsheng.

分布（Distribution）：广西（GX）。

（919）扁肛黄角寄蝇 *Flavicorniculum planiforceps* Chao *et* Shi, 1981

Flavicorniculum planiforceps Chao *et* Shi, 1981. Acta Ent. Sin.

24 (2): 204. **Type locality:** China: Sichuan, Emei Shan.
分布（**Distribution**）：湖北（HB）、四川（SC）、云南（YN）。

215. 亮寄蝇属 *Gymnocheta* Robineau-Desvoidy, 1830

Gymnocheta Robineau-Desvoidy, 1830. Mém. Prés. Div. Sav. Acad. R. Sci. Inst. Fr. 2 (2): 371. **Type species:** *Tachina viridis* Fallén, 1810 (monotypy).
Chrysosoma Macquart, 1834. Mém. Soc. Sci. Agric. Arts Lille [1833]: 255 (a junior homonym of *Chrysosoma* Guérin-Méneville, 1831). **Type species:** *Tachina viridis* Fallén, 1810 (monotypy).
Dasyma Gistel, 1848. Naturgeschichichte des Thierreichs für höhere Schulen, Stuttgart: viii (replacement name for *Chrysosoma* Macquart, 1834).
Chrysocosmius Bezzi, 1907. Wien. Ent. Ztg. 26: 294 (replacement name for *Chrysosoma* Macquart, 1834).
Parachrysoma Becker, 1918. Abh. K. Leopold.-Carol. Dtsch. Akad. Naturf. [Nova Acta Acad. C. Leopold.-Carol. Germ. Nat. Curio.] 104: 142 (replacement name for *Chrysosoma* Macquart, 1834).

（920）火亮寄蝇 *Gymnocheta flamma* Zimin, 1958

Gymnochaeta flamma Zimin, 1958. Sb. Rab. Inst. Prikl. Zool. Fitopathol. 5: 55. **Type locality:** China: Qinghai, Qilian Shan, foothills of Zining Range.
分布（**Distribution**）：青海（QH）、四川（SC）。

（921）钩肛亮寄蝇 *Gymnocheta goniata* Chao, 1979

Gymnochaeta goniata Chao, 1979. Entomotaxon. 1 (2): 80. **Type locality:** China: Xinjiang, Tien Shan, Baicheng, Akqisu.
分布（**Distribution**）：新疆（XJ）。

（922）马格亮寄蝇 *Gymnocheta magna* Zimin, 1958

Gymnochaeta magna Zimin, 1958. Sb. Rab. Inst. Prikl. Zool. Fitopathol. 5: 53. **Type locality:** Mongolia: Hentiy Aimag, Sutszukte.
分布（**Distribution**）：黑龙江（HL）、辽宁（LN）、北京（BJ）、浙江（ZJ）；俄罗斯、蒙古国、日本；欧洲。

（923）梅斯亮寄蝇 *Gymnocheta mesnili* Zimin, 1958

Gymnochaeta mesnili Zimin, 1958. Sb. Rab. Inst. Prikl. Zool. Fitopathol. 5: 59. **Type locality:** China: Nei Mongol, Helan Shan, Dyn'-yuan.
分布（**Distribution**）：黑龙江（HL）、内蒙古（NM）；俄罗斯。

（924）棒须亮寄蝇 *Gymnocheta porphyrophora* Zimin, 1958

Gymnochaeta porphyrophora Zimin, 1958. Sb. Rab. Inst. Prikl. Zool. Fitopathol. 5: 57. **Type locality:** China: Xizang, Dza chu.
分布（**Distribution**）：青海（QH）、四川（SC）、重庆（CQ）、贵州（GZ）、云南（YN）、西藏（XZ）；印度。

（925）绿亮寄蝇 *Gymnocheta viridis* (Fallén, 1810)

Tachina viridis Fallén, 1810a. K. Svenska Vetensk. Akad. Handl. 31 (2): 276. **Type locality:** Sweden: Skåne, Maltesholm.
分布（**Distribution**）：黑龙江（HL）、辽宁（LN）、内蒙古（NM）、河北（HEB）；俄罗斯、韩国、日本、外高加索地区；中东地区；欧洲。

216. 透翅寄蝇属 *Hyalurgus* Brauer *et* Bergenstamm, 1893

Hyalurgus Brauer *et* Bergenstamm, 1893. Denkschr. Akad. Wiss. Wien. Math.-Naturw. Cl. 60 (3): 95. **Type species:** *Tachina lucida* Meigen, 1824 (by fixation of O'Hara *et* Wood, 2004, misidentified as *Tachina crucigera* Zetterstedt, 1838 in the by original designation of Brauer *et* Bergenstamm, 1893).
Microerigone Zimin, 1960. Ent. Obozr. 39: 741 (a junior homonym of *Microerigone* Dahl, 1928). **Type species:** *Microerigone sima* Zimin, 1960 (monotypy).

（926）腹透翅寄蝇 *Hyalurgus abdominalis* (Matsumura, 1911)

Polidea abdominalis Matsumura, 1911. J. Coll. Agric. Hokkaido Imp. Univ. 4 (1): 81. **Type locality:** Russia: Sakhalin, Okhotskoye.
分布（**Distribution**）：中国（东北部，省份不明）；俄罗斯、日本。

（927）亮黑透翅寄蝇 *Hyalurgus atratus* Mesnil, 1967

Hyalurgus atratus Mesnil, 1967. Mushi 41: 48. **Type locality:** China: Sichuan, Washan.
分布（**Distribution**）：四川（SC）。

（928）横带透翅寄蝇 *Hyalurgus cinctus* Villeneuve, 1937

Hyalurgus cinctus Villeneuve, 1937. Bull. Mus. R. Hist. Nat. Belg. 13 (34): 9. **Type locality:** China: Sichuan, "Yao-Gi".
分布（**Distribution**）：吉林（JL）、山西（SX）、宁夏（NX）、甘肃（GS）、青海（QH）、四川（SC）、云南（YN）。

（929）十花透翅寄蝇 *Hyalurgus crucigera* (Zetterstedt, 1838)

Tachina crucigera Zetterstedt, 1838. Insecta Lapp.: 648. **Type locality:** Sweden: Lappmark, Asele Åsele Lappmark, Wilhelmina.
分布（**Distribution**）：宁夏（NX）；法国、意大利、瑞士；斯堪的纳维亚半岛。

（930）曲肛透翅寄蝇 *Hyalurgus curvicercus* Chao *et* Shi, 1980

Hyalurgus curvicercus Chao *et* Shi, 1980. Acta Ent. Sin. 23 (3): 317. **Type locality:** China: Xizang, Yadong.

分布（Distribution）：西藏（XZ）。

（931）黄腿透翅寄蝇 *Hyalurgus flavipes* Chao *et* Shi, 1980

Hyalurgus flavipes Chao *et* Shi, 1980. Acta Ent. Sin. 23 (3): 316. **Type locality:** China: Yunnan, Lijiang.

分布（Distribution）：辽宁（LN）、河北（HEB）、山西（SX）、宁夏（NX）、云南（YN）。

（932）宽额透翅寄蝇 *Hyalurgus latifrons* Chao *et* Shi, 1980

Hyalurgus latifrons Chao *et* Shi, 1980. Acta Ent. Sin. 23 (3): 316. **Type locality:** China: Xizang, Jilong.

分布（Distribution）：西藏（XZ）。

（933）长毛透翅寄蝇 *Hyalurgus longihirtus* Chao *et* Shi, 1980

Hyalurgus longihirtus Chao *et* Shi, 1980. Acta Ent. Sin. 23 (3): 315. **Type locality:** China: Heilongjiang, Yichun.

分布（Distribution）：黑龙江（HL）。

（934）亮透翅寄蝇 *Hyalurgus lucidus* (Meigen, 1824)

Tachina lucida Meigen, 1824. Syst. Beschr. Europ. Zweifl. Insekt. 4: 268 (replacement name for *Tachina diaphana* Fallén, 1820).

Tachina diaphana Fallén, 1820. Monogr. Musc. Sveciae III: 33 (a junior primary homonym of *Tachina diaphana* Fallén, 1820). **Type locality:** Sweden: Skåne.

分布（Distribution）：内蒙古（NM）、山西（SX）、甘肃（GS）、云南（YN）；俄罗斯；欧洲。

（935）宁夏透翅寄蝇 *Hyalurgus ningxiaensis* Wang *et* Zhang, 2012

Hyalurgus ningxiaensis Wang *et* Zhang, 2012. Entomotaxon. 34 (2): 344. **Type locality:** China: Ningxia, Liupan Mountains, Jingyuan (Yehegu).

分布（Distribution）：宁夏（NX）。

（936）斑腿透翅寄蝇 *Hyalurgus sima* (Zimin, 1960)

Microerigone sima Zimin, 1960. Ent. Obozr. 39: 742. **Type locality:** Russia: Kemerovo, upper reaches of Tom' River, tributary of Magazy River, Kamzas River.

分布（Distribution）：吉林（JL）、辽宁（LN）、内蒙古（NM）、山西（SX）、宁夏（NX）、青海（QH）、四川（SC）、云南（YN）；俄罗斯、日本。

217. 江寄蝇属 *Janthinomyia* Brauer *et* Bergenstamm, 1893

Janthinomyia Brauer *et* Bergenstamm, 1893. Denkschr. Akad. Wiss. Wien. Math.-Naturw. Cl. 60 (3): 141. **Type species:** *Janthinomyia felderi* Brauer *et* Bergenstamm, 1893 (monotypy).

Scologaster Aldrich, 1926. Insecutor Inscit. Menstr. 14: 52. **Type species:** *Scologaster fuscipennis* Aldrich, 1926 (by original designation) [= *Janthinomyia felderi* Brauer *et* Bergenstamm, 1893).

Chrysocosmiomima Zimin, 1958. Sb. Rab. Inst. Prikl. Zool. Fitopathol. 5: 42. **Type species:** *Chrysocosmiomima magnifica* Zimin, 1958 (monotypy) [= *Gymnochaeta elegans* Matsumura, 1905].

（937）叉叶江寄蝇 *Janthinomyia elegans* (Matsumura, 1905)

Gymnochaeta elegans Matsumura, 1905. Thousand Ins. Japan Add. 2: 112. **Type locality:** Japan: Hokkaidō, Sapporo, Moiwa.

Chrysocosmiomima magnifica Zimin, 1958. Sb. Rab. Inst. Prikl. Zool. Fitopathol. 5: 43. **Type locality:** China: Tianjin.

分布（Distribution）：黑龙江（HL）、吉林（JL）、辽宁（LN）、内蒙古（NM）、河北（HEB）、天津（TJ）、北京（BJ）、山西（SX）、山东（SD）、河南（HEN）、甘肃（GS）、新疆（XJ）、安徽（AH）、江苏（JS）、上海（SH）、浙江（ZJ）、江西（JX）、四川（SC）、云南（YN）、西藏（XZ）、福建（FJ）、台湾（TW）、广东（GD）；俄罗斯、蒙古国、韩国、日本。

（938）拼叶江寄蝇 *Janthinomyia felderi* Brauer *et* Bergenstamm, 1893

Janthinomyia felderi Brauer *et* Bergenstamm, 1893. Denkschr. Akad. Wiss. Wien. Math.-Naturw. Cl. 60 (3): 141. **Type locality:** India.

Scologaster fuscipennis Aldrich, 1926. Insecutor Inscit. Menstr. 14: 53. **Type locality:** China: Sichuan, Suifu.

Platychira cyanicolor Villeneuve, 1932. Bull. Soc. Ent. Fr. 37: 268. **Type locality:** China: Taiwan, T'ainan City, Yungfulu.

分布（Distribution）：辽宁（LN）、山东（SD）、安徽（AH）、江苏（JS）、上海（SH）、浙江（ZJ）、江西（JX）、湖南（HN）、四川（SC）、重庆（CQ）、贵州（GZ）、云南（YN）、西藏（XZ）、福建（FJ）、台湾（TW）、广西（GX）；印度、尼泊尔。

218. 短须寄蝇属 *Linnaemya* Robineau-Desvoidy, 1830

1）短须寄蝇亚属 *Linnaemya* Robineau-Desvoidy, 1830

Linnaemya Robineau-Desvoidy, 1830. Mém. Prés. Div. Sav.

Acad. R. Sci. Inst. Fr. 2 (2): 52. **Type species:** *Linnaemya silvestris* Robineau-Desvoidy, 1830 (by designation of Robineau-Desvoidy, 1863) [= *Tachina vulpina* Fallén, 1810].

Bonellia Robineau-Desvoidy, 1830. Mém. Prés. Div. Sav. Acad. R. Sci. Inst. Fr. 2 (2): 56 (a junior homonym of *Bonellia* Rolando, 1822). **Type species:** *Bonellia tessellans* Robineau-Desvoidy, 1830 (by designation of Townsend, 1916).

Micropalpis Macquart, 1834. Mém. Soc. Sci. Agric. Arts Lille [1833]: 316. **Type species:** *Tachina vulpina* Fallén, 1810 (by designation of Rondani, 1856).

Bonellimyia Townsend, 1919. Insecutor Inscit. Menstr. 6 [1918]: 177 (replacement name for *Bonellia* Robineau-Desvoidy, 1830).

Palpina Malloch, 1927. Ann. Mag. Nat. Hist. (9) 20: 423. **Type species:** *Palpina scutellaris* Malloch, 1927 (by original designation).

Eugymnochaetopsis Townsend, 1927. Ent. Mitt. 16 (4): 287. **Type species:** *Eugymnochaetopsis lateralis* Townsend, 1927 (by original designation).

Hemilinnaemyia Villeneuve, 1932. Bull. Soc. Ent. Fr. 37: 269. **Type species:** *Hemilinnaemyia decorata* Villeneuve, 1932 (monotypy) [= *Eugymnochaetopsis lateralis* Townsend, 1927].

Eurysurstyla Chao *et* Shi, 1980 (as a subgenus of *Linnaemya* Robineau-Desvoidy, 1830). Acta Zootaxon. Sin. 5 (3): 264. **Type species:** *Linnaemya* (*Eurysurstyla*) *linguicerca* Chao *et* Shi, 1980 (by original designation).

(939）疑短须寄蝇 *Linnaemya* (*Linnaemya*) *ambigua* Shima, 1986

Linnaemya ambigua Shima, 1986. Sieboldia Suppl. 5: 43. **Type locality:** Japan: Kyūshū, Miyazaki Prefecture, Mt. Takachiho.

分布（Distribution）：贵州（GZ）；日本。

（940）黑腹短须寄蝇 *Linnaemya* (*Linnaemya*) *atriventris* (Malloch, 1935)

Palpina atriventris Malloch, 1935. Ann. Mag. Nat. Hist. (10) 16: 580. **Type locality:** Malaysia: Malay Peninsula, Pahang, Cameron Highlands, Rhododendron Hill.

Linnaemyia montshadskyi Zimin, 1954. Trudy Zool. Inst. 15: 272. **Type locality:** Russia: Primorskiy Kray, Shkotovo, Kamenushka.

分布（Distribution）：吉林（JL）、辽宁（LN）、内蒙古（NM）、山西（SX）、四川（SC）、西藏（XZ）；俄罗斯（远东地区南部）、韩国、日本、？缅甸、泰国、？菲律宾、马来西亚、印度尼西亚。

（941）饰额短须寄蝇 *Linnaemya* (*Linnaemya*) *comta* (Fallén, 1810)

Tachina comta Fallén, 1810a. K. Svenska Vetensk. Akad. Handl. 31 (2): 277. **Type locality:** Sweden.

分布（Distribution）：黑龙江（HL）、吉林（JL）、辽宁（LN）、内蒙古（NM）、河北（HEB）、天津（TJ）、北京（BJ）、山西（SX）、山东（SD）、河南（HEN）、陕西（SN）、宁夏（NX）、甘肃（GS）、青海（QH）、新疆（XJ）、安徽（AH）、江苏（JS）、上海（SH）、浙江（ZJ）、江西（JX）、湖北（HB）、四川（SC）、云南（YN）、西藏（XZ）、福建（FJ）、台湾（TW）、广西（GX）；俄罗斯、蒙古国、朝鲜、韩国、印度、尼泊尔、中亚、哈萨克斯坦、外高加索地区、苏丹；中东地区、新北区广布；欧洲广布。

（942）菲短须寄蝇 *Linnaemya* (*Linnaemya*) *felis* Mesnil, 1957

Linnaemyia felis Mesnil, 1957. Mém. Soc. R. Ent. Belg. 28: 50. **Type locality:** Myanmar: Kachin, Kambaiti.

分布（Distribution）：浙江（ZJ）、云南（YN）；缅甸。

（943）毛翅短须寄蝇 *Linnaemya* (*Linnaemya*) *hirtradia* Chao *et* Shi, 1980

Linnaemya (*Gymnochaetopsis*) *hirtradia* Chao *et* Shi, 1980. Acta Zootaxon. Sin. 5 (3): 265. **Type locality:** China: Shaanxi, Qinling.

分布（Distribution）：陕西（SN）。

（944）加纳短须寄蝇 *Linnaemya* (*Linnaemya*) *kanoi* Shima, 1986

Linnaemya (*Linnaemya*) *kanoi* Shima, 1986. Sieboldia Suppl. 5: 48. **Type locality:** Thailand: Chiang Mai, Doi Pui.

分布（Distribution）：贵州（GZ）、福建（FJ）；泰国。

（945）侧斑短须寄蝇 *Linnaemya* (*Linnaemya*) *lateralis* (Townsend, 1927)

Eugymnochaetopsis lateralis Townsend, 1927. Ent. Mitt. 16 (4): 287. **Type locality:** China: Taiwan, Nant'ou Hsien, Chitou.

Hemilinnaemyia decorata Villeneuve, 1932. Bull. Soc. Ent. Fr. 37: 269. **Type locality:** China: Taiwan, P'ingtung Hsien, Hengch'un.

分布（Distribution）：辽宁（LN）、四川（SC）、台湾（TW）；印度尼西亚、马来西亚。

（946）舌肛短须寄蝇 *Linnaemya* (*Linnaemya*) *linguicerca* Chao *et* Shi, 1980

Linnaemya (*Eurysurstyla*) *linguicerca* Chao *et* Shi, 1980. Acta Zootaxon. Sin. 5 (3): 264. **Type locality:** China: Yunnan, Damenglong.

分布（Distribution）：北京（BJ）、四川（SC）、云南（YN）；越南、菲律宾。

（947）墨脱短须寄蝇 *Linnaemya* (*Linnaemya*) *medogensis* Chao *et* Zhou, 1998

Linnaemya medogensis Chao *et* Zhou, 1998. *In*: Chao *et al*., 1998. *In*: Xue *et* Chao, 1998. Flies of China, Vol. 2: 2099. **Type locality:** China: Xizang, Mêdog.

分布（Distribution）：西藏（XZ）。

（948）黄粉短须寄蝇 *Linnaemya* (*Linnaemya*) *paralongipalpis* Chao, 1962

Linnaemyia paralongipalpis Chao, 1962a. Acta Ent. Sin. 11 (1): 88. **Type locality:** China: Sichuan, Emei Shan.

分布（Distribution）：陕西（SN）、甘肃（GS）、湖南（HN）、湖北（HB）、四川（SC）、云南（YN）；俄罗斯（远东地区南部）。

（949）黄角短须寄蝇 *Linnaemya* (*Linnaemya*) *ruficornis* Chao, 1962

Linnaemyia ruficornis Chao, 1962a. Acta Ent. Sin. 11 (1): 89. **Type locality:** China: Anhui, Huangshan.

分布（Distribution）：黑龙江（HL）、辽宁（LN）、山西（SX）、陕西（SN）、宁夏（NX）、安徽（AH）、四川（SC）。

（950）折肛短须寄蝇 *Linnaemya* (*Linnaemya*) *scutellaris* (Malloch, 1927)

Palpina scutellaris Malloch, 1927. Ann. Mag. Nat. Hist. (9) 20: 423. **Type locality:** Malaysia: Malay Peninsula (Selangor, Bukit Kutu).

Linnaemyia rohdendorfi Chao, 1962a. Acta Ent. Sin. 11 (1): 86. **Type locality:** China: Jiangxi, Yiyang.

分布（Distribution）：北京（BJ）、山西（SX）、宁夏（NX）、甘肃（GS）、江西（JX）；俄罗斯（远东地区南部）、老挝、菲律宾、马来西亚。

（951）泰国短须寄蝇 *Linnaemya* (*Linnaemya*) *siamensis* Shima, 1986

Linnaemya siamensis Shima, 1986. Sieboldia 5: 44. **Type locality:** Thailand: Fang, Doi Huai Hwer.

分布（Distribution）：辽宁（LN）、四川（SC）、贵州（GZ）、西藏（XZ）、海南（HI）；泰国。

（952）索勒短须寄蝇 *Linnaemya* (*Linnaemya*) *soror* Zimin, 1954

Linnaemyia soror Zimin, 1954. Trudy Zool. Inst. 15: 266. **Type locality:** Tajikistan: Gorno-Badakhshan, Khorugh.

分布（Distribution）：黑龙江（HL）、内蒙古（NM）、宁夏（NX）、青海（QH）、新疆（XJ）、四川（SC）、云南（YN）、西藏（XZ）；俄罗斯、印度、尼泊尔、外高加索地区；中东地区；中亚、欧洲（西部和南部）、非洲（北部）。

（953）泰短须寄蝇 *Linnaemya* (*Linnaemya*) *tessellans* (Robineau-Desvoidy, 1830)

Bonellia tessellans Robineau-Desvoidy, 1830. Mém. Prés. Div. Sav. Acad. R. Sci. Inst. Fr. 2 (2): 56. **Type locality:** France.

分布（Distribution）：黑龙江（HL）、辽宁（LN）、内蒙古（NM）、河北（HEB）、山西（SX）、宁夏（NX）、甘肃（GS）、四川（SC）、贵州（GZ）、云南（YN）、西藏（XZ）、台湾（TW）、海南（HI）；俄罗斯、韩国、日本、尼泊尔、外高加索地区；中亚、欧洲。

（954）舞短须寄蝇 *Linnaemya* (*Linnaemya*) *vulpina* (Fallén, 1810)

Tachina vulpina Fallén, 1810a. K. Svenska Vetensk. Akad. Handl. 31 (2): 276. **Type locality:** Sweden.

分布（Distribution）：青海（QH）、浙江（ZJ）、云南（YN）、西藏（XZ）、台湾（TW）；俄罗斯、外高加索地区；中东地区；中亚、欧洲广布。

（955）拟舞短须寄蝇 *Linnaemya* (*Linnaemya*) *vulpinoides* (Baranov, 1932)

Micropalpus vulpinoides Baranov, 1932. Miscel. Zool. Sumatr. 66: 2. **Type locality:** Indonesia: Sumatera, Deli, Siriaria.

Linnaemyia (*Micropalpus*) *formosensis* Villeneuve, 1932. Bull. Soc. Ent. Fr. 37: 269. **Type locality:** China: Taiwan, Kaohsiung Hsien, Chiahsien Hsiang.

分布（Distribution）：山东（SD）、安徽（AH）、江苏（JS）、上海（SH）、浙江（ZJ）、江西（JX）、贵州（GZ）、云南（YN）、西藏（XZ）、福建（FJ）、台湾（TW）；印度、尼泊尔、越南、泰国、马来西亚、印度尼西亚；中东地区；澳大利亚、巴布亚新几内亚。

（956）张氏短须寄蝇 *Linnaemya* (*Linnaemya*) *zhangi* Sun *et* Chao, 1993

Linnaemya zhangi Sun *et* Chao, 1993. *In*: Chao *et* Zhou, 1993. *In*: The Comprehensive Scientific Expedition to the Qinghai-Xizang Plateau, Chinese Academy of Sciences, 1993. Insects of the Hengduan Mountains Region, Vol. 2: 1329. **Type locality:** China: Yunnan, Dali (Diancangshan).

分布（Distribution）：北京（BJ）、四川（SC）、云南（YN）。

（957）缘毛短须寄蝇 *Linnaemya* (*Linnaemya*) *zimini* Chao, 1962

Linnaemyia zimini Chao, 1962a. Acta Ent. Sin. 11 (1): 88. **Type locality:** China: Xinjiang.

分布（Distribution）：河南（HEN）、甘肃（GS）、新疆（XJ）。

2）棘角寄蝇亚属 *Ophina* Robineau-Desvoidy, 1863

Ophina Robineau-Desvoidy, 1863. Hist. Nat. Dipt. Envir. Paris 1: 298. **Type species:** *Ophina fulvipes* Robineau-Desvoidy, 1863 (by original designation) [= *Tachina picta* Meigen, 1824].

（958）阿尔泰短须寄蝇 *Linnaemya* (*Ophina*) *altaica* Richter, 1979

Linnaemya altaica Richter, 1979. Trudy Vses. Ent. Obshch. 61: 217. **Type locality:** Russia: Respublika Altay, Kosh-Agach.

Linnaemya (*Homoenychia*) *nonappendix* Chao *et* Shi, 1980.

Acta Zootaxon. Sin. 5 (3): 266. **Type locality:** China: Nei Mongol.

分布（Distribution）：内蒙古（NM）、北京（BJ）；俄罗斯。

（959）亮黑短须寄蝇 Lin***naemya* (*Ophina*) *claripalla* Chao *et* Shi, 1980**

Linnaemya (*Homoenychia*) *claripalla* Chao *et* Shi, 1980. Acta Zootaxon. Sin. 5 (3): 267. **Type locality:** China: Qinghai, Yushu.

分布（Distribution）：辽宁（LN）、内蒙古（NM）、青海（QH）。

（960）裂肛短须寄蝇 *Linnaemya* (*Ophina*) *fissiglobula* Pandellé, 1895

Linnemya fissiglobula Pandellé, 1895. Rev. Ent. 14: 350. **Type locality:** France: Hautes-Pyrénées.

分布（Distribution）：黑龙江（HL）、辽宁（LN）、内蒙古（NM）、山西（SX）、河南（HEN）；俄罗斯、蒙古国、日本、哈萨克斯坦；欧洲。

（961）饰鬃短须寄蝇 *Linnaemya* (*Ophina*) *haemorrhoidalis* (Fallén, 1810)

Tachina haemorrhoidalis Fallén, 1810a. K. Svenska Vetensk. Akad. Handl. 31 (2): 277. **Type locality:** Sweden: Uppsala.

分布（Distribution）：吉林（JL）、辽宁（LN）、内蒙古（NM）；俄罗斯、蒙古国、日本、外高加索地区；欧洲。

（962）齿肛短须寄蝇 *Linnaemya* (*Ophina*) *media* Zimin, 1954

Linnaemyia media Zimin, 1954. Trudy Zool. Inst. 15: 274. **Type locality:** Russia: Primorskiy Kray, Tigrovaya.

分布（Distribution）：黑龙江（HL）、吉林（JL）、辽宁（LN）、内蒙古（NM）、宁夏（NX）、福建（FJ）；俄罗斯、日本、欧洲。

（963）毛径短须寄蝇 *Linnaemya* (*Ophina*) *microchaetopsis* Shima, 1986

Linnaemya (*Ophina*) *microchaetopsis* Shima, 1986. Sieboldia 5: 35. **Type locality:** Japan: Kyūshū, Fukuoka City, Mt. Aburayama.

分布（Distribution）：黑龙江（HL）、吉林（JL）、辽宁（LN）、内蒙古（NM）、河北（HEB）、天津（TJ）、北京（BJ）、山西（SX）、山东（SD）、陕西（SN）、宁夏（NX）、甘肃（GS）、青海（QH）、新疆（XJ）、安徽（AH）、江苏（JS）、上海（SH）、浙江（ZJ）、江西（JX）、湖南（HN）、四川（SC）、重庆（CQ）、贵州（GZ）、云南（YN）、西藏（XZ）、福建（FJ）、台湾（TW）、广东（GD）、广西（GX）、海南（HI）、香港（HK）；俄罗斯（远东地区南部）、朝鲜、韩国、日本；中亚。

（964）奥尔短须寄蝇 *Linnaemya* (*Ophina*) *olsufjevi* Zimin, 1954

Linnaemyia olsufjevi Zimin, 1954. Trudy Zool. Inst. 15: 279. **Type locality:** Russia: Leningradskaya Oblast', near St. Petersburg, Rakovichi. Kazakhstan: Akmolinskaya Oblast', southeast of Kokshetau, Qotyrköl.

分布（Distribution）：辽宁（LN）、内蒙古（NM）、河北（HEB）、山西（SX）、河南（HEN）、青海（QH）、新疆（XJ）、西藏（XZ）；俄罗斯、哈萨克斯坦、外高加索地区；中亚、欧洲。

（965）峨眉短须寄蝇 *Linnaemya* (*Ophina*) *omega* Zimin, 1954

Linnaemyia omega Zimin, 1954. Trudy Zool. Inst. 15: 280. **Type locality:** China: Sichuan, Lungan-fu.

分布（Distribution）：辽宁（LN）、北京（BJ）、山西（SX）、陕西（SN）、甘肃（GS）、新疆（XJ）、浙江（ZJ）、湖南（HN）、湖北（HB）、四川（SC）、贵州（GZ）、云南（YN）、西藏（XZ）、福建（FJ）、台湾（TW）、广西（GX）；俄罗斯（远东地区南部）、印度、尼泊尔、缅甸、泰国。

（966）长肛短须寄蝇 *Linnaemya* (*Ophina*) *perinealis* Pandellé, 1895

Linnemya perinealis Pandellé, 1895. Rev. Ent. 14: 350. **Type locality:** France: Hautes-Pyrénées.

Linnaemya nigricornis Chao, 1979. Entomotaxon. 1 (2): 79. **Type locality:** China: Xinjiang, Tian Shan, Zhaosu, Alasan.

分布（Distribution）：黑龙江（HL）、吉林（JL）、辽宁（LN）、内蒙古（NM）、河北（HEB）、天津（TJ）、北京（BJ）、山西（SX）、青海（QH）、新疆（XJ）、四川（SC）、重庆（CQ）、贵州（GZ）、云南（YN）、西藏（XZ）；俄罗斯、蒙古国、日本、哈萨克斯坦；欧洲。

（967）钩肛短须寄蝇 *Linnaemya* (*Ophina*) *picta* (Meigen, 1824)

Tachina picta Meigen, 1824. Syst. Beschr. Europ. Zweifl. Insekt. 4: 261. **Type locality:** Europe.

分布（Distribution）：黑龙江（HL）、吉林（JL）、辽宁（LN）、内蒙古（NM）、北京（BJ）、山西（SX）、山东（SD）、陕西（SN）、宁夏（NX）、甘肃（GS）、青海（QH）、新疆（XJ）、安徽（AH）、江苏（JS）、上海（SH）、浙江（ZJ）、江西（JX）、湖南（HN）、湖北（HB）、四川（SC）、重庆（CQ）、贵州（GZ）、云南（YN）、西藏（XZ）、福建（FJ）、台湾（TW）、广东（GD）、广西（GX）；俄罗斯、朝鲜、韩国、日本、印度、尼泊尔、泰国、外高加索地区；欧洲广布。

（968）雏短须寄蝇 *Linnaemya* (*Ophina*) *pullior* Shima, 1986

Linnaemya (*Ophina*) *pullior* Shima, 1986. Sieboldia 5: 29. **Type locality:** Malaysia: Sabah, Mt. Kinabalu.

分布（Distribution）：湖南（HN）；马来西亚。

（969）俄罗斯短须寄蝇 *Linnaemya* (*Ophina*) *rossica* Zimin, 1954

Linnaemyia rossica Zimin, 1954. Trudy Zool. Inst. 15: 278.

Type locality: Kazakhstan: Akmolinskaya Oblast', southeast of Kokshetau, Qotyrköl. Russia: Respublika Sakha, Lena River, Zigansk.
分布(**Distribution**)：黑龙江(HL)、辽宁(LN)、河南(HEN)、浙江（ZJ）；俄罗斯、蒙古国、日本、哈萨克斯坦；欧洲广布。

（970）鬃额短须寄蝇 *Linnaemya* (*Ophina*) *setifrons* Zimin, 1954

Linnaemyia setifrons Zimin, 1954. Trudy Zool. Inst. 15: 276. **Type locality:** China: Qinghai, eastern Qaidam Pendi, Barun-Tzasaka.
分布（**Distribution**）：内蒙古（NM）、青海（QH）；俄罗斯（西部）、蒙古国、哈萨克斯坦；中东地区。

（971）斯米短须寄蝇 *Linnaemya* (*Ophina*) *smirnovi* Zimin, 1954

Linnaemyia smirnovi Zimin, 1954. Trudy Zool. Inst. 15: 266. **Type locality:** China: Xinjiang, Hotan.
分布（**Distribution**）：新疆（XJ）；蒙古国。

（972）高野短须寄蝇 *Linnaemya* (*Ophina*) *takanoi* Mesnil, 1957

Linnaemyia takanoi Mesnil, 1957. Mém. Soc. R. Ent. Belg. 28: 51. **Type locality:** Japan: Hokkaidō, Obihiro.
分布（**Distribution**）：辽宁（LN）；日本。

（973）结肛短须寄蝇 *Linnaemya* (*Ophina*) *tuberocerca* Chao *et* Shi, 1980

Linnaemya (*Bonellimya*) *tuberocerca* Chao *et* Shi, 1980. Acta Zootaxon. Sin. 5 (3): 268. **Type locality:** China: Nei Mongol, Xiulumqinqi.
分布(**Distribution**)：辽宁(LN)、内蒙古(NM)、新疆(XJ)、西藏（XZ）。

（974）查禾短须寄蝇 *Linnaemya* (*Ophina*) *zachvatkini* Zimin, 1954

Linnaemyia zachvatkini Zimin, 1954. Trudy Zool. Inst. 15: 276. **Type locality:** Russia: Primorskiy Kray, Okeanskaya.
分布(**Distribution**)：黑龙江(HL)、吉林(JL)、辽宁(LN)、内蒙古（NM）、河北（HEB）、天津（TJ）、北京（BJ）、山西（SX）、河南（HEN）、宁夏（NX）、甘肃（GS）、青海（QH）、新疆（XJ）、湖北（HB）、四川（SC）、云南（YN）、西藏（XZ）、福建（FJ）、广东（GD）；俄罗斯、蒙古国、朝鲜、韩国、日本；欧洲广布。

3）未定亚属的种 Unplaced species to subgenus

（975）黄腰短须寄蝇 *Linnaemya flavimedia* Chao *et* Yuan, 1996

Linnaemya flavimedia Chao *et* Yuan, 1996. Acta Zootaxon. Sin. 21 (2): 229. **Type locality:** China: Gansu, Tianshui.
分布（**Distribution**）：甘肃（GS）。

219. 高原寄蝇属 *Montuosa* Chao *et* Zhou, 1996

Montuosa Chao *et* Zhou, 1996. *In*: Wu *et* Feng, 1996. The Biology and Human Physiology in the Hoh-Xil Region: 217. **Type species:** *Montuosa caura* Chao *et* Zhou, 1996 (by original designation).

（976）西北高原寄蝇 *Montuosa caura* Chao *et* Zhou, 1996

Montuosa caura Chao *et* Zhou, 1996. *In*: Wu *et* Feng, 1996. The Biology and Human Physiology in the Hoh-Xil Region: 217. **Type locality:** China: Qinghai, Hoh Xil, Jinxiwulan Lake.
分布（**Distribution**）：青海（QH）、新疆（XJ）、西藏（XZ）。

220. 阳寄蝇属 *Panzeria* Robineau-Desvoidy, 1830

Panzeria Robineau-Desvoidy, 1830. Mém. Prés. Div. Sav. Acad. R. Sci. Inst. Fr. 2 (2): 68. **Type species:** *Panzeria lateralis* Robineau-Desvoidy, 1830 (monotypy) [= *Tachina rudis* Fallén, 1810].
Erigone Robineau-Desvoidy, 1830. Mém. Prés. Div. Sav. Acad. R. Sci. Inst. Fr. 2 (2): 65 (a junior homonym of *Erigone* Audoiun, 1826). **Type species:** *Erigone anthophila* Robineau-Desvoidy, 1830 (by designation of Townsend, 1932).
Fausta Robineau-Desvoidy, 1830. Mém. Prés. Div. Sav. Acad. R. Sci. Inst. Fr. 2 (2): 62. **Type species:** *Fausta nigra* Robineau-Desvoidy, 1830 (by designation of Townsend, 1916) [= *Tachina nemorum* Meigen, 1824].
Ernestia Robineau-Desvoidy, 1830. Mém. Prés. Div. Sav. Acad. R. Sci. Inst. Fr. 2 (2): 60. **Type species:** *Ernestia microcera* Robineau-Desvoidy, 1830 (monotypy) [= *Tachina rudis* Fallén, 1810].
Eurithia Robineau-Desvoidy, 1844. Ann. Soc. Entomol. Fr. 2 (2): 24. **Type species:** *Erigone puparum* Robineau-Desvoidy, 1830 (monotypy) [= *Tachina caesia* Fallén, 1810].
Varichaeta Speiser, 1903. Berl. Ent. Z. 48: 69 (replacement name for *Erigone* Robineau-Desvoidy, 1830).
Appendicia Stein, 1924. Arch. Naturgesch., Abteilung A, 90 (6): 54. **Type species:** *Tachina truncata* Zetterstedt, 1838 (monotypy).

（977）采花阳寄蝇 *Panzeria anthophila* (Robineau-Desvoidy, 1830)

Erigone anthophila Robineau-Desvoidy, 1830. Mém. Prés. Div. Sav. Acad. R. Sci. Inst. Fr. 2 (2): 66. **Type locality:** France: Yonne (Saint-Sauveur-en-Puisaye) and Paris.
分布(**Distribution**)：黑龙江(HL)、吉林(JL)、辽宁(LN)、内蒙古（NM）、河北（HEB）、天津（TJ）、北京（BJ）、山

西（SX）、陕西（SN）、宁夏（NX）、新疆（XJ）、浙江（ZJ）、湖南（HN）、湖北（HB）、四川（SC）、重庆（CQ）、贵州（GZ）、云南（YN）、西藏（XZ）；俄罗斯、蒙古国、韩国、日本、外高加索地区；欧洲。

（978）黑阳寄蝇 *Panzeria atra* (Brauer, 1898)

Erigone atra Brauer, 1898. Sber. Akad. Wiss. Wien, Kl. Math.-Naturw. 107: 539. **Type locality:** Mongolia.

分布（Distribution）：内蒙古（NM）；俄罗斯、蒙古国。

（979）贝比阳寄蝇 *Panzeria beybienkoi* (Zimin, 1960)

Fausta beybienkoi Zimin, 1960. Ent. Obozr. 39: 740. **Type locality:** Kazakhstan: Almatinskaya Oblast', Almaty.

分布（Distribution）：新疆（XJ）；哈萨克斯坦。

（980）短爪阳寄蝇 *Panzeria breviunguis* (Chao *et* Shi, 1981)

Eurythia breviunguis Chao *et* Shi, 1981. Sinozool. 1: 79. **Type locality:** China: Xizang, Zanda.

分布（Distribution）：西藏（XZ）。

（981）开夏阳寄蝇 *Panzeria caesia* (Fallén, 1810)

Tachina caesia Fallén, 1810a. K. Svenska Vetensk. Akad. Handl. 31 (2): 280. **Type locality:** Sweden.

分布（Distribution）：黑龙江（HL）、辽宁（LN）、内蒙古（NM）、新疆（XJ）、西藏（XZ）；俄罗斯、蒙古国、外高加索地区；中亚、欧洲。

（982）护巢阳寄蝇 *Panzeria castellana* (Strobl, 1906)

Erigone castellana Strobl, 1906. Mem. R. Soc. Esp. Hist. Nat. (Madrid) (1905) 3 (5): 338. **Type locality:** Spain: Madrid.

分布（Distribution）：新疆（XJ）；外高加索地区；中东地区；欧洲。

（983）望天阳寄蝇 *Panzeria connivens* (Zetterstedt, 1844)

Tachina connivens Zetterstedt, 1844. Dipt. Scand. 3: 1116. **Type locality:** Sweden: Skåne.

分布（Distribution）：黑龙江（HL）、吉林（JL）、内蒙古（NM）、河北（HEB）、新疆（XJ）、浙江（ZJ）、四川（SC）、云南（YN）、西藏（XZ）；俄罗斯、日本、外高加索地区；欧洲。

（984）对眼阳寄蝇 *Panzeria consobrina* (Meigen, 1824)

Tachina consobrina Meigen, 1824. Syst. Beschr. Europ. Zweifl. Insekt. 4: 248. **Type locality:** Not given (probably Germany: Stolberg).

Platychira consobrina atripalpis Villeneuve, 1936. Ark. Zool. 27A (34): 5. **Type locality:** China: southern Gansu.

分布（Distribution）：黑龙江（HL）、吉林（JL）、辽宁（LN）、内蒙古（NM）、北京（BJ）、山西（SX）、宁夏（NX）、甘肃（GS）、新疆（XJ）、西藏（XZ）；俄罗斯、哈萨克斯坦、外高加索地区；欧洲。

（985）棒须阳寄蝇 *Panzeria excellens* (Zimin, 1957)

Eurythia excellens Zimin, 1957. Ent. Obozr. 36: 532. **Type locality:** Russia: Zabaykalskiy Kray, near Chita, Antipikha River.

分布（Distribution）：黑龙江（HL）、吉林（JL）、辽宁（LN）、内蒙古（NM）、河北（HEB）、宁夏（NX）；俄罗斯。

（986）黄毛阳寄蝇 *Panzeria flavovillosa* (Zimin, 1960)

Meriania flavovillosa Zimin, 1960. Ent. Obozr. 39: 734. **Type locality:** China: Shanghai.

分布（Distribution）：辽宁（LN）、上海（SH）、浙江（ZJ）、四川（SC）。

（987）腹球阳寄蝇 *Panzeria globiventris* (Chao *et* Shi, 1981)

Eurythia globiventris Chao *et* Shi, 1981. Sinozool. 1: 76. **Type locality:** China: Xinjiang, Hejing.

分布（Distribution）：辽宁（LN）、新疆（XJ）。

（988）黑龙江阳寄蝇 *Panzeria heilongjiana* (Chao *et* Shi, 1981)

Eurythia heilongjiana Chao *et* Shi, 1981. Sinozool. 1: 79. **Type locality:** China: Heilongjiang, Mangui.

分布（Distribution）：黑龙江（HL）、吉林（JL）、辽宁（LN）、内蒙古（NM）。

（989）豪阳寄蝇 *Panzeria hystrix* (Zimin, 1957)

Ernestia hystrix Zimin, 1957. Ent. Obozr. 36: 514. **Type locality:** China: Qinghai, tributary of the Upper Yellow River, Serg-Chiu River.

分布（Distribution）：青海（QH）。

（990）中介阳寄蝇 *Panzeria intermedia* (Zetterstedt, 1844)

Tachina intermedia Zetterstedt, 1844. Dipt. Scand. 3: 1114. **Type locality:** Sweden: Västergötland.

分布（Distribution）：新疆（XJ）、西藏（XZ）；俄罗斯；欧洲。

（991）缺缘阳寄蝇 *Panzeria inusta* (Mesnil, 1957)

Fausta inusta Mesnil, 1957. Mém. Soc. R. Ent. Belg. 28: 57. **Type locality:** Japan: Hokkaidō, Obihiro.

分布（Distribution）：辽宁（LN）、内蒙古（NM）、宁夏（NX）；俄罗斯、日本。

（992）敏阳寄蝇 *Panzeria laevigata* (Meigen, 1838)

Nemoraea laevigata Meigen, 1838. Syst. Beschr. Europ. Zweifl. Insekt. 7: 222. **Type locality:** Europe.

分布（Distribution）：辽宁（LN）；俄罗斯、蒙古国、日本；欧洲。

（993）宽茎阳寄蝇 *Panzeria latipennis* (Zhang *et* Fu, 2011)

Fausta latipennis Zhang *et* Fu, 2011. Acta Zootaxon. Sin. 36 (2): 293. **Type locality:** China: Liaoning, Benxi (Mt. Tiecha).

分布（Distribution）：辽宁（LN）。

（994）黑尾阳寄蝇 *Panzeria melanopyga* (Zimin, 1960)

Meriania puparum melanopyga Zimin, 1960. Ent. Obozr. 39: 730. **Type locality:** Russia: Primorskiy Kray.

分布（Distribution）：山西（SX）；俄罗斯、蒙古国、日本。

（995）梅斯阳寄蝇 *Panzeria mesnili* (Zimin, 1957)

Platychira mesnili Zimin, 1957. Ent. Obozr. 36: 535. **Type locality:** China: Qinghai, South shore of Qinghai Hu.

分布（Distribution）：青海（QH）。

（996）耳肛阳寄蝇 *Panzeria mimetes* (Zimin, 1960)

Fausta mimetes Zimin, 1960. Ent. Obozr. 39: 740. **Type locality:** Russia: Khakassia, tributary of Abakan River, Kyzas River.

分布（Distribution）：辽宁（LN）、青海（QH）、西藏（XZ）；俄罗斯、日本。

（997）奇阳寄蝇 *Panzeria mira* (Zimin, 1957)

Appendicia mira Zimin, 1957. Ent. Obozr. 36: 530. **Type locality:** China: Sichuan, basin of Yangtze River, small tributary of Yalong Jiang River.

分布（Distribution）：吉林（JL）、青海（QH）、四川（SC）。

（998）侧耳阳寄蝇 *Panzeria nemorum* (Meigen, 1824)

Tachina nemorum Meigen, 1824. Syst. Beschr. Europ. Zweifl. Insekt. 4: 251. **Type locality:** Not given (probably Germany: Stolberg).

分布（Distribution）：辽宁（LN）、四川（SC）；俄罗斯、日本、外高加索地区；欧洲。

（999）黑翅阳寄蝇 *Panzeria nigripennis* (Chao *et* Shi, 1981)

Eurythia nigripennis Chao *et* Shi, 1981. Sinozool. 1: 75. **Type locality:** China: Xizang, Gyirong.

分布（Distribution）：四川（SC）、云南（YN）、西藏（XZ）。

（1000）黑胫阳寄蝇 *Panzeria nigritibia* (Chao *et* Zhou, 1996)

Fausta nigritibia Chao *et* Zhou, 1996. *In*: Wu *et* Feng, 1996. The Biology and Human Physiology in the Hoh-Xil Region: 219. **Type locality:** China: Qinghai, Hoh Xil, Sangqia.

分布（Distribution）：青海（QH）。

（1001）亮黑阳寄蝇 *Panzeria nigronitida* (Chao *et* Shi, 1981)

Eurythia nigronitida Chao *et* Shi, 1981. Sinozool. 1: 77. **Type locality:** China: Yunnan, Dali.

分布（Distribution）：四川（SC）、云南（YN）。

（1002）毛颊阳寄蝇 *Panzeria pilosigena* (Zimin, 1957)

Ernestia pilosigena Zimin, 1957. Ent. Obozr. 36: 515. **Type locality:** China: Qinghai, Qilian Shan, foothills of Zining Range.

分布（Distribution）：青海（QH）。

（1003）红黄阳寄蝇 *Panzeria rudis* (Fallén, 1810)

Tachina rudis Fallén, 1810a. K. Svenska Vetensk. Akad. Handl. 31 (2): 279. **Type locality:** Sweden.

分布（Distribution）：黑龙江（HL）、吉林（JL）、辽宁（LN）、内蒙古（NM）；俄罗斯、蒙古国、日本、外高加索地区；中亚、欧洲。

（1004）山西阳寄蝇 *Panzeria shanxiensis* (Chao *et* Liu, 1998)

Eurithia shanxiensis Chao *et* Liu, 1998. *In*: Liu *et* Chao *et al*., 1998. *In*: Xue *et* Chao, 1998. Flies of China, Vol. 2: 299. **Type locality:** China: Shanxi, Heng Shan.

分布（Distribution）：山西（SX）。

（1005）窄肛阳寄蝇 *Panzeria sulciforceps* (Zimin, 1960)

Meriania sulciforceps Zimin, 1960. Ent. Obozr. 39: 732. **Type locality:** Russia: Primorskiy Kray, Yakovlevka.

分布（Distribution）：辽宁（LN）；俄罗斯。

（1006）疑阳寄蝇 *Panzeria suspecta* (Pandellé, 1896)

Erigone (*Erigone*) *suspecta* Pandellé, 1896. Rev. Ent. 15: 36. **Type locality:** France: Hautes-Pyrénées.

分布（Distribution）：四川（SC）；欧洲。

（1007）塔吉克阳寄蝇 *Panzeria tadzhica* (Zimin, 1957)

Ernestia tadzhica Zimin, 1957. Ent. Obozr. 36: 522. **Type locality:** Tajikistan: south slope of Hissar Mountains, Ziddy.

分布（Distribution）：新疆（XJ）、西藏（XZ）；中亚。

（1008）毛瓣阳寄蝇 *Panzeria trichocalyptera* (Chao *et* Shi, 1981)

Eurythia trichocalyptera Chao *et* Shi, 1981. Sinozool. 1: 76. **Type locality:** China: Xizang, Markam.

分布（Distribution）：四川（SC）、云南（YN）、西藏（XZ）。

（1009）干阳寄蝇 *Panzeria truncata* (Zetterstedt, 1838)

Tachina truncata Zetterstedt, 1838. Insecta Lapp.: 642. **Type locality:** Sweden: Norrbotten (Kengis), Torne Lappmark (Vittangi), Lycksele Lappmark (Lycksele), Västerbotten (Bastuträsk), Dalarna, and Västergötland.

分布（Distribution）：河北（HEB）；俄罗斯；欧洲。

（1010）疣突阳寄蝇 *Panzeria tuberculata* (Chao *et* Shi, 1981)

Eurythia tuberculata Chao *et* Shi, 1981. Sinozool. 1: 81(a junior secondary homonym of *Platychira tuberculata* Zimin, 1957). **Type locality:** China: Xizang, Markam.

分布（Distribution）：四川（SC）、西藏（XZ）。

（1011）裸颜阳寄蝇 *Panzeria vagans* (Meigen, 1824)

Tachina vagans Meigen, 1824. Syst. Beschr. Europ. Zweifl. Insekt. 4: 248. **Type locality:** Europe.

分布（Distribution）：黑龙江（HL）、吉林（JL）；俄罗斯；欧洲。

（1012）双尾阳寄蝇 *Panzeria vivida* (Zetterstedt, 1838)

Tachina vivida Zetterstedt, 1838. Insecta Lapp.: 642. **Type locality:** Finland: Kemi and Muonio. Sweden: Norrbotten (Kengis), Lycksele Lappmark (Lycksele), Åsele Lappmark (Åsele), and Skåne.

分布（Distribution）：黑龙江（HL）、辽宁（LN）、内蒙古（NM）、新疆（XJ）、四川（SC）；俄罗斯、蒙古国、外高加索地区、加拿大；中亚、欧洲。

221. 暗寄蝇属 *Zophomyia* Macquart, 1835

Zophomyia Macquart, 1835. Hist. Nat. Ins., Dipt. 2: 159. **Type species:** *Musca temula* Scopoli, 1763 (by designation of Westwood, 1840).

Erebia Robineau-Desvoidy, 1830. Mém. Prés. Div. Sav. Acad. R. Sci. Inst. Fr. 2 (2): 207 (a junior homonym of *Erebia* Dalman, 1816). **Type species:** *Musca temula* Scopoli, 1763 (by designation of Macquart, 1855).

（1013）醉暗寄蝇 *Zophomyia temula* (Scopoli, 1763)

Musca temula Scopoli, 1763. Ent. Carniolica: 330. **Type locality:** Slovenia.

分布（Distribution）：辽宁（LN）、河北（HEB）；俄罗斯、哈萨克斯坦、外高加索地区；欧洲。

德尔寄蝇族 Germariini

222. 花寄蝇属 *Anthomyiopsis* Townsend, 1916

Anthomyiopsis Townsend, 1916b. Insecutor Inscit. Menstr. 4: 20. **Type species:** *Anthomyiopsis cypseloides* Townsend, 1916 (by original designation).

Ptilopsina Villeneuve, 1920b. Ann. Soc. Ent. Belg. 60: 117. **Type species:** *Anthomyiopsis plagioderae* Mesnil, 1972 (by fixation of O'Hara *et al.*, 2009, misidentified as *Tachina nitens* Zetterstedt, 1852 in the original fixation by monotypy of Villeneuve, 1920).

（1014）叶甲花寄蝇 *Anthomyiopsis plagioderae* Mesnil, 1972

Anthomyiopsis plagioderae Mesnil, 1972. Flieg. Palaearkt. Reg. 10: 1109. **Type locality:** Switzerland: Zürich, Feldmeilen.

分布（Distribution）：山东（SD）、江苏（JS）；日本；欧洲。

223. 德尔寄蝇属 *Germaria* Robineau-Desvoidy, 1830

Germaria Robineau-Desvoidy, 1830. Mém. Prés. Div. Sav. Acad. R. Sci. Inst. Fr. 2 (2): 83. **Type species:** *Germaria latifrons* Robineau-Desvoidy, 1830 (monotypy) [= *Tachina ruficeps* Fallén, 1820].

Atractogonia Townsend, 1932. Ann. Mag. Nat. Hist. (10) 9: 44. **Type species:** *Gonia angustata* Zetterstedt, 1844 (by original designation).

Germarina Mesnil, 1963. Bull. Inst. R. Sci. Nat. Belg. 39 (24): 36 (as a subgenus of *Germaria* Robineau-Desvoidy, 1830). **Type species:** *Germaria violaceiventris* Enderlein, 1934 (monotypy).

（1015）安德尔寄蝇 *Germaria angustata* (Zetterstedt, 1844)

Gonia angustata Zetterstedt, 1844. Dipt. Scand. 3: 1198. **Type locality:** Sweden: Skåne (Lund, Silfåkra, and Lomma).

Germaria barbara of authors (e.g., O'Hara *et al.*, 2009), not Mesnil, 1963 (misidentification of Chinese specimens).

分布（Distribution）：内蒙古（NM）、青海（QH）、新疆（XJ）；俄罗斯、蒙古国、外高加索地区；欧洲。

（1016）盼德尔寄蝇 *Germaria expectata* Ziegler, 2015

Germaria expectata Ziegler, 2015. Stud. Dipt. 21 [2014]: 235. **Type locality:** Kyrgyzstan: Batken Oblast, Alay Mountain Range, Kichi Alay, Isfairam Say Valley, slope north of Lyangar.

Germaria vicina of authors (e.g., O'Hara *et al.*, 2009), not Mesnil, 1963 (misidentification of Chinese specimens).

分布（Distribution）：新疆（XJ）；中亚。

（1017）紫腹德尔寄蝇 *Germaria violaceiventris* Enderlein, 1934

Germaria violaceiventris Enderlein, 1934. Dtsch. Ent. Z. 1933: 132. **Type locality:** Tajikistan: Pamir, south bank of Shor-Kul Lake.

分布（Distribution）：新疆（XJ）；蒙古国；中亚。

德鬃寄蝇族 Germariochaetini

224. 德鬃寄蝇属 *Germariochaeta* Villeneuve, 1937

Germariochaeta Villeneuve, 1937. Bull. Mus. R. Hist. Nat. Belg. 13 (34): 5. **Type species:** *Germariochaeta clavata* Villeneuve, 1937 (monotypy).

（1018）饰德鬃寄蝇 *Germariochaeta clavata* Villeneuve, 1937

Germariochaeta clavata Villeneuve, 1937. Bull. Mus. R. Hist. Nat. Belg. 13 (34): 7. **Type locality:** China: Jiangsu, Suzhou.

分布（Distribution）：黑龙江（HL）、河北（HEB）、江苏（JS）、福建（FJ）；朝鲜、韩国。

225. 冠寄蝇属 *Lophosiosoma* Mesnil, 1973

Lophosiosoma Mesnil, 1973. Flieg. Palaearkt. Reg. 10: 1212. **Type species:** *Lophosiosoma bicornis* Mesnil, 1973 (by original designation).

（1019）双角冠寄蝇 *Lophosiosoma bicornis* Mesnil, 1973

Lophosiosoma bicornis Mesnil, 1973. Flieg. Palaearkt. Reg. 20: 1212. **Type locality:** China: Taiwan, Kaohsiung Hsien, Fengshan.

分布（Distribution）：台湾（TW）。

戈寄蝇族 Graphogastrini

226. 戈寄蝇属 *Graphogaster* Rondani, 1868

Graphogaster Rondani, 1868b. Atti Soc. Ital. Sci. Nat. Milano 11: 46. **Type species:** *Graphogaster vestitus* Rondani, 1868 (by original designation).

（1020）宽戈寄蝇 *Graphogaster buccata* Herting, 1971

Graphogaster buccata Herting, 1971. Stuttg. Beitr. Naturkd. 237: 10. **Type locality:** Italy: Passo dello Stelvio.

分布（Distribution）：西藏（XZ）；欧洲。

227. 棘寄蝇属 *Phytomyptera* Rondani, 1845

Phytomyptera Rondani, 1845. Nuovi Ann. Sci. Nat. Bologna 3 (2): 33. **Type species:** *Phytomyptera nitidiventris* Rondani, 1845 (monotypy) [= *Tachina nigrina* Meigen, 1824].

Microphytomyptera Townsend, 1927. Ent. Mitt. 16 (4): 287. **Type species:** *Microphytomyptera minuta* Townsend, 1927 (by original designation).

（1021）小棘寄蝇 *Phytomyptera minuta* (Townsend, 1927)

Microphytomyptera minuta Townsend, 1927. Ent. Mitt. 16 (4): 287. **Type locality:** China: Taiwan, T'aipei City, Peitou.

分布（Distribution）：台湾（TW）；巴基斯坦、印度。

莱寄蝇族 Leskiini

228. 埃蜉寄蝇属 *Aphria* Robineau-Desvoidy, 1830

Aphria Robineau-Desvoidy, 1830. Mém. Prés. Div. Sav. Acad. R. Sci. Inst. Fr. 2 (2): 89. **Type species:** *Aphria abdominalis* Robineau-Desvoidy, 1830 (by designation of Robineau-Desvoidy, 1863) [= *Tachina longirostris* Meigen, 1824].

Olivieria Meigen, 1838. Syst. Beschr. Europ. Zweifl. Insekt. 7: 266 (a junior homonym of *Olivieria* Robineau-Desvoidy, 1830). **Type species:** *Tachina longirostris* Meigen, 1824 (monotypy).

Rhynchosia Macquart, 1848. Ann. Soc. Entomol. Fr. 2 (6): 87 (replacement name for *Olivieria* Meigen, 1838).

Cottila Gistel, 1848. Naturgeschichichte des Thierreichs für höhere Schulen, Stuttgart, 16: x (replacement name for *Olivieria* Meigen, 1838).

Plagiopsis Brauer *et* Bergenstamm, 1889. *Denkschr. Kaiser. Akad. Wiss. Wien. Mathemat. Nat. Cl.* 56 (1): 134 (a junior homonym of *Plagiopsis* Berg, 1883). **Type species:** *Aphria xyphias* Pandellé, 1896 (by fixation of O'Hara *et al*., 2009, misidentified as *Tachina soror* Zetterstedt, 1844 in the original fixation by monotypy of Brauer *et* Bergenstamm, 1889).

Paraplagiopsis Villeneuve, 1907. Feuille Jeun. Nat. 38: 39 (as a subgenus of *Aphria* Robineau-Desvoidy, 1830). **Type species:** *Aphria longilingua* Rondani, 1861 (monotypy).

Eudemoticus Townsend, 1908. Smithson. Misc. Collect. 51 (2): 75 (replacement name for *Plagiopsis* Brauer *et* Bergenstamm, 1889).

（1022）长埃蜉寄蝇 *Aphria longilingua* Rondani, 1861

Aphria longilingua Rondani, 1861. Dipt. Ital. Prodromus, Vol. IV: 58. **Type locality:** Italy: hills near Parma.

分布（Distribution）：内蒙古（NM）、山西（SX）、宁夏（NX）；俄罗斯、蒙古国、日本、外高加索地区；欧洲。

（1023）长喙埃蜉寄蝇 *Aphria longirostris* (Meigen, 1824)

Tachina longirostris Meigen, 1824. Syst. Beschr. Europ.

Zweifl. Insekt. 4: 315. **Type locality:** Europe.
分布（Distribution）：内蒙古（NM）、河北（HEB）、宁夏（NX）；俄罗斯、蒙古国、外高加索地区；中东地区；欧洲。

（1024）游埃蜉寄蝇 *Aphria potans* (Wiedemann, 1830)

Tachina potans Wiedemann, 1830. Aussereurop. Zweifl. Insekt. 2: 299. **Type locality:** China: Macao.
Aphria klapperichi Mesnil, 1967. Mushi 41: 49. **Type locality:** China: Fujian, Shaowu.
分布（Distribution）：黑龙江（HL）、吉林（JL）、辽宁（LN）、北京（BJ）、山西（SX）、山东（SD）、宁夏（NX）、江苏（JS）、江西（JX）、福建（FJ）、澳门（MC）。

（1025）亮埃蜉寄蝇 *Aphria xyphias* Pandellé, 1896

Aphria xyphias Pandellé, 1896. Rev. Ent. 15: 68. **Type locality:** France.
分布（Distribution）：内蒙古（NM）、山西（SX）、宁夏（NX）；俄罗斯、蒙古国、外高加索地区；欧洲。

229. 阿特寄蝇属 *Atylostoma* Brauer *et* Bergenstamm, 1889

Atylostoma Brauer *et* Bergenstamm, 1889. Denkschr. Akad. Wiss. Wien. Math.-Naturw. Cl. 56 (1): 138. **Type species:** *Leskia tricolor* Mik, 1883 (monotypy).
Chaetomyiobia Brauer *et* Bergenstamm, 1895. *In*: Bergenstamm, 1895. Zweif. Kaiserl. Mus. Wien VII: 81. **Type species:** *Chaetomyiobia javana* Brauer *et* Bergenstamm, 1895 (monotypy).

（1026）爪哇阿特寄蝇 *Atylostoma javanum* (Brauer *et* Bergenstamm, 1895)

Chaetomyiobia javana Brauer *et* Bergenstamm, 1895. *In*: Bergenstamm, 1895. Zweif. Kaiserl. Mus. Wien VII: 81. **Type locality:** Indonesia: Jawa, Sukabumi.
分布（Distribution）：浙江（ZJ）、西藏（XZ）、广东（GD）、海南（HI）；印度、缅甸、菲律宾、印度尼西亚。

（1027）十和田阿特寄蝇 *Atylostoma towadensis* (Matsumura, 1916)

Anisia towadensis Matsumura, 1916. Thousand Ins. Japan Add. 2: 398. **Type locality:** Japan: Honshū, Aomori Prefecture, Towada Lake.
分布（Distribution）：辽宁（LN）、内蒙古（NM）、河北（HEB）、北京（BJ）、宁夏（NX）、浙江（ZJ）、云南（YN）、福建（FJ）；俄罗斯、韩国、日本、泰国、印度尼西亚。

230. 比西寄蝇属 *Bithia* Robineau-Desvoidy, 1863

Bithia Robineau-Desvoidy, 1863. Hist. Nat. Dipt. Envir. Paris 1: 770. **Type species:** *Tachina spreta* Meigen, 1824 (by original designation).
Rhinotachina Brauer *et* Bergenstamm, 1889. Denkschr. Akad. Wiss. Wien. Math.-Naturw. Cl. 56 (1): 135. **Type species:** *Tachina demotica* Egger, 1861 (by fixation of O'Hara *et al*., 2009, misidentified as *Tachina sybarita* Meigen, 1838 in the original fixation by monotypy of Brauer *et* Bergenstamm, 1889).

（1028）德莫比西寄蝇 *Bithia demotica* (Egger, 1861)

Tachina demotica Egger, 1861. Verh. K. K. Zool.-Bot. Ges. Wien 11: 211. **Type locality:** Austria.
分布（Distribution）：内蒙古（NM）、新疆（XJ）；俄罗斯、外高加索地区；欧洲。

（1029）宽额比西寄蝇 *Bithia latigena* (Herting, 1968)

Pseudodemoticus latigena Herting, 1968. Reichenbachia 11: 59. **Type locality:** Mongolia: Hentiy Aimag, 7 km northeast of Somon Mörön.
分布（Distribution）：内蒙古（NM）、新疆（XJ）；俄罗斯、蒙古国。

（1030）谦比西寄蝇 *Bithia modesta* (Meigen, 1824)

Tachina modesta Meigen, 1824. Syst. Beschr. Europ. Zweifl. Insekt. 4: 383. **Type locality:** Europe.
分布（Distribution）：宁夏（NX）；巴勒斯坦、外高加索地区、法国、瑞士、乌克兰；欧洲（北部）。

231. 谐寄蝇属 *Cavillatrix* Richter, 1986

Cavillatrix Richter, 1986. Trudy Zool. Inst. 146: 98. **Type species:** *Cavillatrix calliphorina* Richter, 1986 (by original designation).

（1031）丽谐寄蝇 *Cavillatrix calliphorina* Richter, 1986

Cavillatrix calliphorina Richter, 1986. Trudy Zool. Inst. 146: 101. **Type locality:** Russia: Primorskiy Kray, 20 km Southeast of Ussuriysk, Gornotayezhnaya Railroad Station.
分布（Distribution）：北京（BJ）；俄罗斯。

（1032）黄足谐寄蝇 *Cavillatrix luteipes* Shima *et* Chao, 1992

Cavillatrix luteipes Shima *et* Chao, 1992. Jap. J. Ent. 60: 642. **Type locality:** China: Yunnan, Xishuangbanna, Menghai.
分布（Distribution）：四川（SC）、云南（YN）。

232. 拟解寄蝇属 *Demoticoides* Mesnil, 1953

Demoticoides Mesnil, 1953d. Bull. Ann. Soc. R. Ent. Belg. 89: 150. **Type species:** *Demoticoides pallidus* Mesnil, 1953 (monotypy).

（1033）白拟解寄蝇 *Demoticoides pallidus* Mesnil, 1953

Demoticoides pallidus Mesnil, 1953d. Bull. Ann. Soc. R. Ent. Belg. 89: 150. **Type locality:** India: Kerala, Nilambur.

分布（Distribution）：辽宁（LN）、陕西（SN）；俄罗斯、日本、印度、马来西亚、印度尼西亚、澳大利亚、美拉尼西亚群岛。

233. 解寄蝇属 *Demoticus* Macquart, 1854

Demoticus Macquart, 1854. Ann. Soc. Entomol. Fr. 3 (2): 442. **Type species:** *Tachina plebeja* Fallén, 1810 (by original designation).

（1034）普通解寄蝇 *Demoticus plebejus* (Fallén, 1810)

Tachina plebeja Fallén, 1810a. K. Svenska Vetensk. Akad. Handl. 31 (2): 269. **Type locality:** Sweden.

分布（Distribution）：新疆（XJ）；俄罗斯、外高加索地区；欧洲。

234. 菲斯寄蝇属 *Fischeria* Robineau-Desvoidy, 1830

Fischeria Robineau-Desvoidy, 1830. Mém. Prés. Div. Sav. Acad. R. Sci. Inst. Fr. 2 (2): 101. **Type species:** *Fischeria bicolor* Robineau-Desvoidy, 1830 (monotypy).

Proboscista Rondani, 1861. Dipt. Ital. Prodromus, Vol. IV: 59 (nomen nudum).

（1035）双色菲斯寄蝇 *Fischeria bicolor* Robineau-Desvoidy, 1830

Fischeria bicolor Robineau-Desvoidy, 1830. Mém. Prés. Div. Sav. Acad. R. Sci. Inst. Fr. 2 (2): 101. **Type locality:** France.

分布（Distribution）：甘肃（GS）；印度尼西亚、外高加索地区；中东地区；中亚、欧洲。

235. 莱寄蝇属 *Leskia* Robineau-Desvoidy, 1830

Leskia Robineau-Desvoidy, 1830. Mém. Prés. Div. Sav. Acad. R. Sci. Inst. Fr. 2 (2): 100. **Type species:** *Leskia flavescens* Robineau-Desvoidy, 1830 (monotypy) [= *Tachina aurea* Fallén, 1820].

Pyrrosia Rondani, 1856. Dipt. Ital. Prodromus, Vol. I: 73. **Type species:** *Tachina aurea* Fallén, 1820 (by original designation).

（1036）金黄莱寄蝇 *Leskia aurea* (Fallén, 1820)

Tachina aurea Fallén, 1820. Monogr. Musc. Sveciae II: 21. **Type locality:** Sweden: Västergötland.

分布（Distribution）：内蒙古（NM）、河北（HEB）；俄罗斯、日本、外高加索地区；欧洲。

236. 尖叶寄蝇属 *Oxyphyllomyia* Villeneuve, 1937

Oxyphyllomyia Villeneuve, 1937. Bull. Mus. R. Hist. Nat. Belg. 13 (34): 11. **Type species:** *Oxyphyllomyia cordylurina* Villeneuve, 1937 (monotypy).

（1037）突尖叶寄蝇 *Oxyphyllomyia cordylurina* Villeneuve, 1937

Oxyphyllomyia cordylurina Villeneuve, 1937. Bull. Mus. R. Hist. Nat. Belg. 13 (34): 12. **Type locality:** China: Sichuan, Emei Shan.

分布（Distribution）：四川（SC）。

237. 索寄蝇属 *Solieria* Robineau-Desvoidy, 1849

Solieria Robineau-Desvoidy, 1849. Ann. Soc. Entomol. Fr. 2 (6) [1848]: 461. **Type species:** *Tachina inanis* Fallén, 1810 (by designation of Coquillett, 1910).

（1038）洁索寄蝇 *Solieria munda* Richter, 1975

Solieria munda Richter, 1975. Insects Mongolia 3: 645. **Type locality:** Mongolia: Dornod Aimag, 15km southeast of Salkhit Mountain.

分布（Distribution）：中国（东北部，省份不明）；俄罗斯、蒙古国。

（1039）太平索寄蝇 *Solieria pacifica* (Meigen, 1824)

Tachina pacifica Meigen, 1824. Syst. Beschr. Europ. Zweifl. Insekt. 4: 342. **Type locality:** Europe.

分布（Distribution）：北京（BJ）、山东（SD）；俄罗斯、外高加索地区；欧洲。

238. 美毛寄蝇属 *Trichoformosomyia* Baranov, 1934

Trichoformosomyia Baranov, 1934. Encycl. Ent. (B II) Dipt. 7: 163. **Type species:** *Trichoformosomyia sauteri* Baranov, 1934 (by original designation).

（1040）苏特美毛寄蝇 *Trichoformosomyia sauteri* Baranov, 1934

Trichoformosomyia sauteri Baranov, 1934. Encycl. Ent. (B II) Dipt. 7: 164. **Type locality:** China: Taiwan.

分布（Distribution）：台湾（TW）；俄罗斯、日本、越南、缅甸。

叶甲寄蝇族 Macquartiini

239. 蛛寄蝇属 *Dicarca* Richter, 1993

Dicarca Richter, 1993. Ent. Obozr. 72 (2): 429. **Type species:**

Dicarca fluviatilis Richter, 1993 (by original designation).

(1041）河蛛寄蝇 *Dicarca fluviatilis* Richter, 1993

Dicarca fluviatilis Richter, 1993. Ent. Obozr. 72 (2): 433. **Type locality:** Russia: Primorskiy Kray, 20 km Southeast of Ussuriysk, Gornotayezhnaya Railroad Station.

分布（Distribution）：辽宁（LN）；俄罗斯。

240. 叶甲寄蝇属 *Macquartia* Robineau-Desvoidy, 1830

Macquartia Robineau-Desvoidy, 1830. Mém. Prés. Div. Sav. Acad. R. Sci. Inst. Fr. 2 (2): 204. **Type species:** *Macquartia rubripes* Robineau-Desvoidy, 1830 (by designation of Townsend, 1916) [= *Tachina dispar* Fallén, 1820].

Proteremoplax Enderlein, 1936. Tierwelt Mitteleur. 6 (2), Ins. 3: 240. **Type species:** *Tachina chalconota* Meigen, 1824 (by designation of Herting, 1984).

Hesionella Mesnil, 1972. Flieg. Palaearkt. Reg. 10: 1093 (as a subgenus of *Macquartia* Robineau-Desvoidy, 1830; a junior homonym of *Hesionella* Hartman, 1939). **Type species:** *Tachina tessellum* Meigen, 1824 (by original designation).

(1042）查尔叶甲寄蝇 *Macquartia chalconota* (Meigen, 1824)

Tachina chalconota Meigen, 1824. Syst. Beschr. Europ. Zweifl. Insekt. 4: 270. **Type locality:** Not given (probably Germany: Kiel).

分布（Distribution）：黑龙江（HL）、内蒙古（NM）、宁夏（NX）、青海（QH）；俄罗斯、外高加索地区；欧洲。

(1043）异叶甲寄蝇 *Macquartia dispar* (Fallén, 1820)

Tachina dispar Fallén, 1820. Monogr. Musc. Sveciae III: 31. **Type locality:** Sweden: Skåne.

分布（Distribution）：辽宁（LN）、宁夏（NX）；俄罗斯、蒙古国、外高加索地区；欧洲（西部和北部）。

(1044）黑斑叶甲寄蝇 *Macquartia macularis* Villeneuve, 1926

Macquartia macularis Villeneuve, 1926. Encycl. Ent. (B) II Dipt. 2: 190. **Type locality:** Tunisia. Albania: Pashtrik.

分布（Distribution）：辽宁（LN）、山西（SX）、宁夏（NX）、四川（SC）；蒙古国、阿尔巴尼亚、瑞士、突尼斯、摩洛哥。

(1045）裸颊叶甲寄蝇 *Macquartia nudigena* Mesnil, 1972

Macquartia nudigena Mesnil, 1972. Flieg. Palaearkt. Reg. 10: 1100. **Type locality:** France: Seine-*et*-Oise, Rambouillet.

分布（Distribution）：辽宁（LN）、内蒙古（NM）、宁夏（NX）；俄罗斯、欧洲。

(1046）毛肛叶甲寄蝇 *Macquartia pubiceps* (Zetterstedt, 1845)

Musca pubiceps Zetterstedt, 1845. Dipt. Scand. 4: 1333. **Type locality:** Sweden: Norrbotten, Luleå.

分布（Distribution）：辽宁（LN）、河北（HEB）、内蒙古（NM）、宁夏（NX）、安徽（AH）、广东（GD）；俄罗斯、日本、外高加索地区；欧洲。

(1047）阴叶甲寄蝇 *Macquartia tenebricosa* (Meigen, 1824)

Tachina tenebricosa Meigen, 1824. Syst. Beschr. Europ. Zweifl. Insekt. 4: 270. **Type locality:** Europe.

分布（Distribution）：黑龙江（HL）、辽宁（LN）、内蒙古（NM）、河北（HEB）、北京（BJ）、山西（SX）、宁夏（NX）、青海（QH）；俄罗斯、蒙古国、外高加索地区；中东地区；欧洲（全境）。

(1048）腹斑叶甲寄蝇 *Macquartia tessellum* (Meigen, 1824)

Tachina tessellum Meigen, 1824. Syst. Beschr. Europ. Zweifl. Insekt. 4: 267. **Type locality:** Europe.

分布（Distribution）：辽宁（LN）、北京（BJ）、新疆（XJ）、西藏（XZ）；印度、外高加索地区、加那利群岛；中东地区中亚、欧洲、非洲（北部）。

(1049）威叶甲寄蝇 *Macquartia viridana* Robineau-Desvoidy, 1863

Macquartia viridana Robineau-Desvoidy, 1863. Hist. Nat. Dipt. Envir. Paris 1: 1104. **Type locality:** France.

分布（Distribution）：辽宁（LN）、内蒙古（NM）、浙江（ZJ）；俄罗斯；欧洲。

241. 拟黑寄蝇属 *Pseudebenia* Shima, Han *et* Tachi, 2010

Pseudebenia Shima, Han *et* Tachi, 2010. Zootaxa 2516: 50. **Type species:** *Pseudebenia epilachnae* Shima *et* Han, 2010 (by original designation).

(1050）三鬃拟黑寄蝇 *Pseudebenia trisetosa* Shima *et* Tachi, 2010

Pseudebenia trisetosa Shima *et* Tachi, 2010. *In*: Shima, Han *et* Tachi, 2010. Zootaxa 2516: 64. **Type locality:** China: Shaanxi, Zuoshui Xian, Yingpan-linchang.

分布（Distribution）：陕西（SN）、四川（SC）。

宽颜寄蝇族 Megaprosopini

242. 颊寄蝇属 *Dexiosoma* Rondani, 1856

Dexiosoma Rondani, 1856. Dipt. Ital. Prodromus, Vol. I: 85. **Type species:** *Musca canina* Fabricius, 1781 (by original designation).

(1051）灰颊寄蝇 *Dexiosoma caninum* (Fabricius, 1781)

Musca canina Fabricius, 1781. Species Insect. 2: 440. **Type**

locality: United Kingdom: England.
分布（**Distribution**）：吉林（JL）、辽宁（LN）、宁夏（NX）；俄罗斯、日本；欧洲。

（1052）条纹颊寄蝇 *Dexiosoma lineatum* Mesnil, 1970

Dexiosoma lineatum Mesnil, 1970. Mushi 44: 118. **Type locality:** Myanmar: Kachin, Kambaiti.
分布（**Distribution**）：云南（YN）；缅甸。

（1053）黑角颊寄蝇 *Dexiosoma nigricorne* Zhang *et* Liu, 2006

Dexiosoma nigricornis Zhang *et* Liu, 2006. Entomotaxon. 28 (3): 210. **Type locality:** China: Yunnan, Gaoligong Shan.
分布（**Distribution**）：四川（SC）、云南（YN）、西藏（XZ）。

243 旁寄蝇属 *Parhamaxia* Mesnil, 1967

Parhamaxia Mesnil, 1967. Mushi 41: 49. **Type species:** *Parhamaxia discalis* Mesnil, 1967 (by original designation).

（1054）心鬃旁寄蝇 *Parhamaxia discalis* Mesnil, 1967

Parhamaxia discalis Mesnil, 1967. Mushi 41: 50. **Type locality:** Russia: Primorskiy Kray, Shtykovo north of Shkotovo.
分布（**Distribution**）：河北（HEB）；俄罗斯。

敏寄蝇族 Minthoini

244. 奥寄蝇属 *Austrophasiopsis* Townsend, 1933

Austrophasiopsis Townsend, 1933. J. N. Y. Ent. Soc. 40: 448. **Type species:** *Austrophasiopsis formosensis* Townsend, 1933 (by original designation).
Kosempomyiella Baranov, 1934. Encycl. Ent. (B II) Dipt. 7: 165. **Type species:** *Kosempomyiella rufiventris* Baranov, 1934 (by original designation) [= *Austrophasiopsis formosensis* Townsend, 1933].

（1055）台湾奥寄蝇 *Austrophasiopsis formosensis* Townsend, 1933

Austrophasiopsis formosensis Townsend, 1933. J. N. Y. Ent. Soc. 40: 449. **Type locality:** China: Taiwan, Kaohsiung Hsien, Chiahsien Hsiang.
Kosempomyiella rufiventris Baranov, 1934. Encycl. Ent. (B II) Dipt. 7: 165. **Type locality:** China: Taiwan.
Kosempomyia sauteri Baranov, 1934. Encycl. Ent. (B II) Dipt. 7: 165 (nomen nudum).
分布（**Distribution**）：台湾（TW）；马来西亚。

245. 长爪寄蝇属 *Dolichopodomintho* Townsend, 1927

Dolichopodomintho Townsend, 1927. Ent. Mitt. 16 (4): 278. **Type species:** *Dolichopodomintho dolichopiformis* Townsend, 1927 (by original designation).

（1056）长形长爪寄蝇 *Dolichopodomintho dolichopiformis* Townsend, 1927

Dolichopodomintho dolichopiformis Townsend, 1927. Ent. Mitt. 16 (4): 278. **Type locality:** China: Taiwan, P'ingtung Hsien, Changkou.
分布（**Distribution**）：福建（FJ）、台湾（TW）；缅甸。

（1057）高野长爪寄蝇 *Dolichopodomintho takanoi* Mesnil, 1973

Dolichopodomintho takanoi Mesnil, 1973. Flieg. Palaearkt. Reg. 10: 1161. **Type locality:** Japan: Honshū, Kanazawa, Utatsuyama.
分布（**Distribution**）：辽宁（LN）、宁夏（NX）、甘肃（GS）；朝鲜、日本。

246. 敏寄蝇属 *Mintho* Robineau-Desvoidy, 1830

Mintho Robineau-Desvoidy, 1830. Mém. Prés. Div. Sav. Acad. R. Sci. Inst. Fr. 2 (2): 216. **Type species:** *Musca compressa* Fabricius, 1787 (by designation of Rondani, 1856).

（1058）红腹敏寄蝇 *Mintho rufiventris* (Fallén, 1817)

Musca rufiventris Fallén, 1817. K. Svenska Vetensk. Akad. Handl. (3) [1816]: 239. **Type locality:** Sweden: Småland, Kalmar.
分布（**Distribution**）：辽宁（LN）、内蒙古（NM）、北京（BJ）、陕西（SN）、宁夏（NX）；俄罗斯、蒙古国、朝鲜、韩国；欧洲（西部和北部）。

247. 瘦腹寄蝇属 *Sumpigaster* Macquart, 1855

Sumpigaster Macquart, 1855. Mém. Soc. Sci. Agric. Arts Lille (2) 1: 124. **Type species:** *Sumpigaster fasciatus* Macquart, 1855 (by original designation).
Eomintho Townsend, 1926. Philipp. J. Sci. 29 (4): 531. **Type species:** *Eomintho equatorialis* Townsend, 1926 (by original designation).

（1059）赤道瘦腹寄蝇 *Sumpigaster equatorialis* (Townsend, 1926)

Eomintho equatorialis Townsend, 1926. Philipp. J. Sci. 29 (4): 533. **Type locality:** Singapore.

分布（Distribution）：甘肃（GS）；日本、新加坡。

（1060）亚扁瘦腹寄蝇 *Sumpigaster subcompressa* (Walker, 1853)

Dexia subcompressa Walker, 1853. Ins. Saund., Dipt. IV: 313. **Type locality:** India.

分布（Distribution）：四川（SC）、云南（YN）；印度、尼泊尔。

（1061）苏门瘦腹寄蝇 *Sumpigaster sumatrensis* Townsend, 1926

Sumpigaster sumatrensis Townsend, 1926. Suppl. Ent. 14: 24. **Type locality:** Indonesia: Sumatera, Gunung Teleman.

分布（Distribution）：辽宁（LN）、四川（SC）；俄罗斯、日本、越南、印度尼西亚。

尼寄蝇族 Neaerini

248. 尼寄蝇属 *Neaera* Robineau-Desvoidy, 1830

Neaera Robineau-Desvoidy, 1830. Mém. Prés. Div. Sav. Acad. R. Sci. Inst. Fr. 2 (2): 84. **Type species:** *Neaera immaculata* Robineau-Desvoidy, 1830 (monotypy) [= *Tachina laticornis* Meigen, 1824].

Thapsia Robineau-Desvoidy, 1863. Hist. Nat. Dipt. Envir. Paris 1: 689 (a junior homonym of *Thapsia* Martens, 1824). **Type species:** *Tachina albicollis* Meigen, 1824 (by original designation) [= *Tachina laticornis* Meigen, 1824].

（1062）宽角尼寄蝇 *Neaera laticornis* (Meigen, 1824)

Tachina laticornis Meigen, 1824. Syst. Beschr. Europ. Zweifl. Insekt. 4: 351. **Type locality:** Europe.

Tachina albicollis Meigen, 1824. Syst. Beschr. Europ. Zweifl. Insekt. 4: 350. **Type locality:** Europe.

分布（Distribution）：内蒙古（NM）；俄罗斯、蒙古国、外高加索地区；中东地区；中亚、欧洲。

（1063）张氏尼寄蝇 *Neaera zhangi* Wang *et* Zhang, 2012

Neaera zhangi Wang *et* Zhang, 2012. Acta Zootaxon. Sin. 37 (4): 830. **Type locality:** China: Sichuan, Dege (Keluodong).

分布（Distribution）：四川（SC）。

毛瓣寄蝇族 Nemoraeini

249. 豪寄蝇属 *Hystriomyia* Portschinsky, 1881

Hystriomyia Portschinsky, 1881b. Horae Soc. Ent. Ross. 16: 274. **Type species:** *Hystriomyia fetissowi* Portschinsky, 1881 (monotypy).

Innshanotroxis Townsend, 1933. J. N. Y. Ent. Soc. 40: 466. **Type species:** *Innshanotroxis engeli* Townsend, 1933 (by original designation) [= *Hystriomyia nigrosetosa* Zimin, 1931].

Belohystriomyia Zimin, 1935. Trudy Zool. Inst. 2: 604. **Type species:** *Belohystriomyia paradoxa* Zimin, 1935 (by original designation).

（1064）双色豪寄蝇 *Hystriomyia fetissowi* Portschinsky, 1881

Hystriomyia fetissowi Portschinsky, 1881b Horae Soc. Ent. Ross. 16: 275. **Type locality:** Kyrgyzstan: Bishkek.

分布（Distribution）：河北（HEB）、新疆（XJ）、四川（SC）、云南（YN）；俄罗斯；中亚。

（1065）侧豪寄蝇 *Hystriomyia lata* Portschinsky, 1882

Hystriomyia lata Portschinsky, 1882. Horae Soc. Ent. Ross. 17: 6. **Type locality:** Kyrgyzstan: Tamga.

分布（Distribution）：新疆（XJ）；中亚。

（1066）墨鬃豪寄蝇 *Hystriomyia nigrosetosa* Zimin, 1931

Hystriomyia nigrosetosa Zimin, 1931. Annu. Mus. Zool. Acad. Sci. URSS 32: 34. **Type locality:** Mongolia: Ömnögovĭ Aimag, near Gurvan Sayan Mountains, Ulan-Bulak.

Innshanotroxis engeli Townsend, 1933. J. N. Y. Ent. Soc. 40: 467. **Type locality:** China: Nei Mongol, Inn Shan.

分布（Distribution）：内蒙古（NM）、河北（HEB）、陕西（SN）、宁夏（NX）、四川（SC）、云南（YN）；俄罗斯、蒙古国、朝鲜、韩国。

（1067）淡豪寄蝇 *Hystriomyia pallida* Chao, 1974

Hystriomyia pallida Chao, 1974. Acta Ent. Sin. 17 (4): 476. **Type locality:** China: Sichuan, Kangding.

分布（Distribution）：青海（QH）、四川（SC）。

（1068）墨黑豪寄蝇 *Hystriomyia paradoxa* (Zimin, 1935)

Belohystriomyia paradoxa Zimin, 1935. Trudy Zool. Inst. 2: 605. **Type locality:** China: Gansu, Qilian Shan, Humboldt Range, Ulan-Bulak.

分布（Distribution）：内蒙古（NM）、甘肃（GS）、青海（QH）、西藏（XZ）。

（1069）红豪寄蝇 *Hystriomyia rubra* Chao, 1974

Hystriomyia rubra Chao, 1974. Acta Ent. Sin. 17 (4): 475. **Type locality:** China: Qinghai, Yushu.

分布（Distribution）：青海（QH）、四川（SC）。

250. 毛瓣寄蝇属 *Nemoraea* Robineau-Desvoidy, 1830

Nemoraea Robineau-Desvoidy, 1830. Mém. Prés. Div. Sav. Acad. R. Sci. Inst. Fr. 2 (2): 71. **Type species:** *Nemoraea bombylans* Robineau-Desvoidy, 1830 (by designation of Townsend, 1916) [= *Tachina pellucida* Meigen, 1824].

Hypotachina Brauer *et* Bergenstamm, 1891. Zweif. Kaiserl. Mus. Wien 5: 47. **Type species:** *Hypotachina disparata* Brauer *et* Bergenstamm, 1891 (monotypy) [= *Tachina chrysophora* Wiedemann, 1830].

Dexiomima Brauer *et* Bergenstamm, 1895. *In*: Bergenstamm, 1895. Zweif. Kaiserl. Mus. Wien VII: 79. **Type species:** *Dexiomima javana* Brauer *et* Bergenstamm, 1894 (monotypy).

Protonemoraea Baranov, 1935. Vet. Arhiv 5: 556. **Type species:** *Protonemoraea japanica* Baranov, 1935 (by original designation).

Echinemoraea Mesnil, 1971. Flieg. Palaearkt. Reg. 10: 987. **Type species:** *Nemoraea echinata* Mesnil, 1953 (by original designation).

（1070）双色毛瓣寄蝇 *Nemoraea angustecarinata* (Macquart, 1848)

Rutilia angustecarinata Macquart, 1848. Mém. Soc. R. Sci. Agric. Arts Lille 1847 (2): 211. **Type locality:** Indonesia: Jawa.

Nemoroea bicolor Macquart, 1851. Mém. Soc. R. Sci. Agric. Arts Lille 1850 [1851]: 155. **Type locality:** Indonesia: Jawa.

Nemoraea tropidobothra Brauer *et* Bergenstamm, 1891. Zweif. Kaiserl. Mus. Wien 5: 57. **Type locality:** Indonesia: Jawa.

分布（Distribution）：陕西（SN）、四川（SC）；印度尼西亚。

（1071）狭额毛瓣寄蝇 *Nemoraea angustifrons* Zhang *et* Zhao, 2011

Nemoraea angustifrons Zhang *et* Zhao, 2011. *In*: Zhang, Zhao *et* Wang, 2011. Acta Zootaxon. Sin. 36 (1): 65. **Type locality:** China: Liaoning, Huanren (Laotudingzi Mountains).

分布（Distribution）：辽宁（LN）。

（1072）双叉毛瓣寄蝇 *Nemoraea bifurca* (Chao *et* Shi, 1982)

Hypotachina bifurca Chao *et* Shi, 1982. *In*: The Comprehensive Scientific Expedition to the Qinghai-Xizang Plateau, Chinese Academy of Sciences, 1982. Insects of Xizang 2: 235. **Type locality:** China: Xizang, Zogang [= Zuogong].

分布（Distribution）：宁夏（NX）、四川（SC）、云南（YN）、西藏（XZ）。

（1073）裂毛瓣寄蝇 *Nemoraea bipartita* Malloch, 1935

Nemoraea bipartita Malloch, 1935. Peking Nat. Hist. Bull. 9 (2): 150. **Type locality:** China: Sichuan, Baoxing.

分布（Distribution）：四川（SC）。

（1074）刺毛瓣寄蝇 *Nemoraea echinata* Mesnil, 1953

Nemoraea echinata Mesnil, 1953d. Bull. Ann. Soc. R. Ent. Belg. 89: 154. **Type locality:** Myanmar: Kachin, Kambaiti.

分布（Distribution）：陕西（SN）、四川（SC）；印度、缅甸。

（1075）条胸毛瓣寄蝇 *Nemoraea fasciata* (Chao *et* Shi, 1985)

Hypotachina fasciata Chao *et* Shi, 1985b. Sinozool. 3: 165. **Type locality:** China: Zhejiang, Hangzhou.

分布（Distribution）：安徽（AH）、江苏（JS）、浙江（ZJ）、江西（JX）、四川（SC）、云南（YN）、西藏（XZ）、福建（FJ）、广东（GD）。

（1076）多孔毛瓣寄蝇 *Nemoraea fenestrata* (Mesnil, 1971)

Hypotachina fenestrata Mesnil, 1971. Flieg. Palaearkt. Reg. 3: 993. **Type locality:** Myanmar: Kachin, Kambaiti.

分布（Distribution）：四川（SC）、云南（YN）、西藏（XZ）；印度、尼泊尔、缅甸。

（1077）日本毛瓣寄蝇 *Nemoraea japanica* (Baranov, 1935)

Protonemoraea japanica Baranov, 1935. Vet. Arhiv 5: 556. **Type locality:** Japan: Hokkaidō, Sapporo.

分布（Distribution）：黑龙江（HL）、辽宁（LN）；俄罗斯、日本。

（1078）爪哇毛瓣寄蝇 *Nemoraea javana* (Brauer *et* Bergenstamm, 1895)

Dexiomima javana Brauer *et* Bergenstamm, 1895. *In*: Bergenstamm, 1895. Zweif. Kaiserl. Mus. Wien VII: 79. **Type locality:** Indonesia: Jawa, Tengger Mountains.

分布（Distribution）：浙江（ZJ）、湖南（HN）、四川（SC）、贵州（GZ）；印度尼西亚。

（1079）金亮毛瓣寄蝇 *Nemoraea metallica* Shima, 1979

Nemoraea metallica Shima, 1979a. Bull. Natl. Sci. Mus. Ser. A (Zool.) 5: 135. **Type locality:** China: Taiwan, Nant'ou Hsien, Tsuifeng.

分布（Distribution）：台湾（TW）。

（1080）透翅毛瓣寄蝇 *Nemoraea pellucida* (Meigen, 1824)

Tachina pellucida Meigen, 1824. Syst. Beschr. Europ. Zweifl. Insekt. 4: 254. **Type locality:** Europe.

分布（Distribution）：黑龙江（HL）、辽宁（LN）、北京（BJ）、

山西（SX）、陕西（SN）、宁夏（NX）、甘肃（GS）、四川（SC）、云南（YN）、西藏（XZ）、广西（GX）；俄罗斯、韩国、日本、外高加索地区；欧洲、非洲（北部）。

（1081）萨毛瓣寄蝇 *Nemoraea sapporensis* Kocha, 1969

Nemoraea sapporensis Kocha, 1969. Kontyû 37: 352. **Type locality:** Japan: Hokkaidō, Sapporo.

分布（Distribution）：黑龙江（HL）、辽宁（LN）、河北（HEB）、北京（BJ）、山西（SX）、河南（HEN）、陕西（SN）、宁夏（NX）、浙江（ZJ）、湖南（HN）、湖北（HB）、四川（SC）、云南（YN）、西藏（XZ）、福建（FJ）、广东（GD）；俄罗斯、日本。

（1082）巨形毛瓣寄蝇 *Nemoraea titan* (Walker, 1849)

Tachina titan Walker, 1849. List of the specimens of dipterous insets in the collection of the British Museum Part IV: 735. **Type locality:** Bangladesh: Sylhet.

Nemoraea aurifrons Malloch, 1935. Peking Nat. Hist. Bull. 9 (2): 150. **Type locality:** China: Sichuan, Baoxing.

分布（Distribution）：山西（SX）、四川（SC）、云南（YN）、广东（GD）、广西（GX）；印度、不丹、孟加拉国、？缅甸。

（1083）三角毛瓣寄蝇 *Nemoraea triangulata* Villeneuve, 1937

Nemoraea triangulata Villeneuve, 1937. Bull. Mus. R. Hist. Nat. Belg. 13 (34): 2. **Type locality:** China: Sichuan, Emei Shan.

分布（Distribution）：四川（SC）、云南（YN）。

球胸寄蝇族 Ormiini

251. 皱寄蝇属 *Aulacephala* Macquart, 1851

Aulacephala Macquart, 1851. Mém. Soc. R. Sci. Agric. Arts Lille 1850 [1851]: 138. **Type species:** *Aulacephala maculithorax* Macquart, 1851 (monotypy).

（1084）赫氏皱寄蝇 *Aulacephala hervei* Bequaert, 1922

Aulacephala hervei Bequaert, 1922. Revue Zool. Afr. 10: 305. **Type locality:** Japan: Honshū, Yokohama.

分布（Distribution）：北京（BJ）、上海（SH）；日本、印度尼西亚。

252. 同寄蝇属 *Homotrixa* Villeneuve, 1914

Homotrixa Villeneuve, 1914. Ann. Hist.-Nat. Mus. Natl. Hung. 12: 437. **Type species:** *Homotrixa brevifacies* Villeneuve, 1914 (monotypy).

（1085）宽颜同寄蝇 *Homotrixa brevifacies* Villeneuve, 1914

Homotrixa brevifacies Villeneuve, 1914. Ann. Hist.-Nat. Mus. Natl. Hung. 12: 440. **Type locality:** China: Taiwan, Lake Candidius.

分布（Distribution）：台湾（TW）。

253. 异相寄蝇属 *Phasioormia* Townsend, 1933

Phasioormia Townsend, 1933. J. N. Y. Ent. Soc. 40: 447. **Type species:** *Phasioormia pallida* Townsend, 1933 (by original designation).

（1086）双角异相寄蝇 *Phasioormia bicornis* (Malloch, 1932)

Ormia bicornis Malloch, 1932. Ann. Mag. Nat. Hist. (10) 10: 313. **Type locality:** Malaysia: Malay Peninsula (Selangor, Bukit Kutu).

分布（Distribution）：福建（FJ）；印度、马来西亚。

（1087）淡色异相寄蝇 *Phasioormia pallida* Townsend, 1933

Phasioormia pallida Townsend, 1933. J. N. Y. Ent. Soc. 40: 448. **Type locality:** Singapore.

分布（Distribution）：江西（JX）、海南（HI）；菲律宾、新加坡。

254. 野寄蝇属 *Therobia* Brauer, 1862

Therobia Brauer, 1862. Verh. K. K. Zool.-Bot. Ges. Wien 12: 1231. **Type species:** *Trypoderma abdominalis* Wiedemann, 1830 (monotypy).

（1088）文静野寄蝇 *Therobia composita* (Séguy, 1925)

Proxystomima composita Séguy, 1925b. Bull. Mus. Natl. Hist. Nat. 31: 439. **Type locality:** Vietnam: Annam, Phuc Son.

分布（Distribution）：海南（HI）；越南。

（1089）气囊野寄蝇 *Therobia vesiculifera* Bezzi, 1928

Therobia vesiculifera Bezzi, 1928. Dipt. Brachy. Ather. Fiji Is.: 203. **Type locality:** Fiji: Vanua Levu, Lambasa.

分布（Distribution）：广西（GX）；菲律宾、马来西亚、？澳大利亚、斐济、美拉尼西亚群岛。

（1090）狡野寄蝇 *Therobia vulpes* (Séguy, 1948)

Proxystomima vulpes Séguy, 1948. Notes Ent. Chin. 12: 145. **Type locality:** China: Shanghai, Xujiahui.

分布（Distribution）：上海（SH）。

须寄蝇族 Palpostomatini

255. 合眼寄蝇属 *Eutrixopsis* Townsend, 1919

Eutrixopsis Townsend, 1919. Insecutor Inscit. Menstr. 6 [1918]: 166. **Type species:** *Eutrixopsis javana* Townsend, 1919 (by original designation).

（1091）爪哇合眼寄蝇 *Eutrixopsis javana* Townsend, 1919

Eutrixopsis javana Townsend, 1919. Insecutor Inscit. Menstr. 6 [1918]: 166. **Type locality:** Indonesia: Jawa, Ratoe, Pelaboean.

分布（Distribution）：浙江（ZJ）、广西（GX）；朝鲜、韩国、日本、马来西亚、印度尼西亚。

256. 车寄蝇属 *Hamaxia* Walker, 1860

Hamaxia Walker, 1860a. J. Proc. Linn. Soc. London Zool. 5 [1861]: 153. **Type species:** *Hamaxia incongrua* Walker, 1860 (monotypy).

（1092）平庸车寄蝇 *Hamaxia incongrua* Walker, 1860

Hamaxia incongrua Walker, 1860a. J. Proc. Linn. Soc. London Zool. 5 [1861]: 153. **Type locality:** Indonesia: Maluku Islands (Ambon Island).

分布（Distribution）：山东（SD）、福建（FJ）；俄罗斯、朝鲜、韩国、日本、马来西亚、印度尼西亚。

（1093）单鬃车寄蝇 *Hamaxia monochaeta* Chao *et* Yang, 1998

Hamaxia monochaeta Chao *et* Yang, 1998. *In*: Chao *et al*., 1998. *In*: Xue *et* Chao, 1998. Flies of China, Vol. 2: 2040. **Type locality:** China: Guangxi, Maoer Shan.

分布（Distribution）：四川（SC）、广西（GX）。

257. 拟车寄蝇属 *Hamaxiella* Mesnil, 1967

Hamaxiella Mesnil, 1967. Mushi 41: 51. **Type species:** *Hamaxiella brunnescens* Mesnil, 1967 (by original designation).

（1094）棕拟车寄蝇 *Hamaxiella brunnescens* Mesnil, 1967

Hamaxiella brunnescens Mesnil, 1967. Mushi 41: 52. **Type locality:** China: Shanghai, Xujiahui.

分布（Distribution）：上海（SH）。

258. 狂寄蝇属 *Tachinoestrus* Portschinsky, 1887

Tachinoestrus Portschinsky, 1887a. Horae Soc. Ent. Ross. 21: 194. **Type species:** *Tachinoestrus semenovi* Portschinsky, 1887 (monotypy).

（1095）西门狂寄蝇 *Tachinoestrus semenovi* Portschinsky, 1887

Tachinoestrus semenovi Portschinsky, 1887a. Horae Soc. Ent. Ross. 21: 195. **Type locality:** China: Gansu.

分布（Distribution）：甘肃（GS）。

259. 黄寄蝇属 *Xanthooestrus* Villeneuve, 1914

Xanthooestrus Villeneuve, 1914. Ann. Hist.-Nat. Mus. Natl. Hung. 12: 438. **Type species:** *Xanthooestrus fastuosus* Villeneuve, 1914 (monotypy).

（1096）迅黄寄蝇 *Xanthooestrus fastuosus* Villeneuve, 1914

Xanthooestrus fastuosus Villeneuve, 1914. Ann. Hist.-Nat. Mus. Natl. Hung. 12: 440. **Type locality:** China: Taiwan, T'ainan City, Yungfulu.

分布（Distribution）：台湾（TW）。

（1097）台湾黄寄蝇 *Xanthooestrus formosus* Townsend, 1931

Xanthooestrus formosus Townsend, 1931. Ann. Mag. Nat. Hist. (10) 8: 385. **Type locality:** China: Taiwan, T'ainan City, Yungfulu.

分布（Distribution）：台湾（TW）。

泥寄蝇族 Pelatachinini

260. 泥寄蝇属 *Pelatachina* Meade, 1894

Pelatachina Meade, 1894. Ent. Mon. Mag. 30: 109 (replacement name for *Hyria* Robineau-Desvoidy, 1863).

Hyria Robineau-Desvoidy, 1863. Hist. Nat. Dipt. Envir. Paris 1: 1100 (a junior homonym of *Hyria* Lamarck, 1819). **Type species:** *Tachina tibialis* Fallén, 1810 (by original designation).

（1098）胫泥寄蝇 *Pelatachina tibialis* (Fallén, 1810)

Tachina tibialis Fallén, 1810a. K. Svenska Vetensk. Akad. Handl. 31 (2): 270. **Type locality:** Sweden.

分布（Distribution）：辽宁（LN）；俄罗斯、蒙古国、日本、外高加索地区；欧洲。

灰寄蝇族 Polideini

261. 悲寄蝇属 *Lypha* Robineau-Desvoidy, 1830

Lypha Robineau-Desvoidy, 1830. Mém. Prés. Div. Sav. Acad.

R. Sci. Inst. Fr. 2 (2): 141. **Type species:** *Tachina dubia* Fallén, 1810 (by designation of Robineau-Desvoidy, 1863).

(1099) 疑悲寄蝇 *Lypha dubia* (Fallén, 1810)

Tachina dubia Fallén, 1810a. K. Svenska Vetensk. Akad. Handl. 31 (2): 284. **Type locality:** Sweden: Skåne, Esperöd.
分布（Distribution）： 辽宁（LN）；俄罗斯、蒙古国、日本、外高加索地区；欧洲。

262. 厚寄蝇属 *Pachycheta* Portschinsky, 1881

Pachycheta Portschinsky, 1881b. Horae Soc. Ent. Ross. 16: 278. **Type species:** *Pachycheta jaroschewsky* Portschinsky, 1881 (monotypy).

(1100) 雅罗厚寄蝇 *Pachycheta jaroschewskyi* Portschinsky, 1881

Pachycheta jaroschewsky Portschinsky, 1881b. Horae Soc. Ent. Ross. 16: 278. **Type locality:** Ukraine: Kharkiv.
分布（Distribution）： 甘肃（GS）；俄罗斯；欧洲。

长唇寄蝇族 Siphonini

263. 阿寄蝇属 *Actia* Robineau-Desvoidy, 1830

Actia Robineau-Desvoidy, 1830. Mém. Prés. Div. Sav. Acad. R. Sci. Inst. Fr. 2 (2): 85. **Type species:** *Roeselia lamia* Meigen, 1838 (designation under the Plenary Powers of ICZN, 1987).
Gymnophthalma Lioy, 1864. Atti R. Ist. Véneto Sci. Lett. Arti (3) 9: 1341. **Type species:** *Tachina crassicornis* Meigen, 1824 (monotypy).
Gymnopareia Brauer *et* Bergenstamm, 1889. Denkschr. Akad. Wiss. Wien. Math.-Naturw. Kl. 56 (1): 103. **Type species:** *Tachina crassicornis* Meigen, 1824 (monotypy).

(1101) 黑角阿寄蝇 *Actia crassicornis* (Meigen, 1824)

Tachina crassicornis Meigen, 1824. Syst. Beschr. Europ. Zweifl. Insekt. 4: 351. **Type locality:** Not given (probably Germany: Stolberg).
分布（Distribution）： 吉林（JL）、北京（BJ）、山西（SX）、宁夏（NX）、海南（HI）；蒙古国、俄罗斯、朝鲜、韩国、日本、哈萨克斯坦、外高加索地区；欧洲。

(1102) 长喙阿寄蝇 *Actia jocularis* Mesnil, 1957

Actia jocularis Mesnil, 1957. Mém. Soc. R. Ent. Belg. 28: 47. **Type locality:** Japan: Honshū, Tokura.
分布（Distribution）： 山西（SX）、浙江（ZJ）、广东（GD）；日本。

(1103) 黑盾阿寄蝇 *Actia nigroscutellata* Lundbeck, 1927

Actia nigroscutellata Lundbeck, 1927. Dipt. Danica VII: 462. **Type locality:** Denmark: Tisvilde.
分布（Distribution）： 广东（GD）、广西（GX）；俄罗斯、日本；欧洲。

(1104) 短颏阿寄蝇 *Actia pilipennis* (Fallén, 1810)

Tachina pilipennis Fallén, 1810a. K. Svenska Vetensk. Akad. Handl. 31 (2): 273. **Type locality:** Sweden: Skåne.
分布（Distribution）： 黑龙江（HL）、北京（BJ）、广东（GD）；俄罗斯、蒙古国、日本；欧洲。

(1105) 脂阿寄蝇 *Actia resinellae* (Schrank, 1781)

Musca resinellae Schrank, 1781. Enum. Insect. Austr. Indig.: 478. **Type locality:** Austria.
分布（Distribution）： 黑龙江（HL）；俄罗斯、日本；欧洲。

(1106) 壮阿寄蝇 *Actia solida* Tachi *et* Shima, 1998

Actia solida Tachi *et* Shima, 1998. Entomol. Sci. 1: 447. **Type locality:** Japan: Hokkaidō, Ashoro-cho, Kamitoshibetsu.
分布（Distribution）： 吉林（JL）、辽宁（LN）；俄罗斯、日本。

(1107) 安松阿寄蝇 *Actia yasumatsui* Shima, 1970

Actia yasumatsui Shima, 1970a. Pac. Insects 12: 273. **Type locality:** China: Hong Kong, Taipokau, Kowloon.
分布（Distribution）： 广东（GD）、香港（HK）。

264. 毛脉寄蝇属 *Ceromya* Robineau-Desvoidy, 1830

Ceromya Robineau-Desvoidy, 1830. Mém. Prés. Div. Sav. Acad. R. Sci. Inst. Fr. 2 (2): 86. **Type species:** *Ceromya testacea* Robineau-Desvoidy, 1830 (by designation of Coquillett, 1910) [= *Tachina bicolor* Meigen, 1824].

(1108) 双色毛脉寄蝇 *Ceromya bicolor* (Meigen, 1824)

Tachina bicolor Meigen, 1824. Syst. Beschr. Europ. Zweifl. Insekt. 4: 354. **Type locality:** Not given (probably Germany: Stolberg).
分布（Distribution）： 内蒙古（NM）；俄罗斯、朝鲜、韩国、外高加索地区；欧洲、北美洲。

(1109) 袁毛脉寄蝇 *Ceromya dorsigera* Herting, 1967

Ceromyia dorsigera Herting, 1967. Stuttg. Beitr. Naturkd. 173: 8. **Type locality:** Switzerland: Ticino, near Gordola, Riazzino.
分布（Distribution）： 台湾（TW）；俄罗斯、日本；欧洲。

(1110) 红毛脉寄蝇 *Ceromya flaviseta* (Villeneuve, 1921)

Actia flaviseta Villeneuve, 1921. Ann. Soc. Ent. Belg. 61: 45. **Type locality:** Russia: Samarskaya Oblast', Samara.

分布（Distribution）：浙江（ZJ）、云南（YN）；俄罗斯；欧洲。

（1111）彭氏毛脉寄蝇 *Ceromya pendleburyi* (Malloch, 1930)

Actia pendleburyi Malloch, 1930. J. Fed. Malay St. Mus. 16: 144. **Type locality:** Malaysia: Malay Peninsula, Pahang, Sungai, Ringlet.

分布（Distribution）：台湾（TW）；日本、马来西亚。

（1112）刺毛脉寄蝇 *Ceromya punctum* (Mesnil, 1953)

Actia punctum Mesnil, 1953c. Bull. Ann. Soc. R. Ent. Belg. 89: 107. **Type locality:** China: Guangdong, Guangzhou.

分布（Distribution）：广东（GD）。

（1113）黄毛脉寄蝇 *Ceromya silacea* (Meigen, 1824)

Tachina silacea Meigen, 1824. Syst. Beschr. Europ. Zweifl. Insekt. 4: 355. **Type locality:** Europe.

分布（Distribution）：黑龙江（HL）、辽宁（LN）、北京（BJ）、河南（HEN）、安徽（AH）、上海（SH）、湖北（HB）、云南（YN）、福建（FJ）、台湾（TW）；俄罗斯、朝鲜、韩国、日本、外高加索地区；欧洲。

265. 昆寄蝇属 *Entomophaga* Lioy, 1864

Entomophaga Lioy, 1864. Atti R. Ist. Véneto Sci. Lett. Arti (3) 9: 1332. **Type species:** *Tachina exoleta* Meigen, 1824 (by designation of Coquillett, 1910).

（1114）熟昆寄蝇 *Entomophaga exoleta* (Meigen, 1824)

Tachina exoleta Meigen, 1824. Syst. Beschr. Europ. Zweifl. Insekt. 4: 353. **Type locality:** France: Provence Region.

分布（Distribution）：辽宁（LN）、山西（SX）；欧洲。

266. 等鬃寄蝇属 *Peribaea* Robineau-Desvoidy, 1863

Peribaea Robineau-Desvoidy, 1863. Hist. Nat. Dipt. Envir. Paris 1: 720. **Type species:** *Peribaea apicalis* Robineau-Desvoidy, 1863 (by designation of Coquillett, 1910) [= *Herbstia tibialis* Robineau-Desvoidy, 1851].

Herbstia Robineau-Desvoidy, 1851b. Ann. Soc. Entomol. Fr. 2 (9): 184 (a junior homonym of *Herbstia* Edwards, 1834). **Type species:** *Herbstia tibialis* Robineau-Desvoidy, 1851 (monotypy).

Strobliomyia Townsend, 1926. Insecutor Inscit. Menstr. 14: 31. **Type species:** *Tryptocera fissicornis* Strobl, 1910 (by original designation).

（1115）短等鬃寄蝇 *Peribaea abbreviata* Tachi *et* Shima, 2002

Peribaea abbreviata Tachi *et* Shima, 2002. Tijdschr. Ent. 145: 121. **Type locality:** Japan: Honshū, Gifu Prefecture, Hodaka.

分布（Distribution）：陕西（SN）、广东（GD）；朝鲜、韩国、日本。

（1116）裸等鬃寄蝇 *Peribaea glabra* Tachi *et* Shima, 2002

Peribaea glabra Tachi *et* Shima, 2002. Tijdschr. Ent. 145: 135. **Type locality:** Japan: Hokkaidō, Ashoro-cho, Kamitoshibetsu.

分布（Distribution）：辽宁（LN）、陕西（SN）、四川（SC）、台湾（TW）、广东（GD）、香港（HK）；俄罗斯、日本。

（1117）香港等鬃寄蝇 *Peribaea hongkongensis* Tachi *et* Shima, 2002

Peribaea hongkongensis Tachi *et* Shima, 2002. Tijdschr. Ent. 145: 127. **Type locality:** China: Hong Kong, Taipokau.

分布（Distribution）：广东（GD）、香港（HK）。

（1118）短芒等鬃寄蝇 *Peribaea orbata* (Wiedemann, 1830)

Tachina orbata Wiedemann, 1830. Aussereurop. Zweifl. Insekt. 2: 336. **Type locality:** India: Assam, Azra.

Gymnopareia (*Actia*) *aegyptia* Villeneuve, 1913. Bull. Mus. Natl. Hist. Nat. 18 [1912]: 508. **Type locality:** Egypt: Qalyūb.

分布（Distribution）：湖北（HB）、云南（YN）、福建（FJ）、台湾（TW）、广东（GD）、海南（HI）、香港（HK）；日本、印度、缅甸、斯里兰卡、泰国、菲律宾、马来西亚、印度尼西亚、澳大利亚、巴布亚新几内亚（俾斯麦群岛）、美拉尼西亚群岛、密克罗尼西亚、也门；中东地区；非洲。

（1119）中东等鬃寄蝇 *Peribaea palaestina* (Villeneuve, 1934)

Actia palaestina Villeneuve, 1934. Konowia 13: 57. **Type locality:** Israel: Rehoboth.

分布（Distribution）：云南（YN）；也门；中东地区；中亚、非洲（北部）。

（1120）毛脉等鬃寄蝇 *Peribaea setinervis* (Thomson, 1869)

Thryptocera setinervis Thomson, 1869. K. Svenska Fregatten Eugenies Resa, Zool., Dipt. 2 (1): 519. **Type locality:** China.

分布（Distribution）：浙江（ZJ）、广东（GD）、香港（HK）；俄罗斯、朝鲜、韩国、日本、缅甸；欧洲。

（1121）锡米等鬃寄蝇 *Peribaea similata* (Malloch, 1930)

Actia similata Malloch, 1930. J. Fed. Malay St. Mus. 16: 137. **Type locality:** Malaysia: Malay Peninsula (Selangor, Bukit Kutu).

分布（Distribution）：内蒙古（NM）、云南（YN）；日本、马来西亚。

（1122）黄胫等鬃寄蝇 *Peribaea tibialis* (Robineau-Desvoidy, 1851)

Herbstia tibialis Robineau-Desvoidy, 1851b. Ann. Soc. Entomol. Fr. 2 (9): 185. **Type locality:** France.

分布（Distribution）：黑龙江（HL）、辽宁（LN）、北京（BJ）、山西（SX）、陕西（SN）、浙江（ZJ）、湖南（HN）、四川（SC）、贵州（GZ）、云南（YN）、福建（FJ）、台湾（TW）、广东（GD）、海南（HI）、香港（HK）；俄罗斯、蒙古国、朝鲜、韩国、日本、缅甸、外高加索地区、？刚果（金）、肯尼亚、？南非；中东地区；中亚、欧洲。

（1123）三叶等鬃寄蝇 *Peribaea trifurcata* (Shima, 1970)

Strobliomyia trifurcata Shima, 1970b. Pac. Insects 12: 263. **Type locality:** Pupua New Guinea: Popondetta.

分布（Distribution）：台湾（TW）；菲律宾、巴布亚新几内亚。

（1124）乌苏等鬃寄蝇 *Peribaea ussuriensis* (Mesnil, 1963)

Strobliomyia hyalinata ussuriensis Mesnil, 1963. Flieg. Palaearkt. Reg. 10: 807. **Type locality:** Russia: Primorskiy Kray, Tigrovaya.

分布（Distribution）：辽宁（LN）；俄罗斯、日本。

267. 长唇寄蝇属 *Siphona* Meigen, 1803

1）阿长唇寄蝇亚属 *Aphantorhaphopsis* Townsend, 1926

Aphantorhaphopsis Townsend, 1926. Suppl. Ent. 14: 34. **Type species:** *Aphantorhaphopsis orientalis* Townsend, 1926 (by original designation).

Asiphona Mesnil, 1954. Explor. Parc Natl. Albert Miss. G. F. de Witte (1933-1935) 81: 9 (as a subgenus of *Siphona* Meigen, 1803). **Type species:** *Thryptocera selecta* Pandellé, 1894 (by original designation).

（1125）掠长唇寄蝇 *Siphona* (*Aphantorhaphopsis*) *perispoliata* (Mesnil, 1953)

Actia perispoliata Mesnil, 1953c. Bull. Ann. Soc. R. Ent. Belg. 89: 108. **Type locality:** China: Guangdong, Guangzhou.

Actia mallochiana Gardner, 1940. Indian J. Ent. 2: 178 (nomen nudum).

分布（Distribution）：台湾（TW）、广东（GD）、香港（HK）；印度、泰国、菲律宾、马来西亚。

（1126）择长唇寄蝇 *Siphona* (*Aphantorhaphopsis*) *selecta* (Pandellé, 1894)

Thryptocera selecta Pandellé, 1894. Rev. Ent. 13: 112. **Type locality:** France: Var, Hyères.

分布（Distribution）：云南（YN）；欧洲。

2）长唇寄蝇亚属 *Siphona* Meigen, 1803

Siphona Meigen, 1803. Mag. Insektenkd. 2: 281. **Type species:** *Musca geniculata* De Geer, 1776 (designation under the Plenary Powers of ICZN, 1974).

Crocuta Meigen, 1800. Nouve. Class.: 39 (name suppressed by ICZN, 1963).

（1127）北方长唇寄蝇 *Siphona* (*Siphona*) *boreata* Mesnil, 1960

Siphona boreata Mesnil, 1960. Bull. Ann. Soc. R. Ent. Belg. 96: 190. **Type locality:** Germany: Arnsberg.

分布（Distribution）：宁夏（NX）、浙江（ZJ）、贵州（GZ）、西藏（XZ）、广东（GD）；俄罗斯；欧洲。

（1128）闪斑长唇寄蝇 *Siphona* (*Siphona*) *confusa* Mesnil, 1961

Siphona confusa Mesnil, 1961. Bull. Ann. Soc. R. Ent. Belg. 97: 201. **Type locality:** Sweden: Lake Vättern, Gränna.

分布（Distribution）：黑龙江（HL）、吉林（JL）、内蒙古（NM）、甘肃（GS）、青海（QH）、新疆（XJ）、四川（SC）、云南（YN）、西藏（XZ）、福建（FJ）；俄罗斯、蒙古国、朝鲜、韩国；中东地区；欧洲、非洲（北部）。

（1129）冠毛长唇寄蝇 *Siphona* (*Siphona*) *cristata* (Fabricius, 1805)

Stomoxys cristata Fabricius, 1805. Syst. Antliat.: 281. **Type locality:** Denmark.

分布（Distribution）：黑龙江（HL）、吉林（JL）、辽宁（LN）、内蒙古（NM）、河北（HEB）、北京（BJ）、宁夏（NX）、甘肃（GS）、青海（QH）、新疆（XJ）、浙江（ZJ）、四川（SC）、重庆（CQ）、贵州（GZ）、云南（YN）、西藏（XZ）、福建（FJ）、台湾（TW）、广东（GD）、广西（GX）；俄罗斯、日本；欧洲。

（1130）阔长唇寄蝇 *Siphona* (*Siphona*) *foliacea* (Mesnil, 1953)

Crocuta (*Siphona*) *foliacea* Mesnil, 1953c. Bull. Ann. Soc. R. Ent. Belg. 89: 113. **Type locality:** Myanmar: Kambaiti.

分布（Distribution）：宁夏（NX）；缅甸。

（1131）大蚊长唇寄蝇 *Siphona* (*Siphona*) *geniculata* (De Geer, 1776)

Musca geniculata De Geer, 1776. Mém. Pour Serv. Hist. Insect. 6: 38. **Type locality:** Sweden: Skåne, Dalby.

分布（Distribution）：黑龙江（HL）、辽宁（LN）、宁夏（NX）、青海（QH）、四川（SC）、台湾（TW）；俄罗斯、蒙古国、日本、外高加索地区；中东地区；欧洲。

(1132) 湿地长唇寄蝇 *Siphona* (*Siphona*) *paludosa* Mesnil, 1960

Siphona paludosa Mesnil, 1960. Bull. Ann. Soc. R. Ent. Belg. 96: 188. **Type locality:** Russia: near Luga, Tolmachevo.

分布（Distribution）：辽宁（LN）、新疆（XJ）、云南（YN）、西藏（XZ）；俄罗斯、蒙古国、日本；欧洲。

(1133) 袍长唇寄蝇 *Siphona* (*Siphona*) *pauciseta* Rondani, 1865

Siphona pauciseta Rondani, 1865. Atti Soc. Ital. Sci. Nat. Milano 8: 193. **Type locality:** Italy.

分布（Distribution）：内蒙古（NM）、浙江（ZJ）、西藏（XZ）、广东（GD）；俄罗斯、蒙古国、日本；欧洲。

寄蝇族 Tachinini

268. 金光寄蝇属 *Chrysomikia* Mesnil, 1970

Chrysomikia Mesnil, 1970. Flieg. Palaearkt. Reg. 10: 945. **Type species:** *Eudoromyia grahami* Villeneuve, 1936 (by original designation).

Chrysomikia Mesnil, 1966a. *In*: Lindner, 1966. Flieg. Palaearkt. Reg. 10 (Lieferung 263): 899 (nomen nudum).

(1134) 蓝绿金光寄蝇 *Chrysomikia grahami* (Villeneuve, 1936)

Eudoromyia grahami Villeneuve, 1936. Bull. Mus. R. Hist. Nat. Belg. 12 (42): 3. **Type locality:** China: Sichuan, between Yachow and Ningyuenfu.

分布（Distribution）：四川（SC）、云南（YN）。

(1135) 碧绿金光寄蝇 *Chrysomikia viridicapitis* Chao *et* Zhou, 1987

Chrysomikia viridicapitis Chao *et* Zhou, 1987. Sinozool. 5: 212. **Type locality:** China: Yunnan, Zhongdian.

分布（Distribution）：宁夏（NX）、云南（YN）。

269. 密克寄蝇属 *Mikia* Kowarz, 1885

Mikia Kowarz, 1885. Wien. Ent. Ztg. 4: 51. **Type species:** *Fabricia magnifica* Mik, 1884 (by original designation) [= *Tachina tepens* Walker, 1849].

Anaeudora Townsend, 1933. J. N. Y. Ent. Soc. 40: 468. **Type species:** *Anaeudora aureocephala* Townsend, 1933 (by original designation) [= *Bombyliomyia apicalis* Matsumura, 1916].

Tamanukia Baranov, 1935. Vet. Arhiv 5: 551. **Type species:** *Tamanukia japanica* Baranov, 1935 (by original designation).

(1136) 毛缘密克寄蝇 *Mikia apicalis* (Matsumura, 1916)

Bombyliomyia apicalis Matsumura, 1916. Thousand Ins. Japan Add. 2: 389. **Type locality:** China: Taiwan, Nant'ou Hsien, Puli.

Echinomyia (*Larvaevora*) *rubrapex* Villeneuve, 1932. Bull. Soc. Ent. Fr. 37: 268. **Type locality:** China: Taiwan, Nant'ou Hsien, Puli.

Anaeudora aureocephala Townsend, 1933. J. N. Y. Ent. Soc. 40: 468. **Type locality:** China: Taiwan, Kaohsiung Hsien, Chiahsien Hsiang.

Mikia nigribasicosta Chao *et* Zhou, 1998. *In*: Chao *et al.*, 1998. *In*: Xue *et* Chao, 1998. Flies of China, Vol. 2: 1991. **Type locality:** China: Zhejiang, Tianmu Shan.

分布（Distribution）：吉林（JL）、陕西（SN）、浙江（ZJ）、江西（JX）、湖南（HN）、四川（SC）、贵州（GZ）、云南（YN）、福建（FJ）、台湾（TW）、广西（GX）、海南（HI）；印度、印度尼西亚。

(1137) 周氏密克寄蝇 *Mikia choui* Wang *et* Zhang, 2012

Mikia choui Wang *et* Zhang, 2012. Entomotaxon. 34 (2): 346. **Type locality:** China: Ningxia, Liupan Mountains, Jingyuan, Tawan Village.

分布（Distribution）：宁夏（NX）。

(1138) 日本密克寄蝇 *Mikia japanica* (Baranov, 1935)

Tamanukia japanica Baranov, 1935. Vet. Arhiv 5: 551. **Type locality:** Japan: Hokkaidō, Obihiro.

分布（Distribution）：吉林（JL）、辽宁（LN）、河北（HEB）、陕西（SN）、安徽（AH）、四川（SC）、云南（YN）、福建（FJ）、台湾（TW）、广西（GX）；俄罗斯、朝鲜、日本。

(1139) 大黑密克寄蝇 *Mikia lampros* (van der Wulp, 1896)

Echinomyia lampros van der Wulp, 1896. Tijdschr. Ent. 39: 105. **Type locality:** Indonesia: Jawa, Sukabumi.

分布（Distribution）：云南（YN）；缅甸、老挝、马来西亚、印度尼西亚。

(1140) 东方密克寄蝇 *Mikia orientalis* Chao *et* Zhou, 1998

Mikia orientalis Chao *et* Zhou, 1998. *In*: Chao *et al.*, 1998. *In*: Xue *et* Chao, 1998. Flies of China, Vol. 2: 1993. **Type locality:** China: Yunnan, Hekou.

分布（Distribution）：云南（YN）、海南（HI）。

(1141) 棘须密克寄蝇 *Mikia patellipalpis* (Mesnil, 1953)

Anaeudora patellipalpis Mesnil, 1953d. Bull. Ann. Soc. R. Ent. Belg. 89: 157. **Type locality:** China.

分布（Distribution）：陕西（SN）、甘肃（GS）、安徽（AH）、浙江（ZJ）、湖南（HN）、四川（SC）、贵州（GZ）、云南（YN）、福建（FJ）、广西（GX）、海南（HI）；俄罗斯、缅甸、泰国、马来西亚。

(1142) 华丽密克寄蝇 *Mikia tepens* (Walker, 1849)

Tachina tepens Walker, 1849. List of the specimens of dipterous insets in the collection of the British Museum Part IV: 723. **Type locality:** Bangladesh: Sylhet.

分布 (Distribution): 吉林（JL）、辽宁（LN）、内蒙古（NM）、重庆（CQ）、云南（YN）、广东（GD）、广西（GX）；俄罗斯、日本、哈萨克斯坦、印度、不丹、尼泊尔、孟加拉国、越南、马来西亚。

(1143) 云南密克寄蝇 *Mikia yunnanica* Chao *et* Zhou, 1998

Mikia yunnanica Chao *et* Zhou, 1998. *In*: Chao *et al.*, 1998. *In*: Xue *et* Chao, 1998. Flies of China, Vol. 2: 1993. **Type locality:** China: Yunnan, Xishuangbanna.

分布 (Distribution): 云南（YN）。

270. 长须寄蝇属 *Peleteria* Robineau-Desvoidy, 1830

Peleteria Robineau-Desvoidy, 1830. Mém. Prés. Div. Sav. Acad. R. Sci. Inst. Fr. 2 (2): 39. **Type species:** *Peleteria abdominalis* Robineau-Desvoidy, 1830 (by designation of Coquillett, 1910).

Cuphocera Macquart, 1845. Ann. Soc. Entomol. Fr. 2 (3): 267. **Type species:** *Micropalpus ruficornis* Macquart, 1835 (by original designation).

Sphyricera Lioy, 1864. Atti R. Ist. Véneto Sci. Lett. Arti (3) 9: 1336. **Type species:** *Echinomyia sphyricera* Macquart, 1835 (absolute tautonymy).

Chaetopeleteria Mik, 1894a. Wien. Ent. Ztg. 13: 100. **Type species:** *Echinomyia popelii* Portschinsky, 1882 (by original designation).

Popelia Bezzi, 1894. Bull. Soc. Ent. Ital. 26: 256 (as a subgenus of *Peleteria* Robineau-Desvoidy, 1830). **Type species:** *Echinomyia popelii* Portschinsky, 1882 (monotypy).

Paracuphocera Zimin, 1935. Trudy Zool. Inst. 2: 607 (as a subgenus of *Peleteria* Robineau-Desvoidy, 1830). **Type species:** *Echinomyia ferina* Zetterstedt, 1844 (by original designation).

(1144) 尖尾长须寄蝇 *Peleteria acutiforceps* Zimin, 1961

Peletieria acutiforceps Zimin, 1961. Trudy Vses. Ent. Obshch. 48: 274. **Type locality:** Kazakhstan: Karzhantau.

分布 (Distribution): 内蒙古（NM）、青海（QH）、四川（SC）、云南（YN）、西藏（XZ）；哈萨克斯坦；中亚。

(1145) 双齿长须寄蝇 *Peleteria bidentata* Chao *et* Zhou, 1987

Peleteria bidentata Chao *et* Zhou, 1987. Sinozool. 5: 209. **Type locality:** China: Yunnan, Zhongdian.

分布 (Distribution): 四川（SC）、云南（YN）、西藏（XZ）。

(1146) 片肛长须寄蝇 *Peleteria chaoi* (Zimin, 1961)

Hemipeletieria chaoi Zimin, 1961. Trudy Vses. Ent. Obshch. 48: 253. **Type locality:** China: Jiangsu, Zhenjiang.

分布 (Distribution): 吉林（JL）、辽宁（LN）、甘肃（GS）、江苏（JS）、云南（YN）。

(1147) 短爪长须寄蝇 *Peleteria curtiunguis* Zimin, 1961

Peletieria curtiunguis Zimin, 1961. Trudy Vses. Ent. Obshch. 48: 271. **Type locality:** Iran: south slope of Elburz Mountains, Shāh-Kūh.

分布 (Distribution): 黑龙江（HL）、吉林（JL）、内蒙古（NM）、新疆（XJ）、西藏（XZ）；哈萨克斯坦；中东地区；中亚。

(1148) 凶野长须寄蝇 *Peleteria ferina* (Zetterstedt, 1844)

Echinomyia ferina Zetterstedt, 1844. Dipt. Scand. 3: 998. **Type locality:** Sweden: Gotland, Hoburg and Thorsborg; Östergötlands, Gusum.

分布 (Distribution): 黑龙江（HL）、吉林（JL）、辽宁（LN）、内蒙古（NM）、河北（HEB）、北京（BJ）、山西（SX）；俄罗斯、蒙古国、哈萨克斯坦、外高加索地区；欧洲。

(1149) 黄鳞长须寄蝇 *Peleteria flavobasicosta* Chao *et* Zhou, 1987

Peleteria flavobasicosta Chao *et* Zhou, 1987. Sinozool. 5: 211. **Type locality:** China: Xizang, Haitong, Mangkang.

分布 (Distribution): 内蒙古（NM）、西藏（XZ）。

(1150) 红尾长须寄蝇 *Peleteria frater* (Chao *et* Shi, 1982)

Cuphocera frater Chao *et* Shi, 1982. *In*: The Comprehensive Scientific Expedition to the Qinghai-Xizang Plateau, Chinese Academy of Sciences, 1982. Insects of Xizang 2: 248. **Type locality:** China: Xizang, Qamdo.

分布 (Distribution): 四川（SC）、云南（YN）、西藏（XZ）。

(1151) 褐色长须寄蝇 *Peleteria fuscata* (Chao, 1963)

Hemipeletieria fuscata Chao, 1963. Acta Ent. Sin. 12 (2): 223. **Type locality:** China: Yunnan, Tengchong.

分布 (Distribution): 云南（YN）。

(1152) 红黄长须寄蝇 *Peleteria honghuang* Chao, 1979

Peleteria honghuang Chao, 1979. Acta Zootaxon. Sin. 4 (2): 157. **Type locality:** China: Hebei, Xiaowutai Shan.

分布（Distribution）：河北（HEB）、北京（BJ）、山西（SX）、宁夏（NX）、四川（SC）、云南（YN）、西藏（XZ）。

（1153）粘虫长须寄蝇 *Peleteria iavana* (Wiedemann, 1819)

Tachina iavana Wiedemann, 1819. Zool. Mag. 1 (3): 24. **Type locality:** Indonesia: Java.

Musca varia Fabricius, 1794. Ent. Syst. 4: 327 (a junior primary homonym of *Musca varia* Gmelin, 1790). **Type locality:** India.

分布（Distribution）：黑龙江（HL）、吉林（JL）、辽宁（LN）、内蒙古（NM）、河北（HEB）、天津（TJ）、北京（BJ）、山西（SX）、山东（SD）、河南（HEN）、陕西（SN）、宁夏（NX）、甘肃（GS）、安徽（AH）、江苏（JS）、上海（SH）、浙江（ZJ）、江西（JX）、湖南（HN）、湖北（HB）、四川（SC）、重庆（CQ）、贵州（GZ）、云南（YN）、西藏（XZ）、福建（FJ）、台湾（TW）、广东（GD）、广西（GX）、海南（HI）、香港（HK）；俄罗斯、朝鲜、韩国、日本、哈萨克斯坦、印度、尼泊尔、缅甸、泰国、斯里兰卡、菲律宾、马来西亚、印度尼西亚、外高加索地区、澳大利亚、美拉尼西亚群岛、巴布亚新几内亚、南非、马达加斯加；欧洲、非洲（北部）。

（1154）宽颜长须寄蝇 *Peleteria kuanyan* (Chao, 1979)

Cuphocera kuanyan Chao, 1979. Acta Zootaxon. Sin. 4 (2): 156. **Type locality:** China: Yunnan, Jinping.

分布（Distribution）：内蒙古（NM）、湖南（HN）、云南（YN）、广东（GD）、海南（HI）。

（1155）亮黑长须寄蝇 *Peleteria lianghei* Chao, 1979

Peleteria lianghei Chao, 1979. Acta Zootaxon. Sin. 4 (2): 159. **Type locality:** China: Qinghai, Yushu.

分布（Distribution）：青海（QH）、西藏（XZ）。

（1156）针毛长须寄蝇 *Peleteria manomera* Chao, 1982

Peleteria manomera Chao, 1982. *In*: Chao *et* Shi, 1982. *In*: The Comprehensive Scientific Expedition to the Qinghai-Xizang Plateau, Chinese Academy of Sciences, 1982. Insects of Xizang 2: 249. **Type locality:** China: Xizang, Gyamda.

分布（Distribution）：西藏（XZ）。

（1157）暗色长须寄蝇 *Peleteria maura* Chao *et* Shi, 1982

Peleteria maura Chao *et* Shi, 1982. *In*: The Comprehensive Scientific Expedition to the Qinghai-Xizang Plateau, Chinese Academy of Sciences, 1982. Insects of Xizang 2: 252. **Type locality:** China: Xizang, Qamdo.

分布（Distribution）：西藏（XZ）。

（1158）黑长须寄蝇 *Peleteria melania* Chao *et* Shi, 1982

Peleteria melania Chao *et* Shi, 1982. *In*: The Comprehensive Scientific Expedition to the Qinghai-Xizang Plateau, Chinese Academy of Sciences, 1982. Insects of Xizang 2: 251. **Type locality:** China: Xizang, Chagyab.

分布（Distribution）：新疆（XJ）、西藏（XZ）。

（1159）亮长须寄蝇 *Peleteria nitella* Chao, 1982

Peleteria nitella Chao, 1982. *In*: Chao *et* Shi, 1982. *In*: The Comprehensive Scientific Expedition to the Qinghai-Xizang Plateau, Chinese Academy of Sciences, 1982. Insects of Xizang 2: 250. **Type locality:** China: Xizang, Chagyab.

分布（Distribution）：西藏（XZ）。

（1160）平肛长须寄蝇 *Peleteria placuna* Chao, 1982

Peleteria placuna Chao, 1982. *In*: Chao *et* Shi, 1982. *In*: The Comprehensive Scientific Expedition to the Qinghai-Xizang Plateau, Chinese Academy of Sciences, 1982. Insects of Xizang 2: 250. **Type locality:** China: Xizang, Gyamda.

分布（Distribution）：云南（YN）、西藏（XZ）。

（1161）波氏长须寄蝇 *Peleteria popelii* (Portschinsky, 1882)

Echinomyia popelii Portschinsky, 1882. Horae Soc. Ent. Ross. 17: 9. **Type locality:** Belarus: Mahilyow.

分布（Distribution）：内蒙古（NM）、新疆（XJ）；俄罗斯、蒙古国、哈萨克斯坦、外高加索地区；欧洲。

（1162）显长须寄蝇 *Peleteria prompta* (Meigen, 1824)

Tachina prompta Meigen, 1824. Syst. Beschr. Europ. Zweifl. Insekt. 4: 243. **Type locality:** Europe.

分布（Distribution）：新疆（XJ）；日本；中亚、欧洲。

（1163）钝突长须寄蝇 *Peleteria propinqua* (Zimin, 1961)

Hemipeletieria propinqua Zimin, 1961. Trudy Vses. Ent. Obshch. 48: 250. **Type locality:** Russia: Primorskiy Kray, Tasino Pass, Suchan.

分布（Distribution）：辽宁（LN）、北京（BJ）、宁夏（NX）；俄罗斯、朝鲜、韩国、日本。

（1164）曲突长须寄蝇 *Peleteria qutu* Chao, 1979

Peleteria qutu Chao, 1979. Acta Zootaxon. Sin. 4 (2): 160. **Type locality:** China: Qinghai, Yushu.

分布（Distribution）：青海（QH）。

（1165）类乌齐长须寄蝇 *Peleteria riwogeensis* Chao *et* Shi, 1982

Peleteria riwogeensis Chao *et* Shi, 1982. *In*: The

Comprehensive Scientific Expedition to the Qinghai-Xizang Plateau, Chinese Academy of Sciences, 1982. Insects of Xizang 2: 252. **Type locality:** China: Xizang, Riwoge.
分布（Distribution）：西藏（XZ）。

（1166）黑角长须寄蝇 *Peleteria rubescens* (Robineau-Desvoidy, 1830)

Echinomya rubescens Robineau-Desvoidy, 1830. Mém. Prés. Div. Sav. Acad. R. Sci. Inst. Fr. 2 (2): 46. **Type locality:** France.
分布（Distribution）：黑龙江（HL）、辽宁（LN）、内蒙古（NM）、北京（BJ）、河南（HEN）、新疆（XJ）；蒙古国、俄罗斯、外高加索地区；中东地区；中亚、欧洲。

（1167）红毛长须寄蝇 *Peleteria rubihirta* Chao *et* Zhou, 1987

Peleteria rubihirta Chao *et* Zhou, 1987. Sinozool. 5: 210. **Type locality:** China: Yunnan, Weixi.
分布（Distribution）：北京（BJ）、云南（YN）。

（1168）腮长须寄蝇 *Peleteria semiglabra* (Zimin, 1961)

Hemipeletieria semiglabra Zimin, 1961. Trudy Vses. Ent. Obshch. 48: 251. **Type locality:** Russia: Khabarovsky Krai, 22 km South of Khabarovsk on highway to Vladivostok.
Peletieria pallida Chao, 1963. Acta Ent. Sin. 12 (2): 220. **Type locality:** China: Jilin.
Peletieria pallida Zimin, 1935 (Herting *et* Dely-Draskovits, 1993). Trudy Zool. Inst. 2: 612. **Type locality:** Russia: Far East, Primor'ye. China: Northeast China (misidentification).
分布（Distribution）：黑龙江（HL）、吉林（JL）、辽宁（LN）、北京（BJ）、甘肃（GS）；俄罗斯（远东地区南部）、朝鲜、韩国、日本。

（1169）西伯长须寄蝇 *Peleteria sibirica* Smirnov, 1922

Peletieria sibirica Smirnov, 1922. Izv. Otd. Prikl. Ent. 2: 177. **Type locality:** Russia: Baykal Lake Area, Chivyrkuiski Gulf.
Peletieria enigmatica Villeneuve, 1936. Ark. Zool. 27A (34): 2. **Type locality:** China: Xinjiang, Tien Shan, Fu-shu-Shi.
分布（Distribution）：新疆（XJ）；俄罗斯、蒙古国；中亚。

（1170）短翅长须寄蝇 *Peleteria sphyricera* (Macquart, 1835)

Echinomyia sphyricera Macquart, 1835. Hist. Nat. Ins., Dipt. 2: 78. **Type locality:** France: Bordeaux.
分布（Distribution）：黑龙江（HL）、辽宁（LN）、内蒙古（NM）、河北（HEB）、北京（BJ）、宁夏（NX）、甘肃（GS）；俄罗斯、朝鲜、韩国、日本、乌克兰、外高加索地区；欧洲。

（1171）三叉长须寄蝇 *Peleteria trifurca* (Chao, 1963)

Hemipeletieria trifurca Chao, 1963. Acta Ent. Sin. 12 (2): 222. **Type locality:** China: Yunnan, Simao.
分布（Distribution）：云南（YN）。

（1172）黑头长须寄蝇 *Peleteria triseta* Zimin, 1961

Peletieria triseta Zimin, 1961. Trudy Vses. Ent. Obshch. 48: 298. **Type locality:** China: Gansu, eastern Qilian Shan, Chankou.
分布（Distribution）：辽宁（LN）、甘肃（GS）、青海（QH）、新疆（XJ）；俄罗斯、蒙古国。

（1173）微长须寄蝇 *Peleteria versuta* (Loew, 1871)

Echinomyia versuta Loew, 1871. Beschr. Europ. Dipt.: 307. **Type locality:** Russia: Baykal Lake and near Irkutsk.
分布（Distribution）：黑龙江（HL）、吉林（JL）、辽宁（LN）、内蒙古（NM）、河北（HEB）、天津（TJ）、北京（BJ）、山西（SX）、山东（SD）、陕西（SN）、宁夏（NX）、甘肃（GS）、青海（QH）、新疆（XJ）、江苏（JS）、上海（SH）、浙江（ZJ）、湖南（HN）、四川（SC）、重庆（CQ）、贵州（GZ）、云南（YN）、西藏（XZ）、福建（FJ）、广东（GD）、广西（GX）、海南（HI）；俄罗斯、蒙古国、日本、哈萨克斯坦、中亚。

（1174）异长须寄蝇 *Peleteria xenoprepes* (Loew, 1874)

Echinomyia xenoprepes Loew, 1874. Z. Ges. Naturw. 9: 418. **Type locality:** Iran: Elburz Mountains, Shāh-Kūh.
分布（Distribution）：内蒙古（NM）、青海（QH）、新疆（XJ）、西藏（XZ）、海南（HI）；俄罗斯、蒙古国、哈萨克斯坦；中东地区。

271. 嗜寄蝇属 *Schineria* Rondani, 1857

Schineria Rondani, 1857. Dipt. Ital. Prodromus, Vol. II: 12. **Type species:** *Schineria tergestina* Rondani, 1857 (by original designation).

（1175）戈壁嗜寄蝇 *Schineria gobica* Zimin, 1947

Schineria gobica Zimin, 1947. Dokl. Akad. Nauk Arm. SSR 58: 1832. **Type locality:** China: Xinjiang, Gashun Gobi, Sachzhou Oasis.
分布（Distribution）：新疆（XJ）。

（1176）马亚嗜寄蝇 *Schineria majae* Zimin, 1947

Schineria majae Zimin, 1947. Dokl. Akad. Nauk Arm. SSR 58: 1830. **Type locality:** Russia: Primorskiy Kray, Pokrovka.
Neoemdenia mudanjiangensis Hou *et* Zhang, 2014. *In*: Hou, Chang *et* Zhang, 2014. Entomotaxon. 36 (1): 62. **Type locality:** China: Heilongjiang, Mudanjiang, Mudanfeng National Forest Park.
分布（Distribution）：黑龙江（HL）、辽宁（LN）、内蒙古（NM）、河北（HEB）、北京（BJ）、甘肃（GS）、广西（GX）；俄罗斯。

（1177）榆毒蛾嗜寄蝇 *Schineria tergestina* Rondani, 1857

Schineria tergestina Rondani, 1857. Dipt. Ital. Prodromus, Vol. II: 12. **Type locality:** Italy: Trieste.

分布（Distribution）：黑龙江（HL）、辽宁（LN）、内蒙古（NM）、河北（HEB）、北京（BJ）、山西（SX）、宁夏（NX）、甘肃（GS）、浙江（ZJ）、广西（GX）；俄罗斯；欧洲。

272. 寄蝇属 *Tachina* Meigen, 1803

1）诺寄蝇亚属 *Nowickia* Wachtl, 1894

Nowickia Wachtl, 1894. Wien. Ent. Ztg. 13: 142. **Type species:** *Echinomya regalis* Rondani, 1859 (by original designation) [= *Tachina marklini* Zetterstedt, 1838].

Fabricia Latreille, 1829. *In* Cuvier, Le règne animal distr. d'après son organ., pour servir de base à l'hist. nat. des animaux *et* d'introd. à l'anat. compar. 5: 510 (a junior homonym of *Fabricia* de Blainville, 1828). **Type species:** *Tachina ferox* Panzer, 1809 (by fixation of O'Hara *et* Wood, 2004, misidentified as *Musca fera* Linnaeus, 1761 in the original fixation by monotypy of Latreille, 1829).

Fabricia Robineau-Desvoidy, 1830. Mém. Prés. Div. Sav. Acad. R. Sci. Inst. Fr. 2 (2): 42 (a junior homonym of *Fabricia* de Blainville, 1828). **Type species:** *Tachina ferox* Panzer, 1809 (monotypy).

Cnephaotachina Brauer *et* Bergenstamm, 1895. *In*: Bergenstamm, 1895. Zweif. Kaiserl. Mus. Wien VII: 76. **Type species:** *Cnephaotachina crepusculi* Brauer *et* Bergenstamm, 1895 (monotypy) [= *Echinomyia danilevskyi* Portschinsky, 1882].

Rohdendorfiola Zimin, 1935. Trudy Zool. Inst. 2: 588. **Type species:** *Rohdendorfiola nigrovillosa* Zimin, 1935 (by original designation).

Gigliomyia Zimin, 1935. Trudy Zool. Inst. 2: 592 (as a subgenus of *Fabriciella* Bezzi, 1906). **Type species:** *Fabriciella* (*Gigliomyia*) *proxima* Zimin, 1935 (by original designation) [= *Echinomya strobelii* Rondani, 1865].

（1178）肥须寄蝇 *Tachina* (*Nowickia*) *atripalpis* (Robineau-Desvoidy, 1863)

Fabricia atripalpis Robineau-Desvoidy, 1863. Hist. Nat. Dipt. Envir. Paris 1: 627. **Type locality:** France.

分布（Distribution）：黑龙江（HL）、内蒙古（NM）、山西（SX）、宁夏（NX）、甘肃（GS）、青海（QH）、新疆（XJ）、浙江（ZJ）、四川（SC）、西藏（XZ）、广东（GD）；俄罗斯、蒙古国、朝鲜、韩国、外高加索地区；中亚、欧洲。

（1179）短须寄蝇 *Tachina* (*Nowickia*) *brevipalpis* (Chao *et* Zhou, 1993)

Nowickia brevipalpis Chao *et* Zhou, 1993. *In*: The Comprehensive Scientific Expedition to the Qinghai-Xizang Plateau, Chinese Academy of Sciences, 1993. Insects of the Hengduan Mountains Region, Vol. 2: 1314. **Type locality:** China: Sichuan, Kangding (Gongga Mountain).

分布（Distribution）：四川（SC）。

（1180）大尼寄蝇 *Tachina* (*Nowickia*) *danilevskyi* (Portschinsky, 1882)

Echinomyia danilevskyi Portschinsky, 1882. Horae Soc. Ent. Ross. 17: 8. **Type locality:** Ukraine: Crimea, Mshatka.

分布（Distribution）：内蒙古（NM）、新疆（XJ）；俄罗斯、哈萨克斯坦、土库曼斯坦、外高加索地区、土耳其；欧洲。

（1181）讽寄蝇 *Tachina* (*Nowickia*) *deludans* (Villeneuve, 1936)

Echinomyia deludans Villeneuve, 1936. Bull. Mus. R. Hist. Nat. Belg. 12 (42): 4. **Type locality:** China: Sichuan, Chetu Pass, near Kangding.

分布（Distribution）：四川（SC）、西藏（XZ）。

（1182）墨黑寄蝇 *Tachina* (*Nowickia*) *funebris* (Villeneuve, 1936)

Eudoromyia funebris Villeneuve, 1936. Bull. Mus. R. Hist. Nat. Belg. 12 (42): 1. **Type locality:** China: Sichuan, near Baoxing.

分布（Distribution）：山西（SX）、四川（SC）、云南（YN）。

（1183）黑腹寄蝇 *Tachina* (*Nowickia*) *heifu* (Chao *et* Shi, 1982)

Nowickia heifu Chao *et* Shi, 1982. *In*: The Comprehensive Scientific Expedition to the Qinghai-Xizang Plateau, Chinese Academy of Sciences, 1982. Insects of Xizang 2: 254. **Type locality:** China: Xizang, Burang, Parga.

分布（Distribution）：青海（QH）、四川（SC）、西藏（XZ）。

（1184）短腹寄蝇 *Tachina* (*Nowickia*) *hingstoniae* (Mesnil, 1966)

Nowickia (*Gigliomyia*) *hingstoniae* Mesnil, 1966a. *In*: Lindner, 1966. Flieg. Palaearkt. Reg. 10 (Lieferung 263): 928. **Type locality:** China: Xizang, Phari.

分布（Distribution）：四川（SC）、西藏（XZ）。

（1185）宽带寄蝇 *Tachina* (*Nowickia*) *latilinea* (Chao *et* Zhou, 1993)

Nowickia latilinea Chao *et* Zhou, 1993. *In*: The Comprehensive Scientific Expedition to the Qinghai-Xizang Plateau, Chinese Academy of Sciences, 1993. Insects of the Hengduan Mountains Region, Vol. 2: 1315. **Type locality:** China: Qinghai, Yushu, Gelong.

分布（Distribution）：青海（QH）、西藏（XZ）。

（1186）窄角寄蝇 *Tachina* (*Nowickia*) *marklini* Zetterstedt, 1838

Tachina marklini Zetterstedt, 1838. Insecta Lapp.: 634. **Type locality:** numerous localities in northern Sweden.

分布（Distribution）：黑龙江（HL）、河北（HEB）；俄罗

斯、蒙古国、朝鲜、韩国；欧洲、北美洲。

（1187）蒙古寄蝇 *Tachina* (*Nowickia*) *mongolica* (Zimin, 1935)

Fabriciella (*Gigliomyia*) *mongolica* Zimin, 1935. Trudy Zool. Inst. 2: 598. **Type locality:** Russia: Altayskiy Kray, Onguday. Mongolia: Ulaanbaatar; Hentiy Aimag, upper reaches of Kharagol, Sugu-Nur River; valley of Tuul. Kyrgyzstan: Rybach'ye.

分布（Distribution）：内蒙古（NM）、河北（HEB）、天津（TJ）、北京（BJ）、山西（SX）、宁夏（NX）、新疆（XJ）、四川（SC）、西藏（XZ）；俄罗斯、蒙古国、哈萨克斯坦。

（1188）黑角寄蝇 *Tachina* (*Nowickia*) *nigrovillosa* (Zimin, 1935)

Rohdendorfiola nigrovillosa Zimin, 1935. Trudy Zool. Inst. 2: 589. **Type locality:** China: Qinghai, Qilian Shan, North slope of Zining Range.

Eudoromyia jocosa Villeneuve, 1936. Bull. Mus. R. Hist. Nat. Belg. 12 (42): 2. **Type locality:** China: Sichuan, Huanglong, near Songpan.

分布（Distribution）：黑龙江（HL）、吉林（JL）、辽宁（LN）、青海（QH）、四川（SC）、云南（YN）、西藏（XZ）；尼泊尔。

（1189）光亮寄蝇 *Tachina* (*Nowickia*) *polita* (Zimin, 1935)

Rohdendorfiola polita Zimin, 1935. Trudy Zool. Inst. 2: 590. **Type locality:** Kyrgyzstan: Alamedin River; Talas Alatau Range; Kara-Suu. Kazakhstan: Almatinskaya Oblast', Zharkent; Almaty. ? Uzbekistan: "Khodzhi-ata" in Fergana region.

Echinomyia hedini Villeneuve, 1936. Ark. Zool. 27A (34): 3. **Type locality:** China: southern Gansu.

分布（Distribution）：内蒙古（NM）、甘肃（GS）、新疆（XJ）、四川（SC）、云南（YN）、西藏（XZ）；哈萨克斯坦、吉尔吉斯斯坦、？乌兹别克斯坦、印度；中亚。

（1190）筒须寄蝇 *Tachina* (*Nowickia*) *rondanii* (Giglio-Tos, 1890)

Echinomyia rondanii Giglio-Tos, 1890. Atti Accad. Sci. Torino 25: 459. **Type locality:** Italy: Italian Alps, Piemonte, Valli di Cuneo, Valdieri.

分布（Distribution）：内蒙古（NM）、山西（SX）、新疆（XJ）、四川（SC）、云南（YN）、西藏（XZ）；俄罗斯、哈萨克斯坦、蒙古国、韩国、外高加索地区；中亚、欧洲。

（1191）望寄蝇 *Tachina* (*Nowickia*) *spectanda* (Villeneuve, 1930)

Echinomyia spectanda Villeneuve, 1930. Bull. Ann. Soc. R. Ent. Belg. 70: 102. **Type locality:** Unknown.

Cnephaotachina asiatica Zimin, 1931. Bull. Inst. Kontroll. Pests and Diseases 1: 175. **Type locality:** China: Nei Mongol, Helan Shan, Khotyn-Gol Gorge.

分布（Distribution）：内蒙古（NM）、甘肃（GS）、新疆（XJ）；俄罗斯、蒙古国、哈萨克斯坦。

（1192）芦斑寄蝇 *Tachina* (*Nowickia*) *strobelii* (Rondani, 1865)

Echinomya strobelii Rondani, 1865. Atti Soc. Ital. Sci. Nat. Milano 8: 198. **Type locality:** Austria: near Tirol.

分布（Distribution）：内蒙古（NM）、青海（QH）、新疆（XJ）、西藏（XZ）；俄罗斯、蒙古国、哈萨克斯坦；欧洲。

2）寄蝇亚属 *Tachina* Meigen, 1803

Tachina Meigen, 1803. Mag. Insektenkd. 2: 280. **Type species:** *Musca grossa* Linnaeus, 1758 (by designation of Brauer, 1893).

Larvaevora Meigen, 1800. Nouve. Class.: 38 (name suppressed by ICZN, 1963).

Echinodes Meigen, 1800. Nouve. Class.: 38 (name suppressed by ICZN, 1963).

Echinomya Latreille, 1805. Histoire naturelle, générale *et* particulière des Crustés *et* des Insectes 14: 377. **Type species:** *Musca grossa* Linnaeus, 1758 (by designation of Latreille, 1810).

Servillia Robineau-Desvoidy, 1830. Mém. Prés. Div. Sav. Acad. R. Sci. Inst. Fr. 2 (2): 49. **Type species:** *Tachina ursina* Meigen, 1824 (by designation of Robineau-Desvoidy, 1863).

Pelus Gistel, 1848. Naturgeschichichte des Thierreichs für höhere Schulen, Stuttgart, 16: x (unnecessary replacement name for *Servillia* Robineau-Desvoidy, 1830).

Periechusa Gistel, 1848. Naturgeschichichte des Thierreichs für höhere Schulen, Stuttgart, 16: xi (unnecessary replacement name for *Tachina* Meigen, 1803).

Pareudora Wachtl, 1894. Wien. Ent. Ztg. 13: 141. **Type species:** *Tachina praeceps* Meigen, 1824 (by original designation).

Eupeleteria Townsend, 1908. Smithson. Misc. Collect. 51 (2): 111. **Type species:** *Musca fera* Linnaeus, 1761 (by designation of Townsend, 1909).

Parasmirnoviola Chao, 1962c. Acta Ent. Sin. 11 (Suppl.): 45 (as a subgenus of *Servillia* Robineau-Desvoidy, 1830). **Type species:** *Servillia* (*Parasmirnoviola*) *nigrocastanea* Chao, 1962 (by original designation) [= *Echinomyia punctocincta* Villeneuve, 1936].

（1193）白毛寄蝇 *Tachina* (*Tachina*) *albidopilosa* (Portschinsky, 1882)

Echinomyia albidopilosa Portschinsky, 1882. Horae Soc. Ent. Ross. 17: 8. **Type locality:** Kyrgyzstan: Bar-Bulak.

分布（Distribution）：内蒙古（NM）、宁夏（NX）、新疆（XJ）；蒙古国、哈萨克斯坦；中亚。

（1194）高山寄蝇 *Tachina* (*Tachina*) *alticola* (Malloch, 1932)

Servillia alticola Malloch, 1932c. Stylops 1: 201. **Type**

locality: Malaysia: Sabah, Mt. Kinabalu, Pakka.
分布（**Distribution**）：云南（YN）；马来西亚。

（1195）黑龙江寄蝇 *Tachina* (*Tachina*) *amurensis* (Zimin, 1929)

Servillia amurensis Zimin, 1929. Russk. Ent. Obozr. 23: 218. **Type locality:** Russia: Amurskaya Oblast'.
分布（**Distribution**）：黑龙江（HL）、辽宁（LN）、内蒙古（NM）、四川（SC）；俄罗斯（远东地区南部）、朝鲜、韩国、日本。

（1196）蛇肛寄蝇 *Tachina* (*Tachina*) *anguisipennis* (Chao, 1987)

Servillia anguisipennis Chao, 1987. *In*: Chao *et* Zhou, 1987. Entomotaxon. 9 (1): 8. **Type locality:** China: Yunnan, Deqin.
分布（**Distribution**）：辽宁（LN）、河北（HEB）、甘肃（GS）、青海（QH）、四川（SC）、重庆（CQ）、贵州（GZ）、云南（YN）、西藏（XZ）。

（1197）火红寄蝇 *Tachina* (*Tachina*) *ardens* (Zimin, 1929)

Servillia ardens Zimin, 1929. Russk. Ent. Obozr. 23: 219. **Type locality:** Russia: Primorskiy Kray (Sopka Kamenj, at village of Kamenj-Rybolov on Lake Chanka; Evgenievka Station). China: Gansu, Chojasan.
分布（**Distribution**）：黑龙江（HL）、吉林（JL）、辽宁（LN）、内蒙古（NM）、山西（SX）、山东（SD）、河南（HEN）、陕西（SN）、宁夏（NX）、甘肃（GS）、青海（QH）、新疆（XJ）、安徽（AH）、江苏（JS）、浙江（ZJ）、江西（JX）、湖南（HN）、湖北（HB）、四川（SC）、重庆（CQ）、贵州（GZ）、云南（YN）、西藏（XZ）、福建（FJ）、台湾（TW）、广西（GX）；俄罗斯、朝鲜、韩国、缅甸；中东地区。

（1198）金黄寄蝇 *Tachina* (*Tachina*) *aurulenta* (Chao, 1987)

Servillia aurulenta Chao, 1987. *In*: Chao *et* Zhou, 1987. Entomotaxon. 9 (1): 9. **Type locality:** China: Yunnan, Anning.
分布（**Distribution**）：云南（YN）。

（1199）拟熊蜂寄蝇 *Tachina* (*Tachina*) *bombidiforma* (Chao, 1987)

Servillia bombidiforma Chao, 1987. *In*: Chao *et* Zhou, 1987. Entomotaxon. 9 (1): 4. **Type locality:** China: Yunnan, Gongshan Xian.
分布（**Distribution**）：宁夏（NX）、四川（SC）、云南（YN）。

（1200）拟蜂虻寄蝇 *Tachina* (*Tachina*) *bombylia* (Villeneuve, 1936)

Servillia bombylia Villeneuve, 1936. Bull. Mus. R. Hist. Nat. Belg. 12 (42): 7. **Type locality:** China: Sichuan, Emei Shan.
分布（**Distribution**）：宁夏（NX）、四川（SC）、云南（YN）；尼泊尔。

（1201）短翅寄蝇 *Tachina* (*Tachina*) *breviala* (Chao, 1987)

Servillia breviala Chao, 1987. *In*: Chao *et* Zhou, 1987. Entomotaxon. 9 (1): 5. **Type locality:** China: Qinghai, Yushu.
分布（**Distribution**）：青海（QH）、四川（SC）。

（1202）短头寄蝇 *Tachina* (*Tachina*) *breviceps* (Zimin, 1929)

Servillia breviceps Zimin, 1929. Russk. Ent. Obozr. 23: 214. **Type locality:** Russia: Primorskiy Kray, Yakovlevka.
Servillia pallidohirta Zimin, 1929. Russk. Ent. Obozr. 23: 215. **Type locality:** Russia: Primorskiy Kray (Yakovlevka; Sutshan District, Siza Station; Shkotovo District, Mikhaylovka). China: probably Nei Mongol, Chaoyangcun.
分布（**Distribution**）：黑龙江（HL）、吉林（JL）、辽宁（LN）、内蒙古（NM）、北京（BJ）、山西（SX）、山东（SD）、青海（QH）、安徽（AH）、江苏（JS）、上海（SH）、浙江（ZJ）、江西（JX）、四川（SC）、云南（YN）、西藏（XZ）、福建（FJ）、台湾（TW）；俄罗斯（远东地区南部）、朝鲜、韩国、日本。

（1203）赵氏寄蝇 *Tachina* (*Tachina*) *chaoi* Mesnil, 1966

Tachina chaoi Mesnil, 1966a. *In*: Lindner, 1966. Flieg. Palaearkt. Reg. 10 (Lieferung 263): 910. **Type locality:** Japan: Honshū, near Tokyo, Nikkō Mountains.
分布（**Distribution**）：黑龙江（HL）、吉林（JL）、辽宁（LN）、内蒙古（NM）、河北（HEB）、天津（TJ）、北京（BJ）、山西（SX）、山东（SD）、陕西（SN）、安徽（AH）、江苏（JS）、上海（SH）、浙江（ZJ）、江西（JX）、四川（SC）、重庆（CQ）、贵州（GZ）、云南（YN）、西藏（XZ）、福建（FJ）、台湾（TW）；俄罗斯、蒙古国、日本。

（1204）陈氏寄蝇 *Tachina* (*Tachina*) *cheni* (Chao, 1987)

Servillia cheni Chao, 1987. *In*: Chao *et* Zhou, 1987. Entomotaxon. 9 (1): 10. **Type locality:** China: Beijing, Badaling.
Servillia linabdomenalis Chao, 1987. *In*: Chao, Zhou *et* Wang, 1987. *In*: Forertry Department of Yunnan Province, Institute of Zoology of Chinese Academy of Sciences, 1987. Forest Insects of Yunnan: 1264. **Type locality:** China: Yunnan, Deqin; Beijing.
分布（**Distribution**）：辽宁（LN）、河北（HEB）、北京（BJ）、山西（SX）、河南（HEN）、陕西（SN）、甘肃（GS）、四川（SC）、云南（YN）、广东（GD）。

（1205）亮腹寄蝇 *Tachina* (*Tachina*) *corsicana* (Villeneuve, 1931)

Echinomyia magnicornis corsicana Villeneuve, 1931.

Konowia 10: 48. **Type locality:** France: Corse. Algeria. southern Europe.
分布（Distribution）：辽宁（LN）、内蒙古（NM）、山西（SX）、宁夏（NX）、四川（SC）、西藏（XZ）；外高加索地区；欧洲（南部）、非洲（北部）。

（1206）黄跗寄蝇 *Tachina* (*Tachina*) *fera* (Linnaeus, 1761)
Musca fera Linnaeus, 1761. Fauna Svecica Sistens Animalia Sveciae Regni, Ed. 2: 453. **Type locality:** Europe.
分布（Distribution）：吉林（JL）、内蒙古（NM）、河北（HEB）、天津（TJ）、北京（BJ）、山西（SX）、宁夏（NX）、新疆（XJ）、西藏（XZ）；俄罗斯、蒙古国、朝鲜、韩国、日本、巴勒斯坦、外高加索地区；中东地区；中亚、欧洲、非洲（北部）。

（1207）黄粉寄蝇 *Tachina* (*Tachina*) *flavosquama* Chao, 1982
Tachina flavosquama Chao, 1982. *In*: Chao *et* Shi, 1982. *In*: The Comprehensive Scientific Expedition to the Qinghai-Xizang Plateau, Chinese Academy of Sciences, 1982. Insects of Xizang 2: 256. **Type locality:** China: Xizang, Gyirong.
分布（Distribution）：山西（SX）、西藏（XZ）。

（1208）杈肛寄蝇 *Tachina* (*Tachina*) *furcipennis* (Chao *et* Zhou, 1987)
Servillia furcipennis Chao *et* Zhou, 1987. Entomotaxon. 9 (1): 5. **Type locality:** China: Yunnan, Lushui.
分布（Distribution）：云南（YN）。

（1209）源寄蝇 *Tachina* (*Tachina*) *genurufa* (Villeneuve, 1936)
Echinomyia genurufa Villeneuve, 1936. Ark. Zool. 27A (34): 4. **Type locality:** China: southern Gansu.
Tachina monstruosa Zimin, 1967. Ent. Obozr. 46: 472. **Type locality:** China: Ningxia, southern Helan Shan, Tagan-u-Tay, Bayshin-Tu spring.
分布（Distribution）：内蒙古（NM）、宁夏（NX）、甘肃（GS）。

（1210）弯叶寄蝇 *Tachina* (*Tachina*) *gibbiforceps* (Chao, 1962)
Servillia gibbiforceps Chao, 1962c. Acta Ent. Sin. 11 (Suppl.): 52. **Type locality:** China: Yunnan, Longling.
分布（Distribution）：四川（SC）、云南（YN）、福建（FJ）、广东（GD）。

（1211）大黑寄蝇 *Tachina* (*Tachina*) *grossa* (Linnaeus, 1758)
Musca grossa Linnaeus, 1758. Syst. Nat. Ed. 10 (1): 596. **Type locality:** Europe.
分布（Distribution）：黑龙江（HL）、内蒙古（NM）、新疆（XJ）；俄罗斯[远东地区（南部）、西伯利亚]、蒙古国、哈萨克斯坦、吉尔吉斯斯坦、外高加索地区；欧洲（全境）。

（1212）棕红寄蝇 *Tachina* (*Tachina*) *haemorrhoa* (Mesnil, 1953)
Servillia haemorrhoa Mesnil, 1953d. Bull. Ann. Soc. R. Ent. Belg. 89: 159. **Type locality:** Myanmar: Kachin, Kambaiti.
分布（Distribution）：云南（YN）；缅甸。

（1213）小寄蝇 *Tachina* (*Tachina*) *iota* Chao *et* Arnaud, 1993
Tachina iota Chao *et* Arnaud, 1993. Proc. Ent. Soc. Wash. 95: 48 (replacement name for *Servillia minuta* Chao, 1962).
Servillia minuta Chao, 1962c. Acta Ent. Sin. 11 (Suppl.): 56 (a junior secondary homonym of *Tachina minuta* Fallén, 1810). **Type locality:** Japan: Honshū, Nagano Prefecture, Mt. Iwasuge.
分布（Distribution）：辽宁（LN）、内蒙古（NM）、北京（BJ）、河南（HEN）、宁夏（NX）、甘肃（GS）、青海（QH）、湖北（HB）、四川（SC）；俄罗斯（远东地区南部）、朝鲜、韩国、日本。

（1214）毛肋寄蝇 *Tachina* (*Tachina*) *jakovlewii* (Portschinsky, 1882)
Echinomyia jakovlewii Portschinsky, 1882. Horae Soc. Ent. Ross. 17: 7. **Type locality:** Russia: Amurskaya Oblast'.
分布（Distribution）：黑龙江（HL）、吉林（JL）、辽宁（LN）、内蒙古（NM）、河北（HEB）、北京（BJ）、山西（SX）、甘肃（GS）；俄罗斯、蒙古国、朝鲜、韩国、日本。

（1215）侧条寄蝇 *Tachina* (*Tachina*) *laterolinea* (Chao, 1962)
Servillia laterolinea Chao, 1962c. Acta Ent. Sin. 11 (Suppl.): 50. **Type locality:** China: Hebei, Hongshukeng.
分布（Distribution）：辽宁（LN）、内蒙古（NM）、河北（HEB）、天津（TJ）、北京（BJ）、山西（SX）、河南（HEN）、四川（SC）、云南（YN）、西藏（XZ）。

（1216）艳斑寄蝇 *Tachina* (*Tachina*) *lateromaculata* (Chao, 1962)
Servillia lateromaculata Chao, 1962c. Acta Ent. Sin. 11 (Suppl.): 59. **Type locality:** China: Zhejiang, Tianmu Shan.
分布（Distribution）：辽宁（LN）、山西（SX）、陕西（SN）、甘肃（GS）、江苏（JS）、浙江（ZJ）、江西（JX）、湖南（HN）、湖北（HB）、四川（SC）、贵州（GZ）、云南（YN）、福建（FJ）；越南、阿富汗。

（1217）辽宁寄蝇 *Tachina* (*Tachina*) *liaoningensis* Zhang *et* Hao, 2010
Tachina liaoningensis Zhang *et* Hao, 2010. Acta Zootaxon. Sin.

35 (2): 334. **Type locality:** China: Liaoning, Benxi (Mt. Weilian).
分布（Distribution）：辽宁（LN）。

（1218）筒腹寄蝇 *Tachina* (*Tachina*) *longiventris* (Chao, 1962)

Servillia longiventris Chao, 1962c. Acta Ent. Sin. 11 (Suppl.): 59. **Type locality:** China: Sichuan, Emei Shan.
分布（Distribution）：四川（SC）、广东（GD）、海南（HI）。

（1219）黄寄蝇 *Tachina* (*Tachina*) *luteola* (Coquillett, 1898)

Servillia luteola Coquillett, 1898. Proc. U. S. Natl. Mus. 21: 329. **Type locality:** Japan: Honshū, Gifu.
Servillia elongata Zimin, 1929. Russk. Ent. Obozr. 23: 220. **Type locality:** Russia: Primorskiy Kray, Spassk District, St. Ilia Mountain.
分布（Distribution）：黑龙江（HL）、辽宁（LN）、浙江（ZJ）、四川（SC）；俄罗斯（远东地区南部）、朝鲜、韩国、日本。

（1220）巨爪寄蝇 *Tachina* (*Tachina*) *macropuchia* Chao, 1982

Tachina macropuchia Chao, 1982. *In*: Chao *et* Shi, 1982. *In*: The Comprehensive Scientific Expedition to the Qinghai-Xizang Plateau, Chinese Academy of Sciences, 1982. Insects of Xizang 2: 255. **Type locality:** China: Jilin, Fusong.
分布（Distribution）：黑龙江（HL）、吉林（JL）、辽宁（LN）、内蒙古（NM）、河北（HEB）、山西（SX）、新疆（XJ）、西藏（XZ）；朝鲜、韩国。

（1221）黑尾寄蝇 *Tachina* (*Tachina*) *magnicornis* (Zetterstedt, 1844)

Echinomyia magnicornis Zetterstedt, 1844. Dipt. Scand. 3: 996. **Type locality:** Sweden: Östergötlands and Gotland.
Tachina satanas Zimin, 1967. Ent. Obozr. 46: 476. **Type locality:** China: Nei Mongol, Khingan, Garnak.
Tachina vernalis of authors (e.g., Mesnil, 1966; Chao, 1985), not Robineau-Desvoidy, 1830 (misidentification).
分布（Distribution）：黑龙江（HL）、吉林（JL）、辽宁（LN）、内蒙古（NM）、河北（HEB）、北京（BJ）、山西（SX）、宁夏（NX）、新疆（XJ）；俄罗斯、蒙古国、朝鲜、韩国、日本、伊朗、巴勒斯坦、以色列、阿塞拜疆、土耳其；中东地区；中亚、欧洲。

（1222）墨脱寄蝇 *Tachina* (*Tachina*) *medogensis* (Chao *et* Zhou, 1988)

Servillia medogensis Chao *et* Zhou, 1988. *In*: The Mountaineering and Scientific Expedition, Academia Sinica, 1988. Insects of Mt. Namjagbarwa Region of Xizang: 515. **Type locality:** China: Xizang, Mêdog.
分布（Distribution）：西藏（XZ）。

（1223）黑跗寄蝇 *Tachina* (*Tachina*) *metatarsa* Chao *et* Zhou, 1998

Tachina metatarsa Chao *et* Zhou, 1998. *In*: Chao *et al*., 1998. *In*: Xue *et* Chao, 1998. Flies of China, Vol. 2: 1980. **Type locality:** China: Heilongjiang, Yichun.
分布（Distribution）：黑龙江（HL）、新疆（XJ）、西藏（XZ）。

（1224）怒寄蝇 *Tachina* (*Tachina*) *nupta* (Rondani, 1859)

Echinomya nupta Rondani, 1859. Dipt. Ital. Prodromus, Vol. III: 55. **Type locality:** Italy.
Echinomyia trigonata Villeneuve, 1936. Ark. Zool. 27A (34): 3. **Type locality:** China: southern Gansu.
分布（Distribution）：黑龙江（HL）、吉林（JL）、辽宁（LN）、内蒙古（NM）、河北（HEB）、天津（TJ）、北京（BJ）、山西（SX）、陕西（SN）、宁夏（NX）、甘肃（GS）、青海（QH）、新疆（XJ）、浙江（ZJ）、湖北（HB）、四川（SC）、云南（YN）、西藏（XZ）、广东（GD）、广西（GX）；俄罗斯、蒙古国、朝鲜、韩国、日本、乌兹别克斯坦、阿塞拜疆、瑞典、意大利、法国、德国；中亚、欧洲。

（1225）波斯寄蝇 *Tachina* (*Tachina*) *persica* (Portschinsky, 1873)

Echinomyia persica Portschinsky, 1873. Horae Soc. Ent. Ross. 9: 293. **Type locality:** Iran: Gorgan.
分布（Distribution）：新疆（XJ）；蒙古国、哈萨克斯坦、乌兹别克斯坦、伊朗。

（1226）屏边寄蝇 *Tachina* (*Tachina*) *pingbian* Chao *et* Arnaud, 1993

Tachina pingbian Chao *et* Arnaud, 1993. Proc. Ent. Soc. Wash. 95: 49 (replacement name for *apicalis* Chao, 1962).
Servillia apicalis Chao, 1962c. Acta Ent. Sin. 11 (Suppl.): 58 (a junior secondary homonym of *Tachina apicalis* Meigen, 1824). **Type locality:** China: Yunnan, Pingbian.
分布（Distribution）：四川（SC）、重庆（CQ）、贵州（GZ）、云南（YN）、西藏（XZ）。

（1227）峭寄蝇 *Tachina* (*Tachina*) *praeceps* Meigen, 1824

Tachina praeceps Meigen, 1824. Syst. Beschr. Europ. Zweifl. Insekt. 4: 241. **Type locality:** Europe.
分布（Distribution）：辽宁（LN）、新疆（XJ）、四川（SC）；俄罗斯、蒙古国、哈萨克斯坦、伊朗、以色列、外高加索地区；中亚、欧洲、非洲（北部）。

（1228）毛腹寄蝇 *Tachina* (*Tachina*) *pubiventris* (Chao, 1962)

Servillia pubiventris Chao, 1962c. Acta Ent. Sin. 11 (Suppl.): 54. **Type locality:** China: Yunnan, Baoshao.

分布（Distribution）：云南（YN）。

(1229)鬃颜寄蝇 *Tachina* (*Tachina*) *pulvera* (Chao, 1962)

Servillia pulvera Chao, 1962c. Acta Ent. Sin. 11 (Suppl.): 61. **Type locality:** China: Chongqing, Mt. Jinfo.

分布（Distribution）：四川（SC）、重庆（CQ）、贵州（GZ）、云南（YN）、西藏（XZ）。

（1230）栗黑寄蝇 *Tachina* (*Tachina*) *punctocincta* (Villeneuve, 1936)

Echinomyia punctocincta Villeneuve, 1936. Bull. Mus. R. Hist. Nat. Belg. 12 (42): 4. **Type locality:** China: Sichuan.

Servillia (*Parasmirnoviola*) *nigrocastanea* Chao, 1962c. Acta Ent. Sin. 11 (Suppl.): 48. **Type locality:** China: Zhejiang, Tianmu Shan.

分布（Distribution）：辽宁（LN）、山东（SD）、甘肃（GS）、安徽（AH）、江苏（JS）、上海（SH）、浙江（ZJ）、江西（JX）、湖南（HN）、湖北（HB）、四川（SC）、西藏（XZ）、福建（FJ）、台湾（TW）、广东（GD）、广西（GX）、海南（HI）、香港（HK）。

（1231）青藏寄蝇 *Tachina* (*Tachina*) *qingzangensis* (Chao, 1982)

Servillia qingzangensis Chao, 1982. *In*: Chao *et* Shi, 1982. *In*: The Comprehensive Scientific Expedition to the Qinghai-Xizang Plateau, Chinese Academy of Sciences, 1982. Insects of Xizang 2: 257. **Type locality:** China: Qinghai, Yushu.

分布（Distribution）：青海（QH）、四川（SC）、西藏（XZ）。

（1232）中亚寄蝇 *Tachina* (*Tachina*) *rohdendorfi* Zimin, 1935

Tachina rohdendorfi Zimin, 1935. Trudy Zool. Inst. 2: 556. **Type locality:** Uzbekistan: central and northwestern Buxoro; Fergana district; Toshkent district; Golodnaya steppe. Turkmenistan: Kopet-Dag Range; Firyuza; Aşgabat; Transcaspian Oblast'. Transcaucasia. Armenia. Azerbaijan: Baki area.

分布（Distribution）：宁夏（NX）、新疆（XJ）、西藏（XZ）、福建（FJ）；俄罗斯、外高加索地区、伊朗；中亚。

（1233）洛灯寄蝇 *Tachina* (*Tachina*) *rohdendorfiana* Chao *et* Arnaud, 1993

Tachina rohdendorfiana Chao *et* Arnaud, 1993. Proc. Ent. Soc. Wash. 95: 49 (replacement name for *rohdendorfi* Chao, 1962).

Servillia rohdendorfi Chao, 1962c. Acta Ent. Sin. 11 (Suppl.): 51 (a junior secondary homonym of *Tachina rohdendorfi* Zimin, 1935). **Type locality:** China: Yunnan, Kunming.

分布（Distribution）：山东（SD）、新疆（XJ）、安徽（AH）、江苏（JS）、上海（SH）、浙江（ZJ）、江西（JX）、四川（SC）、重庆（CQ）、贵州（GZ）、云南（YN）、西藏（XZ）、福建（FJ）、台湾（TW）。

（1234）红尾寄蝇 *Tachina* (*Tachina*) *ruficauda* (Chao, 1987)

Servillia ruficauda Chao, 1987. *In*: Chao *et* Zhou, 1987. Entomotaxon. 9 (1): 11. **Type locality:** China: Yunnan, Weixi.

分布（Distribution）：四川（SC）、云南（YN）。

（1235）明寄蝇 *Tachina* (*Tachina*) *sobria* Walker, 1853

Tachina sobria Walker, 1853. Ins. Saund., Dipt. IV: 272. **Type locality:** India.

Servillia planiforceps Chao, 1962c. Acta Ent. Sin. 11 (Suppl.): 53 (a junior secondary homonym of *Tachina planiforceps* Tothill, 1924). **Type locality:** China: Yunnan, Kunming.

Tachina kunmingensis Chao *et* Arnaud, 1993. Proc. Ent. Soc. Wash. 95: 49 (replacement name for *planiforceps* Chao, 1962).

分布（Distribution）：陕西（SN）、甘肃（GS）、新疆（XJ）、湖南（HN）、四川（SC）、重庆（CQ）、贵州（GZ）、云南（YN）、西藏（XZ）、福建（FJ）、广东（GD）、广西（GX）、海南（HI）、香港（HK）；巴基斯坦、印度、孟加拉国、缅甸、马来西亚、印度尼西亚。

（1236）刺腹寄蝇 *Tachina* (*Tachina*) *spina* (Chao, 1987)

Servillia spina Chao, 1987. *In*: Chao *et* Zhou, 1987. Entomotaxon. 9 (1): 7. **Type locality:** China: Yunnan, Deqin.

分布（Distribution）：青海（QH）、四川（SC）、云南（YN）。

（1237）什塔寄蝇 *Tachina* (*Tachina*) *stackelbergi* (Zimin, 1929)

Servillia stackelbergi Zimin, 1929. Russk. Ent. Obozr. 23: 216. **Type locality:** Russia: Primorskiy Kray (Sutshan District, Tigrovaya Station; Vladivostok; Yakovlevka).

分布（Distribution）：黑龙江（HL）、吉林（JL）、辽宁（LN）、内蒙古（NM）、河北（HEB）、北京（BJ）、山西（SX）、陕西（SN）、甘肃（GS）、青海（QH）、新疆（XJ）、浙江（ZJ）、湖南（HN）、湖北（HB）、四川（SC）、贵州（GZ）、云南（YN）、西藏（XZ）、福建（FJ）、台湾（TW）、广东（GD）、广西（GX）；俄罗斯（远东地区南部）、朝鲜、日本、尼泊尔。

（1238）亚灰寄蝇 *Tachina* (*Tachina*) *subcinerea* Walker, 1853

Tachina subcinerea Walker, 1853. Ins. Saund., Dipt. IV: 272. **Type locality:** India.

Servillia sinerea Chao, 1962c. Acta Ent. Sin. 11 (Suppl.): 60. **Type locality:** China: Sichuan, Emei Shan.

分布（Distribution）：山西（SX）、湖南（HN）、湖北（HB）、四川（SC）、重庆（CQ）、贵州（GZ）、云南（YN）、西藏（XZ）；印度、尼泊尔。

（1239）黄胫寄蝇 *Tachina* (*Tachina*) *tienmushan* Chao *et* Arnaud, 1993

Tachina tienmushan Chao *et* Arnaud, 1993. Proc. Ent. Soc. Wash. 95: 50 (replacement name for *Servillia flavipes* Chao, 1962).

Servillia flavipes Chao, 1962c. Acta Ent. Sin. 11 (Suppl.): 52 (a junior secondary homonym of *Tachina flavipes* Meigen, 1824). **Type locality:** China: Zhejiang, Tianmu Shan.

分布（Distribution）：浙江（ZJ）、四川（SC）。

（1240）黄白寄蝇 *Tachina* (*Tachina*) *ursina* Meigen, 1824

Tachina ursina Meigen, 1824. Syst. Beschr. Europ. Zweifl. Insekt. 4: 245. **Type locality:** Not given (probably Germany: Stolberg).

分布（Distribution）：辽宁（LN）、北京（BJ）、山西（SX）、甘肃（GS）、浙江（ZJ）、四川（SC）、云南（YN）；俄罗斯、朝鲜、韩国、日本、澳大利亚；欧洲广布。

（1241）蜂寄蝇 *Tachina* (*Tachina*) *ursinoidea* (Tothill, 1918)

Servillia ursinoidea Tothill, 1918. Bull. Entomol. Res. 9: 50. **Type locality:** India: Uttarakhand, Kumaon, Airadeo.

Servillia stackelbergi rufa Chao, 1962c. Acta Ent. Sin. 11 (Suppl.): 57. **Type locality:** China: Yunnan, between Yunjinghong and Menghai.

Tachina formosensis Mesnil, 1966a. *In*: Lindner, 1966. Flieg. Palaearkt. Reg. 10 (Lieferung 263): 923 (nomen nudum).

分布（Distribution）：黑龙江（HL）、吉林（JL）、辽宁（LN）、内蒙古（NM）、河北（HEB）、天津（TJ）、北京（BJ）、山西（SX）、山东（SD）、河南（HEN）、安徽（AH）、江苏（JS）、上海（SH）、浙江（ZJ）、江西（JX）、湖南（HN）、湖北（HB）、四川（SC）、重庆（CQ）、贵州（GZ）、云南（YN）、西藏（XZ）、福建（FJ）、台湾（TW）、广东（GD）、广西（GX）、海南（HI）、香港（HK）；印度、尼泊尔、缅甸、泰国、印度尼西亚。

（1242）西藏寄蝇 *Tachina* (*Tachina*) *xizangensis* (Chao, 1982)

Servillia xizangensis Chao, 1982. *In*: Chao *et* Shi, 1982. *In*: The Comprehensive Scientific Expedition to the Qinghai-Xizang Plateau, Chinese Academy of Sciences, 1982. Insects of Xizang 2: 257. **Type locality:** China: Xizang, Mainling.

分布（Distribution）：西藏（XZ）。

（1243）扎曲寄蝇 *Tachina* (*Tachina*) *zaqu* Chao *et* Arnaud, 1993

Tachina zaqu Chao *et* Arnaud, 1993. Proc. Ent. Soc. Wash. 95: 50 (replacement name for *Servillia basalis* Zimin, 1929).

Servillia basalis Zimin, 1929. Russk. Ent. Obozr. 23: 214 (a junior secondary homonym of *Tachina basalis* Walker, 1837). **Type locality:** China: Sichuan, basin of Yangtze River, small tributary of Yalong Jiang River.

分布（Distribution）：四川（SC）；俄罗斯、日本。

（1244）济氏寄蝇 *Tachina* (*Tachina*) *zimini* (Chao, 1962)

Servillia zimini Chao, 1962c. Acta Ent. Sin. 11 (Suppl.): 55. **Type locality:** China: Zhejiang, Tianmu Shan.

分布（Distribution）：辽宁（LN）、内蒙古（NM）、河北（HEB）、北京（BJ）、浙江（ZJ）、贵州（GZ）、云南（YN）；俄罗斯（远东地区南部）、日本。

273. 托蒂寄蝇属 *Tothillia* Crosskey, 1976

Tothillia Crosskey, 1976. Bull. Br. Mus. (Nat. Hist.) Ent. Suppl. 26: 104. **Type species:** *Chaetoplagia asiatica* Tothill, 1918 (by original designation).

（1245）中华托蒂寄蝇 *Tothillia sinensis* Chao *et* Zhou, 1993

Tothillia sinensis Chao *et* Zhou, 1993. *In*: The Comprehensive Scientific Expedition to the Qinghai-Xizang Plateau, Chinese Academy of Sciences, 1993. Insects of the Hengduan Mountains Region, Vol. 2: 1323. **Type locality:** China: Sichuan, Yajiang.

分布（Distribution）：四川（SC）、云南（YN）、西藏（XZ）。

寄蝇亚科属地位待定种 Unplaced genus of Tachininae

274. 扎寄蝇属 *Zambesa* Walker, 1856

Zambesa Walker, 1856a. J. Proc. Linn. Soc. London Zool. 1: 21. **Type species:** *Zambesa ocypteroides* Walker, 1856 (monotypy).

Zambesopsis Townsend, 1933. J. N. Y. Ent. Soc. 40: 451. **Type species:** *Zambesa claripalpis* Villeneuve, 1926 (by original designation).

（1246）亮须扎寄蝇 *Zambesa claripalpis* Villeneuve, 1926

Zambesa claripalpis Villeneuve, 1926. Bull. Ann. Soc. R. Ent.Belg. 66: 272. **Type locality:** China: Taiwan, P'ingtung Hsien, Hengch'un. *Zambesa formosensis* Townsend, 1927. Ent. Mitt. 16 (4): 286. **Type locality:** China: Taiwan, P'ingtung Hsien, Changkou.

分布（Distribution）：台湾（TW）；马来西亚。

寄蝇科待定亚科、族的属 Unplaced genus of Tachinidae

275. 鞭角寄蝇属 *Trischidocera* Villeneuve, 1915

Trischidocera Villeneuve, 1915. Ann. Hist.-Nat. Mus. Natl.

Hung. 13: 93. **Type species:** *Trischidocera sauteri* Villeneuve, 1915 (monotypy).

(1247)索特鞭角寄蝇 *Trischidocera sauteri* Villeneuve, 1915

Trischidocera sauteri Villeneuve, 1915. Ann. Hist.-Nat. Mus. Natl. Hung. 13: 94. **Type locality:** China: Taiwan, Kaohsiung Hsien, Fengshan.

分布（Distribution）：台湾（TW）；马来西亚。

(1248）云南鞭角寄蝇 *Trischidocera yunnanensis* Chao *et* Zhou, 1987

Trischidocera yunnanensis Chao *et* Zhou, 1987. Sinozool. 5: 208. **Type locality:** China: Yunnan, Weixi.

分布（Distribution）：山西（SX）、四川（SC）、云南（YN）、西藏（XZ）。

主要参考文献

Ackland D M. 1964. Two new British species of Anthomyiidae (Diptera), with taxonomic notes on related pests of conifers. *Entomologist's Monthly Magazine*, 100: 136-144.

Ackland D M. 1967. Diptera from Nepal, Anthomyiidae. *Bulletin of the British Museum* (*Natural History*), *Entomology*, 20 (4): 107-139.

Ackland D M. 1968. The world species of *Calythea* Schnabl and Dzied. (Diptera: Anthomyiidae) with notes on Bigot's types. *Entomologist's Monthly Magazine*, 104: 135-144.

Ackland D M. 1987. The genus *Anthomyia* in the Oriental region. *Insecta Matsumurana* (*New Series*), 36: 39-60.

Ackland D M. 2010. Additions and changes to the British list of Anthomyiidae (Diptera). *Dipterists Digest*, 17: 79-82.

Ackland D M, Pont A C. 1977. Family Muscidae. *In*: Delfinado M D, Hardy D E. 1977. *A Catalogue of the Diptera of the Oriental Region*. Vol. 3. Honolulu: University Press of Hawaii: 451-523.

Aczél M L. 1937. *Leucopis* tanulmanyok. *Leucopis* Studien. *Folia Entomologica Hungarica*, 3 (1-3): 69-83.

Aczél M L. 1939a. Das System der Familie Dorylaidae. Dorylaiden-Studien I. *Zoologischer Anzeiger*, 125 (1/2): 15-23.

Aczél M L. 1939b. Die Untergattung *Dorylomorpha* m. von *Tomosvaryella* m. Dorylaiden-Studien II. *Zoologischer Anzeiger*, 125: 49-69.

Aczél M L. 1940. Vorarbeiten zu einer Monographic der Dorylaiden (Diptera). Dorylaiden-Studien V. *Zoologischer Anzeiger*, 132 (7/8): 149-169.

Aczél M L. 1949. Notes on Tylidae. II. Argentine species of the subfamily Tyliniae in the entomological collection of the Miguel Lillo Foundation. *Acta Zoologica Lilloana*, 9: 219-280.

Aczél M L. 1953. La familia Tephritidae en la Region Neotropical I. *Acta Zoologica Lilloana*, 13: 97-200.

Aczél M L. 1958. Pyrgotidae (Diptera Acalyptrata). *Exploration du Pare National Upemba Mission de Witte* (*1946-1949*), 50: 35-53.

Adams C F. 1903. Dipterological contributions. *Kansas University Science Bulletin*, 2: 21-47.

Adams C F. 1904. Notes and descriptions of North American Diptera. *Kansas University Science Bulletin*, 2 (14): 433-455.

Adams C F. 1905. Diptera Africana, I. *Kansas University Science Bulletin*, 3: 149-208.

Adensamer T. 1896. Über *Ascodipteron phyllorhinae* (n. gen., n. sp.), eine eigenthümliche Pupiparenform. *Sitzungsberichte der Akademie der Wissenschaften*, 105 (1): 400-416.

Agassiz J L R. 1846. *Nomenclatoris zoologici index universalis, conitinens nomina systematica classium, ordinum, familiarum et generum animalium omnium tam viventium quam fossilium, secundum ordinem alphabeticum unicum, disposita, adjectis homonymiis plantarum nec non variis adnotationibus et emendationibus*. Jent & Gassmann, Soloduri [= Solothurn, Switzerland]. VIII + 1-393.

Albuquerque D de O. 1949. Contribuicão ao conhecimento dos "Eginiae" (Diptera, Muscidae). *Revta Brasileira de Biologia*, 9 (2): 163-165.

Aldrich J M. 1905. A Catalogue of North American Diptera (or two-winged flies). *Smithsonian Miscellaneous Collections*, 46: 1-680.

Aldrich J M. 1918. Two new *Hydrotaeas* (Diptera, Anthomyidae). *Canadian Entomologist*, 50: 311-314.

Aldrich J M. 1923a. Notes on the dipterous family Hippoboscidae. *Insecutor Inscitiae Menstruus*, 11: 75-79.

Aldrich J M. 1923b. Two Asiatic muscoid flies parasitic upon the so-called Japanese beetle. *Proceedings of the United States National Museum*, 63 (Art. 6) [= No. 2474]: 1-4.

Aldrich J M. 1924. A new genus and species of two-winged flies of the family Chloropidae injuring manihot in Brazil. *Proceedings of the United States National Museum*, 65: 1-2.

Aldrich J M. 1925a. A new tachinid parasite of a cocoanut moth in South Asia (Diptera). *Proceedings of the Entomological Society of Washington*, 27: 13.

Aldrich J M. 1925b. New Diptera or two-winged flies in the United States National Museum. *Proceedings of the United States National Museum*, 66 (18): 1-36.

Aldrich J M. 1926a. Notes on muscoid flies with retracted hind crossvein, with key and several new genera and species. *Transactions of the American Entomological Society*, 52: 7-28.

Aldrich J M. 1926b. Descriptions of new and little known Diptera or two-winged flies. *Proceedings of the United States National Museum*, 69 (Art. 22) [= No. 2648]: 1-26.

Aldrich J M. 1926c. Notes on the metallic green tachinids allied to *Gymnochaeta*, with keys and one new Chinese genus. *Insecutor Inscitiae Menstruus*, 14: 51-58.

Aldrich J M. 1928. Five new parasitic flies reared from beetles in China and India. *Proceedings of the United States National Museum*, 74 (8): 1-7.

Aldrich J M. 1930. New two-winged flies of the family Calliphoridae from China. *Proceedings of the United States National Museum*, 78 (1): 1-5.

Aldrich J M. 1931. New Acalyptrate Diptera from the Pacific and Oriental Regions. *Proceedings of the Hawaiian Entomological Society*, 7 (3): 395-399.

Aldrich J M. 1932. New Diptera, or two-winged flies, from America, Asia, and Java, with additional notes. *Proceedings of the United States National Museum*, 81 (Art. 9)[= No. 2932]: 1-28.

Aldrich J M. 1933. Notes on the tachinid genus *Elodia* R. D., with three new species of *Elodia* and *Phorocera* (Diptera) from Japan. *Proceedings of the Entomological Society of Washington*, 35: 19-23.

Am Stein J R. 1860. Dipterologische Beitrage. *Jahresbericht der Naturforschenden Gesellschaft Graubundens* (*Neue Folge*), 5: 96-101.

An K Y, Cao H L, Wang X L, Chen H W. 2015. The subgenus *Ashima* (Diptera, Drosophildae, *Phortica*) from China, with DNA barcoding and descriptions of three new species. *Systematics and Biodiversity*, 13 (1): 42-51.

An S W, Yang D. 2003. A review of the genus *Platycephala* Fallén, 1820 from China (Diptera: Chloropidae). *Annales Zoologici*, 53 (4): 651-656.

An S W, Yang D. 2004. A new species of *Platycephala* from China (Diptera: Chloropidae: Chloropinae). *Entomological News*, 115 (1): 11-14.

An S W, Yang D. 2005a. Notes on the species of the genus *Meromyza* Meigen, 1830 from Inner Mongolia (Diptera: Chloropidae). *Annales Zoologici*, 55: 77-82.

An S W, Yang D. 2005b. Review of the genus *Meromyza* from China (Diptera: Chloropidae). *Entomologica Fennica*, 16: 151-158.

An S W, Yang D. 2007. Species of the genus *Mepachymerus* Speiser, 1910 from China (Diptera, Chloropidae). *Deutsche Entomologische Zeitschrift* (*N. F.*), 54 (2): 271-279.

An S W, Yang D. 2008. The genus *Platycephala* from Guangdong, South China (Diptera, Chloropidae) with descriptions of four new species. *Deutsche Entomologische Zeitschrift* (*N. F.*), 55 (1): 137-144.

An S W, Yang D. 2009a. Four new species of *Platycephala* with a key to the Chinese species (Diptera, Chloropidae). *Journal of Natural History*, 43 (7-8): 399-409.

An S W, Yang D. 2009b. New species of *Meromyza* from Palaearctic and Oriental China (Diptera: Chloropidae). *Entomologica Fennica*, 20 (17): 94-99.

Andersen S. 1982. Revision of European species of *Siphona* Meigen (Diptera: Tachinidae). *Entomologica Scandinavica*, 13: 149-172.

Andersen S. 1988. Revision of European species of *Phytomyptera* Rondani (Diptera: Tachinidae). *Entomologica Scandinavica*, 19: 43-80.

Andersen S. 1996. The Siphonini (Diptera: Tachinidae) of Europe. *Fauna Entomologica Scandinavica*, 33: 1-146.

Andersson H. 1971. Eight new species of *Lonchoptera* from Burma (Diptera: Lonchopteridae). *Entomologisk Tijdskrift*, 92 (3-4): 213-231.

Andersson H. 1977. Taxonomic and phylogenetic studies on Chloropidae (Diptera) with special reference to Old World genera. *Entomologica Scandinavica*, Suppl. 8: 1-200.

Andersson H. 1991. Family Lonchopteridae (Musidoridae). *In*: Soós Á, Papp L. 1991. *Catalogue of Palaearctic Diptera*. Vol. 7. Amsterdam & Budapest: Elsevier Science Publishers & Akademiai Kiado: 139-142.

Andréu J. 1926. Notas Dipterologicas. I. Una lista de Sirfidos para contribuir al conocimiento de los Dipteros de Espana. *Boletín de la Asociación Española de Entomología*, 9: 98-126.

Aoki J I, Yin W Y, Imadaté G. 2000. *Taxonomical Studies on the Soil Fauna of Yunnan Province in Southwest China*. Tokai: Tokai University Press: xxiv + 1-263.

Assis-Fonseca E C M. 1968. Deptera Cyclorrhapha Calyptrata. Section (b) Muscidae. *Handbooks for the Identification of British Insects*, 10: 1-119.

Aubertin D. 1931a. Note on the identity of two species of the genus *Calliphora* (Diptera). *Annals and Magazine of Natural History*, (10) 8: 615-616.

Aubertin D. 1931b. Revision of the genus *Hemipyrellia* Tns. (Diptera, Calliphoridae). *Proceedings of the Zoological Society of London*, 2: 497-509.

Aubertin D. 1932. Notes on the Oriental species of the genus *Chrysomyia*. *Annals and Magazine of Natural History*, (10) 9: 26-30.

Aubertin D. 1933. Revision of the genus *Lucilia* R. D. (Diptera, Calliphoridae). *Journal of the Linnean Society of London Zoology*, 38: 389-436.

Austen E E. 1893. Descriptions of new species of dipterous insects of the family Syrphidae in the collection of the British Museum, with notes on species described by the late Francis Walker. — Part I. Bacchini and Brachyopini. *Proceedings of the Zoological Society of London*, 1893: 132-164.

Austen E E. 1909. New genera and species of blood-sucking Muscidae from the Ethiopian and Oriental Regions, in the British Museum (Natural History). *Annals and Magazine of Natural History*, (8) 3: 285-299.

Austen E E. 1910. A new Indian species of *Musca*. *Annals and Magazine of Natural History*, (8) 5: 114-117.

Austen E E. 1926. On the genus *Crataerina* von Olf., and its allies (Diptera — Family Hippoboscidae), with description of new species. *Parasitology*, 18 (3): 350-360.

Awati P R. 1916. Studies in flies. Contributions to the study of specific differences in the genus *Musca*. 2. — Structures other than genitalia. *Indian Journal of Medical Research*, 4: 123-139.

Azuma M. 2001. *The Biological Research of Mt. Daisen, Houki Province, Japan*. Hyogo: Azuma Biological Research Institute: 1-642.

Bächli G. 1971. *Leucophenga* und *Paraleucophenga* (Diptera: Brachycera) Fam. Drosophilidae. *Exploration du Parc National de l'Upemba, Fascicule*, 71: 1-192 + pls. 1-38.

Bächli G. 1974. Revision der von Duda beschriebenen sudostasiatischen Aarten des *Drosophila*-Subgenus *Hirtodrosophila* (Diptera: Drosophilidae). *Mitteilungen aus dem Zoologischen Museum in Berlin*, 49: 267-315.

Bächli G. 1984. Catalog of the types of Drosophilidae in the Hungarian Natural History Museum, Budapest (Dipetra). *Folia Entomologica Hungarica*, 45: 27-41.

Bächli G, Vilela C R, Escher S A, Saura A. 2004. The Drosophilidae (Diptera) of Fennoscandia and Denmark. *Fauna Entomologica Scandinavica*, 39: 1-362.

Bai S F, Zhang G W, Li X, Jiang J W. 2011. Three genera and twelve species of syrphid flies (Diptera: Syrphidae) newly recorded from Henan Province. *Journal of Henan Agricultral Sciences*, 40 (7): 86-89. [白素芬, 张国威, 李欣, 蒋金炜. 2011. 河南省食蚜蝇科3个新记录属和12个新记录种. 河南农业科学, 40 (7): 86-89.]

Baimai V. 1979. A new species of the *Drosophila kikkawai* complex from Thailand (Diptera: Drosophilidae). *Pacific Insectsi*, 21: 235-240.

Bańkowska R. 1962. Studies on the family Syrphidae (Diptera). *Helenomyia* gen. nov. *Bulletin de l'Académie Polonaise des Sciences*, (*Série Biologie*), 10 (8): 311-314.

Bańkowska R. 1964. Studien über die paläarktischen Arten der Gattung *Sphaerophoria* St. Farg. *Et* Serv. (Diptera, Syrphidae). *Annales Zoologici*, 22 (15): 285-353.

Bańkowska R. 1968. A new *Paragus* Latr. from Central Asia (Diptera, Syrphidae). *Bulletin de l'Académie Polonaise des Sciences* (*Série Biologie*), 16 (4): 239-240.

Bao Y X. 2001a. Study of fly species diversity in Jinhua urban area. *Journal of Zhejiang University* (*Science Edition*), 28 (5): 563-566. [鲍毅新. 2001a. 金华城区蝇类多样性的研究. 浙江大学学报（理学版), 28 (5): 563-566.]

Bao Y X. 2001b. Seasonal variation of the preponderance of fly species in Jinhua city area. *Journal of Hygiene Research*, 30 (2): 98-100. [鲍毅新. 2001b. 金华市区优势蝇种数量的季节消长. 卫生研究, 30 (2): 98-100.]

Baranov N. 1925. Eine neue *Morellia*-Art aus Serbien. *Encyclopédie Entomologique* (*B II*) *Diptera*, 2: 59-60.

Baranov N. 1931a. Studien an pathogenen und parasitischen Insekten III. *Beitrag zur Kenntnis der Raupenfliegengattung Carcelia* R.D. *Arbeiten aus der Parasitologischen Abteilung Institut für Hygiene und Schule für Volksgesundheit in Zagreb*, 3: 1-45.

Baranov N. 1931b. Über Raupenfliegen, welche durch die Farbe des Abdomens *Exorista confinis* Fall. Ähnlich sind. *Wiener Entomologische Zeitung*, 48: 117-124.

Baranov N. 1931c. Neue orientalische Sarcophaginae (Diptera). *Konowia*, 10: 110-115.

Baranov N. 1932a. Neue orientalische Tachinidae. *Encyclopédie Entomologique*. Série B. *Mémoires et Notes*. *II. Diptera*, 6: 83-93.

Baranov N. 1932b. Zur Kenntnis der formosanischen Sturmien (Diptera, Larvaevoridae). *Neue Beiträge zur Systematischen Insektenkunde*, 5: 70-82.

Baranov N. 1932c. Zur Kenntnis der orientalischen *Winthemia*-Arten (Diptera, Larvaev.). *Entomologisches Nachrichtenblatt*, 6: 45-47.

Baranov N. 1932d. Larvaevoridae (Ins. Diptera) von Sumatra, I. *Miscellanea Zoologica Sumatrana*, 66: 1-3.

Baranov N. 1932e. Zur Kenntnis der orientalischen *Dexia*-ähnlichen Arten. *Wiener Entomologische Zeitung*, 49: 212-216.

Baranov N. 1932f. Bestimmungstabelle der orientalischen *Sturmia*-Arten der *scutellata*-Gruppe. (Diptera, Larvaevoridae). (Mit Berücksichtigung einiger verwandten Gattungen). *Entomologisches Nachrichtenblatt*, 6: 100-101.

Baranov N. 1934a. Mitteilungen über gezuchtete orientalishe Larvaevoriden (Insecta, Diptera). *Entomologisches Nachrichtenblatt*, 8 (2): 41-49.

Baranov N. 1934b. Zur Kenntnis der parasitären Raupenfliegen der Salomonen, Neubritanniens, der AdmiralitätsInseln, der Fidschi-Inseln und Neukaledoniens, nebst einer Bestimmungstabelle der orientalischen *Sturmia*-Arten. *Veterinarski Arhiv*, 4: 472-485.

Baranov N. 1934c. Übersicht der orientalischen Gattungen und Arten des *Carcelia*-Komplexes (Diptera: Tachinidae). *Transactions of the Royal Entomological Society of London*, 82: 387-408.

Baranov N. 1934d. Neue Gattungen und Arten der orientalischen Raupenfliegen (Larvaevoridae). *Encyclopédie Entomologique*. Série B. *Mémoires et Notes. II. Diptera*, 7: 160-165.

Baranov N. 1935a. Neue paläarktische und orientalische Raupenfliegen (Diptera, Tachinidae). *Veterinarski Arhiv*, 5: 550-560.

Baranov N. 1935b. Larvaevoridae (= Tachinidae, Diptera). *Wissenschaftliche Ergebnisse der Niederländischen Expeditionen in den Karakorum Zoologie*, 1: 407-409.

Baranov N. 1936. Weitere Beiträge zur Kenntnis der parasitären Raupenfliegen (Tachinidae = Larvaevoridae) von den Salomonen und Neubritannien. *Annals and Magazine of Natural History*, (10) 17: 97-113.

Baranov N. 1938a. Weiteres über die Tachiniden (s. l.) der Salomon-Inseln. *Veterinarski Arhiv*, 8: 170-174.

Baranov N. 1938b. Neue indo-australische Tachinidae. *Bulletin of Entomological Research*, 29 (4): 405-414.

Baranov N. 1938c. Raupenfliegen (Tachinidae s. l.) welche auf der Adria-Insel Pag bei trinken von Meerwasser gefangen wurden. *Encyclopédie Entomologique (B II) Diptera*, 9: 103-107.

Baranov N. 1939. Sechs neue Raupenfliegen aus der Sammlung Takanos. *Entomologisches Nachrichtenblatt*, 12: 110-112.

Baranov N. 1941. Zweiter Beitrag zur Kenntnis der Gattung *Sarcophaga* (s. l.). *Veterinarski Arhiv*, 11 (9): 361-404.

Barendregt A, van Steenis J, van Steenis W. 2000. *Spilomyia* species (Diptera: Syrphidae) in Dutch collections, with notes on their European distribution. *Entomologische Berichten*, 60 (3): 41-45.

Barkalov A V. 1980. New species *Cheilosia ussuriana* sp. n. (Diptera, Syrphidae) from Southern Primorye. *Novye I Maloizvestnye Vidy Fauny Sibiri, Novosibirsk*, 14: 132-134.

Barkalov A V. 1983. The role of structure of hypopygium in the systematics of the genus *Cheilosia* Meigen, 1822 (Diptera, Syrphidae). *In*: Nartshuk E. 1983. *Diptera (Insecta), their systematics, geographical distribution and ecology*. Akad. SSSR Zool. Inst.: 3-7.

Barkalov A V. 1984. The description of new species *Cheilosia mutini* Barkalov, sp. n. and male *Cheilosia convexifrons* Stackelberg, 1963 (Diptera, Syrphidae). *Novye I Maloizvestnye Vidy Fauny Sibiri, Novosibirsk*, 17: 83-87.

Barkalov A V. 1988. Description of new species of the genus *Cheilosia* Meigen, 1822 (Diptera, Syrphidae) from Siberia and the Far East. *Novye I Maloizvestnye Vidy Fauny Sibiri, Novosibirsk*, 20: 102-108.

Barkalov A V. 1999. New Chinese *Cheilosia* flower flies (Diptera, Syrphidae). *Volucella*, 4 (1/2): 69-83.

Barkalov A V. 2001. A new species and new homonym in the genus *Cheilosia* (Diptera, Syrphidae) from China. *Zoologičheskiĭ Žhurnal*, 80 (3): 376-378.

Barkalov A V. 2002. A subgeneric classification of the genus *Cheilosia* Meigen, 1822 (Diptera, Syrphidae). *Entomologicheskoe Obozrenie*, 81 (1): 218-234.

Barkalov A V, Cheng X Y. 1998. New species and new records of hover-flies of the genus *Cheilosia* Mg. from China (Diptera: Syrphidae). *Zoosystematica Rossica*, 7 (2): 313-321.

Barkalov A V, Cheng X Y. 2004a. Revision of the genus *Cheilosia* Meigen, 1822 (Diptera: Syrphidae) of China. *Contribution on Entomology, International*, 5 (4): 267-416.

Barkalov A V, Cheng X Y. 2004b. New taxonomic information on and distribution records for Chinese hover-flies of the genus *Cheilosia* Meigen (Diptera, Syrphidae). *Volucella*, 7: 89-104.

Barkalov A V, Cheng X Y. 2011. A review of the Chinese species of the genus *Blera* (Diptera: Syrphidae) with the description of a new species. *Zoosystematica Rossica*, 20 (2): 350-355.

Barkalov A V, Mutin V A. 1991a. Revision of the hoverflies of the genus *Blera* Billberg 1820 (Diptera, Syrphidae). I. *Entomologicheskoe Obozrenie*, 70 (1): 204-213.

Barkalov A V, Mutin V A. 1991b. Revision of hover-flies of the genus *Blera* Billberg 1820 (Diptera, Syrphidae). II. *Entomologicheskoe Obozrenie*, 70 (3): 736-749.

Barkalov A V, Peck L V. 1994a. Two new species *Cheilosia* (Diptera, Syrphidae) from the Tibet. *Zoologičheskiĭ Žhurnal*, 73 (12): 132-135.

Barkalov A V, Peck L V. 1994b. Five new *Cheilosia* species from the Middle Asia (Diptera, Syrphidae). *Dipterological Research*, 5: 11-19.

Barkalov A V, Ståhls G. 1997. Revision of the Palaearctic bare-eyed and black-legged species of the genus *Cheilosia* Meigen (Diptera, Syrphidae). *Acta Zoologica Fennica*, 208: 1-74.

Barraclough D A. 1994. A review of Afrotropical Ctenostylidae (Diptera: Schizophora: Tephritoidea), with redescription of *Ramuliseta lindneri* Keiser, 1952. *Annals of the Natal Museum*, 35 (1): 5-14.

Barraclough D A. 1995. *Nepaliseta mirabilis*, a remarkable new genus and species of Ctenostylidae (Diptera: Schizophora) from Nepal. *Annals of the Natal Museum*, 36 (1): 135-139.

Barraclough D A. 1998. The missing males of *Ramuliseta* Keiser (Diptera: Schizophora: Ctenostylidae). *Annals of the Natal Museum*, 39: 115-126.

Barták M, Michelsen V, Rozkošný R. 1990. New records of Anthomyiidae from Czechoslovakia, with a revised check list of Czechoslovak species (Diptera). *Scripta Facultatis Scientiarum Naturalium Universitatis Purkynianae Brunensis*, 20 (9-10): 439-450.

Barták M, Preisler J, Kubík Š, Šuláková H, Šloup V. 2016. Fanniiae (Diptera): New synonym, new record and an updated key to males of European species of *Fannia*. *ZooKeys*, 593: 91-95.

Barthélémy C. 2010. Nesting biology of *Isodontia diodon* (Kohl, 1890) (Hymenoptera: Sphecidae), a predator of cockroaches, in Hong Kong. *Journal of Hymenoptera Research*, 19 (2): 201-216.

Barthélémy C. 2012. Nest trapping, a simple method for gathering information on life histories of solitary bees and wasps. Bionomics of 21 species of solitary aculeate in Hong Kong. *Hong Kong Entomological Bulletin*, 4: 3-37.

Basden E B. 1954. The distribution and biology of Drosophilidae (Diptera) in Scotland, including a new species of *Drosophila*. *Transactions of the Royal Society of Edingburgh*, 62: 603-654.

Basden E B. 1961. Type collections of Drosophilidae (Diptera). 1. The Strobl collection. *Beiträge zur Entomologie*, 11: 160-224.

Becker T. 1889. Beitrage zur Kenntnis der Dipteren-Fauna von St. Moritz. *Berliner Entomologische Zeitschrift*, 33: 169-191.

Becker T. 1894a. Dipterologische Studien. I. Scatomyzidae. *Berliner Entomologische Zeitschrift*, 39: 77-196.

Becker T. 1894b. Revision der Gattung *Chilosia* Meigen. *Nova Acta der Kaiserlichen Leopoldinisch-Carolinischen, Deutschen Akademie der Naturforscher*, 62 (3): 194-522.

Becker T. 1896. Dipterologische Studien IV. Ephydridae. *Berliner Entomologische Zeitschrift*, 41 (2): 91-276.

Becker T. 1898. Dipterologische Studien V. Pipunculidae. *Berliner Entomologische Zeitschrift*, 42: 25-100.

Becker T. 1900. Dipterologische Studien V. Pipunculidae. Erste Fortsetzung. *Berliner Entomologische Zeitschrift*, 45: 215-252.

Becker T. 1901. Die Phoriden. *Abhandlungen der Zoologisch-Botanischen Geselschaft in Wien*, 1 (1): 1-100.

Becker T. 1903. Aegyptische Dipteren. *Mitteilungen aus dem Zoologischen Museum in Berlin*, 2 (3): 67-195.

Becker T. 1904. Die paläarktischen Formen der Dipterengattung *Lispa* Latr. *Zeitschrift für Entomologie* (*N. F.*), 29: 1-70.

Becker T. 1906. Timia Wied. *Wiener Entomologische Zeitung*, 25: 108-118.

Becker T. 1906-1907. Die Ergebnisse meiner dipterologischen Fruhjahrsreise nach Algier und Tunis, 1906. *Zeitschrift für Systematische Hymenopterologie und Dipterologie*, 6: 1-16 (1906), 97-114 (1906), 145-158 (1906), 273-287 (1906), 353-367 (1906); 7: 33-61 (1907), 97-128 (1907), 225-256 (1907), 369-407 (1907), 454 (1907).

Becker T. 1907a. Die Dipteren-Gruppe Milichinae. *Annales Historico-Naturales Musei Nationalis Hungarici*, 5: 507-550.

Becker T. 1907b. Zur Kenntnis der Dipteren von Central-Asien. I. *Cyclorrhapha schizophora holometopa* und *Orthorrhapha brachycera*. Mit Taf. I-II. *Annuaire du Musée Zoologique de l'Académie des Sciences de Russie*, 12 (3): 1-65, 253-317.

Becker T. 1908a. Dipteren der Kanarischen Inseln. *Mitteilungen aus dem Zoologischen Museum in Berlin*, 4 (1): 1-180.

Becker T. 1908b. Dipteren der Insel Madeira. *Mitteilungen aus dem Zoologischen Museum in Berlin*, 4: 181-206.

Becker T. 1908c. Zur Kenntnis der Dipteren von Central-Asien. *Ezhegodnik Zoologicheskago Muzeya Imperatorskoi Akademii Nauk*, (1907) 12: 253-372.

Becker T. 1908d. Dipteren der Kanarischen Inseln. *Mitteilungen aus dem Zoologischen Museum in Berlin*, 4: 320.

Becker T. 1909. Collections recueilles par M. Maurice de Rothschild dans l'Afrique orientale anglaise. Insectes: Diptères nouveaux. *Bulletin du Muséum National d'Histoire Naturelle*, (1) 15: 113-121.

Becker T. 1910a. Chloropidae. Eine monographische Studie. I. Teil. Paläarktische Region. *Archivum Zoologicum*, 1 (10): 33-174.

Becker T. 1910b. Chloropidae. Eine monographische Studie. II. Teil. Aethiopische Region. *Annales Historico-Naturales Musei Nationalis Hungarici*, 8: 377-443.

Becker T. 1910c. Dipteren aus Südarabien und von der Insel Sokótra. *Denkschriften der Kaiserlichen Akademie der Wissenschaften. Wien. Mathematisch-Naturwissenschaftliche Klasse*, 71: 131-160.

Becker T. 1910d. Dipterologische Sammelreise nach Korsika ausgeführt im V. Und Juni, 1907. *Deutsche Entomologische Zeitschrift*, 1910: 635-665.

Becker T. 1911. Chloropidae. Eine monographische Studie. III. Teil. Die indo-australische Region. *Annales Historico-Naturales Musei Nationalis Hungarici*, 9: 35-170.

Becker T. 1912. Chloropidae. Eine monographische Studie. IV. Teil. Nearktische Region. V. Neotropische Region. Nachtrag. I. Palaearktische Region, II. Aethiopische Region. *Annales Historico-Naturales Musei Nationalis Hungarici*, 10: 21-256.

Becker T. 1913a. Chloropiden aus Abessynien gesammelt von E. Kovács. *Annales Historico-Naturales Musei Nationalis Hungarici*,

11: 147-167.

Becker T. 1913b. Persische Dipteren von den Expeditionen des Herrn N. Zarudny 1898 und 1901. *Annuaire du Musée Zoologique de l'Académic des Sciences de Russie*, (1912) 17: 503-654.

Becker T. 1914a. Dipterès nouveaux récoltés par MM Ch Alluaud and R Jeannel en Afrique orientale 1911-1912. *Annales de la Société Entomologique de France*, 83: 120-130.

Becker T. 1914b. H. Sauter's Formosa-Ausbeute. Lispen und Phoriden (Diptera). *Supplementa Entomologica*, 3: 80-90.

Becker T. 1916. Neue Chloropiden aus dem Ungarischen National Museum. *Annales Historico-Naturales Musei Nationalis Hungarici*, 14: 423-453.

Becker T. 1918. Dipterologische Studien. Dolichopodidae. Dritter Teil. *Abhandlungen der Kaiserlichen Leopoldinisch-Carolinischen Deutschen Akademie der Naturforscher* [*Nova Acta Academiae Caesareae Leopoldino-Carolinae Germanicae Naturae Curiosorum*], 104: 35-214.

Becker T. 1921. Neue Dipteren meiner Sammlung. I. Syrphidae. *Mitteilungen aus dem Zoologischen Museum in Berlin*, 10: 1-93.

Becker T. 1922. Neue Dipteren meiner Sammlung. *Konowia*, 1: 196-207, 282-295.

Becker T. 1924. H. Sauter's Formosa-Ausbeute: Pipunculidae, Ephydridae, Chloropidae (Diptera). *Entomologische Mitteilungen*, 13: 14-18, 89-93, 117-124.

Becker T. 1926. 56a Ephydridae und 56b Canaceidae. *In*: Lindner E. 1926. *Die Fliegen der Paläearktischen Region. E. Schweizerbartísche Verlagsbuchhandlung*, 6 (1): 1-115.

Becker T, de Meijere J C H. 1913. Chloropiden aus Java. *Tijdschrift voor Entomologie*, 56: 283-307.

Becker T, Stein P. 1913. Persische Dipteren von den Expeditionen des Herrn N. Zarudny 1898 und 1901. *Annuaire du Musée Zoologique de l'Académic des Sciences de Russie*, 17: 503-654, pls. 15-16.

Becker T, Stein P. 1914. Dipteren aus Marokko. *Annuaire du Musee Zoologique de l'Academic des Sciences de Russie*, (1913) 18: 62-95.

Belanovsky I D. 1953. *Tachinids of the Ukrainian SSR*. Part 2. Izdatel'stvo Akademii Nauk Ukrainskoi SSR, Kyiv [Kiev]: 1-240.

Bequaert J. 1922. Sur le genre *Aulacephala* Macquart avec la description d'une espèce nouvelle de l'Extrême-Orient. *Revue de Zoologie Africaines*, 10: 301-308.

Bequaert J. 1926. Notes on Hippoboscidae. *Psyche*, 32 (6): 265-277.

Bequaert J. 1942. A monograph of the Melophaginae, or kedflies, of sheep, goats, deer and antelopes (Diptera, Hippoboscidae). *Entomologica Americana*, 22: 1-210.

Bequaert J. 1945. Notes on Hippoboscidae, 19. Additions to the larger species of *Lynchia*, with descriptions of two new species. *Psyche*, 52: 88-104.

Bergenstamm J E von. 1895. Die Zweiflügler des Kaiserlichen Museums zu Wien. VII. *Vorarbeiten zu einer Monographie der Muscaria schizometopa* (*exclusive Anthomyidae*). Pars IV. F. Tempsky, Wien: 1-88.

Bergroth E. 1894. Ueber einige australische Dipteren. *Stettiner Entomologisch Zeitung*, 55: 71-75.

Bergström C. 2008. The identity of *Myxexoristops arctica* (Zetterstedt), with notes on some other *Myxexoristops* (Diptera: Tachinidae). *Stuttgarter Beiträge zur Naturkunde A*, N. Ser. 1: 435-444.

Bergström C, Hall K. 2008. De första fynden av parasitflugan *Ectophasia crassipennis* (Fabricius, 1794) (Diptera, Tachinidae) från Norden. *Entomologisk Tidskrift*, 129: 95-98.

Beschovski V L. 1966. *Allotrichoma dahli* n. sp. — Eine neue Art von (Diptera Ephydridae) aus Bulgarien. *Comptes Rendus de l'Académie Bulgare des Sciences*, 19 (10): 937-939.

Beschovski V L. 1978a. Faunistic and taxonomic investigations on the genus *Chlorops* Meigen, 1803 (Diptera, Chloropidae) from Bulgaria with descriptions of a new species. *Nouvelle Revue d'Entomologie*, 8 (4): 397-402.

Beschovski V L. 1978b. Subdivision of the genus *Oscinella* Becker, 1909 (Diptera, Chloropidae) with description of a new species. *Acta Zoologica Bulgarica*, 10: 21-29.

Beschovski V L. 1981a. On the taxonomy of the genus *Cryptonevra* Lioy, 1864 (Diptera, Chloropidae). *Reichenbachia*, 19: 51-54.

Beschovski V L. 1981b. On the systematics of the genus *Tricimba* Lioy, 1864 (Diptera, Chloropidae). *Reichenbachia*, 19: 119-122.

Beschovski V L. 1992. Taxonomical notes on *Chamaemyia flavipalpis* (Haliday), *Ch. Aridella* (Fallén), and *Ch. Juncorum* (Fallén) (Diptera, Chamaemyiidae) based on the type specimens. *Acta Zoologica Bulgarica*, 45: 56-60.

Beyer E M. 1958a. Bemerkungen ueber zwei exotische Phoriden. *Brotéria*, 27: 121-123.

Beyer E M. 1958b. Die Ersten Phoriden von Burma (Diptera: Phoridae). *Societas Scientiarum Fennica Commentationes Biologicae*, 18 (8): 1-72.

Beyer E M. 1959. Neue Phoridengattungen und -Arten aus Angola. *Publicações Culturais da Companhia de Diamantes de Angola*, 45: 53-76.

Beyer E M. 1965. Phoridae (Diptera, Brachycera). *Exploration du Parc National Albert*, *Mission G. F. de Witte* (1933-1935), 99: 1-211.

Beyer E M. 1966. Neue und wenig bekante Phoriden, zumeist aus dem Bishop Museum, Honolulu (Diptera: Phoridae). *Pacific Insects*, 8 (1): 165-217.

Bezzi M. 1892. Di alcuni Ditteri raccolti nel paese dei Somali dall'ingegnere L. Bricchetti-Robecchi. *Annali del Museo Civico di Storia Naturale di Giacomo Doria*, (2) 12: 181-196.

Bezzi M. 1894. Sulle specie italiane del gen. Peleteria R. D.; B. B. *Bullettino della Società Entomologica Italiana*, 26: 242-261.

Bezzi M. 1895a. Contribuzioni alla fauna ditterologica italiana. I. Ditteri della Calabria. *Bullettino della Società Entomologica Italiana*, 27: 39-78.

Bezzi M. 1895b. Eine neue Art der Dipterengattung *Psilopa* Fall. *Wiener Entomologische Zeitung*, 14 (4): 137-139.

Bezzi M. 1898. Contribuzioni alla fauna ditterologica Italiana. II. *Ditteri delle Marche e degli Abruzzi. Bullettino della Società Entomologica Italiana*, 30: 121-164.

Bezzi M. 1906. Noch einige neue Namen für Dipterengattungen. *Zeitschrift für Systematische Hymenopterologie und Dipterologie*, 6 (1): 49-55.

Bezzi M. 1907a. Nomwnklatorische über Dipteren. *Wiener Entomologische Zeitung*, 26: 51-56, 292-296.

Bezzi M. 1907b. Die Gattungen der blutsaugenden Musciden. (Diptera). *Zeitschrift für Systematische Hymenopterologie und Dipterologie*, 7: 413-416.

Bezzi M. 1907c. Mosche ematofaghe. *Rendiconti Ist Lombardo di Scienze e Letter*, (2) 40: 432-460.

Bezzi M. 1908. Secondo contributo alla conoscenza del genera *Asarcina. Annales Historico-Naturales Musei Nationalis Hungarici*, 6: 495-504.

Bezzi M. 1911a. Études systématiques sur les Muscides hématophages du genre *Lyperosia. Archives de Parasitologie*, 15: 110-143.

Bezzi M. 1911b. Miodarii superiori raccolti dal signor C. W. Howard nell'Africa australe orientale. *Bollettino del Laboratorio di Zoologia Generale e Agraria della R. Scuola Superiore d'Agricoltura* [Portici], 6: 45-104.

Bezzi M. 1911c. Biospeologica XX. Diptères (Première serie) suivi díun Appendice sur les Diptères cavernicoles recueillis par le Dr Absolon dans les Balcans. *Archives de Zoologie Expérimentale et Générale*, (5e Série) 8 (1): 1-87.

Bezzi M. 1912. Diptères. *In*: Schouteden H. 1912. *Insectes recuillis au Congo au cours du voyage de S.A.R. le Prince Albert de Belgique. Revue de Zoologie Africaines*, 2: 79-86.

Bezzi M. 1913a. Einige Bemerkungen über die Dipterengattungen *Auchmeromyia* und *Bengalia. Entomologische Mitteilungen*, 2 (3): 70-78.

Bezzi M. 1913b. Studies in Philippine Diptera. I. *Philippine Journal of Science* (*Section D*), 8: 305-332.

Bezzi M. 1913c. Indian trypaneids (fruit flies) in the collection of the Indian Museum, Calcutta. *Memoirs of Indian Museum*, 3 (3): 53-175.

Bezzi M. 1914a. *Speomyia absoloni* n. gen., n. sp. (Diptera), eine degenerierte Höhlenfliege aus dem herzegowinisch-montenegrischen Hochgebirge. *Zoologischer Anzeiger*, 44: 504-507.

Bezzi M. 1914b. Studies in Philippine Diptera, I. *Philippine Journal of Science* (*Section D*), 8 (4): 305-332.

Bezzi M. 1914c. Indian Pyrgotinae. *Annals and Magazine of Natural History*, (8) 14: 153-163.

Bezzi M. 1915. *The Syrphidae of the Ethiopian Region based on material in the collection of the British Museum* (*Natural History*), *with descriptions of new genera and species*. London: British Museum (Natural History): 1-146.

Bezzi M. 1916. On the fruit-flies of the genus *Dacus* (s. l.) occurring in India, Burma, and Ceylon. *Bulletin of Entomological Research*, 7: 99-121.

Bezzi M. 1918a. Stùdi sulla ditterofauna nivale delle Alpi italiane. *Memorie della Società Italiana di Scienze Naturali e del Museo Civico di Storia Naturale di Milano*, 9: 1-164.

Bezzi M. 1918b. Notes on the Ethiopian fruit-flies of the family Trypaneidae, other than *Dacus* (s. l.), with descriptions of new genera and species. I. *Bulletin of Entomological Research*, 8: 215-251.

Bezzi M. 1918c. Notes on the Ethiopian fruit-flies of the family Trypaneidae, other than *Dacus* (s. l.) (Diptera). II. *Bulletin of Entomological Research*, 9: 13-46.

Bezzi M. 1919a. Two new Ethiopian Lonchaeidae, with notes on other species (Diptera). *Bulletin of Entomological Research*, 9: 241-254.

Bezzi M. 1919b. Fruit flies of the genus *Dacus sensu-latiore* (Diptera) from the Philippine Islands. *Philippine Journal of Science*, 15 (5): 411-443.

Bezzi M. 1920a. Further notes on the Lonchaeidae (Diptera), with description of new species from Africa and Asia. *Bulletin of Entomological Research*, 11: 199-210.

Bezzi M. 1920b. Species duae novae generis *Oedaspis*, l. s. (Diptera). *Broteria, Lisbon*, 18: 5-13.

Bezzi M. 1921. *Musca inferior* (Stein), type of a new genus of philaematomyine flies (Diptera). *Annals of Tropical Medicine and Parasitology*, 14: 333-340.

Bezzi M. 1923a. Diptera, Bombyliidae and Myiodaria (Coenosiinae, Muscinae, Calliphorinae, Sacrophaginae, Dexiinae,

Tachininae), from the Seychelles and neighbouring islands. *Parasitology*, 15: 75-102.
Bezzi M. 1923b. Eine neue, auf javanischen Chrysomeliden schmarotzende Tachinide (Diptera). *Treubia*, 3: 411-412.
Bezzi M. 1923c. Les males de *Musca albina* Wied. *Et* de *Musca lucidula* Loew (Diptera). *Bulletin of the Entomological Society of Egypte*, 7: 108-118.
Bezzi M. 1923d. Trypaneides d'Afrique (Diptera) de la collection du Muséum National de Paris (Suite). *Bulletin du Museum National d'Histoire Naturelle, Paris*, 29: 577-581.
Bezzi M. 1925. Some Tachinidae (Diptera) of economic importance from the Federated Malay States. *Bulletin of Entomological Research*, 16: 113-123.
Bezzi M. 1926. New species of *Rhabdochaeta* (Diptera, Trypaneidae) from Ceylon and the Philippines. *Spolia Zeylanica*, 13 (3): 309-314.
Bezzi M. 1927a. Some Calliphoridae (Diptera) from the South Pacific Islands and Australia. *Bulletin of Entomological Research*, (1926) 17: 231-247.
Bezzi M. 1927b. Un nuovo *Microdon* (Diptera) della Cina. *Bollettino del Laboratorio di Zoologia Generale e Agraria della R. Scuola Superiore d'Agricoltura*, 20: 3-6.
Bezzi M. 1928. *Diptera Brachycera and Athericera of the Fiji Islands based on material in the British Museum* (*Natural History*). London: British Museum (Natural History): viii + 1-220.
Bezzi M, Stein P. 1907. Cyclorrapha Aschiza. Cyclorrapha Schizophora: Schizometopa. *In*: Becker T, Bezzi M, Kertész K, Stein P. 1907. *Katalog der Paläarktischen Dipteren*, Band III. Budapest: 1-828.
Bharti M, Verves Y. 2016. A new species of genus *Polleniopsis* from India (Diptera: Calliphoridae) with a key to the Indian species. *Halteres*, 7: 1-4.
Bidenkap O. 1890. En for videnskaben ny Dipter. *Entomologisk Tidskrift*, 11: 199-200.
Bigot J M F. 1857. Dipteros. *In*: Sagra R de la. 1857. *Historia Fisica, Politica y Natural de la Isla de Cuba*. (1856) 7. A. Paris: Bertrand: 328-349.
Bigot J M F. 1859a. Dipterorum aliquot nova genera. *Revue et Magasin de Zoologie Pure et Appliquee*, 7: 1-11.
Bigot J M F. 1859b. Dipterorum aliquot nova genera. *Revue et Magasin de Zoologie Pure et Appliquee*, (2) 11: 305-315, pl. 11.
Bigot J M F. 1860. Diptères de Madagascar (Suite *et* fin). Troisième partie. *Annales de la Société Entomologique de France*, 7 (3): 533-558.
Bigot J M F. 1861. Trois Diptères nouveaux de la Corse. *Annales de la Société Entomologique de France*, (4) 1: 227-229.
Bigot J M F. 1862. Diptères nouveaux de la Corse découverts dans la partie montagneuse de cette île par M E Bellier de la Chavignerie pendant l'été de 1861. *Annales de la Société Entomologique de France*, (4) 2: 109-114.
Bigot J M F. 1874a. Diptères nouveaux ou peu Commus, I. Sur la genre *Diopsis* Espèces nouvelles. *Annales de la Société Entomologique de France*, (5) 4: 107-115.
Bigot J M F. 1874b. Diptéres nouveaux ou peu connus. 2e partie. III. Diptéres nouveaux. *Annales de la Société Entomologique de France*, 4 (5): 235-242.
Bigot J M F. 1875-1876. Diptéres nouveaux ou peu connus. 4e partie, V: Asilides exotiques nouveaux; 5e partie, VI: Espèces exotiques nouvelles des genres *Sphixea* (Rondani) *et Volucella* (auctorum); 5e partie, VII: Espèces nouvelles du genre *Cyphomyia*. *Annales de la Société Entomologique de France*, 5: 237-248 (1875); 469-482 (1876); 483-488 (1876).
Bigot J M F. 1877. Diptéres nouveaux ou peu connus. 7e partie. IX. Genre *Somomya* (Rondani), *Lucilia* (Rob.-Desv.), *Calliphora*, *Phormia*, *Chrysomyia* (id.). *Annales de la Société Entomologique de France*, 7 (5): 35-48.
Bigot J M F. 1880a. Dipteres nouveaux ou peu connus. 13e partie. XX. Quelques Dipteres de Perse *et* du Caucase. *Annales de la Societe Entomologique de France*, (5) 10: 139-154.
Bigot J M F. 1880b. Diptéres nouveaux ou peu connus. 14e partie, XXI: Syrphidi (mihi).-Genre *Eristalis* (Fabr.). *Annales de la Société Entomologique de France*, (5) 10: 213-230.
Bigot J M F. 1881. Diptères nouveaux ou peu connus. 17e partie. XXVI. *Annales de la Société Entomologique de France*, 6 (1): 363-371.
Bigot J M F. 1882a. Diagnoses de genres *et* espèces inedits de Syrphides. 1re partie; 2e partie; 3e partie; 4e *et* derniere partie. *Annales de la Société Entomologique de France*, (6) 2: lxvii-lxviii; cxiv-cxv; cxx-cxxi; cxxviii-cxxix; cxxxvi.
Bigot J M F. 1882b. Diptères nouveaux ou peu connus. 19e partie. XXIX. Genres Roeselia, Actia, Melia, Phytomyptera *et* tribu des Anthomyzidae (Schiner, Rondani, Meade). XXX. Genre Ctenostylum. *Annales de la Société Entomologique de France*, (6) 2: 5-22.
Bigot J M F. 1882c. Note. *Bulletin des Seances del la Société Entomologique de France*, 1882 (2): 19-21.
Bigot J M F. 1883a. Description d'un nouveau genre de Dipteres de la tribu des Syrphides. *Annales de la Société Entomologique de France*, 6 (3): xx-xxi.
Bigot J M F. 1883b. Diagnoses de genres *et* especes inedits de Syrphides (2e partie). *Annales de la Société Entomologique de*

France, 1882 (6) 2: CXX-CXXII.

Bigot J M F. 1883c. Dipteres nouveaux ou peu connus. 21e partie, XXXII: Syrphidi (1re partie). *Annales de la Société Entomologique de France*, (6) 3: 221-258.

Bigot J M F. 1884a. Dipteres nouveaux ou peu connus. 22e partie, XXXII: Syrphidi (2e partie). Espèces nouvelles, no. Ier. *Annales de la Société Entomologique de France*, (6) 3: 315-356.

Bigot J M F. 1884b. Diptères nouveaux ou peu connus. 23e partie. XXXII: Syrphidi (2e partie). Espèces nouvelles, no. II. *Annales de la Société Entomologique de France*, 1883 (6) 3: 535-560.

Bigot J M F. 1884c. Diptères nouveaux ou peu connus. 24e partie, XXXII: Syrphidi (2e partie). Espèces nouvelles, no. III. *Annales de la Société Entomologique de France*, (6) 4: 73-80, 81-116.

Bigot J M F. 1884d. Descriptions de Diptères nouveaux récoltés par M. le professeur Magretti dans le Soudan oriental. *Annales de la Société Entomologique de France*, ser. 6, 4 (2): 57-59.

Bigot J M F. 1885a. Description d'un nouveau genre de diptères. *Bulletin Bimensuel de la Société Entomologique de France*, 1855 (22): cci-ccii.

Bigot J M F. 1885b. Description de Diptères nouveaux récolté par M. le Professeur Magretti dans le Soudan oriental. *Annales de la Société Entomologique de France*, 6 (4): 263-304.

Bigot J M F. 1885c. Diagnoses de deux genres nouveaux de Diptéres du groupe des Déxiaires. *Bulletin Bimensuel de la Société Entomologique de France*, (3): 25-26.

Bigot J M F. 1885d. Diptères nouveaux ou peu connus. 27e Partie (1). Famille des Anomalocerati (mihi). *Annales de la Société Entomologique de France*, 5 (6): 225-246.

Bigot J M F. 1885e. Dipteres nouveaux ou peu connus. 28e partie. XXXVI: Syrphidi. Addenda au mémoire publié dans les Annales de la Société Entomologique de France (Années 1883-1884). Nouvelles especes. *Annales de la Société Entomologique de France*, (6) 5: 247-252.

Bigot J M F. 1885f. La description d'un nouveau genre de dipteres. *Bulletin des Séances del la Société Entomologique de France*, (1885) 19: clxxiii–clxxiv.

Bigot J M F. 1886a. Diagnoses de trois genres nouveaux de l'ordre des Diptéres. *Bulletin de la Société Entomologique de France*, 6 (6): 13-14.

Bigot J M F. 1886b. Diptères nouveaux ou peu connus, 29e partie (suite) XXXVII § 2e. Essai d'une classification synoptique du groupe des Tanypezidi (Mihi) *et* description de genres *et* d'espèces inédits. *Annales de la Société Entomologique de France*, (6) 6: 369-392.

Bigot J M F. 1887. Diptères nouveaux ou peu connus. 31e partie. XXXIX. Descriptions de nouvelles espèces de Stratiomyidi *et* de Conopsidi. *Annales de la Société Entomologique de France*, (6) 7: 20-46.

Bigot J M F. 1888a. Diptéres nouveaux ou peu connus. Muscidi (J. B.). *Bulletin de la Société Zoologique de France*, (1887) 12 (5-6): 581-617.

Bigot J M F. 1888b. Dipteres [sect. V.]. *In*: *Ministeres de la Marine et de l'Instruction Publique, Mission scientifique du Cap Horn*. 1882-1883. Tome VI. Zoologie. Insectes. Paris: Gauthier-Villars *et* Fils: 1-45, pls. 1-4.

Bigot J M F. 1890a. Collection d'insectes formee dans l'Indo-Chine par M. Pavie, Consul de France au Cambodge. Dipteres. *Nouvelles Archives du Muséum d'Histoire Naturelle de Paris*, (3) 2: 203-208.

Bigot J M F. 1890b. New species of Indian Diptera. *Indian Museum Notes*, 1: 191-195.

Bigot J M F. 1892a. A Catalogue of the Diptera of the Oriental Region. Part II and Part III. *Journal of the Asiatic Society of Bengal*, (N. S.) 61: 37-178, 178-236.

Bigot J M F. 1892b. Voyage de MM. Ch. Alluaud aux Iles Canaries (November 1889 — Juin 1890). *Diptères*. *Bulletin de la Société Zoologique de France*, (1891) 16: 275-279.

Billberg G J. 1820. *Enumeratio Insectorum in Museo Gust. Joh. Billberg*. Stockholm: 1-138.

Bischof J. 1900a. Vorläufige Charakteristik einiger neuen Gattungen von Muscarien. *Anzeiger der Kaiserlichen Akademie der Wissenschaften in Wien. Mathematisch-Naturwissenschaftliche Classe*, 37: 131-132.

Bischof J. 1900b. Einige neue Gattungen von Muscarien. *Sitzungsberichte der Mathematisch-Naturwissenschaftlichen Classe der Kaiserlichen Akademie der Wissenschaften in Wien, Abteilung I*, 109: 409-497.

Biswas S, Lahiri A R, Ghosh A K. 1975. A preliminary study of the insect fauna of Meghalaya. 2. Diptera, Syrphidae: eleven new records and notes on other species. *Proceedings of the Zoological Society* (*Calcutta*), (1974) 27: 23-27.

Bjerkander C. 1780. Beskrifning pâ tvänne slags-Maskar, som äro Larver af härtils okände Insecter och funnits pâ Rot-Kâl (Curculio; *Musca*). *Kungliga Svenska VetenskApsakademiens Handlingar*, 1: 194-196.

Blackith R E, Blackith R M, Pape T. 1997. Taxonomy and systematics of *Helicophagella* Enderlein, 1928 (Diptera, Sarcophagidae) with the description of a new species and a revised catalogue. *Studia Dipterologica*, 4 (2): 383-434.

Blanchard E, Bérenger-Féraud L J B. 1872. [note ar p. 1134] *In*: Larrey, M. Le Baron [Extrait d'un travail manuscrit que lui a adressé M. Bérenger-Féraud, médecin en chef de la Marine, au Sénégal intitulée: Étude sur les larves de mouches qui se developpent dans le peau de l'homme, au Sénégal]. 1872. *Comptes Rendus Hebdomadaires des Séances de l'Académie des Sciences*, 75: 1133-1134.

Blanchard E E. 1845. Histoire naturelle des animaux articulés, annelides, crustacés, arachnides, myriapodes *et* insects. *Firmin Didot Freres*, 2: 1-524, pls. 11-20.

Blanchard E E. 1926. A dipterous leaf-miner on Cineraria, new to science. *Revista Sociedad Entomologica Argentina, Buenos Aires*, 1: 10-11.

Blanchard E E. 1938. Descripciones y anotaciones de dipterous argentinos. Agromyzidae. *Anales de la Sociedad Científica Argentina*, 126: 352-359.

Blanchard E E. 1954. Sinopsis de los agromyizidos Argentinos (Diptera, Agromyzidae). *Ministerio de Agricultura y Ganaderia, Buenos Aires*, 56: 1-48.

Bock I R. 1966. *D. argentostriata*: a new species of *Drosophila* from New Guinea. *University of Queensland Papers. Department of Zoology*, 2: 271-276.

Bock I R. 1971. Taxonomy of the *Drosophila bipectinata* species complex. *The University of Texas Publication*, 7103: 273-280.

Bock I R. 1979. Drosophilidae of Australia III. *Leucophenga* (Insecta: Diptera). *Australian Journal of Zoology*, 71 (Suppl.): 1-56.

Bock I R. 1982. Drosophilidae of Australia V. Remaining genera and synopsis (Insecta, Diptera). *Australian Journal of Zoology*, 89 (Suppl.): 1-164.

Bock I R, Wheeler M R. 1972. The *Drosophila melanogaster* species group. *The University of Texas Publication*, 7213: 1-102.

Boheman C H. 1844. Resa i Lappland. *Öfversigt af Kongliga Vetenskaps-Akademiens Förhandlingar*, 1: 95-105.

Boheman C H. 1864. Entomologiska anteckningar under en resa i norra Skâne och södra Halland ar 1862. *Öfversigt af Kongliga Vetenskaps-Akademiens Förhandlingar*, 20 (2): 57-85.

Bonsdorff E J. 1861. Finlands tvåvingade insecter (Diptera) förtecknad. *Bidrag till Finlands Naturkännedom, Etnografi och Statistic*, 6: 209-299.

Bonsdorff E J. 1866. Finlands tvåvingade insekter (Diptera), förtecknade och i korthlet beskrifne. Andra delen. *Bidrag till Finlands Naturkännedom, Etnografi och Statistik*, 7: 1-306.

Borgmeier T. 1962. Versuch einer Übersicht über die neotropischen *Megaselia*-Arten, sowie neue oder wenig bekannte Phoriden verschiedener Gattungen. *Studia Entomologica*, 5: 289-488.

Borgmeier T. 1967. Studies on the Indo-Australian phorid flies, based mainly on material of the Museum of Comparative Zoology and the United States National Museum (Diptera, Phoridae). *Studia Entomologica*, (1966) 9: 129-328.

Borgmeier T. 1968. A catalogue of the Phoridae of the world (Diptera: Phoridae). *Studia Entomologica*, 11: 1-367.

Borisova-Zinovjeva K B. 1962. On two new species of the genus *Nemosturmia* T. T. (Diptera, Larvaevoridae) from the Far East. *Trudy Zoologicheskogo Instituta Akademii Nauk SSSR*, 30: 326-329.

Borisova-Zinovjeva K B. 1963. New species of tachinid-flies (Diptera, Larvaevoridae) parasites of cockchafers from the Far-East and Altai. *Entomologicheskoe Obozrenie*, 42: 678-690.

Borisova-Zinovjeva K B. 1964. Parasites of imagines of lamellicorn beetles—tachinids of the genus *Urophyllina* Villeneuve and of allied genera (Diptera, Larvaevoridae) in the fauna of the Far East. *Entomologicheskoe Obozrenie*, 43: 768-788.

Borisova-Zinovjeva K B. 1966. New species of the genus *Hyperecteina* Schin. (Diptera, Larvaevoridae). *Trudy Zoologicheskogo Instituta Akademii Nauk SSSR*, 37: 272-276.

Bosc L A G. 1792. Description de deux mouches. *Journal d'Histoire Naturelle*, 2: 54-56.

Böttcher G. 1912a. Sauters Formosa-Ausbeute. Genus *Sarcophaga* (Diptera). *Entomologishe Mitteilungen*, 1 (6): 163-170.

Böttcher G. 1912b. Die männlichen Begattungswerkzeude bei dem Genus *Sarcophaga* Meig. Und ihre Bedeutung für die Abgrenzung der Arten. *Deutsche Entomologische Zeitschrift*, (6): 705-736.

Böttcher G. 1912c. Zu Meigens und Pandellés *Sarcophaga*-Typen nebst Anmerkungen zu Kramers "Tachiniden der Oberlausitz". *Deutsche Entomologische Zeitschrift*, (3): 343-350.

Böttcher G. 1913. H. Sauters Formosa-Ausbeute. Einige neue *Sarcophaga*-Arten. *Annales Historico-Naturales Musei Nationalis Huwngarici*, 11: 374-381.

Bouché P F. 1833. Naturgeschichte der schädlichen und nützlichen Garten-Insecten und die bewährtesten Mittel zur Vertilgung der ersteren. Berlin: 1-176.

Bouché P F. 1834. *Naturgeschichte der Insekten, besonderes in Hinsicht ihrer ersten Zustände als Larven und Puppen*. Berlin: Nicolai: 1-216.

Brake I. 2009a. Revesion of *Milichiella* Giglio-Tos (Diptera, Milichiidae). *Zootaxa*, 2188: 1-166.

Brake I. 2009b. World Catalog of the Family Carnidae (Diptera, Schizophora). *Myia*, 12: 113-169.

Brake I, Bächli G. 2008. Drosophilidae (Diptera). *In*: *World Catalogue of Insects*. Vol. 9. Stenstrup: Apollo Books: 1-412.

Brake I, Freidberg A. 2003. Revision of *Desmometopa* Loew (*Litometopa* Sabrosky) (Diptera: Milichiidae), with descriptions of six new species. *Proceedings of the Entomological Society of Washington*, 105 (2): 265-282.

Braschnikov W C. 1897. Zur Biologie und systematik einiger arten minierender Diptera. *Izvestiya Moskovskago Sel'skokhoziaistvennago Instituta*, 3: 19-43.

Brauer F. 1858a. Neue Beiträge zur Kenntniss der europäischen Oestriden. *Verhandlungen der* [*K.-K.* (= *Kaiserlich-Königlichen*)] *Zoologisch-Botanischen Gesellschaft in Wien*, 8: 449-470.

Brauer F. 1858b. Die Oestriden (Dasselfliegen) des Hochwildes, nebst einer Tabelle zur Bestimmung aller europäischen Arten dieser Familie. *Verhandlungen der* [*K.-K.* (= *Kaiserlich-Königlichen*)] *Zoologisch-Botanischen Gesellschaft in Wien*, 8: 385-414.

Brauer F. 1861. Über *Oestrus leporinus* Pallas. *Verhandlungen der* [*K.-K.* (= *Kaiserlich-Königlichen*)] *Zoologisch-Botanischen Gesellschaft in Wien*, 11: 311-314.

Brauer F. 1862. *Therobia*, eine neue Gattung aus der Familie der Oestriden. *Verhandlungen der* [*K.-K.* (= *Kaiserlich-Königlichen*)] *Zoologisch-Botanischen Gesellschaft in Wien*, 12 (Abhandl.): 1231-1232.

Brauer F. 1863. *Monographie der Oestriden*. Wien: Ueberreuter: 1-292.

Brauer F. 1886. Nachträge zur Monographie der Oestriden. I. Über die von Frau A. Zugmayer und Hrn. F. Wolf entdeckte Lebensweise des *Oestrus purpureus*. *Wiener Entomologische Zeitung*, 5: 289-304.

Brauer F. 1893. Vorarbeiten zu einer Monographie der *Muscaria schizometopa* (exclusive Anthomyidae) von Prof. Dr. Fr. Brauer und Julius Edl. V. Bergenstamm. *Verhandlungen der* [*K.-K.* (= *Kaiserlich-Königlichen*)] *Zoologisch-Botanischen Gesellschaft in Wien*, 43 (Abhandl.): 447-525.

Brauer F. 1897. Beiträge zur Kenntnis der *Muscaria schizometopa* und Beschreibung von zwei Hypoderma-Arten. *Sitzungsberichte der Mathematisch-Naturwissenschaftlichen Classe der Kaiserlichen Akademie der Wissenschaften in Wien*, 106: 329-382.

Brauer F. 1898. Beiträge zur Kenntniss der *Muscaria schizometopa*. I. Bemerkungen zu den Originalexemplaren der von Bigot, Macquart und Robineau-Desvoidy beschriebenen *Muscaria schizometopa* aus Sammlung des Herrn G.H. Verrall. Zweite Folge. *Sitzungsberichte der Mathematisch-Naturwissenschaftlichen Classe der Kaiserlichen Akademie der Wissenschaften in Wien, Abteilung I*, 107: 493-546.

Brauer F, Bergenstamm J E von. 1889. Die Zweiflügler des Kaiserlichen Museums zu Wien. IV. Vorarbeiten zu einer Monographie der *Muscaria schizometopa* (exclusive Anthomyidae). Pars I. *Denkschriften der Kaiserlichen Akademie der Wissenschaften. Wien. Mathematisch-Naturwissenschaftliche Klasse*, 56 (1): 69-180.

Brauer F, Bergenstamm J E von. 1891. Die Zweiflügler des Kaiserlichen Museums zu Wien. V. Vorarbeiten zu einer Monographie der *Muscaria schizometopa* (exclusive Anthomyiidae). Pars II. *Denkschriften der Kaiserlichen Akademie der Wissenschaften. Wien. Mathematisch-Naturwissenschaftliche Klasse*, 58: 39-446.

Brauer F, Bergenstamm J E von. 1893. Die Zweiflügler des Kaiserlichen Museums zu Wien. VI. Vorarbeiten zu einer Monographie der *Muscaria schizometopa* (exclusive Anthomyidae), Pars III. F. Tempsky, Wien. 1-152.

Brauer F, Bergenstamm J E von. 1894. Die Zweiflügler des Kaiserlichen Museums zu Wien. VII. Vorarbeiten zu einer Monographie der *Muscaria schizometopa* (exclusive Anthomyidae). Pars IV. *Denkschriften der Kaiserlichen Akademie der Wissenschaften. Wien. Mathematisch-Naturwissenschaftliche Klasse*, 61: 537-624.

Brian H C. 1977. Family Psilidae. *In*: Delfinado M D, Hardy D E. 1977. *A Catalogue of the Diptera of the Oriental Region*. Vol. 3. Honolulu: University Press of Hawaii: 24-27.

Brischke C G A. 1881. Die Blattminirer in Danzig's Umgebung. *Schriften der Naturforschenden Gesellschaft in Danzig*, (N.F.), 5 (1-2): 233-290.

Brown B V. 1971. A variety of *Syrphus albostriatus* Fallén (Diptera: Syrphidae). *Entomologist's Record and Journal of Variation*, 83: 355-356.

Brown B V. 1992. Generic revision of Phoridae of the Nearctic Region and phylogenetic classifaction of Phoridae, Sciadoceridae, and Ironomyiidae (Diptera: Phoridae). *Memoirs of the Entomological Society of Canada*, 164: 1-144.

Brown B V. 2005. Classification of two poorly known genera of African Phoridae (Diptera). *African Invertebrates*, 46: 133-140.

Brown B V. 2009. The undescribed male of *Ctenopleuriphora* Liu (Diptera: Phoridae). *Studia Dipterologica*, 15: 185-187.

Brues C T. 1905. Phoridae from the Indo-Australian Region. *Annales Historico-Naturales Musei Nationalis Hungarici*, 3: 541-555.

Brues C T. 1909. Some new Phoridae from the Philippines. *Journal of the New York Entomological Society*, 17: 5-6.

Brues C T. 1911. The Phoridae of Taiwan collected by Mr. H. Sauter. *Annales Historico-Naturales Musei Nationalis Hungarici*, 9: 530-559.

Brues C T. 1915a. Some new Phoridae from Java. *Journal of the New York Entomological Society*, 23 (3): 184-193.

Brues C T. 1915b. A synonymic catalogue of the dipterous family Phoridae. *Bulletin of the Wisconsin Natural History Society*, (1914) 12: 85-152.

Brues C T. 1924. Addition to the Phoridae of Taiwan (Diptera). *Psyche*, 31 (5): 206-223.

Brues C T. 1936. Philippine Phoridae from the Mount Apo region in Mindanao. *Proceeding of American Academy Arts Science*

Boston, 70: 365-466.

Brülle G A. 1832. *Expedition scientifique de Moree*, 3 (2). Insectes: 1-400.

Brullé G A. 1832. Ive classe. Insectes. *In*: Bory de Saint Vincent M. 1832. *Expédition Scientifique de Morée*: *Section des Sciences Physiques*. Tome III. 1e. partie. Zoologie Sect. 2. Paris: Levrault F.G., Strasburg: 64-395.

Brunetti E. 1907a. Notes on Oriental Syrphidae with descriptions of new species. Part I. *Records of the Indian Museum*, 1: 379-380, pls. 11-13.

Brunetti E. 1907b. Notes on Oriental Diptera III. Review of the Oriental species of *Sepedon* Latr. With descriptions of two new species. *Records of the Indian Museum*, 1 (3, 16): 211-216.

Brunetti E. 1907c. Notes on Oriental Diptera. IV. On some Indian species of *Limnophora* and *Anthomyia*, with a description of a new species of the former genus. *Records of the Indian Museum*, 1 (4): 381-385.

Brunetti E. 1908. Notes on oriental Syrphidae with descriptions of new species. I. *Records of the Indian Museum*, 2 (1): 49-96.

Brunetti E. 1910a. New Oriental Sepsinae. *Records of the Indian Museum*, (1909) 3: 343-372.

Brunetti E. 1910b. Revision of the Oriental bloodsucking Muscidae (*Stomoxinae*, *Philaematomyia* Aust., and *Pristirhynchomyia*, gen. nov.). *Records of the Indian Museum*, 4: 59-93.

Brunetti E. 1912. New Oriental Diptera, 1. *Records of the Indian Museum*, 7 (5): 445-513.

Brunetti E. 1913a. Diptera Syrphidae. *Records of the Indian Museum*, 8: 157-170.

Brunetti E. 1913b. New and interesting Diptera from the eastern Himalayas. *Records of the Indian Museum*, 9: 255-277.

Brunetti E. 1913c. XI. Diptera. *In*: Zoological results of the Abor expedition, 1911-12. *Records of the Indian Museum*, 8: 149-190.

Brunetti E. 1915. Notes on Oriental Syrphidae, with descriptions of new species, Pt. II. *Records of the Indian Museum*, 11: 201-256, pl. 13.

Brunetti E. 1917. Diptera of the Simla District. *Records of the Indian Museum*, 13: 59-101.

Brunetti E. 1923. Conopidae. *In*: Shipley A E. 1923. *The Fauna of British India* (*Diptera*), 3: xi + 1-424.

Brunetti E. 1924a. *Microdon apiformis* Brun., renamed. *Records of the Indian Museum*, 26: 1-153.

Brunetti E. 1924b. Diptera of the Siju Cave, Garo Hills, Assam. 1. Tipulidae, Tabanidae, Anthomyidae, Acalyptratae Muscidae and Phoridae. *Records of the Indian Museum*, 7: 99-106.

Brunetti E. 1925. Conopidae. *Records of the Indian Museum*, 27: 49-96.

Brunetti E. 1928. New species of Diopsidae (Diptera). *Annals and Magazine of Natural History*, (10) 2: 275-285.

Brunetti E. 1929. New African Diptera. *Annals and Magazine of Natural History*, (10) 4: 1-35.

Bryan E H Jr. 1934. A review of the Hawaiian Diptera, with descriptions of new species. *Proceedings of the Hawaiian Entomological Society*, 8: 399-468.

Buck M, Marshall S A. 2009. Revision of New World *Leptocera* Olivier (Diptera, Sphaeroceridae). *Zootaxa*, 2039: 1-139.

Burla H. 1948. Die Gattung *Drosophila* in Der Schweiz. *Revue Suisse de Zoologie*, 55: 272-279.

Burla H. 1954a. Zur Kenntnis der Drosophiliden der Elfenbeinküste (Französisch West-Afrika). *Revue Suisse de Zoologie*, 61 (Suppl): 1-218.

Burla H. 1954b. Distribution between four species of the "*melanogaster*" group, "*Drosophila seguyi*", "*D. montium*", "*D. kikkawai*" sp. n. and "*D. auraria*" (Drosophilidae, Diptera). *Revista Brasileira de Biologia*, 14: 41-54.

Burla H, Gloor H. 1952. Zur Systematik der *Drosophila*-Arten Sudwest-Europas. *Zeitschrift fur Induktive Abstammungs- und Vererbungslehre*, 84: 164-168.

Bush G L. 1966. The taxonomy, cytology and evolution of the genus *Rhagoletis* in North America (Diptera, Tephrytidae). *Bulletin of the Museum of Comparative Zoology, Harvard University*, 134: 431-562.

Buzzati-Traverso A. 1943. Morfologia, citologia e biologia di due nuove specie di *Drosophila* (Diptera acalyptera). *Drosophila nitens* n. sp.—*Drosophila tigrina* n. sp. *Rendiconti dell'Istituto Lombardo di Scienze e Lettere*, 77: 37-49.

Byun H W, Han H Y. 2010. Taxonomic review of the genus *Trigonospila* Pokorny (Diptera: Tachinidae: Blondeliini) in Korea. *Korean Journal of Systematic Zoology*, 26 (3): 243-249.

Byun H W, Han H Y. 2011. *Lixophaga* Townsend (Diptera: Tachinidae: Blondeliini), a newly recorded parasitoid taxon in Korea. *Journal of Asia-Pacific Entomology*, 14 (1): 58-62.

Cai Y L, Liu G C. 2012. A new species of the genus *Phalacrotophora* Enderlein (Diptera: Phoridae) from China. *Acta Zootaxonomica Sinica*, 37 (1): 203-205. [蔡云龙, 刘广纯. 2012. 中国伐蚤蝇属一新种记述 (双翅目, 蚤蝇科). 动物分类学报, 37 (1): 203-205.]

Camras S. 1960. Flies of the family Conopidae from Eastern Asia. *Proceedings of the United States National Museum*, 112: 107-131.

Camras S. 1965. Family Conopidae. *In*: Stone A, Sabrosky C W, Wirth W W, *et al*. 1965. *A Catalog of the Diptera of America North of Mexico*. Washington: United States Department of Agriculture Handbook, 276: 625-632.

Cantrell B K. 1985. Revision of the Australian species of *Carcelia* Robineau-Desvoidy, with notes on the remaining genera of

Australian Carceliini (Diptera: Tachinidae). *Australian Journal of Zoology*, 33: 891-932.

Cantrell B K, Crosskey R W. 1989. Family Tachinidae. *In*: Evenhuis N L. 1989. *Catalog of the Diptera of the Australasian and Oceanian Regions*. Bishop Museum Special Publication No. 86. Honolulu and E.J. Brill, Leiden: Bishop Museum Press: 733-784.

Canzoneri S. 1986. Nuovi dati sugli Ephydridae (Diptera) della Sierra Leone. *In*: Ricerche Bioligiche in Sierra Leone (Parte II). *Accademia Nazionale dei Lincei-1986*, quaderno N. 260: 67-75.

Canzoneri S. 1993. Due nuove specie di efidridi della China (Diptera: Ephydridae). *Bollettino del Museo civico di Storia Naturale di Venezia*, 17: 513-516.

Canzoneri S, Meneghini D. 1966. Lispe Latr. Del Mediterraneo e Medio Oriente raccolte da A. Giordani Soika. *Bollettino del Museo Civico di Storia Naturale di Venezia*, 16 (1963): 109-148.

Canzoneri S, Meneghini D. 1969. Sugli Ephydridae e Canceidae della fauna etiopica. *Bollettino del Museo Civico di Storia Naturale di Venezia*, (1966) 19: 101-185.

Canzoneri S, Meneghini D. 1977. Le *Discocerina* Macquart d'Italia (Diptera, Epydridae). *Società Veneziana di Scienze Naturali-Lavori*, 2: 22-29.

Cao H L, Li T, Zhang W X, Chen H W. 2008. Five new species and five new records of the genus *Amiota* Loew (Diptera: Drosophilidae) from Hengduan Mountains, southwestern China. *Oriental Insects*, 42: 193-205.

Cao H L, Toda M J, Chen H W. 2007. Four new species of the genus *Apsiphortica* Okada 1971 (Diptera, Drosophilidae), with supplementary descriptions of two known species. *Journal of Natural History*, 41 (41-44): 2707-2718.

Cao H L, Wang X L, Gao J J, Prigent S, Watabe H, Zhang Y P, Chen H W. 2011. Phylogeny of the African and Asian *Phortica* (Drosophilidae) deduced from nuclear and mitochondrial DNA sequences. *Molecular Phylogenetics and Evolution*, 61: 677-685.

Cao H Z, Chen H W. 2008a. Revision of the *Stegana* (*Steganina*) *nigrolimbata* species group (Diptera, Drosophilidae). *Zootaxa*, 1848: 27-36.

Cao H Z, Chen H W. 2008b. Discovery of the genus *Luzonimyia* Malloch in China, with descriptions of two new species (Insecta, Diptera, Drosophilidae). *The Raffles Bulletin of Zoology*, 56 (2): 251-254.

Cao H Z, Chen H W. 2009. Revision of the Oriental genus *Pararhinoleucophenga* Duda. *Zoological Studies*, 48 (1): 125-136.

Cao H Z, Toda M J, Chen H W. 2008. Three new species of the subgenus *Parapenthecia* (Diptera, Drosophilidae, *Apenthecia*) from Oriental region. *Entomological Science*, 11: 215-219.

Cao R F, Liu Y T, Xue W Q. 1985. A new species of genus *Delia* from Shaanxi, China (Diptera: Anthomyiidae). *Acta Zootaxonomica Sinica*, 10 (3): 292-293. [曹如峰, 刘永泰, 薛万琦. 1985. 陕西省地种蝇属一新种 (双翅目: 花蝇科). 动物分类学报, 10 (3): 292-293.]

Carles-Tolrá M. 1990. New species and records of Sphaeroceridae (Diptera) from Spain. *Entomologist's Monthly Magazine*, 126: 33-46.

Carvalho C J B, Couri M S, Pont A C, Pamplona D, Lopes S M. 2005. A catalogue of the Muscidae (Diptera) of the Neotropical region. *Zootaxa*, 860: 1-282.

Carvalho C J B, Pont A C, Couri M S, Pamploona D. 1993. Parte I. Fanniidae. *In*: Carvalho C J B de. 1993. *A Catalogue of the Fanniidae and Muscidae of the Neotropical Region*. São Paulo: *Sociedade Brasileira de Entomologia*: 1-29.

Carvalho C J B, Pont A C, Couri M S, Pampola D. 2003. A catalogue of the Fanniidae (Diptera) of the Neotropical Region. *Zootaxa*, 219: 1-32.

Čepelák J. 1940. Nove dva druhy *Epistrophe* Walker (Diptera, Syrphidae) ze Zapadniho Slovenska. *Časopis Československé Spolecnosti Entomologické*, 37 (1): 33-55.

Černý M. 2013. Additional records of Agromyzidae (Diptera) from the West Palaearctic Region. *Casopis Slezskeho Zemskeho Muzea* (A), 62 (3): 281-288.

Cerretti P. 2005a. Revision of the West Palaearctic species of the genus *Pales* Robineau-Desxoidy (Diptera: Tachinidae). *Zootaxa*, 885: 1-36.

Cerretti P. 2005b. World revision of the genus *Nealsomyia* Mesnil (Diptera, Tachinidae). *Revue Suisse de Zoologie*, 112: 121-144.

Cerretti P. 2009a. A review of the genus *Kuwanimyia* Townsend (Diptera: Tachinidae), with taxonomic remarks on related genera. *African Entomology*, 17: 51-63.

Cerretti P. 2009b. A new Afrotropical genus of Voriini, with remarks on related genera (Diptera: Tachinidae: Dexiinae). *Insect Systematics and Evolution*, 40: 105-120.

Cerretti P. 2010. *I tachinidi della fauna italiana* (*Diptera Tachinidae*) *con chiave interattiva dei generi ovest-paleartici*. Cierre Edizioni, Verona, Vol. I: 573; Vol. II: 339 + CD-ROM.

Cerretti P, Freidberg A. 2009. Updated checklist of the Tachinidae of Israel. *Tachinid Times*, 22: 9-16.

Cerretti P, O'Hara J E, Wood D M, *et al*. 2014. Signal through the noise? Phylogeny of the Tachinidae (Diptera) as inferred from morphological evidence. *Systematic Entomology*, 39: 335-353.

Chan J C, Lee J S, Dai D L, Woo J. 2005. Unusual cases of human myiasis due to Old World screwworm fly acquired indoors in Hong Kong. *Transactions of the Royal Society of Tropical Medicine and Hygiene*, 99 (12): 914-918.

Chandler P J. 1989. Family Platypeizdae. *In*: Evenhuis N L. 1989. *Catalog of the Diptera of the Australasian and Oceanian Regions*. Bishop Museum Special Publication No. 86. Honolulu and E. J. Brill, Leiden: Bishop Museum Press: 420-421.

Chandler P J. 1994. The Oriental and Australasian species of Platypezidae (Diptera). *Invertebrate Taxonomy*, 8 (2): 351-434.

Chao C M. 1962a. Notes on the Chinese Larvaevoridae (Tachinidae). I. Genus *Linnaemyia* R.-D. *Acta Entomologica Sinica*, 11 (1): 83-98. [赵建铭. 1962a. 中国寄蝇科 Larvaevoridae (Tachinidae) 的记述 I. 短须寄蝇属 *Linnaemyia* R.-D. 昆虫学报, 11 (1): 83-98.]

Chao C M. 1962b. Chinese Tachinidae (Diptera) Parasitizing on *Mythimna seperata* (Walker). *Acta Entomologica Sinica*, 11 (Suppl.): 32-44. [赵建铭. 1962b. 中国粘虫寄蝇的研究. 昆虫学报, 11 (增刊): 32-44.]

Chao C M. 1962c. Notes on the Chinese Larvaevoridae (Tachinidae). II. *Servillia* R.-D. *Acta Entomologica Sinica*, 11 (Suppl.): 45-65. [赵建铭. 1962c. 中国寄蝇科的记述II. 茸毛寄蝇属*Servillia* R.-D. 昆虫学报, 11 (增刊): 45-65.]

Chao C M. 1963a. Notes on the Chinese Larvaevoridae. III. Record of a new species of *Crossocosmia*, parasitic on the Chinese oak tussah silkworm in Northeast China. *Acta Entomologica Sinica*, 12 (1): 37-40. [赵建铭. 1963a. 中国寄蝇科的记述 III. 为害我国东北地区柞蚕的寄蝇——饰腹寄蝇属 *Crossocosmia* 中的一新种. 昆虫学报, 12 (1): 37-40.]

Chao C M. 1963b. Notes on the Chinese Larvaevoridae. IV. *Hemipeletieria* Zimin. *Acta Entomologica Sinica*, 12 (2): 220-224. [赵建铭. 1963b. 中国寄蝇科的记述 IV. 颏迷寄蝇属 *Hemipeletieria* Zimin. 昆虫学报, 12 (2): 220-224.]

Chao C M. 1964a. Fauna Larvaevoriden Chinas. V. Gattung *Exorista* Meigen. *Acta Entomologica Sinica*, 13 (3): 362-375. [赵建铭. 1964a. 中国寄蝇科的记述Ⅴ. 追寄蝇属 *Exorista* Meigen. 昆虫学报, 13 (3): 362-375.]

Chao C M. 1964b. Notes on the Chinese Larvaevoridae. VI. *Phorocera* R.-D. *Acta Zootaxonomica Sinica*, 1 (2): 293-297. [赵建铭. 1964b. 中国寄蝇科的记述VI. 蜉寄蝇属. 动物分类学报, 1 (2): 293-297.]

Chao C M. 1964c. Notes on the Chinese Larvaevoridae. VII. *Biomeigenia* Mesnil. *Acta Zootaxonomica Sinica*, 1 (2): 298-299. [赵建铭. 1964c. 中国寄蝇科的记述VII. 突额寄蝇属. 动物分类学报, 1 (2): 298-299.]

Chao C M. 1964d. Chinese Tachinidae (Diptera) Parasitizing on *Dendrolimus*. *Acta Entomologica Sinica*, 13 (6): 877-884. [赵建铭. 1964d. 中国松毛虫寄蝇的研究. 昆虫学报, 13 (6): 877-884.]

Chao C M. 1965. Fauna Larvaevoriden Chinas. VIII. Gattung *Chaetexorista* B. B. *Acta Zootaxonomica Sinica*, 2 (2): 101-105. [赵建铭. 1965. 中国寄蝇科的记述VIII. 刺蛾寄蝇属. 动物分类学报, 2 (2): 101-105.]

Chao C M. 1974. Notes on the Chinese Larvaevoridae. IX. *Hystriomyia* Portschinsky. *Acta Entomologica Sinica*, 17 (4): 474-478. [赵建铭. 1974. 中国寄蝇科的记述 IX. 豪寄蝇属 *Hystriomyia*. 昆虫学报, 17 (4): 474-478.]

Chao C M. 1976. New species of the genus *Thecocarcelia* T. T. (Diptera: Tachinidae). *Acta Entomologica Sinica*, 19 (3): 335-338. [赵建铭. 1976. 管狭颊寄蝇属的新种记述 (双翅目: 寄蝇科). 昆虫学报, 19 (3): 335-338.]

Chao C M. 1979a. New species of the subtribe Peleteriina from China (Diptera: Tachinidae). *Acta Zootaxonomica Sinica*, 4 (2): 156-161. [赵建铭. 1979a. 中国长须寄蝇亚族的新种记述 (双翅目: 寄蝇科). 动物分类学报, 4 (2): 156-161.]

Chao C M. 1979b. New species of Tachinidae (Diptera) from Mount Tomuer, Xinjiang, China. *Entomotaxonomia*, 1 (2): 79-82. [赵建铭. 1979b. 我国新疆托木尔峰寄蝇科二新种记述. 昆虫分类学报, 1 (2): 79-82.]

Chao C M. 1985a. Diptera: Tachinidae. *In*: Zhao X F, Hua L Z, Chao C M, *et al*. 1985. Report on the survey of insects from Jianfengling tropical forest of Hainan Island, Guangdong Province, a Natural Protective Area (IV) (natural enemy insects). *Insects of Jianfengling*, 2 (3): 5-6. [赵建铭. 1985a. 双翅目: 寄蝇科//赵修复, 华立中, 赵建铭, 等. 1985. 海南岛尖峰岭热带自然林保护区昆虫调查 (四) 天敌昆虫. 尖峰岭昆虫, 2 (3): 5-6.]

Chao C M. 1985b. Diptera: Tachinidae. *In*: Huang F S, Zhang X Z, Han Y H. 1985. *The Insect Fauna of the Mt. Tuomuer Area in Tianshan*. *In*: The Mountaineering and Scientific Expedition, Academia Sinica. 1985. *Biota of Tuomuer Region, Tianshan*. Urumqi: Xinjiang People's Press: 124-131. [赵建铭. 1985b. 双翅目: 寄蝇科//黄复生, 张学忠, 韩寅恒. 1985. 新疆天山托木尔峰地区的昆虫//中国科学院登山科学考察队. 1985. 天山托木尔峰地区的生物. 乌鲁木齐: 新疆人民出版社: 124-131.]

Chao C M, Arnaud P H Jr. 1993. Name changes in the genus *Tachina* of the eastern Palearctic and Oriental Regions (Diptera: Tachinidae). *Proceedings of the Entomological Society of Washington*, 95: 48-51.

Chao C M, Chen X L. 2007. A taxonomic study on the genus *Phebellia* Robineau-Desvoidy (Diptera: Tachinidae) from China. *Acta Entomologica Sinica*, 50 (9): 933-940. [赵建铭, 陈小琳. 2007. 中国菲寄蝇属分类研究 (双翅目: 寄蝇科). 昆虫学报, 50 (9): 933-940.]

Chao C M, *et al*. 1998. Diptera: Tachinidae. *In*: Xue W Q, Chao C M. 1998. *Flies of China*. Vol. 2. Shenyang: Liaoning Science and Technology Publishing House: 1661-2206 + pls. 1-30. [赵建铭, 等. 1998. 双翅目: 寄蝇科//薛万琦, 赵建铭. 1998. 中国蝇类 (下册). 沈阳: 辽宁科学技术出版社: 1661-2206 + 图版 1-30.]

Chao C M, Jin Z C. 1984. Two new species of Chinese tachinid flies (Diptera: Tachinidae). *Acta Zootaxonomica Sinica*, 9 (3): 284-287. [赵建铭, 靳自成. 1984. 中国寄蝇二新种 (双翅目: 寄蝇科). 动物分类学报, 9 (3): 284-287.]

Chao C M, Liang E Y. 1982. Notes on new species of Chinese *Erycilla* Mesnil (Diptera: Tachinidae). *Zoological Research*, 3 (1): 77-81. [赵建铭, 梁恩义. 1982. 中国蚬寄蝇属*Erycilla* Mesnil的新种记述 (双翅目: 寄蝇科). 动物学研究, 3 (1): 77-81.]

Chao C M, Liang E Y. 1984. *Parasitic flies (Tachinidae and Sarcophagidae) of Chinese main pests*. Beijing: Science Press: iii + 1-212. [赵建铭, 梁恩义. 1984. 中国主要害虫寄蝇. 北京: 科学出版社: iii + 1-212.]

Chao C M, Liang E Y. 1986. A study of the Chinese *Carcelia* R.-D. (Diptera: Tachinidae). *Sinozoologia*, 4: 115-148. [赵建铭, 梁恩义. 1986. 中国狭颊寄蝇属研究. 动物学集刊, 4: 115-148.]

Chao C M, Liang E Y. 1992. Tachinida. *In*: Fan Z D. 1992. *Key to the Common Flies of China*. 2nd Ed. Beijing: Science Press: 719-810. [赵建铭, 梁恩义. 1992. 寄蝇科//范滋德. 1992. 中国常见蝇类检索表. 2 版. 北京: 科学出版社: 719-810.]

Chao C M, Liang E Y. 2002. Review of the Chinese *Carcelia* Robineau-Desvoidy (Diptera: Tachinidae). *Acta Zootaxonomica Sinica*, 27 (4): 807-848. [赵建铭, 梁恩义. 2002. 中国寄蝇科狭颊寄蝇属研究. 动物分类学报, 27 (4): 807-848.]

Chao C M, Liang E Y. 2003. A study on the Chinese genus *Smidtia* Robineau-Desvoidy (Diptera, Tachinidae). *Acta Zootaxonomica Sinica*, 28 (1): 152-158. [赵建铭, 梁恩义. 2003. 中国锥腹寄蝇属研究 (双翅目: 寄蝇科). 动物分类学报, 28 (1): 152-158.]

Chao C M, Liang E Y, Shi Y S, *et al*. 2001. *Fauna Sinica, Insecta. Vol. 23. Diptera: Tachinidae (1)*. Beijing: Science Press: ix + 1-296 + pls. 1-11. [赵建铭, 梁恩义, 史永善, 等. 2001. 中国动物志 昆虫纲 第二十三卷 双翅目 寄蝇科 (1). 北京: 科学出版社: ix + 1-296 + 图版 1-11.]

Chao C M, Liang E Y, Zhou S X. 2002. Diptera: Tachinidae. *In*: Huang F S. 2002. *Forest Insects of Hainan*. Beijing: Science Press: 814-834. [赵建铭, 梁恩义, 周士秀. 2002. 双翅目: 寄蝇科//黄复生. 2002. 海南森林昆虫. 北京: 科学出版社: 814-834.]

Chao C M, Liang E Y, Zhou S X. 2004. Diptera: Tachinidae. *In*: Yang X K. 2004. *Insects from Mt. Shiwandashan Area of Guangxi*. Beijing: China Forestry Publishing House: 563-575. [赵建铭, 梁恩义, 周士秀. 2004. 双翅目: 寄蝇科//杨星科. 2004. 广西十万大山地区昆虫. 北京: 中国林业出版社: 563-575.]

Chao C M, Liang E Y, Zhou S X. 2005. Diptera: Tachinidae. *In*: Yang X K. 2005. *Insect Fauna of Middle-West Qinling Range and South Mountains of Gansu Province*. Beijing: Science Press: 850-872. [赵建铭, 梁恩义, 周士秀. 2005. 双翅目: 寄蝇科//杨星科. 2005. 秦岭西段及甘南地区昆虫. 北京: 科学出版社: 850-872.]

Chao C M, Liang E Y, Zhou S X. 2009. Diptera: Tachinidae. *In*: Yang D. 2009. *Fauna of Hebei, Diptera*. Beijing: China Agricultural Science and Technology Press: 555-818, 820. [赵建铭, 梁恩义, 周士秀. 2009. 双翅目寄蝇科//杨定. 2009. 河北动物志 双翅目. 北京: 中国农业科学技术出版社: 555-818, 820.]

Chao C M, Shi Y S. 1978. Tachinidae. *In*: Institute of Zoology of Chinese Academy of Sciences, Zhejiang Agricultural University, *et al*. 1978. *Atlas of Insect 3. Natural Enemies*. Beijing: Science Press: 172-223 + pls. 34-41. [赵建铭, 史永善. 1978. 寄蝇科//中国科学院动物研究所, 浙江农业大学, 等. 1978. 昆虫图册 第三号 天敌昆虫图册. 北京: 科学出版社: 172-223 + 图版34-41.]

Chao C M, Shi Y S. 1980a. Notes on Chinese Tachinidae: genus *Blepharipa* Rondani, 1856. *In*: The Sericultural Research Institute of Liaoning Province. 1980. *Research Collected Works on Blepharipa Tibialis (Chao, 1963)*. Beijing: Science Press: 1-6. [赵建铭, 史永善. 1980a. 中国寄蝇科饰腹寄蝇属 *Blepharipa* 的种类记述//辽宁省蚕业科学研究所. 1980. 柞蚕寄蝇研究论文集. 北京: 科学出版社: 1-6.]

Chao C M, Shi Y S. 1980b. Notes on Chinese Tachinidae: genus *Linnaemya* R.-D. (II). *Acta Zootaxonomica Sinica*, 5 (3): 264-272. [赵建铭, 史永善. 1980b. 中国寄蝇科的记述: 短须寄蝇属 *Linnaemya* Robineau-Desvoidy (II). 动物分类学报, 5 (3): 264-272.]

Chao C M, Shi Y S. 1980c. Notes on new species of *Hyalurgus* Brauer & Bergenstamm (Diptera: Tachinidae). *Acta Entomologica Sinica*, 23 (3): 314-321. [赵建铭, 史永善. 1980c. 透翅寄蝇属的新种记述 (双翅目: 寄蝇科). 昆虫学报, 23 (3): 314-321.]

Chao C M, Shi Y S. 1981a. Notes on new genus *Flavicorniculum* Chao *et* Shi of Tachinidae from China. *Acta Entomologica Sinica*, 24 (2): 203-208. [赵建铭, 史永善. 1981a. 中国寄蝇科的记述黄角寄蝇属新属. 昆虫学报, 24 (2): 203-208.]

Chao C M, Shi Y S. 1981b. On the Chinese *Eurythia* with descriptions of seven new species (Diptera: Tachinidae). *Sinozoologia*, 1: 75-82. [赵建铭, 史永善. 1981b. 中国广颜寄蝇属七新种记述. 动物学集刊, 1: 75-82.]

Chao C M, Shi Y S. 1982a. A new species of *Metoposisyrops* Townsend from China (Diptera: Tachinidae). *Sinozoologia*, 2: 71-73.

[赵建铭, 史永善. 1982a. 中国厉寄蝇属一新种记述. 动物学集刊, 2: 71-73.]

Chao C M, Shi Y S. 1982b. Diptera: Tachinidae—Tachininae. *In*: The Comprehensive Scientific Expedition to the Qinghai-Xizang Plateau, Chinese Academy of Sciences. 1982. *Insects of Xizang*, Vol. II. Beijing: Science Press: 235-281. [赵建铭, 史永善. 1982b. 双翅目寄蝇科寄蝇亚科//中国科学院青藏高原综合科学考察队. 1982. 西藏昆虫 (第 2 册). 北京: 科学出版社: 235-281.]

Chao C M, Shi Y S. 1985a. Notes on the genus *Thelaira* Robineau-Desvoidy from China (Diptera: Tachinidae). *Sinozoologia*, 3: 169-174. [赵建铭, 史永善. 1985a. 中国柔毛寄蝇属研究. 动物学集刊, 3: 169-174.]

Chao C M, Shi Y S. 1985b. Study on the subtribe Nemoraeina from China (Diptera: Tachinidae). *Sinozoologia*, 3: 163-167. [赵建铭, 史永善. 1985b. 中国毛瓣寄蝇亚族研究. 动物学集刊, 3: 163-167.]

Chao C M, Shi Y S. 1986. Tachinidae (Larvaevoridae). *In*: He J H, Pang X F, *et al*. 1986. *Pictorial Handbook of Rice Pests and Their Natural Enemies*. Shanghai: Shanghai Scientific and Technical Publishers: 131-163. [赵建铭, 史永善. 1986. 双翅目寄蝇科//何俊华, 庞雄飞, 等. 1986. 水稻害虫天敌图说. 上海: 上海科学技术出版社: 131-163.]

Chao C M, Shi Y S. 1987. Two new species of genus *Chetogena* (Rondani) from China (Diptera: Tachinidae). *Sinozoologia*, 5: 203-206. [赵建铭, 史永善. 1987. 中国鬃堤寄蝇属二新种. 动物学集刊, 5: 203-206.]

Chao C M, Sun X K, Zhou S X. 1990. Studies on the tribe *Parerigonini* from China (Diptera: Phasiinae). *Acta Zootaxonomica Sinica*, 15 (2): 230-241. [赵建铭, 孙雪逵, 周士秀. 1990. 中国俏饰寄蝇族的研究 (双翅目: 突颜寄蝇亚科). 动物分类学报, 15 (2): 230-241.]

Chao C M, Yang L L. 1990. Notes on a new genus and species of Tachinidae from China. *Acta Zootaxonomica Sinica*, 15 (1): 77-82. [赵建铭, 杨龙龙. 1990. 中国寄蝇科一新属新种记述. 动物分类学报, 15 (1): 77-82.]

Chao C M, Yuan S Y. 1996. A new species of the genus *Linnaemya* from Gansu, China (Diptera: Tachinidae). *Acta Zootaxonomica Sinica*, 21 (2): 229-231. [赵建铭, 袁士云. 1996. 中国短须寄蝇属一新种记述 (双翅目: 寄蝇科). 动物分类学报, 21 (2): 229-231.]

Chao C M, Zhang X Z. 1978. New species of genus *Kozlovea* Rohdendorf from China (Diptera: Sarcophagidae). *Acta Entomologica Sinica*, 21 (4): 445-446. [赵建铭, 张学忠. 1978. 中国库麻蝇属一新种记述 (双翅目: 麻蝇科). 昆虫学报, 21 (4): 445-446.]

Chao C M, Zhang X Z. 1982. Diptera: Sarcophagidae. *In*: The Comprehensive Scientific Expedition to the Qinghai-Xizang Plateau, Chinese Academy of Sciences. 1982. *Insects of Xizang*, Vol. II. Beijing: Science Press: 227-233. [赵建铭, 张学忠. 1982. 双翅目: 麻蝇科//中国科学院青藏高原综合科学考察队. 1982. 西藏昆虫 (第 2 册). 北京: 科学出版社: 227-233.]

Chao C M, Zhang X Z. 1988a. Four new species of Sarcophaginae from Mt. Tomuer, Xinjiang, China (Diptera: Sarcophagidae). *Acta Zootaxonomica Sinica*, 13 (1): 75-80. [赵建铭, 张学忠. 1988a. 新疆托木尔峰麻蝇亚科四新种记述 (双翅目: 麻蝇科). 动物分类学报, 13 (1): 75-80.]

Chao C M, Zhang X Z. 1988b. New species of Agriinae, Miltogrammatinae and Macronychiinae from China (Diptera: Sarcophagidae). *Sinozoologia*, 6: 273-288. [赵建铭, 张学忠. 1988b. 中国野麻蝇、蜂麻蝇和巨爪麻蝇新种记述 (双翅目: 麻蝇科). 动物学集刊, 6: 273-288.]

Chao C M, Zhou S X. 1987a. Diptera: Tachinidae. *In*: Zhang S M. 1987. *Agricultural Insects, Spiders, Plant Diseases and Weeds of Tibet*, Vol. II. Lhasa: Tibet People's Publishing House: 205-223. [赵建铭, 周士秀. 1987a. 寄蝇科//章士美. 1987. 西藏农业病虫及杂草 (二). 拉萨: 西藏人民出版社: 205-223.]

Chao C M, Zhou S X. 1987b. New species of tachinid flies from Hengduan Mountains of China (Diptera: Tachinidae). *Sinozoologia*, 5: 207-215. [赵建铭, 周士秀. 1987b. 中国横断山区寄蝇科新种记述. 动物学集刊, 5: 207-215.]

Chao C M, Zhou S X. 1987c. Notes on Chinese Tachinidae: genus *Servillia* R.D. (II). *Entomotaxonomia*, 9 (1): 1-15. [赵建铭, 周士秀. 1987c. 中国寄蝇科的记述: 茸毛寄蝇属 (II). 昆虫分类学报, 9 (1): 1-15.]

Chao C M, Zhou S X. 1988. Diptera: Tachinidae. *In*: The Mountaineering and Scientific Expedition, Academia Sinica. 1988. *Insects of Mt. Namjagbarwa Region of Xizang*. Beijing: Science Press: 513-523. [赵建铭, 周士秀. 1988. 双翅目: 寄蝇科//中国科学院登山科学考察队. 1988. 西藏南迦巴瓦峰地区昆虫. 北京: 科学出版社: 513-523.]

Chao C M, Zhou S X. 1989. Studies on the genus *Chrysocosmius* Beggi from China (Diptera: Tachinidae). *Acta Zootaxonomica Sinica*, 14 (1): 66-72. [赵建铭, 周士秀. 1989. 中国金绿寄蝇属记述 (双翅目: 寄蝇科). 动物分类学报, 14 (1): 66-72.]

Chao C M, Zhou S X. 1993. Diptera: Tachinidae. *In*: The Comprehensive Scientific Expedition to the Qinghai-Xizang Plateau, Chinese Academy of Sciences. 1993. *Insects of the Hengduan Mountains Region*. Vol. 2. The Series of the Scientific Expedition to the Hengduan Mountains Region of Qinghai-Xizang Plateau. Beijing: Science Press: 1271-1347. [赵建铭, 周士秀. 1993. 双翅目: 寄蝇科//中国科学院青藏高原综合科学考察队. 1993. 横断山区昆虫 (第 2 册). 青藏高原横断山科学

考察丛书. 北京: 科学出版社: 1271-1347.]

Chao C M, Zhou S X. 1996a. Diptera: Tachinidae. *In*: Wu S G, Feng Z J. 1996. *The Biology and Human Physiology in the Hoh-Xil Region*. The Series of the Comprehensive Scientific Expedition to the Hoh-Xil Region. Beijing: Science Press: 217-224. [赵建铭, 周士秀. 1996a. 双翅目: 寄蝇科//武素功, 冯祚建. 1996. 青海可可西里地区生物与人体高山生理. 可可西里地区综合科学考察丛书. 北京: 科学出版社: 217-224.]

Chao C M, Zhou S X. 1996b. Diptera: Tachinidae. *In*: The Comprehensive Scientific Expedition to the Qinghai-Xizang Plateau, Chinese Academy of Sciences. 1996. *Insects of the Karakorum-Kunlun Mountains*. Beijing: Science Press: xii + 252-266. [赵建铭, 周士秀. 1996b. 双翅目: 寄蝇科//中国科学院青藏高原综合科学考察队. 1996. 喀喇昆仑山-昆仑山地区昆虫. 北京: 科学出版社: 252-266.]

Chao C M, Zhou S X. 1997. Diptera: Tachinidae. *In*: Yang X K. 1997. *Insects of the Three Gorge Reservoir Area of Yangtze River*. Part 2. Chongqing: Chongqing Publishing House: 1529-1552. [赵建铭, 周士秀. 1997. 双翅目寄蝇科//杨星科. 1997. 长江三峡库区昆虫 (下). 重庆: 重庆出版社: 1529-1552.]

Chao C M, Zhou S X. 2001. Diptera: Tachinidae. *In*: Wu H, Pan C W. 2001. *Insects of Tianmushan National Nature Reserve*. Beijing: Science Press: 476-502. [赵建铭, 周士秀. 2001. 双翅目: 寄蝇科//吴鸿, 潘承文. 2001. 天目山昆虫. 北京: 科学出版社: 476-502.]

Chao C M, Zhou S X. 2003. Deptera: Tachinidae. *In*: Huang B K. 2003. *Fauna of nsects in Fujian Province of China*. Vol. 8. Fuzhou: Fujian Science and Technology Press: 443-498. [赵建铭, 周士秀. 2003. 双翅目: 寄蝇科//黄邦侃. 2003. 福建昆虫志 (第八卷). 福州: 福建科学技术出版社: 443-498.]

Chao C M, Zhou S X, Wang X J. 1987. Diptera: Tachinidae. *In*: Forestry Department of Yunnan Province, Institute of Zoology of Chinese Academy of Sciences. 1987. *Forest Insects of Yunnan*. Kunming: Yunnan Science and Technology Press: 1190-1275 + pls. 1-2. [赵建铭, 周士秀, 汪兴鉴. 1987. 双翅目: 寄蝇科//云南省林业厅, 中国科学院动物研究所. 1987. 云南森林昆虫. 昆明: 云南科技出版社: 1190-1275 + 图版 1-2.]

Chao H F. 1982. *An Annotated Checklist of Insects Heretofore Recorded from Fujan Province*. Fuzhou: Fujian Science and Technology Press: 3+1-658. [赵修复. 1982. 福建省昆虫名录. 福州: 福建科学技术出版社: 3+1-658.]

Chao Y S, Lin X L. 1993. Three new species of *Dacus* (Diptera: Tephritidae) from China. *Entomotaxonomia*, 15 (2): 137-143. [赵又新, 林小琳. 1993. 寡毛实蝇属三新种 (双翅目: 实蝇科). 昆虫分类学报, 15 (2): 137-143.]

Chao Y S, Lin X L. 1996. Notes on the genus *Sinodacus* Zia (Diptera: Tephritidae) with descriptions of six new species from China. *Entomotaxonomia*, 18 (2): 125-134. [赵又新, 林小琳. 1996. 华实蝇属的研究及六新种 (双翅目: 实蝇科). 昆虫分类学报, 18 (2): 125-134.]

Chassagnard M T, Tsacas L. 2003. Les espéces orirentales *et* australiennes du sous-genre *Cacoxenus* (*Gitonides*) Knab (Diptera: Drosophilidae). *Annals de la Société Entomlogique de France* (*N.S.*), 39 (3): 271-386.

Chen C M, Song H Y, Xiao T G. 1993. Survey on natural enemies in tachinid to tea pests in Hunan. *Journal of Hunan Agricultural College*, 19 (6): 585-590. [陈常铭, 宋慧英, 萧铁光. 1993. 湖南茶树害虫寄蝇类天敌调查. 湖南农学院学报, 19 (6): 585-590.]

Chen H W. 2007. Two new species of the subgenus *Cacoxenus* (*Nankangomyia*) from the Oriental Region (Diptera, Drosophilidae). *Journal of Natural History*, 41: 2701-2706.

Chen H W, Aotsuka T. 2003. A survey of the genus *Leucophenga* (Diptera, Drosophilidae) in Iriomote-jima of Japan, with descriptions of three new species. *The Canadian Entomologist*, 135: 143-158.

Chen H W, Aotsuka T. 2004. A survey of the genus *Stegana* Meigen from southern Japan (Diptera, Drosophilidae), with descriptions of three new species. *Journal of Natural History*, 38 (21): 2779-2788.

Chen H W, Gao J J, Wen S Y. 2005a. Species diversity of the genus *Phortica* Schiner in Yunnan, China, with descriptions of nine new species (Diptera, Drosophildae). *Journal of Natural History*, 39 (46): 3951-3978.

Chen H W, Máca J. 2012. Ten new species of the genus *Phortica* from the Afrotropical and Oriental regions (Diptera: Drosophilidae). *Zootaxa*, 3478: 493-509.

Chen H W, Toda M J. 1997. *Amiota* (*Phortica*) *magna* species-complex, with descriptions of three new species from China (Diptera, Drosophilidae). *Japan Journal Entomology*, 65 (4): 784-792.

Chen H W, Toda M J. 1998a. *Amiota* (*Amiota*) *apodemata* species-group, with descriptions of two new species from Southeast Asia (Diptera, Drosophilidae). *Entomological Science*, 1 (2): 271-275.

Chen H W, Toda M J. 1998b. *Amiota* (*Phortica*) *omega* species-complex, with descriptions of two new species from southern China (Diptera, Drosophilidae). *Entomological Science*, 1 (3): 403-407.

Chen H W, Toda M J. 1998c. *Amiota* (*Amiota*) *sinuata* species-group, with descriptions of five new species from Southeast Asia

(Diptera, Drosophilidae). *Entomological Science*, 1 (3): 409-416.

Chen H W, Toda M J. 2001. A revision of the subgenus *Amiota* Loew (Diptera, Drosophilidae) of Asia and Europe, with a phylogenetic analysis and establishment of species-group. *Journal of Natural History*, 35: 1517-1563.

Chen H W, Toda M J, Gao J J. 2005b. The *Phortica* (s. str.) *foliiseta* species-complex (Diptera, Drosophilidae) from China and its adiacent countries. *Acta Zootaxonomica Sinica*, 30 (2): 419-429. [陈宏伟, 户田正宪, 高建军. 2005b. 中国及周边国家的伏绕眼果蝇属叶芒绕眼果蝇复合种组研究 (双翅目, 果蝇科). 动物分类学报, 30 (2): 419-429.]

Chen H W, Toda M J, Lakim M B, Mohamed M B. 2007a. *Amiota* (*Amiota*) *sinuata* species group from eastern Malaysia. *Entomological Science*, 10: 73-80.

Chen H W, Toda M J, Lakim M B, Mohamed M B. 2007b. The *Phortica* s. str. (Diptera: Drosophildae) from Malaysia. *The Raffles Bulletin of Zoology*, 55: 23-41.

Chen H W, Toda M J, Wang B C. 2005c. A taxonomic revision of the genus *Pseudostegana* Okada, 1978 (Diptera, Drosophilidae). *Insect Systematics & Evolution*, 36: 407-442.

Chen H W, Wang B C. 2004. *Stegana* (*Oxyphortica*) *nigripennis* species-group (Diptera: Drosophilidae). *The Raffles Bulletin of Zoology*, 52 (1): 29-36.

Chen H W, Watabe H, Gao J J, Takamori H, Zhang Y P, Aotsuka T. 2005d. Species diversity of the subgenus *Amiota* (s. str.) Loew, 1862 (Diptera, Drosophilidae) in southern China. *Journal of Natural History*, 39 (3): 265-310.

Chen H W, Xue W Q, Cui Y S. 1997. Two new species of the genus *Phaonia* from China (Diptera: Muscidae). *Acta Zootaxonomica Sinica*, 22 (4): 430-435. [陈宏伟, 薛万琦, 崔永胜. 1997. 中国棘蝇属二新种 (双翅目: 蝇科). 动物分类学报, 22 (4): 430-435.]

Chen H W, Zhang C T, Liu G C. 2004. New species and new records of the subgenus *Amiota* s. str. Loew (Diptera, Drosophilidae) from North America, East Asia and Oceania. *Annales de la Societe Entomologique de France*, 40 (1): 59-67.

Chen H W, Zhang W X, Watabe H. 2007c. A new subgenus *Parastegana* (*Allstegana*) (Diptera, Drosophilidae), with descriptions of two new species from southwestern China. *Journal of Natural History*, 41 (37-40): 2403-2410.

Chen H Z. 1988. A new species of *Drosophila* (*Sophophora*) from China (Diptera: Drosophilidae). *Entomotaxonomia*, 10 (3-4): 193-195. [陈华中. 1988. 果蝇属一新种 (双翅目: 果蝇科). 昆虫分类学报, 10 (3-4): 193-195.]

Chen H Z. 1990. Two new species of the Drosophilidae from China (Diptera: Drosophilidae). *Journal of Fudan University* (*Natural Science*), 29 (1): 85-89. [陈华中. 1990. 中国果蝇科二新种 (双翅目: 果蝇科). 复旦学报 (自然科学版), 29 (1): 85-89.]

Chen H Z. 1994. Five new species and a new recrod of Drosophilidae flies (Diptera: Drosophilidae) from Sichuan Province, China. *Journal of Fudan University* (*Natural Science*), 33 (3): 335-347. [陈华中. 1994. 中国四川省果蝇科五新种一新记录 (双翅目: 果蝇科). 复旦学报 (自然科学版), 33 (3): 335-347.]

Chen H Z, Okada T. 1985. A new species of *Drosophila* (*Sophophora*) from China (Diptera, Drosophilidae). *Kontyû*, 53: 202-203.

Chen H Z, Shao Z, Fan Z D, Okada T. 1988. A new and a newly recorded species of *Drosophila* (*Sophophora*) (Diptera, Drosophilidae) from China. *Kontyû*, 56: 839-842.

Chen H Z, Shao Z, Fan Z D, Okada T. 1989. Six new and two newly recorded species of the genus *Mycodrosophila* (Diptera, Drosophilidae) from China. *Japanese Journal of Entomology*, 57 (2): 383-390.

Chen H Z, Toda M J. 1994a. A new species of *Paraleucophenga* (Diptera: Drosophilidae) from China. *Entomotaxonomia*, 16 (1): 71-74. [陈华中, 户田正宪. 1994a. 中国副白果蝇属*Paraleucophenga*一新种 (双翅目: 果蝇科). 昆虫分类学报, 16 (1): 71-74.]

Chen H Z, Toda M J. 1994b. Six new species of the Drosophilidae (Diptera) from Eastern China. *Japan Journal of Entomology*, 62 (3): 537-554.

Chen H Z, Watabe H A. 1993. The *Drosophila virilis* section (Diptera, Drosophilidae) from eastern China, with descriptions of two new species. *Japanese Journal of Entomology*, 61 (2): 313-322.

Chen J M, Gao J J. 2015. A new species of *Drosophila obscura* species group (Diptera, Drosophilidae) from China. *Zoological Systematics*, 40 (1): 70-78.

Chen L H, Zhu M F, Ayiken. 2015. Investigation on Calliphoridae and Sarcophagidae flies in Changji area. *Chinese Journal of Hygienic Insecticides & Equipments*, 21 (3): 323-324. [陈联宏, 朱明福, 阿依肯. 2015. 昌吉州丽蝇科与麻蝇科蝇类的调查研究. 中华卫生杀虫药械, 21 (3): 323-324.]

Chen L S, Zhu G H. 2014. A checklist of Calliphoridae, Sarcophagidae and Muscidae (Diptera) in Beijing. *Journal of Beijing University of Agriculture*, 29 (4): 22-28. [陈禄仕, 朱光辉. 2014. 北京地区双翅目 丽蝇科 麻蝇科 蝇科名录. 北京农学院学报, 29 (4): 22-28.]

Chen R, An Y W, Huo K K, Zhang H J. 2008. Preliminary investigation on syrphidae in Foping Nature Reserve. *Science Journal of Northwest University Online*, 6 (4): 1-10. [陈锐, 安有为, 霍科科, 张宏杰, 2008. 佛坪自然保护区蚜蝇科昆虫种类的初步

调查. 西北大学学报 (自然科学网络版), 6 (4): 1-10.]
Chen S H. 1938. II. Subfamily Tephritinae. *In*: Zia Y, Chen S H. 1938. Trypetidae of North China. *Sinensia*, 9 (1-2): 57-172.
Chen S H. 1939. Étude sur les Diptères Conopides de la Chine. *Notes d'Entomologie Chinoise*, 6 (10): 161-231.
Chen S H. 1940a. Two new Dacinae from Szechwan. *Sinensia*, 11 (1-2): 131-135.
Chen S H. 1940b. Rectifications of the nomenclature of some Trypetidae. *Sinensia*, 11 (5-6): 529.
Chen S H. 1947. Chinese and Japanese Pyrgotidae. *Sinensia*, 17 (1): 47-74.
Chen S H. 1948. Notes on Chinese Trypetinae. *Sinensia*, 18 (1-6): 69-123.
Chen S H. 1949. Records of Chinese Diopsidae and Celyphidae. *Sinensia*, 20: 1-6.
Chen S H, Zia Y. 1955. Taxonomic notes on the Chinese citrus fly *Tetradacus citri* (Chen). *Acta Entomologica Sinica*, 5 (1): 123-126. [陈世骧, 谢蕴贞. 1955. 关于桔大实蝇的学名及其种征. 昆虫学报, 5 (1): 123-126.]
Chen T T. 1979. On five new species of the genus *Bellardia* R.-D. (Diptera: Calliphoridae). *Acta Zootaxonomica Sinica*, 4 (4): 385-391. [陈之梓. 1979. 陪丽蝇属五新种 (双翅目: 丽蝇科). 动物分类学报, 4 (4): 385-391.]
Chen W J, Hung T H, Shiao S H. 2004. Molecular identification of forensically important blow fly species (Diptera: Calliphoridae) in Taiwan. *Journal of Medical Entomology*, 41 (1): 47-57.
Chen W L, Li Z Z, Gu D, Liu Q Y. 2007. Species summary of the genus *Liriomyza* in China (Diptera: Agromyaidae). *Journal of Southwest University* (*Natural Science Edition*), 29 (4): 154-158. [陈文龙, 李子忠, 顾丁, 柳琼友. 2007. 中国斑潜蝇属种类和 2 新纪录种记述 (双翅目, 潜蝇科). 西南大学学报 (自然科学版), 29 (4): 154-158.]
Chen X L, Kameneva E P. 2007. A review of *Physiphora* Fallén (Diptera: Ulidiidae) from China. *Zootaxa*, 1398: 15-28.
Chen X L, Kameneva E P. 2009. A review of *Ulidia* Meigen (Diptera: Ulidiidae) from China. *Zootaxa*, 2175: 42-50.
Chen X L, Norrbom A, Freidberg A, Chesters D, Islam M S, Zhu C D. 2015. A systematic study of *Ichneumonosoma* de Meijere, *Pelmatops* Enderlein, *Pseudopelmatops* Shiraki and *Soita* Walker (Diptera: Tephritidae). *Zootaxa*, 4013 (3): 301-347.
Chen X L, Wang X J. 2001. A new record genus and species of Agromyzidae (Diptera) from China. *Entomotaxonomia*, 23 (4): 281-282. [陈小琳, 汪兴鉴. 2001. 中国潜蝇科一新记录属和新记录种. 昆虫分类学报, 23 (4): 281-282.]
Chen X L, Wang X J. 2003a. A new record species of *Ophiomyia* Braschnikov (Diptera: Agromyzidae) from China. *Entomotaxonomia*, 25 (2): 155-156. [陈小琳, 汪兴鉴. 2003a. 中国蛇潜蝇属一新记录种. 昆虫分类学报, 25 (2): 155-156.]
Chen X L, Wang X J. 2003b. A new species of the genus *Tropicomyia* Spencer, 1973 from China (Diptera: Agromyzidae). *Acta Zootaxonomica Sinica*, 28 (4): 751-753. [陈小琳, 汪兴鉴. 2003b. 中国热潜蝇属一新种 (双翅目: 潜蝇科). 动物分类学报, 28 (4): 751-753.]
Chen X L, Wang X J. 2003c. A review of the genus *Calycomyza* Hendel in China (Diptera: Agromyzidae). *Acta Entomologica Sinica*, 46 (3): 359-362. [陈小琳, 汪兴鉴. 2003c. 中国萼潜蝇属研究 (双翅目: 潜蝇科). 昆虫学报, 46 (3): 359-362.]
Chen X L, Wang X J. 2003d. A review of the genus *Napomyza* Westwood in China (Diptera: Agromyzidae). *Acta Entomologica Sinica*, 46 (5): 640-643. [陈小琳, 汪兴鉴. 2003d. 中国萝潜蝇属分类研究 (双翅目: 潜蝇科). 昆虫学报, 46 (5): 640-643.]
Chen X L, Wang X J. 2003e. A taxonomic study of Chinese members of the subgenus *Butomomyza* Nowakoski, Genus *Cerodontha* (Diptera, Agromyzidae). *Acta Zootaxonomica Sinica*, 28 (2): 356-358. [陈小琳, 汪兴鉴. 2003e. 中国角潜蝇属莎草潜蝇亚属分类研究 (双翅目: 潜蝇科). 动物分类学报, 28 (2): 356-358.]
Chen X L, Wang X J. 2006a. Three new species of *Eurydiopsis* Frey (Diptera: Diopsidae) from China. *Entomological News*, 117 (1): 73-82.
Chen X L, Wang X J. 2006b. A cladistic analysis of the subtribe Pelmatopina (Diptera: Tephritidae: Trypetinae: Adramini) and its phylogeographic implications. *Instrumenta Biodiversitatis*, 7: 157-165.
Chen X L, Wang X J. 2006c. Two new record species of genus *Ceroxys* Macquart (Diptera: Ulidiidae) from China. *Entomotaxonomia*, 28 (3): 237-239. [陈小琳, 汪兴鉴. 2006c. 中国角斑蝇属二新记录种. 昆虫分类学报, 28 (3): 237-239.]
Chen X L, Wang X J. 2007a. Two new species of the genus Cornutrypeta Han and Wang (Diptera: Tephritidae) from China. *Entomological News*, 118 (5): 497-502.
Chen X L, Wang X J. 2007b. A new record genus and two new record species of *Icteracantha* Hendel (Diptera, Platystomatidae) from China, Thailand and India. *Acta Zootaxonomica Sinica*, 32 (1): 118-120. [陈小琳, 汪兴鉴. 2007b. 中国、泰国和印度广口蝇科 (双翅目) 一新纪录属及二新纪录种. 动物分类学报, 32 (1): 118-120.]
Chen X L, Wang X J. 2008a. A review of the Chinese species of *Aischrocrania* Hendel (Diptera: Tephritidae). *Pan-Pacific Entomologist*, 84 (1): 9-16.
Chen X L, Wang X J. 2008b. A new species of the genus *Nemorimyza* Frey (Diptera, Agromyzidae). *Acta Zootaxonomica Sinica*, 33 (1): 77-79. [陈小琳, 汪兴鉴. 2008b. 中国墨潜蝇属一新种 (双翅目, 潜蝇科). 动物分类学报, 33 (1): 77-79.]
Chen X L, Wang X J. 2008c. A new species of the genus *Tetanops* Fallén (Diptera, Ulidiidae) from China. *Acta Zootaxonomica Sinica*, 33 (4): 709-711. [陈小琳, 汪兴鉴. 2008c. 中国直斑蝇属一新种 (双翅目, 斑蝇科). 动物分类学报, 33 (4):

709-711.]

Chen X L, Wang X J, Zhu C D. 2013. New species and records of Trypetinae (Diptera: Tephritidae) from China. *Zootaxa*, 3710 (4): 333-353.

Chen X L, Wang Y. 2016. Tephritidae. *In*: Yang D, Wu H, Zhang J H, Yao G. 2016. *Fauna of Tianmu Mountain, Vol. 9. Hexapoda: Diptera (II)*. Hangzhou: Zhejiang University Press: 119-143. [陈小琳, 王勇. 2016. 实蝇科//杨定, 吴鸿, 张俊华, 姚刚. 2016. 天目山动物志 (第九卷) 昆虫纲 双翅目 (II). 杭州: 浙江大学出版社: 119-143.]

Chen X L, Whittington A E. 2006. A new species in the genus *Agadasys* Whittington (Diptera: Platystomatidae, Plastotephritinae) from China. *Zootaxa*, 1358: 59-66.

Chen X L, Zhang L J, Zhao M S. 2016. Three new species of *Acidiostigma* Hendel (Diptera: Tephritidae: Trypetinae) and an updated key for the species from the world. *Zootaxa*, 4092 (3): 401-413.

Chen X L, Zhang Y Z, Li J, Zhu C D. 2010. A review of stalk-eyed fruit flies (Diptera: Tephritidae: Trypetinae). *Zootaxa*, 2654: 1-16.

Chen X L, Zhou L B, Han H Y, Bai Y H. 2012. New species and record of *Bactrocera* Macquart (Diptera: Tephritidae) from China and Laos. *Entomotaxonomia*, 34 (2): 351-355. [陈小琳, 周力兵, 韩琥渊, 白永华. 2012. 中国及老挝果实蝇属一新种及一新记录种 (双翅目: 实蝇科). 昆虫分类学报, 34 (2): 351-355.]

Chen X L, Zhou L B, Wang S J, Li Z W, Li J. 2011. A new species and record of *Bactrocera* Macquart (Diptera, Tephritidae) from China. *Zootaxa*, 3014: 59-64.

Chen X L, Zlobin V V. 2005. A new record species of *Cerondontha* Rondani (Diptera: Agromyzidae) from China. *Entomotaxonomia*, 27 (1): 37-38. [陈小琳, Zlobin V V. 2005. 中国角潜蝇属一新记录种. 昆虫分类学报, 27 (1): 37-38.]

Chen X P, Chen H W. 2008. The *Stegana coleoptrata* species group (Diptera, Drosophilidae) from the mainland of China. *Zootaxa*, 1891: 55-65.

Chen X P, Chen H W. 2009. Four new species of the subgenus *Steganina* (Diptera, Drosophilidae) from southern China. *Annales Zoologici*, 59 (4): 495-501.

Chen X P, Chen H W. 2012. Ten new species of the *Stegana shirozui* species group (Diptera, Drosophilidae) from China. *Zootaxa*, 3333: 24-37.

Chen X P, Gao J J, Chen H W. 2009. The *Stegana shirozui* species group (Diptera, Drosophilidae) from East Asia. *Journal of Natural History*, 43 (31-32): 1909-1927.

Chen Z Z. 1975. Descriptions of a new genus and two new species of Chinese flies of the tribe Sarcophagini (Diptera: Sarcophagidae). *Acta Entomologica Sinica*, 18 (1): 114-118. [陈之梓. 1975. 中国麻蝇族一新属二新种. 昆虫学报, 18 (1): 114-118.]

Chen Z Z. 1982. Morphological and biological notes on the larval stages of *Idiella tripartita* (Bigot) from China (Diptera: Calliphoridae). *In*: Shanghai Institute of Entomology, Academia Sinica. 1982. *Contributions from Shanghai Institute of Entomology*. Vol. 2. Shanghai: Shanghai Scientific and Technical Publishers: 259-261. [陈之梓. 1982. 三色依蝇幼虫形态及其习性小记 (双翅目: 丽蝇科)//中国科学院上海昆虫研究所. 1982. 昆虫学研究集刊 (第二集). 上海: 上海科学技术出版社: 259-261.]

Chen Z Z, Fan Z D. 1995. A new species of Anthomyiidae from Qinghai, China (Diptera). *Acta Zootaxonomica Sinica*, 20 (4): 492-494. [陈之梓, 范滋德. 1995. 青海花蝇科一新种 (双翅目). 动物分类学报, 20 (4): 492-494.]

Chen Z Z, Fan Z D, Cui C Y. 1982-1983. Two new species of the calliphorid genus *Bellardia* R.-D. (Diptera) from Heilongjiang, China. *In*: Shanghai Institute of Entomology, Academia Sinica. 1982-1983. *Contributions from Shanghai Institute of Entomology*. Vol. 3. Shanghai: Shanghai Scientific and Technical Publishers: 231-233. [陈之梓, 范滋德, 崔昌元. 1982-1983. 黑龙江省陪丽蝇属二新种//中国科学院上海昆虫研究所. 1982-1983. 昆虫学研究集刊 (第三集). 上海: 上海科学技术出版社: 231-233.]

Chen Z Z, Fan Z D, Fang J M. 1988. Diptera: Calliphoridae. *In*: The Mountaineering and Scientific Expedition, Academia Sinica. 1988. *Insects of Mt. Namjagbarwa Region of Xizang*. Beijing: Science Press: 507-512. [陈之梓, 范滋德, 方建明. 1988. 双翅目: 丽蝇科//中国科学院登山科学考察队. 1988. 西藏南迦巴瓦峰地区昆虫. 北京: 科学出版社: 507-512.]

Chen Z Z, Fan Z D, Fang J M. 1993. Diptera: Calliphoridae. *In*: The Comprehensive Scientific Expedition to the Qinghai-Xizang Plateau, Chinese Academy of Sciences. 1993. *Insects of the Hengduan Mountains Region*. Vol. 2. The Series of the Scientific Expedition to the Hengduan Mountains Region of Qinghai-Xizang Plateau. Beijing: Science Press: 1183-1219. [陈之梓, 范滋德, 方建明. 1993. 双翅目: 丽蝇科//中国科学院青藏高原综合科学考察队. 1993. 横断山区昆虫 (第 2 册). 青藏高原横断山科学考察丛书. 北京: 科学出版社: 1183-1219.]

Chen Z Z, Li F H, Zhang C J. 1988. Two new species belonging to tribe Calliphorini from Yunnan, China (Diptera: Calliphoridae).

Zoological Research, 9 (3): 317-320. [陈之梓, 李富华, 张崇俊. 1988. 云南省丽蝇族二新种 (双翅目: 丽蝇科). 动物学研究, 9 (3): 317-320.]

Chen Z Z, Yao Z X. 1985. Description of a new species of genus *Pierretia* (Diptera: Sarcophagidae). *In*: Shanghai Institute of Entomology, Academia Sinica. 1985. *Contributions from Shanghai Institute of Entomology*. Vol. 5. Shanghai: Shanghai Scientific and Technical Publishers: 295-297. [陈之梓, 姚振祥. 1985. 细麻蝇属一新种记述 (双翅目: 麻蝇科)//中国科学院上海昆虫研究所. 1985. 昆虫学研究集刊 (第五集). 上海: 上海科学技术出版社: 295-297.]

Cheng C T. 1940. A preliminary list of Chinese Syrphiddae with descriptions of and notes on those forms commonly found in Foochow. *Biological Bulletin of Fukien Christian University*, 1: 40-70. [郑庆端. 1940. 中国食蚜虻名录附以福州常见种类之叙述. 协和大学生物学报, 1: 40-70.]

Cheng X Y. 2003. A revision of the genus *Milesia* Latreilla (Diptera: Syrphidae) from China. *Entomotaxonomia*, 25 (4): 271-280. [成新跃. 2003. 中国迷蚜蝇属*Milesia*厘订 (双翅目: 食蚜蝇科). 昆虫分类学报, 25 (4): 271-280.]

Cheng X Y, Huang C M. 1997a. Diptera: Syrphidae. *In*: Yang X K. 1997. *Insects of the Three Gorge Reservoir Area of Yangtze River*. Chongqing: Chongqing Publishing House: 1480-1490. [成新跃, 黄春梅. 1997a. 双翅目: 食蚜蝇科//杨星科. 1997. 长江三峡库区昆虫. 重庆: 重庆出版社: 1480-1490.]

Cheng X Y, Huang C M. 1997b. The syrphids from the tropical forest region of Xishuangbanna, Yunnan Province (Diptera: Syrphidae). *Acta Zootaxonomica Sinica*, 22 (4): 421-429. [成新跃, 黄春梅. 1997b. 云南西双版纳热带雨林地区的食蚜蝇 (双翅目: 食蚜蝇科). 动物分类学报, 22 (4): 421-429.]

Cheng X Y, Huang C M. 2002. Diptera: Syrphidae. *In*: Huang F S. 2002. *Forest Insects of Hainan*. Beijing: Science Press: 750-752. [成新跃, 黄春梅. 2002. 双翅目: 食蚜蝇科//黄复生. 2002. 海南森林昆虫. 北京: 科学出版社: 750-752.]

Cheng X Y, Huang C M. 2004. Diptera: Syrphidae. *In*: Yang X K. 2004. *Insects from Mt. Shiwandashan Area of Guangxi*. Beijing: China Forestry Publishing House: 543-545. [成新跃, 黄春梅. 2004. 双翅目: 食蚜蝇科//杨星科. 2004. 广西十万大山地区昆虫. 北京: 中国林业出版社: 543-545.]

Cheng X Y, Huang C M. 2005. Diptera: Syrphidae. *In*: Yang X K. 2005. *Insect Fauna of Middle-West Qinling Range and South Mountains of Gansu Province*. Beijing: Science Press: 776-786. [成新跃, 黄春梅. 2005. 双翅目: 食蚜蝇科//杨星科. 2005. 秦岭西段及甘南地区昆虫. 北京: 科学出版社: 776-786.]

Cheng X Y, Huang C M, Duan F, Li Y Z. 1998. Notes on syrphids of the tribe Pipizini and the geographical distribution in China (Diptera: Syrphidae). *Acta Zootaxonomica Sinica*, 23 (4): 414-427. [成新跃, 黄春梅, 段峰, 李亚哲. 1998. 中国缩颜蚜蝇族种类记述及地理分布 (双翅目: 食蚜蝇科). 动物分类学报, 23 (4): 414-427.]

Cheng X Y, Lu J, Huang C M, Zhou H Z, Dai S H, Zhang G X. 1999. Determination of phylogenetic position of Pipizini (Diptera: Syrphidae): Based on molecular biological and morphological data. *Science in China* (Series C), 29 (6): 645-654. [成新跃, 吕静, 黄春梅, 周红章, 戴灼华, 张广学. 1999. 基于形态和分子数据确定缩颜蚜蝇族的系统分类地位. 中国科学 (C辑), 29 (6): 645-654.]

Cheng X Y, Thompson F C. 2008. A generic conspectus of the Microdontinae (Diptera: Syrphidae) with the description of two new genera from Africa and China. *Zootaxa*, 1879: 21-48.

Cheng X Y, Yang C K. 1993. New species and new records of Milesiinae (Diptera: Syrphidae) from Guizhou, China. *Entomotaxonomia*, 15 (4): 327-332. [成新跃, 杨集昆. 1993. 贵州迷蚜蝇亚科新种与新记录 (双翅目: 食蚜蝇科). 昆虫分类学报, 15 (4): 327-332.]

Cheng Y, Gao J J, Chen H W. 2009. *Stegana ornatipes* species group from Oriental Region (Diptera, Drosophilidae). *Zootaxa*, 2216: 37-48.

Cheng Y, Gao J J, Watabe H, Chen H W. 2008. Revision of the genus *Phortica* Sicher (Diptera: Drosophilidae) in the mainland of China. *Zoological Studies*, 47 (5): 614-632.

Cheng Y, Xu M F, Chen H W. 2010. The *Stegana* (*Oxyphortica*) *convergens* species group from the Oriental region (Diptera: Drosophilidae). *Zootaxa*, 2531: 57-63.

Cherian P T. 1970. Descriptions of some new Chloropidae (Diptera) from India. *Oriental Insects*, 4 (4): 363-371.

Cherian P T. 1973. The genus *Rhodesiella* Adams from India (Diptera: Chloropidae). *Oriental Insects*, 7 (2): 203-219.

Cherian P T. 1977. Additions to *Rhodesiella* (Diptera: Chloropidae) from India. *Oriental Insects*, 11 (4): 479-498.

Cherian P T. 1984. The genus *Aragara* from India (Diptera: Chloropidae). *Oriental Insects*, 18: 87-94.

Cherian P T. 2002. Chloropidae (Part 1). Siphonellopsinae and Rhodesiellinae. *In*: *The Fauna of India and Adjacent Countries, Diptera*. Vol. IX. Kolkata: Zoological Survey of India: 1-368.

Chi Y, Hao J, Zhang C T. 2010. Taxonomic study of subgenus *Servillia* Robineau-Desvoidy (Diptera, Tachinidae) from North China. *Journal of Shenyang Normal University* (*Natural Science*), 28 (1): 86-89. [池宇, 郝晶, 张春田. 2010. 中国北方地区茸毛寄

蝇亚属分类研究 (双翅目: 寄蝇科). 沈阳师范大学学报 (自然科学版), 28 (1): 86-89.]

Chillcott J G. 1961a. A revision of the Nearctic species of Fanniidae (Diptera: Muscidae). *Canadian Entomologist*, Suppl. 14: 1-295.

Chillcott J G. 1961b. Ten new species of *Fannia* R.-D. (Diptera: Muscidae) from the Palaearctic and Oriental Regions. *Canadian Entomologist*, 93 (2): 81-92.

Chillcott J G, James H G. 1966. A new species of *Paraprosalpia* Villeneuve (Diptera, Anthomyiidae) reared from a beetle larva. *Canadian Entomologist*, 98: 699-702.

Choo J K, Nakamura K. 1973. On a new species of *Drosophila* (*Sophophora*) from Japan (Diptera). *Kontyû*, 41: 305-306.

Chou T W. 1963. A preliminary study on the species composition and seasonal prevalance of the fly population in Tsinan. *Acta Entomologica Sinica*, 12 (2): 233-242. [周德文. 1963. 济南常见蝇类的种类及其季节消长的调查. 昆虫学报, 12 (2): 233-242.]

Chu X P. 1994. A new species of Syrphidae. *Acta Entomologica Sinica*, 37 (4): 494-496. [储西平. 1994. 食蚜蝇科一新种 (双翅目). 昆虫学报, 37 (4): 494-496.]

Chu X P, He J L. 1992. Notes on the genus *Myolepta* Newman with descriptions of new species (Diptera: Syrphidae). *Journal of Shanghai Agricultural College*, 10 (1): 77-84. [储西平, 何继龙. 1992. 瘦黑蚜蝇属*Myolepta* Newman及其新种记述 (双翅目: 食蚜蝇科). 上海农学院学报, 10 (1): 77-84.]

Chu X P, He J L. 1993. Three new species of the genus *Epistrophe* Walker (Diptera: Syrphidae) from China. *Journal of Shanghai Agricultural College*, 11 (2): 149-155. [储西平, 何继龙. 1993. 中国带食蚜蝇属*Epistrophe* Walker三新种记述 (双翅目: 食蚜蝇科). 上海农学院学报, 11 (2): 149-155.]

Chu Y S. 1975. A new species of the genus *Lucilia* from Shansi, China (Diptera: Calliphoridae). *Acta Entomologica Sinica*, 18 (1): 119-120. [朱又生. 1975. 山西省绿蝇属一新种. 昆虫学报, 18 (1): 119-120.]

Chung Y J. 1960. On a new species, '*Drosophila trilineata*' sp. nov. *Korean Journal of Zoology*, 3: 41-44.

Chvála M, Smith K G V. 1988. Family Conopidae. *In*: Soós A, Papp L. 1988. *Catalogue of Palaearctic Diptera*. Vol. 8. Amsterdam & Budapest: Elsevier Science Publishers & Akademiai Kiado: 245-272.

Clark B. 1797. Observations on the genus *Oestrus*. *Transactions of the Linnean Society of London*, 3: 289-329.

Clark B. 1815. An essay on the bots of horses and other animals. London: Old Bailey: 1-72.

Clark B. 1816. *Supplementary Sheet. Discovery of the Fly of the White Bot*. London.

Clark B. 1841. An appendix or supplement to a treatise on the *Oestri* and *Cuterebrae* of various animals. *Journal of the Proceedings of the Linnean Society of London Zoology*, 1: 99-100.

Clark B. 1843. An appendix or supplement to a treatise on the Oestri and *Cuterebrae* of various animals. *Transactions of the Linnean Society of London*, 19: 81-94.

Clausen P J. 1977. A revision of the Nearctic, Neotropical, and Palearctic species of the genus *Ochthera*, including one Ethiopian species, and one new species from India. *Transactions of the American Entomological Society*, 103: 451-530.

Clausen P J. 1983. The genus *Axysta* and a new genus of Nearctic Ephydridae (Diptera). *Transactions of the American Entomological Society*, 109 (1): 59-76.

Clausen P J, Cook E F. 1971. A revision of the Nearctic species of the tribe Parydrini (Diptera: Ephydridae). *Memoirs of the American Entomological Society*, 27: 1-150.

Coe R L. 1960. A new *Syrphus* from Jugoslavia (Diptera: Syrphidae). *Proceedings of the Royal Entomological Society of London*, (Series B) 29: 73-74.

Coe R L. 1966. Some British species of *Chalarus* and *Verrallia* (Diptera: Pipunculidae). *Proceedings of the Royal Entomological Society of London*, (Series B) 35 (11-12): 149-160.

Cogan B H. 1968. A revision of the Ethiopian species of the tribe Notiphilini (Diptera: Ephydridae). *Bulletin of the British Museum* (*Natural History*), *Entomology*, 21 (6): 281-365.

Cogan B H, Wirth W W. 1977. Family Ephydridae. *In*: Delfinado M D, Hardy D E. 1977. *A Catalogue of the Diptera of the Oriental Region*. Vol. 3. *Suborder Cyclorrhapha* (*Excluding Division Aschiza*). Honolulu: University Press of Hawaii: 321-339.

Collart A. 1942. Études biospéleologiques. XXX. Dryomyzidae, Scatophagidae, Anthomyidae, Tachinidae de Transilvanie. *Bulletin du Muséum Royal d'Histoire Naturelle de Belgique*, 18 (63): 1-11.

Collin J E. 1902. Four new species of Diptera (Fam. Borboridae) found in Britain. *Entomologist's Monthly Magazine*, 38: 55-61.

Collin J E. 1922. XII. A contribution towards the knowledge of the anthomyid genera *Hammomyia* and *Hylephila* of Rondani (Diptera). *Transactions of the Royal Entomological Society of London*, (3-5) 1922: 305-326.

Collin J E. 1930. Some species of the genus *Meoneura* (Diptera). *Entomologist's Monthly Magazine*, 66: 82-89.

Collin J E. 1931. Notes on some Syrphidae (Diptera). *Entomologist's Monthly Magazine*, 67: 153-181.

Collin J E. 1936. Schwedisch-chinesische wissenschaftliche Expedition nach den nordwestlichen Provinzen Chinas, unter Leitung von Dr. Sven Hedin und Prof. Sü Ping-chang. Insekten gesammelt vom schwedischen Arzt der Expedition Dr. David Hummel 1927-1930. 53. Diptera 17. Anthomyidae. *Arkiv för Zoologie*, 27A (35): 1-3.

Collin J E. 1939. On various new or little known British Diptera, including several species bred from the nests of birds and mammals (Part.). *Entomologist's Monthly Magazine*, 75 [= (3) 25]: 134-144.

Collin J E. 1940. Notes on Syrphidae (Diptera). IV. *Entomologist's Monthly Magazine*, 76: 150-158.

Collin J E. 1944. The British species of Anthomyzidae (Diptera). *Entomologist's Monthly Magazine*, 80: 265-272.

Collin J E. 1948. A short synopsis of the British Sapromyzidae (Diptera). *Royal Entomological Society of London Transactions*, 99 (5): 225-242.

Collin J E. 1949. On Palaearctic species of the genus *Aphaniosoma*. *Annals and Magazine of Natural History*, (12) 2: 127-147.

Collin J E. 1952. On the subdivisions of the genus *Pipizella* Rnd., and an additional British species (Diptera, Syrphidae). *Journal of the Society for British Entomology*, 4 (4): 85-88.

Collin J E. 1953. Some additional British Anthomyiidae (Diptera). *Journal of the Society for British Entomology*, 4: 169-177.

Collin J E. 1956. Some new British Borboridae (Diptera). *Journal of the Society for British Entomology*, 5 (5): 172-178.

Collin J E. 1958. A short synopsis of the British Scatophagidae (Diptera). *Transactions of the Society for British Entomology*, 13 (3): 37-56.

Collin J E. 1960. The British species of *Myopa* (Diptera, Conopidae). *Entomologist's Monthly Magazine*, 95: 145-151.

Collin J E. 1966. New species of Diptera collected by A. Giordani Soika. *Bollettino del Museo Civico di Storia Naturale di Venezia*, 16 (1963): 33-38.

Collin J E. 1967. Notes on some British species of *Pegohylemyia* (Diptera, Anthomyidae) with descriptions of four new species. *Entomologist's Monthly Magazine*, 102: 181-191.

Cooper B E, O'Hara J E. 1996. *Diptera types in the Canadian National Collection of Insects*. Part 4. Tachinidae. Agriculture and Agri-Food Canada, Publication A53-1918/B. Ottawa: 1-94.

Coquillett D W. 1897a. *In*: Slingerland M V. 1897. The rasberry-cane maggot (*Phorbia rubivora* Coquollett). *Canadian Entomologist*, 29: 162-163.

Coquillett D W. 1897b. Revision of the Tachinidae of America north of Mexico. A family of parasitic two-winged insects. *United States Department of Agriculture. Division of Entomology, Technical Series*, 7: 1-156.

Coquillett D W. 1898a. Notes and descriptions of Oscinidae. *Journal of the New York Entomological Society*, 6: 44-49.

Coquillett D W. 1898b. Report on a collection of Japanese Diptera, presented to the U.S. National Museum by the Imperial University of Tokyo. *Proceedings of the United States National Museum*, 21: 301-340.

Coquillett D W. 1899a. A new trypetid from Hawaii. *Entomological News*, 10: 129-130.

Coquillett D W. 1899b. Description of a new parasitic tachinid fly from Ceylon. *Indian Museum Notes*, 4: 279 + pl. 18.

Coquillett D W. 1900a. New genera and species of Ephydridae. *Canadian Entomologist*, 32 (2): 33-36.

Coquillett D W. 1900b. Papers from the Harriman Alaska Expedition. IX. Entomological results (3): Diptera. *Proceedings of the Washington Academy of Sciences*, 2: 389-464.

Coquillett D W. 1900c. Report on a collection of dipterous insects from Puerto Rico. *Proceedings of the United States National Museum*, 22: 249-270.

Coquillett D W. 1900d. Two new genera of Diptera. *Entomological News*, 11: 429-430.

Coquillett D W. 1901a. Three new species of Diptera. *Entomological News*, 12: 16-18.

Coquillett D W. 1901b. New Diptera from southern Africa. *Proceedings of the United States National Museum*, (1902) 24: 27-32.

Coquillett D W. 1901c. New Diptera in the U.S. National Museum. *Proceedings of the United States National Museum*, 23: 593-618.

Coquillett D W. 1901d. Types of anthomyid genera. *Journal of the New York Entomological Society*, 9: 134-146.

Coquillett D W. 1901e. Two new Trypetidae from China. Entomological News, 21: 308.

Coquillett D W. 1902a. New Acalyptratae Diptera from North America. *Journal of the New York Entomological Society*, 10 (4): 177-191.

Coquillett D W. 1902b. New Diptera from North America. *Proceedings of the United States National Museum*, 25: 83-126.

Coquillett D W. 1904a. New Diptera from Central-America. *Proceedings of the Entomological Society of Washington*, 6 (2): 90-98.

Coquillett D W. 1904b. New Diptera from India and Australia. *Proceedings of the Entomological Society of Washington*, 6: 137-140.

Coquillett D W. 1907a. A new phorid genus with horny ovipositor. *Canadian Entomologist*, 39 (6): 207-208.

Coquillett D W. 1907b. New genera and species of Diptera. *Canadian Entomologist*, 39 (3): 75-76.

Coquillett D W. 1910a. The type-species of the North American genera of Diptera. *Proceedings of the United States National Museum*, 37 (No. 1719): 499-647.

Coquillett D W. 1910b. Corrections to my paper on the type-species of the North American genera of Diptera. *Canadian Entomologist*, 42 (11): 375-378.

Corti E. 1895. Esplorazione del Giuba e del suoi affluenti compiuta dal Cap. V. Bottego durante gli anni 1892-93 sottogli auspicii della Società Geografica Italiana. Risultati zoologici. VIII. Ditteri. *Annali del Museo Civico di Storia Naturale di Genova*, 35: 127-148.

Corti E. 1909. Contributo alla conoscenza del gruppo della 'Crassisete' in Italia (Ditteri). *Bullettino della Società Entomologica italiana*, Firenze, 40 (1908): 121-162.

Costa A. 1846. Storia completa dell'Entomibia Apum Costa (nuovo genere d'Insetti Ditteri) e su i danni che arreca alle api da miele. *Atti del Reale Istituto d'Incoraggiamento alle Scienze Naturali di Napoli*, 7: 291-306.

Costa A. 1853. Storia di un Dittero che nello stato di larva vive entro le galle dell'olmo. *Atti del Reale Istituto d'Incoraggiamento alle Scienze Naturali di Napoli*, 9: 75-88.

Costa A. 1854. Frammenti di Entomologia Napolitana. Articolo 1. Nuovo specie di Ditteri. *Annali di Scienze di Napoli*, 1: 69-91.

Costa A. 1857. Contribuzione alla fauna ditterologica italiana. *Il Giambattista Vico. Giornale Scientifico*, 2: 438-460.

Costa A. 1878. Relazione di un viaggio per l'Egitto, la Palestina e le coste della Turchia Asiatica per ricerche zoologiche. *Atti dell' Accademia delle Scienze Fisiche e Matematiche*, 7 (2): 1-40.

Costa O. 1844. Descrizione di dodici specie nuove dell'-ordine de'Ditteri ed illustrazione di altre quattordici meno ovvie raccolte nella state del 1834. Letta del adunanza de '24 November 1835. *Atti della Reale Accademia delle Scienze e Belle-Lettere di Napoli*, 5 (2): 81-120.

Coucke E. 1896. Materiaux pour une étude des Diptères de Belgique. *Bulletin et Annales de la Societe Royale d'Entomologie de Belgique*, 40: 226-236.

Couri M S, Pont A C, Penny N D. 2006. Muscidae (Diptera) from Madagascar: Identification keys, descriptions of new species, and new records. *Proceedings of the California Academy of Sciences*, 57: 799-923.

Cresson E T Jr. 1938. The Neriidae and Micropezidae of America north of Mexico (Diptera). *Transactions of the American Entomological Society*, 64: 293-366.

Cresson E T. 1911. Studies in North American Dipterology: Pipunculidae. *Transactions of the American Entomological Society*, 36: 267-329.

Cresson E T. 1915. Descriptions of the new genera and species of the dipterous family Ephydridae. II. *Entomological News*, 26 (2): 68-72.

Cresson E T. 1916a. Studies in the American Ephydridae (Diptera). I. Revision of the species of the genus *Paralimna*. *Transactions of the American Entomological Society*, 42: 101-124.

Cresson E T. 1916b. Descriptions of the new genera and species of the dipterous family Ephydridae. III. *Entomological News*, 27 (4): 147-152.

Cresson E T. 1917. Descriptions of the new genera and species of the dipterous family Ephydridae. IV. *Entomological News*, 28 (8): 340-341.

Cresson E T. 1918a. Costa Rican Diptera collected by Philip P.C., Ph.D., 1909-1910. Paper 3. A report on the Ephydridae. *Transactions of the American Entomological Society*, 44: 39-68.

Cresson E T. 1918b. New North American Diptera (Scatophagidae). *Entomological News*, 29: 133-137.

Cresson E T. 1920. A revision of the Nearctic Sciomyzidae (Diptera, Acalyptratae). *Transactions of the American Entomological Society*, 46: 27-89.

Cresson E T. 1922a. Studies in American Ephydridae (Diptera). III. A revision of the species of *Gymnopa* and the allied genera constituting the subfamily Gymnopinae. *Transactions of the American Entomological Society*, 47: 325-343.

Cresson E T. 1922b. Descriptions of the new genera and species of the Dipterous Family Ephydridae. V. *Entomological News*, 33 (5): 135-137.

Cresson E T. 1924. Descriptions of the new genera and species of the Dipterous Family Ephydridae. VI. *Entomological News*, 35 (5): 159-164.

Cresson E T. 1925. Studies in the dipterous family Ephydridae, excluding the North and South American faunas. *Transactions of the American Entomological Society*, 51: 227-258.

Cresson E T. 1926. Descriptions of new genera and species of Diptera (Ephydridae and Micropezidae). *Transactions of the American Entomological Society*, 52: 249-274.

Cresson E T. 1929. Studies in the dipterous family Ephydridae. Paper II. *Transactions of the American Entomological Society*, 55: 165-195.

Cresson E T. 1930. Studies in the dipterous family Ephydridae. Paper III. *Transactions of the American Entomological Society*, 56: 93-131.

Cresson E T. 1931. Descriptions of the new genera and species of the Dipterous Family Ephydridae. Paper X. *Entomological News*,

42 (6): 168-170.
Cresson E T. 1932. Studies in the dipterous family Ephydridae. Paper IV. *Transactions of the American Entomological Society*, 58: 1-34.
Cresson E T. 1934a. Descriptions of new genera and species of the dipterous family Ephydridae. XI. *Transactions of the American Entomological Society*, 60: 199-222.
Cresson E T. 1934b. Yale north India Expedition. Report on Diptera of the family Ephydridae. *Memoirs of the Connecticut Academy of Arts and Sciences*, 10: 1-4.
Cresson E T. 1936. Descriptions and notes on genera and species of the dipterous family Ephydridae. II. *Transactions of the American Entomological Society*, 62: 257-270.
Cresson E T. 1937. Descriptions of two new species of Indo-Australian Ephydridae. *Arbeiten über Morphologische und Taxonomische Entomologie aus Berlin-Dahlem*, 4 (3): 205-207.
Cresson E T. 1939. Description of a new genus and ten new species of Ephydridae, with a discussion of the species of the genus *Discomyza* (Diptera). Notulae Naturae. *Academy of Natural Sciences of Philadelphia*, 21: 1-12.
Cresson E T. 1940. Descriptions of new genera and species of the dipterous family Ephydridae. Paper XII. *Academy of Natural Sciences of Philadelphia*, 38: 1-10.
Cresson E T. 1943. The species of the tribe Ilytheini (Diptera: Ephydridae: Notiphilinae). *Transactions of the American Entomological Society*, 69: 1-16.
Cresson E T. 1948. A systematic annotated arrangement of the genera and species of the Indo-Australian Ephydridae (Diptera). II. The subfamily Notiphilinae and supplement to part I on the subfamily Psilopinae. *Transactions of the American Entomological Society*, 74: 1-28.
Cresson E T. 1949. A systematic annotated arrangement of the genera and species of the North American Ephydridae (Diptera). IV. The subfamily Napaeinae. *Transactions of the American Entomological Society*, 74: 225-260.
Crosskey R W. 1962. A revision of the genus *Pygophora* Schiner (Diptera: Muscidae). *Transactions of the Zoological Society of London*, 29 (6): 393-551.
Crosskey R W. 1965. A systematic revision of the Ameniinae (Diptera: Calliphoridae). *Bulletin of the British Museum* (*Natural History*), *Entomology* 16 (2): 33-140.
Crosskey R W. 1966a. Generic assignment and synonymy of Wiedemann's types of Oriental Tachinidae (Diptera). *Annals and Magazine of Natural History*, (13) 8 [1965]: 661-685.
Crosskey R W. 1966b. New generic and specific synonymy in Australian Tachinidae (Diptera). *Proceedings of the Royal Entomological Society of London*, (Series B) 35: 101-110.
Crosskey R W. 1966c. The putative fossil genus *Palexorista* Townsend and its identity with *Prosturmia* Townsend (Diptera: Tachinidae). *Proceedings of the Royal Entomological Society of London*, (Series B) 35: 133-137.
Crosskey R W. 1967a. A revision of the Oriental species of *Palexorista* Townsend (Diptera: Tachinidae, Sturmiini). *Bulletin of the British Museum* (*Natural History*), *Entomology*, 21: 35-97.
Crosskey R W. 1967b. An index-catalogue of the genus-group names of Oriental and Australasian Tachinidae (Diptera) and their type-species. *Bulletin of the British Museum* (*Natural History*), *Entomology*, 20: 1-39.
Crosskey R W. 1967c. New generic and specific synonymy in Oriental Tachinidae (Diptera). *Proceedings of the Royal Entomological Society of London*, (Series B) 36: 95-108.
Crosskey R W. 1969. The type-material of Indonesian Tachinidae (Diptera) in the Zoological Museum, Amsterdam. *Beaufortia*, 16: 87-107.
Crosskey R W. 1971. The type-material of Australasian, Oriental and Ethiopian Tachinidae (Diptera) described by Macquart and Bigot. *Bulletin of the British Museum* (*Natural History*), *Entomology*, 25: 251-305 + pl. 1.
Crosskey R W. 1973. A conspectus of the Tachinidae (Diptera) of Australia, including keys to the supraspecific taxa and taxonomic and host catalogues. *Bulletin of the British Museum* (*Natural History*), *Entomology Supplement*, 21: 1-221.
Crosskey R W. 1974. The British Tachinidae of Walker and Stephens (Diptera). *Bulletin of the British Museum* (*Natural History*), *Entomology*, 30: 269-308.
Crosskey R W. 1976. A taxonomic conspectus of the Tachinidae (Diptera) of the Oriental Region. *Bulletin of the British Museum* (*Natural History*), *Entomology Supplement*, 26: 1-357.
Crosskey R W. 1977. Family Rhinophoridae. *In*: Delfinado M D, Hardy D E. 1977. *A Catalogue of the Diptera of the Oriental Region*. Vol. 3. Honolulu: University Press of Hawaii: 584-585.
Crosskey R W. 1980. Family Tachinidae. *In*: Crosskey R W. 1980. *Catalogue of the Diptera of the Afrotropical Region*. London: British Museum (Natural History): 822-882.
Cui C Y, Fan Z D, Ma Z Y. 1982-1983. On Chinese *Acklandia* (Diptera: Anthomyiidae). *In*: Shanghai Institute of Entomology, Academia Sinica. 1982-1983. *Contributions from Shanghai Institute of Entomology*. Vol. 3. Shanghai: Shanghai Scientific and

Technical Publishers: 235-238. [崔昌元, 范滋德, 马忠余. 1982-1983. 中国球喙花蝇属研究 (双翅目: 花蝇科). //中国科学院上海昆虫研究所. 1982-1983. 昆虫学研究集刊 (第三集). 上海: 上海科学技术出版社: 235-238.]

Cui C Y, Zhang L P, Xue W Q. 1998. Two new species of the genus *Phaonia* from Heilongjiang, China (Diptera: Muscidae). *Acta Zootaxonomica Sinica*, 23 (1): 84-87. [崔昌元, 张立平, 薛万琦. 1998. 黑龙江省棘蝇属两新种 (双翅目: 蝇科). 动物分类学报, 23 (1): 84-87.]

Cui G Z, Bai M, Wu H, *et al*. 2007. *Catalogue of the Insect Type Specimens Deposited in China*. Vol. 1. Beijing: China Forestry Publishing House: 2 + 10 + 1-792. [崔桂芝, 白明, 吴鸿, 等. 2007. 中国昆虫模式标本名录 (第1卷). 北京: 中国林业出版社: 2 + 10 + 1-792.]

Cui Y S, Li L Z. 1996. Four new species of *Coenosia* from northeastern China (Diptera: Muscidae). *Entomologia Sinica*, 3 (3): 213-220. [崔永胜, 李莲芝. 1996. 中国东北秽蝇属四新种 (双翅目: 蝇科). 中国昆虫科学, 3 (3): 213-220.]

Cui Y S, Wang M F. 1996. Two new species of the genus *Coenosia* from China (Diptera: Muscidae). *Zoological Research*, 17 (2): 113-116. [崔永胜, 王明福. 1996. 中国秽蝇属二新种 (双翅目: 蝇科). 动物学研究, 17 (2): 113-116.]

Cui Y S, Xue W Q. 1996. A new genus and two new species of Coenosiini (Diptera: Muscidae). *Entomologia Sinica*, 3 (1): 123-128. [崔永胜, 薛万琦. 1996. 秽蝇族一新属二新种 (双翅目: 蝇科). 中国昆虫科学, 3 (1): 123-128.]

Cui Y S, Xue W Q. 2001. Two new species of the genus *Coenosia* (Diptera: Muscidae) from Mt. Fanjing of Guizhou, China. *Entomologia Sinica*, 8 (3): 203-207. [崔永胜, 薛万琦. 2001. 贵州省梵净山秽蝇属二新种 (双翅目: 蝇科). 中国昆虫科学, 8 (3): 203-207.]

Cui Y S, Xue W Q, Chen H W. 1995. A study of the genus *Cephalispa* Malloch of China (Diptera: Muscidae). *Entomologia Sinica*, 2 (1): 18-31. [崔永胜, 薛万琦, 陈宏伟. 1995. 中国溜秽蝇属研究 (双翅目: 蝇科). 中国昆虫科学, 2 (1): 18-31.]

Cui Y S, Xue W Q, Liu M Q. 1995. Two new species of *Coenosiini* from China (Diptera: Muscidae). *Zoological Research*, 16 (1): 7-10. [崔永胜, 薛万琦, 刘铭泉. 1995. 中国秽蝇族二新种 (双翅目: 蝇科). 动物学研究, 16 (1): 7-10.]

Cui Y S, Xue W Q, Zhang C T. 1995. Five new species of the genus *Pygophora* from China (Diptera: Muscidae). *Entomologia Sinica*, 2 (2): 111-118. [崔永胜, 薛万琦, 张春田. 1995. 中国尾秽绳属五新种 (双翅目: 蝇科). 中国昆虫科学, 2 (2): 111-118.]

Cui Y S, Yang D. 2009. Species of *Epichlorops* Becker from China (Diptera, Chloropidae). *Zootaxa*, 2017: 41-46.

Cui Y S, Yang D. 2011a. Species of *Chlorops* Meigen from Palaearctic China (Diptera, Chloropidae). *Zootaxa*, 2987: 18-30.

Cui Y S, Yang D. 2011b. Species of *Chlorops* Meigen from Yunnan (Diptera: Chloropidae). *Transactions of the American Entomological Society*, 137 (3): 329-353.

Cui Y S, Yang D. 2015. New species of *Chlorops* Meigen from Oriental China, with a key to species from China (Diptera: Chloropidae). *Transactions of the American Entomological Society*, 141: 90-110.

Curran C H. 1922. New and little-known Canadian Syrphidae (Diptera). *Canadian Entomologist*, 54: 94-96, 117-119.

Curran C H. 1923a. New cyclorrhaphous Diptera from Canada. *Canadian Entomologist*, 55 (12): 271-279.

Curran C H. 1923b. Our North American *Leucozona*, a variety of *lucorum* (Syrphidae, Diptera). *Canadian Entomologist*, 55 (2): 38.

Curran C H. 1923c. Two new North American Diptera. *Occasional Papers of the Boston Society of Natural History*, 5: 59-61.

Curran C H. 1923d. The *Stenosyrphus sodalis* group (Syrphidae, Diptera). *Canadian Entomologist*, 55: 59-64.

Curran C H. 1923e. Two undescribed syrphid flies from New England. *Occasional Papers of the Boston Society of Natural History*, 5: 65-67.

Curran C H. 1924a. A new Canadian syrphid (Diptera). *Canadian Entomologist*, 56 (12): 288.

Curran C H. 1924b. New species of Syrphidae. *Occasional Papers of the Boston Society of Natural History*, 5: 79-82.

Curran C H. 1925a. Contribution to a monograph of the American Syrphidae north of Mexico. *Kansas University Science Bulletin*, (1924) 15: 7-216, pls. 12.

Curran C H. 1925b. New exotic Diptera in the American Museum of Natural History. *American Museum Novitates*, 200: 1-10.

Curran C H. 1926. New Nearctic Diptera mostly from Canada. *Canadian Entomologist*, 58 (4): 81-89.

Curran C H. 1927a. New Neotropical and Oriental Diptera in the American Museum of Natural History. *American Museum Novitates*, 245: 1-9.

Curran C H. 1927b. New African Tachinidae. *American Museum Novitates*, 258: 1-20.

Curran C H. 1927c. Studies in African Tachinidae (Diptera). *Bulletin of Entomological Research*, 17: 319-340.

Curran C H. 1927d. Synopsis of males of the genus *Platycheirus* St. Fargeau and Serville with descriptions of new Syrphinae (Diptera). *American Museum Novitates*, 247: 1-13.

Curran C H. 1928. The Syrphidae of the Malay Peninsula. *Journal of the Federated Malay States Museum*, 14 (2): 141-324.

Curran C H. 1929a. New Diptera in the American Museum of Natural History. *American Museum Novitates*, 339: 1-13.

Curran C H. 1929b. New species of Scatophagidae (Diptera). *Canadian Entomologist*, 61 (6): 130-134.

Curran C H. 1929c. New Syrphidae and Tachinidae. *Annals of the Entomological Society of America*, 22 (3): 489-510.

Curran C H. 1930. Report on the Diptera collected at the Station for the Study of insects, Harriman Interstate Park, N.Y. *Bulletin of the American Museum of Natural History*, (1931) 61: 21-115.

Curran C H. 1931a. Additional records and descriptions of Syrphidae from the Malay Peninsula. *Journal of the Federated Malay States Museum*, 16: 290-338.

Curran C H. 1931b. Four new Diptera in the Canadian National Collection. *Canadian Entomologist*, 63 (4): 93-98.

Curran C H. 1931c. Records and descriptions of Syrphidae from North Borneo including Mt. Kinabalu. *Journal of the Federated Malay States Museum*, 16: 333-376.

Curran C H. 1934. *The Families and Genera of North American Diptera*. New York: Privately Published: 1-512.

Curran C H. 1936. The Templeton Crocker expedition to western Polynesian and Melanesian islands, 1933. No. 30 Diptera. *Proceedings of the California Academyof Sciences*, 22: 1-66.

Curran C H. 1938a. Records and descriptions of African Syrphidae. I (Diptera). *American Museum Novitates*, 1009: 1-15.

Curran C H. 1938b. Records and descriptions of African Syrphidae. II (Diptera). *American Museum Novitates*, 1010: 1-20.

Curran C H. 1938c. The African Lauxaniidae (Diptera). *American Museum Novitates*, 979: 1-18.

Curran C H. 1939. Records and descriptions of African Syrphidae. III (Diptera). *American Museum Novitates*, 1025: 1-11.

Curran C H, Fluke C L. 1926. Revision of the Nearctic species of *Helophilus* and allied genera. *Transactions of the Wisconsin Academy of Sciences, Arts and Letters*, 22: 207-281.

Curtis F L S. 1837. *A Guide to an Arrangement of British Insects; being a catalogue of all named species hitherto discovered in Great Britain and Ireland.* [Ed2.] London: Westley: 1-279.

Curtis J. 1824-1839. *British Entomology: Being illustrations and descriptions of the genera of insects found in Great Britain and Ireland: containing coloured figuresfrom nature of the most rare and beautiful species, and in many instances of the plants upon which they are found.* Vol. 1: 1-50 (1824); Vol. 2: 51-98 (1825); Vol. 3: 99-146 (1826); Vol. 4: 147-194 (1827); Vol. 5: 195-241 (1828); Vol. 6: 242-289 (1829); Vol. 7: 290-337 (1830); Vol. 8: 338-383 (1831); Vol. 9: 384-433 (1832); Vol. 10: 434-481 (1833); Vol. 11: 482-529 (1834); Vol. 12: 530-577 (1835); Vol. 13: 578-625 (1836); Vol. 14: 626-673 (1837); Vol. 15: 674-721 (1838); Vol. 16: 722-769 (1839). London: "Printed for the author" [by Richard and John E. Taylor].

Curtis J. 1837a. *A guide to an arrangement of British Insects; being a catalogue of all named species hitherto discovered in Great Britain and Ireland.* [Ed2.] London: Westley: 279.

Curtis J. 1837b. *A guide to an arrangement of British Insects: being a catalogue of all the named species hitherto discovered in Great Britain and Ireland.* Second Edition, Greatly enlarged. J. Pigot, Sherwood and Co. and Marshall, London. Vi pp. + 294 columns.

Curtis J. 1847. Observations on the natural history and economy of a weevil affecting the pea-crop and various insects which injure or destroy the man-gold-wurzel and beet. *Journal of the Royal Agricultural Society (of England)*, 8: 399-416.

Czerny L. 1901. Arten der Gattung *Spilogaster* Mcq. Aus Ober-Oesterreich. *Wiener Entomologische Zeitung*, 20: 34-45.

Czerny L. 1903a. Bemerkungen zur den Arten der Gattung *Geomyza* Flln. (Diptera). *Wiener Entomologische Zeitung*, 22: 123-127.

Czerny L. 1903b. Revision der Heteroneuriden. *Wiener Entomologische Zeitung*, 22: 61-107.

Czerny L. 1903c. Uber *Drosophila costata* und *fuscimana* Ztt (Dopt.). *Zeitschrift fur Systematische Hymenopterologie und Dipterologie*, 3: 198-201.

Czerny L. 1904. *Cremifania nigrocellulata*, eine neue Ochthiphiline. Systematische Stellung und Gattungen-Diagnose der Ochthiphilinen. *Wiener Entomologische Zeitung*, 23 (8): 167-170.

Czerny L. 1906. Zwei neue *Chortophila*-Arten aus Oberösterreich (Diptera). *Wiener Entomologische Zeitung*, 25 (8-9): 251-254.

Czerny L. 1924. Monographie der Helomyziden (Dipteren). *Abhandlungen der [K.-K. (= Kaiserlich-Königlichen)] Zoologisch-Botanischen Gesellschaft in Wien*, 15 (1): 1-166.

Czerny L. 1928a. Ergänzungen zu meiner Monographie der Helomyziden. III. *Konowia*, 7 (1): 52-55.

Czerny L. 1928b. Tethinidae. *In*: Lindner E. 1928. *Die Fliegen der Paläearktischen Region. E. Schweizerbartísche Verlagsbuchhandlung*, 5 (2): 1-8.

Czerny L. 1929. *Podocera ramifera*, eine neue Gattung und Art der Perisceliden von Ceylon. *Konowia*, 8: 93-94.

Czerny L. 1930a. Die *Musca annulata* F. (Diptera, Micropezidae). *Mitteilungen der Deutschen Entomologischen Gesellschaft*, 1: 117-120.

Czerny L. 1930b. Ergänzungen zu meiner Monographie der Helomyziden. V. *Konowia*, (1929) 8 (4): 438-449.

Czerny L. 1931. Ergänzungen zu meiner Monographie der Helomyziden. VI. *Konowia*, 10 (1): 19-21.

Czerny L. 1932a. Lauxaniidae (Sapromyzidae). *In*: Lindner E. 1932. Die Fliegen der Paläearktischen Region. *E. Schweizerbartísche Verlagsbuchhandlung*, 5 (50): 1-76.

Czerny L. 1932b. Palaearktische Helomyziden des Zoologischen Instituts der Akademie der Wissenschaftend. UdSSR (Diptera). *Trudy Zoologicheskogo Instituta*, 1 (1): 25-33.

Czerny L. 1932c. Tyliden und Neriiden des Zoologische Museums in Hamburg (Diptera). *Stettiner Entomologische Zeitung*, 93: 267-302.

Czerny L. 1933. Zwei neue palaearktische Dipteren, *Opomyza fasciata* Macq., *Halidayella immixta* Pand. Und *Oocephalomyia* n. N. Für *Oocephala*. *Konowia*, 12: 231-235.

Czerny L. 1934. 43. Lonchaeidae. *In*: Lindner E. 1934. Die Fliegen der Paläearktischen Region. *E. Schweizerbartísche Verlagsbuchhandlung*, 5 (1): 1-40.

Czerny L. 1935. Drei neue Lauxaniiden (Diptera). *Konowia*, 14: 268-270.

Czerny L. 1936. 51. Chamaemyiidae (Ochthiphilidae). *In*: Lindner E. 1936. *Die Fliegen der Paläearktischen Region. E. Schweizerbartísche Verlagsbuchhandlung*, 5 (2): 1-25.

Czerny L, Strobl O. 1909. Spanische Dipteren. III. Beitrag. *Verhandlungen der [K.-K. (= Kaiserlich-Königlichen)] Zoologisch-Botanischen Gesellschaft in Wien*, 59 (6): 121-301.

d'Aguilar J de. 1957. Révision des Voriini de l'Ancien Monde (Diptera, Tachinidae). *Annales des Épiphyties*, 8: 230-270.

Dahl F. 1897. *Puliciphora*, eine neue, flohähnliche Fliegengattung. *Zoologischer Anzeiger*, 20: 405-412.

Dahl F. 1898. Über den Floh und seine Stellung im System. *Sitzungsberichte der Gesellschaft für Naturforschender Freunde zu Berlin*: 185-199.

Dahl F. 1909. Die Gattung *Limosina* und die biocönotische Forschung. *Sitzungsberichte der Gesellschaft für Naturforschender Freunde zu Berlin*, 6: 360-377.

Dahl R G. 1961. Ephydridae (Diptera Brachycera) from Afghanistan, Contribution à l'étude de la faune d'Afghanistan 15. *Entomologisk Tidskrift*, 82 (1-2): 87-90.

Dalla Torre K W von. 1897. Zur Nomenclatur der Chalchididen-Genera. *Wiener Entomologische Zeitung*, 16: 83-88.

Dalman J W. 1818. Några nya Genera och Species af Insekter beskrifna. *Kungliga Svenska Vetenskaps Akademiens Handlingar*, 39: 72-75.

Day L T. 1881. Notes on Sciomyzidae with descriptions of new species. *Canadian Entomologist*, 13 (4): 85-89.

de Fourcroy A F. 1785. *Entomologia Parisiensis; Sive Catalogus Insectorum quae in Agro Parisiensi Reperiuntur*. Paris: 1-544.

De Geer C. 1776. *Mémoires pour servir à l'histoire des Insectes*. Stockholm, 6: I-VIII + 1-522. De Limprimerie Royale.

De Meyer M. 1989a. A synthesis of the present knowledge of Pipunculidae (Diptera) in Belgium. *Verhandelingen van Het Symposium Invertebraten van Beligie*, 23: 373-377.

De Meyer M. 1989b. The West-Palaearctic species of the pipunculidae genera *Cephalops* and *Beckerias* (Diptera): classification, phylogeny and geographical distribution. *Journal of Natural History*, 23: 725-765.

De Meyer M. 1989c. Systematics of the Nearctic species of the genus *Cephalops* Fallén (Diptera, Pipunculidae). *Bulletin de l'Institut Royal des Sciences Naturelles de Belgique, Entomologie*, 59: 99-130.

De Meyer M. 1992. Descripiton of new *Cephalops* species (Pipunculidae, Diptera) from the Oriental Region. *Bulletin de l'Institut Royal des Sciences Naturelles de Belgique, Entomologie*, 62: 93-99.

Dear J P, Crosskey R W. 1982. A taxonomic review of the Tachinidae (Insecta, Diptera) of the Philippines. *Steenstrupia*, 8: 105-155.

Deeming J C. 1964. A remarkable new species of *Leptocera* from Christmas Island and New Guinea (Diptera, Sphaeroceridae). *Opuscula Entomologica*, 29: 164-167.

Deeming J C. 1969. Diptera from Nepal. Sphaeroceridae. *Bulletin of the British Museum (Natural History), Entomology*, 23: 53-74.

Delfinado M D. 1971. New species of shore flies from Hong Kong and Taiwan (Diptera: Canaceidae). *Oriental Insects*, 5 (1): 117-124.

Delfinado M D, Hardy D E, Teramoto L. 1975. Family Phoridae. *In*: Delfinado M D, Hardy D E. 1975. *A Catalogue of the Diptera of the Oriental Region*. Vol. 2. Honolulu: University Press of Hawaii: 261-291.

Delucchi V, Pschorn-Walcher H. 1955. Les especes du genre *Cnemodon* Egger (Diptera, Syrphidae) predatrices de *Dreyfusia* (Adelges) piceae Ratzeburg (Hemiptera, Adelgidae). I. Revision systematique *et* repartition geographique des especes du genre *Cnemodon* Egger. *Zeitschrift für Angewandte Entomologie*, 37: 492-506.

Dely-Draskovits Á. 1983. Revision der Typen der Palaarktischen Arten der Gattung *Tricimba* Lioy, 1864 (Diptera: Chloropidae). *Acta Zoologica Academiae Scientiarum Hungaricae*, 29 (4): 327-355.

Dely-Draskovits Á. 1993. Family Anthomyiidae. *In*: Soós Á, Papp L. 1993. *Catalogue of Palaearctic Diptera*. Vol. 13. Budapest: Hungarian Natural History Museum: 11-102.

Deng A X. 1983. Notes on Anthomyiidae from Mountain Emei, China. II. Description of 2 New species and 1 new subspecies of the *Pegohylemyia seneciella* group. *Acta Academiae Medicinae Sichuan*, 14 (2): 131-135. [邓安孝. 1983. 四川峨眉山花蝇科蝇类记述 II. 泽菊泉种蝇属二新种一新亚种描述. 四川医学院学报, 14 (2): 131-135.]

Deng A X. 1985. Notes on Anthomyiidae from Mountain Emei, China. V. Description of 2 New species of genus *Pegophylemyia* (Diptera). *Acta Academiae Medicinae Sichuan*, 16 (2): 102-104. [邓安孝. 1985. 峨眉山花蝇科蝇类记述 V. 泉种蝇属二新

种描述. 四川医学院学报, 16 (2): 102-104.]

Deng A X. 1993. Two new species belonging to *Tibetana* group of genus *Pegohylemyia* in China (Diptera: Anthomyiidae). *Journal of West China University of Medical Sciences*, 24 (1): 58-61. [邓安孝. 1993. 中国青藏泉种蝇 *Pegohylemyia tibetana* 群二新种描述 (双翅目, 花蝇科). 华西医大学报, 24 (1): 58-61.]

Deng A X. 1997. Note on four new species of genus *Pegohylemyia* of Anthomyiidae in Minshan Mountain Region of Sichuan (Diptera: Anthomyiidae). *Acta Zootaxonomica Sinica*, 22 (2): 201-205. [邓安孝. 1997. 四川省岷山地区花蝇科泉种蝇属四新种 (双翅目: 花蝇科). 动物分类学报, 22 (2): 201-205.]

Deng A X, Feng Y. 1995. Three new species of genus *Helina* from Sichuan, China (Diptera: Muscidae). *Sichuan Journal of Zoology*, 14 (4): 139-143. [邓安孝, 冯炎. 1995. 四川省阳蝇属三新种 (双翅目: 蝇科). 四川动物, 14 (4): 139-143.]

Deng A X, Feng Y. 1998. Six new species of genus *Phaonia* from Sichuan and Tibet, China (Diptera: Muscidae). *Acta Zootaxonomica Sinica*, 23 (1): 91-96. [邓安孝, 冯炎. 1998. 川藏地区棘蝇属六新种 (双翅目: 蝇科). 动物分类学报, 23 (1): 91-96.]

Deng A X, Geng L, Liu Y, Li L. 1995. Reports on two species of *Pegohylemyia tibetana* group in Xiling Snow Mountain of Dayi County, Sichuan, China (Anthomyiidae, Diptera). *Journal of West China University of Medical Sciences*, 26 (1): 58-60. [邓安孝, 耿凛, 刘阳, 李岭. 1995. 四川大邑西岭雪山青藏泉种蝇群二新种. 华西医大学报, 26 (1): 58-60.]

Deng A X, Li L. 1993. Note on a new species of genus *Pegomya* and a new record of genus *Paradelia* in Northwest Sichuan (Anthomyiidae: Diptera). *Sichuan Journal of Zoology*, 12 (4): 8-10. [邓安孝, 李岭. 1993. 川西北地区泉蝇属一新种及邻泉蝇属一新纪录 (双翅目: 花蝇科). 四川动物, 12 (4): 8-10.]

Deng A X, Li L. 1994. Descriptions of three new species of the genus *Delia*, Anthomyiidae, Diptera in Sichuan, China. *Journal of West China University of Medical Sciences*, 25 (1): 18-21. [邓安孝, 李岭. 1994. 花蝇科地种蝇属三新种描述. 华西医大学报, 25 (1): 18-21.]

Deng A X, Li L, Liu Y. 1996. Notes on three new species of the genus *Pegohylemyia* from Northwestern Sichuan (Diptera: Anthomyiidae). *Acta Entomologica Sinica*, 39 (4): 426-429. [邓安孝, 李岭, 刘阳. 1996. 四川西部泉种蝇属三新种记述 (双翅目: 花蝇科). 昆虫学报, 39 (4): 426-429.]

Deng A X, Li R. 1984. Description of the *Delia nemostylata* sp. nov. *Sichuan Journal of Zoology*, 3 (4): 5-6. [邓安孝, 李荣. 1993. 细叶地种蝇 *Delia nemostylata* 新种描述. 四川动物, 3 (4): 5-6.]

Deng A X, Li R. 1986. Description of three new species of the family Anthomyiidae from Sichuan, China (Diptera). *Journal of West China University of Medical Sciences*, 17 (2): 105-108. [邓安孝, 李荣. 1986. 花蝇科三新种描述. 华西医大学报, 17 (2): 105-108.]

Deng A X, Li R. 1988. Description of six new species of the genus *Pegomya* from Mount Emei (Diptera: Anthomyiidae). *Entomotaxonomia*, 10 (3-4): 197-202. [邓安孝, 李荣. 1988. 花蝇科泉蝇属六新种 (双翅目: 花蝇科). 昆虫分类学报, 10 (3-4): 197-202.]

Deng A X, Li R, Fan Z D. 1990. Description of six new species of the family Anthomyiidae from Mountain Emei. *Journal of West China University of Medical Sciences*, 21 (3): 247-250. [邓安孝, 李荣, 范滋德. 1990. 峨眉山花蝇科六新种描述. 华西医大学报, 21 (3): 247-250.]

Deng A X, Li R, Sun K R, Zhu S H. 1987. Description of four new species of Anthomyiidae from Mount Emei. *Entomotaxonomia*, 9 (2): 91-95. [邓安孝, 李荣, 孙宽仁, 朱声华. 1987. 四川峨眉山花蝇四新种记述 (双翅目: 花蝇科). 昆虫分类学报, 9 (2): 91-95.]

Deng A X, Liu Y, Li L. 1995. Two new species of *Pegohylemyia tibetana* Group from Xiling Snow Mountain of Dayi County in Sichuan, China (Diptera: Anthomyiidae). *Journal of West China University of Medical Sciences*, 26 (4): 375-377. [邓安孝, 刘阳, 李岭. 1995. 四川大邑县西岭雪山泉种蝇属二新种描述 (双翅目: 花蝇科). 华西医大学报, 26 (4): 375-377.]

Deng A X, Mou J W, Feng Y. 1995. Two new species of Muscidae Sichuan, China (Diptera: Muscidae). *Commemorative Publication in 10th Anniversory of Establishment of Parasitological Specialistic Society under China Zoological Society*: 306-308. [邓安孝, 牟家琬, 冯炎. 1995. 四川蝇科二新种 (双翅目: 蝇科). 中国动物学会寄生虫专业学会成立10周年纪念论文集: 306-308.]

Deng G P. 1958. *Wohlfahrtia magnifica* Schin.: a common fly causing myiasis on grasslands. *Chinese Bulletin of Entomology*, (5): 214-215 [邓国藩. 1958. 黑须污蝇 (*Wohlfahrtia magnifica* Schin.) 草原上常见的一种致蝇蛆症的蝇子. 昆虫知识, (5): 214-215.]

Deng W X. 2003. Diptera: Piophilidae. *In*: Huang B K. 2003. *Fauna of Insects in Fujian Province of China*. Vol. 8. Fuzhou: Fujian Science and Technology Press: 517-518. [邓望喜. 2003. 双翅目: 酪蝇科//黄邦侃. 2003. 福建昆虫志 (第八卷). 福州: 福

建科学技术出版社: 517-518.]

Deng Y H, Chen Z Z, Fan Z D. 2007. A new species of *Goniophyto* (Diptera: Sarcophagidae) from China with a key to species and diagnosis of the genus. *Entomotaxonomia*, 29 (2): 137-142. [邓耀华, 陈之梓, 范滋德. 2007. 中国沼野蝇属一新种附该属的种检索表及属征 (双翅目: 麻蝇科). 昆虫分类学报, 29 (2): 137-142.]

Deng Y H, Fan Z D. 2006. A new species of the genus *Isomyia* Walker (Diptera: Calliphoridae: Rhiniinae) from China. *Entomotaxonomia*, 28 (2): 123-126. [邓耀华, 范滋德. 2006. 中国等彩蝇属一新种 (双翅目: 丽蝇科: 鼻蝇亚科). 昆虫分类学报, 28 (2): 123-126.]

Deng Y H, Wang B R, Li C M, Lyu Z Q. 2014. Morphology of *Calliphora coloradensis* Hough (Diptera: Calliphoridae) intercepted at Shanghai port and diagnostic key for 13 *Calliphora* species in North America. *Chinese Journal of Vector Biology and Control*, 25 (4): 337-339, 343. [邓耀华, 王宝荣, 李昌敏, 吕志勤. 2014. 上海口岸截获的科罗丽蝇形态及北美 13 种丽蝇检索 (双翅目: 丽蝇科). 中国媒介生物学及控制杂志, 25 (4): 337-339, 343.]

Denny H. 1843. Description of six supposed new species of parasites. *The Annals and Magazine of Natural History; Zoology, Botany, and Geology*, 12: 314.

Deonier D L. 1978. New species of *Hydrellia* reared from aquatic macro-phytes in Pakistan (Diptera: Ephydridae). *Entomologica Scandinavica*, 9 (3): 188-197.

Deonier D L. 1993. A critical taxonomic analysis of the *Hydrellia pakistanae* species group (Diptera: Ephydridae). *Insecta Mundi*, 7 (3): 133-158.

Deonier D L. 1995. *Cavatorella spirodelae* Deonier (Diptera: Ephydridae), a new genus and new species from *Spirodela* (Giant Duckweed) in China and Japan. *Insecta Mundi*, 9 (3-4): 177-184.

Desmarest E D. 1848. Smidtia. P. 649. *In*: Orbigny C V D d'. 1848. *Dictionnaire Universel d'Histoire Naturelle*. Paris: Tomeonzième. C. Renard: 1-816.

Desmarest E D. 1849a. Tachine. P. 318. *In*: Orbigny C V D d'. 1849. *Dictionnaire Universel d'Histoire Naturelle*. Paris: Tome douzième. C. Renard: 1-816.

Desmarest E D. 1849b. Winthemia. P. 301. *In*: Orbigny C V D d'. 1849. *Dictionnaire Universel d'Histoire Naturelle*. Paris: Tome treizième. C. Renard: 1-384.

Dinulescu G. 1932. Recherches sur la biologie des Gastrophiles. Anatomie, physiologie, cycle évolutif. *Annales des Sciences Naturelles Zoologicae et Biologie Animale*, 15: 1-183.

Dinulescu G. 1938. Recherches sur les *Gastrophilus* en Roumanie (Étude systématique *et* biologique). *Archs Roum Pathologic Experiment Microbiologie*, 11: 315-335.

Dirlbek J, Dirbeková O. 1972. Neue Bohrfliegenarten (Diptera: Trypetidae) aus der Mongolei. *Annotationes Zoologicae et Botanicae*, 77: 1-5.

Dirlbek J, Dirbeková O. 1974. Drei neue Bohrfliegenarten (Diptera: Trypetidae) aus dem nordkoreanischen Gebiet. *Annotationes Zoologicae et Botanicae*, 92: 1-5.

Dirlbek J, Dirbeková O. 1975. Zwei neue Fruchtfliegenarten (Diptera: Trypetidae) der Gattung Vidalia aus Nordkorea. *Annotationes Zoologicae et Botanicae*, 110: 1-3.

Dirlbek J, Dirlbek K. 1971a. Ergebnisse der mongolisch-tschechoslowakischen entomologische-botanischen Expeditionen (1965, 1966) in die Mongolei. (Nr. 23: Trypetidae). *Acta Faunistica Entomologica Musei Nationalis Pragae*, 14 (156): 9-18.

Dirlbek J, Dirlbek K. 1971b. Ergebnisse der mongolisch-tschechoslowakischen entomologischebotanischen Expeditionen (1965, 1966) in die Mongolei. Nr. 26: Diptera: Trypetidae, 2. Teil. *Sb. Faun. Pracient. Odd. När. Mus. Praze*, 14: 165-172.

Dirlbek K. 1992. Neue Anomoia-Art (Diptera: Tephritidae) von Korea. *Annotationes Zoologicae et Botanicae*, 207: 1-3.

Disney R H L. 1989. A key to Australasion and Oriental *Woodiphora* (Diptera: Phoridae) affinities of the genus and description of new species. *Journal of Natural History*, 23: 1137-1175.

Disney R H L. 1990. Key to *Dohrniphora* males (Diptera: Phoridae) of the Australasian and Oriental Regions with description of new species. *Zoological Journal of Linnean Society*, 99: 339-387.

Disney R H L. 1991. Phoridae. *In*: Soós A, Papp L. 1991. *Catalogue of Palaearctic Diptera*. Vol. 7. Amsterdam & Budapest: Elsevier Science Publishers & Akademiai Kiado: 143-203.

Disney R H L. 1996. Two new termitophilous Phoridae (Diptera) from Taiwan. *Sociobiology*, 28 (1): 1-10.

Disney R H L. 2005a. The 'distinctive' *Woodiphora parvula* Schmitz (Diptera: Phoridae) is a sibling species complex. *Entomologist's Monthly Magazine*, 141: 143-150.

Disney R H L. 2005b. Two new species of *Dohrniphora* Dahl (Diptera: Phoridae) from the Far East. *Entomologist's Monthly Magazine*, 141: 197-200.

Disney R H L, Chou W N. 1996. A new species of *Megaselia* (Diptera: Phoridae) reared from the fungus *Termitomyces* (Agaricales: Amanitaceae) in Taiwan. *Zoological Studies*, 35 (3): 215-219.

Disney R H L, Chou W N. 1998. A new species of *Megaselia* (Diptera: Phoridae) reared from the fungus *Pulveroboletus* (Boletales: Boletaceae) in Taiwan. *Bulletin of the Museum of Natural Science, Taiwan*, 11: 135-139.

Disney R H L, Kistner D H. 1997. Revision of the Oriental Termitoxeniinae (Diptera: Phoridae). *Sociobiology*, 29 (1): 1-118.

Disney R H L, Kistner K H, Mo J. 2008. Record of a more northerly *Clitelloxenia formosana* in China with Comments on the genus *Teratophora* and on post-imaginal growth (Diptera: Phoridae, Termitoxeniinae). *Sociobiology*, 52 (2): 271-281.

Disney R H L, Li G X, Chao J T. 1996. The identity of Shiraki's "*Termitoxenia formosena*" (Diptera: Phoridae). *Zoological Studies*, 35 (4): 296-299.

Disney R H L, Li G X, Li D. 1997. A new species and two new records of *Megaselia* Rondani (Diptera, Phoridae) from the mainland of China. *Giornale Italiano di Entomologia*, 7: 333-338.

Disney R H L, Michailovskaya M. 2000a. A new genus of scuttle fly (Diptera: Phoridae) from Russia. *Fragmenta Faunistica*, 43 (9-17): 209-213.

Disney R H L, Michailovskaya M. 2000b. A new Palaearctic species of *Dohrnihora* Dahl (Diptera: Phoridae) from Russia. *Entomologist's Gazette*, 51: 91-94.

Dobzhansky T, Pavan C. 1943. Studies on Brazilian species of *Drosophila*. *Boletim da Faculdade de Filosofia, Ciencias e Letras, Universidade de Sao Paulo*, 36 (Biol. Geral, 4): 7-72, pl. 1-7.

Doczkal D. 1998. On the identity of *Baccha strandi* Duda, 1940 (Diptera, Syrphidae). *Volucella*, 3 (1/2): 85-86.

Doczkal D. 2003. Description of *Leucozona pruinosa* spec. nov. (Diptera, Syrphidae) from the Himalayas. *Volucella*, 6 (2002): 41-43.

Doesburg P H van. 1949. Mededelingen over Syrphidae (Meded. VIII). *Entomologische Berichten*, 12 (294): 441-446.

Doesburg P H van. 1951. Syrphidae de Banyuls *et* environs. 10me communication sur les Dipteres Syrphides. *Vie et Milieu*, 2 (4): 481-487.

Doesburg P H van. 1955. Report on the syrphid flies, collected by the Fourth Dutch Karakorum Expedition, 1935 (Mededelingen over Syrphidae XIII). *Beaufortia*, 5: 47-51.

Doesburg P H van (Sr.), Doesburg P H van (Jr.). 1977. La faune terrestre de l'Ile de Sainte-Helene. Troisieme partie. 13. Fam. Syrphidae. *Annales de Musee Royal de l'Afrique Centrale, Tervuren, Belgique, ser.* 8, *Sciences Zoologiques*, 215 (1976): 63-74.

Doleschall C L. 1856. Eerste bijdrag tot de kennis der dipterologische fauna van Nederlandsch Indië. *Natuurkundig Tijdschrift voor Nederlandsch-Indië*, 10 (n. Ser. 7): 403-414, pls. 1-12.

Doleschall C L. 1857. Tweede bijdrage tot de kennis der dipterologische fauna van Nederlandsch Indië. *Natuurkundig Tijdschrift voor Nederlandsch-Indië*, 14: 377-418, pls 1-10.

Doleschall C L. 1858. Derde bijdrage tot de kennis der dipteren fauna van Nederlandsch Indië. *Natuurkundige Vereeniging voor Nederlandsch-Indië*, 17: 73-128.

Dong H, Su L X, Yang D, Liu G C. 2016. Sphaeroceridae. *In*: Yang D, Wu H, Zhang J H, Yao G. 2016. *Fauna of Tianmu Mountain, Vol. 9. Hexapoda: Diptera (II)*. Hangzhou: Zhejiang University Press: 52-81. [董慧, 苏立新, 杨定, 刘广纯. 2016. 小粪蝇科//杨定, 吴鸿, 张俊华, 姚刚. 2016. 天目山动物志 (第九卷) 昆虫纲 双翅目 (II). 杭州: 浙江大学出版社: 51-81.]

Dong H, Yang D. 2006. Two new species of *Poecilosomella* Duda from China (Sphaeroceridae, Diptera). *Transactions of the American Entomological Society*, 133 (3 + 4): 331-334.

Dong H, Yang D. 2007a. Diptera: Sphaeroceridae. *In*: Li Z Z, Yang M F, Jin D C. 2007. *Insects from Leigongshan Landscape*. Guiyang: Guizhou Science and Technology Publishing House: 552-553. [董慧, 杨定. 2007a. 双翅目, 小粪蝇科//李子忠, 杨茂发, 金道超. 2007. 雷公山景观昆虫. 贵阳: 贵州科技出版社: 552-553.]

Dong H, Yang D. 2007b. Diptera: Sphaeroceridae. *In*: Yang D. 2007. *Fauna of Hebei, Diptera*. Beijing: China Agricultural Science and Technology Press: 528-533 [董慧, 杨定. 2007b. 双翅目: 小粪蝇科//杨定. 2007. 河北动物志 双翅目. 北京: 中国农业科学技术出版社: 528-533.]

Dong H, Yang D. 2008. Diptera: Sphaeroceridae. *In*: Shen X C, Lu C T. 2008. *The Fauna and Taxonomy of Insects in Henan. Vol. 6. Insects of Baotianman National Nature Reserve*. Beijing: China Agricultural Science and Technology Press: 59. [董慧, 杨定. 2008. 双翅目: 小粪蝇科//申效诚, 鲁传涛. 2008. 河南昆虫分类区系研究 (第六卷) 宝天曼自然保护区昆虫. 北京: 中国农业科学技术出版社: 59.]

Dong H, Yang D. 2015a. The genus *Leptocera* from China, with description of a new species (Diptera: Sphaeroceridae). *Zoological Systematics*, 40 (3): 303-314.

Dong H, Yang D. 2015b. Notes on the subgenus *Svarciella* (Diptera: Sphaeroceridae) with a new species from China. *Entomotaxonomia*, 37 (4): 279-284. [董慧, 杨定. 2015b. 中国索小粪蝇亚属及一新种记述 (双翅目: 小粪蝇科). 昆虫分类学报, 37 (4): 279-284.]

Dong H, Yang D, Hayashi T. 2006. Review of the species of *Poecilosomella* Duda (Diptera: Sphaeroceridae) from continental China. *Annales Zoologici*, 56: 643-655.

Dong H, Yang D, Hayashi T. 2007a. Two new species of *Poecilosomella* Duda (Diptera: Sphaeroceridae) from China. *Transactions of the American Entomological Society*, 133: 331-334.

Dong H, Yang D, Hayashi T. 2007b. A new species of *Ischiolepta* from China (Diptera: Sphaeroceridae). *Transactions of the American Entomological Society*, 133: 129-132.

Dong H, Yang D, Hayashi T. 2009. Review of the species of *Sphaerocera* (Diptera: Sphaeroceridae) from China. *Transactions of the American Entomological Society*, 135: 175-184.

Dong Q B, Pang B P, Yang D. 2008a. Lonchopteridae (Diptera) from Guangxi, Southwest China. *Zootaxa*, 1806: 59-65.

Dong Q B, Pang B P, Yang D. 2008b. Two new species of the genus *Lonchoptera* from Shaanxi, China (Diptera, Lonchopteridae). *Acta Zootaxonomica Sinica*, 33 (2): 401-405. [董奇彪, 庞保平, 杨定. 2008b. 陕西省尖翅蝇属二新种记述 (双翅目, 尖翅蝇科). 动物分类学报, 33 (2): 401-405.]

Dong Q B, Yang D. 2011. Two new species and one new record of *Lonchoptera* (Diptera: Lonchopteridae) from China. *Entomotaxonomia*, 33 (4): 267-272. [董奇彪, 杨定. 2011. 中国尖翅蝇属二新种及一新记录种记述 (双翅目: 尖翅蝇科). 昆虫分类学报, 33 (4): 267-272.]

Dong Q B, Yang D. 2012. Three new species and one new record of *Lonchoptera* from Yunnan, China (Diptera, Lonchopteridae). *Acta Zootaxonomica Sinica*, 37 (4): 818-823. [董奇彪, 杨定. 2012. 云南尖翅蝇属三新种及中国一新纪录种记述 (双翅目, 尖翅蝇科). 动物分类学报, 37 (4): 818-823.]

Dong Q B, Yang D. 2013. Two new species of *Spilolonchoptera* (Diptera: Lonchopteridae) from China. *Entomotaxonomia*, 35 (1): 68-72. [董奇彪, 杨定. 2013. 中国暇尖翅蝇属二新种记述 (双翅目: 尖翅蝇科). 昆虫分类学报, 35 (1): 68-72.]

Dong X G, Li X S, Song C, Zhao S W, Mu X Q, Dong C Y, Chen Z L, Zhou Y Y, Wang Q, Zhang C T. 2011. Notes on Parasitic Flies Harmful to *Antheraea pernyi* in China. *Science of Sericulture*, 37 (4): 765-770. [董绪国, 李喜升, 宋策, 赵世文, 穆秀奇, 董春艳, 陈增良, 周媛烨, 王强, 张春田. 2011. 危害柞蚕的寄生蝇种类记述. 蚕业科学, 37 (4): 765-770.]

Donovan E. 1796. *The natural history of British insects; explaining them in their several states, with the periods of their transformations, their food, economy and c. The whole illustrated by coloured figures, designed and executed from living specimens*. London, 5: 1-110 + 6.

Donovan E. 1808. *The Natural History of British Insects*. Vol. 13. London: Rivington: 74 + 1-4, pls. 433-468.

Draber-Mońko A. 1965. Monographie der paläarktischen Arten der Gattung *Alophora* R.-D. (Diptera, Larvaevoridae). *Annales Zoologici*, 23: 69-194.

Draber-Mońko A. 2009. State of knowledge of the tachinid fauna of Eastern Asia, with new data from D. P. R. Korea. Part I. Phasiinae. *Fragmenta Faunistica*, 51 [2008]: 119-137.

Draber-Mońko A. 2012. State of knowledge of the tachinid fauna of Eastern Asia, with new data from D. P. R. Korea. Part II. Tachininae. *Fragmenta Faunistica*, 54 [2011]: 157-177.

Draber-Mońko A. 2013. State of knowledge of the tachinid fauna of Eastern Asia, with new data from D. P. R. Korea. Part III. Phasiinae. Supplement. *Fragmenta Faunistica*, 55 [2012]: 147-153.

Draber-Mońko A. 2015. State of knowledge of the tachinid fauna of Eastern Asia, with new data from D. P. R. Korea. Part IV. Dexiinae. *Fragmenta Faunistica*, 58: 43-50.

Drensky P. 1926. Die parasitärlebenden Fliegen der Farn. Pupiparae (Diptera) in Bulgarien. *Mitteilungen der Bulgarskoto Entomologischen Gesellschaft*, 3: 89-106.

Drensky P. 1934. Die Fliegen der Familie Syrphidae (Diptera) in Bulgarien. *Izvestiya na Bulgarskoto Entomologichno Druzhestvo*, 8: 109-131.

Drensky P. 1943. Die Fliegen der Familie Trypetidae (Diptera) in Bulgarian. *Godishnik na Sofiiskiya Universitet, Biologicheski Fakultet*, 3: 69-126.

Drew R A I. 1972. The generic and subgeneric classification of Dacini (Diptera: Tephritidae) from the South Pacific area. *Journal of the Australian Entomological Society*, 11: 1-22.

Drew R A I. 1989. The tropical fruit flies (Diptera: Tephritidae) of the Australasian and Oceanian Region. *Memoirs of the Queensland Museum*, 26: 1-521.

Drew R A I. 2004. Biogeography and speciation in the Dacini (Diptera: Tephritidae: Dacinae). *In*: Evenhuis N L, Kaneshiro K Y D. 2008. Elmo Hardy Memorial Volume. *Contributions to the Systematics and Evolution of Diptera. Bishop Museum Bulletin in Entomology*, 12: 165-178.

Drew R A I, Hancock D L. 1994a. The *Bactrocera dorsalis* complex of fruit flies (Diptera: Tephritidae: Dacinae) in Asia. *Bulletin of Entomological Research Supplement Series*, 2: 1-68.

Drew R A I, Hancock D L. 1994b. Revision of the tropical fruit flies (Diptera: Tephritidae: Dacinae) of South East Asia. I.

Ichneumonopsis Hardy and *Monacrostichus* Bezzi. *Invertebrate Taxonomy*, 8: 829-838.

Drew R A I, Hancock D L. 1995. New species, subgenus and records of *Bactrocera* Macquart from the South Pacific (Diptera: Tephritidae: Dacinae). *Journal of the Australian Entomological Society*, 34: 7-11.

Drew R A I, Hancock D L. 2000. Phylogeny of the tribe Dacini (Dacinae) based on morphological, distributional and biological data. *In*: Aluja M, Norrbom A L. 2000. *Fruit Flies* (*Tephritidae*): *Phylogeny and Evolution of Behavior*. Boca Raton: CRC Press, 944: 491-504.

Drew R A I, Hancock D L, White I M. 1998. Revision of the tropical fruit flies (Diptera: Tephritidae: Dacinae) of South-east Asia. II. *Dacus* Fabricius. *Invertebrate Taxonomy*, 12: 567-654.

Du J, Xue W Q. 2017a. A new species of *Chirosia* Rondani, 1856 (Diptera: Anthomyiidae) from Liaoning Province, China. *Sichuan Journal of Zoology*, 36 (2): 208-210. [杜晶, 薛万琦. 2017a. 中国辽宁蕨蝇属一新种 (双翅目: 花蝇科). 四川动物, 36 (2): 208-210.]

Du J, Xue W Q. 2017b. Four new species of the genus *Delia* Robineau-Desvoidy in the Yunnan Province of China (Diptera, Anthomyiidae). *ZooKeys*, 693: 141-153.

Du X J, Ren B Z, Wu Y G, Yuan H B. 2006. Study on flower-visiting insect on the north slope of Changbai Mountain (I)—Twenty-three new recording species of Syrphidae flies from Jilin Province. *Journal of Jilin Agricultural University*, 28 (4): 373-375. [杜秀娟, 任炳忠, 吴艳光, 袁海滨. 2006. 长白山北坡访花昆虫研究 (I)——吉林省访花食蚜蝇科昆虫23新记录种. 吉林农业大学学报, 28 (4): 373-375.]

Duda O. 1918. Revision der europäischen Arten der Gattung *Limosina* Macquart (Dipteren). *Abhandlungen der* [*K.-K.* (= *Kaiserlich-Königlichen*)] *Zoologisch-Botanischen Gesellschaft in Wien*, 10 (1): 1-240.

Duda O. 1920. Vorläufige Mitteilung zur Kenntnis der aussereuropäischen Arten der Gattungen *Leptocera* Olivier = Limosina Macq. Und Borborus Meigen (Dipteren). *Zoologische Jahrbücher, Zeitschrift für Systematik, Geographie und Biologie der Tiere*, 43: 433-446.

Duda O. 1921a. Fiebrigella und Archiborborus, zwei neue südamerikanische Borboridengattungen (Dipteren). *Tijdschrift voor Entomologie*, 64: 119-146.

Duda O. 1921b. Kritische Bemerkungen zur Gattung *Scaptomyza* Hardy (Dipteren). *Jahresheft des Vereins fur Schlesische Insektenkunde zu Breslau*, 13: 57-69.

Duda O. 1922. *Liodrosophila* und *Sphaerogastrella*, zwei neue, zu den Drosophiliden und nicht zu den Camilliden gehorige Dipteren-Gattungen aus Sudostasien. *Wiegmann's Archiv für Naturgeschichte*, 88A (4): 150-160.

Duda O. 1923a. Die orientalischen und australischen Drosophiliden-Arten (Dipteren) des Ungarischen National-Museums zu Budapest. *Annales Historico-Naturales Musei Nationalis Hungarici*, 20: 24-59.

Duda O. 1923b. Revision der altweltlichen Arten der Gattung *Borborus* (Cypsela) Meigen (Dipteren). *Archiv für Naturgeschichte*, Abteilung A, 89 (4): 35-112.

Duda O. 1924a. Beitrag zur Systematik der Drosophiliden unter besonderer Berücksichtigung der paläaktischen u. orientalischen Arten (Dipteren). *Archiv für Naturgeschichte* (A), 90 (3): 172-234.

Duda O. 1924b. Berichtigungen zur Revision der europäischen Arten der Gattung *Limosina* Macq. (Dipteren), nebst Beschreibung von sechs neuen Arten. *Verhandlungen der* [*K.-K.* (= *Kaiserlich-Königlichen*)] *Zoologisch-Botanischen Gesellschaft in Wien*, (1923) 73: 163-180.

Duda O. 1924c. Revision der europäischen u. gronländischen sowie einiger südostasiatischen Arten der Gattung *Piophila* Fallén (Dipteren). *Konowia*, 3: 1-167.

Duda O. 1924d. Die Drosophiliden (Dipteren) des Deutschen Entomologischen Institutes d. Kaiser Wilhelm-Gesellschaft aus H. Sauter's Formosa-Ausbeute nebst Beschreibung zehn neuer südostasiatischer Drosophiliden des Amsterdamer Museums und des Wiener Staatsmuseums. *Wiegmann's Archiv für Naturgeschichte* (A), 90 (3): 235-259.

Duda O. 1925a. Die außereuropäischen Arten der Gattung *Leptocera* Olivier-*Limosina* Macquart (Dipteren) mit Berücksichtigung der europäischen Arten. *Archiv für Naturgeschichte*, Abteilung A, 90 (11) (1924): 5-215.

Duda O. 1925b. Monographie der Sepsiden (Diptera). I. *Annalen des Naturhistorischen Museums in Wien*, 39 (1925): 1-153.

Duda O. 1925c. Die costaricanischen Drosophiliden des Ungarischen National-Museums zu Budapest. *Annales Historico-Naturales Musei Nationalis Hungarici*, 22: 149-229.

Duda O. 1926a. Fauna sumatrensis. (Beitrag Nr. 36). Drosophilidae (Diptera). *Supplementa Entomologica*, 14: 42-116.

Duda O. 1926b. Die orientalischen und australischen Drosophiliden-Arten (Dipteren) des Ungarischen National-Museums zu Budapest. *Annales Historico-Naturales Musei Nationalis Hungarici*, 23: 241-250.

Duda O. 1926c. Monographie der Sepsiden (Diptera). II. *Annalen des Naturhistorischen Museums in Wien*, 40: 1-110.

Duda O. 1927. Revision der altweltlichen Astiidae (Diptera). *Deutsche Entomologische Zeitschrift*, 1927 (2): 113-147.

Duda O. 1928. Bemerkungen zur Systematik und Ökologie einiger europäischer Limosinen und Beschreibung von *Scotophilella splendens* n. sp. (Diptera). *Konowia*, 7: 162-174.

Duda O. 1929a. Die Ausbeute der Deutschen Chaco-Expedition 1925/26 (Diptera). X. Chloropidae. *Konowia*, 8: 165-169.

Duda O. 1929b. Fauna Buruana. Diptera, Acalyptrata. *Treubia*, 7: 415-422.

Duda O. 1930a. Die neotropischen Chloropiden (Diptera). *Folia Zoologica et Hydrobiologica*, 2: 46-128.

Duda O. 1930b. Neue und bekannte orientalische Chloropiden (Diptera) des Deutschen Entomologischen Instituts in Berlin-Dahlem. *Stettiner Entomologische Zeitung*, 91: 278-304.

Duda O. 1931. Die neotropischen Chloropiden (Diptera). 1. Fortsetzung: Nachtrag, Ergänzungen, Berichtigungen und Index. *Folia Zoologie und Hydrobiologie*, 3: 159-172.

Duda O. 1932-1933. Family 61. Chloropidae. *In*: Lindner E. 1932-1933. *Die Fliegen der Paläearktischen Region. E. Schweizerbartische Verlagsbuchhandlung*, 6 (1): 1-248.

Duda O. 1934a. 58a. Periscelidae. *In*: Lindner E. 1934. *Die Fliegen der Paläearktischen Region. E. Schweizerbartische Verlagsbuchhandlung*, 6 (1): 1-13.

Duda O. 1934b. Fauna Sumatrensis. Bijdrage. No. 74, Chloropidae (Diptera). *Tijdschrift voor Entomologie*, 77: 55-161.

Duda O. 1934c. Weitere neue und wenig bekannte orientalische und australische Chloropiden (Diptera) des Deutschen Entomologischen Instituts in Berlin-Dahlem. *Arbieten über Morphologische und Taxonomische Entomologie aus Berlin-Dahlem*, 1: 39-60.

Duda O. 1934d. 58g. Drosophilidae. *In*: Lindner E. 1934. Die Fliegen der Paläearktischen Region. *E. Schweizerbartische Verlagsbuchhandlung*, 6 (1): 1-64.

Duda O. 1935a. Beitrag zur Kenntnis der paläarktischen Madizinae. *Natuurhistorisch Maandblad*, 24: 24-26.

Duda O. 1935b. Einige neue afrikanische akalyptrate Musciden (Diptera) des British Museum. *Stylops*, London, 4: 25-34.

Duda O. 1935c. 58g. Drosophilidae. *In*: Lindner E. 1935. Die Fliegen der Paläearktischen Region. *E. Schweizerbartische Verlagsbuchhandlung*, 6 (1): 65-118.

Duda O. 1938. 57. Sphaeroceridae (Cypselidae). *In*: Lindner E. 1938. Die Fliegen der Paläearktischen Region. *E. Schweizerbartische Verlagsbuchhandlung*, 6 (1): 1-182.

Duda O. 1939. Revision der afrikanischen Drosophiliden (Diptera). I. *Annales Historico-Naturales Musei Nationalis Hungarici*, 32: 1-57.

Duda O. 1940. Neue oder ungenugend bekannte Zweiflugler der palaarktischen Region aus meiner Sammlung. *Folia Zoologica et Hydrobiologica*, 10 (1): 214-226.

Dufour L. 1827. Description *et* Figure d'une nouvelle espèce d'Ornithomyie. *Annales des Sciences Naturelles Zoologicae et Biologie Animale*, 10: 243-248.

Dufour L. 1833. Description de quelques Insectes diptères des genres *Astomella*, *Xestomyza*, *Ploas*, *Anthrax*, *Bombilius*, *Dasypogon*, *Laphria*, *Sepedon et Myrmemorpha*, observés en Espagne. *Annales des Sciences Naturelles*, 30: 209-221.

Dufour L. 1839. Mémoire sur les métamorphoses de plusieurs larves fongivores appartenant à des Diptères. *Annales des Sciences Naturelles Zoologicae*, 12 (2): 5-60.

Dufour L. 1841. Recherches sur les metamorphoses du genre *Phora* etc. *Mémoires de la Société* (*Royale*) *des Sciences*, *Lille* (1840): 414-424.

Dufour L. 1844. Histoire des metamorphoses *et* de I'anatomie du *Piophila petasionis*. *Annales des Sciences Naturelles Zoologicae*, 1 (3): 365-388.

Duméril A M C. 1800. Exposition d'une méthode naturelle pour la classification *et* l'étude des Insectes, présentée à la société philomatique le 3 brumaire an 9. *Journal de Physique*, *de Chimie et d'Histoire Naturelle*, 51: 427-439.

Duméril A M C. 1805. *Zoologie analytique*, *ou méthode naturelle de classification des animaux*, *rendue plus facile à l'aide de Tableaux synoptiques*. Paris: XXXII + 1-344.

Duponchel P. 1842. Blondélie. P. 609. *In*: Orbigny C V D d'. 1842. *Dictionnaire Universel d'Histoire Naturelle*. Paris: Tome deuxième. C. Renard: 1-795 + [1 (Errata)].

Dupuis C. 1949. Contributions a l'étude des Phasiinae cimicophages (diptères Larvaevoridae). VIII.—Notes biologiques *et* de morphologie larvaire sur la sous-tribu *Allophorina*. *Annales de Parasitologie Humaine et Comparée*, 24: 503-546.

Dupuis C. 1960. Expériences sur l'oviparité, le comportement de ponte *et* l'incubation chez quelques diptères Phasiinae. *Comptes Rendus Hebdomadaires des Séances de l'Académie des Sciences*, 250: 1744-1746.

Dupuis C. 1961. Contributions à l'étude des Phasiinae cimicophages (diptères Larvaevoridae). XXIV-Les *Gymnosoma* ouest-paléarctiques (à l'exclusion du groupe de *costata* Pz.). *Cahiers des Naturalistes*, *Bulletin des Naturalistes Parisiens*, N. Sér. (1960) 16: 69-76.

Dupuis C. 1966. Contributions a l'étude des Phasiinae cimicophages (diptères tachinaires). 33-*Gymnosoma* paléarctiques nouvelles ou peu connues. *Cahiers des Naturalistes*, *Bulletin des Naturalistes Parisiens*, N. Sér. 22: 111-127.

Dušek J, Láska P. 1967. Versuch zum Aufbau eines natürlichen Systems mitteleuropäischer Arten der Unterfamilie Syrphinae

(Dipters). *Acta Scientiarum Naturalium—Academiae Scientiarum Bohemoslovacae Brno*, 1: 349-390.

Dušek J, Láska P. 1973. Descriptions of five new European species of the genus *Metasyrphus* (Diptera, Syphidae), with notes on variation within the species. *Acta Entomologica Bohemoslovaca*, 70 (6): 415-426.

Dušek J, Láska P. 1980. Species of *Metasyrphus* from Afghanistan and Kirghizia, with keys and descriptions of three new species (Diptera, Syrphidae). *Acta Entomologica Bohemoslovaca*, 77: 118-130.

Dwivedi Y N. 1979. Description of two new species of subgenus *Drosophila* (Drosophilidae: Diptera) from Darjeeling, India. *Proceedings of the Indiana Academy of Science, Section B* 88 (4): 299-304.

Dwivedi Y N, Gupta J P. 1979. Three new drosophilids (Diptera: Drosophilidae) from North East India. *Entomon*, 4: 183-187.

Dwivedi Y N, Singh B K, Gupta J P. 1979. Further addition to the Indian fauna of Drosophilidae. *Oriental Insects*, 13: 61-74.

Dzhafarova F Sh. 1974. Novye vidy zhurchalok iz raionov Malogo Kavkaza. *Uchen. Zap. Azerbaid. Univ., Ser. Biol. Nauk. Baku.*, 1: 40-43.

Ebejer M J. 1998. A review of the Palaearctic species of *Aphaniosoma* Becker (Diptera, Chyromyidae), with descriptions of new species and a key for the identification of adults. *Deutsche Entomologische Zeitschrift*, 45 (2): 191-230.

Edwards F W. 1915. Report on the Diptera collected by the British Ornithologists' Union Expedition and the Wollaston Expedition in Dutch New Guinea. With a section on the Asilidae by E. E. Austen. *Transactions of the Zoological Society of London*, 20: 391-424.

Edwards F W. 1919. Diptera collected in Korinchi, West Sumatra, by Messrs. H. C. Robinson and C. Boden Kloss. *Journal of the Federated Malay States Museum*, 8 (3): 7-59.

Edwards M A, Hopwood A T. 1966. *Nomenclator Zoologicus*. Vol. VI. 1946-1955. London: Zoological Society of London: i-viii + 1-329.

Egger J. 1856. Neue Dipteren-Gattungen und Arten aus der Familie der Tachinarien und Dexiarien nebst einigen anderen dipterologischen Bemerkungen. *Verhandlungen der [K.-K. (= Kaiserlich-Königlichen)] Zoologisch-Botanischen Gesellschaft in Wien*, 6: 383-392.

Egger J. 1858. Dipterologische Beiträge. *Verhandlungen der [K.-K. (= Kaiserlich-Königlichen)] Zoologisch-Botanischen Gesellschaft in Wien*, 8: 701-716.

Egger J. 1859. Dipterologische Beiträge. *Verhandlungen der [K.-K. (= Kaiserlich-Königlichen)] Zoologisch-Botanischen Gesellschaft in Wien*, 9: 387-407.

Egger J. 1860a. Beschreibung neuer Zweiflüger. (Fortsetzung.) *Verhandlungen der [K.-K. (= Kaiserlich-Königlichen)] Zoologisch-Botanischen Gesellschaft in Wien*, 10 (Abhandl.): 795-802.

Egger J. 1860b. Dipterologische Beiträge. *Verhandlungen der [K.-K. (= Kaiserlich-Königlichen)] Zoologisch-Botanischen Gesellschaft in Wien*, 10: 339-358.

Egger J. 1860c. Fortsetzung der Beschreibung neuer Zweiflugler und diagnostische Bemerkungen. *Verhandlungen der [K.-K. (= Kaiserlich-Königlichen)] Zoologisch-Botanischen Gesellschaft in Wien*, 10: 663-668.

Egger J. 1861. Dipterologische Beiträge. Fortsetzung der Beschreibung neuer Dipteren. *Verhandlungen der [K.-K. (= Kaiserlich-Königlichen)] Zoologisch-Botanischen Gesellschaft in Wien*, 11 (Abhandl.): 209-216.

Egger J. 1862. Dipterologische Beiträge. *Verhanderungen der [K.-K. (= Kaiserlich-Königlichen)] Zoologisch-Botanischen Gesellschaft in Wien*, 12: 1233-1236.

Egger J. 1865. Dipterologische Beiträge. Fortsetzung der Beschreibung neuer Zweiflugler [concl.]. *Verhandlungen der [K.-K. (= Kaiserlich-Königlichen)] Zoologisch-Botanischen Gesellschaft in Wien*, 15 (Abhandl.): 291-298, 573-574.

Elberg K J. 1965. New palaearctic genera and species of flies of the family Sciomyzidae (Diptera, calyptrata). *Entomologicheskoe Obozrenie*, 44 (1): 189-196.

Elberg K J. 1968. Zur Kenntnis der *Statinia* Arten aus der UdSSR (Diptera: Sciomyzidae). *Beiträge zur Entomologie*, 18 (5-6): 663-670.

Emden F I van. 1940. Muscidae: B. — Coenosiinae. *Ruwenzori Expedition*, 1934-35, 2: 91-255.

Emden F I van. 1941. Keys to the Muscidae of the Ethiopian region: Scatophaginae, Anthomyiinae, Lispinae, Fanniinae. *Bulletin of Entomological Research*, 32: 251-275.

Emden F I van. 1951. Muscidae C.: Scatophaginae, Anthomyiinae, Lispinae, Fanniinae and Phaoniinae. *Ruwenzori Expedition*, 1934-35, 2: 325-710.

Emden F I van. 1954a. Diptera Cyclorrhapha. Calyptrata (I). Section (a). Tachinidae and Calliphoridae. *Handbooks for the Identification of British Insects*, 10, Part 4 (a). London: Royal Entomological Society of London: 1-133.

Emden F I van. 1954b. New or interesting Stomoxydinae, Phasiinae and Dexiinae of the Belgian Congo Museum (Diptera Calyptratae). *Annales du Musée Royal du Congo Belge. N. Sér. In-4° (Sciences Zoologiques)*, 1: 548-552.

Emden F I van. 1965. Diptera Volume 7, Muscidae. *In*: Sewell R B S, Roonwal M L. 1965. *Fauna of India and the Adjacent Countries*. India: Baptist Mission Press: 1-647.

Enderlein G. 1903. II. Die Landarthropoden der antarktischen Inseln St. Paul und Neu-Amsterdam (p. 249-270). *In*: *Wiss. Ergebnisse der deutschen Tiefsee-Expedition*, 3: 197-270.
Enderlein G. 1910. Neue Gattungen und Arten aussereuropaischer Fliegen. *Stettiner Entomologische Zeitung*, 72: 135-209.
Enderlein G. 1911a. Klassifikation der Oscinosominen. *Sitzungsberichte der Gesellschaft für Naturforschender Freunde zu Berlin*, 1911 (4): 185-244.
Enderlein G. 1911b. Trypetiden-Studien. *Zoologische Jahrbücher, Abteilung für Systematik, Geographie und Biologie der Tiere*, 31: 407-460.
Enderlein G. 1912a. Zur Kenntnis orientalischer Ortalinen und Loxoneurinen. *Zoologische Jahrbücher Systematik*, 33: 347-362.
Enderlein G. 1912b. Die Phoridenfauna Süd-Brasiliens. *Stettiner Entomologische Zeitung*, 73: 16-45.
Enderlein G. 1912c. Ueber eine mimetische Ephydridengattung (*Oscinomima* nov. gen.). *Stettiner Entomologische Zeitung*, 73: 163-165.
Enderlein G. 1914. 16. Ordn. Diptera, Fliegen (Zweiflügler). *In*: Brohmer P. 1914. *Fauna von Deutschland*. Leipzig: Quelle and Meyer: 272-336.
Enderlein G. 1920a. Ord. Diptera, Fliegen (Zweiflügler). *In*: Brohmer P. 1920. *Fauna von Deutschland*, Ed. 2. Leipzig: Quelle and Meyer: 265-315.
Enderlein G. 1920b. Zur Kenntnis tropischer Frucht-Bohrfliegen. *Zoologische Jahrbücher, Abteilung für Systematik, Geographie und Biologie der Tiere*, 43: 336-360.
Enderlein G. 1920c. Einige neue Sepsiden (Diptera). *Wiener Entomologische Zeitung*, 38: 60-61.
Enderlein G. 1921. Dipterologische studien XVII. *Zoologischer Anzeiger*, 52 (8/9): 219-232.
Enderlein G. 1922a. Klassifikation der Micropeziden. *Archiv für Naturgeschichte Berlin Abt* A, 88 (5): 140-299.
Enderlein G. 1922b. Über einige neue afrikanische Ephydrinen. *Konowia*, 1 (3): 127-128.
Enderlein G. 1922c. Einige neue Drosophiliden. *Deutsche Entomologische Zeitrchrift*, 1922: 295-296.
Enderlein G. 1923. Eine neue Anthomyiine aus Südrussland. *Raboty Volzhskoni Biologicheskoni Stantsi*, 7: 72.
Enderlein G. 1924a. Zur Klassifikation der Phoriden und über vernichtende Kritik. *Entomologische Mitteilungen*, 13 (8): 270-281.
Enderlein G. 1924b. Beiträge zur Kenntnis der Platystominen. *Mitteilungen aus dem Zoologischen Museum in Berlin*, 11 (1): 97-153.
Enderlein G. 1927a. Dipterologische Studien XVIII. [Erroneously printed as XVII.]. *Konowia*, 6: 50-56.
Enderlein G. 1927b. Dipterologische Studien. XIX. *Stettiner Entomologische Zeitung*, 88 (1): 102-109.
Enderlein G. 1928a. Klassifikation der Sarcophagiden. Sarcophagiden-Studien I. *Archiv für Klassifikatorische und Phylogenetische Entomologie*, 1 (1): 1-56.
Enderlein G. 1928b. Ueber die Klassifikation der Stomoxinae (blutsaugende Musciden) und neue Arten aus Europa und Afrika. *Zeitschrift für Angewandte Entomologie*, 14: 356-368.
Enderlein G. 1928c. Entomologische Ergebnisse der Deutsch-Russischen Alai-Pamir-Expedition 1928 (III). I. Diptera. *Deutsche Entomologische Zeitschrift*, (2-3): 129-146.
Enderlein G. 1929. *Acrometopida reicherti* nov. spec., eine neue Ochthiphilide aus Ceylon. *Zeitscrift für Wissenschaftliche Insektenbiologie*, 24: 57-58.
Enderlein G. 1933a. Neue paläarktische Calliphoriden, darunter Schneckenparasiten (Diptera). *Mitteilungen der Deutschen Entomologischen Gesellschaft*, 4: 120-128.
Enderlein G. 1933b. Diptera. Entomologische Ergebnisse der Deutsch-Russischen Alai-Pamir-Expedition 1928 (III). *Deutsche Entomologische Zeitschrift*, 1933: 129-146.
Enderlein G. 1933c. *Gampsocera Hedini*, eine neue Oscinosominae aus Süd-China. *In*: *Schwedisch-chinesische wissenschaftli-che Expedition nach den nordwestlichen Provinzen Chinas. 34. Diptera. Arkiv för Zoologie*, 27B: 1-3.
Enderlein G. 1933d. Chortophila rubicola n. sp. Ein Schädling der Himbeertriebe. *Zeitschrift für Angewandte Entomologie*, 20 (2): 328.
Enderlein G. 1934a. Dipterologica. I. *Sitzungsberichte der Gesellschaft für Naturforschender Freunde zu Berlin*, 1933 (3): 416-429.
Enderlein G. 1934b. Dipterologica. II. *Sitzungsberichte der Gesellschaft für Naturforschender Freunde zu Berlin*, 1934 (4-7): 133-134, 181-190.
Enderlein G. 1934c. Entomologische Ergebnisse der Deutsch-Russischen Alai-Pamir-Expedition 1928 (III). 1. Diptera. *Deutsche Entomologische Zeitschrift*, 1933: 129-146.
Enderlein G. 1934d. Heringiinae, eine neue minierende Chloropiden Unter-familie. *Zoologischer Anzeiger*, 105: 191-194.
Enderlein G. 1935a. Dipterologica. III. *Sitzungsberichte der Gesellschaft für Naturforschender Freunde zu Berlin*, 18: 235-246.
Enderlein G. 1935b. *Eisentrautius ibizanus* nov. gen., nov. spec. und uber weitere Astiiden (Diptera). *Mitteilungen der Deutschen Entomologischen Gesellschaft*, 6: 46-47.
Enderlein G. 1936a. 22. Ordnung. Zweiflügler, Diptera. *In*: Brohmer P, Ehrmann P, Ulmer G. 1936. *Die Tierwelt Mitteleuropas*,

6 (3), Insekten, Teil 3. Leipzig: Quelle and Meyer: 1-259.

Enderlein G. 1936b. Klassifikation der Rutiliinen. *Veröffentlichungen des Deutschen Kolonialischen Übersee-Museum Bremen*, 1: 397-446.

Enderlein G. 1936c. Notizen zur Klassifikation der Agromyziden (Diptera). *Mitteilungen der Deutschen Entomologischen Gesellschaft*, 7 (3): 42.

Enderlein G. 1937. Acalyptrata us Mandschukuo (Diptera). *Mitteilungen der Deutschen Entomologischen Gesellschaft*, 7 (6/7): 71-75.

Enderlein G. 1938a. 60. Die Dipterenfauna der Juan-Fernandez-Inseln und der Oster-Insel. *In*: Skottsberg C. 1938. *The Natural History of Juan Fernández and Easter Island*, 3 (Zool.). Uppsala: 643-680.

Enderlein G. 1938b. Beiträge zur Kenntnis der Syrphiden. *Sitzungsberichte der Gesellschaft für Naturforschender Freunde zu Berlin*, 1937: 192-237.

Enderlein G. 1939. Zur Kenntnis der Klassifikation der Tetanoceriden (Diptera). *Veröffentlichungen aus dem Deutschen Kolonial-und Übersee-Museum in Bremen*, 2 (3): 201-210.

Enderlein G. 1942. Klassifikation der Pyrgotiden. *Sitzungsberichte der Gesellschaft Naturforschender Freunde zu Berlin*, 1941 (4-7): 98-134.

Erichson W F. 1846. Bericht uber die wissenschaftlichen Leistungen in der Naturgeschichte der Insecten, Arachniden, Crustaceen und Entomostraceen wahrend des Jahres 1845. *Wiegmann's Archiv für Naturgeschichte*, 12: 185-316.

Erichson W F. 1851. Die neuen Arten der Hymenoptera, Diptera & Neuroptera. *Ménétriés E: Die Insekten (außer Parasiten)*. *In*: Middendorff A T von. 1851-1853. *Reise in den äussersten Norden und Osten Sibiriens während der Jahre*, (1843): 60-69.

Evenhuis N L. 1989. *Catalog of the Diptera of the Australasian and Oceanian Regions*. Bishop Museum Special Publication No. 86. Honolulu and E. J. Brill, Leiden: Bishop Museum Press: 1-1155.

Evenhuis N L. 2016. World review of the genus *Strongylophthalmyia* Heller (Diptera: Strongylophthalmyiidae). Part I: Introduction, morphology, species groups, and review of the *Strongylophthalmyia punctata* subgroup. *Zootaxa*, 4189 (2): 201-243.

Evenhuis N L, O'Hara J E. 2008. The status of Mesnil's 1949 *Die Fliegen* genus-group names (Diptera: Tachinidae). *Zootaxa*, 1827: 65-68.

Evenhuis N L, O'Hara J E, Pape T, *et al*. 2010. Nomenclatural studies toward a world catalog of Diptera genus-group names. Part I. André-Jean-Baptiste Robineau-Desvoidy. *Zootaxa*, 2373: 265.

Evenhuis N L, Pape T, Pont A C. 2008. The problems of subsequent typification in genus-group names and use of the *Zoological Record*: a study of selected post-1930 Diptera genus-group names without type species designations. *Zootaxa*, 1912: 1-44.

Evenhuis N L, Pape T, Pont A C. 2016. Nomenclatural studies toward a world list of *Diptera* genus-group names. Part V: Pierre-Justin-Marie Macquart. *Zootaxa*, 4172 (1): 1-211.

Evenhuis N L, Thompson F C. 1990. Type designations of genus-group names of Diptera given in d'Orbigny's Dictionnaire Universel d'Histoire Naturelle. *Bishop Museum Occasional Papers*, 30: 226-258.

Eversmann E. 1834. Diptera Wolgam fluvium inter *et* montes Uralenses observata. *Bulletin de la Société Impériale des Naturalistes de Moscou*, 7: 420-432.

Fabricius J C. 1775. *Systema entomologiae, sistens insectorum classes, ordines, genera, species, adiectis synonymis, locis, descriptionibus, observationibus*. Flensburgi *et* Lipsiae (= Flensburg and Leipzig): 1-832.

Fabricius J C. 1781. *Species insectorum exhibentes eorum differentias specificas, synonyma, auctorum, loca natalia, metamorphosin adiectis observationibus, descriptionibus*. Hamburgi *et* Kilonii [= Hamburg and Kiel], 2: 1-517.

Fabricius J C. 1787. *Mantissa insectorum sistens species nuper detectas adiectis synonymis, observationibus, descriptionibus, emendationibus*. Vol. 2. C. G. Proft, Hafniae [= Copenhagen], [2]: 1-382.

Fabricius J C. 1794a. *Entomologia systematica emendata et aucta. Secundum classes, ordines, genera, species adjectis synonymis, locis, observationibus, descriptionibus*. Hafniae [= Copenhagen], 4: 1-472.

Fabricius J C. 1794b. Secundum classes, ordines, genera, species, adjectis, synonimis, locis, observationibus, descriptionibus. *Entomologia Systematica Emendata et Aucta*, Hafniae [= Copenhagen] 4: 1-472.

Fabricius J C. 1798. Supplementum Entomologiae Systematicae. Proft *et* Storch, Hafniae [= Copenhagen], 4: [2] + 1-572.

Fabricius J C. 1805. *Systema antliatorum secundum ordines, genera, species adiecta synonymis, locis, observationibus, descriptionibus*. C. Reichard, Brunsvigae [= Brunswick]: xiv + 15-372 + [1] + 1-30.

Fallén C F. 1810a. Försök att bestämma de i Sverige funne flugarter, som kunna föras till slägtet *Tachina*. *Kongliga Vetenskaps Academiens Nya Handlingar*, Ser. 2, 31: 253-287.

Fallén C F. 1810b. *Specim. Entomolog. Novam Diptera Disponendi Methodum Exhibens*. Berlingianis, Lund.: 1-26.

Fallén C F. 1813. Beskrifning öfver nagra i Sverige funna Vattenflugor (Hydromyzides). *Kongliga Vetenskaps Academiens Nya Handlingar*, 5 (3): 240-257.

Fallén C F. 1814. Beskrifning Öfver de i Sverige funne tistel-Flugor, hòrande till Dipter-Slógtet Tephritis. *Kungliga Svenska*

VetenskApsakademiens Handlingar, 35: 156-177.

Fallén C F. 1815. Beskrifning öfver några rot-fluge Arter, hörande till slägterna Thereva och Ocyptera. *Kongliga Vetenskaps Academiens Nya Handlingar*, 3 (1815): 229-240.

Fallén C F. 1816-1817a. Syrphici Sveciae. *In*: *Diptera Sveciae / descripta a Carlo Frederico Fallén*. Lundae [= Lund.]: Literis Berlingianis: 1-14 (1816), 15-22 (1816), 23-30 (1817), 31-42 (1817), 43-54 (1817), 55-62 (1817).

Fallén C F. 1817b. Beskrifning öfver de i Sverige funna fluge arter, som kunna föras till slägtet *Musca*. Första afdelnin gen. *Kongliga Vetenskaps Academiens Nya Handlingar*, Ser. 3, 1816: 226-254.

Fallén C F. 1817c. *Scenopini et Conopsarii Sueciae*. Diss. Lund.: 3-14.

Fallén C F. 1819. *Scatomyzidae Sveciae*. Lundae: 1-10.

Fallén C F. 1820a. *Monographia Muscidum Sveciae*. [Part I.] [Cont.]. Lundae [= Lund.]: Berlingianis: 1-12.

Fallén C F. 1820b. *Monographia Muscidum Sveciae*. [Part II.] [Cont.]. Lundae [= Lund.]: Berlingianis: 13-24.

Fallén C F. 1820c. *Monographia Muscidum Sveciae*. [Part III.] [Cont.]. Lundae [= Lund.]: Berlingianis: 25-40.

Fallén C F. 1820d. *Opomyzides Sveciae*. Lundae [= Lund.]: 1-12.

Fallén C F. 1820e. *Oscinides Sveciae*. Lundae [= Lund.]: 1-10.

Fallén C F. 1820f. *Heteromyzides Sveciae*. Lundae [= Lund.]: 1-10.

Fallén C F. 1820g. *Sciomyzides Sveciae*. Lundae [= Lund.]: Litteris Berlingianis: 1-16.

Fallén C F. 1820h. *Ortalides Sveciae*. Lundae [= Lund.]: 1-34.

Fallén C F. 1823a. *Monographia Muscidum Sveciae*. Part VI. Lundae: Berlingianis: 57-64.

Fallén C F. 1823b. *Monographia Muscidum Sveciae*. Part. V. Lundae: Berlingianis: 49-56.

Fallén C F. 1823c. *Diptera Sveciae. Fam. 22*. Lundae: Agromyzides Sveciae: 1-10.

Fallén C F. 1823d. *Diptera Sveciae. Fam. 23-24*. *In*: *Phytomyzides et Ochtidiae Sveciae*. Lundae: 1-10.

Fallén C F. 1823e. *Hydromyzides Sveciae*. Berlin, Lundae: 1-12.

Fallén C F. 1823f. *Agromyzides Sveciae*. Berlin: Lundae [= Lund.]: 1-10.

Fallén C F. 1824. *Monographia Muscidum Sveciae*. Part. VII. Berlin: Lundae: 65-72.

Fallén C F. 1825a. *Monographia Muscidum Sveciae*. Part VIII, Dissert. Berlin: Lundae: 73-80.

Fallén C F. 1825b. *Monographia Muscidum Sveciae*. Part IX, Ultima. Berlin: Lundae: 81-94.

Fallén C F. 1826. *Supplementum Dipterorum Sveciae. Consentiente Ampl. Fac. Phil. Lund.* In Lyceo Carolino die XIII Dec. MDCCCXXVI. [Part II]. Berlingiana, Londini Gothorum [= Lund.]: 9-16.

Fallén K F. 1810. Försök att bestämma de i Sverige funne flugarter som kunna föras till slägtet *Tachina*. *Kungliga Svenska Vetenskaps Akademiens Handlingar*, 31 (2): 253-287.

Fallén K F. 1817. Beskrifning öfver de i Sverige funna fluge arter, som kunna föras till slägtet *Musca*. Första Afdelningen. *Kungliga Svenska Vetenskaps Akademiens Handlingar*, (3) [1816]: 226-257.

Fan Z D. 1957. On Chinese muscoid flies of the genus *Calliphora* R.-D. (s. lat.). *Acta Entomologica Sinica*, 7 (3): 321-348. [范滋德. 1957. 中国的丽蝇属. 昆虫学报, 7 (3): 321-348.]

Fan Z D. 1964a. Descriptions of some new Sarcophagini from China (Diptera: Sarcophagidae). *Acta Zootaxonomica Sinica*, 1 (2): 305-319. [范滋德. 1964a. 中国麻蝇族新属新种志 (双翅目: 麻蝇科). 动物分类学报, 1 (2): 305-319.]

Fan Z D. 1964b. Two new files of the genus *Pegomyia* R.-D., attacking bomboo shoot in East China (Diptera, Anthomyiidae). *Acta Entomologica Sinica*, 13 (4): 614-617. [范滋德. 1964b. 华东地区为害竹笋的泉蝇属二新种 (双翅目: 花蝇科). 昆虫学报, 13 (4): 614-617.]

Fan Z D. 1965. *Key to the Common Flies of China*. Beijing: Science Press: 1-330. [范滋德. 1965. 中国常见蝇类检索表. 北京: 科学出版社: 1-330.]

Fan Z D. 1974. Three new species and one new subspecies of Anthomyiidae and Muscidae from China (Diptera). *Acta Entomologica Sinica*, 17 (1): 92-96. [范滋德. 1974. 中国花蝇科及蝇科三新种一新亚种. 昆虫学报, 17 (1): 92-96.]

Fan Z D. 1976. A new species of the genus *Nanna* Baker from Chinghai China (Diptera: Cordyluridae). *Acta Entomologica Sinica*, 19 (2): 228-232. [范滋德. 1976. 青海省穗蝇属一新种 (双翅目: 粪蝇科). 昆虫学报, 19 (2): 228-232.]

Fan Z D. 1978. A new fly of genus *Musca* from Tibet, China (Diptera: Muscidae). *Acta Entomologica Sinica*, 21 (3): 329-331. [范滋德, 1978. 西藏的家蝇属一新种. 昆虫学报, 21 (3): 329-331.]

Fan Z D. 1980. Two new species of warble flies from Qinghai-Xizang Plateau, China (Diptera, Hypodermatidae). *In*: Shanghai Institute of Entomology, Academia Sinica. 1980. *Contributions from* Shanghai Institute of Entomology. Vol. 1. Shanghai: Shanghai Scientific and Technical Publishers: 201-206. [范滋德. 1980. 中国青藏高原皮蝇科二新种 (双翅目)//中国科学院上海昆虫研究所. 1980. 昆虫学研究集刊 (第一集). 上海: 上海科学技术出版社: 201-206.]

Fan Z D. 1981. A new genus and two new species of Sarcophagidae from Southwest China (Diptera). *Acta Entomologica Sinica*,

24 (3): 314-316. [范滋德. 1981. 我国西南地区麻蝇科一新属二新种. 昆虫学报, 24 (3): 314-316.]

Fan Z D. 1986a. On *Pegomya hyoscyami* group in China, with description of a new species (Diptera: Anthomyiidae). *Entomotaxonomia*, 8 (1-2): 25-30. [范滋德. 1986a. 我国的天仙子泉蝇群并记一新种 (双翅目: 花蝇科). 昆虫分类学报, 8 (1-2): 25-30.]

Fan Z D. 1986b. Six new species of Anthomyiidae from west Sichuan, China (Diptera). *In*: Shanghai Institute of Entomology, Academia Sinica. 1986. *Contributions from Shanghai Institute of Entomology*. Vol. 6. Shanghai: Shanghai Scientific and Technical Publishers: 229-236. [范滋德. 1986b. 四川省西部花蝇科六新种 (双翅目)//中国科学院上海昆虫研究所. 1986. 昆虫学研究集刊 (第六集). 上海: 上海科学技术出版社: 229-236.]

Fan Z D. 1988. Diptera: Anthomyiidae. *In*: The Mountaineering and Scientific Expedition, Academia Sinica. 1988. *Insects of Mt. Namjagbarwa region of Xizang*. Beijing: Science Press: 491-495. [范滋德. 1988. 双翅目: 花蝇科//中国科学院登山科学考察队. 1988. 西藏南迦巴瓦峰地区昆虫. 北京: 科学出版社: 491-495.]

Fan Z D. 1990. Three new species of Eginiine genus *Syngamoptera* Schnabl (Diptera: Muscidae). *Zoological Research*, 11 (2): 115-119. [范滋德. 1990. 合夜蝇属*Syngamoptera*三新种 (双翅目: 蝇科). 动物学研究, 11 (2): 115-119.]

Fan Z D. 1992. *Key to the Common Flies of China*. 2nd Ed. Beijing: Science Press: 1-992. [范滋德. 1992. 中国常见蝇类检索表. 2 版. 北京: 科学出版社: 1-992.]

Fan Z D. 1993. *In*: The Comprehensive Scientific Expedition to the Qinghai-Xizang Plateau, Chinese Academy of Sciences. 1993. *Insects of the Hengduan Mountains Region*. Vol. 2. The Series of the Scientific Expedition to the Hengduan Mountains Region of Qinghai-Xizang Plateau. Beijing: Science Press: 2 + 1252. [范滋德. 1993. //中国科学院青藏高原综合科学考察队. 1993. 横断山区昆虫 (第 2 册). 青藏高原横断山科学考察丛书. 北京: 科学出版社: 2 + 1252.]

Fan Z D. 1996. Two new species of the genus *Phaonia* from Qinghai, China (Diptera: Muscidae). *Acta Zootaxonomica Sinica*, 21 (2): 235-238. [范滋德. 1996. 青海省棘蝇属二新种 (双翅目: 蝇科). 动物分类学报, 21 (2): 235-238.]

Fan Z D. 2000. A new species of *Fannia* from Eastern Inner Mongolia, China (Diptera: Fanniidae). *Acta Zootaxonomica Sinica*, 25 (3): 345-348. [范滋德. 2000. 中国内蒙古东部厕蝇属一新种 (双翅目: 厕蝇科). 动物分类学报, 25 (3): 345-348.]

Fan Z D. 2008. *Fauna Sinica, Insecta. Vol. 49. Diptera: Muscidae (I)*. Beijing: Science Press: 1-1186. [范滋德. 2008. 中国动物志 昆虫纲 第四十九卷 双翅目 蝇科 (一). 北京: 科学出版社: 1-1186.]

Fan Z D, Chen Z Z. 1982. A new genus and a new species belonging to Sarcophagini from Hainan Island, China (Diptera: Sarcophagidae). *In*: Shanghai Institute of Entomology, Academia Sinica. 1982. *Contributions from Shanghai Institute of Entomology*. Vol. 2. Shanghai: Shanghai Scientific and Technical Publishers: 241-243. [范滋德, 陈之梓. 1982. 海南岛麻蝇族一新属和一新种 (双翅目: 麻蝇科)//中国科学院上海昆虫研究所. 1982. 昆虫学研究集刊 (第二集). 上海: 上海科学技术出版社: 241-243.]

Fan Z D, Chen Z Z. 1984. Two new species of the genus *Enneastigma* Stein (Diptera: Anthomyiidae). *Zoological Research*, 5 (3): 251-254. [范滋德, 陈之梓. 1984. 中国九点花蝇属二新种 (双翅目: 花蝇科). 动物学研究, 5 (3): 251-254.]

Fan Z D, Chen Z Z. 1991. Two new species of *Polleniopsis* (Diptera: Calliphoridae) from Southwest China. *Entomotaxonomia*, 13 (1): 71-74. [范滋德, 陈之梓. 1991. 我国西南地区拟粉蝇属二新种 (双翅目: 丽蝇科). 昆虫分类学报, 13 (1): 71-74.]

Fan Z D, Chen Z Z. 1992. Two new species of the genus *Anthomyia* from Hainan, China. *Chinese Journal of Vector Biology and Control*, 3 (4): 197-199. [范滋德, 陈之梓. 1992. 海南省花蝇属二新种 (双翅目: 花蝇科). 中国媒介生物学及控制杂志, 3 (4): 197-199.]

Fan Z D, Chen Z Z, Chen H L. 1993. A new species of the genus *Pegohylemyia* (Diptera: Anthomyiidae) from Henan, China. *Entomotaxonomia*, 15 (1): 59-61. [范滋德, 陈之梓, 陈浩利. 1993. 河南省泉种蝇属一新种 (双翅目: 花蝇科). 昆虫分类学报, 15 (1): 59-61.]

Fan Z D, Chen Z Z, Cui C Y, Wang C J. 1982-1983. Studies on the Chinese species of the genus *Paraprosalpia* (Diptera: Anthomyiidae). *In*: Shanghai Institute of Entomology, Academia Sinica. 1982-1983. *Contributions from Shanghai Institute of Entomology*. Vol. 3. Shanghai: Shanghai Scientific and Technical Publishers: 217-229. [范滋德, 陈之梓, 崔昌元, 王昌敬. 1982-1983. 中国亮叶花蝇属研究 (双翅目: 花蝇科)//中国科学院上海昆虫研究所. 1982-1983. 昆虫学研究集刊 (第三集). 上海: 上海科学技术出版社: 217-229.]

Fan Z D, Chen Z Z, Fan Q S, Ma S Y. 1980. On genus *Engyneura*, with descriptions of three new species (Diptera: Anthomyiidae). *Entomotaxonomia*, 2 (2): 121-130. [范滋德, 陈之梓, 樊启声, 马绍援. 1980. 近脉花蝇属记述 (双翅目: 花蝇科). 昆虫分类学报, 2 (2): 121-130.]

Fan Z D, Chen Z Z, Fang J M. 1987. Diptera: Anthomyiidae, Muscidae, Calliphoridae, Sarcophagidae. *In*: Zhang S M. 1987. *Agricultural Insects, Spiders, Plant Diseases and Weeds of Tibet*, Vol. I. Lhasa: Tibet People's Publishing House: 299-306. [范

滋德, 陈之梓, 方建明. 1987. 双翅目: 花蝇科, 蝇科, 丽蝇科, 麻蝇科//章士美. 1987. 西藏农业病虫及杂草 (一). 拉萨: 西藏人民出版社: 299-306.]

Fan Z D, Chen Z Z, Lu Z R. 2003. A new species of the genus *Beziella* Enderlein from Shanghai, China (Diptera: Sarcophagidae). *Wuyi Science Journal*, 19 (1): 80-83. [范滋德, 陈之梓, 卢兆荣. 2003. 上海市拟黑麻蝇属一新种 (双翅目: 麻蝇科). 武夷科学, 19 (1): 80-83.]

Fan Z D, Chen Z Z, Ma S Y. 1989. *Lopesohylemya*, a new genus of Anthomyiidae (Diptera) from Qinghai, China. *Memóriasdo Instituto Oswaldo Cruz. 84 Supplement*, 4: 567-568.

Fan Z D, Chen Z Z, Ma S Y. 2000. Two new species of Anthomyiidae (Diptera) from Qinghai, China. *Entomotaxonomia*, 22 (2): 129-133. [范滋德, 陈之梓, 马绍援. 2000. 青海省花蝇科二新种 (双翅目). 昆虫分类学报, 22 (2): 129-133.]

Fan Z D, Chen Z Z, Ma S Y, Wu Y. 1984a. New species of the family Anthomyiidae (Diptera) from Qinghai Province, China, I. *In*: Shanghai Institute of Entomology, Academia Sinica. 1984. *Contributions from Shanghai Institute of Entomology*. Vol. 4. Shanghai: Shanghai Scientific and Technical Publishers: 239-253. [范滋德, 陈之梓, 马绍援, 吴亚. 1984a. 青海省的花蝇科新种 I//中国科学院上海昆虫研究所. 1984. 昆虫学研究集刊 (第四集). 上海: 上海科学技术出版社: 239-253.]

Fan Z D, Chen Z Z, Ma Z Y, Ge F X. 1982. On some new species of Anthomyiidae from China (Diptera). *In*: Shanghai Institute of Entomology, Academia Sinica. 1982. *Contributions from Shanghai Institute of Entomology*. Vol. 2. Shanghai: Shanghai Scientific and Technical Publishers: 221-239. [范滋德, 陈之梓, 马忠余, 葛凤翔. 1982. 中国花蝇科新种志 (双翅目)//中国科学院上海昆虫研究所. 1982. 昆虫学研究集刊 (第二集). 上海: 上海科学技术出版社: 221-239.]

Fan Z D, Chen Z Z, Wu J Y, Zhong Y H. 1984b. Notes on calterate files from Xizang district, China, IV. Description of six new species belonging to Anthomyiimae. *In*: Shanghai Institute of Entomology, Academia Sinica. 1984. *Contributions from Shanghai Institute of Entomology*. Vol. 4. Shanghai: Shanghai Scientific and Technical Publishers: 255-260. [范滋德, 陈之梓, 吴建毅, 钟应洪. 1984b. 西藏地区有瓣蝇类记述 (四) 花蝇科六新种//中国科学院上海昆虫研究所. 1984. 昆虫学研究集刊 (第四集). 上海: 上海科学技术出版社: 255-260.]

Fan Z D, *et al*. 1988. *Economic Insect Fauna of China. Fasc. 37. Diptera*: *Anthomyiidae*. Beijing: Science Press: 43-394. [范滋德, 等. 1988. 中国经济昆虫志 (第 37 册) 双翅目: 花蝇科. 北京: 科学出版社: 43-394.]

Fan Z D, *et al*. 1997. *Fauna Sinica, Insecta. Vol. 6. Diptera*: *Calliphoridae*. Beijing: Science Press: xii + 1-707. [范滋德, 等. 1997. 中国动物志 昆虫纲 第六卷 双翅目 丽蝇科. 北京: 科学出版社: xii + 1-707.]

Fan Z D, Fang S Y. 1981. A new species of the genus *Lasiomma* Stein from northeast China (Diptera: Anthomyiidae). *Acta Zootaxonomica Sinica*, 6 (2): 179-181. [范滋德, 方三阳. 1981. 我国东北球果花蝇属一新种 (双翅目: 花蝇科). 动物分类学报, 6 (2): 179-181.]

Fan Z D, Feng Y. 1984. Synoptic notes on the genus *Oestroderma* with descriptions of two new species (Diptera: Hypodermatidae). *In*: Shanghai Institute of Entomology, Academia Sinica. 1984. *Contributions from Shanghai Institute of Entomology*. Vol. 4. Shanghai: Shanghai Scientific and Technical Publishers: 233-238. [范滋德, 冯炎. 1984. 中国狂皮蝇属的研究并记录两新种 (双翅目: 皮蝇科)//中国科学院上海昆虫研究所. 1984. 昆虫学研究集刊 (第四集). 上海: 上海科学技术出版社: 233-238.]

Fan Z D, Feng Y, Deng A X. 1993. Three new species of Calliphoridae from West Sichuan, China (Diptera). *Zoological Research*, 14 (3): 199-202. [范滋德, 冯炎, 邓安孝. 1993. 四川省西部丽蝇科三新种 (双翅目). 动物学研究, 14 (3): 199-202.]

Fan Z D, Gao Z M. 1989. A new Leaf Miner Belonging to *Pegomya* Infesting a Lycium Plant in Ningxia Province, China (Diptera: Anthomyiidae). *Entomotaxonomia*, 11 (4): 333-336. [范滋德, 高兆宁. 1989. 宁夏地区为害枸杞的泉蝇属一新种 (双翅目: 花蝇科). 昆虫分类学报, 11 (4): 333-336.]

Fan Z D, Ge F X, Zhang R S, Fang S Y. 1982. On Chinese species of genus *Lasiomma* especially those injurious to the coniferous cones (Diptera: Anthomyiidae). *Journal of North-Eastern Forestry Institute*, 1: 1-12. [范滋德, 葛凤翔, 张润生, 方三阳. 1982. 我国危害球果的球果花蝇. 东北林学院学报, 1: 1-12.]

Fan Z D, Huang J C, Zou M Q, Wu J Y. 1984. A preliminary report on Anthomyiidae from Wuyi Mountain, with descriptions of two new species of the genus *Pegomya* (Diptera: Anthomyiidae). *Wuyi Science Journal*, 4: 219-223. [范滋德, 黄居昌, 邹明权, 吴建毅. 1984. 武夷山花蝇科初步报告及泉蝇属二新种记载 (双翅目). 武夷科学, 4: 219-223.]

Fan Z D, Jin C X, Wu Y. 1988. Five new species and a new subspecies of the genus *Phaonia* from Mengyuan, Qinghai, China (Diptera: Muscidae). *In*: Shanghai Institute of Entomology, Academia Sinica. 1988. *Contributions from Shanghai Institute of Entomology*. Vol. 8. Shanghai: Shanghai Scientific and Technical Publishers: 202-208. [范滋德, 金翠霞, 吴亚. 1988. 青海门源胡棘蝇属五新种一新亚种//中国科学院上海昆虫研究所. 1988. 昆虫学研究集刊 (第八集). 上海: 上海科学技术出版社: 202-208.]

Fan Z D, Kong F J. 1991. Two new species of the genus *Potamia* from Shandong Province. *In*: Shanghai Institute of Entomology, Academia Scinca. 1991. *Contributions from Shanghai Institute of Entomology*. Vol. 10. Shanghai: Shanghai Scientific and Technical Publishers: 143-147. [范滋德, 孔凡吉. 1991. 山东省树棘蝇属一新种//中国科学院上海昆虫研究所. 1991. 昆虫学研究集刊 (第十集). 上海: 上海科学技术出版社: 143-147.]

Fan Z D, Li S J, Cui C Y. 1992-1993. Two new species of the genus *Phorbia* from Henan, China. *In*: Shanghai Institute of Entomology, Academia Sinica. 1992-1993. *Contributions from Shanghai Institute of Entomology*. Vol. 11. Shanghai: Shanghai Scientific and Technical Publishers: 133-136. [范滋德, 李书建, 崔昌元. 1992-1993. 河南省草种蝇属二新种 (双翅目: 花蝇科)//中国科学院上海昆虫研究所. 1992-1993. 昆虫学研究集刊 (第十一集). 上海: 上海科学技术出版社: 133-136.]

Fan Z D, Liu C L. 1982. Six new species of the genus *Atherigona* from Guangdong, China (Diptera: Muscidae). *Entomotaxonomia*, 4 (1-2): 7-13. [范滋德, 刘传禄. 1982. 广东省芒蝇属六新种 (双翅目: 蝇科). 昆虫分类学报, 4 (1-2): 7-13.]

Fan Z D, Ma S Y. 1988. A new species of the genus *Oebalia* R.-D. from China (Diptera: Sarcophagidae). *Entomotaxonomia*, 10 (3-4): 191-192. [范滋德, 马绍援. 1988. 折蜂麻蝇属一新种 (双翅目: 麻蝇科). 昆虫分类学报, 10 (3-4): 191-192.]

Fan Z D, Pape T. 1996. Checklist of Sarcophagidae (Diptera) recorded from China. *Studia Dipterologica*, 3 (2): 237-258.

Fan Z D, Qi G J, Li M X, Yang R R, Xia P. 1983. Two new species of the genus *Hydrellia* on rice, wheat or barley (Diptera: Ephydridae). *Entomotaxonomia*, 5 (1): 7-12. [范滋德, 齐国俊, 李美信, 杨瑞溶, 夏槊. 1983. 中国为害稻麦的毛眼水蝇属二新种 (双翅目: 水蝇科). 昆虫分类学报, 5 (1): 7-12.]

Fan Z D, Wang B L, Yang Z T. 1988. A new species of the genus *Phorbia* from Sichuan, China (Diptera: Anthomyiidae). *In*: Shanghai Institute of Entomology, Academia Sinica. 1988. *Contributions from Shanghai Institute of Entomology*. Vol. 8. Shanghai: Shanghai Scientific and Technical Publishers: 199-201. [范滋德, 王宝林, 杨祖堂. 1988. 四川省草种蝇属一新种 (双翅目: 花蝇科)//中国科学院上海昆虫研究所. 1988. 昆虫学研究集刊 (第八集). 上海: 上海科学技术出版社: 199-201.]

Fan Z D, Wu J Y, Jin Z Y, Chen Z Z, Lin X M. 1983. A study on the Chinese species of the genus *Alliopsis schnabl* Schnabl (Diptera: Anthomyiidae). *Entomotaxonomia*, 5 (2): 95-108. [范滋德, 吴建毅, 金祖荫, 陈之梓, 李新民. 1983. 中国毛眼花蝇属研究 (双翅目: 花蝇科). 昆虫分类学报, 5 (2): 95-108.]

Fan Z D, Wu X S. 1987. Two new species of Anthomyiidae from Jiuquan prefecture, Gansu, China (Diptera). *Zoological Research*, 8 (4): 375-378. [范滋德, 吴新生. 1987. 甘肃酒泉地区花蝇科二新种 (双翅目). 动物学研究, 8 (4): 375-378.]

Fan Z D, Yao A M. 1984. A new species of the genus *Tainanina* from Guangdong, China (Diptera: Calliphoridae). *Acta Zootaxonomica Sinica*, 9 (2): 176-178. [范滋德, 姚爱民. 1984. 广东省台南蝇属一新种 (双翅目: 丽蝇科). 动物分类学报, 9 (2): 176-178.]

Fan Z D, Zheng S S. 1993. Anthomyiidae. *In*: The Comprehensive Scientific Expedition to the Qinghai-Xizang Plateau, Chinese Academy of Sciences. 1993. *Insects of the Hengduan Mountains Region*. Vol. 2. The Series of the Scientific Expedition to the Hengduan Mountains Region of Qinghai-Xizang Plateau. Beijing: Science Press: 1127-1165. [范滋德, 郑申生. 1993. 花蝇科//中国科学院青藏高原综合科学考察队. 1993. 横断山区昆虫 (第 2 册). 青藏高原横断山科学考察丛书. 北京: 科学出版社: 1127-1165.]

Fang H, Hai B, Liu G C. 2009. A new species and two new records of *Megaselia* Rondani (Diptera: Phoridae) from China. *Entomotaxonomia*, 31 (2): 135-138. [方红, 海博, 刘广纯. 2009. 中国异蚤蝇属一新种及二新记录种记述 (双翅目: 蚤蝇科). 昆虫分类学报, 31 (2): 135-138.]

Fang H, Liu G C. 2005a. A new species of *Megaselia* Rondani (Diptera: Phoridae) from Guangdong, China. *Acta Zootaxonomica Sinica*, 30 (3): 636-638. [方红, 刘广纯. 2005a. 中国广东异蚤蝇一新种记述 (双翅目: 蚤蝇科). 动物分类学报, 30 (3): 636-638.]

Fang H, Liu G C. 2005b. A new species of genus *Megaselia* Rondani (Diptera: Phoridae) from Hainan, China. *Entomotaxonomia*, 27 (4): 289-291. [方红, 刘广纯. 2005b. 中国海南异蚤蝇属一新种记述 (双翅目: 蚤蝇科). 昆虫分类学报, 27 (4): 289-291.]

Fang H, Liu G C. 2012. Two new species of *Megaselia* Rondani (Diptera: Phoridae) from China. *Entomotaxonomia*, 34 (2): 320-324. [方红, 刘广纯. 2012. 中国异蚤蝇属二新种记述 (双翅目: 蚤蝇科). 昆虫分类学报, 34 (2): 320-324.]

Fang H, Liu G C. 2015. Three new species of *Megaselia* Rondani (Diptera: Phoridae) from the mainland of China. *Zootaxa*, 3999 (1): 135-143.

Fang H, Xia F, Liu G C. 2009. Two new species and one new record of *Megaselia* Rondani from China (Diptera: Phoridae). *Acta Zootaxonomica Sinica*, 34 (2): 261-264. [方红, 夏芳, 刘广纯. 2009. 中国异蚤蝇属二新种及一新纪录种记述 (双翅目: 蚤蝇科). 动物分类学报, 34 (2): 261-264.]

Fang J M, Cui C Y. 1988. Two new species of the subfamily Phaoniinae from Heiloingjiang Province China (Diptera: Muscidae). *Acta Zootaxonomica Sinica*, 13 (3): 291-293. [方建明, 崔昌元. 1988. 黑龙江省棘蝇亚科二新种 (双翅目: 蝇科). 动物分类学报, 13 (3): 292-293.]

Fang J M, Fan Z D. 1984. Five new species of Rhiniinae from China (Diptera: Calliphoridae). *In*: Shanghai Institute of Entomology, Academia Sinica. 1984. *Contributions from Shanghai Institute of Entomology*. Vol. 4. Shanghai: Shanghai Scientific and Technical Publishers: 261-266. [方建明, 范滋德. 1984. 中国鼻蝇亚科五新种 (双翅目: 丽蝇科)//中国科学院上海昆虫研究所. 1984. 昆虫学研究集刊 (第四集). 上海: 上海科学技术出版社: 261-266.]

Fang J M, Fan Z D. 1985a. Notes on Rhiniinae from Fujian, with description of a new species (Diptera: Calliphoridae). *Wuyi Science Journal*, 5: 71-75. [方建明, 范滋德. 1985a. 福建省鼻蝇亚科小志 (双翅目: 丽蝇科). 武夷科学, 5: 71-75.]

Fang J M, Fan Z D. 1985b. Study on the Chinese species of the genus *Isomyia* (Diptera: Calliphoridae). *In*: Shanghai Institute of Entomology, Academia Sinica. 1985. *Contributions from Shanghai Institute of Entomology*. Vol. 5. Shanghai: Shanghai Scientific and Technical Publishers: 299-312. [方建明, 范滋德. 1985b. 中国等彩蝇属的研究 (双翅目: 丽蝇科)//中国科学院上海昆虫研究所. 1985. 昆虫学研究集刊 (第五集). 上海: 上海科学技术出版社: 299-312.]

Fang J M, Fan Z D. 1986. A note on the genus *Metalliopsis* Townsend with description of a new species (Diptera: Calliphoridae). *Wuyi Science Journal*, 6: 89-91. [方建明, 范滋德. 1986. 拟金彩蝇属小志并记一新种 (双翅目: 丽蝇科: 鼻蝇亚科). 武夷科学, 6: 89-91.]

Fang J M, Fan Z D. 1988a. Diptera: Muscidae. *In*: The Mountaineering and Scientific Expedition, Academia Sinica. 1988. *Insects of Mt. Namjabarwa Region of Xizang*. Beijing: Science Press: 497-512. [方建明, 范滋德. 1988a. 双翅目: 蝇科//中国科学院登山科学考察队. 1988. 西藏南迦巴瓦峰地区昆虫. 北京: 科学出版社: 497-512.]

Fang J M, Fan Z D. 1988b. Discussion on the tribal subdivision of Rhiniinae with descriptions of two new species (Diptera: Calliphoridae). *Entomotaxonomia*, 10 (3-4): 183-189 [方建明, 范滋德. 1988b. 鼻蝇亚科分族的探讨并记二新种 (双翅目: 丽蝇科). 昆虫分类学报, 10 (3-4): 183-189.]

Fang J M, Fan Z D. 1993. Diptera: Muscidae (I). *In*: The Comprehensive Scientific Expedition to the Qinghai-Xizang Plateau, Chinese Academy of Sciences. 1993. *Insects of the Hengduan Mountains Region*. Vol. 2. The Series of the Scientific Expedition to the Hengduan Mountains Region of Qinghai-Xizang Plateau. Beijing: Science Press: 1220-1251. [方建明, 范滋德. 1993. 双翅目: 蝇科 (I)//中国科学院青藏高原综合科学考察队. 1993. 横断山区昆虫 (第 2 册). 青藏高原横断山科学考察丛书. 北京: 科学出版社: 1220-1251.]

Fang J M, Fan Z D, Feng Y, 1991. New species of the subfamily Phaoniinae from Western China (III) (Diptera: Muscidae): Three new species of the genus *Phaonia* from Ya'an, Sichuan. *In*: Shanghai Institute of Entomology, Academia Sinica. 1991. *Contributions from Shanghai Institute of Entomology*. Vol. 10. Shanghai: Shanghai Scientific and Technical Publishers: 141-145. [方建明, 范滋德, 冯炎. 1991. 中国西部地区棘蝇亚科新种记述 (双翅目: 蝇科) (三): 四川雅安地区棘蝇属三新种//中国科学院上海昆虫研究所. 1991. 昆虫学研究集刊 (第十集). 上海: 上海科学技术出版社: 141-145.]

Fang J M, Fan Z D, Li R, *et al*. 1986. New species of the subfamily Phaoniinae from Western China (I) (Diptera: Muscidae). *In*: Shanghai Institute of Entomology, Academia Sinica. 1986. *Contributions from Shanghai Institute of Entomology*. Vol. 6. Shanghai: Shanghai Scientific and Technical Publishers: 237-245. [方建明, 范滋德, 李荣, 等. 1986. 中国西部地区棘蝇亚科新种记述 (I) (双翅目: 蝇科)//中国科学院上海昆虫研究所. 1986. 昆虫学研究集刊 (第六集). 上海: 上海科学技术出版社: 237-245.]

Fang Z G, Wu H. 2001. *A Checklist of Insects from Zhejiang*. The Series of the Insect Resources Expedition to Zhejiang Province. Beijing: China Forestry Publishing House: 3 + 6 + 1-452. [方志刚, 吴鸿. 2001. 浙江昆虫名录. 浙江昆虫资源考察专著. 北京: 中国林业出版社: 3 + 6 + 1-452.]

Fartyal R S, Gao J J, Toda M J, Hu Y G, Takano K T, Suwito A, Katoh T, Takigahira T, Yin J T. 2013. *Colocasiomyia* (Diptera: Drosophilidae) revised phylogenetically, with a new species group having peculiar lifecycles on monsteroid (Araceae) host plants. *Systematic Entomology*, 38: 763-782.

Fartyal R S, Singh B K, Toda M J. 2005. Review of the genus *Leucophenga* Mik (Diptera: Drosophilidae) in India, with descriptions of five new species from northern India. *Entomological Science*, 8: 405-417.

Feijen H R. 1989. IX. 12. Diopsidae. *In*: Grifiths G C D. 1989. *Flies of the Nearctic Region*. Stuttgart: Schweizerbart: 1-122.

Feijen H R. 2008. *Eosiopsis* nom. nov., a replacement name for the preoccupied *Sinodiopsis* Feijen, 1989 (Diptera: Diopsidae). *Zoologische Mededelingen*, 82 (26): 267-269.

Feng S Q, Ji H Q, He Y M, Du J, Liu N, Zhu B. 2012. The directory of Diptera flies in Chongqing city. *Chinese Journal of Hygienic Insecticides & Equipments*, 18 (2): 143-147. [冯绍全, 季恒青, 何亚明, 杜江, 刘南, 朱兵. 2012. 重庆市双翅目蝇类名录研究. 中华卫生杀虫药械, 18 (2): 143-147.]

Feng Y. 1986. A new species and a new record of the tribe Sarcophagini from West Sichuan, China (Diptera: Sarcophagidae). *Entomotaxonomia*, 8 (4): 247-250. [冯炎. 1986. 四川麻蝇族一新种及一新纪录种 (双翅目: 麻蝇科). 昆虫分类学报, 8 (4): 247-250.]

Feng Y. 1987. Studies on calypterate files from west Sichuan, China, II. Descriptions of seven new species of the family Anthomyiidae (Diptera). *Acta Zootaxonomica Sinica*, 12 (2): 202-212. [冯炎. 1987. 川西地区有瓣蝇类的研究 II. 花蝇科七新种 (双翅目). 动物分类学报, 12 (2): 202-212.]

Feng Y. 1989. Intersexes in two species of the genus *Parasarcophaga* (Diptera: Sarcophagidae). *Acta Entomologica Sinica*, 32 (2): 255-256. [冯炎. 1989. 亚麻蝇属间性体二例记述. 昆虫学报, 32 (2): 255-256.]

Feng Y. 1993. A new species of *Phaonia* from Sichuan, China (Diptera: Muscidae). *Sichuan Journal of Zoology*, 12 (2): 8-10. [冯炎. 1993. 四川棘蝇属一新种 (双翅目: 蝇科). 四川动物, 12 (2): 8-10.]

Feng Y. 1995. Four species of the genus *Phaonia* R.-D. From Sichuan (Diptera: Muscidae). *Sichuan Journal of Zoology*, 14 (2): 53-55. [冯炎. 1995. 川西地区棘蝇属四新种 (双翅目: 蝇科). 四川动物, 14 (2): 53-55.]

Feng Y. 1998a. Three new species of Calliphorini from Sichuan, China (Diptera: Calliphoridae). *Acta Zootaxonomica Sinica*, 23 (3): 328-332. [冯炎. 1998a. 四川丽蝇族三新种 (双翅目: 丽蝇科). 动物分类学报, 23 (3): 328-332.]

Feng Y. 1998b. Three new species of the genus *Phaonia* from Sichuan, China (Diptera: Muscidae). *Zoological Research*, 19 (4): 314-317. [冯炎. 1998b. 中国棘蝇属三新种 (双翅目: 蝇科). 动物学研究, 19 (4): 314-317.]

Feng Y. 1999a. Three new species of Muscidae from Western Sichuan, China (Diptera: Muscidae). *Acta Entomologica Sinica*, 42 (4): 422-427. [冯炎. 1999a. 四川西部蝇科三新种 (双翅目: 蝇科). 昆虫学报, 42 (4): 422-427.]

Feng Y. 1999b. Three new species of the Calyptratae (Diptera: Sarcophagoidea, Muscoidae) from Sichuan, China. *Entomotaxonomia*, 21 (2): 138-142. [冯炎. 1999b. 中国四川省有瓣蝇类三新种 (双翅目: 麻蝇总科, 蝇总科). 昆虫分类学报, 21 (2): 138-142.]

Feng Y. 1999c. Two new species of the genus *Helina* from Sichuan, China (Diptera: Muscidae). *Chinese Journal of Vector Biology and Control*, 10 (2): 81-83. [冯炎. 1999c. 中国阳蝇属二新种 (双翅目: 蝇科). 中国媒介生物学及控制杂志, 10 (2): 81-83.]

Feng Y. 2000a. Eight new species of the Muscidae from Sichuan, China (Diptera: Muscidae). *Sichuan Journal of Zoology*, 19 (1): 3-7. [冯炎. 2000a. 中国四川蝇科八新种 (双翅目). 四川动物, 19 (1): 3-7.]

Feng Y. 2000b. Five new species of Muscidae (Diptera) from Sichuan, China. *Entomotaxonomia*, 22 (1): 53-60. [冯炎. 2000b. 中国四川蝇科五新种 (双翅目). 昆虫分类学报, 22 (1): 53-60.]

Feng Y. 2000c. Notes on the *Semilunara* group and three new species of *Phaonia* from Sichuan, China (Diptera: Muscidae). *Acta Zootaxonomica Sinica*, 25 (2): 207-211. [冯炎. 2000c. 中国棘蝇属半月棘蝇种团及三新种记述 (双翅目: 蝇科). 动物分类学报, 25 (2): 207-211.]

Feng Y. 2000d. Three new species of Muscidae from Western Sichuan, China (Diptera: Muscidae). *Chinese Journal of Vector Biology and Control*, 11 (2): 81-85. [冯炎. 2000d. 中国四川西部蝇科3新种 (双翅目: 蝇科). 中国媒介生物学及控制杂志, 11 (2): 81-85.]

Feng Y. 2001a. Five new species of Muscidae (Diptera) from Western Sichuan, China. *Entomotaxonomia*, 23 (1): 28-34. [冯炎. 2001a. 中国四川西部蝇科五新种 (双翅目). 昆虫分类学报, 23 (1): 28-34.]

Feng Y. 2001b. A new species and a new record of the genus *Limnophora* from Sichuan, China (Diptera: Muscidae). *Acta Zootaxonomica Sinica*, 26 (4): 580-582. [冯炎. 2001b. 中国池蝇属一新种及一新纪录种 (双翅目: 蝇科). 动物分类学报, 26 (4): 580-582.]

Feng Y. 2002a. A new species-group and four new species of *Phaonia* from Sichuan, China (Diptera: Muscidae). *Entomological Journal of East China*, 11 (1): 1-6. [冯炎. 2002a. 中国四川棘蝇属一新种团及四新种 (双翅目: 蝇科). 华东昆虫学报, 11 (1): 1-6.]

Feng Y. 2002b. Three new species of Calyptratae from Sichuan Province, China (Diptera: Fanniidae, Muscidae). *Acta Zootaxonomica Sinica*, 27 (2): 360-363. [冯炎. 2002b. 中国四川省有瓣蝇类三新种 (双翅目: 厕蝇科, 蝇科). 动物分类学报, 27 (2): 360-363.]

Feng Y. 2002c. One new species of *Scathophaga* from Western Sichuan, China (Diptera: Scathophagidae). *Chinese Journal of Vector Biology and Control*, 13 (5): 365-366. [冯炎. 2002c. 中国四川西部粪蝇属1新种记述 (双翅目: 粪蝇科). 中国媒介生物学及控制杂志, 13 (5): 365-366.]

Feng Y. 2002d. Two new species of Melanomyini of Calliphorinae (Diptera: Calliphoridae) from Sichuan Province, China. *Entomotaxonomia*, 24 (3): 194-198. [冯炎. 2002d. 中国丽蝇亚科乌丽蝇族二新种 (双翅目: 丽蝇科). 昆虫分类学报, 24 (3): 194-198.]

Feng Y. 2003a. Four new species of the Calyptratae (Diptera: Fanniidae, Muscidae, Calliphoridae) from Sichuan, China. *Entomological Journal of East China*, 12 (2): 1-6. [冯炎. 2003a. 中国四川有瓣蝇类四新种 (双翅目: 厕蝇科, 蝇科, 丽蝇科). 华东昆虫学报, 12 (2): 1-6.]

Feng Y. 2003b. Two new species of genus *Myospila* from Sichuan, China (Diptera: Muscidae). *Sichuan Journal of Zoology*, 22 (4): 203-205. [冯炎. 2003b. 中国四川妙蝇属二新种 (双翅目: 蝇科). 四川动物, 22 (4): 203-205.]

Feng Y. 2003c. Two new species of the genus *Fannia* from Western Sichuan, China (Diptera: Fanniidae). *Chinese Journal of Vector Biology and Control*, 14 (2): 118-119. [冯炎. 2003c. 中国四川西部厕蝇属2新种记述 (双翅目: 厕蝇科). 中国媒介生物学及控制杂志, 14 (2): 118-119.]

Feng Y. 2003d. Four new species of Calliphorini (Diptera: Calliphoridae) from Sichuan, China. *Acta Parasitologica et Medica Entomologica Sinica*, 10 (3): 163-169. [冯炎. 2003d. 中国四川丽蝇族四新种 (双翅目: 丽蝇科). 寄生虫与医学昆虫学报, 10 (3): 163-169.]

Feng Y. 2004a. Two new species of the genus *Phaonia* from Sichuan Province, China (Diptera: Muscidae). *Journal of Medical Pest Control*, 20 (10): 615-617. [冯炎. 2004a. 中国四川棘蝇属二新种 (双翅目: 蝇科). 医学动物防制, 20 (10): 615-617.]

Feng Y. 2004b. Five new species of the genus *Phaonia* from Sichuan, China (Diptera: Muscidae). *Entomological Journal of East China*, 13 (2): 6-12. [冯炎. 2004b. 中国四川棘蝇属五新种 (双翅目: 蝇科). 华东昆虫学报, 13 (2): 6-12.]

Feng Y. 2004c. Four new species of the genus *Helina* from western Sichuan Province, China (Diptera: Muscidae). *Acta Parasitologica et Medica Entomologica Sinica*, 11 (2): 91-95. [冯炎. 2004c. 中国四川西部阳蝇属四新种 (双翅目: 蝇科). 寄生虫与医学昆虫学报, 11 (2): 91-95.]

Feng Y. 2004d. Two new species of the genus *Helina* from Western Sichuan, China (Diptera: Muscidae). *Chinese Journal of Vector Biology and Control*, 15 (1): 31-32. [冯炎. 2004d. 中国四川阳蝇属二新种 (双翅目: 蝇科). 中国媒介生物学及控制杂志, 15 (1): 31-32.]

Feng Y. 2004e. Five new species of the tribe Polleniini from Sichuan, China (Diptera, Calliphoridae, Calliphoridae). *Acta Zootaxonomica Sinica*, 29 (4): 803-808. [冯炎. 2004e. 中国四川粉蝇族五新种记述 (双翅目, 丽蝇科, 丽蝇亚科). 动物分类学报, 29 (4): 803-808.]

Feng Y. 2005a. Five new species of the genus *Helina* (Diptera: Muscidae) from Sichuan Province, China. *Entomotaxonomia*, 27 (2): 114-120. [冯炎. 2005a. 中国四川省阳蝇属五新种 (双翅目: 蝇科). 昆虫分类学报, 27 (2): 114-120.]

Feng Y. 2005b. Five new species of the genus *Myospila* from China (Diptera: Muscidae). *Entomological Journal of East China*, 14 (3): 197-203. [冯炎. 2005b. 中国妙蝇属五新种 (双翅目: 蝇科). 华东昆虫学报, 14 (3): 197-203.]

Feng Y. 2005c. Four new species of genus *Myospila* from Sichuan, China (Diptera: Muscidae). *Acta Parasitologica et Medica Entomologica Sinica*, 12 (4): 216-221. [冯炎. 2005c. 中国圆蝇亚科妙蝇属四新种 (双翅目: 蝇科). 寄生虫与医学昆虫学报, 12 (4): 216-221.]

Feng Y. 2005d. Three new species of Calyptratae from Sichuan Province, China (Diptera: Muscoidea). *Entomological Journal of East China*, 14 (1): 1-4.[冯炎. 2005d. 中国四川有瓣蝇类三新种 (双翅目: 蝇总科). 华东昆虫学报, 14 (1): 1-4.]

Feng Y. 2006a. Three new species and a new record of the Anthomyiidae from Sichuan, China (Diptera: Muscoidea). *Entomological Journal of East China*, 15 (1): 1-6. [冯炎. 2006a. 中国四川花蝇科三新种及一新记录种 (双翅目: 蝇总科). 华东昆虫学报, 15 (1): 1-6.]

Feng Y. 2006b. Vertical distribution of geography of Calyptratae flies in Mountain Erlangshan, Sichuan Province, China. *Sichuan Journal of Zoology*, 25 (3): 493-498. [冯炎. 2006b. 中国四川二郎山地区有瓣蝇类地理垂直分布. 四川动物, 25 (3): 493-498.]

Feng Y. 2007a. Five new species of the genus *Helina* (Diptera: Muscidae) from western Sichuan, China. *Entomological Journal of East China*, 16 (3): 161-167. [冯炎. 2007a. 中国四川西部阳蝇属4新种 (双翅目: 蝇科). 华东昆虫学报, 16 (3): 161-167.]

Feng Y. 2007b. Studies on the diurnal and nocturnal activity rhythm of 4 species of common Calliphorid flies at Ya'an, western Sichuan. *Entomological Journal of East China*, 16 (2): 105-112, 155. [冯炎. 2007b. 四川西部丽蝇科4蝇种昼夜活动节律的研究. 华东昆虫学报, 16 (2): 105-112, 155.]

Feng Y. 2007c. A taxonomic study on the genus *Myospila* from Sichuan, China (Diptera: Muscidae: Mydaeinae). *Entomological Journal of East China*, 16 (4): 241-245. [冯炎. 2007c. 中国四川妙蝇属 (*Myospila*) 的分类研究 (双翅目: 蝇科: 圆蝇亚科). 华东昆虫学报, 16 (4): 241-245.]

Feng Y. 2008a. Redescription on the *Gymnadichosia tribulus* Villeneuve from Sichuan, China (Diptera, Calliphoridae). *Acta Zootaxonomica Sinica*, 33 (1): 227-228. [冯炎. 2008a. 三尖裸变丽蝇的再描述 (双翅目, 丽蝇科). 动物分类学报, 33 (1): 227-228.]

Feng Y. 2008b. Two new species of the genus *Helina* from Sichuan, China (Diptera, Muscidae). *Acta Zootaxonomica Sinica*, 33 (4): 779-801. [冯炎. 2008b. 中国四川阳蝇属二新种 (双翅目, 蝇科). 动物分类学报, 33 (4): 779-801.]

Feng Y. 2009. Study on the genus *Hebecnema* with descriptions of four new species from China (Diptera, Muscidae). *Acta Zootaxonomica Sinica*, 34 (3): 624-629. [冯炎. 2009. 中国毛膝蝇属研究并记四新种 (双翅目, 蝇科). 动物分类学报, 34 (3): 624-629.]

Feng Y. 2010. Taxonomic study and a new species and first record of the genus *Muscina* from China. *Chinese Journal of Vector Biology and Control*, 21 (5): 475-477. [冯炎. 2010. 中国腐蝇属的分类研究及纪录一新种. 中国媒介生物学及控制杂志, 21 (5): 475-477.]

Feng Y. 2011. Survey on Calyptratae flies from Erlang Mountain Area of Sichuan. *Sichuan Journal of Zoology*, 30 (4): 544-551. [冯炎. 2011. 四川二郎山山区有瓣蝇类调查研究. 四川动物, 30 (4): 544-551.]

Feng Y. 2015. Species record and narration of Calliphoridae in Sichuan Province, China (Calliphoridae: Diptera). *Chinese Journal of Vector Biology and Control*, 26 (4): 398-403. [冯炎. 2015. 四川省丽蝇科昆虫种类记述 (双翅目: 丽蝇科). 中国媒介生物学及控制杂志, 26 (4): 398-403.]

Feng Y, Chen H W, Xue W Q. 1998. Diptera: Calliphoridae. *In*: Xue W Q, Chao C. 1998. *Flies of China*. Vol. 2. Shenyang: Liaoning Science and Technology Publishing House: 1136-1517. [冯炎, 陈宏伟, 薛万琦. 1998. 双翅目: 丽蝇科//薛万琦, 赵建铭. 1998. 中国蝇类 (下册). 沈阳: 辽宁科学技术出版社: 1136-1517.]

Feng Y, Deng A X. 2001. Three new species of the genus *Mydaea* from Sichuan, China (Diptera: Muscidae). *Sichuan Journal of Zoology*, 20 (4): 171-173. [冯炎, 邓安孝. 2001. 中国四川圆蝇属三新种 (双翅目: 蝇科). 四川动物, 20 (4): 171-173.]

Feng Y, Deng Y H, Fan Z D. 2010. A new species of the genus *Dexagria* (Diptera: Sarcophagidae) from Sichuan, China. *Entomotaxonomia*, 32 (1): 55-58. [冯炎, 邓耀华, 范滋德. 2010. 中国四川右野蝇属 *Dexagria* 一新种 (双翅目: 麻蝇科: 野蝇亚科). 昆虫分类学报, 32 (1): 55-58.]

Feng Y, Fan Z D. 2001. Two new species of the genus *Helina* (Muscidae) with a further description of *Scathophaga chinensis* Malloch (Scathophagidae) (Diptera) from Sichuan, China. *Entomotaxonomia*, 23 (3): 187-192. [冯炎, 范滋德. 2001. 中国四川阳蝇属二新种及华西粪蝇补充描述 (双翅目: 蝇科, 粪蝇科). 昆虫分类学报, 23 (3): 187-192.]

Feng Y, Fan Z D. 2008. Studies on the genus *Nepalonesia* with description of a new species (Diptera, Calliphoridae). *Acta Zootaxonomica Sinica*, 33 (1): 191-195. [冯炎, 范滋德. 2008. 丽蝇科尼蚓蝇属研究并记一新种 (双翅目, 丽蝇科). 动物分类学报, 33 (1): 191-195.]

Feng Y, Fan Z D, Zeng W X. 1999. Three new species of the Calypratae from Sichuan, China (Diptera: Anthomyiidae, Muscidae). *Chinese Journal of Vector Biology and Control*, 10 (5): 321-324. [冯炎, 范滋德, 曾文照. 1999. 中国四川有瓣蝇类3新种 (双翅目: 花蝇科, 蝇科). 中国媒介生物学及控制杂志, 10 (5): 321-324.]

Feng Y, Feng L F. 1997. Three new species of the genus *Hydrotaea* (Diptera: Muscidae) from China. *Entomotaxonomia*, 19 (1): 35-39. [冯炎, 冯礼福. 1997. 中国齿股蝇属三新种 (双翅目: 蝇科). 昆虫分类学报, 19 (1): 35-39.]

Feng Y, Liu G L, Yang S B, Shi P. 1990. Studies on the breeding places of flies in Ya-an prefecture in Sichuan Province. *Acta Entomologica Sinica*, 33 (1): 55-63. [冯炎, 刘桂兰, 杨世斌, 石萍. 1990. 四川省雅安地区有瓣蝇类滋生场所的调查. 昆虫学报, 33 (1): 55-63.]

Feng Y, Liu G L, Zhou M Z. 1984. Three new species and one new record of the family Anthomyiidae from west Sichuan, China. *Entomotaxonomia*, 6 (1): 1-6. [冯炎, 刘桂兰, 周曼殊. 1984. 花蝇科三新种一新记录. 昆虫分类学报, 6 (1): 1-6.]

Feng Y, Ma Z Y. 1994. Four new species of *Phaonia* from Sichuan, China (Diptera: Muscidae). *Acta Zootaxonomica Sinica*, 19 (2): 217-222. [冯炎, 马忠余. 1994. 四川省棘蝇属四新种记述 (双翅目: 蝇科). 动物分类学报, 19 (2): 217-222.]

Feng Y, Ma Z Y. 1999. Four new species of the genus *Polleniopsis* from Sichuan, China (Diptera: Calliphoridae). *Acta Zootaxonomica Sinica*, 24 (2): 211-216. [冯炎, 马忠余. 1999. 中国拟粉蝇属四新种 (双翅目: 丽蝇科). 动物分类学报, 24 (2): 211-216.]

Feng Y, Ma Z Y. 2000. Three new species of the genus *Phaonia* from Sichuan, China (Diptera: Muscidae). *Acta Entomologica Sinica*, 43 (2): 201-206. [冯炎, 马忠余. 2000. 中国棘蝇属三新种记述 (双翅目: 蝇科). 昆虫学报, 43 (2): 201-206.]

Feng Y, Ma Z Y. 2001. Two new species and a new record of the genus *Megophyra* from Sichuan, China (Diptera: Muscidae). *Chinese Journal of Vector Biology and Control*, 12 (1): 9-11. [冯炎, 马忠余. 2001. 中国四川省巨黑蝇属2新种及1新纪录种 (双翅目: 蝇科). 中国媒介生物学及控制杂志, 12 (1): 9-11.]

Feng Y, Ni T, Ye Z M. 2010. A new species of the genus *Helina* (Diptera: Muscidae) from Sichuan, China. *Sichuan Journal of Zoology*, 29 (6): 938-940. [冯炎, 倪涛, 叶宗茂. 2010. 中国四川省阳蝇属一新种 (双翅目: 蝇科). 四川动物, 29 (6): 938-940.]

Feng Y, Qiao X R. 2003. Two new species of Sarcophagini of Sarcophaginae (Diptera: Sarcophagidae) from Sichuan, China. *Entomotaxonomia*, 25 (4): 267-270. [冯炎, 乔雪蓉. 2003. 中国四川麻蝇亚科麻蝇族二新种 (双翅目: 麻蝇科). 昆虫分类学报, 25 (4): 267-270.]

Feng Y, Qiao X R. 2004. A new species of the genus *Helina* from Sichuan Province, China (Diptera: Muscidae). *Journal of Medical Pest Control*, 20 (5): 300-301. [冯炎, 乔雪蓉. 2004. 中国四川阳蝇属一新种 (双翅目: 蝇科). 医学动物防制, 20 (5): 300-301.]

Feng Y, Shi P, Li G S. 2005. Two new species of genus *Helina* from Western Sichuan, China (Diptera: Muscidae). *Chinese Journal of Vector Biology and Control*, 16 (2): 93-94. [冯炎, 石萍, 李光仕. 2005. 中国蜀西地区阳蝇属二新种 (双翅目: 蝇科). 中国媒介生物学及控制杂志, 16 (2): 93-94.]

Feng Y, Wang Y X, Zhang Y M, Zhao D J, Li Y. 2016. Preliminary survey on the Calyptratae in Paomashan, Sichuan province, China. *Chinese Journal of Vector Biology and Control*, 27 (4): 368-373. [冯炎, 王艳霞, 张义梅, 赵德军, 李玚. 2016. 四川省跑马山区有瓣蝇类种类初探 (昆虫纲: 双翅目). 中国媒介生物学及控制杂志, 27 (4): 368-373.]

Feng Y, Xu R M. 2008. Five new species of the Muscidae (Diptera: Muscidae) from Tibet in China. *Acta Parasitologica et Medica Entomologica Sinica*, 15 (1): 45-50. [冯炎, 许荣满. 2008. 中国西藏地区蝇科五新种 (双翅目: 蝇总科). 寄生虫与医学昆虫学报, 15 (1): 45-50.]

Feng Y, Xue W Q. 1997. Four new species of Coenosiini from Western Sichuan, China (Diptera: Muscidae). *Sichuan Journal of Zoology*, 16 (4): 153-157. [冯炎, 薛万琦. 1997. 四川西部秽蝇族四新种 (双翅目: 蝇科). 四川动物, 16 (4): 153-157.]

Feng Y, Xue W Q. 1998. Three new species of the Calyptratae from Sichuan, China (Diptera: Calliphoridae, Muscidae). *Zoological Research*, 19 (1): 77-82. [冯炎, 薛万琦. 1998. 中国有瓣蝇类三新种 (双翅目: 丽蝇科, 蝇科). 动物学研究, 19 (1): 77-82.]

Feng Y, Xue W Q. 2000a. Three new species of the genus *Fannia* from Sichuan China (Diptera: Faniidae). *Journal of Shenyang Normal University (Natural Science)*, 18 (4): 48-52. [冯炎, 薛万琦. 2000a. 中国四川厕蝇属三新种 (双翅目: 厕蝇科). 沈阳师范学院学报 (自然科学版), 18 (4): 48-52.]

Feng Y, Xue W Q. 2000b. Three new species of Calliphoridae from Sichuan, China (Diptera). *Journal of Shenyang Normal University (Natural Science)*, 18 (1): 50-55. [冯炎, 薛万琦. 2000b. 中国丽蝇科三新种 (双翅目: 丽蝇科). 沈阳师范学院学报 (自然科学版), 18 (1): 50-55.]

Feng Y, Xue W Q. 2001. Two new species of the genus *Fannia* from Sichuan, China (Diptera: Faniidae). *Journal of Shenyang Normal University (Natural Science)*, 19 (4): 46-49. [冯炎, 薛万琦. 2001. 四川省厕蝇属二新种 (双翅目: 厕蝇科). 沈阳师范学院学报 (自然科学版), 19 (4): 46-49.]

Feng Y, Xue W Q. 2002. Five new species of the genus *Helina* (Diptera: Muscidae) from Sichuan, China. *Entomotaxonomia*. 24 (4): 261-268. [冯炎, 薛万琦. 2002. 四川省阳蝇属五新种 (双翅目: 蝇科). 昆虫分类学报, 24 (4): 261-268.]

Feng Y, Xue W Q. 2003a. Four new species of *Helina* from Sichuan, China (Diptera: Muscidae). *Entomological Journal of East China*, 12 (1): 5-9. [冯炎, 薛万琦. 2003a. 中国四川阳蝇属四新种. 华东昆虫学报, 12 (1): 5-9.]

Feng Y, Xue W Q. 2003b. Three new species of the genus *Helina* from Sichuan, China (Diptera: Muscidae). *Sichuan Journal of Zoology*, 22 (1): 3-5. [冯炎, 薛万琦. 2003b. 中国四川阳蝇属三新种 (双翅目: 蝇科). 四川动物, 22 (1): 3-5.]

Feng Y, Xue W Q. 2004. Two new species of the genus *Helina* (Diptera: Muscidae) from Sichuan, China. *Entomotaxonomia*, 26 (1): 64-66. [冯炎, 薛万琦. 2004. 中国四川阳蝇属二新种 (双翅目: 蝇科). 昆虫分类学报, 26 (1): 64-66.]

Feng Y, Xue W Q. 2006. Six new species of the genus *Fannia* R.-D. from Sichuan, China (Diptera, Fanniidae). *Acta Zootaxonomica Sinica*, 31 (1): 215-223. [冯炎, 薛万琦. 2006. 中国四川厕蝇属六新种 (双翅目: 厕蝇科). 动物分类学报, 31 (1): 215-223.]

Feng Y, Yang S B, Fan W D. 2004. Two new species of genus *Helina* from Western Sichuan, China (Diptera: Muscidae). *Sichuan Journal of Zoology*, 23 (4): 319-321. [冯炎, 杨世斌, 范维都. 2004. 四川西部阳蝇属二新种 (双翅目: 蝇科). 四川动物, 23 (4): 319-321.]

Feng Y, Ye Z M. 1987. A new species of Sarcophagidae from West Sichuan, China. *Entomotaxonomia*, 9 (3): 189-190. [冯炎, 叶宗茂. 1987. 川西地区麻蝇科一新种. 昆虫分类学报, 9 (3): 189-190.]

Feng Y, Ye Z M. 2007. Four new species of the genus *Helina* R.-D. from China (Diptera, Muscidae). *Acta Zootaxonomica Sinica*, 32 (4): 969-973. [冯炎, 叶宗茂. 2007. 中国阳蝇属四新种 (双翅目, 蝇科). 动物分类学报, 32 (4): 969-973.]

Feng Y, Ye Z M. 2009. Four new species of *Phaonia* of Muscidae (Diptera: Muscoidae) from China. *Acta Parasitologica et Medica Entomologica Sinica*, 16 (3): 166-171. [冯炎, 叶宗茂. 2009. 中国蝇科棘蝇属四新种 (双翅目: 蝇总科). 寄生虫与医学昆虫学报, 16 (3): 166-171.]

Feng Y, Ye Z M. 2010. Three new species of the genus *Helina* (Diptera: Muscidae) from China. *Acta Parasitologica et Medica Entomologica Sinica*, 17 (4): 240-245. [冯炎, 叶宗茂. 2010. 中国阳蝇属三新种 (双翅目: 蝇科). 寄生虫与医学昆虫学报, 17 (4): 240-245.]

Ferguson E W. 1926a. Revision of Australian Syrphidae (Diptera). Part I. *Proceedings of the Linnean Society of New South Wales*, 51: 137-183.

Ferguson E W. 1926b. Revision of Australian Syrphidae (Diptera). Part II with a supplement to part I. *Proceedings of the Linnean Society of New South Wales*, 51: 517-544.

Ferino M P. 1968. A new species of *Hydrellia* (Ephydridae, Diptera) on rice. *Philippine Entomologist*, 1 (1): 3-5.

Ferris G F. 1924. Some Diptera Pupipara from the Philippine Islands. *Philippine Journal of Science*, 25: 391-401.

Ferris G F, Cole F R. 1922. A contribution to the knowledge of the Hippoboscidae (Diptera Pupipara). *Parasitology*, 14: 178-205.

Fischer von W G. 1813. *Zoognosia. Tabulis synopticis illustrata, in usum praelectionum Academiae imperialis medico-chirurgicae Mosquensis edita. Editio Tertia, Classium, Ordinum, Generum illustratione perpetua aucta. Volumen Primum, Tabulas synopticas generales et comparativas, nec non characterum quorundam explicationem iconographicam continens*. Mosquae: Typis Nicolai Sergeidis Vsevolozsky: xiii + [1] + 1-465.

Fitch A. 1856. Reports on the noxious, beneficial and other insects of the State of New York. [II]. *Transactions of New York State Agricultural Society*, (1855) 15: 409-559.

Fitch A. 1872. Fourteenth report on the noxious, beneficial and other insects of the State of New York. *Transactions of New York State Agricultural Society*, (1870) 30: 355-381.

Florén F. 1989. Distribution, phenology and habitats of the lesser dung fly species (Diptera, Sphaeroceridae) of Sweden and Norway, with notes from adjacent countries. *Entomologisk Tidskrift*, 110: 1-29.

Fluke C L Jr. 1930. High-altitude Syrphidae with descriptions of new species (Diptera). *Annals of the Entomological Society of America*, 23: 133-144.

Fluke C L Jr. 1933. Revision of the *Syrphus* flies of America north of Mexico (Diptera Syrphidae, *Syrphus* s. l.) Part I. *Transactions of the Wisconsin Academy of Sciences, Arts and Letters*, 28: 63-127, pls. 3.

Fluke C L Jr. 1939. New Syrphidae (Diptera) from Central and North America. *Annals of the Entomological Society of America*, 32: 365-375, pl. 1.

Fluke C L Jr. 1943. A new genus and new species of Syrphidae (Diptera) from Ecuador. *Annals of the Entomological Society of America*, 36: 425-431.

Fluke C L Jr. 1949. Some Alaskan syrphid flies, with descriptions of new species. *Proceedings of the United States National Museum*, 100 [3256]: 39-54.

Fluke C L Jr. 1952. The *Metasyrphus* species of North America (Syrphidae). *American Museum Novitates*, 1590: 1-27.

Fluke C L Jr. 1954. Two new North American species of Syrphidae, with notes on *Syrphus* (Diptera). *American Museum Novitates*, 1690: 1-10.

Foote R H. 1984. Family Tephritidae. *In*: Soós A, Papp L. 1984. *Catalogue of Palaearctic Diptera*. Vol. 9. Budapest: Hungarian Natural History Museum: 66-149.

Foote R H, Blanc F L. 1963. The fruit flies or Tephritidae of California. *Bulletin of the California Insect Survey*, 7: 1-117.

Foote R H, Blanc F L, Norrbom A L. 1993. *Handbook of the Fruit Flies (Diptera: Tephritidae) of America North of Mexico*. New York: Comstock Publishing Associates, Ithaca: 1-571.

Foote R H, Freidberg A. 1981. The taxonomy and nomenclature of some Palaearctic Tephritidae (Diptera). *Journal of the Washington Academy of Sciences* (1980), 70 (1): 29-34.

Forskål P. 1775. *Descriptiones animalium avium, amphibiorum, piscium, insectorum, vermium; quae in itinere orientali observavit Petrus Forskål. Post mortem auctoris edidit Carsten Niebuhr. Adjuncta est materia medica kahirina atque tabula maris rubri geographica*. Molleri, Havniae [= Copenhagen]: 19 + 34 + 1-164.

Forster J R. 1771. *Novae species insectorum. Centuria I*. London: Davies *et* White: viii + 1-100.

Frauenfeld G R von. 1857. Beitrage zur Naturgeschichte der Trypeten nebst Beschreibung einiger neuer Arten. *Sitzungsberichte der Akademie der Wissenschaften. Mathematisch-Naturwissenschaftliche Classe*, 22: 523-557.

Frauenfeld G R von. 1864. Zoologische Miscellen. 1. Zwei neue Trypeten. *Verhandlungen der* [*K.-K.* (= *Kaiserlich-Könighchen*)] *Zoologisch-Botanischen Gesellschaft in Wien*, 14: 147-149.

Frauenfeld G R von. 1867. Zoologische Miscellen XI. Das Insektenleben zur See. *Verhandlungen der Kaiserlich-Königlichen Zoologisch-Botanischen Gesellschaft in Wien*, 17: 425-502.

Frauenfeld G R von. 1856. Ueber eine neue Fliegengattung Raymondia aus der Familie der Coriaceen, nebst Beschreibung zweier Arten derselben. *Sitzungsberichte der Akademie der Wissenschaften. Mathematisch-Naturwissenschaftliche Classe*, 18: 320-333.

Frauenfeld G R von. 1868. Zoologische Miscellen. XIV and XV. *Verhandlungen der* [*K.-K.* (= *Kaiserlich-Königlichen*)] *Zoologisch-Botanischen Gesellschaft in Wien*, 18: 147-165.

Freidberg A. 1985. The genus *Craspedoxantha* Bezzi (Diptera: Tephritidae: Terelliinae). *Annals of the Natal Museum*, 27 (1): 183-206.

Freidberg A, Kaplan F. 1992. Revision of the Oedaspidini of the Afrotropical Region (Diptera: Tephritidae: Tephritinae). *Annals of the Natal Museum*, 33 (1): 51-94.

Freidberg A, Mathis W N. 1986. Studies of Terelliinae (Diptera: Tephritidae): A revision of the genus *Neaspilota* Osten-Sacken. *Smithsonian Contributions to Zoology*, 439: 1-75.

Frey R. 1907. Beitrage zur Kenntnis der Dipterenfauna Finnlands. *Meddelanden af Societas pro Fauna et Flora Fennica*, 33: 67-69.

Frey R. 1908. Über die in Finnland gefundenen Arten des Formenkreises der Gattung Sepsis Fall. (Diptera). *Deutsche Entomologische Zeitschrift*, 1908: 577-588.

Frey R. 1909. Mitteilungen uber finnlandische Dipteren. *Acta Societatis pro Fauna et Flora Fennica*, 31 (9): 1-24.

Frey R. 1915. Diptera Brachycera aus den arktischen Kunstengegenden Sibiriens. *Zapiski Imperatorskoi Akademii Nauk*, ser. 8, 19 (10): 1-35, pls. 1-2.

Frey R. 1917. Ein beitrag zur kenntnis der Dipterenfauna Ceylons. *Öfversigt af Finska Vetenskaps-Societetens Förhandlingar*, 59A (20): 1-36.

Frey R. 1918a. Beitrag zur Kenntnis der Dipterenfauna des nordl. Europaischen Russlands. II. Dipteren aus Archangelsk. *Acta Societatis pro Fauna et Flora Fennica*, 46 (2): 1-32.

Frey R. 1918b. Mitteilungen über südamerikanische Dipteren. *Öfversigt af Finska Vetenskaps-Societetens Förhandlingar*, (1917-1918) 60 (Afd. A, No. 14): 1-35.

Frey R. 1920. Neue Diptera brachycera aus Finnland und angrenzenden Landern. *Notulae Entomologicae*, 10: 82-94.

Frey R. 1921a. Eine neue paläarktische Chloropiden-Gattung (Diptera, Schizophora). *Notulae Entomologicae*, 1 (3): 80-81.

Frey R. 1921b. Studien über der Bau des Mundes der niederen Diptera Schizophora nebst Bemerkungen über die Systematik dieser Dipteren-Gruppe. *Acta Societatis pro Fauna et Flora Fennica*, 48 (3): 1-247.

Frey R. 1923. Philippinische Dipteren. I. Fam. Chloropidae. *Notulae Entomologicae*, 3: 71-83, 97-112.

Frey R. 1924. Die nordpälaarktischen *Tetanocera*-Arten (Diptera: Sciomyzidae). *Notulae Entomologicae*, 4: 47-53.

Frey R. 1925a. Zur Systematik der Diptera Haplostomata II. Fam. Sepsidae. *Notulae Entomologicae*, 5: 69-76.

Frey R. 1925b. Zur Systematik der Paläarktischen Psiliden (Diptera). *Notulae Entomologicae*, 5: 47-50.

Frey R. 1927. Philippinische Dipteren. IV. Fam. Lauxaniidae. *Acta Societatis pro Fauna et Flora Fennica*, 56 (8): 1-44.

Frey R. 1928a. Philippinische Dipteren. V. Fam. Diopsidae. *Notulae Entomologicae*, 8: 69-77.

Frey R. 1928b. Philippinische Dipteren. VI. Fam. Sciomyzidae, Psilidae, Megamerinidae, Sepsidae, Piophilidae, Clusiidae. *Notulae Entomologicae*, 8: 100-108.

Frey R. 1930. Neue Diptera brachycera aus Finland und angrenzenden Landern. *Notulae Entomologicae*, 10: 82-94.

Frey R. 1936. Die Dipterenfauna der Kanarischen Inseln und ihre Probleme. *Acta Societatis Scientiarum Fennicae. Commentationes Biologicae*, 6: 1-237.

Frey R. 1941a. Die Gattungen und Arten der Dipteren familie Celyphidae. *Notulae Entomologicae*, 21: 3-16.

Frey R. 1941b. Diptera Brachycera (excl. Muscidae, Tachinidae). *In*: *Enumeratio Insectorum Fenniae*. VI. *Diptera*: 1-31.

Frey R. 1945. Tiergeographische Studien uber die Dipterenfauna der Azoren. 1. Verzeichnis der bisher von den Azoren bekannten Dipteren. *Commentationes Biologicae*, (1944) 8 (10): 1-114.

Frey R. 1946a. Ubersicht der Gattungen der Syrphiden-Unterfamilie Syrphinae (Syrphine + Bacchinae). *Notulae Entomologicae*, (1945) 25: 152-172.

Frey R. 1946b. Anteckningar om Finlands agromyzider. *Notulae Entomologicae*, 26 (1-2): 13-55.

Frey R. 1954. Diptera Brachycera und Sciaridae von Tristan da Cunha (with a Contribution by J. Becquaert, Cambridge, USA). *Results of the Norwegian Scientific Expedition to Tristan da Cunha*, 4 (26): 1-55.

Frey R. 1958. Zur Kenntnis der Diptera Brachycera p.p. der Kapverdischen Inseln. *Commentationes Biologicae Societas Scientarum Fennica*, 18 (1): 1-61.

Frey R. 1960. Studien über indoaustralische Clusiiden (Diptera) nebst Katalog der Clusiiden. *Commentationes Biologicae*, 22 (1): 1-33.

Frey R. 1961. Neue orientalische Dipteren. *Notulae Entomologicae*, 41: 33-35.

Frey R. 1964. Beitrag zur Kenntnis der ostasiatischen Platystomiden (Diptera). *Notulae Entomologicae*, 44 (1): 1-19.

Frick K E. 1952. A generic revision of the family Agromyzidae (Diptera) with a catalogue of New World species. *University of*

California Publications in Entomology, 8: 339-452.

Frick K E. 1957. Nearctic species in the *Liriomyza pusilla* complex. No. 2. munda and two other species attacking crops in California (Diptera: Agromyzidae). *Pan-Pacific Entomologist, San Francisco*, 33: 59-70.

Fristrup B. 1943. Contributions to the fauna and zoogeography of Northwest Iceland. *Entomologiske Meddelelser*, 23 (1): 148-173.

Froggatt W W. 1919. The lantana fly (*Agromyza lantanae*). *Agricultural Gazette of New South Wales. Sydney*, 30: 665-668.

Frost S W. 1931. New species of West Indian Agromyzidae. *Entomological News*, 42: 72-76.

Frota-Pessoa O. 1945. Sobre o subgenera "Hirtodrosophila", com descricao de uma nova especie (Diptera, Drosophilidae, *Drosophila*). *Revista Brasileira de Biologia*, 5: 469-483.

Fu C, Wang Q, Zhou Y Y, Zhang C T, Wang Y. 2011. Tachinidae (Insecta: Diptera) from Mt. Tiecha, Liaoning, China. *Journal of Shenyang Normal University* (*Natural Science*), 29 (4): 564-570. [付超, 王强, 周媛烨, 张春田, 王勇. 2011. 辽宁本溪铁刹山寄蝇科昆虫调查. 沈阳师范大学学报 (自然科学版), 29 (4): 564-570.]

Fu Z, Toda M J, Li N N, Zhang Y P, Gao J J. 2016. A new genus of anthophilous drosophilids, *Impatiophila* (Diptera, Drosophilidae): morphology, DNA barcoding and molecular phylogeny, with descriptions of thirty-nine new species. *Zootaxa*, 4120 (1): 1-100.

Fuesslin J C. 1775. Verzeichnis der ihm bekannten Schweizerischen Insekten, mit einer ausgemahlten Kupfertafel: nebst der Ankündigung eines neuen Inseckten Werkes. *Zürich and Winterthur*: 1-62.

Gabritschevsky E. 1926. Convergence of coloration between American pilose flies and bumblebees (Bombus). *Biological Bulletin, Marine Biological Laboratory Woods Hole*, 51: 269-287, pls. 4.

Gaimari S D. 2010. 72. Chamaemyiidae. *In*: Brown, B V, Borkent A, Cumming J M, Wood D M, Woodley N E, Zumbado M. 2010. *Manual of Central American Diptera*. Vol. 2. Ottawa: NRC Research Press: xvi + 715-1442.

Gaimari S D, Mathis W N. 2011. World Catalog and Conspectus on the Family Odiniidae (Diptera: Schizophora). *Myia*, 12: 291-339.

Galinskaya T V, Shatalkin A I. 2016. Eight new species of *Strongylophthalmyia* Heller from Vietnam with a key to species from Vietnam and neighbouring countries (Diptera, Strongylophthalmyiidae). *ZooKeys*, 625: 111-142.

Gan E I. 1947. Cavicole oestrids of horses in Uzbekhistan. *Bulletin, Academy of Sciences of Uzbekistan SSR*, 1947 (7): 24-28.

Gan Y X. 1958. On the Chinese species of the genus *Chrysomyia* R.-D. (Diptera, Calliphoridae). *Acta Entomologica Sinica*, 8 (4): 340-350. [甘运兴. 1958. 中国的金蝇. 昆虫学报, 8 (4): 340-350.]

Gan Y X. 1980. On the larvae of the Chinese species of the subfamily Chrysomyinae (Diptera, Calliphoridae). *Zoological Research*, 1 (2): 179-186. [甘运兴. 1980. 中国金蝇亚科幼虫研究. 动物学研究, 1 (2): 179-186.]

Gao C X, Yang D. 2002. A review of the genus *Homoneura* from Guizhou, China (Diptera: Lauxaniidae). *Annales Zoologici*, 52 (2): 293-296.

Gao C X, Yang D. 2003. A revision of the genus *Homoneura* from Tibet, China (Diptera, Lauxaniidae). *Mitteilungen aus dem Museum fuer Naturkunde in Berlin, Deutsche Entomologische Zeitschrift*, 50 (2): 243-248.

Gao C X, Yang D. 2004a. A review of the genus *Homoneura* from Guangxi, China (Diptera: Lauxaniidae). *Raffles Bulletin of Zoology*, 52 (2): 351-364.

Gao C X, Yang D. 2004b. Diptera: Lauxaniidae. *In*: Yang X K. 2004. *Insects from Mt. Shiwandashan Area of Guangxi*. Beijing: China Forestry Publishing House: 557-558. [高彩霞, 杨定. 2004b. 双翅目: 缟蝇科//杨星科. 2004. 广西十万大山地区昆虫. 北京: 中国林业出版社: 557-558.]

Gao C X, Yang D. 2005. Notes on the genus *Homoneura* from Guizhou, China (Diptera: Lauxaniidae). *Zootaxa*, 1010: 15-24.

Gao C X, Yang D. 2006b. Diptera: Lauxaniidae. *In*: Jin D C, Li Z Z. 2006. *Insects from Chishui Spinulose Tree Fern Landscape* [also as *Chishui Suoluo Jingguan Kunchong*]. Insect Fauna from National Nature Reserve of Guizhou Province, III. Guiyang: Guizhou Science and Technology Publishing House: 300-303. [高彩霞, 杨定. 2006b. 双翅目: 缟蝇科//金道超, 李子忠. 2006. 赤水桫椤景观昆虫. 贵州省国家级自然保护区昆虫志 III. 贵阳: 贵州科技出版社: 300-303.]

Gao C X, Yang D, Gaimari S D. 2003. The subgenus *Euhomoneura* Malloch (Diptera: Lauxaniidae) in the Palaearctic Realm. *Pan-Pacific Entomologist*, 79 (3-4): 192-197.

Gao J J. 2011. Description of a new species of the *Hirtodrosophila limbicostata* species complex (Diptera, Drosophilidae) breeding on *Impatiens* L. flowers. *Acta Zootaxonomica Sinica*, 36: 74-79.

Gao J J, Watabe H A, Toda M J, Zhang Y P, Aotruka Y. 2003. The *Drosophila obscura* species-group (Diptera: Drosophildae) from Yunnan Province, southern China. *Zoological Science*, 20: 773-782.

Gao Q S, Chen H W. 2014. The genera *Luzonimyia* and *Pararhinoleucophenga* from China (Diptera: Drosophilidae), with DNA barcoding information. *Zootaxa*, 3852 (2): 294-300.

Gao X, Zhang C T. 2006. Notes on Syrphidae from Liaoning Province (Diptera: Syrphidae). *Sichuan Journal of Zoology*, 25 (1): 114-115, 127. [高欣, 张春田. 2006. 辽宁食蚜蝇科昆虫名录 (双翅目: 食蚜蝇科). 四川动物, 25 (1): 114-115, 127.]

Gardner J C M. 1940. The puparia of some Indian Tachinidae (Diptera). II. *Indian Journal of Entomology*, 2: 177-181.

Garrett C B D. 1921. Notes on Helomyzidae and description of new species. *Insecutor Inscitiae Menstruus*, 9 (7-9): 119-132.

Gatt P. 2008. Order Diptera, family Sphaeroceridae. Pp. 696-703. *In*: Harten A van. 2008. *Arthropod Fauna of the UAE, Vol. 1*. Abu Dhabi: Dar Al Ummah Printing, Publishing, Distribution & Advertising: 1-754.

Gaunitz S. 1936. Om tre syrphidarter (mit einer deutschen Beschreibung). *Entomologisk Tidskrift*, 57: 6-9.

Gaunitz S. 1937. Eine neue Syrphidengattung. *Entomologisk Tidskrift*, 58: 91.

Ge F X, Li S J. 1985. Two new species of Anthomyiidae from Henan Province (Diptera). *Zoological Research*, 6 (3): 232, 242. [葛凤翔, 李书建. 1985. 河南省花蝇科二新种. 动物学研究, 6 (3): 232, 242.]

Geoffroy E L. 1762. *Histoire abrégeé des insectes qui se trouvent aux environs de Paris; dans laquelle ces animaux sont rangés suivant un ordre méthodique*. Vol. 2. Paris: Durand: 1-690, pls 11-22.

Geoffroy E L. 1785. Secundum methodum Geoffroeanam in sectiones, genera *et* species distributus; cui addita sunt nomina trivialia *et* fere trecentae novae species. *In*: de Fourcroy A F. 1785. *Entomologia Parisiensis; Sive Catalogus Insectorum quae in Agro Parisiensi Reperiuntur*. Paris: 1-544.

George C S. 1977. Family Platystomatidae. *In*: Delfinado M D, Hardy D E. 1977. *A Catalogue of the Diptera of the Oriental Region*. Vol. 3. Honolulu: University Press of Hawaii: 135-164.

Germar E F. 1825. *Fauna Insectorum Europae*. Halae, Fasc. 11: 1-25.

Germar E F. 1845. Fauna Insectorum Europae. Kummelii, Halae [= Halle]: *Fasc*., 23: pls. 1-25.

Gerstaecker A. 1857. Bericht über die wissenschaftlichen Leistungen im Gebiete der Entomologie während des Jahres 1856. *Archiv für Naturgeschichte*, 23 (II): 273-486.

Ghahari H, Hayat R, Chao C M, *et al*. 2008. A contribution to the dipteran parasitoids and predators in Iranian cotton fields and surrounding grasslands. *Munis Entomology et Zoology*, 3: 699-706.

Ghorpadé K D. 1994. Diagnostic keys to new and known genera and species of Indian subcontinent Syrphini (Diptera: Syrphidae). *Colemania* (*Insect Biosystematics*), 3: 1-15.

Ghorpadé K D. 2007. The genus *Agnisyrphus* ghorpadé (Diptera—Syrphidae), peculiar to the oriental region, with notes on phylogeny, evohistory and Panbiogeography. *Colemania* (*Insect Biosystematics*), 14: 1-35.

Giglioli H. 1864. On some parasitical Insects from China. *Quarterly Journal of Microscopical Science*, (N. S.), 4: 23-26.

Giglio-Tos E. 1890a. Le specie europee del genere *Chrysotoxum* Meig. *Atti della Accademia delle Scienze di Torino*, 26: 134-165.

Giglio-Tos E. 1890b. Nuove specie di Ditteri del Museo zoologico di Torino. Diagnosi di alcune nuove specie di Ditteri. *Atti della Accademia delle Scienze di Torino*, 25: 457-461.

Giglio-Tos E. 1892. Diagnosi di nuove specie di Ditteri. VII. Sirfidi (I) e Conopida del Messico. *Bollettino del Musei di Zoologia ed Anatomia Comparata della R. Universita di Torino*, 7 (132): 1-5.

Giglio-Tos E, Hatchett J H. 1895. Mission scientifique de M. Ch. Alluaud aux îles Séchelles (Mars-Avril-Mai 1892) 5e mémoire. Diptéres. *Annales de la Société Entomologique de France*, 64: 353-368.

Gimmerthal B A. 1834a. Observations de quelques nouvelles species de Diptères, accompagnées de recherches sur la métamorphose de quelques autres. *Bulletin de la Société Impériale des Naturalistes de Moscou*, 7: 98-121.

Gimmerthal B A. 1834b. Catalogus systematicus dipterorum in Livonia observatorum. *Bulletin de la Société Impériale des Naturalistes de Moscou*, 7: 129-134.

Gimmerthal B A. 1842a. Bemerkungen zu vorstehenden und Berichtigungen zu dem fruheren Verzeichnisse. Nebst Beschreibung einiger neuen Arten. *Bulletin de la Société Impériale des Naturalistes de Moscou*, 15 (3): 660-686.

Gimmerthal B A. 1842b. Uebersicht der Zweifluegler (Diptera Ln.) Lief und Kurlands. *Bulletin de la Societe Imperiale des Naturalistes de Moscou*, 15(3): 639-686.

Gimmerthal B A. 1845. Bemerkungen über zwei Dipteren-Arten. *Stettiner Entomologische Zeitung*, 6: 151-152.

Gimmerthal B A. 1846. Acht neue, von Herrn Pastor Kawal in Kurland aufgefundene Dipteren-Arten beschreiben von B. A. Gimmerthal. *Korrespondenzblatt der Naturforschen Vereins zu Riga*, 1: 102-106.

Gimmerthal B A. 1847a. Vierter Beitrag zur Dipterologie Russlands. *Bulletin de la Société Impériale des Naturalistes de Moscou*, 20 (2): 140-208.

Gimmerthal B A. 1847b. *Zwölf neue Dipteren beschrieben und Namens des Naturforschenden Vereins zu Riga als Beitrag zur Feier des 50 jährigen Doctor-Jubiläums Sr. Excellenz des Herrn Dr. Gotthelf Fischer von Waldheim*. Riga: 1-12.

Giordani Soika A G. 1956. Diagnosi preliminari di nuovi Ephydridae e Canaceidae della Regione etiopica e del Madagascar (Diptera). *Bollettino del Museo Civico di Storia Naturale di Venezia*, 9: 123-130.

Giordani Soika A G. 1960. Beschreibung einer neu entdeckten Art der Ephydriden-Gattung *Ephydra* Fallén (Diptera). *Deutsche Entomologische Zeitschrift*, 7 (4-5): 456-457.

Giraud J. 1861. Fragments entomologiques. *Verhandlungen der* [*K.-K.* (= *Kaiserlich-Königlichen*)] *Zoologisch-Botanischen Gesellschaft in Wien*, 11: 447-494.

Girschner E. 1881. Diptogische Studien. *Entomologisches Nachrichtenblatt*, 7: 277-279.
Girschner E. 1884. Ueber einige Syrphiden (Britrag zur Dipterenfauna Thuringens). *Wiener Entomologische Zeitung*, 3 (7): 197-200.
Girschner E. 1887. Die europäischen Arten der Dipterengattung Alophora. *Zeitschrift für die Gesammten Naturwissenschaften*, 60: 375-426.
Girschner E. 1889. Eine neue Art der Dipterengattung *Psilopa* Fall. *Entomologische Nachrichten*, 15 (23): 373-374.
Girschner E. 1894. Beitrag zur Systematik der Musciden. *Berliner Entomologische Zeitschrift*, 38 (1893): 297-312.
Girschner E. 1897. Uber die Postalar-Membran (Schuppchen, Squamualae) der Dipteren. *Illustrierte Wochenschrift für Entomologie*, 2: 534-539, 553-559, 567-571, 586-589, 603-607, 641-645, 666-670, pls. 1-6.
Girschner E. 1901. Ueber eine neue Tachinide und die Scutellarbeborstung der Musciden. *Wiener Entomologische Zeitung*, 20: 69-72.
Gistel J. 1848. *Naturgeschichte des Thierreichs für höhere Schulen*. Stuttgart, 16: i-xvi + 1-216.
Gistel J. 1857. Einundvierzig Reliquien aus alter guter Zeit von zweiunddreissig grossen Männern und Gelehrten. Gelehrter und freundschaftlicher Briefwechsel nachgenannter Herren mit Dr. J. Gistel. *Supplement-Briefe*. Vacuna (Gistel), 1: 67-152. [*Anthomyia lithantrax* Wiedemann, 1857: 73.]
Gmelin J F. 1790. *Caroli a Linne, Systema naturae per regna tria naturae, secundum classes, ordines, genera, species; cum caracteribus, differentiis, synonymis, locis*. Editio decima tertia, aucta, reformata [= Ed. 13.] Vol. 1: Regnum Animale, Pt 5. G.E. Beer, Lipsiae [= Leipzig]: 2225-3020.
Gmelin J F. 1793. *Caroli a Linné, Systerna naturae per régna tria naturae, secundum classes, ordines, genera, species, cum caracteribus, differentiis, synonymis, locis*. Ed. 13 (rev.), Lipsiae [= Leipzig], 1 (5): 2225-3020.
Goeldlin de T P. 1971. Quatre especes nouvelles de *Paragus* (Diptera, Syrphidae) de la region palearctique occidentale. *Mitteilungen der Schweizerischen Entomologischen Gesellschaft*, 43: 272-279.
Goeldlin de T P. 1974. Contribution a l'etude systematique *et* ecologique des Syrphidae (Diptera) de la Suisse occidentale. *Mitteilungen der Schweizerischen Entomologischen Gesellschaft*, 47 (3-4): 151-252.
Goetghebuer M, Bastin F. 1925. Contribution à l'étude des Sepsidae de Belgique. *Bulletin et Annales de la Société Royale d'Entomologie de Belgique*, 65: 123-137.
Goffe E R. 1933. Synonymic notes on the dipterous family Syrphidae. *Transactions of the Entomological Society of the South of England*, (1932) 8: 77-83.
Goffe E R. 1944a. On subdividing the genus *Epistrophe* Walker, 1852 (Diptera, Syrphidae), as used by Sack (in Lindner, 1930). *Entomologist*, 77: 135-140.
Goffe E R. 1944b. Some changes in generic nomenclature in Syrphidae (Diptera). *Entomologist's Monthly Magazine*, 80 [= ser. 4, 5]: 128-132.
Goffe E R. 1944c. The genera *Cheilosia* (Chilosia) Panzer, 1809, Meigen, 1822, Hoffmannsegg, *Chilomyia* Shannon, *Cartosyrphus* Bigot (Diptera, Syrphidae). *Entomologist's Monthly Magazine*, 80 [= ser. 4, 5]: 238-248.
Goffe E R. 1945. Note on the type-species of some genera of Syrphidae (Diptera). *Journal of the Society for British Entomology*, 2: 276-279.
Gordon C. 1936. The frequency of heterozygosis in free-living population of *Drosophila melanogaster* and *Drosophila subobscura*. *Journal of Genetics*, 33: 25-60.
Gorodkov K B. 1962. Revision of the Palaearctic species of the genus *Leria* R.-D. (Diptera, Helomyzidae). *Entomologicheskoe Obozrenie*, 41 (3): 643-671.
Gorodkov K B. 1966. The new species of the family Helomyzidae (Diptera) from the Asiatic part of Palaearctic. *Trudy Zoologicheskogo Instituta*, 37: 240-257.
Gorodkov K B. 1972. On the fauna of Helomyzidae (Diptera) of the Mongolian People's Republic. *Insects of Mongolia*, 1: 887-904.
Gorodkov K B. 1984. Family Heleomyzidae. *In*: Soós A, Papp L. 1984. *Catalogue of Palaearctic Diptera*. Vol. 10. Amsterdam & Budapest: Elsevier Science Publishers & Akademiai Kiado: 15-45.
Gorski S B. 1852. *Analecta ad Entomographium provinviarum occidentali-meridionalium imperii Rossici*. Nicolai, Berlin: ixx + 1-214, pls. 1-3.
Goto T. 1984. Systematic study of the genus *Phora* Latreille from Japan (Diptera: Phoridae) Description of a new species with discussion on the terminology of the male genitalia. *Kontyû*, 52 (1): 159-171.
Goto T. 1985. Systematic study of the genus *Phora* Latreille from Japan (Diptera: Phoridae) III. *Kontyû*, 53 (3): 547-560.
Goto T. 1986. Systematic study of the genus *Phora* Latreille from Japan (Diptera: Phoridae). *Kontyû*, 54 (1): 128-142.
Gotoh T. 2006. The genus *Phora* (Diptera: Phoridae) from Nepal, China and Neighbouring Countries. *Bulletin of the Kitakyushu Museum of Natural History and Human History Series A* (*Natural History*), 4: 9-38.

Goureau C C. 1851. Mémoire pour servir à l'histoire des Diptères dont les larves minent les feuilles des plantes. *Annales de la Société Entomologique de France*, 9 (2): 131-176.

Gravenhorst J L C. 1807. *Vergleichende Uebersicht des Linneischen und einiger neuern zoologischen Systeme nebst dem eingeschalteten Verzeichnisse der zoologischen Sammlung des Verfassers und den Beschreibungen neuer Thierarten, die in derselben vorhanden sind*. Dieterich, Goettingen: xvi + 1-476.

Gray G R. 1832. New genera and species. *In*: Griffith E, Pidgeon E. 1832. *The class Insecta arranged by Baron Cuvier, with supplementary additions to each order, and notices of new genera and species by George Gray, Esq*, 2. London: Whittaker, Treacher & Co.: 773-774.

Green D M. 1997. A new record and a new species of *Dohrniphora* (Diptera: Phoridae) from Malaysia. *Malayan Nature Journal*, 50: 159-165.

Gregor F. 1975. *Paregle danieli* sp. n. (Diptera, Anthomyiidae) from the Himalayas. *Acta Entomologica Bohemoslovaca*, 72: 266-268.

Gregor F, Daniel M. 1976. To the knowledge of fauna of synanthropic flies of the Nepal Himalaya. *Folia Parasit* (*Praha*), 23: 61-68.

Gregor F, Povolny D. 1964. Eine Ausbeute von synanthropen Fliegen aus Tirol. *Zoologicke Listy*, 13 (3): 229-248.

Gregor F, Rozkošný R. 1993. New synonymies in the European Fanniidae (Diptera). *European Journal of Entomology*, 90 (2): 227-234.

Greve B. 1818. *Erfahrungen und Beobachtungen über die Krankheiten der Hausthiere*. Oldenburg: 2.

Griffiths G C D. 1963. A revision of the palaearctic species of the nigripes group of the genus *Agromyza* Fallén (Diptera, Agromyzidae). *Tijdschrift voor Entomologie*, 106: 113-168.

Griffiths G C D. 1982-2004. *Flies of the Nearctic Region, Cyclorrpha* II (*Schizophora*: *Calyptratae*) *Anthomyiidae*. Stuttgart: Schweizerbart, 8 (2) (1-15): 1-2635.

Griffiths G C D. 1986a. Phenology and dispersion of *Delia radicum* (L.) (Diptera: Anthomyiidae) in canola fields at Morinville, Alberta. *Quaestiones Entomologicae*, 22 (1): 29-50.

Griffiths G C D. 1986b. Relative abundance of the root maggots *Delia radicum* (L.) and *D. floralis* (Fallén) (Diptera: Anthomyiidae) as pests of canola in Alberta. *Quaestiones Entomologicae*, 22 (4): 253-260.

Grimaldi D A. 1987. Phylogenetica and taxonomy of *Zygothrica* (Diptera: Drosophilidae). *Bulletin of the American Museum of Natural History*, 186: 103-268.

Grimaldi D A. 1990a. Revision of *Zygothrica* (Diptera: Drosophilidae), Part II. The first African species, two new indo-pacific groups, and the *bilineata* and *samoaensis* species groups. *American Muesum Novitates*, 2964: 1-31.

Grimaldi D A. 1990b. A phylogenetic, revised classification of genera in the Drosophilidae (Diptera). *Bulletin of the American Museum of Natural History*, 197: 1-139.

Grimaldi D A. 1992. Systematics of the genus *Colocasiomyia* de Meijere (Diptera: Drosophilidae): cladistics, a new generic synonym, new records, and a new species from Nepal. *Entomologica Scandinavica*, 22: 417-426.

Grimaldi D A, James A C, Jaenike L. 1992. Systematics and modes of reproductives isolation in the Holarctic *Drosophila testacea* species group (Diptera: Drosophilidae). *Annals of the Entomological Society of America*, 85: 671-685.

Grimshaw P H. 1901. Diptera. *In*: Sharp D. 1901. *Fauna Hawaiiensis or the Zoology of the Sandwich* (*Hawaiian*) *Isles*. Vol. 3, Part 1. Cambridge: University Press: 1-78.

Grimshaw P H, Speiser P. 1902. Diptera (Supplement). *Fauna Hawaiiensis*, 3: 79-86.

Grulich I, Povolný D. 1955. Faunistisch-bionomische Übersicht der Nycteribiidae (Diptera) aus dem Gebiete der CSR. *Zoology Entomology of Listy Brno*, 4: 111-134.

Grünberg K. 1903. Afrikanische Musciden mit parasitisch lebenden Larven. *Sitzungsberichte der Gesellschaft für Naturforschender Freunde zu Berlin*: 400-416.

Grunin K J. 1948. A new species of botfly from under the skin of the Orongo antelope (*Pantholops hodgsoni* Abel). *Doklady Akademii Nauk Soyuza Sovetskikh Sotsialiticheskikh Respublik*, 63 (4): 469-472.

Grunin K J. 1949a. New species of subcutaneous botflies of Asiatic antelopes. *Doklady Akademii Nauk Soyuza Sovetskikh Sotsialiticheskikh Respublik*, 64 (4): 603-606.

Grunin K J. 1949b. New species of botflies parasitising (under the skin) of rodents. *Doklady Akademii Nauk Soyuza Sovetskikh Sotsialiticheskikh Respublik*, 66 (5): 1013-1016.

Grunin K J. 1950a. Larvae of hypodermatids of rodents of the genus *Oestromyia* Br. Of the fauna of the USSR. *Doklady Akademii Nauk Soyuza Sovetskikh Sotsialiticheskikh Respublik*, 73 (3): 621-624.

Grunin K J. 1950b. Botflies on the goitous antilope (*Procapra gutturosa* Gmel.) from Mongolian Peoples Republic. *Doklady Akademii Nauk Soyuza Sovetskikh Sotsialiticheskikh Respublik*, 73 (4): 861-864.

Grunin K J. 1951. On the origin of the genus *Rhinoestrus* Br. (Diptera, Oestridae). *Entomologicheskoe Obozrenie*, 31 (3-4):

467-173.

Grunin K J. 1965. Hypodermatidae. *In*: Lindner E. 1965. *Die Fliegen der Paläearktischen Region. E. Schweizerbartische Verlagsbuchhandlung*, 8 (64b): 1-160.

Grunin K J. 1966a. Oestridae. *In*: Lindner E. 1966. *Die Fliegen der Paläearktischen Region. E. Schweizerbartische Verlagsbuchhandlungt*, 8 (64a): 1-96.

Grunin K J. 1969. Gasterophilidae. *In*: Lindner E. 1969. *Die Fliegen der Paläearktischen Region. E. Schweizerbartische Verlagsbuchhandlung*, 8 (64a): 1-61.

Grunin K Y. 1964. On the biology and distribution of certain Sarcophaginae (Diptera, Sarcophagidae) in the USSR. *Entomologicheskoe Obozrenie*, 43 (1): 71-79.

Grunin K Y. 1966b. New and little known *Calliphoridae* (*Diptera*) mainly bloodsucking or subcutaneous parasites of birds. *Entomologicheskoe Obozrenie*, 45 (4): 897-903.

Grunin K Y. 1970. Neue Calliphoridenarten für die Fauna der UdSSR (Diptera, Calliphoridae). *Entomologicheskoe Obozrenie*, 49 (2): 471-483.

Grunin K Y. 1971. *Phormiata* Grunin gen. N. — the sixth genus of the tribe Phormiini (Diptera, Calliphoridae). *Entomologicheskoe Obozrenie*, 50 (2): 444-445.

Grunin K Y. 1975. *Gasterophilidae*, *Calliphoridae*, *Oestridae*, *Hypodermatidae* (*Diptera*) of the Soviet-Mongolian expedition, 1969-1971. *Insects of Mongolia*, 3: 620-627.

Guan Y H, Cui C Y, Ma Z Y. 2000. A new species of genus *Helina* R.-D. from China (Diptera: Muscidae). *Chinese Journal of Vector Biology and Control*, 11 (4): 241-242. [关玉辉, 崔昌元, 马忠余. 2000. 中国阳蝇属一新种记述 (双翅目: 蝇科). 中国媒介生物学及控制杂志, 11 (4): 241-242.]

Guan Y H, Feng Y, Ma Z Y. 2001. A new species of *Helina* R.-D. from Sichuan, China (Diptera: Muscidae). *Chinese Journal of Vector Biology and Control*, 12 (3): 166-167. [关玉辉, 冯炎, 马忠余. 2001. 中国四川阳蝇属一新种 (双翅目: 蝇科). 中国媒介生物学及控制杂志, 12 (3): 166-167.]

Guan Y H, Feng Y, Ma Z Y. 2004. A new species of *Helina* R.-D. from Western Sichuan in China (Diptera: Muscidae). *Chinese Journal of Vector Biology and Control*, 15 (4): 274-275. [关玉辉, 冯炎, 马忠余. 2004. 中国四川西部阳蝇属一新种 (双翅目: 蝇科). 中国媒介生物学及控制杂志, 15 (4): 274-275.]

Guérin-Méneville F E. 1829-1844. Insectes. *In*: *Iconographie du Règne Animal de G. Cuvier*, ou representation d'apres nature de l'une des epeces les plus remarquables *et* souvent non encore figurees, de chaque genre d'animaux. Paris: J. B. Bailliere: 1-576, pls. 1-104.

Guérin-Méneville F E. 1834. Insectes. *In*: Bélanger Ch. 1831-1834. *Voyage aux Indes-Orientales, par le Nord de l'Europe, les provinces du Caucase, la Géorgie, l'Arménie et la Perse, suivi de Détails topographiques, statistiques et autres sur le Pégou, les îles de Java, de Maurice et de Bourbon, sur le Cap-de-Bonne-Espérance et Sainte-Hélène, pendant les années 1825, 1826, 1827, 1828 et 1829, publié sous les auspices de L.L.EE.MM. les Ministres de la Marine et de l'Intérieur* (*Zool.*). Paris: XXXIX + 1-535 (Insectes: 443-510).

Guimarães J H. 1971. Family Tachinidae (Larvaevoridae). *In*: Papavero N. 1971. *A Catalogue of the Diptera of the Americas South of the United States*, 104. Brazil: Museu de Zoologia, Universidade de Sao Paulo: 1-333.

Guo Y D, Cai J F, Li X, Xiong F, Su R N, Chen F L, Liu Q L, Wang X H, Chang Y F, Zhong M, Wang X, Wen J F. 2010a. Identification of the forensically important sarcophagid flies *Boerttcherisca peregrina*, *Parasarcophaga albiceps* and *Parasarcophaga dux* (Diptera: Sarcophagidae) based on *COII* gene in China. *Tropical Biomedicine*, 27 (3): 451-460.

Guo Y D, Cai J F, Wang X H, Lan L M, Liu Q L, Li X, Chang Y F, Ming Z, Wang X, Wen J F. 2010b. Identification of forensically important sarcophagid flies (Diptera: Sarcophagidae) based on *COI* gene in China. *Romanian Journal of Legal Medicine*, 18: 217-224.

Guo Y D, Cai J F, Xiong F, Wang H J, Wen J F, Li J B, Chen Y Q. 2012. The utility of Mitochondrial DNA fragments for genetic identification of forensically important sarcophagid flies (Diptera: Sarcophagidae) in China. *Tropical Biomedicine*, 29 (1): 51-60.

Gupta J P. 1969. A new species of *Drosophila* Fallén (Insecta: Diptera: Drosophilidae) from India. *Proceedings of the Zoological Society, Calcutta*, 22: 53-61.

Gupta J P. 1971. A new species of *Drosophila* (*Scaptodrosophila*) from Varanasi, India. *American Midland Naturalist*, 86: 493-496.

Gupta J P, Dwivedi Y N. 1980. Further addition to *Drosophila* fauna of Darjeeling, India. *Entomon*, 5: 129-134.

Gupta J P, Kumar A. 1986. Two new and two unrecorded species of *Drosophila* Fallén 1823 from Arunachal Pradesh, India (Insecta: Diptera: Drosophilidae). *Senckenbergiana Biologica*, 67: 43-49.

Gupta J P, Panigrahy K K. 1982. Description of three new species of *Drosophila* (*Scaptodrosophila*) from Orissa, India. *Proceeding of the Indian Academy of Sciences, Bangalore*, 91 (Animal Sciences): 631-637.

Gupta J P, Panigrahy K K. 1987. Some further additions to the list of Indian fauna of Drosophilidae. *Proceedings of Zoological Society, Calcutta*, 36: 57-66.

Gupta J P, Singh B K. 1978. Two new and two unrecorded Indian species of *Drosophila* (Diptera) from Kurseong, Darjeeling. *Entomologist's Monthly Magazine*, (1977) 113: 71-78.

Gupta J P, Singh B K. 1979. Two new species of *Drosophila* (Diptera: Drosophilidae) from Shillong, Meghalaya. *Entomon*, 4: 167-172.

Haas F. 1924. Un insecto Burlador. *Buttleti de la Institució Catalána d'Història Natural*, 2 (4): 148-149.

Hackman W. 1955. On the genera *Scaptomyza* Hardy and *Parascaptomyza* Duda (Diptera, Drosophilidae). *Notulae Entomologicae*, 35: 74-91.

Hackman W. 1956. *The Scatophagidae (Diptera) of Eastern Fennoscandia*. *In*: *Fauna Fennica*, Vol. 2. Helsingforsiae: Societas pro Fauna *et* Flora Fennica: 1-67.

Hackman W. 1959. On the *Scaptomyza* Hardy (Diptera, Drosophilidae), with description of new species from verious parts of the world. *Acta Zoologica Fennica*, 97: 3-73.

Hackman W. 1977. Family Heleomyzidae, Sphaeroceridae (Borboridae). *In*: Delfinado M D, Hardy D E. 1977. *A Catalogue of the Diptera of the Oriental Region*. Vol. 3. Honolulu: University Press of Hawaii: 388-389, 398-406.

Hagen H. 1862. *Bibliotheca Entomologica*. Die Litteratur uber das ganze Gebiet der Entomologie bis zum Jahre 1862. Erster Band, A-M. W. Engelmann, Leipzig: xii + 1-566.

Haliday A H. 1833. Catalogue of Diptera occuring about Holywood in Downshire. *Entomological Magazine*, 1 (2): 147-180.

Haliday A H. 1836a. British species of the Dipterous tribe Sphaeroceridae. *Entomological Magazine*, 3: 315-336.

Haliday A H. 1836b. Notes, upon Diptera. 2. Characters of some undescribed species of the family Muscidae. *Entomological Magazine*, 4 (2): 147-152.

Haliday A H. 1837a. *In*: Curtis J. 1837. *A Guide to an Arrangement of British Insects; Being a Catalogue of all the Named Species Hitherto Discovered in Great Britain and Ireland*. 2nd Ed. London: Printed for the Author: 1-294.

Haliday A H. 1837b. Notes, etc. upon Diptera. *Entomological Magazine*, 4 (2): 147-152.

Haliday A H. 1838. New British Insects Indicated in Mr. Curtis's Guide [part]. *Annals and Magazine of Natural History*, 2: 183-190.

Haliday A H. 1839. Remarks on the generic distribution of the British Hydromyzidae (Diptera). *Annals of Natural History*, 3: 217-224, 401-411.

Haliday A H. 1840. Synopsis. *In*: Westwood J O. 1840. *An Introduction to the Modern Classification of Insects*, 2: 1-158.

Haliday A H. 1855. Recent works on the Diptera of Northern Europe. *Natural History Review*, 2: 49-61.

Haliday A H. 1856. Addenda and corrigenda. Pp. xi-xxv. Errata. *In*: Walker F. 1856. *Insecta Britannica, Diptera*, Vol. 3 (= Ins. Brit., Dípt.). London: Reeve and Benham: 342-346.

Hall D G. 1937. The North and Central American spider parasites of the genus *Pseudogaurax* (Diptera: Chloropidae). *Journal of the Washington Academy of Sciences*, 27: 255-261.

Hall D G. 1948. The Blowflies of North America. *Thomas Say Foundation*, 4: i-v + 1-477, pls. 1-51. Lafayette, Indiana.

Hall D G, Bohart G E. 1948. The Sarcophagidae of Guam (Diptera). *Proceedings of the Entomological Society of Washington*, 50 (5): 127-135.

Han H Y. 1992. *Classification of the tribe Trypetini (Diptera: Tephritidae: Trypetinae)*. Dissertation, Pennsylvannia State University, University Park: 1-274.

Han H Y. 1996. A new *Cornutrypeta* species from Taiwan with notes on its phylogenetic relationships (Diptera: Tephritidae). *Insecta Koreana*, 13: 113-119.

Han H Y. 2006. Redescription of *Sinolochmostylia sinica* Yang, the first Palearctic member of the little-known family Ctenostylidae (Diptera: Acalyptratae). *Zoological Studies*, 45 (3): 357-362.

Han H Y, Chen X L. 2015. Phylogeny of the genus *Paramyiolia* Shiraki (Diptera: Tephritidae: Trypetini) with descriptions of five Chinese species. *Florida Entomologist*, 98 (1): 86-99.

Han H Y, Kim C W. 1983. The Korean flies of the tribe Tachinini (Diptera: Tachinidae). *Entomological Research Bulletin*, 9: 77-94.

Han H Y, Kim K C. 1990. Systematics of *Ischiolepta* Lioy (Diptera: Sphaeroceridae). *Annals of the Entomological Society of America*, 83: 409-443.

Han H Y, McPheron B A. 1994. Phylogenetic study of selected tephritid flies (Insecta: Diptera: Tephritidae) using partial sequences of the nuclear 18S ribosomal DNA. *Biochemical Systematics and Ecology*, 22: 447-457.

Han H Y, Suk S W, Lee Y B, Lee H S. 2014. *National list of species of Korea. Insect. (Diptera II.)* Incheon: National Institute of Biological Resources: vii + 1-268.

Han H Y, Wang X J. 1997. A systematic revision of the genus *Acidiostigma* Hendel (Diptera, Tephritidae) from China, Korea, and Japan. *Insecta Koreana*, 14: 81-118.

Han H Y, Wang X J, Kim K C. 1993. Revision of *Cornutrypeta* Han and Wang, a new tephritid genus proposed for Oriental and Palaearctic species (Diptera: Tephritidae). *Entomologica Scandinavica*, 24: 167-184.

Han H Y, Wang X J, Kim K C. 1994a. *Paratrypeta* Han and Wang, a new genus of Tephritidae (Diptera) from China. *Oriental Insects*, 28: 49-56.

Han H Y, Wang X J, Kim K C. 1994b. Taxonomic review of *Pseudina* Malloch (Diptera: Tephritidae) with descriptions of two new species from China. *Oriental Insects*, 28: 103-123.

Han X Q, Zhao G, Ye Z M. 1985. Description of a new species of *Heteronychia* Brauer *et* Bergenstamm (Diptera: Sarcophagidae). *Acta Zootaxonomica Sinica*, 10 (1): 76-78. [韩效琴, 赵干, 叶宗茂. 1985. 欧麻蝇属一新种记述 (双翅目: 麻蝇科). 动物分类学报, 10 (1): 76-78.]

Hancock D L. 1985. Trypetinae (Diptera: Tephritidae) from Madagascar. *Journal of the Entomological Society of Southern Africa*, 48: 283-301.

Hancock D L. 1986a. Classification of the Trypetinae (Diptera: Tephritidae) with a discussion of the Afrofropical fauna. *Journal of the Entomological Society of Southern Africa*, 49: 275-305.

Hancock D L. 1986b. New genera and species of African Tephritinae (Diptera: Tephritidae), with comments on some currently unplaced or misplaced taxa and on classification. *Transactions of the Zimbabwe Scientific Association*, 63: 16-34.

Hancock D L. 1990. Notes on the Tephrellini-Aciurini (Diptera: Tephritidae), with a checklist of the Zimbabwe species. *Transactions of the Zimbabwe Scientific Association*, 64: 41-48.

Hancock D L. 1991. Revised tribal classification of various genera of Trypetinae and Ceratitinae, and the description of a new species of *Taomyia* Bezzi (Diptera: Tephritidae). *Journal of the Entomological Society of Southern Africa*, 54 (2): 121-128.

Hancock D L, Drew R A I. 1994a. New species and records of Asian Trypetinae (Diptera: Tephritidae). *Raffles Bulletin of Zoology*, 42: 555-591.

Hancock D L, Drew R A I. 1994b. Notes on *Anoplomus* Bezzi and related genera (Diptera: Tephritidae: Ceratitinae) in southeast Asia and Africa. *Raffles Bulletin of Zoology*, 42: 868-883.

Hancock D L, Drew R A I. 1995a. New genus, species and synonyms of Asian Trypetinae (Diptera: Tephritidae). *Malaysian Journal of Science*, 16: 45-59.

Hancock D L, Drew R A I. 1995b. A new species of *Pardalaspinus* Hering (Diptera: Tephritidae) from Penninsular Malaysia. *Malaysian Journal of Science*, 16: 61-62.

Hancock D L, Drew R A I. 1999. Bamboo-shoot fruit flies of Asia (Diptera: Tephritidae: Ceratitidinae). *Journal of Natural History*, 33: 633-755.

Hao B, Du J, Xue W Q. 2017. Two new names and two new record species of Muscoidea of China (Diptera: Anthomyiidae, Muscidae). *Sichuan Journal of Zoology*, 36 (5): 572-575. [郝博, 杜晶, 薛万琦. 2017. 中国蝇总科二新名和二新纪录种 (双翅目: 花蝇科, 蝇科). 四川动物, 36 (5): 572-575.]

Hao J, Zhang C T, Chi Y. 2008. Taxonomic study of subgenus *Tachina* Meigen (Diptera, Tachinidae) from North China. *Journal of Shenyang Normal University* (*Natural Science*), 26 (4): 476-479. [郝晶, 张春田, 池宇. 2008. 中国北方地区寄蝇亚属分类学研究 (双翅目: 寄蝇科). 沈阳师范大学学报 (自然科学版), 26 (4): 476-479.]

Hao J, Zhi Y, Zhang C T. 2008. A list of Dexiini (Diptera, Tachinidae) from Shanghai Entomological Museum, CAS. *Journal of Shenyang Normal University* (*Natural Science*), 26 (1): 98-101. [郝晶, 智妍, 张春田. 2008. 上海昆虫博物馆长足寄蝇族鉴定名录 (双翅目: 寄蝇科). 沈阳师范大学学报 (自然科学版), 26 (1): 98-101.]

Hao X L, Huo K K, Ren B Z. 2012. Two New Species of the Genus *Epistrophe* From Jilin Province (Diptera, Syrphidae). *Acta Zootaxonomica Sinica*, 37 (1): 199-202. [郝锡联, 霍科科, 任炳忠. 2012. 吉林省垂边蚜蝇属二新种记述 (双翅目, 食蚜蝇科). 动物分类学报, 37 (1): 199-202.]

Hara H. 1987. A revision of the genus *Prosthiochaeta* (Diptera: Platystomatidae). *Kontyû*, 55 (4): 684-695.

Hardy D E. 1939. New Nearctic Pipunculidae (Diptera). *Journal of the Kansas Entomological Society*, 12: 16-25.

Hardy D E. 1943. A revision of Nearctic (Dorilaidae) Pipunculidae. *Kansas University Science Bulletin*, 29 (1): 1-231.

Hardy D E. 1950. Dorilaidae (Pipunculidae) (Diptera). *Exploration du Parc National Albert, Mission G. F. De Witte*, 62: 3-53.

Hardy D E. 1951. The Krauss collection of Australian fruit flies (Tephritidae-Diptera). *Pacific Science*, 5 (2): 115-189.

Hardy D E. 1952. Notes and exhibitions. *Ischiodon penicillatus* (Hull). *Proceedings of the Hawaiian Entomological Society*, 14: 363.

Hardy D E. 1955a. A reclassification of the Dacini (Tephritidae-Diptera). *Annals of the Entomological Society of America*, 48: 425-437.

Hardy D E. 1955b. The *Dacus* (*Afrodacus*) Bezzi of the world (Tephritidae, Diptera). *Journal of the Kansas Entomological Society*, 28 (1): 3-15.

Hardy D E. 1956. Diptera: Dorilaidae (Pipunculidae). *Insects of Micronesia*, 13: 1-9.

Hardy D E. 1958. A review of the genera *Sophira* Walker and *Tritaeniopteron* de Meijere (Diptera: Tephritidae). *Proceedings of the Hawaiian Entomological Society*, (1957) 16: 366-378.

Hardy D E. 1959. The Walker types of fruit flies (Tephritidae: Diptera) in the British Museum collection. *Bulletin of the British Museum* (*Natural History*), *Entomology*, 8 (5): 159-242.

Hardy D E. 1964. Diptera from Nepal. The fruit flies (Diptera: Tephritidae). *Bulletin of the British Museum* (*Natural History*), *Entomology*, 15: 147-169.

Hardy D E. 1966a. The Walker types of fruit flies (Diptera: Tephritidae) in the British Museum. Part III. *Journal of the Kansas Entomological Society*, 39: 658-668.

Hardy D E. 1966b. Diptera from Nepal, Pipunculidae (Dorilaidae). *Bulletin of the British Museum* (*Natural History*), *Entomology*, 17: 439-449.

Hardy D E. 1968a. Bibionidae and Pipunculidae of the Philippines and Bismarck Islands (Diptera). *Entomologiske Meddelelser*, 36: 417-507.

Hardy D E. 1968b. The fruit fly types in the Naturhistorisches Museum, Wien (Tephritidae-Diptera). *Annalen des Naturhistorischen Museums in Wien*, 72: 107-155.

Hardy D E. 1969. Lectotype designations for fruit flies (Diptera: Tephritidae). *Pacific Insects*, 11 (2): 477-481.

Hardy D E. 1970. Tephritidae (Diptera) collected by the Noona Dan Expedition in the Philippine and Bismanarck islands. *Entomologiske Meddelelser*, 38: 71-136.

Hardy D E. 1972a. Pipunculidae (Diptera) parasitic on rice leafhoppers in the Oriental Region. *Proceedings of the Hawaiian Entomological Society*, 21 (1): 79-91.

Hardy D E. 1972b. Pipunculidae (Diptera) of the 1934 Swedish Expedition to Burma. *Zoologica Scripta*, 1: 121-138.

Hardy D E. 1972c. Studies on Oriental Pipunculidae (Diptera). *Oriental Insects Supplement*, 2: 1-76.

Hardy D E. 1973. The fruit flies (Tephritidae-Diptera) of Thailand and bordering countries. *Pacific Insects Monograph*, 31: 1-353.

Hardy D E. 1974. The fruit flies of the Philippines (Diptera: Tephritidae). *Pacific Insects Monograph*, 32: 1-266.

Hardy D E. 1975. Family Pipunculidae. *In*: Delfinado M D, Hardy E F. 1975. *A Catalogue of the Diptera of the Oriental Region*. Vol. 2. Honolulu: Univerisity Press of Hawaii: 296-306.

Hardy D E. 1977. Family Tephritidae (Trypetidae, Trupaneidae). *In*: Delfinado M D, Hardy D E. 1977. *A Catalogue of the Diptera of the Oriental Region*. Vol. 3. Honolulu: University Press of Hawaii: 44-134.

Hardy D E. 1980a. Xenasteiidae, a new family of Schizophora (Diptera) from the Pacific and Indian Oceans. *Proceedings of the Hawaiian Entomological Society*, 23 (2): 205-225.

Hardy D E. 1980b. The *Sophira* group of fruit fly genera (Diptera: Tephritidae: Acanthonevrini). *Pacific Insects*, 22: 123-166.

Hardy D E. 1981. Diptera: Cyclorrhapha IV, series Schizophora, section Calyptratae. *In*: Hardy D E, Delfinado M D. 1981. *Insects of Hawaii*. Vol. 14. Honolulu: University Press of Hawaii: 1-491.

Hardy D E. 1982. The Dacini of Sulawesi (Diptera: Tephritidae). *Treubia*, 28: 173-241.

Hardy D E. 1983a. The fruit flies of the genus *Dacus* Fabricius of Java, Sumatra and Lombok, Indonesia (Diptera: Tephritidae). *Treubia*, 29: 1-45.

Hardy D E. 1983b.The fruit flies of the tribe Euphrantini of Indonesia, New Guinea, and adjacent islands (Tephritidae: Diptera). *International Journal of Entomology*, 25: 152-205.

Hardy D E. 1985. The Schistopterinae of Indonesia and New Guinea (Tephritidae: Diptera). *Proceedings of the Hawaiian Entomological Society*, 25: 59-73.

Hardy D E. 1986a. The Adramini of Indonesia, New Guinea and adjacent islands (Diptera: Tephritidae: Trypetinae). *Proceedings of the Hawaiian Entomological Society*, 27: 53-78.

Hardy D E. 1986b. Fruit flies of the subtribe Acanthonevrina of Indonesia, New Guinea, and the Bismarck and Solomon islands (Diptera: Tephritidae: Trypetinae: Acanthonevrini). *Pacific Insects Monographs*, 42: 1-191.

Hardy D E. 1987. The Trypetini, Aciurini and Ceratitini of Indonesia, New Guinea and adjacent islands of the Bismarcks and Solomons (Diptera: Tephritidae: Trypetinae). *Entomography*, 5: 247-373.

Hardy D E. 1988a. Fruit flies of the subtribe Gastrozonina of Indonesia, New Guinea and the Bismarck and Solomon Islands (Diptera: Tephritidae: Trypetinae: *Acanthonevrini*). *Zoologica Scripta*, 17 (1): 77-121.

Hardy D E. 1988b. The Tephritinae of Indonesia, New Guinea, the Bismarck and Solomon islands (Diptera: Tephritidae). *Bishop Museum Bulletin in Entomology*, 1: 1-92.

Hardy D E, Adachi M S. 1954. Studies in the fruit flies of the Philippine islands, Indonesia and Malaya. Part I. Dacini (Tephritidae: Diptera). *Pacific Science*, 8: 147-204.

Hardy D E, Adachi M S. 1956. Diptera: Tephritidae. *Insects of Micronesia*, 14 (1): 1-28.

Hardy D E, Delfinado M D. 1980. Family Tethinidae. *In*: Hardy D E, Delfinado M D. 1980. *Insects of Hawaii*. Vol. 13. Diptera: Cyclorrhapha III. Honolulu: University Press of Hawaii: 369-379.

Hardy D E, Kaneshiro K Y. 1968. New picture-winged *Drosophila* from Hawaii. *The University of Texas Publication*, 6818: 171-262.

Hardy J. 1849. On the primrose-leaf miner; with notice of a proposed new genus, and characters of three species of Diptera. *Annals and Magazine of Natural History*, (2) 4: 385-392.

Hardy J. 1850. Note on remedies for the turnip-fly amongst the ancients, and on the turnip fly of New Holland, with notice of a new genus and species of Diptera. *History of the the Berwickshire Naturalisis Club*, 2: 359-362.

Hardy J. 1872. *Memoirs on Scottish Diptera*. No. II. Scottish Naturalist, 1: 209.

Harris M. 1776-1780. *An Exposition of English insects, with curious observations and remarks, wherein each insect is particularly described; its parts and properties considered; the different sexes distinguished, and the natural history faithfully related*. London: 1-166.

Harris T W. 1835. Insects. *In*: Hitchcock. 1835. *Report on the Geology, Mineralogy, Botany, and Zoology of Massachusetts*. 2nd Ed. J. S. and C. Adams, Amherst: 553-602.

Harris T W. 1841. *A Report on Insects of Massachusetts, Injurious to Vegetation*. [1st Ed.]. Folsom, Wells *et* Thurston, Cambridge: viii + 1-459.

Hartig T. 1838. Ueber die parasitischen Zweiflüger des Waldes. *Jahresberichte über die Fortschritte der Forstwissenschaft und der forstlichen Naturkunde im Jahre 1836 und 1837 nebst Original-Abhandlungen aus dem Gebiete dieser Wissenschaften*, 1 [Heft 2]: 275-306.

Hastriter M W. 2007. A review of Ascodipterinae (Diptera: Streblidae) of the Oriental and Australasian regions with a description of three new species of Ascodipteron Adensamer and a key to the subfamily. *Zootaxa*, 1636: 1-32.

Hastriter M W, Bush S E. 2006. *Maabella* gen. nov. (Streblidae: Ascodipterinae) from Guangxi province, China and Vietnam with notes on preservation of Ascodipterinae. *Zootaxa*, 1176: 27-40.

Hauser M, Hippa H. 2015. A remarkable new species of *Chalcosyrphus* Curran from the Oriental Region (Diptera: Syrphidae). *Zootaxa*, 3986 (1): 144-150.

Hayashi T. 1989. The genus *Opalimosina* (s. str.) Rohácek, 1983 from Pakistan (Diptera, Sphaeroceridae). *Japanese Journal of Sanitary Zoology*, 40 (Suppl.): 61-64.

Hayashi T. 1991. The genus *Coproica* Rondani from Pakistan (Diptera, Sphaeroceridae). *Japanese Journal of Sanitary Zoology*, 42 (3): 235-240.

Hayashi T. 1992. The genus *Terrilimosina* Roháček from Japan (Diptera, Sphaeroceridae). *Japanese Journal of Entomology*, 60 (3): 567-574.

Hayashi T. 1994. The genus *Paralimosina* from Nepal and Pakistan, excluding P. eximia pecies-group (Diptera, Sphaeroceridae). *Japanese Journal of Sanitary Zoology*, 45 (Suppl.): 31-54.

Hayashi T. 2002. Description of a new species, *Poecilosomella affinis* (Diptera, Sphaeroceridae) from Oriental Region. *Medical Entomology and Zoology*, 53: 121-127.

Hayashi T. 2005. New distributional records and taxonomic notes on the Japanese lesser dung flies (Diptera, Sphaeroceridae). *The Dipterist's Club of Japan 'HANA ABU'*, 19 (3): 5-12.

Hayashi T. 2006. The genus *Pullimosina* Roháček (Diptera, Sphaeroceridae) from Japan. *Medical Entomology and Zoology*, 57: 265-272.

Hayashi T. 2007. A new record of *Coproica rohaceki* Carles-Tolrá (Diptera, Sphaeroceridae) from Taiwan of China. *Medical Entomology and Zoology*, 58: 105-106.

Hayashi T. 2009. Taxonomic notes on the genus *Crumomyia* (Diptera: Sphaeroceridae) from Japan and Taiwan of China. *Medical Entomology and Zoology*, 60: 277-281.

Hayashi T. 2010. The genus *Opalimosina* Roháček (Diptera, Sphaeroceridae) from Japan. *Medical Entomology and Zoology*, 61: 309-319.

Hayashi T, Papp L. 2004. The genus *Lotobia* Lioy (Diptera, Sphaeroceridae) from the Oriental Region. *Acta Zoologica Academiae Scientiarum Hungaricae*, 50: 211-225.

Hayashi T, Papp L. 2007. Oriental species of *Chaetopodella* Duda (Diptera: Sphaeroceridae). *Acta Zoologica Academiae Scientiarum Hungaricae*, 53: 117-130.

He J H, Huang B Z, Dou F M, Yang B, Feng Y. 2007. A new species of the genus *Atherigona* (Diptera: Muscidae) from Sichuan Province, China. *Acta Parasitologica et Medica Entomologica Sinica*, 14 (4): 241-243. [何建邯, 黄步治, 窦丰满, 杨波, 冯炎. 2007. 中国四川芒蝇亚科芒蝇属一新种 (双翅目: 蝇科). 寄生虫与医学昆虫学报, 14 (4): 241-243.]

He J L. 1990. Descriptions of two new species of the genus *Eupeodes* from Qingchengshan, Sichuan Province (Diptera: Syrphidae). *Zoological Research*, 11 (4): 273-278. [何继龙. 1990. 四川青城山优食蚜蝇属二新种记述 (双翅目: 食蚜蝇科). 动物学研究, 11 (4): 273-278.]

He J L. 1991. Two new species of the genus *Dasysyrphus* (Diptera: Syrphidae) from China. *Entomotaxonomia*, 13 (4): 303-306. [何继龙. 1991. 毛食蚜蝇属二新种 (双翅目: 食蚜蝇科). 昆虫分类学报, 13 (4): 303-306.]

He J L. 1992a. Six new species of the genus *Eupeodes* Osten-Sacken (Diptera: Syrphidae) from China. *Entomotaxonomia*, 14 (4): 297-308. [何继龙. 1992a. 中国优食蚜蝇属六新种记述 (双翅目: 食蚜蝇科). 昆虫分类学报, 14 (4): 297-308.]

He J L. 1992b. Studies on Syrphids from Shanghai, China (Diptera: Syrphidae). *Journal of Shanghai Agricultural College*, 10 (1): 57-62. [何继龙. 1992b. 上海食蚜蝇的研究 (双翅目: 食蚜蝇科). 上海农学院学报, 10 (1): 57-62.]

He J L. 1993. Three new species of the genus *Eupeodes* from Heilongjiang Province, China (Diptera: Syrphidae). *Acta Zootaxonomica Sinica*, 18 (1): 87-92. [何继龙. 1993. 黑龙江优食蚜蝇属三新种 (双翅目: 食蚜蝇科). 动物分类学报, 18 (1): 87-92.]

He J L, Chu X P. 1992a. Studies on three genera of Xylotini (*sensu* Hippa) from China (Diptera: Syrphidae). *Journal of Shanghai Agricultural College*, 10 (1): 1-12. [何继龙, 储西平. 1992a. 中国木蚜蝇族Xylotini 3个属的研究 (双翅目: 食蚜蝇科). 上海农学院学报, 10 (1): 1-12.]

He J L, Chu X P. 1992b. Two new species of Syrphidae from Nanjing, China (Diptera: Syrphidae). *Journal of Shanghai Agricultural College*, 10 (1): 89-92. [何继龙, 储西平. 1992b. 南京食蚜蝇二新种 (双翅目: 食蚜蝇科). 上海农学院学报, 10 (1): 89-92.]

He J L, Chu X P. 1992c. A new species of the genus *Episyrphus* (Diptera: Syrphidae) from China. *Journal of Shanghai Agricultural College*, 10 (1): 93-95. [何继龙, 储西平. 1992c. 黑带食蚜蝇属一新种记述 (双翅目: 食蚜蝇科). 上海农学院学报, 10 (1): 93-95.]

He J L, Chu X P. 1994. A new species of *Milesia* from Wuyi Shan, China (Diptera: Syrphidae). *Wuyi Science Journal*, 11: 103-105. [何继龙, 储西平. 1994. 武夷山迷蚜蝇属一新种 (双翅目: 食蚜蝇科). 武夷科学, 11: 103-105.]

He J L, Chu X P. 1995a. Description of the female *Chalcosyrphus* (*Xylotomima*) *amurensis* (Stackelberg) (Diptera: Syrphidae). *Entomotaxonomia*, 17 (3): 233-234. [何继龙, 储西平. 1995a. 黑龙江铜木蚜蝇雌性的描述. 昆虫分类学报, 17 (3): 233-234.]

He J L, Chu X P. 1995b. One new species of the *Chalcosyrphus* (Diptera: Syrphidae) from Shennongjia, Hubei Province, China. *Journal of Shanghai Agricultural College*, 13 (1): 11-13. [何继龙, 储西平. 1995b. 神农架铜木蚜蝇属一新种 (双翅目: 食蚜蝇科). 上海农学院学报, 13 (1): 11-13.]

He J L, Chu X P. 1995c. Two new species and a new record of *Temnostoma* from China (Diptera: Syrphidae). *Zoological Research*, 16 (1): 11-16. [何继龙, 储西平. 1995c. 中国拟木蚜蝇属二新种及一新记录种 (双翅目: 食蚜蝇科). 动物学研究, 16 (1): 11-16.]

He J L, Chu X P. 1996. Description of a new species of the genus *Syrphus* from China (Diptera: Syrphidae). *Acta Entomologica Sinica*, 39 (3): 312-316. [何继龙, 储西平. 1996. 中国食蚜蝇属一新种记述 (双翅目: 食蚜蝇科). 昆虫学报, 39 (3): 312-316.]

He J L, Chu X P. 1997. Two new species of Xylotinae from Mt. Taibai, China (Diptera: Syrphidae). *Acta Zootaxonomica Sinica*, 22 (1): 103-107. [何继龙, 储西平. 1997. 太白山木蚜蝇亚科二新种 (双翅目: 食蚜蝇科). 动物分类学报, 22 (1): 103-107.]

He J L, Li Q X. 1992a. Two new species of Syrphidae (Diptera) from Xinjiang, China. *Journal of Shanghai Agricultural College*, 10 (1): 85-88. [何继龙, 李清西. 1992a. 新疆食蚜蝇二新种 (双翅目: 食蚜蝇科). 上海农学院学报, 10 (1): 85-88.]

He J L, Li Q X. 1992b. Study on Chinese species of the genus *Sphaerophoria* (Diptera: Syrphidae). *Journal of Shanghai Agricultural College*, 10 (1): 13-22. [何继龙, 李清西. 1992b. 中国细腹食蚜蝇属的研究 (双翅目: 食蚜蝇科). 上海农学院学报, 10 (1): 13-22.]

He J L, Li Q X. 1992c. Decriptions of two new species of *Syrphus* from China (Diptera: Syrphidae). *Journal of Shanghai Agricultural College*, 10 (2): 150-154. [何继龙, 李清西. 1992c. 中国食蚜蝇属*Syrphus*二新种记述 (双翅目: 食蚜蝇科). 上海农学院学报, 10 (2): 150-154.]

He J L, Li Q X, Sun X Q. 1998. A study of Chinese *Eupeodes* with descriptions of two new species (Diptera: Syrphidae). *Acta Entomologica Sinica*, 41 (3): 291-299. [何继龙, 李清西, 孙兴全. 1998. 中国优食蚜蝇属的研究及二新种记述 (双翅目: 食蚜蝇科). 昆虫学报, 41 (3): 291-299.]

He J L, Sun X Q, Zhang C T. 1997. One new recorded species of China. *Journal of Shanghai Agricultural College*, 15 (4): 321. [何继龙, 孙兴全, 张春田. 1997. 我国食蚜蝇科一新记录种. 上海农学院学报, 15 (4): 321.]

He J L, Zhang C T, Sun X Q. 1997a. A new species of *Eupeodes* (Diptera: Syrphidae) from Liaoning. *Journal of Shanghai Agricultural College*, 15 (2): 125-127. [何继龙, 张春田, 孙兴全. 1997a. 辽宁优食蚜蝇属一新种 (双翅目: 食蚜蝇科). 上

海农学院学报, 15 (2): 125-127.]
He J L, Zhang C T, Sun X Q. 1997b. A new species of *Xylota* from Changbai Shan, China (Diptera: Syrphidae). *Wuyi Science Journal*, 13: 31-33. [何继龙, 张春田, 孙兴全. 1997b. 长白山木蚜蝇属一新种 (双翅目: 食蚜蝇科). 武夷科学, 13: 31-33.]
He L, Wang S, Miao X, Wu H, Huang Y. 2007. Identification of necrophagous fly species using ISSR and SCAR markers. *Forensic Science Internaturional*, 168 (2-3): 148-153.
He X F, Gao J J, Cao H Z, Zhang X L, Chen H W. 2009a. Taxonomy and molecular phylogeny of the *Phortica hani* species complex (Diptera: Drosophildae). *Zoological Journal of the Linnean Society*, 157: 359-372.
He X F, Jiang J J, Cao H Z, Chen H W. 2009b. Taxonomy and molecular phylogeny of the *Amiota nagatai* species group (Diptera, Drosophilidae). *Zootaxa*, 2193: 53-61.
Hedicke H. 1923. Nomina nova. II. *Deutsche Entomologische Zeitschrift*, 1923: 72.
Heeger E. 1848. Beiträge zur Naturgeschichte der Kerfe in Beziehung auf ihre verschieden Lebenszustande, ihre Feinde in jedem Zustände, ihre Nahrung. *Isis* (*Oken's*), 12: 968-1002.
Hellén W. 1914. Beitrage zur Kenntnis der Gattung *Chilosia* Meig. *Meddelanden af Societas pro Fauna et Flora Fennica*, 40: 56-64.
Hellén W. 1930. Zur Kenntnis der sibirischen Arten der Gattung *Chilosia* Meigen. *Notulae Entomologicae*, 10: 26-29.
Hellén W. 1949. Zwei neue *Chilosia*-Arten (Diptera, Syrphidae) aus Ostfennoscandien. *Notulae Entomologicae*, 29: 90-91.
Heller K M. 1902. *Strongylophthalmyia* nom. nov. für *Strongylophthalmus* Hendel. *Wiener Entomologische Zeitung*, 21: 226.
Hendel F. 1900. Untersuchungen über die europäischen Arten der Gattung *Tetanocera* im Sinne Schiner's. Eine dipterologische Studie. *Verhandlungen der* [*K.-K.* (= *Kaiserlich-Königlichen*)] *Zoologisch-Botanischen Gesellschaft in Wien*, 50: 319-358.
Hendel F. 1901a. Beitrag zur Kenntnis der Calliphorinen (Diptera). *Wiener Entomologische Zeitschrift*, 20: 28-33.
Hendel F. 1901b. Ueber einige neue oder weniger bekannte europäische *Muscaria schizometopa*. *Verhandlungen der* [*K.-K.* (= *Kaiserlich-Königlichen*)] *Zoologisch-Botanischen Gesellschaft in Wien*, 51: 198-211.
Hendel F. 1901c. Dipterologische Anmerkungen. *Wiener Entomologische Zeitung*, 20: 197-199.
Hendel F. 1901d. Zur Kenntnis der Tetanocerinen (Diptera). *Természetrajzi Füzetek*, 24: 138-142.
Hendel F. 1902a. Dipterologische Anmerkungen 23-25. *Wiener Entomologische Zeitung*, 21: 265.
Hendel F. 1902b. *Strongylophthalmus*, eine neue Gattung der Psiliden (Diptera). *Wiener Entomologische Zeitung*, 21: 179-181.
Hendel F. 1902c. Revision der paläarktischen Sciomyziden (Dipteren-Subfamilie). *Abhandlungen der* [*K.-K.* (= *Kaiserlich-Königlichen*)] *Zoologisch-Botanischen Gesellschaft in Wien*, 2 (1): 1-94.
Hendel F. 1903a. Rhynchopsilops nov. gen. *Anthomyidarum* (Diptera). *Wiener Entomologische Zeitung*, 22: 129-131.
Hendel F. 1903b. Synopsis der palaarktischen *Tetanocera*-Arten (Diptera). *Zeitschrift für Systematische Hymenopterologie und Dipterologie*, 3 (4): 213-215.
Hendel F. 1907a. Neue und interessante Dipteren aus dem Keiserl Museum in Wien. *Wiener Entomologische Zeitung*, 26: 223-245.
Hendel F. 1907b. Nomina nova für mehrere Gattungen der acalyptraten Musciden. *Wiener Entomologische Zeitung*, 26 (3): 26-98.
Hendel F. 1908a. Diptera Fam. Muscaridae, Subfam. Lauxaniinae. *In*: Wytsman P. 1908. *Genera Insectorum*, 68: 1-66.
Hendel F. 1908b. Acht neue Pyrgotinen (Diptera). *Wiener Entomologische Zeitung*, 27: 145-153.
Hendel F. 1908c. Synopsis der bisher bekannten Timia-Arten. *Zeitschrift für Systematische Hymenopterologie und Dipterologie*, 8: 1-12.
Hendel F. 1909a. Drei neue holometope musciden aus asien. *Wiener Entomologische Zeitung*, 28: 85-86.
Hendel F. 1909b. Diptera. Fam. Muscaridae, Subfam. Pyrgotinae. *In*: Wytsman P. 1909. *Genera Insectorum*, (79): 1-33.
Hendel F. 1909c. Revision der Chrysomyza-Arten (Diptera). *Zoologischer Anzeiger*, 34: 612-622.
Hendel F. 1910a. Ueber die Nomenklatur der Acalyptratengattungen nach Th. Beckers Katalog der palaärtischen Dipteren, Bd. 4. *Wiener Entomologische Zeitung*, 29: 307-313.
Hendel F. 1910b. Über acalyptrate Musciden. *Wiener Entomologische Zeitung*, 29 (2-3): 101-127.
Hendel F. 1911a. Über die *Sepedon*-Arten der aethiopischen und indo-Malayischen Region. *Annales Historico-Naturales Musei Nationalis Hungarici*, 9: 266-277.
Hendel F. 1911b. Über von Professor J M. Aldrich erhaltene und einige andere amerikanische Dipteren. *Wiener Entomologische Zeitung*, 30: 19-46.
Hendel F. 1912a. Neue Muscidae acalypteratae. Subfamilie Lauxaninae. *Wiener Entomologische Zeitung*, 31: 17-20.
Hendel F. 1912b. H. Sauder's Formosa Ausbeute. Genus *Dacus* Fabricius (1805) (Diptera). *Supplementa Entomologica*, 1: 13-24.
Hendel F. 1912c. Neue Muscidae acalypteratae. *Wiener Entomologische Zeitung*, 31: 1-20.
Hendel F. 1913a. Acalyptrate Musciden (Diptera) II. *In*: Sauter's H. 1913. Formosa-Ausbeute. *Supplementa Entomologica*, 2: 77-112.
Hendel F. 1913b. Acalyptrate Musciden (Diptera) II. *In*: Sauter's H. 1913. Formosa-Ausbeute. *Supplementa Entomologica*, 38:

37-51.

Hendel F. 1913c. H. Sauter's Formosa-Ausbeute. Acalyptrate Musciden (Diptera). *Supplementa Entomologica*, 2: 33-43.

Hendel F. 1913d. Neue amerikanische Dipteren. *Deutsche Entomologische Zeitschrift*, 1913: 617-636.

Hendel F. 1913e. Neue Drosophiliden aus Südamerika und Neuguinea (Dipt). *Entomologische Mitteilungen*, 2: 386-390.

Hendel F. 1913f. Die Gattung *Platystoma* Meigen (Diptera). Eine monographische Übersicht über die Arten. *Zoologische Jahrbücher Abteilung für Systematik Ökologie und Geographic der Tiere Jena*, 35: 55-126.

Hendel F. 1914a. Acalyptrate Musciden (Diptera) III. *In*: Sauter's H. 1914. Formosa-Ausbeute. *Supplementa Entomologica*, 3: 90-117.

Hendel F. 1914b. Eine neue Gattung der Oscinellinae. *Annales Historico-Naturales Musei Nationalis Hungarici*, 12: 247-248.

Hendel F. 1914c. Namensänderung (Diptera). *Entomologische Mitteilungen*, 3: 73.

Hendel F. 1914d. Die Gattungen der Bohrfliegen. (Analytische Ubersicht aller bisher bekannten Gattungen der Tephritinae.) *Wiener Entomologische Zeitung Vienna*, 33: 73-98.

Hendel F. 1914e. Neue Beitrage zur Kenntnis der Pyrgotinen. *Archiv fur Naturgeschichte*, 1913, 79 (A): 77-117.

Hendel F. 1914f. Die Arten der Platystomiden. A*bhandlungen der* [*K.-K.* (= *Kaiserlich-Königlichen*)] *Zoologisch-Botanischen Gesellschaft in Wien*, 8 (1): 1-409.

Hendel F. 1915. H. Sauter's Formosa-Ausbeute. Tephritinae. *Annales Historico-Naturales Musei Nationalis Hungarici*, 13: 424-467.

Hendel F. 1917. Beitrage zur Kenntnis der acalyptraten Musciden. *Deutsche Entomologische Zeitschrift*, 33: 33-47.

Hendel F. 1920a. Neue cestrotus-arten des ungarischen national-museums (Diptera, Lauxaniidae). *Verhandlungen der* [*K.-K.* (= *Kaiserlich-Königlichen*)] *Zoologisch-Botanischen Gesellschaft in Wien*, 70: 74-80.

Hendel F. 1920b. Zwei neue europäische Dipterengattungen. *Wiener Entomologische Zeitung*, 38: 53-56.

Hendel F. 1920c. Die paläarktischen Agromyziden (Prodromus einer Monographie). *Archiv für Naturgeschichte* (A), 84 (7): 109-174.

Hendel F. 1923a. Die Paläarktischen Muscidae acalyptratae Girschn. = *Haplostomata* Frey nach ihren Familien und Gattungen. *Konowia*, 2 (5-6): 203-215.

Hendel F. 1923b. Neue europaische Melanagromyza-Arten (Diptea). (5. Beitrag zur Blattminenkunde Europas.) *Konowia*, 2 (5-6): 142-145.

Hendel F. 1924. Ueber das Genus *Parallelomma* Becker und seine Verwandten in Europa (Diptera, Cordyluridae). *Entomologische Mitteilungen*, 13: 82-84.

Hendel F. 1925a. Neue ubersicht die bisher bekannt gewordenen gattungen der lauxaniiden, nebst beschreibung neuer gattungen u. Arten. *Encyclopédie Entomologique* (*B II*) *Diptera*, 2: 102-142.

Hendel F. 1925b. Eine neue in *Carduus glaucus* Baumg. Blattminierende Anthomyidengattung aus den Alpen (Diptera). *Zeitschrift Für Morphologie Und Ökologie Der Tiere*, 4 (3): 333-336.

Hendel F. 1925c. Neue europäische Minierfliegen. (8. Beitrag zur Blattminenkunde Europas). *Konowia*, 4: 301-309.

Hendel F. 1926. Die Dipterenminen. *Blattminenkunde Europas*, I: 1-64. Fritz Wagner. Wien.

Hendel F. 1927a. Trypetidae. *In*: Lindner E. 1927. *Die Fliegen der Paläearktischen Region*. E. Schweizerbartísche Verlagsbuchh*andlung*, 5: 129-221.

Hendel F. 1927b. 5. Beiträge zur Systematik der Agromyziden. 10. Beitrag zur Blattminenkunde Europas. *Zoologischer Anzeiger*, 69 (9-10): 248-271.

Hendel F. 1928. Neue oder weniger bekannte Bohrftiegen (Trypetidae) meist aus dem Deutschen Entomologischen Institut Berlin-Dahlem. *Entomologische Mitteilungen*, 17 (5): 341-370.

Hendel F. 1930a. Die Ausbeute der deutschen Chaco-Expedition 1925/26. Diptera. Ephydridae. *Konowia*, 9 (2): 127-155.

Hendel F. 1930b. Entomologische Ergebnisse der schwedischen Kamtschatka — Expeditionen 1920-1922. 28. Diptera Brachycera, 2. Fam. Cordyluroidae und Dryomyzidae. *Arkiv för Zoologie*, 21A (18): 1-2.

Hendel F. 1931a. 59. Agromyzidae. *In*: Lindner E. 1931. *Die Fliegen der Paläearktischen Region. E. Schweizerbartísche Verlagsbuchhandlung*, 6 (2): 1-256.

Hendel F. 1931b. Neue aegyptische Dipteren aus der Gruppe der acalyptraten Musciden, gesammelt von Prof. Efflatoun Bey. *Bulletin de la Société Royale Entomolgique d'Égypte*, 15 (2): 59-73.

Hendel F. 1931c. Agromyzidae 59. *In*: Lindner E. 1931. Die Fliegen der Paläearktischen Region. *E. Schweizerbartísche Verlagsbuchhandlung*, 6 (2): 1-256.

Hendel F. 1932. Agromyzidae 59. *In*: Lindner E. 1932. Die Fliegen der Paläearktischen Region. *E. Schweizerbartísche Verlagsbuchhandlung*, 6 (2): 257-320.

Hendel F. 1933a. Neue acalyptrate Musciden aus der paläarktischen Region (Diptera). *Deutsche Entomologische Zeitschrift*, 1933 (1): 39-56.

Hendel F. 1933b. Pyrgotidae. *In*: Lindner E. 1933. *Die Fliegen der Paläearktischen Region. E. Schweizerbartische Verlagsbuchhandlung*, 5 (1): 1-15.

Hendel F. 1934a. Revision der Tethiniden (Dipt. Muscid. Acal.). *Tijdschrift voor Entomologie*, 77: 37-54.

Hendel F. 1934b. Schwedisch- chinesische wissen- schaftliche Expedition nach den nordwestlichen Provinzen Chinas, unter Leitung von Dr. Sven Hedin und Prof. Sü Pingchang. Insekten gesammelt vom schwedischen Arzt der Expedition Dr. David Hummel 1927-1930. 13. Diptera. — 5. *Muscaria holometopa*. *Arkiv för Zoologie*, 25A (21): 1-18.

Hendel F. 1934c. Übersicht über die Gattungen der Pyrgotiden, nebst Beschreibung neuer Gattungen und Arten. *Encyclopedie Entomologique (B) II. Dipt.*, 7: 141-156.

Hendel F. 1935a. Agromyzidae 59. *In*: Lindner E. 1935. Die Fliegen der Paläearktischen Region. *E. Schweizerbartische Verlagsbuchhandlung*, 6 (2): 369-512.

Hendel F. 1935b. Ulidiidae (Diptera). *In*: Visser P C, Visser-Hooft S. 1935. *Wissenschaftliche Ergebnisse der Niederlandischen Expedition in der Karakorum und die Angrenzenden Gebiete 1922, 1925 und. 1929-1930*. Brockhaus, Leipzig, 1: 402-404.

Hendel F. 1936. Agromyzidae 59. *In*: Lindner E. 1936. Die Fliegen der Paläearktischen Region. *E. Schweizerbartische Verlagsbuchhandlung*, 6 (2): 513-570, pls. 15-16.

Hendel F. 1937. Zur Kenntnis einiger subantarktischer Dipteren und ihrer Verwandten. *Annalen des Naturhistorischen Museums in Wien*, 48: 179-193.

Hendel F. 1938. *Muscaria holometopa* (Dipt.) aus China im Naturhistorischen Reichstnuseum zu Stockholm. *Arkiv för Zoologie*, 30A (3): 1-13.

Hennig W. 1935. Revision der Tyliden (Dipt., Acalypt.). II. Teil: Die ausseramerikanischen Taeniapterinae, die Trepidariinae und Tylinae. Allgemeines über die Tyliden. Zugleich ein Beitrag zu den Ergebnissen der Sunda-expedition Rensch, 1927 [part]. *Konowia*, 14: 192-216, 289-310.

Hennig W. 1936. Beitrage zur Systematik und Tiergeographie der Pyrgotiden (Diptera). *Arbeiten über Morphologische und Taxonomische Entomologie*, 3 (4): 243-256.

Hennig W. 1937a. Nachträge zur "Revision der Tyliden". *Stettiner Entomologische Zeitung*, 98: 46-50.

Hennig W. 1937b. 60a. Milichiidae *et* Carnidae. *In*: Lindner E. 1937. Die Fliegen der Paläearktischen Region. *E. Schweizerbartische Verlagsbuchhandlung*, 6 (1): 1-91.

Hennig W. 1938a. Beiträge zur kenntnis der clusooden und ihres kopulationsapparates (Dipt. Acalypt.). *Encyclopédie Entomologique*, 9: 121-138.

Hennig W. 1938b. Beiträge zur Kenntnis des Kopulationsapparates und der Systematik der Acalyptraten 1. Chamaemyiidae und Odiniidae. *Arbeiten über Morphologische und Taxonomische Entomologie aus Berlin-Dahlem*, 5: 201-213.

Hennig W. 1938c. Tyliden Aus Japan. *Insecta Matsumurana*, 13 (1): 1-14.

Hennig W. 1939. Otitidae 46/47. *In*: Lindner E. 1939. Die Fliegen der Paläearktischen Region. *E. Schweizerbartische Verlagsbuchhandlung*, 5 (1): 1-78.

Hennig W. 1940. Aussereuropaische Psiliden und Platystomiden im Deutschen Entomologischen Institut (Diptera). *Arbeiten über Morphologische und Taxonomische Entomologie*, 7: 304-318.

Hennig W. 1941a. Verzeichnis der Dipteren von Formasa. *Entomologische Beihefte aus Berlin-Dahlem*, 8: 1-239.

Hennig W. 1941b. Seioptera, eine für die taxonomische Methodik interessante Dipterengattung (Diptera: Otitidae). *Arbeiten über Morphologische und Taxonomische Entomologie*, 8 (1): 73-76.

Hennig W. 1943. Piophilidae. *In*: Lindner E. 1943. *Die Fliegen der Paläearktischen Region. E. Schweizerbartische Verlagsbuchhandlung*, 5 (1): 1-52.

Hennig W. 1945. Platystomidae 48. *In*: Lindner E. 1945. Die Fliegen der Paläearktischen Region. *E. Schweizerbartische Verlagsbuchhandlung*, 5 (1): 1-56.

Hennig W. 1948. Beiträge zur Kenntnis des Kopulationsapparates und der Systematik der Acalyptraten. IV. Lonchaeidae und Lauxaniidae. *Acta Zoologica Lilloana*, 6: 333-429.

Hennig W. 1949. 39a. Sepsidae. *In*: Lindner E. 1949. Die Fliegen der Paläearktischen Region. *E. Schweizerbartische Verlagsbuchhandlung*, 5 (1): 1-91.

Hennig W. 1952a. 63b. Muscidae. Dipteren von Kleinen Sunda-Inseln. *Beiträge zur Entomologie*, 2 (1): 81.

Hennig W. 1952b. Dipteren aus den Kleinen Sunda-Inseln, aus der Ausbeute der Sunda-Expedition Rensch. IV. Family Muscidae. *Beiträge zur Entomologie*, 2 (1): 55-93.

Hennig W. 1955-1956. 63b: Muscidae. *In*: Lindner E. 1955-1956. Die Fliegen der Paläearktischen Region. *E. Schweizerbartische Verlagsbuchhandlung*, 7 (2): 1-99.

Hennig W. 1957. 63b. Muscidae. *In*: Lindner E. 1957. Die Fliegen der Paläearktischen Region. *E. Schweizerbartische Verlagsbuchhandlung*, 7 (2): 145-192.

Hennig W. 1959. 63b. Muscidae. *In*: Lindner E. 1959. Die Fliegen der Paläearktischen Region. *E. Schweizerbartische*

Verlagsbuchhandlung, 7 (2): 233-384.

Hennig W. 1961a. 63b. Muscidae. *In*: Lindner E. 1961. Die Fliegen der Paläearktischen Region. *E. Schweizerbartische Verlagsbuchhandlung*, 7 (2): 481-576.

Hennig W. 1961b. Bericht über die Untersuchung der Typen einiger der von Rondani beschriebenen Arten aus der Familie Muscidae (Diptera). *Beiträge zur Entomologie*, 11 (1/2): 225-229.

Hennig W. 1962. 63b. Muscidae. *In*: Lindner E. 1962. Die Fliegen der Paläearktischen Region. *E. Schweizerbartische Verlagsbuchhandlung*: 625-672.

Hennig W. 1963. 63b. Muscidae. *In*: Lindner E. 1963. Die Fliegen der Paläearktischen Region. *E. Schweizerbartische Verlagsbuchhandlung*, 7 (2): 769-960.

Hennig W. 1964. 63b. Muscidae. *In*: Lindner E. 1964. Die Fliegen der Paläearktischen Region. *E. Schweizerbartische Verlagsbuchhandlung*, 7 (2): 961-1110.

Hennig W. 1966-1976. 63a. Anthomyiidae. *In*: Lindner E. 1966-1976. Die Fliegen der Paläearktischen Region. *E. Schweizerbartische Verlagsbuchhandlung*, 7 (1): LXXVIII + 974.

Henning J. 1832. Nova Dipterorum genera offert illustratque Henning Jensen. *Bulletin de la Société Impériale des Naturalistes de Moscou*, 4: 313-342.

Hering E M. 1936a. Zur Systematik und Biologie palaearktischer Bohrfliegen. 10. Beitrag zur Kenntnis der Trypetidae. *Konowia*, 15: 54-64.

Hering E M. 1936b. Bohrfliegen aus der Mandschurei. 11. Beitrag zur Kenntnis der Trypetidae. *Konowia*, 15 (3-4): 180-189.

Hering E M. 1937a. Weitere Bohrfliegen aus der Mandschurei. *Mitteilungen der Deutschen Entomologischen Gesellschaft, Berlin*, 8: 52-62.

Hering E M. 1938. Entomological results from the Swedish Expedition 1934 to Burma and British India. Diptera: Family Trypetidae. *Arkiv för Zoologie*, 30A (25): 1-56.

Hering E M. 1939a. Neue Trypetiden der Erde. *Verhandlungen Internationaler Kongress für Entomologie (Berlin)*, (1938) 1: 165-190.

Hering E M. 1939b. Vier neue Fruchtfliegen von Fukien (Diptera: Trypetidae). *Decheniana*, 98: 143-147.

Hering E M. 1940a. Eine neue Fruchtfliege als Bambus-Schädling (Diptera). *Annals and Magazine of Natural History*, (11) 5: 322-323.

Hering E M. 1940b. Acalyptraten aus Manchukuo (Diptera: Pyrgotidae, Drosophilidae, Otitidae). *Arbeiten über Morphologische und Taxonomische Entomologie aus Berlin-Dahlem*, 7 (4): 288-295.

Hering E M. 1941a. Neue Fruchtfliegen aus dem Ungarischen National-Museum (Dipt.). 39. Beitrag zur Kenntnis der Trypetidae. *Annales Historico-Naturales Musei Nationalis Hungarici, Pars Zoologica*, 34: 66-76.

Hering E M. 1941b. Neue Dacinae und Trypetinae des Zoologischen Museums der Universitat Berlin. *Siruna Seva*, 3: 1-25.

Hering E M. 1941c. Dipteren von den Kleinen Sunda-Inseln. *Arbeiten iiber morphologische und taxonomische Entomologie*, 8 (I): 24-45.

Hering E M. 1941d. Entomological results from the Swedish expedition 1934 to Burma and British India. Trypetidae. *Arkiv for Zoologi Stockholm Uppsala*, 33B (II): 1-7.

Hering E M. 1941e. Neue Dacinae und Trypetinae des Zoologischen Museums der Universitat Berlin. *Siruna Seva*, 3: 1-32.

Hering E M. 1942c. Neue Gattungen und Arten palaearktischer und exotischer Fruchtfliegen. *Siruna Seva*, 4: 6.

Hering E M. 1944. Neue Gattungen und Arten von Fruchtfliegen der Erde. *Siruna Seva*, 5: 1-17.

Hering E M. 1947. Neue Gattungen und Arten der Fruchtfliegen. *Siruna Seva*, 6: 1-16.

Hering E M. 1951. Neue Fruchtfliegen der Alten Welt. *Siruna Seva*, 7: 1-16.

Hering E M. 1952. Fruchtfliegen (Trypetidae) von Indonesien. *Treubia, Buitenzorg*, 21 (2): 263-290.

Hering E M. 1953a. Neue Fruchtfliegen von China, Vorderasien, Brasilien und Guatemala. *Siruna Seva*, 8: 1-16.

Hering E M. 1953b. Results of the Archbold Expeditions: Fruchtfliegen (Trypetidae) von Neu-Guinea (Diptera). *Treubia*, 21: 507-524.

Hering E M. 1953c. Bohrfliegen von Fukien (Diptera). II. (45. Beitrag zur Kenntnis der Trypetiden). *Bonner Zoologische Beitrage*, 4: 345-347.

Hering E M. 1961. Ergebnisse der Deutschen Afghanistan-Expedition 1956 der Landessammlungen für Naturkunde Karlsruhe, Trypetidae (Diptera) (56. Beitrag zur Kenntnis der Trypetidae). *Beiträge zur Naturkundlichen Forschung in Südwestdeutschland*, 19: 319-331.

Hering E M, Ito S. 1953. Eine neue Tephritis-Art aus Japan (Diptera: Trypetidae). *Mushi*, 25: 1-3.

Hering M. 1923. Minenstudien III. *Deutsche Entomologische Zeitschrift*, 1923: 188-206.

Hering M. 1924. Minenstudien IV. *Zeitschrift für Morphologie und Ökologie der Tiere*, 2: 217-250.

Hering M. 1925. Minenstudien VI. *Zeitschrift für Morphologic der Tiere*, 4: 502-539.

Hering M. 1926. Minenstudien VII. *Zeitschrift für Morphologie und Ökologie der Tiere*, 5 (3): 447-488.

Hering M. 1927a. Eine neue gallenerzeugende Agromyzide (Diptera). *Zeitschrift für Wissenschaftliche Insektenbiologie*, 22: 319-326.

Hering M. 1927b. Beiträge zur Kenntnis der Ökologie und Systematik blattminierender Insekten (Minenstudien VIII.). *Zeitschrift für Angewandte Entomologie*, 13: 156-198.

Hering M. 1930. Beiträge zur Kenntnis der Ökologie und Systemtik blattminierender Insecten. *Zeitschrift für Angewandte Entomologie*, 17 (2): 431-471.

Hering M. 1931. Minenstudien 12. *Zeitschrift für Pflanzenkrankheiten (Pflanzenpathologie) und Pflanzenschutz*, 41: 529-551.

Hering M. 1932. Minenstudien 13. *Zeitschrift für Pflanzenkrankheiten (Pflanzenpathologie) und Pflanzenschutz*, 42: 567-579.

Hering M. 1935. Minenstudien, 15. *Zeitschrift für Pflanzenkrankheiten (Pflanzenpathologie) und Pflanzenschutz*, 45: 1-15.

Hering M. 1937b. Agromyziden—Nachlese (Diptera). Neue Liriomyza und Phytomyza Arten I. *Deutsche Entomologische Zeitschrift*, 1936: 73-80.

Hering M. 1937c. Drei neue Bohrfliegen-Metamorphosen aus der Mandschurei. *Arbeiten iiber physiologische und angewandte Entomologie*, 4: 110-115.

Hering M. 1937d. Neue Bohrfliegen aus der Beckerschen Sammlung (Diptera). *Mitteilungen aus dem Zoologischen Museum in Berlin*, 22: 244-264.

Hering M. 1938a. Zwei neue Acalyptraten aus der Mandschurei (Diptera). *Mitteilungen der Deutschen Entomologischen Gesellschaft*, 8: 73-74.

Hering M. 1938b. Neue palaearktische und exotische Bohrfliegen. *Deutsche Entomologische Zeitschrift*, 1938 (2): 397-417.

Hering M. 1940c. Neue Arten und Gattungen. *Siruna Seva*, 2: 1-16.

Hering M. 1942a. Ein neuer Spargelfeind. *Zeitschrift für Pflanzenkrankheiten Pflanzenpathologie und Pflanzenschutz*, 52: 529-533.

Hering M. 1942b. Neue Gattungen und Arten von Fruchtfliegen aus dem Zoologischen Museum der Universität Berlin (Diptera). *Mitteilungen aus dem Zoologischen Museum in Berlin*, 25 (2): 274-291.

Hering M. 1943. Neue palaearktische Agromyzidae (Diptera). Mit einem Anhang: Agromyziden-Funde in Spanien. *Eos*, 19: 51-62.

Hering M. 1944. Minenstudien 18. *Mitteilungen der Deutschen Entomologischen Gesellschaft*, 13: 116-119.

Hering M. 1949. Neue palaearktische Agromyziden. *Notulae Entomologicae*, 29: 18-32.

Hering M. 1951. Neue paläarktische und nearktische Agromyziden (Diptera). *Notulae Entomologicae*, 31: 31-45.

Hering M. 1955. Zwei neue Cordyluriden aus Japan. *Mushi*, 29: 5-8.

Hering M. 1956. Eine neue Myennis-Art (Diptera, Otitidae). *Deutsche Entomologische Zeitschrift* (*N.F.*), 3 (1): 87-90.

Hering M. 1961. Ergebnisse der Deutschen Afghanistan-Expedition 1956 der Landessammlung für Naturkunde Karlsruhe, Trypetidae (Diptera). Beiträgezur Naturkundlichen Forschung *in Südwestdeutschland*, 19: 319-331.

Hermann F, Villeneuve J. 1909. Diptera. Aus der Sinaihalbinsel. *In*: Kneucker A. 1909. Zoologische Ergebnisse zweier in den Jahren 1902 und 1904 durch die Sinaihalbinsel unternommener botanischer Studienreisen nebst zoologischen Beobachtungen aus Ägypten, Palästina und Syrien. *Verhandlungen des Naturwissenschaftlichen Vereins in Karlsruhe*, 21: 79-165.

Hermann J F. 1804. *Mémoire Aptérologique*. Strassbourg: 1-144.

Herrich-Schäffer G A. W. 1829. *Faunae insectorum germanicae*. Regensburg, Heft 111 [= part 111]: 1-24, pls. 1-24. Nurnberg.

Herting B. 1958. Ergebnisse der Zoologischen Forschungsreise von Prof. Dr. Håkan Lindberg nach den Kapverdischen Inseln im Winter 1953-54. No. 21. Tachiniden (Diptera) von den Kapverdischen und Kanarischen Inseln. *Commentationes Biologicae*, 18 (7): 1-7.

Herting B. 1959. Revision einiger europäischer Raupenfliegen (Diptera, Tachinidae). *Annalen des Naturhistorischen Museums in Wien*, 63: 423-429.

Herting B. 1961. Beiträge zur Kenntnis der europäischen Raupenfliegen (Diptera, Tachinidae). [III-VI.] *Stuttgarter Beiträge zur Naturkunde*, 65: 1-12.

Herting B. 1966. Beiträge zur Kenntnis der europäischen Raupenfliegen (Diptera: Tachinidae). IX. *Stuttgarter Beiträge zur Naturkunde*, 146: 1-12.

Herting B. 1967. Beiträge zur Kenntnis der europäischen Raupenfliegen (Diptera: Tachinidae). X. *Stuttgarter Beiträge zur Naturkunde*, 173: 1-11.

Herting B. 1968. Ergebnisse der zoologischen Forschungen von Dr. Z. Kaszab in der Mongolei. 137. Tachinidae (Diptera). *Reichenbachia*, 11: 47-64.

Herting B. 1969. Notes on European Tachinidae (Diptera) described by Rondani (1856-1868). *Memorie della Società Entomologica Italiana*, 48: 189-204.

Herting B. 1971. Beiträge zur Kenntnis der europäischen Raupenfliegen (Diptera, Tachinidae). XII. *Stuttgarter Beiträge zur Naturkunde*, 237: 1-18.

Herting B. 1972. Die Typenexemplare der von Meigen (1824-1838) beschriebenen Raupenfliegen (Diptera, Tachinidae). *Stuttgarter*

Beiträge zur Naturkunde, 243: 1-15.

Herting B. 1973a. Beiträge zur Kenntnis der europäischen Raupenfliegen (Diptera, Tachinidae). XIII. *Stuttgarter Beiträge zur Naturkunde*, Ser. A (Biologie), 254: 1-18.

Herting B. 1973b. Ergebnisse der zoologischen Forschungen von Dr. Z. Kaszab in der Mongolei. 327. Tachinidae (Diptera). *Stuttgarter Beiträge zur Naturkunde*, Ser. A (Biologie), 259: 1-39.

Herting B. 1974a. Revision der von J. Egger, J.R. Schiner, F. Bauer und J.E. Bergenstamm beschriebenen europäischen Tachiniden und Rhinophorinen (Diptera). *Naturkundliches Jahrbuch der Stadt Linz*, 1974: 129-145.

Herting B. 1974b. Revision der von Robineau-Desvoidy beschriebenen europäischen Tachiniden und Rhinophorinen (Diptera). *Stuttgarter Beiträge zur Naturkunde*, Ser. A (Biologie), 264: 1-46.

Herting B. 1975. Nachträge und Korrekturen zu den von Meigen und Rondani beschriebenen Raupenfliegen (Diptera, Tachinidae). *Stuttgarter Beiträge zur Naturkunde*, Ser. A (Biologie), 271: 1-13.

Herting B. 1976. Revision der von Macquart beschriebenen paläarktischen Tachiniden und Rhinophorinen (Diptera). *Stuttgarter Beiträge zur Naturkunde*, Ser. A (Biologie), 289: 1-10.

Herting B. 1977. Beiträge zur Kenntnis der europäischen Raupenfliegen (Diptera, Tachinidae). XIV. *Stuttgarter Beiträge zur Naturkunde*, Ser. A (Biologie), 295: 1-16.

Herting B. 1978. Revision der von Perris und Pandellé beschriebenen Tachiniden und Rhinophorinen (Diptera). *Stuttgarter Beiträge zur Naturkunde*, Ser. A (Biologie), 316: 1-8.

Herting B. 1981. Typenrevisionen einiger paläarktischer Raupenfliegen (Diptera, Tachinidae) und Beschreibungen neuer Arten. *Stuttgarter Beiträge zur Naturkunde*, Ser. A (Biologie), 346: 1-21.

Herting B. 1982. Beiträge zur Kenntnis der paläarktischen Raupenfliegen (Diptera, Tachinidae), XVI. *Stuttgarter Beiträge zur Naturkunde*, Ser. A (Biologie), 358: 1-13.

Herting B. 1983. 64c. Phasiinae. *In*: Lindner E. 1983. Die Fliegen der Paläearktischen Region. *E. Schweizerbartísche Verlagsbuchhandlung*, 9 (Lieferung 329): 1-88.

Herting, B. 1984. Catalogue of Palearctic Tachinidae (Diptera). *Stuttgarter Beiträge zur Naturkunde*, Ser. A (Biologie), 369: 1-228.

Herting B, Dely-Draskovits Á. 1993. Family Tachinidae. *In*: Soós Á, Papp L. 1993. *Catalogue of Palaearctic Diptera*. Vol. 13. Anthomyiidae—Tachinidae. Budapest: Hungarian Natural History Museum: 118-458.

Hervé-Bazin J. 1914a. Note sur quelques Syrphides (Diptera) provenant de Java *et* de l'Inde. *Insecta*, 41: 149-154.

Hervé-Bazin J. 1914b. Syrphides recueillis au Japon par M. Edme Gallois. *Annales de la Société Entomologique de France*, 83: 398-416.

Hervé-Bazin J. 1922. Description d'une nouvelle espece de Korinchia de l'Inde (Diptera, Syrphidae). *Bulletin de la Société Entomologique de France*, 1922: 122-124.

Hervé-Bazin J. 1923a. Diagnoses de Syrphides [Diptera] nouveaux du Laos (Indo-Chine francaise). *Bulletin de la Société Entomologique de France*, 1923: 25-28.

Hervé-Bazin J. 1923b. Notes sur les Syrphides de l'Inde [Dipteres]. Remarques *et* Notes synonymiques sur l'ouvrage de M. E. Brunetti: "The Fauna of British India. Diptera, Vol. III, Syrphidae, etc.". *Bulletin de la Société Entomologique de France*, 1923: 289-299.

Hervé-Bazin J. 1923c. Première note sur les Syrphides (Diptera) de la Collection du Muséum National de Paris. Les genres Megaspis *et* Volucella en Asie. *Bulletin du Muséum National d'Histoire Naturelle*, 29 (3): 3-12, 252-259, 318-319.

Hervé-Bazin J. 1923d. Remarques sur l'ouvrage de M. Th. Becker "Neue Dipteren meiner Sammlung", part 1. Syrphidae, paru dans: Mitt. Aus dem Zool. Mus. Berlin, X (1921), pp. 1-93. *Bulletin de la Société Entomologique de France*, 1923: 129-131.

Hervé-Bazin J. 1923e. Etudes sur les '*Lathyrophthalmus*' d'Extreme-Orient. Annales des Sciences Naturelles. *Zoologie et Biologie Animale*, (10) 6 (19): 125-152.

Hervé-Bazin J. 1926. Syrphides de l'Indo-Chine Francaise. *Encyclopédie Entomologique* (*B II*), 3: 61-110.

Hervé-Bazin J. 1929a. Syrphidae de Chine. Description de quatre *Chilosia nouveaux*. *Encyclopédie Entomologique* (*B II*), 5: 93-99.

Hervé-Bazin J. 1929b. Un nouveau *Lampetia* (*Merodon*) de Chine (Diptera — Syrphidae). *Bulletin de la Société Entomologique de France*, 1929 (6): 111-115.

Hervé-Bazin J. 1930. Deuxième note sur le genre *Chilosia* (Diptera, Syhrphidae) de Chine, *et* description de trois espèces nouvelles. *Bulletin de la Société Entomologique de France*, 1930: 44-47.

Heyden C H G von. 1825. Nachtrag zu der im 11ten hefte der Isis von 1823 gegebenen Beschreibung eines sonderbar gestalteten Thierchens. *Isis* (*Oken's*), 1825: 588-589.

Heyden C H G von. 1843. Ueber Insekten die an den Salinen leben. *Stettiner Entomologische Zeitung*, 4 (8): 227-229.

Heyden C H G von. 1844. Ferne nachrichten über Insecten der Salinen. *Stettiner Entomologische Zeitung*, 5 (6): 202-205.

Hihara F, Lin F J. 1984. A new species of *Drosophila hypocausta* subgroup of species from Malaysia and Thailand (Diptera: Drosophilidae: *Drosophila*). *Bulletin of the Institute of Zoology*, "*Academia Sinica*", 23: 205-209.

Hine J S. 1922. Descriptions of Alaskan Diptera of the family Syrphidae. *Ohio Journal of Science*, 22: 143-147.

Hippa H. 1968. A generic revision of the genus *Syrphus* an allied genera (Diptera, Syrphidae) in the palearctic region, with descriptions of the male genitalia. *Acta Entomologica Fennica*, 25: 1-94.

Hippa H. 1978. Classification of Xylotini (Diptera, Syrphidae). *Acta Zoologica Fennica*, 156: 1-153.

Hippa H. 1990. The genus *Milesia* Latreille (Diptera, Syrphidae). *Acta Zoologica Fennica*, 187: 1-226.

Hippa H, Nielsen T R, van Steenis J. 2001. The West Palaearctic species of the genus *Eristalis* Latreille (Diptera, Syrphidae). *Norwegian Journal of Entomology*, 48 (2): 289-327.

Ho C. 1932. Notes on sarcophagid flies with description of new species. I. *albiceps*-group. *Bulletin of Fan Memorial Institute of Biology*, 3 (19): 345-360.

Ho C. 1934a. Four new species of the genus *Sarcophaga* from Peiping, China. *Bulletin of Fan Memorial Institute of Biology*, 5 (1): 19-29.

Ho C. 1934b. Notes on a collection of sarcophagid flies from Chekiang and Kiangsu with descriptions of two new species. *Bulletin of Fan Memorial Institute of Biology*, 5 (1): 31-39.

Ho C. 1936a. Notes on the Calliphorinae genera *Calliphora*, *Aldrichina* and *Triceratopyga* with the description of a new species. *Chinese Journal of Zoology*, 2: 133-146.

Ho C. 1936b. On the genus *Sarcophaga* from Hainan. *Bulletin of Fan Memorial Institute of Biology*, 6 (5): 207-215, 259-267.

Ho C. 1938a. On some species of *Sarcophaga* from Java and its neighboring islands. *Annals of Tropical Medicine and Parasitology*, 32 (2): 115-127.

Ho C. 1938b. The significance of the female Terminalia of house flies as a grouping character. *Annals of Tropical Medicine and Parasitology, Liverpool*, 32: 287-312.

Ho C L. 1987. Diptera: Syrphidae. *In*: Zhang S M. 1987. *Agricultural Insects, Spiders, Plant Diseases And Weeds of Tibet*, Vol. II. Lhasa: Tibet People's Publishing House: 185-203. [何继龙. 1987. 双翅目：食蚜蝇科//章士美. 1987. 西藏农业病虫及杂草(二). 拉萨：西藏人民出版社: 185-203.]

Hoffmeister H. 1844. Einige Nachträge zu Meigen's Zweiflüglern. *Jahresbericht über die Tätigkeit des Vereins fur Naturkunde zu Cassel*, 8: 11-14.

Holmgren A E. 1869. Bidrag till kannedomen om Beeren Eilands och Spetsbergens insekt-fauna. *Kungliga Svenska Vetenskaps Akademiens Handlingar* (N. S.) [= ser. 4], 8 (5): 3-55.

Holmgren A E. 1872. Insekter från Nordgrönland, samlade af Prof. A. E. Nordenskiöld år 1870. *Öfversigt af Kongliga Vetenskaps-Akademiens Förhandlingar*, 29: 97-105.

Holmgren A E. 1880a. *Novas species insectorum cura et labore A. E. Nordenskiöldii e Novaia Semlia coactorum*. Holmiae [= Stockholm]: 1-24.

Holmgren A E. 1880b. Bladminerande fluglarver pa vara kulturväxter. *Entomologisk Tidskrift*, 2: 88-90.

Holmgren A E. 1883. Diptera. *In*: Holmgren A E, Aurivillius C. 1883. Insecta a viris doctissimis Nordenskiöld illum ducem sequentibus in insulis Waigatsch *et* Novaja Semlia anno 1875 collecta. *Entomologisk Tidskrift*, 4: 139-194.

Hori K. 1954a. Morphological studies on muscoid flies of medical importance in Japan. VI. Descriptions of three new species of the genus *Sarcophaga* (Diptera, Sarcophagidae) from Japan. *Japanese Journal of Sanitary Zoology*, 4 (3): 296-299.

Hori K. 1954b. Morphological studies on muscoid flies of medical importance in Japan. VII. Descriptions of six new species of subfamily Sarcophaginae (Diptera, Sarcophagidae) from Japan. *The Science Reports of the Kanazawa University*, 2 (2): 43-50.

Hori K. 1955. Descriptions of two new species of the genus *Sarcophaga* (Diptera, Sarcophagidae) and *Strongyloneura prasina* Bigot (Diptera, Calliphoridae) from Japan. *The Science Reports of the Kanazawa University*, 3 (2): 247-251.

Hori K, Kurahashi H. 1967. Three species of Japanese Dichaetomyia, with description of two new species (family Muscidae, Diptera). *The Science Reports of the Kanazawa University*, 12: 67-74.

Hou P, Chang F C, Zhang C T. 2014. A new species in the newly-recorded genus *Neoemdenia* Mesnil (Diptera: Tachinidae) from Heilongjiang, China. *Entomotaxonomia*, 36 (1): 61-66. [侯鹏, 常方照, 张春田. 2014. 中国新纪录属新寄蝇属一新种（双翅目：寄蝇科）. 昆虫分类学报, 36 (1): 61-66.]

Hough G N. 1899a. Some North American genera of the dipterous group Calliphorinae Girschner. *Entomological News*, 10: 62-66.

Hough G N. 1899b. Synopsis of the Calliphorinae of the United States. *Zoological Bulletin*, 2: 283-294.

Houttuyn M. 1761-1773. *Natuurlyke historie of uitvoerige Beschryving der Dieren, Planten en Mineraalen, volgens het samenstel van Heer Linnaeus met naauwkeurige afbeeldingen*. Deel 1, Dieren (18 stukken). Houttuyn, Amsterdam.

Howlett F M. 1909. Diptera. *In*: Maxwell-Lefroy H, Howlett F M. 1909. *Indian Insect Life. A Manual of the Insects of the Plains* (*Tropical India*). Calcutta and Simla: Thacker, Spink and Co.: 545-657.

Hsieh L K. 1958. Notes on the families Calliphoridae, Sarcophagidae and Muscidae in Amoy with descriptions of three new species. *Acta Entomologica sinica*, 8 (1): 77-84. [谢麟阁. 1958. 厦门丽蝇科麻蝇科及家蝇料记录. 昆虫学报, 8 (1): 77-84.]

Hsu T C. 1943. The chromosomes of *Drosophila repletoides*. [In Chinese, with English summary]. *The Kwangsi Agriculture*, 4: 155-160.

Hsü Y C. 1935. Two new species of insect parasites of the bat in Soochow. *Bulletin of the Peking Society of Natural History*, 9: 293-298.

Hsue W C. 1979. New calliphoroid flies from Liaoning, China (Diptera). *Acta Entomologica Sinica* 22 (2): 192-195. [薛万琦. 1979. 辽宁省丽蝇总科新种记述. 昆虫学报, 22 (2): 192-195.]

Hsue W C. 1980. A new genus and two species of Anthomyiidae (Diptera). *Acta Zootaxonomica Sinica*, 5 (4): 414-417. [薛万琦. 1980. 花蝇科一新属和二新种 (双翅目). 动物分类学报, 5 (4): 414-417.]

Hsue W C. 1981a. A new species of flower-fly from Liaoning, China (Diptera: Anthomyiidae). *Acta Entomologica Sinica*, 24 (3): 305-306. [薛万琦. 1981a. 辽宁省花蝇科一新种 (双翅目: 花蝇科). 昆虫学报, 24 (3): 305-306.]

Hsue W C. 1981b. Four new species of the Anthomyiidae from Liaoning and Kirin, China (Diptera: Anthomyiidae). *Acta Entomologica Sinica*, 24 (1): 89-96. [薛万琦. 1981b. 花蝇科四新种 (双翅目: 花蝇科). 昆虫学报, 24 (1): 89-96.]

Hsue W C. 1981c. Four new species of the genus *Delia* from Liaoning, China (Diptera: Anthomyiidae). *Acta Entomologica Sinica*, 24 (2): 209-215. [薛万琦. 1981c. 辽宁省地种蝇属四新种 (双翅目: 花蝇科). 昆虫学报, 24 (2): 209-215.]

Hsue W C. 1981d. A new species of the genus *Coenosia* (Diptera: Muscidae). *Acta Entomologica Sinica*, 24 (4): 436-437. [薛万琦. 1981d. 秽蝇属一新种 (双翅目: 蝇科). 昆虫学报, 24 (4): 436-437.]

Hsue W C. 1981e. Two new species of the genus *Phorbia* from Liaoning, China (Diptera: Anthomyiidae). *Acta Zootaxonomica Sinica*, 6 (4): 415-418. [薛万琦. 1981e. 辽宁省草种蝇属二新种 (双翅目: 花蝇科). 动物分类学报, 6 (4): 415-418.]

Hsue W C. 1981f. A new species of the genus *Lispocephala* from Liaoning, China (Diptera: Muscidae). *Acta Zootaxonomica Sinica*, 6 (2): 182-183. [薛万琦. 1981f. 辽宁省溜芒蝇属一新种 (双翅目: 蝇科). 动物分类学报, 6 (2): 182-183.]

Hsue W C. 1983a. A new species of the genus *Syllegopterula* from Liaoning (Diptera: Muscidae). *Acta Entomologica Sinica*, 26 (4): 459-460. [薛万琦. 1983a. 集翅棘蝇属一新种 (双翅目: 蝇科). 昆虫学报, 26 (4): 459-460.]

Hsue W C. 1983b. A new species and a new record of the genus *Hebecnema* from China (Diptera: Muscidae). *Acta Entomologica Sinica*, 26 (2): 226-228. [薛万琦. 1983b. 毛膝蝇属一新种和一新纪录 (双翅目: 蝇科). 昆虫学报, 26 (2): 226-228.]

Hsue W Q. 1976. A new species and three new records of the genus *Hydrotaea* from China (Diptera: Muscidae). *Acta Entomologica Sinica*, 19 (1): 109-111. [薛万琦. 1976. 齿股蝇属一新种及三新纪录 (双翅目: 蝇科). 昆虫学报, 19 (1): 109-111.]

Hsue W Q. 1984c. Two new species of genus *Phaonia* from Liaoning, China (Diptera: Muscidae). *Acta Entomologica Sinica*, 27 (1): 112-115. [薛万琦. 1984c. 辽宁省棘蝇属二新种 (双翅目: 蝇科). 昆虫学报, 27 (1): 112-115.]

Hsue W Q. 1985. Two new species of the genus *Helina* from Liaoning, China (Diptera: Muscidae). *Acta Entomologica Sinica*, 28 (1): 104-106. [薛万琦. 1985. 阳蝇属二新种 (双翅目: 蝇科). 昆虫学报, 28 (1): 104-106.]

Hu J, Zheng X, Wang Q, Chen X, Huang Y. 2008. Identification of necrophagous fly species from 12 different cities and regions in China using inter-simple sequence repeat molecular markers. *Journal of Southern Medical University*, 28 (4): 524-528.

Hu K, Zhang W X, Carson H L. 1993. The Drosophilidae (Diptera) of Hainan Island (China). *Pacific Science*, 47 (4): 319-327.

Hu X Y, Yang D. 2001. New species and new records of the genus *Ephydra* Fallén (Diptera: Ephydridae) from China. *Studia Dipterologica*, 8 (2): 529-537.

Hu Y G, Toda M J. 1994. The *Stegana* (*Steganina*) *coleoptrata* species-group (Diptera, Drosophilidae), with descriptions of two new species and new records from eastern Palearctic region. *Japanese Journal of Entomology*, 62 (1): 151-160.

Hu Y G, Toda M J. 1999. A revision of the *Lordiphosa tenuicauda* species-group, with descriptions of eight new species from China (Diptera, Drosophilidae). *Entomological Science*, 2 (1): 105-119.

Hu Y G, Toda M J. 2002. Cladistic analysis of the genus *Dichaetophora* Duda (Diptera, Drosophilidae) and a revised classification. *Insect Systematics and Evolution*, 33: 91-102.

Hu Y G, Toda M J. 2005. A new species group in the genus *Dichaetophora* Duda (Diptera, Drosophilidae) based on a phylogenetic analysis, with descriptions of four new species from China. *Zoological Science*, 22: 1266-1276.

Hua L Z. 2006. *List of Chinese Insects*. Vol. IV. Guangzhou: Sun Yat-Sen University Press: 2 + 6 + 1-540. + pls. 1-7. [华立中. 2006. 中国昆虫名录 (第 4 卷). 广州: 中山大学出版社: 2 + 6 + 1-540 + 图版 1-7.]

Huang C M. 1992. Diptera: Syrphidae. *In*: Peng J W, Leu Y Q. 1992. *Iconography of Forest Insects in Hunan China*. Changsha: Hunan Science and Technology Press: 1135-1148. [黄春梅. 1992. 双翅目: 食蚜蝇科//彭建文, 刘友樵. 1992. 湖南森林昆虫图鉴. 长沙: 湖南科学技术出版社: 1135-1148.]

Huang C M, Cheng X Y. 1993. Diptera: Syrphidae. *In*: Huang C M. 1993. *Animals of Longqi Mountain*. The Series of the Bioresources Expedition to the Longqi Mountain Nature Reserve of Fujian. Beijing: China Forestry Publishing House Press: 680-691. [黄春梅, 成新跃. 1993. 双翅目: 食蚜蝇科//黄春梅. 1993. 龙栖山动物. 福建龙栖山自然保护区生物资源考察

丛书. 北京: 中国林业出版社: 680-691.]

Huang C M, Cheng X Y. 1995. A study of *Graptomyza* Wiedemann (Diptera: Syrphidae) from China. *Entomotaxonomia*, 17 (Suppl.): 91-99. [黄春梅, 成新跃. 1995. 中国缺伪蚜蝇属*Graptomyza*的研究 (双翅目: 食蚜蝇科). 昆虫分类学报, 17 (增刊): 91-99.]

Huang C M, Cheng X Y. 2012. *Fauna Sinica, Insecta. Vol. 50. Diptera: Syrphidae*. Beijing: Science Press: 1-852, pl. 8. [黄春梅, 成新跃. 2012. 中国动物志 昆虫纲 第五十卷 双翅目 食蚜蝇科. 北京: 科学出版社: 1-852, 图版8.]

Huang C M, Cheng X Y, She C R. 2003. Diptera: Syrphidae. *In*: Huang B K. 2003. *Fauna of Insects in Fujian Province of China*. Vol. 8. Fuzhou: Fujian Science and Technology Press: 287-314. [黄春梅, 成新跃, 佘春仁. 2003. 双翅目: 食蚜蝇科//黄邦侃. 2003. 福建昆虫志 (第八卷). 福州: 福建科学技术出版社: 287-314.]

Huang C M, Cheng X Y, Yang C K. 1998. Diptera: Syrphidae. *In*: Xue W Q, Chao C M. 1998. *Flies of China*. Vol. 1. Shenyang: Liaoning Science and Technology Publishing House: 118-223. [黄春梅, 成新跃, 杨集昆. 1998. 双翅目: 食蚜蝇科//薛万琦, 赵建铭. 1998. 中国蝇类 (上册). 沈阳: 辽宁科学技术出版社: 118-223.]

Huang F S, Han Y H. 1995. Insect fauna of the Mt. Namjagbarwa Region. *In*: Li B S. 1995. *Biology of the Mt. Namjagbarwa Region*. Beijing: Science Press: 275-315. [黄复生, 韩寅恒. 1995. 南迦巴瓦峰地区昆虫//李渤生. 1995. 西藏南迦巴瓦峰地区生物. 北京: 科学出版社: 275-315.]

Huang J, Chen H W. 2016. The genus *Leucophenga* (Diptera, Drosophilidae), Part VI: the *argentata* species group from the East Asia with morphological and molecular evidence. *Zootaxa*, 4161 (2): 207-227.

Huang J, Li T, Chen H W. 2013a. The genus *Leucophenga* (Diptera, Drosophilidae), Part III: the *interrupta* species group from the Oriental region with morphological and molecular evidence. *Zootaxa*, 3750 (5): 587-600.

Huang J, Li T, Chen H W. 2014. The genus *Leucophenga* (Diptera, Drosophilidae), Part IV: the *ornata* species group from the Oriental region, with morphological and molecular evidence (II). *Zootaxa*, 3893 (1): 1-55.

Huang J, Li T, Gao J J, Chen H W. 2013b. The genus *Leucophenga* (Diptera, Drosophilidae), Part II: the *ornata* species group from the Oriental region with morphological and molecular evidence (I). *Zootaxa*, 3701 (2): 101-147.

Huang J, Su Y R, Chen H W. 2017. The genus *Leucophenga* (Diptera, Drosophilidae), Part VII: the *subpollinosa* species group from China, with morphological and molecular evidence. *Zootaxa*, 4247 (3): 201-245.

Huang L N, Li W B, Lian Z M. 2010. Analysis on fauna of Syrphidae in the Beiluohe River basin. *Chinese Bulletin of Entomology*, 47 (3): 582-586. [黄丽娜, 李文宾, 廉振民. 2010. 北洛河流域食蚜蝇科区系分析. 昆虫知识, 47 (3): 582-586.]

Huang Y, Lu J, Liu S. 2013. Analysis of population dynamics of flies in Changping district of Beijing, China in 2007-2011. *Chinese Journal of Vector Biology and Control*, 24 (2): 168-169. [黄英, 吕京静, 刘硕. 2013. 北京市昌平区 2007—2011 年蝇类种群动态分析. 中国媒介生物学及控制杂志, 24 (2): 168-169.]

Huckett H C. 1929. New Canadian anthomyids belonging to the genus *Hylemyia* Rob.-Desv. (Muscidae, Diptera). *Canadian Entomologist*, 61: 136-144.

Huckett H C. 1932. The North American species of the genus *Limnophora* Robineau-Desvoidy, with descriptions of new species (Muscidae, Diptera). *Journal of the New York Entomological Society*, 40: 25-76, 105-158, 279-339.

Huckett H C. 1939. Descriptions of new North American Anthomyiidae belonging to the genus *Pegomyia* Rob.-Desv. (Diptera). *Transactions of the American Entomological Society*, 65: 1-36.

Huckett H C. 1953. A new species of the anthomyiid genus *Hylemya* Rob.-Desv. From Oregon, reared from fir cones (Muscidae, Diptera). *Bulletin of the Brooklyn Entomological Society*, 48: 107-110.

Huckett H C. 1965a. Subfamily Fanniinae. *In*: Stone A, Sabrosky C W, Wirth W W, *et al*. 1965. *A Catalog of the Diptera of America North of Mexico*. Washington: United States Department of Agriculture Handbook 276: 892-899.

Huckett H C. 1965b. The Muscidae of Northern Canada, Alaska and Greenland (Diptera). *Memoirs of the Entomological Society of Canada*, 42: 1-369.

Huckett H C. 1971. The Anthomyiidae of California, exclusive of Subfamily Scatophagina (Diptera). *Bulletin of the California Insect Survey*, 12: 1-121.

Huhebateer, Beiyinbatu, Du Y F. 1993b. A survey on the genus of *Wohlfahrtia* B. & B. (Diptera, Sarcophagidae) in Alasan Zhouqi Inner Mongolia (II). *Journal of Inner Mongolia Institute of Agriculture & Animal Husbandry*, 14 (4): 61-65. [呼和巴特尔, 白音巴图, 杜跃峰. 1993b. 内蒙古阿拉善左旗污蝇种类调查 (二). 内蒙古农牧学院学报, 14 (4): 61-65.]

Huhebateer, Beiyinbatu, Du Y F. 1994. An epidemiology survey on the desease of vaginal myiasis in Humped Camels. *Journal of Inner Mongolia Institute of Agriculture & Animal Husbandry*, 15 (4): 59-62 [呼和巴特尔, 白音巴图, 杜跃峰. 1994. 双峰骆驼阴道蝇蛆病流行病学调查. 内蒙古农牧学院学报, 15 (4): 59-62.]

Huhebateer, Du Y F, Beiyinbatu, Tubuxin. 1993a. A survey on the genus of *Wohlfahrtia* B. B. (Diptera, Sarcophagidae) in Alasan

Left Banner, Inner Mongolia (I). *Journal of Inner Mongolia Institute of Agriculture & Animal Husbandry*, 14 (2): 7-12. [呼和巴特尔, 杜跃峰, 白音巴图, 图布新. 1993a. 内蒙古阿拉善左旗污蝇种类调查 (一). 内蒙古农牧学院学报, 14 (2): 7-12.]

Hull F M. 1925. A review of the genus *Eristalis* Latreille in North America. [Part I]; Part II. *Ohio Journal of Science*, 25: 11-45, pls. 1-2; 285-312, pls. 1-2.

Hull F M. 1930. Some new species of Syrphidae (Diptera) from North and South America. *Transactions of the American Entomological Society*, 56: 139-148, pl. 1.

Hull F M. 1937a. New species of exotic syrphid flies. *Psyche*, 44: 12-32, pl. 2.

Hull F M. 1937b. Some Neotropical and Oriental syrphid flies in the United States National Museum. *Journal of The Washington Academy of Sciences*, 27: 165-176, figs. 1-10.

Hull F M. 1937c. A megamorphic and two curious mimetic flies. *Psyche*, 44: 116-121.

Hull F M. 1941. Some undescribed syrphid flies from the Neotropical region. *Journal of The Washington Academy of Sciences*, 31: 432-440.

Hull F M. 1942. Some flies of the genus *Mesogramma*. *Proceedings of the New England Zoological Club*, 30: 17-24.

Hull F M. 1944a. Some flies of the family Syrphidae in the British Museum (Natural History). *Annals and Magazine of Natural History*, (11) 11: 21-61.

Hull F M. 1944b. Some genera of flies of the family Syrphidae. *Journal of The Washington Academy of Sciences*, 34: 129-134.

Hull F M. 1944c. Some new forms of *Platycheirus* of the family Syrphidae. *Bulletin of the Brooklyn Entomological Society*, 39: 75-79.

Hull F M. 1944d. Studies on syrphid flies in the Museum of Comparative Zoology. *Psyche*, 51: 22-45.

Hull F M. 1944e. Two species of *Xylota* from southern Asia (Diptera: Syrphidae). *Proceedings of the Entomological Society of Washington*, 46: 45-47.

Hull F M. 1944f. Some syrphid fly genera (Diptera). *Entomological News*, 55: 203-205.

Hull F M. 1945. Some undescribed syrphid flies. *Proceedings of the New England Zoological Club*, 23: 71-78.

Hull F M. 1949. The morphology and inter-relationship of the genera of syrphid flies, recent and fossil. *Transactions of the Zoological Society of London*, 26: 257-408.

Hull F M. 1950. Studies upon syrphid flies in the British Museum (Natual History). *Annals and Magazine of Natural History*, (12) 3: 603-624.

Hunter W D. 1896. A contribution of the knowledge of North American Syrphidae [I]. *Canadian Entomologist*, 28 (4): 87-101.

Hunter W D. 1897. A contribution to the knowledge of North American Syrphidae [II]. *Canadian Entomologist*, 29 (6): 121-144.

Huo K K. 1993. Survey of Syrphids in Xining, Qinghai Provinve (I). *Journal of Qinghai Animal Husbandry and Veterinary Medicine College*, 10 (1): 15-18. [霍科科. 1993. 西宁地区食蚜蝇种类的调查 (I). 青海畜牧兽医学院学报, 10 (1): 15-18.]

Huo K K. 2011. Description of female *Chrysotoxum brunnefrontum* with morphological comparison of four allied species (Diptera: Syrphidae). *Acta Zootaxonomica Sinica*, 36 (3): 826-828. [霍科科. 2011. 棕额长角蚜蝇雌性的发现及其近似种的形态比较 (双翅目, 食蚜蝇科). 动物分类学报, 36 (3): 826-828.]

Huo K K. 2013. Taxonomic studies on the genus *Spilomyia* (Meigen, 1803) from China, with description of a new species (Diptera, Syrphidae). *Acta Zootaxonomica Sinica*, 38 (1): 167-170. [霍科科. 2013. 中国斑胸蚜蝇属研究及一新种记述. 动物分类学报, 38 (1): 167-170.]

Huo K K. 2014. *Spazigasteroides* a new genus from China with a black face and scutellum in the Syrphini (Diptera: Syrphidae). *Zootaxa*, 3755 (3): 230-240.

Huo K K, Hou Y L. 1994. Survey of Syrphids in Xining, Qinghai Province (II). *Journal of Qinghai Animal Husbandry and Veterinary Medicine College*, 11 (1): 17-18. [霍科科, 侯元林. 1994. 西宁地区食蚜蝇种类的调查 (II). 青海畜牧兽医学院学报, 11 (1): 17-18.]

Huo K K, Pan Z H. 2012. Note on the genus *Citrogramma* Vockeroth from China (Diptera, Syrphidae). *Acta Zootaxonomica Sinica*, 37 (3): 623-631. [霍科科, 潘朝晖. 2012. 中国裸眼蚜蝇属研究 (双翅目, 蚜蝇科). 动物分类学报, 37 (3): 623-631.]

Huo K K, Ren G D. 2006a. A key to known species of *Matsumyia* Shiraki (Diptera, Syrphidae) from China, with descriptions of two new species. *Zootaxa*, 1374: 61-68.

Huo K K, Ren G D. 2006b. A new species and a new record species of genus *Spilomyia* (Diptera: Syrphidae) from China. *Entomotaxonomia*, 28 (2): 118-122. [霍科科, 任国栋. 2006b. 中国斑胸蚜蝇属一新种和一新记录种记述 (双翅目: 食蚜蝇科). 昆虫分类学报, 28 (2): 118-122.]

Huo K K, Ren G D. 2006c. Descriptions of two new species of *Sphegina* (Diptera, Syrphidae) from China. *Acta Zootaxonomica Sinica*, 31 (2): 434-437. [霍科科, 任国栋. 2006c. 中国棒腹蚜蝇属二新种记述 (双翅目, 食蚜蝇科). 动物分类学报,

31 (2): 434-437.]

Huo K K, Ren G D. 2006d. Taxonomic studies on Milesiinae from the Museum of Hebei University (Diptera, Syrphidae). *Acta Zootaxonomica Sinica*, 31 (4): 883-897. [霍科科, 任国栋. 2006d. 河北大学博物馆馆藏迷食蚜蝇亚科分类研究 (双翅目, 食蚜蝇科). 动物分类学报, 31 (4): 883-897.]

Huo K K, Ren G D. 2006e. Taxonomic studies on Syrphinae from the Museum of Hebei University (Diptera, Syrphidae, Syrphinae). *Acta Zootaxonomica Sinica*, 31 (3): 653-666. [霍科科, 任国栋. 2006e. 河北大学博物馆馆藏食蚜蝇亚科分类研究 (双翅目, 食蚜蝇科, 食蚜蝇亚科). 动物分类学报, 31 (3): 653-666.]

Huo K K, Ren G D. 2007a. Investigation on syrphids (Diptera: Syrphidae) of Xiaowutai Shan Nature Reserve, Hebei Prov. with descriptions of new species and new recorded species. *Entomotaxonomia*, 29 (3): 172-198. [霍科科, 任国栋. 2007a. 河北省小五台山自然保护区蚜蝇科昆虫的调查 (双翅目). 昆虫分类学报, 29 (3): 172-198.]

Huo K K, Ren G D. 2007b. Two new species of the genus *Melangyna* Verrall (Diptera, Syrphidae) from China, with a key to known species of China. *Acta Zootaxonomica Sinica*, 32 (2): 324-327. [霍科科, 任国栋. 2007b. 美蓝蚜蝇属二新种记述 (双翅目, 蚜蝇科). 动物分类学报, 32 (2): 324-327.]

Huo K K, Ren G D. 2008. A new genus and species of Eristalini from Hainan, China (Diptera, Syrphidae). *Acta Zootaxonomica Sinica*, 33 (3): 626-629. [霍科科, 任国栋. 2008. 中国海南管蚜蝇族一新属一新种记述 (食蚜蝇科, 管蚜蝇族). 动物分类学报, 33 (3): 626-629.]

Huo K K, Ren G D. 2009. Description of a New Species of Genus *Lycastris* (Diptera: Syrphidae: Milesiinae) from China. *Entomotaxonomia*, 31 (2): 140-142. [霍科科, 任国栋. 2009. 中国长吻蚜蝇属一新种记述 (双翅目: 蚜蝇科: 迷蚜蝇亚科). 昆虫分类学报, 31 (2): 140-142.]

Huo K K, Ren G D, Zheng Z M. 2007. *Fauna of Syrphidae from Mt. Qinling-Bashan in China* (*Insecta*: *Diptera*). Beijing: China Agricultural Science and Technology Press: 1-512. [霍科科, 任国栋, 郑哲民. 2007. 秦巴山区蚜蝇区系分类 (昆虫纲: 双翅目). 北京: 中国农业科学技术出版社: 1-512.]

Huo K K, Shi F M. 2007a. A new species of the genus *Pararctophila* Hervé-Bazin from China (Diptera, Syrphidae). *Acta Zootaxonomica Sinica*, 32 (3): 590-592. [霍科科, 石福明. 2007a. 羽毛蚜蝇属一新种记述 (双翅目, 食蚜蝇科). 动物分类学报, 32 (3): 590-592.]

Huo K K, Shi F M. 2007b. Two new species of the genus *Sphaerophoria* from China (Diptera, Syrphidae). *Acta Zootaxonomica Sinica*, 32 (3): 581-584. [霍科科, 石福明. 2007b. 中国细腹蚜蝇属二新种 (双翅目, 食蚜蝇科). 动物分类学报, 32 (3): 581-584.]

Huo K K, Shi F M. 2010. *Flavizona* Huo, a new genus of Syrphini from China, with a key to genera of Syrphini in China. *Zootaxa*, 2428: 47-54.

Huo K K, Wang T L. 2014. Taxonomic studies of the genus *Didea* Macquart (Diptera: Syrphidae) with description of a new species from China. *Entomotaxonomia*, 36 (4): 293-299. [霍科科, 王天录. 2014. 中国边蚜蝇属研究附一新种记述 (双翅目: 食蚜蝇科). 昆虫分类学报, 36 (4): 293-299.]

Huo K K, Yu Z J, Wang X P. 2009. A new species of *Volucella* Geoffroy, 1762 from China (Diptera, Syrphidae). *Acta Zootaxonomica Sinica*, 34 (3): 620-623. [霍科科, 余治家, 王新辅. 2009. 中国蜂蚜蝇属一新种记述 (食蚜蝇科, 蜂蚜蝇族). 动物分类学报, 34 (3): 620-623.]

Huo K K, Zhang H J. 2006. Investigation on Syrphidae of Zibai Mountains, Shaanxi Province. *Journal of Shaanxi Normal University* (*Natural Science Edition*), 34 (Sup.): 40-44. [霍科科, 张宏杰. 2006. 陕西省紫柏山区食蚜蝇科昆虫的调查. 陕西师范大学学报 (自然科学版), 34 (专辑): 40-44.]

Huo K K, Zhang H J, Zheng Z M. 2004. Descriptions of three new species of Xylotini from China (Syrphidae, Xylotini). *Acta Zootaxonomica Sinica*, 29 (4): 797-802. [霍科科, 张宏杰, 郑哲民. 2004. 中国木蚜蝇族三新种记述 (食蚜蝇科, 木蚜蝇族). 动物分类学报, 29 (4): 797-802.]

Huo K K, Zhang H J, Zheng Z M. 2005. Two new species of *Dasysyrphus* (Diptera, Syrphidae) from China, with a key to species from China. *Acta Zootaxonomica Sinica*, 30 (4): 847-851. [霍科科, 张宏杰, 郑哲民. 2005. 中国毛食蚜蝇属研究及二新种记述 (双翅目, 食蚜蝇科). 动物分类学报, 30 (4): 847-851.]

Huo K K, Zhang H J, Zheng Z M. 2006. Descriptions of a new species and a new record species of *Chrysotoxum* (Diptera, Syrphidae) from China. *Acta Zootaxonomica Sinica*, 31 (2): 438-440. [霍科科, 张宏杰, 郑哲民. 2006. 中国长角蚜蝇属一新种及一新纪录种 (双翅目, 食蚜蝇科). 动物分类学报, 31 (2): 438-440.]

Huo K K, Zheng Z M. 2003. Primary Investigation on Syrphinae (Diptera: Syrphidae) from Qingling-Bashan Mantains (1). *Entomotaxonomia*, 25 (4): 281-291. [霍科科, 郑哲民. 2003. 秦巴山区食蚜蝇亚科昆虫的初步调查 (I) (双翅目: 食蚜蝇

科). 昆虫分类学报, 25 (4): 281-291.]

Huo K K, Zheng Z M. 2004. Three new species of the genus *Chrysotoxum* Meigen from Shaanxi Province (Diptera, Syrphidae, Chrysotoxini). *Acta Zootaxonomica Sinica*, 29 (1): 166-171. [霍科科, 郑哲民. 2004. 陕西省长角蚜蝇属三新种记述 (双翅目, 食蚜蝇科, 长角蚜蝇族). 动物分类学报, 29 (1): 166-171.]

Huo K K, Zheng Z M. 2005. A new genus and two new species of Syrphidae from China (Diptera, Syrphidae). *Acta Zootaxonomica Sinica*, 30 (3): 631-635. [霍科科, 郑哲民. 2005. 中国食蚜蝇科一新属二新种记述 (双翅目, 食蚜蝇科). 动物分类学报, 30 (3): 631-635.]

Huo K K, Zheng Z M, Huang Y. 2005. Descriptions of two new species of *Paragus* Latreille, 1804 from China (Diptera: Syrphidae). *Journal of Northwest University* (*Natural Science Edition*), 35 (2): 187-190. [霍科科, 郑哲民, 黄原. 2005. 中国小蚜蝇属 (*Paragus* Latreille, 1804) 二新种记述. 西北大学学报 (自然科学版), 35 (2): 187-190.]

Huo K K, Zheng Z M, Zhang H J. 2003. Species and distributions of *Dasysyrphus* in China (Diptera: Syrphidae). *Journal of Shaanxi Normal University* (*Natural Science Edition*), 33 (Sup.): 69-73. [霍科科, 郑哲民, 张宏杰. 2003. 中国毛食蚜蝇属 *Dasysyrphus* Enderlein的种类及分布 (双翅目: 食蚜蝇科). 陕西师范大学学报 (自然科学版), 31 (专辑): 69-73.]

Huo S, Yang D. 2010. Two new species of the genus *Eudorylas* Aczél from Palaearctic China (Diptera, Pipunculidae). *Transactions of the American Entomological Society*, 136 (3 + 4): 241-245.

Huo S, Yang D. 2011. Notes on *Chalarus* from China (Diptera, Pipunculidae). *Transactions of the American Entomological Society*, 137 (1 + 2): 191-194.

Hurkmans W E G. 1993. A monograph of *Merodon* (Diptera: Syrph.). Part 1. *Tijdschrift voor Entomologie*, 136: 147-234, figs. 1-106.

Hutton F W. 1901. Synopsis of the Diptera Brachycera of New Zealand. *Transactions and Proceedings of the New Zealand Institute*, 33: 1-95.

Illiger J C W. 1807. Tomvs secvndvs. Itervm edita *et* annotatis perpetvis avcta a D. Carolo Illiger. *In*: Hellwig, Illiger. *Favna Etrvsca sistens Insecta qyae inprovinciis Florentina et Pisana praesertim collegit Petrvs Rossivs*. Iterum edita *et* annotatis perpetvis avcta. 2 vols. Fleckeisen, Helmstadii [=Helmstadt]: vi + 1-511, pls. 1-11.

Imperial Bureau of Entomology. 1928. Insecta Zool Record. 64 (11): 1-418.

Imperial Institute of Entomology. 1937. Insecta. *In*: Smith M. 1937. *The zoological record. Volume the seventy-third being the records of zoological literature relating chiefly to the year 1936*. London: Zoological Society of London: 1-445.

Inclan D J, Stireman J O III, Cerretti P. 2016. Redefining the generic limits of *Winthemia* (Diptera: Tachinidae). *Invertebrate Systematics*, 30: 274-289.

Institute of Plant Protection, Hubei Academy of Agricultural Sciences. 1980. *Pictorial handbook of cotton pests and their natural enemies*. Wuhan: The People's Press of Hubei Province: 5 + 1-246 + pls 1-100. [湖北省农业科学院植物保护研究所. 1980. 棉花害虫及其天敌图册. 武汉: 湖北人民出版社: 5 + 1-246 + 图版 1-100.]

International Commission on Zoological Nomenclature. 1963. Opinion 678. The suppression under the Plenary Powers of the pamphlet published by Meigen, 1800. *Bulletin of Zoological Nomenclature*, 20: 339-342.

International Commission on Zoological Nomenclature. 1970. Opinion 896. *Phasia* Latreille, 1804, (Insecta, Diptera): addition to the Official List. *Bulletin of Zoological Nomenclature*, 26 [1969]: 196-199.

International Commission on Zoological Nomenclature. 1974. Opinion 1008. *Siphona* Meigen, 1803 and *Haematobia* Le Peletier and Serville, 1828 (Insecta: Diptera): designations under the Plenary Powers. *Bulletin of Zoological Nomenclature*, 30: 157-158.

International Commission on Zoological Nomenclature. 1987. Opinion 1432. *Actia* Robineau-Desvoidy, 1830 (Insecta, Diptera): *Roeselia lamia* Meigen, 1838, designated as type species. *Bulletin of Zoological Nomenclature*, 44: 71-72.

International Commission on Zoological Nomenclature. 1988. Opinion 1475. *Dexia* Meigen, 1826 (Insecta, Diptera): *Musca rustica* Fabricius, 1775 designated as the type species. *Bulletin of Zoological Nomenclature*, 45: 74-75.

International Commission on Zoological Nomenclature. 1990. Opinion 1600. *Tachina orbata* Wiedemann, 1830 (currently *Peribaea orbata*; Insecta, Diptera): neotype designation confirmed. *Bulletin of Zoological Nomenclature*, 47: 161.

International Commission on Zoological Nomenclature. 1999. *International Code of Zoological Nomenclature. Fourth edition adopted by the International Union of Biological Sciences*. London: International Trust for Zoological Nomenclature: xxix + 1-306.

International Commission on Zoological Nomenclature. 2001. Opinion 1975. *Musca geniculata* De Geer, 1776 and *Stomoxys cristata* Fabricius, 1805 (currently *Siphona geniculata* and *Siphona cristata*; Insecta, Diptera): specific names conserved by the replacement of the lectotype of *M. geniculata* by a neotype. *Bulletin of Zoological Nomenclature*, 58: 154-155.

International Commission on Zoological Nomenclature. 2006. Opinion 2142 (Case 3251). *Thereva* Latreille, 1797 and *Phasia* Latreille, 1804 (Insecta, Diptera): usage conserved by the designation of *Musca plebeja* Linnaeus, 1758 as the type species of

Thereva. Bulletin of Zoological Nomenclature, 63: 72-73.
Ito S. 1943. Funf unbekannte Trypetiden fur Kyushu. *Mushi*, 15: 88.
Ito S. 1944. Strumeta hyalina aus Hikosan. *Mushi*, 16 (2): 6.
Ito S. 1945. Uber die von Herrn T. Kimura in Kyoto und dem benachbarten Gegend gesammelten Trypetiden (Diptera). *Mushi*, 16 (11): 83-86.
Ito S. 1947a. Paratephritis fukaii *et* sua galla (Trypetidae, Diptera). *Collecting and Breeding*, 9 (5): 97-98, 101.
Ito S. 1947b. Uber einige von Shinji als Trypetiden aus Nordost-Japan beschriebene Dipteren. *Matsumushi*, 2: 56-60.
Ito S. 1947c. Eine neue *Rhacochlaena*-Art aus Japan (Diptera, Trypetidae). *Mushi*, 18 (5): 35-38.
Ito S. 1949a. Neue Trypetiden aus Japan (Diptera) (I). *Insecta Matsumurana*, 17 (1): 53-56.
Ito S. 1949b. Eine neue und einige weniger bekannte Trypetiden der Insel Kyushu (Diptera). *Mushi*, 19 (8): 39-42.
Ito S. 1949c. Uber drei *Staurella*-Arten aus Japan, mit der Beschreibung einer der Kamelie schadlichen neuen Art, *Staurella camelliae* sp. nov. (Diptera, Trypetidae). *Mushi*, 19 (9): 43-47.
Ito S. 1952. Die Trypetiden der insel Sikoku, mit den Beschreibungen der in den inseln Honsyu und Kyusyu weitverbreiteten neuen Arten (Diptera). *Transactions of the Shikoku Entomological Society*, 3 (1): 1-13.
Ito S. 1960. Eine neue Trypetide von Hikosan (Diptera). *Esakia*, 2: 1-2.
Ito S. 1972. Die Gattung *Vidalia* und ihre Verwandten (Diptera: Tephritidae). I. Gattung *Aischrocrania* Hendel, 1927. *Bulletin of University of Osaka Prefecture*, 24: 25-30.
Ito S. 1984. Lieferung 5. *In*: Die Japanischen Bohrfliegen. Osaka: Maruzen: 193-240.
Ito S, Tamaki N. 1994. Fruitflies caught in fluorescent light trap on Mt. Akagi, Central Honshu, Japan. *Yosegaki*, 72: 1671-1676.
Ito S, Tamaki N. 1995. Fruitflies caught in fluorescent light trap on Mt. Akagi, Central Honshu, Japan II. *Yosegaki*, 74: 1787-1792.
Iwasa M. 1982. A new Oriental species of the genus *Sepsis* from Taiwan of China and Indonesia (Diptera: Sepsidae). *Pacific Insects*, 24 (3-4): 232-234.
Iwasa M. 1984. The Sepsidae from Nepal, with descriptions of eight new species (Diptera). *Kontyû*, 52 (1): 72-93.
Iwasa M. 1986. Notes on the genus *Toxopoda* in the Oriental Region and Papua New Guinea with descriptions of two new species (Diptera, Sepsidae). *Kontyû*, 54 (4): 654-660.
Iwasa M. 1989. Taxonomic study of the Sepsidae (Diptera) from Pakistan. *Japanese Journal of Sanitary Zoology*, 40: 49-60.
Iwasa M. 1996. Two new species of the genus *Loxocera* Meigen (Diptera, Psilidae) from China and Sri Lanka. *Japanese Journal of Entomology*, 64 (1): 61-66.
Iwasa M. 2003. The genus *Phyllomyza* Fallén (Diptera: Milichiidae) from Japan, with descriptions of four new species. *Entomological Science*, 6: 281-288.
Iwasa M, Hanada T, Kajino Y. 1987. A new psilid species from Japan injurious to the root of carrot (Diptera: Psilidae). *Applied Entomology and Zoology*, 22 (3): 310-315.
Iwasa M, Jayasekera N. 1994. The Sepsidae from Sri Lanka, with description of a new species (Diptera). *Japanese Journal of Sanitary Zoology*, 45 (1): 57-62.
Iwasa M, Tewari R R. 1990. Two new species of the genus *Dicranosepsis* Duda from India (Diptera, Sepsidae). *Japanese Journal of Entomology*, 58 (4): 794-798.
Iwasa M, Zuska J, Ozerov A L. 1991. The Sepsidae from Bangladesh, with description of a new species (Diptera). *Japanese Journal of Sanitary Zoology*, 42 (3): 229-234.
Jacentkovský D. 1937. Příspěvek k studiu biologické obrany proti lesním škůdcům. *Sborník Vysoké Školy Zemědělské* (*a Lesnické*) *v Brně. Řada*, D 24 (8): 1-54.
Jacentkovský D. 1941. Die Raupenfliegen (Tachinoidea) Mährens und Schlesiens. *Acta Societatis Scientiarum Naturalium Moravicae*, 13 (4), Fasc. 129: 1-64.
Jacobson G. 1896. Catalogus specierum subfamiliae Celyphidarum. *Annuaire du Musée Zoologique de l'Académic Impériale des Sciences de St.-Pétersbourg*: 246-252.
Jaennicke F. 1867. Neue exotische Dipteren. *Abhandlungen Herausgegeben von der Senckenbergischen Naturforschenden Gesellschaft*, 6: 311-408 + pls. 43-44.
James M T. 1947. The flies that cause myiasis in man. *Miscellaneous Publications of the United States Department of Agriculture*, 631: 1-175.
James M T. 1966. The blowflies (Diptera, Calliphoridae) collected in the Philippine Islands by the Noona Dan expedition. *Entomologiske Meddeleser*, 34: 463-488.
James M T. 1977. Family Calliphoridae. *In*: Delfinado M D, Hardy D E. 1977. *A Catalogue of the Diptera of the Oriental Region*. Vol. 3. *Suborder Cyclorrhapha* (*excluding division Aschiza*). Honolulu: University Press of Hawaii: 526-556.
Jervis M A. 1992. A taxonomic revision of the pipunculid fly genus *Chalarus* Walker, with particular reference to the European fauna. *Zoological Journal of Linnean Society*, 105: 243-352.

Ji S H, Huang H M, Wang J F, Sun A G, Deng Y H. 2011. Population composition and seasonal dynamics of Calyptrate flies in Yangpu district, Shanghai. *Chinese Journal of Vector Biology and Control*, 22 (5): 476-479. [姬淑红, 黄惠敏, 王金凤, 孙爱国, 邓耀华. 2011. 上海市杨浦区有瓣蝇类种群组成及季节消长初步调查. 中国媒介生物学及控制杂志, 22 (5): 476-479.]

Jiang C P. 2002. A collective analysis on 54 cases of human myiasis in China from 1995-2001. *Chinese Medical Journal*, 115 (10): 1445-1447. [蒋次鹏. 2002. 1995—2001 年我国 54 例人体蝇蛆病综合分析. 中华医学杂志, 115 (10): 1445-1447.]

Jin Z Y. 1983. Seven new species of the genus *Pegohylemyia* from Gansu, China (Diptera: Anthomyiidae). *Entomotaxonomia*, 5 (1): 13-24. [金祖荫. 1983. 甘肃省泉种蝇属七新种 (双翅目: 花蝇科). 昆虫分类学报, 5 (1): 13-24.]

Jin Z Y. 1985. Three news species of the genus *Eutrichota* from Gansu, China (Diptera: Anthomyiidae). *Entomotaxonomia*, 7 (4): 259-263. [金祖荫. 1985. 叉泉蝇属三新种 (双翅目: 花蝇科). 昆虫分类学报, 7 (4): 259-263.]

Jin Z Y, Ge F X, Fan Z D. 1981. Descriptions of five new species of Anthomyiidae from south Gansu, China (Diptera). *Entomotaxonomia*, 3 (2): 87-92. [金祖荫, 葛凤翔, 范滋德. 1981. 甘肃南部花蝇科五新种. 昆虫分类学报, 3 (2): 87-92.]

Jing T, Liu D S, He D J. 1986. A new record on the larval stages of *Wohlfahrtia fedtshenkoi* Rohd. (Diptera: Sarcophagidae)—An important myiasis-bearing fly in North-West of China. *Journal of Lanzhou University* (*Medical Sciences*), 29 (1): 13-15. [景涛, 刘德山, 何定江. 1986. 人畜共患蝇蛆病主要病原——阿拉善污蝇 (*Wohlfahrtia fedtschenkoi* Rohd.) 幼虫的新记录. 兰州医学院学报, 29 (1): 13-15.]

Jobling B. 1951. A record of the Streblidae from the Philippines and other Pacific islands, including morphology of the abdomen, host-parasite relationship and geographical distribution, and with descriptions of five new species. *Transactions of the Royal Entomological Society of London*, 102: 211-246.

Johannsen O A. 1924. A new chloropid subgenus and species from New York. *Canadian Entomologist*, 56 (4): 89.

Johnson C W. 1898a. Diptera collected by Dr. A. Donaldson Smith in Somaliland, eastern Africa. *Proceedings of the Academy of Natural Sciences of Philadelphia*, 1898: 157-164.

Johnson C W. 1898b. Notes and descriptions of new Syrphidae from Mt. St. Elias, Alaska. *Entomological News*, 9: 17-18.

Johnson C W. 1913. The dipteran fauna of Bermuda. *Annals of the Entomological Society of America*, 6: 443-452.

Johnson C W. 1916a. The *Volucella bombylans* group in America. *Psyche*, 23: 160-163.

Johnson C W. 1916b. Some New England Syrphidae. *Psyche*, 23: 75-80.

Johnston T H, Hardy G H. 1923. A revision of the Australian Diptera belonging to the genus *Sarcophaga*. *Proceedings of the Linnean Society of New South Wales*, 48 (2): 94-129.

Johnston T H, Tiegs C W. 1921. New and little-known sarcophagid flies from south-eastern Queensland. *Proceedings of the Royal Society of Queensland*, 33 (4): 46-90.

Jones B J. 1906. Catalogue of the Ephydridae, with bibliography and description of new species. *University of California Publications in Entomology*, 1 (2): 153-198.

Jones C R. 1917. New species of Colorado Syrphidae. *Annals of the Entomological Society of America*, 10: 219-231.

Jose A R, Therezinha de J P, Fabio S P G, Renato J P M. 2009. The enigmatic genus *Ctenostylum* Macquart with the description of a new species from the Brazilian Amazon Basin and a checklist of world Ctenostylidae species (Diptera). *Zootaxa*, 2026: 63-68.

Joseph A N T. 1968. On the 'forms' of *Sphaerophoria* St. Fargeau and Serville (Diptera, Syrphidae) described by Brunetti from India. *Oriental Insects*, 1: 243-248.

Joseph A N T. 1970. Two new and two known species of *Sphaerophoria* St. Fargeau and Serville, 1828 (Diptera, Syrphidae). *Eos*, 45: 165-172.

Joseph A N T, Parui P. 1972. A new subgenus of *Musca* from India (Diptera: Muscidae). *Zoologischer Anzeiger*, 189 (3/4): 179-181.

Joseph A N T, Parui P. 1981. A new species of *Lonchoptera* Meigen (Diptera: Lonchopteridae) from North West India. *Bulletin of Zoological Survey of India*, 4 (3): 255-256.

Kaltenbach J H. 1856. Die deutschen Phytophagen aus der Klasse der Insekten (A). *Verhandlungen des Naturhistorischen Vereins der Preussischen Rheinlande und Westfalens, Bonn*, 13: 165-265.

Kaltenbach J H. 1858. Die deutschen Phytophagen aus der Klasse der Insekten (B). *Verhandlungen des Naturhistorischen Vereins der Preussischen Rheinlande und Westfalens, Bonn*, 15: 77-161.

Kaltenbach J H. 1864. Die deutschen Phytophagen aus der Klasse der Insekten (M-P). *Verhandlungen des Naturhistorischen Vereins der Preussischen Rheinlande und Westfalens, Bonn*, 21: 228-404.

Kaltenbach J H. 1867. Die deutschen Phytophagen aus der Klasse der Insekten (Q-R). *Verhandlungen des Naturhistorischen Vereins der Preussischen Rheinlande und Westfalens, Bonn*, 24: 21-117.

Kaltenbach J H. 1869. Die deutschen Phytophagen aus der Klasse der Insekten (S). *Verhandlungen des Naturhistorischen Vereins der Preussischen Rheinlande und Westfalens, Bonn*, 26: 106-224.

Kaltenbach J H. 1873. *Die deutschen Pflanzen-Feinde aus der Classe der Insecten*. Stuttgart: 289-848.

Kaltenbach J H. 1874. *Die Pflanzenfeide aus der Klasse der Insecte*. Stuttgart: Julius Hoffmann: 1-848.

Kandybina M N. 1961. On the diagnosis of the larvae of fruit flies of the family Trypetidae (Diptera). *Entomologicheskoe Obozrenie*, 40: 202-213.

Kandybina M N. 1962. On the diagnosis of the larvae of fruit flies of the family Trypetidae (Diptera). II. *Entomologicheskoe Obozrenie*, 41: 447-456.

Kandybina M N. 1966. Contribution to the study of fruit flies (Tephritidae, Diptera) in the far east of the USSR. *Entomologicheskoe Obozrenie*, 45: 678-687.

Kandybina M N. 1970. On the larvae of fruit flies of the family Tephritidae (Diptera) inhabiting the heads of Compositae. *Entomologicheskoe Obozrenie*, 49: 691-699.

Kandybina M N. 1972. Contribution to the study of the Tephritidae (Diptera) on the Mongolian People's Republic. *Entomologicheskoe Obozrenie*, 51: 909-918.

Kanervo E. 1934. Einige neue Syrphiden aus Petsamo. *Annales Societatis Zoologicae-Botanicae Fennicae "Vanamo"*, 14 (5): 115-135.

Kanervo E. 1938a. Die Syrphiden fauna (Diptera) Sibiriens in vorlaufiger Zusammenstellung. *Annales Entomologici Fennici*, 4 (3): 145-170.

Kanervo E. 1938b. Zur Systematik und Phylogenie der westpaläarktischen *Eristalis*-Arten (Diptera, Syrphidae) mit einer Revision derjenigen Finnlands. *Annales Universitatis Turkuensis*, (A) 6 (4): 5-54.

Kang Y S, Lee T J, Bahng K W. 1965. Three new species and two unrecorded species of Drosophilidae from Korea. *Korean Journal of Zoololgy*, 8: 51-54.

Kang Y S, Lee T J, Bahng K W. 1966. Two new species of the nenus *Mycodrosophila* (Diptera, Drosophilidae) from Korea. *Korean Journal of Zoololgy*, 9: 26-28.

Kanmiya K. 1971. Study on the genus *Dicraeus* Loew from Japan and Taiwan of China (Diptera, Chloropidae). *Mushi*, 45: 157-180.

Kanmiya K. 1977. Notes on the Genus *Mepachymerus* Speiser from Japan and Taiwan of China, with Descriptions of four new species (Diptera, Chloropidae). *Kurume University Journal*, 26 (1): 47-65.

Kanmiya K. 1978. Notes on the genus *Chlorops* Meigen (Diptera, Chloropidae) from Japan and Taiwan of China. *Kontyû*, 46 (1): 52-76.

Kanmiya K. 1982. Two new species and three new records of the genus *Siphunculina* Rondani from Japan (Diptera: Chloropidae). *Japanese Journal of Sanitary Zoology*, 33 (2): 111-121.

Kanmiya K. 1983. A systematic study of the Japanese Chloropidae (Diptera). *Memoirs of the Entomological Society of Washington*, 11: 1-370.

Kanmiya K. 1987. A study on the genus *Rhodesiella* Adams from Taiwan of China (Diptera: Chloropidae). *Sieboldia*, (Suppl.): 11-30.

Kano R. 1950. Notes on the flies of medical importance in Japan (Part I). Flies of Hokkaido. *Japanese Journal of Experimental Medicine*, 20: 823-831.

Kano R. 1962. Notes on the flies of medical importance in Japan. Part XVI. Three new species of the genus *Melinda* (Calliphoridae, Diptera) from Japan. *Japanese Journal of Sanitary Zoology*, 13 (1): 1-6.

Kano R, Field G, Shinonaga S. 1967. Sarcophagidae (Insecta: Diptera). *In*: Ikada Y, Shiraki T, Uchida T, Kuroda N, Yamashina Y. 1967. *Fauna Japonica*, 7. Tokyo: Biogeographical Society of Japan: i-xii, 1-168, pls 1-41.

Kano R, Kaneko K, Shinonaga S. 1964. Notes on the medically important flies collected on the Amami-Oshima Islands and Tokara Islands. *Kontyû*, 32 (1): 129-135.

Kano R, Kurahashi H. 2000. Two new and one newly recorded species of flesh flies from the Northern Vietnam (Diptera, Sarcophagidae). *Bulletin of Naturional Scientific Museum*, Serie A, 26 (2): 43-50.

Kano R, Lopes H S. 1969. Two new species of *Burmanomyia* Fan (Diptera: Sarcophagidae). *Pacific Insects*, 11 (3-4): 521-523.

Kano R, Lopes H S. 1979. On the species of *Sarcorohdendorfia* belonging to the *inextricata* group (Diptera, Sarcophagidae). *Revista Brasiliera de Biologia*, 39 (3): 615-625.

Kano R, Lopes H S. 1981a. On *Johnstonimyia* Lopes with descriptions of two new species from Australian region (Diptera, Sarcophagidae). *Revista Brasiliera de Biologia*, 41 (2): 295-298.

Kano R, Lopes H S. 1981b. On the genus *Phallosphaera* Rohdendorf, 1938 (Diptera: Sarcophagidae). *Revista Brasiliera de Biologia*, 41 (3): 575-578.

Kano R, Okazaki T. 1956. Notes on the flies of medical importance in Japan. Part X. Descriptions of four new species and one newly found species of *Sarcophaga* from Tokyo. *Bulletin of Tokyo Medical and Dental University*, 3 (1): 73-80.

Kano R, Shinonaga S. 1966. Notes on the flies of medical importance in Japan. Part XXV. Descriptions of two species belonging to the genus *Protocalliphora* (Diptera: Calliphoridae). *Japanese Journal of Sanitary Zoology*, 17 (3): 164-168.

Kano R, Shinonaga S. 1967. *Horisarcophaga* nom. nov. instead of Horia Kano. *Japanese Journal of Sanitary Zoology*, 18 (4): 240.

Kano R, Shinonaga S. 1968. Calliphoridae (Insecta: Diptera). *In*: Ikada Y, Shiraki T, Uchida T, Kuroda N, Yamashina Y. 1968. *Fauna Japonica*. Tokyo: Biogeographical Society of Japan: i-ix + 1-181 + pls. 1-23.

Kano R, Sooksri V. 1977. Two new species of sarcophagid flies from Thailand (Diptera: Sarcophagidae). *Pacific Insects*, 17 (2-3): 233-235.

Kapoor V C. 1971. A new species of the genus *Meracanthomyia* Hendel from India (Tephritidae: Dacinae). *Oriental Insects*, 5 (4): 483-486.

Kapoor V C. 1993. *Indian Fruit Flies* (*Insecta: Diptera: Tephritidae*). New Delhi: Oxford and IBH Publishing Co. Pvt. Ltd.: 1-228.

Kapoor V C, Agarwal M L. 1978. New record of the genus *Chenacidiella* Shiraki with description of its new species and distribution records of other fruit flies (Diptera: Tephritidae) from India. *Zoological Journal of Linnean Society*, 64: 197-200.

Kapoor V C, Agarwal M L, Grewal J S. 1977a. Zoogeography of Indian Tephritidae. *Oriental Insects*, 11 (4): 605-621.

Kapoor V C, Agarwal M L, Grewal J S. 1977b. Two new species of Pipunculidae (Diptera: Pipunculidae) from Ranikhet, Kumaon hills, India. *Bulletin of Entomology*, 18: 74-77.

Kapoor V C, Malla Y K, Rajbhandari Y. 1979. Syrphid flies (Diptera: Syrphidae) from Kathmandu valley, Nepal with a check list of Syrphidae of Nepal. *Journal of Natural History Museum, Tribhuvan University, Kathmandu*, 3: 51-68.

Kappa A. 2008. Catalogue of Latvian flies (Diptera: Brachycera). *Latvijas Entomologs*, 46: 4-43.

Karaman Z S. 1939a. II. Beitrag zur Kenntnis der Nycteribien. *Annales of Musei on Serbia*, 1 (3): 31-44.

Karaman Z S. 1939b. III. Beitrag zur Kenntnis der Nycteribien. *Bulletin de la Societe des Sciences, Skoplje*, 20: 131-134.

Karl O. 1917. *Chortophila sepia* Mg. Und ihr Werwandtschaftskreis. *Stettiner Entomologische Zeitung*, 78: 292-302.

Karl O. 1926. Minenzuchtergebnisse. I. *Stettiner Entomologische Zeitung*, 87: 136-138.

Karl O. 1928. Zweiflügler oder Diptera. II: Muscidae. *In*: Dahl F. 1928. *Tierwelt Deutschlands*, 13: IV + 1-232.

Karl O. 1929. Ergänzungen und Berichtigungen zu meiner Arbeit über die Musciden. *Zoologischer Anzeiger*, 80: 273-279.

Karl O. 1930. Ergänzungen und Berichtigungen zu meiner Arbeit über die Musciden (Prof. Dr. Fr. Dahl, Die Tierwelt Deutschlands, Teil 13). Teil LT. *Zoologischer Anzeiger*, 86: 161-174.

Karl O. 1932. Ergänzungen und Berichtigungen zu meiner Arbeit über die Musciden (Prof. Dr. Fr. Dahl, Die Tierwelt Deutschlands, Teil 13). Teil III. *Zoologischer Anzeiger*, 98: 299-306.

Karl O. 1935. Aussereuropaische Musciden (Anthomyiden) aus dem Deutschen Entomologischen Institut. *Arbeiten über Morphologische und Taxonomische Entomologie*, 2: 29-49.

Karl O. 1936. Ergänzungen und Berichtigungen zu meiner Arbeit über die Musciden. (Prof. Dr. Fr. Dahl, Die Tierwelt Deutschlands, Teil 13). Teil V. *Stettiner Entomologische Zeitung*, 97: 137-140.

Karl O. 1937. *Hylemyia* (*Delia*) *trispinosa* n. Spec, eine neue Anthomyidae aus Ungarn. *Arbeiten iiber Morphologische und Taxonomische Entomologie aus Berlin-Dahlem*, 4 (2): 83-84.

Karl O. 1939a. Eine neue Anthomyidae (Diptera) aus Italien. *Bolletino dell'Istituto di Entomologica della Universita degli Studi di Bologna*, 11: 17-18.

Karl O. 1939b. Zwei neue Musciden (Anthomyiiden) aus der Mandschurei (Diptera). *Arbeiten über Morphologische und Taxonomische Entomologie*, 6 (3): 279-280.

Karl O. 1940. Neue paläarktische Musciden (Anthomyiiden) (Diptera). *Stettiner Entomologische Zeitung*, 101: 41-47.

Karl O. 1943. Ergänzungen und Berichtigungen zu meiner Arbeit über die Musciden. *Stettiner Entomologische Zeitung*, 104: 64-77.

Karsch F. 1884. Dipterologische Aphorismen. V. Die *Celyphus* des Berliner Museums. *Berliner Entomologische Zeitschrift*, 28: 172-173.

Kassebeer C F. 1996. Anmerkungen zur Nomenklatur einiger palaarktischen Arten der Gattung *Mallota* Meigen, 1822 (Diptera, Syrphidae). *Studia Dipterologic*, 3 (1): 161-164.

Kassebeer C F. 1999. Eine neue Gattung der *Brachyopini* (Diptera, Syrphidae) aus dem Mittleren Atlas. Beitrage zur Schwebfliegenfauna Marokkos 8. *Dipteron*, 2: 11-24.

Kassebeer C F. 2000. *Afroxanthandrus* gen. nov. (Diptera, Syrphidae), eine neue Gattung der Syrphinae aus Westafrika. *Dipteron*, 3: 149-158.

Kassebeer C F. 2001. Uber eine ungewohnliche *Brachyopa* Meigen, 1822 (Diptera, Syrphidae) aus Tunesien. *Dipteron*, 4: 37-42.

Kato D, Tachi T. 2016. Revision of the Rhinophoridae (Diptera: Calyptratae) of Japan. *Zootaxa*, 4158 (1): 81-92.

Kato S. 1936. A new and four unrecorded species of Phaoniinae (Diptera, Muscidae) from Japan. *Insecta Matsumurana*, 11 (1-2): 24-27.

Kato S. 1941. Taxonomic notes on *Pegomyia hyoscyami* Panzer (Diptera, Muscidae) and its allied species in Nippon. *Kontyû*, 15 (2): 55-68.

Kato S. 1949. A preliminary report on a survey of agricultural insect pests in Chahar, Shiyuan and northern Shansi. *Peking Natural History Bulletin*, 18 (1): 11-36.

Kehlmaier C. 2005a. Taxonomic studies on Palaearctic and Oriental Eudorylini (Diptera: Pipunculidae), with the description of three new species. *Zootaxa*, 1030 (1): 1-48.

Kehlmaier C. 2005b. Taxonomic revision of European Eudorylini (Insecta, Diptera, Pipunculidae). *Verhandlungen des Naturwissenschaftlichen Vereins in Hamburg*, 41: 45-353.

Keiser F. 1951. Die Unterfamilie der Lochmostyliinae (Diptera, Pyrgotidae) nebst Beschreibung einer neuen Gattung und Art aus dem indo-australischen Faunengebiet. *Mitteilungen der Schweiz Entomologischen Gesellschaft*, 24: 113-124.

Keiser F. 1958. Beitrag zur Kenntnis der Syrphidenfauna von Ceylon (Diptera). *Revue Suisse de Zoologie*, 65: 185-239.

Keiser F. 1971. Syrphidae von Madagaskar (Diptera). *Verhandlungen der Naturforschenden Gesellschaft in Basel*, 81: 223-318.

Kemner N A. 1932. Zur Kenntnis der javanischen Termitoxenien, mit Bemerkungen über ihre Morphologie un Biologie. *Entomologisk Tidskrift*, 53: 17-29.

Kenneth G, Smith V, Cogan B H, Pont A C. 1969. A Bibliography of James Edward Collin 1876-1968. *Journal of the Society for the Bibliography of Natural History*, 5 (3): 226-235.

Kertész K. 1897. Loxoneura fascialis. *Természetrajzi Füzetek*, 20: 617-619.

Kertész K. 1899. Verzeichniss einiger, von L. Biro in Neu-Guinea und am malayischen Archipel gesammelten Dipteren. *Természetrajzi Füzetek*, 22: 173-195.

Kertész K. 1900. Beiträge zur Kenntnis der Indo-Australischen *Sapromyza*-Arten. *Természetrajzi Füzetek*, 23: 254-276.

Kertész K. 1901a. Neue und bekannte Dipteren in der Sammlung des Ungarischen National-Museums. *Természetrajzi Füzetek*, 24: 403-432.

Kertész K. 1901b. Über Indo-Australische Lonchaeiden. *Természetrajzi Füzetek*, 24: 82-87.

Kertész K. 1901c. Legyek-Dipteren. *In*: Horváth G. 1901. *Zoologische Ergebnisse der dritten asiatischen Forschungsreise des Grafen Eugen Zichy*. Budapest-Leipzig, 2: 181-201.

Kertész K. 1903. Die Pipunculus-Arten süd-Asiens und Neu-Guineas. *Annales Historico-Naturales Musei Nationalis Hungarici*, 1: 465-471.

Kertész K. 1904. Eine neue Gattung der Sapromyziden. *Annales Historico-Naturales Musei Nationalis Hungarici*, Budapest, 2: 73-75.

Kertész K. 1906. Eine neue Gattung der Heteroneuriden. *Annales Historico-Naturales Musei Nationalis Hungarici*, 4: 320-322.

Kertész K. 1907. Vier neue *Pipunculus*-Arten. *Annales Historico-Naturales Musei Nationalis Hungarici*, 5: 579-583.

Kertész K. 1908. Zwei neue *Fucellia*-Arten. *Wiener Entomologische Zeitung*, 27 (2-3): 71-72.

Kertész K. 1909. *Catalogus Dipterorum Hucusque Descriptorum*. Vol. VI. Budapestini: Museum Nationale Hungaricum: 1-362.

Kertész K. 1910. *Catalogus Dipterorum Hucusque Descriptorum. Volumen VII. Syrphidae, Dorylaidae, Phoridae, Clythiidae*. Museum Nationale Hungaricum, Budapestini [= Budapest]: 1-470.

Kertész K. 1912. H. Sauter's Formosa-Ausbeute. Dorylaidae (Diptera). *Annales Historico-Naturales Musei Nationalis Hungarici*, 10: 285-299.

Kertész K. 1912. Über einige Muscidae acalyptratae. *Annales Historico-Naturales Musei Nationalis Hungarici*, 10: 541-548.

Kertész K. 1913a. Three new species of the genus *Cerioides* from the Oriental Region. *Annales Historico-Naturales Musei Nationalis Hungarici*, 11: 404-408.

Kertész K. 1913b. H. Sauter's Formosa-Ausbeute. Syrphidae. [Diptera]. *Annales Historico-Naturales Musei Nationalis Hungarici*, 11: 273-285.

Kertész K. 1913c. H. Sauter's Formosa Ausbeute. Lauxaniidae (Diptera). I. *Annales Historico-Naturales Musei Nationalis Hungarici*, Budapest, 11: 88-102.

Kertész K. 1914a. Some remarks on *Cadrema Lonchopteroides* Walk. With description of a new *Musidora* from the Oriental region. *Annales Historico-Naturales Musei Nationalis Hungarici*, 12: 674-675.

Kertész K. 1914b. H. Sauter's Formosa-Ausbeute. Syrphidae. II. *Annales Historico-Naturales Musei Nationalis Hungarici*, 12: 73-87.

Kertész K. 1914c. *Myrmecosepsis*, a new genus of Diptera with very reduced wings. *Annales Historico-Naturales Musei Nationalis Hungarici*, Budapest. 12: 244-246.

Kertész K. 1915a. Contributions to the knowledge of the Dorylaidae. *Annales Historico-Naturales Musei Nationalis Hungarici*, 13: 386-392.

Kertész K. 1915b. H. Sauter's Formosa Ausbeute. Lauxaniidae (Dipt). II. *Annales Historico-Naturales Musei Nationalis Hungarici*, 13: 491-534.

Kessel E L. 1965a. *Lindneromyia*, a new genus of flat-footed flies, and the descriptions of two new species of Platypezidae from Africa (Diptera). *Stuttgarter Beiträge zur Naturkunde*, 143: 1-6.

Kessel E L. 1965b. *Symmetricella*, a new genus of Platypezidae from Peru (Diptera). *Wasmann Journal of Biology*, 23: 235-239.

Kessel E L, Clopton J R. 1969. The Platypezidae of the Oriental Zoogeographic Region and islands to the east, with descriptions of four new species (Diptera). *Wasmann Journal of Biology*, 27: 25-73.

Kessel E L, Maggioncalda E A. 1968. A revision of the genera of Platypezidae with the descriptions of five new genera and consideration of phylogeny, circumversion and hypopygia (Diptera). *Wasmann Journal of Biology*, 26: 33-106.

Khoso F N, Wong S K, Chia S L, Lau W H. 2015. Assessment of non-biting synanthropic flies associated with fresh markets. *Journal of Entomology and Zoological Studies*, 3 (1): 13-20.

Kieffer J J. 1898. Description de deux Diptères fucivores recueillis aux Petites-Dalles (Seine-infér.). *Annales de la Societe de Entomologique de France*, 67: 100-104.

Kikkawa H, Peng F T. 1938. *Drosophila* species of Japan and adjacent localities. *Japanese Journal of Zoology*, 7: 507-552.

Kim K C. 1972. The New World genus *Parasphaerocera* and allied groups, with descriptions of new genera and species (Diptera: Sphaeroceridae). *Miscellaneous Publications of the Entomological Society of America*, 8 (6): 377-444.

Kim S K, Han H Y. 2000. A taxonomic revision of the genera *Eupyrgota* and *Paradapsilia* in Korea (Diptera: Pyrgotidae). *Korean Journal of Entomology*, 30 (4): 219-233.

Kim S K, Han H Y. 2001. A systematic study of the genera *Adapsilia* and *Parageloemyia* in Korea. *Insecta Koreana*, 18 (3): 255-291.

Kim S K, Han H Y. 2009. Taxonomic review of the Korean Pyrgotidae (Insecta: Diptera: Tephritoidea). *Korean Journal of Systematic Zoology*, 25 (1): 65-80.

Kimura M T. 1983. A new species of the *Drosophila auraria* complex, *D. subauraria*, from northern Japan (Diptera, Drosophilidae). *Kontyû*, 51: 593-595.

Kirby W F. 1884. On the Diptera collected during the recent expedition of H.M.S. 'Challenger'. *Annals and Magazine of Natural History*, (5) 13: 456-460.

Kirby W, Spence W. 1815. An Introduction to Entomology, or Elements of the Natural History of Insects (Ed. 1). Vol. 1. London: Longman: i-xxiii + 1-512, pls. 1-3.

Kirby W, Spence W. 1817. An Introduction to Entomology, or Elements of the Natural History of Insects (Ed. 1). Vol. 2. London: Longman: 1-529.

Kirk-Spriggs A H. 2010. A revision of Afrotropical quasimodo flies (Diptera: Curtonotidae: Schizophora). Part I — The genus *Axinota* van der Wulp, with the description of three new species. *African Entomology*, 18 (1): 99-126.

Kirner S H, Lopes H S. 1961. A new species of *Boettcherisca* Rohdendorf, 1937 from Taiwan (Diptera, Sarcophagidae). *Memórias do Instituto Oswaldo Cruz*, 59 (1): 65-67.

Kishida K. 1932. Diptera Pupipara. *In*: Uchida, *et al*. 1932. *Iconography of Insect, Japónica*, Tokyo. Ed. 1: 236-249.

Klein J M. 1970. Faune des Nycteribiidae du Cambodge (Diptera, Pupipara). *Bulletin de la Société Entomologique de France*, 75: 46-53.

Klocker A. 1924. On a collection of syrphids from Queensland with descriptions of a new genus and of eight new species. *Memoirs of the Queensland Museum*, 8: 53-60.

Klymko J, Marshall S A. 2011. Systematics of New World *Curtonotum* Macquart (Diptera: Curtonotidae). *Zootaxa*, 3079: 1-110.

Knab F. 1914a. The oriental trigonometopine flies. *Insecutor Inscitiae Menstruus*, 2: 131-133.

Knab F. 1914b. Drosophilidae with parasitic larvae (Diptera). *Insecutor Inscitae Menstruus*, 2: 165-169.

Knutson L V, Thompson F C, Vockeroth J R. 1975. Family Syrphidae. *In*: Delfinado M D, Hardy D E. 1975. *A Catalogue of the Diptera of the Oriental Region*. Vol. 2. *suborder Brachycera through division Aschiza, suborder Cyclorrhapha*. Honolulu: University Press of Hawaii: 307-386.

Kocha T. 1969. On the Japanese species of the genus *Nemoraea* Robineau-Desvoidy, with descriptions of two new species (Diptera: Tachinidae). *Kontyû*, 37: 344-354.

Kohli V K. 1987. Taxonomy and zoogeography of syrphid flies (Diptera: Syrphidae) of northern India. Thesis Abstr. *Haryana Agriculture University*, 13: 132.

Kohli V K, Kapoor V C, Gupta S K. 1988. On one new genus and nine species of syrphid flies (Diptera: Syrphidae) from India. *Journal of Insect Science*, 1: 113-127.

Koizumi K. 1959. On four dorilaid parasites of the green rice leafhopper, *Nephotettixcincticeps* Uhler (Diptera). *Scientific Reports of the Faculty of Agriculture Okayama University*, 13: 37-45.

Koizumi K. 1960. A new dorilaid parasite of the zig-zag striped leafhopper, *Inazuma dorsalis* (Motschulsky) and notes on other paddy-field inhabiting Dorilaidae (Diptera). *Scientific Reports of the Faculty of Agriculture Okayama University*, 16: 33-42.

Kolenati F A. 1857. Synopsis prodroma der Nycteribien. *Wiener Entomologische Monatschrift*, 1: 61-62.

Kolenati F A. 1863. Beiträge zur Kenntniss der Phthirio-Myiarien. Versuch einer Monographie der Aphanipteren, Nycteribien und Strebliden. *Horae Societatis Entomologicae Rossicae*, 2: 9-109.

Kolomiets N G. 1966. Parasitic Diptera of subfam. Dexiinae (Diptera, Larvaevoridae). Genera *Phorostoma* and *Billaea* in the fauna of the USSR. *Novye I Maloizvestnye Vidy Fauny Sibiri*, 1966: 57-104.

Kolomiets N G. 1967. The review of parasitic Diptera of the genus *Eriothrix* Mg. (Diptera, Tachinidae) from the fauna of the USSR. *Entomologicheskoe Obozrenie*, 46: 241-258.

Kolomiets N G. 1970. Parasitic Diptera of the genus *Dexia* Mg. (Diptera, Tachinidae) to the USSR fauna. *Novye I Maloizvestnye Vidy Fauny Sibiri*, 3: 53-76.

Kolomiets N G. 1971. The parasitic Diptera of the genus *Zeuxia* Meig. (Diptera, Tachinidae) in the fauna of the USSR. *Novye I Maloizvestnye Vidy Fauny Sibiri*, 4: 28-61.

Kolomiets N G. 1973. Parasitic Diptera of the genus *Myiostoma* R.-D. (Diptera, Tachinidae) from the USSR fauna. *Novye I Maloizvestnye Vidy Fauny Sibiri*, 6: 85-95.

Kolomiets N G. 1977. New data on the parasitic Diptera Phasiinae from Siberia and the Far East. *Izv. Sib. Otdel. Akad. Nauk SSSR*, 3: 52-55.

Kong F J, Kong X L. 1992. A report on survey of new recorded fly species at Kong-lin park area. *Chinese Journal of Vector Biology and Control*, 3 (1): 14-15. [孔繁吉, 孔祥良. 1992. 孔林内有瓣蝇类新记录种调查报告. 中国媒介生物学及控制杂志, 3 (1): 14-15.]

Korneyev V A. 1982. On the fruit fly fauna of the European Territory of the USSR. *Vestnik Zoologii*, 1982 (2): 83-84.

Korneyev V A. 1985. Fruit flies of the tribe Terelliini Hendel, 1927 (Diptera: Tephritidae) of the fauna of the USSR. *Entomologicheskoe Obozrenie*, 64 (3): 626-644.

Korneyev V A. 1987a. Tephritid flies of the tribes Oedaspidini, Aciurini and Myopitini (Diptera: Tephritidae) from the Soviet Far East. New contributions to the systematics of insects of the Far East. *Vladivostok*, 1987: 122-129.

Korneyev V A. 1987b. A revision of the subgenus *Cerajocera* stat. n. of the genus *Terellia* (Diptera: Tephritidae) with description of a new species of fruit flies. *Zoologičheskiĭ Žhurnal*, 66: 237-243.

Korneyev V A. 1989. A review of Palaearctic species of the genus *Hendrella* (Diptera: Tephritidae). *Zoologičheskiĭ Žhurnal*, 68 (6): 87-92.

Korneyev V A. 1990a. A review of *Sphenella* and *Paroxyna* series of genera (Diptera. Tephritidae. Tephritinae) of Eastern Palaearctic. *Insects of Mongolia*, 11: 395-470.

Korneyev V A. 1990b. Tephritid flies of the subfamilies Phytalmiinae, Acanthonevrinae and Adraminae (Diptera: Tephritidae) of the Soviet Far East. New contributions to the systematics of insects of the Far East. *Vladivostok*, 1990: 116-125.

Korneyev V A. 1991a. Tephritid flies of the genera allied to *Euleia* (Diptera: Tephritidae) in the USSR. Communication I. *Vestnik Zoologii*, 1991 (3): 8-17.

Korneyev V A. 1991b. Tephritid flies of the genera allied to *Euleia* (Diptera: Tephritidae) in the USSR. Communication II. *Vestnik Zoologii*, 1991 (4): 30-37.

Korneyev V A. 1992. Reclassification of the Palaearctic Tephritidae (Diptera). Communication I. *Vestnik Zoologii*, 1992 (4): 31-38.

Korneyev V A. 1993a. A revision of Palaearctic fruit flies of the genus *Homoeotricha* Hering (Diptera Tephritidae, Tephritinae). *Russian Entomological Journal*, 2: 119-128.

Korneyev V A. 1993b. New genus and species of tephritid flies (Diptera, Tephritidae) from the Russian Far East. *Zoologičheskiĭ Žhurnal*, 72 (4): 142-144.

Korneyev V A. 1994. Reclassification of the Palaearctic Tephritidae (Diptera). Communication 2. *Vestnik Zoologii*, 1994 (1): 3-17.

Korneyev V A. 2001. New records of Oriental Ctenostylidae (Diptera, Acalyptrata), with discussion of the position of the family. *Vestnik Zoologii*, 35 (3): 47-60.

Korneyev V A. 2004. Genera of Palaearctic Pyrgotidae (Diptera, Acalyptrata), with nomenclatural notes and a key. *Vestnik Zoologii*, 38 (1): 19-46.

Korneyev V A. 2014a. Pyrgotid flies assigned to *Apyrgota*. I. New species and synonyms in *Eupyrgota* (s. str.) (Diptera, Pyrgotidae), with the description of a new subgenus. *Vestnik Zoologii*, 48 (2): 111-128.

Korneyev V A. 2014b. Pyrgotid flies assigned to *Apyrgota*. II. New synonyms in *Eupyrgota* (subgenus *Taeniomastix*) (Diptera, Pyrgotidae), with key to subgenera and species. *Vestnik Zoologii*, 48 (3): 211-220.

Korneyev V A. 2015a. Pyrgotid flies assigned to *Apyrgota*. III. Species of *Afropyrgota* gen. n. and *Tylotrypes* (Diptera, Pyrgotidae). *Vestnik Zoologii*, 49 (1): 25-40.

Korneyev V A. 2015b. Review of the genus *Geloemyia* (Diptera, Pyrgotidae), with discussion of its taxonomic position. *Vestnik Zoologii*, 49 (6): 497-518.

Kovalev V G, Morge G. 1989. Families Lonchaeidae. *In*: Soós Á, Papp L. 1989. *Catalogue of Palaearctic Diptera*. Vol. 9. Budapest & Amsterdam: Akadémiai Kiadó & Elsevier Science Publishers: 247-259.

Kowarz F. 1873. Beitrag zur Dipteren-Fauna Ungarns. *Verhandlungen der [K.-K. (= Kaiserlich-Königlichen)] Zoologisch-Botanischen Gesellschaft in Wien*, 23 (Abhandl.): 453-464.

Kowarz F. 1880. Die Dipterengattung Lasiops, Mg. Ap. Rd., ein Beitrag zum Studium der europäischen Anthomyiden. *Mitteilungender Munchener Entomologischen Gesellschaft*, 4: 123-140.

Kowarz F. 1885a. *Mikia* nov. gen. dipterorum. *Wiener Entomologische Zeitung*, 4: 51-52.

Kowarz F. 1885b. Beitrage zu einem Verzeichniss [sic] der Dipteren Bohmens. V. *Wiener Entomologische Zeitung*, 4: 105-108 [1885], 133-136 [1885], 167-168 [1885], 201-208 [1885], 241-244 [1885].

Kowarz F. 1887. Beiträge zu einem Verzeiechnisse der Dipteren Böhmens. *Wiener Entomologische Zeitung*, 6: 146-154.

Kowarz F. 1893a. Calliophrys novum Coenosiarum genus. *Wiener Entomologische Zeitung*, 12: 49-52.

Kowarz F. 1893b. Coenosinen mit unverkürzter sechster Längsader. *Wiener Entomologische Zeitung*, 12: 138-146.

Kowarz F. 1894. *Catalogue insectorum faunae bohemicae II. Fliegen (Diptera) Böhmens. Prague*: 1-42.

Kramer H. 1908a. *Sarcophaga*-Arten der Oberlausitz. *Entomologische Wochenblatt*, 25: 152-153.

Kramer H. 1908b. *Sarcophaga affinis* Fll. Und Verwandte. *Entomologische Wochenblatt*, 25: 200-201.

Kramer H. 1909. Nonnenparasiten aus der Gattung *Sarcophaga*. *Entomologische Rundschau*, 26: 83.

Kramer H. 1910. Zur näheren Kenntnis der Dipterengattung *Lucilia* R.-D. *Entomologische Vereinsblätter* (6). *Entomologische Rundschau*, 27: 34-35.

Kramer H. 1911. Die Tachiniden der Oberlausitz. *Abhandlungen der Naturforschenden Gesellschaft zu Görlitz*, 27: 117-166.

Kramer H. 1917. Die Musciden der Oberlausitz. *Abhandlungen der Naturforschenden Gesellschaft zu Görlitz*, 28: 257-352.

Krivosheina M G. 1986. Revizia palearkticheskikh vidov mukh-beregovushek roda *Dichaeta* (Diptera, Ephydridae). *Zoologičeskiĭ Žhurnal*, 65 (5): 809-813.

Krivosheina M G. 1998. A revision of the shore-fly genus *Notiphila* Fallén of Palaearctic (Diptera, Ephydridae). *International Journal of Dipterological Research*, 9 (1): 31-63.

Krivosheina M G, Zatwarnicki T. 1997. Some notes on the Old World *Allotrichoma* (Diptera: Ephydridae) with description of three new species. *Polish Journal of Entomogy*, 5 (66): 291-310.

Krivosheina N P. 2002. A morphological and faunal study of flies of the *Temnostoma bombylans* species-group (Diptera, Syrphidae). *Entomological Review*, 82: 1254-1264.

Krivosheina N P, Mamaev B M. 1962. Larvae of the European species of the genus *Temnostoma* (Diptera, Syprhidae). *Entomologicheskoe Obozrenie*, 41: 921-930.

Kröber O. 1912. Beitrag zur Biologie der Drosophilinae. *Zeitschrift für Wissenschaftliche Insektenbiologie* (*N. S.*), 8: 235-236.

Kröber O. 1913. H. Sauter's Formosa-Ausbeute. Thereviden II, Conopiden (Diptera). *Entomologische Mitteilungen*, 2 (9): 276-282.

Kröber O. 1915a. Die Palaearktischen Arten der Gattung *Physocephala* Schin. *Wiegmann's Archiv für Naturgeschichte*, 80A (10): 43-77.

Kröber O. 1915b. Die Gattung *Melanosoma* Rob.-Desv. *Wiegmann's Archiv für Naturgeschichte*, 80A (10): 77-87.

Kröber O. 1915c. Die Gattung *Zodion* Latr. *Wiegmann's Archiv für Naturgeschichte*, 81A (4): 83-117.

Kröber O. 1915d. Die indo-australischen und südamerikanischen *Physocephala* Arten. *Wiegmann's Archiv für Naturgeschichte*, 81A (4): 117-145.

Kröber O. 1915e. Die kleineren Gattungen der Conopiden. *Wiegmann's Archiv fur Naturgeschichte*, 81A (1): 68-89.

Kröber O. 1916a. Die palaearktischen *Myopa*-Arten. *Wiegmann's Archiv für Naturgeschichte*, 81A (7): 71-93.

Kröber O. 1916b. Die palaearktischen Arten der Gattung *Conops* L. *Wiegmann's Archiv für Naturgeschichte*, 81A (11): 35-60.

Kröber O. 1927. Beiträge zur Kenntnis der Conopidae. *Konowia*, 6: 122-143.

Kröber O. 1933. Schwedisch-chinesische wissenschaftliche Expedition nach den nordwestlichen Provinzen Chinas, unter Leitung von Dr. Sven Hedin und Prof. Sü Ping-chang. Insekten gesammelt vom schwedischen Arzt der Expedition Dr. David Hummel 1927-1930. 14. Diptera. 6. Tabaniden, Thereviden und Conopiden. *Arkiv för Zoologie*, 26A (8): 1-18.

Kröber O. 1936. Omphraliden, Thereviden und Conopiden vom Belgischen Kongo und den Nachbargebieten. *Revue de Zoologie et de Botanique Africaines*, 28: 253-286.

Kröber O. 1937. Neue Beiträge zur Kenntnis der Conopidae. *Stettiner Entomologische Zeitung*, 98: 96-100.

Kröber O. 1939. Beiträge zur Kenntnis der Conopiden. 1. *Annals and Magazine of Natural History*, (11) 4: 362-395.

Kugler J. 1968. Tachinidae of Israel. III. Description of six new species. *Israel Journal of Entomology*, 3: 59-68.

Kühn J. 1870. Mitteilungen des landschaftlichen Instituts der Universität Halle. 8. Die Lupinenfliege, *Anthomyia funesta* Jul. Kühn. *Zeitschr. Landw. Centralver. Prov. Sachsen*, 6: 3.

Kumar A, Gupta J P. 1985. Further records of two more drosophilid species (Diptera: Drosophilidae) from Kashmir, India. *Entomon*, 10 (2): 139-143.

Kumar A, Gupta J P. 1988. Additions to the drosophilid fauna of Northeast Indian (Diptera). *Annales de la Societe Entomologique de France* (*N.S.*), 24 (3): 337-342.

Kuntze A. 1894. Eine neue *Chortophila* Macq. *Deutsche Entomologische Zeitschrift*: 335-336.

Kurahashi H. 1964a. Studies of the calyptrate muscoid flies from Japan. I. Revision of the genera *Calliphora*, *Aldrichina* and *Triceratopyga* (Diptera, Calliphoridae). *Kontyû*, 32 (2): 226-232.

Kurahashi H. 1964b. Studies of the calyptrate muscoid flies from Japan. III. Revision of the genus *Polleniopsis* (Diptera,

Calliphoridae). *Kontyû*, 32: 484-489.

Kurahashi H. 1965. Studies of the calyptrate muscoid flies from Japan. IV. Revision of the genus *Paradichosia*, with descriptions of two new species (Diptera, Calliphoridae). *Kontyû*, 33 (1): 46-52.

Kurahashi H. 1967. Studies of the calyptrate muscoid flies from Japan. VI. Revision of the tribes Bengaliini and Polleniini of the subfamily Calliphoridae and the subfamilies Chrysomyinae and Rhiniinae (Diptera, Calliphoridae). *The Science Reports of the Kanazawa University*, 12 (2): 255-302.

Kurahashi H. 1970a. Studies on the calypterate muscoid flies in Japan. VII. Revision of the subfamily Miltogramminae (Diptera, Sarcophagidae). *Kontyû*, 38 (2): 93-116.

Kurahashi H. 1970b. Tribe Calliphorini from Australian and Oriental Regions. I. *Melinda*-group (Diptera: Calliphoridae). *Pacific Insects*, 12 (3): 519-542.

Kurahashi H. 1971. Tribe Calliphorini from Australian and Oriental Regions. II. *Calliphora*-group (Diptera: Calliphoridae). *Pacific Insects*, 13 (1): 141-204.

Kurahashi H. 1972a. Tribe Calliphorini from Australian and Oriental Regions. III. A new *Calliphora* from Phoenix Island, with an establishment of a new subgenus group (Diptera: Calliphoridae). *Pacific Insects*, 14 (2): 435-438.

Kurahashi H. 1972b. Tribe Calliphorini from Australian and Oriental Regions. IV. *Onesia*-group: genus *Polleniopsis* (Diptera: Calliphoridae). *Pacific Insects*, 14 (4): 709-724.

Kurahashi H. 1973. Studies on the calypterate muscoid flies in Japan. X. Genus *Synorbitomyia* (Diptera, Sarcophagidae). *New Entomologist*, 22 (1-2): 17-20.

Kurahashi H. 1974. Note on the genus *Amobia* from the Indo-Australian area with description of a new species (Diptera, Sarcophagidae). *Pacific Insects*, 16 (1): 57-60.

Kurahashi H. 1975. Studies on the calypterate muscoid flies in Japan. XI. Subfamily Agriinae (Diptera, Sarcophagidae). *Kontyû*, 43 (2): 202-213.

Kurahashi H. 1977. Tribe Luciliini from Australian and Orienrtal Regions. I. Genus *Hypopygiopsis* Townsend (Diptera, Calliphoridae). *Kontyû*, 45 (4): 553-562.

Kurahashi H. 1978. Tribe Calliphorini from Australian and Orienrtal Regions. V. *Onesia*-group: genus *Tainanina* (Diptera, Calliphoridae). *Pacific Insects*, 18 (1-2): 1-8.

Kurahashi H. 1979. A new species of *Chrysomya* from Singapore, with notes on *C. defixa* (Diptera: Calliphoridae). *Journal of Medical Entomology*, 16 (4): 286-290.

Kurahashi H. 1987. Blow flies of medical importance in Taiwan of China (Diptera, Calliphoridae). 1. Tribes Calliphorini and Luciliini. *Sieboldia*, (Suppl.): 47-59.

Kurahashi H. 1989. 109. Family Calliphoridae. *In*: Evenhuis N L. 1989. *Catalog of the Diptera of the Australian and Oceanian Regions*. Bishop Museum Press, Honolulu and E J. Brill, Leiden. Special Publication N 86: 702-718.

Kurahashi H. 1994. A new species of *Wohlfahrtiodes* (Diptera, Sarcophagidae) from Kyushu, Japan. *Japanese Journal of Entomology*, 62 (2): 237-241.

Kurahashi H. 1998. Two new species of *Tricycleopsis* from Malaysia and Indonesia (Diptera: Calliphoridae). *Japanese Journal of Systematic Entomology*, 4 (2): 289-295.

Kurahashi H. 2000. On two undescribed species of *Protocalliphora* from Taiwan of China and Kyrgystan (Diptera: Calliphoridae). *Insects and Nature*, 35 (9): 27-30.

Kurahashi H, Chowanadisai L. 2001. Blow flies (Insecta: Diptera: Calliphoridae) from Indochina. *Species Diversity*, 6 (3): 185-242.

Kurahashi H, Kano R. 1995. A new lucilline blowfly (Diptera, Calliphoridae) from Taiwan of China. *Special Bulletin of the Japanese Society of Coleopterology*, (4): 487-490.

Kurahashi H, Leh M U. 2007. The flies from Sarawak, East Malaysia (Diptera: Muscidae, Calliphoridae, Sarcophagidae and Tachinidae). *Medical Entomology and Zoology*, 58: 261-273.

Kurahashi H, Park S H. 1972. A new species of the genus *Onesia* from Korea (Diptera: Calliphoridae). *Kontyû*, 40 (1): 22-24.

Kurahashi H, Thapa V K. 1994. Notes on the Nepalese calliphorid flies (Insecta: Diptera). *Japanese Journal of Sanitary Zoology*, 45 (Suppl.): 179-252.

Kurahashi H, Tumrasvin W. 1977. A new species of *Chrysomya* (Diptera, Calliphoridae) from Thailand and Burma. *Kontyû*, 45 (2): 242-246.

Kurahashi H, Tumrasvin W. 1992. Three new species of Rhiniinae from Thailand (Diptera: Calliphoridae). *Japanese Journal of Sanitary Zoology*, 43 (1): 37-45.

Kuroda M. 1954. Three new species and a new subspecies of Agromyzid flies from Japan. *Kontyû*, 21 (3-4): 76-83.

Kuznetzov S Y. 1985. Hover-flie of the genus *Scaeva* Fabricius (Diptera, Syrphidae) of the Palaearctic fauna. *Entomologicheskoe Obozrenie*, 64 (2): 398-418.

Kuznetzov S Y. 1994. *Cryptoeristalis*, a new subgenus of *Eoseristalis* Latreille (Diptera: Syrphidae), with a description of a new species from Caucasus. *Dipterological Research*, 5: 231-238.

Kwon Y J. 1985. Classification of the fruitfliy-pests from Korea. *Insecta Koreana*, (*Series 5*): 49-112.

Lamarck J B P A de. 1816. *Histoire Naturelle des animaux sans vertèbres, présentant les caractères généraux et particuliers de ces animaux, leur distribution, leurs classes, leurs familles, leurs genres, et la citation des principales espèces qui s'y rapportent; précédée d'une introduction offrant la détermination des caractères essentiels de l'animal, sa distinction du végétal et des autres corps naturels, enfin, l'exposition des principes fondamentaux de la zoologie*. Paris, 3: 1-586.

Lamb C G. 1912. Reports of the Percy Sladen Trust Expedition to the Indian Ocean in 1905. Vol. IV. No XIX.-Diptera: Lonchaeidae, Sapromyzidae, Ephydriae, Chloropidae, Agromyzidae. *Transactions of the Linnean Society of London*, (2, Zoology), 15: 303-348.

Lamb C G. 1914. The Percy Sladen Trust expedition to the Indian Ocean in 1905, under the leadership of Mr J. Stanley Gardiner, M.A. Vol. 5, No. XV.-Diptera: Heteroneuridae, Ortalidae, Trypetidae, Sepsidae, Micropezidae, Drosophilidae, Geomyzidae, Milichidae. *Transactions of the Linnean Society of London* (2, Zoology), 16: 307-372.

Lamb C G. 1918. Notes on exotic Chloropidae. Part I. Chloropinae. *Annals and Magazine of Natural History*, (9) 1: 329-349.

Lamb C G. 1922. The Percy Sladen Trust expedition to the Indian Ocean in 1905, under leadership of Mr. J. Stanley Gardiner M.A. Vol. 7. No. VIII-Diptera: Asilidae, Scenopinidae, Dolichopodidae, Pipunculidae, Syrphida. *Transactions of the Linnean Society of London* (2, Zoology), 18: 361-416.

Larrey [Monsieur le Baron]. 1872. [Extrait d'un travail manuscrit que lui a adressé M. Bérenger-Féraud, médecin en chef de la Marine, au Sénégal ... intitulé: Étude sur les larves de mouches qui se développent dans la peau de l'homme, au Sénégal]. *Compte Rendu Hebdomadaire вes Séances de l'Académie des Sciences*, 75: 1133-1134.

Laštovka P, Máca J. 1978. European species of the *Drosophila* sub-genus *Lordiphosa* (Diptera, Drosophilidae). *Acta Entomologica Bohemoslovaca*, 75: 404-420.

Laštovka P, Máca J. 1982. European and North American species of the genus *Stegana* (Diptera, Drosophilidae). *Annotations Zoologicae, Botanicae*, 149: 1-38.

Latreille P A. 1796a. *Précis des Caractères Génériques des Insectes, Disposés dans un ordre Naturel*. Paris: xiii + 1-179.

Latreille P A. 1796b. *Précis des Caractères Génériques des Insectes, Disposés dans un ordre Naturel*, 14. Prévôt, Paris, and Brive, Bordeaux, "an 5 de la R.": 1-201 (+ 7 unnumbered pp.).

Latreille P A. 1802. Histoire naturelle, générale *et* particulière des Crustacés *et* des Insectes. *Dufart, Paris* 3: 1-467.

Latreille P A. 1803. Histoire naturelle, générale *et* particulière des Crustacés *et* des Insectes. Tome troisième. *In*: Sonnini C S. 1803. *Histoire Naturelle par Buffon*. Paris: Hemipteres: 1-468.

Latreille P A. 1804. *Tableau Méthodique des Insectes*. *In*: Société de Naturalistes *et* d'Agriculteurs. 1804. Nouveau dictionnaire d'histoire naturelle, appliquée aux arts, principalement à I'agriculture *et* à l'économie rurale *et* domestique: par une société de naturalistes *et* d'agriculteurs: avec des figures tirées des trois Règenes de la Nature. 24 (sect. 3). Paris: Tableaux Méthodiques d'Histoire Naturelle: 129-200.

Latreille P A. 1805. Histoire naturelle, générale *et* particulière des Crustacés *et* des Insectes. Tome quatorzième. *In*: Sonnini C S. 1805. *Histoire naturelle par Buffon*. Paris: Hemipteres: 1-432.

Latreille P A. 1809. *Genera crustaceorum et insectorum secundum ordinem naturalem in familias disposita, inconibus exemplisque plurimis explicata*. Parisiis *et* Argentorati [= *Paris and Strasbourg*], 4: 1-399.Latreille P A. 1810. *Considérations générales sur l'ordre naturel des animaux composant les classes des crustacés, des arachnides et des insectes; avec un tableau méthodique de leurs genres, disposés en familles*. Paris: F. Schoell: 1-444.

Latreille P A. 1811. *Encyclopédie Méthodique*: *Histoire Naturelle*: *Insectes*, 8 (2): 361-722.

Latreille P A. 1818. Oestre. *In*: *Nouveau Dictionaire d'Histoire Naturelle*. Deterville, Paris, 23: 264-274.

Latreille P A. 1829. Les crustacés, les arachnides *et* les insectes, distribués en families naturelles, ouvrage formant les Tomes 4 *et* 5 de celui de M. le Baron Cuvier sur le règne animale (deuxième édition). Tome second. *In*: Cuvier G L C F D. 1829. *Le règne animal distribué d'après son organisation, pour servir de base à l'histoire naturelle des animaux et d'introduction à l'anatomie comparée. Nouvelle édition, revue et augmentée. Avec figures dessinée d'après nature. Nouvelle édition, revue et augmentée*. Tome 5. Paris: Détcrvillc *et* Crochard: xxiv + 1-556 + pls. 1-5.

Latreille P A, Le Peletier A L M, Serville J G A, *et al*. 1828. Entomologie, ou histoire naturelle des crustacés, des arachnides *et* des insectes [pt. 2 (= Insectes [i.e., Arthropoda] pt. 7)] (= livr. 100). *In*: *Société de Gens de Lettres, de Savans et d'Artistes, Encyclopédie Méthodique*. *Histoire Naturelle*. Tome dixième. Paris: Agasse: 345-833.

Latzel R. 1876. Beitrage zur Fauna Karntens. *Jahrbuch des Naturhistorischen Landes Museums von Kärnten*, 22-24: 91-124.

Lavchiev V (or Lavčiev). 1968. Eine neue Art der Gattung *Heiina* R.-D. aus Bulgarien (Diptera, Muscidae). *Reichenbachia*, 10: 63-64.

Le Peletier A L M, Serville J G A. 1828a. Various articles on insects. *In*: Latreille P A, *et al*. 1828. *Encyclopédie Méthodique*, *Insectes*: 499.

Le Peletier A L M, Serville J G A. 1828b. Entomologie, ou Histoire Naturelle des Crustacés, des Arachnides *et* des Insectes. *In*: Latreille P A, Le Peletier A L M, Serville J G A, Guérin-Méneville F E. 1825-1828. *Encyclopédie Méthodique. Histoire Naturelle*, 10 (2): 1-833.

Leach W E. 1817a. On the arrangement of oestrideous insects. *Memoirs of the Wernerian Natural History Society*, Edinburgh, 2: 567-568.

Leach W E. 1817b. *On the genera and species of eproboscideous insects, and on the arrangement of oestrideous insects*. Edinburgh: O'Neill & Company: 1-20.

Leach W E. 1817c. Description of three species of the genus *Phthiridium* of Hermann. *Zool. Misc*., London, 3: 54-56.

Leach W E. 1817d. Insecta. *In*: Brewster. 1817. *The Edinburgh Encyclopedia*. Vol. 12, part 1. ILE-JUD. Baldwin, Edinburgh: 155-164.

Leach W E. 1818. On the arrangement of oestrideous insects. *Memoirs of the Wernerian Natural History Society*, 2: 566-568.

Lee H S, Han H Y. 2007. A redescription of *Pseudogonia rufifrons* (Wiedemann) (Diptera: Tachinidae): The first recording of the genus and species in Korea. *Journal of Asia-Pacific Entomology*, 10: 103-107.

Lee H S, Han H Y. 2008. A taxonomic study of the genus *Frontina* Meigen (Diptera: Tachinidae) in Korea. *Journal of Asia-Pacific Entomology*, 11: 137-143.

Lee H S, Han H Y. 2009a. Two species of the genus *Phasia* Latreille (Insecta: Diptera: Tachinidae) New to Korea. *Korean Journal of Systematic Zoology*, 25 (3): 309-316.

Lee H S, Han H Y. 2009b. A redescription of *Sciasmomyia supraorientalis* (Insecta: Diptera: Lauxaniidae), the first recorded genus and species in Korea. *Korean Journal of Systematic Zoology*, 25 (2): 209-213.

Lee H S, Han H Y. 2010. A systematic revision of the genus *Gonia* Meigen (Diptera: Tachinidae) in Korea. *Animal Cells and Systems*, 14, 3: 175-195.

Lee T J. 1959. On a new species. "*Drosophila clarofinis*" sp. nov. *Korean Journal of Zoology*, 2: 43-45.

Lee T J, Takada H. 1959. On *Mycodrosophila koreana* sp. nov. from R. O. Korea. *Annotationes Zoologicae Japonenses*, 32: 94-96.

Lehmann J G C. 1822. *Observationes zoologicae praesertim in faunam hamburgensem*: *Pugillus primus*. Indicem scholarum publice privatimque in Hamburgensium Gymnasio Academico, Hamburg: 1-55.

Lehrer A Z. 1967. Études sur diptères calliphorides. II: Revision de la nomenclature de la tribu Polleniini. *Bulletin et Annales de la Société Royale d'Entomologie de Belgique*, 103: 255-259.

Lehrer A Z. 1970. Considérations phylogénétiques *et* taxonomiques sur la famille Calliphoridae (Diptera). *Annotationes Zoologicae et Botanicae*, 61: 1-51.

Lehrer A Z. 1994a. Deux nouveaux genres paléarctiques de parasarcophages *et* la réhabilitation du genre *Varirosellea* Hsue (Insecta: Diptera: Sarcophagidae). *Revue Roumaine de Biologie, Série de Biologie Animale*, 39 (1): 13-18.

Lehrer A Z. 1994b. Établissement de la vraie espèce *Ahavanella maculata* (Meigen) *et* description d'une nouvelle espèce paléarctique affine (Diptera, Sarcophagidae). *Revue Roumaine de Biologie, Série de Biologie Animale*, 39 (2): 83-88.

Lehrer A Z. 1995. Révision des diptères *Helicophagella* Enderlein (s. Lat.) (Insecta: Diptera: Sarcophagidae). *Reichenbachia*, 31 (1): 107-112.

Lehrer A Z. 1998. Quelques considerations critiques sur l'espece *Bercaea* "*africa*" (Wiedemann, 1824) *et* sur son existence en Israel (Insecta: Diptera: Sarcophagidae). *Reichenbachia*, 32 (2): 337-339.

Lehrer A Z. 2000. Un genre *et* deux especes nouveaux pour les Sarcophagines paleartiques de la faune de l'Israel, *et* quelques commentaires sur la classification des Helicophagella auctt. (Insecta: Diptera: Sarcophagidae). *Reichenbachia*, 33 (2): 439-446.

Lehrer A Z. 2004. Révision de l'espèce *Sarcophaga protuberans* Pandellé 1896, *et* description de trios espèces ouestpaléarctiques du genre *Pandelleana* Rohdendorf, 1937 (Diptera, Sarcophagidae). *Bulletin de la Société Entomologique de Mulhouse*, 60 (4): 55-64.

Lehrer A Z. 2005. *Bengaliidae du Monde* (*Insecta*: *Diptera*). Pensoft Series Faunistica, 50. Pensoft Publishers Sofia-Moscow: 1-192.

Lehrer A Z. 2006a. Especes nouvelles du genre *Gangelomyia* Lehrer, 2005 (Diptera: Bengaliidae). *Entomologia Croatica*, 10 (1-2): 15-22.

Lehrer A Z. 2006b. Un genre nouveau de la sous-famille Gangelomyinae (Diptera, Bengaliidae). *Fragmenta Dipterologica*, 3: 13.

Lehrer A Z. 2007. *Stomorhiniinae* n. sfam. Une nouvelle sous-famille de *Calliphoridae* (Diptera) *et* révision de ses taxons. *Fragmenta Dipterologica*, 12: 4-16.

Lehrer A Z. 2008a. Le néotype du genre *Leucomyia* B. B. 1891 *et* l'établissement d'une nouvelle espèce paléarctique (Diptera, Sarcophagidae). *Fragmenta Dipterologica*, 13: 6-10.

Lehrer A Z. 2008b. Le genre *Robineauella* Enderlein, 1928 *et* l'établissement de deux espèces paléarctiques nouvelles (Diptera, Sarcophagidae). *Fragmenta Dipterologica*, 13: 11-15.

Lehrer A Z. 2008c. Quelques observations sur le genre *Pseudothyrsocnema* Rohdendorf *et* établissement de trois espèces nouvelles (Diptera, Sarcophagidae). *Fragmenta Dipterologica*, 14: 10-15.

Lehrer A Z. 2008d. A propos du genre *Jantiella* Rohdendorf 1937 (Diptera, Sarcophagidae). *Fragmenta Dipterologica*, 15: 7-12.

Lehrer A Z. 2008e. Révision de quatre espèces asiatiques du genre *Liosarcophaga* Enderlein (Diptera, Sarcophagidae). *Fragmenta Dipterologica*, 16: 13-18.

Lehrer A Z. 2008f. Etablissement des identités taxonomiques de certains homonyms de la faune asiatique des Sarcophagides (Diptera, Sarcophagidae). *Fragmenta Dipterologica*, 17: 10-19.

Lehrer A Z. 2008g. Révision de quelques espèces orientales des genres *Harpagophalla* Rohd. *Et Sarcorohdendorfia* Bar. (Diptera, Sarcophagidae). *Fragmenta Dipterologica*, 18: 5-8.

Lehrer A Z. 2008h. *Seniorwhitea orientaloides* (Senior-White) *et* description d'une espèce orientale nouvelle du genre *Seniorwhitea* Rohdendorf (Diptera, Sarcophagidae). *Fragmenta Dipterologica*, 18: 25-29.

Lehrer A Z. 2008i. A propos du genre *Idiella* Brauer *et* Bergenstamm *et* description de deux espèces orientales nouvelles (Diptera, Calliphoridae). *Fragmenta Dipterologica*, 17: 22-27.

Lehrer A Z. 2008j. Considerations sur le genre *Cosmina* Robineau-Desvoidy *et* description de deux nouvelles especies (Diptera, Calliphoridae). *Entomologia Croatica*, 1: 7-18.

Lehrer A Z. 2009a. Classification traditionnelle rognesienne ou taxonomie scientifique des sous-familles Auchmeromyiinae *et* Tricycleinae (Diptera, Calliphoridae). *Fragmenta Dipterologica*, 20: 5-9.

Lehrer A Z. 2009b. Commentaires sur le genre *Isomyia* Walker *et* description d'une espèces nouvelle d'Afrique (Diptera, Calliphoridae). *Fragmenta Dipterologica*, 19: 19-23.

Lehrer A Z. 2009c. Deux espèces orientales nouvelles du genre *Isomyia* Walker (Diptera, Calliphoridae). *Fragmenta Dipterologica*, 20: 13-16.

Lehrer A Z. 2009d. Deux nouvelles espèces du genre *Idiella* B. B. 1889 de Chine (*Diptera*, *Calliphoridae*). *Fragmenta Dipterologica*, 20: 18-21.

Lehrer A Z. 2009e. Un nouveau genre oriental de Calliphoridae (Diptera). *Fragmenta Dipterologica*, 22: 12-14.

Lehrer A Z. 2009f. *Heteronychia depressifrons* (Zetterstedt) *et* son statut taxonomique réel (Diptera, Sarcophagidae). *Fragmenta Dipterologica*, 19: 10-14.

Lehrer A Z. 2009g. A propos de l'espèce *Spatulapica abramovi* Rohdendorf (Diptera, Sarcophagidae). *Fragmenta Dipterologica*, 19: 25-27.

Lehrer A Z. 2009h. À propos du genre *Asiopierretia* Rohdendorf *et* établissement de deux nouvelles espèces paléarctiques (Diptera, Sarcophagidae). *Bulletin de la Société Entomologique de Mulhouse*, 65 (1): 1-4.

Lehrer A Z. 2009i. *Myorhina villeneuvei* (Böttcher, 1912) *et* établissement de quatre nouvelles espèces affines (Diptera, Sarcophagidae). *Bulletin de la Société Entomologique de Mulhouse*, 65 (4): 61-66.

Lehrer A Z. 2010a. Biodiversité du genre *Kozlovea* Rohdendorf *et* établissement d'un nouveau genre pour la faune d'Inde (Diptera, Sarcophagidae). *Fragmenta Dipterologica*, 25: 23-28.

Lehrer A Z. 2010b. Qui est *Parasarcophaga taenionota* sensu Giroux, Pape *et* Wheller Etablissement d'une espèce nouvelle du genre *Parasarcophaga* J. *et* T. (Diptera, Sarcophagidae). *Fragmenta Dipterologica*, 26: 7-10.

Lehrer A Z. 2010c. Le genre *Pachystyleta* Fan *et* Chen de la faune de Chine *et* sa composition spécifique (Diptera, Sarcophagidae). *Fragmenta Dipterologica*, 26: 14-18.

Lehrer A Z. 2010d. L'ordre taxonomique du genre *Harpagophalla* Rohdendorf, avec la séparation d'un nouveau genre oriental (Diptera, Sarcophagidae). *Fragmenta Dipterologica*, 26: 18-21.

Lehrer A Z. 2010e. A propos de *Parasarcophaga macroauriculata* (Ho) *et* établissement d'une nouvelle espèce affine (Diptera, Sarcophagidae). *Fragmenta Dipterologica*, 27: 15-18.

Lehrer A Z. 2010f. Une espèce nouvelle du genre *Gangelomyia* Lehrer, 2005 de la faune du Sud de la Chine (Diptera, Bengaliidae). *Fragmenta Dipterologica*, 25: 1-4.

Lehrer A Z. 2011a. Révision de quelques espèces du genre *Asiopierretia* Rohd. Identifies erronément (Diptera, Sarcophagidae). *Fragmenta Dipterologica*, 30: 14-18.

Lehrer A Z. 2011b. Taxonomie rognésienne spécifique de bonimenteur sur *Caiusa coomani* Séguy *et* les superviseurs zootaxistes oniriques (Diptera, Calliphoridae). *Fragmenta Dipterologica*, 28: 28-30.

Lehrer A Z. 2013a. Description de l'espèce *Robineauella simultaneousa* (Wei *et* Yang) (Diptera, Sarcophagidae). *Fragmenta Dipterologica*, 38: 3-5.

Lehrer A Z. 2013b. Les élucubrations du Dr. Ès photo. Daniel Whitmore *et* établissement de neuf espèces nouvelles (Diptera, Sarcophagidae). *Fragmenta Dipterologica*, 40: 1-19.

Lehrer A Z. 2013c. Le jeu taxonomique à colin-maillard du Dr. ès photo Daniel Whitmore avec les Sarcophagidae (Diptera). *Fragmenta Dipterologica*, 41: 17-29.

Lehrer A Z, Wei L. 2010a. Deux espèces nouvelles de Sarcophagides de la faune de Chine (Diptera, Sarcophagidae). *Fragmenta Dipterologica*, 26: 1-4.

Lehrer A Z, Wei L. 2010b. Un nouveau genre oriental de Sarcophagidae (Diptera). *Fragmenta Dipterologica*, 27: 8-11.

Lehrer A Z, Wei L. 2010c. Un nouveau genre oriental de la famille Bengaliidae (Diptera). *Bulletin de la Société Entomologique de Mulhouse*, 66: 21-25.

Lehrer A Z, Wei L. 2011a. A propos du genre *Tricholioproctia* Baranov, 1938 *et* établissement de quelques nouveaux taxons. *Fragmenta Dipterologica*, 28: 1-7.

Lehrer A Z, Wei L. 2011b. Deux taxons nouveaux *et* clarification d'autres taxons de la faune asiatique (Diptera, Sarcophagidae). *Fragmenta Dipterologica*, 29: 8-16.

Lei C L, Zhou Z B. 1998. *Catalogue of Insects from Hubei Province*. Wuhan: Hubei Science and Technology Press: 1-650. [雷朝亮, 周志伯. 1998. 湖北省昆虫名录. 武汉: 湖北科学技术出版社: 1-650.]

Leng P E, Xu J Q, Chen Z Z. 2005. Observations on the bionomics, adult and larval morphology of *Goniophyto honshuensis* Rohdendorf (Diptera: Sarcophagidae). *Parasitologica et Medica Entomologica Sinica*, 12 (2): 99-101. [冷培恩, 徐劲秋, 陈之梓. 2005. 本州沼野蝇生态习性及其成、幼虫观察. 寄生虫与医学昆虫学报, 12 (2): 99-101.]

Léonide J, Léonide J C. 1974. Contribution à l'etude des diptères sarcophagidés acridiophages. IX. *Blaesoxipha lautaretensis* Villeneuve est-elle une espece valable? Commentaires sur l'etat actuel da la systematique des *Blaesoxipha*. *Bulletin de la Société Entomologique de France*, 79 (5-6): 152-157.

Ler P A. 1999. Vol. 6 Diptera and Siphonaptera pt. 1. *Key to the Insects of Russian Far East*. Dalnauka, Vladivostok: 1-666.

Li F H. 1987. A new record of Sarcophagidae from China. *Entomotaxonomia*, 9 (3): 194. [李富华. 1987. 我国麻蝇科一新纪录种. 昆虫分类学报, 9 (3): 194.]

Li F H. 1988. *Sarcosolomonia naturhani*—new to China. *Entomotaxonomia*, 10 (Z1): 14. [李富华. 1988. 所麻蝇属国内一新纪录. 昆虫分类学报, 10 (Z1): 14.]

Li F H, Feng Y, Xue W Q. 1999. A new species of the genus *Coenosia* (Diptera: Muscidae) from China. *Entomotaxonomia*, 21 (4): 296-298. [李富华, 冯炎, 薛万琦. 1999. 中国秽蝇属一新种 (双翅目: 蝇科). 昆虫分类学报, 21 (4): 296-298.]

Li F H, Xue W Q. 1998. A new species of the genus *Phaonia* (Diptera: Muscidae) from Yunnan, China. *Entomotaxonomia*, 20 (3): 205-207. [李富华, 薛万琦. 1998. 云南省棘蝇属一新种 (双翅目: 蝇科). 昆虫分类学报, 20 (3): 205-207.]

Li F H, Xue W Q. 2001. Two new species of *Phaonia* R.-D. from Yunnan, China (Diptera: Muscidae). *Acta Zootaxonomica Sinica*, 26 (3): 378-382. [李富华, 薛万琦. 2001. 云南棘蝇属二新种 (双翅目: 蝇科). 动物分类学报, 26 (3): 378-382.]

Li F H, Ye Z M. 1992. Description of a new species of the genus *Sarcosolomonia* (Diptera: Sarcophagidae) from Yunnan, China. *Entomotaxonomia*, 14 (4): 309-312. [李富华, 叶宗茂. 1992. 云南所麻蝇属一新种记述 (双翅目: 麻蝇科). 昆虫分类学报, 14 (4): 309-312.]

Li F H, Ye Z M, Liu W H. 1985. Descriptions of two new species of the tribe Sarcophagini from Yunnan, China (Diptera: Sarcophagidae). *Acta Zootaxonomica Sinica*, 10 (3): 294-298. [李富华, 叶宗茂, 刘文华. 1985. 云南麻蝇族两新种记述 (双翅目: 麻蝇科). 动物分类学报, 10 (3): 294-298.]

Li M Y, Ji Y J, Wang M F. 2014. Catalogue of Calyptratae in Mount Wutai, Shanxi province, China. *Chinese Journal of Vector Biology and Control*, 25 (6): 546-551. [李明月, 季延娇, 王明福. 2014. 山西省五台山地区有瓣蝇类名录. 中国媒介生物学及控制杂志, 25 (6): 546-551.]

Li N N, Toda M J, Zhao F, Chen J M, Li S H, Gao J J. 2014. Taxonomy of the *Colocasiomyia gigantea* species group (Diptera, Drosophilidae), with descriptions of four new species from Yunnan, China. *ZooKeys*, 406: 41-64.

Li Q X. 1988. Notes on the genus *Scaeve* Fabricius (1805) from Xinjiang and new records in China (Diptera: Syrphidae). *Journal of August 1st Agricultural College*, 35 (1): 38-44. [李清西. 1988. 新疆鼓额食蚜蝇属*Scaeva* Fabricius (1805) 种类记述. 八一农学院学报, 35 (1): 38-44.]

Li Q X. 1989. A description on the species of the genus *Paragus* Letreille from Xinjiang and New to China. *Journal of August 1st Agricultural College*, 12 (4): 35-41. [李清西. 1989. 新疆小食蚜蝇属*Paragus* Letreille 1804种类记述. 八一农学院学报, 12 (4): 35-41.]

Li Q X. 1990. Two new species of *Paragus* from China (Diptera: Syrphidae). *Journal of August 1st Agricultural College*, 13 (2): 45-48. [李清西. 1990. 小食蚜蝇属*Paragus* Letreille二新种记述. 八一农学院学报, 13 (2): 45-48.]

Li Q X. 1993. Study on the genus *Helophilus* Meigen from China with descriptions of a new species. *Journal of South China Agricultural University*, 14 (4): 111-116. [李清西. 1993. 中国条管蚜蝇属及一新种记述. 华南农业大学学报, 14 (4): 111-116.]

Li Q X. 1994. Notes on a new genus and species of Syrphidae from China (Insecta: Diptera). *Entomologia Sinica*, 1 (2): 146-149.

[李清西. 1994. 中国食蚜蝇科一新属新种. 中国昆虫科学, 1 (2): 146-149.]

Li Q X. 1995a. Description of a new species and three new records of the genus *Helophilus* Meigen (Diptera, Syrphidae) from China. *Journal of South China Agricultural University*, 16 (2): 31-38. [李清西. 1995a. 中国条管蚜蝇属一新种和三新记录种记述 (双翅目: 食蚜蝇科). 华南农业大学学报, 16 (2): 31-38.]

Li Q X. 1995b. Notes on the genus *Mesembrius* Rondani from China with the descriptions of two new species. *Entomotaxonomia*, 17 (2): 119-124. [李清西. 1995b. 中国墨管蚜蝇属种类及新种记述 (双翅目: 食蚜蝇科). 昆虫分类学报, 17 (2): 119-124.]

Li Q X. 1995c. Notes on the taxonomy of the genus *Eristalodes* Mik. (Diptera, Syrphidae) from China. *Journal of August 1st Agricultural College*, 18 (3): 21-24. [李清西. 1995c. 中国条眼管蚜蝇属种类记述. 八一农学院学报, 18 (3): 21-24.]

Li Q X. 1995d. Taxonomic study of the genus *Lathyrophthalmus* Mik (Diptera, Syrphidae) from China. *Journal of South China Agricultural University*, 16 (3): 40-48. [李清西. 1995d. 中国斑目管蚜蝇属种类及一新种记述 (双翅目: 食蚜蝇科). 华南农业大学学报, 16 (3): 40-48.]

Li Q X. 1996. Descriptions of two new species of the genus *Mesembrius* from China (Diptera: Syrphidae). *Acta Zootaxonomica Sinica*, 21 (4): 483-487. [李清西. 1996. 中国墨管蚜蝇属二新种记述 (双翅目: 食蚜蝇科). 动物分类学报, 21 (4): 483-487.]

Li Q X. 1997. Description of a new record genus and a new species of Syrphidae (Diptera) from China. *Acta Entomologica Sinica*, 40 (4): 413-416. [李清西. 1997. 中国食蚜蝇科 (双翅目) 一新记录属及一新种记述. 昆虫学报, 40 (4): 413-416.]

Li Q X. 1999. Descriptions of three new species of the genus *Eristalis* Latreille (Diptera: Syrphidae) from northwest China. *Entomologia Sinica*, 6 (3): 209-218. [李清西. 1999. 中国西北管蚜蝇属三新种记述 (双翅目: 食蚜蝇科). 中国昆虫科学, 6 (3): 209-218.]

Li Q X, He J L. 1992a. Descriptions of the genus *Helophilus* Meigen 1822 (Diptera: Syrphidae) from China. *Journal of Shanghai Agricultural College*, 10 (2): 141-149. [李清西, 何继龙. 1992a. 中国黄条管蚜蝇属种类记述 (双翅目: 食蚜蝇科). 上海农学院学报, 10 (2): 141-149.]

Li Q X, He J L. 1992b. New species and new records of genus *Chrysotoxum* Mg. (Diptera: Syrphidae) of China. *Journal of Shanghai Agricultural College*, 10 (1): 68-76. [李清西, 何继龙. 1992b. 中国长角蚜蝇属新种和新记录 (双翅目: 食蚜蝇科). 上海农学院学报, 10 (1): 68-76.]

Li Q X, He J L. 1993. A new species of genus *Paragus* Letre. (Diptera: Syrphidae) from China. *Entomotaxonomia*, 15 (1): 62-64. [李清西, 何继龙. 1993. 中国小食蚜蝇属一新种 (双翅目: 食蚜蝇科). 昆虫分类学报, 15 (1): 62-64.]

Li Q X, He J L. 1994. The description of a new species of the genus *Chrysotoxum* Megin (Diptera: Syrphidae). *Entomotaxonomia*, 16 (2): 150-152. [李清西, 何继龙. 1994. 长角蚜蝇属一新种记述 (双翅目: 食蚜蝇科). 昆虫分类学报, 16 (2): 150-152.]

Li Q X, Liu Y L. 1995a. Notes on a new record genus and species of Syrphidae (Diptera) from China. *Journal of August 1st Agricultural College*, 18 (1): 1-4. [李清西, 刘晏良. 1995a. 中国食蚜蝇科一新记录属及新记录种记述. 八一农学院学报, 18 (1): 1-4.]

Li Q X, Liu Y L. 1995b. Notes on the genus *Tigridemyia* Bigot with the description of a new species from China (Diptera: Syrphidae). *Entomologia Sinica*, 2 (4): 316-320. [李清西, 刘晏良. 1995b. 中国叉茎管蚜蝇属及一新种记述 (双翅目: 食蚜蝇科). 中国昆虫科学, 2 (4): 316-320.]

Li Q X, Liu Y L. 1996. Two new species of the genus *Mallota* Meigen from China (Diptea: Syrphidae). *Entomologia Sinica*, 3 (3): 224-228 [李清西, 刘晏良. 1996. 中国美管蚜蝇属二新种 (双翅目: 食蚜蝇科). 中国昆虫科学, 3 (3): 224-228.]

Li Q X, Pang X F. 1993. A new species of *Sphaerophoria* (Diptera, Syrphidae) from Guangxi. *Journal of South China Agricultural University*, 14 (2): 47-50. [李清西, 庞雄飞. 1993. 广西细腹食蚜蝇一新种 (双翅目: 食蚜蝇科). 华南农业大学学报, 14 (2): 47-50.]

Li Q X, Zhang J. 1996. Taxonomic study on the genus *Mesembrius* Rondani (Diptera, Syrphidae) from China. *Journal of Xinjiang Agricultural University*, 19 (3): 1-7. [李清西, 张军. 1996. 中国墨管蚜蝇属 (双翅目: 食蚜蝇科) 分类研究. 新疆农业大学学报, 19 (3): 1-7.]

Li R. 1980. Descriptions of three new species and one new record of Calyptrate flies from Sichuan, China (Anthomyiidae, Muscidae and Sarcophagidae). *Acta Zootaxonomica Sinica*, 5 (3): 273-278. [李荣. 1980. 四川有瓣蝇类三新种及一新纪录. 动物分类学报, 5 (3): 273-278.]

Li R, Deng A X. 1981. Notes on Anthomyiidae from Mountain Emei, China. I. Description of 5 species. *Acta Academiae Medicinae Sichuan*, 12 (2): 125-131. [李荣, 邓安孝. 1981. 四川峨眉山花蝇科蝇类记述 I. 五新种描述. 四川医学院学报, 12 (2): 125-131.]

Li R, Deng A X. 1983. Eight new species of the *Pegomya acklandi* Group (Diptera: Anthomyiidae). *Entomotaxonomia*, 5 (3):

203-211. [李荣, 邓安孝. 1983. 膝角泉蝇群八新种.昆虫分类学报, 5 (3): 203-211.]

Li R, Deng A X. 1990. A short revision of the species group *Pegomya acklandi* with description of a new species (Anthomyiidae, Diptera). *Journal of West China University of Medical Sciences*, 21 (2): 150-154. [李荣, 邓安孝. 1990. 膝角泉蝇群研究并记述一新种 (双翅目: 花蝇科). 华西医大学报, 21 (2): 150-154.]

Li R, Deng A X, Zhu S H, Sun K R. 1984. Notes on Anthomyiidae from Mountain Emei, China. 5 new Species of *Pegomya acklandi* group. *Acta Academiae Medicinae Sichuan*, 15 (2): 105-111. [李荣, 邓安孝, 朱声华, 孙宽仁. 1984. 四川峨眉山花蝇科蝇类记述 IV. 膝角泉蝇群五新种. 四川医学院学报, 15 (2): 105-111.]

Li S J, Cui C Y, Fan Z D. 1993. Descriptions of two Anthomyiidae species from Henan Province (Diptera). *In*: Shanghai Institute of Entomology, Academia Sinica. 1992-1993. *Contributions from Shanghai Institute of Entomology*. Vol. 11. Shanghai: Shanghai Scientific and Technical Publishers: 129-132. [李书建, 崔昌元, 范滋德. 1993. 河南省花蝇科两新种描述 (双翅目)//中国科学院上海昆虫研究所. 1992-1993. 昆虫学研究集刊 (第十一集). 上海: 上海科学技术出版社: 129-132.]

Li S J, Liu C L, Fan Z D, Cui C Y. 1999. Descriptions of three new *Pegomya* species from Henan, China (Diptera: Anthomyiidae). *Chinese Journal of Vector Biology and Control*, 10 (4): 241-245. [李书建, 刘春龙, 范滋德, 崔昌元. 1999. 河南省泉蝇属 3 新种描述 (双翅目: 花蝇科). 中国媒介生物学及控制杂志, 10 (4): 241-245.]

Li T, Cao H Z, Gao J J, Chen H W. 2010a. A revision of the subgenus *Stegana* (s. str.) (Diptera, Drosophilidae) from the mainland of China. *Zoological Journal of the Linnean Society*, 158: 726-739.

Li T, Dong J M, Wei L M. 2015. A new species of *Phaonia palpata-group* from China (Diptera: Muscidae). *Chinese Journal of Vector Biology and Control*, 26 (3): 286-287. [李涛, 董钧铭, 魏濂艨. 2015. 宽须棘蝇种团一新种 (双翅目: 蝇科). 中国媒介生物学及控制杂志, 26 (3): 286-287.]

Li T, Gao J J, Chen H W. 2010b. Six new species of the genus *Pseudostegana* (Diptera, Drosophilidae) from the Oriental Region. *Journal of Natural History*, 44 (21-24): 1401-1418.

Li T, Gao J J, Lu J M, Ji X L, Chen H W. 2013. Phylogenetic relationship among East Asian species of the *Stegana* genus group (Dipetera: Drosophilidae). *Molecular Phylogenetics and Evolution*, 66 (1): 412-416.

Li W L, Li Q, Yang D. 2008. A new species and a new record species of *Homoneura* from Yunnan, China (Diptera, Lauxaniidae). *Acta Zootaxonomica Sinica*, 33 (2): 406-409. [李文亮, 李强, 杨定. 2008. 云南同脉缟蝇属一新种及一新纪录种记述 (双翅目: 缟蝇科). 动物分类学报, 33 (2): 406-409.]

Li W L, Yang D. 2012. Eleven new species of the *Homoneura* (*Homoneura*) *beckeri* group from Yunnan, China (Diptera, Lauxaniidae). *Zootaxa*, 3537: 1-28.

Li W L, Yang D. 2013. Four new species of *Homoneura* s. str. From Yunnan, China (Diptera, Lauxaniidae). *Revue Suisse de Zoologie*, 120 (4): 549-561.

Li W L, Yang D. 2015. Species of the subgenus *Neohomoneura* Malloch from Yunnan, China (Diptera, Lauxaniidae). *Transactions of the American Entomological Society*, 41: 27-44.

Li X K, Liu X Y, Yang D. 2012a. Species of the genus *Rainieria* Rondani from China (Diptera, Micropezidae). *Acta Zootaxonomica Sinica*, 37 (2): 393-396. [李轩昆, 刘星月, 杨定. 2012a. 中国绒瘦足蝇属记述 (双翅目, 瘦足蝇科). 动物分类学报, 37 (2): 393-396.]

Li X K, Liu X Y, Yang D. 2012b. Species of the genus *Compsobata* Czerny from China (Diptera, Micropezidae). *Acta Zootaxonomica Sinica*, 37 (4): 824-828. [李轩昆, 刘星月, 杨定. 2012b. 中国秀瘦足蝇属研究 (双翅目, 瘦足蝇科). 动物分类学报, 37 (4): 824-828.]

Li X K, Liu X Y, Yang D. 2012c. Two new species of the genus *Cliobata* Enderlein from China (Diptera, Micropezidae). *Entomotaxonomia*, 34 (2): 284-290. [李轩昆, 刘星月, 杨定. 2012c. 中国裸瘦足蝇属两新种 (双翅目: 瘦足蝇科). 昆虫分类学报, 34 (2): 284-290.]

Li X K, Marshall S A, Yang D. 2015. A review of the Oriental species of *Cothornobata* Czerny (Diptera, Micropezidae, Eurybatinae). *Zootaxa*, 4006 (2): 201-246.

Li X K, Yang D. 2014. *Mucha* Ozerov and *Ortalischema* Frey newly recorded from China with descriptions of two new species (Diptera, Sepsidae). *Zootaxa*, 3815 (2): 249-262.

Li Y Q, Feng Y. 2010. A new species of the genus *Helina* R.-D. (Diptera: Muscidae) from Xinjiang, China. *Acta Parasitologica et Medica Entomologica Sinica*, 17 (1): 38-39. [李永权, 冯炎. 2010. 中国新疆阳蝇属一新种 (双翅目: 蝇科). 寄生虫与医学昆虫学报, 17 (1): 38-39.]

Li Z, Yang D, Gu J G. 2001. The new species of Sciomyzidae (Diptera: Sciomyzoidea) from China. *Entomotaxonomia*, 23 (2): 137-140. [李竹, 杨定, 顾金刚. 2001. 中国沼蝇科二新种 (双翅目: 沼蝇总科). 昆虫分类学报, 23 (2): 137-140.]

Li Z H, Li Y Z. 1990. *The Syrphidae of Gansu Province*. Beijing: China Prospect Press: 1-127. [李兆华, 李亚哲. 1990. 甘肃蚜蝇

科图志. 北京: 中国展望出版社: 1-127.]

Li Z Z, Jin D C. 2006. *Insects from Fanjingshan Landscape*. Guiyang: Guizhou Science and Technology Publishing House: ix + 1-780. [李子忠, 金道超. 2006. 梵净山景观昆虫. 贵阳: 贵州科技出版社: ix + 1-780.]

Li Z Z, Yang M F, Jin D C. 2007. *Insects from Leigongshan Landscape*. Guiyang: Guizhou Science and Technology Publishing House: ix + 1-759. [李子忠, 杨茂发, 金道超. 2007. 雷公山景观昆虫. 贵阳: 贵州科技出版社: ix + 1-759.]

Liang E Y, Chao C M. 1990. A study of the Chinese *Thecocarcelia* Townsend (Diptera: Tachinidae). *Acta Zootaxonomica Sinica*, 15 (3): 362-368. [梁恩义, 赵建铭. 1990. 中国鞘寄蝇属的研究 (双翅目: 寄蝇科). 动物分类学报, 15 (3): 362-368.]

Liang E Y, Chao C M. 1992a. On the genus *Exorista* Meigen from China (Diptera: Tachinidae). *Acta Zootaxonomica Sinica*, 17 (2): 206-223. [梁恩义, 赵建铭. 1992a. 中国追寄蝇属的研究 (双翅目: 寄蝇科). 动物分类学报, 17 (2): 206-223.]

Liang E Y, Chao C M. 1992b. On the genus *Neophryxe* Townsend from China (Diptera: Tachinidae). *Acta Zootaxonomica Sinica*, 17 (2): 224-226. [梁恩义, 赵建铭. 1992b. 中国新怯寄蝇属的研究 (双翅目: 寄蝇科). 动物分类学报, 17 (2): 224-226.]

Liang E Y, Chao C M. 1994. A new species of the genus *Carcelia* R.-D. (Diptera: Tachinidae). *Acta Zootaxonomica Sinica*, 19 (4): 484-486. [梁恩义, 赵建铭. 1994. 狭颊寄蝇属一新种记述 (双翅目: 寄蝇科). 动物分类学报, 19 (4): 484-486.]

Liang E Y, Chao C M. 1995. Two new species of the genus *Istochaeta* Rondani from China (Diptera: Tachinidae). *Acta Zootaxonomica Sinica*, 20 (4): 487-491. [梁恩义, 赵建铭. 1995. 中国裸背寄蝇属二新种记述 (双翅目: 寄蝇科). 动物分类学报, 20 (4): 487-491.]

Liang G Q, Hancock D L, Wu X, Liang F. 1993. Notes on the Dacinae of southern China (Diptera: Tephritidae). *Journal of Australian Entomological*, 32: 137-140.

Liang H C, Li H N, Wu P F, Zhang Y S, Li X, Sun Q, Li B, Zhang Y Z, Zhang C T. 2016. Fauna resource of Tachinidae in Liaoning Hun River Source Nature Reserve of China. *Journal of Environmental Entomology*, 38 (6): 1214-1223. [梁厚灿, 李赫男, 武鹏峰, 张焱森, 李新, 孙琦, 李冰, 张怡卓, 张春田. 2016. 辽宁浑河源自然保护区寄蝇科昆虫区系资源. 环境昆虫学报, 38 (6): 1214-1223.]

Liang X C. 1987. Two species are first reported in China (Diptera: Calliphoridae). *Zoological Research*, 8 (3): 238. [梁醒财. 1987. 丽蝇科两种中国新纪录. 动物学研究, 8 (3): 238.]

Liang X C. 1991. Five new species of *Isomyia* (Diptera: Calliphoridae) from Yunnan, China. *Entomotaxonomia*, 13 (2): 133-142. [梁醒财. 1991. 等彩蝇属五新种 (双翅目: 丽蝇科). 昆虫分类学报, 13 (2): 133-142.]

Liang X C, Gan Y X. 1986. Three new species of *Bellardia* (Diptera, Calliphoridae) from Yunnan, China. *Zoological Research*, 7 (4): 367-375. [梁醒财, 甘运兴. 1986. 云南陪丽蝇属三新种 (双翅目: 丽蝇科). 动物学研究, 7 (4): 367-375.]

Lim J S, Han H Y. 2008. Redescriptions of two closely resembling *Linnaemya* species (Insecta: Diptera: Tachinidae) new to Korea. *Korean Journal of Systematic Zoology*, 24: 307-313.

Lim J S, Han H Y. 2013. Korean species of the subgenus *Ophina* (Diptera: Tachinidae). *Animal Systematics, Evolution et Diversity*, 29 (3): 207-216.

Lim J S, Park S Y, Lee B W, Jo D G. 2012. A faunistic study of insects from Daebudo and Youngheungdo Islands in Korea. *Journal of Korean Nature*, 5 (4): 311-325.

Lin F J, Ting J I. 1971. Several additions to the fauna of Taiwan Drosophilidae (Diptera). *Bulletin of the Institute of Zoology*, "*Academia Sinica*", 10: 17-35.

Lin F J, Tseng H C. 1971. A new species of *Polychaeta* species group of subgenus *Drosophila* from Taiwan of China (*Drosophila*, Drosophilidae, Diptera). *Bulletin of the Institute of Zoology*, "*Academia Sinica*", 10: 69-72.

Lin F J, Tseng H C. 1972. A new species of subgenus *Psilodorha* Okada, 1968 from Taiwan of China (*Drosophila*, Drosophilidae, Diptra). *Bulletin of the Institute of Zoology*, "*Academia Sinica*", 11: 9-11.

Lin F J, Tseng H C. 1973. The *Drosophila immigrans* species group in Taiwan of China with descriptions of five new species. *Bulletin of the Institute of Zoology*, "*Academia Sinica*", 12: 13-26.

Lin F J, Tseng H C, Lee W Y. 1977. A catalogue of the family Drosophilidae in Taiwan of China (Diptera). *Quarterly Journal of the Taiwan Museum*, 30: 345-372.

Lin F J, Wheeler M R. 1972. The Drosophilidae of Taiwan, I. Genera *Leucophenga* and *Paraleucophenga*. *The University of Texas Publication*, 7213: 237-256.

Lin F Z, Chen J S. 1999. *The Name List of Taiwan Diptera*. Taipei: The Museum, Institute of Zoology, "Academia Sinica" Taipei, Taiwan: xi + 1-124.

Lin I, Yang C, Pai C, Shiao F. 2010. Population analysis of forensically important Calliphoridae on pig corpses in Taiwan. *Forensic Science International*, 9 (1): 25-34.

Lin J Y, Xue W Q. 1986. A new species of the genus *Limnophora* from Guangdong, China (Diptera: Muscidae). *Acta Zootaxonomica Sinica*, 11 (4): 419-421. [林家耀, 薛万琦. 1986. 广东省池蝇属一新种 (双翅目: 蝇科). 动物分类学报,

11 (4): 419-421.]

Lin M G, Wang X J, Li W D, Xu W, Chen X L. 2005. Taxonomic revision of the genus *Bactrocera* Macquart from Hainan, with descriptions of two new species (Diptera, Tephritidae, Dacinae). *Acta Zootaxonomica Sinica*, 30 (4): 842-846. [林明光, 汪兴鉴, 李伟东, 徐卫, 陈小琳. 2005. 海南果实蝇属分类研究及二新种记述 (双翅目, 实蝇科, 寡鬃实蝇亚科). 动物分类学报, 30 (4): 842-846.]

Lin M G, Wang X J, Zeng L. 2011a. A new species of the genus *Dacus* Fabricius (Diptera, Tephritidae, Dacinae) from Hainan, China. *Acta Zootaxonomica Sinica*, 36 (3): 620-621. [林明光, 汪兴鉴, 曾玲. 2011a. 中国海南寡鬃实蝇属一新种 (双翅目, 实蝇科, 寡鬃实蝇亚科). 动物分类学报, 36 (3): 620-621.]

Lin M G, Wang X J, Zeng L. 2011b. Three new species of the genus *Bactrocera* Macquart (Diptera, Tephritidae, Dacinae) from Hainan, China. *Acta Zootaxonomica Sinica*, 36 (4): 896-900. [林明光, 汪兴鉴, 曾玲. 2011b. 中国海南果实蝇属三新种记述 (双翅目, 实蝇科, 寡鬃实蝇亚科). 动物分类学报, 36 (4): 896-900.]

Lin M G, Yang Z J, Wang X J, Li J Y, Li W D. 2006. A taxonomic study of the subfamily Dacinae (Diptera: Tephritidae) from Hainan, China. *Acta Entomologica Sinica*, 49 (2): 310-314. [林明光, 杨祖江, 汪兴鉴, 李继勇, 李伟东. 2006. 海南寡鬃实蝇亚科分类研究 (双翅目: 实蝇科). 昆虫学报, 49 (2): 310-314.]

Lin S, Kuo C, Lue K. 2000. Oviposition behavior and host selection of the frogfly, *Caiusa coomani* (Diptera: Calliphoridae). *Chinese Journal of Entomology*, 20 (4): 281-292.

Lindner E. 1954. Zwei neue Chilosien aus den Alpen (Syrphidae, Diptera). *Verhandlungen der [K.-K. (= Kaiserlich-Königlichen)] Zoologisch-Botanischen Gesellschaft in Wien*, 94: 40-44.

Linnaeus C. 1758. *Systema naturae per regna tria naturae, secundum classes, ordines, genera, species, cum caracteribus, differentiis, synonymis, locis*. Ed. 10. Holmiae [= Stockholm], 1: 1-824.

Linnaeus C. 1761. Fauna Svecica Sistens Animalia Sveciae Regni: Mammalia, Aves, Amphibia, Pisces, Insecta, Vermes. Distributa per Classes & Ordines, Genera & Species, Cum Differentiis Specierum, Synonoymis Auctorum, Nominibus Incolarum, Locis Natalium. *Descriptionibus Insectorum*, 2nd Ed. 49: 1-578.

Linnaeus C. 1767. *Systema Naturae per Regna Tria Naturae*. Ed. 12 (rev.), L. Salvii, Holmiae [= Stockholm], 1 (2): 533-1327.

Linnaeus C. 1775. *Dissertatio Entomologica, Bigas Insectorum Sistens, Quam Subjicit* ... Upsaliae: Andreas Dahl, etc.: iv + 1-7.

Lintner J A. 1883. *Reports on the injurious and other Insects of the State of New York*. Rpt. 1: First annual report [for 1982]: 1-381.

Lioy P. 1863-1864. I ditteri distribuiti secondo un nuovo metodo di classificazione naturale. *Atti del Reale Istituto Véneto di Scienze, Lettere ed Arti*, (3) 9: 187-236 (1863), 499-518 (1864), 569-604 (1864), 719-771 (1864), 879-910 (1864), 989-1027 (1864), 1087-1126 (1864), 1311-1352 (1864); (3) 10: 59-84 (1864).

Lioy P. 1864. I Ditteri distribuiti secondo un nuovo metodo di classificazione natural (Part). *Atti del Reale Istituto Véneto di Scienze, Lettere ed Arti*, 10 (3): 81.

Liu D H, Cui C Y, Ma Z Y. 2000. A New Species of *Helina* R.-D. from Heilongjiang, China (Diptera: Muscidae). *Chinese Journal of Vector Biology and Control*, 11 (3): 164-165. [刘丹红, 崔昌元, 马忠余. 2000. 中国黑龙江省阳蝇属一新种 (双翅目: 蝇科). 中国媒介生物学及控制杂志, 11 (3): 164-165.]

Liu D X, Yue Q Y, Liao J L, Wei X Y, Chen J, Hu J. 2015. DNA barcoding and morphological identification of *Sarcophaga australis* — a non-recorded flesh fly species in China. *Chinese Journal of Vector Biology and Control*, 26 (3): 282-285. [刘德星, 岳巧云, 廖俊蕾, 魏晓雅, 陈健, 胡佳. 2015. 国内未见分布蝇种: 澳洲麻蝇的形态和 DNA 条形码鉴定. 中国媒介生物学及控制杂志, 26 (3): 282-285.]

Liu G C. 1995a. A systematic study of the genus *Metopina* Macquart (Diptera: Phoridae) from China. *Proceedings of the Second Annual Meeting of Young Agronomists*. Beijing: China Agricultural Science and Technology Press: 482-485. [刘广纯. 1995a. 中国裂蚤蝇属系统分类研究 (双翅目: 蚤蝇科). 全国第二届青年农学学术年会论文集. 北京: 中国农业科学技术出版社: 482-485.]

Liu G C. 1995b. A new genus *Chouomyia* with two new species from China (Diptera: Phoridae). *Studia Dipterologica*, 2 (1): 185-188.

Liu G C. 1995c. A taxonomic study of the genus *Diplonevra* Lioy from China (Diptera: Phoridae). Journal of Shenyang Agricultural University, 26 (3): 254-259. [刘广纯. 1995c. 中国栅蚤蝇分类研究 (双翅目: 蚤蝇科). 沈阳农业大学学报, 26 (3): 254-259.]

Liu G C. 1996a. *Chaetogodavaria sinica* gen. n., sp. n. (Diptera: Phoridae) from China. *Entomologist*, 115 (1): 14-16.

Liu G C. 1996b. *Ctenopleuriphora* gen. n.: a remarkable new genus of Phoridae (Diptera) from China. *European Journal of Entomology*, 93 (4): 641-644.

Liu G C. 1998c. Diptera: Phoridae. *In*: Xue W Q, Chao C M. 1998. *Flies of China*. Vol. 1. Shenyang: Liaoning Science and

Technology Publishing House: 63-84. [刘广纯. 1998c. 双翅目: 蚤蝇科//薛万琦, 赵建铭. 1998. 中国蝇类 (上册). 沈阳: 辽宁科学技术出版社: 63-84.]

Liu G C. 1998d. Diptera: Phoridae. *In*: Xue W Q, Chao C M. 1998. *Flies of China*. Vol. 2. Shenyang: Liaoning Science and Technology Publishing House: 2293-2301. [刘广纯. 1998d. 双翅目: 蚤蝇科//薛万琦, 赵建铭. 1998. 中国蝇类 (下册). 沈阳: 辽宁科学技术出版社: 2293-2301.]

Liu G C. 2000. Taxonomic study on *Conicera* Meigen (Diptera: Phoridae) from China. *In*: Zhang Y L. 2000. *Study on the Insect Fauna*. Beijing: China Agriculture Press: 163-174. [刘广纯. 2000. 中国锥蚤蝇属研究//张雅林. 2000. 昆虫分类区系研究. 北京: 中国农业出版社: 163-174.]

Liu G C. 2001. *A Taxonomic Study of Chinese Phorid Flies* (*Diptera*: *Phoridae*) *1*. Shenyang: NEU Press: 1-292. [刘广纯. 2001. 中国蚤蝇分类 (双翅目: 蚤蝇科) (上册). 沈阳: 东北大学出版社: 1-292.]

Liu G C. 2015. Revision of the genus *Dohrniphora* Dahl (Diptera: Phoridae) from China. *Zootaxa*, 3986 (3): 307-331.

Liu G C, Chou I. 1993. A new species of *Trophithauma* Schmitz (Diptera: Phoridae) from China. *Entomotaxonomia*, 15 (3): 228-231. [刘广纯, 周尧. 1993. 中国喙蚤蝇属一新种记述 (双翅目: 蚤蝇科). 昆虫分类学报, 15 (3): 228-231.]

Liu G C, Chou I. 1994. The genus *Phora* Latreille (Diptera: Phoridae) from China. *Entomotaxonomia*, 16 (1): 63-70. [刘广纯, 周尧. 1994. 中国蚤蝇属记述 (双翅目: 蚤蝇科). 昆虫分类学报, 16 (1): 63-70.]

Liu G C, Chou I. 1996. Taxonomic study of *Stichillus* Enderlein (Diptera: Phoridae) from China. *Entomotaxonomia*, 18 (1): 37-48. [刘广纯, 周尧. 1996. 中国弧蚤蝇属分类研究 (双翅目: 蚤蝇科). 昆虫分类学报, 18 (1): 37-48.]

Liu G C, Chu M Y. 2016. First record of the scuttle fly genus *Chonocephalus* Wandolleck (Diptera: Phoridae) from China, with description of a new species. *Zoological Systematics*, 41 (1): 117-121.

Liu G C, Fang H, Zhu W. 2006. A new Chinese record genus (Diptera: Phoridae), with descriptions of two new species. *Acta Zootaxonomica Sinica*, 31 (2): 426-429. [刘广纯, 方红, 朱威. 2006. 中国新纪录属——脉蚤蝇属及二新种记述 (双翅目: 蚤蝇科). 动物分类学报, 31 (2): 426-429.]

Liu G C, Feng D X. 2011. First record of a termite-parasitizing genus *Dicranopteron* Schmitz from China, with description of a new species. *Acta Zootaxonomica Sinica*, 36 (4): 909-910. [刘广纯, 冯典兴. 2011. 寄生白蚁的叉蚤蝇属中国首报及一新种记述 (双翅目: 蚤蝇科). 动物分类学报, 36 (4): 909-910.]

Liu G C, Wang B L. 2010. Two new species of *Phora* Latreille (Diptera: Phoridae) from China, with a key to species. *Zootaxa*, 2359: 35-42.

Liu G C, Wang J F, Cai Y L. 2011. *Aenigmatias* (Diptera: Phoridae) from China, with a new species. *Oriental Insects*, 45 (2-3): 281-285.

Liu G C, Wang J F, Cai Y L. 2013. The ant-parasitizing genus *Pseudacteon* Coquillett (Diptera: Phoridae) from China with description of three new species. *Entomologica Fennica*, 24: 53-58.

Liu G C, Yang M. 2016. A taxonomic revision of the genus *Diplonevra* Lioy (Diptera: Phoridae) from China. *Zootaxa*, 4205 (1): 31-51.

Liu G C, Zeng Q Q. 1995a. A new species of the new-record genus *Borophaga* Enderlein (Diptera: Phoridae) from China. *Entomotaxonomia*, 17 (2): 125-128. [刘广纯, 曾庆奇. 1995a. 中国蚤蝇科一新纪录属一新种 (双翅目: 蚤蝇科). 昆虫分类学报, 17 (2): 125-128.]

Liu G C, Zeng Q Q. 1995b. A further new species of *Trophithauma* Schmitz (Diptera: Phoridae) from China. *Zoological Research*, 16 (4): 349-351. [刘广纯, 曾庆奇. 1995b. 中国喙蚤蝇属一新种 (双翅目: 蚤蝇科). 动物学研究, 16 (4): 349-351.]

Liu G C, Zhou T, Dai P L, Zhang X W. 2014. A new species of *Megaselia* Rondani 1856 (Diptera: Phoridae) associated with *Apis laboriosa* Smith 1871 (Hymenoptera: Apidae) in China. *Pan-Pacific Entomologist*, 90 (1): 33-36.

Liu J Q, Wang G Z, Yuan Z L, Li T Q, Li X M, Chang Z J. 2012. Species diversity of Calyptratae in Dengfeng Zhongyue Temple of Henan province. *Chinese Journal of Vector Biology and Control*, 23 (1): 48-50. [刘吉起, 王广州, 袁中良, 李天全, 李新民, 常战军. 2012. 河南省登封市中岳庙旅游景区有瓣蝇类物种多样性. 中国媒介生物学及控制杂志, 23 (1): 48-50.]

Liu J Y, Ni Y Q, Zhang C T. 2008. Catalogue of the tribe Blondeliini of the Northeast China (Diptera: Tachinidae). *In*: Shen X C, Zhang R Z, Ren Y D. 2008. *Classification and Distribution of Insects in China*. Beijing: China Agricultural Science and Technology Press: 117-123. [刘家宇, 倪永庆, 张春田. 2008. 东北地区卷蛾寄蝇族名录//申效诚, 张润志, 任应党. 2008. 昆虫分类与分布. 北京: 中国农业科学技术出版社: 117-123.]

Liu J Y, Yao Z Y, Song W H, *et al*. 2007. Taxonomic study of the genus *Medina* (Diptera: Tachinidae) of China. *In*: Li D M, *et al*. 2007. *Entomological Research Issues. Proceedings of the 8th Congress of the Entomological Society of China, 2007*. Beijing: China Agricultural Science and Technology Press: 61-64. [刘家宇, 姚志远, 宋文慧, 等. 2007. 中国麦寄蝇属分类研究//李典谟, 等. 2007. 昆虫学研究动态-中国昆虫学会第八次全国代表大会暨 2007 年学术年会论文集. 北京: 中国农业科学

技术出版社: 61-64.]

Liu J Y, Zhang C T. 2007. A new species of genus *Meigenia* from China (Diptera, Tachinidae). *Acta Zootaxonomica Sinica*, 32 (1): 121-123. [刘家宇, 张春田. 2007. 美根寄蝇属一新种记述（双翅目, 寄蝇科）. 动物分类学报, 32 (1): 121-123.]

Liu J Y, Zhang C T, Ge Z P, Wang Y. 2006. Taxonomic study on the tribe Blondeliini from China (Diptera, Tachinidae) I. *Journal of Shenyang Normal University* (*Natural Science*), 24 (3): 334-339. [刘家宇, 张春田, 葛振萍, 王勇. 2006. 卷蛾寄蝇族（双翅目: 寄蝇科）分类研究（一）. 沈阳师范大学学报（自然科学版）, 24 (3): 334-339.]

Liu L, Xue W Q. 1996. A new species of the genus *Phaonia* from Liaoning, China (Diptera: Muscidae). *Acta Zootaxonomica Sinica*, 21 (1): 107-109. [刘力, 薛万琦. 1996. 辽宁棘蝇属一新种（双翅目: 蝇科）. 动物分类学报, 21 (1): 107-109.]

Liu L Q, Wu H, Yang D. 2009a. A review of *Cyrtodiopsis* Frey (Diptera, Diopsidae) from China. *Zootaxa*, 2010: 57-68.

Liu L Q, Wu H, Yang D. 2009b. Two new species of the genus *Teleopsis* from Hainan, China (Diptera, Diopsidae). *Acta Zootaxonomica Sinica*, 34 (2): 377-380. [刘立群, 吴鸿, 杨定. 2009b. 海南泰突眼蝇属二新种记述（双翅目, 突眼蝇科）. 动物分类学报, 34 (2): 377-380.]

Liu L Q, Wu H, Yang D. 2013a. One new species and one new record speices of the genus *Cyrtodiopsis* (Diptera, Diopsidae) from China. *Acta Zootaxonomica Sinica*, 38 (1): 161-163. [刘立群, 吴鸿, 杨定. 2013a. 中国曲突眼蝇属一新种及一新纪录种记述（双翅目, 突眼蝇科）. 动物分类学报, 38 (1): 161-163.]

Liu L Q, Wu H, Yang D. 2013b. Six new species and one new record speices of the genus *Teleopsis* (Diptera, Diopsidae) from China. *Acta Zootaxonomica Sinica*, 38 (1): 154-160. [刘立群, 吴鸿, 杨定. 2013b. 中国泰突眼蝇属六新种及一新纪录种记述（双翅目, 突眼蝇科）. 动物分类学报, 38 (1): 154-160.]

Liu W, Liu G C. 2012. A new species of the genus *Triphleba* Rondani (Diptera: Phoridae) from China. *Entomotaxonomia*, 34 (2): 325-328. [刘威, 刘广纯. 2012. 中国寒蚤蝇属一新种记述（双翅目: 蚤蝇科）. 昆虫分类学报, 34 (2): 325-328.]

Liu X F, Wang X J, Ye H. 2009. One newly recorded species of the genus *Bactrocera* Macquart (Diptera: Tephritidae) from China. *Acta Zootaxonomica Sinica*, 34 (3): 661-663. [刘晓飞, 汪兴鉴, 叶辉. 2009. 中国果蝇属一新纪录种（双翅目: 实蝇科）. 动物分类学报, 34 (3): 661-663.]

Liu X Y, Nartshuk E P, Yang D. 2015. A new species of *Merochlorops* Howlett (Diptera: Chloropidae) from China. *Entomotaxonomia*, 37 (4): 285-290. [刘晓艳, Nartshuk E P, 杨定. 2015. 台秆蝇属一新种记述（双翅目: 秆蝇科）. 昆虫分类学报, 37 (4): 285-290.]

Liu X Y, Yang D. 2012a. Species of the genus *Ensiferella* Andersson from China, with a key to world species (Diptera, Chloropidae). *Zootaxa*, 3207: 54-62.

Liu X Y, Yang D. 2012b. The genus *Centorisoma* Becker from China, with a key to world species (Diptera, Chloropidae). *Zootaxa*, 3361: 18-32.

Liu X Y, Yang D. 2012c. *Togeciphus* Nishijima and *Neoloxotaenia* Sabrosky (Diptera: Chloropidae) from China. *Zootaxa*, 3298: 17-29.

Liu X Y, Yang D. 2014a. Five new species of *Centorisoma* Becker from China, with an updated key to world species (Diptera, Chloropidae). *Zootaxa*, 3821 (1): 101-115.

Liu X Y, Yang D. 2014b. Species of the genus *Aragara* Walker (Diptera: Chloropidae: Chloropinae: Mindini) from China with key to species of the world. *Zootaxa*, 3895 (1): 127-136.

Liu X Y, Yang D. 2015a. *Speccafrons* (Diptera: Chloropidae: Oscinellinae) newly found in the mainland of China with description of a new species. *Florida Entomologist*, 98 (2): 563-566.

Liu X Y, Yang D. 2015b. Three new species of genus *Apotropina* Hendel from China (Diptera, Chloropidae). *Zootaxa*, 3947 (1): 122-130.

Liu X Y, Yang D. 2016. Two new species of genus *Lasiosina* Becker from China (Diptera, Chloropidae). *Zootaxa*, 4168 (2): 382-388.

Liu X Y, Yang D, Nartshuk E P. 2011. Species of the genus *Thressa* Walker, 1860 from China (Diptera, Chloropidae). *ZooKeys*, 129: 29-48.

Liu X Z, Wan X R, Liu Z T, Xiao J, Xiao J H, Wang Y N, Wang G R, Chen H B, Xu X Q. 2001. An investigation on fly density and species in Nanchang frontier area. *Chinese Journal of Vector Biology and Control*, 12 (6): 424-425. [刘小真, 万筱荣, 刘中韬, 肖经和, 汪雁南, 王纲荣, 陈洪兵, 徐小强. 2001. 南昌口岸蝇密度及种群调查. 中国媒介生物学及控制杂志, 12 (6): 424-425.]

Liu Y N, Wan X Y, Entmakh, Li K, Sui J L, Wu J G, Zhang D. 2011. Taxonomic study of the genus *Portschinskia* in Beijing, China. *Chinese Journal of Vector Biology and Control*, 22 (4): 361-362. [刘豫宁, 万心怡, 恩特马克, 李凯, 隋金玲, 吴记贵, 张东. 2011. 北京地区小头皮蝇属昆虫分类研究（双翅目: 皮蝇科）. 中国媒介生物学及控制杂志, 22 (4): 361-362.]

Liu Y Q, Gao Q S, Chen H W. 2017. The genus *Scaptodrosophila* (Diptera, Drosophilidae), Part I: the *brunenae* species group from the Oriental region, with morphological and molecular evidence. *ZooKeys*, 617: 87-118.

Liu Y Z, Chao C M, *et al*. 1998. *Fauna of Tachinidae from Shanxi Province, China*. Beijing: Science Press: x + 1-378 + pls. 1-11. [刘银忠, 赵建铭, 等. 1998. 山西省寄蝇志. 北京: 科学出版社: x + 1-378 + 图版1-11.]

Liu Y Z, Chao C M, Li L F. 1999. New species of Tachinidae from Shanxi Province, China (Diptera). *Acta Zootaxonomica Sinica*, 24 (3): 347-354. [刘银忠, 赵建铭, 李林福. 1999. 山西省寄蝇科五新种记述 (双翅目). 动物分类学报, 24 (3): 347-354.]

Liu Y Z, Li L F, Chao C M. 1985. Descriptions of five new species of Exoristinae (Diptera: Tachinidae). *Entomotaxonomia*, 7 (3): 165-173. [刘银忠, 李林福, 赵建铭. 1985. 追寄蝇亚科五新种 (双翅目: 寄蝇科). 昆虫分类学报, 7 (3): 165-173.]

Liu Z J, Wu X S. 1986. A first recorded species: *Asiosarcophila kaszabi* Rohdendorf *et* Verves in China. *Sichuan Journal of Zoology*, 1: 35. [刘增加, 吴新生. 1986. 戈壁亚野蝇在我国的发现. 四川动物, 1: 35.]

Liu Z Q, Yang C K. 2002. Diptera: Celyphidae (II). *In*: Huang F S. 2002. *Forest Insects of Hainan*. Beijing: Science Press: 757-758. [刘志琦, 杨集昆. 2002. 双翅目: 甲蝇科 (二)//黄复生. 2002. 海南森林昆虫. 北京: 科学出版社: 757-758.]

Loew H. 1840a. *Bemerkungen über die in der Posener Gegend einheimischen Arten mehrerer Zweiflügler Gattungen*. [Zu der] Öffentlichen Prufung der Schuler des Koniglichen Friedrich-Wilhelms-Gymnasiums zu Posen, 1840 (7-8): 1-40, pl. 1.

Loew H. 1840b. Ueber die im Grossherzogthum Posen aufgefundenen Zweiflügler; ein Beitrag zur genaueren kritischen Bestintmung der europäischen Arten. *Isis* (*Oken's*), 1840 (VII-VIII): 512-581.

Loew H. 1840c. *Trypeta* stigma und *Trypeta cometa*, zwei neue europaische Zweifluglerarten. *Stettiner Entomologische Zeitung*, 1: 156-158.

Loew H. 1841. Ueber die Gattung *Chrysotoxum*. *Stettiner Entomologische Zeitung*, 2: 136-141, 155-160.

Loew H. 1843. Bemerkungen uber die bekannten europaischen Arten der Gattung *Chrysogaster* Meig. *Stettiner Entomologische Zeitung*, 4 (7): 204-212; 4 (8): 240-255; 4 (9): 258-281.

Loew H. 1844a. Beschreibung einiger neuen Gattungen der europäischen Dipteren fauna. *Stettiner Entomologische Zeitung*, 5: 154-173.

Loew H. 1844b. Kritische Untersuchung der europäischen Arten der Gattung *Trypeta*. *Zeitschrift für Entomologie* (*Germar's*), 5: 312-437.

Loew H. 1845. Dipterologische Beiträge [I]. [*Einladung*] *zu der Öffentlichen Prüfung der Schüler des Königlichen Friedrich-Wilhelms-Gymnasiums zu Posen am 17. März*, Königliche Hofdruckerei W. Decker, Posen, 1845: 1-52.

Loew H. 1846a. Fragmente zur Kenntnis der europäischen Arten einiger Dipterengattungen. *Linnaea Entomologica*, 1: 319-530.

Loew H. 1846b. *Helophilus*. *Stettiner Entomologische Zeitung*, 7: 116-127, 141-150, 164-169.

Loew H. 1846c. Ueber die Gattung Ortalis und zwei neue Arten derselben. *Stettiner Entomologische Zeitung*, 7: 92-96.

Loew H. 1847a. Ein Paar neue Fliegen zum neuen Jahr. *Stettiner Entomologische Zeitung*, 8: 23-32.

Loew H. 1847b. Dipterologische Beiträge. Dritter Theil. *Jahresberichte des Naturwissenschaftlichen Vereins in Posen*, 1846: 1-44.

Loew H. 1847c. Dipterologischer Beitrag. Dritter Theil. *Ueber die Italienischen Arten der Gattung Conops. Jber. Naturw. Ver. Posen*, 1846: 1-24.

Loew H. 1847d. Dipterologisches. *Stettiner Entomologische Zeitung*, 8: 368-376.

Loew H. 1848a. Ueber die europaischen Arten der Gattung *Eumerus*. *Stettiner Entomologische Zeitung*, 9 (4-5): 108-128, 130-136.

Loew H. 1848b. Eine neue europäische Art der Gattung *Metopia*. *Stettiner Entomologische Zeitung*, 9: 377-378.

Loew H. 1850. Ueber die Arten der Gattung *Gymnopa*. *Stettiner Entomologische Zeitung*, 9 (1848): 13-15.

Loew H. 1854. Neue Beitrage zur Kenntnis der Dipteren. Zweiter Beitrag. *Programm der Königlichen Realschule zu Meseritz*, 1854: 1-24.

Loew H. 1856a. Neue Beiträge zur Kenntnis der Dipteren. Vierter Beitrag. *Programm der Königlichen Realschule zu Meseritz*, 1856: 1-56.

Loew H. 1856b. Ueber die Fliegengattungen *Microdon* und *Chrysotoxum*. *Verhandlungen der* [*K.-K.* (= *Kaiserlich-Königlichen*)] *Zoologisch-Botanischen Gesellschaft in Wien*, 6: 599-622.

Loew H. 1857a. Dipterologische Mitthcilungen. IV. *Cyrtoneura hortorum* Wied, und die ihr verwandten europäischen Arten. *Wiener Entomologische Monatschrift*, 1: 44-47.

Loew H. 1857b. Eine dipterologische Razzia auf dem Gebiete des naturwissenschaftlichen Vereins fur Sachsen und Thuringen. *Zeitschrift für die Gesammten Naturwissenschaften Halle*, 10 (8): 97-112.

Loew H. 1857c. Dipterologische Notizen. *Wiener Entomologische Monatschrift*, 1 (1): 1-10.

Loew H. 1857d. Die europaischen Arten der Gattung *Cheilosia*. *Verhandlungen der* [*K.-K.* (= *Kaiserlich-Königlichen*)] *Zoologisch-Botanischen Gesellschaft in Wien*, 7 (Abhandl.): 579-616.

Loew H. 1858a. Beschreibung einiger japanischen Diptern. *Wiener Entomologische Monatschrift*, 2: 100-112.

Loew H. 1858b. *Dialyta atriceps*, nov. spec. *Wiener Entomologische Monatschrift*, 2: 152-154.

Loew H. 1858c. Bidrag till kannedomen om Afrikas Diptera [part]. *Öfversigt af Kongliga Vetenskaps-Akademiens Förhandlingar*, (1857), 14: 337-383.
Loew H. 1858d. Über einige neue Fliegengattungen. *Berliner Entomologische Zeitung*, 2: 101-122.
Loew H. 1858e. Ueber *Cacoxenus indagator* nov. sp. Und seine Verwandten. *Wiener Entomologische Monatschrift*, 2: 213-222.
Loew H. 1858f. Zwanzig neue Diptern. *Wiener Entomologische Monatschrift*, 2: 57-62, 65-79.
Loew H. 1858g. Drei neue Ortalis-Arten. *Berliner Entomologische Zeitschrift*, 2: 374-376.
Loew H. 1860a. Bidrag till kännendomen om Africas Diptera. *Öfversigt af Köngliga Vetenskaps Akademiens Förhandlingar*, Stockholm, 17 (2): 81-97.
Loew H. 1860b. Neue Beiträge zur Kenntniss der Dipteren. Siebenter Beitrag. Die europaeischen Ephydrinidae und die bisher in Schlesien beobachteten Arten derselben. *Programm der Königlichen Realschule zu Meseritz*: 1-46.
Loew H. 1861. *Lispe superciliosa* nov. sp. *Wiener Entomologische Monatschrift*, 5: 351-353.
Loew H. 1862a. Bidrag till Kannedomen om Afrikas Diptera. *Öfversigt af Kongliga Vetenskaps-Societetens Förhandlingar*, Helsinski, 19: 3-14.
Loew H. 1862b. Monographs of the Diptera of North American. Part 1. *Smithsonian Miscellaneous Collections*, 6 (141): 1-221.
Loew H. 1862c. Sechs neue europäische Dipteren. *Wiener Entomologische Monatschrift*, 6: 294-300.
Loew H. 1862d. Ueber die europäischen Heleomyziden und die in Schlesien vorkom-menden Arten derselben. *Zeitschrift für Entomologie*, 13 (1859): 1-80.
Loew H. 1862e. Novae Helomyzidarum in Europa viventium species. *Wiener Entomologische Monatschrift*, 6 (4): 126-128.
Loew H. 1862f. Trypetidae. *Die Europäischen Bohrfliegen*, Wien: 1-128.
Loew H. 1862g. Diptera Americae septentrionalis indigena. *Centuria secunda. Berliner Entomologische Zeitschrift*, 6: 185-232.
Loew H. 1863a. Diptera Americae septentrionalis indigena *Centuria tercia. Berliner Entomologische Zeitschrift*, 7: 1-55.
Loew H. 1863b. Diptera Americae septentrionalis indigena *Centuria quarta. Berliner Entomologische Zeitschrift*, 7: 275-326.
Loew H. 1863c. Enumeratio Dipterorum quae C. Tollin ex Africa meridionali (Orangestaat, Bloemfontein). *Wiener Entomologische Monatschrift*, 7: 9-16.
Loew H. 1863d. *Gymnomus troglodytes*, eine neue österreichische Fliegengattung. *Wiener Entomologische Monatschrift*, 7 (2): 36-38.
Loew H. 1863e. Zwei neue europäische Dipteren. *Wiener Entomologische Monatschrift, Vienna*, 7 (2): 38-40.
Loew H. 1864a. Acht neue *Cordylura* — Arten. *Wiener Entomologische Monatschrift*, 8: 17-26.
Loew H. 1864b. Die Arten der Gattung *Balioptera. Berliner Entomologische Zeitschrift*, 8: 347-356.
Loew H. 1864c. Diptera Americae septentrionalis indigena *Centuria quinta. Berliner Entomologische Zeitschrift*, 8: 49-104.
Loew H. 1864d. *Diptera Americae Septentrionalis Indigena*. Vol. 1. A.W. Schadii, Berolini [= Berlin]: 1-266.
Loew H. 1864e. Ueber zu Dürrenberg beobachte halophile Dipteren. *Zeitschrift für die Gesammten Naturwissenschaften*, 23 (4/5): 336-347.
Loew H. 1864f. Zur Kenntniss der deutschen *Heteroneura*-Arten. *Berliner Entomologische Zeitschrift*, 8: 334-346.
Loew H. 1864g. Ueber die in der zweiten Hälfte des Juli 1864 auf der Ziegelwiese bei Halle beobachteten Dipteren. *Zeitschrift für die Gesammten Naturwissenschaften*, 24 (11): 377-396.
Loew H. 1865. Uber die europäischen Arten der Gattung *Rhicnoëssa. Berliner Entomologische Zeitschrift*, 9: 34-39.
Loew H. 1866a. Diptera Americae septentrionalis indigena *Centuria sexta. Berliner Entomologische Zeitschrift*, 9: 127-186.
Loew H. 1866b. Diptera Americae septentrionalis indigena *Centuria septima. Berliner Entomologische Zeitschrift*, 10: 1-54.
Loew H. 1866c. Diptera Americae septentrionalis indigena *Centuria septima. Berliner Entomologische Zeitschrift*, 9: 127-186.
Loew H. 1866d. Über die bisher in Schlesien aufgefundenen Arten der Gattung *Chlorops* Macq. *Zeitschrift für Entomologie*, (1861) 15: 1-96.
Loew H. 1868a. Die europäischen Arten der Gattung *Micropeza. Berliner Entomologische Zeitschrift*, 12: 161-167.
Loew H. 1868b. Die europäischen Ortalidae. *Zeitschrift für die Gesammten Naturwissenschaften Halle*, 32: 1-11.
Loew H. 1869a. Beschreibung Europäischer Dipteren. *In*: Sechster T. 1869. *Systematische Beschreibung der Bekannten Europäischen Zweiflügeligen Insekten*, von Johann Wilhelm Meigen. Vol. 1. Achter Theil oder zweiter Supplementband. H. W. Halle: Schmidt: xvi + 310 + [2].
Loew H. 1869b. Diptera Americae septentrionalis indigena *Centuria nona. Berliner Entomologische Zeitschrift*, 13: 129-186.
Loew H. 1869c. Drepanephora, eine neue Gattung der Sapromyzidae. *Berliner Entomologische Zeitschrift*, 13: 95-96.
Loew H. 1869d. Ueber Dypteren der Augsburger Umgegend. *Berich des Naturhistorischen Vereins in Augsburg*, 20: 39-59.
Loew H. 1869e. Diptera Americae septentrionalis indigena *Centuria octava. Berliner Entomologische Zeitschrift*, 13 (1-2): 1-52.
Loew H. 1869f. Revision der europäischen Trypetina. *Zeitschrift für die Gesammten Naturwissenschaften Halle*, 34 (7-8): 1-24.
Loew H. 1871. *Systematische Beschreibung der Bekannten Europäischen Zweiflügeligen Insekten*. Von Johann Wilhelm Meigen. Neunter Theil oder dritter Supplementband. Beschreibung europaischer Dipteren. Zweiter Band. H.W. Schmidt, Halle: viii +

1-319 + [1].

Loew H. 1872. Diptera Americae septentrionalis indigena *Centuria decima*. *Berliner Entomologische Zeitschrift*, 16: 49-124.

Loew H. 1873a. Beschreibung Europäischer Dipteren. Vol. 3. *In*: Sechster T. 1873. *Systematische Beschreibung der Bekannten Europäischen Zweiflügeligen Insekten, von Johann Wilhelm Meigen*. Zehnter Theil oder vierter Supplementband. Halle, VIII: 1-320.

Loew H. 1873b. Diptera nova, in Pannonia inferiori *et* in confinibus Daciae regionibus a Ferd. Kowarzio capta. *Berliner Entomologische Zeitschrift*, 17: 33-52.

Loew H. 1874a. Die deutschen Arten der Gattung *Azelia*. *Entomologische Miscellen*: 5-41.

Loew H. 1874b. Diptera nova a Hug. Theod. Christopho collecta. *Zeitschrift für die Gesammten Naturwissenschaften*, N. Ser. 9: 413-420.

Loew H. 1874c. Ueber die Gattung *Canace* Hal. *Berliner Entomologische Zeitschrift*, 18 (1-2): 76-82.

Loew H. 1876. *Spathiogasterambulans* Fbr. Und Schummelii. *Zeitschrift für Entomologie Breslau* (N. F.), 5: 11-19.

Long L L, Guo J J, Li P, Guo Y D. 2015. Bacterial diversity in *Bercaea cruentata* gut described using high-throughput sequencing. *Forensic Science Internaturional*: *Genetics Supplement Series*, 5: 479-481.

Long S, Zhang X N, Li C D. 2008. Two new record species of Milesiinae (Diptera, Syrphidae) from China. *Acta Zootaxonomica Sinica*, 33 (2): 423-425. [龙莎, 张潇男, 李成德. 2008. 迷蚜蝇亚科中国二新纪录种记述 (双翅目, 食蚜蝇科). 动物分类学报, 33 (2): 423-425.]

Lonsdale O. 2014. Revision of the Old World *Sobarocephala* (Diptera: Clusiidae). *Zootaxa*, 3760 (2): 211-240.

Lonsdale O. 2016. Revision of the genus *Allometopon* Kertész (Diptera: Clusiidae). *Zootaxa*, 4106 (1): 1-127.

Lonsdale O, Marshall S A. 2016. Revision of the family Nothybidae (Diptera: Schizophora). *Zootaxa*, 4098 (1): 1-42.

Lopes H S. 1938. On the genus *Goniophyto* Townsend, 1927, with description of a new species from Hawaii. *Occasional Papers of the Bernice P. Bishop Museum*, 14 (11): 193-197.

Lopes H S. 1958. Diptera: Sarcophagidae. *Insects of Micronesia*, 13 (2): 15-49.

Lopes H S. 1959. A revision of Australian Sarcophagidae (Diptera). *Studia Entomologica* (*n. s.*), 2 (1-4): 33-67.

Lopes H S. 1961. A contribution to the knowledge of the genus *Boettcherisca* Rohdendorf, 1937 (Diptera, Sarcophagidae). *Memórias do Instituto Oswaldo Cruz*, 59 (1): 69-82.

Lopes H S. 1964. Contribution to the knowledge of the genus *Seniorwhitea* Rohdendorf, 1937 (Diptera, Sarcophagidae). *Memórias do Instituto Oswaldo Cruz*, 62 (2): 161-168.

Lopes H S. 1981a. Two new species of Sarcophagidae (Diptera) living on arthropods. *Revista Brasiliera de Entomologia*, 25 (4): 307-312.

Lopes H S. 1981b. On *Chrysogramma* Rohdendorf and *Sarcotachina* Portschinsky (Diptera, Sarcophagidae). *Revta Brasileira de Biologia*, 41 (1): 205-209.

Lopes H S, Kano R. 1969. Three new species of *Sarcosolomonia* Baranov, 1938 (Diptera: Sarcophagidae). *Pacific Insects*, 11 (1): 181-185.

Lopes H S, Kano R. 1979a. On the types of some Oriental species of Sarcophagidae (Diptera) described by Francis Walker. *Revista Brasiliera de Biologia*, 39 (2): 305-317.

Lopes H S, Kano R. 1979b. Notes on *Sarcorohdendorfia* with key of the species (Diptera: Sarcophagidae). *Revista Brasiliera de Biologia*, 39 (3): 657-670.

Lopes H S, Kano R. 1981. On *Harpagophalla* Rohdendorf, 1937 (Diptera: Sarcophagidae). *Revista Brasiliera de Biologia*, 41 (3): 645-647.

Löw H. 1844. Beschreibung einigen neuen Gattungen der Europäischen Dipterenfauna. *Stettiner Entomologisches Zeitung*, 5: 154-173.

Löw H. 1848. Eine neuve eropäische Art der Gattung *Metopia*. *Stettiner Entomologisches Zeitung*, 9: 377-378.

Löw H. 1861. *Blaesoxipha grylloctona*, nov. Gen. *Et* spec. *Wiener Entomologische Monaturschreiben*, 5: 384-387.

Lu B L. 1982. *Identification Handbook for Medically Important Animals in China*. Beijing: People's Medical Publishing House Co., LTD: 1-956. [陆宝麟. 1982. 中国重要医学动物鉴定手册. 北京: 人民卫生出版社: 1-956.]

Lu J M, Gao J J, Chen X P, Chen H W. 2011. The *Stegana undulata* species group (Diptera, Drosophilidae), with molecular phylogenetic analysis of the Chinese species. *European Journal of Entomology*, 108: 139-152.

Lu J M, Li T, Chen H W. 2011. Molecular phylogeny of the *Stegana ornatipes* species group from China (Diptera, Drosophilidae), with description of one new species. *Journal Insect Science*, 11 (20): 1-20.

Lu R F, Zhang W X. 2004. Descriptions of three new species of the genus *Microdrosophila* Malloch (Diptera, Drosophilidae) from China. *Acta Zootaxonomica Sinica*, 29 (3): 572-577. [陆瑞丰, 张文霞. 2004. 微果蝇属 (双翅目, 果蝇科) 三新种记述. 动物分类学报, 29 (3): 572-577.]

Lu Z R, Deng YH, Chen Z Z. 2003. Description of the third stage larva of *Beziella pudongensis* Fan, Chen *et* Lu (Diptera: Sarcophagidae). *Wuyi Science Journal*, 19 (1): 84-87. [卢兆荣, 邓耀华, 陈之梓. 2003. 浦东拟黑麻蝇三龄幼虫记述 (双翅目: 麻蝇科). 武夷科学, 19 (1): 84-87.]

Luan D C. 2003. Larvaevoridae. *In*: Wu J W, Cai W Z, Hou T Q. 2003. *Insects of Tobacco and Related Integrated Pest Management in China*. Beijing: China Agricultural Science and Technology Press: 261-264. [栾德成. 2003. 寄蝇科//吴钜文, 彩万志, 侯陶谦. 2003. 中国烟草昆虫种类及害虫综合治理. 北京: 中国农业科学技术出版社: 261-264.]

Lucas P H. 1848. Scatophaga. *In*: d'Orbigny Ch. 1848. *Dictionnaire Universel d'Histoire Naturelle. Vol. 11*. Paris: 1-816.

Lue K, Lin S. 2000. Investigation of foam nests (Rhacophoridae) infested by frogflies (Diptera) in Taiwan. *Chinese Journal of Entomology*, 20 (4): 267-280.

Lundbeck W. 1901. Diptera groenlandica. *Videnskabelige Meddelelser Dansk Naturhistorisk Forening*, (6) 2: 281-316.

Lundbeck W. 1916. Diptera Danica. *In*: *Genera and species of flies hitherto found in Denmark. Part V. Lonchopteridae, Syrphidae*. G. E. C. Gad: 1-603.

Lundbeck W. 1927. Diptera Danica. *In*: *Genera and species of flies hitherto found in Denmark. Part VII. Platypezidae, Tachinidae*. G. E. C. Gad: 1-560 + [11 (Index)].

Luo R J, Zhang S, Jin Z Y. 1984. The tachinid flies that parasitize second generation larvae of *Mythimna separata* (Walker) (Lepidoptera: Noctuidae) in Gansu Province. *Gansu Agricultural Science and Technology*, 6: 17-19. [骆仁健, 张陞, 金祖荫. 1984. 甘肃省第二代 (东方) 黏虫幼虫的寄生蝇. 甘肃农业科技, 6: 17-19.]

Ma C Y. 1964. Notes on Sarcophaginae (Diptera) from Liaoning, China. Descriptions of three new species. *Acta Zootaxonomica Sinica*, 1 (1): 55-64. [马忠余. 1964. 辽宁麻蝇亚科初志. 动物分类学报, 1 (1): 55-64.]

Ma C Y. 1981a. A new species of the genus *Blaesoxipha* from Liaoning Province (Diptera: Sarcophagidae). *Acta Zootaxonomica Sinica*, 6 (2): 186-187. [马忠余. 1981a. 辽宁省折麻蝇属一新种 (双翅目: 麻蝇科). 动物分类学报, 6 (2): 186-187.]

Ma D X, Qian J Q, Fan Z D, Zhao J M, Xue W Q, Ni T, Yao Z X, Xiang C Q, Xu T S. 1998. Studies on flies in Xinjiang: III. Calliphoridae and Sarcophagidae. *Endemic Diseases Bulletin*, 13 (4): 33-37. [马德新, 钱金泉, 范滋德, 赵建铭, 薛万琦, 倪涛, 姚振祥, 向超群, 徐太树. 1998. 新疆蝇类研究 III. 丽蝇科和麻蝇科. 地方病通报, 13 (4): 33-37.]

Ma D X, Qian J Q, Fan Z D, Zhao J M, Xue W Q, Ni T, Yao Z X, Xiang C Q, Xu T S. 1999. Studies on flies in Xinjiang, China. IV. Scathophagidae, Tachinidae, Gasterophilidae, Oestridae, Hypodermatidae, Hippoboscidae, Syrphidae. *Endemic Diseases Bulletin*, 14 (1): 50-52. [马德新, 钱金泉, 范滋德, 赵建铭, 薛万琦, 倪涛, 姚振祥, 向超群, 徐太树. 1999. 新疆蝇类研究 IV. 粪蝇科、寄蝇科、胃蝇科、狂蝇科、皮蝇科、虱蝇科、食蚜蝇科. 地方病通报, 14 (1): 50-52.]

Ma G, Ji Y J, Wang M F. 2014. A taxonomic study of Calyptratae in Taiyue Mountain of Shanxi Province, China. *Chinese Journal of Vector Biology and Control*, 25 (5): 444-451. [马光, 季延娇, 王明福. 2014. 山西省太岳山地区有瓣蝇类分类研究. 中国媒介生物学及控制杂志, 25 (5): 444-451.]

Ma P Q, Zhang W X. 2009. Two new species of genus *Lordiphosa* (Diptera, Drosophilidae). *Acta Zootaxonomica Sinica*, 34 (3): 616-619. [马沛勤, 张文霞. 2009. 拱背果蝇属二新种记述 (双翅目, 果蝇科). 动物分类学报, 34 (3): 616-619.]

Ma P Q, Zhang W X. 2013. Two new species of genus *Lordiphosa* (Diptera, Drosophilidae) from China. *Acta Zootaxonomica Sinica*, 38 (4): 881-884. [马沛勤, 张文霞. 2013. 中国拱背果蝇属二新种 (双翅目: 果蝇科). 动物分类学报, 38 (4): 881-884.]

Ma Y K, Hu C. 1997. A preliminary study on the species and biological characters of necrophagous insects in Hangzhou area. *Journal of Zhejiang Agricultural University*, 23 (4): 375-380. [马玉堃, 胡萃. 1997. 杭州地区尸食性昆虫种类与生物学特性的初步研究. 浙江农业大学学报, 23 (4): 375-380.]

Ma Y K, Hu C, Min J X. 2000. A preliminary study on the constitution and succession of insect community on pig carcasse in Handzhou District. *Acta Entomologica Sinica*, 43 (4): 388-393. [马玉堃, 胡萃, 闵建雄. 2000. 杭州地区猪尸体上昆虫群落的组成与演替的初步观察. 昆虫学报, 43 (4): 388-393.]

Ma Y, Kang L, Li H C, *et al*. 1991. Catalogue of grassland insects in Inner Mongolia. *In*: Ma Y, Li H C, Kang L. 1991. *The Grassland Insects of Inner Mongolia*. Yangling: Tianze Eldonejo: 91-275. [马耀, 康乐, 李鸿昌, 等. 1991. 内蒙古草地昆虫名录//马耀, 康乐, 李鸿昌. 1991. 内蒙古草地昆虫. 杨凌: 天则出版社: 91-275.]

Ma Z Y. 1979. A new species of *Dasyphora* R.-D. from Liaoning, China (Diptera: Muscidae). *Acta Zootaxonomica Sinica*, 4 (4): 378-380. [马忠余. 1979. 辽宁毛蝇属一新种 (双翅目: 蝇科). 动物分类学报, 4 (4): 378-380.]

Ma Z Y. 1981b. Descriptions of five new species of Muscidae from Liaoning, China (Diptera: Muscidae). *Acta Zootaxonomica Sinica*, 6 (3): 300-307. [马忠余. 1981b. 辽宁蝇科五新种记述 (双翅目: 蝇科). 动物分类学报, 6 (3): 300-307.]

Ma Z Y, Feng Y. 1986. Six new species of the genus *Phaonia* from Sichuan Erlangshan (Diptera: Muscidae). *Ya'an Science and Technology*, 19 (2): 26-31. [马忠余, 冯炎. 1986. 四川省二郎山棘蝇属六新种 (双翅目: 蝇科). 雅安科技, 19 (2): 26-31.]

Ma Z Y, Feng Y. 1989. Two new species of the genus *Phaonia* R.-D. from China (Diptera: Muscidae). *Acta Zootaxonomica Sinica*,

14 (3): 343-346. [马忠余, 冯炎. 1989. 中国棘蝇属二新种 (双翅目: 蝇科). 动物分类学报, 14 (3): 343-346.]

Ma Z Y, Liu D H, Xue W Q. 1999. Studies on species - grouping of the genus *Phaonia* R.-D. From China (I) - Descriptions of the specie - groups (Diptera: Muscidae). *Journal of Shenyang Teachers College* (*Natural Science*), 17 (2): 44-50. [马忠余, 刘丹红, 薛万琦. 1999. 中国棘蝇属分种团的研究 (一)——种团和亚种团记述 (双翅目: 蝇科). 沈阳师范学院学报 (自然科学版), 17 (2): 44-50.]

Ma Z Y, Tian S M. 1991. A new species of *Phaonia* from Hebei, China (Diptera: Muscidae). *Acta Zootaxonomica Sinica*, 16 (4): 484-486. [马忠余, 田书铭. 1991. 河北省棘蝇属一新种记述 (双翅目: 蝇科). 动物分类学报, 16 (4): 484-486.]

Ma Z Y, Tian S M. 1993. A new species of *Lispe* Latreille from China (Diptera: Muscidae). *Acta Zootaxonomica Sinica*, 18 (1): 82-84. [马忠余, 田书铭. 1993. 中国溜蝇属一新种记述 (双翅目: 蝇科). 动物分类学报, 18 (1): 82-84.]

Ma Z Y, Wang C J. 1985. Three new species of *Phaonia* from Shanxi, China (Diptera: Muscidae). *Acta Zootaxonomica Sinica*, 10 (2): 178-183. [马忠余, 王昌敬. 1985. 山西省棘蝇属三新种 (双翅目: 蝇科). 动物分类学报, 10 (2): 178-183.]

Ma Z Y, Wang J C. 1984. A new species and a new subspecies of Muscidae from Liaoning, China (Diptera: Muscidae). *Acta Zootaxonomica Sinica*, 9 (2): 179-181. [马忠余, 王缉诚. 1984. 蝇科一新种及一新亚种 (双翅目: 蝇科). 动物分类学报, 9 (2): 179-181.]

Ma Z Y, Wang M F. 1992. Four new species of the genus *Phaonia* from northern Shanxi, China (Diptera: Muscidae). *Acta Zootaxonomica Sinica*, 17 (1): 84-92. [马忠余, 王明福. 1992. 山西省晋北地区棘蝇属四新种 (双翅目: 蝇科). 动物分类学报, 17 (1): 84-92.]

Ma Z Y, Wang T L. 1980. Descriptions of the new species of *Phaonia* R.-D. from Liaoning, China (Diptera Muscidae). *Transactions of Liaoning Zoological Society*, 1 (1): 1-4. [马忠余, 王泰来. 1980. 辽宁省棘蝇属二新种记述 (双翅目: 蝇科). 辽宁动物学会会刊, 1 (1): 1-4.]

Ma Z Y, Wu J W. 1986. Diptera: Muscidae. Two new species of *Hydrotaea* R.-D. from Gansu, China (Diptera: Muscidae). *Acta Zootaxonomica Sinica*, 11 (4): 422-424. [马忠余, 武经纬. 1986. 甘肃齿股蝇属一新种 (双翅目: 蝇科). 动物分类学报, 11 (4): 422-424.]

Ma Z Y, Wu J W. 1989. Diptera: Muscidae. Notes on Tenuiset a species-group of *Phaonia* R.-D. from China (Diptera: Muscidae). *Acta Zootaxonomica Sinica*, 14 (1): 73-84. [马忠余, 武经纬. 1989. 中国棘蝇属细鬃棘蝇种团记述 (双翅目: 蝇科). 动物分类学报, 14 (1): 73-84.]

Ma Z Y, Wu J W, Cui C Y. 1986. Two new species of the genus *Mydaea* R.-D. from China (Diptera: Muscidae). *Acta Zootaxonomica Sinica*, 11 (3): 316-321. [马忠余, 武经纬, 崔昌元. 1986. 圆蝇属二新种 (双翅目: 蝇科). 动物分类学报, 11 (3): 316-320.]

Ma Z Y, Xue W Q, Feng Y. 2002. *Fauna Sinica, Insecta. Vol. 26. Diptera: Muscidae (II), Phaoniinae (I)*. Beijing: Science Press: 1-421. [马忠余, 薛万琦, 冯炎. 2002. 中国动物志 昆虫纲 第二十六卷 双翅目 蝇科 (II) 棘蝇亚科 (I). 北京: 科学出版社: 1-421.]

Ma Z Y, Zhao G. 1984. A new species of the genus *Helina* R.-D. from China (Diptera: Muscidae). *Acta Zootaxonomica Sinica*, 9 (1): 80-81. [马忠余, 赵干. 1984. 阳蝇属 *Helina* R.-D.一新种记述 (双翅目: 蝇科). 动物分类学报, 9 (1): 80-81.]

Maa T C. 1965. A synopsis of the Lipopteninae. *Journal of Medical Entomology*, 2 (3): 233-248.

Maa T C. 1966. Studies in Hippoboscidae (Diptera). The genus *Ornithoica* (Diptera: Hippoboscidae). *Pacific Insects Monographs*, 10: 11-121.

Maa T C. 1967. A synopsis of Diptera Pupipara of Japan. *Pacific Insects*, 9 (4): 727-760.

Maa T C. 1969. Studies in Hippoboscidae (Diptera). Part 2. *Pacific Insects Monographs*, 20: 1-312.

Maa T C. 1975. On new Diptera Pupipara from the Oriental Region. *Pacific Insects Monographs*, 16: 465-486.

Máca J. 1977. Revision of Palaearctic species of *Amiota* subgenus. *Phortica* (Diptera, Drosophilidae). *Acta Entomological Bohemoslovaca*, 74 (2): 115-130.

Máca J. 1980. European species of the subgenus *Amiota* s. str. (Diptera, Drosophilidae). *Acta Entomologica Bohemoslovaca*, 77: 328-346.

Máca J. 1988. Drosophilidae (Diptera) of Soviet Middle Asia. *Annotationes Zoologicae et Botanicae*, 185: 1-16.

Máca J. 2003. Taxonomic notes on the genera previously classified in the genus *Amiota* Loew (Diptera: Drosophilidae, Steganinae). *Acta Universitatis Carolinae*, *Biologica*, 47: 247-274.

Máca J, Lin F J. 1993a. The Drosophilidae of Taiwan: genera *Amiota* (excluding subgenus *Phortica*) and *Leucophenga* (*Nankangomyia* subgenus nov.). *Bulletin of the Institute of Zoology*, "*Academia Sinica*", 32 (1): 1-11.

Máca J, Lin F J. 1993b. The Drosophilidae of Taiwan: genera *Amiota* subgenus *Phortica*. *Bulletin of the Institute of Zoology*, "*Academia Sinica*", 32 (3): 171-183.

MacGowan I. 2004. A list of lance flies from Taiwan with descriptions of new species (Diptera, Lonchaeidae). *Zeitschrift für Entomologie*, 25 (21): 321-332.

MacGowan I. 2007. New species of Lonchaeidae (Diptera: Schizophora) from Asia. *Zootaxa*, 1631: 1-32.

Macquart P J M. 1829a. Insectes Diptères du nord de la France. Syrphies. *Mémoires de la Société (Royale) des Sciences, de l'Agriculture et des Arts à Lille*, 1827-1828: 149-371, pls. 1-4.

Macquart P J M. 1829b. Insectes Diptères du nord de la France, 4: 1-223.

Macquart J. 1834a. Insectes diptères du nord de la France. Athéricères: créophiles, oestrides, myopaires, conopsaires, scénopiniens, céphalopsides. *Mémoires de la Société des Sciences, de l'Agriculture et des Arts à Lille*, [1833]: 137-368 + pls. 1-6.

Macquart J. 1834b. *Histoire Naturelle des Insectes, Diptères*. Tome première. Ouvrage accompagné de planches. Paris: Roret: 578 + 1-8, pls. 1-12.

Macquart J. 1835a. *Histoire Naturelle des Insectes, Diptères. Tome deuxième. In*: Roret N E. 1835. *Collection des suites à Buffon*. Paris: Librairie Encyclopédique de Roret: 1-703.

Macquart J. 1835b. *Histoire Naturelle des Insectes, Diptères. Collection des suites à Buffon*. Vol. 2. Paris: N. E. Roret: 1-710.

Macquart J. 1839. 13. Dipteres. *In*: Webb B, Berthelot S. 1839. *Histoire Naturelle des Iles Canaries*. Tome deuxième. Deuxième partie. Contenant la zoologie [Entomologie.] — "1836-1844", Paris: Béthune: 97-119.

Macquart J. 1840. *Diptères Exotiques Nouveaux ou peu Connus*. Paris, 2 (1): 1-135.

Macquart J. 1842. *Diptères Exotiques Nouveaux ou peu Connus*. Tome deuxième. 1e partie. *Mémoires de la Société des Sciences, de l'Agriculture et des Arts à Lille*, 1841 (1): 65-200.

Macquart J. 1843a. '*Diptères Exotiques Nouveaux ou peu Connus*'. Vol. 2 (3): 1-304, pls. 1-36.

Macquart J. 1843b. *Diptères Exotiques Nouveaux ou peu Connus*. Tome deuxiènne. 3e partie. *Mémoires de la Société des Sciences, de l'Agriculture et des Arts à Lille*, [1842]: 162-460.

Macquart J. 1843c. Dipteres Exotiques Nouveaux ou peu Connus. *Mémoires de la Societe des Sciences de l'Agriculture et des Arts a Lille*, 1843: 5-304.

Macquart J. 1844. *Diptères Exotiques Nouveaux ou peu Connus*. Tome deuxième. 3.e partie [1843]. Roret, Paris: 1-304 + pls. 1-36.

Macquart J. 1845. Nouvelles observations sur les insectes diptères de la tribu des tachinaires. *Annales de la Société Entomologique de France*, 2 (3): 237-296 + pls. 4-6.

Macquart J. 1846. *Diptères Exotiques Nouveaux ou peu Connus*. 1e Supplement. *Mémoires de la Société (Royale) des Sciences, de l'Agriculture et des Arts a Lille*, 1844: 133-364, pls. 1-20.

Macquart J. 1847a. Diptères exotiques nouveaux on peu connus. (Suite de 2e supplément). *Mémoires de la Société (Royale) des Sciences, de l'Agriculture et des Arts à Lille*, (1846): 21-120.

Macquart J. 1847b. *Diptères Exotiques Nouveaux ou peu Connus* (Suite de 2me Supplement). *Mémoires de la Société (Royale) des Sciences, de l'Agriculture et des Arts à Lille*, 1847 (2): 161-237.

Macquart J. 1848a. Dipteres exotiques nouveaux ou peu connus. Suite du 2.me supplement. [= Suppl. 3]. *Mémoires de la Société (Royale) des Sciences, de l'Agriculture et des Arts à Lille*, 1847 (2): 161-237.

Macquart J. 1848b. Nouvelles observations sur les diptères d'Europe de la tribu des tachinaires. (Suite.) *Annales de la Société Entomologique de France*, 2 (6): 85-138 + pls. 3-6.

Macquart J. 1849a. Diptères éxotiques nouveau ou peu connus. Suite du 2me supplément (3rd. suppl.). *Mémoires de la Société (Royale) des Sciences, de l'Agriculture et des Arts à Lille*, 1847: 161-237.

Macquart J. 1849b. Huitieme ordre. Les Dipteres. *In*: Lucas H. 1849. *Historie naturelle des animaux. Zoologie. Sciences Physiques. Explorations scientifique de l'Algérie pendant les annees 1840, 1841, 1842 publiee par ordre du Gouvernement et avec le concours d'une Commission Academique*. Sciences Physiques, (Zoologie) 3: 414-503.

Macquart J. 1849c. Nouvelles observations sur les diptères d'Europe de la tribu des tachinaires. (Suite.) *Annales de la Société Entomologique de France*, 2 (7): 353-418 + pls. 10-12.

Macquart J. 1850a. Nouvelles observations sur les diptères de la tribu des Tachinaires. *Annales de la Société Entomologique de France*, 8 (2): 419-492.

Macquart J. 1850b. *Diptères Exotiques Nouveaux ou peu Connus*. 4e supplément. *Mémoires de la Société des Sciences, de l'Agriculture et des Arts à Lille*, [1849]: 309-479.

Macquart J. 1850c. *Catalogue du Musée d'Histoire Naturelle de la Ville de Lille. Tome second. Animaux Invertébrés*. Lille: L. Danel: 1-639.

Macquart J. 1850d. *Diptères Exotiques Nouveaux ou peu Connus*. 4e supplément (part). *Mémoires de la Société (Royale) des Sciences, de l'Agriculture et des Arts à Lille*, 1849: 309-479. (Also published separately as "*Diptères Exotiques Nouveaux ou peu Connus*". Supplément IV (part): 5-161.

Macquart J. 1851. Diptères éxotiques nouveau ou peu connus. 4e supplement. 1-364, pls. 1-28. (pp. 5-161 and pls. 1-14 reprinted from Mém. Soc. Sci. Agric. Lille 1849 [1850]: 309-465 + pls. 1-14; pp. 161-336 and pls. 15-28 reprinted from 1-c., 1850

[1851]: 134-294 + pls. 15-28).

Macquart J. 1854. Nouvelles observations sur les diptères d'Europe de la tribu des tachinaires. (Suite.) *Annales de la Société Entomologique de France*, 3 (2): 373-446 + pls. 13-15.

Macquart J. 1855. *Diptères Exotiques Nouveaux ou peu Connus*. 5e supplément. *Mémoires de la Société des Sciences, de l'Agriculture et des Arts à Lille*, (2) 1: 25-156 + pls. 1-7.

Maibach A, Goedlin de T P, Speight M C D. 1994. Limites Génériques *et* caractéristiques taxonomiques de plusieurs genres de la tribu des Chrysogasterini (Diptera: Syrphidae I. Diagnoses génériques *et* description de Riponnensia gen. nov. *Annales de la Société Entomologique de France* (*N. S.*), 30 (1): 217-247.

Mainx F. 1958. *Zaprionus bogoriensis* species nov., eine neue Drosophilide aus Java. *Zoologischer Anzeiger*, 161: 126-130.

Malloch J R. 1909. A division of the dipterous genus *Phora* Latreille into subgenera. *Glasgow Nature*, 1: 24-28.

Malloch J R. 1912. The insects of the dipterous family Phoridae in the United States National Museum. *Proceedings of the United States National Museum*, 43: 411-529.

Malloch J R. 1913a. Descriptions of new species of American flies of the family Borboridae. *Proceedings of the United States National Museum*, 44: 361-372.

Malloch J R. 1913b. One new genus and 8 new species of dipterous insects in the U. S. Nat. Museum Collection. *Proceedings of the United States National Museum*, 43: 649-658.

Malloch J R. 1913c. A revision of the species in *Agromyza* Fallén, and *Cerodontha* Rondani (Diptera). *Annals of the Entomological Society of America*, 6 (3): 269-336.

Malloch J R. 1913d. A synopsis of the genera of Agromyzidae, with descriptions of new genera and species. *Proceedings of the United States National Museum*, 46: 127-154.

Malloch J R. 1913e. Notes on some American Diptera of the genus *Fannia*, with descriptions of new species. *Proceedings of the United States National Museum*, 44: 621-631.

Malloch J R. 1913f. The genera of flies in the subfamily Botanobiinae with hind tibial spur. *Proceedings of the United States National Museum*, 46: 239-266.

Malloch J R. 1913g. New American Dipterous Insects of the Family Pipunculidae. *Proceedings of the United States National Museum*, 43: 291-299.

Malloch J R. 1913h. Three new species of Anthomyiidae (Diptera) in the United States National Museum collection. *Proceedings of the United States National Museum*, 45: 603-607.

Malloch J R. 1914a. A new *Fannia* from Formosa (Diptera). *Annales Historico-Naturales Musei Nationalis Hungarici*, 12: 153-154.

Malloch J R. 1914b. A synopsis of the genera in Chloropidae for North America. *Canadian Entomologist*, 46: 113-120.

Malloch J R. 1914c. Formosan Agromyzidae. *Annales Historico-Naturales Musei Nationalis Hungarici*, 12: 332-335.

Malloch J R. 1914d. Formosan Agromyzidae. *Annales Historico-Naturales Musei Nationalis Hungarici*, 12: 306-336.

Malloch J R. 1915a. An undescribed sapromyzid (Diptera). *Bulletin of the Brooklyn Entomological Society*, 10: 86-88.

Malloch J R. 1915b. Notes on North American Chloropidae (Diptera). *Proceedings of the Entomological Society of Washington*, 17: 158-162.

Malloch J R. 1917. A new genus of Anthomyiidae (Diptera). *Bulletin of the Brooklyn Entomological Society*, 12: 113-115.

Malloch J R. 1918a. Diptera from the Southwestern United States. Paper IV. Anthomyiidae. *Transactions of the American Entomological Society*, 44: 263-319.

Malloch J R. 1918b. Notes and descriptions of some Anthomyiid genera. *Proceedings of the Biological Society of Washington*, 31: 65-68.

Malloch J R. 1918c. Notes on Chloropidae, with descriptions (Diptera). *Bulletin of the Brooklyn Entomological Society*, 13: 19-21.

Malloch J R. 1919a. New species of flies (Diptera) from California. *Proceedings of the California Academy of Sciences*, 4 (9): 297-312.

Malloch J R. 1919b. The Diptera collected by the Canadian Expedition, 1913-1918 (Excluding the Tipulidae and Culicidae). *In*: Anderson R M. 1919. *Report of the Canadian Arctic Expedition 1913-1918*, 3: 34c-90c.

Malloch J R. 1919c. Three new Canadian Anthomyiidae (Diptera). *Canadian Entomologist*, 51: 274-276.

Malloch J R. 1920a. Description of new genera and species of Scatophagidae (Diptera). *Proceedings of the Entomological Society of Washington*, 22: 34-38.

Malloch J R. 1920b. Descriptions of new North American Anthomyiidae. *Transactions of the American Entomological Society*, 46: 133-196.

Malloch J R. 1920c. Scientific Results of the Katmai Expedition of the National Geographic Society. XU. Descriptions of Diptera of the families Anthomyiidae and Scatophagidae. *Ohio Journal of Science*, 20 (7): 267-288.

Malloch J R. 1921a. Dipterous insects of the family Anthomyiidae from the Pribilof Islands, Alaska. *Proceedings of the California*

Academy of Sciences, (4) 11: 178-182.
Malloch J R. 1921b. Exotic Muscaridae (Diptera). I. *Annals and Magazine of Natural History*, (9) 7: 161-173.
Malloch J R. 1921c. The North American species of the anthomyiid genus *Hebecnema* Schnabl (Diptera). *Canadian Entomologist*, 53: 214-215.
Malloch J R. 1921d. Exotic Muscaridae (Diptera). II. *Annals and Magazine of Natural History*, (7) 41: 420-431.
Malloch J R. 1921e. Some notes on Drosophilidae (Diptera). *Entomological News*, 32: 311-312.
Malloch J R. 1922a. Exotic Muscaridae (Diptera). VI. *Annals and Magazine of Natural History*, (9) 10: 132-143.
Malloch J R. 1922b. Exotic Muscaridae (Diptera). VII. *Annals and Magazine of Natural History*, (9) 10: 379-391.
Malloch J R. 1922c. A revision of the generic status of some New Zealand Diptera. *New Zealand Journal of Science and Technology*, 5: 227-228.
Malloch J R. 1922d. Exotic Muscaridae (Diptera). V. *Annals and Magazine of Natural History*, (9) 51: 271-280.
Malloch J R. 1923a. Exotic Muscaridae (Diptera). X. *Annals and Magazine of Natural History*, (9) 12: 177-194.
Malloch J R. 1923b. Flies of the Anthomyiid genus *Phaonia* and related genera. *Transactions of the American Entomological Society*, 48 (1922): 227-282.
Malloch J R. 1923c. The cordylurid genus *Parallelomma* and its nearest allies (Diptera). *Entomological News*, 34: 139-140.
Malloch J R. 1923d. Some new genera and species of Lonchaeidae and Sapromyzidae (Diptera). *Proceedings of the Entomological Society of Washington*, 25: 45-53.
Malloch J R. 1924a. A new species of *Atherigona* from the Philippines (Diptera, Anthomyiidae). *Notulae Entomologicae*, 4: 74.
Malloch J R. 1924b. Exotic Muscaridae (Diptera) XII. *Annals and Magazine of Natural History*, (9) 13: 409-424.
Malloch J R. 1924c. Notes on Australian Diptera. No. IV. *Proceedings of the Linnean Society of New South Wales*, 49: 348-359.
Malloch J R. 1924d. New and little-known calyptrate Diptera from New England. *Psyche. A Journal of Entomology* (*London*), 31 (5): 193-205.
Malloch J R. 1924e. Notes on Australian Diptera. No. III. *Proceedings of the Linnean Society of New South Wales*, 49: 329-338.
Malloch J R. 1924f. Two Drosophilidae from Coimbatore. *Memoirs of the Department of Agricutural in India, Entomological Series*, 8: 63-65.
Malloch J R. 1925a. Exotic Muscaridae (Diptera). XV. *Annals and Magazine of Natural History*, (9) 15: 131-142.
Malloch J R. 1925b. Some Indian species of the dipterous genus *Atherigona*, Rondani. *Memoirs of Department of Agriculture India Entomology*, 8: 111-125.
Malloch J R. 1925c. The anthorriyiid genus *Dichaetomyia* Malloch (Diptera) in the Philippines. *Philippine Journal of Science*, 26 (3): 321-332.
Malloch J R. 1925d. Notes on Australian Diptera. No. VII. *Proceedings of the Linnean Society of New South Wales*, 50 (4): 311-340.
Malloch J R. 1925e. Notes on Australian Diptera. No. VI. *Proceedings of the Linnean Society of New South Wales*, 50 (4): 80-97.
Malloch J R. 1926a. Exotic Muscaridae (Diptera). XIX. *Annals and Magazine of Natural History*, (9) 18: 496-522.
Malloch J R. 1926b. Exotic Muscaridae (Diptera). XVIII. *Annals and Magazine of Natural History*, (9) 17: 489-510.
Malloch J R. 1926c. Notes on Oriental Diptera, with descriptions of new species. *Philippine Journal of Science*, 31: 491-513.
Malloch J R. 1926d. New genera and species of Acalyptrate flies in the United States National Museum. *Proceedings of the United States National Museum*, 68 (2622): 1-35.
Malloch J R. 1926e. Notes on oriental Diptera, with descriptions of new species. *Philippine Journal of Science*, 31: 491-512.
Malloch J R. 1927a. Exotic Muscaridae (Diptera). XX. *Annals and Magazine of Natural History*, (9) 20: 385-424.
Malloch J R. 1927b. Fauna Sumatrensis. (Beitrag Nr. 49). Family Calliphoridae (Diptera). *Supplementa Entomologica*, 16 (1): 50-56.
Malloch J R. 1927c. Notes on Australian Diptera. No. XI. *Proceedings of the Linnean Society of New South Wales*, 52 (3): 299-335.
Malloch J R. 1927d. Fauna Sumatrensis. Sapromyzidae (Diptera). *Supplementa Entomologica*, 15: 102-110.
Malloch J R. 1927e. H. Sauter's Formosa collection: Sapromyzidae (Diptera). *Entomologische Mitteilungen*, 16 (3): 159-172.
Malloch J R. 1927f. Notes on Australian Diptera. No. XIII. *Proceedings of the Linnean Society of New South Wales*, 52: 399-446.
Malloch J R. 1927g. Notes on Australian Diptera. No. X. *Proceedings of the Linnean Society of New South Wales*, 52: 1-16.
Malloch J R. 1927h. The species of the genus *Stenomicra* Coquillett (Diptera, Acalyptrata). *Annals and Magazine of Natural History*, (9) 20: 23-26.
Malloch J R. 1928a. Exotic Muscaridae (Diptera). XXI. *Annals and Magazine of Natural History*, (10) 1: 465-494.
Malloch J R. 1928b. Exotic Muscaridae (Diptera). XXII. *Annals and Magazine of Natural History*, (10) 2: 307-319.
Malloch J R. 1928c. Fauna Sumatrensis (Beitrag No. 56). Family Muscidae (Diptera). *Entomologische Mitteilungen*, 17: 290-303.
Malloch J R. 1928d. Notes on Australian Diptera, No. XV. *Proceedings of the Linnean Society of New South Wales*, 53: 319-335.
Malloch J R. 1928e. Notes on Australian Diptera. No. XIV. *Proceedings of the Linnean Society of New South Wales*, 53 (3):

295-309.

Malloch J R. 1928f. Notes on Australian Diptera. No. XVI. *Proceedings of the Linnean Society of New South Wales*, 53 (4): 343-366.

Malloch J R. 1929a. Exotic Muscaridae (Diptera). XXVIII. *Annals and Magazine of Natural History*, (10) 4: 322-341.

Malloch J R. 1929b. Muscidae. *Insects of Samoa*, 6 (3): 151-175.

Malloch J R. 1929c. Exotic Muscaridae (Diptera). XXIV. *Annals and Magazine of Natural History*, (10) 3: 249-280.

Malloch J R. 1929d. Exotic Muscaridae (Diptera). XXVI. *Annals and Magazine of Natural History*, (10) 4: 97-120.

Malloch J R. 1929e. Notes on some Oriental Sapromyzid flies (Diptera), with particular reference to the Philippine species. *Proceedings of the United States National Museum*, 74 (6): 1-97.

Malloch J R. 1929f. Clusiidae (Heteroneuridae) and Sapromyzidae Insects of Samoa. *Bulletin of the British Museum (Natural History), Entomology*, 6 fasc. 4: 199-213.

Malloch J R. 1929g. Exotic Muscaridae (Diptera). XXV. *Annals and Magazine of Natural History*, (10) 3: 545-564.

Malloch J R. 1929h. Exotic Muscaridae (Diptera). XXVII. *Annals and Magazine of Natural History*, (10) 4: 249-257.

Malloch J R. 1930a. Diptera Calyptratae of the Federated Malay States. (Third paper.) *Journal of the Federated Malay States Museum*, 16: 119-153.

Malloch J R. 1930b. Exotic Muscaridae (Diptera). XXX. *Annals and Magazine of Natural History*, (10) 6: 321-334.

Malloch J R. 1930c. Notes on Australian Diptera. No. XXV. *Proceedings of the Linnean Society of New South Wales*, 55 (4): 429-450.

Malloch J R. 1930d. Notes on Australian Diptera. No. XXIV. *Proceedings of the Linnean Society of New South Wales*, 55: 303-353.

Malloch J R. 1930e. Lonchaeidae, Chloropidae, Piophilidae. *Insects of Samoa and Others Samoan Terrestial Arthropodes*, London, 6: 239-251.

Malloch J R. 1930f. New Zealand Muscidae Acalyptratae, Part VII: Ortalidae. *Records of the Canterbury Museum*, 4: 243-245.

Malloch J R. 1930g. Exotic Muscaridae (Diptera). XXIX. *Annals and Magazine of Natural History*, (10) 5: 465-484.

Malloch J R. 1931a. Exotic Muscaridae (Diptera). *Annals and Magazine of Natural History*, 10 (8): 425-446.

Malloch J R. 1931b. Exotic Muscaridae (Diptera). XXXI. *Annals and Magazine of Natural History*, (10) 7: 185-200.

Malloch J R. 1931c. Exotic Muscaridae (Diptera). XXXIII. *Annals and Magazine of Natural History*, (10) 7: 473-492.

Malloch J R. 1931d. Exotic Muscaridae (Diptera). XXXIV. *Annals and Magazine of Natural History*, 10 (8): 49-70.

Malloch J R. 1931e. New Zealand Muscidae Acalyptratae. Part IX, Chloropidae. *Records of the Canterbury Museum*, 3: 405-422.

Malloch J R. 1931f. Notes on some acalyptrate flies in the United States National Museum. *Proceedings of the United States National Museum*, 78 (15): 1-32.

Malloch J R. 1932a. Exotic Muscaridae (Diptera). XXXVI. *Annals and Magazine of Natural History*, (10) 9: 377-405, 421-447, 501-518.

Malloch J R. 1932b. Exotic Muscaridae (Diptera). XXXVII. *Annals and Magazine of Natural History*, (10) 10: 297-330.

Malloch J R. 1932c. Some new species of the dipterous family Tachinidae. *Stylops*, 1: 197-203.

Malloch J R. 1932d. Notes on exotic Diptera (2). *Stylops*, 1: 121-126.

Malloch J R. 1933a. Muscidae of the Marquesas Islands. *Bernice Pacific Bishop Museum-Bulletin*, 98: 193-203.

Malloch J R. 1933b. Some Acalyptrate Diptera from the Marquesas Islands. *Bernice Pacific Bishop Museum-Bulletin*, 114: 3-31.

Malloch J R. 1933c. A remarkable anthomyzid from New Zealand (Diptera). *Stylops*, 2: 113-114.

Malloch J R. 1934a. Acalyptrata (concluded). *In*: British Museum (Natural History). 1934. *Diptera of Patagonia and South Chile*. Part VI, Fasc. 5: 393-489.

Malloch J R. 1934b. Part vi. Diptera. Drosophilidae, Ephydridae, Sphaero-ceridae and Milichiidae. 8. *In*: van Straelen V. 1934. *Insects of Samoa and Other Samoan Terres-trial Arthropoda*. London: British Museum (Natural History): 267-328.

Malloch J R. 1934-1935c. New species of Diptera from China. *Peking Natural History Bulleting*, 9 (2): 147-150.

Malloch J R. 1934d. Notes on some Pyrgotidae from Western China. *Stylops*, 3: 262-264.

Malloch J R. 1935a. Diptera Calyptratae chiefly from Malaya and North Borneo. *Journal of the Federated Malay States Museum*, 17 (4): 646-685.

Malloch J R. 1935b. Exotic Muscaridae (Diptera). XXXIX. *Annals and Magazine of Natural History*, (10) 16: 217-240, 321-343, 562-597.

Malloch J R. 1935c. Phoridae, Agromyzidae, Micropezidae, Tachinidae and Sarcophagidae (supplement). *Insects of Samoa*, 6: 329-366.

Malloch J R. 1935d. Exotic Muscaridae (Diptera). *Annals and Magazine of Natural History*, (10) 15: 242-266.

Malloch J R. 1935e. Notes on and descriptions of new species of Australian Diptera. *Australian Zoologist*, 8: 87-95.

Malloch J R. 1938. Notes on Australian Diptera. No. XXXVII. *Proceedings of the Linnean Society of New South Wales*, 63: 334-356.

Malloch J R. 1939a. The Diptera of the Territory of New Guinea. No. IX. Family Phytalmidae. *Proceedings of the Linnean Society of New South Wales*, 64: 169-180.

Malloch J R. 1939b. The genus *Adrama* with descriptions of three new species (Diptera: Trypetidae). *Proceedings of the Linnean Society of New South Wales*, 64: 331-334.

Malloch J R. 1939c. The Diptera of the Territory of New Guinea. XI. Family Trypetidae. *Proceedings of the Linnean Society of New South Wales*, 64 (3-4): 409-465.

Malloch J R. 1940. Notes on Australian Diptera. No. XXXVIII. Family Chloropidae, part ii. *Proceedings of the Linnean Society of New South Wales*, 65: 261-288.

Malm A W. 1860. Anteckningar ofver Syrphici i Skandinavien och Finland, med sarskildt pa de arter och former, hvilka blifvit funna i. *Goteborgs och Bohustan*: 1-81.

Malm A W. 1863. Anteckningar öfver Syrphici Skandinavien och Finland, med särskildt afseende pä de arter och forrner, hvilka blifvit funna i Göteborgs och Bohus län. *Göteborgs Kungliga Vetenskaps-och Vitternets-Samhälles Nya Handlingas*, 8: 1-81.

Malyanov M V. 1993. Two new species of flies of the genus *Phaonia* R.-D. (Diptera, Muscidae) from North Tien Shan. *Entomologicheskoe Obozrenie*, 72 (2): 419-521.

Mao Z H, Chao C M. 1990. A new species of the genus *Parasetigena* from China (Diptera: Tachinidae). *Sinozoologia*, 7: 301-302. [毛增华, 赵建铭. 1990. 中国毒蛾寄蝇属一新种. 动物学集刊, 7: 301-302.]

Marnef L. 1967. *Austrosyritta cortesi* nov. gen., nov. sp. De sirfido de Chile (Diptera Syrphidae). *Bulletin et Annales de la Société Royale d'Entomologie de Belgique*, 103: 268-276.

Marshall S A. 1985. A revision of the New World species of *Minilimosina* Rohácek (Diptera: Sphaeroceridae). *Proceedings of the Entomological Society of Ontario*, 116: 1-60.

Marshall S A. 1987. A review of the Holarctic genus *Terrilimosina* (Diptera: Sphaeroceridae), with descriptions of new species from Nepal and Japan. *Proceedings of the Entomological Society of Washington*, 89: 502-511.

Marshall S A, Roháček J. 1984. A revision of the genus *Telomerina* Roháček (Diptera, Sphaeroceridae). *Systematic Entomology*, 9: 127-163.

Marshall S A, Smith I P. 1993. A revision of the Nearctic *Pseudocollinella* Duda (Diptera; Sphaeroceridae). *Canadian Journal of Zoology*, 71: 835-857.

Marshall S A, Sun X. 1995. Notes on the Sphaeroceridae in the Institute of Zoology, Chinese Academy of Sciences, with a description of *Gonioneura xinjiangensis* new species. *International Journal of Dipterological Research*, 6 (4): 367-371.

Maruyama T, Komatsu T, Disney R H L. 2011. Discovery of the termitophilous subfamily Termitoxeniinae (Diptera: Phoridae) in Japan, with description of a new genus and species. *Entomological Science*, 14: 75-81.

Mather W B. 1955. The genus *Drosophila* in eastern Queensland I. Taxonomy. *Australian Journal of Zoology*, 3: 545-582.

Mather W B. 1961. *D. pararubida*. A new species of *Drosophila* from New Guinea. *University of Queensland Papers, Department of Zoology*, 1: 251-255.

Mather W B, Dobzhansky T. 1962. Two new species of *Drosophila* from New Guinea (Diptera: Drosophilidae). *Pacific Insects*, 4: 245-249.

Mathis W N. 1979. Studies of Ephydrinae (Diptera: Ephydridae), II: phylogeny, classification, and zoogeography of Nearctic *Lamproscatella* Hendel. *Smithsonian Contributions to Zoology*, 295: 1-41.

Mathis W N, Jin Z Y. 1988. A review of the Asian species of the genus *Lamproscatella* Hendel (Diptera: Ephydridae). *Proceedings of the Biological Society of Washington*, 101 (3): 540-548.

Mathis W N, Munari L. 1996. World Catalog of the Family Tethinidae (Diptera). *Smithsonian Contributions to Zoology*, 584: 1-27.

Mathis W N, Papp L. 1998. Family Periscelididae. *In*: Papp L, Darvas B. 1998. *Manual of Palaearctic Diptera*. Vol. 3. Higher Brachycera. Budapest: Science Herald: 285-294.

Mathis W N, Zatwarnicki T, Krivosheina M G. 1993. Studies of Gymnomyzinae (Diptera: Ephydridae), V: A revision of the shore-fly genus *Mosillus* Latreille. *Smithsonian Contributions to Zoology*, 548: 1-43.

Matsumura S. 1905. *Thousand Insects of Japan*. Vol. 2. Tokyo: Keisei-sha: 1-163 + pls. XVIII-XXXV.

Matsumura S. 1911a. Beschreibungen von am Zuckerrohr Formosas Schädlichen oder nützlichen Insecten. *Mémoires de la Société Royale d'Entomologie de Belgique*, 18: 129-150.

Matsumura S. 1911b. Erster Beitrag zur Insekten-Fauna von Sachalin. *Journal of the College of Agriculture Hokkaido Imperial University*, 4 (1): 1-145, pls. 1-2.

Matsumura S. 1915a. On *Scatella callida* Matsumura in Hot Spring. *Konchyu Sekai*, 19 (6): 223-225.

Matsumura S. 1915b. *Dainihon Gaichū Zensho* (*Manual of the Injurious Insects in Japan*). II. Tokyo: Rokumeikan: 1-654.

Matsumura S. 1915c. *Insect Taxonomy*, Volume 2: 30.

Matsumura S. 1916a. *Thousand Insects of Japan Additamenta* 2 (Diptera): 185-474.

Matsumura S. 1916b. *Konchû Sekai* (Insect World), 20: 443-444.

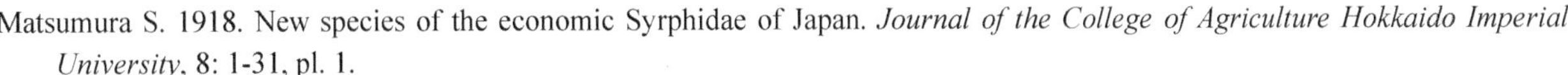

Matsumura S. 1918. New species of the economic Syrphidae of Japan. *Journal of the College of Agriculture Hokkaido Imperial University*, 8: 1-31, pl. 1.

Matsumura S. 1927. A new injurious dipterous-insect of Barley. *Insecta Matsumurana*, 1 (3): 127.

Matsumura S. 1930. "*Nokonchügaku*": 269.

Matsumura S. 1931. *6000 Illustrated Insects of Japan-Empire*. Tokyo: Tokoshoin: 3 + 1497 + 23 (Index).

Matsumura S, Adachi J. 1916. Synopsis of the economic Syrphidae of Japan. *Entomological Magazine*, 2 (1): 1-36, pl. 1.

Matsumura S, Adachi J. 1917a. Synopsis of the economic Syrphidae of Japan. (Pt II). *Entomological Magazine*, 2 (4): 133-156, pl. 6.

Matsumura S, Adachi J. 1917b. Synopsis of the economic Syrphidae of Japan. (Pt III). *Entomological Magazine*, 3: 14-46.

Matsumura S, Adachi J. 1919. Synopsis of the economic Syrphidae of Japan. Pt. III. [sic] [= IV]. *Entomological Magazine*, 3: 128-144, pl. 3.

Mayer H. 1953. Beiträge zur Kenntnis der Sciomyzidae (Diptera Musc. Acalyptr.). *Annalen des Naturhistorischen Museums in Wien*, 59: 202-219.

McAlpine D K. 1975c. The subfamily classification of the Micropezidae and the genera of Eurybatinae (Diptera: Schizophora). *Journal of Entomology, Series B — Taxonomy*, 43 (2): 231-245.

McAlpine D K. 1989. The taxonomic position of the Ctenostylidae (= Lochmostyliinae; Diptera: Schizophora). *Memorias do Instituto Oswaldo Cruz*, 84 (4): 365-371.

McAlpine D K. 1998. Review of the Australian stilt flies (Diptera: Micropezidae) with a phylogenetic analysis of the family. *Invertebrate Taxonomy*, 12 (1): 55-134.

McAlpine D K, Keyzer R G. 1994. Generic classification of the fern flies (Diptera: Teratomyzidae) with a larval description. *Systematic Entomology*, 19: 305-326.

McAlpine J F. 1964. Descriptions of new Lonchaeidae (Diptera). I. *Canadian Entomologist*, 96 (4): 661-700.

McAlpine J F. 1975a. Diptera: Lonchaeidae. In Reports from the Lund University Ceylon Expedition in 1962. *Entomologica Scandinavica*, Suppl. 4: 225-233.

McAlpine J F. 1975b. Identities of lance Flies (Diptera: Lonchaeidae) described by de Meijere, with notes on related species. *Canadian Entomologist*, 107 (9): 989-1007.

McAlpine J F. 1977. Family Lonchaeidae. *In*: Delfinado M D, Hardy D E. 1977. *A Catalogue of the Diptera of the Oriental Region*. Vol. 3. Honolulu: University Press of Hawaii: 225-290.

McAlpine J F, Tanasijtshuk V N. 1972. Identity of *Leucopis conciliata* and description of a new species (Diptera, Chamaemyiidae). *Canadian Entomologist*, 104 (12): 1865-1875.

McEvey S F, Potts A, Rogers G, Walls S J. 1988. A key to Drosophilidae (Insecta, Diptera) collected in areas of human settlement in southern Africa. *Journal of the Entomological Society of Southern Africa*, 51 (2): 176.

Meade R H. 1876. Monograph upon the British species of *Sarcophaga* or flesh-flies. *Entomologist's Monthly Magazine*, 12: 216-220, 260-268.

Meade R H. 1881. Annotated List of British Anthomyiidae. (Part.). *Entomologist's Monthly Magazine*, 18: 1-5, 123-126, 172-176, 201-205.

Meade R H. 1883. Annotated List of British Anthomyiidae. *Entomologist's Monthly Magazine*, 19: 213-220.

Meade R H. 1887. Supplement to Annotated List of British Anthomyiidae. (Part.). *Entomologist's Monthly Magazine*, 23: 179-181, 250-253.

Meade R H. 1889. Second Supplement to Annotated List of British Anthomyiidae. (Part.). *Entomologist's Monthly Magazine*, 25: 424-426, 448-449.

Meade R H. 1891. Additions to the List of British Anthomyiidae. *Entomologist's Monthly Magazine*, 27 [= (2) 2]: 42-43.

Meade R H. 1894. Supplement to annotated list of British Tachinidae. *Entomologist's Monthly Magazine*, 30: 69-73, 107-110, 156-160.

Meigen J W. 1800. *Nouvelle classification des mouches à deux ailes* (*Diptera L.*) *d'après un plan tout nouveau* (= Nouve. Class.). Paris: Perronneau: 1-40.

Meigen J W. 1803. Versuch einer neuen Gattungs Eintheilung der europäischen zweiflügligen Insekten. *Magazin für Insektenkunde*, 2: 259-281.

Meigen J W. 1804. *Klassifikazion und Beschreibung der Europäischen Zweiflügeligen Insekten* (Diptera Linn.). Erster Band. Abt. I. Xxviii + pp. 1-152, Abt. II. Vi + pp. 153-314. Reichard, Braunschweig [= Brunswick].

Meigen J W. 1822. *Systematische Beschreibung der Bekannten Europäischen Zweiflügeligen Insekten*. Vol. 3. Hamm: Dritter Theil. Schulz-Wundermann: i-x + 1-416, pls 22-32.

Meigen J W. 1824. *Systematische Beschreibung der Bekannten Europäischen Zweiflügeligen Insekten*. Hamm, 4: 1-428.

Meigen J W. 1826. *Systematische Beschreibung der Bekannten Europäischen Zweiflügeligen Insekten*. Hamm, 5: 1-412.

Meigen J W. 1830. *In*: Sechster T. 1830. *Systematische Beschreibung der Bekannten Europäischen Zweiflügeligen Insekten*. Vol. 6. Halle: Schmidt: 1-404.

Meigen J W. 1835. Neue Arten von Diptera aus der Umgebung von München, benannt und beschrieben von Meigen, aufgefunden von Dr. J. Waltl, Professor der Naturgeschichte in Passau. *Faunus, Zeitschrift für Zoologie und Vergleichende Anatomie*, 2: 66-72.

Meigen J W. 1838. *Systematische Beschreibung der Bekannten Europäischen Zweiflügeligen Insekten*. Vol. 7. Hamm: i-xii + 1-434.

Meijere J C H. 1899. *Cyclopodia horsfieldi* n. sp., eine neue Nycteribiidae aus Java. *Tijdschrift voor Entomologie*, 42: 153-157.

Meijere J C H. 1904. Neue und bekannte Sud-Asiatische Dipteren. *Bijdragen tot de Dierkunde*, Amsterdam; Lieden, 17/18: 83-118.

Meijere J C H. 1906. Über einige indo-australische Dipteren des Ungarischen National-Museums, bez. Des Naturhistorischen Museums zu Genua. *Annales Historico-Naturales Musei Nationalis Hungarici*, 4: 165-196.

Meijere J C H. 1907a. Eerste supplement op de nieuwe naamlijst van Nederlandsche Diptera. *Tijdschrift voor Entomologie*, 50: 151-195.

Meijere J C H. 1907b. Studien über Südostasiatische Dipteren. I. *Tijdschrift voor Entomologie*, 50: 196-264.

Meijere J C H. 1908a. Studien über Südostasiatische Dipteren. III. *Tijdschrift voor Entomologie*, 51: 191-332.

Meijere J C H. 1908b. Studien über Südostasiatische Dipteren. II. *Tijdschrift voor Entomologie*, 51: 105-180.

Meijere J C H. 1909. Drei myrmecophile Dipteren aus Java. *Tijdschrift voor Entomologie*, 52: liii, 165-174.

Meijere J C H. 1910. Studien über Südostasiatische Dipteren. IV. Die neue Dipterenfauna von Krakatau. *Tijdschrift voor Entomologie*, 53: 58-194.

Meijere J C H. 1911. Studien über Südostasiatische Dipteren. VI. *Tijdschrift voor Entomologie*, 54: 258-432.

Meijere J C H. 1912. Über die Metamorphose von *Puliciphora* und über neue Arten der Gattungen *Puliciphora* Dahl und *Chonocephalus* Wandolleck. *Zoologische Jahrbücher*, 15 (Suppl.), 1: 141-154.

Meijere J C H. 1913a. Diptera. I. Résultats de l'Expédition Scientifique Néerlandaise á la Nouvelle-Guinée en 1907 *et* 1909 sous les auspices de Dr. H. A. Lorentz. *Nova Guinea*, 9: 305-386.

Meijere J C H. 1913b. H. Sauter's Formosa Ausbeute. Sepsinae. (Diptera). *Annales Historico-Naturales Musei Nationalis Hungarici*, 11: 114-124.

Meijere J C H. 1913c. Praeda Itineris a L.F. de Beaufort in Archipelago indico facti annis 1909-1910. VI. Dipteren I. *Bijdragen tot de Dierkunde*, 19: 45-68.

Meijere J C H. 1913d. Studien über Südostasiatische Dipteren.VII. *Tijdschrift voor Entomologie*, 56: 317-354.

Meijere J C H. 1914. Studien über Südostasiatische Dipteren. IX. *Tijdschrift voor Entomologie*, 57: 137-275.

Meijere J C H. 1915a. Diptera aus Nord-Neu-Guinea gesammelt von Dr. P. N. Van Kampen und K. Gjellerup in den Jahren 1910 und 1911. *Tijdschrift voor Entomologie*, 58: 98-139.

Meijere J C H. 1916a. Fauna Simalurensis-Diptera. *Tijdschrift voor Entomologie*, 58 (Suppl.): 1-63.

Meijere J C H. 1916b. Studien über Südostasiatische Dipteren XII. Javanische Dolichopodiden und Ephydriden. *Tijdschrift voor Entomologie*, 59: 225-273.

Meijere J C H. 1916c. Studien über Südostasiatische Dipteren. XI. Zur Biologie einiger javanischen Dipteren nebst Beschreibung einiger neuen javanischen Arten. *Tijdschrift voor Entomologie*, 59: 184-213.

Meijere J C H. 1916d. Studien uber sudostasiatische Dipteren X. Dipteren von Sumatrua. *Tijdschrift voor Entomologie*, (1915) 58 (Suppl.): 64-97.

Meijere J C H. 1917. Studien über Südostasiatische Dipteren XIII. Ueber einige merkwürdigen javanischen Dipteren. *Tijdschrift voor Entomologie*, 60: 238-251.

Meijere J C H. 1918. Studien über Südostasiatische Dipteren. Verzeichenis der von mir behandelten Arten. XIV. *Tijdschrift voor Entomologie*, 60 (1917): 275-369.

Meijere J C H. 1921. New genera and species of Sumatran Diptera. *Tijdschrift voor Entomologie*, 64: lii-liii.

Meijere J C H. 1922. Zur Kenntnis javanischer Agromyziden. *Bijdrage tot de Dierkunde. Amsterdam*, 22: 17-24.

Meijere J C H. 1924a. Studien über Südostasiatische Dipteren XV. Dritter Beitrag zur Kenntnis der sumatranischen Dipteren. *Tijdschrift voor Entomologie*, 67 (Suppl.): 1-64.

Meijere J C H. 1924b. Studien über Südostasiatische Dipteren XVI. *Tijdschrift voor Entomologie*, 67: 197-224.

Meijere J C H. 1924c. Verzeichnis der hollandischen Agromyzinen. *Tijdschrift voor Entomologie*, 67: 119-155.

Meijere J C H. 1928. Vierde Supplement op de Nieuwe Naamlijst van Nederlandsche Diptera. *Tijdschrift voor Entomologie*, 71: 11-83.

Meijere J C H. 1934. Die Larven der Agromyzinen. Zweiter Nachtrag. *Tijdschrift voor Entomologie*, 77: 244-290.

Meijere J C H. 1940. Die Larven der Agromyzinen. Fuenfter Nachtrag. *Agromyzinen* u.s.w. von Kamerun. *Tijdschrift Voor Entomologie*, 83: 160-188.

Meinert F. 1890. *Aenigmatias blattoides*, dipteron novum apterum. *Entomologiske Meddelelser*, 2: 212-226.

Melander A L. 1913. A Synopsis of the dipterous groups Agromyzidae, Milichiidae, Ochthiphilinae and Geomyzinae. *Journal of the New York Entomological Society*, 21: 219-273.

Melander A L, Spuler A. 1917. The Dipterous families Sepsidae and Piophilidae. *Bulletin. State College of Washington, Agricultural Experiment Station*, 143: 1-103.

Meng X R, Xue J. 1982. A new species of *Atherigona* from Shandong, China (Diptera: Muscidae). *Acta Zootaxonomica Sinica*, 7 (1): 92-93. [孟祥瑞, 薛健. 1982. 山东省芒蝇属一新种 (双翅目: 蝇科). 动物分类学报, 7 (1): 92-93.]

Meng X W. 2003. Name-list of Insects from Anhui Province of China. Hefei: University of Science and Technology of China Press: i-vi + 1-239. [孟绪武. 2003. 安徽省昆虫名录. 合肥: 中国科学技术大学出版社: i-vi + i-239.]

Mengual X. 2012. The flower fly genus *Citrogramma*, vockeroth (Diptera: Syrphidae): illustrated revision with descriptions of new species. *Zoological Journal of Linnean Society*, 164 (1): 99-172.

Mercedes D, Delfinado M. 1969. The Oriental species of Curtonotidae (Diptera). *Oriental Insects*, 3 (3): 199-219.

Merz B. 1991. Die fruchtfliegen der stadt Zurich (Diptera: Tephritidae). *Vierteljahrsschrift der Naturforschenden Gesellschaft in Zürich*, 136: 105-111.

Merz B. 1992. The fruit flies of the Canary Islands (Diptera: Tephritidae). *Entomologica Scandinavica*, 23: 215-231.

Merz B. 2003. The Lauxaniidae (Diptera) described by C. F. Fallén with description of a misidentified species of *Homoneuara* van der Wulp. *Insect Systematics and Evolution*, 34 (3): 345-360.

Merz B, Chen X. 2005. A new species of *Palloptera* Fallén from China (Diptera, Pallopteridae). *Mitteilungen der SchweizErischen Entomologischen Gesellschaft*, 78: 117-123.

Merz B, Freidberg A. 1994. Nomenclatural changes in the Tephritidae (Diptera). *Israelian Journal of Entomology*, 28: 171-172.

Merz B, Roháček J. 2005. The Western Palaearctic species of *Stenomicra* Coquillett (Diptera, Periscelididae, Stenomicrinae), with description of a new species of the subgenus *Podocera* Czerny. *Revue Suisse de Zoologie*, 112 (2): 519-539.

Merz B, Sueyoshi M. 2002. Descriptions of new species of Pallopteridae (Diptera) from Taiwan of China, Korea and Japan, and notes on some other species from Eastern Asia. *Studia Dipterologica*, 9 (1): 293-306.

Mesnil L P. 1939. Essai sur les tachinaires (Larvaevoridae). *Monographies Publiées par les Stations et Laboratoires de Recherches Agronomiques*, 7: 1-67 + i-v.

Mesnil L P. 1940. Espèces nouvelles du genre *Exorista* Meig. (Diptera, Larvaevoridae). *Bulletin de la Société Entomologique de France*, 45: 38-40.

Mesnil L P. 1941. Notes synonymiques. *Bulletin de la Société Entomologique de France*, 46: 98.

Mesnil L P. 1942. Deux nouveaux Larvaevoridae du Mandchoukouo. *Arbeiten über Morphologische und Taxonomische Entomologie aus Berlin-Dahlem*, 9: 288-292.

Mesnil L P. 1944a. 64g. Larvaevorinae (Tachininae). *In*: Lindner E. 1944. Die Fliegen der Paläearktischen Region. *E. Schweizerbartísche Verlagsbuchhandlung*, 10 (Lieferung 153): 1-48 + pls. I-II.

Mesnil L P. 1944b. Nouveaux Larvaevoridae exotiques du Muséum de Paris (Diptera). *Revue Française d'Entomologie*, 11: 10-17.

Mesnil L P. 1946. Revision des Phorocerini de l'Ancien Monde (Larvaevoridae). *Encyclopédie Entomologique*. Série B. *Mémoires et Notes. II. Diptera*, 10: 37-80.

Mesnil L P. 1949a. 64g. Larvaevorinae (Tachininae). *In*: Lindner E. 1949. Die Fliegen der Paläearktischen Region. *E. Schweizerbartísche Verlagsbuchhandlung*, 10 (Lieferung 161): 49-104.

Mesnil L P. 1949b. Essai de révision des espèces du genre *Drino* Robineau-Desvoidy Sturmiinae a oeufs macrotypes. *Bulletin de l'Institut Royal des Sciences Naturelles de Belgique*, 25 (42): 1-38.

Mesnil L P. 1950. 64g. Larvaevorinae (Tachininae). *In*: Lindner E. 1950. Die Fliegen der Paläearktischen Region. *E. Schweizerbartísche Verlagsbuchhandlung*, 10 (Lieferung 164): 105-160 + pls. VI-VII.

Mesnil L P. 1951. 64g. Larvaevorinae (Tachininae). *In*: Lindner E. 1951. Die Fliegen der Paläearktischen Region. *E. Schweizerbartísche Verlagsbuchhandlung*, 10 (Lieferung 166): 161-208 + pls. III-V.

Mesnil L P. 1952a. 64g. Larvaevorinae (Tachininae). *In*: Lindner E. 1952. Die Fliegen der Paläearktischen Region. *E. Schweizerbartísche Verlagsbuchhandlung*, 10 (Lieferung 168): 209-256 + pls. VIII-IX.

Mesnil L P. 1952b. Notes détachées sur quelques tachinaires paléarctiques. *Bulletin et Annales de la Société Royale Entomologique de Belgique*, 88: 149-158.

Mesnil L P. 1953a. 64g. Larvaevorinae (Tachininae). *In*: Lindner E. 1953. Die Fliegen der Paläearktischen Region. *E. Schweizerbartísche Verlagsbuchhandlung*, 10 (Lieferung 172): 257-304.

Mesnil L P. 1953b. Note synonymique. *Bulletin de la Société Entomologique de France*, 58: 50.

Mesnil L P. 1953c. Nouveaux tachinaires d'Orient. (1re partie). *Bulletin et Annales de la Société Royale d'Entomologique de Belgique*, 89: 85-114.

Mesnil L P. 1953d. Nouveaux tachinaires d'Orient. (2e partie). *Bulletin et Annales de la Société Royale d'Entomologique de Belgique*, 89: 146-178.

Mesnil L P. 1954a. 64g. Larvaevorinae (Tachininae). *In*: Lindner E. 1954. Die Fliegen der Paläearktischen Region. *E. Schweizerbartísche Verlagsbuchhandlung*, 10 (Lieferung 175): 305-368.

Mesnil L P. 1954b. 64g. Larvaevorinae (Tachininae). *In*: Lindner E. 1954. Die Fliegen der Paläearktischen Region. *E. Schweizerbartísche Verlagsbuchhandlung*, 10 (Lieferung 179): 369-416.

Mesnil L P. 1954c. Genres *Actia* Robineau-Desvoidy *et* voisins (Diptera Brachycera Calyptratae). *Exploration du Parc National Albert, Mission G. F. de Witte*, (1933-1935) 81: 1-41.

Mesnil L P. 1955a. 64g. Larvaevorinae (Tachininae). *In*: Lindner E. 1955. Die Fliegen der Paläearktischen Region. *E. Schweizerbartísche Verlagsbuchhandlung*, 10 (Lieferung 186): 417-464.

Mesnil L P. 1956b. 64g. Larvaevorinae (Tachininae). *In*: Lindner E. 1956. Die Fliegen der Paläearktischen Region. *E. Schweizerbartísche Verlagsbuchhandlung*, 10 (Lieferung 189): 465-512 + pls. X-XIV.

Mesnil L P. 1956c. 64g. Larvaevorinae (Tachininae). *In*: Lindner E. 1956. Die Fliegen der Paläearktischen Region. *E. Schweizerbartísche Verlagsbuchhandlung*, 10 (Lieferung 192): 513-554.

Mesnil L P. 1957. Nouveaux tachinaires d'Orient (deuxième série). *Mémoires de la Société Royale d'Entomologie de Belgique*, 28: 1-80.

Mesnil L P. 1959. Tachinidae d'Afrique orientale (Diptera). *Stuttgarter Beiträge zur Naturkunde*, 23: 1-31.

Mesnil L P. 1960a. 64g. Larvaevorinae (Tachininae). *In*: Lindner E. 1960. Die Fliegen der Paläearktischen Region. *E. Schweizerbartísche Verlagsbuchhandlung*, 10 (Lieferung 210): 561-608.

Mesnil L P. 1960b. 64g. Larvaevorinae (Tachininae). *In*: Lindner E. 1960. Die Fliegen der Paläearktischen Region. *E. Schweizerbartísche Verlagsbuchhandlung*, 10 (Lieferung 212): 609-656.

Mesnil L P. 1960c. Note préliminaire sur les *Siphona* Meig. (Diptera, Tachinidae) d'Europe *et* du bassin méditerranéen. *Bulletin et Annales de la Société Royale d'Entomologie de Belgique*, 96: 187-192.

Mesnil L P. 1961a. 64g. Larvaevorinae (Tachininae). *In*: Lindner E. 1961. Die Fliegen der Paläearktischen Region. *E. Schweizerbartísche Verlagsbuchhandlung*, 10 (Lieferung 219): 657-704.

Mesnil L P. 1961b. Deux nouvelles *Siphona* Meigen (Diptera, Tachinidae) d'Europe. *Bulletin et Annales de la Société Royale d'Entomologie de Belgique*, 97: 201-204.

Mesnil L P. 1962a. 64g. Larvaevorinae (Tachininae). *In*: Lindner E. 1962. Die Fliegen der Paläearktischen Region. *E. Schweizerbartísche Verlagsbuchhandlung*, 10 (Lieferung 221): 705-752.

Mesnil L P. 1962b. 64g. Larvaevorinae (Tachininae). *In*: Lindner E. 1962. Die Fliegen der Paläearktischen Region. *E. Schweizerbartísche Verlagsbuchhandlung*, 10 (Lieferung 224): 753-800.

Mesnil L P. 1963a. 64g. Larvaevorinae (Tachininae). *In*: Lindner E. 1963. Die Fliegen der Paläearktischen Region. *E. Schweizerbartísche Verlagsbuchhandlung*, 10 (Lieferung 235): 801-848.

Mesnil L P. 1963b. Nouveaux tachinaires de la Region Palearctique principalement de l'URSS *et* du Japan. *Bulletin de l'Institut Royal des Sciences Naturelles de Belgique*, 39 (24): 1-56.

Mesnil L P. 1966a. 64g. Larvaevorinae (Tachininae). *In*: Lindner E. 1966. Die Fliegen der Paläearktischen Region. *E. Schweizerbartísche Verlagsbuchhandlung*, 10 (Lieferung 263): 881-928.

Mesnil L P. 1966b. Note de nomenclature (Diptera, Tachinidae). *Bulletin et Annales de la Société Entomologie de France*, 70: 232.

Mesnil L P. 1967. Tachinaires paléarctiques inédits (Diptera). *Mushi*, 41: 37-57.

Mesnil L P. 1968a. Nouveaux tachinaires d'Orient (troisième série). *Bulletin et Annales de la Société Royale d'Entomologie de Belgique*, 104: 173-188.

Mesnil L P. 1968b. Quelques espèces inédites de tachinaires africains (Diptera, Tachinidae). *Stuttgarter Beiträge zur Naturkunde*, 187: 1-12.

Mesnil L P. 1970a. 64g. Larvaevorinae (Tachininae). *In*: Lindner E. 1970. Die Fliegen der Paläearktischen Region. *E. Schweizerbartísche Verlagsbuchhandlung*, 10 (Lieferung 281): 929-976.

Mesnil L P. 1970b. Description de nouveaux tachinaires de l'Ancien Monde, *et* notes synonymiques (Diptera, Tachinidae). *Mushi*, 44: 89-123.

Mesnil L P. 1971. 64g. Larvaevorinae (Tachininae). *In*: Lindner E. 1971. Die Fliegen der Paläearktischen Region. *E. Schweizerbartísche Verlagsbuchhandlung*, 10 (Lieferung 286): 977-1024.

Mesnil L P. 1972. 64g. Larvaevorinae (Tachininae). *In*: Lindner E. 1972. Die Fliegen der Paläearktischen Region. *E. Schweizerbartísche Verlagsbuchhandlung*, 10 (Lieferung 293): 1065-1112.

Mesnil L P. 1973. 64g. Larvaevorinae (Tachininae). *In*: Lindner E. 1973. Die Fliegen der Paläearktischen Region. *E. Schweizerbartísche Verlagsbuchhandlung*, 10 (Lieferung 299): 1169-1232.

Mesnil L P. 1974. 64g. Larvaevorinae (Tachininae). *In*: Lindner E. 1974. Die Fliegen der Paläearktischen Region. *E. Schweizerbartísche Verlagsbuchhandlung*, 10 (Lieferung 304): 1233-1304.

Mesnil L P. 1975. 64g. Larvaevorinae (Tachininae). *In*: Lindner E. 1975. Die Fliegen der Paläearktischen Region. *E.*

Schweizerbartische Verlagsbuchhandlung, 10 (Lieferung 312): 1385-1435.

Mesnil L P. 1980. 64f. Dexiinae. *In*: Lindner E. 1980. Die Fliegen der Paläearktischen Region. *E. Schweizerbartische Verlagsbuchhandlung*, 9 (Lieferung 323): 1-52.

Mesnil L P, Pschorn-Walcher H. 1968. A preliminary list of Tachinidae (Diptera) from Japan. *Mushi*, 41: 149-174.

Mesnil L P, Shima H. 1978. New and little known Tachinidae from Japan (Diptera). *Kontyû*, 46: 312-328.

Mesnil L P, Shima H. 1979. New tribe, genera and species of Japanese and Oriental Tachinidae (Diptera), with note on synonymy. *Kontyû*, 47: 476-486.

Meunier F. 1893. Descriptions de deux Anthomyinae (Diptères) nouveaux du Tyrol. *Annales de la Société Entomologique de France*, 62: Bull. CLVIII-CLX.

Michelsen V. 1985a. A revision of the Anthomyiidae (Diptera) described by J. W. Zetterstedt. *Steenstrupia*, 11 (2): 37-65.

Michelsen V. 1985b. A world revision of *Strobitomyia* gen. N.: the anthomyiid seed pests of conifers (Diptera: Anthomyiidae). *Systematic Entomology*, 13: 271-314.

Michelsen V. 1987. A new genus for *Chirosia birtipes* Stein, and a reassessment of *Heterostylodes* Hennig (Diptera: Anthomyiidae). *Entomologica Scandinavica*, 18: 273-278.

Michelsen V. 2009. Revision of the willow catkin flies, genus *Egle* Robineau-Desvoidy (Diptera: Anthomyiidae) in Europe and neighbouring areas. *Zootaxa*, 2043: 1-76.

Michelsen V. 2014. Taxonomic assessment of *Chirosiomima* Hennig (Diptera: Anthomyiidae), with proposal of a new genus for *Hylemyia curtigena* Ringdahl. *Zootaxa*, 3790: 86-102.

Michelsen V, Baez M. 1985. The Anthomyiidae (Diptera) of the Canary Island (Spain). *Entomologica Scandinavica*, 16 (3): 277-304.

Mihályi F. 1973. Description of two new Fanniinae species from Hungary (Diptera: Muscidae). *Annales Historico-Naturales Musei Nationalis Hungarici*, 65: 281-286.

Mik J. 1863. Beschreibung neuer Dipteren. *Verhandlungen der* [*K.-K.* (= *Kaiserlich-Königlichen*)] *Zoologisch-Botanischen Gesellschaft in Wien*, 13 (Abhandl.): 1237-1240.

Mik J. 1867. Dipterologische Beiträge zur "Fauna austriaca". *Verhandlungen der* [*K.-K.* (= *Kaiserlich-Königlichen*)] *Zoologisch-Botanischen Gesellschaft in Wien*, 17: 413-424.

Mik J. 1869. Beiträge zur Dipteren-Fauna Oesterreichs. *Verhandlungen der* [*K.-K.* (= *Kaiserlich-Königlichen*)] *Zoologisch-Botanischen Gesellschaft in Wien*, 19: 19-36.

Mik J. 1881. Dipterologische Mittheilungen. I. Ueber einige Dipteren aus der Sammlung Dr. Emil Gobert's in Mont-de-Marsan. *Verhandlungen der* [*K.-K.* (= *Kaiserlich-Königlichen*)] *Zoologisch-Botanischen Gesellschaft in Wien*, 30: 587-602.

Mik J. 1884a. Fünf neue österreichische Dipteren. *Verhandlungen der* [*K.-K.* (= *Kaiserlich-Königlichen*)] *Zoologisch-Botanischen Gesellschaft in Wien*, 33 [1883] (Abhandl.): 251-262.

Mik J. 1884b. Literatur. Diptera. Bigot, J.M.F. Dipteres nouveaux ou peu connus. 21 partie Nr. XXXII. Syrphidi, 1re partie (Annal. Soc. Entom. France. VI. Ser. Tom. III. 1883, pag. 221-258). *Wiener Entomologische Zeitung*, 3: 24-26.

Mik J. 1885a. Dipera. Pp. 42-73. *In*: Beck G. 1885. *Fauna von Hernstein in Niederosterreich und der weiteren Umgebung*. Viii + 276 pp. *In*: Becker M A von. 1885. *Herstein in Niederosterreich. Sein Gutsgebiet und das Land im weiteren Umkreise*. 3 vols. Wien: Adolf Holshausen.

Mik J. 1885b. Ein neuer europaischer *Doros* (Dipterologischer Beitrag). *Wiener Entomologische Zeitung*, 4: 52-54.

Mik J. 1885c. Einige dipterologische Bemerkungen. *Verhandlungen der* [*K.-K.* (= *Kaiserlich-Königlichen*)] *Zoologisch-Botanischen Gesellschaft in Wien*, 35: 327-332.

Mik J. 1886a. Dipterologische Miscellen. III. *Wiener Entomologische Zeitung*, 5: 317-318.

Mik J. 1886b. Eine neue *Drosophila* aus Nieder-Oesterreich und den Aschanti-Landern. (Ein Dipterologischer Beitrag). *Wiener Entomologische Zeitung*, 5: 328-331.

Mik J. 1887. Dipterologische Mischellen. IV-VII. *Wiener Entomologische Zeitung*, 6: 33-36, 187-191, 238-242, 264-269.

Mik J. 1888. Dipterologische Miscellen. X. *Wiener Entomologische Zeitung*, 7: 140-142.

Mik J. 1889a. Ueber die Dipterengattung *Euthera* Lw. *Wiener Entomologische Zeitung*, 8: 129-134.

Mik J. 1889b. Ueber einige Ulidinen aus Tekke-Turkmenien. *Wiener Entomologische Zeitung*, 8: 187-201.

Mik J. 1890. *Ugimyia sericariae* Rond., der Parasit des japanischen Seidenspinners. Ein dipterologischer Beitrag. *Wiener Entomologische Zeitung*, 9: 309-316.

Mik J. 1891a. Dipterologische Miscellen. XIX. *Wiener Entomologische Zeitung*, 10: 189-194.

Mik J. 1891b. Ueber die Dipterengattung *Pachystylum* Mcq. *Wiener Entomologische Zeitung*, 10: 206-212.

Mik J. 1894a. Ueber *Echinomyia popelii* Portsch. *Wiener Entomologische Zeitung*, 13: 100.

Mik J. 1894b. Uber eine neue Agromyza, deren Larven in den Bluthenknospen von Lilium martagon leben. *Wiener Entomologische Zeitung*, 13: 284-290, pl. 1.

Mik J. 1897. Einige Bemerkungen zur Dipteren-Familie der Syrphiden. *Wiener Entomologische Zeitung*, 16: 61-66, 113-119.

Mikan J C. 1798. Entomologische Beobachtungen, Berichtigungen u. Entdeckungen. *Neue Abhandl. K. Bohem. Gesellsch. Wissensch*, 3: 108-136.

Mikhaĭlovskaya M V. 1990. Review of the phorid flies of the Genera *Diploneura* Lioy and *Dohrniphora* Dahl (Diptera: Phoridae) from the Far East. *Entomologicheskoe Obozrenie*, 69 (3): 691-698.

Miller D W. 1921. A new species of drosophilid fly. *New Zealand Journal of Science and Technology*, 3: 302-303.

Miranda-Ribeiro A de. 1903. Basilia ferruginea. Genero novo e especie nova da familia das Nycteribias. *Archives do Museu Nacional. Rio de Janeiro*, 12: 175-179.

Miranda-Ribeiro A de. 1907. Alguns Dipteros interessantes. *Archives do Museu Nacional. Rio de Janeiro*, 14: 229-239.

Mitra B, Mukherjee M, Banerjee D. 2008. A check-list of hover-flies (Diptera: Syrphidae) of Eastern Himalayas. *Records of the Zoological Survey of India, Occasional Paper*, 284: 1-47.

Miyagi I. 1966. Descriptions of three new species of the genus *Notiphila* Fallén from Japan, with other notes (Diptera, Ephydridae). *Insecta Matsumurana*, 28 (2): 121-126.

Miyagi I. 1977. Ephydridae (Insecta: Diptera). *In*: Ikada Y, Shiraki T, Uchida T, Kuroda N, Yamashina Y. 1977. *Fauna Japonica*. Limited: Keigaku Publishing Company: 1-113.

Miyake T. 1919. Studies on the fruit flies of Japan. *Bulletin of the Imperial Central Agricultural Experiment Station of Japan*, 2: 85-165.

Miyazaki T. 1958. Notes on the flies of medical importance in Kyushu, Japan. I. Descriptions of one new species and one newly found species of *Sarcophaga* from Japan. *Acta Medica Universitas Kagoshima*, 1: 143-147.

Modeer A. 1786. Styng-Flug-Slägtet (*Oestrus*). *Kungliga Svenska Vetenskaps Akademiens Handlingar*, 7: 125-158.

Mohan S, Mohan S, Disney R H L. 1995. A new species of scuttle fly (Diptera: Phoridae) that is a pest of oyster mushrooms (Agaricales: Pleurotaceae) in India. *Bulletin of Entomological Research*, 85: 515-518.

Momma E, Takada H. 1954. *Drosophila* survey of Hokkaido, I. Description of a new species, *Drosophila alboralis* sp. nov. (Subgenus *Hirtodrosophila*). *Annotationes Zoologicae Japaneses*, 27: 97-101.

Moniez R L. 1876. Un diptère parasite du crapaud, Lucilia bufonivora n. sp. *Bulletin Scientifique, Historique et Littéraire du Département du Nord*, 8 (2): 25-27.

Montagu G. 1808. An account of larger and lesser species of horseshoe bats proving them to be distinct. *Transactions of the Linnean Society of London*, 9: 162-173.

Montagu G. 1815. Description of several new and rare animals, principally marine, discovered on the South Coast of Devonshire. *Transactions of the Linnean Society of London*, 11: 1-26.

Moores A, Savage J. 2005. A taxonomic revision of *Piezura* Rondani (Diptera: Fanniidae). *Zootaxa*, 1096: 41-59.

Morakote R, Hirashima Y. 1990. A systematic study of the Japanese Pipunculidae (Diptera) Part II. The genus *Chalarus* Walker. *Journal of the Faculty of Agriculture, Kyushu University*, 34: 161-181.

Morge G. 1959. Monographie der palaearktischen Lonchaeidae (Diptera). *Beiträge zur Entomologie*, 9: 909-945.

Morge G. 1963. Die Lonchaeidae und Pallopteridae Österreichs und der angrenzenden Gebiete. 1. Teil. Die Lonchaeidae. *Naturkundliches Jahrbuch der Stadt Linz*, 9: 123-312.

Morge G. 1975. Dipteren Farbtafeln nach den bisher nicht veröffentlichten Original-1976 Handzeichnungen Meigens "Johann Wilhelm Meigen: Abbildung der europäischen zweiflügeligen Insecten nach der Natur". Pars. I. *Beitrage zur Entomologie*, 25: 383-500.

Mostovski M. 2000. New species and new findings of scuttle-flies (Diptera: Phoridae) from south-eastern Asia. *Zoologičeskiĭ Žhurnal*, 79 (3): 312-320.

Mostovski M, Disney R H L. 2003. New species of *Conicera* Meigen (Diptera: Phoridae) from the Far East, with notes on other species and a new synonym. *Entomologist's Monthly Magazine*, 139: 43-48.

Motschulsky V. 1859. Catalogue des insectes rapportes des environs du fl. Amour, depuis la Schilka jusqu'a Nikolaevsk, examines *et* enumeres. *Bulletin de la Société Impériale des Naturalistes de Moscou*, 32 (2): 487-507.

Mou G S. 1981. A new species of *Atherigona* Rondani from Liaoning, China (Diptera: Muscidae). *Acta Zootaxonomica Sinica*, 6 (2): 184-185. [牟广思. 1981. 辽宁省芒蝇属一新种 (双翅目: 蝇科). 动物分类学报, 6 (2): 184-185.]

Mou G S. 1984a. A new species of *Hebecnema* from Liaoning, China (Diptera: Muscidae). *Entomotaxonomia*, 6 (1): 7-8. [牟广思. 1984a. 毛膝蝇属一新种 (双翅目: 蝇科). 昆虫分类学报, 6 (1): 7-8.]

Mou G S. 1984b. A new species of *Morellia* R.-D. From Liaoning, China (Diptera: Muscidae). *Acta Zootaxonomica Sinica*, 9 (3): 288-289. [牟广思. 1984b. 辽宁省莫蝇属一新种 (双翅目: 蝇科). 动物分类学报, 9 (3): 288-289.]

Mou G S. 1985. Two new species of the genus *Spilogona* from Liaoning, China (Diptera: Muscidae). *Entomotaxonomia*, 7 (1): 13-16. [牟广思. 1985. 辽宁点池蝇属二新种 (双翅目: 蝇科). 昆虫分类学报, 7 (1): 13-16.]

Mou G S. 1986. Two new species of the genus *Phaonia* from Liaoning, China (Diptera: Muscidae). *Acta Zootaxonomica Sinica*, 11 (3): 312-315. [牟广思. 1986. 辽宁棘蝇属二新种 (双翅目: 蝇科). 动物分类学报, 11 (3): 312-315.]

Muir F. 1912. Two new species of Ascodipteron. *Bulletin of the Museum of Comparative Zoology, Harvard University*, 54: 349-366.

Müller A. 1922. Über den bau des Penis der Tachinarier und seinen Wert für die Aufstellung des Stammbaumes und die Artdiagnose. *Archiv für Naturgeschichte*, 88A (2): 45-168.

Müller O F. 1764. *Fauna Insectorum Fridrichsdalina, sive methodica descriptio insectorum agri Fridrichsdalinensis, cum characteribus genericis et specificis, nominibus trivialibus, locis natalibus, iconibis allegatis, novisque pluribus speciebus additis*. Hafniae *et* Lipsiae [= Copenhagen and Leipzig]: XXIV + 1-96.

Müller O F. 1766. Manipulus Insectorum Taurinensium. *Mélanges de la Societe de Turin*, 3 (7): 185-198.

Müller O F. 1776. *Zoologiae Danicae Prodromus, seu Animalium Daniae et Norvegiae Indigenarum Characteres, Nomina, et Sunonyma Imprimis Popularium*. Hafniae [= Copenhagen]: XXXII + 1-282.

Munari L. 1988. Contributo alla conoscenza dei Tethinidae afrotropicali. III. I Tethinidae dell' arcipelago delle Seychelles. (Diptera, Cyclorrhapha). *Società Veneziana di Scienze Naturali-Lavori*, 13: 41-53.

Munari L. 2007. Tethinidae from the Arabian Peninsula, with descriptions of four new species (Diptera). *Bullettino della Società Entomologica Italiana*, 139 (2): 101-118.

Munari L, Mathis W N. 2010. World Catalog of the Family Canacidae (including Tethinidae) (Diptera), with keys to the supraspecific taxa. *Zootaxa*, 2471: 1-84.

Munro H K. 1924. A new genus and species of Sryphidae (Diptera) from South Africa. *Annals of the Transvaal Museum*, 10: 87-88.

Munro H K. 1935a. Records of Indian Trypetidae (Diptera) with descriptions of some apparently new species. *Records of the Indian Museum*, 37: 15-27.

Munro H K. 1935b. Observations and comments on the Trypetidae of Formosa. *Arbeiten über Physiologische und Angewandte Entomologie aus Berlin-Dahlem*, 2 (4): 253-271.

Munro H K. 1938a. Studies on Indian Trypetidae (Diptera). *Records of the Indian Museum*, 40: 21-37.

Munro H K. 1938b. New genera of African Trypetidae (Diptera). *Proceedings of the Royal Entomological Society of London, Ser. A, General Entomology*, 7: 117-120.

Munro H K. 1947. African Trypetidae (Diptera). A review of the transition genera between Tephritinae and Trypetinae, with a preliminary study of the male terminalia. *Journal of the Entomological Society of Southern Africa*, 1: 1-284.

Munro H K. 1957a. *Sphenella* and some allied genera (Trypetidae, Diptera). *Journal of the Entomological Society of Southern Africa*, 20: 14-57.

Munro H K. 1957b. Trypetidae. *In*: *Ruwenzori Expedition 1934-5. British Museum* (*Natural History*), 3: 853-1054.

Munro H K. 1984. A taxonomic treatise on the Dacidae (Tephritoidea, Diptera) of Africa. *Entomology Memoir. Department of Agricultural Technical Services. Republic of South Africa*, 61: 1-313.

Mutin V A. 1985. New information on Syrphidae from the Far East. *In*: Ler P A, Storozhenko S Y. 1985. *Taxonomy and Ecology of Arthropods from the Far East. Far Eastern* Scientific Centre, Vladivostok: 85-89.

Mutin V A. 1986. New and little known species of hover flies (Diptera, Syrphidae) in the USSR fauna. *Entomologicheskoe Obozrenie*, 65: 826-832.

Mutin V A. 1987. New data about hoverflies of the genera *Xylota* Mg. and *Chalcosyrphus* Curr. (Diptera, Syrphidae). *In*: Storozheva N A, Kusakin O G. 1987. *Taxonomy of Insects of Siberia ans the Far East of USSR*. Bilogy and Pedology Institute, Far Eastern Branch, Russian Academy of Sciences: 102-106; Vladivostok.

Mutin V A. 1998. *Cryptopipiza*, nom. N., new name for the genus *Pseudopipiza* Violovitsh (Diptera, Syrphidae). *Dipterological Research*, 9: 13.

Mutin V A. 2001. New data on the taxonomy of the Palaearctic hover-flies (Diptera, Syrphidae). *Far Eastern Entomologist*, 99: 19-20.

Mutin V A. 2002. Review of the Far Eastern species of the genus *Pipiza* Fallén, 1810 (Diptera, Syrphidae). *Far Eastern Entomologist*, 121: 1-16.

Mutin V A, Barkalov A V. 1997. A review of the hoverflies (Diptera: Syrphidae) of Sakhalin and the Kuril Islands, with descriptions of two new species. *Species Diversity*, 2: 179-230.

Mutin V A, Barkalov A V. 1999. 62. Syrphidae. *In*: Lera P A. 1999. *Keys to the Insects of Russian Far East*. Vol. VI. Diptera and Siphonaptera. Pt. I. Vladivostok Dal'nauka: 342-500.

Mutin V A, Gilbert F. 1999. Phylogeny of the genus *Xylota* Meigen, 1822 (Diptera, Syrphidae) with descriptions of new taxa. *Dipteron*, 2: 45-68.

Nakayama H, Shima H. 2001. A new species of the genus *Hypocera* Lioy from Asia. *Entomological Science*, 4 (3): 379-386.

Nandi B C. 1976. A new species of *Kozlovea* from North-West Himalaya (Diptera: Sarcophagidae). *Oriental Insects*, 10 (3): 369-372.

Nandi B C. 2002. *Diptera Sarcophagidae*. *Fauna of India and the Adjacent Countries*, 10. Calcutta: Zoological Survey of India: i-xxiv, 1-608.

Narchuk E P. 1978. Two new species of Chloropidae (Diptera) from Middle Asia. *Trudy Zoologicheskogo Instituta Akademiya Nauk SSSR*, 71: 83-89.

Nartshuk E P. 1962. Chloropidae (Diptera) of Yunnan and Kwandun Provinces China (In Russian). *Entomologicheskoe Obozrenie*, 41: 672-684.

Nartshuk E P. 1964. A new genus and new species of Chloropidae (Diptera) from Kazakhstan. *Trudy Zoologicheskogo Instituta Akademii Nauk SSSR*, 34: 302-324.

Nartshuk E P. 1965. Chloropidae (Diptera) from Siberia and the Soviet Far East. I. A new genus and species *Gallomyia miscanthi*, gen. *et* sp. n. *Entomologicheskoe Obozrenie*, 44: 199-202.

Nartshuk E P. 1967. Chloropid flies of the genus *Dicraeus* (Diptera, Chloropidae). *Entomologicheskoe Obozrenie*, 46 (2): 415-438.

Nartshuk E P. 1971. Chloropidae. Part I. Oscinellinae (Diptera). Ergebnisse der zoologischen Forschungen von Dr. Z. Kaszab in der Mongolei. 252. Chloropidae, Part 1. Oscinellinae (Diptera). *Annales Historico-Naturales Musei Nationalis Hungarici*, Budapest. 63: 275-299.

Nartshuk E P. 1973. New species of Chloropidae (Diptera) of the Palaearctic fauna. *Entomologicheskoe Obozrenie*, 52 (1): 215-227.

Nartshuk E P. 1976. Far-Eastern species of the genus *Cetema* Hendel (Diptera, Chloropidae). *Trudy Zoologicheskogo Instituta Akademiya Nauk SSSR*, 62: 117-126.

Nartshuk E P. 1993. Chloropidae (Diptera) from Vietnam and South China. *Trudy Zoologicheskogo Instituta*, 240: 77-120.

Nartshuk E P. 2002. A revision of species of the genus *Cadrema* Walker (Diptera, Chloropidae) of islands of the Indian Ocean. *Entomologicheskoe Obozrenie*, 81 (1): 235-256.

Nartshuk E P, Fedoseeva L I. 1983. Grassflies of the genus *Meromyza* Mg. (Diptera, Chloropidae) from South Far East. *In*: Soboleva R G. 1983. *Systematika i ekologo-faunisticheskii obzor otdelnykh otryadov nasekomykh Dal'nego Vostok*a (Systematics and Ecological-Faunistic Review of Some Orders of the Far East Insects), Academy of Sciences of USSR, Vladivostok: 78-85.

Nayar J L. 1968. A contribution to our knowledge of high altitude Syrphidae (Cyclorrhapha: Diptera) from N. W. Himalaya. Part I—Subfamily Syrphinae. *Agra University Journal of Research* (Science), (1967) 16: 121-131.

Nayar J L. 1978a. A new species of *Ischiodon* (Syrphidae, Diptera) from Libya. *Polskie Pismo Entomologiczne*, 48: 413-416.

Nayar J L. 1978b. Two new species of Syrphidae (Diptera) from Libya. *Polskie Pismo Entomologiczne*, 48: 537-541.

Nayar J L, Nayar L. 1965. Some interesting syrphids of Agra. *Indian Journal of Entomology*, 27: 240-241.

Neave S A. 1939-1950. *Nomenclator zoologicus*. A list of the names of genera and subgenera in zoology from the tenth edition of Linnaeus 1758 to the end of 1935. Vol. I. A-C. xiv + 957 pp. (1939); II. D-L. 1025 pp. (1939); III. M-P. 1065 pp. (1940); IV. Q-Z and Supplement. 758 pp. (1940); V. 1936-1945. Iv + 308 pp. (1950). London: Zoological Society of London.

Neuhaus G H. 1886. *Diptera Marchica*. Systematisches Verzeichniss der Zweiflugler (Mucken und Fliegen) der Mark Brandenburg. Mit kurzer Beschreibung und analytischen Bestimmungs-Tabellen. Nicolai, Berlin. [ii] + i-xvi + 1-371, pls. 1-6.

Newman E. 1835. Entomological Notes. *Entomological Magazine*, 2: 200-205, 313-315.

Newman E. 1838. Entomological Notes. *Entomological Magazine*, 5: 372-402.

Newman E. 1841. *A familiar introduction to the history of insects; being a new greatly improved edition of The Grammar of Entomology*. London: Van Voorst: 1-xv + 1-288.

Ng K H, Yip K T, Choi C H, Yeung K H, Auyeung T W, Tsang A C, Chow L, Que T L. 2003. A case of oral myiasis due to *Chrysomya bezziana*. *Hong Kong Medical Journal*, 9 (6): 454-456.

Ni T, Fan Z D. 1984. A new species of genus *Orthellia* from China (Diptera: Muscidae). *Acta Academia Medicinae Wuhan*, (5): 342-343. [倪涛, 范滋德. 1984. 中国翠蝇属一新种 (双翅目: 蝇科). 武汉医学院学报, (5): 342-343.]

Nielsen T R. 2001. New and little known hoverflies (Diptera, Syrphidae) from Tibet. *Dipteron*, 4: 11-16.

Nielsen T R, Romig T. 2010. Two new species of the genus *Platycheirus* Le Peletier & Serville, 1828 and a description of female *P. altotibeticus* Nielsen, 2001 (Diptera, Syrphidae) from China. *Norwegian Journal of Entomology*, 57: 1-8.

Nihei S S. 2015. The misplaced genus *Trischidocera* Villeneuve (Diptera, Tachinidae). *Zootaxa*, 3926: 279-286.

Ninomiya E. 1929a. Where does *Episyrphus balteatus* lay its eggs? *Oyo Dobutsugaku Zasshi* (*Journal of Applied Zoology*), 1: 47-49.

Ninomiya E. 1929b. On a new species *Brachydeutera ibari* (Ephydridae). *Oyo Dobutsugaku Zasshi* (*Journal of Applied Zoology*), 1: 190-193.

Nishida K. 1971. A new species of the genus *Fannia* from Japan (Diptera: Muscidae). *Kontyû*, 39 (1): 41-42.

Nishida K. 1972. One new and three newly recorded species of the Genus *Fannia* from Japan (Diptera: Muscidae). *The Science*

Reports of the Kanazawa University, 17 (1): 23-31.

Nishida K. 1973. Four species of the genus *Fannia* occurring in Japan, with description of a new species (Diptera: Muscidae). *Kontyû*, 41 (1): 91-94.

Nishida K. 1974a. On eight species of the genus *Fannia* (Diptera: Muscidae) from Japan, with the description of new species. *Kontyû*, 42 (2): 184-191.

Nishida K. 1974b. Studies on the species of Fanniinae (Diptera: Muscidae) from Japan. II. One new species from Japan and Taiwan of China, and four newly recorded species of genus *Fannia* from Japan. *Japanese Journal of Sanitary Zoology*, 25 (3): 205-210.

Nishida K. 1975a. Six new and one newly recorded species of the genus *Fannia* (Diptera: Muscidae) from Taiwan, with a key to species. *Kontyû*, 43 (3): 364-380.

Nishida K. 1975b. Studies on the species of Fanniinae (Diptera: Muscidae) from Japan. III. Description of *Piezura nigrigenus* sp. nov. and *Fannia japonica amamiensis* subsp. nov. and redescription of *Platycoenosia mikii* Strobl, 1894. *Japanese Journal of Sanitary Zoology*, 26 (1): 21-24.

Nishida K. 1976. Studies on the species of Fanniinae (Diptera: Muscidae) from Japan. IV. Five new and two newly recorded species of genus *Fannia* from Japan. *Japanese Journal of Sanitary Zoology*, 27 (2): 133-143.

Nishida K. 1991. Studies on Fanniidae (Diptera) from the Oriental Region. I. Three new species of the *Fannia mollissima* subgroup from Nepal. *Japanese Journal of Entomology*, 59 (1): 87-98.

Nishida K. 1994a. The Fanniidae from Nepal (Diptera). *Japanese Journal of Sanitary Zoology*, Suppl. 45: 81-97.

Nishida K. 1994b. The Fanniidae (Diptera) of the Akasaka Imperial Gardens and the Tokiwamatsu Imperial Villa, Tokyo. *Memoirs of the Society of Natural History*, 39: 367-373.

Nishida K. 2002. Two new species (Diptera: Fanniidae) collected in the Imperial Palace, Tokyo, Japan. *Medical Entomology and Zoology*, 53 (Suppl. 2): 173-180.

Nishida K. 2003. Studies on the species of Fanniidae (Diptera) from Japan V. A new species belonging to the *carbonaria* subgroup and three newly recorded species from Japan. *Medicina Entomology Zoologiske*, 54: 97-103.

Nishida K. 2004. Studies on the species of Fanniidae (Diptera) from Japan VI. Two new species closely related to *Fannia lineata* (Stein) and two newly recorded species from Japan. *Medicina Entomology Zoologiske*, 55: 269-279.

Nishida K. 2005. The Fanniidae (Diptera) of the Akasaka Imperial Gardens and the Tokiwamatsu Imperial Villa, Tokyo. *Memoirs of the Natural Science Museum*, 39: 367-373.

Nishida K, Kuranishi R B. 2000. Fanniidae (Diptera) from the Kamchatka Peninsula and the north Kuril Islands. *Natural History Review*, *Special Issue*, 7: 201-210.

Nishiharu S. 1979. Three new species of Drosophilidae from Japan (Diptera). *Kontyû*, 47 (1): 38-43.

Nishiharu S. 1981. Three new species of the genus *Nesiodrosophila* from Japan with a note on *N. surukella* Okada. *Kontyû*, 49: 19-26.

Nishijima Y. 1954. Descriptions of a new genus and a new species of Chloropidae from Japan (Diptera). *Insecta Matsumurana*, 18: 84-86.

Nishijima Y. 1955. Notes on Chloropidae of Japan, with descriptions of a new species (Diptera). *Insecta Matsumurana*, 19: 51-53.

Nitzsch C L. 1818. Die Familien und Gattungen der Thierinsekten (Insecta Epizoica); als Prodromus einer Naturgeschichte derselben. *Magazin der Entomologie* (Germar's), 3: 261-316.

Nonnaizab. 1999. *Insects of Inner Mongolia China*. Hohhot: Inner Mongolia People's Press: 12 + 1-506. [能乃扎布. 1999. 内蒙古昆虫. 呼和浩特: 内蒙古人民出版社: 12 + 506.]

Norrbom A L. 1994. New genera of Tephritidae (Diptera) from Brazil and Domenican Amber, with phylogenetic analysis of the tribe Ortalotrypetini. *Insecta Mundi*, 8: 1-15.

Norrbom A L. 2004. Updates to biosystematic database of world Diptera for Tephritidae through 1999. *Diptera Data Dissemination Disk*. CD-ROM.

Norrbom A L, Carroll L E, Thompson F C, White I M, Freidberg A. 1999. Systematic Database of Names. *In*: Thompson F C. 1999. *Fruit Fly Expert Identification System and Systematic Information Database*. *Myia*, (1998) 9: 65-252.

Norrbom A L, Kim K C. 1985b. Taxonomy and phylogenetic relationships of *Copromyza* Fallén (s.s.) (Diptera: Sphaeroceridae). *Annals of the Entomological Society of America*, 78: 331-347.

Norrbom A L, Marshall S A. 1988. New species and phylogenetic analysis of *Lotophila* Lioy (Diptera, Sphaeroceridae). *Proceedings of the Entomological Society of Ontario*, 119: 17-33.

Nowakowski J T. 1967. Vorläufige Mitteilung zu einer Monographie der europäischen Arten der Gattung Cerodontha Rond. (Diptera, Agromyzidae). *Polskie Pismo Entomologiczne. Lwów; Wroclaw*, 37 (4): 633-661.

Nowicki M. 1868. Beschreibung neuer Dipteren. *Verhandlungen des Naturhistorischen Vereins*, 6 (1867): 70-92.

O'Hara J E. 1996. The tachinid taxa of Louis P. Mesnil, with notes on nomenclature (Insecta: Diptera). *Canadian Entomologist*,

128 (1): 115-165.

O'Hara J E. 2002. Revision of the Polideini (Tachinidae) of America north of Mexico. *Studia Dipterologica, Supplement*, 10: 1-170.

O'Hara J E. 2004. Catalogue of the Tachinidae (Diptera) of America north of Mexico. *Memoirs on Entomology, International*, 18: i-iv + 1-410.

O'Hara J E. 2009. Resurrection of the name *Pachycheta* Portschinsky for a genus of Tachinidae (Diptera). *Zootaxa*, 1989: 66-68.

O'Hara J E. 2012. World genera of the Tachinidae (Diptera) and their regional occurrence. Version 7.0. PDF document: 1-75.

O'Hara J E. 2013. History of tachinid classification (Diptera, Tachinidae). *ZooKeys*, 316: 1-34.

O'Hara J E. 2014. World Genera of the Tachinidae (Diptera) and Their Regional Occurrence. International Palaeoentomological Society, 87: 1-70.

O'Hara J E. 2016. World genera of the Tachinidae Diptera and their regional occurrence. Version 9.0. PDF document: 1-93.

O'Hara J E, Cerretti P. 2016. Annotated catalogue of the Tachinidae (Insecta, Diptera) of the Afrotropical Region, with the description of seven new genera. *ZooKeys*, 575: 1-344.

O'Hara J E, Cerretti P, Pape T, Evenhuis N L. 2011. Nomenclatural studies toward a world list of Diptera genus-group names. Part II: Camillo Rondani. *Zootaxa*, 3141: 1-268.

O'Hara J E, Shima H, Zhang C T. 2009. Annotated catalogue of the Tachinidae (Insecta: Diptera) of China. *Zootaxa*, 2190: 1-236.

O'Hara J E, Wood D M. 2004. Catalogue of the Tachinidae (Diptera) of America north of Mexico. *Memoirs on Entomology, International*, 18: i-iv + 1-410.

Ôhara K. 1980. The genus *Platycheirus* Le Peletier and Serville, 1818 (Diptera, Syrphidae) of Japan, with description of three new species. *Esakia*, 15: 97-142.

Okada T. 1953. Comparative morphology of drosophilid flies. IV. The "phallosomal index" of the closely allied species, in relation to their geographical distribution and the adult food-habits. [In Japanses, with English summary]. *Zoological Magazine*, 62: 284-287.

Okada T. 1955. *Drosophila*. *In*: Hihara H. 1955. *Fauna and Flora of Nepal Himalaya. Scientific results of the Japanese expeditions to Nepal Himalaya*, 1952-1953, 1: 387-390.

Okada T. 1956. Systematic Study of Drosophilidae and Allied Families of Japan. Tokyo: Gihodo Co. Ltd.: 1-183.

Okada T. 1960a. On the Japanese species of the genus *Amiota* Loew (Diptera, Drosophilidae). *Mushi*, 34 (3): 89-102.

Okada T. 1960b. The genus *Microdrosophila* Malloch from Japan (Diptera: Drosophilidae). *Kontyû*, 28 (4): 211-222.

Okada T. 1964a. New and unrecorded species of Drosophilidae in the Amami Islands, Japan. *Kontyû*, 32: 105-115.

Okada T. 1964b. Drosophilidae (Diptera) of South-east Asia, collected by the Thai-Japanese Biological Expedition 1961-62. *Nature and Life in South-east Asia*, 3: 349-466.

Okada T. 1965. Drosophilidae of the Okinawa Islands. *Kontyû*, 33 (3): 327-350.

Okada T. 1966. Diptera from Nepal, Cryptochaetidae, Diastatidae, and Drosophilidae. *Bulletin of the British Museum* (*Natural History*), *Entomology*, Supplement, 6: 1-129.

Okada T. 1967. A revision of the subgenus *Hirtodrosophila* of the world with descriptions of some new species and subspecies (Diptera, Drosophilidae, *Drosophila*). *Mushi*, 41 (1): 1-36.

Okada T. 1968a. Addition to the fauna of the family Drosophilidae of Japan and adjacent countries (Diptera, Drosophilidae). I. Genera *Stegana*, *Amiota*, *Leucophenga*, and *Microdrosophila*, with discussion on the homology of phallic organs. *Kontyû*, 36 (4): 303-323.

Okada T. 1968b. Addition to the fauna of the family Drosophilidae of Japan and adjacent countries (Diptera). II. Genera *Paramycodrosophila*, *Mycodrosophila*, *Liodrosophila* and *Drosophila* including a new subgenus *Psilodorha*. *Kontyû*, 36 (4): 324-340.

Okada T. 1971a. A revision and taxometric analysis of the genus *Amiota* Loew of Japan and adjacent countries (Diptera, Drosophilidae). *Kontyû*, 39 (2): 82-98.

Okada T. 1971b. A revision and taxometric analysis of the genus *Stegana* Meigen of Japan and adjacent countries (Diptera: Drosophilidae). *Mushi*, 45 (5): 81-99.

Okada T. 1971c. Systematic and biogeographical analyses of the *denticeps* group, with description of two new species (Diptera, Drosophilidae). *Bulletin of the Biogeographical Society of Japan*, 26 (5): 29-38.

Okada T. 1973a. Descriptions of four new species of Drosophilidae of the Bonins, with taxometrical analysis of the *Scaptomyza* species (Diptera). *Kontyû*, 41 (1): 83-90.

Okada T. 1973b. Four new species of Drosophilidae from Japan (Diptera). *Kontyû*, 41 (4): 434-439.

Okada T. 1973c. Drosophilidae and Diastadae from Mongolia (Diptera). *Annales Historico-Naturales Musei Nationalis Hungarici*, 65: 271-279.

Okada T. 1974a. A revision and taxometric analysis of the genera *Sphaerogastrella* Duda and *Liodrosophila* Duda of the world (Diptera, Drosophilidae). *Mushi*, 48 (5): 29-63.

Okada T. 1974b. Drosophilidae (Diptera) from Korea. *Annales Historico-Naturales Musei Nationalis Hungarici*, 66: 269-275.

Okada T. 1974c. New names for two Japanese species of *Drosophila* Fallén (Diptera, Drosophilidae). *Kontyû*, 42: 282.

Okada T. 1975a. The oriental drosophilids breeding in flowers. *Kontyû*, 43 (3): 356-363.

Okada T. 1975b. A new name for *Drosophila luteola* Okada, not Hardy (Diptera, Drosophilidae). *Kontyû*, 43 (2): 241.

Okada T. 1976a. Subdivision of the genus *Chymomyza* Czerny (Diptera, Drosophilidae), with description of three new species. *Kontyû*, 44 (4): 496-511.

Okada T. 1976b. New distribution records of the drosophilids in the Oriental Region. *Makunagi, Osaka*, 8: 1-8.

Okada T. 1977a. The subgenus *Phortica* Schiner of the Genus *Amiota* Loew of Japan and the Oriental Region, with erference to anti-Burla's rule (Diptera, Drosophilidea). *Bulletin of the Biogeographical Society of Japan*, 32 (3): 17-31.

Okada T. 1977b. Family Drosophilidae. *In*: Hardy D E, Delfinado M. 1977. *A Catalogue of the Diptera of the Oriental Region*. Vol. 3. Honolulu: University Press of Hawaii, 3: 342-387.

Okada T. 1978. *Pseudostegana*, a new subgenus of the genus *Stegana* Meigen (Diptera, Drosophilidae). *Kontyû*, 46: 392-399.

Okada T. 1980a. Synhospitalic evolution of the genus *Drosophilella* Duda (Diptera, Drosophilidae), with description of a new species from Okinawa and Taiwan of China. *Kontyû*, 48 (2): 218-226.

Okada T. 1980b. A revision of the genera *Hypselothyrea* de Meijere and *Tambourella* Wheeler (Diptera, Drosophilidae). *Kontyû*, 48 (4): 501-516.

Okada T. 1981a. The genus *Chymomyza* Czerny (Diptera, Drosophilidae) from New Guinea, Bismarck Archipelago and Southeast Asia, with an ecological note. *Kontyû*, 49 (1): 166-177.

Okada T. 1981b. Oriental species, including New Guinea. *In*: Ashburner M, Carson H L, Thompson J N Jr. 1981. *The Genetics and Biology of Drosophila*, 3a: 261-289.

Okada T. 1982a. A revision of the genera *Dettopsomyia* Lamb and *Styloptera* Duda (Diptera, Drosophilidae). *Kontyû*, 50 (2): 270-282.

Okada T. 1982b. A revision of the subgenus *Pseudostegana* of the genus *Stegana* (Diptera: Drosophilidae), with descriptions of eight new species. *Pacific Insects*, 24 (1): 39-49.

Okada T. 1984a. Descriptions of new species of the genus *Nesiodrosophila* Wheeler *et* Takada (Diptera, Drosophilidae), with taxometrical analysis. *Kontyû*, 52 (1): 21-36.

Okada T. 1984b. New or little known species of *Drosophila* (*Lordiphosa*) with taxometrical analyses (Diptera, Drosophilidae). *Kontyû*, 52 (4): 565-575.

Okada T. 1984c. The genus *Collessia* of Japan (Diptera, Drosophilidae). *Proceedings of the Japanese Society of Systematic Zoology*, (29): 57-58.

Okada T. 1985a. The genus *Lissocephala* Malloch and an allied new genus of Southeast Asia and New Guinea (Diptera, Drosophilidae). *Kontyû*, 53 (2): 335-345.

Okada T. 1985b. A revision of the genus *Microdrosophila* with descriptions of the ten new species (Diptera: Drosophilidae). *International Journal of Entomology*, 27 (4): 310-326.

Okada T. 1986a. The genus *Mycodrosophila* Oldenberg (Diptera, Drosophilidae) of Southeast Asia and New Guinea. I. Typical species. *Kontyû*, 54 (1): 112-123.

Okada T. 1986b. The genus *Mycodrosophila* Oldenberg (Diptera, Drosophilidae) of Southeast Asia and New Guinea. II. Atypical species. *Kontyû*, 54 (2): 291-302.

Okada T. 1986c. Estimation of the routes of synhospitalic Distribution of the genus *Drosophillela* Duda (Diptera, Drosophilidae), with descriptions of three new species from Malaysia and Indonesia. *Proceedings of the Japanese Society of Systematic Zoology*, (33): 32-39.

Okada T. 1986d. Patterned-wing species of *Drosophila* (*Scaptodrosophila*) of Southeast Asia and New Guinea (Diptera, Drosophilidae). *Kontyû*, 54 (3): 442-449.

Okada T. 1987a. The *Leucophenga proxima* species-group of Southeast Asia and New Guinea (Diptera, Drosophilidae). *Kontyû, Tokyo*, 55 (1): 90-99.

Okada T. 1987b. The *Leucophenga subpollinosa* species-group of Japan and Southeast Asia (Diptera, Drosophilidae). *Kontyû*, 55 (4): 676-683.

Okada T. 1987c. Note on the genus *Mulgravea* (Diptera, Drosophilidae). *Kontyû*, 55 (2): 187.

Okada T. 1988a. A revision of the genus *Pararhinoleucophenga* Duda and *Paraleucophenga* Hendel (Diptera, Drosophilidae), with special regard to Archestinic Characters. *Kontyû*, 56 (3): 618-624.

Okada T. 1988b. Family Drosophilidae (Diptera) from the Lund University Ceylon Expedition in 1962 and Borneo collections in 1978-1979. *Entomologica Scandinavica*, 30 (Suppl.): 111-151.

Okada T. 1988c. Taxonomic Outline of the family Drosophilidae of Japan. *In*: Okada T. 1988. Toyama: Dr. Papers of Department of Biology, Toyama University: 1-87.

Okada T. 1988d. Taxonomic note on *Colocasiomyia cristata* de Meijere (Diptera, Drosophilidae) with generic synonymy. *Proceedings of the Japanese Society of Systematic Zoology*, (37): 34-39.

Okada T. 1989. A revision of the *Leucophenga mutabilis* species-group (Diptera, Drosophilidae) of the Oriental and adjacent regions. *Japan Journal of Entomology*, 57 (4): 803-813.

Okada T. 1990a. The *Leucophenga maculata* species-group (Diptera, Drosophilidae) of the Palearctic and Oriental regions. *Japan Journal of Entomology*, 58 (3): 555-562.

Okada T. 1990b. A revision of the *Leucophenga ornata* species-group (Diptera: Drosophilidae) of the Oriental and adjacent regions. *Japan Journal of Entomology*, 58 (4): 679-688.

Okada T. 1990c. Subdivision of the genus *Colocasiomyia* de Meijere (Diptera, Drosophilidae) with descriptions of two new species from Sulawesi and note on color adaption of synhospital species. *Proceedings of the Japanese Society of Systematic Zoology*, (42): 66-72.

Okada T. 1991a. New or little known species of the subgenus *Hirtodrosophila* Duda (Diptera: Drosophilidae) of the Oriental and adjacent regions. *Japan Journal of Entomology*, 59: 473-489.

Okada T. 1991b. A new name of *Drosophila* (*Hirtodrosophila*) *latinokogiri* Okada, 1991 (Diptera: Drosophilidae). *Japan Journal of Entomology*, 59: 742.

Okada T. 1992. New or little known species of the genus *Liodrosophila* Duda and *Sphaerogastrella* Duda (Diptera: Drosophilidae) from Papua New Guinea and S. E. Asia. *Japan Journal of Entomology*, 60: 827-838.

Okada T, Carson H L. 1980. Drosophilidae associated with flowers in Papua New Guinea. II. Alocasia (Araceae). *Pacific Insects*, 22: 217-236.

Okada T, Carson H L. 1983a. The genus *Sphaerogastrella* Duda (Diptera, Drosophilidae) of Papua New Guinea. *Kontyû*, 51 (3): 367-375.

Okada T, Carson H L. 1983b. The genera *Phorticella* Duda and *Zaprionus* Coquillett (Diptera, Drosophilidae) of the Oriental Region and New Guinea. *Kontyû*, 51 (4): 539-553.

Okada T, Carson H L. 1983c. Drosophilidae from banana traps over an altitudinal transect in Papua New Guinea. I. Descriptions of new species with notes on newly recorded species. *International Journal of Entomology*, 25: 127-141.

Okada T, Chung Y J. 1960. Three species of Drosophilidae from R. O. Korea. *Akitu*, 9: 25-30.

Okada T, Kurokawa H. 1957. New or little known species of Drosophilidae of Japan (Diptera). *Kontyû*, 25 (1): 1-12.

Okada T, Lee H Y. 1961. A new species of *Hirtodrosophila* from R. O. Korea (Diptera, Drosophilidae). *Akitu*, 10: 20-22.

Okada T, Nishiharu S. 1981. A new species of the subgenus *Scaptodrosophila* of the genus *Drosophila* (Diptera, Drosophilidae) visiting flowers in Japna. *Kontyû*, 49 (3): 422-425.

Okada T, Sasakawa M. 1956. Leaf-mining species of Drosophilidae (Diptera). *Akitu*, 5: 25-28.

Okada T, Sidorenko V S. 1992. New or unrecorded species of *Stegana* (*Steganina*) (Diptera, Drosophilidae) from the Old World, especially Japan and Russia. *Japanese Journal of Entomology*, 60 (2): 415-426.

Okada T, Yafuso M. 1989. The genus *Colocasiomyia* Duda (Diptera, Drosophilidae) from Sulawesi. *Proceedings of the Japanese Society of Systematic Zoology*, 39: 48-55.

Okadome T. 1967. Description of a new *Suillia*-species from Formosa (Diptera: Helomyzidae). *Kontyû*, 35 (2): 113-114.

Okadome T. 1985. Five new *Suillia* from the Oriental region (Diptera: Heleomyzidae). *International Journal of Entomology*, 27 (3): 217-223.

Oken L. 1815. Fleischlose Thiere. *Zoologie*, 3 (1): xxviii + 1-850 + xviii + iv, pls. 1-40. In his Lehrbuch der Naturgeschichte. Author, Jena and C. H. Reclam, Leipzig.

Oldenberg L. 1913. H. Sauter's Formosa-Ausbeute. Familie Clythiidae (= Platypezidae) (Diptera). *Annales Historico-Naturales Musei Nationalis Hungarici*, 11: 339-343.

Oldenberg L. 1914a. Beitrag zur Kenntnis der europäischen Drosophiliden (Diptera). *Wiegmann's Archiv für Naturgeschichte*, 80A (2): 1-42.

Oldenberg L. 1914b. H. Sauter's Formosa-Ausbeute. Clythiidae = Platypezidae (Diptera). II. *Supplementa Entomologica*, 3: 78-80.

Oldenberg L. 1915. Berichtigung zu meiner Drosophilidenarbeit. *Wiegmann's Archiv fur Naturgeschichte*, 80 (9): 93.

Oldenberg L. 1916. Fünf Syrphiden (Diptera) aus den Alpen und Karpathen. *Wiener Entomologische Zeitung*, 35 (3-4): 101-107.

Oldenberg L. 1917. H. Sauter's Formosa-Ausbeute: Eine *Agathomyia* aus Formosa (Diptera). *Archiv für Naturgeschichte*, 82: 119-120.

Oldenberg L. 1923. Neue Acalyptraten (Diptera) meiner Ausbeute. *Deutsche Entomologische Zeitschrift*, 1923: 307-319.

Olfers J F M von. 1816. *De vegetativis et animatis in corporibus animatis reperiundus commentarius*, Part. 1: 1-112.

Olivier G A. 1811. *Encyclopédie Méthodique, Histoire Naturelle*. Paris: Histoire Naturelle: 8: 361-722.

Olivier G A. 1813. Premiére mémoire sur quelques Insectes qui attaquent les céréales. *Mémoires d'Agriculture, d'Économie Rurale et Domestique, Publiés par la Société d'Agriculture du Départment de la Seine-et-Oise*, 16: 477-495.

Osburn R C. 1907. The Syrphidae of British Columbia. *Bull. British Columbia. Ent. Soc.*, 8: 1-4.

Osten-Sacken C R. 1858. *Catalogue of the Described Diptera of North America.* Washington D C: Smithsonian Institution: vii-xx, 1-92.

Osten-Sacken C R. 1875a. A list of the North American Syrphidae. *Bulletin of the Buffalo Society of Natural Sciences*, 3: 38-71.

Osten-Sacken C R. 1875b. On the North American species of the genus *Syrphus* (in the narrowest sense). *Proceedings of the Boston Society of Natural History*, (1875-1876) 18: 135-153.

Osten-Sacken C R. 1877. Western Diptera: Descriptions of new genera and species of Diptera from the region west of the Mississippi and especially from California. *Bulletin of the United States Geological and Geographical Survey of the Territories*, 3: 189-354.

Osten-Sacken C R. 1878. *Catalogue of the Described Diptera of North America.* [Ed. 2]. Washington D C: Smithsonian Institution: i-xlviii + 1-276.

Osten-Sacken C R. 1881a. Enumeration of the Diptera of the Malay Archipelago collected by Prof. Odoardo Beccari, Mr. L.M. D'Albertis and others. *Annali del Museo Civico di Storia Naturale di Genova*, 16: 393-492.

Osten-Sacken C R. 1881b. Diagnoses de cinq nouveaux genres de dipteres exotiques de la division des Orthalidae. *Bulletin des Séances de la Société Entomologique de France*, 1 (6): xcix-c.

Osten-Sacken C R. 1882a. Diptera from the Philippine Islands brought home by Dr. Carl Semper. *Berliner Entomologische Zeitschrift*, 26: 83-246.

Osten-Sacken C R. 1882b. Enumeration of the Diptera of the Malay Archipelago collected by Prof. Odoardo Beccari etc. Supplement. *Annali del Museo Civico di Storia Naturale di Genova*, 18: 10-20.

Ôuchi Y. 1938a. Diptera Sinica. Muscidae-Muscinae. I. On some muscid flies from eastern China. *Journal of the Shanghai Science Institute*, (3) 4: 1-14.

Ôuchi Y. 1938b. Notes on some flies of genus *Fannia* from Eastern China. *Journal of the Shanghai Science Institute*, 4 (3): 19-22.

Ôuchi Y. 1939a. On some conopid flies from Eastern China, Manchoukuo, D. P. R. Korea. *Journal of the Shanghai Science Institute*, (3) 4: 191-214.

Ôuchi Y. 1939b. On some conopid flies from Japanese proper and certain parts of the southern Japan. *Journal of the Shanghai Science Institute*, (3) 4: 215-221.

Ôuchi Y. 1939c. A new species of *Megarhinus mosquito* from Amami-Oshima, the southern Japan. *Journal of the Shanghai Science Institute*, (3) 4: 223-235.

Ôuchi Y. 1939d. On a new species of genus *Spaniocelyphus* from Eastern China. *Journal of the Shanghai Science Institute*, (3) 4: 245-247.

Ôuchi Y. 1942a. Notes on some muscid flies from China, Manchoukuo and Japan (Diptera Sinica. Muscidae, Muscinae IV). *Journal of the Shanghai Science Institute*, (n. Ser.) 2 (2): 49-57.

Ôuchi Y. 1942b. On two new species of Chinese stalk-eyed flies (Diptera Sinica, Diopsidae I). *Journal of the Shanghai Science Institute*, (n. Ser.) 2 (2): 45-48.

Ôuchi Y. 1942c. A new species of the genus *Macroconops* from East China. *Journal of the Shanghai Science Institute*, Section III 2: 61-62.

Ôuchi Y. 1943. Notes on some syrphid flies belonging to the subfamily Cerioidinae from east China. *Shanghai Sizenkagaku Kenkyusyo Iho*, 13: 17-25.

Ouellet J. 1940. Un nouveau Diptère du genre *Enicita* (Sepsides). *Le Naturaliste Canadien*, 67: 225-228.

Ozerov A L. 1985. To the taxonomy of the genus *Ortalischema* (Diptera, Sepsidae). *Zoologičheskiĭ Žhurnal*, 64 (8): 1267-1269.

Ozerov A L. 1986a. K poznaniyu murav'evidok (Diptera, Sepsidae) fauny SSSR [To the knowledge of Sepsidae (Diptera) of the fauna of the USSR]. *Entomologicheskoe Obozrenie*, 65 (3): 639-644.

Ozerov A L. 1986b. Obzor palearkticheskikh vidov gruppy "*leachi*" roda Themira R.-D. (Diptera, Sepsidae) sopisaniem novogo vida *Themira przewalskii* sp. n. [A review of Palaearctic species of the "*leachi*" group in the genus *Themira* R.-D. (Diptera, Sepsidae) with description of a new species, *Themira przewalskii* sp. n.]. *Byulleten Moskovskogo Obshchestva Ispytateley Prirody, Otdelenie Biologicheskii*, 91 (2): 51-54.

Ozerov A L. 1987a. Dipterans of the subfamily Calobatinae (Diptera, Micropezidae) in the fauna of the USSR. *Zoologičheskiĭ Žhurnal*, 66 (4): 549-556.

Ozerov A L. 1987b. Dvukrylye semejstva Dryomyzidae (Diptera) fauny SSSR [Dipterans of the family Dryomyzidae in the fauna of the USSR]. *Byulleten Moskovskogo Obshchestva Ispytateley Prirody, Otdelenie Biologicheskii*, 92 (4): 36-42.

Ozerov A L. 1990. New data on the fauna and taxonomy of the subfamily Calobatinae (Diptera, Micropezidae). *Zoologičheskiĭ Žhurnal*, 69 (7): 154-155.

Ozerov A L. 1992a. K taksonomii dvukrylykh semeystva Sepsidae (Diptera) [On the taxonomy of flies of the family Sepsidae (Diptera)]. *Byulleten Moskovskogo Obshchestva Ispytateley Prirody, Otdelenie Biologicheskii*, 97 (4): 44-47.

Ozerov A L. 1992b. Novyy rod i tri novykh vida murav'evidok (Diptera, Sepsidae) iz V'etnama [New genus and three new species of sepsid flies (Diptera, Sepsidae) from Vietnam]. *Zoologičheskiĭ Žhurnal*, 73 (3): 147-150.

Ozerov A L. 1996. To the fauna and taxonomy of African Sepsidae (Diptera). *Russian Entomological Journal*, 4 (1-4): 127-144.

Ozerov A L. 1997. A revision of the genus *Dicranosepsis* Duda (Diptera, Sepsidae). *Russian Entomological Journal*, 5 (1-4): 135-161.

Ozerov A L. 1999. Studies of Afrotropical Sepsidae (Diptera). II. A revision of the genus *Meroplius* Rondani. *International Journal of Dipterological Research*, 10 (2): 81-96.

Ozerov A L. 2003. Notes on flies of the genus *Dicranosepsis* Duda, 1926 (Diptera, Sepsidae). *Russian Entomological Journal*, 12 (1): 87-92.

Ozerov A L. 2012a. A new genus and three new species of the family Sepsidae (Diptera) from China and Vietnam. *Russian Entomological Journal*, 21: 113-116.

Ozerov A L. 2012b. Five new species of the family Scathophagidae (Diptera) from China. *Far Eastern Entomologist*, 244: 1-9.

Ozerov A L, Sueyoshi M. 2002. Two new species of *Paradryomyza* Ozerov (Diptera, Dryomyzidae) from Asia. *Studia Dipterologica*, (2001) 8: 563-570.

Pai C Y, Kurahashi H, Deng R L, Yang C H. 2014. Identification of forensically important Sarcophagidae (Diptera) by DNAbased method coupled with morphological characteristics. *Romanian Journal of Legal Medicine*, 22 (3): 209-214.

Pallas P S. 1776. *Spicilegia zoologica*, Berolini, 2 (11): 1-77.

Pallas P S. 1778. *Novae species quadrupedum e glirium ordine cum illustrationibus variis complurium ex hoc ordine animalium*, Erlangen. 1: 1-388.

Pallas P S. 1779. Moschi historia naturalis. *Spicilegia Zoologica*, Berolini, 13: 1-28.

Palma G. 1864. Ditteri della fauna Napolitana. Memoria del socio ordinario Giuseppe Palma. *Annali dell'Accademia di Aspiranti Naturalisti di Napoli, serie*, (3) 3 (1863): 37-66.

Pan Z H, Wang B H, Huo K K. 2010. A new species of genus *Dasysyrphus* Enderlein (Diptera, Syrphidae) from China. *Journal of Northeast Forestry University*, 38 (11): 133-134. [潘朝晖, 王保海, 霍科科. 2010. 中国毛蚜蝇属1新种记述 (双翅目: 食蚜蝇科). 东北林业大学学报, 38 (11): 133-134.]

Pan Z H, Wang B H, Huo K K. 2010. Faunistic study on pollinators of Syrphidae (Diptera) in Bayi Town of Linzhi. *Journal of Anhui Agricultural Sciences*, 38 (25): 13790-13792. [潘朝晖, 王保海, 霍科科. 2010. 林芝地区八一镇食蚜蝇科访花昆虫区系 (双翅目). 安徽农业科学, 38 (25): 13790-13792.]

Pandellé L. 1894. Études sur les muscides de France. IIe partie. [Cont.]. *Revue d'Entomologie*, 13: 1-113.

Pandellé L. 1895. Études sur les muscides de France. IIe partie (suite). *Revue d'Entomologie*, 14: 287-351.

Pandellé L. 1896. Études sur les muscides de France. IIe partie (suite). *Revue d'Entomologie*, 15: 1-230.

Pandellé L. 1898. Études sur les Muscides de France. IIIe. Partie (Part). *Revue d'Entomologie*, Caen, 17 (Suppl.): 1-80.

Pandellé L. 1899a. Études sur les Muscides de France. IIIe partie. (Part.). *Revue d'Entomologie*, Caen, 18 (Suppl.): 97-120.

Pandellé L. 1899b. Études sur les Muscides de France. IIIe partie. (Part.). *Revue d'Entomologie*, 18 (Suppl.): 121-208.

Pandellé L. 1899c. Études sur les Muscides de France. IIIe partie. (Part.). *Revue d'Entomologie*, 18 (Suppl.): 209-220.

Pandellé L. 1900. Études sur les Muscides de France. III partie. (Part.). *Revue d'Entomologie*, 19 (Suppl.): 221-292.

Pandellé L. 1901. Études sur les Muscides de France. III partie. (Part.). *Revue d'Entomologie*, 20 (Suppl.): 293-372.

Panigrahy K K, Gupta J P. 1982. Description of a new species and record of two known species of the genus *Leucophenga* (Diptera, Drosophilidae) from India. *Entomon*, 7: 487-491.

Panigrahy K K, Gupta J P. 1983. Further records of two new species of *Drosophila* from Orissa, India. *Entomon*, 8: 143-146.

Pant A C. 2015. Description of a new species of *Fannia* Robineau-Desvoidy, 1830 (Diptera: Fanniiae) and distribution records of the genus from the Caucasus Mountains, *Zootaxa*, 3956 (1): 140-148.

Pant A C, Vikhrev N E. 2008. A new species of *Fannia* Robineau-Desvoidy (Diptera: Fanniidae) from the Altai Mountains, Western Siberia, Russa. *Russian Entomological Journal*, 17 (3): 321-323.

Pantel J. 1910. Recherches sur les diptères a larves entomobies. I. Caractères parasitiques aux points de vue biologique, éthologique *et* histologique. *La Cellule*, 26: 25-216 + pls. 1-5.

Panzer G W F. 1792. *Faunae insectorum germanicae initia oder Deutschlands Insecten*. H. 2. Felsecker, Nurnberg [= Nuremberg]: 1-24, pls. 1-24.

Panzer G W F. 1794a. *Faunae insectorum germanicae initia oder Deutschlands Insecten*. Nurnberg: Felsecker, 20: 1-24, pls. 1-24.

Panzer G W F. 1794b. *Faunae insectorum germanicae initio oder Deutschlands Insecten*. Nuremberg [= Nürnberg], 22: 1-24.

Panzer G W F. 1797. *Faunae insectorum germanicae initio oder Deutschlands Insecten*. Nuremberg [= Nürnberg], Fase. 45: 1-24.

Panzer G W F. 1798. *Faunae insectorum germanicae initia oder Deutschlands Insecten*. Nuremberg [= Nürnberg], Fasc. 54: 1-24; Fasc. 59: 1-24; Fasc. 60: 1-24.

Panzer G W F. 1801. *Faunae insectorum germanicae initia oder Deutschlands Insecten*. H. Nurnberg: Felsecker: 82: 1-24, pls. 1-24.

Panzer G W F. 1804a. *D. Jacobi Christiani Schaefferi Iconum Insectorum circa Ratisbonam indigenorum Enumeratio Systematica*. Palmii, Erlangae [= Erlangen]: i-xvi + 1-260.

Panzer G W F. 1804b. *Faunae insectorum germanicae initia oder Deutschlands Insecten*. Nürnberg, Fase. 86: 1-24; Fase. 90: 1-24; Fase. 91: 1-24.

Panzer G W F. 1805. Heft 104. *Faunae insectorum germanicae initia oder Deutschlands Insecten*. Felsecker, Nürnberg: 1-24 + pls. 1-24.

Panzer G W F. 1809. *Faunae insectorum germanicae initia oder Deutschlands Insecten*. H. Nürnberg: 108: 1-24, pls. 1-24.

Papavero N. 1977. The world Oestridae (Diptera), mammals and continental drift. *Series Entomologia*, 14. Dr. W. Junk, The Hague: 1-240.

Pape T. 1985. The identity of *Metopia staegerii* Rondani, 1859 (Diptera: Sarcophagidae). *Entomologica Scandinavica*, 16: 213-215.

Pape T. 1986a. A revision of Oriental and eastern Palaearctic species of *Metopia* Meigen (Diptera, Sarcophagidae). *Stuttgarter Beiträge zur Naturkunde*, Ser. A, 395: 1-8.

Pape T. 1986b. A revision of the Sarcophagidae (Diptera) described by J. C. Fabricius, C. F. Fallén, and J. W. Zetterstedt. *Entomologica Scandinavica*, 17: 301-312.

Pape T. 1989. A review of *Phylloteles* Loew, with a revision of the Oriental species (Insecta: Diptera, Sarcophagidae). *Steenstrupia*, 15 (8): 193-204.

Pape T. 1990. Taxonomy and nomenclature of *Sphenometopa* (Diptera, Sarcophagidae). *Nouvelle Revue d'Entomologie*, 7 (4): 435-442.

Pape T. 1994. The world *Blaesoxipha* Loew, 1861 (Diptera: Sarcophagidae). *Entomologica Scandinavica*, Suppl. 45: 1-247.

Pape T. 1995. A catalogue of the Sarcophagidae (Insecta: Diptera) described by G. Enderlein. *Steenstrupia*, 21 (1): 1-30.

Pape T. 1996. Catalogue of the Sarcophagidae of the world (Insecta: Diptera). *Memoirs on Entomology, International*, 8: 1-558.

Papp L. 1972. New genera and species of Sphaeroceridae (Diptera) from New Guinea. *Acta Zoologica Academiae Scientiarum Hungaricae*, 18: 101-115.

Papp L. 1973a. Sphaeroceridae (Diptera) from Mongolia. *Acta Zoologica Academiae Scientiarum Hungaricae*, 19: 369-425.

Papp L. 1973b. Trágyalegyek-harmatlegyek-Sphaeroceridae-Drosophilidae. *Fauna Hungariae*, 112: 1-146. Akadémiai Kiadó, Budapest.

Papp L. 1976. Milichiidae and Carnidae (Diptera) from Mongolia. *Acta Zoologica Academiae Scientiarum Hungaricae*, 22: 369-387.

Papp L. 1978. Species of nine Acalyptrate families from Tunisia (Diptera). *Folia Entomologica Hungarica*, S. N., 31 (2): 197-203.

Papp L. 1979a. A contribution to the knowledge on the species of the genus *Coprocia* Rondani, 1861 (Diptera: Sphaeroceridae). *Opuscula Zoologica Instituti Zoosystematici et Oecologici Universitatis Budapestinensis*, 16 (1-2): 97-105.

Papp L. 1979b. On apterous and reduced-winged forms of the family Drosophilidae, Ephydridae and Sphaeroceridae (Diptera). *Acta Zoologica Academiae Scientiarum Hungaricae*, 25: 357-374.

Papp L. 1979c. Seven new species of the Palaearctic Lauxaniidae and Asteiidae (Diptera). *Reichenbachia*, 17: 87-97.

Papp L. 1982. A new apterous sphaerocerid from Japan (Diptera: Sphaeroceridae). *Acta Zoologica Academiae Scientiarum Hungaricae*, 28: 347-353.

Papp L. 1984a. Lauxaniidae (Diptera), new Palaearctic species and taxonomical notes. *Acta Zoologica Academiae Scientiarum Hungaricae*, 30 (1-2): 159-177.

Papp L. 1984b. Family Stenomicridae. *In*: Soós Á, Papp L. 1984. *Catalogue of Palaearctic Diptera*. Vol. 10. Amsterdam & Budapest: Elsevier Science Publishers & Akademiai Kiado: 61-62.

Papp L. 1984c. Lauxaniidae (Sapromyzidae). *In*: Soós A, Papp L. 1984. *Catalogue of Palaearctic Diptera*. Vol. 9. *Micropezidae-Agromyzidae*. Akadémiai Kiadó, Budapest: Elsevier, Amsterdam, Oxford etc.: 193-217.

Papp L. 1984d. Family Agromyzidae. *In*: Soós A, Papp L. 1984. *Catalogue of Palaearctic Diptera*. Vol. 9. Amsterdam & Budapest: Elsevier Science Publishers & Akademiai Kiado: 263-343.

Papp L. 1984e. Family Sphaeroceridae (Borboridae). *In*: Soós A, Papp L. 1984. *Catalogue of Palaearctic Diptera*. Vol. 10. Amsterdam & Budapest: Elsevier Science Publishers & Akademiai Kiado: 68-107.

Papp L. 1984f. Family Platystomatidae. *In*: Soós A, Papp L. 1984. *Catalogue of Palaearctic Diptera*. Vol. 9. Amsterdam & Budapest: Elsevier Science Publishers & Akademiai Kiado: 38-44.

Papp L. 1984g. Family Otitidae. *In*: Soós A, Papp L. 1984. *Catalogue of Palaearctic Diptera*. Vol. 9. Amsterdam & Budapest: Elsevier Science Publishers & Akademiai Kiado: 45-58.

Papp L. 1988. A review of the Afrotropical species of *Norrbomia* gen. n. (Diptera: Sphaeroceridae, Copromyzini). *Acta Zoologica Academiae Scientiarum Hungarica*, 34: 393-408.

Papp L. 1991a. A review of the Oriental species of *Poecilosomella* Duda (Diptera, Sphaeroceridae). *Acta Zoologica Academiae Scientiarum Hungarica*, 37: 101-122.

Papp L. 1991b. Notes on the genus *Richardsia* L. Papp (Diptera, Sphaeroceridae). *Annales Historico-Naturales Musei Nationalis Hungarici*, 83: 139-144.

Papp L. 2001. A revision of the species of *Paramyia* wlliston (Diptera, Milichiidae) with the description of a new genus. *Acta Zoologica Academiae Scientiarum Hungaricae*, 47 (4): 321-347.

Papp L. 2002. Eighteen new Oriental species of *Poecilosomella* Duda (Diptera: Sphaeroceridae). *Acta Zoologica Academiae Scientiarum Hungaricae*, 48: 107-156.

Papp L. 2004. New species and records of *Hypselothyrea* de Meijere (Diptera, Drosophilidae). *Acta Zoologica Academiae Scientiarum Hungaricae*, 49: 271-294.

Papp L. 2005. Some acalyptrate flies (Diptera) from Taiwan. *Acta Zoologica Academiae Scientiarum Hungaricae*, 51 (3): 187-213.

Papp L. 2007. A review of the Old World Trigonometopini Becker (Diptera: Lauxaniidae). *Annales Historico-Naturales Musei Nationalis Hungarici*, 99: 55-95.

Papp L. 2008a. New genera of the Old World Limosininae (Diptera, Sphaeroceridae). *Acta Zoologica Academiae Scientiarum Hungaricae*, 54 (Suppl. 2): 47-209.

Papp L. 2008b. A review of the Old World *Coproica* Rondani, 1861 (Diptera, Sphaeroceridae), with descriptions of twelve new species. *Acta Zoologica Academiae Scientiarum Hungaricae*, 54 (Suppl. 2): 1-45.

Papp L. 2011. Oriental Teratomyzidae (Diptera: Schizophora). *Zootaxa*, 2916: 1-34.

Papp L, Merz B, Földvári M. 2006. Diptera of Thailand. A summary of the families and genera with references to the species representations. *Acta Zoologica Academiae Scientiarum Hungaricae*, 52 (2): 97-269.

Papp L, Shatalkin A I. 1998. Family Lauxaniidae. *In*: Papp L, Darvas B. 1998. *Contributions to a Manual of Palaearctic Diptera* (*with special reference to flies of economic importance*). Vol. 3. Budapest: Science Herald: 383-400.

Papp L, Szappanos A. 1998. A new species of *Periscelis* from China (Diptera: Periscelididae). *Acta Zoologica Academiae Scientiarum Hungaricae*, 43 (3): 235-239.

Paramonov S J. 1924. Zwei neue Syrphiden-Arten (Diptera) aus dem sudwestlichen Russland. *Konowia*, 3 (4/6): 249-252.

Paramonov S J. 1926. Ueber einige neue Arten und Varietaeten von Dipteren (Fam. Stratiomyidae *et* Syrphidae). *Zap. Fiz.-Mat. Vidd. Vseukr. Akad. Nauk.*, 2 (1): 87-93.

Paramonov S J. 1962. Notes on Australian Diptera (XXXII-XXXVI). Echiniidae-a new family of Diptera (Acalyptrata). *Annals and Magazine of Natural History*, (1961) (13) 4 : 97-100.

Paramonoy S J. 1927. Fragmente zur Kenntnis der Dipteren-Fauna Armeniens. *Societas Entomologica*, 42: 2-4.

Park S H. 1962. Descriptions of two new species of sarcophagid flies (Diptera: Sarcophagidae) from Korea. *Japanese Journal of Sanitary Zoology*, 13 (1): 6-10.

Park S H, Shinonaga S. 1985. A new *polietes* (Diptera, Muscidae) from Korea. *Japanese Journal of Entomology*, 53 (1): 213-215.

Parker J B. 1917. A revision of the bembicine wasps of America north of Mexico. *Proceedings of the United States National Museum*, 52 (2227): 1-155.

Parshad R, Duggal K K. 1967. Drosophilid fauna of India. III. The Drosophilidae of Kashmir Valley. *Panjab University Research Journal Science*, 17: 277-290.

Parshad R, Paika I J. 1965. Drosophilid fauna of India. II. Taxonomy and cytology of the subgenus *Sophophora* (Diptera). *Panjab University Research Journal Science*, 15 (3-4): 225-252.

Parshad R, Singh B K. 1972. Drosophilid survey of India. IV. The Drosophilidae of South Andamans. *Panjab University Research Journal Science*, (1971) 22: 385-399.

Parsons C T. 1948. A classification of North American Conopidae. *Annals of the Entomological Society of America*, 41: 223-246.

Patton W S. 1920. Some notes on the arthropods of medical and veterinary importance in Mesopotamia, and their relation to disease. Part II. Mesopotamian house flies and their allies. *Indian Journal of Medical Research*, 7: 751-777, pls. 68-71.

Patton W S. 1922a. New Indian species of the genus *Musca*. *Indian Journal of Medical Research*, 10 (1): 69-77.

Patton W S. 1922b. Some notes on Indian Calliphorinae. Part IV. *Chrysomya albiceps* Wied. (*rufifacies* Froggatt); one of the Australian sheep maggot flies and *Chrysomya villeneuvei*, sp. nov. *Indian Journal of Medical Research*, 9 (3): 561-569.

Patton W S. 1923. A new Oriental species of the genus *Musca*, with a note on the occurrence of *Musca dasyops* Stein in China and a revised list of the Oriental species of the genus *Musca* Linnaeus. *Philippine Journal of Science*, 23: 323-335.

Patton W S. 1933. Studies on the higher Diptera of medical and veterinary importance. A revision of the tribe Muscini, subfamily Muscinae, based on a comparative study of the male terminalia. II. The genus *Stomoxys* Geoffroy (sens. Lat.). *Annals of Tropical Medicine and Parasitology*, 27: 501-537.

Patton W S. 1938. The terminalia of the genus *Wohlfahrtia* B. B., and those of allied genera, together with notes on the Natural grouping of the subfamilies Sarcophaginae and Miltogrammatinae. *Bulletin de la Société Fouad 1er Entomologique de Égypte*, 22: 67-109.

Patton W S, Cragg F W. 1913. On certain haematophagous species of the genus *Musca*, with descriptions of two new species. *Indian Journal of Medical Research*, 1: 11-25.

Patton W S, Cushing E C. 1934. Studies on the higher Diptera of medical and veterinary importance. A revision of the genera of the sub-family Calliphorinae based on a comparative study of the male and female terminalia. The genus *Lucilia* Robineau-Desvoidy. *Annals of Tropical Medicine and Parasitology*, 28 (1): 107-121.

Patton W S, Ho C. 1938. The study of the male and female terminalia of the genus *Sarcophaga* with illustrations of the terminalia of the *haemorrhoidalis* group. *Annals of Tropical Medicine and Parasitology*, 32: 141-157.

Patton W S, Senior-White R. 1924. The Oriental species of the genus *Musca* Linnaeus. *Records of the Indian Museum*, 26: 553-577.

Peck L V. 1969. Some new species of hover-flies (Diptera, Syrphidae) from Tian-Shan. *Entomologicheskoe Obozrenie*, 48: 201-210.

Peck L V. 1971. A description of new and little-known flies of the genera *Cheilosia*, *Eristalis* and *Eumerus* (Diptera, Syrphidae) from Kirghizia. *Entomologicheskoe Obozrenie*, 50 (3): 695-705.

Peck L V. 1974. New species of hover-flies (Diptera, Syrphidae) from the Palaearctic. *Entomologicheskoe Obozrenie*, 53 (3): 903-915.

Peck L V. 1985. New data on the nomenclature and synonymy of the Palaearctic hoverflies (Diptera, Syrphidae). *Entomologicheskoe Obozrenie*, 64: 396-397.

Peck L V. 1988a. Family Syrphidae-Conopidae. *In*: Soós Á, Papp L. 1988. *Catalogue of Palaearctic Diptera*. Vol. 8. Amsterdam & Budapest: Elsevier Science Publishers and Akadémiai Kiadó: 1-363.

Peck L V. 1988b. Family Psilidae. *In*: Soós A, Papp L. 1988. *Catalogue of Palaearctic Diptera*. Vol. 9. Amsterdam & Budapest: Elsevier Science Publishers & Akademiai Kiado: 28-36.

Peng F T. 1937. On some species of *Drosophila* from China. *Annotationes Zoologicae Japonenses*, 16: 20-27.

Peris S V. 1951. Descripciones preliminaries de nuevos Rhiniini (Diptera, Calliphoridae). *Eos*, 27: 237-247.

Peris S V. 1952a. La subfamilia Rhiniinae (Diptera, Calliphoridae). *Anales de la Estacion Experimental de Aula Dei*, 3 (1): 1-224.

Peris S V. 1952b. Notas sobre Rhiniini con descripcion de nuevas formas. *Anales de la Estacion Experimental de Aula Dei*, 3 (2): 224-233.

Peris S V. 1956. Nuevas notas sobre Rhiniini con descripción de formas nuevas (Diptera, Calliphoridae). *Eos*, 32: 231-254.

Peris S V. 1992. A preliminary key to the world genera of Luciliini (Diptera, Calliphoridae). *Boletín de la Real Sociedad Española de Historia Natural* (*Sección Biológica*), 88 (1-4): 73-78.

Peris S V, González-Mora D. 1989 About *Calliphora* and its allies (Diptera). *Eos*, 65 (2): 165-201.

Perkins F A. 1937. Studies in Australian and Oriental Trypaneidae. Part I. New genera of Dacinae. *Proceedings of the Royal Society of Queensland. Brisbane*, 48 (9): 51-60.

Perkins F A. 1938. Studies in Oriental and Australian Trypaneidae. Part 2. Adraminae and Dacinae from India, Ceylon, Malaya, Sumatra, Java, Borneo, Philippine Islands and Formosa of China. *Proceedings of the Royal Society of Queensland. Brisbane*, 49 (11): 120-144.

Perkins F A. 1939. Studies in Oriental and Australian Trypetidae. Part 3. Adraminae and Dacinae from New Guinea, Celebes, Aru Islands and Pacific islands. *Papers. University of Queensland. Department of Biology*, 1 (10): 1-34, pl. 1.

Perkins R C L. 1905. Leaf-hoppers and their natural enemies (Pt. IV. Pipunculidae). *Bulletin Division of Entomology Hawaiian Sugar Planters Association Experiment Station*, 1: 123-155.

Perris É. 1839. Notice sur quelques Diptères nouveaux. *Annales de la Société Entomologique de France*, 8: 47-57.

Perris É. 1852. Seconde excursion dans les Grandes-Landes, lettre adressée à M. Mulsant, par M. Édouard Perris. *Annales de la Société Linnéenne de Lyon*, [1850-1852]: 145-216.

Perris É. 1870. Histoire des Insectes du pin maritime. Dipteres. *Annales de la Société Entomologique de France*, (4) 10: 135-168, 169-232, 321-366, pls. 1-5.

Perris É. 1876. Nouvelles promenades entomologiques. *Annales de la Société Entomologique de France*, (5) 6: 171-244.

Persson P I, Pont A C, Michelsen V. 1984. Notes on the Insect Collection of Charles De Geer, with a revision of his species of Fanniidae, Anthomyiidae and Muscidae (Diptera). *Entomologica Scandinavica*, 15: 89-95.

Petch C E, Maltais J B. 1932. A preliminary list of the insects of the Province of Quebec. Part II, Diptera, by A. F. Winn and G. Beaulieu. Revised and supplemented. *Annual Report of the Quebec Society for the Protection of Plants*, 23. 24 (Sup. To 24): 1-100.

Peus F. 1937. Zwei bisher unbekannte Arten der Stechfliegengattung Haphospatha Enderlein aus Mitteleuropa (Diptera, Stomoxydidae). *Zeitschrift für Angewandte Entomologie*, 24: 150-154.

Peus F. 1960. Zur Kenntnis der ornithoparasitischen Phormiinen (Diptera, Calliphoridae). *Deutsche Entomologische Zeitschrift* (*N.*

F.), 7: 193-235.

Philippi R A. 1865. Aufzahlung der chilenischen Dipteren. *Abhandlungen der [K.-K. (= Kaiserlich-Königlichen)] Zoologisch-Botanischen Gesellschaft in Wien*, 15: 595-782, pls. 1-7.

Phillips V T. 1923. A revision of the Trypetidae of northeastern America. *Journal of the New York Entomological Society*, 31: 119-155.

Picard F. 1908. Description de deux nouveaux *Stomoxys* du Bengale (Diptera). *Bulletin de la Société Entomologique de France*, 1908: 20-21.

Pillers M C, Evans A M. 1926. A new larva of *Oestrus* (*Gastrophilus*) from Zebra. *Annals of Tropical Medicine and Parasitology*, 20: 263-266.

Pleske T. 1926. Revue des espèces paléarctiques des Oestrides *et* catalogue raisonné de leur collection au Musée Zoologique de l'Académie des Sciences. *Annuaire du Musée Zoologique de l'Académic des Sciences de Russie*, (1925) 26 (3-4): 215-230.

Poda von N N. 1761. *Insecta musei Graecensis, quae in ordines, genera et species juxta Systema Naturae Caroli Linnaei digessit*. Widmanstadii, Graecii [=Graz]: 1-127 + [xii], pls. 1-2.

Pokorny E. 1886. Vier neue österreichische Dipteren. *Wiener Entomologische Zeitung*, 5: 191-196.

Pokorny E. 1887. Beitrag zur Dipterenfauna Tirols. *Verhandlungen der [K.-K. (= Kaiserlich-Könighchen)] Zoologisch-Botanischen Gesellschaft in Wien*, 37: 381-420.

Pokorny E. 1889. (IV.) Beitrag zur Dipterenfauna Tirols. *Verhandlungen der [K.-K. (= Kaiserlich-Königlichen)] Zoologisch-Botanischen Gesellschaft in Wien*, 39: 543-574.

Pokorny E. 1893a. V. (III.) Beitrag zur Dipterenfauna Tirols. *Verhandlungen der [K.-K. (= Kaiserlich-Königlichen)] Zoologisch-Botanischen Gesellschaft in Wien*, 43: 1-19.

Pokorny E. 1893c. Eine alte und einige neue Gattungen der Anthomyiden. *Wiener Entomologische Zeitung*, 12: 53-64.

Pokorny E. 1893b. Bemerkungen und Zusa tze zu Prof. G. Strobl's "Die Anthomyinen Steiermarks". *Verhandlungen der [K.-K. (= Kaiserlich-Königlichen)] Zoologisch-Botanischen Gesellschaft in Wien*, 43: 526-544.

Pomini F P. 1940. Contributi alla conoscenza delle *Drosophila* (Diptera Acalyptera) Europe. I. Descrizione di alcune specie riferibili al gruppo *obscura*. *Bolletino dell'Istituto di Entomologica dell; Universita degli Studi di Bologna*, 12: 145-164.

Pont A C. 1964. The *mollissima* subgroup of *Fannia* Desvoidy, with the description of a new species from Burma and a revised key to species (Diptera: Muscidae). *Annals and Magazine of Natural History*, (13) 7: 757-767.

Pont A C. 1965a. A new British species of *Fannia* (Diptera, Muscidae). *Entomologist's Monthly Magazine*, 100: 234-237.

Pont A C. 1965b. The *Mollissima* subgroup of *Fannia* Desvoidy, with the description of a new species from Burma and a revised key to species (Diptera: Muscidae). *Annals and Magazine of Natural History*, (13) 7: 757-767.

Pont A C. 1968a. A new Japanese species of *Atherigona* Rondani (Diptera: Muscidae), reared from sugar-cane. *Bulletin of Entomological Research*, 58: 201-204.

Pont A C. 1968b. Noona Dan Papers No. 60. Some Muscidae (Diptera) from the Philippine Islands and the Bismarck Archipelago. 2. Philippine Muscidae excluding the tribes Muscini, Dichaetomyiini and Coenosiini. *Entomologiske Meddelelser*, 36: 171-190.

Pont A C. 1970. A new species of *Fannia* Robineau-Desvoidy from the Alps (Ins., Diptera, Muscidae). *Bericht des Naturhistorischen Vereins in Augsburg Innsbruck*, 58: 343-346.

Pont A C. 1972a. Family Muscidae. *In*: Papavero N. 1972. *A Catalogue of the Diptera of the Americas South of the United States*, 97. São Paulo: Museu de Zoologia, Universidade de São Paulo: 1-111.

Pont A C. 1972b. Himalayan Muscidae (Diptera). 1. Three new species of Muscini. *Erbegn. Forsch Unternehmens Nepal Himalaya*, 4 (2): 323-332.

Pont A C. 1973a. Studies on Australian Muscidae (Diptera). IV. A revision of the subfamilies Muscinae and Stomoxyinae. *Australian Journal of Zoology, Supplement Series*, 21: 129-296.

Pont A C. 1973b. Studies on Australian Muscidae (Diptera). V. Muscidae and Anthomyiidae from Lord Howe Island and Norfolk Island. *Journal of the Australian Entomological Society*, 12: 175-194.

Pont A C. 1974. Family Anthomyiidae. *In*: Papavero N. 1974. *A Catalogue of the Diptera of the Americas South of the United States*. Brazil: Museu de Zoologia, Universidade de Sao Paulo: 1-21.

Pont A C. 1975. Himalayan Muscidae (Diptera). 2. New species of Hydrotaeini. Opuscula *Zoologica*, 139: 1-13.

Pont A C. 1977a. A revision of Australian Fanniidae (Diptera: Calyptrata). *Australia Journal Zoology Supplement Series Melbourne*, 51: 1-60.

Pont A C. 1977b. Family Fanniidae. *In*: Delfinado M D, Hardy D E. 1977. *A Catalogue of the Diptera of the Oriental Region*. Vol. 3. *Suborder Cyclorrhapha* (*excluding Division Aschiza*). Honolulu: University Press of Hawaii: 447-523.

Pont A C. 1980a. Family Anthomyiidae. *In*: Crosskey R W. 1980. *Catalogue Diptera of Afrotropical Region*. London: British Museum (Natural History): 715-718.

Pont A C. 1980b. Family Fanniidae. *In*: Crosskey R W. 1980. *Catalog of the Diptera of the Afrotropical Region*. London: British

Museum (Natural History): 719-761.

Pont A C. 1981a. Himalayan Muscidae. III. The genus *Pogonomyia* Rondani (Diptera). *Spixiana*, 4 (2): 121-142.

Pont A C. 1981b. Some new Oriental shoot-flies (Diptera: Muscidae, genus *Atherigona*) of actual or suspected economic importance. *Bulletin of Entomological Research*, 71: 371-393.

Pont A C. 1981c. The Linnaean species of the Families Fanniidae, Anthomyiidae and Muscidae (Insecta: Diptera). *Biological Journal of the Linnean Society*, 15: 165-175.

Pont A C. 1982. The Muscoidae described by Moses Harris (Diptera: Fanniidae, Scathophagidae, Anthomyiidae, Muscidae). *Steenstrupia*, 8 (2): 25-46.

Pont A C. 1983. Notes on two Palaearctic species of *Fannia* Robineau-Desvoidy (Diptera, Fanniidae). *Entomologist's Monthly Magazine*, 119: 111-115.

Pont A C. 1984a. A revision of the Fanniidae and Muscidae (Diptera) described by Fallén. *Entomologica Scandinavica*, 15: 277-297.

Pont A C. 1984b. The Fanniidae, Anthomyiidae and Muscidae (Diptera) described by R. H. Meade. *Entomologist's Monthly Magazine*, 120: 7-20.

Pont A C. 1986a. Family Muscidae. *In*: Soós Á, Papp L. 1986. *Catalogue of Palaearctic Diptera*, 11. *Scathophagidae-Hypodermatidae*. Budapest: Akadémiai Kiadó: 41-215.

Pont A C. 1986b. Studies on Australian Muscidae (Diptera). VII. The genus *Atherigona* Rondani. *Australian Journal of Zoology*, *Supplement Series*, 120: 1-90.

Pont A C. 1989. Family Muscidae, Fanniidae. *In*: Evenhuis N L. 1989. *Catalog of the Diptera of the Australasian and Oceanian Regions. Special Publications of the Bernice Pauahi Bishop Museum*. Honolulu and E. J. Brill, Leiden: Bishop Museum Press: 675-701.

Pont A C. 2000. A. 13. Family Fanniidae. *In*: Papp L, Darvas B. 2000. *Contributions to a Manual of Palaearctic Diptera* (*with special reference to flies of economic importance*). Budapest: Science Herald: 447-454.

Pont A C. 2001. Four replacment names in the tribe Coenosiini (Diptera, Muscidae, Coenosiinae). *Studia Dipterologica*, 8 (1): 266.

Pont A C. 2002. The Fanniidae (Diptera) described by J. W. Zetterstedt. *Insect Systematics and Evolution*, 33: 103-112.

Pont A C, Meier R. 2002. The Sepsidae (Diptera) of Europe. *Fauna Entomologica Scandinavica*, 37: 1-221.

Pont A C, Michelsen V. 1982. The Muscoidea described by Moses Harris (Diptera: Fanniidae, Scathophagidae, Anthomyiidae, Muscidae). *Steenstrupia*, 8: 25-46.

Pont A C, Shinonaga S. 1970. A new genus of Muscidae from Palaearctic East Asia (Diptera, Muscidae). *The Japan Society of Medical Entomology and Zoology*, 21 (4): 193-199.

Pont A C, Werner D, Kachvoryan E A. 2005. A preliminary list of the Fanniidae and Muscidae (Diptera) of Armenia. *Zoology in the Middle East*, 36: 73-86.

Pont A C, Xue W Q. 2007. The publication date of "*Flies of China*". *Studia Dipterologica*, 14 (1): 159-160.

Popova A A, Elberg K J. 1970. Specific composition of the genus *Lasiomma* (Diptera: Anthomyidae) pests of larch seeds and cones from the Baikal territory. *Entomologicheskoe Obozrenie*, 49 (3): 555-562.

Porter C E. 1927. Cambino de nombre generico en la Fam. Sirfidos. *Revista Chilena de Historia Natural*, 31: 96.

Portschinsky J A. 1873a. A monograph of the species of the genus *Mesembrina* that are found in the Russian Empire. *Trudy Russkago Entomologicheskago Obshchestva. St. Petersburg*, 7: 55-60.

Portschinsky J A. 1873b. Deux diptères nouveaux de la perse septentrionale. *Horae Societatis Entomologicae Rossicae*, 9: 292-293.

Portschinsky J A. 1877. Materialy dlya istorii Rossii I Kavkaza. Shmeleobraznye dvukrylye. *Trudy Russkago Entomologicheskago Obshchestva*, 10 (2, 3-4): 102-198.

Portschinsky J A. 1879. Diptera nova rossica *et* sibirica. *Horae Societatis Entomologicae Rossicae*, 1 5: 157-158.

Portschinsky J A. 1881a. Diptera europaea *et* asiatica nova aut minus cognita. Pars I. *Horae Societatis Entomologicae Rossicae*, 16: 136-145.

Portschinsky J A. 1881b. Diptera europaea *et* asiatica nova aut minus cognita. Pars II. *Horae Societatis Entomologicae Rossicae*, 16: 257-284.

Portschinsky J A. 1882. Diptera europaea *et* asiatica nova aut minus cognita. (Cum notis biologicis.) Pars III. *Horae Societatis Entomologicae Rossicae*, 17: 3-12.

Portschinsky J A. 1884a. On the Wohlfahrt's fly (*Sarcophila wohlfahrti*), which live in larval state at body of man and animals. *Horae Societatis Entomologicae Rossicae*, 18: 247-314.

Portschinsky J A. 1884b. Diptera europaea *et* asiatica nova aut minus cognita. (Cum notis biologicis.). IV. *Horae Societatis Entomologicae Rossicae*, 18: 122-134.

Portschinsky J A. 1886. Diptera europaea *et* asiatica nova aut minus cognita (Cum notis biologicis). V. *Horae Societatis Entomologicae Rossicae*, 21: 3-20, pl. 1.

Portschinsky J A. 1887a. Diptera europaea *et* asiatica nova aut minus cognita. VI. *Horae Societatis Entomologicae Rossicae*, 21: 176-200.

Portschinsky J A. 1887b. Neue und wenig bekannte Dipteren (nebst biologischen Anmerkungen). V. *Horae Societatis Entomologicae Rossicae*, 21: 3-20.

Portschinsky J A. 1892. Diptera europaea *et* asiatica nova aut minus cognita. VII. *Horae Societatis Entomologicae Rossicae*, 26: 201-227.

Portschinsky J A. 1901. Über neue Bremsen aus der Gattung *Microcephalus* in der Sammlung des Zoologischen Museums der Kaiserlichen Akademie der Wissenschaften. *Annuaire du Musée Zoologique de l'Académic des Sciences de Russie*, 6: 413-424.

Portschinsky J A. 1902. Über Dasselfliegen aus der Gattung *Oestromyia* und über Dasselfliegenlarven aus der Haut der Saiga- und Dscheiran-Antilopen. *Annuaire du Musée Zoologique de l'Académic des Sciences de Russie*, 7: 205-222.

Portschinsky J A. 1910. Recherches biologiques sur le *Stomoxys calcitrans* L. *et* biologie comparée des mouches coprophagues. *Trudy Byuro po Entomologii Uchenago Komite*, (8) 8 (2): 1-63 and 1-90.

Portschinsky J A. 1916. *Wohlfahrtia magnifica* Schin. and allied Russian species. The biology of this fly and its importance to man and domestic animals. *Traveaux du Bureau d'Entomologie*, 11 (9): 1-109.

Povolný D, Verves Y G. 1987. Revision der paläarktischen Arten der Gattung *Sarcophaga* Meigen, 1824 (Diptera, Sarcophagidae). *Acta Entomologica Museis Naturionalis Pragae*, 42: 89-147.

Prakash H S, Reddy G S. 1979. *Drosophila* fauna of *Sahyadri* Hills (Western Ghats) with description of a new species. *Proceedings of the Indian Academy of Science (B)*, 88: 65-72.

Preyssler J D E. 1791. Beschreibungen und Abbildungen derjenigen Insekten, welche in Sammlungen nicht aufzubewahren sind, dann aller, die noch ganz neu, und solcher, von denen wir noch keine oder doch sehr schlechte Abbildung besitzen. *Samml. Physik. Aufsätze J. Mayer, Dresden*, 1: 55-151.

Preyssler J D E, Lindacker J D, Hofer J K. 1793. Beobachtungen über Gegenstande der Natur auf einer Reise durch den Böhmerwald im Sommer 1791. *Samml. Physik. Aufsätze J. Mayer, Dresden*, 3: 135-378, pl. 1.

Prigent S R, Toda M J. 2006. A revision of the *Zygothrica samoaensis* species group (Diptera: Drosophilidae), with division into three species subgroups and description of five new species. *Emtomological Science*, 9: 191-215.

Qi L, Hou P, Zhang C T. 2013. The first description of the male of *Sericozenillia albipila* (Mesnil) (Diptera, Tachinidae), A newly recorded genus and species from China. *Acta Zootaxonomica Sinica*, 38 (2): 457-460. [戚俐, 侯鹏, 张春田. 2013. 中国新纪录属和种——*Sericozenillia albipila* (Mesnil) 雄体的首次记述. 动物分类学报, 38 (2): 457-460.]

Qian J Q, Fan Z D. 1981. New genus and species of calypterate flies from Xinjiang, China. *Acta Entomologica Sinica*, 24 (4): 438-448. [钱金泉, 范滋德. 1981. 新疆地区有瓣蝇类新属新种志. 昆虫学报, 24 (4): 438-448.]

Qian W P, Feng Y. 2005a. Three new species of genus *Helina* from China (Diptera: Muscidae). *Chinese Journal of Vector Biology Control*, 16 (4): 258-260. [钱薇萍, 冯炎. 2005a. 中国阳蝇属三新种 (双翅目: 蝇科). 中国媒介生物学及控制杂志, 16 (4): 258-260.]

Qian W P, Feng Y. 2005b. Three new species of genus *Myospila* (Diptera: Muscidae) from Sichuan, China. *Sichuan Journal of Zoology*, 24 (2): 125-128. [钱薇萍, 冯炎. 2005b. 中国四川省妙蝇属 (双翅目: 蝇科) 三新种. 四川动物, 24 (2): 125-128.]

Qian W P, Feng Y. 2016. Classification of *Melinda* genus (Diptera: Calliphoridae) and a new species in China. *Chinese Journal of Vector Biology and Control*, 27 (3): 290-291, 295. [钱薇萍, 冯炎. 2016. 中国蜗蝇属的分类及一新种 (双翅目: 丽蝇科). 中国媒介生物学及控制杂志, 27 (3): 290-291, 295.]

Qiao M L, Qin D Z. 2010. Description of a new species of the genus *Volucella* Geoffroy (Diptera: Syrphidae) from Henan Province. *Entomotaxonomia*, 32 (2): 139-143. [乔璐曼, 秦道正. 2010. 河南蜂蚜蝇属一新种记述 (双翅目: 食蚜蝇科). 昆虫分类学报, 32 (2): 139-143.]

Quan L J, Zhang W X. 2001. Three new species of the genus *Lordiphosa* (Diptera: Drosophilidae). *Zoological Research*, 22 (6): 478-484. [权陆军, 张文霞. 2001. 拱背果蝇属三新种记述 (双翅目: 果蝇科). 动物学研究, 22 (6): 478-484.]

Quan L J, Zhang W X. 2003. *Lordiphosa denticeps* species-group from Yunnan, China: Description of four new species, and Phenomena of geographical replacement (Diptera: Drosophilidae). *Zoological Research*, 24 (3): 227-234. [权陆军, 张文霞. 2003. 云南拱背果蝇属双齿拱背果蝇种组——四新种记述及地理替代现象 (双翅目: 果蝇科). 动物学研究, 24 (3): 227-234.]

Quo F. 1952a. On the Chinese species of the genus *Lucilia* R.-D. (Diptera, Calliphoridae). *Acta Entomologica Sinica*, 2 (2): 113-118. [郭郛. 1952a. 中国的绿蝇. 昆虫学报, 2 (2): 113-118.]

Quo F. 1952b. On the species of the genus *Sarcophaga* Meigen occurring in the Shanghai Region. *Acta Entomologica Sinica*, 2 (1): 60-86. [郭郛. 1952b. 上海麻蝇小志. 昆虫学报, 2 (1): 60-86.]

Rafinesque C S. 1815. *Analyse de la Nature ou Tableau de l'univers et des Corps Organisès*. [Privately printed], Palerm o: 1-224.

Rapp W F. 1943. Some new North American Pipunculidae (Diptera). *Entomological News*, 54: 222-224.

Rapp W F. 1946. The generic name *Pandora*. *Annals and Magazine of Natural History*, (12) 11: 499-500.

Rapp W F, Cooper J L. 1945. Prelininary catalogue of African Pipunculidae. *Annals and Magazine of Natural History*, (12) 11: 128-129.

Ratzeburg J T C. 1844. Die Forst-Insecten. *Oder Abbildung und Beschreibung der in den Wäldern Preussens und der Nachbarstaaten als Schädlich oder Nützlich Bekannt Gewordenen Insecten*. III. Theil. Berlin: 1-314.

Rayment T. 1931. The furrow-bees and a fly. *Victorian Naturalist*, 47: 184-191.

Razoumowsky G De. 1789. *Histoire naturelle du Jorat et de ses environs; et celle des trois lacs de Neufchatel, Morat et Bienne; pr'c'dees'un essai sur le climax, les productions, le commerce, les animaux de la partie du Pays de Vaud ou de la Suisse Romande, qui entre dan le plan de cet ouvrage*. Vol. 1: xvi + 1-322, pls. 1-3; Vol. 2: 1-238, pls. 1-3. Mourer, Lausanne.

Reddy G S, Krishnamurthy N B. 1968. *Drosophila rajasekari*—a new species from Mysore (India). *Proceedings of the Indian Academy of Science (B)*, 68: 202-205.

Reddy G S, Krishnamurthy N B. 1977. Systematics and distribution of *Drosophila* fauna of South India. *Journal of Mysore University*, 26B: 54-64.

Reemer M, Ståhls G. 2013. Generic revision and species classification of the Microdontinae (diptera, syrphidae). *ZooKeys*, (288): 1-213.

Reinhard H J. 1956. New Tachinidae (Diptera). *Entomological News*, 67: 121-129.

Remm E, Elberg K. 1979. Terminalia of the Lauxaniidae (Diptera) found in Estonia, Latvia and Lithuania. *Dipteroloogilisi Uurimusi*: 66-117.

Remmert H. 1955. Substratbeschaffenheit und Salzgehalt als ökologische Faktoren für Dipteren. *Zoologische Jahrbücher, Abteilung für Systematik, Ökologie und Geographie der Tiere*, (Syst.) 83: 453-474.

Reuter E. 1902. *Meromyza cerealium* n. sp. Ein neuer Getreideschadiger. *Meddelanden af Societas pro Fauna et Flora Fennica*, 28 (B): 84-91.

Richards O W. 1929. Systematic notes on the Borboridae (Diptera) with description of new species of Leptocera (Limosina). *Entomologist's Monthly Magazine*, 65: 171-176.

Richards O W. 1930. The British species of Sphaeroceridae (Borboridae, Diptera). *Proceedings of the Zoological Society of London*, 1930: 261-345.

Richards O W. 1944. *Leptocera downesi* sp. n. (Diptera, Sphaeroceridae) breeding in sprouting wheat. *Proceedings of the Royal Entomological Society of London*, (Series B) 13: 137-139.

Richards O W. 1946. On some Sphaeroceridae (Diptera) from the Island of Guam. *Proceedings of the Royal Entomological Society of London*, (Series B) 15: 129-131.

Richards O W. 1951. Brachypterous Sphaeroceridae. *British Museum (Natural History) Ruwenzori Expedition, 1934-1935*, 2 (8): 829-851.

Richards O W. 1952. Two new Austrian species of *Leptocera* Oliv. (Diptera, Sphaeroceridae). *Proceedings of the Royal Entomological Society of London*, (Series B) 21: 89-91.

Richards O W. 1964. New species of Diptera Sphaeroceridae from the Pacific Region, with notes on some other species. *Annals and Magazine of Natural History*, (1963) (13) 6: 609-619.

Richards O W. 1965. Family Sphaeroceridae. *In*: Stone A, Sabrosky C W, Wirth W W, *et al*. 1965. *A Catalog of the Diptera of America North of Mexico*. Washington: United States Department of Agriculture Handbook 276: 718-726.

Richards O W. 1973. The Sphaeroceridae (= Borboridae or Cypselidae; Diptera Cyclorrhapha) of the Australian Region. *Australian Journal of Zoology, Supplementary Series*, 22: 297-401.

Richter V A. 1970. A new and little known Tachinidae (Diptera) from the Caucasus in the collection of Zoological Institute of the Ukrainian Academy of Sciences. *Vestnik Zoologii*, 1970 (5): 54-61.

Richter V A. 1972a. New Tephritidae (Diptera) from Transbicalia and Mongolia. *Zoologičheskiī Žhurnal*, 60 (8): 1251-1254.

Richter V A. 1973. New data on the fauna of fruit flies (Diptera, Tephritidae) of Transbaicalia and Mongolia. *Entomologicheskoe Obozrenie*, 52: 463-465.

Richter V A. 1972b. On the fauna of Tachinidae (Diptera) of the Mongolian People's Republic. *Nasekomye Mongolii [Insects of Mongolia]*, 1: 937-968.

Richter V A. 1974. Some tachinids from Mongolian People's Republic. *Nasekomye Mongolii [Insects of Mongolia]*, 2: 396-425.

Richter V A. 1975a. Contribution to the fauna of tachinids (Diptera, Tachinidae) of the Mongolian People's Republic and southern Siberia. *Nasekomye Mongolii [Insects of Mongolia]*, 3: 628-654.

Richter V A. 1975b. On the fauna of fruit-flies (Diptera, Tephritidae) of the Mongolian People's Republic. I. *Nasekomye Mongolii [Insects of Mongolia]*, 3 (1): 582-602.

Richter V A. 1976a. The tachinids (Diptera, Tachinidae) of the Mongolian People's Republic. *Nasekomye Mongolii* [*Insects of Mongolia*], 4: 529-595.

Richter V A. 1976b. Zoogeographical features of the fauna of tachinids (Diptera, Tachinidae) of Mongolia. *Entomologicheskoe Obozrenie*, 55: 319-331.

Richter V A. 1979a. A new species of the genus *Linnaemyia* Rob.-Desv. (Diptera, Tachinidae) from the Chuya steppe. *Trudy Vsesoyuznogo Entomologicheskogo Obshchestva* [*Horae Societatis Entomologicae Unionis Soveticae*], 61: 217-220.

Richter V A. 1979b. The types of tachinids (Diptera, Tachinidae) described by I. A. Portschinsky in collection of Zoological Institute of Academy of Sciences of the USSR. *Entomologicheskoe Obozrenie*, 58: 898-900.

Richter V A. 1980. Tachinids (Diptera, Tachinidae) of the Chita Region. *Nasekomye Mongolii* [also as *Insects of Mongolia*], 7: 518-552.

Richter V A. 1981. New and little known species of tachinids (Diptera, Tachinidae) of the USSR fauna. *Entomologicheskoe Obozrenie*, 60: 917-932.

Richter V A. 1986. On the fauna of tachinids (Diptera, Tachinidae) of the Far East. *Trudy Zoologicheskogo Instituta Akademii Nauk SSSR* [*Proceedings of the Zoological Institute of the USSR Academy of Sciences, Leningrad*], 146: 87-116.

Richter V A. 1988. New Palearctic genera and species of tachinids (Diptera, Tachinidae). *Systematika Nasekomikh i Kleshchei*, 70: 202-212.

Richter V A. 1993. New and Little-known Tachinidae (Diptera) from Transbaikalia and the Far East. *Entomologicheskoye Obozreniye*, 72 (2): 422-440.

Richter V A. 2004a. Fam. Tachinidae—tachinids. *In*: Sidorenko V S. 2004. *Key to the Insects of Russian Far East*. Vol. VI. Diptera and Siphonaptera. Part 3. Dal'nauka, Vladivostok: 148-398.

Richter V A. 2004b. Systematic and faunistic notes on tachinids of the Far East of Russia (Diptera: Tachinidae). *Zoosystematica Rossica*, (2003) 12: 276.

Richter V A. 2004c. The tachinid *Riedelia bicolor* Mesnil new to the fauna of Japan (Diptera: Tachinidae). *Zoosystematica Rossica*, (2003) 12: 270.

Richter V A. 2007. On the type locality of *Tachina zaqu* Chao *et* Arnaud (Diptera: Tachinidae). *Zoosystematica Rossica*, 16: 280.

Richter V A. 2008a. On the tachinid fauna (Diptera, Tachinidae) of the southeast of European Russia. *Entomologicheskoe Obozrenie*, (2007) 86: 905-917.

Richter V A. 2008b. On the type specimens of two specimens of *Gymnosoma* Meigen, 1803 described by B.B. Rohdendorf in the collection of the Zoological Institute, St. Petersburg (Diptera: Tachinidae). *Zoosystematica Rossica*, 17: 109-110.

Richter V A, Kandybina M N. 1981. A new genus and three new species of Tephritidae (Diptera) from the Far East. *Trudy Zoologicheskogo Instituta Leningrad*, 92: 128-135.

Richter V A, Kandybina M N. 1985. Review of Fruit Flies of the Genus *Trypeta* (Diptera, Tephritidae) of the Fauna of the USSR. *Vestnik Zoologii*, (1985) 1: 19-30.

Riley C V. 1884. The Cabbage Oscinis. *Annual Report of the United States Department of Agriculture*, 1884: 322.

Ringdahl O. 1913. Eine neue Anthomyid aus Schweden. *Entomologisk Tidskrift*, 34: 56-58.

Ringdahl O. 1916. Einige neue Anthomyiden aus Schweden. *Entomologisk Tidskrift*, 37: 233-239.

Ringdahl O. 1918. Neue nordische Anthomyiden. *Entomologisk Tidskrift*, 39: 148-194.

Ringdahl O. 1920. Neue skandinavische Dipteren. *Entomologisk Tidskrift*, 41 (1): 24-40.

Ringdahl O. 1922. Lispa litorea Fall, und pilosa Loew. *Entomologisk Tidskrift*, 43: 176-177.

Ringdahl O. 1924. Oversikt av de hittills I vart land funna arterna tillhorande slaktena *Mydaea* R.-D. och *Helina* R.-D. (Muscidae) (Part.). *Entomologisk Tidskrift*, 45: 39-66.

Ringdahl O. 1926. Neue nordische Musciden nebst Berichtigung und Namensänderungen. *Entomologisk Tidskrift*, 47: 101-118.

Ringdahl O. 1928. *Pseudochirosia*, eine neue Anthomyiinengattung (Type: *Chirosia fractiseta* Stein). *Entomologisk Tidskrift*, 49: 22-23.

Ringdahl O. 1929a. Bestämningstabeller tili svenska muscidsläkten. 1. avd. Muscinae. *Entomologisk Tidskrift*, 50: 8-13.

Ringdahl O. 1929b. Ubersicht der in Schweden gefundenen *Hylemyia*-Arten mit posteroventraler Apikalborste an den Hinterschienen. *Entomologisk Tidskrift*, 50: 268-273.

Ringdahl O. 1930a. Ubersicht der in Schweden gefundenen *Hylemyia*-Arten mit posteroventraler Apikalborste an den Hinterschienen. *Entomologisk Tidskrift*, 50: 169-173.

Ringdahl O. 1930b. Entomologische Ergebnisse der schwedischen Kamtchatka-Expédition 1920-1922. 30. Diptera Brachycera 3. Fam. Muscidae. *Arkiv för Zoologie*, 21A (20): 1-16.

Ringdahl O. 1931. Einige Mitteilungen uber lapplandische Dipteren. *Entomologisk Tidskrift*, Stockholm, 52: 171-174.

Ringdahl O. 1932a. Vier neue Anthomyiden. *Notulae Entomologicae*, 12: 19-20.

Ringdahl O. 1932b. Einige neue Musciden aus Schweden. *Entomologisk Tidskrift*, 53: 156-160.

Ringdahl O. 1933a. Tachiniden und Musciden aus Nordost-Grönland. *Skrifter om Svalbard og Ishavet*, 53: 15-18.

Ringdahl O. 1933b. Översikt av i Sverige funna Hylemyia-arter. *Entomologisk Tidskrift*, 54: 1-35.

Ringdahl O. 1934a. Drei neue Musciden aus Schweden. *Entomologisk Tidskrift*, 55: 6-8.

Ringdahl O. 1934b. Översikt av svensk *Fannia*-arter (Muscidae). *Entomologisk Tidskrift*, 55: 105-121.

Ringdahl O. 1934c. Bidrag till kännedomen om en del av Zetterstedts tachinid-typer (Diptera). *Entomologisk Tidskrift*, 55: 266-272.

Ringdahl O. 1934d. Einige neue Musciden. *Konowia*, 13: 97-100.

Ringdahl O. 1935. Neue fennoskandische Musciden. *Notulae Entomologicae*, 15: 26-31.

Ringdahl O. 1936. Anteckningar till svenska arter av familjen Scopeumatidae (Diptera). *Notulae Entomologicae*, 57: 158-179.

Ringdahl O. 1937. Neue schwedische Hylemyiinen. *Opuscula Entomologica*, 2: 124-129.

Ringdahl O. 1938. Översikt av svenska *Pegomyia*-arter (Diptera: Muscidae). *Entomologisk Tidskrift*, 59: 190-213.

Ringdahl O. 1939. Diptera der Fam. Muscidae, (die Gattungen Aricia and Anthomyza) von Zetterstedt in "Insecta Lapponica" und "Diptera Scandinaviae" beschrieben. *Opuscula Entomologica*, 4: 137-159.

Ringdahl O. 1942a. Neue schwedische Tachiniden-Gattungen und Arten. *Opuscula Entomologica*, 7: 62-65.

Ringdahl O. 1942b. Studier over släktet *Prosalpia* Pok. *Entomologisk Tidskrift*, 63: 134-146.

Ringdahl O. 1945a. For svenska faunan nya Diptera. *Entomologisk Tidskrift*, 66: 1-6.

Ringdahl O. 1945b. *Fannia aequilineata* sp. nov. (Diptera, Muscidae.). *Opuscula Entomologica*, 10: 145-146.

Ringdahl O. 1947. Rättelser. *Entomologisk Tidskrift*, 68: 28.

Ringdahl O. 1948a. Dipterologische Notisen 3. Bemerkungen zu schwedischen Sciomyziden. *Opuscula Entomologica*, 13 (2): 52-54.

Ringdahl O. 1948b. Neue Musciden aus den österreichischen Alpen. *Opuscula Entomologica*, 13: 163-167.

Ringdahl O. 1949. Dipterologische Notizen 5. Bemerkungen zu einigen Delia-Arten (Muscidae). *Opuscula Entomologica*, 14: 49-52.

Ringdahl O. 1951. Dipterologische Notizen 8. Neue Musciden aus Schwedisch Lappland und Jämtland. *Opuscula Entomologica*, 16: 33-36.

Ringdahl O. 1952. Uebersicht der mir bekannten skandinavischen *Pegohylemyia*-Arten (Diptera: Muscidae). *Entomologisk Tidskrift*, 73: 231-238.

Ringdahl O. 1953a. Nya fyndorter för norska Diptera. *Norsk Entomologisk Tidsskrift*, 9: 46-54.

Ringdahl O. 1953b. Zwei neue Anthomyinen aus Island (Diptera Brachycera: Muscidae). *Entomologiske Meddelelser*, 26: 462-464.

Ringdahl O. 1959. 1. Fam. Muscidae. *In*: *Svensk Insektfauna*, 11 (3): 197-334.

Roback S S. 1954. The evolution and taxonomy of the Sarcophaginae (Diptera: Sarcophagidae). *Illinois Biological Monographs*, 23 (3-4): i-v, 1-181.

Robineau-Desvoidy J B. 1830. Essai sur les Myodaires. *Mémoires Présentés par Divers Savans à l'Académie Royale des Sciences de l'Institut de France* (*Sciences Mathématiques et Physiques*), 2 (2): 1-813.

Robineau-Desvoidy J B. 1841. Notice sur le genre Fucellie, Fucellia, R.-D. *et* en particulier sur le Fucellia arenaria. *Annales de la Société Entomologique de France*, 10: 269-272.

Robineau-Desvoidy J B. 1844. Études sur les myodaires des environs de Paris. *Annales de la Société Entomologique de France*, 2 (2): 5-38.

Robineau-Desvoidy J B. 1846. Myodaires des environs de Paris. (Suite.) *Annales de la Société Entomologique de France*, 2 (4): 17-38.

Robineau-Desvoidy J B. 1847. Myodaires des environs de Paris. (Suite.) *Annales de la Société Entomologique de France*, 2 (5): 255-287.

Robineau-Desvoidy J B. 1848. Myodaires des environs de Paris. (Suite.) *Annales de la Société Entomologique de France*, 2 (5) [1847]: 591-617.

Robineau-Desvoidy J B. 1849. Myodaires des environs de Paris. (Suite.) *Annales de la Société Entomologique de France*, 2 (6) [1848]: 429-477.

Robineau-Desvoidy J B. 1850a. Mémoire sur plusieurs espèces de myodaires-entomobies. *Annales de la Société Entomologique de France*, 2 (8): 157-181.

Robineau-Desvoidy J B. 1850b. Études sur les Myodaires des environs de Paris. *Annales de la Société Entomologique de France*, 2 (8): 183-209.

Robineau-Desvoidy J B. 1851a. Myodaires des environs de Paris. (Suite.). *Annales de la Société Entomologique de France*, 2 (9): 305-321.

Robineau-Desvoidy J B. 1851b. Myodaires des environs de Paris. (Suite.). *Annales de la Société Entomologique de France*, 2 (9): 177-190.

Robineau-Desvoidy J B. 1851c. Description de plusieurs espèces de Myodaires dont les larves sont mineuses des feuilles de végétaux. *Revue et Magasin de Zoologie Pure et Appliquee*, 3 (2): 229-236.

Robineau-Desvoidy J B. 1851d. Descriptions d'Agromyzes *et* de Phytomyzes écloses chez M. le Col. Goureau. *Revue et Magasin de Zoologie Pure et Appliquée*, 3 (2): 391-405.

Robineau-Desvoidy J B. 1851e. La description d'unenouvelle espece de Myodaire. *Annales de la Societe Entomologique de France*, 9 (2): xxvi-xxvii.

Robineau-Desvoidy J B. 1853. Diptères des environs de Paris. Famille des Myopaires. *Bulletin de la Societe des Sciences Historiques et Naturelles de l'Yonne*, 7: 83-160 (Also issued separately: 1-80).

Robineau-Desvoidy J B. 1863a. Oeuvre posthume du Dr Robineau-Desvoidpubliée par les soins de sa famille, sous la direction de M. H. Monceaux, 2. *Histoire Naturelle des Diptères des Environs de Paris*, Paris, Leipzig, London: 1-920.

Robineau-Desvoidy J B. 1863b. *Histoire Naturelle des Diptères des Environs de Paris*. Tome premier. V. Masson *et* fils, Paris, F. Wagner, Leipzig, and Williams *et* Norgate, London: xvi + 1-1143.

Röder V von. 1889. *Psilopa* (*Ephygrobia*) *girschneri* n. sp. *Entomologische Nachrichten*, 15 (4): 54-56.

Röder V von. 1893. Enumeratio dipterorum, quae H. Fruhstorfer in parte meridionali insulae Ceylon legit. *Entomologische Nachrichten*, 19: 234-236.

Rodhain J, Villeneuve J. 1915. *Passeromyia*, genre nouveau des Anthomyidae (Diptera), a larve hematophage parasite des jeunes oiseaux. *Bulletin de la Société de Pathologic Exotique*, 8 (8): 591-593.

Rodrigues J P V, Pereira-Colavite A, Mello R L. 2016. Catalogue of the Teratomyzidae (Diptera, Opomyzoidea) of the World. *Zootaxa*, 4205 (3): 275-285.

Rognes K. 1982. *Fannia stigi* sp. nov. from Scandinavia (Diprera: Fanniidae). *Entomologica Scandinavica*, 13: 325-330.

Rognes K. 1985. A check-list of Norwegian blowflies (Diptera, Calliphoridae). *Fauna Norvegica*, (Ser. B) 32: 89-93.

Rognes K. 1987a. The taxonomy of the *Pollenia rudis* species-group in the Holarctic Region (Diptera: Calliphoridae). *Systematic Entomology*, 12: 475-502.

Rognes K. 1987b. A new species in the *Intermedia*-group and a new synonymy in the genus *Pollenia* Robineau-Desvoidy, 1830 (Diptera: Calliphoridae). *Systematic Entomology*, 12: 381-388.

Rognes K. 1988. The taxonomy and phylogenetic relationship of the *Pollenia semicinerea* species-group (Diptera: Calliphoridae). *Systematic Entomology*, 13: 315-345.

Rognes K. 1991a. Revision of the cluster-flies of the *Pollenia viatica* species-group (Diptera: Calliphoridae). *Systematic Entomology*, 16: 439-498.

Rognes K. 1991b. Blowflies (Diptera, Calliphoridae) of Fennoscandia and Denmark. *Fauna Entomologica Scandinavica*, 24: 1-272.

Rognes K. 1992a. Revision of the cluster-flies of the *Pollenia vagabunda* species-group (Diptera: Calliphoridae). *Entomologica Scandinavica*, 23 (1): 95-114.

Rognes K. 1992b. Revision of the cluster-flies of the *Pollenia venturii* species-group, with a cladistic analysis of Palaearctic species of *Pollenia* Robineau-Desvoidy (Diptera: Calliphoridae). *Entomologica Scandinavica*, 23 (3): 233-248.

Rognes K. 2009a. Revision of the Oriental species of the *Bengalia peuhi* species group (Diptera, Calliphoridae). *Zootaxa*, 2251: 1-76.

Rognes K. 2009b. The identity of *Pollenoides kuyanianus* Matsumura, 1916 (Diptera: Calliphoridae: Bengaliinae). *Insecta Matsumurana* (*New Series*), 65: 93-100.

Rognes K. 2010. Revision of the cluster flies of the *Pollenia haeretica* species-group (Diptera, Calliphoridae). *Zootaxa*, 2499: 39-56.

Rognes K. 2011. A review of the monophyly and composition of the Bengaliinae with the description of a new genus and species, and new evidence for the presence of Melanomyinae in the *Afrotropical* Region (Diptera, Calliphoridae). *Zootaxa*, 2964: 1-60.

Rognes K. 2015. Revision of the frog fly genus *Caiusa* Surcouf, 1920 (Diptera, Calliphoridae), with a note on the identity of *Plinthomyia emimelania* Rondani, 1875. *Zootaxa*, 3952 (1): 1-80.

Rognes K. 2016. A new species of *Pollenia* Robineau-Desvoidy, 1830 from Jordan (Diptera: Calliphoridae: Polleniinae). *Zootaxa*, 4067 (5): 569-576.

Roháček J. 1977. Revision of the *Limosina fucata* species-group, with descriptions of four new species (Diptera, Sphaeroceridae). *Acta Entomologica Bohemoslovaca*, 74: 398-418.

Roháček J. 1982a. *Leptocera* (*Opacifrons*) *digna* sp. n. (Diptera, Sphaeroceridae) from Bulgaria, with a key to Palaearctic species of the subgenus. *Acta Entomologica Bohemoslovaca*, 79: 64-72.

Roháček J. 1982b. Revision of the subgenus *Leptocera* (s. str.) of Europe (Diptera, Sphaeroceridae). *Entomologische Abhandlungen, Staatliches Museum für Tierkunde in Dresden*, 46 (1): 1-44.

Roháček J. 1982c. A monograph and re-classification of the previous genus *Limosina* Macquart (Diptera, Sphaeroceridae) of Europe. Part I. *Beiträge zur Entomologie*, 32: 195-282.

Roháček J. 1983a. Oriental species of the *Leptocera* (*Leptocera*) *nigra*-group (Diptera, Sphaeroceridae). *Acta Entomologica Bohemoslovaca*, 80: 37-148.

Roháček J. 1983b. A monograph and re-classification of the previous genus *Limosina* Macquart (Diptera, Sphaeroceridae) of Europe. Part II. *Beiträge zur Entomologie*, 33: 3-195.

Roháček J. 1985. A monograph and re-classification of the previous genus *Limosina* Macquart (Diptera, Sphaeroceridae) of Europe. Part IV. *Beiträge zur Entomologie*, 35: 101-179.

Roháček J. 1998. 3.43. Family Sphaeroceridae. *In*: Papp L, Darvas B. 1998. *Contributions to a Manual of Palaearctic Diptera*. Vol. 3. Higher Brachycera. Budapest: Science Herald: 463-496.

Roháček J. 2001. The type material of Sphaeroceridae described by J. Villeneuve with lectotype designations and nomenclatural and taxonomic notes (Diptera). *Bulletin de la Société Entomologique de France*, 105 (5) (2000): 467-478.

Roháček J. 2004a. New records of Clusiidae, Anthomyzidae and Sphaeroceridae (Diptera) from Cyprus, with distributional and taxonomic notes. *In*: Kubílk Š, Bartálk M. 2004. Dipterologica bohemoslovaca 11. *Folia Facultatis Scientiarum Naturalium Universitatis Masarykianae Brunensis*, *Biologia*, 109: 247-264.

Roháček J. 2004b. Revision of the genus *Amygdalops* Lamb, 1914 (Diptera, Anthomyzidae) of the Afrotropical Region. *African Invertebrates*, 45: 157-221.

Roháček J. 2006. A monograph of Palaearctic Anthomyzidae (Diptera) Part 1. *Časopis Slezského Zemského Muzea*, (A) 55 (Suppl. 1): 1-328.

Roháček J. 2007. The Sphaeroceridae (Diptera) of Madeira, with notes on their biogeography. *Časopis Slezského Zemského Muzea*, (A) 56: 97-122.

Roháček J. 2008. Revision of the genus *Amygdalops* Lamb, 1914 (Diptera, Anthomyzidae) of the Oriental, Australasian and Oceanian Regions. *Acta Zoologica Academiae Scientiarum Hungaricae*, 54 (4): 325-400.

Roháček J. 2010. West Palaearctic *Minilimosina* (*Svarciella*): a new species, new records, key and taxonomical notes (Diptera: Sphaeroceridae). *Časopis Slezského Zemského Muzea*, (A) 58 (2009): 97-114.

Roháček J, Florén F. 1987. A new subspecies of *Sphaerocera pseudomonilis* from Sweden (Diptera, Sphaeroceridae). *Reichenbachia*, 24: 171-177.

Roháček J, Marshall S A. 1982. A monograph of the genera *Puncticorpus* Duda, 1918 and *Nearcticorpus* gen. n. (Diptera, Sphaeroceridae). *Zoologische Jahrbücher*, *Abteilung für Systematik*, *Ökologie und Geographie der Tiere*, (Syst.) 109: 357-398.

Roháček J, Marshall S A. 1986. *The genus Trachyopella Duda* (*Diptera*, *Sphaeroceridae*) *of the Holarctic Region*. Monografie III (1985). *Museo Regionale di Scienze Naturali*, *Torino*: 1-109.

Roháček J, Marshall S A. 1988. A review of *Minilimosina* (*Svarciella*) Rohácek, with descriptions of fourteen new species (Diptera: Sphaeroceridae). *Insecta Mundi*, 2: 241-282.

Roháček J, Marshall S A. 2000. A world revision of the seaweed fly genus *Thoracochaeta* Duda (Diptera: Sphaeroceridae: Limosininae. Part 2: Palaearctic species. *Studia Dipterologica*, 7: 313-372.

Roháček J, Marshall S A, Norrbom A L, Buck M, Quiros D I, Smith I. 2001. *World Catalog of Sphaeroceridae* (*Diptera*). Slezské Zemské Museum, Opava: 1-414.

Roháček J, Papp L. 1988. A review of the genus *Paralimosina* L. Papp (Diptera, Sphaeroceridae), with descriptions of ten new species. *Annales Historico-Naturales Musei Nationalis Hungarici*, 80: 105-143.

Rohdendorf B B. 1924a. Calliphorinen-Studien I (Diptera, Tachinidae). *Entomologische Mitteilungen*, 13 (6): 281-285.

Rohdendorf B B. 1924b. Eine neue Tachiniden-Gattung aus Turkestan. *Zoologischer Anzeiger*, 58: 228-231.

Rohdendorf B B. 1925a. Miltogramminen-Studien I (Diptera, Tachinidae). *Zoologischer Anzeiger*, 62 (3-4): 80-85.

Rohdendorf B B. 1925b. Études sur les miltogrammines. II. Synopsis des apodacres palaeartiques. *Encyclopédie Entomologique* (*B II*) *Diptera*, (2): 61-72.

Rohdendorf B B. 1925c. Nouvelles espèces paláeartiques du genre *Sarcophaga* Mg., Bött. (Diptera, Tachinidae). *Russkoe Entomologicheskoe Obozrenie*, 19: 53-60.

Rohdendorf B B. 1926. A trial morphological analysis of the copulatory apparatus of Calliphorinae (Diptera, Tachinidae). *Zoologičheskiĭ Žhurnal*, 6 (1): 83-128.

Rohdendorf B B. 1927. Miltogramminen-Studien IV. *Zoologischer Anzeiger*, 71 (5-8): 157-169.

Rohdendorf B B. 1928a. Beiträge zur Kenntnis der *Salmacia*- (*Gonia*-) Gruppe. (Diptera, Tachinidae). *Zoologischer Anzeiger*, 78: 97-102.

Rohdendorf B B. 1928b. Calliphorinen-Studien II (Diptera, Tachinidae). *Entomologishe Mitteilungen*, 17: 336-338.

Rohdendorf B B. 1928c. Flies of the family Sarcophagidae parasitic on grassshoppers. *Publications of Uzbekistan Experimental Station for Plant Protection*, 14: 1-66.

Rohdendorf B B. 1928d. Sarcophaginen-Studien I. Beiträge zur Kenntnis der Gattung Blaesoxipha Löw. *Zoologischer Anzeiger*, 77 (1-2): 23-28.

Rohdendorf B B. 1930a. 64 h. Sarcophaginae. *In*: Lindner E. 1930. Die Fliegen der Paläearktischen Region. *E. Schweizerbartísche Verlagsbuchhandlung*, 11 (39): 1-48.
Rohdendorf B B. 1930b. Records of Sarcophagidae with new species. *Bulletin of Entomological Research*, 21 (3): 315-318.
Rohdendorf B B. 1931. Calliphorinen-Studien IV (Diptera). Eine neue Calliphorinengattung aus Ostsibirien. *Zoologischer Anzeiger*, 95 (5-8): 175-177.
Rohdendorf B B. 1932. The materials to the knowledge of flies parasitic on locusts. *Bulletin of Plant Protection*, 1 (3): 171-190.
Rohdendorf B B. 1934. Eine neue Trypetiden-Gattung and Art aus dem Ussuri-Gebiet. *Konowia*, 13: 94-96.
Rohdendorf B B. 1935. 64 h. Sarcophaginae. *In*: Lindner E. 1935. Die Fliegen der Paläearktischen Region. *E. Schweizerbartísche Verlagsbuchhandlung*, 11 (88): 49-128.
Rohdendorf B B. 1937. Fam. Sarcophagidae. I. Sarcophaginae. *Fauna USSR Diptera*, 19 (1): i-xv, 1-501.
Rohdendorf B B. 1938. New species of Sarcophaginae from the Sikhote-Alin State Reserve Territory, collected by K. Ya. Grunin. *Transations of Sikhote-Alin State Reservatrion*, 2: 101-110.
Rohdendorf B B. 1947. A short guide for determining the dipterous parasites of the noxious little turtle and other pentatomid bugs. *In*: Fedotov D M. 1947. [*Vrednaya Cherepashka*]. Part 2. Moscow-Leningrad: 75-88.
Rohdendorf B B. 1949. A new species of tachinid of the genus *Centeter* (Diptera, Larvivoridae)—parasite of injurious Far Eastern cockchafer. *Entomologicheskoe Obozrenie*, 30: 418-419.
Rohdendorf B B. 1950. A new pest of water-melon—the mining fly *Liriomyza citrulli* Rohdendorf, sp. n (Diptera, Agromyzidae). *Entomologicheskoe Obozrenie. St. Petersburg*, 31: 82-84.
Rohdendorf B B. 1955. The species of genus *Metopia* Mg. (Diptera, Sarcophagidae) from USSR and neighboring countries. *Entomologicheskoe Obozrenie*, 34 (2): 360-373.
Rohdendorf B B. 1956. The Palaearctic species of the genus *Wohlfahrtia* B. B. (Diptera, Sarcophagidae). *Entomologicheskoe Obozrenie*, 35 (1): 201-229.
Rohdendorf B B. 1961a. Studien über südiranischen Sarcophaginen (Diptera). *Stuttgarter Beiträge zur Naturkunde*, Ser. A, 58: 1-13.
Rohdendorf B B. 1961b. Palaarktische Arten der Gattung Rhagoletis Loew (Dipterta, Trypetidae) and verwandte Bohrfliegengattung. *Entomologicheskoe Obozrenie*, 40: 176-213.
Rohdendorf B B. 1962. Neue und wenig bekannte Calliphorinen und Sarcophaginen (Diptera, Larvaevoridae) aus Asien. *Entomologicheskoe Obozrenie*, 41 (4): 931-941.
Rohdendorf B B. 1964. Some data on grey flesh-flies from south China (Diptera, Sarcophagidae). *Entomologicheskoe Obozrenie*, 43 (1): 80-85.
Rohdendorf B B. 1965. Composition of the tribe Sarcophagini (Diptera, Sarcophagidae) of Eurasia. *Entomologicheskoe Obozrenie*, 44 (3): 676-695.
Rohdendorf B B. 1966. Diptera from Nepal. Sarcophagidae. *Bulletin of the British Museum (Natural History), Entomology*, 17 (10): 457-464.
Rohdendorf B B. 1967a. The Palaearctic species of the genus *Sphenometopa* Townsend (Diptera, Sarcophagidae). *Entomologicheskoe Obozrenie*, 46 (2): 450-467.
Rohdendorf B B. 1967b. The directions of historical development of sarcophagids (Diptera, Sarcophagidae). *Proceedings of the Paleontological Institute*, 116: 1-91.
Rohdendorf B B. 1969. New species of Sarcophaginae (Diptera, Sarcophagidae) from Asia. *Entomologicheskoe Obozrenie*, 48 (4): 943-950.
Rohdendorf B B. 1970. Sem. Sarcophagidae - sarcofagidy. *In*: Bey-Byenko G Y. 1970. *Opredelitel Nasekomyh Evropeyskoy Chasti SSSR*, 5 (2): 624-670.
Rohdendorf B B. 1971a. The Palaearctic species of the genus *Phrosinella* R.-D. (*Diptera, Sarcophagidae*). *Entomologicheskoe Obozrenie*, 50 (2): 446-453.
Rohdendorf B B. 1971b. 64 h. Sarcophaginae. *In*: Lindner E. 1971. Die Fliegen der Paläearktischen Region. *E. Schweizerbartísche Verlagsbuchhandlung*, 11 (285): 129-176.
Rohdendorf B B. 1975. 64 h. Sarcophaginae. *In*: Lindner E. 1975. Die Fliegen der Paläearktischen Region. *E. Schweizerbartísche Verlagsbuchhandlung*, 11 (311): 177-232.
Rohdendorf B B. 1978. *Dexagria* gen. n. - a new genus of Sarcophaginae (Diptera, Sarcophagidae) from Middle Asia. *Entomologicheskoe Obozrenie*, 57 (2): 416-418.
Rohdendorf B B, Verves Y G. 1977. On the fauna of Sarcophagidae (Diptera) of the Mongolian People's Republic. I. Sarcophaginae and Sarcotachininae. *Insects of Mongolia*, 5: 716-730.
Rohdendorf B B, Verves Y G. 1978. Sarcophaginae (Diptera, Sarcophagidae) from Mongolia (Ergebnisse der zoologischen Forschungen von Dr. Z. Kaszab in der Mongolei, No 434). *Annales Historico-Naturales Musei Nationalis Hungarici*, 70:

241-258.

Rohdendorf B B, Verves Y G. 1979a. New two-winged flies from subfamily Sarcophaginae of Palaearctica (Diptera, Sarcophagidae). *Entomologicheskoe Obozrenie*, 58 (1): 190-199.

Rohdendorf B B, Verves Y G. 1979b. On the fauna of Sarcophagidae (Diptera) of the Mongolian People's Republic. II. New data on Sarcophaginae. *Insects of Mongolia*, 6: 475-497.

Rohdendorf B B, Verves Y G. 1980. On the fauna of Sarcophagidae (Diptera) of the Mongolian People's Republic. III. Miltogrammatinae. *Insects of Mongolia*, 7: 445-518 .

Rohdendorf-Holmanova E B. 1959. Neue Minierfliegen aus der USSR. *Entomologicheskoe Obozrenie. St. Petersburg*, 38: 693-698.

Rohlfien K, Ewald B. 1972. Katalog der in den Sammlungen des ehemaligen Deutschen Entomologischen Institutes aufbewahrten Typen-VIII. *Beitrage zur Entomologie*, 22: 407-469.

Rohlfien K, Ewald B. 1974. Katalog der Sammlungen der ehemaligen Deutschen Entomologischen Institites aufbewahrten Typen. XI. (Diptera: Cyclorrhapha: Schizophora: Calyptratae). *Beiträge zur Entomologie*, 24 (1-4): 107-147.

Rondani C. 1840. Erster Nachtrag zu dem im Jahre 1834 bekannt gemachten Verzeichnisse in Württemberg vorkommender zweiflügliger Insekten. *Correspondenzblatt des Königlich- Württembergischen Landwirthschaftlichen Vereins*, N. Ser. 17 (1): 49-64.

Rondani C. 1843. Quattro specie di insetti ditteri proposti corne tipi di genere nuovi. Memoria sesta per servir alla ditterologia italiana. *Nuovi Annali delle Scienze Naturali*, 10 (1): 32-36, pl. 1.

Rondani C. 1844a. Proposta della formazione di un genere nuovo per due specie di insetti ditteri. Memoria nona perservir alla ditterologia italiana. *Nuovi Annali delle Scienze Naturali*, (2) 2: 193-202, pl. 2.

Rondani C. 1844b. Species Italicae Generis Callicerae ex insectis Dipteris, distinctae *et* descriptae; Fragmentum octavum ad inserviendum Dipterologiae Italicae. *Annales de la Société Entomologique de France*, (2) 2: 61-68.

Rondani C. 1844-1845. Ordinamento sistematico der generi Italiani degli insetti Ditteri. *Nuovi Annali delle Scienze Naturali*, (2) 2: 256-270, 443-459.

Rondani C. 1845a. Descrizione di due generi nuovi di insetti ditteri. Memoria duodecima per servire alla ditterologia italiana. *Nuovi Annali delle Scienze Naturali e Rendiconto dei Lavori del l'Accademia delle Scienze dell'Istituto edella Società Agragria di Bologna*, 3 (2): 25-36 + pl. 1.

Rondani C. 1845b. Species Italicae generis *Chrysotoxi* insectis Dipteris, observatae *et* distinctae. Fragmentum decimum ad inserviendum dipterologiae Italicae. *Annales de la Société Entomologique de France*, (2) 3: 193-203.

Rondani C. 1845c. Memoria undecima per servire alla ditterologia italiana. *Nuovi Annali delle Scienze Naturali*, (2) 3: 5-16.

Rondani C. 1846. Nota terza per servire alla Ditterologia ltaliana. Descrizione di una nuova specie del genere Lasiophthicus Rndn. *Ann. Accad. Aspir. Natur. Napoli*, 3 (1845-1846): 155-158.

Rondani C. 1847. Osservazioni sopra parecchie specie di esapodi di afidici e sui loro nemici [part]. *Nuovi Annali delle Scienze Naturali*, (2) 8: 337-351.

Rondani C. 1848. Esame di varie specie d'insetti ditteri brasiliani. *Studia Entomologica* (Turin), 1: 63-112.

Rondani C. 1850a Osservazioni sopra alquante specie di esapodi ditteri del Museo Torinense. *Nuovi Annali delle Scienze Naturali*, (3) 2: 165-197.

Rondani C. 1850b. Nota sexta pro dipterologia italicade nova specie generis Ceriae Fabricii. *Annales de la Société Entomologique de France*, (2) 8: 211-214.

Rondani C. 1850c. Species italicae Generis Eumeri, observatae *et* distinctae. Fragmentum decimum-sextum ad inserviendum Dipterologiae Italicae. *Annales de la Société Entomologique de France*, (2) 8: 117-130.

Rondani C. 1851. Dipterorum species aliquae in America aequatoriali collectae a Cajetano Osculati, observatae *et* distinctae novis breviter descriptis. *Nuovi Annali delle Scienze Naturali*, (3) (1850) 2: 357-372.

Rondani C. 1856. *Dipterologicae Italicae Prodromus*. Vol. I. Genera Italica ordinis Dipterorum ordinatim disposita *et* distincta *et* in familias *et* stirpes aggregata. *A. Stoschi, Parmae*: 1-226.

Rondani C. 1857a. *Dipterologicae Italicae Prodromus*. Vol. II. Species italicae ordinis Dipterorum distinctae, *et* novis vel minus cognitis descriptis. Pars prima. Oestridae: Syrpfhidae: Conopidae. A. Stocchi, Parmae [= Parma]: 1-264.

Rondani C. 1857b. *Muscaria exotica* Musei Civici Januensis. Fragmentum III. Species in Insula Bonae fortunae (Borneo), Provincia Sarawak, annis 1865-1868 lectae a March J. Doria *et* Doct. O. Beccari. *Annali del Museo Civico di Storia Naturale di Genova*, 7: 421-464.

Rondani C. 1859. *Dipterologicae Italicae Prodromus*. Vol. III. *Species Italicae ordinis dipterorum in genera characteribus definita, ordinaturium collectae, methodo analitica distinctae, et novis vel minus cognitis descriptis. Pars secunda. Muscidae Siphoninae et (partim) Tachininae*. Parmae [= Parma]: 1-243.

Rondani C. 1860. Sarcophagae Italicae observatae *et* distinctae. Commentarium XVIII pro dipterologia Italica. *Atti della Società Italiana di Scienze Naturali e del Museo Civico di Storia Naturale di Milano*, 3: 374-392.

Rondani C. 1861. *Dipterologicae Italicae Prodromus*. Vol. IV. Species Italicae Pars tertia. *Muscidae Tachininarum complementum*. A. Stocche, Parmae: 1-174.

Rondani C. 1862. *Dipterologicae Italicae Prodromus*. Vol. V. Species Italicae ordinis dipterorum in genera characteribus definita, ordinatim collectae, methodo analitica distinctae, *et* novis vel minus cognitis descriptis Pars Quarta. Muscidae. Phasiinae-Dexiinae-Muscina-Stomoxidinae. Tipographia Petri Grazioli, Parmae [= Parma]: 1-239.

Rondani C. 1863a. Dipterorum species *et* genera aliqua exotica revisa *et* annotata novis nonnulibus descriptis. *Archivio per la Zoologia, l'Anatomia e la Fisiologia*, 3: 1-99.

Rondani C. 1863b. Diptera exotica revisa *et* annotata. *Novis non nullis descriptis*. E. Soliani, Modena: 1-99, pl. 1.

Rondani C. 1865. Diptera Italica non vel minus cognita descripta vel annotata observationibus nonnullis additis. Fasc. I. Oestridae-Syrphidae-Conopidae; Fasc. II. Muscidae. *Atti della Società Italiana di Scienze Naturali e del Museo Civico di Storia Naturale di Milano*, 8: 127-146, 193-231.

Rondani C. 1866. Anthomyinae Italicae, collectae distinctae *et* in ordinem dispositae. *Atti della Società Italiana di Scienze Naturali e del Museo Civico di Storia Naturale di Milano*, 9: 68-217.

Rondani C. 1867. Scatophaginae Italicae collectae *et* in ordinem dispositae. Dipterologicae italicae Prodromi. Pars VII., Fasc. I., Dipterorum Stirps XVIII. *Atti della Società Italiana di Scienze Naturali e del Museo Civico di Storia Naturale di Milano*, 10: 85-135.

Rondani C. 1868a. Diptera aliqua in America meridionali lecta a Prof. S. Strobel annis 1966 *et* 1867. *Annuario della Societa dei Naturalisti in Modena*, 3: 24-40.

Rondani C. 1868b. Diptera Italica non vel minus cognita descripta vel annotata observationibus nonnullis additis. Fasc. III. *Atti della Società Italiana di Scienze Naturali e del Museo Civico di Storia Naturale di Milano*, 11: 21-54, 61-94.

Rondani C. 1868c. Specierum italicarum ordinis dipterorum catalogus notis geographicus auctus. *Atti della Società Italiana di Scienze Naturali e del Museo Civico di Storia Naturale di Milano*, 11: 559-603.

Rondani C. 1868d. Sciomizinae Italicae collectae, distinctae *et* in ordinem dispositae. *Atti della Società Italiana di Scienze Naturali e del Museo Civico di Storia Naturale di Milano*, 11: 199-256.

Rondani C. 1868e. *Dipterologiae Italicae Prodromus. Species italicae ordinis Dipterorum a Prof. Camillo Rondani collectae, distinctae, et in ordinem dispositae novis, vel minus cognitis descriptis, Pars sexta: Scatophaginae Sciomyzinae Ortalidinae*, 7. Parma: Stocchii: 1-60.

Rondani C. 1869. Di alcuni insetti dipteri che aiutano la fecondazione in diversi perigonii. *Archivio per la Zoologia, l'Anatomia e la Fisiologia*, (2) 1: 187-192.

Rondani C. 1870a. Sull'insetto Ugi. *Bullettino della Società Entomologica Italiana*, 2: 134-137.

Rondani C. 1870b. Ortalidinae Italicae collectae, distinctae *et* in ordinem dispositae. Diptera Ital. Prodromus, Pars VII—Fase. 4 (sect. 1). *Bollettino della Società Entomologica Italiana*, 2: 5-34, 105-133.

Rondani C. 1870c. Dipterologiae Italicae prodromus. *Genera Italica Ordinis Dipterorum Ordinatim Disposita et Distincta et in Familias et Stirpes Aggregata*, 7: 1-59.

Rondani C. 1871a. Diptera Italica non vel minus cognita descripta aut annotata. Fasc. IV. Addenda Anthomyinis Prodr. Vol. VI. *Bullettino della Società Entomologica Italiana*, 2: 317-338.

Rondani C. 1871b. Ortalidinae Italicae collectae, distinctae *et* in ordinem dispositae. Diptera Ital. Prodromus, Pars VII—Fase. 4. *Bollettino della Societa Entomologica Italiana. Florence; Genoa*, 3: 3-24, 161-188.

Rondani C. 1873. *Muscaria exotica* Musei Civici Januensis. Fragmentum I. Species aliquae in Abyssinia (Regione Bogos) lectae a Doct. O. Beccari *et* March. O. Antinori, anno 1870-71. *Annali del Museo Civico di Storia Naturale di Giacomo Doria*, 4: 282-300.

Rondani C. 1874a. Species italicae ordinis *Dipterorum* (*Muscaria* Rndn.). Stirps XXI. — Tanipezinae Rndn. Collectae *et* observatae. *Bullettino della Società Entomologica Italiana*, 6: 167-182.

Rondani C. 1874b. Species Italicae ordinis *Dipterorum* (*Muscaria* Rndn.) collectae *et* observatae. Stirps XXII. *Bullettino della Società Entomologica Italiana*. 6: 243-274.

Rondani C. 1875a. Diptera. Muscidce Diopsides. *Annales du Museum. Genov*, 7: 442-443.

Rondani C. 1875b. *Muscaria exotica* Musei Civici Januensis observata *et* distincta Fragmentum III. *Annali del Museo Civico di Storia Naturale di Genova*, 7: 421-464.

Rondani C. 1875c. Species italicae ordinis *Dipterorum* (*Muscaria* Rndn) collectae *et* observatae. Stirps XXIII. Agromyzinae. *Bullettino della Società Entomologica Italiana*, 7: 166-191.

Rondani C. 1877. *Dipterologicae Italicae Prodromus*. Vol. VI. *Species italicae ordinis Dipterorum ordinatim dispositae, methodo analitica distinctae, et novis vel minus cognitis descriptis*. Pars quinta. Stirps XVII—Anthomyinae. Parmae [= Parma]: 1-304.

Rondani C. 1878. *Muscaria exotica* musei civici Januensis observata *et* distincta. IV. Hippoboscita exotica non vel minus cognita. *Annali del Museo Civico di Storia Naturale di Giacomo Doria*, 12: 150-170.

Rondani C. 1879. *Hippoboscita italica* in familias *et* genera distributa. *Bullettino della Società Entomologica Italiana*, 11: 3-28.

Rondani C. 1880. Species italicae ordinis *Dipterorum* (*Muscaria* Rndn.) collectae *et* observatae. Stirps XXV. Copromyzinae Zett. *Bullettino della Società Entomologica Italiana*, 12: 3-45. [Also published separately: 1-45, Cenniniana, Firenze].

Roques A, Sun J H, Zhang X D, Pan Y Z, Xu Y B, Delplanque A. 1996. Cone flies, *Strobilomyia* spp. (Diptera: Anthomyiidae), attacking larch cones in China, with description of a new species. *Mitteilungen der Schweizerischen Entomologischen Gesellschaft*, 69 (3-4): 417-429.

Rossi P. 1790. *Fauna Etrusca. Sistens insecta quae in provinciis Florentia et Pisana praesertim collegit*. 2. Liburni [= Livorno], Masi: 1-348 + pls. 1-10.

Rossi P. 1794. *Mantissa insectorum exhibens species nuper in Etruria collectas a Ptro Rossio*, 2 Pisis: 1-154 + pls. 1-8.

Roubaud E. 1913. Recherches sur les Auchméromyies. Calliphorines à larves suceuses de sang de l'Afrique tropicale. *Bulletin Scientifique de la France et de la Belgique*, (Ser. 7) 47: 105-202.

Rozkošný R, Gregor F, Pont A C. 1997. The European Fanniidae (Diptera). *Acta Scientiarum Naturalium Academiae Scientiarum Bohemicae-Brno*, 31 (2): 1-80.

Rueda L M. 1985. Some Philippine blowflies (Diptera: Calliphoridae) I. Subfamily Calliphorinae. *Philippine Entomologist*, 6 (3): 307-358.

Ruricola. 1845. The potato flies. *Gardeners Chronicle*, 1845 (49): 816-817.

Rydén N S. 1944. Till kannedomen om svenska bladminerare VII. *Opuscula Entomologica*, 9: 48-50.

Rydén N S. 1951. Zur Kenntnis der schwedischen Blattminierer. XII. Über Agromyziden des Reichmuseums. *Entomologisk Tidskrift*, 72 (3-4): 168-180.

Rydén N S. 1956. Zur Kenntnis der schwedischen Minierer. XVIII. *Opuscula Entomologica*, 21: 191-200.

Sabrosky C W. 1938. Taxonomic notes on the dipterous family Chloropidae. I. *Journal of the New York Entomological Society*, 46: 417-434.

Sabrosky C W. 1940. Chloropidae (Diptera) of the Oriental Region: Notes and synonymy. *Annals and Magazine of Natural History*, (11) 6: 418-427.

Sabrosky C W. 1941. An annotated list of genotypes of the Chloropidae of the world (Diptera). *Annals of the Entomological Society of America*, 34 (4): 735-765.

Sabrosky C W. 1949. The Muscid genus *Ophyra* in the Pacific region (Diptera). *Proceedings of the Hawaiian Entomological Society*, 13: 423-432.

Sabrosky C W. 1956. Additions to the knowledge of Old World Asteiidae (Diptera). *Revue Française d'Entomologie*, 23: 216-243.

Sabrosky C W. 1958. East African Milichiidae (Diptera). (Ergebnisse der Deutschen Zoologischen Ostafrika-Expedition 1951/52, Gruppe Lindner-Stuttgart, Nr. 32). *Stuttgarter Beiträge zur Naturkunde*, 4: 1-5.

Sabrosky C W. 1964a. Additions and corrections of the world list of type-species of Chloropidae (Diptera). *Entomological News*, 75: 177-185.

Sabrosky C W. 1964b. New synonymy, generic transfers, and a new genus in Old World Chloropidae (Diptera). *Annals and Magazine of Natural History*, (13) 6: 749-752.

Sabrosky C W. 1965. Asiatic species of the genus *Stenomicra* (Diptera: Anthomyzidae). *Bulletin of the British Museum* (*Natural History*), *Entomology*, 17: 209-218.

Sabrosky C W. 1976. A new genus and two new species of Chloropidae from Hawaii (Diptera). *Pacific Insects*, 17: 91-97.

Sabrosky C W. 1977a. Family Aulacigastridae. *In*: Delfinado M D, Hardy D E. 1977. *A Catalogue of the Diptera of the Oriental Region*. Vol. 3. Honolulu: University Press of Hawaii: 230.

Sabrosky C W. 1977b. Family Chloropidae. *In*: Delfinado M D, Hardy D E. 1977. *A Catalogue of the Diptera of the Oriental Region*. Vol. 3. Honolulu: University Press of Hawaii: 277-319.

Sabrosky C W. 1977c. Family Milichiidae. *In*: Delfinado M D, Hardy D E. 1977. *A Catalogue of the Diptera of the Oriental Region*. Vol. 3. Honolulu: University Press of Hawaii: 270-274.

Sabrosky C W. 1980a. New genera and new combinations in Nearctic Chloropidae (Diptera). *Proceedings of the Entomological Society of Washington*, 82: 412-429.

Sabrosky C W. 1980b. Unexpected synonymy in Chloropidae, from the family Ephydridae (Diptera). *Australian Entomological Magazine*, 6 (6): 101-102.

Sabrosky C W. 1984. An overlooked generic name in Chloropidae (Diptera). *Proceedings of the Entomological Society of Washington*, 86 (3): 713.

Sabrosky C W. 1985. *Arcuator*, a new genus of Chloropidae (Diptera), with a key to the Afrotropical and Palaearctic species. *Annals of the Natal Museum*, 27 (1): 339-354.

Sabrosky C W, Arnaud P H. Jr. 1965. Family Tachinidae (Larvaevoridae). *In*: Stone A, Sabrosky C W, Wirth W W, *et al*. 1965. *A Catalog of the Diptera of America North of Mexico*. Washington: United States Department of Agriculture Handbook 276:

961-1108.

Sabrosky C W, Crosskey R W. 1969. The type-material of Tachinidae (Diptera) described by N. Baranov. *Bulletin of the British Museum (Natural History), Entomology*, 24: 27-63.

Sabrosky C W, Crosskey R W. 1970. The type-material of Muscidae, Calliphoridae, and Sarcophagidae described by N. Baranov (Diptera). *Proceedings of the Entomological Society of Washington*, 72 (4): 425-436.

Sack P. 1910. Neue und wenig bekannte Syrphiden des palaearktischen Faunen-gebietes. *Beil. Programm Wöhler-Realgymn. Frankfurt a. M.*, 1910: 1-42.

Sack P. 1913. H. Sauter's Formosa-Ausbeute. Syrphiden I. (Diptera). *Entomologische Mitteilungen*, 2: 1-10.

Sack P. 1922. H. Sauter's Formosa-Ausbeute: Syrphiden II (Dipteren). *Wiegmann's Archiv für Naturgeschichte* (A), 87 (11): 258-276.

Sack P. 1927. H. Sauter's Formosa-Ausbeute: Syrphiden III (Dipteren). *Stettiner Entomologische Zeitung*, 88: 305-320.

Sack P. 1928-1932. 31. Syrphidae. *In*: Lindner E. 1928-1932. Die Fliegen der Paläearktischen Region. *E. Schweizerbartische Verlagsbuchhandlung*, 4 (6): 1-48, pl. 1 (30) (1928); 49-96 (32) (1929); 97-144 (34) (1929); 145-176, pls. 2-8 (41) (1930); 177-240, pls. 9-10 (49) (1930); 241-288, pl. 11 (55) (1931); 289-336, pls. 12-14 (59) (1931); 337-384, pls. 15-16 (61) (1932); 385-451, pls. 17-18 (63) (1932).

Sack P. 1933. Syrphidae. *In*: Schwedisch-chinesische wissenschaftliche Expedition nach den nordwestlichen Provinzen Chinas, unter Leitung von Dr. Sven Hedin und Prof. Su Ping-chang. *Arkiv för Zoologie*, 26A, (1)6: 1-9.

Sack P. 1935a. *Eristalis germanica* eine neue deutsche Syrphidae. *Verhandlungen Verein für Naturwissenschafliche Heimatforschung*, 24: 160-163.

Sack P. 1935b. Syrphidae (Diptera). *In*: Visser P C, Jenny V. 1935. *Wissen-schaftliche Ergebnisse der Niederlandischen Expeditionen in den Karakorum und die Angrenzenden Gebiete* 1922, 1925 und 1929-1930. Leipzig. 1: XVIII: 1-499.

Sack P. 1937. 62a. Cordyluridae. *In*: Lindner E. 1937. Die Fliegen der Paläearktischen Region. *E. Schweizerbartische Verlagsbuchhandlung*, 7: 1-103 + pls. 1-6.

Sack P. 1938. Diptera. Von Dir. Kjell Kolthoff in China gesammelte Syrphiden. *In*: Sjostedt Y. 1938. Insekten aus China im Naturhistorischen Reichsmuseum zu Stockholm. *Arkiv för Zoologie*, 30A (3): 1-19, spec.: 3-8.

Sack P. 1939. 37. Sciomyzidae. *In*: Lindner E. 1939. Die Fliegen der Paläearktischen Region. *E. Schweizerbartische Verlagsbuchhandlung*, 5 (1): 1-87.

Sack P. 1941. Neue Syrphiden aus Mandschukuo. *Arb. Morph. Taxon. Entomologische Berichten*, 8 (3): 186-192.

Saigusa T. 1975. Family Lonchopteridae. *In*: Delfinado M D, Hardy D E. 1975. *A Catalogue of the Diptera of the Oriental Region*. Vol. 2. Honolulu: University Press of Hawaii: 259-260.

Sajjan S N, Krishnamurthy N B. 1975. Two new drosophilids from South India (Diptera: Drosophilidae). *Orental Insects*, 9: 117-119.

Salem H H. 1938a. A complete revision of the species of the genus *Wohlfahrtia* B.B. *Egyptian University, Faculty of Medicine*, 13: 1-90.

Salem H H. 1938b. The species of the genus *Agriella* Villeneuve, 1911 (Diptera, Tachinidae, Sarcophaginae). *Egyptian University. Faculty of Medicine, Publication* No 14: 1-16.

Salmon J T. 1939. A remarkable fly from an ant's nest in New Zealand (Diptera, Chloropidae). *Proceedings of the Royal Entomological Society of London*, (Series B) 8: 113-114.

Santos Abreu E. 1921. Monografia de los Phoridos de las Islas Canarias. *Memorias de la Real Academia de las Ciencias y las Artes de Barcelona*, 17 (1): 1-90.

Santos Abreu E. 1924. Monografia de los Syrphidos de las Islas Canarias. *Memorias de la Real Academia de las Ciencias y las Artes de Barcelona*, (3) 19 (1): 1-148.

Santos Abreu E. 1976. *Monografia de los Anthomyidos de las Islas Canarias (Dipteros)*. Servicio del Aula de Cultura Elias Santos Abreu, La Palma.

Sasakawa M. 1955a. Marine insects of the Tokara Islands. III. A new species of *Nocticanace* from Japan (Diptera, Canaceidae). *Publications of the Seto Marine Biological Laboratory*, 4: 367-369.

Sasakawa M. 1955b. A new species of *Melanagromyza* from Shikoku, Japan. *Transactions of the Shikoku Entomological Society, Matsuyama*, 4 (5-6): 87-89.

Sasakawa M. 1955c. New Agromyzidae from Japan. VIII. *Kontyû*, 23 (1): 16-20.

Sasakawa M. 1955d. New Agromyzidae from Japan. X. *Scientific Reports of the Saikyo University, Kyoto*, 7: 62-72.

Sasakawa M. 1956a. New Agromyzidae from Japan. XII. *Scientific Reports of the Saikyo University*, 8: 124-131.

Sasakawa M. 1956b. Agromyzidae of North-East China (Diptera). *Japanese Journal of Applied Entomology and Zoology*, 21 (1): 21-24.

Sasakawa M. 1957. Entomological results from the biological survey of the Nachi virgin forest (IV). Descriptions of two new

Phytomyza-species from Mt. Nachi, Japan (Diptera, Agromyzidae). *Akitu*, 6: 90-92.

Sasakawa M. 1958. The female terminalia of the Agromyzidae, with description of a new genus (I). *Scientific Reports of the Saikyo University*, 10: 133-150.

Sasakawa M. 1961. A study of the Japanese Agromyzidae (Diptera). *Pacific Insects*, 3 (2-3): 307-472.

Sasakawa M. 1963. Oriental Agromyzidae (Diptera) in Bishop Museum, Part 1. *Pacific Insects*, 5: 23-50.

Sasakawa M. 1963b. Some leaf-mining flies from New Caledonia (Diptera: Agromyzidae). *Pacific Insects*, 5: 417-420.

Sasakawa M. 1963c. Papuan Agromyzidae (Diptera). *Pacific Insects*, 5: 797-835.

Sasakawa M. 1966. Studies on the Oriental and Pacific Clusiidae (Diptera) Part 1. Genus *Heteromeringia* Czerny, with one new related genus. *Pacific Insects*, 8 (1): 61-100.

Sasakawa M. 1972. Formosan Agromyzidae (Diptera). *Scientific Report of the Kyoto Prefectural University*, 24: 43-82.

Sasakawa M. 1974. Oriental Tethinidae (Diptera). *Akitu*, 1: 1-6.

Sasakawa M. 1977. Family Agromyzidae. *In*: Delfinado M D, Hardy D E. 1977. *A Catalogue of the Diptera of the Oriental Region*. Vol. 3. Honolulu: University Press of Hawaii: 243-269.

Sasakawa M. 1985. Japanese Lauxaniidae (Diptera) 4. *Akitu*, 73: 1-8.

Sasakawa M. 1986a. A revision of the Japanese Tethinidae (Diptera). *Kontyû*, 54 (3): 433-441.

Sasakawa M. 1986b. Chinese Agromyzidae (Diptera) in Institute of Zoology, Academia Sinica. *Entomotaxonomia*, 8 (3): 163-171. [笹川满广. 1986b. 中国科学院动物研究所收藏的中国潜蝇（双翅目）. 昆虫分类学报, 8 (3): 163-171.]

Sasakawa M. 1987. Lauxaniidae of Thailand (Diptera). Part 1. *Akitu*, 92: 1-9.

Sasakawa M. 1991. Lauxaniidae (Diptera) of Indonesia. *Japanese Journal of Entomology*, 59 (3): 568.

Sasakawa M. 1992. Lauxaniidae (Diptera) of Malaysia (part 2): a revision of *Homoneura* van der Wulp. *Insecta Matsumurana* (*New Series*), 46: 133-210.

Sasakawa M. 1994. Note on the genus *Isoclusia* Malloch (Diptera, Lauxaniidae). *Japanese Journal of Entomology*, 62 (4): 682.

Sasakawa M. 1995. Lauxaniidae (Diptera) of Malaysia (part 3). *Insecta Matsumurana*, 52: 149-153.

Sasakawa M. 1997a. Lauxaniidae and Agromyzidae (Diptera) of the Ryukyus. *Esakia*, 37: 141-148.

Sasakawa M. 1997b. Japanese Lauxaniidae (Diptera), 5. *Nature and Human Activities*, 2: 33-34.

Sasakawa M. 1998. Oriental Lauxaniidae (Diptera). Part 1. *Scientific Reports of Kyoto Prefectural University Human Enviroment and Agriculture*, 50: 49-74.

Sasakawa M. 2001. Oriental Lauxaniidae (Diptera). Part 2. Fauna of the Lauxaniidae of Viet Nam. *Scientific Reports of Kyoto Prefectural University Human Enviroment and Agriculture*, 53: 39-94.

Sasakawa M. 2002. Oriental Lauxaniidae (Diptera). Part 3. Fauna of the Lauxaniidae in Japan (Ryukyus) and Formosa of China. *Scientific Reports of Kyoto Prefectural University Human Enviroment and Agriculture*, 54: 33-61.

Sasakawa M. 2003. Oriental Lauxaniidae (Diptera). Part 4. Fauna of the Lauxaniidae of Laos. *Scientific Reports of Kyoto Prefectural University Human Enviroment and Agriculture*, 55: 57-74.

Sasakawa M. 2005a. Sciomyzidae and Lauxaniidae (Diptera) from Rishiri Island. *Rishiri Studies*, 24: 101-102.

Sasakawa M. 2005b. Fungus gnats, lauxaniid and agromyzid flies (Diptera) of the Imperial Palace, the Akasaka Imperial Gardens and the Tokiwamatsu Imperial Villa, Tokyo. *Memoirs of the National Science Museum* (*Tokyo*), 39: 273-312.

Sasakawa M. 2006. Agromyzidae (Diptera) from Hong Kong. *Acta Entomologica Sinica*, 49 (5): 835-842. [Sasakawa M. 2006. 香港潜蝇科（双翅目）的分类研究. 昆虫学报, 49 (5): 835-842.]

Sasakawa M. 2008a. Oriental Lauxaniidae (Diptera). Part 5. Fauna of the Philippines, with descriptions of two new genera and seven new species. *Scientific Reports of Kyoto Prefectural University, Life and Environmental Sciences*, 60: 39-59.

Sasakawa M. 2008b. Agromyzidae (Insecta: Diptera) from the Alishan Mountains, Taiwan, with descriptions of five new species. *Species Diversity*, 13: 133-148.

Sasakawa M. 2009. Insects of Micronesia, Vol. 14, No. 9 (Diptera: Lauxaniidae). *Micronesica*, 41 (1): 33-57.

Sasakawa M. 2010. A review of the Oriental Japanagromyza Sasakawa (Diptera: Agromyzidae), with descriptions of four new species. *Zootaxa*, 2485: 16-32.

Sasakawa M, Fan Z D. 1985. Preliminary list of Chinese Agromyzidae (Diptera), with descriptions of four new species. *In*: Shanghai Institute of Entomology, Academia Sinica. 1985. *Contributions from Shanghai Institute of Entomology*. Vol. 5. Shanghai: Shanghai Scientific and Technical Publishers: 275-294.

Sasakawa M, Ikeuchi S. 1982. A revision of the Japanese species of *Homoneura* (*Homoneura*) (Diptera, Lauxaniidae). Part 1. *Kontyû*, 50 (3): 477-499.

Sasakawa M, Ikeuchi S. 1985. A revision of the Japanesespeciesof *Homoneura* (*Homoneura*) (Diptera, Lauxaniidae). Part 3. *Kontyû*, 53 (3): 491-502.

Sasakawa M, Kozánek M. 1995a. Lauxaniidae (Diptera) of D. P. R. Korea. Part 1. *Japanese Journal of Entomology*, 63 (1): 67-75.

Sasakawa M, Kozánek M. 1995b. Lauxaniidae (Diptera) of D. P. R. Korea. Part 2. *Japanese Journal of Entomology*, 63 (2): 323-332.

Sasakawa M, Mitsui H. 1995. New Lauxaniid and Clusiid Flies (Diptera) Captured by Bait-traps. *Japanese Journal of Entomology*, 63 (3): 515-521.

Sasaki C. 1935. On a new phorid fly infesting our edible mushroom. *Proceedings of Imperial Academy of Japan*, 11: 112-114.

Saunders W W. 1845. On the species of the genus *Ceria* Fab. *Transactions of the Royal Entomological Society of London*, 4: 63-66.

Say T. 1823. Descriptions of dipterous insects of the United States. *Journal of the Academy of Natural Sciences of Philadelphia*, 3: 9-64, 73-104.

Say T. 1824. *American entomology, or descriptions of the insects of North America*. Vol. 1. Philadelphia: 1-101, pls. 1-18.

Say T. 1828. *American entomology, or descriptions of the insects of North America. Philadelphia*, 3: 1-136 unnumbered, pls. 37-54.

Schacht W, Kurina O, Merz B, Gaimari S. 2004. Zweiflugler aus Bayern XXIII (Diptera: Lauxaniidae, Chamaemyiidae). *Zeitschrift für Entomologie*, 25: 41-80.

Schaefer P W, Shima H. 1981. Tachinidae parasitic on the Lymantriidae in Japan. *Kontyû*, 49: 367-384.

Schat P. 1903. Verdere Mededeeiingen over "Surra". *Meded. Proefstn Oost-Java*, (3) 44: 1-19. [This paper contains the description of a new species by de Meijere].

Schiner I R. 1857. Diptera Austriaca. Aufzählung aller im Kaiserthum Oesterreich bisher aufgefundenen Zweiflügler. III. Die österreichischen Syrphiden. *Verhandlungen der [K.-K. (= Kaiserlich-Königlichen)] Zoologisch-Botanischen Gesellschaft in Wien*, 7: 279-506.

Schiner I R. 1860. Vorlaufiger Commentar zum dipterologischen Theile der "Fauna Austriaca", mit einer naheren Begrundung der in derselbenaufgenommenen neuen Dipteren-Gattungen. II. *Wiener Entomologische Monatschrift*, 4: 208-216.

Schiner I R. 1861a. *Fauna Austriaca*. Die Fliegen (Diptera). Nach der analytischen Methode bearbeitet, mit der Charakteristik sämmtlicher europäischer Gattungen, der Beschreibung aller in Deutschland vorkommenden Arten und der Aufzählung aller bisher beschriebenen europäischen Arten. Theil I. Heft 6/7. C. Wien: Gerold's Sohn: 441-656.

Schiner I R. 1861b. Vorläufiger Commentar zum dipterologischen Theile der "Fauna austriaca". III. *Wiener Entomologische Monatschrift*, 5 (5): 137-144, 250-255.

Schiner I R. 1862a. *Fauna Austriaca. Die Fliegen* (*Diptera*) I. Theil. *Wien. Druck und Verlag von Carl Gerold's Solm*: 185-368.

Schiner I R. 1862b. *Fauna Austriaca. Die Fliegen* (*Diptera*). Nach der analytischen Methode bearbeitet, mit der Charakteristik sämmtlicher europäischer Gattungen, der Beschreibung aller in Deutschland vorkommenden Arten und der Aufzählung aller bisher beschriebenen europäischen Arten. Wien [= Vienna], 1: 1-674.

Schiner I R. 1862c. Vorläufiger Commentar zum dipterologischen Theile der "Fauna austriaca", mit einer näheren Begründung der in derselben auf genommenen neuen Dipteren-Gattungen. V [part]. *Wiener Entomologische Monatschrift*, 6 (12): 428-436.

Schiner I R. 1862d. Vorläufiger Commentar zum dipterologischen Theile der "Fauna Austriaca", mit einer näheren Begründung der in der selben aufgenommenen neuen Dipteren-Gattungen. IV. *Wiener Entomologische Monatschrift*, 6: 143-152.

Schiner I R. 1864a. *Catalogus systematicus dipterorum Europae*. Societatis Zoologico-Botanicae, Vindobonae [= Vienna]: i-xii + 1-115.

Schiner I R. 1864b. *Fauna Austriaca*. Theil II. Heft, 13/14: 481-658.

Schiner I R. 1865. Dipterologische Miscellen. *Verhandlungen der [K.-K. (= Kaiserlich-Könighchen)] Zoologisch-Botanischen Gesellschaft in Wien*, 15: 989-1000.

Schiner I R. 1868. Diptera. (Article 1). 2 (1B). *In*: Wüllerstorf-Urbair B von. 1868. *Reise der Österreichischen Fregatte Novara um die Erde in den Jahren 1857, 1858, 1859 unter den Befehlen des Commodore B. von Wüllerstorf-Urbair*. Wien: Zoologischer Theil, Karl Gerold's Sohn: 1-388.

Schiner I R. 1872. Miscellen. Ueber massenhaftes Auftreten einer Chlorops-Art. *Verhandlungen der [K.-K. (= Kaiserlich-Königlichen)] Zoologisch-Botanischen Gesellschaft in Wien*, 22: 61-73.

Schirmer K. 1913. Zwei neue Dipteren aus dem Norden und Suden Europas. *Wiener Entomologische Zeitung*, 32 (7-9): 221-222.

Schirmer K. 1918. Drei interessante Formen markischer Insekten. *Deutsche Entomologische Zeitschrift*, 1918: 137-138.

Schmitz H. 1912. *Chonocephlalus fletcheri*, nov. sp. Phoridarum. *Zoologischer Anzeiger*, 39: 727-729.

Schmitz H. 1913. Eine neue termitophile Phoriden-Gattung und -Art, *Bolsiusia temitophila*, n. g. n. sp. aus Ostindien. *Zoologischer Anzeiger*, 42: 268-273.

Schmitz H. 1918. Die Phoriden von Holländisch Limburg. Mit Bestimmungstabellen aller bisher kenntlich beschriebenen europäischen Phoriden. I and II. *Jaarboek van het Natuurhistorisch Genootschap in Limburg*, 1917: 79-150.

Schmitz H. 1919. Neue europäische *Aphiochaeta*-Arten. II. *Entomologische Bericheten*, 5: 110-119.

Schmitz H. 1920. Die Phoriden von Holländisch Limburg. IV. *Jaarboek van het Natuurhistorisch Genootschap in Limburg*, 1919: 91-154.

Schmitz H. 1922. Über das Vorkommen von Kreuzborsten reihen bei Phoriden. *Schriften der Physikalisch-Ökonomischen*

Gesellschaft zu Königsberg, 63: 130-131.

Schmitz H. 1925a. Sumatranische Insekten. Phoriden. *Entomologische Mitteilungen*, 14: 58-62.

Schmitz H. 1925b. *Trophithauma* eine neue Phoriden-gattung aus Costa Rica und den Philippinen. *Natuurhistorisch Maandblad*, 12: 40.

Schmitz H. 1926a. H. Sauter's Formosa-Ausbeute: Phoridae (Diptera). *Entomologische Mitteilungen*, 15 (1): 47-57.

Schmitz H. 1926b. Neue Gattungen and Arten europäischer Phoridae. *Encyclopédie Entomologique*, (*B II*) *Diptera*, (1925) 2: 73-75.

Schmitz H. 1927a. Klassification der Phoriden und Gattungsschlüssel. *Natuurhistorisch Maandblad*, 16: 9-12, 19-28.

Schmitz H. 1927b. Revision der Phoridengattungen, mit Beschreibung neuer Gattungen und Arten. *Natuurhistorisch Maandblad*, 16: 30-40, 45-50, 59-65, 72-79, 92-100, 100-116, 128-132, 142-148, 164, 176.

Schmitz H. 1927c. Die palaearktischen Arten der Gattung *Phora* Latreille. Bestimmungsschluessel und neue Arten. *Konowia*, 6: 144-160.

Schmitz H. 1927d. Ein endlich geloestes Raetsel: Acht *Diploneura*—Arten statt einer. *Wiener Entomologische Zeitung*, 44: 66-73.

Schmitz H. 1929. *Revision der Phoriden*. Berlin und Bonn, F. Duenunler: 1-211.

Schmitz H. 1931. Neue termitophile Dipteren won Buitenzorg, Java. *Natuurhistorisch Maandblad*, 20: 176.

Schmitz H. 1933. Schwedisch-chinesische wissenschaftliche Expedition nach den nordwestlichen Provinzen Chinas, Insekten. Diptera 8. Phoridae. *Arkiv för Zoologie*, 27B (2): 1-5.

Schmitz H. 1935. Neue europaeische Phoriden. *Brotéria*, 31: 5-16.

Schmitz H. 1936. Nieuw overzicht van het system der Termitoxeniidae. *Natuurhistorisch Maandblad*, 25: 38-40.

Schmitz H. 1938a. Drei neue, aus toten Schnecken gezüchtete japanische Phoridae. *Natuurhistorisch Maandblad*, 27: 80-83.

Schmitz H. 1938b. *Megaselia laticosta* n. sp. *Arbeiten über Morphologische und Taxonomische Entomologie*, 5: 292-293.

Schmitz H. 1940. Eine Neue Ostasiatiche *Spiniphora* (Diptera: Phoridae). *Natuurhistorisch Maandblad*, 29: 78-79.

Schmitz H. 1953. Phoridae. *In*: Lindner E. 1953. Die Fliegen der Paläearktischen Region. *E. Schweizerbartische Verlagsbuchhandlung*, 171: 273-320.

Schnabl J. 1877. *Microcephalus*, nov. gen. Oestridarum. *Deutsche Entomologische Zeitschrift*, 21 (1): 49-55.

Schnabl J. 1880. *Helophilus henricii* nov. sp. *Wiadomości z Nauk Przyrodzonych*, 1: 13-17.

Schnabl J. 1881a. *Lipoptena cervi* var. *alcis*. *Deutsche Entomologische Zeitschrift*, 26 (2): 13.

Schnabl J. 1881b. *Lipoptena cervi* var. *alcis*. *Pamietnik Fizyjograficzny*, 1: 390.

Schnabl J. 1887. Contributions á la faune diptérologique. Genre Aricia. (Horae ?) Florae. *Trudy Russkago Entomologicheskago Obshchestva*, 20 (1886): 271-440.

Schnabl J. 1888a. Contributions à la faune diptérologique. Additions aux descriptions précédentes des Aricia *et* descriptions des espèces nouvelles. *Trudy Russkago Entomologicheskago Obshchestva*, 22: 378-486.

Schnabl J. 1888b. Hera, nov. gen. *Anthomyidarum*, (Hpa, Mutter der Gracien). [Aricia, pt. auctt. Yetodesia, pt. auctt. Hyetodesia, pt. auctt. Lasiops, pt. Mg. Trichophthicus, pt. Mydaea, pt.] *Entomologische Nachrichten*, 14: 113-120.

Schnabl J. 1889a. Addition à mes travaux sur le genre Aricia s. lat. *Trudy Russkago Entomologicheskago Obshchestva*, 24: 263-277.

Schnabl J. 1889b. Contributions à la faune diptérologique. *Trudy Russkago Entomologicheskago Obshchestva*, 23: 313-347.

Schnabl J. 1902a. Eine neue Gattung der *Muscaria schizometopa* (Diptera). *Russkoe Entomologicheskoe Obozrenie*, 2: 79-83.

Schnabl J. 1902b. *Limnospila*, nov. gen. Anthomyidarum. *Wiener Entomologische Zeitung*, 21: 111-114.

Schnabl J. 1911a. Dipterologische Sammelreise nach Korsika. (Diptera) Ausgeführt im Mai und Juni 1907 von Th. Becker, A. Kuntze, J. Schnabl und E. [sie] Villeneuve. (1. Fortsetzung.) Anthomyidae. *Deutsche Entomologische Zeitschrift*, 1911: 62-100.

Schnabl J. 1911b. New genera and species in Schnabl & Dziedzicki. Die Anthomyiden. *Nova Acta Academiae Caesareae Leopoldino-Carolinae Germanicae Naturae Curiosorum*, 95 (2): 53-358.

Schnabl J. 1915. Anthomyidae. *In*: Becker T, Dziedzicki H, Schnabl J, Villeneuve J. 1915. Resultats scientifiques de l'expedition des freres Kuznecov (Kouznetzov) a l'Oural arctique en 1909, sous la direction de H. Backlund. Livr. 7. (Diptera), *Zapiski Imperatorskoi Akademii Nauk po Fiziko-Matematicheskomu Otdeleniyu*, (VIII), 28 (7): 2-51.

Schnabl J. 1926. Dipteren von W. W. Sowinsky an den Ufern des Baikal-Sees im Jahre 1902 gesammelt. *Entomologische Mitteilungen*, 15: 33-46.

Schnabl J, Dziedzicki H. 1911. Die Anthomyiden. *Nova Acta Academiae Caesareae Leopoldino-Carolinae Germanicae Naturae Curiosorum*, 95 (2): 53-358.

Schrank F von P. 1776. *Beitrage zür Naturgeschichte*. Augsburg: 1-140.

Schrank F von P. 1781. *Enumeratio Insectorvm Austriae Indigenorum*. xxiv + 548 + [4] pp., pls. 1-4. Eberhardi Klett *et* Franck, Augustae Vindelicorum [= Augsburg]: i-xxiv + 1-548 + [4], pls. 1-4.

Schrank F von P. 1795. *Naturhistorische und ökonomische Briefe über das Donaumoor*. Mannheim: viii + 1-211 + [4], pls.

Schrank F von P. 1803. *Fauna Boica. Durchgedachte Geschichte der in Baiern einheimischen und zahmen Thiere*. Vol. 3, Pt. 1. Krull, Landshut: i-viii + 1-272.

Schroeder G. 1913. Spilographa spinifrons, eine neue Trypetide aus dem Riesengebirge. *Stettiner Entomologische Zeitung*, 74: 177-179.

Schumann H. 1964. Revision der Gattung *Onesia* Robineau-Desvoidy, 1830 (Diptera: Calliphoridae). *Beiträge zur Entomologie*, 14 (7-8): 915-938.

Schumann H. 1971. Die Gattung *Lucilia* (Goldfliegen). Merckblätter über Angewandte Parasitenkunde und Schädlingsbekämpfung. 18. *Angewandte Parasitologie*, Suppl. 12: 1-20.

Schumann H. 1973. Revision der palaearktischen *Melinda*-Arten (Diptera, Calliphoridae). *Deutsche Entomologische Zeitschrift* (*N. F.*), 20 (4-5): 293-314.

Schumann H. 1974a. Bemerkungen zum Status der Gattungen *Onesia*, *Melinda* and *Bellardia* (Diptera, Calliphoridae). *Mitteilungen aus dem Zoologischen Museum in Berlin*, 49 [1973]: 333-344.

Schumann H. 1974b. Revision der palaearktischen *Bellardia*-Arten (Diptera, Calliphoridae). *Deutsche Entomologische Zeitschrift* (*N. F.*), 21 (4-5): 231-299.

Schumann H. 1986. Family Calliphoridae. *In*: Soós Á, Papp L. 1986. *Catalogue of Palaearctic Diptera*. Vol. 12. Calliphoridae-Sarcophagidae. Budapest: Academy Press: 11-58.

Schumann H, Ozerov A L. 1992. Zum systematischen Status von *Abago rohdendorfi* Grunin, 1966 (Diptera: Calliphoridae). *Deutsche Entomologische Zeitschrift* (*N. F.*), 39: 403-408.

Schummel T E. 1834. Eine neue Gattung *Bildendes* Zweiflugler = *Insect*. *Isis* (*Oken's*), 7: 739-740.

Schummel T E. 1836. Ueber die Gattung *Syrphus* und vier neue Arten derselben. *Uebersicht der Arbeiten und Veranderungen der Schlesischen Gesellschaft für Vaterlandische Kultur*, 1836: 84-85.

Schummel T E. 1841-42. Verzeichniss und Beschreibung der bis jetzt in Schlesien gefangenen Zweiflugler der Syrphen Familie. *Uebersicht der Arbeiten und Veranderungen der Schlesischen Gesellschaft für Vaterlandische Kultur*, 1841: 112-126, 163-170; 1842: 15-22.

Schummel T E. 1844. Aus dem Gesenke gefundenen Insekten. *Uebersicht der Arbeiten und Veranderungen der Schlesischen Gesellschaft für Vaterlandische Kultur*, 1843: 184-193.

Schuurmans Stekhoven J H. 1951. Algunas especies del genero "Basilia" Ribeiro y creacion del Nuevo genero "Guimraesia". *Acta Zoologica Lilloana*, 12: 101-115.

Schwab K C. 1840. *Die Oestraciden-Bremsen-der Pferde*, *Rinder u. Schaafe*. FS Hübschmann, München: 1-83.

Schwendinger P J, Pape T. 2000. *Metopia sinensis* (Diptera, Sarcophagidae), an unusual predator of *Liphistius* (Araneae, Mesothelae) in northern Thailand. *Journal of Arachnology*, 28: 353-356.

Scopoli J A. 1763. *Entomología carniolica exhibens insecto carnioliae indígena et distributa in ordines*, *genera*, *species*, *varietates*, *methodo Linnaeana*. Vindobonae (= Vienna): 1-420.

Scopoli J A. 1772. Annus quintus historico-naturalis. Sumtib. Christ. Gottlob. *Hilscheri Lipsiae* (*Leipzig*), 5: 1-128.

Scott H. 1908. On certain Nycteribiidae with description of two new species from Formosa. *Transactions of the Royal Entomological Society of London*, 1908: 359-370.

Scott H. 1917. Notes on Nycteribiidae with description of two new genera. *Parasitology*, 9: 593-610.

Scott H. 1925. Zoo-geographical and systematic notes on the Nycteribiidae of India, Ceylon and Burma. *Records of the Indian Museum*, 27: 351-384.

Scott H. 1936. Descriptions and records of Nycteribiidae, with discussion of the genus *Basilia*. *Journal of the Proceedings of the Linnean Society of London Zoology*, 39: 479-505.

Scudder S H. 1882. Nomenciator Zoologicus. An alphabetical list of all generic names that have been employed by naturalists for recent and fossil animals from the earliest times to the close of the year 1879. *Bulletin of the United States National Museum*, 19 (1): XIX + 1-376.

Séguy E. 1923a. Description d'Anthomyides nouveaux (Diptères). *Annales de la Société Entomologique de France*, 91 (1922): 1-393.

Séguy E. 1923b. Diptères Anthomyides. *In*: *Faune de France*, 6: XI + 1-393.

Séguy E. 1924. Étude sur les Anthomyides. Ire note. *Encyclopédie Entomologique*, (*B II*) *Diptera*, 1: 125-136.

Séguy E. 1925a. Étude sur quelques muscides exotiques à larves parasites. *Bulletin de la Société de Pathologie Éxotique*, 18: 732-735.

Séguy E. 1925b. Études sur quelques Calliphorines testacés rares ou peu connus. *Bulletin du Muséum National d'Histoire Naturelle*, 31: 438-441.

Séguy E. 1925c. Contribution à l'étude des Diptères Anthomyides du genre *Hylephila*. *Congr. Soc. Sav. Paris Sect. Sei.*, 1925: 473-478.

Séguy E. 1925d. Études sur les Anthomyides, 2 note. *Encyclopédie Entomologique* (*B II*) *Diptera*, 1: 159-164.

Séguy E. 1926. Études sur les Anthomyides, 5 note. *Encyclopédie Entomologique* (*B II*) *Diptera*, 3: 41-44.

Séguy E. 1928a. Études sur les mouches prasites. Tome I. Conopides, Oestrides *et* Calliphorines de l'Europe occidentale. Recherches sur la morphologie *et* la distribution géographique des diptères larves parasites. *Encyclopédie Entomologique* (*Série A*) *Diptera*, 9: 1-251.

Séguy E. 1928b. Diptères nouveaux de l'Afrique mineure. *Bulletin de la Societe Entomologique de France*, 1928: 45-46.

Séguy E. 1932a. Diptères parasites nouveaux ou peu connus de la Vallée du Loing. *Bulletin de l'Assiciation des Naturalistes de la Vallée du Loing*, 8: 22-24.

Séguy E. 1932b. Étude des mouches phytophages. *Encyclopédie Entomologique* (*B II*) *Dipterology*, 2: 151-155.

Séguy E. 1932c. Études sur les Anthomyides, 6 note. *Encyclopédie Entomologique* (*B II*) *Dipterology*, 6: 71-81.

Séguy E. 1932d. Études sur les Anthomyides. 7e note. Un Gymnodia nouveau de la Chine orientale. *Encyclopédie Entomologique* (*B II*) *Dipterology*, 6: 81-82.

Séguy E. 1932e. Un Drosophile commensal d'un Cercopide de Madagascar. *Encyclopédie Entomologique* (*B II*) *Dipterology*, 6: 93-94.

Séguy E. 1934a. Diptères de Chine de la collection de M. J. Hervé-Bazin. *Encyclopédie Entomologique*, Série B. *Mémoires et Notes. II. Diptera*, 7 [1933]: 1-28.

Séguy E. 1934b. Contribution à l'étude des mouches européennes du genre *Lucilia* R.-D. *Annales de la Société Zoologique*, 17 (10): 283-288.

Séguy E. 1934c. 28. Diptères (Brachycères) (Muscidae Acalypterae *et* Scatophagidae). *In Fauna de France*, Paris. 28: IV + 1-832.

Séguy E. 1935a. Étude sur quelques diptères nouveaux de la Chine orientale. *Notes d'Entomologique Chinoise*, 2 (9): 175-184.

Séguy E. 1935b. Caractères particuliers des Calliphorines. *Encyclopédie Entomologique*, Série B. *Mémoires et Notes. II. Diptera*, 8: 121-150.

Séguy E. 1935c. Étude sur les Stomoxydines *et* particulierement des mouches charbonneuses du genre *Stomoxys*. *Encyclopédie Entomologique* (*B II*) *Dipterology*, 8: 15-58.

Séguy E. 1936. Un nouveau Fucellinae asiatique (Diptera, Muscidae). *Bulletin de la Societe Entomologique de France*, 41: 281-282.

Séguy E. 1937. *Diptera. Fam. Muscidae Genera Insectorum*. Brussels, 205: 1-604.

Séguy E. 1938a. Notes sur les Anthomyiides (Muscidae), 12e note. *Encyclopédie Entomologique* (*B II*) *Dipterology*, 9: 109-120.

Séguy E. 1938b. Synopsis des pupipares de groupe de l'Ornithomyia biloba (Dufour) Bequaert. *Encyclopédie Entomologique* (*B II*) *Diptera*, 9: 75-78.

Séguy E. 1938c. Un nouveau Chloropide tonkinois. *Encyclopédie Entomologique* (*B II*) *Diptera*, 9: 102.

Séguy E. 1938d. Diptera I. Nematocera *et* Brachycera. Mission scientifique de l'Omo. 4 (Zool.). *Mémoires du Muséum National d'Histoire Naturelle Paris*, (N. S.), 8: 319-380.

Séguy E. 1940. Récoltes entomologiques de M. L. Berland à Villa Cisneros (Rio de Oro). Insectes Diptères. *Bulletin du Muséum National d'Histoire Naturelle Paris*, (2) 12: 340-343.

Séguy E. 1941a. Récoltes de R. Paulian *et* A. Villiers dans le haut Atlas Marocain, 1938 (xviie note). Diptères. *Revue Française d'Entomologie*, 8: 25-35.

Séguy E. 1941b. Études sur les mouches parasites. Tome 2. Calliphorines (suite), sarcophagines *et* rhinophorides de l'Europe occidentale *et* meridionale. Recherches sur la morphologie *et* la distribution géographique des Diptères à larves parasites. *Encyclopédie Entomologique* (*Série A*), 21: 1-436.

Séguy E. 1944. Diptères nouveaux ou peu connus de la Faune de France. *Bulletin de la Societe Entomologique de France*, 49: 13-15 .

Séguy E. 1946a. Calliphorides d'Extrême-Orient. *Encyclopédie Entomologique*, Série B. *Mémoires et Notes. II. Diptera*, 10: 81-90.

Séguy E. 1946b. Mission de M. Risbec en Afrique occidentale. *Encyclopédie Entomologique* (*B II*) *Diptera*, 10: 9-14.

Séguy E. 1948a. Dipteres nouveaux ou peu connus d'extreme-Orient. *Notes d'Entomologie Chinoise*, 12 (14): 153-172.

Séguy E. 1948b. Trois diptères nouveaux d'Asie orientale. *Notes d'Entomologie Chinoise*, 12: 143-147.

Séguy E. 1949. Les calliphorides thélychaetiformes du Muséum de Paris. *Revista Brasiliera de Biologia*, 9 (2): 115-142.

Séguy E. 1950. Un Muscide nouveau pour la faune française (Diptera). *Bulletin de la Société Entomologique de France*, Paris, 55: 120-121.

Séguy E. 1951a. Trois nouveaux Syrphides de Madagascar (Diptera). *Revue Française d'Entomologie*, 18: 14-18.

Séguy E. 1951b. Diptéres mineurs de Madagascar. *Mémoires de l'Institut Scientifique de Madagascar. Tananarive* (*A*), 5: 309-321.

Séguy E. 1962. Deux Myodaires nouveaux de Chine (Insectes Diptères). *Bulletin du Muséum National d'Histoire Naturelle Paris*, (2) 34 (6): 453-458.

Semenov A P. 1902a. Generica quaedam nomina mutanda vel emendanda. *Entomologicheskoe Obozrenie*, 2 (6): 353.

Semenov A P. 1902b. Diptera. Review of J. Portschinsky, On the new Oestrids of the genus Microcephalus in the collections of the Zool. Mus. of the Imperial Acad. of Sciences. *Entomologicheskoe Obozrenie*, 2 (1): 51-53.

Senior-White R A. 1923a. Notes on Indian Diptera. *Memoirs of the Department of Agriculture in India* (*Entomological Serie*), 7: 1-169.

Senior-White R A. 1923b. The Muscidae Testaceae of the Oriental Region (with descriptions of those found within Indian limits). *Spolia Zeylanica*, 12: 294-313.

Senior-White R A. 1924a. A revision of the sub-family Sarcophaginae in the Oriental Region. *Records of the Indian Museum*, 26 (3): 193-283.

Senior-White R A. 1924b. New and little known Oriental Tachinidae. *Spolia Zeylanica*, 13 (1): 103-119.

Senior-White R A. 1924c. New Ceylon Diptera. Part III. *Spolia Zeylanica*, 12: 375-406.

Senior-White R A. 1925a. A revision of the subfamily Rhiniinae in the Oriental Region. *Records of the Indian Museum*, 27: 81-96.

Senior-White R A. 1925b. A revision of the sub-family Calliphorinae in the Oriental Region. *Records of the Indian Museum*, 28: 127-140.

Senior-White R A. 1927. Notes on the Oriental species of the genus *Sarcophaga*. *Spolia Zeylanica*, 14 (1): 77-83.

Senior-White R A, Aubertin D, Smart J. 1940. Diptera. Family Calliphoridae. *The Fauna of British India, Including the Remainder of the Oriental Region*, 6. London: Taylor *et* Francis, Ltd.: i-xiii + 1-288.

Shanghai Institute of Entomology Academia Sinica. 1993. *Catalogue of the Specimens in the Insect Collection of the Shanghai Institute of Entomology Academia Sinica*. Shanghai: Shanghai Scientific and Technological Literature Press: 11 + 99. [中国科学院上海昆虫研究所. 1993. 中国科学院上海昆虫研究所馆藏标本名录. 上海: 上海科学技术文献出版社: 11 + 99.]

Shannon R C. 1916. Appendix. Systematic and synonymic notes. *In*: Banks N, Greene C T, McAtee W L, Shannon R C. 1916. District of Columbia Diptera: Syrphidae. *Proceedings of the Biological Society of Washington*, 29: 173-203.

Shannon R C. 1921. A reclassification of the subfamilies and genera of the North American Syphidae [cont]. *Bulletin of the Brooklyn Entomological Society*, 16: 65-72.

Shannon R C. 1922a. A reclassification of the subfamilies and genera of North American Syrphidae (Diptera). [concl.] *Bulletin of the Brooklyn Entomological Society*, 17: 30-42, pl. 2.

Shannon R C. 1922b. A reclassification of the subfamilies and genera of the North American Syrphidae. *Bulletin of the Brooklyn Entomological Society*, (1921) 16: 120-128.

Shannon R C. 1922c. Revision of the Chilosini (Diptera, Syrphidae). *Insecutor Inscitiae Menstruus*, 10: 117-145.

Shannon R C. 1924. Nearctic Calliphoridae, Luciliini (Diptera). *Insecutor Inscitiae Menstruus*, 12: 67-81.

Shannon R C. 1925. The syrphid-flies of the subfamily Ceriodinae in the U.S. National Museum collection. *Insecutor Inscitiae Menstruus*, 13: 48-52, 53-65.

Shannon R C. 1926a. Review of the American xylotine syrphid-flies. *Proceedings of the United States National Museum*, 69 (9): 1-52.

Shannon R C. 1926b. The chrysotoxine syrphid-flies. *Proceedings of the United States National Museum*, 69 (11): 1-20.

Shannon R C. 1927a. A review of the South American two-winged flies of the family Syrphidae. *Proceedings of the United States National Museum*, 70 (9) [= No. 2658]: 1-34.

Shannon R C. 1927b. Notes on and descriptions of syrphid flies of the subfamily Cerioidinae. *Journal of the Washington Academy of Sciences*, 17: 38-53.

Shao Z F, Li T, Jiang J J, Lu J M, Chen H W. 2014. Molecular phylogenetic analysis of the *Amiota taurusata* species group (Diptera, Drosophilidae) in China, with descriptions of two new species. *Journal of Insect Science*, 14 (33): 1-13.

Shatalkin A I. 1975. Taxonomic analysis of the family Syrphidae (Diptera). II. *Entomologicheskoe Obozrenie*, 54: 899-909.

Shatalkin A I. 1986. Review of the East Palaearctic flies of *Psila* Meigen. (Diptera, Psilidae), with the key of the Palaearctic species. *Trudy Zoologicheskogo Instituta*, 146: 23-43, 117-118.

Shatalkin A I. 1993a. New and little-known Palaearctic Diptera of the families Platypezidae, Psilidae, and Lauxaniidae. *Russian Entomological Journal*, 1 (2): 59-74.

Shatalkin A I. 1993b. New species of Lauxaniidae (Diptera). *Russian Entomological Journal*, 2 (3-4): 105-118.

Shatalkin A I. 1995. Palaearctic Species of *Homoneura* (Diptera: Lauxaniidae). *Zoologičheskiĭ Žhurnal*, 74 (11): 54-67.

Shatalkin A I. 1996. Addition to the Acalyptrata fauna of Russia: Families Psilidae and Lauxaniidae (Diptera). *Zoologičheskiĭ Žhurnal*, 75 (6): 880-885.

Shatalkin A I. 1998a. Asian species of *Loxocera* Meigen (Diptera: Psilidae). *Russian Entomological Journal*, 6 (3-4): 87-97.

Shatalkin A I. 1998b. Review of the Asian species of *Chyliza* Fallén (Diptera, Psilidae). *Russian Entomological Journal*, 6 (1-2): 89-111.

Shatalkin A I. 1998c. New species of Lauxaniidae (Diptera) from Japan and China. *Russian Entomological Journal*, 7 (1-2): 59-62.

Shatalkin A I. 1998d. New and little-known Lauxaniidae (Diptera) from Asia. *Russian Entomological Journal*, 7 (3-4): 209-218.

Shatalkin A I. 2000a. Keys to the Palaearctic flies of the family Lauxaniidae (Diptera). *Zoologicheskie Issledovania*, 5: 1-102.

Shatalkin A I. 2000b. New Oriental and Palaearctic species of *Psila* Meigen, 1803 (Diptera: Psilidae). *Russian Entomological Journal*, 9 (2): 157-160.

She C R. 1989. Records of Syrphid from Fujian Province (Diptera: Syrphidae). *Journal of Fujian Agricultural College*, 18 (3): 330-335. [佘春仁. 1989. 福建省食蚜蝇种类调查 (双翅目: 食蚜蝇科). 福建农学院学报, 18 (3): 330-335.]

She J J, Lu W, Gao H, Li D B, Sun Y X. 2012. Research on population and distribution of three medical insects in Yulin urban area of Shaanxi province. *Chinese Journal of Vector Biology and Control*, 23 (1): 57-60. [佘建军, 吕文, 高鸿, 李东波, 孙养信. 2012. 陕西省榆林市城区 3 种病媒昆虫种群及分布研究. 中国媒介生物学及控制杂志, 23 (1): 57-60.]

Shen J J, Liu G C. 2009. A new species of genus *Dohrniphora* (Diptera: Phoridae) from China. *Acta Zootaxonomica Sinica*, 34 (4): 801-803. [沈佼佼, 刘广纯. 2009. 中国栓蚤蝇属 (双翅目, 蚤蝇科) 一新种. 动物分类学报, 34 (4): 801-803.]

Shewell G E. 1977. Family Lauxaniidae. *In*: Delfinado M D, Hardy D E. 1977. *A Catalogue of the Diptera of the Oriental Region*. Vol. 3. Honolulu: University Press of Hawaii: 182-214.

Shewell G E. 1986. New American genera of Lauxaniidae, based on species of earlier authors, and a note on *Lyciella rorida* (Fallén) in North America (Diptera). *Canadian Entomologist*, 118 (6): 537-547.

Shi L, Gaimari S D, Yang D. 2012. Notes on the *Homoneura* subgenera *Euhomoneura*, *Homoneura* and *Minettioides* from China (Diptera: Lauxaniidae). *Zootaxa*, 3238: 1-22.

Shi L, Gaimari S D, Yang D. 2013a. Four new species of *Noeetomima* Enderlein (Diptera: Lauxaniidae), with a key to world species. *Zootaxa*, 3746 (2): 338-356.

Shi L, Gaimari S D, Yang D. 2013b. Revision of *Sciasmomyia* Hendel (Diptera: Lauxaniidae), with eight new species. *Zootaxa*, 3691 (4): 401-435.

Shi L, Gaimari S D, Yang D. 2015. Five new species of subgenus *Plesiominettia* (Diptera, Lauxaniidae, *Minettia*) in southern China, with a key to known species. *ZooKeys*, 520: 61-86.

Shi L, Jin C Y, Gao X F. 2015. First report of *Ophiomyia lantanae* (Froggatt) (Diptera: Agromyzidae) on the Chinese mainland, with a checklist of known species of *Ophiomyia* in China. *Entomotaxonomia*, 37 (1): 59-71. [史丽, 金春燕, 高雪峰. 2015. 马缨丹蛇潜蝇在中国大陆首报及中国蛇潜蝇属分布名录(双翅目: 潜叶蝇科). 昆虫分类学报, 37 (1): 59-71.]

Shi L, Li W L, Wang J C, Yang D. 2016. Diptera: Lauxaniidae. *In*: Yang D, Wu H, Zhang J H, Yao G. 2016. *Fauna of Tianmu Mountain, Vol. 9. Hexapoda: Diptera (II)*. Hangzhou: Zhejiang University Press: 82-90. [史丽, 李文亮, 王俊潮, 杨定. 2016. 双翅目: 缟蝇科//杨定, 吴鸿, 张俊华, 姚刚. 2016. 天目山动物志 (第九卷) 昆虫纲 双翅目 (II). 杭州: 浙江大学出版社: 82-90.]

Shi L, Li W L, Yang D. 2009a. Five new species of the genus *Dioides* from China (Diptera: Lauxaniidae). *Annales Zoologici*, 59 (1): 93-105.

Shi L, Li W L, Yang D. 2009b. Two new species of the genus *Phobeticomyia* from China (Diptera, Lauxaniidae). *Zootaxa*, 2009: 57-68.

Shi L, Li W L, Yang D. 2010. Dipera: Lauxaniidae. *In*: Chen X S, Li Z Z, Jin D C. 2010. *Insects from Mayanghe Landscape*. Guiyang: Guizhou Science and Technology Publishing House: 386-390. [史丽, 李文亮, 杨定. 2010. 双翅目: 缟蝇科//陈祥盛, 李子忠, 金道超. 2010. 麻阳河景观昆虫. 贵阳: 贵州科技出版社: 386-390.]

Shi L, Li W L, Yang D. 2012. Note on seventeen species from China of the genus *Sapromyza*, with description of two new species (Diptera, Lauxaniidae). *Acta Zootaxonomica Sinica*, 37 (1): 185-198. [史丽, 李文亮, 杨定. 2012. 中国缟蝇亚科双鬃缟蝇属分类研究 (双翅目, 缟蝇科). 动物分类学报, 37 (1): 185-198.]

Shi L, Wang J C, Yang D. 2011a. Nine new species from China of the subgenera *Chaetohomoneura* and *Neohomoneura* in the genus *Homoneura* (Diptera, Lauxaniidae). *Zootaxa*, 2975: 1-28.

Shi L, Wang J C, Yang D. 2011b. Six Homonymous species of three genera—*Homoneura*, *Minettia* and *Sapromyza* (Diptera, Lauxaniidae). *Acta Zootaxonomica Sinica*, 36 (1): 80-83. [史丽, 王俊潮, 杨定. 2011b. 同脉缟蝇属、黑缟蝇属和双鬃缟蝇属六种的异物同名修订(双翅目, 缟蝇科). 动物分类学报, 36 (1): 80-83.]

Shi L, Wu Z Y, Yang D. 2009c. The Genus *Pachycerina* Macquart, 1835 from China (Diptera, Lauxaniidae). *Annuals Zoologici*, 59 (4): 503-509.

Shi L, Yang D. 2008. Species of the subgenus *Neohomoneura* van der Wulp from Hainan in China (Diptera, Lauxaniidae). *Zootaxa*, 1793 (13): 28-46.

Shi L, Yang D. 2009a. Two new species of the genus *Noonamyia* from Hainan in China (Diptera, Lauxaniidae). *Zootaxa*, 2014: 34-40.

Shi L, Yang D. 2009b. Species of the genus *Prosopophorella* from China (Diptera, Lauxaniidae). *Annuals Zoologici*, 59 (2): 159-164.

Shi L, Yang D. 2009c. Notes on species groups of subgenus *Homoneura* from China with descriptions of two new species (Diptera, Lauxaniidae). *Acta Zootaxonomica Sinica*, 34 (3): 462-471. [史丽, 杨定. 2009c. 中国同脉缟蝇亚属种团划分及二新种记述 (双翅目, 缟蝇科). 动物分类学报, 34 (3): 462-471.]

Shi L, Yang D. 2009d. Notes on the *Homoneura* (*Homoneura*) *beckeri* group from the Oriental Region, with descriptions of ten new species from China (Diptera: Lauxaniidae). *Zootaxa*, 2325: 1-28.

Shi L, Yang D. 2014a. Three new species of subgenus *Frendelia* (Diptera: Lauxaniidae: *Minettia*) in southern China, with a key to known species worldwide. *Florida Entomologist*, 97 (4): 1511-1528.

Shi L, Yang D. 2014b. Five new species of *Minettia* (*Minettiella*) (Diptera, Lauxaniidae) from China. *ZooKeys*, 449: 81-103.

Shi L, Yang D. 2014c. Supplements to species groups of the subgenus *Homoneura* in China (Diptera: Lauxaniidae: *Homoneura*), with descriptions of twenty new species. *Zootaxa*, 3890 (1): 1-117.

Shi L, Yang D. 2015. Two new species of the genus *Luzonomyza* from China (Diptera, Lauxaniidae). *Zootaxa*, 3964 (1): 87-94.

Shi L, Yang D, Gaimari S D. 2009. Species of the genus *Cestrotus* Loew from China (Diptera, Lauxaniidae). *Zootaxa*, 2009: 41-68.

Shi L, Yang D, Gaimari S D. 2011. Four new species from China and Southeast Asia (Diptera, Lauxaniidae, Homoneurinae). *Revue Suisse de Zoologie*, 118 (4): 667-693.

Shi Y S. 1991. Notes on *Spiniabdomina* gen. nov. and a new species of *Lixophaga* Townsend of the tribe Blodellini (Diptera: Tachinidae) from China. *Entomotaxonomia*, 13 (2): 127-132. [史永善. 1991. 中国卷蛾寄蝇族新属新种记述 (双翅目: 寄蝇科). 昆虫分类学报, 13 (2): 127-132.]

Shi Y S. 1993. Tachnidae. *In*: Fan D. 1993. *Fauna of Shandong Forest Insect*. Beijing: China Forestry Publishing House: 512-524. [史永善. 1993. 寄蝇科//范迪. 1993. 山东林木昆虫志. 北京: 中国林业出版社: 512-524.]

Shi Y S. 1994a. A new species of the genus *Celyphus* (Diptera: Celyphidae). *Wuyi Science Journal*, 11: 106-107. [史永善. 1994a. 甲蝇属一新种 (双翅目: 甲蝇科). 武夷科学, 11: 106-107.]

Shi Y S. 1994b. A new species of the genus *Apyrgota* (Diptera: Pyrgotidat). *Wuyi Science Journal*, 11: 108-109. [史永善. 1994b. 蜣蝇属一新种 (双翅目: 蜣蝇科). 武夷科学, 11: 108-109.]

Shi Y S. 1995. Diptera: Tachinidae. *In*: Wu H. 1995. *Insects of Baishanzu Mountain, Eastern China*. Beijing: China Forestry Publishing House: 537-538. [史永善. 1995. 双翅目: 寄蝇科//吴鸿. 1995. 华东百山祖昆虫. 北京: 中国林业出版社: 537-538.]

Shi Y S. 1998a. Diptera: Conopidae. *In*: Xue W Q, Chao C M. 1998. *Flies of China*. Vol. 1. Shenyang: Liaoning Science and Technology Publishing House: 596-620. [史永善. 1998a. 双翅目: 蜣蝇科//薛万琦, 赵建铭. 1998. 中国蝇类 (上册). 沈阳: 辽宁科学技术出版社: 596-620.]

Shi Y S. 1998b. Diptera: Celyphidae. *In*: Xue W Q, Chao C M. 1998. *Flies of China*. Vol. 1. Shenyang: Liaoning Science and Technology Publishing House: 234-261. [史永善. 1998b. 双翅目: 甲蝇科//薛万琦, 赵建铭. 1998. 中国蝇类 (上册). 沈阳: 辽宁科学技术出版社: 234-261.]

Shi Y S. 1998c. Pyrgotidae. *In*: Xue W Q, Chao C M. 1998. *Flies of China*. Vol. 1. Shenyang: Liaoning Science and Technology Publishing House: 575-595. [史永善. 1998c. 蜣蝇科//薛万琦, 赵建铭. 1998. 中国蝇类 (上册). 沈阳: 辽宁科学技术出版社: 575-595].

Shi Y S. 1998d. Conopidae. *In*: Xue W Q, Chao C M. 1998. *Flies of China*. Vol. 1. Shenyang: Liaoning Science and Technology Publishing House: 596-620. [史永善. 1998d. 眼蝇科//薛万琦, 赵建铭. 1998. 中国蝇类 (上册). 沈阳: 辽宁科学技术出版社: 596-620].

Shi Y S. 2004. Diptera: Asilidae, Calliphoridae, Anthomyiidae, Scatophagidae, Celyphidae, Muscidae and Tachinidae. *In*: Yang X K. 2004. *Insects of the Great Yarlung Zangbo Canyon of Xizang, China*. Beijing: Science and Technology Press of China: 87-92. [史永善. 2004. 双翅目: 食虫虻科, 丽蝇科, 花蝇科, 粪蝇科, 甲蝇科, 蝇科, 寄蝇科//杨星科. 2004. 西藏雅鲁藏布大峡谷昆虫. 北京: 中国科学技术出版社: 87-92.]

Shi Y S, Shen X C. 1999. Diptera: Tachinidae. *In*: Shen X C, Pei H C. 1999. *The Fauna and Taxonomy of Insects in Henan*. Vol. 4. *Insects of the Mountains Funiu and Dabie Regions*. Beijing: China Agricultural Science and Technology Press: 391-394. [史永善, 申效诚. 1999. 双翅目寄蝇科//申效诚, 裴海潮. 1999. 河南昆虫分类区系研究 (第四卷) 伏牛山南坡及大别山区昆虫. 北京: 中国农业科技出版社: 391-394.]

Shi Y S, Zeng R. 2002. Diptera: Celyphidae (I). *In*: Huang F S. 2002. *Forest Insects of Hainan*. Beijing: Science Press: 753-756. [史永善, 曾睿. 2002. 双翅目: 甲蝇科 (一)//黄复生. 2002. 海南森林昆虫. 北京: 科学出版社: 753-756.]

Shiao A, Yeh T. 2008. Larval competition of *Chrysomya megacephala* and *Chrysomya rufifacies* (Diptera: Calliphoridae): behaviour and ecological studies of two blow fly species of forensic significance. *Journal of Medical Entomology*, 45 (4): 785-799.

Shiao S F, Wu W J. 1996. Four new agromyzid species from Taiwan (Diptera: Agromyzidae). *Transactions of the American Entomological Society*, 122: 213-226.

Shiao S F, Wu W J. 1999. Supplements to the species of Agromyzinae (Diptera: Agromyzidae) from Taiwan, with notes on three new records. *Chinese Journal of Entomology*, 19: 343-364.

Shima H. 1968a. Descriptions of two new species of the genus *Pexopsis* Brauer *et* Bergenstamm from Japan (Diptera: Tachinidae). *Mushi*, 42: 9-14.

Shima H. 1968b. Study on the Japanese *Calocarcelia* Townsend and *Eucarcelia* Baranov (Diptera: Tachinidae). *Journal of the Faculty of Agriculture, Kyushu University*, 14: 507-533.

Shima H. 1969. A new species of the genus *Carceliopsis* Townsend (Diptera: Tachinidae) reared from *Dendrolimus spectabilis* Butler (Lepidoptera: Lasiocampidae). *Kontyû*, 37: 233-236.

Shima H. 1970a. New species of *Actia* s. str. from Hong Kong of China and Nepal (Diptera: Tachinidae). *Pacific Insects*, 12: 273-277.

Shima H. 1970b. New species of *Strobliomyia* from New Guinea and New Britain (Diptera: Tachinidae). *Pacific Insects*, 12: 261-271.

Shima H. 1970c. Notes on some Japanese Siphonini (Diptera: Tachinidae). *Journal of the Faculty of Agriculture, Kyushu University*, 16: 179-192.

Shima H. 1973a. New host records of Japanese Tachinidae (Diptera: Calyptrata). *Sieboldia*, 4: 153-160.

Shima H. 1973b. New species of the genus *Chaetexorista* Brauer *et* Bergenstamm from Japan (Diptera: Tachinidae). *Sieboldia*, 4: 147-152.

Shima H. 1979a. New genera, species and subspecies of Oriental Tachinidae (Diptera). *Bulletin of the National Science Museum, Series A (Zoology)*, 5: 135-152.

Shima H. 1979b. Study on the tribe Blondeliini from Japan (Diptera: Tachinidae). I. *Kontyû*, 47: 126-138.

Shima H. 1979c. Study on the tribe Blondeliini from Japan (Diptera: Tachinidae). II. Revision of the genera *Trigonospila* Pokorny and *Lixophaga* Townsend from Japan. *Kontyû*, 47: 298-311.

Shima H. 1980. A new species of *Paratryphera* (Diptera, Tachinidae) parasitic on noctuid lichen feeders in Japan, with special reference to the tribe Ethillini. *Kontyû*, 48: 6-14.

Shima H. 1981. A study of the genus *Phebellia* Robineau-Desvoidy from Japan (Diptera: Tachinidae). I. Descriptions of new species. *Bulletin of the Kitakyushu Museum of Natural History*, 3: 53-67.

Shima H. 1982. A study of the genus *Phebellia* Robineau-Desvoidy from Japan (Diptera: Tachinidae). II. Redescriptions and species-grouping. *Bulletin of the Kitakyushu Museum of Natural History*, 4: 57-75.

Shima H. 1983a. A new species of *Oxyphyllomyia* (Diptera, Tachinidae) from Nepal, with reference to the phylogenetic position of the genus. *Annotationes Zoologicae Japonenses*, 56: 338-350.

Shima H. 1983b. Study on the tribe Blondeliini from Japan (Diptera, Tachinidae). IV. A revision of the genus *Vibrissina* Rondani. *Kontyû*, 51: 635-646.

Shima H. 1984a. Study on the tribe Blondeliini from Japan (Diptera, Tachinidae). V. The genera *Blondelia* Robineau-Desvoidy and *Compsilura* Bouché. *Kontyû*, 52: 540-552.

Shima H. 1984b. The genus *Paradrino* from Japan and the Indo-Australasian Region (Diptera: Tachinidae). *International Journal of Entomology*, 26: 143-156.

Shima H. 1985a. Study on the tribe Blondeliini from Japan (Diptera, Tachinidae). VI. A revision of the genus *Uromedina* Townsend. *Kontyû*, 53: 97-111.

Shima H. 1985b. The genus *Campylocheta* (Diptera: Tachinidae) from Japan. *Systematic Entomology*, 10: 105-121.

Shima H. 1986. A systematic study of the genus *Linnaemya* Robineau-Desvoidy from Japan and the Oriental Region (Diptera: Tachinidae). *Sieboldia*, Suppl. 5: 1-96.

Shima H. 1987a. A revision of the genus *Dexiomimops* Townsend (Diptera, Tachinidae). *Sieboldia*, (Suppl.) 1987: 83-96.

Shima H. 1987b. A revision of the genus *Isosturmia* Townsend (Diptera, Tachinidae). *Bulletin of the Kitakyushu Museum of Natural History*, 6: 213-237.

Shima H. 1988. Some remarkable new species of Tachinidae (Diptera) from Japan and the Indo-Australian Region. *Bulletin of the Kitakyushu Museum of Natural History*, 8: 1-37.

Shima H. 1990. Identification of tachinid specimens treated by Takano (1950) in the Iconographia Insectorum Japonicorum. *Makunagi/Acta Dipterologica*, 16: 15-24.

Shima H. 1991. Study on the tribe Blondeliini from Japan (Diptera, Tachinidae). VII. Genus *Oswaldia* Robineau-Desvoidy. *Japanese Journal of Entomology*, 59 (1): 67-86.

Shima H. 1996a. A systematic study of the genus *Cavillatrix* Richter (Diptera, Tachinidae). *Bulletin of the Graduate School of Social and Cultural Studies, Kyushu University*, 2: 133-148.

Shima H. 1996b. A systematic study of the tribe Winthemiini from Japan (Diptera, Tachinidae). *Beiträge zur Entomologie*, 46: 169-235.

Shima H. 1997. Taxonomic notes on Oriental Tachinidae (Insecta, Diptera) I: Blondeliini. *Bulletin of the Graduate School of Social and Cultural Studies, Kyushu University*, 3: 169-186.

Shima H. 1998. Taxonomic notes on Oriental Tachinidae (Insecta: Diptera) II: genus *Thecocarcelia* Townsend. *Bulletin of the Graduate School of Social and Cultural Studies, Kyushu University*, 4: 147-160.

Shima H. 2000. Tachinidae (Insecta, Diptera) of the Imperial Palace, Tokyo. *Memoirs of the National Science Museum* (*Tokyo*), 36: 481-495.

Shima H. 2005. Tachinidae (Insecta, Diptera) of the Akasaka Imperial Gardens and the Tokiwamatsu Imperial Villa, Tokyo. *Memoirs of the National Science Museum* (*Tokyo*), 39: 387-395.

Shima H. 2006. A host-parasite catalog of Tachinidae (Diptera) of Japan. *Makunagi/Acta Dipterologica, Supplement*, 2: 1-171.

Shima H. 2010. Addenda and Corrigenda to "A host-parasite catalog of Tachinidae (Diptera) of Japan" (Shima, 2006). *Makunagi/ Acta Dipterologica*, 21: 7-12.

Shima H. 2014. The parerigonine genus *Paropesia* Mesnil (Diptera, Tachinidae), with descriptions of three new species from East Asia. *Zootaxa*, 3827: 576-590.

Shima H. 2015. *Melastrongygaster*, a new genus of the tribe Strongygastrini (Diptera: Tachinidae), with five new species from Asia. *Zootaxa*, 3904: 427-445.

Shima H, Chao C M. 1988. A new genus and six new species of the tribe *Goniini* (Diptera: Tachinidae) from China, Thailand and New Guinea. *Systematic Entomology*, 13: 347-359.

Shima H, Chao C M. 1992. New species of Tachinidae (Diptera) from Yunnan Province, China. *Japanese Journal of Entomology*, 60: 633-645.

Shima H, Chao C M, Zhang W X. 1992. The genus *Winthemia* (Diptera, Tachinidae) from Yunnan Province, China. *Japanese Journal of Entomology*, 60: 207-228.

Shima H, Han H Y, Tachi T. 2010. Description of a new genus and six new species of Tachinidae (Diptera) from Asia and New Guinea. *Zootaxa*, 2516: 49-67.

Shima H, Tachi T. 2002. A new species of the genus *Sturmia* Robineau-Desvoidy (Diptera: Tachinidae) parasitic on the chestnut tiger butterfly, *Parantica sita* (Lepidoptera: Danaidae) in Japan. *Entomological Science*, 5: 297-304.

Shima H, Tachi T. 2008. New species of the genus *Paravibrissina* Shima (Diptera: Tachinidae) from Southeast Asia and South Pacific. *Zootaxa*, 1870: 43-60.

Shima H, Tachi T. 2016. New species of *Hygiella* Mesnil (Diptera: Tachinidae), parasitoids of leaf insects (Phasmatodea: Phylliidae). *Journal of Natural History*, 50: 1649-1668.

Shinji O. 1939. On the Trypetidae of Northeastern Japan, with the description of new species. *Insect World*, 43: 352-355.

Shinji O. 1940a. Two new species of fruit-flies from Japan. *Insect World*, 44: 162-164.

Shinji O. 1940b. A new genus and a new species of fruit flies from Japan Proper. *Insect World*, 44: 98-110.

Shinji O. 1940c. A new species of fruit flies from Morioka, Japan. *Insect World*, 44: 2-4.

Shinonaga S. 1970a. Calypterate muscoid flies of the islands of Tsushima. *Memoirs of the National Science Museum* (*Tokyo*), 3: 237-250.

Shinonaga S. 1970b. Notes on *Orthellia* R.-D. from the Oriental region (Diptera: Muscidae). *Pacific Insects*, Honolulu, 12 (2): 291-295.

Shinonaga S. 1974. *Muscina japonica* nom. nov. instead of *M. nigra* Shinonaga, 1970. *Japanese Journal of Sanitary Zoology*, 25: 118.

Shinonaga S. 2000. Muscidae of Vietnam 2. Phaoniinae. *Japanese Journal of Systematic Entomology*, 6 (1): 37-58.

Shinonaga S. 2003. *Monograph of the Muscidae of Japan*. Tokyo: Tokai University Press: 291-305.

Shinonaga S, Huang Y T. 2007. Studies on Muscidae from Taiwan (Diptera). Part 2, Phaoniinae, Mydainae and Coenosiinae. *Japanese Journal of Systematic Entomology*, 13 (1): 11-54.

Shinonaga S, Kano R. 1966. Description of a new species of genus *Stomoxys* Geoffroy from the Ryukyus and Hong Kong (Diptera: Muscidae). *Japanese Journal of Sanitary Zoology*, 17 (3): 161-163.

Shinonaga S, Kano R. 1971. Muscidae (Insecta: Diptera), I. *In*: Ikada Y, Shiraki T, Uchida T, Kuroda N, Yamashina Y. 1971. *Fauna Japonica*. Tokyo: Biogeographical Society of Japan: 1-242.

Shinonaga S, Kano R. 1977. A new species of the genus *Musca* L. from the Oriental Region. *Japanese Journal of Sanitary Zoology*, Tokyo, 28 (2): 111-113.

Shinonaga S, Kano R. 1983. Two new species and a newly record subspecies of the genus Lispe Latreille from Japan with a key to Japanese speciese (Diptera, Muscidae). Japanese Journal of Sanitary Zoology, 34 (2): 83-88.

Shinonaga S, Kano R. 1987. Studies on Muscidae from Taiwan (Diptera). Part 1. Muscinae and Stomoxyinae. *Sieboldia*, (Suppl.)

1987: 31-46.

Shinonaga S, Kano R. 1989. Four new species of Lispe (Diptera, Muscidae) from the Oriental region. Japanese Journal of Entomology, 57 (4): 815-821.

Shinonaga S, Lopes H S. 1975. On the subgenus *Pseudothyrsocnema* Rohdendorf, with descriptions of three new species (Diptera: Sarcophagidae). *Pacific Insects*, 16 (4): 455-463.

Shinonaga S, Pont A C. 1992. A new species of the genus *Lispe* Latreille, with notes on two related species, *L. assimilis* Wiedemann and *L. microptera* Séguy (Diptera, Muscidae). *Japanese Journal of Entomology*, 60: 715-722.

Shinonaga S, Tumrasvin W. 1979. Two new genera and ten new species of the sarcophagid flies from Thailand (Diptera: Sarcophagidae). *Japanese Journal of Sanitary Zoology*, 30 (2): 135-145.

Shiraki T. 1925. Some insects living in termite nests. *Transaction of the Natural History Society of Formosa*, 15 (79-80): 208-210.

Shiraki T. 1930. Die Syrphiden des japanischen Kaiserreichs, mit Berucksichtigung benachbarter Gebiete. *Memoirs of the Faculty of Science and Agriculture Taihoku Imperial University*, 1: i-xx + 1-446.

Shiraki T. 1933. A systematic study of Trypetidae in the Japanese Empire. *Memoirs of the Faculty of Science and Agriculture Taihoku Imperial University*, 8 (2): 1-509.

Shiraki T. 1939. An interesting fruit fly. Zoological Magazine Tokyo, 51: 410-411.

Shiraki T. 1949. A new genus of Syrphidae, Matsumyia. *Insecta Matsumurana*, 17 (1): 1-3.

Shiraki T. 1952. Studies on the Syrphidae. 2. Some new species from Japan with an interesting Trypetidae. *Mushi*, 23: 1-15.

Shiraki T. 1963. Diptera: Syrphidae. *Insects of Micronesia*, 13: 129-187.

Shiraki T. 1968a. Fruit flies of the Ryukyu Islands (Diptera: Tephritidae). *Bulletin of the United States National Museum*, 263: 1-104.

Shiraki T. 1968b. Syrphidae (Insecta: Diptera). *In*: Ikada Y, Shiraki T, Uchida T, Kuroda N, Yamashina Y. 1968. *Fauna Japonica*. Tokyo: Biogeographical Society of Japan: Vol. II: 1-243, pls. I-XL; Vol. III: 1-272, pls. I-XLVII.

Shiraki T, Edashige T. 1953. The insect fauna of Mr. Ishizuchi and Omogo Valley, Iyo, Japan. The Syrphidae (Diptera). *Transactions of the Shikoku Entomological Society*, 3 (5-6): 84-125.

Sidorenko V S. 1989. Drosophilid flies of the genus *Amiota* (Diptera, Drosophilidae) from Primorie Territory. *Zoology Journal*, 68: 60-66.

Sidorenko V S. 1990a. On the systematic position of *Drosophila stackelbergi* Duda and *Drosophila nipponica* Kikkawa & Peng (Diptera: Drosophilidae). *Annales de la Societe Entomologique de France* (*N. S.*), 26: 123.

Sidorenko V S. 1990b. To the knowledge of drosophilid flies of the genus *Mycodrosophila* Oldenberg (Diptera, Drosophilidae) from Primorye Territory. pp. 129-132.

Sidorenko V S. 1990c. To the knowledge of drosophilid flies of the subgenus *Lordiphosa* of genus *Drosophila* (Diptera, Drosophilidae) in the Soviet Far East. *Zoologicheskii Žhurnai*, 69 (7): 156-157.

Sidorenko V S. 1990d. The review of the Palearctic drosophilid flies of the subgenus *Stegana* Mg. (Diptera, Drosophilidae) with description of new species from Soviet Far East. *In*: Lelej A S, *et al*. 1990. *Novosti Sistematiki Nasekomikh Dalnego Vostoka*. Akademia Nauk SSSR: 126-128.

Sidorenko V S. 1991. New and little known species of *Leucophenga* Mik, 1886 (Diptera: Drosophilidae) from Soviet Far East and Japan. *Annales de la Societe Entomologique de France* (*N.S.*), 27: 401-405.

Sidorenko V S. 1992. Family Drosophilidae. *Insects of Khingansky Reserve*. Part II. Vladivostok: Dal'nauka Publishing Huuse: 259-264.

Sidorenko V S. 1995a. New data on Asia drosophilid flies (Diptera, Drosophilidae). Part 1. *Far Eastern Entomologist*, 8: 1-4.

Sidorenko V S. 1995b. New data on Asia drosophilid flies (Diptera, Drosophilidae). Part 2. *Far Eastern Entomologist*, 21: 1-4.

Sidorenko V S. 1997a. New Asian species and new records of the genus *Stegana* Meigen (Diptera, Drosophilidae). I. Subgenera *Oxyphortica* Duda and *Stegana* s. str. *Annales de la Societe Entomologique de France* (*N. S.*), 33 (1): 65-79.

Sidorenko V S. 1997b. New Asian species and new records of the genus *Stegana* Meigen (Diptera: Drosophilidae). II. Subgenus *Pseudostegana* Okada and *Steganina* Wheeler. *Annales de la Societe Entomologique de France* (*N. S.*), 33 (2): 165-172.

Sidorenko V S. 1998a. New data on Asian drosophilid flies (Diptera, Drosophilidae). Part 3. *Far Eastern Entomologist*, 56: 1-8.

Sidorenko V S. 1998b. New Asian species and new records of the genus *Stegana* Meigen (Diptera, Drosophilidae). III. Descriptions, Taxonomic Remarks and Key to thc Asian species. *Annales de la Societe Entomologique de France* (*N. S.*), 34 (3): 285-300.

Sidorenko V S. 2002. Phylogeny of the tribe Steganini Hendel and some related taxa (Diptera, Drosophilidae). *Far Eastern Entomologist*, 111: 1-20.

Sidorenko V S, Okada T. 1991. Descriptions of three new species of *Stegana* (*Stegana*) Meigen (Diptera, Drosophilidae) from Sichuan Province and Formosa, China, with taxometric analyses of the subgenus. *Japanese Journal of Entomology*, 59 (3): 655-662.

Siebke H. 1863. Beretning om en i sommeren 1861 foretagen entomologisk reise. *Nytt Magasin for Naturvidenskapene*, 12:

105-192.
Siebke J H S. 1877. Catalogum Dipterorum Continentem. *In*: Schneider J S. 1877. *Enumeratio Insectorum Norvegicorum. Fasciculum* IV, A.W. Broegger, Christianiae [= Oslo]: i-xiv + 1-255.
Šifner F. 1975. Scatophagidae (Diptera) de Mongolie. *Annales Historico-Naturales Musei Nationalis Hungarici*, 67: 219-227.
Šifner F. 1999. New genus and four species of the family Scathophagidae (Diptera) from the Palaearctic region. *Folia Heyrovskyana*, 7: 53-60.
Šifner F. 2000. Three new species of the genus *Scathophaga* (Diptera, Scathophagidae). *Folia Heyrovskyana*, 8: 193-196.
Šifner F. 2002. *Parallelomma lautereri* sp. nov. from China. *Acta Musei Moraviae, Scientiae Biologicae*, 87: 83-85.
Šifner F. 2003a. The family Scathophagidae (Diptera) of the Czech and Slovak Republics (with notes on selected Palaearctic taxa). *Acta Musei Nationalis Pragae, Series B - Historia Naturalis*, 59: 1-90.
Šifner F. 2003b. Two new species of the family Scathophagidae (Diptera) from the Czech and Slovak Republics. *Journal of the National Museum Prague, Natural History Series*, 72: 77-80.
Šifner F. 2009. Two new genera of the family Scathophagidae (Diptera). *Acta Entomologica Musei Nationalis Pragae*, 49 (1): 287-292.
Šifner F. 2010. Two new genera and species of the family Scathophagidae (Diptera) from Palaearctic and Oriental Regions with additional faunistic records. *Acta Entomologica Musei Nationalis Pragae*, 50 (2): 609-618.
Silva V C. 1995. A new genus of Sepsidae (Diptera, Schizophora) from Nicaragua. *Studia Dipterologica*, 2: 203-206.
Simroth H. 1907. Die Aufklärung der südafrikanischen Nacktschneckenfauna, auf Grund des von Herrn Dr. L. Schultze mitgebrachten Materials. *Zoologischer Anzeiger*, 31: 792-799.
Singh A. 1974. Description of a new species of the subgenus *Hirtodrosophila* (*Drosophila*: Drosophilidae: Diptera: Insecta) from Chandigarh, India. *Zoological Journal of the Linnean Society*, 54: 161-166.
Singh A. 1976. Description of new species of the genera *Sinophthalmus* and *Scaptomyza* (Insecta: Diptera: Drosophilidae) from Chandigarh, India. *Records of the Zoological Survey of India*, 69: 187-202.
Singh B K, Gupta J P. 1977a. The subgenus *Drosophila* (*Scaptodrosophila*) in India (Diptera, Drosophilidae). *Oriental Insects*, 11: 237-241.
Singh B K, Gupta J P. 1977b. Two new and two unrecorded species of the genus *Drosophila* Fallén (Diptera: Drosophilidae) from Shillong, Meghalaya, India. *Proceedings of the Zoological Siciety* (*Calcutta*), 30: 31-38.
Singh B K, Gupta J P. 1981a. Report on two new and three other newly recorded species of *Drosophila* from India (Diptera: Drosophilidae). *Studies in Natural Sciences*, 2 (13): 1-8.
Singh O P, Gupta J P. 1981b. New records and new species of *Drosophila* (Diptera: Drosophilidae) from India. *Oriental Insects*, 15 (2): 207-214.
Singh O P, Gupta J P. 1981c. Studies on the Indian fauna of Drosophilidae. *Proceedings of the Indian National Science Academy*, 90: 195-202.
Skevington J. 2001. Revision of Australian *Clistoabdominalis* (Diptera, Pipunculidae). *Invertebrate Taxonomy*, 15 (5): 695-761.
Skevington J, Yeates D K. 2001. Phylogenetic classification of Eudorylini (Diptera: Pipunculidae). *Systematic Entomology*, 26: 321-452.
Skidmore P. 1985. *The Biology of the Muscidae of the World*. Dr W. Junk Publishers, 29: i-xv + 1-550.
Skufjin K V. 1987a. Two new species of genus *Platycheirus* Le Peletier *et* Serville (Diptera, Syrphidae) in the USSR. *Entomologicheskoe Obozrenie*, 59: 886-894.
Skufjin K V. 1987b. Two new species of genus *Platycheirus* Lepeletier *et* Serville (Diptera, Syrphidae) from montane regions of Asia. *Nauchnye Doklady Vysshei Shkoly Biologicheskie Nauki*, 12: 35-38.
Smirnov E S. 1922. Zwei neue Peletieria Arten (Diptera, Tachinidae) aus Russisch Asien. *Izvestiya Otdela Prikladnoi Entomologii*, 2: 175-179.
Smirnov E S. 1923. Ein Beitrag zur Kenntnis der Gattung *Helophilus* Meig. (= *Tubifera* Mg.). *Zoologischer Anzeiger*, 56 (3/4): 81-87.
Smirnov E S. 1924a. Eine neue Syrphiden-Gattung aus Turkestan. *Entomologische Mitteilungen*, 13: 94-95.
Smirnov E S. 1924b. Zur Kenntnis der Gattung *Cerioides* Rond. *Zoologischer Anzeiger*, 58: 349-352.
Smirnov E S. 1925. Studien an Turkestanischen Syrphiden I. (Diptera). *Entomologische Mitteilungen*, 14 (3/4): 290-297.
Smirnov E S. 1926. Eine neue *Doros*-Art aus Zentral-Asien. *Wiegmann's Archiv für Naturgeschichte*, 91 (A): 65-69.
Smirnov E S, Fedoseeva L I. 1976. New Asian species of the genus *Chlorops* Mg. (Diptera, Chloropidae). *Zoologičheskiĭ Žhurnal*, 55 (10): 1489-1494.
Smirnov E S, Fedoseeva L I. 1978. New and little known species of *Chlorops* Mg. (Diptera, Chloropidae). *Nauchnye Doklady Vysshei Shkoly Biologicheskie Nauki*, (7): 46-48.
Smith I B, Caron D M. 1985. Distribution of the bee louse, *Braula coeca*, in Maryland and worldwide. *American Bee Journal*, 125:

294-296.

Smith K G V. 1966. Some Conopidae and Chamaemyiidae (Diptera) from the Philippines and Bismarck Archipelago. *Entomologiske Meddelelser*, 34 (5): 457-462.

Smith K G V. 1969. Diptera, Family Lonchopteridae. *Handbooks for the Identification of British Insects*, 10 (2): 1-9.

Smith K G V. 1975. Family Conopidae. *In*: Delfinado M D, Hardy D E. 1975. *A Catalogue of the Diptera of the Oriental Region*. Vol. 2. Honolulu: University Press of Hawaii: 375-386.

Snow W A. 1894. American Platypezidae. *Kansas University Quarterly*, 3: 143-152.

Snow W A. 1895. Diptera of Colorado and New Mexico. Syrphidae. *Kansas University Quarterly*, 3: 225-247.

Snyder F M. 1940. A Review of the genus *Myospila* Rondani with descriptions of new species (Diptera: Muscidae). *American Museum Novitates*, 1087: 1-10.

Snyder F M. 1954. A review of Nearctic *Lispe* Latreille (Diptera, Muscidae). *American Museum Novitates*, 1675: 1-40.

Snyder F M. 1965. Diptera: Muscidae. *Insects of Micronesia*, 13 (6): 191-327.

Sommaggio D. 2001. The species of the genus *Chrysotoxum* Meigen, 1882 described by Giglo Tos. *Museo Regionale di Scienze Naturali Bolletino*, 18 (1): 115-126.

Song W H, Xue W Q, Wang M F. 2007. Study on faunistic distribution of genus *Pegomya* in China. *Journal of Shenyang Normal University* (*Natural Science*), 25 (2): 229-232. [宋文惠, 薛万琦, 王明福. 2007. 中国泉蝇属区系研究 (双翅目: 花蝇科). 沈阳师范大学学报 (自然科学版), 25 (2): 229-232.]

Soós Á. 1977. Taxonomische und faunistische Untersuchungen über die mongolischen Trixoscelididen (Diptera: Acalyptratae). *Acta Zoologica Academiae Scientiarum Hungaricae*, 23 (3-4): 395-113.

Soós Á. 1978. Tethiniden aus der Mongolei mit einem Verzeichnis der Paläarktischen Arten (Diptera: Acalyptratae). *Acta Zoologica Academiae Scientiarum Hungaricae*, 24: 407-413.

Soós Á. 1984a. Family Chyromyidae. *In*: Soós A, Papp L. 1984. *Catalogue of Palaearctic Diptera*. Vol. 10. Amsterdam & Budapest: Elsevier Science Publishers & Akademiai Kiado: 56-60.

Soós A. 1984b. Family Pyrgotidae. *In*: Soós A, Papp L. 1984. *Catalogue of Palaearctic Diptera*. Vol. 9. Amsterdam & Budapest: Elsevier Science Publishers & Akademiai Kiado: 36-38.

Soós Á. 1984c. Family Trixoscelididae. *In*: Soós A, Papp L. 1984. *Catalogue of Palaearctic Diptera*. Vol. 10. Amsterdam & Budapest: Elsevier Science Publishers & Akademiai Kiado: 45-48.

Soós A. 1984d. Family Opomyzidae. *In*: Soós A, Papp L. 1984. *Catalogue of Palaearctic Diptera*. Vol. 10. Amsterdam & Budapest: Elsevier Science Publishers & Akademiai Kiado: 53-56.

Soós Á. 1984e. Family Micropezidae. *In*: Soós Á, Papp L. 1984. *Catalogue of Palaearctic Diptera*. Vol. 9. Amsterdam & Budapest: Elesevier Science Publishers & Akademiai Kiado: 19-24.

Sorokina V S. 2002. Beschreibung von drei neuen Arten der Gattung *Paragus* Latreille, 1804 (Diptera, Syrphidae) aus Asien, mit einem Bestimmungsschlussel der bisher bekannten russichen Paragus-Arten. *Volucella*, 6: 1-22.

Sorokina V S. 2009. A key to Siberian flies of the genus *Coenosia* Meigen (Diptera, Muscidae) with the descriptions of three new species. *Zootaxa*, 2308: 1-28.

Sorokina V S, Cheng X Y. 2007. New species and new distributional records of the genus *Paragus* Latreille (Diptera, Syrphidae) from China. *Volucella*, 8: 1-33.

Southwest Agricultural University, Institute of Plant Protection of Sichuan Academy of Agricultural Sciences, *et al*. 1990. *Pictorial Handbook of Natural Enemies of Sichuan Agricultural Pests*. Chengdu: Sichuan Science and Technology Press: 1-256 + pls. 1-82. [西南农业大学, 四川农业科学学院植物保护研究所, 等. 1990. 四川农业害虫天敌图册. 成都: 四川科学技术出版社: 1-256 + 图版1-82.]

Speiser P. 1900. Ueber die Strebliden, Fledermausparasiten aus der Gruppe der pupiparen Dipteren. *Wiegmann's Archiv für Naturgeschichte*, 66 (1): 31-70.

Speiser P. 1901. Ueber die Nycteribiiden, Fledermausparasiten aus der Gruppe der pupiparen Dipteren. *Wiegmann's Archiv für Naturgeschichte*, 67 (1): 11-78.

Speiser P. 1902a. Besprechung einiger Gattungen und Arten der Diptera Pupipara. *Természetrajzi Füzetek*, 25: 327-338.

Speiser P. 1902b. Studien über Diptera Pupipara. *Zeitschrift für Systematische Hymenopterologie und Dipterologie*, 2: 145-180.

Speiser P. 1903a. Eine neue Dipterengattung mit rudimentären Flügeln, und andere dipterologische Bemerkungen. *Berliner Entomologische Zeitschrift*, 48: 65-72.

Speiser P. 1903b. Report on the Diptera Pupipara. *In*: Annandale N, Robinson H C. 1903. *Fasciculi Malayenses Arthropological and Zoological Results of an Expedition to Perak and the Siamese Malay States*, 1901-1902: 121-126.

Speiser P. 1904a. Drei palaearktische Hippobosciden (Diptera). *Zeitschrift für Systematische Hymenopterologie und Dipterologie*, 4 (3): 177-180.

Speiser P. 1904b. Studien über Hippobosciden. II. *Annali del Museo Civico di Storia Naturale di Giacomo Doria*, 41: 332-350.

Speiser P. 1904c. Besprechungen einiger Gattungen und Arten der Diptera Pupipara. II. *Annales Historico-Naturales Musei Nationalis Hungarici*, 2: 386-395.

Speiser P. 1905. Beiträge zur Kenntnis der Hippobosciden (Diptera). *Zeitschrift für Systematische Hymenopterologie und Dipterologie*, 5: 347-360.

Speiser P. 1910. 5. Cyclorapha. *In*: Sjöstedt Y. 1910. *Wissenschaftliche Ergebnisse der schwedischen zoologischen Expedition nach dem Kilimandjaro, dem Meru und den umgebenden Massaisteppen, Deutsch-Ostafrikas 1905-1906*. Palmquists Aktiebolag, Stockholm, 2 (10): 113-198.

Speiser P. 1911. Zur Kenntnis aussereuropaischer Dipteren. *Jahrbücher des Nassauischen Vereins für Naturkund*, 64: 237-261.

Speiser P. 1924. Eine Übersicht über die Dipterenfauna Deutsch-Ostafrikas. *In*: *Beiträge aus der Tierkunde*. Herrn Geh. Regierungsrat Prof. Dr. med. *et* phil. M. Braun aus Anlass seines goldenen medizinischen Doktor-Jubiläums als Festgabe dargebracht von Schülern und Freunden. Königsberg: 90-156.

Spencer K A. 1959. A synopsis of the Ethiopian Agromyzidae (Diptera). *Transactions of the Royal Entomological Society of London*, 111 (10): 237-329.

Spencer K A. 1960. Records of further Ethiopean Agromyzidae (Diptera), mainly from South Africa, including eighteen species new to science. *Transactions of the Royal Entomological Socciety of London*, 112: 15-36.

Spencer K A. 1961. A synopsis of the Oriental Agromyzidae (Diptera). *Transactions of the Royal Entomological Society of London*, 113 (4): 55-100.

Spencer K A. 1962. Notes on the Oriental Agromyzidae (Diptera). 1. *Pacific Insects*, 4: 661-680.

Spencer K A. 1963. The Australian Agromyzidae. *Record of the Australian Museum*, 25: 305-354.

Spencer K A. 1965. Diptera from Nepal. Agromyzidae. *Bulletin of the British Museum* (*Natural History*). *Entomology*, 16 (1): 25-31.

Spencer K A. 1966. Notes on the Oriental Agromyzidae. 4. *Stuttgarter Beiträge zur Naturkunde*. *Series A* (*Biologie*); *series B* (*Geologic und Paläontologie*). *Staatliches Museum für Naturkunde*. *Stuttgart*, 147: 1-15.

Spencer K A. 1969. The Agromyzidae of Canada and Alaska (Diptera). *Memoirs of the Entomological Society of Canada*, 64: 1-311.

Spencer K A. 1973. Agromyzidae (Diptera) of Economic Importance. *Series Entomologia*, Vol. 9. Dr. W. Junk, The Hague: 1-405.

Spencer K A. 1976. The Agromyzidae (Diptera) of Fennoscandia and Denmark. *Fauna Entomologica Scandinavica*, 5 (1): 1-304; 5 (2): 305-606.

Spencer K A. 1986. Agromyzidae (Diptera) in Thailand: new species, revisionary notes and new records. *Proceedings of the Indian Academy of Sciences Animal Sciences*, 95 (5): 487-507.

Spencer K A. 1987. Agromyzidae. *In*: McAlpine J F, *et al*. 1987. *Manual of Nearctic Diptera*. Vol. 2. Monograph 28. Ottawa: Research branch, Agriculture Canada: 869-879.

Spencer K A. 1990. Host specialization in the world Agromyzidae (Diptera). Kluwer: Kluwer Academic Publishers: 1-444.

Spencer K A, Hill D S. 1976. A new species of *Ophiomyia* (Diptera: Agromuzidae) causing leaf-galls on *Ficus microcarpa* in Hong Kong. *Bulletin of Department of Agriculture*, 1: 419-423.

Spencer K A, Stegmaier C E. 1973. Agromyzidae of Florida with a supplement on species from the Caribbean. *Arthropods of Florida and Neighboring Land Areas*, 7: 1-205.

Spencer K A, Steyskal G C. 1986. Manual of the Agromyzidae (Diptera) of the United States. *Agriculture Handbook, the United States Department of Agriculture*, 638: 1-478.

Spencer W P. 1940. Subspecies, hybrids and speciation in *Drosophila hydei* and *Drosophila virilis*. *American Naturalist*, 74: 157-179.

Spix J B von. 1824. Ueber eine neue Landschnecken-Gattung (Scutelligera Ammerlandia) in Ammerland am Starenberges See in Baiern gefunden. *Denkschriften der Koniglichen Akademie der Wissenschaften zu München*, 9 (1823-4): 121-124, pl.

Spuler A. 1924a. Species of subgenera *Collinella* and *Leptocera* of North America. *Annals of the Entomological Society of America*, 17: 106-116.

Spuler A. 1924b. North American genera and subgenera of the dipterous family Borboridae. *Proceedings of the Academy of Natural Sciences of Philadelphia*, (1923) 75: 369-378.

Spuler A. 1925a. Studies in North American Borboridae (Diptera). *Canadian Entomologist*, 57 (4): 99-104, 116-124.

Spuler A. 1925b. North American species of the subgenus *Scotophilella* Duda (Diptera, Borboridae). *Journal of the New York Entomological Society*, 33: 70-84, 147-162.

Stackelberg A A. 1918. K dipterofaune Novgorodskoy gubernii. *Bull. Acad. Sci. Russ.*, (ser. 6), 1918: 2149-2160.

Stackelberg A A. 1922. Miscellanea dipterologica. I. *Russkoe Entomologicheskoe Obozrenie*, 18 (1): 27.

Stackelberg A A. 1923. *Cynorrhina nitens* sp. nov. (Syrphidae: Diptera). *Supplementa Entomologica*, 9: 22-23.

Stackelberg A A. 1924. Syrphidarum novarum palaearcticarum diagnoses. *Wiener Entomologische Zeitung*, 41: 25-29.

Stackelberg A A. 1925. Kurze Ubersicht der palaarktischen *Zelima* (= *Xylota*) Arten (Diptera, Syrphidae). *Deutsche Entomologische Zeitschrift*, 4: 279-288.

Stackelberg A A. 1926. Syrphidarum novorum palaearcticorum diagnoses (Diptera). *Annuaire du Musée Zoologique de l'Académic des Sciences de Russie*, 1925/1926 (1/2): 87-92.

Stackelberg A A. 1927. Ubersicht der palaarktischen Arten der Unterfamilie Cinxiinae (Diptera, Syrphidae), im Zusammenhang mit der Auffindung einer neuen Art der Gattung *Cinxia* in Jakutien. *Materialy Komissii po Izucheniyu Yakutskoi ASSR*, 20: 1-27.

Stackelberg A A. 1928a. Species palaearcticae generis *Cynorrhina* (Diptera, Syrphidae). *Konowia*, 7 (3): 252-258.

Stackelberg A A. 1928b. Über eine neue Muscide, die als Parasit in *Locusta migratoria* L. auftritt. *Izvestiya Otdela Prikladnoi Entomologii*, 4: 121-129.

Stackelberg A A. 1930a. Beitrage zur Kenntnis der palaarktischen Syrphiden (Diptera). I. *Russkoe Entomologicheskoe Obozrenie*, 23 (3-4) (1929): 244-250.

Stackelberg A A. 1930b. Beitrage zur Kenntnis der palaarktischen Syrphiden. II. *Zoologischer Anzeiger*, 90 (3/4): 113-120.

Stackelberg A A. 1930c. Beitrage zur Kenntnis der palaearktischen Syrphidae. III. *Konowia*, 9: 223-234.

Stackelberg A A. 1937. New species of flies from the burrows of mammals in Turkmenia and the adjacent regions of Central Asia. In Problems in parasitology and the fauna of Turkmenia. *Trudy Akademii Nauk Turkmenskoi SSR*, 9: 121-139.

Stackelberg A A. 1943. A new species of the genus *Carcellia* (Diptera, Larvivoridae) from the Ussuri land. *Doklady Akademii Nauk Armyanskoi SSR*, N. Ser., 39: 163-164.

Stackelberg A A. 1950. Kratkiy obzor palearcticheskikh vidov roda *Mallota* Mg. (Diptera, Syrphidae). *Entomologicheskoe Obozrenie*, 31: 285-296.

Stackelberg A A. 1952a. Kratkiy obzor palearkticheskikh vidov roda *Zelima* Mg. (Diptera, Syrphidae). *Entomologicheskoe Obozrenie*, 32: 316-328.

Stackelberg A A. 1952b. Novye Syrphidae (Diptera) palearkticheskoy fauny. *Trudy Zoologicheskogo Instituta*, 12: 350-400.

Stackelberg A A. 1953. Kratkiy obzor palearkticheskikh vidov roda *Sphegina* Mb. (Diptera, Syrphidae). *Trudy Zoologicheskogo Instituta*, 13: 373-386.

Stackelberg A A. 1956. Neue Angaben uber die Systematik der palaarktischen *Sphegina*-Arten (Diptera, Syrphidae). II. *Entomologicheskoe Obozrenie*, 35: 935-943.

Stackelberg A A. 1958a. List of Diptera of the Leningrad region. IV. Syrphidae. *Trudy Zoologicheskogo Instituta*, 24: 192-246.

Stackelberg A A. 1958b. The palaeartic species of the genus *Spilomyia* Mg. (Diptera, Syrphidae). *Entomologicheskoe Obozrenie*, 37: 759-768.

Stackelberg A A. 1960. New Syrphidae (Diptera) from the Caucasus. *Entomologicheskoe Obozrenie*, 39: 438-449.

Stackelberg A A. 1963a. Neue paläarktische *Cheilosia*-Arten (Diptera: Syrphidae). *Beiträge zur Entomologie*, 13 (3/4): 513-522.

Stackelberg A A. 1963b. Neue paläarktische Syrphiden-Arten (Diptera). *Stuttgarter Beitrage zur Naturkunde*, 113: 1-6.

Stackelberg A A. 1963c. Species of the genus *Tetanocera* Dum. (Diptera: Sciomyzidae) in the European part of the USSR. *Entomologicheskoe Obozrenie*, 42 (4): 912-923.

Stackelberg A A. 1965. New data on the taxonomy of Palaearctic hover-flies (Diptera, Syrphidae). *Entomologicheskoe Obozrenie*, 44: 907-926.

Stackelberg A A. 1974. New species of hover-flies (Diptera, Syrphidae) of Siberia and Mongolian People's Republic. *Entomologicheskoe Obozrenie*, 53: 443-446.

Staeger R C. 1843. Note on *Anthomyia triquetra*, at meeting of 24 October 1842. *In*: Schiodte J C. 1843. Forhandlinger i det skandinaviske entomologiske Selskab. *Naturhistorisk Tidsskrift*, (1) 4: 318-320.

Staeger R C. 1845. Gronlands antliater. *Naturhistorisk Tidsskrift*, (2) 1: 346-379.

Stahl A. 1883. *Fauna de Puerto-Rico*. Classificacion sistematica de los animales que corresponden a esta fauna y Cat logo del gabinete zoologico del doctor A. Stahl en Bayamon. Puerto Rico: 1-248.

Stănescu C. 1977. *Paragus oltenicus* n. sp. (Diptera, Syrphidae) aus Romänien. *Stud. Comun. Muz. Brukenthal, St. Nat.*, 21: 287-290.

Stănescu C. 1999. The Synonymy of *Paragus* (s. str.) *serratiparamerus* Li, 1990 with *Paragus* (s. str.) *oltenicus* Stănescu, 1977 (Diptera: Syrphidae). *Dipteron*, 2 (4): 69-74.

Steel J H. 1887. On bots (larval Oestridae) of the horse and camel. *Journal of the Bombay Natural History Society*, 2 (1): 27-30.

Steenis J V. 2000. The West-Palaearctic species of *Spilomyia* Meigen. *Mitteilungen Der Schweizerischen Entomologischen Gesellschaft*, 73: 143-168.

Steenis J V, Hippa H. 2012. Revision and phylogeny of the Oriental hoverfly genus *Korinchia* Edwards (Diptera: Syrphidae). *Tijdschrift voor Entomologie*, 155 (2-3): 209-268.

Stein P. 1888. Einige neue Anthomyidenarten. *Wiener Entomologische Zeitung*, 7: 289-292.

Stein P. 1892. Drei neue merkwürdige *Homalomyia*-Arten. Ein dipterologischer Beitrag. *Wiener Entomologische Zeitung*, 11: 69-77.

Stein P. 1893. Analytische Uebersicht der mir bekannten Spilogasterarten. *Entomologische Nachrichten*, 19: 209-224.

Stein P. 1895. Die Anthomyidengruppe *Homalomyia* nebst ihren Gattungen und Arten. *Berliner Entomologische Zeitschrift*, 40: 1-141.

Stein P. 1897. Anthomyiden mit *Lispa*-ähnlich erweiterten Tastern. *Entomologische Nachrichten*, 23: 317-323.

Stein P. 1898. Nordamerikanische Anthomyiden. Beitrag zur Dipterenfauna der Vereinigten Staaten. *Berliner Entomologische Zeitschrift*, 42 (1897): 161-288.

Stein P. 1899. *Euryomma*, eine neue Gattung der Anthomyidengruppe Homalomyia. *Entomologische Nachrichten*, 25: 19-22.

Stein P. 1900a. Anthomyiden aus Neu-Guinea, gesammelt von Herrn L. Biro. *Természetrajzi Füzetek Budapest*, 23: 129-159.

Stein P. 1900b. Einige dem Genueser Museum gehorige aus Neu-Guinea und Umgegend stammende Anthomyiden. *Annali del Museo Civico di Storia Naturale di Giacomo Doria*, 40: 374-395.

Stein P. 1900c. Einige neue Anthomyiden. *Entomologische Nachrichten*, Berlin, 26: 305-324.

Stein P. 1903a. Die Bestimmung und Beschreibung der Muscinen und Anthomyinen mit Ausnahme der Gattung Lispa Latr. *In*: Becker T. 1903. Aegyptische Dipteren. *Mitteilungen aus dem Zoologischen Museum in Berlin*, 2 (3): 99-122.

Stein P. 1903b. Die europäischen Arten der Gattung *Hydrotaea* Rob.-Desv. *Verhandlungen der* [*K.-K.* (= *Kaiserlich-Königlichen*)] *Zoologisch-Botanischen Gesellschaft in Wien*, 53: 285-337.

Stein P. 1904. Einige neue Javanische Anthomyiden. *Tijdschrift voor Entomologie*, 47: 99-113.

Stein P. 1906. Die mir bekannten europäischen Pegomyia-Arten. *Wiener Entomologische Zeitung*, 25: 47-107.

Stein P. 1907a. New species. *In*: Becker Th. 1907. Dipteren der Kanarischen Inseln. *Mitteilungen aus dem Zoologischen Museum in Berlin*, 4: 1-180.

Stein P. 1907b. Zur Kenntniss der Dipteren von Central-Asien. II. Cyclorrhapha Schizophora Schizometopa. Die von Roborowsky und Kozlov in der Mongolei und Tibet gesammelten Anthomyiiden. *Annuaire du Musée Zoologique de l'Académic des Sciences de Russie*, 12: 318-372.

Stein P. 1907c. *In*: Bezzi M, Stein P. 1907. *Katalog der Palaearktischen Dipteren*, Budapest, 3: 1-637.

Stein P. 1907d. Anthomyidae. *In*: Bezzi M, Stein P. 1907. Cyclorrapha Aschiza. Cyclorrhapha Schizophora: Schizometopa. *In*: Becker T, Bezzi M, Kertész K, Stein P. 1907. *Katalog der Paläarktischen Dipteren*, Budapest, 3: 599-747.

Stein P. 1908. Zur Kenntnis der Dipteren von Centrai-Asien. II. Cyclorrhapha schizophora schizometopa. Die von Roborowsky und Kozlov in der Mongolei und Tibet gesammelten Anthomyiiden. *Annuaire du Musée Zoologique de l'Académic des Sciences de Russie* [= *Ezhegodnik Zoologischeskago Muzeya Imperatorskoi Akademii Nauk*], 12: 318-372.

Stein P. 1909. Neue javanische Anthomyiden. *Tijdschrift voor Entomologie*, 52: 205-271.

Stein P. 1910a. Indo-Australische Anthomyiden des Budapester Museums. Gesammelt von L. Biró. *Annales Historico-Naturales Musei Nationalis Hungarici*, 8: 545-570.

Stein P. 1910b. New species. *In*: Becker T. 1910. Dipteren aus Sudarbien und von der Insel Sokotra. *Denkschriften der Kaiserlichen Akademie der Wissenschaften. Wien. Mathematisch-Naturwissenschaftliche Klasse*, Vienna, 71: 131-160.

Stein P. 1910c. The Percy Sladen Trust Expedition to the Indian Ocean in 1905, under the leadership of Mr. J. Stanley Gardiner. Vol. III. No. IX.—Diptera, Anthomyidae, mit den Gattungen Rhinia und Idiella. *Transactions of the Linnean Society of London*, (2) 14: 149-163.

Stein P. 1914. Versuch, die Gattungen und Arten unserer Anthomyiden nur nach dem weiblichen Geschlecht zu bestimmen, nebst Beschreibung einiger neuen Arten. *Archiv für Naturgeschichte*, 79A (8) (1913): 4-55.

Stein P. 1915. H. Sauter's Formosa-Ausbeute. Anthomyidae (Diptera). *Supplementa Entomologica*, 4: 13-56.

Stein P. 1916. Die Anthomyiden Europas. Tabellen zur Bestimmung der Gattungen und aller mir bekannten Arten, nebst mehr oder weniger ausführlichen Beschreibungen. *Archiv für Naturgeschichte*, 81A (10) (1915): 1-224.

Stein P. 1918. Zur weitern Kenntnis aussereuropaeischer Anthomyiden. *Annales Historico-Naturales Musei Nationalis Hungarici*, 16: 147-244.

Stein P. 1919. Die Anthomyidengattungen der Welt, analytisch bearbeitet, nebst einem kritisch-systematischen Verzeichnis aller aussereuropäischen Arten. *Wiegmann's Archiv für Naturgeschichte*, Berlin, 83A (1) (1917): 85-178.

Stein P. 1920a. Nordamerikanische Anthomyiden. 2. *Beitrag Archiv für Naturgeschichte*, 84A (9) (1918): 1-106.

Stein P. 1920b. Anthomyiden aus Java, Sumatra, Waigeoe und Ceram. *Tijdschrift voor Entomologie*, 62 (1919) (Suppl.): 47-86.

Stein P. 1924. Die verbreitetsten Tachiniden Mitteleuropas nach ihren Gattungen und Arten. *Archiv für Naturgeschichte*, Abteilung A, 90 (6): 1-271.

Stenhammar C. 1855. Skandinaviens Copromyzine granskade och beskrifne. *Kongliga Vetenskaps-Akademiens Handlingar*, Stockholm (ser. 3), 1853: 257-442. [Also published separately: Copromyzinae Scandinaviae. *Recognovit et disposuit*: 1-184, P. A. Norstedt & Filii, Holmiae (= Stockholm)].

Stephens J F. 1829a. *A systematic catalogue of British insects: being an attempt to arrange all the hitherto discovered indigenous insects in accordance with their natural affinities. Containing also the references to every English writer on entomology, and to the principal foreign authors. With all the published British genera to the present time.* Part II. Insecta Haustellata. London: Baldwin *et* Cradock: 1-388.

Stephens J F. 1829b. Being a compendious list of such species as are contained in the Systematic Catalogue of British Insects, and forming a guide to their classification, & c. & c. *The Nomenclature of British Insects*. London, II: 1-68.

Steyskal G C. 1951. A new species of *Tetanocera* from Korea (Diptera: Sciomyzidae). *Wasmann Journal of Biology*, 9 (1): 79-80.

Steyskal G C. 1952. Australian stilt-legged files (Diptera: Tylidae) in the United States National Museum. *Proceedings of the United States National Museum*, 102 (3294): 161-180.

Steyskal G C. 1956. New species and taxonomic notes in the family Sciomyzidae (Diptera: Acalyptratae). *Papers of the Michigan Academy of Science Arts and Letters, Ann Arbor*, 41: 73-87.

Steyskal G C. 1957. A revision of the family Dryomyzidae. *Papers of the Michigan Academy of Science Arts and Letters*, 42: 55-68.

Steyskal G C. 1972. A catalogue of species and key to the genera of the family Diopsidae (Diptera: Acalyptratae). *Stuttgarter Beiträge zur Naturkunde, Serie A (Biologie)*, 234: 1-20.

Steyskal G C. 1977a. Family Chyromyidae. *In*: Delfinado M D, Hardy D E. 1977. *A Catalogue of the Diptera of the Oriental Region*. Vol. 3. Honolulu: University Press of Hawaii: 240.

Steyskal G C. 1977b. Family Micropezidae. *In*: Delfinado M D, Hardy D E. 1977. *A Catalogue of the Diptera of the Oriental Region*. Vol. 3. Honolulu: University Press of Hawaii: 13-20.

Steyskal G C. 1977c. Family Diopsidae. *In*: Delfinado M D, Hardy D E. 1977. *A Catalogue of the Diptera of the Oriental Region*. Vol. 3. Honolulu: University of Hawaii Press: 32-36.

Steyskal G C. 1977d. Family Pyrgotidae. *In*: Delfinado M D, Hardy D E. 1977. *A Catalogue of the Diptera of the Oriental Region*. Vol. 3. Honolulu: The University Press of Hawaii: 37-43.

Steyskal G C. 1977e. Family Platystomatidae. *In*: Delfinado M D, Hardy D E. 1977. *A Catalogue of the Diptera of the Oriental Region*. Vol. 3. Honolulu: University Press of Hawaii: 135-164.

Steyskal G C. 1977f. Family Otitidae. *In*: Delfinado M D, Hardy D E. 1977. *A Catalogue of the Diptera of the Oriental Region*. Vol. 3. Honolulu: University Press of Hawaii: 165-167.

Steyskal G C. 1978. A new species of *Hylemya* from Wyoming (Diptera: Anthomyiidae). *Proceedings of the Entomological Society of Washington*, 80 (4): 553-555.

Steyskal G C. 1980. Family Sciomyzidae. *In*: Hardy D E, Delfinado M D. 1980. *Insects of Hawaii*. Vol. 13. Honolulu: University Press of Hawaii: 108-125.

Steyskal G C, Sasakawa M. 1977. Family Tethinidae. *In*: Delfinado M D, Hardy D E. 1977. *A Catalogue of the Diptera of the Oriental Region*. Vol. 3. Honolulu: University Press of Hawaii: 394-395.

Stireman J O, O'Hara J E, Wood D M. 2006. Tachinidae: evolution, behavior, and ecology. *Annual Review of Entomology*, 51: 525-555 + pls. 1-2.

Storm V. 1896. Dipterologiske undersogelser. *Norske Videnskabers Selskab. Skrifter*, 1895: 225-241.

Störmer K, Kleine R. 1911. Die Getreidefliegen, mit besonderer Berücksichtigung iherer wirtschaftlichen Bedeutung und der Abhängigkeit ihres Auftretns von Witterungsverhältnissen. *Fühling's Landwirtschaftliche Zeitung*, 60: 682-703.

Strand E. 1917. Üdersicht der in Gistel's "Achthundert und zwanzig neue oder unbeschriebene wirbellose Tiere" (1857) behandelten Insekten. *Archiv für Naturgeschichte*, 82A (5): 75-101.

Strand E. 1928. Miscellaneae nomenclaturica zoologica *et* palaeontologica. *Wiegmann's Archiv für Naturgeschichte*, (1926) 92A (8): 30-75.

Strand E. 1932. Nochmals Nomenclatur und Ethik. *Folia Zoologica et Hydrobiologica*, 4 (1): 103-133.

Strobl P G. 1880. Dipterologische Funden um Seitenstetten. Ein Beitrag zur Fauna Nieder-Österreichs. *Programme des K. K. Obergymnasiums der Benedictiner in Seitenstetten*, 14: 1-65.

Strobl P G. 1892. Zur Kenntnis und Verbreitung der Phoriden Österreichischs. *Wiener Entomologische Zeitung*, 11: 193-204.

Strobl P G. 1893a. Beitrage zur Dipterenfauna des osterreichischen littorale. *Wiener Entomologische Zeitung*, 12: 29-42, 74-80, 89-108, 121-136, 161-170.

Strobl P G. 1893b. Die Dipteren von Steiermark. *Mitteilungen des Naturwissenschaftlichen Vereines fuer Steiermark*, (1892), 29: 1-199.

Strobl P G. 1893c. Neue österreichische Muscidae Acalypterae. II. Theil. *Wiener Entomologische Zeitung*, 12 (7): 250-256.

Strobl P G. 1893d. Die Anthomyinen Steiermarks (Mit Berücksichtigung der Nachbarländer.). *Verhandlungen der* [*K.-K.* (= *Kaiserlich-Königlichen*)] *Zoologisch-Botanischen Gesellschaft in Wien*, 43: 213-276.

Strobl P G. 1893e. Neue osterreichische Muscidae Acalypterae. I. Theil. *Wiener Entomologische Zeitung*, 12: 225-231.

Strobl P G. 1893f. Neue österreichische Muscidae Acalypterae. III. Theil. *Wiener Entomologische Zeitung*, 12: 280-285.

Strobl P G. 1894a. Die Dipteren von Steiermark. II. Theil. *Mitteilungen des Naturwissenschaftlichen Vereines fuer Steiermark*, Graz. 30 (1893): 1-152.

Strobl P G. 1894b. Anmerkungen zu Herrn Em. Pokorny's Aufsatz in den Verhandlungen der [K.-K. (= Kaiserlich-Königlichen)] Zoologisch-Botanischen Gesellschaft in Wien, Jahrg. 1893. pag. 526-544. *Wiener Entomologische Zeitung*, 13: 65-76.

Strobl P G. 1898a. Die Dipteren von Steiermark. IV Theil. Nachtrage. *Mitteilungen des Naturwissenschaftlichen Vereines fuer Steiermark*, (1897) 34: 192-298.

Strobl P G. 1898b. Fauna diptera Bosne, Hercegovine i Dalmacie. *Glasnik Zemaljskog Museja u Bosni i Hercegovini*, 10: 387-466, 562-616.

Strobl P G. 1899a. Spanische Dipteren. V. Teil. *Wiener Entomologische Zeitung*, 18: 144-148.

Strobl P G. 1899b. Spanische Dipteren. VII. Theil. *Wiener Entomologische Zeitung*, 18 (7): 246-250.

Strobl P G. 1899c. Spanische Dipteren. VI. Theil. *Wiener Entomologische Zeitung*, 18: 213-229.

Strobl P G. 1900a. Spanische Dipteren, IX. Theil. *Wiener Entomologische Zeitung*, 19: 61-70.

Strobl P G. 1900b. Spanische Dipteren. VIII. Theil. *Wiener Entomologische Zeitung*, 19 (1): 1-10.

Strobl P G. 1902. New contributions to the dipterous fauna of the Balkan peninsula. *Glasnik Zemaljskog Museja u Bosni i Hercegovini*, Sarajevo, 14: 461-517.

Strobl P G. 1906. Spanische Dipteren. II. Beitrag (1). *Memorias de la Real Sociedad Española de Historia Natural*, (1905) 3 (5): 271-422.

Strobl P G. 1909a. Neue österreichische Muscidae Acalypterae, II. *Wiener Entomologische Zeitung*, 28: 283-301.

Strobl P G. 1909b. Spanische Dipteren. III. Beitrag. *Verhandlungen der [K.-K. (= Kaiserlich-Königlichen)] Zoologisch-Botanischen Gesellschaft in Wien*, 59: 121-301.

Strobl P G. 1910. Die Dipteren von Steiermark. II. Nachtrag. *Mitteilungen des Naturwissenschaftlichen Vereines fuer Steiermark*, (1909) 46: 45-292.

Stuckenberg B R. 1954. Studies on *Paragus*, with descriptions of new species (Diptera, Syrphidae). *Revue de Zoologie et de Botanique Africaines*, 49: 97-139.

Stuckenberg B R. 1971. A review of the Old World genera of Lauxaniidae (Diptera). *Annals of the Natal Museum*, 20: 499-610.

Stuke J K. 2006. Bestimmung und Taxonomie der palaarktischen Conopiden (Diptera) 1. Teil: Die *Physocephala rufipes*-Artengruppe. *Studia Dipterologica*, 12 (2): 369-384.

Stuke J K. 2008. Revision of the *Myopa testacea* species-group in the Palaearctic Region (Diptera: Conopidae). *Zootaxa*, 1713: 1-26.

Stuke J K. 2014. Some remarks on rare and new Palaearctic species of the genus *Zodion* Latreille (Diptera: Conopidae). *Zootaxa*, 3860 (3): 235-252.

Stuke J K. 2015. A contribution to the knowledge of *Physocephala antiqua* (Wiedemann) (Diptera: Conopidae). *Studia Dipterologica*, (2014) 21 (2): 209-220.

Stuke J K. 2016. Taxonomic notes on Western Palaearctic Conopidae (Diptera). *Zootaxa*, 4178 (4): 521-534.

Stuke J K, Clements D K. 2015. A new species of *Neobrachyceraea* Szilady, 1926 (Diptera: Conopidae) from Thailand and a review of the genus. *Tijdschrift voor Entomologie*, 148: 355-360.

Sturtevant A H. 1916. Notes on North American Drosophilidae with descriptions of twenty-three new species. *Annals of the Entomological Society of America*, 9: 323-343.

Sturtevant A H. 1919. A new species closely resembling *Drosophila melanogaster*. *Psyche. A Journal of Entomology*, 26: 153-155.

Sturtevant A H. 1921. The North American species of *Drosophila*. Washington: Publications of the Carnegie Institution of Washington, 301: i-iv + 1-150.

Sturtevant A H. 1923. New species and notes on synonymy and distribution of Muscidae Acalypteratae (Diptera). *American Museum Novitates*, 76: 1-12.

Sturtevant A H. 1927. Philippine and other Oriental Drosophilidae. *Philippine Journal of Science*, 32: 361-374.

Sturtevant A H. 1942. The classification of the genus *Drosophila*, with description of nine new specie. *The University of Texas Publication*, 421: 5-51.

Sturtevant A H, Wheeler M R. 1954. Synopses of Nearctic Ephydridae (Diptera). *Transactions of the American Entomological Society*, 79: 151-257.

Štys P, Moucha J. 1962. Neue Beobachtungen und taxonomische Bemerkungen zur Syrphidenfauna des Tatra-Nationalparks (Diptera, Syrphidae). *Acta Universitatis Carolinae Biollogica*, Suppl.: 55-72.

Su L X. 2011. *Lesser Dung Flies*. Shenyang: Liaoning University Press: 1-229. [苏立新. 2011. 小粪蝇 (双翅目). 沈阳: 辽宁大学出版社: 1-229.]

Su L X, Liu G C. 2009a. A new genus and new species of Diptera (Sphaeroceridae: Limosininae) from China. *Oriental Insects*, 43: 49-54.

Su L X, Liu G C. 2009b. One new species and one new record of species of *Phthitia* Enderlein (Diptera, Sphaeroceridae) from China. *Acta Zootaxonomica Sinica*, 34 (3): 475-480. [苏立新, 刘广纯. 2009b. 中国刺足小粪蝇属一新种和一新纪录种 (双翅目, 小粪蝇科). 动物分类学报, 34 (3): 475-480.]

Su L X, Liu G C. 2009c. A review of the genus *Terrilimosina* from China. *Pan-Pacific Entomologist*, 85 (2): 51-57.

Su L X, Liu G C, Xu J. 2009. A new species and a new record species of the genus *Terrilimosina* (Diptera, Sphaeroceridae) from China. *Acta Zootaxonomica Sinica*, 34 (4): 807-811. [苏立新, 刘广纯, 徐杰. 2009. 中国陆小粪蝇属新种和一新纪录种 (双翅目, 小粪蝇科). 动物分类学报, 34 (4): 807-811.]

Su L X, Liu G C, Xu J. 2013a. A new sphaerocerid *Eulimosina prominulata* sp. nov. (Diptera) from China. *Oriental Insects*, 47 (4): 199-202.

Su L X, Liu G C, Xu J. 2013b. *Opalimosina* (Diptera: Sphaeroceridae) from China with descriptions of two new species. *Entomologica Fennica*, 24: 94-99.

Su L X, Liu G C, Xu J. 2013c. *Phthitia* Enderlein (Diptera: Sphaeroceridae: Limosininae) in China, with Descriptions of three new Species. *Journal of the Kansas Entomological Society*, 86 (2): 155-170.

Su L X, Liu G C, Xu J. 2013d. Genus *Pullimosina* (Diptera: Sphaeroceridae) in China with description of a new species. *Entomologica Fennica*, 24: 1-8.

Su L X, Liu G C, Xu J. 2013e. The genus *Telomerina* Roháček (Diptera: Sphaeroceridae) from China, with the descriptions of four new species. *Pan-Pacific Entomologist*, 89 (1): 7-17.

Su L X, Liu G C, Xu J. 2015a. A review of *Minilimosina* Roháček (Diptera: Sphaeroceridae) from China. *Zootaxa*, 4007 (1): 1-28.

Su L X, Liu G C, Xu J. 2015b. A new species of *Ischiolepta* Lioy (Diptera: Sphaeroceridae) from China. *Oriental Insects*, 49 (1-2): 1-5.

Su L X, Liu G C, Xu J, Wang J F. 2011. Notes on the genus *Monorbiseta* (Diptera: Sphaeroceridae: Limosininae) in China, with description of a new species. *Entomotaxonomia*, 33 (4): 273-278. [苏立新, 刘广纯, 徐杰, 王剑峰. 2011. 中国单小粪蝇属记述及一新种描述 (双翅目: 小粪蝇科: 沼小粪蝇亚科). 昆虫分类学报, 33 (4): 273-278.]

Su L X, Liu G C, Xu J, Wang J F. 2012a. A new species of the genus *Nearcticorpus* Roháček, and Marshall, 1982 from China (Diptera: Sphaeroceridae). *Pan-Pacific Entomologist*, 88 (3): 342-346.

Su L X, Liu G C, Xu J, Wang J F. 2012b. Notes on the genus *Richardsia* Papp in China (Diptera, Sphaeroceridae, Copromyzinae). *Acta Zootaxonomica Sinica*, 37 (1): 248-251. [苏立新, 刘广纯, 徐杰, 王剑峰. 2012b. 中国理小粪蝇属记述 (双翅目, 小粪蝇科, 离小粪蝇亚科). 动物分类学报, 37 (1): 248-251.]

Su L X, Liu G C, Xu J, Wang J F. 2013. The genus *Minilimosina* (Svarciella) (Sphaeroceridae: Diptera) from China with description of a new species. *Oriental Insects*, 47 (1): 15-22.

Su L X, Wang M F. 2004. The study on *canicularis* group of the genus *Fannia* in China (Diptera: Fanniidae). *Chinese Journal of Vector Biology and Control*, 15 (1): 29-30. [苏立新, 王明福. 2004. 中国厕蝇属夏厕蝇种团的初步研究. 中国媒介生物学及控制杂志, 15 (1): 29-30.]

Su Y R, Lu J M, Chen H W. 2013g. The genus *Leucophenga* (Diptera, Drosophilidae), Part I: the abbreviata species group from the Oriental region with morphological and molecular evidence. *Zootaxa*, 3637 (3): 361-373.

Sueyoshi M. 2001. A revision of Japanese Sciomyzidae (Diptera), with description of three new species. *Entomological Science*, 4 (4): 485-506.

Sueyoshi M. 2003. A taxonomic review of Japanese *Asteia* (Diptera: Acalyptrata: Asteiidae). *European Journal of Entomology*, 100 (4): 609-623.

Sueyoshi M, Mathis W N. 2004. A new species of *Cyamops* Melander, 1913 (Diptera: Periscelididae) from Japan and a review of the Japanese Periscelididae. *Proceedings of the Entomological Society of Washington*, 106: 74-84.

Sueyoshi M, Roháček J. 2003. Anthomyzidae (Diptera: Acalyptrata) from Japan and adjacent areas. *Entomological Science*, 6: 17-36.

Sugiyama E. 1988. Sarcophagine flies from Pakistan (Diptera: Sarcophagidae). *Japanese Journal of Sanitary Zoology*, 40 (Suppl.): 113-124.

Sugiyama E, Shinonaga S, Kano R. 1987. Sarcophaginae in Taiwan (Diptera: Sarcophagidae). *Sieboldia*, (Suppl.): 61-81.

Suh S J, Kwon Y J. 1985. Taxonomic Revision of the family Anthomyiidae from Korea. *Insecta Koreana*, 5: 143-221.

Sultanov M A. 1951. A new species of botflies from horse-*Gastrophilus viridis* Sultanov sp. nov. *Doklady Akademii Nauk Armyanskoi SSR*, 1951 (5): 41-44.

Summers S L. 1911. Notes from the Entomological Department of the London School of Tropical Medicine. No. III. Oriental species of *Stomoxys*. *Annals and Magazine of Natural History*, (8) 8: 235-240.

Sun C H. 1978. Diptera: Syrphidae. *In*: Institute of Zoology of Chinese Academy of Sciences, Zhengjiang Agricultural University, *et al.* 1978. *Atlas of Insect 3. Natural Enemies*. Beijing: Science Press: 223-229, pls. 39-41. [孙彩虹. 1978. 双翅目：食蚜蝇科//中国科学院动物研究所, 浙江农业大学, 等. 1978. 昆虫图册 第三号 天敌昆虫图册. 北京：科学出版社: 223-239, 图版39-41.]

Sun C H. 1987a. Syrphidae. *In*: Institute of Zoology, Chinese Academy of Sciences. 1987. *Agricultural Insect of China*. Beijing: Agricultural Press: 626-635. [孙彩虹. 1987a. 食蚜蝇科//中国科学院动物研究所. 1987. 中国农业昆虫（下册）. 北京：农业出版社: 626-635.]

Sun C H. 1987b. Diptera: Syrphidae. *In*: Forertry Department of Yunnan Province, Institute of Zoology of Chinese Academy of Sciences. 1987. *Forest Insects of Yunnan*. Kunming: Yunnan Science and Technology Press: 1176-1190. [孙彩虹. 1987b. 双翅目：食蚜蝇科//云南省林业厅, 中国科学院动物研究所. 1987. 云南森林昆虫. 昆明：云南科技出版社: 1176-1190.]

Sun C H. 1988. Diptera: Syrphidae. *In*: The Mountaineering and Scientific Expedition, Academia Sinica. 1988. *Insects of Nanjagbarwa Region of Xizang*. Beijing: Science Press: 481-487. [孙彩虹. 1988. 双翅目：食蚜蝇科//中国科学院登山科学考察队. 1988. 西藏南迦巴瓦峰地区昆虫. 北京：科学出版社: 481-487.]

Sun C H. 1993. Diptera: Syrphidae. *In*: The Comprehensive Scientific Expedition to the Qinghai-Xizang Plateau, Chinese Academy of Sciences. 1993. *Insects of the Hengduan Mountains Region*. Vol. 2. The Series of the Scientific Expedition to the Hengduan Mountains Region of Qinghai-Xizang Plateau. Beijing: Science Press: 1098-1114. [孙彩虹. 1993. 双翅目：食蚜蝇科//中国科学院青藏高原综合科学考察队. 1993. 横断山区昆虫（第2册）. 青藏高原横断山科学考察丛书. 北京：科学出版社: 1098-1114.]

Sun C H, Huang C M. 1993. Diptera: Syrphidae. *In*: Huang F S. 1993. *Insects of Wuling Mountains Area, Southwestern China*. Beijing: Science Press: 596-602. [孙彩虹, 黄春梅. 1993. 双翅目：食蚜蝇科//黄复生. 1993. 西南武陵山地区昆虫. 北京：科学出版社: 596-602.]

Sun C H, Huang C M. 1996. Diptera: Syrphidae. *In*: The Comprehensive Scientific Expedition to the Qinghai-Xizang Plateau, Chinese Academy of Sciences. 1996. *Insects of the Karakorum-Kunlun Mountains*. Beijing: Science Press: 180-183. [孙彩虹, 黄春梅. 1996. 双翅目：食蚜蝇科//中国科学院青藏高原综合科学考察队. 1996. 喀喇昆仑山-昆仑山地区昆虫. 北京：科学出版社: 180-183.]

Sun C H, Zhang X Z. 1982. Diptera: Syrphidae, Anthonyiidae, Muscidae, Calliptroridae. *In*: The Comprehensive Scientific Expedition to the Qinghai-Xizang Plateau, Chinese Academy of Sciences. 1982. *Insects of Xizang*, Vol. II. Beijing: Sciences Press: 195-226. [孙彩虹, 张学忠. 1982. 双翅目：食蚜蝇科, 花蝇科, 蝇科, 丽蝇科//中国科学院青藏高原综合科学考察队. 1982. 西藏昆虫（第2册）. 北京：科学出版社: 195-226.]

Sun G, Wu C G, Li T, Wei L M. 2015. Two new species of *Phaonia triseriata*-group (Diptera, Muscidae, *Phaonia*) from China. *Chinese Journal of Vector Biology and Control*, 26 (5): 500-502. [孙刚, 吴传刚, 李涛, 魏濂艨. 2015. 三列棘蝇种团二新种（双翅目：蝇科, 棘蝇属）. 中国媒介生物学及控制杂志, 26 (5): 500-502.]

Sun J H, Roques A, Zhang X D, Li H. 1995. New larch cone and seed insect pest—*Strobilomyia svenssoni* Michelsen. *Journal of Northeast Forestry University*, 23 (4): 10-13. [孙江华, Roques A, 张旭东, 李华. 1995. 落叶松球果的新害虫——斯氏球果花蝇初报. 东北林业大学学报, 23 (4): 10-13.]

Sun J H, Roques A, Zhang X D, Xu Y B. 1996. Egg morphology and oviposition patterns of the *Strobilomyia* spp. (Diptera: Anthomyiidae) flies damaging siberian larch cones in Northeastern China. *Entomologia Sinica*, 3 (2): 145-152. [孙江华, Roques A, 张旭东, 徐永波. 1996. 中国东北地区为害兴安落叶松球果花蝇卵的形态和产卵习性. 中国昆虫科学, 3 (2): 145-152.]

Sun J Z, Feng Y, Ma Z Y. 2001. A new species of *Phaonia* R.-D. from Western Sichuan, China (Diptera: Muscidae). *Chinese Journal of Vector Biology and Control*, 12 (4): 257-258. [孙进忠, 冯炎, 马忠余. 2001. 中国四川西部棘蝇属一新种（双翅目：蝇科）. 中国媒介生物学及控制杂志, 12 (4): 257-258.]

Sun J Z, Feng Y. 2004. Two new species of the genus *Phaonia* from Sichuan, China (Diptera: Muscidae). *Chinese Journal of Vector Biology and Control*, 15 (3): 192-193. [孙进忠, 冯炎. 2004. 中国四川省棘蝇属二新种（双翅目：蝇科）. 中国媒介生物学及控制杂志, 15 (3): 192-193.]

Sun J Z, Sun B Y, Ma Z Y. 1998. A new species of *Helina* R.-D. from China (Diptera: Muscidae). *Chinese Journal of Vector Biology and Control*, 9 (1): 28-29. [孙进忠, 孙宝业, 马忠余. 1998. 中国阳蝇属一新种（双翅目：蝇科）. 中国媒介生物学及控制杂志, 9 (1): 28-29.]

Sun Q Y, Ren G D. 1996. Taxonomic study on the family Syrphidae from Ningxia. *Journal of Ningxia Agricultural College*, 17 (3): 37-46. [孙全友, 任国栋. 1996. 宁夏蚜蝇科分类研究. 宁夏农学院学报, 17 (3): 37-46.]

Sun R L, Ren S J. 1995. Urethral myiasis caused by *Boettcherisca peregrina* (Robineau-Desvoidy, 1930). *Chinese Journal of*

Parasitic Diseases Control, 8: 50.

Sun X K. 1992. Notes on the genus *Norellia* from China (Diptera, Scathophagidae). *Sinozoologia*, 9: 323-326. [孙雪逵. 1992. 中国鬃粪蝇属种类的记述. 动物学集刊, 9: 323-326.]

Sun X K. 1993a. Diptera: Tachinidae. *In*: Huang C M. 1993. *Animals of Longqi Mountain*. The Series of the Bioresources Expedition to the Longqi Mountain Nature Reserve of Fujian. Beijing: China Forestry Publishing House: 704-713. [孙雪逵. 1993a. 双翅目: 寄蝇科//黄春梅. 1993. 龙栖山动物. 福建龙栖山自然保护区生物资源考察丛书. 北京: 中国林业出版社: 704-713.]

Sun X K. 1993b. Notes on two new species of the genus *Calozenillia* Townsend from China (Diptera: Tachinidae). *Sinozoologia*, 10: 441-443. [孙雪逵. 1993b. 中国拟彩寄蝇属二新种记述. 动物学集刊, 10: 441-443.]

Sun X K. 1993c. Notes on the genus *Cordilura* Fallén from China (Diptera, Scathophagidae). *Sinozoologia*, 5: 437-440. [孙雪逵. 1993c. 中国理粪蝇属种类的记述. 动物学集刊, 10: 437-440.]

Sun X K. 1994. Revision on the genus *Hermya* Robineau-Desvoidy from China (Diptera: Tachinidae). *Sinozoologia*, 11: 205-213. [孙雪逵. 1994. 中国贺寄蝇属分类研究. 动物学集刊, 11: 205-213.]

Sun X K. 1996. Studies on the genus *Lophosia* Meigen from China (Diptera: Phasiinae). *Acta Zootaxonomica Sinica*, 21 (1): 95-106. [孙雪逵. 1996. 中国罗佛寄蝇属研究 (双翅目: 突颜寄蝇亚科). 动物分类学报, 21 (1): 95-106.]

Sun X K. 1998a. Diptera: Hippoboscidae. *In*: Xue W Q, Chao C M. 1998. *Flies of China*. Vol. 2. Shenyang: Liaoning Science and Technology Publishing House: 2256-2265. [孙雪逵. 1998a. 双翅目: 虱蝇科//薛万琦, 赵建铭. 1998. 中国蝇类 (下册). 沈阳: 辽宁科学技术出版社: 2256-2265.]

Sun X K. 1998b. Diptera: Scathophagidae. *In*: Xue W Q, Chao C M. 1998. *Flies of China*. Vol. 1. Shenyang: Liaoning Science and Technology Publishing House: 626-633. [孙雪逵. 1998b. 双翅目: 粪蝇科//薛万琦, 赵建铭. 1998. 中国蝇类 (上册). 沈阳: 辽宁科学技术出版社: 626-633.]

Sun X K, Chao C M. 1992. A new species of *Zenilliana* from China (Diptera: Tachinidae). *Sinozoologia*, 9: 331-333. [孙雪逵, 赵建铭. 1992. 中国刀尾寄蝇属一新种. 动物学集刊, 9: 331-333.]

Sun X K, Chao C M. 1993. Notes on the genus *Pexopsis* Brauer *et* Bergenstamm from China (Diptera: Tachinidae). *Sinozoologia*, 10: 445-458. [孙雪逵, 赵建铭. 1993. 中国梳寄蝇属研究. 动物学集刊, 10: 445-458.]

Sun X K, Chao C M. 1994a. A new genus and species of tribe Sturmiini from China (Diptera: Tachinidae). *Acta Zootaxonomica Sinica*, 19 (4): 480-483. [孙雪逵, 赵建铭. 1994a. 中国丛毛寄蝇族一新属新种记述 (双翅目: 寄蝇科). 动物分类学报, 19 (4): 480-483.]

Sun X K, Chao C M. 1994b. Study on the Chinese species of *Phorocerosoma* Townsend (Diptera: Tachinidae). *Acta Zootaxonomica Sinica*, 19 (1): 119-121. [孙雪逵, 赵建铭. 1994b. 中国裸板寄蝇属研究 (双翅目: 寄蝇科). 动物分类学报, 19 (1): 119-121.]

Sun X K, Chao C M, Zhou S X, *et al*. 1993. Diptera: Tachinidae. *In*: Huang F S. 1993. *Insects of Wuling Mountains Area, Southwestern China*. Beijing: Science Press: 620-639. [孙雪逵, 赵建铭, 周士秀, 等. 1993. 双翅目: 寄蝇科//黄复生. 1993. 西南武陵山地区昆虫. 北京: 科学出版社: 620-639.]

Sun X K, Fan H D. 1992. Tachinids of Mt. Mogan (Diptera: Tachinidae). *Journal of Zhejiang Forestry College*, 9 (4): 499-500. [孙雪逵, 樊厚德. 1992. 浙江莫干山的寄蝇 (双翅目: 寄蝇科). 浙江林学院学报, 9 (4): 499-500.]

Sun X K, Liang E Y, Qiao Y, *et al*. 1992. Diptera: Tachinidae. *In*: Peng J W, Leu Y Q. 1992. *Iconography of Forest Insects in Hunan China*. Changsha: Hunan Science and Technology Press: 1163-1207. [孙雪逵, 梁恩义, 乔阳, 等. 1992. 双翅目: 寄蝇科//彭建文, 刘友樵. 1992. 湖南森林昆虫图鉴. 长沙: 湖南科学技术出版社: 1163-1207.]

Sun X K, Marshall S A. 1995. Two new species of *Cylindromyia* Meigen (Diptera, Tachinidae), with a review of the eastern Palaearctic species of the genus. *Studia Dipterologica*, 2: 189-202.

Sun X K, Marshall S A. 2003. Systematics of *Phasia* Latreille (Diptera: Tachinidae). *Zootaxa*, 276: 1-320.

Sun X Q, He J L. 1995. Two new records of Syrphidae (Diptera) from China. *Journal of Shanghai Agricultural College*, 13 (3): 234. [孙兴全, 何继龙. 1995. 中国食蚜蝇科二新记录. 上海农学院学报, 13 (3): 234.]

Sun Y, Tong Y F, Xue W Q. 2003. Studies on *Lispocephala* Pokorny of China (Diptera: Muscidae). *Journal of Shenyang Normal University* (*Natural Science*), 21 (2): 139-142. [孙元, 佟艳丰, 薛万琦. 2003. 中国溜芒蝇属*Lispocephala* Pokorny初步研究 (双翅目: 蝇科). 沈阳师范大学学报 (自然科学版), 21 (2): 139-142.]

Sundaran A K, Gupta J P. 1991. The species pf the genus *Mycodrosophila* Oldenberg (Diptera: Drosophilidae) from India. *Zoological Science*, 8: 371-376.

Surcouf J M R. 1914a. Note sur Stasisia rodhaini Gedoelst. *Révue Zoologique Africaine*, 3: 475-479.

Surcouf J M R. 1914b. Révision des Muscidae testaceae. *Nouvelles Archives du Muséum d'Histoire Naturelle de Paris*, 6 (5): 27-124.

Šuster P M. 1936. Contribution a la faune syrphidologique de la Roumanie. *C. R. Séanc. Acad. Sci. Roum*, 1: 236-239.

Šuster P M. 1943. Syrphides de Roumanie. *Bull. Sect. Sci., Bucharest Acad. Romana.*, 25: 557-570.

Šuster P M. 1959. Diptera, Syrphidae. *In*: *Fauna Republicii Populare Romîne*, *Insecta*, 11 (3): 1-286.

Šuster P M, Zilberman S. 1958. Contributii la cunoasterea faunei Syrphidelor (Diptera) din R.P.R. *Studii Cerc. Stiint. Iăsi. Ser. Biol. Stiint. Agric*, 9: 321-333.

Suwa M. 1970. On the Japanese species of the genus *Hydrophoria* Robineau-Desvoidy, with descriptions of a new species (Diptera: Anthomyiidae). *Kontyû*, 38: 246-251.

Suwa M. 1974. Anthomyiidae of Japan (Diptera). *Insecta Matsumurana* (*New Series*), 4: 1-247.

Suwa M. 1977a. Supplementary notes on the family Anthomyiidae of Japan, I (Diptera). *Insecta Matsumurana* (*New Series*), 10: 1-16.

Suwa M. 1977b. Anthomyiidae collected by the Hokkaido University expeditions to Nepal Himalaya, 1968 and 1975. *Insecta Matsumurana* (*New Series*), 10: 17-51.

Suwa M. 1978a. Biological notes on *Leucophora sericea* Robineau-Desvoidy with description of the third instar larva (Diptera: Anthomyiidae). *Akitu* (*n. s.*), 19: 1-6.

Suwa M. 1978b. Description of a new species of the genus *Lasiomma* Stein reared from brown bear dung (Diptera: Anthomiidae). *Akitu* (*n. s.*), 16: 1-4.

Suwa M. 1979. Description of a new species of the genus *Emmesomyia* Malloch reared from cow dung (Diptera: Anthomyiidae). *Akitu* (*n. s.*), 27: 1-6.

Suwa M. 1981a. Notes on Anthomyiidae (Diptera) from Korea, with description of a new species. *Kontyû*, 49 (1): 102-108.

Suwa M. 1981b. Notes on the Anthomyiidae from Sakhalin and the Kuriles (Diptera). *Insecta Matsumurana* (*New Series*), 22: 1-14.

Suwa M. 1981c. Some Anthomyiidae from India (Diptera). *Insecta Matsumurana* (*New Series*), 22: 15-28.

Suwa M. 1982. Some new records of Anthomyiidae from Korea (Diptera). *Kontyû*, 50 (3): 502.

Suwa M. 1983a. Notes on Korean Anthomyiidae, with descriptions of a two new species and one new subspecies (Diptera). *Nature & Life*, 13 (2): 23-44.

Suwa M. 1983b. Notes on the genus *Hylemya* Robineau-Desvoidy in Taiwan (Diptera: Anthomyiidae). *Akitu* (*n. s.*), 53: 1-16.

Suwa M. 1983c. Some Japanese species of the genus *Pegohylemyia*, with description of a new species (Diptera: Anthomyiidae). *Procedings of the Japanese Society of Systematic Zoology*, 26: 44-50.

Suwa M. 1983d. Supplementary notes on the family Anthomyiidae of Japan (Diptera), I. *Akitu* (*n. s.*), 52: 1-20.

Suwa M. 1984a. Supplementary notes on the family Anthomyiidae of Japan (Diptera), I. *Insecta Matsumurana* (*New Series*), 29: 39-57.

Suwa M. 1984b. The alticola group of *Pegomya*, with descriptions of some new species from Taiwan of China and Nepal (Diptera: Anthomyiidae). *Insecta Matsumurana* (*New Series*), 29: 1-38.

Suwa M. 1985. Redescription of *Hydrophoria aberrans* Stein from Taiwan (Diptera: Anthomyiidae). *Akitu* (*n. s.*), 74: 1-10.

Suwa M. 1986. Supplementary notes on the family Anthomyiidae of Japan (Diptera), IV. *Insecta Matsumurana* (*New Series*), 34: 35-52.

Suwa M. 1987. The genus *Anthomyia* in Palaearctic Asia (Diptera: Anthomyiidae). *Insecta Matsumurana* (*New Series*), 36: 1-37.

Suwa M. 1989a. Notes on the genus *Chiastocheta* in Japan, with description of a new species (Diptera: Anthomyiidae). *Akitu* (*n. s.*), 110: 1-14.

Suwa M. 1989b. The genus *Hylemya* in Nepal, with descriptions of two new species (Diptera: Anthomyiidae). *Insecta Matsumurana* (*New Series*), 42: 1-29.

Suwa M. 1990. A new species of *Pegoplata* from Japan (Diptera: Anthomyiidae). *Procedings of the Japanese Society of Systematic Zoology*, 42: 46-50.

Suwa M. 1991a. Discovery of two additional species of *Phorbia* from Japan (Diptera: Anthomyiidae). *Japanese Journal of Entomology*, 59 (1): 57-62.

Suwa M. 1991b. A revision of the genus *Emmesomyia* Malloch in Japan (Diptera: Anthomyiidae). *Insecta Matsumurana* (*New Series*), 45: 1-48.

Suwa M. 1994a. A new species closely related to *Phorbia fascicularis* Tiensuu (Diptera, Anthomyiidae). *Japanese Journal of Entomology*, 62 (3): 529-536.

Suwa M. 1994b. Some species of the genus *Delia* from Taiwan, with description of a new species (Diptera: Anthomyiidae). *Procedings of the Japanese Society of Systematic Zoology*, 51: 63-68.

Suwa M. 1996. Some species of the genus *Botanophila* from Taiwan with discription of three new species (Diptera, Anthomyiidae), *Oriental Insects*, 30: 137-157.

Suwa M. 1999. Japanese records of Anthomyiidae files (Diptera: Anthomyiidae). *Insecta Matsumurana* (*New Series*), 55: 203-244.

Suwa M. 2005. Supplementary notes on the family Anthomyiidae of Japan (Diptera), 6. *Insecta Matsumurana* (*New Series*), 61: 87-106.

Suwito A, Watabe H, Toda M J. 2013. Review of the *Drosophila* (*Drosophila*) *quadrisetata* species group (Diptera: Drosophilidae), with descriptions of three new species from the Oriental Region. *Entomoligical Science*, 16: 66-82.

Swederus N S. 1787. *Et* nytt genus och femtio nya species af insecter. *Kongliga Vetenskaps Academiens Nya Handlingar*, (2) 8: 181-201, pl. 8, 276-290.

Sychevskaya V I. 1960. On the morphology and biology of synantropic species of the genus *Fannia* R.-D. (Diptera: Muscidae). *Entomologicheskoe Obozrenie*, 39: 349-360.

Sze T W, Pape T, Toole D K. 2008. The first blow fly parasitoid takes a head start in its termite host (Diptera: Calliphoridae, Bengaliinae; Isoptera: Macrotermitidae). *Systematics et Biodiversity*, 6 (1): 25-30.

Szilády Z. 1926. Dipterenstudien. *Annales Historico-Naturales Musei Nationalis Hungarici*, 24: 586-611.

Szilády Z. 1934. Beitrage zur Dipterenfauna Bulgariens. *Mitteilungen der Bulgarischen Entomologischen Gesellschaft in Sofia*, 8: 145-151.

Szilády Z. 1935a. Die ungarischen Dasselfliegen. *Állattani Közlemények*, 32 (3-4): 136-140.

Szilády Z. 1935b. Über Palaearktische Syrphiden. I. *Annales Historico-Naturales Musei Nationalis Hungarici*, (Zool.) 29: 213-216.

Szilády Z. 1939. Über Palaearktischen Syrphiden. III. *Annales Historico-Naturales Musei Nationalis Hungarici*, (Zool.) 32: 136-140.

Szilády Z. 1940. Über Palaearktischen Syrphiden. IV. *Annales Historico-Naturales Musei Nationalis Hungarici*, (Zool.), 33: 54-70.

Szpila K, Pape T. 2008. Morphological diversity of first instar larvae in *Miltogramma* subgenus *Pediasiomyia* (Diptera: Sarcophagidae, Miltogramminae). *Zoologischer Anzeiger*, 247: 259-273.

Tachi T. 2013. Systematic study of the genera *Phryno* Robineau-Desvoidy and *Botria* Rondani in the Palearctic Region, with discussions of their phylogenetic positions (Diptera, Tachinidae). *Zootaxa*, 3609: 361-391.

Tachi T, Shima H. 1998. A systematic study of the genus *Actia* Robineau-Desvoidy of Japan (Diptera: Tachinidae). *Entomological Science*, 1: 441-463.

Tachi T, Shima H. 2000. Taxonomic study of the genus *Ceromya* Robineau-Desvoidy of Japan (Diptera: Tachinidae). *Beiträge zur Entomologie*, 50: 129-150.

Tachi T, Shima H. 2002. Systematic study of the genus *Peribaea* Robineau-Desvoidy of East Asia (Diptera: Tachinidae). *Tijdschrift voor Entomologie*, 145: 115-144.

Tachi T, Shima H. 2006a. Review of genera *Entomophaga* and *Proceromyia* (Diptera: Tachinidae). *Annals of the Entomological Society of America*, 99: 41-57.

Tachi T, Shima H. 2006b. Systematic study of the genus *Phorinia* Robineau-Desvoidy of the Palearctic, Oriental and Oceanian Regions (Diptera: Tachinidae). *Invertebrate Systematics*, 20: 255-287.

Tachi T, Shima H. 2008. Phylogenetic relationships of subgenera of the genus *Exorista* Meigen, with a revision of the Japanese species (Diptera: Tachinidae). *Entomological Science*, 11: 419-448.

Takada H. 1968. *Drosophila* survey of Hokkaido, XXVI. Descriptions of Three new speceis of Drosophilidae from Japan. *Journal of the Faculty of General Education, Sapporo University*, 1: 119-127.

Takada H. 1970. *Scaptomyza* (*Parascaptomyza*) *pallida* (Zetterstedt) and two related new species, *S.* (*P.*) *elmoi* n. sp. and *S.* (*P.*) *himalayana* n. sp. (Diptera: Drosophilidae). *Annotationes Zoologicae Japoneses*, 43: 142-147.

Takada H. 1976. Distribution and population constitution of *Drosophila* in Southeast Asia and Oceania III. The genus *Zygothrica* with description of three new species. *Kontyû*, 44: 65-72.

Takada H, Beppu K, Toda M J. 1979. *Drosophila* survey of Hokkaido, XXXVI. New and unrecorded species of Drosophilidae (Diptera). *Journal of the Faculty of General Education, Sapporo University*, 14: 105-129.

Takada H, Maekawa H. 1984. *Drosophila* survey of Hokkaido, XXXIX. Description of the genus *Nesiodrosophila* Wheeler and Takada (Diptera, Drosophilidae) from northern Hokkaido, Japan. *Journal of the Faculty of General Education and Woman's Junior College, Sapporo University*, 25: 41-44.

Takada H, Makino H. 1981. A *Drosophila* survey of Iriomote Island, Okinawa, Japan. *Journal of the Faculty of General Education and Women's Junior College, Sapporo University*, 19: 27-35.

Takada H, Momma E. 1975. Distribution and population constitution of *Drosophila* in South East Asia and Oceania. II. Drosophilidae in the suburbs of Kuala Lumpur, West Malaysia. *Journal of the Falculty of Science, Hokkaido University, Ser. VI, Zoology*, 20 (1): 9-48.

Takada H, Momma E, Shima T. 1973. Distribution and population constitution of *Drosophila* in South East Asia and Oceania. I. Drosophilidae at Mt. Kinabalu, East Malaysia. *Journal of the Falculty of Science, Hokkaido University, Series VI, Zoology*, 19: 73-94.

Takada H, Okada T. 1957. Occurrence of a new species of the virilis group in Hokkaido. *Drosophila Information Service*, (31): 164.

Takada H, Okada T. 1958. *Drosophila* survey of Hokkaido. VI. A new species of the virilis group of the genus *Drosophila* (Diptera). *Japanese Journal of Zoology*, 12: 133-137.

Takagi S A. 1962. A revision of *Conicera japonica* Matsumura. *Insect Matsumura*, 25 (1): 44-45.

Takamori H, Okada T. 1983. *Drosophila trukubaensis*, a new species of the *obscura* group of the genus *Drosophila* (Diptera, Drosophilidae) from Japan. *Kontyû*, 51 (2): 265-268.

Takamori H, Watabe H A, Fuyama Y, Zhang Y P, Aotruka T. 2006. *Drosophila subpulchrella*, A new species of the *Drosophila suzukii* species subgroup from Japan and China (Diptera: Drosophilidae). *Entomological Science*, 9: 121-128.

Takano S. 1950. Phasiidae, Rhinophoridae, Tachinidae and Dexiidae. *In*: Ishii T, Uchida S, Esaki T, Kawamura S, Kinoshita S, Kuwayama S, Shiraki T, Yuasa H. 1950. *Iconographia Insectorum Japonicorum*. Tokyo: Editio Secunda, Reformata. Hokuryukan: 1690-1692, 1699-1720.

Tan C C, Hsu T C, Sheng T C. 1949. Known *Drosophila* species in China with descriptions of twelve new species. *The University of Texas Publication*, 4920: 1-223.

Tanasijtshuk V N. 1958. New species of the genus *Leucopis* (Diptera, Chamaemyiidae) from Leningrad region. *Trudy Zoologicheskogo Instituta*, 24: 89-98.

Tanasijtshuk V N. 1959. Species of the genus *Leucopis* Mg. (Diptera, Chamaemyiidae) from the Crimea. *Entomologicheskoe Obozrenie*, 38 (4): 923-940.

Tanasijtshuk V N. 1961. Arten der Gattung *Leucopis* aus dem Nordlichen Kaukasus (Diptera, Chamaemyiidae). *Beiträge zur Entomologie*, 11 (7-8): 872-889.

Tanasijtshuk V N. 1963. On the biology of the genus *Parochthiphila* Cherny (Diptera, Chamaemyiidae). *Zoologičheskiĭ Žhurnal*, 42 (12): 1876-1880.

Tanasijtshuk V N. 1966. New species of the genus *Leucopis* (Diptera, Chamaemyiidae) from south-western Kazakhstan. *Trudy Zoologicheskogo Instituta Akademii Nauk SSSR*, 37: 233-236.

Tanasijtshuk V N. 1968. Palaearctic species of the genus *Parochthiphila* (Diptera, Chamaemyiidae). *Entomologicheskoe Obozrenie*, 47 (3): 633-651.

Tanasijtshuk V N. 1970a. Palaearctic species of the genus *Chamaemyia* Panz. (Diptera, Chamaemyiidae) from the collection of the Zoological Institute of the Academy of Science, USSR. *Entomologicheskoe Obozrenie*, 49 (1): 227-243.

Tanasijtshuk V N. 1970b. 69. Family Chamaemyiidae (Ochthiphilidae). *In*: Bei-Bienko G A. 1970. *Opredelitel' Nasekomykh Evropeiskoi Chasti SSSR*, 5 (2): 1-943. "Nauka", Leningrad: 206-215.

Tanasijtshuk V N. 1970c. Flies of the family Chamaemyiidae from Mongolia. *Annales Historico-Naturales Musei Nationalis Hungarici*, 62: 297-315.

Tanasijtshuk V N. 1978. Types of *Leucopis* Mall. (Diptera, Chamaemyiidae) species, described by Aczél. *Annales Historico-Naturales Musei Nationalis Hungarici*, 70: 233-235.

Tanasijtshuk V N. 1986. Silver-flies (Chamaemyiidae). *Fauna of the USSR*, New Series 134, Diptera. Vol. 4. Zoological Institute of the Russian Academy of Sciences, Nauka Publishers, St. Petersburg: 1-335.

Tanasijtshuk V N. 1996. Silver flies (Diptera, Chamaemyiidae) of Australia. *International Journal of Dipterological Research*, 7 (1): 1-62.

Tanasijtshuk V N, Remaudiere G, Leclant F. 1976. Diptera Chamaemyiidae predateurs de pucerons *et* de cochenilles en France. *Annales de la Société Entomologique de France* (*N. S.*), 12 (4): 691-698.

Tang H, Wang X W, Tang G H, Jang S H. 2003. Two gum myiasis case reports caused by Wohlfahrtia magnifica. *Chinese Journal of Parasitology and Parasitic Diseases*, 21 (1): 30. [唐慧, 王晓闻, 唐光辉, 姜素华. 2003. 黑须污蝇所致的齿龈蝇蛆病两例报告. 中国寄生虫学与寄生虫病杂志, 21 (1): 30.]

Tao C C, Chiu S C. 1971. *Biological control of citrus, vegetables and tobacco aphids*. Taipei: Special Publication, Taiwan Agricultural Research Institute, 10: 1-110.

Tenorio J M. 1972. A revision of the Celyphidae (Diptera) of the Oriental region. *Transactions of the Royal Entomological Society of London*, 123 (4): 359-453.

Tenorio J M. 1977. Family Celyphidae. *In*: Delfinado M D, Hardy D E. 1977. *A Catalogue of the Diptera of the Oriental Region*. Vol. 3. Honolulu: University Press of Hawaii: 215-222.

Teschner D. 1978. *Chirosia cepelaki* nov. spec. Aus der Kleinen Fatra, Solwakei. *Biologia* (*Bratislava*), 33 (11): 911-914.

Thalhammer J. 1898. *Elachiptera pubescens* n. sp. Dipterorum. *Természetrajzi Füzetek*, 21: 164.

Thalhammer J. 1913. *Neuropachys brachyptera* n. gen. *et* n. sp. Dipterorum (Chloropidae). *Annales de la Société Scientifique de Bruxelles*, 37: 342-343.

Theodor O. 1954. 66a. Nycteribiidae. *In*: Lindner E. 1954. Die Fliegen der Paläearktischen Region. *E. Schweizerbartische Verlagsbuchhandlung*, 12: 1-44.

Theodor O. 1959. A revision of the genus *Cyclopodia* (Nycteribiidae, Diptera). *Parasitology*, 49: 242-308.

Theodor O. 1966. Über neue Nycteribiiden-Arten aus der Mongolei. *Mitteilungen aus dem Zoologischen Museum in Berlin*, 42: 197-210.

Thomas H T. 1949. New species of Oriental *Sarcophaga* Meigen (Diptera: Sarcophagidae) with a note on the systematic importance of the postsutural dorsocentral bristles in that genus. *Proceedings of the Royal Entomological Society of London*, (Series B) 18 (9-10): 163-174.

Thomas H T. 1951. Some species of the blow-fly genera *Chrysomyia* R.-D., *Lucilia* R.-D., *Hemipyrellia* Tnsd. and *Calliphora* R.-D. from South-Eastern Czechuan, China. *Proceedings of the Royal Zoological Society of London*, 121 (1): 147-200.

Thompson F C. 1974a. The genus *Pterallastes* Loew (Diptera: Syrphidae). *Journal of the New York Entomological Society*, 82: 15-29.

Thompson F C. 1974b. The genus *Spheginobaccha* de Meijere (Dipterea: Syrphidae). *Transactions of the American Entomological Society*, 100: 255-287.

Thompson F C. 1975. The genus *Palumbia* Rondani (Diptera: Syrphidae). *Proceedings of the Entomological Society of Washington*, 77 (2): 194-211.

Thompson F C. 1979. A new *Pterallastes* species from China (Diptera: Syrphidae). *Pan-Pacific Entomologist*, 54: 297-299.

Thompson F C. 1980. Proper placement of some Palaeartic "*Syrphus*" species (Diptera). *Proceedings of the Entomological Society of Washington*, 82: 513.

Thompson F C. 1981. The flower flies of the West Indies (Diptera: Syrphidae). *Memoirs of the Entomological Society of Washington*, 9: 1-200.

Thompson F C. 1988. Syrphidae (Diptera) described from unknown localitior. *Journal of the New York Entomological Society*, 96 (2): 200-229.

Thompson F C. 1999. A key to the genera of the flower flies (Diptera: Syrphidae) of the Neotropical Region including descriptions of new genera and species and a glossary of taxonomic terms used. *Contributions on Entomology, International*, 3 (3): 320-378.

Thompson F C, Evenhuis N L, Sabrosky C W. 1999. Bibliography of the family-group names of Diptera. *Myia*, 10: 361-574.

Thompson F C, Pont A C. 1993. Systematic database of *Musca* names (Diptera). A Catalog of name associated with the genus, group name *Musca* Linnaneus with information on their classification distribution and documention. *Theses Zoologicae*, 20: 1-221.

Thomson C G. 1868. 6. Diptera. Species nova descripsit. *Kungliga Svenska Vetenska Vetenskaps Akademiens Handlingar*, 2: 443-614.

Thomson C G. 1869. Diptera. Species novas descripsit. *In*: *Kongliga Svenska Fregatten Eugenies Resa Omkring Jorden Under Befäl af C. A. Virgin, åren 1851-1853. Vetenskapliga Iakttagelser på H.M. Konung Oscar den Förstes Befallning Utgifna af K. Svenska Vetenskaps-Akademien*. Vol. II. Zoologi. 1. Insecta. P.A. Norstedt *et* Söner, Stockholm. [1868]: 443-614 + pl. 9.

Throckmorton L H. 1975. The phylogeny, ecology and geography of *Drosophila*. *In*: "Handbook of Genetics", (R. C. King ed.) 3. New York: Plenum Publ: 421-469.

Thunberg C P. 1791. *D. D. Museum Naturalium Academiae Upsaliensis*. Appendix II. Upsaliae [= Uppsala]: [i] + 123-130.

Tian Z F. 2000. A new species of the genus *Coenosia* from Neimenggu Autonomous Region, China (Diptera: Muscidae). *Chinese Journal of Vector Biology and Control*, 11 (4): 243-244. [田兆丰. 2000. 内蒙古秽蝇属一新种记述 (双翅目：蝇科). 中国媒介生物学及控制杂志, 11 (4): 243-244.]

Tian Z F, Ma Z Y. 1999. A new species of the genus *Delia* Robineau-Desvoidy from China (Dipteral: Anthomyiidae). *Acta Zootaxonomica Sinica*, 24 (2): 217-219. [田兆丰, 马忠余. 1999. 中国地种蝇属一新种记述 (双翅目：花蝇科). 动物分类学报, 24 (2): 217-219.]

Tian Z F, Ma Z Y. 2000. A new species of the genus *Lispe* Latreille from Neimenggu, China (Dipteral: Muscidae). *Acta Zootaxonomica Sinica*, 25 (2): 212-213. [田兆丰, 马忠余. 2000. 中国内蒙古溜蝇属一新种记述 (双翅目：蝇科). 动物分类学报, 25 (2): 212-213.]

Tian Z F, Xue W Q. 1999. A new species of the genus *Fannia* from Inner Mongolia Autonomous Region, China (Diptera: Fanniidae). *Zoological Research*, 20 (1): 58-59. [田兆丰, 薛万琦. 1999. 内蒙古厕蝇属一新种 (双翅目：厕蝇科). 动物学研究, 20 (1): 58-59.]

Tief W. 1886. Seltene Dipterenfunde aus Kärnten. *Jahrbuch des Naturhistorischen Landes Museums von Kärnten*, 18: 63-73.

Tiensuu L. 1936. Die bisher aus Finnland bekannten Musciden. *Acta Societatis pro Fauna et Flora Fennica*, 58 (4) (1935): 1-56.

Tiensuu L. 1938. Beiträge zur Kenntnis der Musciden (Diptera) Finnlands. 1. *Annales Entomologici Fennici*, 4: 21-33.

Tiensuu L. 1939. Beiträge zur Kenntnis der Musciden (Diptera) Finnlands. 2. *Annales Entomologici Fennici*, 5: 241-255.

Tiensuu L. 1946. Beiträge zur Muscidenfauna Nordeuropas (Diptera). *Annales Entomologici Fennici*, 12: 63-68.

Toda M J. 1983. Two species of the subgenus *Lordiphosa* Basden of the genus *Drosophila* (Diptera, Drosophilidae) from Japan. *Kontyû*, 51 (3): 468-473.

Toda M J. 1986a. Drosophilidae (Diptera) in Burma. I. The sub-genus *Dorsilopha* Sturtevant of the genus *Drosophila*, with descriptions of two new species. *Kontyû*, 54: 282-290.

Toda M J. 1986b. Drosophilidae (Diptera) in Burma. II. The *Drosophila immigrans* species-group of the subgenus *Drosophila*. *Kontyû*, 54: 634-653.

Toda M J. 1988. Drosophilidae (Diptera) in Burma. III. The subgenus *Drosophila* excepting the *immigrans* species group. *Kontyû*, 56 (3): 625-640.

Toda M J. 1989. Three new and one newly recorded species of Drosophilidae (Diptera) from Japan. *Japanese Journal of Entomology*, 57 (2): 375-382.

Toda M J. 1991. Drosophilidae (Diptera) in Myanmar (Burma) VII. The *Drosophila melanogaster* species-group, excepting the *montium* species subgroup. *Oriental Insects*, 25: 69-94.

Toda M J, Peng T X. 1989. Eight species of the subgenus *Drosophila* (Diptera: Drosophilidae) from Guangdong Province, Southern China. *Zoological Science*, 6: 155-166.

Toda M J, Peng T X. 1990. Eight new species of the subgenus *Phortica* (Diptera: Drosophilidae, *Amiota*) from Guangdong Procinve, Southern China. *Entomotaxonomia*, 12 (1): 41-55. [户田正宪, 彭统序. 1990. 广东*Amiota*属*Phortica*亚属八新种 (双翅目：果蝇科). 昆虫分类学报, 12 (1): 41-55.]

Toda M J, Peng T X. 1992. Some species of the subfamily Steganinae (Diptera, Drosophilidae) from Guangdong Province, southern China. *Annales de la Societe Entomologique de France* (*N. S.*), 28 (2): 201-213.

Toda M J, Riihimaa A, Fuyama Y. 1987. Additional notes on drosophilid flies (Diptera, Drosophilidae) in the Bonin Islands, with discriptions of two new species. *Kontyû*, 55: 240-258.

Toda M J, Sidorenko V S, Watabe H, Sergey K K, Vinokurov N N. 1996. A revision of the Drosophilidae (Diptera) in East Siberia and Russian Far East: Taxonomy and biogeography. *Zoological Science*, 13: 455-477.

Tong Y F, Xue W Q, Wang M F. 2004. Three new species of *Limnophora* R.-D. (Diptera, Muscidae) from Tibet, China. *Acta Zootaxonomica Sinica*, 29 (3): 578-581. [佟艳丰, 薛万琦, 王明福. 2004. 西藏池蝇属三新种 (双翅目，蝇科). 动物分类学报, 29 (3): 578-581.]

Tothill J D. 1918. Some new species of Tachinidae from India. *Bulletin of Entomological Research*, 9: 47-60.

Tothill J D. 1922. The natural control of the fall webworm (*Hyphantria cunea* Drury) in Canada together with an account of its several parasites. *Bulletin of the Canada Department of Agriculture*, N. Ser. 3: 1-107 + pls. 1-6.

Townsend C H T. 1892. Notes on North American Tachinidae, sens. str. with descriptions of new genera and species. Paper III. *Transactions of the American Entomological Society*, 19: 88-132.

Townsend C H T. 1893. Hosts of North American Tachinidae, etc., I. *Psyche*, 6: 466-468.

Townsend C H T. 1908. The taxonomy of the Muscoidea flies, including descriptions of new genera and species. *Smithsonian Miscellaneous Collections*, Washington, 51 (2): 1-138.

Townsend C H T. 1909a. Descriptions of some new Tachinidae. *Annals of the Entomological Society of America*, 2: 243-250.

Townsend C H T. 1909b. Note on *Eupeleteria*, Townsend and allied genera. *Canadian Entomologist*, 41: 244.

Townsend C H T. 1911. Review of work by Pantel and Portchinski on reproductive and early stage characters of muscoid flies. *Proceedings of the Entomological Society of Washington*, 13: 151-170.

Townsend C H T. 1912. A readjustment of muscoid names. *Proceedings of the Entomological Society of Washington*, 14: 45-53.

Townsend C H T. 1915a. Correction of the misuse of the generic name *Musca*, with description of two new genera. *Journal of the Washington Academy of Sciences*, 5: 433-436.

Townsend C H T. 1915b. New Canadian and Alaskan Muscoidea. *Canadian Entomologist*, 47: 285-292.

Townsend C H T. 1915c. Proposal of new muscoid genera for old species. *Proceedings of the Biological Society of Washington*, 28: 19-23.

Townsend C H T. 1915d. Synonymical notes on Muscoidea. *Insecutor Inscitiae Menstruus*, 3: 115-122.

Townsend C H T. 1916a. Designations of muscoid genotypes, with new genera and species. *Insecutor Inscitiae Menstruus*, 4: 4-12.

Townsend C H T. 1916b. Elucidations of New England Muscoidea. *Insecutor Inscitiae Menstruus*, 4: 17-33.

Townsend C H T. 1916c. New genera and species of Australian Muscoidea. *Canadian Entomologist*, 48: 151-160.

Townsend C H T. 1916d. New genera and species of muscoid flies. *Proceedings of the United States National Museum*, 51 (2152): 299-323.

Townsend C H T. 1916e. New muscoid genera (Dip.). *Entomological News*, 27: 178.

Townsend C H T. 1916f. Diagnosis of new genera of muscoid flies founded on old species. *Proceedings of the United States National Museum*, 49: 617-633.

Townsend C H T. 1917a. New genera and species of American muscoid Diptera. *Proceedings of the Biological Society of Washington*, 30: 43-50.

Townsend C H T. 1917b. XII. Indian flies of the subfamily Rhiniinae. *Records of the Indian Museum*, 13 (4): 185-202.

Townsend C H T. 1918. New muscoid genera, species and synonymy (Diptera). *Insecutor Inscitiae Menstruus*, Washington, 6 (7-9): 151-156.

Townsend C H T. 1919a. New genera and species of muscoid flies. *Proceedings of the United States National Museum*, 56 (No. 2301): 541-592.

Townsend C H T. 1919b. New muscoid genera, species and synonymy (Diptera) [concl.] *Insecutor Inscitiae Menstruus*, (1918) 6: 157-182.

Townsend C H T. 1921. Some new muscoid genera ancient and recent. *Insecutor Inscitiae Menstruus*, 9: 132-134.

Townsend C H T. 1925. Fauna Sumatrensis. (Beitrag Nr. 8). Calirrhoinae (Diptera, Muscoidea). *Entomologische Mitteilungen*, 14: 250-251.

Townsend C H T. 1926a. Fauna Sumatrensis. (Beitrag No. 25). Diptera Muscoidea II. *Supplementa Entomologica*, 14: 14-42.

Townsend C H T. 1926b. New Holarctic Muscoidea (Diptera). *Insecutor Inscitiae Menstruus*, 14: 24-41.

Townsend C H T. 1926c. New muscoid flies of the Oriental, Australian and African faunas. *Philippine Journal of Science*, 29 (4): 529-544.

Townsend C H T. 1927a. Fauna Sumatrensis. (Beitrag Nr. 50). Diptera Muscoidea III. *Supplementa Entomologica*, 16: 56-76.

Townsend C H T. 1927b. New muscoid flies in the collection of the Deutsches Entomologisches Institut in Berlin. *Entomologische Mitteilungen*, 16 (4): 277-287.

Townsend C H T. 1927c. New Philippine Muscoidea. *Philippine Journal of Science*, 33: 279-290.

Townsend C H T. 1927d. Synopse dos generos muscideos da região humida tropical da America, con generos e especies novas. *Revista do Museu Paulista*, 15: 203-385 + pls. 1-4 + [4 (Errata)].

Townsend C H T. 1928. New Muscoidea from the Philippines Region. *Philippine Journal of Science*, 34 [1927]: 365-397.

Townsend C H T. 1931. Notes on Old-World oestromuscoid types. Part I. *Annals and Magazine of Natural History*, (10) 8: 369-391.

Townsend C H T. 1932a. New genera and species of Old World oestromuscoid flies. *Journal of the New York Entomological Society*, 40: 439-479.

Townsend C H T. 1932b. Notes on Old-World oestromuscoid types. Part II. *Annals and Magazine of Natural History*, (10) 9: 33-57.

Townsend C H T. 1934a. Muscoid notes and descriptions. *Revista de Entomologia do Rio de Janeiro*, 4: 110-112.

Townsend C H T. 1934b. New name of *Cypselopteryx* T. T. (Diptera: Anthomyiidae). *Entomological News*, 45: 20.

Townsend C H T. 1935. *Manual of myiology in Twelve Parts*. Part II. *Muscoid Classification and Habits*. São Paulo, Brasil: Charles Townsend and Filhos, Itaquaquecetuba: 1-289.

Townsend C H T. 1936a. *Manual of Myiology in Twelve Parts*. Part III. *Oestroid Classification and Habits. Gymnosomatidae to Tachinidae*. Itaquaquecetuba, São Paulo: Privately Published: 1-255.

Townsend C H T. 1936b. *Manual of Myiology in Twelve Parts*. Part IV. Oestroid classification and habits. Dexiidae and Exoristidae. Itaquaquecetuba, São Paulo: Privately Published: 1-303.

Townsend C H T. 1937. *Manual of Myiology in Twelve Parts*. Part V. *Muscoid Genetic Diagnoses and Data. Glossinini to Agriini*. Itaquaquecetuba, São Paulo: Charles Townsend *et* Filhos: 1-232.

Townsend C H T. 1938a. *Manual of myiology in Twelve Parts*. Part VI. *Muscoid Generic Diagnoses and Data. Stephanostomatini to Moriniini*. Itaquaquecetuba, São Paulo, Brasil: Charles Townsend and Fihos: 1-309.

Townsend C H T. 1938b. *Manual of Myiology in Twelve Parts*. Part VII. Oestroid generic diagnoses and data. Gymnosomatini to Senostomatini. Itaquaquecetuba, São Paulo: Privately Published: 1-434.

Townsend C H T. 1939. *Manual of Myiology in Twelve Parts*. Part IX. Oestroid generic diagnoses and data. Thelairini to Clythoini. Itaquaquecetuba, São Paulo: Privately Published: 1-270.

Townsend C H T. 1940. *Manual of Myiology in Twelve Parts*. Part X. Oestroid generic diagnoses and data. Anacamptomyiini to Frontinini. Itaquaquecetuba, São Paulo: Privately Published: 1-335.

Townsend C H T. 1941. *Manual of Myiology in Twelve Parts*. Part XI. Oestroid generic diagnoses and data. Goniini to Trypherini. Itaquaquecetuba, São Paulo: Privately Published: 1-342.

Townsend C H T. 1985. Taxonomie forstlich wichtiger Parasiten: Untersuchungen zur Struktur des männlichen Postabdomens der Raupenfliegen (Diptera, Tachinidae). *Stuttgarter Beiträge zur Naturkunde*, Ser. A (Biologie), 383: 1-137.

Trost P. 1801. *Kleiner Beytrag zur Entomologie in einem Verzeichnisse der Eichstettischen bekannten und neuentdekten Insekten mit Anmerkungen fur Kenner and Liebhaber*. Erlangen: Johann Jakob Palm: i-viii + 1-71.

Tryon H. 1894. The bean maggot. *Transaction of Natural History Society of Queensland*, 1: 4-7.

Tsacas L. 1980. Family Drosophilidae. *In*: Crosskey R W. 1980. *Catalogue of the Diptera of the Afrotropical Region*. London:

British Museum (Natural History): 673-685.

Tsacas L. 1983. Le nouveau genre africain *Apenthecia*, ses relations avec le 'genre' *Erima* Kertész de Nouvelle Guinée (Diptera, Drosophilidae). *Annals of the Natal Museum*, 25 (2): 329-346.

Tsacas L, Chassagnard M T. 1976. Identité de *Drosophila brunnea* de Meijere *et* description de nouvelles espèces orientales *et* africaines à pointe du scutellum blanche (Diptera, Drosophilidae). *Bulletin Zoologisch Museum Universiteit van Amsterdam*, 5: 89-98.

Tsacas L, Chassagnard M T. 1999. Les espéces afrotropicales du sous-genre *Gitonides* Knab du genre *Cacoxenus* Loew á larves prédatrices de cochenilles (Diptera Drosophilidae). *Annals de la Société Entomlogique de France* (*N. S.*), 35 (1): 91-121.

Tsacas L, David J. 1977. Systematics and biogeography of *Drosophila kikkawai*-complex, with descriptions of new species (Diptera, Drosophilidae). *Annals de la Société Entomlogique de France* (*N. S.*), 13: 675-693.

Tsacas L, Desmier de Chenon R. 1976. Taxinomie *et* biogéographie des 'genres' *Cacoxenus–Paracacoxenus–Gitoba* (Diptera, Drosophilidae) *et* biologie d'une nouvelle espéce africaine commensale d'Apoidae (Hymenoptera). *Annals de la Société Entomlogique de France* (*N. S.*), 12: 491-507.

Tsacas L, Okada T. 1983. On the Oriental and New Guinean species of the genus *Amiota* Loew originally described by Duda as *Phortica foliiseta*, with descriptions of three new species (Diptera, Drosophilidae). *Kontyû*, 51: 228-237.

Tsaur S C, Lin F J. 1991. A new *Drosophila* species in the *montium* Meijere subgroup of the *melanogaster* Meigen species-group in the subgenus *Sophophora* Sturtevent from Taiwan (Diptera: Drosophilidae). *Pan-Pacific Entomologist*, 67: 24-27.

Tschorsnig H P, Bergström C, Cerretti P, *et al.* 2007. Fauna Europaea: Tachinidae. *In*: Pape T. 2007. *Diptera*: *Brachycera*. *Fauna Europaea*.

Tschorsnig H P, Richter V A. 1998. Family Tachinidae. *In*: Papp L, Darvas B. 1998. *Contributions to a Manual of Palaearctic Diptera* (*with special reference to flies of economic importance*). Vol. 3. Higher Brachycera. Budapest: Science Herald: 691-827.

Tseng Y H, Chen C C, Chu Y I. 1992. The fruit flies genus *Dacus* Fabricius of Taiwan (Diptera: Tephritidae). *Journal of the Taiwan Museum*, 45: 15-91.

Tseng Y H, Chu Y I. 1983. A new fruit fly *Callantra formosana* from Taiwan (Tephritidae, Diptera). *Chinese Journal of Entomology*, 3: 119-122.

Turton W. 1801. *A General System of Nature*, Vol. III. David Williams, (1800): 1-784.

Uéda S. 1960. A new species of the genus *Carcelia* from Japan (Diptera: Larvaevoridae). *Insecta Matsumurana*, 23: 112-114.

Ulrich H. 1936. Über die Dasselfliegen des Elches. *Hypoderma alcis* spec. nov. *Deutsche Tierärztliche Wochenschrift*, 34: 577-579.

Vaidya V G, Godbole N N. 1973. First report of genus *Chymomyaza* (Drosophilidae) from Indian: *Chymomaza pararufithorax* sp. nov. *Drosophila Information Service*, 50: 71-72.

Vaidya V G, Godbole N N. 1976. Systematic study of Drosophilidae in Poona and Neighbouring areas IV. *Journal of the University of Poona, Science and Technology*, 48: 85-92.

Van C S, Ma S Y. 1978. A new species of the genus *Calliphora* R.-D. from Chinghai province, China (Diptera: Calliphoridae). *Acta Entomologica Sinica*, 21 (2): 194-196. [樊启声, 马绍援. 1978. 青海省丽蝇属一新种. 昆虫学报, 21 (2): 194-196.]

van der Goot V S. 1961. Zweefvliegenvangst op Corsica. *Entomologische Berichten*, 21: 219-223.

van der Goot V S. 1964a. Fluke's catalogue of Neotropical Syrphidae (Insects, Diptera), a critical study with an appendix on new names in Syrphidae. *Beaufortia*, 10: 212-221.

van der Goot V S. 1964b. Summer records of Syrphidae (Diptera) from Sicily, with field notes and descriptions of new species. *Zoölogische Mededelingen*, 39: 414-432.

van der Wulp F M. 1867. Eenige Noord-Americaansche Diptera. *Tijdschrift voor Entomologie*, 10: 125-164.

van der Wulp F M. 1868a. Dipterologische aanteekeningen. N°. 1. *Tijdschrift voor Entomologie*, 11: 224-236.

van der Wulp F M. 1868b. Diptera uit den Oost-Indischen Archipel. *Tijdschrift voor Entomologie*, (2) 3: 97-119, pls 3-4.

van der Wulp F M. 1869. Dipterologische aanteekeningen. *Tijdschrift voor Entomologie*, 12: 80-86, 136-154.

van der Wulp F M. 1871. Dipterologische aanteekeningen No. 3. *Tijdschrift voor Entomologie*, 14: 186-210.

van der Wulp F M. 1880a. Einige Diptera van Nederlandsch Indie. *Tijdschrift voor Entomologie*, 23: 155-195.

van der Wulp F M. 1880b. Eenige Diptera van Nederlandsch Indie. *Tijdschrift voor Entomologie*, 23: 155-194.

van der Wulp F M. 1881. Diptera. *In Midden-Sumatra, Reizen en onderzoekingen der Sumatra Expeditie*, etc. Natuurlijke Histoire, 4 (9): 1-60, pls. 1-3.

van der Wulp F M. 1883. Amerikaansche Diptera. *Tijdschrift voor Entomologie*, 26: 1-60.

van der Wulp F M. 1884. Quelques Diptères exotiques. *Annales de la Société Entomologique de Belgique*, 28 (3): 288-297.

van der Wulp F M. 1886. Eenige javaansche Vliegen. *Tijdschrift voor Entomologie*, 29: CVI-CVIII.

van der Wulp F M. 1887. Aanteekeningen betreffende Javaansche Diptera. *Tijdschrift voor Entomologie*, 30: 175-180.

van der Wulp F M. 1888. Fam. Muscidae. *In*: Godman F D, Salvin O. 1888. *Biologia Centrali-Americana, or, contributions to the knowledge of the fauna and flora of Mexico and Central America. Zoologia. Class Insecta. Order Diptera.* Vol. II. [1888-1903]. London: Taylor *et* Francis: 2-40 + pls. 1-2 [Cont.].

van der Wulp F M. 1888-1903. *Insecta. Diptera. Biologia Centrali-Americana 2.* London: 1-489.

van der Wulp F M. 1891. Eenige uitlandsche Diptera. *Ibid*, 34: 193-218.

van der Wulp F M. 1892a. Eenige Uitlandsche Diptera. *Tijdschrift voor Entomologie*, (1891) 34: 193-217.

van der Wulp F M. 1892b. Reizen en onderzoekingen der Sumatra-expeditie, uitgerust door het Aardrijkskundig genootschap. *Midden-Sumatra*: 58.

van der Wulp F M. 1893. Eenige Javaansche Tachininen. *Tijdschrift voor Entomologie*, 36: 159-188 + pls. 4-6.

van der Wulp F M. 1896. Aanteekeningen betreffende Oost-Indische Diptera. *Tijdschrift voor Entomologie*, 39: 95-113.

van der Wulp F M. 1897a. Zur Dipteren-fauna von Ceylon. *Természetrajzi füzetek*, 20: 136-144.

van der Wulp F M. 1897b. Muscidae. *In*: Godman F D, Salvin O. 1897. *Biologia Centrali-Americana Class Insecta. Order Diptera*, 2: 366 (1-489).

van der Wulp F M. 1898a. Aanteekeningen betreffende Oost-Indische Diptera. *Tijdschrift voor Entomologie*, 41: 205-223.

van der Wulp F M. 1898b. Dipteren aus Neu-Guinea in der Sammlung des Ungarischen National-Museums. *Természetrajzi Füzetek*, Budapest, 21: 409-426.

Vanschuytbroeck P. 1951a. Contribution à l'étude des Sphaeroceridae africains (DipteraAcalyptratae) (3me note). *Bulletin de l'Institut Royal des Sciences Naturelles de Belgique, Bruxelles*, 27 (41): 1-20.

Vanschuytbroeck P. 1951b. *Thoracochaeta rudis*, sp. n. (Diptera, Sphaeroceridae). *Bulletin et Annales de la Société Royale d'Entomologique de Belgique*, 87: 186-188.

Vanschuytbroeck P. 1952. Contribution à l'étude des Celyphidae (Diptera: Acalyptratae). *Bulletin de l'Institut Royal des Sciences Naturelles de Belgique*, 28 (58): 1-18.

Vanschuytbroeck P. 1959. Sphaerocerinae, Limosinae, Ceropterinae (Diptera, Ephydroidea). *Parc National de la Garamba, Mission H. de Saeger (1949-52), Bruxelles*, 17 (2): 15-85.

Vanschuytbroeck P. 1963a. Sepsinae (Diptera, Tetanoceridea). *Exploration du Parc National Albert. Deuxième Série*, 13 (1): 3-91.

Vanschuytbroeck P. 1963b. Nemopodinae, Meropliinae, Toxopodinae (Diptera, Sepsidae). *Exploration du Parc National Albert. Deuxième Série*, 13 (2): 93-116.

Vanschuytbroeck P. 1965. Diptera from Nepal. Celyphidae. *Bulletin of the British Museum (Natural History), Entomology*, 17: 227-230.

Vanschuytbroeck P. 1967. Contribution à la connaissance des Celyphidae (Diptera) des Philippines *et* du Sud-Est asiatique. *Entomologiske Meddelelser*, 35: 283-290.

Venturi F. 1952. Notulae dipterologicae. V. Revisione sistematica del genere *Metopia* Meigen (*Diptera, Sarcophagidae*) in Italia. *Bollettino del Laboratorio di Entomologia della Regio Istituto superiore d'Agricoltura in Bologna*, 19: 147-170.

Venturi F. 1960. Sistematica e geonemia dei sarcofagidi (escl. *Sarcophaga* s. l.) italiani (Diptera). *Frustula Entomologica*, 2 (7): 1-124.

Venturi F. 1965. Una nuova specie di sferoceride (Diptera Schizophora) siciliano, fisogastro e cavernicolo. *Frustula Entomologica*, 7: 1-20.

Verbeke J. 1948. Contribution à l'étude des Sciomyzidae de Belgique (Diptera). *Bulletin de l'Institut Royal des Sciences Naturelles de Belgique*, 24 (3): 1-31.

Verbeke J. 1951. Taeniapterinae (Diptera, Cyclorrhapha). Family Micropezidae. *In*: *Exploration du Parc National Albert, Mission G. F. de Witte*, (1933-1935) 72: 1-106.

Verbeke J. 1962. Tachinidae I (Diptera Brachycera). *Exploration du Parc National de la Garamba. Mission H. de Saeger*, 27: 1-76.

Verbeke J. 1964. Contribution à l'étude des diptères malacophages. III. Révision du genre *Knutsonia* nom. nov. (= *Elgiva* Auct.). *Bulletin de l'Institut Royal des Sciences Naturelles de Belgique*, 40 (9): 1-44.

Verhoeff C. 1891. Ueber einen auf Cirsium sich entwickelnden *Syrphus*. *Entomologische Nachrichten*, 17: 360-361.

Verrall G H. 1871. Additions and correction to the list of British Syrphidae, with a description of one species new to science. *Entomologist's Monthly Magazine*, 7: 200-203.

Verrall G H. 1873. Additions and correction to the list of British Syrphidae. *Entomologist's Monthly Magazine*, 9: 251-256, 281-286.

Verrall G H. 1877. Description of a new genus and species of Phoridae parasitc on ants. *Journal of the Linnean Society of London*, 13: 258-260.

Verrall G H. 1892. Two new English species of Homalomyia. *Entomologist's Monthly Magazine*, 28 [= (2) 3]: 149.

Verrall G H. 1901a. *Catalogue of the Syrphidae of the European District with references and synonymy*. Within his British Flies: 17-120.

Verrall G H. 1901b. *Platypezidae, Pipunculidae and Syrphidae of Great Britain*. Vol. 8. London: Gurney *et* Jackson, London: [i] +

1-691.

Verrall G H. 1904a. *Callicera yerburyi* n. sp.: a British syrphid new to science. *Entomologist's Monthly Magazine*, (2) 15: 229.

Verrall G H. 1904b. *Callicera yerburyi* n. sp.: a British syrphid new to science. *Transactions of the Entomological Society of London*, 1913 (2): 323-333.

Verves Y G. 1979. Review of species of the Miltogrammatinae (Diptera, Sarcophagidae) of Sri Lanka. *Entomologicheskoe obozrenie*, 58 (4): 833-897.

Verves Y G. 1980. *Synorbitomyia insularis* sp. n. (Diptera, Sarcophagidae, Miltogrammatinae) from the Philippines. *Annales Entomologici Fennici*, 46 (3): 81-82.

Verves Y G. 1982a. 64h. Sarcophaginae. *In*: Lindner E. 1982. Die Fliegen der Paläearktischen Region. *E. Schweizerbartísche Verlagsbuchhandlung*, 11 (327): 235-296.

Verves Y G. 1982b. Revision of the Palaearctic species of the genera *Miltogrammoides*, *Pediasiomyia* and *Rhynchapodacra* (Diptera, Sarcophagidae, Miltogrammatinae). *Insects of Mongolia*, 8: 483-544.

Verves Y G. 1982c. On the fauna of Sarcophagidae (Diptera) of the Mongolian People's Republic. IV. New data on sarcophagids from Mongolia and south Siberia. *Insects of Mongolia*, 8: 545-562 .

Verves Y G. 1982d. New data on the systematics of sarcophagids (Diptera, Sarcophagidae). *Entomologicheskoe Obozrenie*, 61 (1): 188-189.

Verves Y G. 1984e. On the fauna of Sarcophagidae (Diptera) of the Mongolian People's Republic. V. New data on sarcophagids from Mongolia and neighboring territories. *Insects of Mongolia*, 9: 527-561.

Verves Y G. 1985. 64h. Sarcophaginae. *In*: Lindner E. 1985. Die Fliegen der Paläearktischen Region. *E. Schweizerbartísche Verlagsbuchhandlung*, 11 (330): 297-440.

Verves Y G. 1986. Family Sarcophagidae. *In*: Soós Á, Papp L. 1986. *Catalogue of Palaearctic Diptera*. Vol. 12. Amsterdam & Budapest: Elsevier Science Publishers & Akademiai Kiado: 58-193.

Verves Y G. 1987. Dipterans from the family Sarcophagidae (Diptera), collected by V. F. Zaitzev and G. M. Dlysskiy in Australia and Oceania. *Entomologicheskoe Obozrenie*, 66 (3): 653-668.

Verves Y G. 1989. Prof. Hugo de Souza Lopes and the modern system of Sarcophagidae (Diptera). *Memórias do Instituto Oswaldo Cruz*, 84 (Suppl. 4): 529-545.

Verves Y G. 1990. A key to Sarcophagidae (Diptera) of Mongolia, Siberia and neighbouring territories. *Insects of Mongolia*, 11: 516-616.

Verves Y G. 1993. 64h. Sarcophaginae. *In*: Lindner E. 1993. *Die Fliegen der Paläearktischen Region. E. Schweizerbartísche Verlagsbuchhandlung*, 11 (331): 441-504.

Verves Y G. 1994. Two new names for two species from the genus *Senotainia* Macquart (Diptera: Sarcophagidae). *International Journal of Dipterological Research*, 5 (1): 85.

Verves Y G. 1997. Taxonomic notes on some Sarcophagini (Sarcophagidae, Diptera). *Journal of Ukrainian Entomological Society*, 3 (2): 37-62.

Verves Y G. 2001. The composition of Paramacronychiinae (Sarcophagidae, Diptera) with the descriptions of two new genera. *International Journal of Dipterological Research*, 12 (3): 145-149.

Verves Y G. 2002. An annotated list of Calliphoridae (Diptera) of the Russian Far East and its neighbouring territories. *Far Eastern Entomologist*, 116: 1-14.

Verves Y G. 2004a. A review of the species of "*Onesia*" generic group (Diptera: Calliphoridae). Part 1. The species of the genera *Polleniopsis* Townsend, *Tainanina* Villeneuve and *Tricycleopsis* Villeneuve. *Far Eastern Entomologist*, 134: 1-12.

Verves Y G. 2004b. A review of the species of "*Onesia*" generic group (Diptera: Calliphoridae). Part 2. The species of genus *Bellardia* Robineau-Desvoidy. *Far Eastern Entomologist*, 135: 1-23.

Verves Y G. 2004c. A review of the species of "*Onesia*" generic group (Diptera: Calliphoridae). Part 3. The species of genus *Onesia* Robineau-Desvoidy, 1830. *Far Eastern Entomologist*, 138: 1-19.

Verves Y G. 2005. A catalogue of Oriental Calliphoridae (Diptera). *International Journal of Dipterological Research*, 16 (4): 233-310.

Verves Y G, Khrokalo L A. 2006a. Review of Macronychiinae (Diptera, Sarcophagidae) of the world. *Vestnik Zoologii*, 40 (3): 219-239.

Verves Y G, Khrokalo L A. 2006b. 123. Fam. Sarcophagidae - sarcophagids. *Key to the Insects of Russian Far East*, 6 (4): 64-178.

Verves Y G, Khrokalo L A. 2006c. 121. Fam. Calliphoridae. *Key to the Insects of Russian Far East*, 6 (4): 13-60.

Verves Y G, Khrokalo L A. 2015. Review of *Heteronychiina* (Diptera, Sarcophagidae). *Priamus Suppl*., 36: 1-60.

Verves Y G, Radchenko V, Khrokalo L. 2015. A review of species of subtribe Apodacrina Rohdendorf, 1967 with description of a new species of *Apodacra* Macquart, 1854 from Turkey (Insecta: Diptera: Sarcophagidae: Miltogramminae: Miltogrammini). *Turkish Journal of Zoology*, 39 (2): 263-278.

Verves Y G, Radchenko V, Khrokalo L. 2017. Description of a new species of *Liosarcophaga* (s. str.) from Turkey (Diptera: Sarcophagidae: Sarcophagini). *Zoology in the Middle East*, 63 (1): 76-81.

Verves Y G, Xue W Q, Wang P. 2015. Revision of the genus *Dexagria* Rohdendorf, 1978 (Diptera: Sarcophagidae: Paramacronychiinae). *Japanese Journal of Systematic Entomology*, 21 (2): 337-343.

Verves Y G, Xue W Q, Wang P, Khrokalo L A. 2016. Review of Protodexiini (Sarcophagidae, Diptera) from Oriental and Australasian/Oceanian Regions with a description of a new species. *Japanese Journal of Systematic Entomology*, 22 (2): 231-240.

Villeneuve J. 1899. Description de deux Anthomyiaires nouvelles du genre *Spilogaster* Macq. (Diptera). *Bulletin de la Société Entomologique de France*, Paris, 1899: 133-135.

Villeneuve J. 1900. Observations sur quelques types de Meigen (Diptera). *Bulletin de la Société Entomologique de France*, 1900: 157-162.

Villeneuve J. 1907a. Contribution au catalogue des diptères de France. (Suite.) *Feuille des Jeunes Naturalistes, Revue Mensuelle d'Histoire Naturelle*, 38: 12-16, 35-39.

Villeneuve J. 1907b. Etudes diptérologiques. *Wiener Entomologische Zeitung*, 26: 247-263.

Villeneuve J. 1908. Travaux diptérologiques. *Wiener Entomologische Zeitung*, 27: 281-288.

Villeneuve J. 1910a. Diptères nouveaux du Nord de l'Afrique. *Deutsche Entomologische Zeitschrift*, (2): 150-152.

Villeneuve J. 1910b. Diptères nouveaux. *Wiener Entomologische Zeitung*, 29: 86-92.

Villeneuve J. 1910c. Notes synonymiques. *Wiener Entomologische Zeitung*, 29: 304-305.

Villeneuve J. 1911a. Description de deux nouveaux diptères. *Wiener Entomologische Zeitung*, 30: 81-84.

Villeneuve J. 1911b. Dipterologische Sammelreise nach Korsika (Diptera). (Schluss). Tachinidae. *Deutsche Entomologische Zeitschrift*, (2): 117-130.

Villeneuve J. 1911c. Notes diptérologiques. *Wiener Entomologische Zeitung*, 30: 84-87.

Villeneuve J. 1912a. Sarcophagines nouveaux. *Annales Historico-Naturales Musei Nationalis Hungarici*, 10: 508, 610-616.

Villeneuve J. 1912b. Diptères nouveaux du nord Africaín. *Bulletin de la Muséum Nacionale d'Historie Naturelle*: 505-511.

Villeneuve J. 1912c. Des espèces européennes du genre *Carcelia* R.D. (diptères). *Feuille des Jeunes Naturalistes, Revue Mensuelle d'Histoire Naturelle*, 42: 89-92.

Villeneuve J. 1913a. Diptères nouveaux du Nord Africain. Deuxième note. *Bulletin du Muséum National d'Histoire Naturelle Paris*, 18 [1912]: 505-511 + pl. X.

Villeneuve J. 1913b. Revision de quelques Myodaires superieurs africains, types de Bigot. *Revue de Zoologie et de Botanique Africaines*, Brussels, 3: 146-156.

Villeneuve J. 1914a. Descriptions de nouveaux Calliphorinae africains (Diptera). *Bulletin de la Société Entomologique de France*, 1914: 305-308.

Villeneuve J. 1914b. Sur quatre formes nouvelles se rapportant aux "Oestridae dubiosae B. B.". *Annales Historico-Naturales Musei Nationalis Hungarici*, 12: 435-442.

Villeneuve J. 1915a. Dipteres nouveaux d'Afrique. *Bulletin de la Société Entomologique de France*, Paris, 84: 225-227.

Villeneuve J. 1915b. Nouveaux myodaires supérieurs de Formose. *Annales Historico-Naturales Musei Nationalis Hungarici*, 13: 90-94.

Villeneuve J. 1916. A contribution to the study of the South African higher Myodarii (Diptera Calyptratae) based mostly on the material in the South African Museum. *Annals of the South African Museum*, 15: 469-515.

Villeneuve J. 1917. Description d'espèces nouvelles de la famille des Cypselidae (Borboridae) (Diptera). *Bulletin de la Société Entomologique de France*, Paris, 1917: 139-144.

Villeneuve J. 1920a. Diptères inédits. *Annales de la Société Entomologique de Belgique*, 60: 199-205.

Villeneuve J. 1920b. Diptères paléarctiques nouveaux ou peu connus. *Annales de la Société Entomologique de Belgique*, 60: 114-120.

Villeneuve J. 1920c. Étude de quelques myodaires supérieurs (recueillis par le Dr Brauns, à Willowmore, Cap). *Révue Zoologique Africaine*, 8: 151-162.

Villeneuve J. 1920d. Sur deux espèces appartenanrt à la tribu des Muscidae Calliphorinae (Diptera). *Bulletin de la Société Entomologique de France*, Paris, 1920: 295-296.

Villeneuve J. 1920e. Diptères inédits. *Bulletin de la Société Entomologique de France*, Paris, 1919 (1920): 352-355.

Villeneuve J. 1920f. Vichyia acyglossa, espèce *et* genre nouveaux de la famille des Milichiidae (Diptera, Muscidae). *Bulletin de la Société Entomologique de France*, 1920: 69-70, Fig. 1.

Villeneuve J. 1921. Descriptions d'espèces nouvelles du genre *Actia* Rob. Desv. *Annales de la Société Entomologique de Belgique*, 61: 45-47.

Villeneuve J. 1922a. Description de deux espèces nouvelles de tachinaires nord-africains. *Bulletin du Muséum National d'Histoire*

Naturelle Paris, 28: 291-294.
Villeneuve J. 1922b. Descriptions d'especes nouvelles du genre "*Musca*". *Annales des Sciences Naturelles Zoologicae et Biologie Animale*, Paris, (10) 5: 335-336.
Villeneuve J. 1922c. Descriptions de Tachinides nouveaux (Diptera Muscidae). *Bulletin de la Muséum Nacionale d'Historie Naturelle*, 28: 514-516.
Villeneuve J. 1922d. Myodaires supérieures paléarctiques nouveaux. *Annales des Sciences Naturelles Zoologicae et Biologie Animale*, (10) 5: 337-342.
Villeneuve J. 1922e. Descriptions d'Anthomyides nouveaux. *Bulletin de la Muséum Nacionale d'Historie Naturelle*, 28: 509-513.
Villeneuve J. 1922f. Remarques sur quelques Diptères d'Egypte communiqués par M. Alfieri *et* description de deux espèces nouvelles. *Bulletin de la Société Royale Entomologique d'Égypte*, 6 (1921): 51-54.
Villeneuve J. 1923. Myodaires supérieurs d'Egypte inédits (Diptera). *Bulletin de la Société Royale Entomologique d'Égypte*, 7 [1922]: 88-94.
Villeneuve J. 1924a. Contribution a la classification des "Tachinidae" paléarctiques. *Annales des Sciences Naturelles. Séries Botanique et Zoologie*, Sér. 10, 7: 5-39.
Villeneuve J. 1924b. Diptères nouveaux. *Encyclopédie Entomologique*. Série B. *Mémoires et Notes. II. Diptera*, 1 (1): 5-8.
Villeneuve J. 1926a. Descriptions de diptères nouveaux. *Encyclopédie Entomologique*. Série B. *Mémoires et Notes. II. Diptera*, 2: 189-192.
Villeneuve J. 1926b. Espèces nouvelles du genre *Onesia* R. D. (Diptera). *Konowia*, 5 (2): 130-133.
Villeneuve J. 1926c. Quelques réflexions sur le genre *Onesia* R. D. (Diptera). *Konowia*, 5 (3): 205-207.
Villeneuve J. 1927a. Descriptions de Myodaires supérieurs nouveaux. *Bulletin et Annales de la Société Royale d'Entomologique de Belgique*, (1926) 66: 269-275.
Villeneuve J. 1927b. Descriptions de trois Anthomyides nouveaux capturés au Mont-Dore (Auvergne). *Bulletin et Annales de la Société Royale d'Entomologie de Belgique*, 67: 265-267.
Villeneuve J. 1927c. Myodaires supérieurs nouveaux de l'ile de Formose. *Revue de Zoologique et Botanique Africaine*, 15 (3): 387-397.
Villeneuve J. 1927d. Sur *Onesia genarum* Zett. (Diptera). *Bulletin et Annales de la Société Royale d'Entomologique de Belgique*, 66 [1926]: 357.
Villeneuve J. 1927e. Tachinides nouveaux de Formose *et* du Congo. *Revue de Zoologique et Botanique Africaine*, 15 (3): 217-224.
Villeneuve J. 1928. Myodaires supérieurs nouveaux. *Bulletin et Annales de la Société Royale d'Entomologique de Belgique*, 68: 47-52.
Villeneuve J. 1929a. Descriptions de diptères égyptiens. *Bulletin de la Société Royale Entomologique d'Égypte*, (1928) 12: 43-46.
Villeneuve J. 1929b. Diagnoses de myodaires supérieurs inédits. *Bulletin et Annales de la Société Royale d'Entomologique de Belgique*, 69: 99-102.
Villeneuve J. 1929c. Myodaires supérieurs nouveaux. *Bulletin et Annales de la Société Royale d'Entomologique de Belgique*, 69: 61-68.
Villeneuve J. 1929d. Sur une forme inédite des Calliphorinae testaceae de Robineau-Desvoidy (*Bengaliini* de Tyler-Townsend). *Bulletin da la Société de Pathologie Exotique*, 22: 437-439.
Villeneuve J. 1930. Diptères inédits. *Bulletin et Annales de la Société Royale d'Entomologique de Belgique*, 70: 98-104.
Villeneuve J. 1931. Aperçus critiques sur le mémoire de P. Stein: "Die verbreitetsten Tachiniden Mitteleuropas". *Konowia*, 10: 47-74.
Villeneuve J. 1932a. Descriptions de myodaires supérieurs (Larvaevoridae) nouveaux de Formose. *Bulletin de la Société Entomologique de France*, 37: 268-271.
Villeneuve J. 1932b. Descriptions de nouveaux Myodaires supérieurs paléarctiques (Diptera). *Bulletin et Annales de la Société Royale d'Entomologique de Belgique*, (1931) 71: 241-245.
Villeneuve J. 1933. Myodaires supérieurs asiatiques nouveaux. *Bulletin et Annales de la Société Royale d'Entomologique de Belgique*, 73: 195-199.
Villeneuve J. 1934a. Myodaires supérieurs inédits. *Revue de Zoologie et de Botanique Africaines*, 25: 408-411.
Villeneuve J. 1934b. Myodaires supérieurs peu connus ou inédits de la Palestine. *Konowia*, 13: 54-57.
Villeneuve J. 1936a. 52. Dipteren, 16. Muscidae. *In*: Schwedisch-chinesische wissenschaftliche Expedition nach den nordwestlichen Provinzen Chinas, unter Leitung von Dr. Sven Hedin und Prof. Sü Ping-chang. *Arkiv för Zoologie*, 27A (34): 1-13.
Villeneuve J. 1936b. Myodaires supérieurs peu connus ou inédits de la Palestine *et* de l'Anatolie. *Konowia*, 15: 155-158.
Villeneuve J. 1936c. Myodaires supérieurs de Chine. *Bulletin du Musée Royal d'Histoire naturelle de Belgique*, 12 (42): 1-7.
Villeneuve J. 1936d. Description de deux myodaires supérieurs (Diptera: Trixiini ou Dexiinae?). *Bulletin de la Société Royale*

Entomologique d'Égypte, 20: 329-331.
Villeneuve J. 1937. Myodaires supérieurs de Chine. *Bulletin du Musée Royal d'Histoire Naturelle de Belgique*, 13 (34): 1-16.
Villeneuve J. 1939. Présentation de quelques myodaires supérieurs inédits. *Bulletin et Annales de la Société Royale d'Entomologique de Belgique*, 79: 347-354.
Villeneuve J. 1942. Descriptions de myodaires supérieurs novuveaux (Diptera, Tachinidae). *Bulletin de la Société Entomologique de France*, 47: 50-55.
Villeneuve J. 1944. Myodaires supérieurs nouveaux (Diptera). *Bulletin de la Société Entomologique de France*, 48 [1943]: 144-145.
Villers C J De. 1789. *Caroli Linnaei entomologia, faunae suecicae descriptionibus aucta*. Lugduni [= Lyon], 3: 1-657.
Violovitsh N A. 1952. Two new species of syrphid-flies from southern Sakhalin (Diptera, Syrphidae). *Soobshcheniya Dalnevostochnogo Filiala Akad. SSR*, 4: 56-57.
Violovitsh N A. 1953. Description of a new species of the genus *Chrysotoxum* Mg. (Diptera, Syrphidae) from central Asia. *Entomologicheskoe Obozrenie*, 33: 358-359.
Violovitsh N A. 1956a. Neue Syrphiden (Diptera, Syrphidae) aus Sachalin-Gebiet. *Entomologicheskoe Obozrenie*, 35 (2): 462-472.
Violovitsh N A. 1956b. New species of the genus *Syrphus* Fabr. (Diptera, Syrphidae) from the Far East. *Zoologičheskiĭ Žhurnal*, 35: 741-745.
Violovitsh N A. 1957. New palaearctic Syrphidae (Diptera) from the Far Eastern Territory of the USSR. *Entomologicheskoe Obozrenie*, 36: 748-755.
Violovitsh N A. 1960. A contribution to the knowledge of the hover flies fauna (Diptera, Syrphidae) of Sachalin and the Kuril Island. *Trudy Vsesoyuznogo Entomologicheskogo Obshchestva*, 47: 217-272.
Violovitsh N A. 1965. New Palaearctic species of the genus *Syrphus* Fabr. (Diptera, Syrphidae) from Tuva. *Novye I Maloizvestnye Vidy Fauny Sibiri*, 1: 7-13.
Violovitsh N A. 1971. A new species of the genus *Cheilosia* Meig. (Diptera, Syrphidae) from Moneron Island, Sakhalin region. *Novye I Maloizvestnye Vidy Fauny Sibiri*, 5: 109-111.
Violovitsh N A. 1973a. New species of hover-flies of the genus *Chrysotoxum* Mg. (Diptera, Syrphidae) from Palaearctic. *Entomologicheskoe Obozrenie*, 52 (4): 924-934.
Violovitsh N A. 1973b. The new palaearctic species of the genus *Chrysotoxum* Mg. (Diptera, Syrphidae). *Novye I Maloizvestnye Vidy Fauny Sibiri*, 6: 99-102.
Violovitsh N A. 1973c. New species of hover-flies (Diptera, Syrphidae) from Altai. *Trudy Instituta Biologii Vodokhranil, Sibirskogo Otdelenija Akademii Nauk SSSR, Fauna Sibiri*, 2: 145-149.
Violovitsh N A. 1975a. A revision of the palaearctic species of the genus *Scaeva* Fabricius, 1805 (Diptera, Syrphidae). *Entomologicheskoe Obozrenie*, 54 (4): 176-179.
Violovitsh N A. 1975b. Some new species of hover-flies (Diptera, Syrphidae) from the fauna of the USSR. *Novye I Maloizvestnye Vidy Fauny Sibiri*, 9: 73-89.
Violovitsh N A. 1975c. Brief survey of palaearctic species of the genus *Xanthogramma* Schiner (Diptera, Syrphidae). *Novye I Maloizvestnye Vidy Fauny Sibiri*, 9: 90-106.
Violovitsh N A. 1976a. Some new palaearctic species of hoverflies (Diptera, Syrphidae) from the fauna of Siberia and adjoining regions. *Novye I Maloizvestnye Vidy Fauny Sibiri*, 10: 118-129.
Violovitsh N A. 1976b. Survey on species of genus *Baccha* Fabricius, 1805 (Diptera, Syrphidae) from the Palaearctic fauna. *Novye I Maloizvestnye Vidy Fauny Sibiri*, 10: 130-154.
Violovitsh N A. 1976c. A short survey on species of genus *Microdon* Meigen, 1803 (Diptera, Syrphidae) from the fauna of the USSR. *Novye I Maloizvestnye Vidy Fauny Sibiri*, 10: 155-161.
Violovitsh N A. 1977a. Some new palaearctic species of hover flies (Diptera, Syrphidae). *Novye I Maloizvestnye Vidy Fauny Sibiri*, 11: 68-84.
Violovitsh N A. 1977b. Two new species of the genus *Helophilus* Meigen (Diptera, Syrphidae). *Novye I Maloizvestnye Vidy Fauny Sibiri*, 11: 85-88.
Violovitsh N A. 1978a. Redescription of the genus *Mallota* Meigen, 1822 (Diptera, Syrphidae) in the Siberian fauna. Taksonomiya i ekologiya chlenistonogikh Sibiri. *Novye I Maloizvestnye Vidy Fauny Sibiri*, 12: 163-171.
Violovitsh N A. 1978b. Some new Palaearctic species of hover flies (Diptera, Syrphidae). *Novye I Maloizvestnye Vidy Fauny Sibiri*, 12: 172-181.
Violovitsh N A. 1979a. A new genus and species of Syrphidae (Diptera) of the Palaearctic fauna. *Trudy Vsesoyuznogo Entomologicheskogo Obshchestva* [also as *Horae Societatis Entomologicae Unionis Soveticae*], 61: 190-191.
Violovitsh N A. 1979b. Survey of Palaearctic speices of the genus *Helophilus* Meigen, 1822 (Diptera, Syrphidae). *Novye I Maloizvestnye Vidy Fauny Sibiri*, 12: 64-86.
Violovitsh N A. 1980. New species of flower flies (Diptera, Syrphidae) of the Palaearctic fauna. *Novye I Maloizvestnye Vidy Fauny*

Sibiri, 14: 124-131.

Violovitsh N A. 1981a. New syrphids (Diptera, Syrphidae) from the Palaearctic fauna. *Novye I Maloizvestnye Vidy Fauny Sibiri*, 15: 85-95.

Violovitsh N A. 1981b. Review of Siberian species of the genus *Pipizella* Rondani, 1856 (Diptera, Syrphidae). *Novye I Maloizvestnye Vidy Fauny Sibiri*, 15: 57-78.

Violovitsh N A. 1983. *Siberian syrphids* (*Diptera, Syrphidae*). Novosibirsk: Akad. Nauk USSR: 1-242.

Violovitsh N A. 1985a. New flower flies (Diptera, Syrphidae) of the Palaearctic fauna. *Novye I Maloizvestnye Vidy Fauny Sibiri*, 18: 80-96.

Violovitsh N A. 1985b. New species of the genus *Pipiza* Flln. (Diptera, Syrphidae) of the Palaearctic fauna. *In*: Zolotarenko G S. 1985. *Arthropods of Siberia and the Soviet Far East*. Nauk, Novosibirsk: 199-207.

Violovitsh N A. 1988. Short survey of the Palaearctic species of the genus *Pipiza* Fallén (Diptera, Syrphidae). *Novye I Maloizvestnye Vidy Fauny Sibiri*, 20: 108-126.

Virginie M P, Jaeger J J. 1999. Island biogeography of the Japanese terrestrial mammal assemblages: an example of a relict fauna. *Journal of Biogeography*, 26: 959-972.

Vockeroth J R. 1969. A revision of the genera of the Syrphini (Diptera: Syrphidae). *Memoirs of the Entomological Society of Canada*, 101 (62): 1-176.

Vockeroth J R. 1986. Nomenclatural notes on nearctic *Eupeodes* (including *Metasyrphus* and *Dasysyrphus*) (Diptera: Syrphidae). *Canadian Entomologist*, 118: 199-204.

Vockeroth J R. 1990. Revision of the Nearctic species of *Platycheirus* (Diptera: Syrphidae). *Canadian Entomologist*, 122: 659-766.

Vollenhoven S C S. 1862. Beschrijving van eenige nieuwe Soorten van Diptera. *Verslagen en Mededeelingen der Koninklijke Akademie van Wetenschappen* (*Amsterdam*) *Afdeeling Natuurkunde*, 15: 8-18.

Vollenhoven S C S. 1863. Beschrijving van eenige nieuwe soorten van Diptera. *Verslagen en Mededeelingen der Koninklijke Akademie van Wetenschappen* (*Amsterdam*) *Afdeeling Natuurkunde*, 15: 8-18.

Von Roser K L F. 1840. Erster Nachtrag zu dem im Jahre 1834 bekannt gemachten Verzeichnisse in Wurttemberg vorkommender zweiflugliger Insekten. *Correspondenzblatt des Koniglich Württembergischen Landwirtschaftlichen Vereins, Stuttgart*, 37 [= (N. S.) 17] (1): 49-64.

Wachtl F A. 1894. Analytische Uebersicht der europäischen Gattungen aus dem Verwandtschaftskreise von *Echinomyia* Duméril, nebst Beschreibung einer neuen *Eudora*. *Wiener Entomologische Zeitung*, 13: 140-144.

Waga A F. 1842. Adapsilia genre de diptres, appartenant la sous-tribu dolichocres de Macquart, voisin de Sepedon *et* Tetanocera. *Annales de la Societe Entomologique de France*, 11 (1): 279-282.

Wahlberg P F. 1839. Bidrag till Svenska Dipternas kannedom. *Kungliga Svenska Vetenskaps Akademiens Handlingar* [ser. 3], 1838: 1-23.

Wahlberg P F. 1844. Nya Diptera frân Norrbotten och Luleâ Lappmark., *Öfversigt af Kongliga Vetenskaps-Akademiens Förhandlingar*, 1 (5): 64-68.

Wahlberg P F. 1847. Nya slägten af Agromyzidae. *Öfversigt af Kongliga Vetenskaps-Akademiens Förhandlingar*, 4 (9): 259-263, Tab. 7, fig. 1.

Wahlgren E. 1917. 6. Fam. Kolflugor. Cordyluridae. *In*: *Svensk Insektfauna* (*q.v.*). *11*: *Diptera*, *Suborder II*: *Cyclorhapha*, *Group 2*: *Schizophora*. Stockholm: Entomologiska Foreningen i Stockholm: 132-160.

Wakahamax K I, Okada T. 1958. *Drosophila* survey of Hokkaido VIII. Description of a new species of the genus *Amiota* (Drosophilidae) from Japan. *Annotationes Zoologicae Japonenses*, 31 (2): 109-112.

Walker F. 1833. Observations on the British species of Sepsidae. *Entomological Magazine*, 1: 244-256.

Walker F. 1834. Observations on the British Species of Pipunculidae. *Entomological Magazine*, 2: 262-270.

Walker F. 1835. Descriptions of the British Tephritites. *Entomological Magazine*, 3: 57-85.

Walker F. 1849. *List of the specimens of dipterous insects in the collection of the British Museum*. London: British Museum (Natural History): Part II: (iii) + 231-484; Part III: (iii) + 485-687; Part IV. Pp. (3) + 689-1172 + (2).

Walker F. 1851. Diptera. *In*: Walker F, Stainton H T, Wilkinson S J. 1851. *Insecta Britannica, Diptera*. Vol. 1 (= Ins. Brit., Dípt.). London: Reeve and Benham: vi + 1-314, pls. 1-10.

Walker F. 1852. *In*: Saunders W W. 1852. *Insecta Saundersiana*: *or Characters of Undescribed Insects I the Collection of William Wilson Saunders*, Esq., Diptera, 3-4: 157-414.

Walker F. 1853a. Diptera. Part IV. *In*: Saunders W W. 1853. *Insecta Saundersiana*: *or Characters of Undescribed Insects in the Collection of William Wilson Saunders, Esq., F.R.S., F.L.S., et c*. Vol. I. Van Voorst, London: 253-414 + pls. VII-VIII.

Walker F. 1853b. Insecta Britannica. Diptera (= Ins. Brit., Dípt.). London, 2: VI: 1-298.

Walker F. 1856a. Catalogue of the dipterous insects collected at Singapore and Malacca by Mr. A. R. Wallace, with descriptions of new species. *Journal of the Proceedings of the Linnean Society of London Zoology*, 1: 4-39.

Walker F. 1856b. Catalogue of the dipterous insects collected at Sarawak, Borneo, by Mr. A. R. Wallace, with descriptions of new species. *Journal of the Proceedings of the Linnean Society of London Zoology*, 1: 105-136.

Walker F. 1856c. Diptera. *In*: Saunders W W. 1856. *Insecta Saundersiana*. London, 1857 (1): 1-414.

Walker F. 1857a. Catalogue of the dipterous insects collected in Singapore and Malacca by Mr. A.R. Wallace, with descriptions of new species. *Journal of the Proceedings of the Linnean Society of London Zoology*, 1: 4-39.

Walker F. 1857b. Catalogue of the dipterous insects collected ad Sarawak, Borneo By Mr. A. R. Wallace, with descriptions of new species. *Journal of the proceedings of the Linnean Society of London Zoology*, 1: 105-136.

Walker F. 1857-1858. Characters of undescribed Diptera in the collection of W. W. Saunders, Esq., F.R.S., andc. *Transactions of the Entomological Society of London* (*N. S.*) 4: 119-158 [1857], 190-235 [1858].

Walker F. 1858b. Catalogue of the dipterous insects collected in the Aru Islands by Mr. A. R. Wallace, with descriptions of new species. *Journal of the Proceedings of the Linnean Society of London Zoology*, 3: 77-110, 111-131.

Walker F. 1859-1860. Catalogue of the dipterous insects collected at Makessar in Celebes, by Mr. A. R. Wallace, with descriptions of new species [continued]. *Journal of the Proceedings of the Linnean Society of London Zoology*, 4: 90-96, 97-144 (1859); 145-172 (1860).

Walker F. 1860a. Catalogue of the dipterous insects collected in Amboyna by Mr. A. R. Wallace, with descriptions of new species. *Journal of the Proceedings of the Linnean Society of London Zoology*, 5 [1861]: 144-168.

Walker F. 1860b. Catalogue of the dipterous insects collected at Makessar in Celebes by Mr. A. R. Wallace, with descriptions of new species. *Journal of the Proceedings of the Linnean Society of London Zoology*, 4: 90-172.

Walker F. 1861a. Catalogue of the dipterous insects collected at Manado in Celebes and in Tond, by Mr. A. R. Wallace, with descriptions of new species. *Journal of the Proceedings of the Linnean Society of London Zoology*, 5: 229-254, 258-265, 266-270.

Walker F. 1861b. Catalogue of the dipterous insects collected at Gilolo, Ternate, and Ceram, by Mr. R. Wallace, with descriptions of new species. *Journal of the Proceedings of the Linnean Society of London Zoology*, 6 [1862]: 4-23.

Walker F. 1861c. Catalogue of the dipterous insects collected in Batchian, Kaisaa and Makian, and at Tidon in Celebes, by Mr. A. R. Wallace, with descriptions of new species. *Journal of the Proceedings of the Linnean Society of London Zoology*, 5: 270-303.

Walker F. 1861d. Characters of undescribed Diptera in the collection W. W. Saunders. *Transactions of the Entomological Society of London*, 5 (2): 297-334.

Walker F. 1862. Catalogue of the dipterous insects collected at Gilolo, Ternate and Ceram, by Mr. R. Wallace, with descriptions of new species. *Journal of the Proceedings of the Linnean Society of London Zoology*, 6: 4-23.

Walker F. 1864. Catalogue of the dipterous insects collected in Waigiou, Mysol, and North Ceram, by Mr. A. R. Wallace, with descriptions of new species. *Journal of the Proceedings of the Linnean Society of* London *Zoology*, 7: 202-238.

Walker F. 1865. Descriptions of new species of the dipterous insects of New Guinea. *Journal of the Proceedings of the Linnean Society of London Zoology*, 8: 102-108, 109-130.

Walker F. 1871. List of Diptera collected in Egypt and Arabia, by J. K. Lord, Esq., with descriptions of the species new to science. *Entomologist*, 5: 255-263, 271-275, 339-346.

Wandolleck B. 1898. Die Stethopathidae, eine neue flügel- und schwingerlose Familie der Diptera. *Zoologische Jahrbücher, Abteilung für Systematik, Ökologie und Geographie der Tiere*, (Syst.) 11: 412-441.

Wang B H, Yuan W H, Wang C M, Huang F S, Tang Z H, Lin D W. 1992. *The Xizang Insect Fauna and Its Evolution*. Zhengzhou: Henan Science and Technology Press: 1-366 + pls. 1-8. [王保海, 袁维红, 王成明, 黄复生, 唐昭华, 林大武. 1992. 西藏昆虫区系及其演化. 郑州: 河南科学技术出版社: 1-366 + 图版 1-8.]

Wang B L, Liu G C. 2009. A new species of *Phora* Latreille (Diptera: Phoridae) from China. *Acta Zootaxonomica Sinica*, 34 (4): 804-806. [王宝亮, 刘广纯. 2009. 中国蚤蝇属一新种及一新纪录种记述 (双翅目, 蚤蝇科). 动物分类学报, 34 (4): 804-806.]

Wang C J, Lu Y L, Chen Z Z, Fan Z D. 1982. Four new calypterate flies from Shanxi, China (Diptera: Muscidae, Calliphoridae, Sarcophagidae). *In*: Shanghai Institute of Entomology, Academia Sinica. 1982. *Contributions of Shanghai Institute of Entomology*. Vol. 2. Shanghai: Shanghai Scientific and Technical Publishers: 253-258. [王昌敬, 路应连, 陈之梓, 范滋德. 1982. 山西省有瓣蝇类四新种 (双翅目: 蝇科, 丽蝇科, 麻蝇科)//中国科学院上海昆虫研究所. 1982. 昆虫学研究集刊 (第二集). 上海: 上海科学技术出版社: 253-258.]

Wang D D, Du J, Xue W Q. 2006. Research of genus *Botanophila* from China (Diptera: Anthomyiidae). *Journal of Medical Pest Control*, 22 (3): 157-162. [王丹丹, 杜晶, 薛万琦. 2006. 中国植种蝇属研究 (双翅目: 花蝇科). 医学动物防制, 22 (3): 157-162.]

Wang D D, Du J, Xue W Q. 2007a. Study on faunistic distribution of genus *Botanophila* in China. *Journal of Shenyang Normal University* (*Natural Science*), 25 (4): 494-498. [王丹丹, 杜晶, 薛万琦. 2007a. 中国植种蝇属区系研究 (双翅目: 花蝇科).

沈阳师范大学学报 (自然科学报), 25 (4): 494-498.]

Wang J C, Feng Y. 1986. A new species of the genus *Heliba* R.-D. from China (Diptera: Muscidae). *Entomotaxonomia*, 8 (3): 173-174. [王缉诚, 冯炎. 1986. 阳蝇属一新种 (双翅目: 蝇科). 昆虫分类学报, 8 (3): 173-174.]

Wang J C, Gao C X, Yang D. 2012. Three new species of the *Homoneura* (*Homoneura*) *henanensis* species group (Diptera, Lauxaniidae), with a key to Chinese species. *Zootaxa*, 3262: 35-45.

Wang J F, Li Z G, Chen Y C, Chen Q S, Yin X H. 2008. The succession and development of insects on pig carcasses and their significances in estimating PMI in south China. *Forensic Science Internaturional*, 179 (1): 11-18.

Wang J F, Liu G C. 2016. A new species of *Megaselia* Rondani (Diptera: Phoridae) with wing-spots from China. *Zootaxa*, 4067 (5): 581-584.

Wang J F, Liu G L. 2012. A new species of the *Metopina* Macquart from China (Diptera, Phoridae). *Acta Zootaxonomica Sinica*, 37 (1): 209-210. [王剑峰, 刘广纯. 2012. 中国裂蚤蝇属一新种记述 (双翅目, 蚤蝇科). 动物分类学报, 37 (1): 209-210.]

Wang J G, Zhang J X, Wang L. 2001. Studies on flies and structure analysis of geographic strains in Ningxia. *Chinese Journal of Vector Biology and Control*, 12 (4): 259-267. [王建国, 张家训, 王磊. 2001. 宁夏蝇类研究与区系结构分析. 中国媒介生物学及控制杂志, 12 (4): 259-267.]

Wang J Q, Gao J J, Chen H W. 2010. Five new species of the subgenus *Oxyphortica* from the Oriental region (Diptera: Drosophlidae: *Stegana*). *Annales Zoologici*, 60 (4): 565-571.

Wang J Q, Gao J J, Chen H W. 2011. The *Stegana castanea* species group (Diptera, Drosophilidae) from the Oriental region. *Journal of Natural History*, 45 (9-10): 505-519.

Wang L, Gao J J, Chen H W. 2013. Ten new species of the subgenus *Steganina* from China (Diptera, Drosophilidae, *Stegana*). *Journal of Natural History*, 47 (29-30): 1993-2013.

Wang L H, Yang D. 2012. One new species of the genus *Tylotrypes* Bezzi (Diptera: Pyrgotidae) from China. *Entomotaxonomia*, 34 (4): 651-654. [王丽华, 杨定. 2012. 中国突蜣蝇属一新种 (双翅目: 蜣蝇科). 昆虫分类学报, 34 (4): 651-654.]

Wang L P, He M Z. 2002. List and distribution of flies in some areas of Wuzhong, Ningxia. *Journal of Medical Pest Control*, 18 (1): 11-14.[王莉萍, 何明忠. 2002. 宁夏吴忠部分地区蝇类名录及分布. 医学动物防制, 18 (1): 11-14.]

Wang M F. 1983. New records of Anthomyiidae and Fanniidae from China. *Acta Zootaxonomica Sinica*, 8 (4): 412. [王明福. 1983. 中国花蝇科和厕蝇科新纪录. 动物分类学报, 8 (4): 412.]

Wang M F. 1993. Three newly recorded species of Fanniinae from China. *Acta Zootaxonomica Sinica*, 18 (4): 458. [王明福. 1993. 中国厕蝇亚科三新纪录种. 动物分类学报, 18 (4): 458.]

Wang M F. 1995. Two new records of Anthomyiidae from China. *Acta Zootaxonomica Sinica*, 20 (1): 94. [王明福. 1995. 中国花蝇科二新纪录. 动物分类学报, 20 (1): 94.]

Wang M F. 2011. *Helina subpyriforma* sp. n., a new muscid fly (Diptera: Muscidae) from Yunnan, China. *Oriental Insects*, 22: 1-4.

Wang M F, Dong Y J, Ao H. 2011. A review of the *Metallipennis*-group and *Fuscinata*-group of *Fannia* Robineau-Desvoidy (Diptera: Fanniidae). *Annales de la Société Entomologique de France* (*Nouvelle Série*), 47 (3-4): 487-500.

Wang M F, Li K, Zhang D. 2011. Taxonomic review of the *postica*-group of *Fannia* Robineau-Desvoidy (Diptera, Fanniidae) from China, with the description of one new species. *ZooKeys*, 112: 1-19.

Wang M F, Li M Y. 2011. The hirsutitibia species group of *Helina* Robineau-Desvoidy (Diptera: Muscidae) from China with description of two new species. *Oriental Insects*, 45 (2-3): 115-126.

Wang M F, Li M Y, Wang J. 2010. Two new record species of the genus *Fannia* Robineau-Desvoidy (Dipter, Fanniidae) from China. *Acta Zootaxonomica Sinica*, 35 (2): 426-428. [王明福, 李幕琰, 王晶. 2010. 中国厕蝇属二新纪录种记述 (双翅目, 厕蝇科). 动物分类学报, 35 (2): 426-428.]

Wang M F, Li W, Zhao Y W, Wu J, Zhang D. 2017. Description of three new *carbonaria*-group species of *Fannia Robineau*-Desvoidy from China, With a key to the *carbonaria*-group species (Diptera, Fanniidae). *ZooKeys*, 657: 93-107.

Wang M F, Li W, Zhu W B, Zhang D. 2016. Review of the *Fannia postica*-group Chillcott, 1961 of the genus *Fannia* Robineau-Desvoidy, 1830, with description of two new species from the Palearctic and Oriental regions (Ditptera, Fanniidae). *ZooKeys*, (598): 113-128.

Wang M F, Liu L. 2008. A review of the *serena* subgroup of the *Fannia serena* group (Diptera: Fanniidae). *Oriental Insects*, 42: 269-284.

Wang M F, Liu L, Wang R R, Xue W Q. 2007b. Review of the *F. scalaris* species-group of the genus *Fannia* Robineau-Desvoidy, 1830 (Diptera: Fanniidae) from China. *Pan-Pacific Entomologist*, 83 (4): 265-275.

Wang M F, Sun C. 2010. A new species of the genus *Fannia* Robineau-Desvoidy from China (Diptera, Fanniidae). *Acta Zootaxonomica Sinica*, 35 (4): 756-759. [王明福, 孙晨. 2010. 中国厕蝇属一新种及川西厕蝇雌性记述 (双翅目, 厕蝇科). 动物分类学报, 35 (4): 756-759.]

Wang M F, Sun C, Wang R R. 2012. Two new species and one new combination of *Helina* Robineau-Desvoidy, from China (Diptera: Muscidae). *Entomologica Fennica*, 23: 107-112.

Wang M F, Wang R R. 2006. A review of the *hirticeps*-group of *Fannia* Robineau-Desvoidy (Diptera: Fanniidae), with the description of one new species from China. *Zootaxa*, 1295: 61-68.

Wang M F, Wang R R, Xue W Q. 2006a. A review of the *H. obtusipennis* species-group of the genus *Helina* R.-D. from the Palaearctic and Oriental regions, with description of one new species (Diptera: Muscidae). *Zootaxa*, 1137: 63-68.

Wang M F, Wang R R, Xue W Q. 2006b. A review of the *quadrum* species group of *Helina* Robineau-Desvoidy, from China (Diptera: Muscidae). *Oriental Insects*, 40: 171-178.

Wang M F, Wang R R, Xue W Q. 2006c. Studies on the family Sarcophagidae from the Shanxi Province of China (Diptera: Cyclorrhapha). *Chinese Journal of Vector Biology and Control*, 17 (1): 26-30 [王明福, 王荣荣, 薛万琦. 2006c. 山西省麻蝇科区系研究 (双翅目: 环裂亚目). 中国媒介生物学及控制杂志, 17 (1): 26-30.]

Wang M F, Wang R R, Xue W Q. 2007c. A review of the *lucidula*-subgroup of the *Fannia canicularis* species-group (Diptera: Fanniidae). *Zoological Studies*, 46 (2): 129-134.

Wang M F, Wu Y X, Cheng J X, Xue W Q, Liu L. 1992. A Study on Calypterate Flies from the Pangquangou State Nature Reserve in Shanxi China (Insecta: Diptera). *The 19th International Congress of Entomology*: 1-8.

Wang M F, Xu P. 1997. Description a new species of the genus *Spilogona* from China (Diptera: Muscidae). *Acta Zootaxonomica Sinica*, 22 (2): 206-208. [王明福, 徐平. 1997. 中国点池蝇属一新种记述 (双翅目: 蝇科). 动物分类学报, 22 (2): 206-208.]

Wang M F, Xu P. 1998. A new species of the genus *Phaonia* from China (Diptera: Muscidae). *Acta Zootaxonomica Sinica*, 23 (3): 316-318. [王明福, 徐平. 1998. 中国棘蝇属一新种 (双翅目: 蝇科). 动物分类学报, 23 (3): 316-318.]

Wang M F, Xue W Q. 1985. A new species of the genus *Leucophora* from Shanxi, China (Diptera: Anthomyiidae). *Zoological Research*, 6 (4) (Suppl.): 61-64. [王明福, 薛万琦. 1985. 山西省植蝇属一新种 (双翅目: 花蝇科). 动物学研究, 6 (4) (增刊): 61-64.]

Wang M F, Xue W Q. 1988. Studies on the genus of *Helina* in China. *The XVIII International Congress of Entomology*: 1-17.

Wang M F, Xue W Q. 1997a. A new species of the genus *Spilogona* (Diptera: Muscidae) from China. *Entomotaxonomia*, 19 (2): 114-116. [王明福, 薛万琦. 1997a. 中国点池蝇属一新种 (双翅目: 蝇科). 昆虫分类学报, 19 (2): 114-116.]

Wang M F, Xue W Q. 1997b. Two new species of the genus *Phaonia* from Shanxi province, China. (Dipteral: Muscidae). *Acta Zootaxonomica Sinica*, 22 (3): 312-316. [王明福, 薛万琦. 1997b. 山西省棘蝇属二新种 (双翅目: 蝇科). 动物分类学报, 22 (3): 312-316.]

Wang M F, Xue W Q. 1998a. A new name of a species of the genus *Phaonia* (Diptera: Muscidae). *Acta Zootaxonomica Sinica*, 23 (1): 90. [王明福, 薛万琦. 1998a. 棘蝇属一个种的新名 (双翅目: 蝇科). 动物分类学报, 23 (1): 90.]

Wang M F, Xue W Q. 1998b. A new species of the genus *Phaonia* from Shanxi Province, China (Diptera: Muscidae). *Acta Zootaxonomica Sinica*, 23 (3): 325-327. [王明福, 薛万琦. 1998b. 山西省棘蝇属一新种 (双翅目: 蝇科). 动物分类学报, 23 (3): 325-327.]

Wang M F, Xue W Q. 1998c. A new species of the genus *Fannia* from Shanxi, China (Diptera: Fanniidae). *Acta Entomologica Sinica*, 41 (2): 184-186. [王明福, 薛万琦. 1998c. 厕蝇属一新种记述 (双翅目: 厕蝇科). 昆虫学报, 41 (2): 184-186.]

Wang M F, Xue W Q. 1998d. Diptera: Gasterophilidae. *In*: Xue W Q, Chao C M. 1998. *Flies of China*. Vol. 2. Shenyang: Liaoning Science and Technology Publishing House: 2207-2217. [薛万琦, 王明福. 1998d. 双翅目: 胃蝇科//薛万琦, 赵建铭. 1998. 中国蝇类 (下册). 沈阳: 辽宁科学技术出版社: 2207-2217.]

Wang M F, Xue W Q. 1998e. Diptera: Hypodermatidae. *In*: Xue W Q, Chao C M. 1998. *Flies of China*. Vol. 2. Shenyang: Liaoning Science and Technology Publishing House: 2230-2257. [薛万琦, 王明福. 1998e. 双翅目: 皮蝇科//薛万琦, 赵建铭. 1998. 中国蝇类 (下册). 沈阳: 辽宁科学技术出版社: 2230-2257.]

Wang M F, Xue W Q. 1998f. Diptera: Oestridae. *In*: Xue W Q, Chao C M. 1998. *Flies of China*. Vol. 2. Shenyang: Liaoning Science and Technology Publishing House: 2218-2229. [薛万琦, 王明福. 1998f. 双翅目: 狂蝇科//薛万琦, 赵建铭. 1998. 中国蝇类 (下册). 沈阳: 辽宁科学技术出版社: 2218-2229.]

Wang M F, Xue W Q. 2002. Taxonomic study on Fanniidae of China (Diptera: Cyclorrhapha). *In*: Li D M, Kang L, Wu J W, Zhang R Z. 2002. *Advance in Entomology: Proceedings of the 2002 Conference Organized by Entomological Society of China*. Beijing: Science and Technology Press of China: 54-59. [王明福, 薛万琦. 2002. 中国厕蝇科 Fanniidae 研究 (双翅目: 环裂亚目)//李典谟, 康乐, 吴钜文, 张润志. 2002. 昆虫学创新与发展: 中国昆虫学会 2002 年学术年会论文集. 北京: 中国科学技术出版社: 54-59.]

Wang M F, Xue W Q. 2004. A new species of the genus *Helina* R.-D. from China. (Diptera, Muscidae). *Acta Zootaxonomica Sinica*,

29 (4): 794-796. [王明福, 薛万琦. 2004. 中国阳蝇属一新种记述 (双翅目, 蝇科). 动物分类学报, 29 (4): 794-796.]

Wang M F, Xue W Q, Cao X F. 2004. Studies on the Family Fanniidae from the Subregion Loess plateau of China (Diptera: Cyclorrhapha). *Chinese Journal of Vector Biology and Control*, 15 (1): 33-35. [王明福, 薛万琦, 曹秀芬. 2004. 我国黄土高原亚区厕蝇科研究 (双翅目: 厕蝇科). 中国媒介生物学及控制杂志, 15 (1): 33-35.]

Wang M F, Xue W Q, Cheng J X. 1997. A new species of the genus *Fannia* from China (Diptera: Fanniidae). *Acta Zootaxonomica Sinica*, 22 (4): 418-420. [王明福, 薛万琦, 程璟侠. 1997. 中国厕蝇属一新种 (双翅目: 厕蝇科). 动物分类学报, 22 (4): 418-420.]

Wang M F, Xue W Q, *et al*. 1992. Studies on Calypterate flies of Pangquangou National Nature Reserve Region in Shanxi Province, China. *The 19th International Congress of Entomology*: 1-8.

Wang M F, Xue W Q, Huang Y M. 1997. Two new species of the genus *Fannia* R.-D. from China (Diptera: Fanniidae). *Acta Zootaxonomica Sinica*, 22 (1): 95-99. [王明福, 薛万琦, 黄耀明. 1997. 中国厕蝇属二新种记述 (双翅目: 厕蝇科). 动物分类学报, 22 (1): 95-99.]

Wang M F, Xue W Q, Ni Y T. 1990. Studies on the Muscidae from Shanxi Province of China (Diptera: Muscidae). *The 2nd International Congress of Dipterology*: 1-16.

Wang M F, Xue W Q, Su L X. 2004. Notes on *Carbonaria* species group of genus *Fannia* Robineau-Desvoidy (Diptera: Fanniidae), in China. *Entomologia Sinica*, 11 (2): 135-142. [王明福, 薛万琦, 苏立新. 2004. 中国厕蝇属炭色厕蝇种团记述 (双翅目: 厕蝇科). 中国昆虫科学, 11 (2): 135-142.]

Wang M F, Xue W Q, Wang R R. 2005. A new species of *Helina* R.-D. from Qinghai-Xizang Plateau, China (Diptera, Muscidea). *Acta Zootaxonomica Sinica*, 30 (1): 191-193. [王明福, 薛万琦, 王荣荣. 2005. 中国青藏高原阳蝇属一新种记述 (双翅目, 蝇科). 动物分类学报, 30 (1): 191-193.]

Wang M F, Xue W Q, Wu Y X. 1997a. A new species of the genus *Phaonia* (Diptera: Muscidae) from China. *Entomotaxonomia*, 19 (1): 29-31. [王明福, 薛万琦, 武玉晓. 1997a. 棘蝇属一新种记述 (双翅目: 蝇科). 昆虫分类学报, 19 (1): 29-31.]

Wang M F, Xue W Q, Wu Y X. 1997b. A new species of the genus *Phaonia* from Shanxi Province, China (Dipteral: Muscidae). *Acta Entomologica Sinica*, 40 (4): 410-412. [王明福, 薛万琦, 武玉晓. 1997b. 山西省棘蝇属一新种记述 (双翅目: 蝇科). 昆虫学报, 40 (4): 410-412.]

Wang M F, Xue W Q, Zhang D. 2004. Notes on *Annosa* species-group of *Helina* R.-D. (Diptera: Muscidae) in China. *Insect Science*, 11 (4): 293-301. [王明福, 薛万琦, 张东. 2004. 中国阳蝇属古阳蝇种团记述 (双翅目: 蝇科). 昆虫科学, 11 (4): 293-301.]

Wang M F, Zhang D, Ao H. 2010. Phylogeny and biogeography of the genus *Piezura* Rondani (Diptera: Fanniidae). *Zootaxa*, 2412: 53-62.

Wang M F, Zhang D, Cheng X L. 2010. Taxonomic review of the *Posticata*-group of *Fannia* Robineau-Desvoidy (Diptera: Fanniidae), with the description of two new species from China. *Annales de la Société Entomologique de France* (*Nouvelle Série*), 46 (3-4): 481-485.

Wang M F, Zhang D, Wang R R. 2007d. Review of the *Fannia jezoensis*-group (Diptera: Fanniidae). *Annales de la Société Entomologique de France*, 43 (3): 357-361.

Wang M F, Zhang D, Wang R R. 2008a. Two new species of the genus *Helina* Robineau-Desvoidy from China with revised diagnosis on the Chinese species (Diptera: Muscidae). *Annales de la Société Entomologique de France* (*Nouvelle Série*), 44 (2): 139-144.

Wang M F, Zhang D, Wang R. R. 2008b. The *mollissima*-subgroup of the genus *Fannia* Robineau-Desvoidy (Diptera: Fanniidae), with descriptions of seven new species. *Insect Systematics and Evolution*, 39 (1): 87-106.

Wang M F, Zhang D, Xue W Q. 2005. A review of the *hirsutitibia* species-group of the genus *Helina* Robineau-Desvoidy from China, with the description of one new species (Diptera: Muscidae). *Pan-Pacific Entomologist*, 81 (3-4): 86-93.

Wang M F, Zhang D, Xue W Q. 2006a. A review of the *F. serena*-subgroup of *Fannia* Robineau-Desvoidy (Diptera: Fanniidae), with the description of two new species from China. *Zootaxa*, 1162: 33-43.

Wang M F, Zhang D, Xue W Q. 2006b. A review of the *posticata* species-group of *Fannia* Robineau-Desvoidy (Diptera: Fanniidae) from China. *Oriental Insects*, 40: 179-184.

Wang M F, Zhang D, Xue W Q. 2007e. A review of the *Caniaularis*-group of *Fannia* Robineau-Desvoidy (Diptera: Fanniidae) from China. *Oriental Insects*, 41: 339-350.

Wang M F, Zhang D, Zheng S, Zhang C T. 2009. A review of the *carbonaria*-subgroup of *Fannia* Robineau-Desvoidy (Diptera: Fanniidae), with descriptions of two new species from China. *Zootaxa*, 2204: 37-47.

Wang P, Xue W Q. 2015. Diagnosis of the *Coenosia* pedella-group (Diptera: Muscidae), with descriptions of three new species from China. *Entomologica Fennica*, 26 (6): 101-109.

Wang P, Xue W Q. 2016. The genus *Polietes* (Diptera: Muscidae) from China with description of a new species. *Oriental Insects*,

49 (1-2): 11-15.

Wang Q, Fan H Y, Zhang C T. 2012. Notes on the genus *Cyrtophleba* (Diptera: Tachinidae) of China. *Entomotaxonomia*, 34 (2): 356-360. [王强, 范宏烨, 张春田. 2012. 中国瑟寄蝇属种类纪要 (双翅目: 寄蝇科). 昆虫分类学报, 34 (2): 356-360.]

Wang Q, Wang X H, Zhang C T. 2014a. A new species of the genus *Phasia* Latreille (Diptera: Tachinidae) from China. *Entomotaxonomia*, 36 (2): 127-133. [王强, 王新华, 张春田. 2014a. 中国突颜寄蝇属一新种 (双翅目: 寄蝇科). 昆虫分类学报, 36 (2): 127-133.]

Wang Q, Wang X H, Zhang C T. 2014b. Review of the Genus *Zambesomima* Mesnil, 1967 (Diptera: Tachinidae) from China. *Pan-Pacific Entomologist*, 90: 138-146. [王强, 王新华, 张春田. 2014b. 中国赞寄蝇属订正研究. 泛太平洋昆虫学家, 90: 138-146.]

Wang Q, Wang X H, Zhang C T. 2015. *Clelimyia paradoxa*, a newly recorded genus and species of Tachinidae (Diptera) from China. *Entomotaxonomia*, 37 (4): 291-296. [王强, 王新华, 张春田. 2015. 中国寄蝇科一新纪录属及一新纪录种 (双翅目). 昆虫分类学报, 37 (4): 291-296.]

Wang Q, Zhang C T. 2012a. A new species of the genus *Neaera* Robineau-Desvoidy (Diptera, Tachinidae) from Sichuan, China. *Acta Zootaxonomica Sinica*, 37 (4): 829-833. [王强, 张春田. 2012a. 中国四川尼寄蝇属一新种 (双翅目: 寄蝇科). 动物分类学报, 37 (4): 829-833.]

Wang Q, Zhang C T. 2012b. Two new species of the subfamily Tachininae (Diptera: Tachinidae) from the Liupan Mountains in Ningxia, China. *Entomotaxonomia*, 34 (2): 343-350. [王强, 张春田. 2012b. 中国宁夏六盘山寄蝇亚科二新种 (双翅目: 寄蝇科). 昆虫分类学报, 34 (2): 343-350.]

Wang Q, Zhang C T, Wang X H. 2015a. Review of the genus *Parerigone* Brauer (Diptera: Tachinidae) with five new species from China. *Zootaxa*, 3919 (3): 457-478.

Wang Q, Zhang C T, Wang X H. 2015b. Review of the *Hemyda* Robineau-Desvoidy of China (Diptera: Tachinidae). *Zootaxa*, 4040 (2): 129-148.

Wang Q, Zhang C T, Wang X H. 2015c. A newly recorded genus and species of *Subclytia* (Diptera: Tachinidae) from China. *Entomotaxonomia*, 37 (2): 139-144. [王强, 张春田, 王新华. 2015c. 中国突颜寄蝇亚科一新纪录属及一新纪录种 (双翅目: 寄蝇科). 昆虫分类学报, 37 (2): 139-144.]

Wang Q, Zhang C T, Wang X H. 2015d. A newly recorded genus with one new species of *Takanoella* (Diptera: Tachinidae) from China. *Entomotaxonomia*, 37 (3): 191-196. [王强, 张春田, 王新华. 2015d. 中国突颜寄蝇亚科一新纪录属及一新种 (双翅目: 寄蝇科). 昆虫分类学报, 37 (3): 191-196.]

Wang R R, Wang M F, Xue W Q. 2004. A study on faunistic distribution of genus *Helina* in China (Diptera: Muscidae). *Journal of Shenyang Normal University* (*Natural Science*), 22 (2): 131-134. [王荣荣, 王明福, 薛万琦. 2004. 中国阳蝇属区系研究 (双翅目: 蝇科). 沈阳师范大学学报 (自然科学版), 22 (2): 131-134.]

Wang X, Pang S T, Lei X G, Chen B Z, Guo S, Wu P B, Wang F, Liu R R. 2014. Surveillance of flies from 2009 to 2012 in Xi'an, Shaanxi province, China. *Chinese Journal of Vector Biology and Control*, 25 (3): 270-272. [王欣, 庞松涛, 雷晓岗, 陈保忠, 郭胜, 吴鹏斌, 王飞, 刘如如. 2014. 西安市 2009—2012 年蝇类监测结果分析. 中国媒介生物学及控制杂志, 25 (3): 270-272.]

Wang X J. 1988a. A study on Chinese *Sinodacus* Zia with description of new species (Diptera: Tephritidae). *Sinozoologia*, 6: 292-296. [汪兴鉴. 1988a. 中国华实蝇属研究及新种记述. 动物学集刊, 6: 292-296.]

Wang X J. 1988b. A new species of *Ortalotrypeta* Hendel from China (Diptera: Tephritidae). *Acta Entomologica Sinica*, 31 (2): 219-220. [汪兴鉴. 1988b. 川实蝇属一新种 (双翅目: 实蝇科). 昆虫学报, 31 (2): 219-220.]

Wang X J. 1989a. New species and new records of the genus *Myoleja* from China (Diptera: Tephritidae). *Acta Zootaxonomica Sinica*, 14 (4): 457-463. [汪兴鉴. 1989a. 中国迈实蝇属的新种和新纪录 (双翅目: 实蝇科). 动物分类学报, 14 (4): 457-463.]

Wang X J. 1989b. A new genus and three new species of Acanthonevrini from China (Diptera: Tephritidae). *Acta Zootaxonomica Sinica*, 14 (3): 358-363. [汪兴鉴. 1989b. 刺脉实蝇族一新属三新种 (双翅目: 实蝇科). 动物分类学报, 14 (3): 358-363.]

Wang X J. 1990a. Notes on a new genus and species of Trypetinae from China (Diptera: Tephritidae). *Acta Zootaxonomica Sinica*, 15 (3): 358-361. [汪兴鉴. 1990a. 实蝇亚科一新属新种记述 (双翅目: 实蝇科). 动物分类学报, 15 (3): 358-361.]

Wang X J. 1990b. A new species of the genus *Acidiostigma* Hendel from China (Diptera: Tephritidae). *Sinozoologia*, 7: 315-317. [汪兴鉴. 1990b. 长痣实蝇属一新种记述 (双翅目: 实蝇科). 动物学集刊, 7: 315-317.]

Wang X J. 1990c. Six new species of Tephritini from Hengduan Mountains, China (Diptera: Tephritidae). *Acta Zootaxonomica Sinica*, 15 (4): 489-494. [汪兴鉴. 1990c. 横断山区花翅实蝇族六新种 (双翅目: 实蝇科). 动物分类学报, 15 (4): 489-494.]

Wang X J. 1990d. Notes on six new species of the genus *Callantra* from China (Diptera: Tephritidae). *Acta Zootaxonomica Sinica*,

15 (1): 67-76. [汪兴鉴. 1990d. 棍腹实蝇属六新种记述 (双翅目: 实蝇科). 动物分类学报, 15 (1): 67-76.]

Wang X J. 1990e. Three new species of the genus *Parahypenidium* from China (Diptera: Tephritidae). *Acta Zootaxonomica Sinica*, 15 (2): 226-229. [汪兴鉴. 1990e. 中国远痣实蝇属三新种记述 (双翅目: 实蝇科). 动物分类学报, 15 (2): 226-229.]

Wang X J. 1990f. New genus and species of Tephritinae (Diptera: Tephritidae) from Inner Mongolia, China. *Entomotaxonomia*, 12 (3-4): 291-304. [汪兴鉴. 1990f. 内蒙古花翅实蝇亚科新属新种记述 (双翅目: 实蝇科). 昆虫分类学报, 12 (3-4): 291-304.]

Wang X J. 1990g. A new species of the genus *Sineuleia* from Sichuan, China (Diptera: Tephritidae). *Acta Entomologica Sinica*, 33 (4): 484-485. [汪兴鉴. 1990g. 四川后鬃实蝇属一新种记述 (双翅目: 实蝇科). 昆虫学报, 33 (4): 484-485.]

Wang X J. 1991. Notes on the genus *Vidalia* from China (Diptera: Tephritidae). *Acta Zootaxonomica Sinica*, 16 (4): 462-470. [汪兴鉴. 1991. 中国瘤额实蝇属记述 (双翅目: 实蝇科). 动物分类学报, 16 (4): 462-470.]

Wang X J. 1992a. Notes on the genus *Aischrocrania* Hendel from China (Diptera: Tephritidae). *Acta Entomologica Sinica*, 35 (1): 105-107. [汪兴鉴. 1992a. 中国偶角实蝇属记述 (双翅目: 实蝇科). 昆虫学报, 35 (1): 105-107.]

Wang X J. 1992b. Tephritidae. *In*: Peng J W, Leu Y Q. 1992. Iconography of Forest Insects in Hunan China. Changsha: Hunan Science and Technology Press: 1148-1152. [汪兴鉴. 1992b. 实蝇科//彭建文, 刘友樵. 1992. 湖南森林昆虫图鉴. 长沙: 湖南科学技术出版社: 1148-1152.]

Wang X J. 1993. Diptera: Tephritidae. *In*: The Comprehensive Scientific Expedition to the Qinghai-Xizang Plateau, Chinese Academy of Sciences. 1993. *Insects of the Hengduan Mountains Region*. Vol. 2. The Series of the Scientific Expedition to the Hengduan Mountains Region of Qinghai-Xizang Plateau. Beijing: Science Press: 1115-1126. [汪兴鉴. 1993. 双翅目: 实蝇科//中国科学院青藏高原综合科学考察队. 1993. 横断山区昆虫 (第 2 册). 青藏高原横断山科学考察丛书. 北京: 科学出版社: 1115-1126.]

Wang X J. 1996. The fruit flies (Diptera: Tephritidae) of the East Asian Region. *Acta Zootaxonomica Sinica*, 21 (Suppl.): 1-338.

Wang X J, Chen X L. 2002a. A revision of the genus *Gastrozona* Bezzi from China (Diptera: Tephritidae). *Acta Entomologica Sinica*, 45 (4): 507-515. [汪兴鉴, 陈小琳. 2002a. 中国羽角实蝇属分类研究 (双翅目: 实蝇科). 昆虫学报, 45 (4): 507-515.]

Wang X J, Chen X L. 2002b. A taxonomic study on the genus *Prosthiochaeta* Enderlein in China, with descriptions of three new species (Diptera: Platystomatidae). *Acta Entomologica Sinica*, 45 (5): 656-661. [汪兴鉴, 陈小琳. 2002b. 中国前毛广口蝇属分类研究及三新种记述 (双翅目: 广口蝇科). 昆虫学报, 45 (5): 656-661.]

Wang X J, Chen X L. 2002c. A revision of the genus *Dacus* Fabricius from China (Diptera: Tephritidae). *Acta Zootaxonomica Sinica*, 27 (3): 631-636. [汪兴鉴, 陈小琳. 2002c. 中国寡鬃实蝇属分类研究 (双翅目: 实蝇科). 动物分类学报, 27 (3): 631-636.]

Wang X J, Chen X L. 2002d. Taxonomic revision of the genus *Felderimyia* Hendel (Diptera: Tephritidae: Trypetinae). *Acta Zootaxonomica Sinica*, 27 (4): 802-806. [汪兴鉴, 陈小琳. 2002d. 凤实蝇属的分类厘订 (双翅目: 实蝇科: 实蝇亚科). 动物分类学报, 27 (4): 802-806.]

Wang X J, Chen X L. 2004a. Descriptions of two new species of the genus *Loxoneura* Macquart (Diptera, Platystomatidae) from China. *Acta Zootaxonomica Sinica*, 29 (3): 582-585. [汪兴鉴, 陈小琳. 2004a. 中国肘角广口蝇属 (双翅目, 广口蝇科) 二新种记述. 动物分类学报, 29 (3): 582-585.]

Wang X J, Chen X L. 2004b. A taxonomic revision of the genus *Loxoneura* Macquart from the Oriental Region, with description of one new species (Diptera: Platystomatidae). *Acta Entomologica Sinica*, 47 (4): 490-498. [汪兴鉴, 陈小琳. 2004b. 东洋界肘角广口蝇属分类研究及一新种记述 (双翅目: 广口蝇科). 昆虫学报, 47 (4): 490-498.]

Wang X J, Chen X L. 2006a. New species and new record species of the genus *Plagiostenopterina* Hendel (Diptera: Platystomatidae) from China. *Acta Zootaxonomica Sinica*, 31 (4): 898-901. [汪兴鉴, 陈小琳. 2006a. 中国狭翅广口蝇属 (双翅目, 广口蝇科) 新种和新纪录. 动物分类学报, 31 (4): 898-901.]

Wang X J, Chen X L. 2006b. Taxonomic Revision of the genus *Xenaspis* Osten Sacken from China (Diptera: Platystomatidae). *Acta Zootaxonomica Sinica*, 31 (3): 649-652. [汪兴鉴, 陈小琳. 2006b. 中国大广口蝇属分类研究 (双翅目, 广口蝇科). 动物分类学报, 31 (3): 649-652.]

Wang X J, Chen X L. 2007. A new species and two new record species of the genus *Euthyplatystoma* Hendel (Diptera, Platystomatidae) from China. *Acta Zootaxonomica Sinica*, 32 (1): 114-117. [汪兴鉴, 陈小琳. 2007. 中国美广口蝇属 (双翅目, 广口蝇科) 一新种及二新纪录种. 动物分类学报, 32 (1): 114-117.]

Wang X J, Xiao S, Chen X L, Long R, Zhang C L. 2008. Two new species of the genus *Bactrocera* Macquart (Diptera: Tephritidae) from Yunnan, China. *Acta Zootaxonomica Sinica*, 33 (1): 73-76. [汪兴鉴, 肖枢, 陈小琳, 龙荣, 张朝良. 2008. 云南瑞丽果

实蝇属二新种记述 (双翅目, 实蝇科, 寡鬃实蝇亚科). 动物分类学报, 33 (1): 73-76.]

Wang X J, Zhao M Z. 1989. Notes on the genus *Dacus* Fabricius in China with descriptions of five new species (Diptera: Tephritidae). *Acta Zootaxonomica Sinica*, 14 (2): 209-219. [汪兴鉴, 赵明珠. 1989. 中国寡鬃实蝇属记述 (双翅目: 实蝇科). 动物分类学报, 14 (2): 209-219.]

Wang X L. 1995. Two new species of the genus *Chyliza* (Diptera: Psilidae) from China. *Entomotaxonomia*, 17 (Suppl.): 100-102. [王心丽. 1995. 中国绒茎蝇属二新种 (双翅目: 茎蝇科). 昆虫分类学报, 17 (增刊): 100-102.]

Wang X L, Yang C K. 1989. Two new species of Psilidae from Shaanxi (Diptera: Acalypteratae). *Entomotaxonomia*, 11 (1-2): 175-176. [王心丽, 杨集昆. 1989. 陕西省的茎蝇科二新种 (双翅目: 无瓣蝇类). 昆虫分类学报, 11 (1-2): 175-176.]

Wang X L, Yang C K. 1998. Diptera: Psilidae. *In*: Xue W Q, Chao C M. 1998. *Flies of China*. Vol. 1. Shenyang: Liaoning Science and Technology Publishing House: 424-448. [王心丽, 杨集昆. 1998. 双翅目: 茎蝇科//薛万琦, 赵建铭. 1998. 中国蝇类 (上册). 沈阳: 辽宁科学技术出版社: 424-448.]

Wang X L, Yang C K. 2003. Diptera: Psilidae. *In*: Huang B K. 2003. *Fauna of Insects in Fujian Province of China*. Vol. 8. Fuzhou: Fujian Science and Technology Press: 563-565. [王心丽, 杨集昆. 2003. 双翅目: 茎蝇科//黄邦侃. 2003. 福建昆虫志 (第八卷). 福州: 福建科学技术出版社: 563-565.]

Wang X M, Ren G D, Liu R G. 1992. *An Annotated Checklist of Insects from Ningxia*. Xi'an: Shaanxi Normal University Press: 1-287. [王希蒙, 任国栋, 刘荣光. 1992. 宁夏昆虫名录. 西安: 陕西师范大学出版社: 1-287.]

Wang Y, Cheng X L, Wang M F. 2009. Study on Calyptratae fauna in Heng Mountain Range of Shanxi province. *Chinese Journal of Vector Biology and Control*, 20 (5): 397-401. [王勇, 程晓兰, 王明福. 2009. 山西省恒山地区有瓣蝇类分类区系研究. 中国媒介生物学及控制杂志, 20 (5): 397-401.]

Wang Y, Li G T, Huo Z H. 2012. Species and geographical distribution of flies in Lanzhou city. *Chinese Journal of Hygienic Insecticides & Equipments*, 18 (3): 232-234. [王芸, 李国太, 火照宏. 2012. 兰州市蝇的种类与分布. 中华卫生杀虫药械, 18 (3): 232-234.]

Wang Y D. 1992. Vertical distribution of the family Tachinidae (Diptera) in Mount Emei. *Journal of Sichuan Normal University* (*Natural Science*), 15 (3): 87-91, 99. [王一丁. 1992. 四川峨眉山寄蝇的垂直分布研究 (双翅目: 寄蝇科). 四川师范大学学报 (自然科学版), 15 (3): 87-91, 99.]

Wang Y D. 1997. Key to the species of Exoristinae from Sichuan and Chongqing. *Journal of Sichuan Normal University* (*Natural Science*), 20 (6): 111-114. [王一丁. 1997. 四川省和重庆市寄蝇科种类检索表 (I): 追寄蝇亚科. 四川师范大学学报 (自然科学版), 20 (6): 111-114.]

Wang Y D. 1998a. Key to the species of Goniinae from Sichuan Province and Chongqing City (Diptera: Tachinidae). *Journal of Sichuan Normal University* (*Natural Science*), 21 (1): 87-93. [王一丁. 1998a. 四川省和重庆市寄蝇科种类检索表 (II): 膝芒寄蝇亚科. 四川师范大学学报 (自然科学版), 21 (1): 87-93.]

Wang Y D. 1998b. Key to the species of Tachininae (Diptera: Tachinidae) from Sichuan Province and Chongqing City. *Journal of Sichuan Normal University* (*Natural Science*), 21 (2): 205-210. [王一丁. 1998b. 四川省和重庆市寄蝇科种类检索表 (III): 寄蝇亚科. 四川师范大学学报 (自然科学版), 21 (2): 205-210.]

Wang Y X, Feng Y. 2010. Study on the genus *Hebecnema* (Diptera: Muscidae) with description of a new species from Sichuan, China. *Sichuan Journal of Zoology*, 29 (4): 566-568. [王艳霞, 冯炎. 2010. 中国四川毛膝蝇属的研究并记一新种 (双翅目: 蝇科). 四川动物, 29 (4): 566-568.]

Wasmann E. 1902. Temiten, Termitophilen und Myrmekophilen, gesammelt auf Ceylon, mit anderm ostindischen Matrial bearbeitet. *Zoologische Jahrbücher*, *Abteilung für Systematik*, *Ökologie und Geographie der Tiere*, (Syst.) 17: 99-164.

Watabe H, Liang X C. 1990. Two new and one unrecorded species of the genus *Chymomyza* (Diptera, Drosophilidae) from China. *Japanese Journal of Entomology*, 58 (4): 811-815.

Watabe H, Liang X C, Zhang W X. 1990a. The *Drosophila robusta* species-group (Diptera: Drosophilidae) from Yunnan Province, Southern China, with the revision of its geographic distribution. *Zoological Science*, 7: 133-140.

Watabe H, Liang X C, Zhang W X. 1990b. The *Drosophila polychaeta* and the *D. quadrisetata* species-group (Diptera: Drosophilidae) fromYunnan Province, Southern China. *Zoological Science*, 7: 459-467.

Watabe H, Nakata S. 1989. A comparative study of genitalia of the *Drosophila robusta* and *D. melanica* species-groups (Diptera: Drosophilidae). *Journal of Hokkaido University of Education* (Section II B), 40: 13-30.

Watabe H, Peng T X. 1991. The *Drosophila virilis* section (Diptera: Drosophilidae) from Guangdong Province, Southern China. *Zoological Science*, 8: 147-156.

Watabe H, Sidorenko V S, Vinokurov N N, Toda M J. 1997. *Drosophilids* from the Komsomolsky Nature Reserve, Far East of Russia and a revision of geographic distribution of *Drosophila virilis* section flies (Diptera: Drosophilidae). *Proceedings of the Symposium on the Joint Siberian Permafrost Studies between Japan and Russia*, 5: 59-66.

Watabe H, Sperlich D. 1997. *Drosophila hubeiensis* (Diptera, Drosophilidae), a new species of the *Drosophila obscura* species-group from the mainland of China. *Japanese Journal of Entomology*, 65: 621-633.

Watabe H, Terasawa R, Lin F J. 1996. A new species of the genus *Drosophila obscura* species group (Diptera: Drosophilidae) from China. *Japanese Journal of Entomology*, 64: 489-495.

Watabe H, Toda M J. 1984. *Drosophila curvispina*, a new species of the *quinaria* species-group (Diptera, Drosophilidae). *Kontyû*, 52 (2): 238-242.

Watabe H, Toda M J, Li G C, Duan C L, Rahman I, Borrathybay E, Abdukerim M. 1993. Drosophilid fauna (Diptera, Drosophilidae) of Chinese Central Asia. *Japanese Journal of Entomology*, 61: 525-545.

Webb P B, Berthelot S. 1839. *Histoire Naturelle des Iles Canaries*. Animaux articules recueillis aux Iles Canaries. *Tome Deuxième. Deuxième Partie. Contenant la Zooloigie*. Béthune, Paris: 1-119.

Wehr E E. 1924. A synopsis of the Syrphidae of Nebraska, with descriptions of new species from Nebraska and Colorado. *University Studies of the University of Nebraska*, 22: 119-162.

Wei L M. 1988a. A new species of the genus *Lasiomma* from Guizhou, China (Diptera: Anthomyiidae). *Acta Zootaxonomica Sinica*, 13 (4): 381-384. [魏濂艨. 1988a. 球果花蝇属一新种 (双翅目: 花蝇科). 动物分类学报, 13 (4): 381-384.]

Wei L M. 1988b. Descriptions of four new species of Anthomyiidae from Guizhou Province, China (Diptera). *Zoological Research*, 9 (4): 427-435. [魏濂艨. 1988b. 贵州省花蝇科四新种记述 (双翅目). 动物学研究, 9 (4): 427-435.]

Wei L M. 1988c. Descriptions of two new species of the genus *Pegomya* from Guizhou, China (Diptera: Anthomyiidae). *Acta Zootaxonomica Sinica*, 13 (3): 294-298. [魏濂艨. 1988c. 泉蝇属二新种记述 (双翅目: 花蝇科). 动物分类学报, 13 (3): 294-298.]

Wei L M. 1990. Description of three new species of the genus *Phaonia* from Guizhou, China (Diptera: Muscidae). *Acta Zootaxonomica Sinica*, 15 (4): 495-499. [魏濂艨. 1990. 贵州省棘蝇属三新种记述 (双翅目: 蝇科). 动物分类学报, 15 (4): 495-499.]

Wei L M. 1991a. Notes on the genus *Myospila* Rondani from Guizhou Province, China (Diptera: Muscidae). *Zoological Research*, 12 (1): 12-15. [魏濂艨. 1991a. 妙蝇属三新种记述 (双翅目: 蝇科). 动物学研究, 12 (1): 12-15.]

Wei L M. 1991b. Two new species and a new subspecies of *Phaonia* (Diptera: Muscidae) from Northern Guizhou, China. *Entomotaxonomia*, 13 (2): 143-146. [魏濂艨. 1991b. 黔北棘蝇属二新种一新亚种 (双翅目: 蝇科). 昆虫分类学报, 13 (2): 143-146.]

Wei L M. 1992a. A new species of the genus *Lasiopelta* (Diptera: Muscidae). *Acta Entomologica Sinica*, 35 (1): 108-109. [魏濂艨. 1992a. 毛盾圆蝇属一新种 (双翅目: 蝇科). 昆虫学报, 35 (1): 108-109.]

Wei L M. 1992b. A new species of *Pegohylemyia* from Guizhou, China (Diptera: Anthomyiidae). *Acta Entomologica Sinica*, 35 (4): 490-492. [魏濂艨. 1992b. 泉种蝇属一新种 (双翅目: 花蝇科). 昆虫学报, 35 (4): 490-492.]

Wei L M. 1992c. On the females of three species of the family Anthomyiidae (Diptera) from Guizhou, China. *Acta Zootaxonomica Sinica*, 17 (2): 253-256. [魏濂艨. 1992c. 花蝇科三种雌性的记述 (双翅目). 动物分类学报, 17 (2): 253-256.]

Wei L M. 1993. A new subspecies of the genus *Limnophora* from Guizhou, China (Diptera: Muscidae). *Acta Entomologica Sinica*, 36 (2): 223-224. [魏濂艨. 1993. 贵州省池蝇属一新亚种 (双翅目: 蝇科). 昆虫学报, 36 (2): 223-224.]

Wei L M. 1994a. Descriptions of four new species of the genus *Mydaea* R.-D. from Guizhou China (Diptera: Muscidae). *Acta Entomologica Sinica*, 37 (1): 112-119. [魏濂艨. 1994a. 圆蝇属四新种记述 (双翅目: 蝇科). 昆虫学报, 37 (1): 112-119.]

Wei L M. 1994b. Four new species of the genus *Phaonia* from Guizhou China (Diptera: Muscidae). *Acta Entomologica Sinica*, 37 (2): 220-224. [魏濂艨. 1994b. 贵州产棘蝇属四新种 (双翅目: 蝇科). 昆虫学报, 37 (2): 220-224.]

Wei L M. 2005. Tachinidae. *In*: Jin D C, Li Z Z. 2005. *Insects from Xishui Landscape*. Insect Fauna from National Nature Reserve of Guizhou Province, II. Guiyang: Guizhou Science and Technology Publishing House: 402-404. [魏濂濛. 2005. 寄蝇科//金道超, 李子忠. 2005. 习水景观昆虫. 贵州省国家级自然保护区昆虫志 II. 贵阳: 贵州科技出版社: 402-404.]

Wei L M. 2006a. Anthomyiidae. *In*: Jin D C, Li Z Z. 2006. *Insects from Chishui Spinulose Tree Fern Landscape* [also as *Chishui Suoluo Jingguan Kunchong*]. Insect Fauna from National Nature Reserve of Guizhou Province, III. Guiyang: Guizhou Science and Technology Publishing House: 286-289. [魏濂艨. 2006a. 花蝇科//金道超, 李子忠. 2006. 赤水桫椤景观昆虫. 贵州省国家级自然保护区昆虫志 III. 贵阳: 贵州科技出版社: 286-289.]

Wei L M. 2006b. Calliphoridae. *In*: Li Z Z, Jin D C. 2006. *Insects from Fanjingshan Landscape*. Guiyang: Guizhou Science and Technology Publishing House: 543-545. [魏濂艨. 2006b. 丽蝇科//李子忠, 金道超. 2006. 梵净山景观昆虫. 贵州: 贵州科技出版社: 543-545.]

Wei L M. 2006c. Diptera: Muscidae. *In*: Li Z Z, Jin D C. 2006. *Insects from Fanjingshan Landscape*. Guiyang: Guizhou Science and Technology Publishing House: 505-525. [魏濂艨. 2006c. 双翅目: 蝇科//李子忠, 金道超. 2006. 梵净山景观昆虫. 贵阳: 贵州科技出版社: 505-525.]

Wei L M. 2006d. Tachnidae. *In*: Jin D C, Li Z Z. 2006. *Insects from Chishui Spinulose Tree Fern Landscape* [also as *Chishui Suoluo Jingguan Kunchong*]. Insect Fauna from National Nature Reserve of Guizhou Province, III. Guiyang: Guizhou Science and Technology Publishing House: 297-298. [魏濂濛. 2006d. 寄蝇科//金道超, 李子忠. 2006. 赤水桫椤景观昆虫. 贵州省国家级自然保护区昆虫志 III. 贵阳: 贵州科技出版社: 297-298.]

Wei L M. 2006e. Anthomyiidae. *In*: Li Z Z, Jin D C. 2006. *Insects from Fanjingshan Landscape*. Guiyang: Guizhou Science and Technology Publishing House: 525-541. [魏濂艨. 2006e. 花蝇科//李子忠, 金道超. 2006. 梵净山景观昆虫. 贵阳: 贵州科技出版社: 525-541.]

Wei L M. 2006f. Sarcophagiidae. *In*: Li Z Z, Jin D C. 2006. *Insects from Fanjingshan Landscape*. Guiyang: Guizhou Science and Technology Publishing House: 545-547. [魏濂艨. 2006f. 麻蝇科//李子忠, 金道超. 2006. 梵净山景观昆虫. 贵州: 贵州科技出版社: 545-547.]

Wei L M. 2010. Descriptions of three new species of the genus *Hypopygiopsis* Townsend from Yunnan, China (Diptera, Calliphoridae). *Acta Zootaxonomica Sinica*, 35 (4): 760-769. [魏濂艨. 2010. 中国云南巨尾蝇属三新种记述 (双翅目, 丽蝇科). 动物分类学报, 35 (4): 760-769.]

Wei L M. 2011a. A taxonomic study of the genus *Myospila* Rondani (Diptera, Muscidae) from Guizhou, China, description of five new species belonging to the *M. lauta* group. *Acta Zootaxonomica Sinica*, 36 (2): 301-314. [魏濂艨. 2011a. 中国贵州妙蝇属 (双翅目: 蝇科) 研究及净妙蝇群五新种记述. 动物分类学报, 36 (2): 301-314.]

Wei L M. 2011b. Description of a new species a taxonomic study of the genus *Myospila* Rondani (Diptera, Muscidae) from Guizhou, China. *Acta Zootaxonomica Sinica*, 36 (4): 904-908. [魏濂艨. 2011b. 中国贵州妙蝇属 (双翅目: 蝇科) 研究及双色妙蝇群一新种记述. 动物分类学报, 36 (4): 904-908.]

Wei L M. 2012a. A taxonomic study of the genus *Myospila* Rondani (Diptera, Muscidae) from Guizhou, China, descriptions of three new species belonging to the newly defined *M. femorata*-group. *Acta Zootaxonomica Sinica*, 37 (2): 417-424. [魏濂艨. 2012a. 中国贵州妙蝇属 (双翅目: 蝇科) 分类学研究及新定义的黄股妙蝇群三新种记述. 动物分类学报, 37 (2): 417-424.]

Wei L M. 2012b. A taxonomic study of the genus *Myospila* Rondani (Diptera, Muscidae) from Guizhou, China, and descriptions of eight new species belonging to the newly defined *M. trochanterata* group. *Acta Zootaxonomica Sinica*, 37 (2): 397-416. [魏濂艨. 2012b. 中国贵州妙蝇属 (双翅目, 蝇科) 分类学研究及转妙蝇群八新种记述. 动物分类学报, 37 (2): 397-416.]

Wei L M, Jiang S G, Cao W P. 2010. Two new species of *Lasiopelta* Malloch from Guizhou, China (Diptera, Muscidae). *Acta Zootaxonomica Sinica*, 35 (3): 489-493. [魏濂艨, 蒋绍贵, 曹维平. 2010. 中国贵州毛盾蝇属二新种记述 (双翅目, 蝇科). 动物分类学报, 35 (3): 489-493.]

Wei L M, Yang L, Ye Z M. 1988. Description of the female of *Heteronychia* (*Eupierretia*) *curvifemoralis* Li, 1980 (Diptera: Sarcophagidae). *Acta Zootaxonomica Sinica*, 13 (3): 311-312. [魏濂艨, 杨林, 叶宗茂. 1988. 曲股欧麻蝇雌性的记述 (双翅目: 麻蝇科). 动物分类学报, 13 (3): 311-312.]

Wei L M, Yang M F, Li Z Z. 2007. Diptera: Muscidae. *In*: Li Z Z, Yang M F, Jin D C. 2007. *Insects from Leigongshan Landscape*. Guiyang: Guizhou Science and Technology Publishing House: 457-506. [魏濂艨, 杨茂发, 李子忠. 2007. 双翅目: 蝇科//李子忠, 杨茂发, 金道超. 2007. 雷公山景观昆虫. 贵阳: 贵州科技出版社: 457-506.]

Wei L M, Zhou Z X, Chen Y, *et al*. 2012. Diptera: Muscidae. *In*: Dai R H, Li Z Z, Jin D C. 2012. *Insects from Kuankuoshui Landscape*. Guiyang: Guizhou Science and Technology Publishing House: 522-554. [魏濂艨, 周正湘, 陈业, 等. 2012. 双翅目: 蝇科//戴仁怀, 李子忠, 金道超. 2012. 宽阔水景观昆虫. 贵阳: 贵州科技出版社: 522-554.]

Wen J D, Dong J F. 1995. *Hexomyza cecidogena* (Hering) (Diptera: Agromyzidae)—new record from China. *Entomotaxonomia*, 17 (1): 77-78. [问锦曾, 董景芳. 1995. 赫氏瘿潜蝇——中国新记录. 昆虫分类学报, 17 (1): 77-78.]

Wenn C T. 1985. Notes on three new stem miners (Diptera: Agromyzidae). *Entomotaxonomia*, 7 (2): 109-113. [问锦曾. 1985. 三种蛀茎潜蝇的记述. 昆虫分类学报, 7 (2): 109-113.]

Westwood J O. 1834. On *Nycteribia*, a genus of wingless Insects. *Proceedings of the Zoological Society of London*, 1834 (Part II): 135-140.

Westwood J O. 1835. On *Nycteribia*, a genus of wingless insects. *Transactions of the Zoological Society of London*, 1: 275-294.

Westwood J O. 1837. On *Diopsis*, a genus of dipterous insects, with descriptions of twenty-one species. *Transactions of the Linnean Society of London*, 17: 283-313.

Westwood J O. 1840. Synopsis of the genera of British insects. *In*: Westwood J O. 1840. *An introduction to the modern classification of insects; founded on the natural habits and corresponding organization of the different families*. London, 2: 1-158.

Westwood J O. 1845. Description of *Diopsishearseiana*. *Journal and Proceedings of the Entomology Society of London*, (1844) 1: 99.

Westwood J O. 1848. *The Cabinet o f Oriental Entomology*. London: 1-88.

Westwood J O. 1849. Diptera nonulla exotica descripta. XLI. *Transactions of the Royal Entomological Society of London*, 5: 231-236.

Weyenbergh H. 1881. Dos nuevas especies del grupo de los dipteros pupiparos. *Anales de la Sociedad Cientifica Argentina*, 11: 193-200.

Wheeler M R. 1949. XII. The subgenus *Pholadoris* (*Drosophila*) with descriptions of two new species. *The University of Texas Publication*, 4920: 143-156.

Wheeler M R. 1952. The Drosophilidae of the Nearctic region, exclusive of the genus *Drosophila*. *The University of Texas Publication*, 5204: 162-218.

Wheeler M R. 1959. A nomenclatural study of the genus *Drosophila*. *The University of Texas Publication*, 5914: 181-205.

Wheeler M R. 1960. A new subgenus and species of *Stegana* Meigen (Diptera: Drosophilidae). *Proceedings of the Entomological Society of Washington*, 62: 109-111.

Wheeler M R. 1981. The Drosophilidae: A taxonomic overview. *In*: Ashburner M, Carson H L, Thompson J N Jr. 1981. *The Genetics and Biology of Drosophila, 3a*. New York and London: Academic Press: 1-97.

Wheeler M R. 1986. Additions to the catalog of the World's Drosophilidae. *In*: Ashburner M, Carson H L, Thompson J N Jr. 1986. *The Genetics and Biology of Drosophila, 3e*. New York and London: Academic Press: 395-409.

Wheeler M R, Takada H. 1964. Diptera: Drosophilidae. *Insecta of Micronesia*, 14 (6): 164-242.

White I M. 1987. The Linnaean species of the family Tephritidae (Insecta: Diptera). *Zoologica Journal of the Linnean Society*, 90: 99-107.

White I M, Elson-Harris M M. 1994. *Fruit Flies of Ecnomic Significance: Their Identification and Bionomics*. Wallingford: CAB International and ACIAR: 1-601.

White I M, Evenhuis N L. 1999. New species and records of Indo-Australasian Dacini (Diptera: Tephritidae). *Raffles Bulletin of Zoology*, 47 (2): 487-540.

White I M, Hancock D L. 1997. CABIKEY to the Indo-Australasian Dacini Fruit Flies. Wallingford: CAB International, CD-ROM.

White I M, Hancock D L. 2004. Fauna Malesiana: Interactive key for dacine fruit flies (Diptera: Tephritidae) Wokingham: ETI Information Services, CD-ROM.

White I M, Headrick D H, Norrbom A L, Carroll L E. 1999. Glossary. *In*: Aluja M, Norrbom A L. 1999. *Fruit Flies* (*Tephritidae*): *Phylogeny and Evolution of Behavior*. Boca Raton: CRC Press: 881-924.

White I M, Korneyev V A. 1989. A revision of the western Palaearctic species of *Urophora* Robineau-Desvoidy (Diptera: Tephritidae). *Systematic Entomology*, 14 (3): 327-374.

White I M, Marquardt K. 1989. A revision of the genus *Chaetorellia* Hendel (Diptera: Tephritidae) including a new species associated with spotted knapweed, *Centaurea maculosa* Lam. (Asteraceae). *Bulletin of Entomological Research*, 79: 453-487.

White I M, Wang X J. 1992. Taxonomic notes on some dacine (Diptera: Tephritidae) fruit flies associated with citrus, olives, and cucurbits. *Bulletin of Entomological Research*, 82: 275-279.

Whitmore D. 2011. New taxonomic and nomenclatural data on *Sarcophaga* (*Heteronychia*) (Diptera: Sarcophagidae), with description of six new species. *Zootaxa*, 2778: 1-57.

Whitney L A. 1921. Mirodon equestris. Notes and exhibitions. *Proceedings of the Hawaiian Entomological Society*, 4: 606.

Whittington A E. 1991. Two new Afrotropical species of *Lonchoptera* Meigen (Diptera: Lonchopteridae). *Annals of Natal Museum*, 32: 205-214.

Whittington A E. 2000. Revision of the Oriental genera of Plastotephritinae (Diptera: Platystomatidae). *Tijdschrift voor Entomologie*, 142 (2): 333-344.

Wiedemann C R W. 1817. Neue Zweiflugler (Diptera Linn.) aus der Gegend um Kiel. *Zoologisches Magazin*, Kiel, 1 (1): 61-86.

Wiedemann C R W. 1818. Neue Insecten vom Gebirge der Guten Hoffnung. *Zoologisches Magazin*, Kiel, 1 (2): 40-48.

Wiedemann C R W. 1819. Beschreibung neue Zweiflügler aus Ostindien und Afrika. *Zoologisches Magazin*, 1 (3): 1-39.

Wiedemann C R W. 1820. *Munus Rectoris in Academia Christiano-Albertina Iterum Aditurus Nova Dipterorum Genera Offert Iconibusque Illustrat*. Kiliae [= Kiel]: i-xiii + 1-23.

Wiedemann C R W. 1824a. *Munus Rectoris in Academia Christiana Albertina Aditurus Analecta Entomológica ex Museo Regio Havniensi Máxime Congesta Profert Iconibusque Illustrat*. Kiliae [= Kiel]: 1-60.

Wiedemann C R W. 1824b. *Systematische Beschreibung der Bekannten Europäischen Zweiflügeligen Insekten*. Aachen: Bei Friedrich, 4 (XII): 129-167.

Wiedemann C R W. 1828. *Aussereuropäische Zweiflügelige Insekten*. Erster Theil. Schulz, Hamm: i-xxxii + 1-608, pls. 1-7.

Wiedemann C R W. 1830a. Achias dipterorum genus a Fabricio conditum. *Illustratum novisque speciebus auctum et conventui physicorum germanorum oblatum*. Kiel: Mohr, 1830: 519-520.

Wiedemann C R W. 1830b. *Aussereuropäische Zweiflügelige Insekten*, 2. Hamm, Schulz: 1-648.

Willard F. 1914. Two new species of *Platypeza* found at Stanford University. *Psyche*, 21: 167-168.

Williston S W. 1882a. Contribution to a monograph of the North American Syrphidae. *Proceedings of the American Philosophical Society*, 20: 299-332.

Williston S W. 1882b. New or little known genera of North American Syrphidae. *Canadian Entomologist*, 14: 77-80.

Williston S W. 1885. On classification of North American Diptera. (First paper.). *Bulletin of the Brooklyn Entomological Society*, 7: 129-139.

Williston S W. 1887. Synopsis of the North American Syrphidae. *Bulletin of the United States National Museum*, (1886) 31: xxx + 1-335, pls. 1-12.

Williston S W. 1888a. A new South American genus of Conopidae. *Canadian Entomologist*, 20: 10-12.

Williston S W. 1888b. Diptera Brasiliana, ab H. H. Smith collecta. Part I, Stratiomyidae, Syrphidae. *Transactions of the American Entomological Society*, 15: 243-292.

Williston S W. 1893. List of Diptera of the Death Valley Expedition. *North American Fauna*, 7: 253-256.

Williston S W. 1896a. *Manual of the Families and Genera of North American Diptera*. Ed. 2. New Haven: James T. Hathaway: liv + 1-167.

Williston S W. 1896b. On the Diptera of St. Vincent (West Indies). *Transactions of the Royal Entomological Society of London*, 1896: 253-446.

Williston S W. 1897. Diptera Brasiliana, Part 4. *Kansas University Quarterly*, (A) 6: 1-12.

Williston S W. 1908. *Manual of North American Diptera*. Ed. 3. James T. Hathaway, New Haven: 1-405.

Wirth W W. 1951. A revision of the dipterous family Canaceidae. *Occasional Papers of Bernice P. Bishop Museum*, 20 (14): 245-275.

Wirth W W. 1968. The genus *Rhynchopsilopa* Hendel (Diptera: Ephydridae). *Annals of the National Museum*, 20 (1): 37-46.

Wirth W W. 1971. The brine flies of the genus *Ephydra* in North America (Diptera: Ephydridae). *Annals of the Entomological Society of America*, 64 (2): 357-377.

Wirth W W. 1977. Family Curtonotidae. *In*: Delfinado M D, Hardy D E. 1977. *A Catalogue of the Diptera of the Oriental Region*. Vol. 3. Honolulu: University Press of Hawaii: 340-341.

Wollaston T V. 1858. Brief diagnostic characters of undescribed Madeiran insects. Ordo Diptera. *Annals and Magazine of Natural History*, (3) 1: 113-125.

Wood J H. 1909. On the British species of *Phora*. Part II cont. *Entomologist's Monthly Magazine*, 45: 24-29, 59-63, 113-120, 143-149, 191-195, 240-244.

Wood J H. 1910. On the British *Phora* (cont.). *Entomologist's Monthly Magazine*, 46: 243-249.

Wood J H. 1914. On the British *Phora* (further addition). *Entomologist's Monthly Magazine*, 50: 152-154.

Woodworth C W. 1913. *Guide to California Insects*. Berkeley: The Law Press: 1-360.

Woźnica A J. 2013. Two new species of the genus *Suillia* Robineau-Desvoidy, 1830 from southern Asia (Diptera: Heleomyzidae: Suilliinae). *Polish Journal of Entomology*, 82 (4): 389-396.

Wu C F. 1940. *Catalogus Insectorum Sinensium*, Vol. Ⅴ. Peiping: The Fan Memorial Institute of Biology: 1-542. [胡经甫. 1940. 中国昆虫名录. 第5卷. 北京: 静生生物调查所: 1-542.]

Wu C G, Dong J M, Wei L M. 2015. Two new species of *Phaonia latipalpis*-group (Diptera: Muscidae, *Phaonia*) from China. *Chinese Journal of Vector Biology and Control*, 26 (4): 404-405, 417. [吴传刚, 董钧铭, 魏濂艨. 2015. 蛰棘蝇种团二新种 (双翅目: 蝇科, 棘蝇属). 中国媒介生物学及控制杂志, 26 (4): 404-405, 417.]

Wu C G, Liu G B, Wei L M. 1995. A new species of *Hydrophoria* (Diptera: Anthomyiidae) from Guizhou, China. *Entomotaxonomia*, 17 (4): 290-292. [吴传刚, 刘国斌, 魏濂艨. 1995. 贵州花蝇科一新种 (双翅目: 花蝇科). 昆虫分类学报, 17 (4): 290-292.]

Wu H, Xue W Q. 1996. Four new species of the genus *Coenosia* from Baishanzu, Zhejiang. *Journal of Zhejiang Forestry College*, 13 (4): 418-426. [吴鸿, 薛万琦. 1996. 浙江百山祖秽蝇属4新种记述 (双翅目: 蝇科). 浙江林学院学报, 13 (4): 418-426.]

Wu J W. 1988. A new species of Phaoniinae from Gansu Province, China with two new records (Diptera: Muscidae). *Entomotaxonomia*, 10 (1-2): 15-17. [武经纬. 1988. 甘肃棘蝇亚科一新种及二新记录 (双翅目: 蝇科). 昆虫分类学报, 10

(1-2): 15-17.]

Wu J W. 1989. Five new species of the genus *Helina* from Gansu, China (Diptera: Muscidae). *Entomotaxonomia*, 11 (4): 323-332. [武经纬. 1989. 甘肃省阳蝇属五新种 (双翅目: 蝇科). 昆虫分类学报, 11 (4): 323-332.]

Wu J W. 1990. Descriptions of two new species of the genus *Hydrotaea* (Diptera: Muscidae). *Acta Entomologica Sinica*, 33 (1): 105-108. [武经纬. 1990. 齿股蝇属二新种记述 (双翅目: 蝇科). 昆虫学报, 33 (1): 105-108.]

Wu L, Chen H W. 2010. Three new species of the subgenus *Steganina* (Diptera, Drosophilidae, *Stegana*) from southern China. *Oriental Insects*, 44: 69-75.

Wu L, Gao J J, Chen H W. 2010. The *Stegana biprotrusa* species group (Diptera, Drosophilidae) from the Oriental region. *Zootaxa*, 2721: 47-54.

Wu S G, Feng Z J. 1996. *The Biology and Human Physiology in the Hoh-Xil Region*. The Series of the Comprehensive Scientific Expedition to the Hoh-Xil Region. Beijing: Science Press: xi + 1-358. [武素功, 冯祚建. 1996. 青海可可西里地区生物与人体高山生理. 可可西里地区综合科学考察丛书. 北京: 科学出版社: xi + 1-358.]

Wu W, Xia D F, Zheng W, Zhou S Q, Gou L X. 2014. Catalogue of Calyptrate Flies in Ningbo Region. *Hubei Agricultural Sciences*, 53 (7): 1563-1566. [吴薇, 夏德峰, 郑炜, 周盛强, 郭立新. 2014. 宁波地区有瓣蝇类名录. 湖北农业科学, 53 (7): 1563-1566.]

Wu Y Q, Chen Z Z, Fan Z D. 1991. A new species of the genus *Bellardia* R.-D. (Diptera: Calliphoridae) from Shaanxi, China. *Entomotaxonomia*, 13 (4): 307-309. [吴元钦, 陈之梓, 范滋德. 1991. 陕西省陪丽蝇属一新种 (双翅目: 丽蝇科). 昆虫分类学报, 13 (4): 307-309.]

Wu Y Q, Fang J M, Fan Z D. 1988. Description of Six New Species of Phaoniinae from Shaanxi Province, China (Diptera, Muscidea). *Journal of the Fourth Military Medical University*, 9 (5): 349-350. [吴元钦, 方建明, 范滋德. 1988. 陕西省棘蝇亚科 Phaoniinae 六新种 (双翅目: 蝇科). 第四军医大学学报, 9 (5): 349-350.]

Wu Y X, Wang M F. 2002. Taxonomic Study on Fanniidae of Shanxi (Diptera: Cyclorrhapha). *In*: Li D M, Kang L, Wu J W, Zhang R Z. 2002. *Advance in Entomology*: *Proceedings of the 2002 Conference Organized by Entomological Society of China*. Beijing: Science and Technology Press of China: 562-564. [武玉晓, 王明福. 2002. 山西省厕蝇科研究 (双翅目: 环裂亚目)//李典谟, 康乐, 吴钜文, 张润志. 2002. 昆虫学创新与发展: 中国昆虫学会 2002 年学术年会论文集. 北京: 中国科学技术出版社: 562-564.]

Wyatt N P. 1991. Notes on *Citrogramma* Vockeroth (Diptera: Syrphidae) with descriptions of five new species. *Oriental Insects*, 25: 155-169.

Wynn S, Toda M J. 1988. Drosophilidae (Diptera) in Burma. IV. The genus *Zaprionus*. *Kontyû*, 56: 843-851.

Wynn S, Toda M J. 1990. Drosophilidae (Diptera) in Burma. VI. The genera *Mycodrosophila* and *Paramycodrosophila*. *Japanese Journal of Entomology*, 58 (2): 303-311.

Wynn S, Toda M J, Peng T X. 1990. The genus *Phorticella* Duda (Diptera: Drosophilidae) from Burma and Southern China. *Zoological Science*, 7: 279-302.

Xi Y Q, Yang D. 2013. Four new species of *Phyllomyza* Fallén from China (Diptera, Milichiidae). *Zootaxa*, 3718 (6): 575-582.

Xi Y Q, Yang D. 2014. *Neophyllomyza* (Diptera: Milichiidae) recorded from China with description of three new species. *Florida Entomologist*, 97 (4): 1640-1647.

Xi Y Q, Yang D. 2015a. *Phyllomyza* Fallén (Diptera: Milichiidae) newly found in Tibet with descriptions of two new species. *Florida Entomologist*, 98 (2): 495-498.

Xi Y Q, Yang D. 2015b. The genus *Phyllomyza* Fallén (Diptera, Milichiidae) from China, with descriptions of five new species. *Transactions of the American Entomological Society*, 141: 44-55.

Xi Y Q, Yang D. 2015c. Three new species of *Cryptochetum* Rondani (Diptera, Cryptochetidae). *Transactions of the American Entomological Society*, 141: 80-89.

Xi Y Q, Yin X M, Yang D. 2016a. *Phyllomyza* Fallén (Diptera, Milichiidae) from Yunnan with description of four new species. *Entomotaxonomia*, 38 (1): 29-38. [席玉强, 尹新明, 杨定. 2016a. 云南真叶蝇属四新种 (双翅目: 叶蝇科). 昆虫分类学报, 38 (1): 29-38.]

Xi Y Q, Yin X M, Yang D. 2016b. A newly recorded genus with one new species of *Stomosis* Melander (Diptera, Milichiidae) from China. *Entomotaxonomia*, 38 (3): 217-218. [席玉强, 尹新明, 杨定. 2016b. 中国叶蝇科一新纪录属及一新种 (双翅目: 叶蝇科). 昆虫分类学报, 38 (3): 217-218.]

Xiang C, Ye Z M. 1986. Description of the female of *Phormiata phormiata* Grunin, 1971 (Diptera: Calliphoridae). *Acta Zootaxonomica Sinica*, 11 (1): 111-112. [向超群, 叶宗茂. 1986. 山伏蝇雌性的记述 (双翅目: 丽蝇科). 动物分类学报, 11 (1): 111-112.]

Xie G A, Qian W P, He J H, Hu Y J, Feng Y, Li Z D. 2008. A new species of the genus Helina from northern Sichuan of China

(Diptera: Muscidae). *Journal of Medical Pest Control*, 24 (9): 644-645. [谢广安, 钱薇萍, 何建邯, 胡雅劼, 冯焱, 李左丹. 2008. 中国四川阳蝇属一新种 (双翅目: 蝇科). 医学动物防制, 24 (9): 644-645.]

Xie H, Cunningham S A, Yeates D K, Thompson F C. 2014. A new sericomyiine flower fly from China (Diptera: Syrphidae). *Zootaxa*, 3860 (1): 81-86.

Xie M. 1995. A new species of the genus *Parochthiphila* (Diptera: Chamaemyiidae) from China. *Entomotaxonomia*, 17 (Suppl.): 103-105. [谢明. 1995. 中国准斑腹蝇属一新种 (双翅目: 斑腹蝇科). 昆虫分类学报, 17 (增刊): 103-105.]

Xu B H. 2001. The investigation on the medical insects in Fujian Province III (Diptera: Scarthophagidae, Anthomyiidae, Fannidae, Calliphoridae, Sarcophagidae). *Journal of Medical Pest Control*, 17 (6): 295-302. [徐保海. 2001. 福建省医学昆虫调查 III (双翅目: 粪蝇科、花蝇科、厕蝇科、丽蝇科、麻蝇科). 医学动物防制, 17 (6): 295-302.]

Xu B H. 2011. Hippoboscoidea of China (Insecta: Diptera). *Chinese Journal of Zoonoses*, 27 (1): 67-71, 75. [徐保海. 2011. 中国虱蝇总科记述 (昆虫纲: 双翅目). 中国人兽共患病学报, 27 (1): 67-71, 75.]

Xu B H, Fan Z D. 2003. Diptera: Anthomyiidae. *In*: Huang B K. 2003. *Fauna of Insects in Fujian Province of China*. Vol. 8. Fuzhou: Fujian Science and Technology Press: 318-333. [徐保海, 范滋德. 2003. 双翅目: 花蝇科//黄邦侃. 2003. 福建昆虫志 (第八卷). 福州: 福建科学技术出版社: 318-333.]

Xu B H, Huang S L. 2009. Survey on the density of flies in Xiuyu port of Putian city. *Chinese Journal of Hygienic Insecticides & Equipments*, 15 (3): 217-219. [徐保海, 黄素兰. 2009. 莆田市秀屿港蝇类种群密度观察. 中华卫生杀虫药械, 15 (3): 217-219.]

Xu M F, Gao J J, Chen H W. 2007a. Genus *Amiota* Loew (Diptera: Drosophilidae) from Qinling Mountain System, Central China. *Entomological Science*, 10: 65-71.

Xu M F, Gao J J, Chen H W. 2007b. Three new species of *Stegana* (*Oxyphortica*) from Yunnan Province, southwestern China (Diptera: Drosophilidae). *The Raffles Bulletin of Zoology*, 55 (1): 43-47.

Xu M F, Liao L, Zhang W D. 2009. Two new species of Trypetinae from Guangdong, China (Diptera, Tephritidae). *Acta Zootaxonomica Sinica*, 34 (1): 69-72. [徐淼锋, 廖力, 张卫东. 2009. 广东实蝇亚科二新种描述 (双翅目, 实蝇科). 动物分类学报, 34 (1): 69-72.]

Xu X Y, Chen H W. 2013. Five new species and two newly recorded species in the genus *Amiota* (Diptera: Drosophilidae) from China. *Entomotaxonomia*, 35 (1): 57-67. [徐晓阳, 陈宏伟. 2013. 中国阿果蝇属五新种和二新纪录种 (双翅目, 果蝇科). 昆虫分类学报, 35 (1): 57-67.]

Xu Y, Wang M F, Xue W Q. 2005. Studies on classification of the genus *Spilogona* in China (Diptera: Muscidae). *Chinese Journal of Vector Biology and Control*, 16 (5): 345-347. [徐洋, 王明福, 薛万琦. 2005. 中国点池蝇属分类研究初报 (双翅目: 蝇科). 中国媒介生物学及控制杂志, 16 (5): 345-347.]

Xu Y L, Yang D. 2005. Species of *Rhodesiella* from Guangdong, South China (Diptera: Chloropidae). *Zootaxa*, 1046: 49-53.

Xu Y L, Yang D, Nartshuk E P. 2011. Species of *Neorhodesiella* feom China (Diptera, Chloropidae). *Acta Zootaxonomica Sinica*, 36 (4): 901-903. [徐艳玲, 杨定, Nartshuk Emilia P. 2011. 中国新锥秆蝇属种类 (双翅目, 秆蝇科). 动物分类学报, 36 (4): 901-903.]

Xu Y X, Li H P, Xie P M, Li Y. 2010. Study on the current situation of vectors in Zhongxing town, Sichuan province after Wenchuan earthquake. *Chinese Journal of Vector Biology and Control*, 21 (1): 12-15. [徐友祥, 李罕锫, 谢培明, 李一. 2010. 四川省中兴镇地震后病媒生物现状研究. 中国媒介生物学及控制杂志, 21 (2): 21 (1): 12-15.]

Xu Y X, Yang C K. 1990. Contributions to Pipunculidae (Diptera) from Nei Mongol. *Entomotaxonomia*, 12 (3-4): 305-308. [徐永新, 杨集昆. 1990. 内蒙古头蝇三新种及一中国新记录种 (双翅目: 头蝇科). 昆虫分类学报, 12 (3-4): 305-308.]

Xu Y X, Yang C K. 1997. A new species of Pipunculidae (Diptera) from Southern Gansu, China. *Entomotaxonomia*, 19 (1): 32-34. [徐永新, 杨集昆. 1997. 甘肃南部头蝇科一新种 (双翅目). 昆虫分类学报, 19 (1): 32-34.]

Xue W Q. 1978. Eight new species of the genus *Blaesoxipha* (s. lat.) Loew from Liaoning, China (Diotera: Sarcophagidae). *Acta Entomologica Sinica*, 21 (2): 185-193. [薛万琦. 1978. 辽宁省折麻蝇属八新种 (双翅目: 麻蝇科). 昆虫学报, 21 (2): 185-193.]

Xue W Q. 1981a. A new species of genus *Phaonia* (Diptera: Muscidae). *Transactions of Liaoning Zoological Society*, 2 (1): 37-38. [薛万琦. 1981a. 棘蝇属一新种. 辽宁动物学会会刊, 2 (1): 37-38.]

Xue W Q. 1981b. A new species of the genus *Coenosia* (Diptera: Muscidae). *Acta Entomologica Sinica*, 24 (4): 436-437. [薛万琦. 1981b. 秽蝇属一新种 (双翅目: 蝇科). 昆虫学报, 24 (4): 436-437.]

Xue W Q. 1981c. New species of the genus *Spilogona* Schnabl from Liaoning, China (Diptera: Muscidae). *Zoological Research*, 2 (4): 353-354. [薛万琦. 1981c. 辽宁省点池蝇属一新种 (双翅目: 蝇科). 动物学研究, 2 (4): 353-354.]

Xue W Q. 1982. Two new species of the genus *Limnophora* R.-D. from Liaoning, China (Diptera: Muscidae). *Acta Zootaxonomica Sinica*, 7 (4): 416-418. [薛万琦. 1982. 辽宁省池蝇属二新种 (双翅目: 蝇科). 动物分类学报, 7 (4): 416-418.]

Xue W Q. 1983. A new species of *Melinda* R.-D. (Diptera: Calliphoridae). *Entomotaxonomia*, 5 (2): 109-112. [薛万琦. 1983. 蜗蝇属一新种 (双翅目: 丽蝇科). 昆虫分类学报, 5 (2): 109-112.]

Xue W Q. 1984a. New species of the genus *Phaonia* from Liaoning, China (Diptera: Muscidae). *Acta Entomologica Sinica*, 27 (3): 334-341. [薛万琦. 1984a. 棘蝇属新种和新纪录 (双翅目: 蝇科). 昆虫学报, 27 (3): 334-341.]

Xue W Q. 1984b. Descriptions of some new *Limnophora* from China (Diptera: Muscidae). *Acta Zootaxonomica Sinica*, 9 (4): 378-386. [薛万琦. 1984b. 池蝇属三新种一新亚种及二中国新纪录种 (双翅目: 蝇科). 动物分类学报, 9 (4): 378-386.]

Xue W Q. 1988. Three new species of the genus *Phaonia* from Liaoning, China (Diptera: Muscidae). *Acta Zootaxonomica Sinica*, 13 (2): 161-166. [薛万琦. 1988. 棘蝇属三新种和三新纪录 (双翅目: 蝇科). 动物分类学报, 13 (2): 161-166.]

Xue W Q. 1991. Two new species of the genus *Phaonia* from Mt. Changbai, China (Diptera: Muscidae). *Sichuan Journal of Zoology*, 10 (2): 9-12. [薛万琦. 1991. 长白山棘蝇属二新种 (双翅目: 蝇科). 四川动物, 10 (2): 9-12.]

Xue W Q. 1997a. Diptera: Anthomyiidae, Muscidae, Calliphoridae. *In*: Yang X K. 1997. *Insects of the Three Gorge Reservoir Area of Yangtze River*. Chongqing: Chongqing Publishing House: 1491-1518. [薛万琦. 1997a. 双翅目: 花蝇科, 蝇科, 丽蝇科//杨星科. 1997. 长江三峡库区昆虫. 重庆: 重庆出版社: 1491-1518.]

Xue W Q. 1997b. Two new species of the genus *Helina* from Xinjiang, China (Diptera: Muscidae). *Acta Entomologica Sinica*, 40 (1): 75-78. [薛万琦. 1997b. 新疆阳蝇属二新种 (双翅目: 蝇科). 昆虫学报, 40 (1): 75-78.]

Xue W Q. 1998a. A new species of *Caricea* from Zhejiang Province, China (Diptera: Muscidae). *Acta Zootaxonomica Sinica*, 23 (1): 88-90. [薛万琦. 1998a. 浙江溜芒蝇属一新种 (双翅目: 蝇科). 动物分类学报, 23 (1): 88-90.]

Xue W Q. 1998b. Diptera: Anthomyiidae. *In*: Xue W Q, Chao C M. 1998. *Flies of China*. Vol. 2. Shenyang: Liaoning Science and Technology Publishing House: 2301. [薛万琦. 1998b. 双翅目: 花蝇科//薛万琦, 赵建铭. 1998. 中国蝇类 (下册). 沈阳: 辽宁科学技术出版社: 2301.]

Xue W Q. 2000. Three new species of *Phaonia* from Yunnan, China (Diptera: Muscidae). *Zoological Research*, 21 (3): 227-230. [薛万琦. 2000. 云南棘蝇属三新种 (双翅目: 蝇科). 动物学研究, 21 (3): 227-230.]

Xue W Q. 2001a. Three new species of the Anthomyiidae from Yunnan Province, China (Diptera: Anthomyiidae). *Zoological Research*, 22 (6): 485-489. [薛万琦. 2001a. 云南省花蝇科三新种 双翅目 (花蝇科). 动物学研究, 22 (6): 485-489.]

Xue W Q. 2001b. Two new species of the Anthomyiidae from Yunnan Province, China (Diptera: Anthomyiidae). *Zoological Research*, 22 (4): 306-309. [薛万琦. 2001b. 云南省花蝇科二新种 双翅目 (花蝇科). 动物学研究, 22 (4): 306-309.]

Xue W Q. 2001c. Four new species of the genus *Helina* R.-D. (Diptera: Muscidae) from China. *Entomotaxonomia*, 23 (2): 131-136. [薛万琦. 2001a. 中国阳蝇属四新种 (双翅目: 蝇科). 昆虫分类学报, 23 (2): 131-136.]

Xue W Q. 2001d. One new genus and one new species of Muscidae from China (Diptera: Muscidae). *Acta Entomologica Sinica*, 44 (1): 95-97. [薛万琦. 2001d. 中国蝇科一新属新种 (双翅目: 蝇科). 昆虫学报, 44 (1): 95-97.]

Xue W Q. 2001e. Two new species of the genus *Helina* R.-D. (Diptera: Muscidae) from Xinjiang, China. *Entomotaxonomia*, 23 (1): 35-37. [薛万琦. 2001e. 新疆阳蝇属 *Helina* R.-D.二新种 (双翅目: 蝇科). 昆虫分类学报, 23 (1): 35-37.]

Xue W Q. 2002a. Four new species of the genus *Helina* R.-D. from Xinjiang, China (Diptera: Muscidae). *Acta Zootaxonomica Sinica*, 27 (2): 364-368. [薛万琦. 2002a. 新疆阳蝇属四新种 (双翅目: 蝇科). 动物分类学报, 27 (2): 364-368.]

Xue W Q. 2002b. Three new species of the genus *Helina* from Changbai Mountains, China (Diptera: Muscidae). *Acta Zootaxonomica Sinica*, 27 (3): 637-640. [薛万琦. 2002b. 长白山阳蝇属三新种 (双翅目: 蝇科). 动物分类学报, 27 (3): 637-640.]

Xue W Q. 2002c. Three new species of the genus *Delia* (Diptera: Anthomyiidae) from Gansu Province, China. *Entomologia Sinica*, 9 (1): 73-78. [薛万琦. 2002c. 甘肃省地种蝇属 (双翅目: 花蝇科) 三新种. 中国昆虫科学, 9 (1): 73-78.]

Xue W Q. 2003. Three new species of the genus *Pegomya* from Yunnan Province, China (Diptera: Anthomyiidae). *Acta Entomologica Sinica*, 46 (1): 80-84. [薛万琦. 2003. 云南省泉蝇属三新种 (双翅目: 花蝇科). 昆虫学报, 46 (1): 80-84.]

Xue W Q. 2005. Calliphoridae. *In*: Yang X K. 2005. *Insect Fauna of Middle-West Qinling Range and South Mountains of Gansu Province*. Beijing: Science Press: 787-833. [薛万琦. 2005. 丽蝇科//杨星科. 2005. 秦岭西段及甘南地区昆虫. 北京: 科学出版社: 787-833.]

Xue W Q. 2006. *Calliphoridae*. *In*: Xue W Q, Wang M F. 2006. *Flies of the Qinghai-Xizang Plateau*. Beijing: Science Press: 204. [薛万琦. 2006. 丽蝇科//薛万琦, 王明福. 2006. 青藏高原蝇类. 北京: 科学出版社: 204.]

Xue W Q, Bai S C, Dong W X. 2009. A review of the genera *Hydrophoria* and *Zaphne* from China, with the descriptions of two new species (Diptera: Anthomyiidae). *Entomological News*, 120 (4): 415-429.

Xue W Q, Bai S C, Dong W X. 2012. A study of the genus *Limnophora* Robineau-Desvoidy (Diptera: Muscidae), with descriptions of six new species from China. *Journal of Insect Science*, 12: 1-20.

Xue W Q, Cao R F. 1988. A new species of the genus *Phaonia* from Shaanxi, China (Diptera: Muscidae). *Acta Entomologica Sinica*, 31 (1): 94-95. [薛万琦, 曹如峰. 1988. 陕西省棘蝇属一新种 (双翅目: 蝇科). 昆虫学报, 31 (1): 94-95.]

Xue W Q, Cao R F. 1989. Studies on Calypteratae flies from Shaanxi, China (I). Descriptions of eight new species and a new record from the Taibai Mountain (Diptera: Muscidae). *Entomotaxonomia*, 11 (1-2): 163-174. [薛万琦, 曹如峰. 1989. 陕西省有瓣蝇类的研究 (一)太白山棘蝇亚科八新种及一新记录 (双翅目: 蝇科). 昆虫分类学报, 11 (1-2): 163-174.]

Xue W Q, Chao J M. 1998a. *Flies of China*. Vol. 1. Shenyang: Liaoning Science and Technology Publishing House: 1-1365. [薛万琦, 赵建铭. 1998a. 中国蝇类 (上册). 沈阳: 辽宁科学技术出版社: 1-1365.]

Xue W Q, Chao J M. 1998b. *Flies of China*. Vol. 2. Shenyang: Liaoning Science and Technology Publishing House: 1-1365. [薛万琦, 赵建铭. 1998b. 中国蝇类 (下册). 沈阳: 辽宁科学技术出版社: 1366-2357.]

Xue W Q, Chao J M. 1998c. Diptera: Sarcophagidae. *In*: Xue W Q, Chao J M. 1998. *Flies of China*. Vol. 2. Shenyang: Liaoning Science and Technology Publishing House: 1518-1660. [薛万琦, 赵建铭. 1998c. 双翅目: 麻蝇科//薛万琦, 赵建铭. 1998. 中国蝇类 (下册). 沈阳: 辽宁科学技术出版社: 1518-1660.]

Xue W Q, Chen H W, Cui Y S. 1997. Three new species of the genus *Phaonia* from Fanjing Mountains, China (Diptera: Muscidae). *Acta Entomologica Sinica*, 40 (3): 305-310. [薛万琦, 陈宏伟, 崔永胜. 1997. 贵州梵净山棘蝇属三新种 (双翅目: 蝇科). 昆虫学报, 40 (3): 305-310.]

Xue W Q, Chen H W, Liang C C. 1993. Four new species of *Phaonia* from Changbai Mountains, China (Diptera: Muscidae). *Acta Zootaxonomica Sinica*, 18 (4): 476-481. [薛万琦, 陈宏伟, 梁传诚. 1993. 长白山地区棘蝇属四新种 (双翅目: 蝇科). 动物分类学报, 18 (4): 476-481.]

Xue W Q, Chen Y, Yang M. 1998. A new species of the *Coenosia flavimana*-group from China (Diptera: Muscidae). *Journal of Shenyang Teachers College* (*Natural Science*), 16 (3): 36-38. [薛万琦, 陈岩, 杨明. 1998. 中国黄跗秽蝇种团一新种 (双翅目: 蝇科). 沈阳师范学院学报 (自然科学版), 16 (3): 36-38.]

Xue W Q, Cui C Y. 2003. Four new species of the genus *Helina* Robineau-Desvoidy from Heilongjiang, China (Diptera: Muscidae). *Acta Entomologica Sinica*. 46 (1): 76-79. [薛万琦, 崔昌元. 2003. 黑龙江阳蝇属四新种 (双翅目: 蝇科). 昆虫学报, 46 (1): 76-79.]

Xue W Q, Cui Y S. 1996. Two new species of the *Simulans*-group of the genus *Phaonia* (Diptera: Muscidae). *Acta Zootaxonomica Sinica*, 21 (3): 366-370. [薛万琦, 崔永胜. 1996. 棘蝇属小爪棘蝇二新种团二新种 (双翅目: 蝇科). 动物分类学报, 21 (3): 366-370.]

Xue W Q, Cui Y S. 2001. Five new species of *Coenosia* (Diptera: Muscidae) in Xinjiang China. *Entomologia Sinica*, 8 (2): 102-110. [薛万琦, 崔永胜. 2001. 新疆秽蝇属五新种 (双翅目: 蝇科). 中国昆虫科学, 8 (2): 102-110.]

Xue W Q, Dong W X, Bai S C. 2009. Studies of the genus *Onesia* (Diptera: Calliphoridae) from China, with the descriptions of two new species. *Florida Entomologist*, 92 (2): 321-329.

Xue W Q, Dong W X, Bai S C. 2010. A study on the genus *Eutrichota* (Diptera: Anthomyiidae), with descriptions of three new species from China. *Oriental Insects*, 44: 77-90.

Xue W Q, Dong W X, Bai S C. 2012. A study on the genus *Eutrichota* (Diptera: Anthomyiidae), with descriptions of three new species from China. *Oriental Insects*, 44 (1): 77-90.

Xue W Q, Du J. 2008. Two new species of *Delia*, with a key to the males of the world species of the *interflua* group (Diptera: Anthomyiidae). *Entomological News*, 119 (2): 113-122.

Xue W Q, Du J. 2009. The Holarctic species of the *Delia alaba* subsection, with descriptions of two new species (Diptera: Anthomyiidae). *Entomologica Americana*, 115 (2): 154-159.

Xue W Q, Du J, Wang P. 2016. Four new species of *Pegomya alticola* group from China (Diptera: Anthomyiidae). *Oriental Insects*, 49 (3-4): 287-296.

Xue W Q, Du J, Zhang L. 2008. Descriptions of five new species of *Helina* Robineau-Desvoidy (Diptera: Muscidae) from China. *Entomologica Fennica*, 19: 105-113.

Xue W Q, *et al*. 1992. A paper on the genus of *Drymeia* from China. (Diptera: Muscidae). *The 19th International Congress of Entomology*: 1-16.

Xue W Q, Fei X D. 2011. Two new genus of Calliphoridae (Diptera: Calliphoridae). *Journal of Shenyang Normal University* (*Natural Science*), 29 (1): 1-5 [薛万琦, 费旭东. 2011. 丽蝇科二新属 (双翅目: 丽蝇科). 沈阳师范大学学报 (自然科学版), 29 (1): 1-5.]

Xue W Q, Feng Y. 1986. Studies on Calypteratae flies from Western Sichuan, China III (Diptera: Muscidae). *Acta Zootaxonomica*

Sinica, 11 (4): 412-418. [薛万琦, 冯炎. 1986. 川西地区有瓣蝇类的研究III (双翅目: 蝇科). 动物分类学报, 11 (4): 412-418.]

Xue W Q, Feng Y. 1988. Two new species of the genus *Helina* (Diptera: Muscidae). *Entomotaxonomia*, 10 (3-4): 203-206. [薛万琦, 冯炎. 1988. 阳蝇属二新种 (双翅目: 蝇科). 昆虫分类学报, 10 (3-4): 203-206.]

Xue W Q, Feng Y. 1989. A new species of the genus *Pierretia* from Sichuan, China (Diptera: Sarcophagidae). *Acta Entomologica Sinica*, 32 (4): 485-487. [薛万琦, 冯炎. 1989. 四川细麻蝇属一新种 (双翅目: 麻蝇科). 昆虫学报, 32 (4): 485-487.]

Xue W Q, Feng Y. 1996. A new species of the genus *Mydaea* Robineau-Desvoidy from Sichuan, China (Diptera: Muscidae). *Acta Zootaxonomica Sinica*, 21 (2): 232-234. [薛万琦, 冯炎. 1996. 中国圆蝇属一新种 (双翅目: 蝇科). 动物分类学报, 21 (2): 232-234.]

Xue W Q, Feng Y. 2000d. Two new species of *Coenosia albicornis*-group from Sichuan, China (Diptera: Muscidae). *Acta Zootaxonomica Sinica*, 25 (4): 454-457. [薛万琦, 冯炎. 2000d. 四川白角秽蝇种团二新种 (双翅目: 蝇科). 动物分类学报, 25 (4): 454-457.]

Xue W Q, Feng Y. 2002a. A new species of the new *Coenosia ungulipardua*-group from China (Diptera: Muscidae). *Acta Entomologica Sinica*, 45 (Suppl.): 76-77. [薛万琦, 冯炎. 2002a. 秽蝇属豹爪秽蝇新种团一新种 (双翅目: 蝇科). 昆虫学报, 45 (增刊): 76-77.]

Xue W Q, Feng Y. 2002b. A new species and a new record of genus *Phaonia* from China (Diptera: Muscidae). *Acta Entomologica Sinica*, 45 (Suppl.): 86-87. [薛万琦, 冯炎. 2002b. 棘蝇属一新种和一新纪录 (双翅目: 蝇科). 昆虫学报, 45 (增刊): 86-87.]

Xue W Q, Feng Y. 2002c. Five new species of the genus *Helina* from Sichuan Province, China (Diptera: Muscidae). *Zoological Research*, 23 (6): 499-503. [薛万琦, 冯炎. 2002c. 中国四川阳蝇属五新种 (双翅目: 蝇科). 动物学研究, 23 (6): 499-503.]

Xue W Q, Feng Y, Liu G L. 1986. One new species of the genus *Pandelleana* from Sichuan, China (Diptera, Sarcophagidae). *Zoological Research*, 7 (2): 203-206 [薛万琦, 冯炎, 刘桂兰. 1986. 四川省潘麻蝇属一新种 (双翅目: 麻蝇科). 动物学研究, 7 (2): 203-206.]

Xue W Q, Feng Y, Liu M Q. 1998. Three new species of the genus *Caricea* from China (Diptera: Muscidae). *Zoological Research*, 19 (1): 71-76. [薛万琦, 冯炎, 刘铭泉. 1998. 中国溜芒蝇属三新种 (双翅目: 蝇科). 动物学研究, 19 (1): 71-76.]

Xue W Q, Feng Y, Song W H. 2005. Descriptions of two new species of *Helina* from Sichuan Province, China (Diptera: Muscidae). *Pan-Pacific Entomologist*, 81 (3-4): 122-126.

Xue W Q, Feng Y, Tong Y F. 2005. A taxonomic study on *Helina* R.-D. (Diptera: Muscidae) From China. *Oriental Insects*, 39 (1): 35-62.

Xue W Q, Feng Y, Tong Y F. 2008. Two new species of the genus *Helina* from Sichuan Province, China (Diptera: Muscidae). *Annales de la Société Entomologique de France* (*Nouvelle Série*), 44 (3): 308-310.

Xue W Q, Kano R. 1994a. A new species of the genus *Dichaetomyia* (Diptera: Muscidae) from China. *Bulletin of the National Science Museum*, Tokyo, Ser. A (Zoology), 20 (3): 127-130.

Xue W Q, Kano R. 1994b. New Species of the Genus *Helina* (Diptera: Muscidae). *Bulletin of the National Science Museum*, Tokyo, Ser. A (Zoology), 20 (4): 179-181.

Xue W Q, Li F H. 1991. Description of a new species of the genus *Phaonia* from China (Diptera: Muscidae). *Acta Entomologica Sinica*, 34 (1): 94-95. [薛万琦, 李富华. 1991. 棘蝇属一新种记述 (双翅目: 蝇科). 昆虫学报, 34 (1): 94-95.]

Xue W Q, Li F H. 1994. One new species of the genus *Hydrotaea* from Yunnan, China (Diptera: Muscidae). *Acta Zootaxonomica Sinica*, 19 (4): 487-489. [薛万琦, 李富华. 1994. 云南省齿股蝇属一新种 (双翅目: 蝇科). 动物分类学报, 19 (4): 487-489.]

Xue W Q, Li F H. 2000. Five new species of genus *Helina* R.-D. from Yunnan, China (Diptera: Muscidae). *Zoological Research*, 21 (4): 303-307. [薛万琦, 李富华. 2000. 云南省阳蝇属五新种 (双翅目: 蝇科). 动物学研究, 21 (4): 303-307.]

Xue W Q, Li F H. 2001. Four new species of the genus *Phaonia* R.-D. from Yunnan, China (Diptera: Muscidae). *Acta Zootaxonomica Sinica*, 26 (4): 573-579. [薛万琦, 李富华. 2001. 云南省棘蝇属四新种 (双翅目: 蝇科). 动物分类学报, 26 (4): 573-579.]

Xue W Q, Li F H. 2002. Three new species of the genus *Helina* from Yunnan, China (Diptera: Muscidae). *Acta Entomologica Sinica*, 45 (Suppl.): 78-80. [薛万琦, 李富华. 2002. 云南省阳蝇属三新种 (双翅目: 蝇科). 昆虫学报, 45 (增刊): 78-80.]

Xue W Q, Liang C C, Chen H W. 1990. Studies on Calypterate flies from the Changbaishan Mountains, China Insecta: (Diptera). *The 2nd International Congress of Dipterology*: 1-12.

Xue W Q, Liu L, Xiang C Q. 1994. A new species of the genus *Hydrotaea* from Xinjiang, China (Diptera: Muscidae). *Acta Entomologica Sinica*, 37 (2): 218-219. [薛万琦, 刘力, 向超群. 1994. 新疆齿股蝇属一新种 (双翅目: 蝇科). 昆虫学报,

37 (2): 218-219.]

Xue W Q, Liu M Q. 1985. Two new species of the genus *Phaonia* from Guangdong, China (Diptera: Muscidae). *Zoological Research*, 6 (4) (Suppl.): 15-19. [薛万琦, 刘铭泉. 1985. 广东省棘蝇属二新种 (双翅目: 蝇科). 动物学研究, 6 (4) (增刊): 15-19.]

Xue W Q, Liu Y N. 2011. *Dichaetomyia* (Diptera: Muscidae) from China, with description of five new species. *Oriental Insects*, 45 (2-3): 162-175.

Xue W Q, Liu Y N. 2013. A new species of *Engyneura* Stein (Diptera: Anthomyiidae) from China with key to species. *Oriental Insects*, 47 (2-3): 144-149.

Xue W Q, Ma Z Y, Mu G S, Wu Y Q, Wang M F, Ni T, Liu L, Cui Y S, Zhang C T, Li F H, Wu J W, Zhao B G, Liu M Q, Cao R F, Xiang C Q, Zhou Z K, Cao Y C, Liu A Q. 1998. Diptera: Muscidae. *In*: Xue W Q, Chao C M. 1998. *Flies of China*. Vol. 1. Shenyang: Liaoning Science and Technology Publishing House: 836-1365. [薛万琦, 马忠余, 牟广思, 吴元钦, 王明福, 倪涛, 刘力, 崔永胜, 张春田, 李富华, 武经纬, 赵宝刚, 刘铭泉, 曹如峰, 向超群, 周志坤, 曹毓存, 柳霭钦. 1998. 双翅目: 蝇科//薛万琦, 赵建铭. 1998. 中国蝇类 (上册). 沈阳: 辽宁科学技术出版社: 836-1365.]

Xue W Q, Pont A C, Wang M F. 2008. A study of the genus *Drymeia* Meigen (Diptera: Muscidae) from the Tibetan Plateau and surrounding regions of P. R. China, with descriptions of three new species. *Proceedings of the Entomological Society of Washington*, 110 (2): 493-503.

Xue W Q, Rong H. 2013. Redescription of the male of *Brachycoma nigra* (Diptera: Sarcophagidae). *Journal of Medical Pest Control*, 29 (9): 986-987. [薛万琦, 荣华. 2013. 黑短野蝇雄性再描述 (双翅目: 麻蝇科). 医学动物防制, 29 (9): 986-987.]

Xue W Q, Rong H, Du J. 2014. Descriptions of six new species of *Phaonia* Robineau-Desvoidy (Diptera: Muscidae) from China. *Journal of Insect Science*, 14: 1-23.

Xue W Q, Song W, Chen Y. 2002. One new species of the new *Phaonia laticrassa*-group from China (Diptera: Muscidae). *Acta Entomologica Sinica*, 45 (Suppl): 83-85. [薛万琦, 宋伟, 陈岩. 2002. 棘蝇属侧突棘蝇新种团一新种 (双翅目: 蝇科). 昆虫学报, 45 (增刊): 83-85.]

Xue W Q, Song W H. 2007. A review of the genus *Botanophila* Lioy (Diptera: Anthomyiidae) from China, with descriptions of three new species. *Zootaxa*, 1633: 1-38.

Xue W Q, Song W H, Zheng L J. 2005. Three new species of the genus *Coenosia* from Yunnan Province, China (Diptera: Muscidae). *Journal of Medical Pest Control*, 21 (2): 118-121. [薛万琦, 宋文惠, 郑立军. 2005. 云南省秽蝇属三新种 (双翅目: 蝇科). 医学动物防制, 21 (2): 118-121.]

Xue W Q, Sun H K. 2014. The *Helina guadrum* group (Diptera: Muscidae) from China with descriptions of three new species. *Oriental Insects*, 48 (1-2): 92-101.

Xue W Q, Sun H K. 2015a. Diagnosis and key for the *Helina annosa*-group (Diptera: Muscidae) from China, with descriptions of nine new species. *Journal of Natural History*, 49 (25-26): 1549-1583.

Xue W Q, Sun H K. 2015b. Diagnosis and key for the *Helina subpubiseta*-group (Diptera: Muscidae) from China, with descriptions of eight new species. *Journal of the Entomological Research Society*, 17 (2): 17-37.

Xue W Q, Tian X. 2011. Notes on six synonyms of *Helina* from China (Diptera: Muscidae). *Journal of Shenyang Normal University* (*Natural Science*), 29 (3): 428-430. [薛万琦, 田旭. 2011. 中国阳蝇属六异名记述 (双翅目: 蝇科). 沈阳师范大学学报 (自然科学版), 29 (3): 428-430.]

Xue W Q, Tian X. 2012a. Genus *Mydaea* (Diptera: Muscidae) from China with description of two new species. *Oriental Insects*, 46 (2): 144-152.

Xue W Q, Tian X. 2012b. Thirteen new species of the genus *Helina* R.-D. (Diptera: Muscidae) from China. *Journal of Natural History*, 46 (9-10): 565-598.

Xue W Q, Tian X. 2014. Keys to the species of *Mydaeinae* (Diptera: Muscidae) from China, with the description of four new species. *Journal of Insect Science*, 14: 1-26.

Xue W Q, Tong Y F. 2003a. Species-groups within the genus *Limnophora* R.-D. (Diptera: Muscidae) and descriptions of new species. *Entomologia Sinica*, 10 (1): 57-63. [薛万琦, 佟艳丰. 2003a. 中国池蝇属 (双翅目: 蝇科) 分种团研究及三新种记述. 中国昆虫科学, 10 (1): 57-63.]

Xue W Q, Tong Y F. 2003b. Three new species of the genus *Spilogona* (Diptera: Muscidae) in China. *Entomologia Sinica*, 10 (2): 131-137. [薛万琦, 佟艳丰. 2003b. 中国点池蝇属三新种 (双翅目: 蝇科). 中国昆虫科学, 10 (2): 131-137.]

Xue W Q, Tong Y F. 2003c. A taxonomic study on *Coenosia tigrina* species-group (Diptera: Muscidae) in China. *Entomologia Sinica*, 10 (4): 281-290.[薛万琦, 佟艳丰. 2003c. 中国秽蝇属虎秽蝇种团 (双翅目: 蝇科) 分类研究. 中国昆虫科学, 10 (4): 281-290.]

Xue W Q, Tong Y F. 2004. Four new species of *Coenosia* Meigen (Diptera: Muscidae) from Yunnan, China. *Insect Science*, 11 (1):

71-79. [薛万琦, 佟艳丰. 2004. 中国云南秽蝇属 (双翅目: 蝇科) 四新种. 昆虫科学, 11 (1): 71-79.]

Xue W Q, Tong Y F, Wang D D. 2008. The species groups of *Phaonia* Robineau-Desvoidy (Diptera: Muscidae) from China, with descriptions of four new species. *Oriental Insects*, 42: 155-171.

Xue W Q, Verves Y. 2009. *Perisimyia perisi*, a new genus and species from South China (Diptera: Sarcophagidae). *Boletín de la Asociación Española de Entomología*, 33 (1-2): 43-58.

Xue W Q, Verves Y, Du J. 2011. A review of subtribe Boettcheriscina Verves 1990 (Diptera: Sarcophagidae), with descriptions of a new species and genus from China. *Annales de la Société Entomologique de France* (*Nouvelle Série*), 47 (3-4): 303-329.

Xue W Q, Verves Y, Du J. 2016. A new species of *Liosarcophaga* Enderlein, 1928 (Diptera: Sarcophagidae) from China, with new distribution of *Liosarcophaga yunnanensis* (Fan, 1964). *Sichuan Journal of Zoology*, 35 (4): 556-560. [薛万琦, Verves Y, 杜晶. 2016. 中国酱麻蝇属一新种及云南酱麻蝇的新分布 (双翅目: 麻蝇科). 四川动物, 35 (4): 556-560.]

Xue W Q, Verves Y, Wang P. 2015. Review of *Senotainia* Macquart with a new species from South China (Diptera: Sarcophagidae, Miltogramminae). *Journal of Shenyang Normal University* (*Natural Science Edition*), 33 (4): 447-454. [薛万琦, 韦尔韦斯·尤里, 王萍. 2015. 赛蜂麻蝇属回顾及一新种 (双翅目: 麻蝇科, 蜂麻蝇亚科). 沈阳师范大学学报 (自然科学版), 33 (4): 447-454.]

Xue W Q, Wang D D. 2010. Four new species of the genus *Botanophila* Lioy (Diptera: Anthomyiidae) from China. *Annales de la Société Entomologique de France* (*Nouvelle Série*), 46 (3-4): 453-463.

Xue W Q, Wang D D, Wang M F. 2009. Three new species of the genus *Drymeia* Meigen (Diptera: Muscidae) from the Qinghai-Xizang (Tibet) Plateau, China. *Entomologica Fennica*, 20: 84-93.

Xue W Q, Wang M F. 1982. A new species of the genus *Helina* from Shanxi, China (Diptera: Muscidae). *Entomotaxonomia*, 4 (1-2): 15-17. [薛万琦, 王明福. 1982. 山西省阳蝇属一新种 (双翅目: 蝇科). 昆虫分类学报, 4 (1-2): 15-17.]

Xue W Q, Wang M F. 1985. A new species of *Limnophora* from Shanxi, China (Diptera: Muscidae). *Acta Zootaxonomica Sinica*, 10 (3): 289-291.[薛万琦, 王明福. 1985. 山西省池蝇属一新种 (双翅目: 蝇科). 动物分类学报, 10 (3): 289-291.]

Xue W Q, Wang M F. 1986. Two new species of genus *Phaonia* from Shanxi, China (Diptera: Muscidae). *Acta Zootaxonomica Sinica*, 11 (3): 321-322. [薛万琦, 王明福. 1986. 山西北部棘 蝇属二新种 (双翅目: 蝇科). 动物分类学报, 11 (3): 321-322.]

Xue W Q, Wang M F. 1989a. Studies on Calypterate flies from northern Shanxi, China. II. descriptions of three new species of the Muscidae (Diptera). *Acta Entomologica Sinica*, 32 (2): 230-234. [薛万琦, 王明福. 1989a. 晋北地区有瓣蝇类的研究及蝇科三新种记述 (双翅目). 昆虫学报, 32 (2): 230-234.]

Xue W Q, Wang M F. 1989b. Three new species of the genus *Phaonia* from Shanxi, China (Diptera: Muscidae). *Acta Zootaxonomica Sinica*, 14 (3): 347-354. [薛万琦, 王明福. 1989b. 山西省棘蝇属三新种记述 (双翅目: 蝇科). 动物分类学报, 14 (3): 347-354.]

Xue W Q, Wang M F. 1998. Diptera: Fanniidae. *In*: Xue W Q, Chao C M. 1998. *Flies of China*. Vol. 1. Shenyang: Liaoning Science and Technology Publishing House: 809-1365. [薛万琦, 王明福. 1998. 双翅目: 厕蝇科//薛万琦, 赵建铭. 1998. 中国蝇类 (上册). 沈阳: 辽宁科学技术出版社: 809-1365.]

Xue W Q, Wang M F. 2006. *Flies of the Qinghai-Xizang Plateau*. Beijing: Science Press: 1-336. [薛万琦, 王明福. 2006. 青藏高原蝇类. 北京: 科学出版社: 1-336.]

Xue W Q, Wang M F. 2007. Five new species of *Drymeia* Meigen from the Tibet Plateau, China (Diptera: Muscidae). *Zootaxa*, 1444: 35-51.

Xue W Q, Wang M F. 2009a. *Phaonia oxystoma*-group (Diptera: Muscidae) diagnosis, key to identification, description of two new species and synonymic notes. *Acta Zoologica Academiae Scientiarum Hungaricae*, 55 (1): 1-10.

Xue W Q, Wang M F, Cao R F. 1986. Descriptions of the new species of the genus *Helina* from China (Diptera: Muscidae). *The First International Congress of Dipterrology in Hungary*: 1-17.

Xue W Q, Wang M F, Du J. 2006. Study of two species groups of *Phaonia* Robineau-Desvoidy (Diptera: Muscidae) from China, with the description of three new species. *Zootaxa*, 1350: 1-19.

Xue W Q, Wang M F, Du J. 2007. The genus *Hydrotaea* Robineau-Desvoidy in China, with a description of four new species (Diptera: Muscidae). *Journal of the Kansas Entomological Society*, 80 (4): 281-297.

Xue W Q, Wang M F, Feng Y. 2001a. A new species of the genus *Fannia* from Sichuan, China (Diptera: Fanniidae). *Acta Zootaxonomica Sinica*, 26 (1): 94-97. [薛万琦, 王明福, 冯炎. 2001a. 四川省厕蝇属一新种 (双翅目: 厕蝇科). 动物分类学报, 26 (1): 94-97.]

Xue W Q, Wang M F, Li F H. 2001b. The descriptions of two new species of the genus *Fannia* R.-D. from China (Diptera: Fanniidae). *Acta Zootaxonomica Sinica*, 26 (2): 225-228. [薛万琦, 王明福, 李富华. 2001b. 厕蝇属二新种记述 (双翅目:

厕蝇科). 动物分类学报, 26 (2): 225-228.]

Xue W Q, Wang M F, Li W Y. 1993. A new species of the genus *Delia* from Shanxi, China (Diptera: Anthomyiidae). *Acta Zootaxonomica Sinica*, 18 (4): 482-484. [薛万琦, 王明福, 李文彦. 1993. 山西省地种蝇属一新种 (双翅目: 花蝇科). 动物分类学报, 18 (4): 482-484.]

Xue W Q, Wang M F, Ni Y T. 1989. Descriptions of three new species of Muscidae in China. *Memórias Do Instituto Oswaldo Cruz, Rio de Janeiro*, 84 (Suppl. 4): 547-550.

Xue W Q, Wang M F, Tong Y F. 2003. Four new species of the genus *Helina* R.-D. from Qinghai, China (Diptera, Muscidae). *Acta Zootaxonomica Sinica*, 28 (4): 754-758. [薛万琦, 王明福, 佟艳丰. 2003. 青海省阳蝇属四新种 (双翅目, 蝇科). 动物分类学报, 28 (4): 754-758.]

Xue W Q, Wang M F, Wang D D. 2007. The genus *Hydrotaea* (Diptera: Muscidae) from China, with descriptions of three new species. *Oriental Insects*, 41: 273-291.

Xue W Q, Wang M F, Zhang L X. 1992. Two new species of the genus *Coenosia* from China (Diptera: Muscidae). *Acta Entomologica Sinica*, 35 (3): 365-368. [薛万琦, 王明福, 张连翔. 1992. 中国北方秽蝇属二新种 (双翅目: 蝇科). 昆虫学报, 35 (3): 365-368.]

Xue W Q, Wang M F, Zhao B G. 1985. Two new species of the genus *Phaonia* from North China (Diptera: Muscidae). *Zoological Research*, 6 (4) (Suppl.): 99-104. [薛万琦, 王明福, 赵宝刚. 1985. 华北棘蝇属二新种 (双翅目: 蝇科). 动物学研究, 6 (4) (增刊): 99-104.]

Xue W Q, Wang P. 2014. Diagnosis of the *Coenosia mollicula*-group (Diptera: Muscidae), with descriptions of five new species from China. *Acta Zoologica Academiae Scientiarum Hungaricae*, 60 (2): 157-172.

Xue W Q, Wang P. 2015. Four new species of genus *Coenosia* from China (Diptera: Muscidae). *Oriental Insects*, 49 (3-4): 275-286.

Xue W Q, Wang S. 2009b. A Study of the *guangdongensis* group of *Phaonia* Robineau-Desvoidy from China, with the descriptions of three new species (Diptera: Muscidae). *Proceedings of the Entomological Society of Washington*, 111 (1): 18-26.

Xue W Q, Wang S, Tian X. 2012. A review of species-groups and description of two new species of *Helina* (Diptera: Muscidae) from China. *Oriental Insects*, 46 (2): 107-115.

Xue W Q, Xiang C Q. 1993. Studies on genus *Phaonia* R.-D. From Xinjiang, China (Diptera: Muscidae). *Acta Zootaxonomica Sinica*, 18 (2): 213-219. [薛万琦, 向超群. 1993. 新疆棘蝇属研究 (双翅目: 蝇科). 动物分类学报, 18 (2): 213-219.]

Xue W Q, Xiang C Q. 1994. Two new genera and two new species of Muscidae from China (Diptera: Muscidae). *Acta Zootaxonomica Sinica*, 19 (3): 362-366. [薛万琦, 向超群. 1994. 中国蝇科二新属二新种 (双翅目: 蝇科). 动物分类学报, 19 (3): 362-366.]

Xue W Q, Yang M. 1998a. Description of two new species of the genus *Phaonia* from China (Diptera: Muscidae). *Acta Entomologica Sinica*, 41 (1): 98-102. [薛万琦, 杨明. 1998a. 中国棘蝇属二新种记述 (双翅目: 蝇科). 昆虫学报, 41 (1): 98-102.]

Xue W Q, Yang M. 1998b. Diptera: Scathophagidae, Anthomyiidae, Fanniidae, Muscidae, Calliphoridae, Sarcophagidae, Tachinidae. *In*: Wu H. 1998. *Insects of Longwangshan Nature Reserve*. The Series of the Bioresources Expedition to Longwangshan Nature Reserve of Zhengjiang. Beijing: China Forestry Publishing House: 328-343. [薛万琦, 杨明. 1998b. 双翅目: 粪蝇科, 花蝇科, 厕蝇科, 蝇科, 丽蝇科, 麻蝇科, 寄蝇科//吴鸿. 1998. 龙王山昆虫. 浙江龙王山自然保护区生物资源考察丛书. 北京: 中国林业出版社: 328-343.]

Xue W Q, Yang M. 1998c. Diptera: Scathophagidae, Anthomyiidae, Fanniidae, Muscidae, Calliphoridae, Sarcophagidae and Tachinidae. *In*: Wu H. 1998. *Insects of Longwangshan Nature Reserve*. The Series of the Bioresources Expedition to Longwangshan Nature Reserve of Zhengjiang. Beijing: China Forestry Publishing House: 328-343. [薛万琦, 杨明. 1998c. 双翅目: 粪蝇科, 花蝇科, 厕蝇科, 蝇科, 丽蝇科, 麻蝇科和寄蝇科//吴鸿. 龙王山昆虫. 浙江龙王山自然保护区生物资源考察丛书. 北京: 中国林业出版社: 328-343.]

Xue W Q, Yang M. 2000. One new species of the genus *Fannia* from China (Diptera: Fanniidae). *Acta Zootaxonomica Sinica*, 25 (2): 204-206. [薛万琦, 杨明. 2000. 中国厕蝇属一新种记述 (双翅目: 厕蝇科). 动物分类学报, 25 (2): 204-206.]

Xue W Q, Yang M. 2002. Four new species and two new record species of the genus *Botanophila* (Dpitera: Anthomyiidae) from China. *Entomologia Sinica*, 9 (2): 73-79. [薛万琦, 杨明. 2002. 中国植种蝇属 (双翅目: 花蝇科) 四新种和二新记录. 中国昆虫科学, 9 (2): 73-79]

Xue W Q, Yang M, Feng Y. 2000. Two new species of the *Coenosia albicornis* group from China (Diptera: Muscidae). *Acta Entomologica Sinica*, 43 (4): 417-420. [薛万琦, 杨明, 冯炎. 2000. 中国白角秽蝇种团二新种 (双翅目: 蝇科). 昆虫学报, 43 (4): 417-420.]

Xue W Q, Yang M, Li F H. 2000. Two new species of the genus *Phaonia* from Yunnan (Diptera: Muscidae). *In*: Zhang Y L. 2000.

Study on the Insects Fauna. Beijing: China Agriculture Press: 180-183. [薛万琦, 杨明, 李富华. 2000. 云南棘蝇属二新种 (双翅目: 蝇科)//张雅林. 2000. 昆虫分类区系研究. 北京: 中国农业出版社: 180-183.]

Xue W Q, Yu X C. 1986. Two new species of the genus *Phaonia* from eastern Liaoning, China (Diptera: Muscidae). *Acta Zootaxonomica Sinica*, 11 (2): 214-217. [薛万琦, 于晓春. 1986. 辽宁东部棘蝇属二新种 (双翅目: 蝇科). 动物分类学报, 11 (2): 214-217.]

Xue W Q, Zhang C T. 1993. A new species of the genus *Spilogona* from Jilin, China (Diptera: Muscidae). *Acta Entomologica Sinica*, 36 (1): 100-102. [薛万琦, 张春田. 1993. 吉林省点池蝇属一新种 (双翅目: 蝇科). 昆虫学报, 36 (1): 100-102.]

Xue W Q, Zhang C T. 1996. A new species of the genus *Phaonia* from Jilin, China (Diptera: Muscidae). *Acta Entomologica Sinica*, 39 (1): 84-85. [薛万琦, 张春田. 1996. 吉林省棘蝇属一新种 (双翅目: 蝇科). 昆虫学报, 39 (1): 84-85.]

Xue W Q, Zhang C T, Chen H W. 1993. A new species and a new subspecies of *Phaonia* from Liaoning, China (Diptera: Muscidae). *Acta Zootaxonomica Sinica*, 18 (4): 469-472. [薛万琦, 张春田, 陈宏伟. 1993. 辽宁棘蝇属一新种及一新亚种 (双翅目: 蝇科). 动物分类学报, 18 (4): 469-472.]

Xue W Q, Zhang C T, Liu L. 1994a. Two new species of the genus *Hydrotaea* from China (Diptera: Muscidae). *Acta Zootaxonomica Sinica*, 19 (2): 227-230. [薛万琦, 张春田, 刘力. 1994a. 齿股蝇属二新种 (双翅目: 蝇科). 动物分类学报, 19 (2): 227-230.]

Xue W Q, Zhang C T, Liu L. 1994b. One new species and one new subspecies of the genus *Hydrotaea* (Diptera: Muscidae). *Acta Zootaxonomica Sinica*, 19 (2): 223-226. [薛万琦, 张春田, 刘力. 1994b. 齿股蝇属一新种和一新亚种记述 (双翅目: 蝇科). 动物分类学报, 19 (2): 223-226.]

Xue W Q, Zhang C T, Zhu Y. 2006. Three new species of *Phaonia* Robineau-Desvoidy (Diptera: Muscidae) from China. *Oriental Insects*, 40: 127-134.

Xue W Q, Zhang D. 2005. A review of the genus *Lispe* Latreille (Diptera: Muscidae) from China, with descriptions of new species. *Oriental Insects*, 39: 117-139.

Xue W Q, Zhang D, Feng Y. 2006. A review of the Genus *Lispocephala* Pokorny (Diptera: Muscidae) from China, with description of four new species. *Oriental Insects*, 40: 61-75.

Xue W Q, Zhang D, Wang M F. 2006. Descriptions of five new species of *Lispocephala* Pokorny, 1893 from China (Diptera: Muscidae). *Pan-Pacific Entomologist*, 82 (3-4): 320-331.

Xue W Q, Zhang L, Wang M F. 2008. A key to the species of *Spilogona* Schnabl from China, with descriptions of four new species from the Qinghai-Xizang (Tibetan) Plateau (Diptera: Muscidae). *Entomological Science*, 11: 87-95.

Xue W Q, Zhang L, Wang M F. 2009. Study of the genus *Spilogona* Schnabl (Diptera: Muscidae) from China, with Descriptions of Four New Species. *Proceedings of the Entomological Society of Washington*, 111 (2): 530-538.

Xue W Q, Zhang X. 2013a. A study of the *Phaonia angelicae* group (Diptera: Muscidae), with descriptions of six new species from China. *Journal of Insect Science*, 13: 1-16.

Xue W Q, Zhang X. 2013b. A key to the *Pygophora* Schiner (Diptera: Muscidae) from China with description of a new species. *Oriental Insects*, 47 (1): 65-75.

Xue W Q, Zhang X S. 2011a. Geographic distribution of *Coenosia* Meigen (Diptera: Muscidae) of Yunnan, China, with descptions of four new species. *Deutsche Entomologische Zeitschrift*, 58 (1): 155-164.

Xue W Q, Zhang X S. 2011b. Geographic distribution of *Lispocephala* Pokorny (Diptera: Muscidae), with descriptions of new species from China. *Acta Zoologica Academiae Scientiarum Hungaricae*, 57 (2): 161-202.

Xue W Q, Zhang X Z. 1996a. Diptera: Anthomyiidae, Fanniidae, Muscidae, Calliphoridae, Hypodermatidae, Gasterophilidae. *In*: The Comprehensive Scientific Expedition to the Qinghai-Xizang Plateau, Chinese Academy of Sciences. 1996. *Insects of the Karakorum-Kunlun Mountains*. Beijing: Science Press: 195-244. [薛万琦, 张学忠. 1996a. 双翅目: 花蝇科、厕蝇科、蝇科、丽蝇科、皮蝇科、胃蝇科//中国科学院青藏高原综合科学考察队. 1996. 喀喇昆仑山-昆仑山地区昆虫. 北京: 科学出版社: 195-244.]

Xue W Q, Zhang X Z. 1996b. Anthomyiidae. *In*: Wu S G, Feng Z J. 1996. *The Biology and Human Physiology in the Hoh-Xil Region*. The Series of the Comprehensive Scientific Expedition to the Hoh-Xil Region. Beijing: Science Press: 167-191. [薛万琦, 张学忠. 1996b. 花蝇科//武素功, 冯祚建. 1996. 青海可可西里地区生物与人体高山生理. 可可西里地区综合科学考察丛书. 北京: 科学出版社: 167-191.]

Xue W Q, Zhang X Z. 1996c. Diptera: Fannidae, Calliphoridae, Hypodernmatidae. *In*: Wu S G, Feng Z J. 1996. *The Biology and Human Physiology in the Hoh-Xil Region*. The Series of the Comprehensive Scientific Expedition to the Hoh-Xil Region. Beijing: Science Press: 206-213. [薛万琦, 张学忠. 1996c. 双翅目: 厕蝇科, 丽蝇科, 皮蝇科//武素功, 冯祚建. 1996. 青海可可西里地区生物与人体高山生理. 可可西里地区综合科学考察丛书. 北京: 科学出版社: 206-213.]

Xue W Q, Zhang X Z. 2004. Anthomyiidae. *In*: Yang X K. 2004. *Insects from Mt. Shiwandashan Area of Guangxi*. Beijing: China

Forestry Publishing House: 546-547. [薛万琦, 张学忠. 2004. 花蝇科//杨星科. 2004. 广西十万大山地区昆虫. 北京: 中国林业出版社: 546-547.]

Xue W Q, Zhang X Z. 2005. Diptera: Anthomyiidae, Fanniidae, Muscidae, Calliphoridae. *In*: Yang X K. 2005. *Insect Fauna of Middle-West Qinling Range and South Mountains of Gansu Province*. Beijing: Science Press: 787-833. [薛万琦, 张学忠. 2005. 双翅目: 花蝇科、厕蝇科、蝇科、丽蝇科//杨星科. 2005. 秦岭西段及甘南地区昆虫. 北京: 科学出版社: 787-833.]

Xue W Q, Zhang Y Y. 2013c. The *Phaonia pallida* group (Muscidae: Diptera) from Palaearctic and Oriental regions with description of two new species. *Oriental Insects*, 47 (2/3): 125-134.

Xue W Q, Zhao B G. 1998. Four new species of the genus *Coenosia* from Zhejiang, China (Diptera: Muscidae). *Acta Zootaxonomica Sinica*, 23 (3): 319-324. [薛万琦, 赵宝刚. 1998. 浙江省秽蝇属四新种 (双翅目: 蝇科). 动物分类学报, 23 (3): 319-324.]

Xue W Q, Zhao B G, Li S Z. 1989. Studies on Calypteratae flies from Hebei, China (1) (Diptera: Muscidae). *Acta Entomologica Sinica*, 32 (1): 92-96. [薛万琦, 赵宝刚, 李守正. 1989. 河北省有瓣蝇类研究 (一) (双翅目: 蝇科). 昆虫学报, 32 (1): 92-96.]

Xue W Q, Zhao B G, Tian S M. 1988. Two new species of *Spilogona* and a new record of *Fannia* from Hebei, China (Diptera: Muscidae). *Acta Zootaxonomica Sinica*, 13 (3): 287-290. [薛万琦, 赵宝刚, 田书铭. 1988. 河北省点池蝇属二新种及厕蝇属一新纪录 (双翅目: 蝇科). 动物分类学报, 13 (3): 287-290.]

Xue W Q, Zhao D D, Wang M F. 2009. *Phaonia oxystoma* group (Diptera, Muscidae) Diagnosis, Key to identification, Description of two new species and Synonymic notes. *Acta Zoologica Academiae Scientiarum Hungaricae*, 55 (1): 1-10.

Xue W Q, Zhao Y. 2014. The *Phaonia fuscata* group (Diptera: Muscidae) with three new species from China. *Oriental Insects*, 48 (1-2): 73-82.

Xue W Q, Zhu Y. 2006. Three new species of *Coenosia* Meigen (Diptera: Muscidae) from P.R. China, with a key to the Chinese species of the genus. *Zootaxa*, 1326: 1-16.

Xue W Q, Zhu Y, Wang M F. 2008. Six species of *Coenosia* Meigen (Diptera: Muscidae) from China. *Oriental Insects*, 42: 143-153.

Yan J J, Xu C H, Li, G W, *et al*. 1989. *Natural Enemy Insects of Forestry Pests*. Beijing: China Forestry Publishing House: 6 + 1-300 + pls. 1-32. [严静君, 徐崇华, 李广武, 等. 1989. 林木害虫天敌昆虫. 北京: 中国林业出版社: 6 + 1-300 + 图版 1-32.]

Yan L R, Weng Y L. 1983. Studies on *Chrysomyia bezziana* Villeneuve and the myiasis it produced (Diptera: Calliphoridae). *Wuyi Science Journal*, 3: 157-163. [严如柳, 翁玉麟. 1983. 倍氏金蝇及其蝇蛆症的研究 (双翅目: 丽蝇科). 武夷科学, 3: 157-163.]

Yang C K. 1995a. Diptera: Lonchopteridae. *In*: Zhu T A. 1995. *Insects and Macrofungi of Gutianshan, Zhejiang*. Hangzhou: Zhejiang Science and Technology Publishing House: 241-244. [杨集昆. 1995a. 双翅目: 尖翅蝇科//朱廷安. 1995. 浙江古田山昆虫和大型真菌. 杭州: 浙江科学技术出版社: 241-244.]

Yang C K. 1995b. Diptera: Pyrgotidae. *In*: Zhu T A. 1995. *Insects and Macrofungi of Gutianshan, Zhejiang*. Hangzhou: Zhejiang Science and Technology Publishing House: 181-183. [杨集昆. 1995b. 双翅目: 蜣蝇科//朱廷安. 1995. 浙江古田山昆虫和大型真菌. 杭州: 浙江科学技术出版社: 181-183.]

Yang C K. 1995c. Diptera: Opomyzidae. *In*: Wu H. 1995. *Insects of Baishanzu Mountain, Eastern China*. Beijing: China Forestry Publishing House: 539-540. [杨集昆. 1995c. 双翅目: 禾蝇科//吴鸿. 1995. 华东百山祖昆虫. 北京: 中国林业出版社: 539-540.]

Yang C K. 1995d. The subfamily Stylogasterinae new to China with description of a new species from Guangxi (Diptera: Conopidae). *Guangxi Sciences*, 2 (1): 49-51.[杨集昆. 1995d. 似眼蝇亚科中国新记录及一新种 (双翅目: 眼蝇科). 广西科学, 2 (1): 49-51.]

Yang C K. 1995e. Diptera: Ctenostylidae. *In*: Zhu T A. 1995. *Insects and Macrofungi of Gutianshan, Zhejiang*. Hangzhou: Zhejiang Science and Technology Publishing House: 247-249. [杨集昆. 1995e. 双翅目: 芒蝇科//朱廷安. 1995. 浙江古田山昆虫和大型真菌. 杭州: 浙江科学技术出版社: 247-249.]

Yang C K. 1998a. Diptera: Lonchopteridae. *In*: Xue W Q, Chao C M. 1998. *Flies of China*. Vol. 1. Shenyang: Liaoning Science and Technology Publishing House: 49-59. [杨集昆. 1998a. 双翅目: 尖翅蝇科//薛万琦, 赵建铭. 1998. 中国蝇类 (上册). 沈阳: 辽宁科学技术出版社: 49-59.]

Yang C K. 1998b. Diptera: Megamerinidae. *In*: Xue W Q, Chao C W. 1998. *Flies of China*. Vol. 1. Shenyang: Liaoning Science and Technology Publishing House: 415-423. [杨集昆. 1998b. 双翅目: 刺股蝇科//薛万琦, 赵建铭. 1998. 中国蝇类 (上册). 沈阳: 辽宁科学技术出版社: 415-423.]

Yang C K. 1998c. Diptera: Opomyzidae. *In*: Xue W Q, Chao C M. 1998. *Flies of China*. Vol. 1. Shenyang: Liaoning Science and Technology Publishing House: 481-485. [杨集昆. 1998c. 双翅目: 禾蝇科//薛万琦, 赵建铭. 1998. 中国蝇类 (上册). 沈阳: 辽宁科学技术出版社: 481-485.]

Yang C K. 1998d. The family Cryptochetidae new to Henan, with two new species (Diptera: Acalyptratae). *In*: Shen X C, Shi Z Y. 1998. *The Fauna and Taxonomy of Insects in Henan*. Vol. 2. *Insects of the Mountains Funiu* (*1*). Beijing: China Agricultural Science and Technology Press: 97-99. [杨集昆. 1998d. 河南隐芒蝇科初报及二新种 (双翅目: 无瓣蝇类)//申效诚, 时振亚. 1998. 河南昆虫分类区系研究 (第二卷) 伏牛山区昆虫 (一). 北京: 中国农业科技出版社: 97-99.]

Yang C K. 1998e. The family Milichiidae new to Henan, with description of a new species (Diptera: Acalyptratae). *In*: Shen X C, Shi Z Y. 1998. *The Fauna and Taxonomy of Insects in Henan*. Vol. 2. *Insects of the Mountains Funiu* (*1*). Beijing: China Agricultural Science and Technology Press: 95-96. [杨集昆. 1998e. 河南省新记录的叶蝇科及一新种 (双翅目: 无瓣蝇类)//申效诚, 时振亚. 1998. 河南昆虫分类区系研究 (第二卷) 伏牛山区昆虫 (一). 北京: 中国农业科技出版社: 95-96.]

Yang C K, Chen H Y. 1988. A new of *Teleopsis quadriguttata* Walker in Guizhou Province (Diptera: Diopsidae). *In*: Institute of Biology, Guizhou Academy of Sciences. 1988. *Insects of Fanjingshan Mountain*. Guiyang: Guizhou Academy of Sciences: 141-144. [杨集昆, 陈红叶. 1988. 贵州新记录的四斑泰突眼蝇 (双翅目: 突眼蝇科)//贵州科学院生物研究所. 1988. 梵净山昆虫考察专辑. 贵阳: 贵州科学院: 141-144.]

Yang C K, Chen H Y. 1995. Diptera: Lonchopteridae. *In*: Wu H. 1995. *Insects of Baishanzu Mountain, Eastern China*. Beijing: China Forestry Publishing House: 520-521. [杨集昆, 陈红叶. 1995. 双翅目: 尖翅蝇科//吴鸿. 1995. 华东百山祖昆虫. 北京: 中国林业出版社: 520-521.]

Yang C K, Chen H Y. 1998a. First record of Lonchopteridae and one new species from Henan (Diptera, Acalyptratae). *In*: Shen X C, Shi Z Y. 1998. *The Fauna and Taxonomy of Insects in Henan*. Vol. 2. *Insects of the Mountains Funiu* (*1*). Beijing: China Agriculture Science and Technology Press: 92-94 [杨集昆, 陈红叶. 1998a. 河南尖翅蝇科初报及一新种 (双翅目: 无瓣蝇类)//申效诚, 时振亚. 1998. 河南昆虫分类区系研究 (第二卷) 伏牛山区昆虫 (一). 北京: 中国农业科技出版社: 92-94.]

Yang C K, Chen H Y. 1998b. Diptera: Diopsidae. *In*: Xue W Q, Chao C M. 1998. *Flies of China*. Vol. 1. Shenyang: Liaoning Science and Technology Publishing House: 464-479. [杨集昆, 陈红叶. 1998b. 双翅目: 突眼蝇科//薛万琦, 赵建铭. 1998. 中国蝇类 (上册). 沈阳: 辽宁科学技术出版社: 464-479.]

Yang C K, Cheng X Y. 1993. A study of the genus *Milesia* Latreille from Fujian, with descriptions of three new species (Diptera: Syrphidae). *Wuyi Science Journal*, 10: 41-49. [杨集昆, 成新跃. 1993. 福建迷蚜蝇属的研究及三新种 (双翅目: 食蚜蝇科). 武夷科学, 10: 41-49.]

Yang C K, Li Z. 2002. Diptera: Camillidae. *In*: Huang F S. 2002. *Forest Insects of Hainan*. Beijing: Science Press: 777-778. [杨集昆, 李竹. 2002. 双翅目: 卡密蝇科//黄复生. 2002. 海南森林昆虫. 北京: 科学出版社: 777-778.]

Yang C K, Liu Z Q. 2002. Diptera: Celyphidae. *In*: Huang F S. 2002. *Forest Insects of Hainan*. Beijing: Science Press: 757-758. [杨集昆, 刘志琦. 2002. 双翅目: 甲蝇科//黄复生. 2002. 海南森林昆虫. 北京: 科学出版社: 757-758.]

Yang C K, Wang X L. 1987. Family Psilidae. *In*: Zhang S M. 1987. *Agricultural Insects, Spiders, Plant Diseases and Weeds of Tibet*, Vol. II. Lhasa: Tibet People's Publishing House: 181-183. [杨集昆, 王心丽. 1987. 茎蝇科//章士美. 1987. 西藏农业病虫及杂草 (二). 拉萨: 西藏人民出版社: 181-183.]

Yang C K, Wang X L. 1988. A new species of *Chyliza* (Psilidae: Diptera) from China, injuring bamboo roots. *Forest Research*, 1 (3): 275-277. [杨集昆, 王心丽. 1988. 竹子新害虫竹笋绒茎蝇的鉴定 (双翅目: 茎蝇科). 林业科学研究, 1 (3): 275-277.]

Yang C K, Wang X L. 1992. Two new species of Psilidae and Strongylophthalmyiidae from Mogan Mountain (Diptera: Acalyptratae). *Journal of Zhejiang Forestry College*, 9 (4): 446-449. [杨集昆, 王心丽. 1992. 莫干山茎蝇科和圆目蝇科二新种 (双翅目: 无瓣蝇类). 浙江林学院学报, 9 (4): 446-449.]

Yang C K, Wang X L. 1993. Two new species of the genus *Puliciphora* (Diptera: Phoridae) from Guizhou. *Entomotaxonomia*, 15 (4): 323-326. [杨集昆, 王心丽. 1993. 贵州省蚤蝇属二新种 (双翅目: 蚤蝇科). 昆虫分类学报, 15 (4): 283-336.]

Yang C K, Wang X L. 1995. Phoridae. *In*: Wu H. 1995. *Insects of Baishanzu Mountain, Eastern China*. Beijing: China Forestry Publishing House: 422-424. [杨集昆, 王心丽. 1995. 蚤蝇科//吴鸿. 1995. 华东百山祖昆虫. 北京: 中国林业出版社: 422-424.]

Yang C K, Wang X L. 1998. Diptera: Strongylophthalmyiidae. *In*: Xue W Q, Chao C W. 1998. *Flies of China*. Vol. 1. Shenyang: Liaoning Science and Technology Publishing House: 457-463. [杨集昆, 王心丽. 1998. 双翅目: 圆目蝇科//薛万琦, 赵建铭. 1998. 中国蝇类 (上册). 沈阳: 辽宁科学技术出版社: 457-463.]

Yang C K, Xu Y X. 1987. Diptera: Pipunculidae. *In*: Zhang S M. 1987. *Agricultural Insects, Spiders, Plant Diseases and Weeds of Tibet*, Vol. II. Lhasa: Tibet People's Publishing House: 177-180. [杨集昆, 徐永新. 1987. 双翅目: 头蝇科//章士美. 1987. 西

藏农业病虫及杂草 (二). 拉萨: 西藏人民出版社: 177-180.]

Yang C K, Xu Y X. 1989. The big-headed flies of Shaanxi (Diptera: Pipunculidae). *Entomotaxonomia*, 11 (1-2): 157-162. [杨集昆, 徐永新. 1989. 陕西省头蝇六新种 (双翅目: 头蝇科). 昆虫分类学报, 11 (1-2): 157-162.]

Yang C K, Xu Y X. 1998. Diptera: Pipunculidae. *In*: Xue W Q, Chao C M. 1998. *Flies of China*. Vol. 1. Shenyang: Liaoning Science and Technology Publishing House: 91-117. [杨集昆, 徐永新. 1998. 双翅目: 头蝇科//薛万琦, 赵建铭. 1998. 中国蝇类 (上册). 沈阳: 辽宁科学科技出版社: 91-117.]

Yang C K, Yang C Q. 1988. A description of new species *Cryptochaetum* Fanjingshanum from Guizhou (Diptera: Cryptochaetidae). *Guizhou Science*, S1: 145-147. [杨集昆, 杨春清. 1988. 梵净山隐芒蝇新种记述 (双翅目: 隐芒蝇科). 贵州科学, S1: 145-147.]

Yang C K, Yang C Q. 1998a. Diptera: Cryptochetidae. *In*: Wu H. 1998. *Insects of Longwangshan Nature Reserve*. The Series of the Bioresources Expedition to Longwangshan Nature Reserve of Zhengjiang. Beijing: China Forestry Publishing House: 326-327. [杨集昆, 杨春清. 1998a. 双翅目: 隐芒蝇科//吴鸿. 1998. 龙王山昆虫. 浙江龙王山自然保护区生物资源考察丛书. 北京: 中国林业出版社: 326-327.]

Yang C K, Yang C Q. 1998b. Diptera: Cryptochetidae. *In*: Xue W Q, Chao C M. 1998. *Flies of China*. Vol. 1. Shenyang: Liaoning Science and Technology Publishing House: 224-233. [杨集昆, 杨春清. 1998b. 双翅目: 隐芒蝇科//薛万琦, 赵建铭. 1998. 中国蝇类 (上册). 沈阳: 辽宁科学技术出版社: 224-233.]

Yang C K, Yang C Q. 2001. Diptera: Cryptochetidae. *In*: Wu H, Pan C W. 2001. *Insects of Tianmushan National Nature Reserve*. Beijing: Science Press: 502-503. [杨集昆, 杨春清. 2011. 双翅目: 隐芒蝇科//吴鸿, 潘承文. 2001. 天目山昆虫. 北京: 科学出版社: 502-503.]

Yang C K, Yang D. 1989a. A new genus and species of Chloropidae (Diptera). *Acta Agriculturae Universitatis Jiangxiensis*, 11 (41): 50-52. [杨集昆, 杨定. 1989a. 秆蝇科一新属及一新种 (双翅目: 无瓣蝇类). 江西农业大学学报, 11 (41): 50-52.]

Yang C K, Yang D. 1989b. One new species of Chloropidae (Diptera) from Guizhou Province. *Guizhou Science*, 7 (2): 83-85. [杨集昆, 杨定. 1989b. 贵州新记录的秆蝇及新一种 (双翅目: 秆蝇科). 贵州科学, 7 (2): 83-85.]

Yang C K, Yang D. 1990d. New species of *Melanochaeta* from China (Diptera: Chloropidae). *Acta Agriculturae Universitatis Pekinensis*, 16 (2): 201-204. [杨集昆, 杨定. 1990d. 中国黑鬃秆蝇属三新种 (双翅目: 秆蝇科). 北京农业大学学报, 16 (2): 201-204.]

Yang C K, Yang D. 1991a. A new genus and four new species of Chloropidae from China (Diptera: Acalyptratae). *Acta Zootaxonomica Sinica*, 16 (3): 471-475. [杨集昆, 杨定. 1991a. 秆蝇科一新属及四新种 (双翅目: 无瓣蝇类). 动物分类学报, 16 (3): 471-475.]

Yang C K, Yang D. 1993a. New and little-known species of Chloropidae from Guizhou (V) (Diptera: Acalyptratae). *Guizhou Science*, 11 (4): 1-2. [杨集昆, 杨定. 1993a. 贵州省秆蝇科分类之五 (双翅目: 无瓣蝇类). 贵州科学, 11 (4): 1-2.]

Yang C K, Yang D. 1994a. New species of the genus *Platycephala* (Diptera: Chloropidae) from China. *Entomotaxonomia*, 16 (2): 153-155. [杨集昆, 杨定. 1994a. 中国宽头秆蝇属二新种 (双翅目: 秆蝇科). 昆虫分类学报, 16 (2): 153-155.]

Yang C K, Zhang X M. 1998. Diptera: Asteiidae. *In*: Xue W Q, Chao C M. 1998. *Flies of China*. Vol. 1. Shenyang: Liaoning Science and Technology Publishing House: 489-500. [杨集昆, 张学敏. 1998. 双翅目: 寡脉蝇科//薛万琦, 赵建铭. 1998. 中国蝇类 (上册). 沈阳: 辽宁科学技术出版社: 489-500.]

Yang D. 1992. Two new species of *Thressa* from China (Diptera: Chloropidae). *Acta Agriculturae Universitatis Pekinensis*, 18 (3): 315-316. [杨定. 1992. 羽芒秆蝇属中国二新种 (双翅目: 秆蝇科). 北京农业大学学报, 18 (3): 315-316.]

Yang D. 2002. Diptera: Chloropidae. *In*: Huang F S. 2002. *Forest Insects of Hainan*. Beijing: Science Press: 770-771. [杨定. 2002. 双翅目: 秆蝇科//黄复生. 2002. 海南森林昆虫. 北京: 科学出版社: 770-771.]

Yang D, Hu X Y, Zhu F. 2001. Diptera: Lauxaniidae. *In*: Wu H, Pan C W. 2001. *Insects of Tianmushan National Nature Reserve*. Beijing: Science Press: 446-453. [杨定, 胡学友, 祝芳. 2001. 双翅目: 缟蝇科//吴鸿, 潘承文. 2001. 天目山昆虫. 北京: 科学出版社: 446-453.]

Yang D, Hu X Y, Zhu F. 2002. Diptera: Lauxaniidae. *In*: Huang F S. 2002. *Forest Insects of Hainan*. Beijing: Science Press: 779-787. [杨定, 胡学友, 祝芳. 2002. 双翅目: 缟蝇科//黄复生. 2002. 海南森林昆虫. 北京: 科学出版社: 779-787.]

Yang D, Kanmiya K, Yang C K. 1993. A new species of *Pseudopachychaeta* (Diptera, Chloropidae) from China. *Japanese Journal of Entomology*, 61 (1): 132-136.

Yang D, Yang C K. 1990a. A new species of *Melanochaeta* Bezzi (Diptera: Chloropidae) from Nei Mongol. *Entomotaxonomia*, 12 (3-4): 309-310. [杨定, 杨集昆. 1990a. 内蒙黑鬃秆蝇一新种 (双翅目: 秆蝇科). 昆虫分类学报, 12 (3-4): 309-310.]

Yang D, Yang C K. 1990b. New and little-known species of Chloropidae from Guizhou (II) (Diptera: Acalyptratae). *Guizhou*

Science, 8 (2): 1-3. [杨定, 杨集昆. 1990b. 贵州省秆蝇科分类之二 (双翅目: 无瓣蝇类). 贵州科学, 8 (2): 1-3.]

Yang D, Yang C K. 1990c. New and little-known species of Chloropidae from Guizhou (III) (Diptera: Acalyptratae). *Guizhou Science*, 8 (3): 1-3. [杨定, 杨集昆. 1990c. 贵州省秆蝇科分类之三. 贵州科学, 8 (3): 1-3.]

Yang D, Yang C K. 1991b. Eight new species of *Melanochaeta* from Yunnan, China (Diptera: Chloropidae). *Acta Zootaxonomica Sinica*, 16 (4): 476-483. [杨定, 杨集昆. 1991b. 黑鬃秆蝇属八新种 (双翅目: 秆蝇科). 动物分类学报, 16 (4): 476-483.]

Yang D, Yang C K. 1992a. A new species and a new record of Chloropidae (Diptera) from China. *Japanese Journal of Entomology*, 60 (3): 647-652.

Yang D, Yang C K. 1992b. New and little-known species of Chloropidae from Guizhou (IV) (Diptera: Acalyptratae). *Guizhou Science*, 10 (2): 53-55. [杨定, 杨集昆. 1992b. 贵州省秆蝇科分类之四. 贵州科学, 10 (2): 53-55.]

Yang D, Yang C K. 1993b. Notes on new species of *Rhodesiella* from China (Diptera: Chloropidae). *Acta Entomologica Sinica*, 36 (2): 219-222. [杨定, 杨集昆. 1993b. 中国锥秆蝇属新种记述 (双翅目: 秆蝇科). 昆虫学报, 36 (2): 219-222.]

Yang D, Yang C K. 1993c. Notes on the Chinese *Eutropha* (Insecta, Diptera, Chloropidae). *Spixiana*, 16 (3): 237-240.

Yang D, Yang C K. 1993d. The Chinese *Diplotoxa* (Diptera: Chloropidae). *Bulletin de l'Institut Royal des Sciences Naturelles de Belgique, Entomologie*, 63: 173-176.

Yang D, Yang C K. 1994b. New species of Chloropidae from Yunnan (Diptera: Acalyptratae). *Entomotaxonomia*, 16 (1): 75-78. [杨定, 杨集昆. 1994b. 云南省秆蝇科新种记述 (双翅目: 无瓣蝇类). 昆虫分类学报, 16 (1): 75-78.]

Yang D, Yang C K. 1995a. Diptera: Chloropidae. *In*: Wu H. 1995. *Insects of Baishanzu Mountain, Eastern China*. Beijing: China Forestry Publishing House: 541-543. [杨定, 杨集昆. 1995a. 双翅目: 秆蝇科//吴鸿. 1995. 华东百山祖昆虫. 北京: 中国林业出版社: 541-543.]

Yang D, Yang C K. 1995b. Notes on the genus *Lagaroceras* Becker with description of one new species from China (Diptera, Chloropidae). *Deutsche Entomologische Zeitschrift* (*N. F.*), 42 (2): 439-443.

Yang D, Yang C K. 1995c. The genus *Rhodesiella* from Yunnan (Diptera, Chloropidae). *Deutsche Entomologische Zeitschrift* (*N. F.*), 42 (1): 55-62.

Yang D, Yang C K. 1997. Diptera: Chloropidae. *In*: Yang X K. 1997. *Insects of the Three Gorge Reservoir Area of Yangtze River*. Chongqing: Chongqing Publishing House: 1553-1554. [杨定, 杨集昆. 1997. 双翅目: 秆蝇科//杨星科. 1997. 长江三峡库区昆虫. 重庆: 重庆出版社: 1553-1554.]

Yang D, Yang C K. 1998. Diptera: Chloropidae. *In*: Xue W Q, Chao C M. 1998. *Flies of China*. Vol. 1. Shenyang: Liaoning Science and Technology Publishing House: 545-572. [杨定, 杨集昆. 1998. 双翅目: 秆蝇科//薛万琦, 赵建铭. 1998. 中国蝇类 (上册). 沈阳: 辽宁科学技术出版社: 545-572.]

Yang D, Yang C K. 2003. Diptera: Chloropidae. *In*: Huang B K. 2003. *Fauna of Insects in Fujian Province of China*. Vol. 8. Fuzhou: Fujian Science and Technology Press: 527-534. [杨定, 杨集昆. 2003. 秆蝇科//黄邦侃. 2003. 福建昆虫志 (第八卷). 福州: 福建科学技术出版社: 527-534.]

Yang D, Yang C K, Kanmiya K. 1993. A study on the Chinese *Apotropina* (Diptera, Chloropidae). *Japanese Journal of Entomology*, 61 (1): 31-38.

Yang D, Zhu F, Hu X Y. 1999. New species of Lauxaniidae from Henan (Diptera: Acalyptratae). *In*: Shen X C, Pei H C. 1999. *The Fauna and Taxonomy of Insects in Henan*. Vol. 4. *Insects of the Mountains Funiu and Dabie Regions*. Beijing: China Agricultural Science and Technology Press: 211-217. [杨定, 祝芳, 胡学友. 1999. 双翅目: 缟蝇科//申效诚, 裴海潮. 1999. 河南昆虫分类区系研究 (第四卷) 伏牛山南坡及大别山区昆虫. 北京: 中国农业科技出版社: 211-217.]

Yang D, Zhu F, Hu X Y. 2003. Diptera: Lauxaniidae. *In*: Huang B K. 2003. *Fauna of Insects in Fujian Province of China*. Vol. 8. Fuzhou: Fujian Science and Technology Press: 555-558. [杨定, 祝芳, 胡学友. 2003. 双翅目: 缟蝇科//黄邦侃. 2003. 福建昆虫志 (第八卷). 福州: 福建科学技术出版社: 555-558.]

Yang D X, Ma Z Y. 2000. Description of a new species of the genus *Helina* from China (Diptera: Muscidae). *Acta Zootaxonomica Sinica*, 25 (4): 452-453. [杨德香, 马忠余. 2000. 中国阳蝇属一新种记述 (双翅目: 蝇科). 动物分类学报, 25 (4): 452-453.]

Yang J H, Toda M J, Suwito A, Hashim R, Gao J J. 2017. A new species group in the genus *Dichaetophora*, with descriptions of six new species from the Oriental region (Diptera, Drosophilidae). *ZooKeys*, 665: 121-146.

Yang J Y. 2004. Diptera: Diopsidae. *In*: Yang X K. 2004. *Insects of the Great Yarlung Zangbo Canyon of Xizang, China*. Beijing: Science and Technology Press of China: 95-96. [杨金英. 2004. 双翅目: 突眼蝇科//杨星科. 2004. 西藏雅鲁藏布大峡谷昆虫. 北京: 中国科学技术出版社: 95-96.]

Yang J Y, Yang D. 2014. A new species of *Oocelyphus* (Diptera: Celyphidae). *Entomotaxonomia*, 36 (1): 55-60. [杨金英, 杨定. 2014. 卵甲蝇属一新种记述 (双翅目: 甲蝇科). 昆虫分类学报, 36 (1): 55-60.]

Yang L, Cai J F, Lan L M, Jiang Y, Li X, Li, J B, Dai Z H, Peng X. 2010. Succession of sarcosaphagous insects at summer and autumn in Shijiazhuang area. *Journal of Forensic Medicine* (*Quarterly*), 26 (4): 253-256. [杨玲, 蔡继峰, 兰玲梅, 蒋莹, 李响, 李剑波, 戴朝辉, 彭新. 2010. 石家庄地区夏秋季常见嗜尸性昆虫群落演替规律. 法医学杂志, 26 (4): 253-256.]

Yang L L. 1988. On the genus *Lixophaga* Townsend from China (Diptera: Tachinidae). *Acta Zootaxonomica Sinica*, 13 (1): 81-84. [杨龙龙. 1988. 中国利索寄蝇属的研究 (双翅目: 寄蝇科). 动物分类学报, 13 (1): 81-84.]

Yang L L. 1989. A new generic record and a new species of Tachinidae from China (Diptera: Tachinidae). *Acta Zootaxonomica Sinica*, 14 (4): 464-467. [杨龙龙. 1989. 中国寄蝇科一新纪录属及一新种 (双翅目: 寄蝇科). 动物分类学报, 14 (4): 464-467.]

Yang L L. 1998. Diptera: Agromyzidae. *In*: Xue W Q, Chao C M. 1998. *Flies of China*. Vol. 1. Shenyang: Liaoning Science and Technology Publishing House: 501-544. [杨龙龙. 1998. 双翅目: 潜蝇科//薛万琦, 赵建铭. 1998. 中国蝇类 (上册). 沈阳: 辽宁科学技术出版社: 501-544.]

Yang L L, Chao C M. 1990. Four new species of tribe Blondeliini from the Nanling Mountains of China (Diptera: Tachinidae). *Sinozoologia*, 7: 307-313. [杨龙龙, 赵建铭. 1990. 中国南岭卷蛾寄蝇族四新种. 动物学集刊, 7: 307-313.]

Yang M, Liu G C. 2012. A new species of the genus *Dohrniphora* Dahl (Diptera: Phoridae) from China. *Entomotaxonomia*, 34 (2): 340-342. [杨萌, 刘广纯. 2012. 中国栓蚤蝇属一新种记述 (双翅目: 蚤蝇科). 昆虫分类学报, 34 (2): 340-342.]

Yang M, Xue W Q, Li F H. 2002. A new species of *Phaonia* R.-D. from China (Diptera: Muscidae). *Acta Entomologica Sinica*, 45 (Suppl.): 81-82. [杨明, 薛万琦, 李富华. 2002. 中国棘蝇属一新种 (双翅目: 蝇科). 昆虫学报, 45 (增刊): 81-82.]

Yang M, Zhao B G. 2002. A new species of the genus *Coenosia* from Sichuan, China (Diptera: Muscidae). *Acta Entomologica Sinica*, 45 (Suppl.): 73-75. [杨明, 赵宝刚. 2002. 中国秽蝇属一新种 (双翅目: 蝇科). 昆虫学报, 45 (增刊): 73-75.]

Yang S, Kurahashi H, Shiao S. 2014. Keys to the blow flies of Taiwan, with a checklist of recorded species and the description of a new species of *Paradichosia* Senior-White (Diptera, Calliphoridae). *ZooKeys*, 434: 57-109.

Yang S, Shiao S. 2012. Oviposition preferences of two forensically important blow fly species, *Chrysomya megacephala* and *C. rufifacies* (Diptera: Calliphoridae), and implications for postmortem interval estimation. *Journal of Medical Entomology*, 49 (2): 424-435.

Yang X K, Sun H G. 1991. *Catalogue of the insect type specimens preserved in the insect collections of the Institute of Zoology, Academia Sinica*. Beijing: China Agriculture Press: [1] + 2 + 8 + 1-163. [杨星科, 孙洪国. 1991. 中国科学院动物研究所昆虫标本馆藏 昆虫模式标本名录. 北京: 农业出版社: [1] + 2 + 8+1-163.]

Yang Y L. 1992. Investigation of Syrphidae flies in Shanxi Province (3). *Journal of Shanxi Agricultural University*, 12 (3): 236-239. [杨友兰. 1992. 山西省食蚜蝇种类研究III. 山西农业大学学报, 12 (3): 236-239.]

Yang Y L, Bai S F, Wang H W. 1999. Record of Syrphidae from Shanxi Province. *Journal of Shanxi Agricultural University*, 19 (3): 191-194. [杨友兰, 白素芬, 王红武. 1999. 山西省食蚜蝇名录. 山西农业大学学报, 19 (3): 191-194.]

Yang Y L, Li Y L. 1992. Investigation of Syrphidae flies in Shanxi Province (2). *Journal of Shanxi Agricultural University*, 12 (2): 149-152. [杨友兰, 李友莲. 1992. 山西食蚜蝇种类研究II. 山西农业大学学报, 12 (2): 149-152.]

Yang Y L, Lv J F, Wang H W. 2000. Investigation of Syrphidae flies in Shanxi (4). *Journal of Shanxi Agricultural University*, 20 (1): 97-99. [杨友兰, 吕俊芳, 王红武. 2000. 山西食蚜蝇种类研究IV. 山西农业大学学报, 20 (1): 97-99.]

Yang Y L, Yang B S. 2001. Investigation of Syrphidae flies in Shanxi (5). *Journal of Shanxi Agricultural University*, 21 (3): 225-229. [杨友兰, 杨宝生. 2001. 山西食蚜蝇种类研究Ⅴ. 山西农业大学学报, 21 (3): 225-229.]

Yang Y L, Yang B S, Zhang W. 2001. Study on the Newly Recorded Species of Genus *Platychirus* in Shanxi Province. *Journal of Shanxi Agricultural University*, 21 (1): 11-12. [杨友兰, 杨宝生, 张伟. 2001. 山西宽跗食蚜蝇属的新记录种研究. 山西农业大学学报, 21 (1): 11-12.]

Yano M. 1915. On syrphid larvae living in ant-nest. *Konchyusekai* [*Insect World*], 19 (1): 2-9.

Yao Z Y, Chi Y, Zhang C T. 2008. New distributions of Chinese Exoristini (Diptera, Tachinidae). *In*: Shen X C, Zhang R Z, Ren Y D. 2008. *Classification and Distribution of Insects in China*. Beijing: China Agricultural Science and Technology Press: 405-407. [姚志远, 池宇, 张春田. 2008. 中国追寄蝇种类新分布//申效诚, 张润志, 任应党. 2008. 昆虫分类与分布. 北京: 中国农业科学技术出版社: 405-407.]

Yao Z Y, Zhang C T. 2009. A taxonomic study on the genus *Phorocera* from China (Diptera, Tachinidae). *Acta Zootaxonomica Sinica*, 34 (1): 62-68. [姚志远, 张春田. 2009. 中国蜉寄蝇属分类学研究 (双翅目, 寄蝇科). 动物分类学报, 34 (1): 62-68.]

Yao Z Y, Zheng G, Zhang C T. 2010. Notes on species of the tribe Exoristini from China (Diptera, Tachinidae). *Journal of Shenyang Normal University* (*Natural Science*), 28 (4): 530-533. [姚志远, 郑国, 张春田. 2010. 中国追寄蝇族种类新纪录 (双翅目, 寄蝇科). 沈阳师范大学学报 (自然科学版), 28 (4): 530-533.]

Yasuda M. 1940. On the morphology of the larva of *Wohlfahrtia magnifica* Schin. found in the wound of camel in Inner Mongolia. *Journal of Chosen Natural History Society*, 7: 27-40.

Ye Z M. 1980a. Descriptions of two new species of the genus *Pierretia* (Diptera: Sarcophagidae). *Acta Zootaxonomica Sinica*, 5 (4): 411-413. [叶宗茂. 1980a. 细麻蝇属二新种记述 (双翅目: 麻蝇科). 动物分类学报, 5 (4): 411-413.]

Ye Z M. 1980b. Descriptions of three new species of the tribe Sarcophagini from Northern Sichuan, China (Diptera: Sarcophagidae). *Entomotaxonomia*, 2 (4): 285-290. [叶宗茂. 1980b. 四川北部麻蝇科三新种. 昆虫分类学报, 2 (4): 285-290.]

Ye Z M. 1982. Description of a new species of genus *Robineauella* (Diptera: Sarcophagidae). *Zoological Research*, 3 (Suppl.): 107-111. [叶宗茂. 1982. 叉麻蝇属一新种记述 (双翅目: 麻绳科). 动物学研究, 3 (增刊): 107-111.]

Ye Z M. 1983. Description of a new species of the genus *Lucilia* (Diptera: Calliphoridae). *Acta Zootaxonomica Sinica*, 8 (2): 181-182. [叶宗茂. 1983. 绿蝇属一新种记述 (双翅目: 丽蝇科). 动物分类学报, 8 (2): 181-182.]

Ye Z M. 1985. On the females of three species of the tribe Sarcophagini from Southern China (Diptera: Sarcophagidae). *Acta Zootaxonomica Sinica*, 10 (1): 107-110. [叶宗茂. 1985. 麻蝇族三种雌性的发现 (双翅目: 麻蝇科). 动物分类学报, 10 (1): 107-110.]

Ye Z M. 1992. Replacement name for *Lucilia* (*Phaenicia*) *angustifrons* Ye, 1983 (Diptera: Calliphoridae). *Acta Zootaxonomica Sinica*, 17 (4): 406. [叶宗茂. 1992. 为狭额绿蝇建立新名. 动物分类学报, 17 (4): 406.]

Ye Z M, Ma Z Y. 1992. A new species and a new record of the genus *Hydrotaea* from China (Diptera: Muscidae). *Acta Zootaxonomica Sinica*, 17 (2): 227-230. [叶宗茂, 马忠余. 1992. 齿股蝇一新种和一新纪录 (双翅目: 蝇科). 动物分类学报, 17 (2): 227-230.]

Ye Z M, Ni T, Fan Z D. 1982. Chaper. VI. Identification of Important Flies of China. *In*: Lu B L. 1982. *Identification Handbook for Medically Important Animals in China*. Beijing: People's Medical Publishing House Co., LTD: 343-506. [叶宗茂, 倪涛, 范滋德. 1982. 第六章 中国重要蝇类的鉴定//陆宝麟. 1982. 中国重要医学动物鉴定手册. 北京: 人民卫生出版社: 343-506.]

Ye Z M, Ni T, Liu Z J. 1981. Descriptions of a new genus and two new species of the tribe Sarcophagini (Diptera: Sarcophagidae). *Zoological Research*, 2 (3): 229-234. [叶宗茂, 倪涛, 刘增加. 1981. 麻蝇族一新属二新种记述 (双翅目: 麻蝇科). 动物学研究, 2 (3): 229-234.]

Ye Z M, Wang B L, Yang Z T. 1985. Description of the female of *Tainanina yangchunensis* Fan *et* Yao, 1984 (Diptera: Calliphoridae). *Acta Zootaxonomica Sinica*, 10 (4): 447-448. [叶宗茂, 王宝林, 杨祖堂. 1985. 阳春台南蝇雌性的记述 (双翅目: 丽蝇科). 动物分类学报, 10 (4): 447-448.]

Ye Z M, Zhang B H. 1989. Description of a new species from genus *Parasarcophaga* from Hunan, China (Diptera: Sarcophaigidae). *Acta Zootaxonomica Sinica*, 14 (3): 355-357. [叶宗茂, 张冰华. 1989. 湖南亚麻蝇属一新种记述 (双翅目: 麻蝇科). 动物分类学报, 14 (3): 355-357.]

Yeh T M. 1964. One new species and one new subspecies of flesh-flies from Shantung, China (Diptera: Sarcophagidae). *Acta Zootaxonomica Sinica*, 1 (2): 300-304. [叶宗茂. 1964. 麻蝇科一个新种和一个新亚种记述. 动物分类学报, 1 (2): 300-304.]

Yeung J C, Chung C F, Lai J S. 2010. Orbital myiasis complicating squamous cell carcinoma of eyelid. *Hong Kong Medical Journal*, 16 (1): 63-65.

Yu G Y, Lu J M, Wu L, Chen H W. 2012. Discovery of a predacious drosophilid *Acletoxenus indicus* Malloch in South China, with descriptions of the taxonomic, ecological and molecular characters (Diptera: Drosophilidae). *Journal of Natural History*, 46 (5-6): 349-354.

Yu H, Bai Y H, He W Z, Chen N Z. 2011a. Two new species and one new record species of the genus *Bactrocera* from Yunnan, China (Diptera, Tephritidae). *Acta Zootaxonomica Sinica*, 36 (3): 604-609. [余慧, 白永华, 何万忠, 陈乃中. 2011a. 中国云南果实蝇属两新种和一新纪录记述 (双翅目, 实蝇科). 动物分类学报, 36 (3): 604-609.]

Yu H, Bai Y H, He W Z, Liu Z S, Yang D. 2011b. Three new species of the subgenus *Zeugodacus* from Yunnan, China (Diptera, Tephritidae). *Acta Zootaxonomica Sinica*, 36 (2): 315-320. [余慧, 白永华, 何万忠, 刘忠善, 杨定. 2011b. 中国云南镞果实蝇亚属三新种记述 (双翅目, 实蝇科). 动物分类学报, 36 (2): 315-320.]

Yu H, Deng Y L, Chen N Z. 2012. A new species of the subgenus *Sinodacus* from Yunnan, China (Diptera, Tephritidae). *Acta Zootaxonomica Sinica*, 37 (4): 834-836. [余慧, 邓裕亮, 陈乃中. 2012. 中国云南华实蝇亚属一新种记述 (双翅目, 实蝇科). 动物分类学报, 37 (4): 834-836.]

Yu S Q, Sun Y F. 1993. *Agricultural Insect Fauna of Henan*. Beijing: China Agricultural Science and Technology Press: 1-552 + pls. 1-20. [于思琴, 孙元峰. 1993. 河南农业昆虫志. 北京: 中国农业科技出版社: 1-552 + 图版 1-20.]

Yu T, Xue W Q. 2015a. A key to *Spilogona* Schnabl (Diptera: Muscidae) from China, with descriptions of 13 new species. *Annales de la Société Entomologique de France* (*Nouvelle Série*), 51 (2): 161-195.

Yu T, Xue W Q. 2015b. Three new species of the *Phaonia acerba* group (Diptera: Muscidae) from Palaearctic and Oriental Regions. *Entomologica Fennica*, 26: 1-7.

Yu Z Y, Li Y. 1998. Diptera: Syrphidae. *In*: Wu H. 1998. *Insects of Longwangshan Nature Reserve*. The Series of the Bioresources Expedition to Longwangshan Nature Reserve of Zhengjiang. Beijing: China Forestry Publishing House: 324-325. [俞智勇, 李阳. 1998. 双翅目: 食蚜蝇科//吴鸿. 1998. 龙王山昆虫. 浙江龙王山自然保护区生物资源考察丛书. 北京: 中国林业出版社: 324-325.]

Yuan H B, Huo K K, Ren B Z, 2012. A new species of the genus *Rhingia* from Changbai Mountain, China (Diptera, Syrphidae). *Acta Zootaxonomica Sinica*, 37 (3): 637-639. [袁海滨, 霍科科, 任炳忠. 2012. 中国长白山地区鼻颜蚜蝇属一新种记述 (双翅目, 食蚜蝇科). 动物分类学报, 37 (3): 637-639.]

Yuan Y, Huo K K, Ren B Z. 2011. Two new species of *Parasyrphus* and *Chrysotoxum* from Changbai Mountain, China (Diptera, Syrphidae). *Acta Zootaxonomica Sinica*, 36 (3): 799-802. [袁越, 霍科科, 任炳忠. 2011. 长白山地区食蚜蝇科二新种记述 (双翅目, 食蚜蝇科). 动物分类学报, 36 (3): 799-802.]

Yuasa H, Isitani H. 1939. A new species of the paddy-stem maggot from Nippon. *Zoological Magazine*, Tokyo, 51: 447-450.

Zaitzev V F. 1982. Flies of the family Ulidiidae (Diptera) in the fauna of Mongolia. *Nasekomye Mongolii*, 8: 422-453.

Zatwarnicki T, Mathis W N. 2001. A generic classification of the tribe Discocerinini (Diptera: Ephydridae). *Annales Zoologici*, 51 (1): 5-51.

Zatwarnicki T, Mathis W N. 2010. A revision of the *nivea* group of the shore-fly genus *Ditrichophora* Cresson (Diptera: Ephydridae). *Transactions of the American Entomological Society*, 136 (3 + 4): 199-215.

Zatwarnicki T. 1988. Materials to the knowledge of the genus *Hydrellia* Robineau-Desvoidy (Diptera: Ephydridae). *Polskie Pismo Entomologiczne*, 58 (3): 587-634.

Zeegers T. 1998. An annotated checklist of the Dutch tachinid flies (Diptera: Tachinidae). *Entomologische Berichten*, 58: 165-200.

Zeegers T. 2007. A first account of the Tachinidae (Insecta: Diptera) of Yemen. *Fauna of Arabia*, 23: 369-419.

Zeegers T. 2009. Notes on the Tachinidae of Kyrgyzstan. *Tachinid Times*, 22: 4-7.

Zeegers T. 2014. Tachinidae (Diptera) reared from *Ropalidia* nests (Hymenoptera: Vespidae) from Madagascar, with two new species of *Anacamptomyia*. *Tijdschrift voor Entomologie*, 157: 95-103.

Zehntner L. 1900. De kedeleeboorder. *Indonesiër Natuurlijke*, 11: 113-137.

Zeller P C. 1842. Dipterologische Beytrage. Zweyte Abtheilung. *Isis Jena*, 1842: 807-847.

Zeller P C. 1843. Die schlesischen Arten der Dipterengattung Sphegina. *Stettiner Entomologische Zeitung*, 4 (10): 302-305.

Zeng Q B, Li Y D, Chen B F, *et al*. 1995. *A List of Bio-species in Jianfengling of China*. Beijing: China Forestry Publishing House: 1-311. [曾庆波, 李意德, 陈步峰, 等. 1995. 海南岛尖峰岭地区生物物种名录. 北京: 中国林业出版社: 1-311.]

Zenker J C. 1833. Eine neue Art Fliegen. *Notizen aus dem Gebiete der Natur- und Heilkunde, Erfurt, Weimar*, 35: 344.

Zetterstedt J W. 1819a. Nagra nya Svenska insekt-arter fundne och beskrifne. *Kungliga Svenska Vetenskaps Akademiens Handlingar*, 1819: 69-86.

Zetterstedt J W. 1819b. Nagra nya Svenska Insect-Arter. *Kungliga Svenska Vetenskaps Akademiens Handlingar*, 1819: 95-97.

Zetterstedt J W. 1837. *Conspectus familiarum*, generum *et* specierum dipterorum, in fauna insectorum Lapponica descriptorum. *Isis Jena*, 21: 28-67.

Zetterstedt J W. 1838. *Dipterologis Scandinaviae*. Sect. 3: Diptera. *In*: *Insecta Lapponica*: 1840: 477-868. [The pages are double-columned, each column numbered. Thework was issued in 6 parts (Heft), Lipsiae f = Leipzig], 1838: 1-256, 257-476, 477-868; 1839: 869-1014; 1840: 1015-1036, 1037-1140 + I-VI + title page dated 1840.]

Zetterstedt J W. 1842-1860. *Diptera Scandinaviaedeposita et Descripta*. Vol. 1: iii-xvi + 1-440 (1842); Vol. 2: 441-894 (1843); Vol. 3: 895-1280 (1844); Vol. 4: 1281-1738 (1845); Vol. 5: 1739-2162 (1846); Vol. 6: 2163-2580 (1847); Vol. 7: 2581-2934 (1848); Vol. 8: 2935-3366 (1849); Vol. 9: 3367-3710 (1850); Vol. 10: 3711-4090 (1851); Vol. 11: 4091-4545 (1852); Vol. 12: xx + 4547-4942 (1855); Vol. 13: xvi + 4943-6190 (1859); Vol. 14: iv + 6191-6609 (1860). Lundae [= Lund.]: Officina Lundbergiana.

Zhang B S, Jia F L, Liang G Q, Zhang S H. 2010. Species review of Sarcophagidae in Guangdong and Hainan Provinces (Sarcophagidae: Diptera). *Chinese Journal of Vector Biology and Control*, 21 (4): 357-361. [张碧胜, 贾凤龙, 梁铬球, 张韶华. 2010. 广东和海南两省麻蝇科种类记述 (双翅目: 麻蝇科). 中国媒介生物学及控制杂志, 21 (4): 357-361.]

Zhang B S, Jia F L, Pape T. 2011. A revisional study of *Amobia* Robineau-Desvoidy from the mainland of China (Diptera, Sarcophagidae, Miltogrammatinae). *Acta Zootaxonomica Sinica*, 36 (3): 616-619. [张碧胜, 贾凤龙, Thomas Pape. 2011. 中国大陆摩蜂麻蝇属的修订研究 (双翅目, 麻蝇科, 蜂麻蝇亚科). 动物分类学报, 36 (3): 616-619.]

Zhang B S, Jia F L, Xue W Q. 2007. First description of female of *Beziella shenzhenensis* Fan (Diptera: Sarcophagidae). *Entomotaxonomia*, 29 (2): 143-144. [张碧胜, 贾凤龙, 薛万琦. 2007. 深圳拟黑麻蝇雌性首次发现. 昆虫分类学报, 29 (2):

143-144.]

Zhang B S, Xue W Q, Jia F L. 2005. First description of female of *Goniophyto formosensis* Townsend (Diptera: Sarcophagidae) with redescription of male. *Entomotaxonomia*, 27 (3): 217-219. [张碧胜, 薛万琦, 贾凤龙. 2005. 台湾沼野蝇雌性首次发现及雄性再描述. 昆虫分类学报, 27 (3): 217-219.]

Zhang C T. 2005. A new species of the genus *Dexia* Meigen from Hainan, China (Diptera, Tachinidae). *Acta Zootaxonomica Sinica*, 30 (2): 436-439. [张春田. 2005. 中国海南长足寄蝇属一新种 (双翅目, 寄蝇科). 动物分类学报, 30 (2): 436-439.]

Zhang C T, Cui L, Zheng G, Hou P, Xu W J. 2013. Checklist of subfamily Dexiinae (Diptera, Tachinidae) from the National Zoological Museum of China, Part 1. *Journal of Shenyang Normal University* (*Natural Science*), 31 (2): 136-142. [张春田, 崔乐, 郑国, 侯鹏, 许雯婧. 2013. 国家动物博物馆馆藏双翅目长足寄蝇亚科标本鉴定名录 (一). 沈阳师范大学学报 (自然科学版), 31 (2): 136-142.]

Zhang C T, *et al*. 2016. Tachinidae of Northeast China. Beijing: Science Press: viii + 1-698 + pls. 1-16. [张春田, 等. 2016. 东北地区寄蝇科昆虫. 北京: 科学出版社: viii + 1-698 + 图版 1-16.]

Zhang C T, Fan H Y, Wang X L, Zheng G, Wang Q. 2013. Checklist of subfamily Dexiinae (Diptera, Tachinidae) from the National Zoological Museum of China, Part 2. *Journal of Shenyang Normal University* (*Natural Science*), 31 (3): 305-310. [张春田, 范宏烨, 王欣丽, 郑国, 王强. 2013. 国家动物博物馆馆藏双翅目长足寄蝇亚科标本鉴定名录 (二). 沈阳师范大学学报 (自然科学版), 31 (3): 305-310.]

Zhang C T, Fu C. 2011. One new species and three new records of Tachinidae from Liaoning, China (Insecta, Diptera). *Acta Zootaxonomica Sinica*, 36 (2): 293-296. [张春田, 付超. 2011. 辽宁铁刹山寄蝇科一新种及中国三新纪录种 (双翅目, 寄蝇科). 动物分类学报, 36 (2): 293-296.]

Zhang C T, Fu C. 2012. Three new species of *Dinera* from China (Diptera: Tachinidae). *Zootaxa*, 3275: 20-28.

Zhang C T, Hao J. 2010. One new species of *Tachina* Meigen from China (Diptera, Tachinidae). *Acta Zootaxonomica Sinica*, 35 (2): 334-337. [张春田, 郝晶. 2010. 中国寄蝇属一新种记述 (双翅目, 寄蝇科). 动物分类学报, 35 (2): 334-337.]

Zhang C T, Hou P, Wang Q, *et al*. 2016. Diptera: Tachinidae. *In*: Yang D, Wu H, Zhang J H, Yao G. 2016. *Fauna of Tianmu Mountain, Vol. 9. Hexapoda*: *Diptera* (*II*). Hangzhou: Zhejiang University Press: 159-324. [张春田, 侯鹏, 王强, 等. 2016. 双翅目: 寄蝇科//杨定, 吴鸿, 张俊华, 姚刚. 2016. 天目山动物志 (第九卷) 昆虫纲 双翅目 (II). 杭州: 浙江大学出版社: 159-324.]

Zhang C T, Liu J Y. 2006. First record and taxonomic study of the genus *Dexiosoma* Rondani (Diptera: Tachinidae) from China. *Entomotaxonomia*, 28 (3): 209-216. [张春田, 刘家宇. 2006. 中国新记录属——颊寄蝇属分类研究 (双翅目: 寄蝇科). 昆虫分类学报, 28 (3): 209-216.]

Zhang C T, Liu J Y, Chao C M. 2006. Study on the tribe Blondeliini (Diptera, Tachinidae) from China. *In*: Suwa M. 2006. *Fukuoka: Abstracts Vol. 6th International Congress of Dipterology*: 327-328. [张春田, 刘家宇, 赵建铭. 2006. 中国卷蛾寄蝇族研究//Suwa M. 2006. 福冈: 第六届国际双翅目昆虫学大会文摘卷: 327-328.]

Zhang C T, Liu J Y, Yao Z Y. 2008. One new species and two new record species of Blondeliini (Diptera, Tachinidae) from China. *Acta Zootaxonomica Sinica*, 33 (3): 532-536. [张春田, 刘家宇, 姚志远. 2008. 中国卷蛾寄蝇族一新种及二新纪录种 (双翅目, 寄蝇科). 动物分类学报, 33 (3): 532-536.]

Zhang C T, Liu J Y, Yao Z Y, *et al*. 2007. A list of Blondeliini (Diptera, Tachinidae) of Shanghai Entomological Museum, Chinese Academy of Sciences. *In*: Li D M, *et al*. 2007. *Entomological Research Issues. Proceedings of the 8th Congress of the Entomological Society of China, 2007*. Beijing: China Agricultural Science and Technology Press: 57-60. [张春田, 刘家宇, 姚志远, 等. 2007. 上海昆虫博物馆馆藏卷蛾寄蝇族种类纪要 (双翅目: 寄蝇科)//李典谟, 等. 2007. 昆虫学研究动态-中国昆虫学会第八次全国代表大会暨2007年学术年会论文集. 北京: 中国农业科学技术出版社: 57-60.]

Zhang C T, Liu J Y, Yao Z Y, *et al*. 2010. Diptera: Tachinidae. *In*: Ren G D. 2010. *Fauna of Invertebrata from Liupan Mountain*. Baoding: Hebei University Press: 427-452, 604-608. [张春田, 刘家宇, 姚志远, 等. 2010. 双翅目: 寄蝇科//任国栋. 2010. 六盘山无脊椎动物. 保定: 河北大学出版社: 427-452, 604-608.]

Zhang C T, Pang Y, Chao C M. 2005. Tachinid flies of Guangdong, China (Diptera: Tachinidae). *In*: Ren G D, Zhang R Z, Shi F M. 2005. *Classification and Diversity of Insects in China*. Beijing: China Agricultural Science and Technology Press: 297-306. [张春田, 庞义, 赵建铭. 2005. 广东省寄蝇科名录//任国栋, 张润志, 石福明. 2005. 昆虫分类与多样性. 北京: 中国农业科学技术出版社: 297-306.]

Zhang C T, Shima H. 2004. Taxonomic study of *Dexia* Meigen from China (Diptera: Tachinidae). *Journal of Shenyang Normal University* (*Natural Science*), 22 (1): 49-56. [张春田, 嶌洪. 2004. 中国长足寄蝇属分类学研究 (双翅目: 寄蝇科). 沈阳师范大学学报 (自然科学版), 22 (1): 49-56.]

Zhang C T, Shima H. 2005. A revision of the genus *Trixa* Meigen (Diptera: Tachinidae). *Insect Science*, 12 (1): 57-71. [张春田, 嶌洪. 2005. 特西寄蝇属订正研究. 昆虫科学, 12 (1): 57-71.]

Zhang C T, Shima H. 2006. A systematic study of the genus *Dinera* Robineau-Desvoidy from the Palaearctic and Oriental Regions (Diptera: Tachinidae). *Zootaxa*, 1243: 1-60.

Zhang C T, Shima H, Chao C M, *et al*. 2004. Catalogue of Chinese Dexiini (Diptera, Tachinidae). *In*: Li D M, *et al*. 2004. *Proceedings of Contemporary Entomology. Issues of the 60th Anniversary of the founding of the Entomological Society of China*. Beijing: China Agricultural Science and Technology Press: 127-132. [张春田, 嶌洪, 赵建铭, 等. 2004. 中国长足寄蝇族物种名录//李典谟, 等. 2004. 当代昆虫学研究. 北京: 中国农业科学技术出版社: 127-132.]

Zhang C T, Shima H, Chen X L. 2010. A review of the genus *Dexia* Meigen in the Palearctic and Oriental Regions (Diptera: Tachinidae). *Zootaxa*, 2705: 1-81.

Zhang C T, Shima H, Wang Q, *et al*. 2015. A review of *Billaea* Robineau-Desvoidy of the eastern Palearctic and Oriental regions (Diptera: Tachinidae). *Zootaxa*, 3949 (1): 1-40.

Zhang C T, Wang J J, Wang S D, *et al*. 2013. Tachinidae. *In*: Bai X S, Cai W Z, Nonnaizab. 2013. *Insects from Helan Mountain Area of Inner Mongolia*. Hohhot: Inner Mongolia People's Press: 420-36, 670, pls. 24-27. [张春田, 王建军, 王诗迪, 等. 2013. 寄蝇科//白晓栓, 彩万志, 能乃扎布. 2013. 内蒙古贺兰山地区昆虫. 呼和浩特: 内蒙古人民出版社: 420-436, 670, 图版 24-27.]

Zhang C T, Wang M F, Ge Z P. 2007. First record of the genus *Atylomyia* in China with two new species (Diptera, Tachinidae). *Acta Zootaxonomica Sinica*, 32 (3): 585-589. [张春田, 王明福, 葛振萍. 2006. 中国新纪录大角寄蝇属二新种 (双翅目, 蝇科). 动物分类学报, 32 (3): 585-589.]

Zhang C T, Wang M F, Liu J Y. 2006. A new species and a new record of the genus *Leptothelaira* from China (Diptera, Tachinidae). *Acta Zootaxonomica Sinica*, 31 (2): 430-433. [张春田, 王明福, 刘家宇. 2006. 中国瘦寄蝇属一新种和一新纪录种 (双翅目, 寄蝇科). 动物分类学报, 31 (2): 430-433.]

Zhang C T, Wang Q, Hou P. 2014. A checklist of the subfamily Dexiinae (Diptera, Tachinidae) from China. Potsdam: 8th International Congress of Dipterology, Abstract Volume: 416. [张春田, 王强, 侯鹏. 2014. 中国长足寄蝇亚科鉴定名录. 波茨坦: 第八届国际双翅目昆虫学大会文摘卷: 416.]

Zhang C T, Xu W J, Zhang Y S, Liang H C, Li X, Li H N. 2015. Faunistic investigation of Tachinidae in Liaoning Bailang Mountain National Nature Reserve of China. *Journal of Environmental Entomology*, 37 (4): 726-734. [张春田, 许雯婧, 张焱森, 梁厚灿, 李新, 李赫男. 2015. 辽宁白狼山国家级自然保护区寄蝇资源调查报告. 环境昆虫学报, 37 (4): 726-734.]

Zhang C T, Xue W Q. 1990. Studies on the genus of *Limnophora* R.-D. *The 2nd International Congress of Dipterology*: 1-17.

Zhang C T, Xue W Q. 1996. Faunistical studies on the genus *Limnophora* in China (Diptera: Muscidae). *Entomologia Sinica*, 3 (3): 189-204. [张春田, 薛万琦. 1997. 中国池蝇属初志 (双翅目: 蝇科). 中国昆虫科学, 3 (3): 189-204.]

Zhang C T, Xue W Q. 1997. Descriptions three new species and one new subspecies of *Limnophora* R.-D. from China (Diptera: Muscidae). *Journal of Shenyang Teachers College* (*Natural Science*), 15 (1): 45-49. [张春田, 薛万琦. 1997. 中国池蝇属三新种一新亚种记述 (双翅目: 蝇科). 沈阳师范学院学报 (自然科学版), 15 (1): 45-49.]

Zhang C T, Xue W Q, Cui C Y. 1996. Two new species of new *Phaonia minutiungula*-Group from China (Diptera: Muscidae). *Entomologia Sinica*, 3 (2): 117-122. [张春田, 薛万琦, 崔昌元. 1996. 中国棘蝇属小爪棘蝇新种团二新种 (双翅目: 蝇科). 中国昆虫科学, 3 (2): 117-122.]

Zhang C T, Zhang Y S, Li X. 2016. A newly recorded species of Tachinidae (Diptera) in China. *Journal of Shenyang Normal University* (*Natural Science*), 34 (4): 385-388. [张春田, 张焱森, 李新. 2016. 中国寄蝇亚科一新纪录种 (双翅目, 寄蝇科). 沈阳师范大学学报 (自然科学版), 34 (4): 385-388.]

Zhang C T, Zhao B G, Gao X, Xue W Q. 1998. Notes on the Syrphidae from northeast China. *Journal of Shenyang Teachers College* (*Natural Science*), 16 (2): 54-59. [张春田, 赵宝刚, 高欣, 薛万琦. 1998. 中国东北地区食蚜蝇科的初步研究. 沈阳师范学院学报 (自然科学版), 16 (2): 54-59.]

Zhang C T, Zhao Z, Wang Q. 2011. New species and new records of Tachinidae from Liaoning Laotudingzi National Nature Reserve of China (Insecta, Diptera). *Acta Zootaxonomica Sinica*, 36 (1): 63-73. [张春田, 赵喆, 王强. 2011. 辽宁老秃顶子自然保护区寄蝇科新种和新纪录 (昆虫纲, 双翅目). 动物分类学报, 36 (1): 63-73.]

Zhang C T, Zhao Z, Wang S D, Wang Q, Zhu Y P. 2011. Faunistic investigation of Tachinidae in Liaoning Laotudingzi National Nature Reserve of China. *Chinese Journal of Applied Entomology*, 48 (5): 1479-1488. [张春田, 赵喆, 王诗迪, 王强, 祝业平. 2011. 辽宁老秃顶子国家级自然保护区寄蝇区系调查报告. 应用昆虫学报, 48 (5): 1479-1488.]

Zhang C T, Zhou Y Y. 2011. Two new species and three new records of *Campylocheta* from China (Diptera, Tachinidae). *Acta*

Zootaxonomica Sinica, 36 (2): 285-292. [张春田, 周媛烨. 2011. 中国噪寄蝇属二新种及三新纪录种 (双翅目, 寄蝇科). 动物分类学报, 36 (2): 285-292.]

Zhang C T, Zhou Y Y, Fu C, *et al*. 2013. Diptera: Tachinidae. *In*: Ren G D, Guo S B, Zhang F. 2013. *Fauna of Insects from Xiaowutai Mountain*. Baoding: Hebei University Press: 511-521. [张春田, 周媛烨, 付超, 等. 2013. 双翅目: 寄蝇科//任国栋, 郭书彬, 张锋. 2013. 小五台山昆虫. 保定: 河北大学出版社: 511-521.]

Zhang C T, Zhou Y Y, Fu C, Zhao Z. 2010. A list of tachinid flies (Diptera, Tachinidae) from Xiaowutai Shan Nature Reserve, Hebei, China. *Chinese Bulletin of Entomology*, 47 (6): 1225-1230. [张春田, 周媛烨, 付超, 赵喆. 2010. 河北小五台山自然保护区寄蝇科昆虫调查. 昆虫知识, 47 (6): 1225-1230.]

Zhang D, Li W, Zhang M, Wang M F, Wang R R. 2016. Fanniidae (Insecta, Diptera) from Beijing, China, with key and description of one new species. *Zootaxa*, 4079 (4): 401-414.

Zhang D, Wan X Y, Wei W H, Zhang C T, Sui J L, Jiang W J, Wu J G, Li K. 2011. Study on Tachinidae fauna in Songshan National Nature Reserve of Beijing, China. *Chinese Journal of Vector Biology and Control*, 22 (5): 459-465. [张东, 万心怡, 魏婉红, 张春田, 隋金玲, 蒋万杰, 吴记贵, 李凯. 2011. 北京松山国家级自然保护区寄蝇科昆虫分类区系研究. 中国媒介生物学及控制杂志, 22 (5): 459-465.]

Zhang D, Wang Q K, Wang M F. 2011. Description of females of *Fannia imperatorial* Nishida and *Phaonia vagata* Xue *et* Wang (Diptera: Muscoidea). *Entomologica Fennica*, 22: 274-278.

Zhang D, Yuan W Q, Wang M F, *et al*. 2011. Description of nne new species of *Helina* Robineau-Desvoidy, 1830 from China (Diptera: Muscidae). *Transactions of the American Entomological Society*, 137 (1 + 2): 195-198.

Zhang D, Zhang M, Li Z J, Pape T. 2015. The Sarcophagidae (Insecta: Diptera) described by Chien-ming Chao and Xue-zhong Zhang. *Zootaxa*, 3946 (4): 451-509.

Zhang D, Zhang M, Pape T, Gu C W, Wu W. 2013. *Sarcophaga* (*Hoa*) *flexuosa* Ho (Diptera: Sarcophagidae): association of sexes using morphological and molecular approaches, and a re-definition of *Hoa* Rohdendorf. *Zootaxa*, 3670: 71-79.

Zhang D, Zhang M, Wang C, Pape T. 2016. Catalog of the Paramacronychiinae of China (Diptera: Sarcophagidae). *Zootaxa*, 4208 (4): 301-324.

Zhang G H, Gao L Y, Zhang Z S, Wang C Y. 2010. Calyptratae investigation of Changbai Mountain. *Journal of Medical Pest Control*, 26 (11): 986-989. [张国华, 高兰英, 张忠三, 王彩云. 2010. 长白山有瓣蝇类调查报告. 医学动物防制, 26 (11): 986-989.]

Zhang G H, Zhang Z S. 2010. Investigation of Sarcophagide flies in Tonghua city. *Chinese Journal of Hygienic Insecticides & Equipments*, 16 (4): 292-295. [张国华, 张忠三. 2010. 通化市麻蝇科蝇类调查研究. 中华卫生杀虫药械, 16 (4): 292-295.]

Zhang H J, Huo K K, Ren G D. 2010. Descriptions of two new species of genus *Chrysotoxum* (Diptera, Syrphidae) from Ningxia, China. *Acta Zootaxonomica Sinica*, 35 (3): 649-654. [张宏杰, 霍科科, 任国栋. 2010. 宁夏长角蚜蝇属二新种记述 (双翅目, 食蚜蝇科). 动物分类学报, 35 (3): 649-654.]

Zhang J H, Yang D. 2005a. A new species of *Thinoscatella* Mathis, 1979 from China (Diptera: Ephydridae), with an updated key to the world species. *Zootaxa*, 1051: 33-37.

Zhang J H, Yang D. 2005b. Review of the subgenus *Scatella* Robineau-Desvoidy, 1830 from China (Diptera: Ephydridae). *Zootaxa*, 931: 1-11.

Zhang J H, Yang D. 2006. Review of the species of the genus *Ochthera* from China (Diptera: Ephydridae). *Zootaxa*, 1206: 1-22.

Zhang J H, Yang D. 2007. Species of the genus *Ilythea* from China (Diptera: Ephydridae). *Aquatic Insects*, 29 (2): 151-157.

Zhang J H, Yang D. 2009a. Species of the genus *Hyadina* from China (Diptera: Ephydridae). *Zootaxa*, 2152: 55-62.

Zhang J H, Yang D. 2009b. Species of the genus *Limnellia* from China (Diptera: Ephydridae). *Zootaxa*, 2308: 58-64.

Zhang J H, Yang D, Mathis W N. 2005. A new genus and species of Ephydridae (Diptera) from the Oriental Region. *Zootaxa*, 1040: 31-43.

Zhang J H, Yang D, Mathis W N. 2007. Species of the genus *Zeros* Cresson (Diptera: Ephydridae) from China. *Proceedings of the Entomological Society of Washington*, 109 (4): 872-879.

Zhang J H, Yang D, Mathis W N. 2009. A new species of the shore flies *Oedenopifoma* Cogan from the Oriental Region, with an updated key to the species (Diptera: Ephydridae). *Proceedings of the Entomological Society of Washington*, 111 (1): 199-203.

Zhang J H, Yang D, Mathis W N. 2012. A review of the species of *Rhynchopsilopa* Hendel from China (Diptera, Ephydridae). *ZooKeys*, 216: 23-42.

Zhang L F. 1997. A new species of the genus *Helina* from Western Liaoning, China (Diptera: Muscidae). *Chinese Journal of Vector Biology and Control*, 8 (3): 179-180. [张连富. 1997. 辽宁省西部阳蝇属一新种 (双翅目: 蝇科). 中国媒介生物学及控制杂志, 8 (3): 179-180.]

Zhang L F, Cui Y D, Wang L X. 1993. A new species of the genus *Phaonia* from Liaoning, China (Diptera: Muscidae). *Acta*

Zootaxonomica Sinica, 18 (4): 473-475. [张连富, 崔元德, 王立新. 1993. 棘蝇属一新种记述 (双翅目: 蝇科). 动物分类学报, 18 (4): 473-475.]

Zhang L F, Feng Y. 1993. A new species of the genus *Paradichosia* from Liaoning and Sichuan, China (Diptera: Calliphoridae). *Chinese Journal of Vector Biology and Control*, 4 (6): 417-419. [张连富, 冯炎. 1993. 变丽蝇属一新种 (双翅目: 丽蝇科). 中国媒介生物学及控制杂志, 4 (6): 417-419.]

Zhang L F, Liu J. 1997. A new species of *Blaesoxipha* from Western Liaoning, China (Diptera: Sarcophagidae). *Chinese Journal of Vector Biology and Control*, 8 (6): 428-429. [张连富, 刘杰. 1997. 辽宁省西部折麻蝇属一新种 (双翅目: 麻蝇科). 中国媒介生物学及控制杂志, 8 (6): 428-429.]

Zhang L F, Liu J. 1998. A new species of *Miltogramma* (*Cylindrothecum*) from Liaoning, China (Diptera: Sarcophagidae). *Chinese Journal of Vector Biology and Control*, 9 (1): 30-31. [张连富, 刘杰. 1998. 辽宁省蜂麻蝇属一新种 (双翅目: 麻蝇科). 中国媒介生物学及控制杂志, 9 (1): 30-31.]

Zhang L F, Sun J Z. 1997. A new species of the genus *Anthomyia* from Liaoning, China (Diptera: Anthomyiidae). *Zoological Research*, 18 (1): 23-25. [张连富, 孙进忠. 1997. 辽宁省花蝇属一新种 (双翅目: 花蝇科). 动物学研究, 18 (1): 23-25.]

Zhang L F, Xue W Q. 1983. A new species of the genus *Fannia* from Liaoning, China (Diptera: Fanniidae). *Acta Zootaxonomica Sinica*, 18 (1): 85-86. [张连富, 薛万琦. 1983. 中国厕蝇属一新种 (双翅目: 厕蝇科). 动物分类学报, 18 (1): 85-86.]

Zhang L F, Zhang D L. 1995. A new species of *Phaonia* (Diptera: Muscidae) from Liaoning. *Entomotaxonomia*, 17 (2): 129-130. [张连富, 张大丽. 1995. 辽宁省西部棘蝇属一新种 (双翅目: 蝇科). 昆虫分类学报, 17 (2): 129-130.]

Zhang L F, Zhang D L. 1998. A new species of *Leucophora* from Liaoning, China (Diptera: Anthomyiidae). *Acta Entomologica Sinica*, 41 (1): 103-105. [张连富, 张大丽. 1998. 辽宁省植蝇属一新种 (双翅目: 花蝇科). 昆虫学报, 41 (1): 103-105.]

Zhang L P, Ma Z Y. 1997. A new species of *Helina* R.-D. from China (Diptera: Muscidae). *Acta Zootaxonomica Sinica*, 22 (1): 100-102. [张立平, 马忠余. 1997. 中国阳蝇属一新种记述 (双翅目: 蝇科). 动物分类学报, 22 (1): 100-102.]

Zhang M, Chen J L, Gao X Z, Pape T, Zhang D. 2014. First description of the female of *Sarcophaga* (*Sarcorohdendorfia*) *gracilior* (Chen, 1975) (Diptera: Sarcophagidae). *ZooKeys*, 396: 43-53.

Zhang M, Chen Y O, Pape T, Zhang D. 2013. Review of the genus *Agria* (Diptera, Sarcophagidae) from China. *ZooKeys*, 310: 41-55.

Zhang M, Chu W W, Pape T, Zhang D. 2014. Taxonomic review of the *Sphecapatodes ornatura* group (Diptera: Sarcophagidae: Miltogramminae), with description of one new species. *Zoological Studies*, 53 (1): 48-60.

Zhang M Y, Wu X S. 1990. Description of the larva of *Wohlfahrtia cheni* Rohd. *Chinese Journal of Vector Biology and Control*, 1 (4): 209-210. [张孟余, 吴新生. 1990. 陈氏污蝇幼虫形态描述 (双翅目: 麻蝇科). 中国媒介生物学及控制杂志, 1 (4): 209-210.]

Zhang N N, Chen J H, Gao S D. 2011a. A new species of subgenus *Zeugodacus* Hendel (Diptera, Tephritidae) from China. *Acta Zootaxonomica Sinica*, 36 (2): 321-324. [张南南, 陈家骅, 高世德. 2011a. 中国镞果实蝇亚属分类研究及一新种记述 (双翅目, 实蝇科). 动物分类学报, 36 (2): 321-324.]

Zhang N N, Ji Q E, Chen J H. 2011b. Three new species and one new record of genus *Bactrocera* Macquart (Diptera, Tephritidae) from Yunnan, China. *Acta Zootaxonomica Sinica*, 36 (3): 598-603. [张南南, 季清娥, 陈家骅. 2011b. 云南景洪果实蝇属三新种及一新纪录种记述 (双翅目, 实蝇科). 动物分类学报, 36 (3): 598-603.]

Zhang Q, Shi H X, Dong S D, Guo L P, Zhao R, Li J, Li J, Xue X C, You M C. 2014. Preliminary faunal study on calyptrate flies in frontier port area of Ningbo, China. *Chinese Journal of Vector Biology and Control*, 25 (4): 340-343. [张锜, 施惠祥, 董善定, 郭利平, 赵瑞, 李杰, 李俊, 薛新春, 尤明传. 2014. 宁波口岸区域有瓣蝇类名录初步研究. 中国媒介生物学及控制杂志, 25 (4): 340-343.]

Zhang R L, Liu G C. 2009. A new species and a new record species of genus *Conicera* (Diptera, Phoridae) from China. *Acta Zootaxonomica Sinica*, 34 (3): 472-474. [张瑞玲, 刘广纯. 1985. 中国锥蚤蝇属 (双翅目, 蚤蝇科) 一新种和一新纪录种. 动物分类学报, 34 (3): 472-474.]

Zhang T T, Liu F, MacGowan I, Xue M. 2017. A new species of *Chaetolonchaea* Czerny (Diptera: Lonchaeidae) from China, a larval pest on chives. *Zootaxa*, 4250 (4): 358-366.

Zhang W X. 1989. The genus *Microdrosophila* Malloch (Diptera: Drosophilidae) in Yunnan, China, with descriptions of eleven new species. *Proceedings of the Japanese Society of Systematic Zoology*, 40: 55-82.

Zhang W X. 1993a. Three new species of *nigricolor* species-group of *Drosophila* (*Lordiphosa*) (Diptera: Drosophilidae). *Acta Zootaxonomica Sinica*, 18 (2): 220-224. [张文霞. 1993a. 黑色拱背果蝇种组三新种记述 (双翅目: 果蝇科). 动物分类学报, 18 (2): 220-224.]

Zhang W X. 1993b. A reciew of the taxonomic status of *Lordiphosa denticeps* group with descriptions of four new species (Diptera:

Drosophilidae). *Entomotaxonomia*, 15 (2): 144-150. [张文霞. 1993b. 双齿果蝇物种群 *Lordiphosa denticeps* group 的分类地位及四新种记述 (双翅目: 果蝇科). 昆虫分类学报, 15 (2): 144-150.]

Zhang W X. 2000. *Endemic curviceps* species-subgroup of *Drosophila* (*Drosophila*) *immigrans* species-group in China (Diptera, Drosophilidae), with description of two new species. *Acta Entomologica Sinica*, 43 (Suppl.): 172-179. [张文霞. 2000. 中国特有的弯头果蝇种亚组及二新种记述 (双翅目, 果蝇科), 昆虫学报, 43 (增刊): 172-179.]

Zhang W X, Chen H W. 2006. The genus *Amiota* (Diptera: Drosophilidae) from Hengduan Mountains, southwestern China. *European Journal of Entomology*, 103: 483-495.

Zhang W X, Chen H Z, Peng T X. 1998. Drosophilidae. *In*: Xue W Q, Chao C M. 1998. *Flies of China*. Vol. 1. Shenyang: Liaoning Science and Technology Publishing House: 280-414. [张文霞, 陈华中, 彭统序. 1998. 果蝇科//薛万琦, 赵建铭. 1998. 中国蝇类 (上册). 沈阳: 辽宁科学技术出版社: 280-414.]

Zhang W X, Chen H Z, Peng T X, Lin F Z. 1998. Diptera: Drosophilidae. *In*: Xue W Q, Chao C M. 1998. *Flies of China*. Vol. 1. Shenyang: Liaoning Science and Technology Publishing House: 280-414. [张文霞, 陈华中, 彭统序, 林飞栈. 1998. 双翅目: 果蝇科//薛万琦, 赵建铭. 1998. 中国蝇类 (上册). 沈阳: 辽宁科学技术出版社: 280-414.]

Zhang W X, Gan Y X. 1986. Descriptions of eight new species of drosophilid flies from Kunming (Diptera: Drosophilidae). *Zoological Research*, 7 (4): 351-362. [张文霞, 甘运兴. 1986. 昆明果蝇八新种描述 (双翅目: 果蝇科). 动物学研究, 7 (4): 351-362.]

Zhang W X, Li W X, Feng Y. 2006. A new species of subgenus *Dorsilopha* of genus *Drosophila* (Diptera, Drosophilidae). *Acta Zootaxonomica Sinica*, 31 (3): 667-669. [张文霞, 李文心, 冯原. 2006. 果蝇属条纹果蝇亚属一新种记述 (双翅目, 果蝇科). 动物分类学报, 31 (3): 667-669.]

Zhang W X, Liang X C. 1992. Seven new species of the subgenus *Lordiphosa* of *Drosophila* (Diptera, Drosophilidae). *Acta Zootaxonomica Sinica*, 17 (4): 473-482. [张文霞, 梁醒财. 1992. 果蝇属拱背果蝇亚属七新种 (双翅目, 果蝇科). 动物分类学报, 17 (4): 473-482.]

Zhang W X, Liang X C. 1994. A new species of *Drosophila* (Diptera: Drosophilidae). *Acta Entomologica Sinica*, 36 (1): 110-112. [张文霞, 梁醒财. 1994. 果蝇亚属一新种 (双翅目: 果蝇科). 昆虫学报, 36 (1): 110-112.]

Zhang W X, Liang X C. 1994. Three new species of drosophilid flies (Diptera: Drosophilidae) from Yunnan and Hubei, China. *Entomotaxonomia*, 16 (3): 213-219. [张文霞, 梁醒财. 1994. 滇、鄂产果蝇三新种 (双翅目, 果蝇科). 昆虫分类学报, 16 (3): 213-219.]

Zhang W X, Liang X C. 1995. Three new species of *Drosophila* (*Drosophila*) *melanderi* species-group in Hengduan Mountains of China (Diptera: Drosophilidae). *Acta Entomologica Sinica*, 38 (4): 486-492. [张文霞, 梁醒财. 1995. 横断山地区果蝇三新种 (双翅目: 果蝇科). 昆虫学报, 38 (4): 486-492.]

Zhang W X, Lin F Y, Gan Y X. 1989. A new species of *Drosophila* from Kunming, China (Diptera: Drosophilidae). *Entomotaxonomia*, 11 (4): 319-321. [张文霞, 凌发瑶, 甘运兴. 1989. 昆明果蝇属一新种 (双翅目: 果蝇科). 昆虫分类学报, 11 (4): 319-321.]

Zhang W X, Shi L M. 1997. Subgenus *Phortica* of genus *Amiota* in Hengduan Mountains Region, China, with descriptions of three new species (Diptera: Drosophilidae). *Zoological Research*, 18 (4): 367-375. [张文霞, 施立明. 1997. 横断山地区的伏绕眼果蝇亚属及三新种 (双翅目: 果蝇科). 动物学研究, 18 (4): 367-375.]

Zhang W X, Toda M J. 1988. The *Drosophila immigrans* species-group of the subgenus *Drosophila* (Diptera: Drosophilidae) in Yunnan, China. *Zoological Science*, 50: 1095-1103.

Zhang W X, Toda M J. 1992. A new species-subgroup of the *Drosophila immigrans* species-group, with description of two new species from China and Revision of taxonomic terminology. *Japanese Journal of Entomology*, 60 (4): 839-850.

Zhang W X, Toda M J, Watabe H. 1995. Fourteen new species of the *Drosophila* (*Drosophila*) *immigrans* species-group (Diptera) from the Oriental Region. *Japanese Journal of Entomology*, 63 (1): 25-51.

Zhang W Z, Zhao B, Wu S T. 1985. Descriptions of two new species of the genus *Phaonia* from Shanxi (Diptera: Muscidae). *Acta Zootaxonomica Sinica*, 10 (1): 79-83. [张文忠, 赵斌, 武绍庭. 1985. 山西省棘蝇属二新种记述 (双翅目: 蝇科). 动物分类学报, 10 (1): 79-83.]

Zhang X, Rong H, Xue W Q. 2013. Supplemental description of female and redescription of male of *Sarcophaga* (*Parasarcophaga*) *abaensis* (Feng *et* Qiao) from China (Diptera: Sarcophagidae). *Journal of Shenyang Normal University* (*Natural Science*), 31 (1): 13-15. [张翔, 荣华, 薛万琦. 2013. 中国阿坝麻蝇雌性补充描述和雄性再描述 (双翅目: 麻蝇科). 沈阳师范大学学报 (自然科学版), 31 (1): 13-15.]

Zhang X F, Fan Z D, Zhu W B. 2011. Two new species of the genus *Phorbia* (Diptera, Anthomyiidae) from China. *Acta Zootaxonomica Sinica*, 36 (2): 297-300. [张旭凤, 范滋德, 朱卫兵. 2011. 中国草种蝇属二新种记述 (双翅目, 花蝇科).

动物分类学报, 36 (2): 297-300.]

Zhang X F, Zhu W B. 2014. The types of Anthomyiidae (Diptera) in the Shanghai Entomological Museum, Chinese Academy of Science, China. *Zootaxa*, 3756 (1): 1-67.

Zhang X N, Li C D. 2007. Faunistic study on Syrphinae (Diptera, Syrphidae) in Maoershan Mountain Area. *Journal of Northeast Forestry University*, 35 (3): 90-91. [张潇男, 李成德. 2007. 帽儿山地区的食蚜蝇亚科区系 (双翅目: 食蚜蝇科). 东北林业大学学报, 35 (3): 90-91.]

Zhang X Z. 1980. Notes on the Sarcophagidae new to China. *Acta Zootaxonomica Sinica*, 5 (2): 143, 214. [张学忠. 1980. 我国麻蝇科新纪录. 动物分类学报, 5 (2): 143, 214.]

Zhang X Z. 1988. New records of Sarcophagidae from China. *Acta Zootaxonomica Sinica*, 13 (2): 166. [张学忠. 1988. 中国麻蝇科新纪录. 动物分类学报, 13 (2): 166.]

Zhang X Z. 1993. Diptera: Sarcophagidae. *In*: Huang C M. 1993. *Animals of Longqi Mountain*. The Series of the Bioresources Expedition to the Longqi Mountain Nature Reserve of Fujian. Beijing: China Forestry Publishing House: 700-703. [张学忠. 1993. 双翅目: 麻蝇科//黄春梅. 1993. 龙栖山动物. 福建龙栖山自然保护区生物资源考察丛书. 北京: 中国林业出版社: 700-703.]

Zhang X Z. 1997. Diptera: Sarcophagidae. *In*: Yang X K. 1997. *Insects of the Three Gorge Reservoir Area of Yangtze River*. Part 2. Chongqing: Chongqing Publishing House: 1519-1528. [张学忠. 1997. 双翅目: 麻蝇科//杨星科. 1997. 长江三峡库区昆虫 (下). 重庆: 重庆出版社: 1519-1528.]

Zhang X Z. 2005. Diptera: Sarcophagidae. *In*: Yang X K. 2005. *Insect Fauna of Middle-West Qinling Range and South Mountains of Gansu Province*. Beijing: Science Press: 836-849. [张学忠. 2005. 双翅目: 麻蝇科//杨星科. 2005. 秦岭西段及甘南地区昆虫. 北京: 科学出版社: 836-849.]

Zhang X Z, Chao C M. 1988. A new species of *Leucomyia* B. B. (Diptera: Sarcophagidae). *Sinozoologia*, 6: 289-290. [张学忠, 赵建铭. 1988. 中国白蝇属一新种记述 (双翅目: 麻蝇科). 动物学集刊, 6: 289-290.]

Zhang X Z, Chao C M. 1993. Diptera: Sarcophagidae. *In*: The Comprehensive Scientific Expedition to the Qinghai-Xizang Plateau, Chinese Academy of Sciences. 1993. *Insects of the Hengduan Mountains Region*. Vol. 2. The Series of the Scientific Expedition to the Hengduan Mountains Region of Qinghai-Xizang Plateau. Beijing: Science Press: 867-1547. [张学忠, 赵建铭. 1993. 双翅目: 丽蝇科//中国科学院青藏高原综合科学考察队. 1993. 横断山区昆虫 (第 2 册). 青藏高原横断山科学考察丛书. 北京: 科学出版社: 867-1547.]

Zhang X Z, Chao C M. 1996. Diptera: Sarcophagidae. *In*: The Comprehensive Scientific Expedition to the Qinghai-Xizang Plateau, Chinese Academy of Sciences. 1996. *Insects of the Karakorum-Kunlun Mountains*. Beijing: Science Press: 245-251. [张学忠, 赵建铭. 1996. 双翅目: 麻蝇科//中国科学院青藏高原综合科学考察队. 1996. 喀喇昆仑山-昆仑山地区昆虫. 北京: 科学出版社: 245-251.]

Zhang Y, Chen H W. 2015. Four new species of the *Stegana ornatipes* species group (Diptera: Drosophilidae), with morphological and molecular evidence. *Zootaxa*, 3905 (1): 131-137.

Zhang Y, Li T, Chen H W. 2016. The *Stegana* (sensu stricto) from China, with morphological and molecular evidence (Diptera: Drosophilidae). *Systematics and Biodiversity*, 14 (1): 118-130.

Zhang Y, Tsaur S C, Chen H W. 2014. Survey of the genus *Stegana* Meigen (Diptera, Drosophilidae) from Taiwan, with DNA barcodes and descriptions of three new species. *Zoological Studies*, 53 (2): 1-15.

Zhang Y, Xu M F, Li T, Chen H W. 2012. Revision of the subgenus *Orthostegana* (Diptera: Drosophilidae: *Stegana*) from Eastern Asia. *Entomotaxonomia*, 34 (2): 361-374. [张媛, 徐森锋, 李彤, 陈宏伟. 2012. 亚洲东部毛冠果蝇亚属修订 (双翅目: 果蝇科: 冠果蝇属). 昆虫分类学报, 34 (2): 361-374.]

Zhang Y Q, You Q J, Pu T S, Lin R Z. 1994. *Insect Catalogue of Guangxi*. Nanning: Guangxi Science and Technology Press: i-viii + 1-438. [张永强, 尤其儆, 蒲天胜, 林日钊. 1994. 广西昆虫名录. 南宁: 广西科学技术出版社: i-viii + 1-438.]

Zhao B G. 1983. New records of Muscoidea from China. *Zoological Research*, 5: 24. [赵宝刚. 1983. 中国蝇总科六新纪录. 动物学研究, 5: 24.]

Zhao B G, Xue W Q. 1985. A new species of the genus *Helina* from Hebei, China (Diptera: Muscidae). *Zoological Research*, 6 (4) (Suppl.): 57-59. [赵宝刚, 薛万琦. 1985. 河北省阳蝇属一新种 (双翅目: 蝇科). 动物学研究, 6 (4) (增刊): 57-59.]

Zhao F, Gao J J, Chen H W. 2009. Taxonomy and molecular phylogeny of the Asian genus *Paraleucophenga* Hendel (Diptera: Drosophilidae). *Zoological Journal of the Linnean Society*, 155: 615-629.

Zhao F, Xu X Y, Jiang J J, He X F, Chen H W. 2013. Molecular phylogenetic analysis of the *Amiota apodemata* and *Amiota sinuata* species groups (Diptera: Drosophilidae), with descriptions of four new species. *Zoological Journal of Linnean Society*, 168 (4):

849-858.

Zhao M, Zhu Y. 1983. An experiment of artificial rearing for *Parasarcophaga harpax* Pand. (Diptera: Sarcophagidae). *Natural Enemies of Insects*, 5 (1): 42-43.

Zhao X F. 1993. *Scientific Investigation of Wuyi Mountains National Nature Reserve*. Fuzhou: Fujian Science and Technology Press: 13 + 1-658 + pl. 1. [赵修复. 1993. 武夷山自然保护区科学考察报告集. 福州: 福建科学技术出版社: 13 + 1-658 + 图版 1.]

Zhao Z, Wang S D, Lin H, Hou P, Su Y, Zhang C T. 2012. Faunistic investigation of Tachinidae in Helan Mountain National Nature Reserve, China. *Chinese Journal of Vector Biology and Control*, 23 (3): 193-197. [赵喆, 王诗迪, 林海, 侯鹏, 苏云, 张春田. 2012. 贺兰山国家级自然保护区寄蝇科昆虫分类区系调查. 中国媒介生物学及控制杂志, 23 (3): 193-197.]

Zhao Z, Zhang C T, Chen X L. 2012. A new species of the genus *Kuwanimyia* Townsend, 1916 (Diptera: Tachinidae) from Zhanjiang, China. *Zootaxa*, 3238: 57-63.

Zheng L J, Li F H. 2007. A new species of the genus *Lispocephala* (Diptera: Muscidae) from China. *Journal of Northeast Forestry University*, 35 (11): 92. [郑立军, 李富华. 2007. 中国溜头秽蝇属 1 新种记述 (双翅目: 蝇科). 东北林业大学学报, 35 (11): 92.]

Zheng L J, Xue W Q. 2002. Two new species of the Anthomyiidae from Liaoning Province, China (Diptera: Anthomyiidae). *Acta Zootaxonomica Sinica*, 27 (1): 158-161. [郑立军, 薛万琦. 2002. 辽宁省花蝇科二新种 (双翅目: 花蝇科). 动物分类学报, 27 (1): 158-161.]

Zheng L J, Xue W Q, Tong Y F. 2004. Five new species of the genus *Coenosia* (Diptera: Muscidae) from China. *Journal of Northeast Forestry University*, 32 (3): 48-51. [郑立军, 薛万琦, 佟艳丰. 2004. 中国秽蝇属 5 新种 (双翅目: 蝇科). 东北林业大学学报, 32 (3): 48-51.]

Zheng S S, Fan Z D. 1989-1990. Descriptions of some new species of family Anthomyiidae from Western China (Diptera). *In*: Shanghai Institute of Entomology, Academia Sinica. 1989-1990. *Contributions from Shanghai Institute of Entomology*. Vol. 9. Shanghai: Shanghai Scientific and Technical Publishers: 181-187. [郑申生, 范滋德. 1989-1990. 中国西部花蝇科新种记述 (双翅目)//中国科学院上海昆虫研究所. 1989-1990. 昆虫学研究集刊 (第九集). 上海: 上海科学技术出版社: 181-187.]

Zhi Y, Liu J Y, Zhang C T. 2016. Taxonomic study of the genus *Dolichocoxys* Townsend (Diptera: Tachinidae) in China, with description of one new species. *Entomotaxonomia*, 38 (2): 112-118. [智妍, 刘家宇, 张春田. 2016. 中国长腹寄蝇属分类研究及一新种记述 (双翅目: 寄蝇科). 昆虫分类学报, 38 (2): 112-118.]

Zhong Y H. 1985a. Notes on calypterate flies from Xizang District, China, III. Descrtpyions of seven new species belonging to Anthomyiidae. *Zoological Research*, 6 (4): 329-336. [钟应洪. 1985a. 西藏地区有瓣蝇类记述 (三) 花蝇科七新种描述. 动物学研究, 6 (4): 329-336.]

Zhong Y H. 1985b. Notes on calypterate flies from Xizang District, China, II. Descrtpyions of seven new species belonging to Anthomyiidae. *Zoological Research*, 6 (4) (Suppl.): 131-138. [钟应洪. 1985b. 西藏地区有瓣蝇类记述 (二) 花蝇科七新种. 动物学研究, 6 (4) (增刊): 131-138.]

Zhong Y H, Wu F L, Fan Z D. 1982. Notes on Calyptrate flies from Xizang district, China. I. *In*: Shanghai Institute of Entomology, Academia Sinica. 1982. *Contributions of Shanghai Institute of Entomology*. Vol. 2. Shanghai: Shanghai Scientific and Technical Publishers: 241-248. [钟应洪, 吴福林, 范滋德. 1982. 西藏地区有瓣蝇类记述 (一)//中国科学院上海昆虫研究所. 1982. 昆虫学研究集刊 (第二集). 上海: 上海科学技术出版社: 241-248.]

Zhou D, Yang D, Zhang J H. 2012. A new species and two new record species of the genus *Psilopa* from China (Diptera: Ephydridae). *Acta Zootaxonomica Sinica*, 37 (3): 632-636. [周丹, 杨定, 张俊华. 2012. 中国凸额水蝇属一新种及两新纪录种记述 (双翅目, 水蝇科). 动物分类学报, 37 (3): 632-636.]

Zhou D, Yang D, Zhang J H. 2013. A new species of the genus *Lamproscatella* from China (Diptera, Ephydridae). *Acta Zootaxonomica Sinica*, 38 (1): 164-166. [周丹, 杨定, 张俊华. 2012. 中国立眼蝇属一新种记述 (双翅目, 水蝇科). 动物分类学报, 38 (1): 164-166.]

Zhou D, Zhang J H, Yang D. 2010. Notes on the species of the genus *Hyadina* from China (Diptera: Ephydridae). *Zootaxa*, 2675: 47-56.

Zhou L, Chen H W. 2015. The genus *Leucophenga* (Diptera, Drosophilidae), Part V: the *mutabilis* species group from East Asia, with morphological and molecular evidence. *Zootaxa*, 4006 (1): 40-58.

Zhou L B, Chen X L, Deng Y L, Wang S J. 2013. Description of a new species and record of *Bactrocera* Macquart (Diptera, Tephritidae) from China. *Zootaxa*, 3647 (1): 194-200.

Zhou Z K, Xue W Q. 1987. Two new species and a new record of the genus *Limnophora* from Guizhou, China (Diptera: Muscidae). *Zoological Research*, 8 (2): 111-116. [周志坤, 薛万琦. 1987. 贵州省池蝇属二新种和一新纪录 (双翅目: 蝇科). 动物学

研究, 8 (2): 111-116.]

Zhou Z X, Wei L M, Luo Q H. 2012. Three new species of the genus *Dolichocoxys* Townsend (Diptera: Tachinidae) from Guizhou, China. *Entomotaxonomia*, 34 (2): 329-339. [中国贵州长腹寄蝇属三新种记述 (双翅目: 寄蝇科). 昆虫分类学报, 34 (2): 329-339.]

Zhu W, Liu G C. 2009. Two new species of *Woodiphora* Schmitz (Diptera, Phoridae) from China. *Acta Zootaxonomica Sinica*, 34 (3): 457-459. [朱威, 刘广纯. 2009. 中国乌蚤蝇属二新种 (双翅目, 蚤蝇科). 动物分类学报, 34 (3): 457-459.]

Zia Y. 1936. New diptera Trypetidae from Hainan. *Chinese Journal of Zoology*, 2: 157-161.

Zia Y. 1937. Study on the Trypetidae or fruit-flies of China. *Sinensia*, 8 (2): 103-226.

Zia Y. 1938. Subfamily Trypetinae, *Sinensia*, 9 (1-2): 1-180.

Zia Y. 1939. Notes on Trypetidae collected from South China. *Sinensia*, 10 (1-6): 1-19.

Zia Y Z. 1955. On three new species of trypetid flies from South China and Viet-Nam. *Acta Zoologica Sinica*, 7 (1): 63-68. [谢蕴贞. 1955. 中国及越南实蝇的三新种. 动物学报, 7 (1): 63-68.]

Zia Y Z. 1963a. On two new species of Trypetidae from Yunnan. *Acta Zoologica Sinica*, 15 (3): 457-460. [谢蕴贞. 1963a. 云南秃额实蝇属的两新种 (双翅目, 实蝇科). 动物学报, 15 (3): 457-460.]

Zia Y Z. 1963b. Notes on Chinese trypetid flies II. *Acta Entomologica Sinica*, 12 (5-6): 631-648. [谢蕴贞. 1963b. 中国实蝇记述 (二). 昆虫学报, 12 (5-6): 631-648.]

Zia Y Z. 1964. Notes on Chinese trypetid flies III. *Acta Zootaxonomica Sinica*, 1 (1): 42-54. [谢蕴贞. 1964. 中国实蝇记述 (三). 动物分类学报, 1 (1): 42-54.]

Zia Y Z. 1965. Notes on Chinese trypetid flies IV. *Acta Zootaxonomica Sinica*, 2 (3): 211-217. [谢蕴贞. 1965. 中国实蝇记述 (四). 动物分类学报, 2 (3): 211-217.]

Zia Y Z, Chen S H. 1954. Notes on Chinese trypetid flies I. *Acta Entomologica Sinica*, 4 (3): 299-314. [谢蕴贞, 陈世骧. 1954. 中国实蝇记述 I. 昆虫学报, 4 (3): 299-314.]

Ziegler J. 1996. *Campylocheta fuscinervis auctorum*-ein Artenkomplex (Diptera, Tachinidae). *Studia Dipterologica*, 3: 311-322.

Ziegler J. 2015. An overview of the genus *Germaria* Robineau-Desvoidy (Diptera: Tachinidae) in Central Asia, with the description of two new species. *Studia Dipterologica*, (2014) 21: 231-242.

Ziegler J, Lutovinovas E, Zhang C T. 2016. Tachinidae. Part 2: The taxa of the *Dinera carinifrons* species complex (Diptera, Tachinidae), with the description of a new West Palaearctic subspecies and three lectotype designations. *Studia Dipterologica, Supplement*, 21: 249-275.

Ziegler J, Shima H. 1996. Tachinid flies of the Ussuri area (Diptera: Tachinidae). *Beiträge zur Entomologie*, 46: 379-478.

Zielke E. 1971. Revision der Muscinae der Äthiopischen Region. *Series Entomologia*, 7. Dr. W. Junk: 1-199.

Zimin L S. 1929. Kurze Uebersicht der palaearktischen Arten der Gattung *Servillia* R-D. (Diptera). II. *Russkoe Entomologicheskoe Obozrenie*, 23: 210-224.

Zimin L S. 1931a. On the systematic position of *Servillia persica* Portsh. and new species of the genera *Cnephaotachina* B. B. and *Goniomorphomyia* Zim. *Bulletin of the Institute for Kontrolling Pests and Diseases*, 1: 171-179.

Zimin L S. 1931b. Revision des espèces paléarctiques du genre *Hystriomyia* Portsch. (Diptera). *Annuaire du Musée Zoologique de l'Académie des Sciences de l'URSS*, 32: 29-35.

Zimin L S. 1935. Le système de la tribu Tachinini (Diptera, Larvivoridae). *Trudy Zoologicheskogo Instituta Akademii Nauk SSSR*, 2: 509-636 + pls. 1-11.

Zimin L S. 1946. A new species of the genus *Fannia* R. D. (Diptera: Muscidae) from Tadzhikistan. *Entomologicheskoe Obozrenie*, 28 (1945): 30-34.

Zimin L S. 1947a. New data on the genus *Schineria* Rondani (Diptera, Larvaevoridae). *Doklady Akademii Nauk Armyanskoi SSR*, N. Ser. 58: 1829-1832.

Zimin L S. 1947b. Two new species of the genus *Dasyphora* Rob.-Desv. (Diptera: Muscidae) from the Middle Asia. *Entomologicheskoe Obozrenie. St. Petersburg*, 28 (3-4): 116-120.

Zimin L S. 1951. Insects - Diptera, 18, No. 4. Family Muscidae (tribes Muscini and Stomoxydini). *Fauna SSSR* (*n. ser.*), 45: 1-286 .

Zimin L S. 1954. Species of the genus *Linnaemyia* Rob.-Desv. (Diptera, Larvaevoridae) in the fauna of the USSR. *Trudy Zoologicheskogo Instituta Akademii Nauk SSSR*, 15: 258-282.

Zimin L S. 1957. Revision de la soustribus Ernestiina (Diptera, Larvaevoridae de la fauna paléarctique. I. *Entomologicheskoe Obozrenie*, 36: 501-537.

Zimin L S. 1958. A short review of the species of the subtribe Chrysocosmiina in the fauna of the USSR and adjacent countries. *Sbornik Rabot Instituta Prikladnoi Zoologii Fitopathologii*, 5: 40-66.

Zimin L S. 1960. Brief survey of parasitic Diptera of the subtribe Ernestiina in the Palearctic fauna (Diptera, Larvaevoridae), II.

Entomologicheskoe Obozrenie, 39: 725-747.

Zimin L S. 1961. A review of the Palaearctic genera and species of the subtribe Peletieriina (Diptera, Larvaevoridae). *Trudy Vsesoyuznogo Entomologicheskogo Obshchestva* [*Horae Societatis Entomologicae Unionis Soveticae*], 48: 230-334.

Zimin L S. 1966. A review of the tribe Gymnosomatini (Diptera, Tachinidae) of the fauna of the USSR, parasitising in the planteating bugs. *Entomologicheskoe Obozrenie*, 45: 424-456.

Zimin L S. 1967. New species of the genus *Tachina* Mg. (Diptera, Tachinidae), parasites of injurious Lepidoptera, from the fauna of the USSR. *Entomologicheskoe Obozrenie*, 46: 468-477.

Zimin L S, Kolomiets N G. 1984. *Parasitic Diptera in the fauna of the USSR* (*Diptera, Tachinidae*). *Key to Identification*. Nauka, Novosibirsk: 1-232.

Zimina L V. 1952. A new species of *Spilomyia* (Diptera, Syrphidae) from the Far East. *Entomologicheskoe Obozrenie*, 32: 329-331.

Zimina L V. 1957. New data on the ecology and faunistics of hover-flies (Diptera, Syrphidae) in Moscow region. *Bjull. Moskov. Obst. Isp. Prir.* (*Otd. Biol.*), 62 (4): 51-62.

Zimina L V. 1958. Carbonosicus, a new Palearctic genus of the family Conopidae (Diptera). *Entomologicheskoe Obozrenie*, 37: 933-936.

Zimina L V. 1961. A short survey of the Palaearctic species of the genus *Volucella* Geoffr. (Diptera, Syrphidae). *Sbornik Trudov Zoologicheskogo Muzeya, Moskovskogo Gosudarstvennogo Universiteta*, 8: 139-149.

Zimina L V. 1968. New data concerning the parasitic relationships of conopids (Diptera, Conopidae). *Zoologičheskiĭ Žhurnal*, 46: 780-781.

Zimina L V. 1969. A new genus of the family Conopidae (Diptera) in the Palaearctic fauna. *Entomologicheskoe Obozrenie*, 48: 669-674.

Zimina L V. 1974a. A new species of *Physocephala* (Diptera, Conopidae), a parasite of bees of the genus Nomia in Pamir. *Zoologičheskiĭ Žhurnal*, 52: 132-133.

Zimina L V. 1974b. New data on taxonomy of Conopidae (Diptera). *Zoologičheskiĭ Žhurnal*, 53: 477-481.

Zimina L V. 1976. Katalog Conopidae (Diptera) Palearktiki. *Sbornik Trudov Zoologicheskogo Muzeya, Moskovskogo Gosudarstvennogo Universiteta*, 15: 149-182.

Zimina L V. 1979. A new conopid species (Diptera, Conopidae) from Turkmenstan. *Trudy Vsesojuznogo Entomologicheskogo Obshchestva*, 61: 196-197.

Zimsen E. 1964. *The Type Material of I.C.* Fabricius. Munksgaard, Copenhagen: 1-656.

Zinovjev A G. 1980. Phaoniinae (Diptera: Muscidae) of the Far East. *Entomologicheskoe Obozrenie*, 59 (4): 904-913.

Zinovjev A G. 1981. Two new species of *Phaonia* (Diptera: Muscidae) from the Far East. *Zoologicheskiĭ Zhurnal*, 60 (4): 623-625.

Zlobin V V. 2002. Review of mining flies of the genus *Liriomyza* Mik (Diptera: Agromyzidae). I. The Palaearctic *flaveola*-group species. *International Journal of Dipterological Research*, 13 (3): 145-178.

Zong L B, Zhong C Z, Lei Z L, Guo J. 1986. Primary study on Syrphidae from Hubei Province. *Journal of Huazhong Agricultural University*, 5 (1): 91-94.

Zumpt F. 1956. 64i. Calliphorinae. *In*: Lindner E. 1956. *Die Fliegen der Paläearktischen Region. E. Schweizerbartísche Verlagsbuchhandlung*, 11 (Lf. 190, 191, 193): 1-140.

Zumpt F. 1965. *Myiasis of Man and Animals in the Old World*. London: Butterworths Ltd.: 1-264.

Zuska J. 1974. Asian *Themira* (Diptera: Sepsidae): Descriptions of two new species and distributional notes. *Proceedings of the Entomological Society of Washington*, 76 (2): 190-197.

Zuska J. 1977. Family Sepsidae. *In*: Delfinado M D, Hardy D E. 1977. *A Catalogue of the Diptera of the Oriental Region*. Vol. 3. Honolulu: University Press of Hawaii: 174-181.

Zuska J. 1984. Family Piophilidae. *In*: Soós A, Papp L. 1984. *Catalogue of Palaearctic Diptera*. Vol. 9. Amsterdam & Budapest: Elsevier Science Publishers & Akademiai Kiado: 234-239.

Zuska J, Pont A C. 1984. Family Sepsidae. *In*: Soós Á, Papp L. 1984. *Catalogue of Palaearctic Diptera*. Vol. 9. Amsterdam & Budapest: Elsevier Science Publishers & Akademiai Kiado: 154-167.

Zwaluwenburg R H V. 1943. The insects of Canton Island. *Proceedings of the Hawaiian Entomological Society*, 11: 300-312.

中文名索引

B

C

D

E

F

G

J

K

L

M

N

O

P

Q

R

T

W

X

Y

Z

其他

学名索引

A

B

C

D

E

F

G

I

J

K

L

M

N

O

P

R

S

T

U

V

W

X

Y

Z